Industria del Plástico

Richardson & Lokensgard

Industria del Plástico
Plástico Industrial

THOMSON

Australia • Canadá • México • Singapur • España • Reino Unido • Estados Unidos

THOMSON

Industria del plástico
© Richardson y Lokensgard

Gerente Editorial Área Universitaria:
Isabel Capella Hierro

Editoras de Producción:
Clara Mª de la Fuente Rojo
Consuelo García Asensio
Olga Mª Vicente Crespo

Título original:
Industrial Plastics

Traducido por:
Susana Madroñero

Diseño de cubierta:
Montytexto

Maquetación:
Susana Madroñero

Impresión:
Gráficas Rogar.
Políg. Ind. Alparrache
Navalcarnero (Madrid)

COPYRIGHT © 2003 International Thomson Editores Spain Paraninfo, S.A.
1ª edición, 3ª impresión, 2007

Magallanes, 25; 28015 Madrid
ESPAÑA
Teléfono: 91 4463350
Fax: 91 4456218
clientes@paraninfo.es
www.paraninfo.es

© 1997 Delmar Publishers Inc.
an International Thomson Publishing Company

Impreso en España
Printed in Spain

ISBN: 0827365586
(edición inglesa)
ISBN: 978-84-283-2569-1
(edición española)
Depósito Legal: M-1.123-2007

(011/80/35)

Reservados los derechos para todos los países de lengua española. De conformidad con lo dispuesto en el artículo 270 del Código Penal vigente, podrán ser castigados con penas de multa y privación de libertad quienes reprodujeren o plagiaren, en todo o en parte, una obra literaria, artística o científica fijada en cualquier tipo de soporte sin la preceptiva autorización. Ninguna parte de esta publicación, incluido el diseño de la cubierta, puede ser reproducida, almacenada o transmitida de ninguna forma, ni por ningún medio, sea éste electrónico, químico, mecánico, electro-óptico, grabación, fotocopia o cualquier otro, sin la previa autorización escrita por parte de la Editorial.

Otras delegaciones:

México y Centroamérica
Tel. (525) 281-29-06
Fax (525) 281-26-56
clientes@mail.internet.com.mx
clientes@thomsonlearning.com.mx
México, D.F.

Puerto Rico
Tel. (787) 758-75-80 y 81
Fax (787) 758-75-73
thomson@coqui.net
Hato Rey

Chile
Tel. (562) 531-26-47
Fax (562) 524-46-88
devoregr@netexpress.cl
Santiago

Costa Rica
EDISA
Tel./Fax (506) 235-89-55
edisacr@sol.racsa.co.cr
San José

Colombia
Tel. (571) 340-94-70
Fax (571) 340-94-75
clithomson@andinet.com
Bogotá

Cono Sur
Pasaje Santa Rosa, 5141
C.P. 141 - Ciudad de Buenos Aires
Tel. 4833-3838/3883 - 4831-0764
thomson@thomsonlearning.com.ar
Buenos aires (Argentina)

República Dominicana
Caribbean Marketing Services
Tel. (809) 533-26-27
Fax (809) 533-18-82
cms@codetel.net.do

Bolivia
Librerías Asociadas, S.R.L.
Tel./Fax (591) 2244-53-09
libras@datacom-bo.net
La Paz

Venezuela
Ediciones Ramville
Tel. (582) 793-20-92 y 782-29-21
Fax (582) 793-65-66
tclibros@attglobal.net
Caracas

El Salvador
The Bookshop, S.A. de C.V.
Tel. (503) 243-70-17
Fax (503) 243-12-90
amorales@sal.gbm.net
San Salvador

Guatemala
Textos, S.A.
Tel. (502) 368-01-48
Fax (502) 368-15-70
textos@infovia.com.gt
Guatemala

Índice general

Prefacio IX	Moléculas de hidrocarburo 42
	Macromoléculas 43
1. Introducción histórica a los plásticos 1	Organización molecular 45
Introducción 1	Fuerzas intermoleculares 49
Plásticos naturales................................... 1	Orientación molecular 50
Primeros materiales naturales modificados 5	Termoestables 51
Primeros plásticos sintéticos 9	Vocabulario 52
Plásticos sintéticos comerciales............... 10	Preguntas 52
Resumen... 10	Actividades 53
Vocabulario.. 10	
Preguntas 12	**4. Salud y seguridad 55**
Actividades 12	Introducción 55
	Riesgos físicos 55
2. Estado actual de la industria de los	Riesgos biomecánicos 55
plásticos 17	Riesgos químicos 56
Introducción 17	Fuentes de peligros químicos 56
Materiales plásticos principales............... 18	Lectura y comprensión
Reciclado de plásticos 20	de las instrucciones sobre seguridad 56
Eliminación por incineración	Vocabulario 65
o degradación 33	Preguntas 67
Organizaciones de la industria de	Actividades 67
los plásticos... 35	
Vocabulario.. 38	**5. Estadística elemental 69**
Preguntas 39	Introducción 69
Actividades 39	Cálculo de la media 69
	Distribución normal 70
3. Química elemental de los polímeros 41	Cálculo de la desviación típica 72
Introducción 41	Distribución normal tipificada 73
Breve repaso de química básica 41	Representación gráfica de los
	resultados de la prueba de dureza 73

Gráficos esquemáticos 75
Comparación gráfica de dos grupos 76
Resumen 76
Vocabulario 76
Preguntas 77
Actividades 77

6. Propiedades y pruebas de plásticos seleccionados 79

Introducción 79
Organizaciones de homologación 80
Propiedades mecánicas 82
Propiedades físicas 92
Propiedades térmicas 95
Propiedades ambientales 100
Propiedades ópticas 104
Propiedades eléctricas 106
Vocabulario 108
Preguntas 109
Actividades 109

7. Ingredientes de los plásticos 113

Introducción 113
Aditivos 114
Refuerzos 122
Cargas 130
Vocabulario 133
Preguntas 134
Actividades 135

8. Caracterización y selección de plásticos comerciales 137

Introducción 137
Materiales básicos 137
Selección de la calidad de material 140
Bases de datos informatizadas para la selección del material 140
Preguntas 141
Resumen 141
Vocabulario 141
Actividades 142

9. Mecanizado y acabado 143

Introducción 143
Aserrado 144
Limado 147
Taladrado 148
Troquelado, estampación en seco y corte con troquel 149
Aterrajado y fileteado 150
Torneado, fresado, cepillado, conformación y ranurado 151
Corte con láser 153
Corte de fractura inducida 154
Corte térmico 154
Corte hidrodinámico 155
Desbastado y pulido 155
Desrebarbado en tambor 156
Recocido y postcurado 157
Vocabulario 159
Preguntas 159
Actividades 160

10. Procesos de moldeo 163

Introducción 163
Moldeo por inyección 163
Moldeo de materiales líquidos 172
Moldeo de materiales termoestables granulados 177
Vocabulario 183
Preguntas 183
Actividades 184

11. Procesos de extrusión 189

Introducción 189
Equipo de extrusión 189
Mezcla 192
Principales tipos de productos de extrusión 194
Moldeo por soplado 206
Preguntas 215
Vocabulario 215
Actividades 216

12. Procesos y materiales de estratificación 221

Introducción 221
Capas de diferentes plásticos 222
Capas de papel 223
Capas de tela o fieltro de vidrio 226
Capas de metal y panales metálicos 228
Capas de metal y plásticos expandidos ... 229
Vocabulario 230
Preguntas 232
Actividades 232

13. Procesos y materiales de refuerzo 235

Introducción 235
Matriz coincidente 236

Unión de chapas manual o tratamiento
de contacto 239
Recubrimiento a pistola 239
Conformado al vacío rigidizado 239
Termoconformado de molde frío 240
Bolsa de vacío 240
Bolsa a presión 242
Enrollado de filamentos 243
Refuerzo por centrifugado y de película
soplada 245
Pultrusión 245
Estampación/conformado en frío 247
Vocabulario 248
Preguntas 248

14. Procesos y materiales de colada 249

Introducción 249
Colada simple 249
Colada de películas 252
Colada de plástico fundido 254
Colada por embarrado y colada estática . 254
Colada por rotación 256
Colada por inmersión 257
Vocabulario 259
Preguntas 260
Actividades 261

15. Termoconformado 267

Introducción 267
Termoconformado al vacío directo 269
Conformado con macho 270
Conformado de molde coincidente 271
Conformado al vacío con núcleo de
ayuda y burbuja de presión 271
Conformado al vacío con núcleo
de ayuda 272
Conformado a presión con ayuda
de núcleo 272
Conformado a presión en fase sólida 272
Conformado en relieve profundo
al vacío 272
Conformado en relieve al vacío
con burbuja a presión 274
Conformado por presión térmica
de contacto de lámina atrapada 274
Conformado con colchón de aire 274
Conformado libre 275
Conformado mecánico 276
Vocabulario 279
Preguntas 280
Actividades 282

16. Procesos de expansión 287

Introducción 287
Moldeo 290
Colada 295
Expansión in situ 296
Pulverizado 296
Preguntas 298
Vocabulario 298
Actividades 299

17. Procesos de recubrimiento 305

Introducción 305
Recubrimiento por extrusión 306
Recubrimiento por calandrado 306
Recubrimiento de polvo 308
Recubrimiento de transferencia 311
Recubrimiento con cuchilla o rodillo 311
Recubrimiento por inmersión 312
Recubrimiento por pulverizado 313
Recubrimiento metálico 314
Recubrimiento a brocha 317
Preguntas 318
Vocabulario 318
Actividades 320

18. Materiales y procesos de fabricación 323

Introducción 323
Adherencia mecánica 323
Adherencia química 328
Sujeción mecánica 334
Ajuste por fricción 335
Vocabulario 337
Preguntas 339
Actividades 340

19. Procesos de decoración 345

Introducción 345
Teñido 346
Pintura 346
Estampación de hoja caliente 349
Electrodepósito 352
Grabado 352
Impresión 352
Decoración en molde 354
Decoración por termotransferencia 355
Miscelánea de métodos de decoración ... 357
Vocabulario 358
Preguntas 359
Actividades 360

20. Procesos de radiación ... 363

Introducción ... 363
Métodos de radiación ... 363
Fuentes de radiación ... 365
Irradiación de polímeros ... 366
Vocabulario ... 372
Preguntas ... 372

21. Consideraciones de diseño ... 373

Introducción ... 373
Consideraciones materiales ... 375
Consideraciones de diseño ... 378
Consideraciones de producción ... 382
Vocabulario ... 398
Preguntas ... 398

22. Herramientas y fabricación de moldes ... 401

Introducción ... 401
Planificación ... 402
Herramientas ... 402
Tratamiento en serie ... 409
Vocabulario ... 416
Preguntas ... 417

23. Consideraciones comerciales ... 419

Introducción ... 419
Financiación ... 419
Gestión y personal ... 420
Moldeo de plásticos ... 420
Equipo auxiliar ... 421
Control de la temperatura de moldeo ... 423
Neumática e hidráulica ... 424
Fijación del precio ... 426
Emplazamiento de la planta ... 426
Envíos ... 427
Vocabulario ... 427
Preguntas ... 428

A. Glosario ... 429

B. Abreviaturas de materiales seleccionados ... 447

C. Marcas registradas y fabricantes ... 449

D. Identificación de materiales ... 461

Identificación de los plásticos ... 461
Métodos de identificación ... 461

E. Termoplásticos ... 469

Plásticos de poliacetal (POM) ... 469
Acrílicos ... 471
Celulósicos ... 476
Poliéteres clorados ... 482
Plásticos de cumarona-indeno ... 482
Fluoroplásticos ... 483
Ionómeros ... 490
Plástico de barrera de nitrilo ... 492
Fenoxi ... 492
Polialómeros ... 493
Poliamidas (PA) ... 494
Policarbonatos (PC) ... 497
Polietéréter cetona (PEEK) ... 498
Polieterimida (PEI) ... 499
Poliésteres termoplásticos ... 500
Poliimidas termoplásticas ... 502
Polimetilpenteno ... 504
Poliolefinas: polietileno (PE) ... 505
Poliolefinas: polipropileno ... 513
Poliolefinas: polibutileno (PB) ... 515
Óxidos de polifenileno ... 516
Poliestireno (PS) ... 519
Polisulfonas ... 524
Polivinilos ... 526

F. Plásticos termoendurecibles ... 533

Alquidos ... 533
Alílicos ... 535
Aminoplásticos ... 538
Caseína ... 543
Epoxi (EP) ... 544
Furano ... 548
Fenólicos (PF) ... 548
Poliésteres insaturados ... 552
Poliimida termoendurecible ... 557
Poliuretano (PU) ... 558
Siliconas (SI) ... 561

G. Tablas útiles ... 567

H. Fuentes de consulta y bibliografía ... 573

Índice alfabético ... 577

Prefacio

Este libro, titulado *Plásticos industriales: teoría y aplicaciones*, constituye un extenso tratado que se ocupa de la descripción de los principios teóricos, los métodos de diseño y fabricación, las aplicaciones y las cuestiones de seguridad, vertido, reciclado y aprovechamiento de los plásticos. Estos materiales, erigidos en símbolos del siglo XX por la extraordinaria difusión que han experimentado en todos los ámbitos sociales y productivos, ocupan hoy día un papel primordial en nuestra vida cotidiana.

Pero no sólo este hecho justifica la aparición del presente volumen. El aprovechamiento amplio y diverso que se obtiene de los materiales plásticos no se ha acompañado de la aparición de un número suficiente de obras de divulgación de las propiedades de estas sustancias y de sus métodos de obtención. Por ello, este libro pretende contribuir al enriquecimiento de la bibliografía sobre los plásticos industriales, para lo cual propone un enfoque variado y multidisciplinar dirigido a satisfacer las necesidades de información de los expertos en el sector, los estudiantes y los lectores interesados en esta pujante industria.

Todos los capítulos incluyen una relación de entradas terminológicas, preguntas de repaso y actividades de laboratorio que se han considerado esenciales para la comprensión exacta de muchos de los conceptos teóricos esbozados en sus páginas. Las actividades contienen métodos comprobados, aunque también sugerencias para investigaciones prácticas adicionales. No obstante, se proporcionan principalmente como guía orientativa, de manera que los profesores y los alumnos deben utilizarlas como base para su adaptación al equipo y los materiales de laboratorio de que dispongan.

Los detalles confidenciales o patentados que obran en el libro, así como otros tipos de información suministrados, se ofrecen simplemente a título de orientación, y no debe interpretarse que contemplan ninguna concesión de licencia en virtud de la cual pueda incitarse a infringir los derechos de ninguna patente.

Esta obra está estructurada en 23 capítulos, a los que se añade un conjunto de apéndices que completa una descripción amplia de la industria de los plásticos en todos sus pormenores. Dedicamos ahora unos párrafos a resumir el contenido de cada uno de los capítulos y apéndices.

1. Introducción histórica a los plásticos, que incluye una descripción detallada de las sustancias plásticas naturales.
2. Estado actual de la industria de los plásticos, donde se describen las tendencias de consumo de los principales materiales y las cuestiones sobre su vertido y reciclado. También se ofrece una relación de las principales organizaciones de esta industria. Las secciones de reciclado y vertido contienen una gran abundancia de información actualizada.
3. Química de polímeros elementales. En este capítulo se presentan los conceptos básicos sobre plásticos, con una orientación eminentemente práctica.
4. Salud y seguridad, en una exposición organizada según las secciones propuestas en las hojas llamadas Material Safety Data Sheets (MSDS). El propósito de este planteamiento es que los estudiantes se acostumbren a leer y comprender las instrucciones sobre los materiales plásticos ofrecidas en estas hojas.
5. Estadística elemental, con una introducción a los principios de la estadística basada más en técnicas gráficas que en procedimientos numéricos.
6. Propiedades y ensayos, actualizado con la inclusión de los ensayos de ISO y los procedimientos de ASTM.
7. Ingredientes de los plásticos, que incluye material actualizado sobre el uso de metales pesados en colorantes y agentes de insuflado.
8. Selección de plásticos comerciales, que se ocupa de los tipos de polimerización, los valores del índice de fundido y una explicación de las diferentes calidades de plásticos.
9. Mecanizado y acabado de plásticos.
10. Procesos de moldeo, con una sección dedicada a la seguridad en el moldeo por inyección.
11. Descripción exhaustiva de los procesos de extrusión, con los equipos y los procedimientos comúnmente utilizados para plásticos.
12. Procesos de estratificado y materiales aplicados.
13. Materiales y procesos de refuerzo de plásticos.
14. Descripción de los procesos de colada utilizados en la fabricación de plásticos.
15. Amplia exposición de las técnicas de termoconformado, con un análisis de sus métodos y aplicaciones.
16. Procesos de expansión, un capítulo subdividido en apartados dedicados al moldeo, la colada, la expansión in situ y la pulverización.
17. Análisis de los métodos y aplicaciones del recubrimiento de plásticos.
18. Procesos de fabricación de sustancias plásticas, y materiales utilizados para ello.
19. Técnicas de decoración de plásticos, desde el simple coloreado al grabado, la impresión, el electrodepósito o el trabajo del material durante el moldeo.
20. Descripción de los procesos de radiación y su empleo en la industria del plástico.
21. Consideraciones sobre el diseño, con especial énfasis en el uso de técnicas computarizadas.
22. Herramientas y máquinas.
23. Consideraciones sobre la comercialización de plásticos.

El apéndice A contiene un glosario de términos de la industria del plástico, el B ofrece una lista de abreviaturas comunes, el C resume las marcas y fabricantes principales de esta industria y el D aporta informaciones de ayuda para la identificación de los materiales. Los apéndices E y F están dedicados a una extensa descripción enciclopédica de los compuestos termoplásticos y termoendurecibles, mientras que el G contiene tablas útiles y el H, que cierra el libro, una lista bibliográfica y de fuentes de consulta.

Con esta estructura de capítulos y apéndices se persigue una mayor facilidad de uso que sirva también para profundizar en el contenido de esta completa descripción de la industria de los plásticos.

Capítulo 1

Introducción histórica a los plásticos

Introducción

Resulta bastante difícil imaginar una vida sin plásticos. Las actividades cotidianas giran en torno a artículos de plástico como jarras de leche, gafas, teléfonos, medias de nilón, automóviles, cintas de vídeo. Sin embargo, hace cien años escasos, el plástico que hoy en día nos parece algo tan normal no existía. Mucho antes del desarrollo de los plásticos comerciales, algunos materiales existentes presentaban características singulares. Los había resistentes, translúcidos, ligeros y moldeables, pero muy pocos combinaban a un tiempo estas propiedades. En la actualidad, estos materiales se denominan plásticos naturales y constituyen el punto de partida en la historia de los materiales plásticos.

En este capítulo se proporcionará información sobre las ventajas de los primeros plásticos y las dificultades que suponía su fabricación. Se presentan en él materiales y tratamientos modernos dentro de un contexto histórico, sin olvidar tampoco la poderosa influencia que ejercieron los pioneros en la industria de los plásticos. En este capítulo se tratará:

    I. Plásticos naturales
       A. Asta natural
       B. Goma laca
       C. Gutapercha
    II. Primeros materiales naturales modificados
       A. Caucho
       B. Celuloide
    III. Primeros polímeros sintéticos
    IV. Plásticos sintéticos comerciales

Plásticos naturales

El punto de partida para esta sección se entronca en el Medievo. En la edad media, los apellidos (los segundos nombres) indicaban el oficio. Todavía hoy muchos de ellos se pueden reconocer fácilmente. Es evidente la referencia a la ocupación en apellidos como Herrero, Panadero, Carpintero, Tejedor, Sastre, Carretero, Barbero, Granjero y Cazador. Menos acostumbrados estamos a relacionar el origen de la profesión con otros nombres como Abatanador, Alabardero, Tonelero y Astero.

Little Jack Horner
Sat in a corner,
Eating his Christmas pie;
He put in his thumb
And pulled out a plum,
And said, «What a good boy am I».

[El joven Jack Horner / sentado estaba al sol / comiendo su turrón. / Con el pulgar, de la boca /una almendra se sacó. / «¡Cuánto valgo!», se ufanó.]

Se puede deducir de este poema que Jack no estaba hambriento ni era pobre, ni tampoco tenía que compartir su festín de Navidad con otros miembros de la familia. Disfrutaba del banquete especial en solitario. Es evidente que el padre de Jack tenía un sueldo holgado. ¿Qué hacía el padre de Jack y, quizá, su abuelo? Trabajaba el cuerno, era alguien que fabricaba pequeños objetos con cuernos, pezuñas y, en ocasiones, concha de tortuga.

La reacción típica ante este tipo de oficio era rebajarla por pintoresca, insignificante o desagradable. El objeto de su artesanía olía mal y solía resultar molesto. Hoy en día, sólo es posible encontrar trabajadores del cuerno en peculiares museos de artesanía costumbrista. Sin embargo, la artesanía del asta natural no es irrelevante en absoluto para la industria de los plásticos. Las propiedades únicas del cuerno inspiraron la búsqueda de sustitutos. El afán por conseguir cuerno sintético condujo a los primeros plásticos y supuso, en definitiva, el nacimiento de su moderna industria.

Asta natural

Cucharas, peines y faroles son algunos de los objetos cotidianos que hacían los trabajadores del cuerno (asteros) en Europa durante la edad media. Las cucharas de asta natural eran ligeras y resistentes. No se oxidaban ni se corroían, ni tampoco impartían un sabor desagradable a la comida. Los peines de cuerno eran flexibles, suaves, brillantes y muchas veces decorativos. En los faroles se aprovechaban las propiedades translúcidas del asta, tal como se puede observar en la figura 1-1. Por otra parte, se doblaban sin romperse y resistían cierto impacto. Ningún otro material proporcionaba esta combinación de características.

La fabricación de objetos utilitarios a partir de polímeros naturales no parte del Medievo. Una de las aplicaciones más antiguas del cuerno data de la época de los faraones de Egipto. Aproximadamente en el año 2000 a.C, los antiguos artesanos egipcios formaban ornamentos y utensilios para la comida ablandando caparazones de tortuga en aceites calientes. Una vez que la concha era suficientemente flexible, la moldeaban prensándola hasta conseguir la forma deseada. Desbarbaban los rebordes, lijaban las conchas y finalmente las pulían para conseguir brillo con polvos finos.

Los antepasados de Jack Horner trabajaban de un modo similar a los antiguos egipcios. Ablandaban piezas de asta de vaca en baños de agua hirviendo o sumergiéndolas en soluciones alcalinas, y después las prensaban hasta conseguir

Fig. 1-1. Las ventanas de este farol están hechas con asta natural. (De la colección del Henry Ford Museum and Greenfield Village).

Fig. 1-2. Este peine de concha de tortuga perfectamente conservado sólo tiene una púa rota (De la colección de Henry Ford Museum and Greenfield Village).

formas planas. A veces, rebanaban los estratos del cuerno por las líneas de crecimiento para conseguir láminas finas. Si se necesitaban piezas más gruesas, soldaban varias láminas delgadas. Una vez que se conseguía el grosor deseado, se embutían en moldes para crear una forma útil. En ocasiones, se teñían las piezas para darles el aspecto de las apreciadas conchas de tortuga. Dos de los objetos referidos revisten una especial importancia en esta descripción histórica, pues implican técnicas diferentes: los peines y los botones.

Peines. Algunos trabajadores del cuerno ingleses emigraron a las colonias americanas y fundaron allí pequeños negocios. En torno a 1760, se habían establecido ya sólidamente en Massachusetts. La localidad de Leominster, en Massachusetts, se convirtió en uno de los centros de la industria del peine y fue rebautizada por ello 'la ciudad del peine'.

En las fábricas de peines, los artesanos aserraban longitudinalmente las piezas de asta en diferentes tamaños, tallaban las púas, limaban los bordes salientes, teñían y pulían los peines. El último paso era doblarlos. Con una forma de madera perfilada conseguían combar un peine blando manteniéndolo así hasta que se enfriara.

En la figura 1-2 se muestra una fotografía de un peine hecho de concha de tortuga. Como se puede apreciar, algunas púas están ligeramente deformadas. Incluso en los peines en los que más cuidado se ponía, era frecuente que se rompieran las púas delgadas. También se observa que el peine es liso. Normalmente, no se incrustaban motivos artísticos, ya que ni la concha ni el cuerno se funden fácilmente.

Si bien los fabricantes de peines de Massachusetts desarrollaron máquinas para mecanizar la fabricación, no fueron capaces de conseguir una producción estable. El fracaso no debe achacarse a las máquinas, sino al material. Las grapas de sujeción y los movimientos de la cortadora exigían piezas planas y uniformes. El cuerno no era plano ni uniforme, ni en tamaño ni en flexibilidad.

La falta de consistencia dimensional y la escasa «fluidez» del cuerno animó a los fabricantes de peines a buscar sustitutos. El desperdicio implícito en la forma del asta fue un motivo más que favoreció el interés por otras alternativas.

Botones. Los fabricantes de botones de cuerno se enfrentaban a problemas de otra índole. Los prácticos botones planos se moldeaban a partir de piezas de asta natural, cortadas en fichas de tamaños determinados y, luego, se prensaban en moldes calentados. No obstante, los clientes también pedían botones decorativos como complemento de elegantes atuendos. Durante siglos se habían usado botones de marfil tallados a mano, pero eran caros y de una sola pieza. Si se quería incluir incrustaciones y motivos en relieve, el material de moldeo debía fluir fácilmente en el molde. Para conseguir esta fluidez, los asteros desarrollaron polvos de moldeado de asta triturada. Los botones de asta estaban hechos frecuentemente con pezuña de vaca triturada, teñida con una solución acuosa. Se vertía el polvo de cuerno en los moldes y después se comprimía o se laminaba en hojas. Se cortaban las hojas en pequeñas fichas planas con pequeñas herramientas similares a los cuchillos de cocina. Después se prensaban estas piezas planas en un molde para conseguir superficies en tres dimensiones. En la figura 1-3 se muestran dos botones de cuerno, uno de ellos con un vistoso relieve.

Los botones no requerían propiedades físicas muy especiales. Eran suficientemente gruesos como para mostrarse resistentes y carecían de púas frágiles. Lo que impulsó a investigar nuevas alternativas fue el propio trabajo del cuerno. La extracción de la masa de tejido y la limpieza de la membrana viscosa del interior del cuerno eran tareas sucias que estaban asociadas con los fuertes olores de los cuernos hervidos. Cuando se descubrió la disponibilidad de la goma laca, los trabajadores del cuerno evaluaron atentamente sus propiedades.

Goma laca

Cuando Marco Polo regresó a Europa de su viaje a Asia en torno al año 1290, trajo consigo la goma laca. La había encontrado en la India, donde la gente la había usado durante siglos. Los indios habían descubierto las propiedades únicas de un polímero natural cuyo origen era los insectos y no las astas de un animal.

El insecto que producía dicho polímero era una pequeña chinche llamada *lac*, originaria de la India y el sudeste de Asia. La hembra de esta chinche inserta el aguijón en los brotes o las ramas pequeñas de los árboles, se alimenta de la savia que extrae de la planta invadida y exuda un líquido espeso que se seca lentamente. A medida que crece el depósito de líquido endurecido, el insecto queda inmovilizado. Después de que el macho fertiliza a la hembra, aumenta las secreciones de jugo hasta que, finalmente, queda cubierta totalmente.

Dentro de este depósito pone cientos de huevos y finalmente muere. Cuando se rompen los huevos, las larvas se abren paso por la cubierta para salir y repetir el ciclo.

La secreción endurecida tiene propiedades únicas. Cuando se limpia, se disuelve en alcohol y se aplica sobre una superficie, produce un recubrimiento brillante, casi transparente. La voz inglesa de la goma laca, *shellac*, es muy descriptiva, ya que se refiere a la concha (*shell*) de la chinche *lac*. Además de servir como recubrimiento protector para muebles y suelos, la goma laca sólida es moldeable.

Con calor y presión, este material puede fluir por los intersticios de moldes con complicados detalles. Como la goma laca era frágil y poco resistente, se desarrollaron compuestos que contenían varias fibras para dar cierto grado de dureza a los moldeados. Uno de los primeros productos que se obtuvo con goma laca moldeada fue el estuche de daguerrotipos, como el que se presenta en la figura 1-4. Su fabricación en los Estados Unidos comenzó en torno a 1852.

Además de estos estuches, se moldeaban con goma laca botones, pomos y aislantes eléctricos. Para 1870, se había establecido la actividad del moldeo con goma laca. Esta actividad fue impulsada enormemente con los discos del fonógrafo hechos de goma laca. Con los materiales de moldeo de goma laca se podían señalar con precisión los finos surcos necesarios para reproducir el sonido. Las piezas de goma laca mantuvieron su rango en la floreciente industria de los plásticos hasta 1930, momento en el que los plásticos sintéticos superaron definitivamente sus cualidades.

Las apreciadas características de este material se vieron ensombrecidas por varios defectos. La cantidad y calidad de las cosechas de laca eran obra de insectos parásitos, las lluvias tropicales, las variaciones de temperatura, los vientos cálidos y una región geográfica muy concreta, la India. En épocas de sequía, los granjeros recogían las ramas donde se hospedaban los insectos vivos para poner sus huevos. Los almacenaban en fosas y trataban de mantener húmedos los palos y las ramas con agua fría. La alternativa a esta trabajosa tarea era la desaparición del caldo de cultivo de lac.

En condiciones normales, los granjeros recogían las ramas incrustadas una vez que la larva abandonaba el depósito protector. Después, rascaban para desprender el residuo endurecido y lo limpiaban. El lavado no era un tratamiento sencillo, debido a la arena, la suciedad, los cuerpos de lac muertos, las hojas y las fibras de madera.

Una vez que la goma laca estaba preparada para su aplicación como recubrimiento o polvo de moldeado, los problemas persistían. El más importante era la absorción de humedad. Si un molde o un recubrimiento de goma laca se moja, absorbe agua. Cuando se sumerge durante 48 horas, absorbe hasta un 20% de agua y adquiere un tono blancuzco. En los muebles antiguos se forman *anillos de agua* como los causados por condensación en los recipientes que tienen agua con hielo. La goma laca también absorbe la humedad de la atmósfera. En entornos muy húmedos, esta absorción será suficiente para blanquear los acabados de goma laca. En los moldeados, la absorción de humedad se traducirá incluso en fracturas. También en las formas estables, como son los botones, se producirán grietas por la captación de humedad.

Fig. 1-3. En estos botones negros de asta natural, se puede observar el relieve en tres dimensiones, posible con los compuestos de moldeo del cuerno (De la colección de Evelyn Gibbons).

Fig. 1-4. Este estuche de daguerrotipos, moldeado en torno a 1855, contiene goma laca y serrín. Los detalles son excepcionales.

El color de la goma laca no era sólido. Los tonos más habituales, amarillo y naranja, dependían del tipo de árbol que infestaba el lac. Para obtener goma laca blanca, se aplicaban lixiviaciones con cloro para aclarar el color natural. No obstante, el tratamiento de lixiviado afectaba también a su solubilidad en alcohol. La goma laca lixiviada experimentaba coalescencia, formando a menudo un terrón gomoso e inservible.

Otro de los problemas estaba relacionado con el envejecimiento. Los acabados y moldeados de goma laca se oscurecían con el tiempo. La goma laca vieja se hacía insoluble en alcohol. Los remates de goma laca almacenados en latas de acero absorbían también el hierro, de manera que el acabado quedaba gris o negro.

Esta serie de problemas impulsó a los fabricantes a buscar materiales alternativos. Durante las décadas de 1920 y 1930, se empezó a sustituir la goma laca por nuevos plásticos. Como reacción, los productores de goma laca trataron de mejorar sus características. Dado que la goma laca contenía varios polímeros, propusieron la separación de la porción más deseable por destilación fraccionada. La tentativa no dio como resultado un material que pudiera resistir la competencia con los plásticos sintéticos.

Gutapercha

La *gutapercha* es un polímero natural con propiedades llamativas. Procede de los árboles *Palaquium gutta* originarios de la península de Malasia. En 1843, William Montgomerie informó de que, en este territorio, se utilizaba gutapercha para fabricar mangos de cuchillos. El material se ablandaba en agua caliente y después se moldeaba por presión manual hasta conseguir la forma deseada. Su informe despertó el interés por el material y condujo al nacimiento de la Gutta Percha Company, que se mantuvo activa hasta 1930. Esta empresa se dedicaba a la fabricación de artículos moldeados.

Las características de la gutapercha son poco habituales. A temperatura ambiente se solidifica. Aunque se abolla, no se rompe fácilmente. Cuando se calienta, se puede estirar en tiras largas que no rebotan como el caucho. La gutapercha es inerte y resiste el vulcanizado. Su inercia ante el ataque de productos químicos la convirtió en un excelente aislante para cables y conductores eléctricos.

Cuando se arrollaban tiras largas estiradas de gutapercha alrededor de un alambre de forma apretada, el cable resultante era flexible e impermeable al agua y al ataque químico.

El primer cable telegráfico bajo el agua logró cruzar el Canal de la Mancha desde Dover a Calais. Su éxito se debió al aislamiento con gutapercha. En los Estados Unidos, la Morse Telegraph Company extendió un cable aislado con gutapercha a través del fondo del río Hudson en 1849. La gutapercha sirvió asimismo para proteger el primer cable transatlántico, que se tendió en 1866. En la figura 1-5 se muestra el uso de gutapercha en el primer cable transatlántico.

Al igual que otros materiales naturales, la gutapercha era poco sólida. Al contaminarse, se creaban en el aislamiento zonas con una menor resistencia a la electricidad. Dichas superficies terminaban por perder la capacidad de aislamiento, produciendo así una reducción de la vida del circuito eléctrico. A pesar de estos problemas, no fue superada como material aislante hasta que no empezaron a desarrollarse los plásticos sintéticos en las décadas de 1920 y 1930. Sólo entonces decayó la importancia de gutapercha en las aplicaciones eléctricas.

Primeros materiales naturales modificados

La recolección, recuperación o purificación de plásticos naturales era complicada. El uso de estos materiales en los procesos de fabricación resultaba difícil. Prácticamente, cualquier material que tuviera potencial como sustituto del asta natural o de la goma laca era objeto de atención. Muchos materiales constituyeron un rotundo fracaso. Otros, no servían en su estado natural pero resultaron útiles tras su alteración química.

La *caseína*, material obtenido del suero de la leche, pareció tener cierto valor como cuerno artificial. Se trituraba hasta obtener un polvo de la cuajada de la leche seca, se formaba una pasta con agua y se moldeaba la masa resultante dándola diversas formas. No obstante, la tentativa no estaba exenta de problemas, ya que los artículos moldeados se disolvían al mojarse. La caseína no constituyó un rival significativo del cuerno hasta 1897. En aquel año, un impresor alemán, Adolf Spitteler descubrió cómo endurecer la masa de la caseína con formaldehído. La caseína endurecida fue bautizada como *galalita*, que significa piedra láctea. Se trataba de un plástico moldeable para fabricar botones, mangos de paraguas y otros objetos pequeños.

La importancia de la galalita es la de servir como ejemplo de un grupo de materiales de origen natural que llegan a ser útiles para la fabricación únicamente después de su modificación química. Uno de los primeros materiales más sobresalientes dentro de esta categoría es el caucho.

Caucho

El *caucho natural*, también denominado *goma de caucho*, es un látex natural que se encuentra en la savia o jugo de muchas plantas y árboles. El líquido blanco y pegajoso de la planta algodoncillo tiene un rico contenido en látex. Existen también diversos árboles que producen látex natural en grandes cantidades. Para simplificar la producción del caucho, se cultivó *Hevea brasiliensis*, un prolífico productor de látex, en extensas plantaciones en la India. En comparación con la gutapercha, el caucho natural tenía poca importancia a nivel industrial. Es muy sensible a la temperatura, en condiciones climatológicas cálidas se ablanda y, a una temperatura ambiente fría, queda rígido. En una de sus primeras aplicaciones, se utilizó goma de caucho en los tejidos impermeables.

Charles Macintosh obtuvo una patente sobre tejidos impermeables en 1823. Optó por prensar una capa de caucho entre dos piezas de tela, resolviendo así un problema. A temperaturas templadas, la goma de caucho es pegajosa, pero al colocar el caucho entre dos piezas de tela se evitaba su tacto gomoso. Se fabricaron entonces algunas chaquetas impermeables, las llamadas mackintosh, que se toparon, no obstante, con los mismos problemas que la goma de caucho. En clima frío, las chaquetas se envaraban y agrietaban con frecuencia. Cuando hacía calor, se derretían. Además de quedar pegajosa con el calor, la goma de caucho se descomponía con facilidad desprendiendo olores intensos y desagradables.

En 1839, Charles Goodyear descubrió que la combinación de azufre en polvo con caucho mejoraba enormemente sus características. No fue éste un hallazgo casual. Goodyear invirtió años tratando de alterar la goma de caucho. Probó a mezclarla con tinta, aceite de ricino, jabón y hasta con queso cremoso. Finalmente, combinó la goma de caucho con azufre en polvo y calentó la mezcla. El caucho resultante era más resistente y duro, menos sensible a las temperaturas y más elástico que el original. Aprendió así a *vulcanizar* la goma de caucho. Al incluir pequeñas cantidades de azufre se obtenía un caucho flexible. Con cantidades grandes de azufre, hasta un 50%, se producía *ebonita*, un caucho que se hacía años como el vidrio.

En 1844, Goodyear recibió la patente americana de su descubrimiento. Tuvo la esperanza de que un gran stand en la Exposición Universal de Londres de 1851 le abriría el camino hacia la riqueza. Goodyear puso todo su empeño para exhibir su hallazgo, en la que fuera llamada Corte de Vulcanita. Sus paredes, techo y mobiliario estaban hechos con caucho. En la muestra se exponían peines, botones, botes y mangos de cuchillo moldeados con caucho duro. Entre los objetos de caucho flexible se incluían globos de goma y una balsa. Goodyear participó también en la Exposición Universal de París en 1855. Allí presentó muestras de cables eléctricos aislados con caucho duro, juguetes, equipo deportivo, placas dentales, equipo telegráfico y bolígrafos.

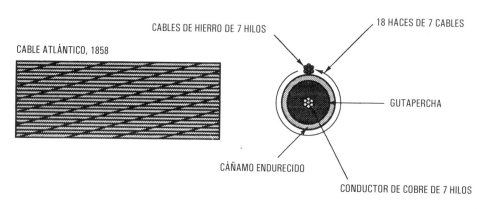

Fig. 1-5. El primer cable transatlántico tenía un diámetro global de 1,57 cm y contenía aproximadamente 450 g de gutapercha por cada 7 metros de cable. La cantidad de gutapercha utilizada para todo el cable fue de más de 260 toneladas.

Estas muestras convencieron a muchos de que el caucho vulcanizado encerraba un inmenso potencial comercial. Sin embargo, antes de poder enriquecerse personalmente con su idea, Goodyear murió en el año 1860. No vivió para ser testigo del auge de la industria del caucho, que fue espectacular durante la guerra civil de los Estados Unidos. Durante aquel período, el ejército de la Unión adquirió productos de caucho por un valor equivalente a 27 millones de dólares. La Goodyear Company pasó a ocupar la primera línea de la incipiente industria del caucho.

Los asteros estaban especialmente interesados en el caucho duro como sustituto del asta natural. En Inglaterra, los fabricantes de peines compraron toneladas de caucho duro, que preferían al cuerno o a la concha de tortuga porque no se desperdiciaba tanto material.

Sin embargo, aunque la cantidad de residuos era menor, el aspecto del caucho no ofrecía ninguna ventaja. Aquel material con tanta carga de azufre era en general negro o marrón oscuro. No podía, con ello, reemplazar a muchos de los productos de asta natural que imitaban al carey o al marfil. Las limitaciones relacionadas con su aspecto impidieron que la ebonita barriera a los demás materiales.

El caucho vulcanizado fue uno de los primeros polímeros naturales modificados. Sin vulcanización, la goma de caucho presentaba una utilidad limitada. El caucho vulcanizado, a la vez flexible y duro, se convirtió en cambio en un importante material industrial.

Celuloide

Para obtener el celuloide, se sometía la celulosa en forma de hilos de algodón a una serie de modificaciones químicas. Una de las alteraciones consistía en convertir el algodón en nitrocelulosa. En 1846, el químico suizo C.F. Schönbein descubrió que una combinación de ácido nítrico y ácido sulfúrico transformaba en explosivo al algodón. La nitrocelulosa explosiva está altamente nitrada. La celulosa moderadamente nitrada no es explosiva, pero resulta útil en otros sentidos.

La celulosa moderadamente nitrada se denomina *piroxilina*, un material que se disuelve en varios disolventes orgánicos. Cuando se aplica sobre una superficie, se evaporan los disolventes, quedando una fina capa transparente. Dicha película se denominó *colodión*. El uso de colodión se extendió cada vez más como vehículo para materiales fotosensibles. Cualquiera que esté familiarizado con los procesos fotográficos que se estilaban en las décadas de 1950 y 1960, habrá visto colodión seco. Al secarse una capa espesa de colodión, el material resultante quedaba duro, era resistente al agua, elástico en cierto grado y muy similar al asta natural.

Alexander Parkes, un hombre de negocios inglés, dedicó todo su esfuerzo a conseguir el desarrollo del colodión como material industrial. Parkes vivía en Birmingham, Inglaterra, y contaba con una considerable experiencia en la manipulación de polímeros naturales. Había trabajado con goma de caucho, gutapercha y caucho tratado químicamente. Era consciente de las propiedades de los plásticos naturales y de sus limitaciones. En 1862 anunció un nuevo material, al que llamó *parquesina*.

Aseguraba que se trataba de una sustancia que «compartía en gran medida las propiedades del marfil, la concha de tortuga, el asta natural, la madera dura, el caucho de la India, la gutapercha, etc., y que habría de sustituir hasta un punto considerable a dichos materiales...». Fundó una empresa en 1866 para vender su nuevo material, pero sus expectativas no se ajustaron a la realidad. Al mezclar piroxilina con diversos aceites densos, empleó distintos disolventes. Cuando se evaporaban los disolventes, el nuevo plástico se contraía en exceso. Los peines se deformaban y se retorcían tanto que quedaban inservibles. Así que los compradores no se agolparon a su puerta para adquirir el nuevo material, sino todo lo contrario; su empresa fracasó al cabo de dos años.

Este revés no disuadió a otros para tratar de convertir el colodión endurecido en un material industrial. Un americano, John W. Hyatt, también dirigió su atención a la cuestión. En 1863, se propuso conquistar una recompensa de 10.000 dólares que se ofrecía a quien supiera encontrar una alternativa a las bolas de billar de marfil. Hyatt fabricó unas cuantas bolas de billar de goma laca y de pulpa de madera, con materiales similares a los utilizados para los estuches de daguerrotipos. Como sustitutos dejaban que desear, ya que carecían de la elasticidad del marfil.

Se empeñó entonces en conseguir un material sólido a partir de piroxilina. En 1870, patentó un

Fig. 1-6. En esta máquina se seccionan las láminas de celuloide a partir de bloques grandes. El bloque que aquí se ve presenta vetas de varios colores para imitar a la concha de tortuga. (Montanto Chemical Co.)

proceso para la obtención de un nuevo material, al que llamó *celuloide*. Para ello mezcló piroxilina en polvo con goma de alcanfor pulverizada. Para dispersar uniformemente los polvos, humedeció la mezcla. Después, separó el agua absorbiéndola con papel secante, colocó el material en un molde, que para entonces era ya un bloque frágil, lo calentó y lo prensó. El resultado fue un bloque de material completamente uniforme, que se podía utilizar como compuesto para moldeo, aunque normalmente se seccionaba en láminas, que requerirían aclimatación para eliminar el agua residual. En la figura 1-6, se muestra el seccionado de un bloque grande de celuloide en láminas.

John y su hermano, Isiah S. Hyatt, fundaron unas cuantas empresas para aplicar su nuevo material. La primera fue la Albany Dental Plate Company, creada en 1870. La Albany Billiard Ball Company fue su segunda tentativa. En ambos casos, las aplicaciones por las que optaron para el celuloide fracasaron. Las placas dentales fueron una elección poco afortunada, ya que sabían a alcanfor. Algunas placas se ablandaban, abarquillaban o descascarillaban. No eran ni en lo más mínimo mejores que las hechas de caucho duro y no llegaron a suponer una amenaza seria para ellas en el mercado. Las bolas de billar de celuloide, representadas en la figura 1-7, presentaban los mismos inconvenientes que las de goma laca. La empresa de Hyatt, abandonó finalmente el celuloide en favor de la gutapercha.

El celuloide era un buen sustituto del asta natural. Podía imitar fácilmente al marfil, a la concha de tortuga y al cuerno. Significó por ello un éxito comercial, y la Celluloid Manufacturing Company supuso sustanciales ganancias para los Hyatt. Hacia 1874 se pudo disponer de peines y espejos de celuloide. Entre 1890 y 1910, los fabricantes de Leominster, Massachusetts, se pasaron prácticamente al celuloide como único material. En la figura 1-8, se muestran estos productos.

En lugar de tratar de monopolizar la fabricación del celuloide, los hermanos Hyatt concedieron la licencia para el uso de su material a una serie de empresas. Entre 1873 y 1880, se crearon filiales como la Celluloid Harness Trimming Company, la Celluloid Novelty Company, la Celluloid Waterproof Cuff and Collar Company, la Celluloid Fancy Goods Company, la Celluloid Piano Key Company y la Celluloid Surgical Instrument Company. Todo ello era indicativo de que los productos con base de celuloide eran por lo general artículos pequeños relacionados con la ropa y la moda.

El celuloide no resultaba adecuado para la mayoría de las aplicaciones industriales. Uno de los ejemplos de su fracaso en el mercado de materiales técnicos se produjo en los cristales de seguridad. Al colocar capas de celuloide entre dos piezas de vidrio se obtenían cristales de seguridad para automóviles; sin embargo, la exposición a la luz solar causaba su amarilleo y deterioro. A pesar de ello, el celuloide sí satisfacía las necesidades de una importante aplicación que nunca habría podido ser cubierta con el marfil, la concha de tortuga, el asta natural o el caucho duro: las películas fotográficas.

Hacia 1895, ya había quien podía disfrutar de películas cinematográficas en rollos de celuloide. El celuloide hizo posible la aparición de las primeras películas mudas y las famosas estrellas del cine. El mayor problema que presentaba, sin embargo, era su inflamabilidad. Los arcos con electrodos de carbón proporcionaban luz para la proyección, pero cuando los rollos se atascaban en el proyector, el calor intenso provocaba la ignición de la película. En los desastrosos incendios que se produjeron en los teatros perdieron la vida cientos de personas. De todas formas, aquellas muertes no limitaron el uso del celuloide para el cine. Ningún otro material se equiparaba en propiedades, hasta que se inventó una película de seguridad en la década de 1930 que constituyó el sustrato fotográfico que eliminaba el peligro de incendio.

El consumo de celuloide creció hasta mediados de los años 1920. No se podía moldear fácilmente y se utilizaba sobre todo como material de fabricación. Por esta razón, la goma laca siguió dominando el moldeo de plástico. A comienzos de la década de 1920, se emplearon polímeros sintéticos más consistentes que sustituyeron al celuloide en sus aplicaciones. Las pelotas de ping-pong son uno de los pocos productos que se siguen haciendo de celuloide.

Primeros plásticos sintéticos

El químico e investigador Dr. Leo H. Baekeland dedicó su trabajo a la búsqueda de un sustituto de la goma laca y el barniz. En junio de 1907, mientras trabajaba sobre la reacción química de fenol y formaldehído, descubrió un material plástico al que llamó *baquelita*. El fenol y el formaldehído provenían de compañías químicas, no de la naturaleza, un hecho que marcó la principal diferencia entre la baquelita y los plásticos naturales modificados.

En su cuaderno de anotaciones, Baekeland afirmaba que, con ciertas mejoras, su material podría «ser un sustituto del celuloide y el caucho duro». Presentó su hallazgo en la sección neoyorquina de la American Chemical Society en 1909, asegurando que la baquelita sería un material excelente para fabricar bolas de billar, ya que su elasticidad era muy similar a la del marfil. Su empresa, la General Bakelite Company, fue fundada en 1911. El uso de la baquelita se extendió rápidamente y, en contraposición con el celuloide, en seguida encontró aplicación más allá de la moda y los accesorios. Otras empresas empezaron a producir materiales *fenólicos*, que son plásticos semejantes a la baquelita. Para 1912, la Albany Billiard Ball Company, fundada por J. W. Hyatt, adoptó la

Fig. 1-7. Bola de billar de Hyatt, uno de los primeros productos de celuloide. (Celeanse Plastic Materials Co.)

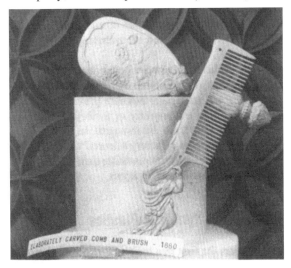

Fig. 1-8. Peine y cepillo fabricados con celuloide en 1880 (Celeanse Plastic Materials Co.)

baquelita para sus bolas de billar. En 1914, la Western Electric comenzó a utilizar resinas fenólicas para auriculares de teléfono. En ese mismo año, las cámaras Kodak empleaban resinas fenólicas para las cubiertas.

En 1916, Delco empezó a utilizar fenólicos para las piezas moldeadas aislantes en sistemas eléctricos de automóvil. Para 1918, existían resinas fenólicas moldeadas en cientos de piezas de automóvil. En la primera guerra mundial, los sistemas de aviación y comunicaciones empezaron a utilizar cada vez más piezas moldeadas con materiales fenólicos. Aún no han quedado obsoletos. En 1991, la industria de plásticos de los Estados Unidos utilizaba 75 millones de kilogramos de compuestos fenólicos.

Con la baquelita comenzó una nueva era para los plásticos. Antes, los plásticos eran naturales, o modificaciones químicas de materiales naturales. Con la baquelita se demostró que era posible reproducir en el laboratorio o la fábrica lo que los insectos lac o los árboles del caucho hacían en la naturaleza. De hecho, las condiciones controladas en una fábrica dieron paso a la producción de materiales más puros y uniformes que cualquiera de los producidos a partir de árboles, insectos o cuernos de animales.

Plásticos sintéticos comerciales

La baquelita fue el primero en una larga y extensa lista de plásticos nuevos que sigue aumentando todavía hoy. En la siguiente lista (tabla 1-1) se ofrece una cronología parcial del desarrollo de los plásticos. Los detalles sobre muchos de estos materiales se exponen en los apéndices E y F.

Resumen

Durante siglos, los plásticos naturales combinaban las propiedades de ligereza, solidez, resistencia al agua, translucidez y capacidad de moldeo. Su potencial era evidente pero resultaba difícil reunir dichos materiales, o se disponía de ellos únicamente en volúmenes o tamaños limitados. En todo el mundo, se trató de perfeccionar los plásticos naturales o buscar sustitutos.

Con la obtención de plásticos naturales modificados, se transformaba la materia prima natural, como por ejemplo, las fibras de algodón o la goma de caucho, en formas nuevas o mejoradas. El celuloide superó al asta natural en muchas de sus características. Sin embargo, los materiales modificados seguían basándose en fuentes naturales para la obtención del ingrediente principal. Fue con el desarrollo de la baquelita cuando resultó posible crear en una fábrica un material capaz de competir con la naturaleza. La baquelita dejaba abierta la puerta para el desarrollo de multitud de polímeros sintéticos, muchos de ellos adaptados para satisfacer requisitos específicos.

La investigación para el perfeccionamiento de materiales continúa hoy en día. Muchas fibras modernas son el resultado de pruebas para crear seda artificial. Los materiales compuestos se están imponiendo actualmente en aplicaciones antes reservadas a los metales. Las posibilidades de los nuevos sustitutos parecen infinitas.

Leo Baekeland previó el potencial sin límites de los plásticos fenólicos y utilizó el símbolo de infinito para representar sus usos. Dicho símbolo se aplica hoy al futuro sin fronteras que hacen realidad quienes dedican su esfuerzo a la búsqueda y el uso de nuevos polímeros.

Vocabulario

A continuación, se ofrece un vocabulario de las palabras que aparecen en este capítulo. Busque en el glosario del apéndice A la definición de aquellas que no comprenda en su acepción relacionada con el plástico.

Baquelita
Caseína
Celuloide
Colodión
Galalita
Goma laca
Gutapercha
Laca
Nitrocelulosa
Parquesina
Piroxilina
Vulcanizar

Tabla 1-1 Cronología de los plásticos

Fecha	Material	Ejemplo
1868	Nitrato de celulosa	Marcos de ventanas
1909	Fenol-formaldehído	Auricular de teléfono
1909	Moldeo en frío	Pomos y mangos
1919	Caseína	Agujas de tejer
1926	Alquido	Bases eléctricas
1926	Anilina-formaldehído	Tablas de terminales
1927	Acetato de celulosa	Cepillos de dientes, envases
1927	Policloruro de vinilo	Impermeables
1929	Urea-formaldehído	Instalaciones de luz
1935	Etil celulosa	Cubierta de linternas
1936	Acrílico	Respaldo del cepillo
1936	Poliacetato de vinilo	Revestimiento bombillas
1938	Acetato butirato de celulosa	Mangueras
1938	Poliestireno o estireno	Accesorios de cocina
1938	Nilón (poliamida)	Engranajes
1938	Polivinil acetal	Capa intermedia cristal seguridad
1939	Policloruro de vinilideno	Tapicería automóviles
1939	Melamina formaldehído	Servicio de mesa
1942	Poliéster	Casco de hidroavión
1942	Polietileno	Botes compresibles
1943	Fluorocarbono	Juntas industriales
1943	Silicona	Aislantes de motor
1945	Propionato de celulosa	Bolígrafos y plumas
1947	Epoxi	Herramientas y plantillas
1948	Acrilonitrilo-butadieno estireno	Maletas
1949	Alílico	Conectores eléctricos
1954	Poliuretano o uretano	Cojines de espuma
1956	Acetal	Piezas de automóvil
1957	Polipropileno	Cascos de seguridad
1957	Policarbonato	Piezas para electrodomésticos
1959	Poliéter clorado	Válvulas y accesorios
1962	Fenoxi	Botellas
1962	Polialómero	Caja de máquinas de escribir
1964	Ionómero	Apliques cutáneos
1964	Óxido de polifenileno	Cubiertas de baterías
1964	Poliimida	Conexiones
1964	Etileno-acetato de vinilo	Chapado flexible de alto calibre
1965	Parileno	Revestimientos aislantes
1965	Polisulfona	Piezas para electricidad y electrónica
1965	Polimetilpenteno	Bolsas de alimentos
1970	Poli(amida-imida)	Películas
1970	Poliéster termoplástico	Piezas electricidad y electrónica
1972	Poliimidas termoplásticas	Asiento de la válvula
1972	Perfluoroalcoxi	Revestimientos
1972	Éter poliarílico	Cascos de recreo
1973	Poliéter sulfona	Pantallas de horno
1974	Poliésteres aromáticos	Circuitos impresos
1974	Polibutileno	Tuberías
1975	Resinas de barrera de nitrilo	Envases
1976	Polifenilsulfona	Componentes aeroespaciales
1978	Bismaleimida	Circuitos impresos
1982	Polieterimida	Recipientes para hornos
1983	Polieteréter cetona	Revestimientos de cables
1983	Redes interpenetrantes (IPN)	Mamparas de ducha
1983	Poliarilsulfona	Tulipas de lámparas
1984	Poliimidasulfona	Uniones de transmisión
1985	Policetona	Piezas de motor automóvil
1985	Poliéter sulfonamida	Levas
1985	Polímeros de cristal líquido	Componentes electrónicos

Preguntas

1-1. ¿Por qué se estropeaba con frecuencia la máquina con la que se fabricaban peines de asta natural?

1-2. ¿Por qué no se hacían de asta natural o polvos de asta las cajas de daguerrotipos?

1-3. La caseína se deriva de __?__.

1-4. La nitrocelulosa moderadamente nitrada se denomina __?__.

1-5. ¿Qué diferencia existe entre colodión y nitrocelulosa moderadamente nitrada? __?__.

1-6. ¿Qué diferencia existe entre parquesina y celuloide?

1-7. La baquelita se obtiene de la reacción química entre __?__ y __?__.

Actividades

1-1. Escriba una redacción sobre el desarrollo de algún artículo deportivo cuya historia le resulte atractiva. Entre los ejemplos, se incluyen palos de golf, raquetas de tenis, pelotas de tenis, esquíes para la nieve, zapatillas de tenis, bolas de billar y cañas de pescar. Trate de reunir información sobre los procesos de fabricación asociados.

Para ilustrar los cambios en los equipos deportivos, a continuación se expone un breve relato sobre las pelotas de golf:

> Las primeras pelotas de golf eran óvalos o esferas de madera, marfil o hierro. Después, estas bolas sólidas fueron sustituidas por bolsas de cuero densamente rellenas con plumas, pero aquellas pelotas no podían soportar la humedad e impedían que se pudiera jugar sobre la hierba mojada o con lluvia.
> Entre 1846 y 1848, las pelotas de gutapercha sólidas empezaron a reemplazar a las de plumas. Servían para la lluvia, pero se rompían en los días fríos, si bien se podían volver a moldear los trozos y conseguir otra pelota utilizable. En la figura 1-9 se muestra un molde para pelotas de gutapercha.
> En torno al año 1899, una nueva modalidad hizo que las pelotas de gutapercha quedaran obsoletas. Consistía en un hilo elástico estirado enrollado para formar una esfera y cubierto con gutapercha o *balata*, un caucho natural que se podía vulcanizar. Estas pelotas exigían un hilo elástico de buena calidad y el equipo para arrollarlo en las pelotas de forma apretada y uniforme. Las nuevas pelotas eran mucho más elásticas y saltaban más. En 1966, las bolas de hilo elástico quedaran anticuadas al extenderse en el mercado las pelotas moldeadas con un tipo de caucho sintético sólido. Mucho más duras que las anteriores, se basaban en materiales novedosos, de incipiente desarrollo en las compañías químicas. Desde entonces, se han desarrollado otras cubiertas exteriores cuya rotura con el palo de golf es imposible.

* Fuente: Martin, John S. *The Curious History of the Golf Ball: Mankinds Most Fascinating Sphere*, Nueva York: Horizon Press, 1968

1-2. Escriba un breve relato sobre una compañía de fabricación de plásticos a lo largo de su historia. Empresas como DuPont, Celanese y Monsanto son algunas de las casas que nacieron con la utilización o fabricación del celuloide. A menudo, el origen de las empresas con fábricas en Leominster, Massachusetts, se remonta a la fabricación de peines de asta natural. Por ejemplo, la Foster Grant Company, famosa por sus gafas de sol, inició su actividad en Leominster como fabricante de peines de plástico. Muchos de los empleados que se contrataron entonces se habían dedicado anteriormente al moldeo con cuerno.

1-3. Investigue sobre plásticos naturales.

Equipo. Minerva de placas calentadas o prensa sin calentar, sierras, placas pulidas o material especular de acero inoxidable.

CUIDADO: Realice las actividades en el entorno de laboratorio bajo supervisión.

Asta natural sólida

Nota: Esta actividad no refleja la práctica actual dentro de la industrial de plástico. Sólo demuestra las características del cuerno moldeado.

CAPÍTULO 1: INTRODUCCIÓN HISTÓRICA A LOS PLÁSTICOS

Fig. 1-9. Este molde servía para dar forma a las pelotas de golf de gutapercha (Golf Association Museum de los Estados Unidos)

Fig. 1-10. Esta mitad de cuerno está lista para el cortado y prensado.

Fig. 1-11. En esta fotografía se puede apreciar la calidad transparente del cuerno.

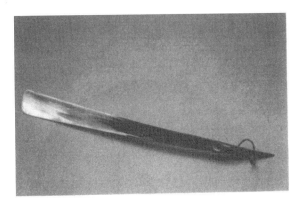

Fig. 1-12. Con el moldeo se ha modificado la forma y el acabado final de este calzador.

Fig. 1-13. Con este sencillo cilindro con amortiguador se pueden moldear la goma laca y el cuerno en polvo.

a. Consiga cuernos de vaca. Si están crudos, hiérvalos durante unos 30 minutos para evitar su descomposición. Sierre los cuernos y extraiga la masa de tejido. Raspe la membrana del interior de las piezas de cuerno. Finalizada la operación, el cuerno tendrá el aspecto que se muestra en la figura 1-10.

b. Corte una pieza pequeña, aproximadamente 6,45 cm². Mida la longitud, la anchura y el grosor. Sumérjalo en agua hirviendo durante aproximadamente 15 minutos. Colóquelo entre placas pulidas y aplástelo en una prensa minerva. Si lo calienta, mantenga la prensa a 109 °C. Manténgalo prensado y déjelo enfriar. Examine la pieza de cuerno resultante. Si la pieza original tenía un color blancuzco, la alisada y aplanada deberá ser bastante transparente. En la figura 1-11 se presentan algunas piezas más bien transparentes de cuerno prensado. La suavidad relativa de las placas de prensa se traducirá en la transparencia del cuerno.

c. Mida el cuerno aplanado.

d. Vuélvalo a sumergir en agua hirviendo.

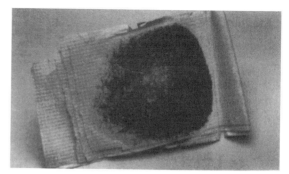

Fig. 1-16. Esta fina lámina es notablemente más flexible que una similar de goma laca sin reforzar.

Fig. 1-14. La goma laca en copos es poco habitual, aunque se puede encontrar.

g. Examine cucharillas de huevera hechas con cuerno, que podrá adquirir en ferreterías. Prepare una forma de madera para una cuchara similar. Posiblemente habrá visto alguna vez un calzador de asta como el que se muestra en la figura 1-12.

Cuerno o pezuña en polvo. Se pueden conseguir pezuñas de vaca en mataderos.

a. Obtenga el polvo rellenándolo con limatón.

b. Compáctelo con un pistón de cilindro, como el que se observa en la figura 1-13. La pieza rectangular de material es un *amortiguador de choque*.

c. Pruebe cómo se marca la superficie con una moneda, y comprobará la facilidad con la que quedan los detalles.

d. Experimente con colores.

Goma laca. Se puede adquirir en establecimientos de restauración de muebles en forma de barra. También está disponible en copos en los almacenes para suministro de ebanisterías. (Véase figura 1-14).

a. Haga moldeos sencillos utilizando un cilindro, un amortiguador y una moneda. En la figura 1-15 aparece un molde de goma laca sobre el que se impresionado la cara de una moneda. Repare en la reproducción de los detalles. La goma laca fluye a una temperatura inmediatamente por encima de los 100 °C. Sin un aparato para aplicar presión al cilindro, la goma laca lo levantaría y se formaría un exceso de rebaba. El «amortiguador» de goma mantiene la presión del cilindro durante la compresión.

Fig. 1-15. Este molde de goma laca grabado con una moneda da idea de cómo se pueden marcar los detalles en la goma laca.

e. Mídalo de nuevo. ¿Ha recuperado el cuerno sus dimensiones originales?

f. Prepare un tinte comestible con agua para comprobar que el cuerno lo absorbe enseguida.

- **b.** Compare los moldeos de pezuña y los de goma laca en polvo.
- **c.** Analice el efecto de las fibras.
  - **(1)** Coloque en estratos pliegos de papel y goma laca.
  - **(2)** Prense el conjunto en una minerva recalentada.
  - **(3)** ¿Fluye la goma laca por el papel? ¿En qué medida mejora el papel la resistencia de la goma laca? En la figura 1-16 se muestra un estrato fino que contiene dos capas de pliegos de papel y una pequeña cantidad de goma laca.
  - **(4)** Cree un material compuesto moldeado utilizando goma laca en polvo y fibras de vidrio o algodón. ¿Hasta qué punto mejoran las fibras las propiedades físicas de los moldeos?

Referencias

Borglund, Erland, y Jacob Flavensgaard. *Working in Plastic, Bone, Amber, and Horn.* Nueva York: Reinhold Book Corp., 1968.

Friedal, Robert. *Pioner Plastic; The Making and Selling of Celluloid.* University of Wisconsin Press, 1983.

Luscomb, Sally C. *The Collector's Encyclopedia of Buttons.* Nueva York: Bonanza Books, 1967.

Mark, Herman F. «Polymer chemistry: the past 100 years,» *Chemical and Engineering News,* 6 de abril de 1976, páginas 176-189.

Capítulo 2

Estado actual de la industria de los plásticos

Introducción

En el primer capítulo se han utilizado las palabras *polímero, caucho* y *plástico* sin haberlas definido en profundidad. Los *polímeros* son compuestos orgánicos naturales o sintéticos. Entre los polímeros naturales se incluyen el asta natural, la goma laca, la gutapercha y la goma de caucho. Los polímeros sintéticos aparecen en infinidad de productos de plástico, ropa, piezas de automóvil, acabados y productos de cosmética. Ya sean naturales o sintéticos, los polímeros tienen estructuras químicas que se caracterizan por la repetición de pequeñas unidades llamadas *meros*. Para que un compuesto sea un polímero deberá tener al menos 100 meros. Muchos de los polímeros que aparecen en los productos de plástico tienen de 600 a 1.000 meros.

El vocablo *plástico* se deriva del término griego *plastikos*, que significa «formar o preparar para moldeado». Una explicación más precisa es la que ofrece la Society of the Plastics Industry, que define plástico como:

> Cualquiera de los materiales pertenecientes a un extenso y variado grupo que consta en su totalidad o parcialmente de combinaciones de carbono con oxígeno, nitrógeno, hidrógeno y otros elementos orgánicos o inorgánicos que, aunque son sólidos en su estado final, en ciertas etapas de su fabricación existen como líquidos y, por lo tanto, presentan la capacidad de ser conformados en diversas formas, generalmente por aplicación, ya sea por separado o en combinación, de presión y calor.

En este libro, se utilizará la palabra plásticos, terminado en «s», para referirse al material y el término plástico, en singular, como adjetivo sinónimo de conformable. Como los plásticos están íntimamente relacionados con las resinas, muchas veces se confunden. Las *resinas* son sustancias de tipo gomoso, sólidas o semisólidas, que se utilizan para la obtención de productos como pinturas, barnices y plásticos. Las resinas no son plásticos hasta que no se convierten en un «sólido en su estado final».

El químico inglés Joseph Priestley acuñó la palabra *goma* al observar que se podían borrar las marcas de lápiz con un trozo de látex natural. El caucho natural es un material englobado dentro del grupo denominado elastómeros. Los *elastómeros* son materiales poliméricos naturales o sintéticos que se pueden estirar hasta un 200% de su longitud original y, a temperatura ambiente, retornan en seguida a aproximadamente su longitud original.

Si bien se ha considerado a los elastómeros y a los plásticos como categorías de materiales distintas, la diferencia entre ellos se ha difuminado de forma considerable. Cuando se empezaron a desarrollar los plásticos y los materiales gomosos, los primeros tendían a ser rígidos, mientras que las gomas eran flexibles. Actualmente, muchos plásticos presentan las características tradicionalmente asignadas al caucho. Aunque los cauchos siguen teniendo propiedades únicas, sobre todo la capacidad de retraerse rápidamente, estas dos categorías están hoy en día parcialmente solapadas.

En los últimos años, una familia de materiales llamada elastómeros termoplásticos (TPE) ha servido en cierto modo como puente entre los cauchos tradicionales y los plásticos. Dentro de los TPE se incluyen algunos subgrupos: elastómeros termoplásticos a base de uretanos, poliésteres, estireno y olefinas. Con diferencia, el grupo dominante es el de los TPO, que designa a los elastómeros termoplásticos de olefina. Estos materiales han reemplazado a muchas calidades de caucho, en particular en piezas de automóvil. Los TPE han sustituido también a muchos de los productos de caucho tradicionales por su facilidad de tratamiento.

Los productos de plástico y elastómero no contienen un 100% de polímero. Generalmente, constan de uno o más polímeros combinados con diversos aditivos. (Véase en el capítulo 7 una exposición sobre aditivos y sus efectos). La relación entre estos términos fundamentales queda representada en la figura 2-1. En ella se observa que la categoría superior que comprende a las demás es la de los polímeros, que se convierten en plásticos o elastómeros por la presencia de aditivos.

En este capítulo se presenta el estado actual de la industria de los plásticos, especialmente centrado en los Estados Unidos. El esquema de su contenido es el siguiente:

I. Materiales plásticos principales
II. Reciclado de plásticos
   A. Leyes de depósito y fianza por botella y sus efectos

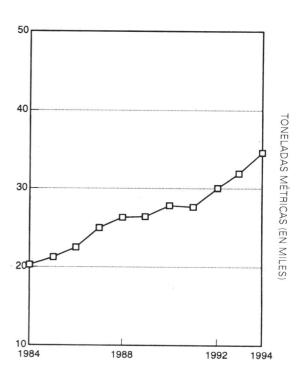

Fig. 2-2. Las ventas de plásticos en los Estados Unidos aumentaron en un 5% al año entre 1984 y 1994 (adaptado de *Modern Plastics*).

   B. Reciclado con contenedores urbanos
   C. Reciclado de automóviles
   D. Reciclado químico
   E. Reciclado en Alemania
III. Eliminación por incineración o degradación
   A. Historia de la incineración en los Estados Unidos
   B. Ventajas de la incineración
   C. Inconvenientes de la incineración
   D. Plásticos degradables
IV. Organizaciones en la industria de plásticos
   A. Publicaciones para la industria de los plásticos
   B. Publicaciones comerciales

Materiales plásticos principales

Durante la década de 1984 a 1994, el índice medio de las ventas anuales de plásticos en los Estados Unidos aumentó en un 5%. En la figura 2-2 se muestra un gráfico de cifras de ventas que refleja una tendencia ascendente bastante constante. Según un informe de 1992 de la Society of the Plastics Industry, en 1991 la industria de los plásticos, incluyendo la fabricación de plásticos dentro de otras

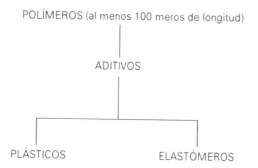

Fig. 2-1. Los plásticos y los elastómeros contienen aditivos que garantizan su seguridad en una amplia gama de entornos. Incluso los plásticos de tinte natural contienen aditivos.

categorías de la industria, generó partidas de 271.000 millones de dólares, prácticamente un 11% de los envíos manufacturados. La fabricación de plásticos ocupaba a cerca del 3% de los empleados de los Estados Unidos.

Para hacerse con una idea más clara del consumo de plásticos, se han tomado los datos de 1994. Si bien los números cambian de año en año, el consumo relativo y la aplicación de los distintos materiales ha sido bastante constante. En la tabla 2-1, se ilustran los volúmenes de venta. Los ocho plásticos más vendidos, que supusieron el 82% del total de ventas, fueron los siguientes:

Polietileno de baja densidad (LDPE)	6.394
Polietileno de alta densidad (HDPE)	5.280
Policloruro de vinilo (PVC)	5.056
Polipropileno (PP)	4.433
Poliestireno (PS)	2.671
Poliuretano (PU)	1.707
Poliéster termoplástico (PET)	1.564
Fenólico	1.465
Total	28.570

Unidades: 1.000 toneladas métricas

Para calcular las expectativas de utilización de estos ocho plásticos, se determinaron las previsiones según los datos de ventas de 1994 y conforme a un índice de crecimiento anual de un 5%. En las figuras 2-3 a 2-10 se ofrecen gráficos de los usos esperados para el año 2000.

Tabla 2-1. Ventas de plásticos en los Estados Unidos

Acrilonitrilo-butadieno-estireno (ABS)	677
Epoxi	274
Nilón	419
Fenólico	1.465
Poliacetal	97
Policarbonato	316
Poliéster, termoplástico	1.574
Poliéster insaturado	1.333
Polietileno de alta densidad	5.280
Polietileno de baja densidad	6.394
Aleaciones de polifenileno	109
Polipropileno	4.433
Poliestireno	2.671
Poliuretano	1.707
Policloruro de vinilo	5.056
Estireno acrilonitrilo	59
Elastómeros termoplásticos	394
Urea y melamina	993
Otros	1.495
Total	34.736

Unidades: 1.000 toneladas métricas

Adaptado de *Modern Plastics*, enero de 1995.

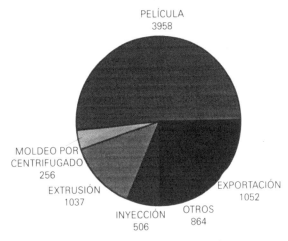

Fig. 2-3. Utilización de LDPE esperada: previsión para el año 2000 (adaptado de *Modern Plastics*).

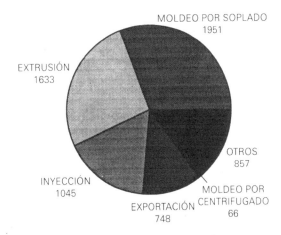

Fig. 2-4. Utilización de HDPE esperada: previsión para el año 2000 (adaptado de *Modern Plastics*).

Según las previsiones, la principal aplicación del PDPE es en película; el HDPE se utilizará en botellas para alimentos líquidos; el PVC, en tuberías; el PP, en fibras; el PS, en cintas de casetes; el PU, en espuma para muebles; el PET, en botes de bebidas, y los fenólicos, en contrachapado adhesivo. El constante crecimiento de las ventas de plásticos refleja la capacidad de los productos de plástico para satisfacer la creciente demanda de los consumidores. La creciente utilización de plásticos ha despertado también preocupación sobre la responsabilidad de estos materiales en la contaminación del medio ambiente.

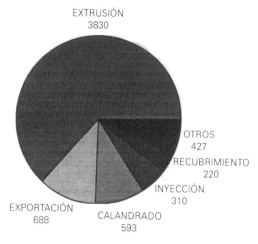

Fig. 2-5. Utilización de PVC esperada: previsión para el año 2000 (adaptado de *Modern Plastics*).

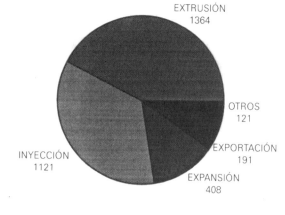

Fig. 2-7. Utilización de PS esperada: previsión para el año 2000 (adaptado de *Modern Plastics*).

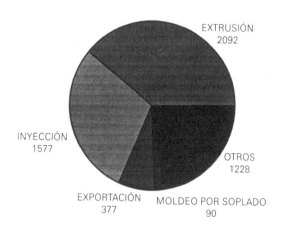

Fig. 2-6. Utilización de PP esperada: previsión para el año 2000 (adaptado de *Modern Plastics*).

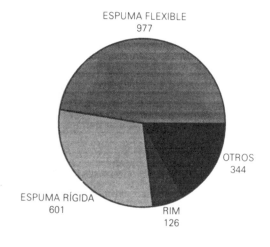

Fig. 2-8. Utilización de LDPE esperada: previsión para el año 2000 (adaptado de *Modern Plastics*).

Reciclado de plásticos

La celebración por primera vez del Día de la Tierra, en 1970, señaló el desarrollo de un nuevo nivel de conciencia y preocupación sobre el medio ambiente. Durante la década de 1970, se celebraron algunas campañas antibasura. En 1976, el gobierno federal de los Estados Unidos aprobó la ley sobre conservación de recursos y recuperación (RCRA), en la que se promovía la reutilización, reducción, incineración y reciclado de materiales. El efecto que produjeron la preocupación popular y la legislación en su conjunto sirvieron para propiciar importantes cambios en dos campos: la manipulación de residuos peligrosos y el reciclado de materiales no peligrosos. En el capítulo 4 se habla sobre el tratamiento de materiales peligrosos en la industria del plástico.

La palabra reciclado se reserva generalmente a los materiales residuales que han pasado por el consumidor. Por el contrario, para referirse al manejo de materiales residuales generados durante la fabricación se usa por lo común reutilización

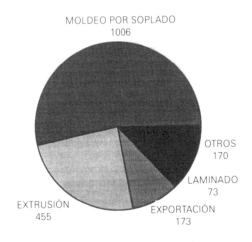

Fig. 2-9. Utilización de PET esperada: previsión para el año 2000 (adaptado de *Modern Plastics*).

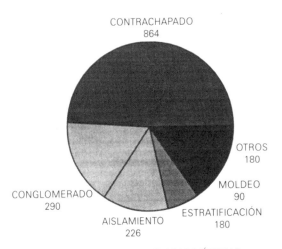

Fig. 2-10. Utilización de fenólico esperada: previsión para el año 2000 (adaptado de *Modern Plastics*).

o retratamiento. Las industrias de plásticos llevan décadas aprovechando el material de las piezas defectuosas, los recortes y la chatarra. Su empleo varía desde el reprocesado a pequeña escala en compañías reducidas hasta programas a gran escala para generar miles de toneladas de materiales reprocesados. El reciclado sistemático de plásticos ya consumidos se reparte en dos canales principales: depósitos por las botellas retornables y programas de recogida en contenedores urbanos para materiales reciclables.

Legislación sobre depósitos por botella y su efecto

El esfuerzo por favorecer u obligar al reciclado de botellas ha llevado a la redacción de diversas leyes estatales, nacionales y regionales. El reciclado de recipientes de PET refleja la eficacia de esta tendencia. A título de ejemplo, se ofrecen a continuación las disposiciones adoptadas en los Estados Unidos.

Legislación estatal. Durante la década de 1970, hubo cinco estados de los Estados Unidos que aprobaron leyes sobre depósitos o fianzas por las botellas. En orden cronológico, fueron Oregón, Vermont, Maine, Michigan e Iowa. En la década de 1980, cinco estados más se sumaron a esta exigencia de depósitos: Connecticut, Delaware, Massachusetts, Nueva York y California. La primera ley sobre depósitos entró en vigor en 1972, en Oregón, y la última, en 1987 en California. En los estados en los que se había adoptado la ley de depósito se exigían 5 centavos por botella, salvo Michigan, donde había que pagar 10 centavos.

Dado que Michigan era el único estado que cobraba más de 5 centavos, ocupó una posición preponderante en el esfuerzo para el reciclado de botellas. El Departamento de Recursos Naturales de Michigan señaló que la ley de depósito supuso una reducción del 90% de basuras en las autopistas y los parques. Por otra parte, desvía al año aproximadamente 700.000 toneladas de desperdicios de los vertederos. La ley de depósito supone que aproximadamente el 95% de los 4.500 millones de recipientes que se fabrican al año retornen a las instalaciones de reciclado.

Legislación federal. Paralelamente al inicio de las leyes estatales, los legisladores y representantes federales de los Estados Unidos estudiaron la redacción de leyes de depósitos. En 1976, un estudio de la Administración Federal de Energía recomendó una ley de depósitos de ámbito nacional. En 1977, la Oficina de Contabilidad General se mostró a favor de los depósitos. En 1978, la Oficina de Asesoramiento Tecnológico publicó un informe que apoyaba también esta práctica. En 1981, se propuso el proyecto de ley del Senado 709 sobre depósitos, que no fue aprobado. En 1983, el proyecto de ley del Senado 1247 y el proyecto de ley de la Cámara de Representantes 2690 propusieron depósitos de 5 centavos para bebidas con gas. No hubo resultados. Desde entonces, año tras año se han estudiado variantes de las leyes de depósitos, si bien ninguna de ellas ha sido aprobada como ley. Por consiguiente, las leyes sobre depósitos por botellas se regulan en cada estado.

Regulaciones estatales sobre el contenido reciclado de botellas. Gracias a la presión de la administración federal y al interés demostrado por los estados, para finales de 1994, 40 gobiernos estatales habían fijado objetivos legales para el control de basuras o reciclado. En el intento de obligar a un reciclado más exhaustivo, algunos estados aprobaron también regulaciones sobre el contenido del reciclado. En numerosas ocasiones, estas leyes reemplazaron a las leyes promulgadas a principios de la década de 1990, que prohibían diversos plásticos. Por ejemplo, en algunos estados se proscribieron los envases de espuma de poliestireno. En muchos casos estas leyes no entraron en vigor. A diferencia de las normativas de prohibición, las regulaciones sobre el contenido reciclado pueden encontrar una mayor respuesta.

En estas leyes se especifica normalmente el porcentaje de contenido reciclado post-consumidor (PCR) en varios tipos de contenedores. A partir de 1994, en Florida, las botellas y los botes debían tener un 25% de PCR. En California, se exigía que los contenedores rígidos no destinados a alimentos contaran al menos con un 25% de contenido reciclado post-consumidor, en 1995. Los contenedores que se pueden reutilizar o rellenar cinco veces están exentos. California exigía asimismo que las bolsas de basura incluyeran un 10% de material reciclado en 1994, y un 30% en 1995. En Oregón, cualquier contenedor rígido debe incluir también un 25% de PCR. Florida exige el pago previo de una tasa de un centavo a los distribuidores mayoristas, a no ser que los contenedores tengan un 25% de material reciclado.

Reciclado de botellas de PET. La secuencia consiste por lo general en que, para recuperar el depósito por las botellas de refresco de PET (poliéster termoplástico), los consumidores las devuelven a los establecimientos, que clasifican los recipientes según el fabricante. Los conductores de los camiones de distribución de bebidas frecuentemente tienen que recoger grandes bolsas de plástico llenas de botellas de plástico vacías. Llevan las botellas a una instalación de tratamiento, en la que se clasifican los recipientes. Para reducir costes de envío, se utiliza un equipo de densificación para prensar las botellas en balas que se venden después a compañías de reciclaje. Los encargados desembalan los recipientes, los trocean en copos, los limpian, los lavan, los secan y en algunos casos, vuelven a tratar los materiales. En la tabla 2-2, se muestra el aumento del reciclado de PET.

La tarea de encontrar un uso para el PET reciclado no siempre ha sido sencilla. Por ejemplo, la estadounidense Federal Food and Drug Administration (FDA) no permitió durante años el uso de materiales reciclados en aplicaciones destinadas al contacto con alimentos. Por consiguiente, había que utilizar el PET en aplicaciones que no implicaran tal contacto. Uno de los usos más importantes del PET reciclado fue la fibra. Así, 35 botellas de refresco proporcionan el material suficiente para el relleno de fibra utilizado en un saco de dormir. Otros productos son los tejidos de poliéster para las camisetas y las sábanas.

Otra posibilidad consiste en fabricar contenedores de varias capas, con un estrato interior de

Tabla 2-2. Reciclado de PET

1982	1989	1993
18	88,5	203,5

Unidades: 1.000 toneladas métricas

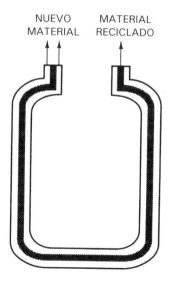

Fig. 2-11. Se incorpora una capa intermedia de material reciclado entre dos capas del material principal.

material virgen, una capa intermedia de sustancia reciclada y una capa externa también de material virgen. En la figura 2-11 se muestra un esquema de este tipo de contenedor, que permite el uso de material reciclado sin dejar de controlar la capa de contacto con el alimento ni la superficie exterior o cubierta.

Otra posibilidad consiste en la despolimerización química del PET y el posterior uso de los materiales resultantes para su polimerización en la obtención de un «nuevo» PET. Las ventajas de esta opción son limitadas, ya que el PET producido resulta más caro que fabricarlo nuevo. Según una estimación de 1994, el PET reciclado obtenido por despolimerización costaba en los Estados Unidos entre 20 y 30 centavos más que el material virgen por cada 0,4 kg.

En agosto de 1994, se adoptó una importante medida. La Food and Drug Administration aprobó el uso de PET reciclado al 100% para envases en contacto con alimentos. Se trataba de la primera vez que la FDA aprobaba envases para bebidas y alimentos de un 100% de material reciclado. Esto significa que las botellas de PET para refrescos se podían reprocesar para obtener botes nuevos para comida.

Para conseguir esta aprobación, una instalación de reciclado de Michigan tuvo que desarrollar nuevos métodos para limpiar a fondo el material de reciclaje. El nuevo tratamiento se caracteriza por lavado de alta intensidad, temperaturas de aproximadamente 260 °C y otras técnicas de limpiado. Se desconoce aún si los materiales de contenedores urbanos quedarán bastante limpios como para ser viables económicamente por esta misma vía.

En 1993, el índice de reciclado de todos los envases de PET alcanzó aproximadamente el 30%. En los lugares con legislación sobre depósitos por botellas se retorna un 95 de los contenedores que requieren depósitos. Si, por ejemplo, se tiene en cuenta que las leyes de depósito afectan a un 18% de la población estadounidense, ello significa que la quinta parte de la población que se acoge a la ley de depósito es responsable al 60% del total de botellas de PET recicladas. Si bien estas cifras podrían servir de apoyo a los depósitos por botellas, los detractores de estos depósitos aseguran que los programas integrales para la manipulación de desperdicios son mucho más eficaces que los depósitos obligatorios.

Reciclado con contenedores urbanos

Aproximadamente 7.000 comunidades del territorio de los Estados Unidos cuentan con contenedores urbanos para recogida de materiales reciclables. Estos programas abarcan más de 15 millones de hogares y miles de negocios. En las pequeñas comunidades, los programas suelen estar atendidos por compañías u organizaciones creadas para satisfacer esta necesidad. Muchas comunidades grandes y medianas contratan a empresas de gestión de desperdicios sólidos de ámbito nacional para que se encarguen de la recogida, creación y mantenimiento de las instalaciones, así como de la búsqueda de compradores de los materiales reciclados.

Código de identificación. En contraste con el caso de los materiales obtenidos a través del depósito por botella, en el que se conocía claramente el tipo de plástico, en los programas de reciclado por contenedores urbanos resultaba difícil distinguir el tipo de plástico obtenido. Podía suceder que una identificación equivocada de unos pocos contenedores arruinara una cantidad considerable de material útil. Por ejemplo, muchas veces resulta imposible distinguir por el aspecto botellas de PET y de PVC. Si se mezcla una cantidad reducida de PVC en un lote grande de PET, se estropeará el PET.

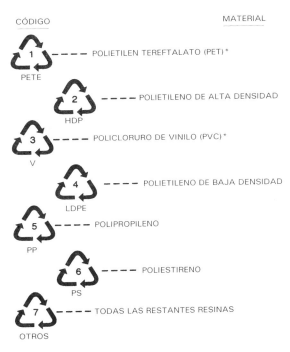

Fig. 2-12. Códigos recomendados por el Plastic Bottle Institute.

Para evitar este problema y otros similares, en 1988 el Plastic Bottle Institute de la Society of the Plastics Industry estableció un sistema para identificar los recipientes de plástico. Cada código tiene un número dentro de un símbolo triangular y una abreviatura debajo, tal como se muestra en la figura 2-12.

El símbolo de las flechas en círculo sirve para indicar que el objeto es reciclable. Algunas personas y organizaciones creen que el símbolo de reciclado es engañoso, ya que al tratar de reciclar recipientes marcados con 3 ó 6, frecuentemente se han topado con que nadie aceptaba aquel material, al pensar que el símbolo indicaba que estaba reciclado, no que se podía reciclar. Sin embargo, el reciclado sistemático y generalizado de los plásticos requerirá algún sistema de identificación, con o sin el símbolo de las flechas.

Recogida. La mayoría de los programas de reciclado aceptan metales, plásticos y papel/cartón. Algunos programas exigen a los residentes una concisa separación de materiales. Para los plásticos, debían fijarse en los códigos de reciclado y clasificarlos en grupos concretos. Durante la recogida, los materiales se depositaban en cubos o contenedores para mantener la clasificación. La mayor parte de los programas aceptan los plásticos número 1 (PET) y 2 (HDPE). Al exigir a los ciudadanos la agrupación de los plásticos en contenedores surgen dos graves inconvenientes. En primer lugar, se producen con frecuencia errores en la clasificación. Pero, sobre todo, los conductores de los camiones de recogida necesitan más tiempo para colocar los materiales clasificados en los contenedores apropiados. En numerosas ciudades se ha llegado a la conclusión de que resulta mucho más rentable contar con una línea clasificadora central. Una línea de clasificación a mano muy básica requiere 6 empleados con un horario de sólo 3,5 horas para gestionar los contenedores de 5.000 viviendas.

Teniendo en cuenta la eficacia de la clasificación centralizada, muchas comunidades grandes aceptan materiales mezclados. Los habitantes de un gran número de ciudades arrojan plásticos de tipos 1, 2 y 6, además de latas de aluminio y acero, periódicos, cartón, chatarra y otros tipos de papel, en un gran contenedor. La decisión vino dada por la importancia de compactar el material. Los materiales sin compactar pueden ocupar 7,5 m^3, pero si se comprimen, bastará con un espacio de 2 m^3. La compactación en el camión de recogida puede traducirse en ahorro, principalmente en los costes de transporte. Algunos camiones pueden compactar el papel y el cartón y dejar suelto el cristal, el metal y los plásticos.

En la figura 2-13 se muestra un camión de recogida, que contiene dos grandes cubos, uno para el papel y el cartón y otro para recipientes variados. En la figura 2-14, se muestra el vertido de envases mezclados. Dado que los de plástico son los que más espacio ocupan en los contenedores, algunos camiones cuentan con un equipo de compactación especial. En la figura 2-15, aparece un pequeño cubo de compactación para triturar los recipientes de plástico, en particular los envases de leche. Sin la posibilidad de compactar estos envases, los conductores tendrían que hacer más viajes de descarga.

Clasificación. Los camiones de recogida envían los materiales a una instalación de recuperación de materiales (MRF). En 1995, funcionaban 750 MRF en los Estados Unidos. Sólo unos 60 contaban con líneas de clasificación automáticas, con casi 700 que operaban con procedimientos básicamente manuales. Aunque existe interés por la clasificación automática, muchas instalaciones nuevas cuentan con técnicas manuales. Hasta los sistemas automáticos de bajo nivel, con posibilidad de manejar solamente ciclos limitados de plásticos desechables, suponen un coste de cerca de 100.000 dólares.

Los camiones vuelcan los materiales recogidos en un equipo de clasificación inicial. En la figura 2-16 se muestra una cinta transportadora que lleva los recipientes mezclados hasta el equipo de clasifica-

Fig. 2-13. Los cubos en este tipo de camiones permiten la separación de los contenedores mixtos. (Cortesía del Municipio de Ann Arbor, Departamento de Residuos Sólidos).

ción. Muchas de las MRF manuales tienen la capacidad de separar magnéticamente los contenedores de hierro. La clasificación manual puede consistir en un proceso sencillo que incluye el depósito de los diversos materiales en cubos o toneles. La clasificación manual se puede llevar a cabo también desde una línea de recogida. Las líneas de recogida se componen de cintas transportadoras que desplazan los materiales reciclados frente a los empleados que los dividen en distintas categorías.

Algunas instalaciones de reciclado aceptan poliestireno expandido. El PS expandido plantea varios problemas. Como su densidad aparente es tan baja, el lugar de almacenamiento inicial debe ser de dimensiones considerables. En la figura 2-17 aparece un depósito de almacenamiento de metal de 2,5 m. Una carga completa de un camión de espuma de PS para reciclado pesaría aproximadamente

Fig. 2-16. Para separar el acero de los materiales de los contenedores mixtos, se utiliza un tambor magnético que extrae las latas de la corriente principal. (Cortesía del Municipio de Ann Arbor, Departamento de Residuos Sólidos).

Fig. 2-14. Los contenedores de plástico ocupan un volumen mucho mayor que los de acero o vidrio. (Cortesía del Municipio de Ann Arbor, Departamento de Residuos Sólidos).

Fig. 2-17. Este depósito cerrado protege desechos de espuma de PS de las condiciones meteorológicas. Una vez lleno, el camión transporta la espuma a una MRF para el embalaje.

Fig. 2-15. En el cubo de compactación se reduce el volumen de las botellas de plástico recogidas. (Cortesía del Municipio de Ann Arbor, Departamento de Residuos Sólidos).

Fig. 2-18. Esta bala fuertemente compactada de espuma de PS sale de un embalador de tipo vertical.

675 kg. Incluso en balas, el PS expandido es muy ligero. En la figura 2-18 se muestra una bala de espuma de PS. Estas balas pesan entre 36 y 40 kg. En contraposición, un bala de un tamaño similar de HDPE pesa aproximadamente 202 kg.

Reciclado de PCR HDPE

Al no entrar el HDPE en la ley de depósito por botellas, el programa de reciclado de HDPE es el más eficaz en la recuperación de plásticos. En la tabla 2-3 se muestra el crecimiento del reciclado de HDPE.

El índice de recuperación de botellas de HDPE natural en los Estados Unidos (predominantemente envases de leche de 1 galón (3,7 litros) y medio galón (1,8 litros) constituía algo menos del 25% en 1993. En contraste con ello, la proporción de envases de HDPE se situaba en torno al 10%. Las ventas totales de envases en 1993 alcanzaron 1.929.000 toneladas métricas. Las ventas totales de HDPE ese mismo año fueron de 4.820.000 toneladas métricas, de lo que se puede deducir que los envases del tipo de material que va a parar a los centros de reciclado de desperdicios post-consumidor constituyó solamente el 25% del total de ventas. El resto de los productos se echaban en vertederos o, finalmente, en incineradoras.

En 1995 ascendió la demanda de materiales reciclados, y las compañías de reciclaje se beneficiaron con ello. El HDPE reciclado, número 2, tuvo una demanda de 22 millones de kilogramos en 1994, equivalente a aproximadamente un tercio más que lo que provenía de los centros de reciclado. En vista de la gran demanda, varios fabricantes importantes empezaron a comercializar materiales que contenían plásticos reciclados post-consumidor. Entre ellos, se pueden citar Dow, Eastman Chemical y Hoechst Celanese.

Sólo un número limitado de MFR manejan espumas de poliestireno, pero prácticamente todas aceptan PET, HDPE natural y HDPE teñido mixto. Las líneas de recogida y el equipo de clasificación automático separan el HDPE natural del teñido. Cuando el volumen de cada uno de los dos tipos es suficientemente grande, se pasan los recipientes almacenados a una máquina de embalaje. En la figura 2-19 se muestra una perspectiva de un depósito de HDPE teñido mixto.

Los embaladores son de dos tipos principalmente, horizontales y verticales. La diferencia entre ambos radica en la dirección en que se mueve la compuerta que compacta los contenedores. Posiblemente, los embaladores verticales constituyen el tipo más simple, pues requieren una carga manual. Como los embaladores verticales empujan los contenedores hacia un espacio rectangular cerrado, las balas producidas suelen quedar muy apretadas.

Los embaladores horizontales elevan los recipientes hasta una larga cinta transportadora y los arrojan a una cámara. En la figura 2-20 se muestra la cinta transportadora de introducción de carga de un embalador horizontal. Los contenedores caen a una cámara y la compuerta los prensa hasta formar una bala. Con un equipo de atado con alambre se completan las balas. A diferencia de muchos embaladores verticales con los que frecuentemente se preparan balas densas, algunos modelos horizon-

Tabla 2-3. Reciclado de HDPE

	1982	1989	1993
HDPE	—	59	216,4

Unidades: 1.000 toneladas métricas

Fig. 2-19. Una vez relleno el depósito, este montón de HDPE de varios colores entra en el embalador. (Cortesía del Municipio de Ann Arbor, Departamento de Residuos Sólidos).

Fig. 2-20. La cinta transportadora eleva los contenedores hasta la parte superior de la cámara de embalaje. (Cortesía de Resource Recovery Systems, Inc).

Fig. 2-21. En esta fotografía se muestra una bala de PET que sale de la máquina de embalaje. (Cortesía de Resource Recovery Systems, Inc).

Fig. 2-22. Un montacargas de horquilla transporta las balas hasta un semirremolque. (Cortesía del Municipio de Ann Arbor, Departamento de Residuos Sólidos).

tales producen balas que no quedan muy prietas. Ello se debe a que la compuerta de algunos embaladores horizontales presiona contra la resistencia que ejercen las balas generadas previamente. En la figura 2-21 aparecen las balas que salen de la máquina. El problema que entrañan las balas sueltas es que se pueden romper al ser asidas con montacargas de horquilla. En la figura 2-22 se pueden ver dos balas de HDPE en un montacargas de horquilla.

Como la mayoría de las MRF no cuentan con un equipo para volver a tratar los plásticos, venden las balas a empresas de reprocesado. El transporte desde las MRF hasta dichas empresas se realiza en camiones especiales.

Dado que en la instalación de reprocesado entran HDPE embalados de diferentes orígenes, se ponen de manifiesto las diferencias de calidad de los diversos tipos de equipo de embalado. En la figura 2-23 se pueden ver balas apretadas. En cambio, en la 2-24, las balas están sueltas, una de ellas a punto de deshacerse antes de llegar al equipo de reprocesado.

La primera etapa del reprocesado consiste en el desembalaje de los envases de leche y su introducción en una cortadora. En este punto, es posible controlar los materiales que entran en el sistema de reelaboración. Las escamas producidas por la cortadora incluyen formas irregulares y bastante contaminación. En la figura 2-25 se muestran trozos cortados sin lavar. A continuación, un sistema de insuflado se encarga de separar las piezas pequeñas, ya que son demasiado ligeras como para entrar en la corriente de aire ascendente controlada. Este proceso se denomina *elutriación*. La elutriación es la purificación por filtración, lavado o decantación. En este contexto, la purificación se realiza con aire. En la figura 2-26 se muestran los tipos de finos, papel y suciedad que se separan con el primer tratamiento de elutriación.

Los copos se guardan en depósitos de almacenamiento hasta su introducción en un lavadero. En la figura 2-17, se muestra un lavadero para copos de HDPE. Una vez que una carga pesada previamente cae en el lavadero, entra una cantidad determinada de agua y comienza un vigoroso ciclo de lavado. En algunos sistemas se utilizan detergentes como auxiliares del lavado. Otros se

Fig. 2-23. Estas balas apretadas y grandes favorecen un fácil manejo. (Cortesía de Resource Recovery Systems, Inc).

Fig. 2-25. Los trozos sin lavar están contaminados por diversos materiales como papel, suciedad, piedras y plásticos no deseados. (Cortesía de Michigan Polymer Reclaim).

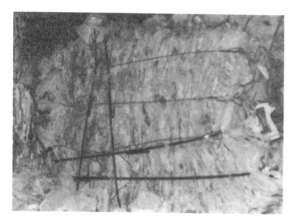

Fig. 2-24. Esta bala suelta se puede romper al ser desplazada con un montacargas de horquilla. (Cortesía de Michigan Polymer Reclaim).

Fig. 2-26. En esta fotografía se puede comprobar el tipo de restos, tejidos, papel y películas de plástico que aparece en el proceso. Las partículas eran lo suficientemente ligeras como para poder separarlas a través de un sistema de elutriación. (Cortesía de Michigan Polymer Reclaim).

basan en las características abrasivas de los trozos, que se depuran entre sí.

La corriente de agua y copos se descarga por una tubería de salida, tal como se observa en la figura 2-28. Después, la carga de trozos entra en un tanque de flotación, donde unas palas de desplazamiento lento mueven los copos, que flotan en agua, por todo el tanque. Las palas también agitan los trozos haciendo que las partículas pesadas precipiten en el fondo del tanque. En el tanque, la suciedad, la arena y los plásticos que no son polietileno y propileno se eliminan por sedimentación.

Las palas del tanque de flotación levantan los trozos hacia una rampa de salida, que los conduce hasta un aparato de deshidratación por centrífuga. El agua de los trozos que pasan a un tratamiento de secado rápido se elimina por centrifugado.

Después del secado, un segundo sistema de elutriación crea una corriente ascendente controlada, que sirve para separar los finos de los trozos lavados. En la figura 2-29 se muestra el tipo de insuflador que se utiliza en dicha separación. En esta operación se obtienen sobre todo etiquetas. En la figura 2-30 se muestra el tipo de finos recogidos en esta segunda clasificación con aire. Los insufladores transportan los trozos limpios hasta depósitos de almacenamiento, como los que aparecen en la figura 2-31. Si los depósitos de almacenamiento están llenos, se pueden almacenar en *tanques* que son cajas grandes con capacidad para 0,7 m^3 de material.

A continuación, los trozos limpios (como se muestra en la figura 2-32) entran en la garganta de una extrusora. La extrusora funde los trozos y arrastra el material fundido hacia una boquilla. En la figura 2-33, se muestra una extrusora preparada para esta operación, que tiene un peletizador de

Fig. 2-27. La máquina cilíndrica es un lavadero de alta intensidad. (Cortesía de Michigan Polymer Reclaim).

Fig. 2-28. El lavadero vierte la carga de trozos lavados y agua en el tanque de flotación. (Cortesía de Michigan Polymer Reclaim).

Fig. 2-29. En esta fotografía aparece una unidad de insuflado que separa los finos y los materiales contaminantes de poco peso. (Cortesía de Michigan Polymer Reclaim).

Fig. 2-30. Este grupo de finos consiste principalmente en las etiquetas de las botellas de HDPE. (Cortesía de Michigan Polymer Reclaim).

tipo pantalla de agua para cortar los trozos de material extruido inmediatamente después de su salida de la boquilla. La partículas son arrojadas a una pantalla de agua con forma cilíndrica. En la figura 2-34 se muestra este tipo de cabezal peletizador. Los pelets se enfrían rápidamente. Después se secan y se cargan en un tanque para su envío a una instalación de tratamiento, en la que se fabrican productos nuevos. Dado que el HDPE de los envases de leche es un material moldeado por soplado, es habitual convertirlo en productos moldeados por insuflado.

Clasificación automática. La clasificación manual plantea dos importantes limitaciones. No es eficaz en la distinción entre PVC y PET y resulta impracticable cuando el volumen de material es demasiado alto. Con el fin de encontrar sistemas más rápidos, las empresas han desarrollado diversos tipos de aparatos de clasificación automática.

Muchos sistemas automáticos incluyen un equipo similar para preparar los recipientes para su identificación. Todos ellos utilizan cargadores de balas, máquinas de desembalaje y tamices para eliminar las piedras y la suciedad, así como los envases extremadamente grandes o pequeños. Existe una gran diversidad en el método técnico utili-

Fig. 2-31. Debajo del depósito de almacenamiento hay un tanque, en el que se pueden almacenar los trozos cuando se llena el depósito. Adviértanse las medias que cuelgan del depósito. Es necesario que escape el aire utilizado para introducir los trozos en los depósitos. Estos tubos sirven para captar los finos hacia la corriente de aire de escape. (Cortesía de Michigan Polymer Reclaim).

Fig. 2-32. Trozos limpios. Adviértase la existencia de un trozo oscuro. Se trata de un fragmento del tapón de una botella de polipropileno azul. Es un material contaminante pero, como PP y HDPE tienen densidades similares, no ha podido ser excluido a través del sistema de flotación. (Cortesía de Michigan Polymer Reclaim).

Fig. 2-33. Los copos limpios caen en la tolva de alimentación en la parte trasera de esta extrusora. (Cortesía de Michigan Polymer Reclaim).

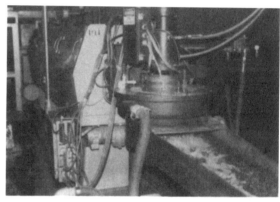

Fig. 2-34. En esta fotografía se muestra un peletizador de pantalla de agua, que presenta la ventaja de que mantiene la boquilla caliente y seca y enfría las piezas de plástico calientes en un baño de agua. (Cortesía de Michigan Polymer Reclaim).

zado para identificar los diversos plásticos. Los sistemas de identificación incluyen dos aspectos, principalmente: un método para separar y transportar los recipientes y un método para identificar los plásticos.

La separación y el transporte exigen normalmente cintas transportadoras de alta velocidad. Si existe solamente un detector en el sistema, las cintas transportadoras deben separar los recipientes por unidades y pasarlos por el detector uno a uno. Frecuentemente, se aplica una ventilación forzada para separar un envase del siguiente. Además de la corriente de aire forzada, se favorece la separación en unidades con cintas transportadoras vibratorias. Cuando el detector único no reconoce el recipiente, o éste no está colocado de forma apropiada para su reconocimiento óptimo, puede quedar sin identificar. Para aumentar el índice de identificación positiva, algunos sistemas cuentan con varios detectores y un sistema de transporte por unidades. Otros tienen capacidad para varios recipientes y requieren múltiples detectores. En la figura 2-35 se muestran varias configuraciones posibles para una identificación automática.

El propósito general del detector consiste en determinar la composición química de un recipiente. Una vez completada, se emplean sistemas informatizados para seguir la localización de un contenedor determinado y activar después un chorro de aire para impulsarlo hacia la cinta transportadora adecuada. Los cuatro tipos de detectores principales son: óptico, rayos X, infrarrojo de onda larga simple (IR) e IR de onda larga múltiple. Los sistemas ópticos se basan en sistemas de visión que determinan el color de un recipiente. El sensor de rayos X puede distinguir PET de PVC al detectar la presencia de átomos de cloro en el PVC. La detección química puede producirse de forma rápida (en algunos sistemas en menos de 20 milisegundos). Los sistemas de IR de onda larga simple pueden determinar la opacidad y, según los resultados, clasificar los recipientes en lotes transparente, translúcido y opaco. Con IR de onda larga múltiple se puede determinar la constitución química de un recipiente comparando sus resultados con un patrón conocido. En relación con los sistemas de IR de onda larga simple, los sistemas de onda larga múltiple requieren más tiempo para la identificación.

Los sistemas de clasificación automáticos pueden ser sencillos y contar con un equipo que reconozca sólo algunos materiales. Un sistema básico puede distinguir tres clases principales: PP y HDPE natural, PET y PVC y HDPE de color mixto. Un sistema algo más potente podría distinguir PET de PVC.

Algunos sistemas de color disponen de la capacidad de distinguir millones de matices de color. Los sistemas de IR amplían aún más esta capacidad. Una vez completada la identificación, se insuflan los recipientes seleccionados por chorro de aire hasta cintas transportadoras o tolvas. Estos sistemas automáticos pueden procesar de dos a tres envases por segundo, aproximadamente 675 kg por hora. Para superar esa velocidad se necesitan varias cadenas. No obstante, los costes de dichos sistemas pueden ascender a 1 millón de dólares.

Materiales mezclados cortados. La eliminación de la etapa de clasificación puede simplificar el sistema de las MRF. Sin embargo, el cortado de los plásticos mezclados da como resultado trozos cortados mixtos. Su clasificación en corrientes de material apropiadas se puede llevar a cabo de diversas formas.

Los sistemas de flotación sirven para distinguir materiales con arreglo a las diferencias de densidad. La flotación por espuma separa plásticos por diferenciación de los potenciales de humectación superficial.

En los sistemas basados en una tecnología de clasificación óptica se pasan los copos cortados por detectores. Si éstos indican la presencia de un trozo no deseado, la corriente de aire la separa de la corriente. La eficacia y la velocidad de estos sistemas sigue aún en desarrollo. Actualmente, una sola pasada por el sistema puede eliminar aproximadamente el 98% de los contaminantes. No obstante, para limpiar la corriente hasta un nivel de 10 ppm se necesitan varias etapas más. Otros sistemas similares basados en una separación magnética pueden distinguir PVC de PET.

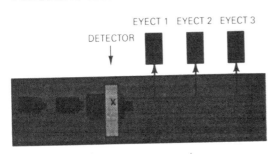

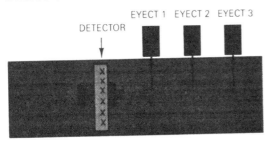

Fig. 2-35. Los sistemas de transporte que separan unidades pasan los recipientes por el equipo de detección de uno en uno.

Reciclado de automóviles

Cada año se desechan aproximadamente 10 millones de automóviles sólo en los Estados Unidos. Primero pasan por desmontadores. Después de sacar las piezas que sirven para su reventa, los desmontadores llevan los restos al desguace. En el país estadounidense existen aproximadamente 180 talleres de desguace. Después de despedazar los coches, se separan los metales ferrosos de los no ferrosos y se introducen los primeros en fundidoras y fábricas de acero para su regeneración. Se recicla aproximadamente un 75% del material del automóvil. El residuo de chatarra, denominado a veces «pelusa de chatarra», contiene plásticos, vidrio, tejidos, adhesivos, pintura y caucho. En 1993, la pelusa de chatarra alcanzó en los Estados Unidos los 3 millones de toneladas, todas ellas arrojadas en vertederos.

Para tratar de reducir la chatarra, las principales empresas de automóviles han establecido procedimientos y directrices de reciclado. Para extender el reciclado a toda la industria del automóvil, algunas de las principales empresas de coches han creado la Vehicle Recycling Partnership. Dentro de su proyecto, han establecido un código (llamado SAE J1344) para marcar los plásticos y favorecer su identificación durante el desguace. En este código se emplean las designaciones ISO (International Organization for Standardization) para los plásticos. (Consúltese el capítulo 6 para ampliar información sobre pruebas ISO).

Además del esfuerzo dirigido a la industria del automóvil globalmente, las principales empresas han definido directrices internas para el reciclado. Por ejemplo, en 1993, la Ford Motor Company elaboró instrucciones de reciclado, en virtud de las cuales se promueve el uso de materiales reciclados y se estimula la reducción de plásticos pintados. El moldeo en color reduce las emisiones de sustancias volátiles de las operaciones de aplicación de pintura y facilita el reciclado. En estas directrices se recomienda asimismo el uso de un número limitado de plásticos. Se sugiere el empleo de PP, ABS, PE, PA, PMMA y PC. El PVC deberá utilizarse únicamente cuando se establezcan técnicas de separación y reciclado. Por otra parte, se deberá impulsar a los proveedores a «retornar los materiales para su reciclado una vez finalizada la vida útil del vehículo».

Reciclado químico

El reciclado químico supone dos niveles de despolimerización. La polimerización original de algunos plásticos es reversible, y la despolimerización produce monómeros que se pueden utilizar para obtener nuevos polímeros. En cambio otros plásticos no se despolimerizan en monómeros inmediatamente útiles.

El tipo de despolimerización que produce monómeros útiles se denomina *hidrólisis*. Una explicación exhaustiva de la hidrólisis y de las reacciones químicas que se emplean en ella desborda el marco de esta exposición. No obstante, se trata de una técnica viable para poliésteres, poliamidas y poliuretanos. Las técnicas químicas varían según el tipo de plástico. Durante años, las empresas fabricantes de PET han aplicado una forma de hidrólisis para convertir el PET residual en monómero.

Es posible convertir algunos plásticos en monómeros por despolimerización térmica. Este proceso supone el calentamiento de los plásticos en ausencia de oxígeno y también se conoce como pirólisis. Los acrílicos, el poliestireno y algunos tipos de acetal producen monómeros en estas condiciones.

Otros plásticos son producto de reacciones irreversibles y, por consiguiente, no se despolimerizan en monómeros. Se pueden despolimerizar en materiales petroquímicos útiles por licuefacción pirolítica. Entre los materiales apropiados para este tratamiento se incluyen HDPE, PP y PVC.

En una licuefacción pirolítica simple, se introducen piezas de plástico en un tubo que se calienta hasta aproximadamente 537,7 °C. Los plásticos se funden y se descomponen en vapores, de modo que los vapores se condensan en líquidos que se utilizan como material de alimentación de plantas petroquímicas. Algunas instalaciones proyectan producir gasolina a partir de los plásticos.

Reciclado en Alemania

En los Estados Unidos, algunos fabricantes de envases y recipientes se enfrentan hoy en día a la legislación y las regulaciones sobre el reciclaje. Dichas leyes no se extienden actualmente a los productores de electrodomésticos, automóviles y aparatos electrónicos. En cambio, el estado de Alemania imputa responsabilidad civil por la recuperación, reprocesado o eliminación de envases a los fabricantes. Hoy en día, se están revisando leyes en virtud de las cuales se exige la retirada de ciertos electrodomésticos, aparatos electrónicos y automóviles.

Para responder a este reto, más de 600 fabricantes y distribuidores han aunado esfuerzos y han creado un sistema llamado Duales System Deutschland (DSD). DSD es una organización no lucrativa que recoge, clasifica y organiza el retratamiento. Para la financiación de DSD, cada fabricante paga una tasa según el peso y el contenido del material de envasado. Durante 1993, DSD recogió 360.000 toneladas de materiales, si bien la capacidad del equipo de reciclado alcanzaba aproximadamente 115.000 toneladas. Uno de los principales problemas era que gran parte del material recogido a través de DSD era sucio y no reciclable. En consecuencia, el coste de la clasificación se elevó hasta 2.000 dólares por tonelada. En vista del volumen y los costes excesivos, los miembros del DSD tuvieron que almacenar ingentes cantidades de material y buscar la ocasión de vender el material recogido. Como soluciones temporales se han estudiado la incineración y el vertido.

Eliminación por incineración o degradación

Historia de la incineración en los Estados Unidos

Durante siglos quemar los desperdicios sólidos en vertederos al aire libre ha sido una práctica común; sin embargo, el interés por la protección del medio ambiente supuso la sustitución de las zonas de descarga y de incineración por vertederos controlados. En algunas comunidades se construyeron incineradoras especiales para la eliminación de residuos sólidos. En torno a 1960, las incineradoras manejaban aproximadamente un 30% de las basuras municipales (MSW) sin la menor intención de recuperar o aprovechar el calor. Este método se perpetuó hasta el comienzo de la década de 1970, dado que en 1970 se aprobó la ley de aire limpio que supuso la clausura de casi la mitad de las incineradoras, ya que su conversión en aras de un control de la polución se consideraba demasiado costosa. Para que la incineración fuera viable, se necesitaba alguna fórmula para pagar el coste del equipamiento de una instalación. Una posible solución era utilizar los residuos sólidos como combustible para generar energía eléctrica o vapor.

A finales de la década de 1970 hasta 1980, se produjo un gran auge de las instalaciones de conversión de desperdicios en energía (WTE). Para 1990, se incineró aproximadamente un 15% de las basuras urbanas. Este tipo de instalación resultaba caro, necesitándose un capital mínimo de 50 millones de dólares para construir una instalación completamente equipada. En 1991, en los Estados Unidos estaban activas 168 incineradoras, número muy bajo en comparación con Japón, donde funcionaban cerca de 1.900 y Europa occidental, con más de 500.

Ventajas de la incineración

Una de las ventajas de la incineración es que no obliga a clasificar los residuos sólidos. Se puede introducir en la incineradora toda la carga de papel, plásticos y otros materiales. Esta solución proporciona una reducción del 80 al 90% del volumen de los desperdicios sólidos, pudiendo convertir varios metros cúbicos de material en unos pocos kilos de cenizas. Las plantas de conversión suponen un coste de 10 a 20 dólares por tonelada para su funcionamiento. Para equilibrar los costes, las plantas de conversión cuentan con dos fuentes de ingreso. Por una parte, cobran a las organizaciones municipales de basuras por la entrega de cargas de desperdicios urbanos compactadas en camiones. Las instalaciones incineradoras perciben aproximadamente 50 dólares por tonelada por aceptar las basuras. Por otra, venden electricidad. El coste de la electricidad derivada de estas instalaciones es comparable al de otras plantas de generación eléctrica, generalmente no muy inferior.

En muchas ciudades se prefiere a la incineración la alternativa de los vertederos controlados. Sin embargo, sus costes son elevados en las regiones más pobladas. En Nueva York y Massachusetts, por ejemplo, el coste oscila entre 50 y 60 dólares por tonelada.

Inconvenientes de la incineración

Cuando se propusieron nuevas incineradoras, algunos sectores de la población se opusieron vehementemente. Los argumentos para tratar de detener las nuevas incineradoras se basaban en dos hechos: las cenizas producidas y las emisiones que emanaban del proceso de incineración.

Las incineradoras generan dos tipos de ceniza: de lecho y volante. La *ceniza de lecho* es la que proviene del fondo de la cámara de incineración y contiene materiales no combustibles. En las incineradoras a gran escala se introduce todo el contenido de la carga de desperdicios compactada en la cámara de combustión. Los ladrillos, las piedras, el acero, el hierro y el vidrio quedan como cenizas de lecho, junto con los residuos de la combustión. La *ceniza volante* es el material recogido de los gases de la chimenea de humo por el equipo de control de contaminación.

Esta última clase de ceniza contiene a menudo concentraciones relativamente altas de metales pesados y algunos productos químicos peligrosos. En cambio, la ceniza de lecho suele contener materiales menos tóxicos. En algunas instalaciones de incineración se mezclan ambas cenizas.

Un punto de conflicto se refiere a la amenaza que suponen estas cenizas para los ciudadanos y al método de su correcta eliminación. Si se consideran tóxicas, deben conducirse a un vertedero especial destinado a materiales tóxicos. Esto dispara en gran medida el coste en comparación con los vertederos convencionales.

Las emisiones de las incineradoras contienen a menudo distintos niveles de furanos, dioxinas, arsénico, cadmio y cromo, que son materiales muy tóxicos, por lo que existe el temor de sus efectos dañinos para la salud. Los defensores de la incineración recurren a la comparación de las incineradores con las centrales termoeléctricas, en las que se quema carbón pulverizado. Los grupos ecologistas argumentan que las emisiones son potencialmente cancerígenas y que deberían prohibirse de inmediato.

Un aspecto particularmente preocupante de la industria de los plásticos es la dioxina. Cuando se incineran a altas temperaturas los compuestos que contienen cloro, como PVC y papel blanqueado por lixiviación con cloro, se producen diversas sustancias químicas cloradas. Al enfriarse los gases que contienen dichas sustancias químicas a aproximadamente 300 °C, se forma dioxina. La estadounidense Environmental Protection Agency (EPA) considera a la dioxina un probable agente cancerígeno para el ser humano y un elemento peligroso que amenaza la salud de la población.

Un informe de la EPA, publicado en 1995, menciona las incineradoras de desperdicios médicos como la mayor fuente de dioxina de los Estados Unidos, situándose en segundo lugar las incineradoras de desperdicios sólidos municipales. A pesar de que las incineradoras de restos médicos queman pequeños volúmenes en comparación con las de basuras urbanas, los materiales desechados en medicina llevan un alto contenido en PVC. Por otra parte, en los Estados Unidos existen muchas más incineradoras de residuos médicos que instalaciones para la incineración de basuras. En 1994, estaban en funcionamiento más de 6.700 incineradoras de desperdicios de hospitales.

Ante este problema se han propuesto dos planteamientos: el primero consiste en eliminar todos los desperdicios clorados de las incineradoras; el segundo persigue perfeccionar el control de las emisiones. La reducción de las emisiones de dioxina exigirá una considerable inversión en equipo de control de la contaminación, que afectaría quizá al 60% de las incineradoras existentes. Si entran en vigor las nuevas regulaciones de calidad del aire, habría que cerrar aproximadamente un 80% de las incineradoras médicas actuales. Para manejar los desperdicios de los hospitales, tan solo un pequeño número de incineradoras extremadamente bien controladas puede cumplir las normas. El traslado de los desperdicios a unas cuantas incineradoras encarecería también el manejo de los restos médicos.

Otra posibilidad sería llevar los desperdicios médicos a enormes autoclaves, en los que se calentaría el material a temperaturas que eliminaran las sustancias peligrosas. Después del tratamiento en el autoclave, se puede transportar el material hasta los vertederos tradicionales.

Plásticos degradables

Existe una gran controversia en torno a los plásticos biodegradables. Uno de los puntos de discusión se centra en los anillos o aros de plástico con los que se agrupan los pack de 6 u 8 cervezas o refrescos. Muchos grupos ecologistas han demostrado que algunos animales, sobre todo las gaviotas, se ahogan al quedar atrapados en estos aros. La respuesta a esta situación fue una legislación en virtud de la cual estos anillos o aros deberían ser degradables.

Los suministradores de materia prima introdujeron las calidades foto y biodegradables de material para estas aplicaciones. Los materiales fotodegradables contienen sustancias químicas que son sensibles a la luz solar y provocan la desintegración de los anillos. Los tipos biodegradables contienen con frecuencia almidón de maíz y otros almidones que son atacados por microorganismos en el agua o en el suelo. Además, con el tiempo, los anillos se desintegran. En todos los casos, cuanto más fino es el material del envase más rápido resulta su deterioro físico.

Actualmente, 28 estados de los Estados Unidos cuentan con leyes que exigen dispositivos de conexión degradables. En el caso de Michigan, la degradación debe completarse en 360 días; Florida, en cambio, sólo permite 120 días. Otros estados no especifican el lapso de tiempo permitido.

La controversia no termina aquí: los grupos ecologistas arremetieron también contra los materiales degradables. Su argumento se basaba en que los plásticos bio o fotodegradables pueden contaminar plásticos reciclados que, en otro caso, resultarían útiles. Asimismo, consideran que los materiales degradados encierran una amenaza potencial a la pureza del agua. Tras una bio o fotodegradación suficiente, los anillos se descomponen en partículas pequeñas. No obstante, estas partículas suelen ser bastante estables químicamente. Por ejemplo, las bolsas utilizadas para las verduras hechas de polietileno con almidón de maíz como aditivo se desintegran en minúsculas partículas de polietileno. Aunque parece que han desaparecido, las partículas siguen estando allí, y tal vez permanezcan intactas durante períodos de tiempo dilatados.

Algunas compañías han desarrollo plásticos que se degradan realmente y, al cabo de un período de tiempo, se convierten en dióxido de carbono y agua. También en el caso de estos materiales, la velocidad de degradación depende del espesor del material. Las películas se degradan con bastante rapidez, pero los productos gruesos requieren meses o años para hacerlo.

Organizaciones de la industria de los plásticos

La industria de los plásticos soporta un extenso número de organizaciones que abarcan desde sociedades internacionales globales hasta agrupaciones reducidas y muy específicas. En los siguientes párrafos se describen con cierto detalle las grandes organizaciones, mientras que las pequeñas sólo se mencionan.

Sociedad de la Industria de los Plásticos (SPI)

La SPI fue fundada en 1937 para servir como «voz de la industria de los plásticos». De acuerdo con la declaración de su misión, la SPI trata de «promover el desarrollo de la industria de los plásticos y potenciar la conciencia pública de su contribución y satisfacer, al mismo tiempo, las necesidades de la sociedad.» Esta organización se articula en una compleja estructura que incluye 26 divisiones, 4 oficinas regionales, 3 comisionados y 17 servicios especiales.

Uno de las actividades más conocidas es la organización de la Exposición Nacional de Plásticos (NPE) y la Exposición Internacional de Plásticos, cada tres años. Esta exposición se comenzó a organizar en 1946 y atrae visitantes de 75 países. La exposición reúne a fabricantes de equipos, proveedores de materias primas, plastificadores, fabricantes y constructores de moldes y de plásticos.

A la vista del éxito de la NPE, la SPI proyectó una segunda exposición, llamada Plastics USA. La primera Plastics USA se celebró en octubre de 1992. Este acontecimiento, de tres días de duración, que tiene lugar entre 15 y 16 meses después de la NPE, es similar a la NPE, pero a menor escala.

NPE y Plastics USA son importantes muestras organizadas por la SPI que incluyen:

- Conferencia anual del Instituto de Materiales Compuestos y EXPO PLÁSTICOS, celebrada en México, D.F.
- Congreso Mundial sobre Poliuretanos
- Conferencia Anual y Nuevos Diseños de Producto
- Competencia de la División de Plásticos Estructural.

Las 29 divisiones cubren todas las facetas de la industria del plástico. Las más extensas incluyen comités permanentes y realizan entrega de premios anuales por tesis e innovaciones de diseño. Para más información sobre estas divisiones, contáctese con la SPI solicitando la Guía de Servicios de los Miembros.

Las comisiones especiales incluyen el Consejo de Plásticos Degradables, el Consejo de Comportamiento de las Poliolefinas en la Incineración y el Centro de Información e Investigación del Estireno.

Los comités de servicios especiales concentran su atención en cuestiones de gestión y relaciones públicas. Estos comités son el lazo de unión de la sociedad con la administración. Uno de sus ejemplos es el trabajo del Comité de Envases para Alimentos, Productos Farmacéuticos y de Cosmética, que revisa las medidas de la FDA (Food and Drug Administration). Asimismo, proporciona una vía de intercambio de puntos de vista de interés común.

La SPI mantiene un servicio de publicaciones. El catálogo bibliográfico de SPI gratuito se puede adquirir en el Departamento de Ventas de Bibliografía. Para contactar con la sociedad, escriba a:

SPI
1275 K Street, NW
Suite 400
Washington, DC 20005

Sociedad de Ingenieros de Plásticos (SPE)

En 1942, se reunieron en Detroit, Michigan, 60 vendedores e ingenieros que crearon la SPE «para promover el conocimiento científico y técnico en lo relativo a los plásticos». En 1993, la organización contaba con más de 37.800 miembros, divididos en 91 secciones distribuidas por 19 países. Las grandes secciones locales celebraban reuniones, en las que se relacionaban y se ponían al día sobre los avances técnicos. La SPE mantiene su sede internacional en Brookfield, Connecticut, y recientemente ha inaugurado una oficina europea en Bruselas, Bélgica.

La SPE favorece y promueve la educación sobre plásticos. Estimula a los estudiantes a embarcarse en proyectos de investigación de materiales y procesos para el tratamiento de plásticos y concede becas tanto a nivel de graduado superior como de doctorado. Los estudiantes pueden participar en las agrupaciones de estudiantes de la SPE, cuyo número asciende a 89 en todo el mundo.

La SPE proporciona formación continuada a los socios a través de una amplia gama de seminarios y conferencias. Las conferencias técnicas a escala regional y nacional les da acceso a la información sobre las últimas novedades en investigación en este campo. La reunión más importante es la Conferencia y Exposición Anual Técnica (ANTEC). En 1943, la SPE celebró la primera Conferencia Técnica Anual, con 59 ponentes y casi 2.000 visitantes. En 1993, la ANTEC congregó a 5.000 socios con la participación de más de 650 ponencias. Los seminarios especializados tratan de diversos aspectos de la industria de los plásticos en gran profundidad.

Todos los meses, la SPE publica *Plastics Engineering*, una revista que contiene artículos sobre el desarrollo actual de los plásticos. Además de *Plastics Engineering*, esta sociedad edita también tres revistas técnicas que incluyen artículos y documentos sobre méritos científicos y de investigación. En concreto, *Journal of Vinyl Technology*, que se publica 4 veces al año; *Polymer Engineering & Science*, con 24 ediciones al año, y *Polymer Composites*, con 6 números anuales.

La SPE publica también anualmente un catálogo que contiene una serie de libros de editoriales mundialmente reconocidas. Dichos libros cubren dos grandes áreas: una relacionada con la ingeniería y tratamiento de materiales plásticos y otra con el campo de los polímeros. El catálogo ofrece además información sobre la celebración de conferencias técnicas a escala regional y de la ANTEC, así como la suscripción a las publicaciones de la SPE.

La SPE es la organización técnica sobre información científica y tecnológica más importante del mundo dentro de la industria de los plásticos. Para mayor información o para solicitar el ingreso en esta sociedad, escriba a:

Society of Plastics Engineers
14 Fairfield Drive
Brookfield CT 06804

Instituto de Plásticos de Norteamérica (PIA)

El PIA se inauguró en 1961, como corporación no lucrativa. Esta organización concede becas para la investigación en universidades a estudiantes graduados que se dedican al estudio de la ciencia y la ingeniería de polímeros en universidades de los Estados Unidos y Canadá. Asimismo, ofrece becas de instrucción técnica al personal que trabaja en las industrias. Esta formación toma cuerpo en los cursos técnicos que se imparten durante la primavera y el otoño en ciudades de todo el territorio de los Estados Unidos. Entre los temas tratados se incluyen moldeo por inyección, reciclado de plásticos, técnicas de extrusión y ensayos de polímeros. El PIA también celebra tres conferencias anuales sobre la industria: RECYCLINGPLAS, sobre las posibilidades de reciclaje; FOODPLAS, sobre plásticos en los envases para alimentos, y CONSTRUCTIONPLAS, referente a los plásticos en la construcción.

Para más información sobre el PIA y las solicitudes de asociación, póngase en contacto con:

The Plastics Institute of America, Inc.
227 Fairfield Rd., Suite 100
Fairfield, NJ 07004-1932

Sociedad para el Avance de la Ingeniería de Materiales y Tratamientos (SAMPE)

Esta sociedad cuenta con socios relacionados con el desarrollo de materiales y tratamientos, sobre todo ingenieros de materiales y procesos. Publica el *SAMPE Journal*, dos veces al mes, y el *SAMPE*, trimestralmente.

Para mayor información sobre SAMPE contacte con:
SAMPE
P.O Box 2459
Covina, CA 91722

American Society of Electroplated Plastics, Inc. (ASEP)

Esta sociedad sirve información a particulares y a empresas sobre plásticos galvanizados. Asimismo, crea normas sobre la calidad del recubrimiento electrolítico y la fabricación de productos de plástico galvanizado. Publica *ASEP Standards and Guidelines for Electroplated Plastics*.

Para mayor información, contacte con:
ASEP
1101 14th St. N.W., Suite 1100
Washington D.C. 20005-5601

Sociedad Norteamericana para la Plasticultura (ASP)

Esta sociedad se centra en el uso de plásticos para agricultura. Publica *Agri-Plastics Report*, que contiene información técnica sobre plásticos en agricultura. Patrocina un comité especial sobre la eliminación de plásticos. Para más información, póngase en contacto con:
ASP
P.O.Box 860238
St. Augustine, FL 32086

Otras organizaciones

American Polyolefin Association, Inc.
3212 East Mall
Ardentown, DL 19810

Asociación Internacional de Distribuidores de Plástico (IAPD)
6333 Long St., Ste, 340
Shawnee, KS 66216

Asociación de Reciclaje de Plásticos Post-consumidor (APR)
c/o Wellman Inc.
1040 Broad St.
Suite 302
Shrewsbury, NJ 07702

Asociación de Moldeadores Giratorios (ARM)
2000 Spring Road
Suite 511
Oak Brook, IL 60521

Centro para la Investigación de Reciclado de Plásticos
Universidad Rutgers
Building 4109, Livingston Campus
New Brunswick, NJ 08903

Asociación Nacional para Recuperación de Envases de Plástico (NAPCOR)
3770 Nations Bank Corporate Center
100 N. Tryon St
Charlotte, NC 28202

Centro y Museo Nacional de Plásticos
P.O. Box 639
Leominster, MA 01453

Coalición Nacional de Reciclado (NRC)
1101 30th St. N.W. St. 305
Washington, DC 20007

Asociación de Viguetas de Plástico (PLTA)
c/o Plastic Lumber Company
540 S. Main St.
Building 7
Akron, OH 44311-1010

Plastics Institute of America Inc. (PIA)
277 Fairfield Road
Suite 307
Fairfield, NJ 07004-1931

Asociación de Productores de Polímeros
4040 Embassy Parkway
Akron, OH 44333

Consejo de Envases de Poliestireno (PSPC)
1275 K St. N.W
Suite 400
Washington DC 20005

Asociación de Espuma de Poliuretano
P.O. Box 1459
Wayne, NJ 07474-1459

Asociación de Fabricantes de Poliuretano
800 Roosevelt Road
Building C, Suite 20
Glen Ellyn, IL 60137

SMC Automotive Alliance
26677 W. Twelve Mile Road
Southfield, MI 48034

Publicaciones sobre la industria de los plásticos

Modern Plastics es una revista mensual editada por McGraw-Hill, Inc., en la que se incluyen documentos técnicos, reportajes sobre el mercado y los negocios y publicidad relacionada con los plásticos. Para recibir información de suscripción, contacte

Modern Plastics
P.O. Box 602
Highstown, NJ 08520

Plastics World se publica mensualmente, por The Cahners Publishing Company. Incluye artículos técnicos y de negocios. Para recibir información de suscripción contacte:

Plastics World
P.O. Box 5391
Denver, CO 80217-5391

Plastics Technology es una publicación mensual de Bill Communications, Inc. Incluye artículos sobre tratamiento de plásticos y una actualización de los precios. *Plastics Technology* publica también PLASPEC, que ofrece información sobre los distintos tipos de materiales. Para más información, diríjase a:

Plastics Technology
633 Third Ave.
Nueva York, NY 10017-6743

Publicaciones comerciales

Plastics News es una publicación semanal de Crain Communications Inc. Incluye breves artículos sobre cuestiones empresariales. Ofrece también información sobre ventas y adquisiciones de plantas de tratamiento, nuevos materiales y diseños, seminarios y precios de resinas. Para recibir información de suscripción, diríjase:

Subscription Department, Plastics News
965 E. Jefferson
Detroit, MI 48207-3185

Plastics Machinery and Equipment es una publicación mensual de Advanstar Communications, Inc. Incluye artículos sobre los avances en el equipo de tratamiento de plásticos. En ellos se incluyen abundantes datos técnicos sobre tratamientos y materiales. Incluye también publicidad de los fabricantes de equipos. Para recibir información de suscripción, contacte con:

Plastics Machinery & Equipment Magazine
131 W. First St.
Duluth, MN 55802

Vocabulario

A continuación, se ofrece un vocabulario de las palabras que aparecen en este capítulo. Busque la definición de aquellas que no comprenda, en su acepción relacionada con el plástico, en el glosario del apéndice A.

Biodegradable
Cenizas de lecho
Cenizas volantes
Código SAE J1344
Elastómeros
Elutriación
Fotodegradable
Hidrólisis
IR
Ley de aire limpio
Línea de clasificación
MRF
MSW
PCR
Pirólisis
Plásticos
Polímero
RCRA
Tanque
Tanque de flotación
TPE

Preguntas

2-1. Explique la diferencia entre reciclado y reprocesado.

2-2. ¿Qué es pirólisis?

2-3. ¿En qué consiste un tanque?

2-4. ¿En qué se diferencian los plásticos de los elastómeros?

2-5. ¿En qué se diferencian las resinas de los plásticos?

2-6. ¿Qué porcentaje de mano de obra está directamente relacionado con la fabricación de plásticos en los Estados Unidos, aproximadamente?

2-7. ¿Hasta qué punto es eficaz la ley de depósito o fianza por botella?

2-8. ¿Qué tipo de plástico contienen los recipientes marcados con el número 5?

2-9. ¿Qué significan las siglas MRF?

2-10. ¿Cuáles son los cuatro tipos principales de detectores que se emplean en los sistemas de clasificación automática de plásticos?

2-11. Explique la hidrólisis.

2-12. ¿Qué condiciones se necesitan para la formación de dioxinas durante la incineración?

Actividades

Reciclaje de HDPE

Introducción. El reciclado de HDPE, una vez que ha pasado, por el consumidor constituye una de las formas de reciclaje de plásticos más importante y eficaz. El volumen del HDPE reciclado proviene de los contenedores urbanos de botellas y recipientes de HDPE, sobre todo envases de leche. Algunas empresas hacen propaganda del uso de materiales reciclados para dar prueba de su preocupación por el medio ambiente. En la figura 2-36 aparece una herramienta para separar los neumáticos de las bicicletas de la carcasa.

Fig. 2-36. La comercialización de esta palanca para separar los neumáticos de las bicicletas está dirigida a satisfacer la preocupación por el medio ambiente de los clientes.

Procedimiento

2-1. Si existe un programa de reciclado al que pueda acceder, determine qué plásticos son aceptables. Si dicho programa acepta tanto PET como PVC, ¿cómo se garantiza que el PVC no contamina el PET?

2-2. ¿Cuenta ese programa con que los participantes colaboren con la clasificación de materiales? ¿Se colocan los restos en compartimentos específicos, o todo mezclado?

2-3. ¿Existe alguna MRF en las cercanías? Si así lo fuera, ¿cómo clasifica los plásticos? ¿Cuenta con algún equipo de clasificación automática?

2-4. ¿Distingue el programa entre HDPE natural y HDPE teñido? En caso afirmativo, ¿cómo se realiza la clasificación?

2-5. ¿Cómo se manejan los contenedores de HDPE clasificados? ¿Se utiliza un embalador? ¿Se corta el material en trozos?

2-6. ¿Quién compra el HDPE de la organización de reciclado? ¿Cuál es el precio actual del material embalado, la basura triturada, la basura cortada limpia y los pelets reprocesados?

2-7. ¿Qué diferencia existe entre el precio de materiales reciclados y los materiales vírgenes?

2-8. ¿Existe alguna regulación sobre el porcentaje de material reciclado que debe incluirse en un envase? En caso afirmativo, ¿qué porcentaje debe ser PCR?

2-9. ¿Qué tipo de tecnología debe aplicar una compañía para convertir las balas de los contenedores de HDPE aplastados en pelets o trozos limpios?

2-10. Escriba un resumen de sus averiguaciones.

Actividad complementaria sobre el reciclado. Esta actividad no es viable sin el equipo adecuado. Si dispone del equipo de tratamiento y de cortadoras, trate de determinar la diferencia entre el material reciclado y el material virgen.

PRECAUCIÓN: Utilice el equipo de tratamiento bajo la vigilancia de supervisores entrenados.

Procedimiento

2-1. Consiga envases de leche de alguna empresa de reciclado de su localidad. Generalmente, estarán encantados de proporcionar algunos recipientes de HDPE a estudiantes que están aprendiendo técnicas de reciclaje.

2-2. Enumere las decisiones que han de adoptarse. Por ejemplo ¿cómo hay que tratar las etiquetas? ¿cómo debe realizarse el limpiado? Si la cortadora es pequeña y no abarca toda la botella, ¿cómo se podría reducir su tamaño? En la figura 2-37 se muestran piezas de envases de leche cortados hasta un tamaño adecuado para una cortadora pequeña y los copos cortados. ¿Deberían rechazarse las botellas contaminadas? ¿Qué determina la diferencia entre contaminado y no contaminado? ¿Qué debe hacerse con los tapones de goma o de rosca?

2-3. Determine el procedimiento que va a seguir y procese recipientes suficientes para producir de 1 a 3 kg de virutas. ¿Es necesario lavar las virutas? Si es así, ¿cómo lo hará? En la figura 2-37 se muestran también los copos producidos con trozos de envases de leche.

2-4. Someta a extrusión los copos para producir pelets. ¿Existe algún olor a leche agria asociado a los pelets?

2-5. ¿Existe alguna diferencia de color entre los pelets vírgenes y los reciclados?

2-6. Una forma de examinar el material reciclado para determinar la existencia de contaminantes es convertirlo en película. Si se dispone de un equipo de película de soplado, trate de procesar el material reciclado. Si no es así, aplaste lo más posible el material utilizando una prensa de planchas calientes. ¿Existen impurezas visibles en el material reciclado? Con un microscopio o una lupa se podrá resolver la cuestión.

2-7. Estire, rasgue y doble las muestras de película de material virgen y reciclado. ¿Parecen presentar propiedades físicas diferentes?

2-8. Redacte el resumen de sus conclusiones.

Fig. 2-37. Estos trozos del envase de leche tienen un tamaño apropiado para una cortadora pequeña. No se separaron los finos de los copos.

Capítulo 3

Química elemental de los polímeros

Introducción

Casi todo el mundo sabe distinguir perfectamente metales corrientes como el cobre, el aluminio, el plomo, el hierro y el acero. También son muchos los que diferencian bien el roble del pino, el cedro y el cerezo y, además de identificar diferentes metales y maderas, conocen las propiedades físicas de estos materiales. Por ejemplo, saben que el acero es más duro y resistente que el cobre.

En cambio, con frecuencia se ignoran importantes características e incluso la denominación de los plásticos. En este capítulo se ofrece una descripción de varios plásticos comerciales, para que el lector se familiarice con los nombres de los polímeros y sus estructuras químicas. Para ello, es necesario contar con ciertos conocimientos químicos básicos. En la exposición se parte de la idea de que el lector conoce ya los fundamentos de la química, los elementos, la tabla periódica y algunas estructuras químicas. Tanto en este capítulo como en los siguientes, las referencias a cada átomo incluirán también su símbolo químico. El esquema de este capítulo es el siguiente:
  I. Breve repaso de la química básica
 II. Moléculas de hidrocarburos
III. Macromoléculas
    A. Polímeros de cadena de carbonos
    B. Carbono y otros elementos en la estructura
 IV. Organización molecular
    A. Polímeros amorfos y cristalinos
  V. Fuerzas intermoleculares
 VI. Orientación molecular
    A. Uniaxial
    B. Biaxial
VII. Termoestables

Breve repaso de química básica

Entender los fundamentos de la química es crucial para introducirse en el mundo de los plásticos, ya que se emplean términos químicos para explicar los nombres y las propiedades de los polímeros. Las estructuras químicas determinan las características únicas de los polímeros, así como sus limitaciones. Por ello, convendrá comenzar esta sección con un breve repaso de las moléculas y los enlaces químicos.

Moléculas

Las *moléculas* se producen por combinación de dos o más átomos. Las propiedades de las moléculas proceden de tres factores fundamentales: los elementos implicados, el número de átomos que se unen y el tipo de enlaces químicos presentes. El número de átomos unidos determina el tamaño de la molécula y los enlaces definen su resistencia.

$$C:C \quad C::C \quad C\vdots\vdots C$$
$$o \quad o \quad o$$
$$C-C \quad C=C \quad C\equiv C$$

Fig. 3-1. Tipos de enlaces covalentes.

Por ejemplo, el agua (H_2O) se compone de átomos de hidrógeno combinados químicamente con oxígeno. El agua consta de dos átomos de hidrógeno y uno de oxígeno: tres átomos en total solamente, por lo que el agua es una molécula muy pequeña. La masa molecular del agua es 18, ya que el número de unidades de masa atómica (uma) es 16 para el oxígeno y 1 para cada hidrógeno. Los *enlaces químicos* se refieren a la forma en la que los átomos pueden unirse entre sí. Existen tres categorías básicas de enlaces químicos primarios: 1) *enlaces metálicos*, 2) *enlaces iónicos* y 3) *enlaces covalentes*. Entre ellos, los enlaces covalentes son los más importantes para los plásticos. El enlace químico covalente implica que dos átomos comparten electrones. La explicación del mecanismo real de este enlace desborda el alcance de este capítulo; sin embargo, conviene saber que los enlaces covalentes presentan resistencias y longitudes conocidas, que dependen de los átomos que se combinan. En los enlaces covalentes puede participar un número diverso de electrones, tal como se muestra en la figura 3-1. El que contiene el mínimo número de electrones (2) se denomina *enlace covalente simple*. Si se unen más electrones (4 o 6), los enlaces reciben el nombre de *covalentes dobles* o *triples*, respectivamente.

A no ser que se indique lo contrario, los comentarios sobre enlaces covalentes se referirán únicamente a enlaces covalentes simples.

Moléculas de hidrocarburo

Los *hidrocarburos* son materiales que consisten principalmente en carbono e hidrógeno. Los hidrocarburos puros contienen sólo estos dos elementos. Cuando las moléculas de hidrocarburo tienen únicamente enlaces covalentes simples, se consideran *saturados*. La palabra saturado indica que los lugares de unión están totalmente «cargados». Por el contrario, las *moléculas insaturadas* contienen algunos enlaces dobles. Dado que los enlaces dobles son químicamente más reactivos que los simples, las moléculas saturadas suelen ser más estables que las insaturadas. En la tabla 3-1 se ofrece una lista de moléculas de hidrocarburos saturados.

Tal como se indica en la tabla 3-1, las moléculas con 1, 2, 3 o 4 átomos de carbono tienen puntos de ebullición por debajo de 0 °C, lo que significa que son gases a temperatura ambiente. Las moléculas con 5 a 10 carbonos son líquidos bastante volátiles a temperatura ambiente. Cuando el número de carbonos supera 20, los materiales se hacen sólidos.

Tabla 3-1. Moléculas de hidrocarburo saturadas, puntos de fusión y puntos de ebullición

Fórmula	Nombre	Punto de fusión, °C	Punto de ebullic., °C
CH	Metano	−182,5	−161,5
C_2H_6	Etano	−183,3	− 88,6
C_3H_8	Propano	−187,7	− 42,1
C_4H_{10}	Butano	−138,4	− 0,5
C_5H_{12}	Pentano	−129,7	+ 36,1
C_6H_{14}	Hexano	−95,3	+ 68,7
C_7H_{16}	Heptano	−90,6	+ 98,4
C_8H_{18}	Octano	−56,8	+125,7
C_9H_{20}	Nonano	−53,5	+150,8
$C_{10}H_{22}$	Decano	−30	+174
$C_{11}H_{24}$	Undecano	−26	+196
$C_{12}H_{26}$	Dodecano	−10	+216
$C_{15}H_{32}$	Pentadecano	+10	+270
$C_{20}H_{42}$	Eicosano	+36	+345
$C_{30}H_{62}$	Triacontano	+66	
$C_{40}H_{82}$	Tetracontano	+81	destilado a
$C_{50}H_{102}$	Pentacontano	+92	presión reducida
$C_{60}H_{122}$	Hexacontano	+99	para evitar la
$C_{70}H_{142}$	Heptacontano	+105	descomposición

La molécula de hidrocarburo con 8 carbonos es el octano, nombre que resulta familiar por su empleo en los combustibles para automóviles. La masa molecular del octano es 114 uma y su estructura química es:

Nota: *El carbono tiene 12 uma y el hidrógeno, 1.*

$$(8 \times 12) + (18 \times 1) = 114$$

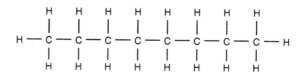

Fig. 3-2. Estructura química del octano.

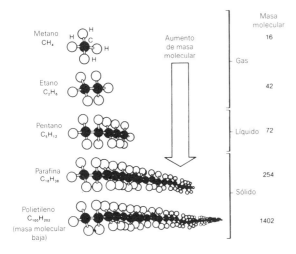

Fig. 3-3. Aumento de la longitud de cadena (masa molecular) desde una molécula de gas hasta un plástico sólido.

Debe advertirse que los hidrógenos están conectados (con enlaces covalentes simples) sólo a los carbonos. No existen enlaces entre hidrógenos. Esto quiere decir que la integridad estructural de la molécula viene dada por las uniones entre los carbonos. Si quitáramos los hidrógenos, quedaría una fila de 8 átomos de carbono. Esta línea se llama *esqueleto* de la molécula. La resistencia de la molécula se determina en gran medida por la fuerza de los enlaces simples carbono-carbono.

Cuando aumenta el número de carbonos del esqueleto, las moléculas se hacen cada vez más grandes. Los líquidos ligeros dan lugar a líquidos viscosos o aceites. Los aceites se convierten en grasas. Las grasas pasan a ceras, que son sólidos débiles. Los sólidos débiles se convierten en sólidos flexibles. Los sólidos flexibles pasan a sólidos rígidos. Finalmente, las moléculas se hacen muy largas, rígidas y firmes a temperatura ambiente. En la figura 3-3 se representa gráficamente esta secuencia de cambios.

Macromoléculas

La estructura plástica más simple es el *polietileno*, un hidrocarburo saturado cuya abreviatura es PE. Una molécula de PE común contiene aproximadamente 1.000 átomos de carbono en su esqueleto, que recibe también el nombre de cadena de carbonos. Debido a su gran tamaño, las moléculas de los materiales plásticos se llaman a menudo *macromoléculas*.

Aunque estas moléculas son muy grandes, no se pueden ver fácilmente. Una molécula de PE normal mide aproximadamente 0,0025 mm estirada. El grosor de un folio de papel es aproximadamente de 0,076 mm. Se necesitarían 30 moléculas estiradas, de extremo a extremo, para llegar desde la parte superior a la inferior de la hoja de papel.

Como este tipo de molécula (macromolécula) es tan larga, los químicos no representan su estructura química extendida. Se aplica en su lugar una fórmula abreviada. La estructura repetida más pequeña se denomina *mero*, que se dibuja entre corchetes del siguiente modo:

$$\left[\begin{array}{cc} H & H \\ | & | \\ -C-C- \\ | & | \\ H & H \end{array} \right]_n$$

La *n* minúscula, o subíndice, indica el grado de polimerización. *Polimerización* quiere decir combinación de muchos meros. (En el capítulo 8 se describen diversas técnicas de polimerización). El *grado de polimerización* (GP) representa el número de meros unidos en una molécula. Si el GP es 500, significa que están combinadas 500 unidades que se repiten. La molécula sería entonces PE, con 1.000 carbonos, con una masa molecular de 14.000 uma. La masa molecular se calcula multiplicando el GP (en este caso 500) por la masa molecular del mero (en este caso 28). Si el GP fuera 9, el material sería parafina, una cera de hidrocarburo con una cadena de 18 carbonos.

Polímeros de cadena de carbonos

Existen literalmente miles de plásticos, y continuamente en el mundo de la química se están creando nuevos polímeros. Sin embargo, la mayoría de los plásticos industriales contienen un número de elementos bastante limitado. Numerosos plásticos consisten en combinaciones de carbono (C), hidrógeno (H) y los siguientes átomos:

oxígeno (O)
nitrógeno (N)
cloro (Cl)
flúor (F)
azufre (S)

Homopolímeros. Los plásticos de estructura química más simple se denominan *homopolímeros*, ya que solamente contienen una estructura básica.

Para entender los distintos plásticos resultará útil volver a escribir la fórmula estructural del PE del siguiente modo:

$$\left[\begin{array}{cc} H & H \\ | & | \\ -C-C- \\ | & | \\ H & X \end{array}\right]_n$$

Si se coloca un hidrógeno (H) en la posición X, el material es PE. Si en dicha posición se incluye un cloro (Cl), el compuesto es poli(cloruro de vinilo), PVC. En la tabla 3-2 se recogen otros plásticos que tienen esta misma forma.

En algunos casos, se sustituyen dos átomos de hidrógeno (H). También entonces conviene volver a escribir la estructura del PE del modo siguiente:

$$\left[\begin{array}{cc} H & Y \\ | & | \\ -C-C- \\ | & | \\ H & X \end{array}\right]_n$$

Véase la tabla 3-3.

Cuando se sustituyen 3 o más hidrógenos, los nuevos átomos suelen ser flúor, y los plásticos resultantes se llaman fluoroplásticos. Si se reemplazan los cuatro hidrógenos con flúor, el material es PTFE, politetrafluoroetileno, comercializado con la marca registrada Teflón.

Tabla 3-2. Plásticos que implican sustituciones simples

Posición X	Nombre del material	Abreviatura
H	Polietileno	PE
Cl	Policloruro de vinilo	PVC
Grupo metilo	Polipropileno	PP
Anillo de benceno	Poliestireno	PS
CN	Poliacrilonitrilo	PAN
OOCCH$_3$	Poliacetato de vinilo	PvaC
OH	Polialcohol vinílico	PVA
COOCH$_3$	Poliacrilato de metilo	PMA
F	Polifluoruro de vinilo	PVF

(Grupo metilo es:

$$H-\overset{\underset{|}{H}}{\underset{\underset{|}{H}}{C}}-H$$

(Anillo de benceno es:

[anillo bencénico]

Tabla 3-3 Plásticos que implican dos sustituciones

Posición X	Posición Y	Material	Abreviatura
F	F	Polifluoruro de vinilideno	PVDF
Cl	Cl	Di(policloruro de vinilo)	PVDC
COOCH$_3$	CH$_3$	Polimetacrilato de metilo	PMMA
CH$_3$	CH$_3$	Poliisobutileno	

Copolímeros. Hasta ahora, todos los plásticos mencionados contienen un solo tipo de grupo funcional. Las fórmulas estructurales requieren únicamente un corchete de la forma H H.

$$\left[\begin{array}{cc} H & H \\ | & | \\ -C-C- \\ | & | \\ H & X \end{array}\right]$$

Estos materiales son *homopolímeros*. Sin embargo, algunos plásticos combinan dos o más grupos funcionales diferentes, es decir, dos o más meros diferentes. Si participan sólo dos meros distintos, el material se llama *copolímero*.

Un ejemplo de copolímero es el estireno-acrilonitrilo (SAN). Con la información de la tabla 3-1, se puede deducir su estructura química. En primer lugar, la estructura del estireno es:

$$-\overset{\underset{|}{H}}{\underset{\underset{|}{H}}{C}}-\overset{\underset{|}{H}}{\underset{\underset{|}{\phi}}{C}}-$$

La estructura del acrilonitrilo es:

$$-\overset{\underset{|}{H}}{\underset{\underset{|}{H}}{C}}-\overset{\underset{|}{H}}{\underset{\underset{|}{C}}{C}}-$$
$$|||$$
$$N$$

Para completar la estructura química del copolímero, se colocan las dos estructuras juntas. La estructura resultante representa a SAN, estireno-acrilonitrilo.

$$\left[\begin{array}{cc} H & H \\ | & | \\ -C-C- \\ | & | \\ H & \phi \end{array}\right]_n \left[\begin{array}{cc} H & H \\ | & | \\ -C-C- \\ | & | \\ H & C \\ & ||| \\ & N \end{array}\right]_m$$

Cuando participan dos meros diferentes, puede haber cuatro combinaciones posibles: 1) si se alternan los meros, ABA-BABABAB, el material es un *copolímero alternante*, 2) cuando se unen los meros de forma aleatoria o al azar, ABBAAAABAAB-BBABBABBBBAA, el material es un *copolímero al azar*, 3) si los meros se unen por bloques de meros iguales, AAAABBBAAAABBBAAAABBBA-AAABBB, el material es entonces un *copolímero de bloque*, y 4) cuando el esqueleto sigue estando compuesto por un solo mero y tiene grupos laterales unidos del segundo mero, el material se denomina *copolímero de injerto*. Su estructura es:

```
AAAAAAAAAAAAAAAAAAAAAAAAAAAA
   B                B
   B                B
   B                B
```

Las estructuras químicas impresas no indican claramente si el copolímero es alternante, al azar o de bloque. Identifican los meros, pero son demasiado cortas para presentar una disposición más extensa. No debe presuponerse que un material es un copolímero alternante sólo porque en su estructura presente dos meros, una al lado de la otra.

Toda la información necesaria sobre la estructura de SAN aparece en la tabla 3-2. En esta tabla se especifican también otros copolímeros. Por ejemplo, polietileno-acetato de vinilo (EVA) y polietileno-acrilato de metilo (EMAC), otros dos copolímeros basados en los materiales enumerados en la tabla 3-2.

Terpolímeros. Si se combinan tres meros distintos para formar un material, éste se identifica como un *terpolímero*. Los terpolímeros también presentan estructuras alternantes, al azar, de bloque o ramificadas. Un ejemplo de terpolímero, construido a partir de los materiales de la tabla 3-1, es acrílico-estireno-acrilonitrilo (ASA).

La estructura del acrílico es:

$$-\underset{H}{\overset{H}{C}}-\underset{COOCH_3}{\overset{H}{C}}-$$

La estructura del estireno es:

$$-\underset{H}{\overset{H}{C}}-\underset{\phi}{\overset{H}{C}}-$$

La estructura del acrilonitrilo es:

$$-\underset{H}{\overset{H}{C}}-\underset{C\equiv N}{\overset{H}{C}}-$$

Si se colocan las tres juntas, se obtiene la estructura química de ASA.

Carbono y otros elementos del esqueleto

Los tipos de macromoléculas explicados hasta ahora tienen esqueletos sólo de carbonos, lo cual no es extensible a todas las macromoléculas. Algunas incluyen oxígeno, nitrógeno, azufre o anillos de benceno en la cadena principal. La mayoría de estos materiales son homopolímeros, siendo un menor número de ellos copolímeros y terpolímeros. Estos materiales tienden a ser únicos en su estructura química y no admiten fácil clasificación. Los detalles específicos sobre su estructura se exponen en el capítulo 8.

Organización molecular

La organización molecular se refiere a la forma en la que están colocadas las moléculas, más que a los detalles sobre los elementos y los enlaces químicos (estructura molecular). En esta sección se tratan las principales categorías de disposición molecular y sus efectos sobre las propiedades concretas de los compuestos.

Polímeros amorfos y cristalinos

Los plásticos presentan dos tipos básicos de disposición molecular, *amorfa* y *cristalina*. En los plásticos amorfos, las cadenas moleculares no tienen orden. Forman tirabuzones, se retuercen o se enrollan al azar, tal como muestra la figura 3-4.

Los plásticos amorfos se pueden identificar fácilmente, ya que son transparentes en ausencia de cargas y pigmentos. Los mostradores de las tiendas suelen estar hechos de acrílico por la alta transparencia que ofrece este polímero amorfo.

En algunos plásticos, se forman regiones cristalinas, en las cuales las moléculas adoptan una estructura muy ordenada. La razón de este fenómeno desborda, en su detalle, el alcance de este

Fig. 3-4. Disposición amorfa.

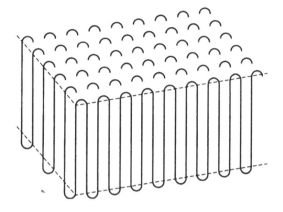

Fig. 3-5. Una región cristalina.

capítulo, si bien se acepta de manera general que las cadenas de polímero se doblan atrás y adelante, produciendo regiones cristalinas muy ordenadas, tal como se observa en la figura 3-5.

Los plásticos no cristalizan totalmente, como los metales. Un término más preciso para ellos sería materiales semicristalinos, ya que consisten en regiones cristalinas rodeadas de zonas amorfas, no cristalinas. (Véase la figura 3-6).

Aunque los plásticos tienen esqueletos de carbono, algunos de ellos cristalizan y otros quedan amorfos. Un importante factor que explica esta diferencia es la regularidad y flexibilidad de la cadena de polímero.

Dado que el hidrógeno (H) es el átomo más pequeño, cualquier átomo que lo sustituya será mayor que él. Las sustituciones de un solo átomo crean

Fig. 3-6. Mezcla de regiones amorfas y cristalinas.

Fig. 3-7. Fórmula lineal del polietileno.

pequeñas «protuberancias» en una cadena de polímero. Los grupos pequeños como el metilo (1 carbono, 3 hidrógenos) o etilo (2 carbonos, 5 hidrógenos) representan protuberancias de tamaño medio en la cadena. Los grupos que contienen en torno a 10 o más átomos de carbono como, por ejemplo, un anillo de benceno (6 carbonos, 6 hidrógenos) forman protuberancias más grandes en la molécula.

Un grupo de átomos unido a una cadena se denomina frecuentemente *grupo lateral*, sobre todo cuando es químicamente diferente de la cadena principal. Si las estructuras químicas unidas a un esqueleto son idénticas al esqueleto, se considera generalmente una estructura *ramificada*. La ramificación de la cadena se refiere tanto al tamaño (normalmente la longitud) de la ramificación como a su frecuencia. Cuando las ramificaciones son largas y/o numerosas, evitan que las moléculas estén muy juntas. Si son pequeñas o infrecuentes, las moléculas se pueden «apretar» y formar sólidos más densos.

Los dibujos en los que se trata de representar el tamaño y la forma de las moléculas son muy variados. El modelo gráfico más simple es una fórmula lineal, que presenta solamente los enlaces, no los átomos. En la figura 3-7 se muestra una fórmula lineal para PE. Debe advertirse que los átomos de carbono forman un modelo en zigzag, ya que los enlaces son ligeramente angulares. El ángulo de enlace que forman dos átomos de carbono de un polímero de la cadena de carbonos es de 109,5°.

Cuando las cadenas se doblan o enrollan, se retuercen o giran entre los carbonos. En la figura 3-8 se presenta una molécula de PE arrollada en una fórmula lineal.

Fig. 3-8. Fórmula lineal de una cadena molecular arrollada.

Fig. 3-9. Representación gráfica de un esqueleto retorcido.

No debe olvidarse que la molécula arrollada es una estructura tridimensional, que no se puede representar perfectamente con un dibujo en dos dimensiones. En la figura 3-9 se trata de dibujar una estructura retorcida. En aras de una mayor claridad, se han omitido todos los átomos conectados al esqueleto de carbonos.

Un modelo espacial es el que trata de representar una estructura en tres dimensiones, aunque estira y aplana el esqueleto. En la figura 3-10 se muestra una representación espacial de la molécula de polietileno.

El éxito de esta imagen dependerá de su capacidad para transmitir la regularidad o «suavidad» de la molécula de PE. Como es bastante uniforme, cristaliza fácilmente.

En el PVC, en cada mero un cloro sustituye a un hidrógeno. En la figura 3-11 se muestra un modelo de esta molécula. Las protuberancias causadas por los átomos de cloro afectan a la capacidad de las moléculas para cristalizar. El PVC es parcialmente cristalino, aunque menos que el PE.

En el PS, un anillo de benceno reemplaza a un hidrógeno por cada mero. La estructura resultante es muy protuberante. En la figura 3-12 se presenta un dibujo de un anillo de benceno. Para evitar confusión, la línea en zigzag del dibujo que aparece después de una sección de una molécula de PS (figura 3-13) es indicativa de la estructura. Los anillos de benceno impiden la cristalización y hacen que el PS sea totalmente amorfo.

Efectos ópticos de la cristalinidad. Los materiales amorfos son transparentes porque la disposición casual de las cadenas no interrumpe la luz de forma uniforme. Por el contrario, los polímeros semicristalinos presentan regiones cristalinas muy ordenadas que desvían la luz considerablemente. El resultado es que los materiales semicristalinos suelen ser translúcidos u opacos.

Una breve demostración dará una idea más clara de este hecho. Cuando se calientan suficientemente, se desprenden las regiones cristalinas de los polímeros semicristalinos, que se vuelven completamente amorfos. Consiga un trozo de un bidón de plástico (polietileno de alta densidad, HDPE), que contiene solamente PE, sin fibras ni colorantes.

A temperatura ambiente, el trozo de HDPE es translúcido pero, si se calienta en una chapa caliente o a la llama, las regiones suficientemente calientes se hacen transparentes.

PRECAUCIÓN: ¡No queme el material! Al enfriarse, las regiones transparentes volverán a ser translúcidas.

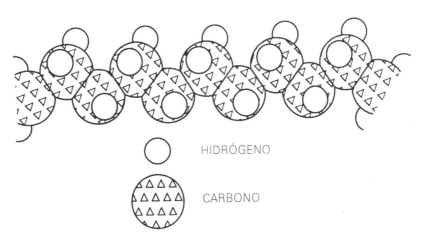

Fig. 3-10. Modelo de una sección de una molécula de PE.

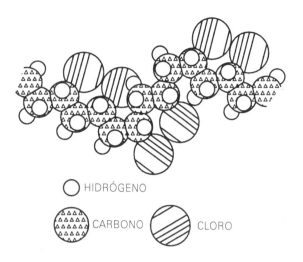

Fig. 3-11. Modelo de una sección de una molécula de PVC.

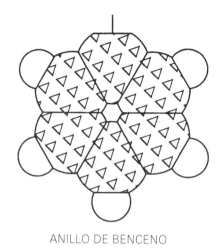

Fig. 3-12. Modelo de un anillo de benceno.

Las regiones cristalinas quedan desorganizadas por el calor, convirtiendo al material en totalmente amorfo. Al enfriarse, algunas regiones recuperarán su orden, aunque otras permanecerán desordenadas. Las regiones ordenadas provocan la difracción de los rayos de luz, en lugar de permitir su paso con escasa perturbación.

Efectos dimensionales de la cristalinidad. Además de las diferencias ópticas, cuando se enfría un plástico fundido hasta un estado sólido, el material cristalino se contrae más que uno amorfo. Este hecho se debe a que, cuando se crean, las regiones cristalinas requieren un menor volumen las amorfas, debido a la cercanía de las cadenas dobladas, lo que produce una mayor contracción. Esta diferencia se puede demostrar con una máquina de moldeo por inyección manual muy simple. Utilizando el mismo molde, inyecte un polímero cristalino natural, como HDPE. Después de eliminar el HDPE por purgado, inyecte un polímero amorfo natural, como PS. La diferencia de longitud es fácil de ver, sobre todo si la pieza es de 5 cm por lo menos.

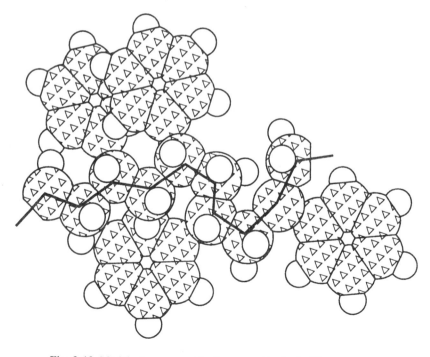

Fig. 3-13. Modelo de una sección de una molécula de PS.

Fuerzas intermoleculares

El tamaño de los átomos y los grupos laterales afectan a la cristalinidad de los plásticos. El grado de cristalinidad influye en las características ópticas y la contracción. Sin embargo, existen diferencias fundamentales en algunas propiedades físicas que no se explican por la cristalinidad. Dos de estas propiedades son el punto de fusión y la resistencia a la tracción. Un buen ejemplo es el proporcionado por dos tipos de poliamida (nilón). El nilón 6 tiene un punto de fusión de 220 °C y una resistencia a la tracción de 78 MPa. En contraposición, el nilón 12 tiene un punto de fusión de 175 °C y una resistencia a la tracción de 50 MPa.

Las interacciones intermoleculares constituyen el factor principal de estas diferencias. Las *interacciones intermoleculares* son las fuerzas de atracción entre moléculas o entre átomos de moléculas distintas. Dichas fuerzas difieren claramente de los enlaces químicos, que son mucho más firmes. Sin embargo, las fuerzas intermoleculares influyen en la cantidad de energía necesaria para desorganizar (fundir, romper, estirar, disolver) los materiales. Dentro de los plásticos se distinguen tres tipos de interacciones fundamentales: 1) fuerzas de Van der Waals, 2) *interacciones dipolares* y 3) *enlaces de hidrógeno*. Las fuerzas de Van der Waals se producen entre todas las moléculas y contribuyen sólo ligeramente a crear diferencias entre los diversos polímeros. Las interacciones de dipolo se dan cuando las moléculas o porciones de moléculas presentan *polaridad*, o cargas eléctricas no equilibradas. El enlace de hidrógeno constituye un caso especial de interacción de dipolo y requiere un enlace entre hidrógeno y oxígeno o hidrógeno y nitrógeno. Los enlaces de hidrógeno son los más sólidos de las fuerzas intermoleculares.

Dentro de los plásticos, los enlaces de hidrógeno revisten gran importancia. Para comprender mejor el efecto de los enlaces de hidrógeno, pensemos en las propiedades físicas del agua y el metano.

	Peso molecular	Punto de fusión	Punto de ebullición
H_2O	18	0 °C	100 °C
CH_4	16	–183 °C	–162 °C

Estas moléculas tienen un tamaño similar. ¿Por qué son diferentes las propiedades? La respuesta radica en los enlaces de hidrógeno. En el agua abundan estos enlaces, mientras que el metano carece de ellos. En la figura que aparece en la figura 3-14, la línea de puntos representa la atracción entre un oxígeno en una molécula y un hidrógeno en la molécula contigua.

El nilón, un plástico que contiene nitrógeno en su esqueleto, ofrece un excelente ejemplo de enlace de hidrógeno. Las fibras de nilón son elásticas, dado que los enlaces de hidrógeno actúan como muelles. Estas fibras se vuelven a contraer después de estirarlas en virtud de la fuerza de los enlaces de hidrógeno. Si no fuera por estos enlaces, los calcetines de nilón se deformarían.

Para saber si un plástico tiene dipolos o enlaces de hidrógeno no es necesario memorizar las características de los distintos plásticos, bastará con un sencillo grupo de condiciones para señalar la presencia de enlaces de dipolo y/o de hidrógeno.

Las siguientes combinaciones de átomos indican un dipolo permanente. Los dipolos se producen si encontramos un:

a. enlace simple carbono-cloro
b. enlace simple carbono-flúor
c. enlace doble carbono=oxígeno

Las siguientes combinaciones señalan un enlace de hidrógeno:

a. un enlace simple carbono-OH
b. un enlace simple nitrógeno-hidrógeno

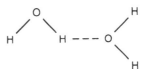

Fig. 3-14. Enlace de hidrógeno en agua.

Cuando existen enlaces de hidrógeno o dipolos permanentes, cambian las propiedades físicas. Las diferencias entre el nilón 6 y el nilón 12 se pueden explicar analizando las fuerzas de enlaces secundarios.

El nilón 6 tiene 1 dipolo y 1 enlace de hidrógeno por cada 6 carbonos de la cadena principal. El nilón 12 cuenta con 1 dipolo y 1 hidrógeno por cada 12 carbonos de la cadena principal. Los enlaces secundarios adicionales en el nilón 6 le hacen más resistente y con un punto de fusión superior.

Orientación molecular

En condiciones normales, las macromoléculas amorfas no son lineales, sino que se retuercen, enrollan y envuelven unas con otras. Cuando se funden, las moléculas retienen su entrelazado. En cambio, si se funden plásticos cristalinos, las regiones cristalinas se desdoblan y toda la estructura se hace amorfa. Cuando un plástico fundido se desplaza o fluye, algunas moléculas se estiran. Si la velocidad de flujo es elevada, las moléculas se estirarán hasta quedar prácticamente rectas, en un fenómeno conocido por *orientación*.

Cuando un plástico amorfo muy orientado se enfría, las moléculas retornan al estado enrollado y retorcido si tienen oportunidad, lo cual depende de la velocidad de enfriamiento. Si el enfriamiento es lento, tendrán tiempo suficiente para volverse a reorganizar y enrollarse. Si es muy corto, las moléculas estiradas se congelarán antes de arrollarse.

Cuando el plástico semicristalino orientado se enfría rápidamente, parte de la orientación queda bloqueada. Por otro lado, la velocidad de enfriamiento influye también en el grado de cristalinidad. Un enfriamiento lento da lugar a mayor cristalinidad, y un enfriamiento rápido inhibe en parte la formación de cristal. Dado que los cambios en el grado de cristalinidad pueden alterar las dimensiones de piezas, el control de la velocidad de enfriamiento es de gran importancia en la práctica.

Si las moléculas se congelan estando estiradas, «se sentirán tensas». Las moléculas son sometidas a un esfuerzo y «preferirían» pasar a un estado más relajado. Las tensiones bloqueadas por un congelado rápido se denominan *esfuerzo residual*. En cuanto tienen posibilidad, las moléculas se enrollan. En muchos materiales, esto sucede de forma lenta con el tiempo, aunque podría ocurrir deprisa si se calentara el material suficientemente, en cuyo caso cambiará de forma y, en general, se hará inservible.

Si no se permite que una pieza de plástico cambie lentamente con el tiempo o se la hace soportar descargas de mucho calor, será necesario liberar la tensión en el proceso de fabricación. Este proceso se viene a llamar *recocido*, que consiste normalmente en el calentamiento controlado de las piezas. Una vez que cambia la forma de las piezas, éstas se trabajan o se prensan para conseguir las dimensiones deseadas.

Con frecuencia, los objetos de plástico relativamente gruesos se enfriarán con lentitud suficien-

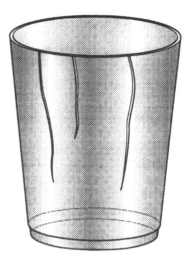

Fig. 3-15. Fracturas direccionales en un recipiente de PS moldeado.

te para que las porciones centrales no estén orientadas. No obstante, es posible que objetos muy finos presenten una alta orientación. Un buen ejemplo es un vaso normal de paredes delgadas, de PS moldeado por inyección. Cuando se rompe, las líneas de la fractura presentan direccionalidad, tal como aparece en el dibujo.

Los vasos de este tipo se rompen fácilmente sólo en una dirección, aquella en que están orientadas las moléculas. El término técnico dado a este fenómeno es *orientación uniaxial*.

Orientación uniaxial

Teniendo en cuenta que los materiales muy orientados a menudo parecen idénticos a los obtenidos con un esfuerzo residual bajo, unas sencillas pruebas bastarán para identificar la orientación. Estas pruebas están relacionadas con las características de fractura, estirado y rasgado.

Algunas láminas finas utilizadas en procesos de termoconformado están muy orientadas, por lo que se romperán fácilmente en una dirección pero no en la perpendicular. Los trozos de estas láminas se curvarán al aplicar calor. La dirección de la curva indica la dirección de la orientación.

La cinta de teflón, que se vende en rollos para sellar accesorios de tuberías presenta orientación por las diferencias de su estirado. Un trozo de cinta se puede estirar fácilmente transversalmente, pero no se encontrará la misma facilidad para prolongarlo en la dirección longitudinal.

Algunas etiquetas de las botellas de bebidas espumosas de dos litros consisten en una película fina de plástico estirado que rodea a la botella. Dicha película se puede rasgar fácilmente en una dirección, pero no en la perpendicular.

Una demostración espectacular de orientación se produce cuando se estiran barras de ensayo de HDPE a una velocidad lenta (menos de 2,54 cm por minuto). Se estirarán en un alto porcentaje hasta quedar fibrosas. En este estado, las fibras se pueden separar a mano.

Orientación biaxial

La orientación biaxial significa que un objeto o lámina de plástico contiene moléculas que se extienden en dos direcciones, normalmente en perpendicular respecto a otra. Cuando se calientan, los materiales biaxialmente orientados se contraen en ambas direcciones. En cambio, los materiales de orientación uniaxial se encogen de forma espectacular en una dirección, aumentando muchos de ellos en longitud en la otra dirección.

Algunos materiales tienen intencionadamente una orientación biaxial como, por ejemplo, materiales de envolturas de contracción y cubiertas para ventanas que se contraen cuando se calientan con un secador de pelo. Productos similares son los adornos contraíbles para manualidades que primero se calientan y después se estiran en las dos direccione antes de un enfriamiento rápido. Más tarde, el calentamiento produce una contracción en ambas direcciones.

Productos conocidos con orientación biaxial son las botellas de gaseosa de dos litros, que se hinchan como los globos y, con esta acción, las moléculas se estiran en las dos direcciones. El vertido de agua muy caliente en una botella de dos litros provoca una contracción vertical y en círculo. Al tratar de llevar a cabo esta operación, conviene colocar la botella en una pila, de manera que cuando se contraiga, se controle el agua que rebosa.

Termoestables

Hasta ahora, todos los materiales descritos en este capítulo han sido hidrocarburos de cadena larga. Aunque muy largas, sus moléculas tienen finales. Las cadenas largas no están conectadas unas con otras. Como las moléculas no están enlazadas químicamente entre sí, se pueden deslizar unas sobre otras al empujarlas. Si las cadenas son suaves, las moléculas tienen gran capacidad de deslizamiento. Cuando se calientan, se pueden desplazar, y el material se ablandará o fundirá si se calienta suficientemente.

Los plásticos que consisten en cadenas desconectadas se llaman *termoplásticos*. Tal como se puede deducir del vocablo, cuando se calientan (termo) quedan blandos y conformables (plásticos). Por el contrario, algunos plásticos son *termoestables*. Al calentarse no se ablandan ni quedan flexibles. La mayoría de los termoestables se curan para dar sólidos insolubles, que no funden. El fundamento químico de esta característica es que sus moléculas están químicamente unidas unas con otras. Los enlaces químicos entre moléculas se denominan *reticulaciones* (véase figura 3-16). Es teóricamente posible que objetos grandes de termoestables, como los capós de los camiones diésel, sean en realidad una molécula inmensa.

La imagen de un cuenco de espagueti servirá también para entender la diferencia entre los termoestables y los termoplásticos. Los espagueti se pueden unir entre sí creando una red. Si existen muchos nudos que unen los filamentos contiguos, el conjunto estará *curado*.

Los termoestables se agrupan en dos grandes categorías: rígidos y flexibles. Los termoestables rígidos encuentran aplicación en entornos de mucho calor. No se ablandan con el calor y se carbonizan a altas temperaturas. Como están fuertemente ligados químicamente, son también resistentes al ataque de disolventes.

La historia de los termoestables flexibles es larga. En el capítulo 1 se mencionó a Charles Goodyear y la vulcanización del caucho. Desde el punto de vista químico, Goodyear encontró la forma de provocar la formación de reticulaciones entre las moléculas de caucho. Otro grupo de termoestables flexi-

Fig. 3-16 Moléculas reticuladas.

bles es el de los basados en uretano. Las espumas para los asientos de los coches, sofás, muebles y alcoholes están hechas de poliuretano.

Los termoestables rígidos y flexibles no son reciclables ni reprocesables, a diferencia de los termoplásticos. Los neumáticos de caucho no se pueden triturar y volver a usar para hacer nuevos neumáticos. Los programas de reciclaje actuales para artículos de consumo concentran su atención en materiales termoplásticos, que son reprocesables. Para mayor información sobre los intentos de reciclaje de termoestables, consúltese el capítulo 2.

Vocabulario

A continuación se ofrece un vocabulario con los términos que aparecen en este capítulo. En el glosario del apéndice A puede consultarse la definición de los que no se comprenda en su acepción relacionada con el plástico.

Amorfo
Benceno
Compuestos saturados
Copolímero al azar
Copolímero alternante
Copolímero de injerto
Cristalización
Dipolo eléctrico
Enlace covalente
Enlace covalente simple
Enlaces primarios
Esqueleto
Fuerzas de Van der Waals
Fuerzas intermoleculares
Grado de polimerización
Hidrocarburo
Macromoléculas
Masa atómica
Masa molecular
Mero
Molécula
Orientación
   uniaxial
   biaxial
Polimerización
Polímero de bloque
Ramificación
Recocido
Reticulación

Preguntas

3-1. Un enlace entre dos átomos de carbono se dice ___?___.

3-2. El grupo CH_3 se denomina ___?___.

3-3. Un guión entre átomos indica que se trata de un enlace ___?___.

3-4. Las unidades pequeñas repetidas que componen una molécula de plástico se denominan ___?___.

3-5. ¿Qué significa poli?

3-6. Los tres tipos de fuerzas intermoleculares propios de los plásticos son ___?___, ___?___ y ___?___.

3-7. Los plásticos cristalinos suelen ser más rígidos y no tan transparentes como los ___?___.

3-8. Un material ___?___ se puede ablandar de forma repetida cuando se calienta y se endurece al enfriarlo.

3-9. El término usado para describir la unión de cadenas de polímero adyacentes es ___?___.

3-10. Si un polímero consiste en dos meros diferentes, se denomina ___?___.

3-11. Una molécula de hidrocarburo que contiene algunos enlaces dobles se llama ___?___.

3-12. ¿Es el PVC un copolímero? Explíquelo.

3-13. ¿Cuál es la estructura general de un copolímero alternante?

3-14. Si una cadena de carbonos tiene grupos laterales metilo, ¿está ramificada?

3-15. Si un material es transparente, ¿es cristalino?

3-16. ¿Qué efecto producen los enlaces de dipolo o de hidrógeno en el punto de fusión de los polímeros?

3-17. ¿Son sinónimos esfuerzo residual y orientación?

Actividades

Lámina de termoconformado orientada

Equipo. Un horno con tostadora o una lámpara de calor, tenazas, compás de calibres, lámina de termoconformado orientada.

Procedimiento

3-1. Coloque láminas de termoconformado muy orientadas. Para averiguar si el material está altamente orientado, dóblelo para comprobar si se fractura fácilmente en una de las direcciones pero se puede doblar en la otra dirección sin romperse. El fenómeno se pone de manifiesto más claramente con láminas bastante finas.

3-2. Corte cuadrados de aproximadamente 75 mm x 75 mm. Mida con cuidado la anchura, la longitud y el espesor. Marque la pieza para identificar el ancho y el largo.

3-3. Caliéntelo hasta que se produzca la liberación de la tensión. Un horno con tostadora de rejilla puede servir perfectamente como fuente de calor (Fig. 3-17).

Sin la rejilla, las muestras podrían caer a la bandeja de la tostadora. Cuando la muestra está suficientemente caliente, se puede curvar el material. Sáquelo enseguida, antes de que se funda, y aplánelo inmediatamente.

PRECAUCIÓN: Utilice ropa y equipo de protección adecuados para evitar las quemaduras. Realice esta actividad en una zona ventilada.

Fig. 3-17. Un horno con tostadora para liberar la tensión de muestras pequeñas.

3-4. Una vez en frío, mida la longitud, la anchura y el espesor. Registre el porcentaje del cambio de dimensión.

3-5. Si las moléculas se han desorientado completamente, las muestras deberán doblarse con la misma rigidez en ambas direcciones.

3-6. Repita el ensayo con otras muestras. Los vasos o copas de PS moldeados por inyección también experimentan un cambio enorme al calentarlos.

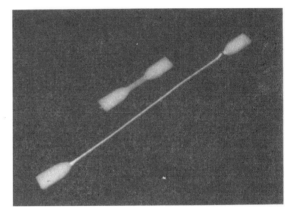

Fig. 3-18. La extremada elongación de HDPE, al estirarlo poco a poco, provoca un alto grado de orientación molecular.

Orientación de HDPE

Equipo. Máquina para pruebas de tracción, barras de tracción de HDPE.

Procedimiento

3-1. Estire lentamente una barra de pruebas de tracción de HDPE. No sobrepase una velocidad de 2,54 cm por minuto. Se deberá estirar la muestra en un porcentaje muy alto. En la figura 3-18 aparece una muestra antes y después de una extensión lenta.

3-2. Calcule la resistencia final de la muestra.

3-3. Corte una sección de la región adelgazada. Monte esta pieza en una máquina para pruebas de tracción y estírela hasta romperla. Calcule la resistencia final de la tira orientada. Compare la resistencia que resulta de la etapa 2 con la que se obtiene en la etapa 3.

3-4. Arranque los «hilos» de polietileno orientado con el dedo. En la figura 3-19 se muestran los hilos formados cuando falló la muestra. Estos hilos se pueden volver a separar con los dedos.

3-5. La tensión libera la pieza de la región adelgazada. Después del calentamiento, ¿era más gruesa que antes?

Cubiertas de ventanas para tormentas

Consiga una pieza de película contraíble para cubiertas de ventana. Mídala y después libere la tensión con calor. Mida la pieza recocida. Calcule el porcentaje de reducción en longitud y anchura. ¿Era igual la cantidad de tensión en la película original en ambas direcciones?

Fig. 3-19. La tendencia de esta muestra a «despelucharse» o «deshilacharse» ilustra el efecto de la orientación molecular.

Capítulo 4

Salud y seguridad

Introducción

Los empleados de la mayoría de las industrias están expuestos a un gran número de peligros potenciales contra su salud y seguridad. Estos riesgos se pueden clasificar en tres grandes grupos: físicos, biomecánicos y químicos. El esquema del presente capítulo es el siguiente:
  I. Riesgos físicos
  II. Riesgos bioquímicos
  III. Riesgos químicos
  IV. Fuentes de riesgos químicos
  V. Lectura y comprensión de las instrucciones sobre seguridad
   A. Sección I: Información general
   B. Sección II: Composición
   C. Sección III: Propiedades físicas
   D. Sección IV: Datos sobre riesgo de incendios y explosión
   E. Sección V: Datos sobre riesgos para la salud
   F. Sección VI: Datos sobre reactividad
   G. Sección VII: Procedimientos sobre fugas y escapes
   H. Sección VIII: Medidas de protección laboral
   I. Sección IX: Precauciones especiales
   J. Sección X: Transporte

Riesgos físicos

Entre los riesgos físicos se incluyen: movimiento de las máquinas, sistemas eléctricos, sistemas de presión neumática e hidráulica, ruido, calor, vibraciones y otros riesgos potenciales. Asimismo, este grupo comprende la radiación ionizante, ultravioleta, de microondas y térmica.

Para resguardarse contra los peligros físicos, el personal de seguridad debe garantizar que las máquinas cuenten con dispositivos de seguridad apropiados, guardas y sistemas de alarma. La protección frente al ruido, las vibraciones y la radiación puede consistir en medios de protección individuales, como son gafas de seguridad, auriculares y diversos tipos de pantallas protectoras. Deberán instalarse controles dobles para asegurar que las manos del operario no estén cerca de cuchillas cortantes, barras móviles, hojas de cizalla o superficies calientes.

Riesgos biomecánicos

Los riesgos biomecánicos suelen estar relacionados con movimientos repetitivos. La ergonomía es la ciencia que se dedica al estudio de este tipo de acciones que, aunque no suponen en sí mismas un peligro inmediato, sí pueden provocar accidentes si se repiten durante días, semanas y meses. La reducción o eliminación de este riesgo requiere el empleo de herramientas y diseños de máquinas adecuados, buena visión y calidad del aire. La fatiga generada por unas condiciones deficientes puede traducirse en accidentes. Aparte de los daños físicos, pueden aparecer problemas psicológicos y mentales. Algunos de ellos producen estados de ansiedad, irritabilidad, drogadicción, insomnio y neurosis, así como dolores de cabeza y síntomas gastrointestinales.

Riesgos químicos

Aunque la industria del plástico supone peligros físicos y biomecánicos, el mayor riesgo es de tipo químico. Muchos de los compuestos y procesos aplicados en esta industria son potencialmente peligrosos.

La inhalación de sustancias tóxicas y la absorción a través de los pulmones suman el 90% de los casos de intoxicación dentro de este sector. En algunos casos, son los propios empleados los que se exponen, inconscientes del riesgo. Muchas empresas responsables ofrecen programas formativos de seguridad para proteger e informar a sus trabajadores y conseguir así que sean conscientes de lo que manipulan. En este capítulo, se describen los peligros que se asocian a los productos químicos para la salud y la seguridad, así como diversos métodos para prevenirlos y contrarrestar su efecto.

Fuentes de peligros químicos

Entre el año 1995 y el 2000, se espera que el consumo total de plásticos siga incrementándose a una velocidad constante, con una tendencia continua sin grandes altibajos. Durante estos años, dominarán las ventas los plásticos que se enumeran a continuación, ordenados por volumen de ventas.

Polietileno, baja densidad
Polietileno, alta densidad
Policloruro de vinilo
Polipropileno
Poliestireno
Poliuretano
Fenólico
Poliéster, termoplástico

Según un orden de volumen procesado, las técnicas más importantes para convertir estos materiales en productos serán:

Extrusión
Moldeo por inyección
Moldeo por soplado
Producción de espuma de poliuretano
Aplicación adhesiva de fenólico
Expansión de poliuretano

Los materiales y procesos dominantes indican que los plásticos peletizados sólidos constituyen la forma básica, por lo que el tratamiento aquí aportado sobre las cuestiones de salud y seguridad girará principalmente en torno a los pelets o granzas. Cuando las formas en polvo o líquidas entrañen un particular peligro, también serán objeto de comentario. Las poliolefinas mencionadas, en concreto el polietileno de baja densidad y el polipropileno, suponen un riesgo mínimo durante su tratamiento, al igual que el poliéster termoplástico. El problema asociado a estos materiales es el uso de aditivos y sus posibles efectos tóxicos. Para más información sobre aditivos, consúltese el capítulo 7.

Los dos materiales termoestables, poliuretano y fenólico, exponen potencialmente al ser humano a subproductos de la polimerización que son peligrosos. Más adelante en este mismo capítulo se profundizará en esta cuestión.

Lectura y comprensión de las instrucciones sobre seguridad

La industria de los plásticos está asociada a métodos y materiales peligrosos. En los Estados Unidos, toda adquisición de materia prima industrial peligrosa va acompañada de una hoja de datos de seguridad del material (llamada MSDS, siglas de Material Safety Data Sheets). La norma federal 313B, que establece las directrices para la redacción de la MSDS, define el significado del término peligroso, según una definición amplia que cubre también los plásticos, en cuyo uso normal «pueden producirse cenizas, gases, emanaciones, vapores, neblina o humos» nocivos.

Una definición similar aparece en el Código de Regulaciones Federales (CFR) de este mismo país, donde se califica a las sustancias peligrosas en la industria de posibles agentes de riesgo fuera de lo razonable para la salud, la seguridad y la propiedad.

Cuando un cliente compra de forma repetida el mismo material, se le envía una MSDS con el primer pedido anual. A pesar de que cada productor de materias primas es individualmente responsable de la confección de su propia MSDS, existen directrices generales sobre determinadas categorías de información. Una completa comprensión de la MSDS en el ámbito de la industria del plástico puede favorecer la seguridad de todo el personal.

En los siguientes apartados del capítulo, se acudirá como guía a las secciones recomendadas por la Norma Federal 313B para todas las MSDS.

Sección I: Información general

La sección I contiene información sobre el nombre del producto y la identidad del fabricante. Esta sección suele incluir números de teléfono de emergencia, la marca registrada y la familia a la que pertenece el material. En la sección de identificación de producto se indica su nombre químico.

Por ejemplo, el lexano, fabricado por GE Plastics, es un tipo de policarbonato apropiado para moldeo por inyección. Su nombre químico es poli(carbonato de bisfenol A). Todo producto químico tiene en los Estados Unidos un número CAS (Chemical Abstracts Services Registry), que actúa como registro del servicio de Chemical Abstracts. Además de catalogar las sustancias químicas, el registro CAS proporciona una identificación exacta de los materiales. Las empresas químicas promocionan sus materiales con marcas registradas, como lexano. Para saber si éste es químicamente idéntico a merlon, un policarbonato de Miles Chemical Company, basta con comparar los números CAS. El número de ambas marcas es 25971-65-5.

Sección II: Composición

La sección II contiene información sobre ingredientes peligrosos. Como el policarbonato no es un producto controlado, la MSDS no ofrece ningún otro dato adicional en esta sección. Sin embargo, además de los constituyentes principales de un material, en esta sección deben aparecer todos los aditivos, cargas o colorantes que se consideren nocivos. Una MSDS para un tipo de ABS enumera los siguientes ingredientes.

CAS#	Nombre químico	Unidades OSHA PEL	Unidades ACGIH TLV
7631-86-9	Sílice	0,05 mg/m^3	0,05 mg/m^3
100-42-5	Estireno	50,0 ppm	50,0 ppm
1333-86-4	Negro de carbono	3,5 mg/m^3	3,5 mg/m^3

Es muy importante entender en profundidad lo que significa esta información. Las siglas OSHA corresponden a Occupational Safety and Health Administration (administración de seguridad y salud laboral). ACGIH es la American Conference of Governmental Industrial Hygienists (conferencia nacional norteamericana de especialistas en higiene en la industria). Ambas organizaciones publican normas sobre exposición a diversos materiales industriales.

OSHA utiliza una medida llamada PEL (*permissible exposure limits*, o límites de exposición permisibles), que no sólo indica la cantidad de exposición tolerable sino también el tiempo de exposición. Por tanto, PEL es una media ponderada en el tiempo, o TWA (*time-weighted average*). Una TWA representa el nivel de exposición considerado aceptable para una jornada de 8 horas como parte de una semana laboral de 40 horas. Además de los valores PEL, OSHA propone los REL o límites de exposición recomendados (*recommended exposure limits*) y un STEL, límite de exposición a corto plazo (*short-term exposure limit*).

En este ejemplo, el límite de exposición permisible para la sílice es 0,05 mg/m^3. La unidad mg/m^3 se puede aplicar a cenizas, polvos o fibras.

La abreviatura TLV significa valor límite de umbral (*threshold limit value*), recomendado por la ACGIH. El TLV también es una media ponderada en el tiempo aceptable para una jornada de 8 horas como parte de una semana laboral de 40 horas.

La ACGIH presenta además dos categorías más de TLV. La primera, LTV-STEL (STEL-límite de exposición a corto plazo), indica la exposición aceptable durante 15 minutos, que no deberá superarse en ningún caso durante la jornada de 8 horas, incluso aunque la TWA para un día se encuentre dentro de ese límite.

La TWA es generalmente inferior a la STEL. El procedimiento para determinar la exposición, que está por encima de TWA pero por debajo de STL, se ha de especificar con claridad. Así, dichas exposiciones deberían ser:
- no superiores a 15 minutos
- no más de 4 veces al día.

La segunda categoría de TWA es un valor tope, que no deberá superarse en ningún momento de la jornada.

En este ejemplo, la sílice y el negro de carbono son polvos o partículas impalpables. El estireno es peligroso como gas, por lo que las unidades PEL o TLV aparecen en ppm, partes por millón.

Conviene distinguir claramente entre los niveles de PEL o TLV y el porcentaje de un ingrediente en peso. El acrilonitrilo-butadieno-estireno (ABS) utilizado como ejemplo contenía un 3% de negro de carbono y un 0,2% de monómero de estireno residual. El monómero de estireno residual es un material que, sin llegar a combinarse para producir moléculas de polímero, permanece atrapado en éste. La sílice estaba presente en un 5% en peso. Dado que el negro de carbono y la sílice son materiales sólidos en polvo, están encapsulados en plásticos y es muy improbable que se den en la forma *libre*. Por consiguiente, los valores TLV y PEL tienen una escasa aplicación práctica. En cambio, el estireno monomérico puede escapar a la atmósfera como un gas a las temperaturas de tratamiento, por lo cual sus límites TLV y PEL tienen especial valor práctico.

Riesgo del estireno para la salud. La importancia del estireno dentro de la industria del plástico requiere una atención especial. Su posición preponderante viene dada por tratarse de un material básico para la obtención de estirenos termoplásticos, entre los que se incluyen poliestireno, poliestireno de impacto, SAN, ABS y otros. Por otra parte, el estireno aparece en las resinas de colada de poliéster.

En las resinas estirénicas termoplásticas, el estireno monomérico constituye un ingrediente menor. Algunos plásticos de ABS contienen menos de un 0,2% de estireno monomérico. Además del monómero residual, los plásticos estirénicos comerciales producen estireno durante la degradación termooxidante. Al combinarse estas fuentes en los tratamientos de moldeo y conformado de termoplásticos se puede desprender estireno. Según un estudio, en la atmósfera de una planta de moldeo por inyección de poliestireno puede haber de 1 a 7 ppm de estireno.

Los peligros potenciales del estireno de los termoplásticos son mínimos en comparación con el riesgo que suponen las resinas de poliéster. En particular, las operaciones a molde abierto son habituales en la producción de barcos, cascos de yates, tanques o tuberías grandes, bañeras, duchas y cubiertas de camiones o tractores. Las resinas de poliéster proporcionan una matriz para fibras de vidrio reforzadores, ya sea como tejido, estera o hebras cortadas. Los procesos habituales son *cortado y pulverizado* y *superposición de láminas manual*. En el cortado y pulverizado se reúne la resina y las hebras de vidrio en un cabezal de cortado/mezclado. Los operarios dirigen la forma de las fibras de vidrio revestidas. En la superposición de láminas manual, los trabajadores colocan capas de vidrio reforzador en moldes y aplican resina, a veces con pistolas para pulverizar sin aire.

Sea cual sea el tipo de proceso aplicado, el trabajo a molde abierto expone al trabajador a los vapores de estireno. Las resinas de poliéster contienen aproximadamente un 35% en peso de estireno. A pesar de que las normas de seguridad recomiendan que el personal «evite respirar los vapores», esto se consigue únicamente con una máscara especial. Algunas compañías proporcionan a sus empleados el equipo necesario. Sin embargo, otros muchos fabricantes se conforman únicamente con los sistemas de ventilación.

La eficacia de los sistemas de ventilación es variable, según los casos. Si estos sistemas no son adecuados, las concentraciones de estireno pueden superar el valor umbral actualmente admitido de 50 ppm. Según un estudio, con un molde abierto que ocupaba un área superficial de 1,3 m^3 se estimaron concentraciones de 109 ppm. Una superficie de 8,3 m^3 producía 123 ppm. Otro estudio calculó 120 ppm para una operación de cortado y pulverizado, y 86 ppm para un puesto de laminación.

Sin embargo, si el sistema de ventilación está bien instalado y tiene potencia suficiente, la concentración se reduce. Una compañía de yates consume semanalmente 3.200 kg de resina de poliéster. Su planta cuenta con una ventilación local en cada puesto de trabajo capaz de emitir a la atmósfera 480 m^3 por minuto. Asimismo, el sistema para todo el edificio garantiza de 10 a 15 cambios de aire a la hora. En estas circunstancias, los chapadores de cascos se someten a índices de exposición de 17 a 25 ppm. Según otro estudio, la exposición media para las compañías de yates es 37 ppm. Las compañías de embarcaciones pequeñas presentaron una media de 82 ppm, probablemente por disponer de sistemas de ventilación menos eficaces.

En las operaciones de molde cerrado o a presión se producen exposiciones aún menores. En las compañías de molde a presión se manejan exposiciones comprendidas entre 11 y 26 ppm. Para reducir este índice, algunas empresas están reconvirtiendo todas las operaciones en técnicas de molde cerrado. Si la ACGIH rebaja el TLV de estireno, el incentivo para eliminar los moldes abiertos será mayor.

En la tabla 4-1 se ofrece una lista de los límites actualmente recomendados por la ACGIH, una organización que publica con regularidad actualizaciones de los valores para mantener la documentación al día.

Tabla 4-1. Valores de umbral para productos químicos

Material	Temperatura inflamabilidad	TLV (ppm)	TLV (mg/m³)	Riesgo para la salud
Acetaldehído A3		STEL25	180	Carcinógeno para animales
Acetato de vinilo A3	8	10	35	Inhalación, irritante
Acetona (dimetil cetona)	-18	750	1780	Irritación de la piel, narcosis moderada por inhalación
Acrilatos de metilo	3	10	35	Inhalado y absorbido, lesiones hepáticas, renales e intestinales
Acrilonitrilo (cianuro de vinilo) A2	5	2	4,3	Carcinógeno absorbido por la piel y por inhalación
Alcohol isopropílico		400	983	Narcótico, irritación tracto respiratorio, dermatitis
Amianto A1 (como amosita)			0,5 fibras/cc	Enfermedades respiratorias (inhalación), carcinógeno
Amoníaco		25	17	
Benceno (benzol) A2	11	10	32	Tóxico por inhalación, carcinógeno, irritación de la piel y quemaduras
Bisfenol A				Irritación nasal y de la piel
Ciclohexano	-20	300	1030	Lesiones renales y hepáticas, inhalación
Ciclohexanol	66	50	206	Posibles lesiones en el organismo inhalado y absorbido
Cloro		0,5	1,5	Fatiga bronquial, intoxicación y efectos crónicos
Clorobenceno (cloruro de fenilo)	29	10	46	Intoxicación aguda, parálisis absorbido e inhalado
Cloruro de hidrógeno		5 tope	7,5 tope	Irritante para los ojos, la piel y la membrana mucosa
Cloruro de metileno A2	gas	50	174	Posibles lesiones hepáticas, narcótico, grave irritación de la piel, narcosis moderada por inhalación, ingestión, carcinógeno
Cloruro de vinilo A1		5	13	Carcinógeno
Cobalto A3 (como polvo metálico y emanaciones)			0,02	Posible pneunoconiosis y dermatitis (inhalación)
1,2-dicloroetano (dicloruro de etileno)	13	10	40	Anestésico y narcótico, inhalación, posibles lesiones en A3
Dióxido de carbono	gas	5000	9000	Posible asfixia, intoxicación crónica (inhalación) en cantidades reducidas el sistema nervioso
Epiclorhidrina	95	2	7,6	Muy irritante para el ojo, percutáneo y tracto respiratorio, carcinógeno
Estireno		50	213	Irritante para los ojos y las membranas mucosas
Etanol (alcohol etílico)	13	1000	1880	Posibles lesiones hepáticas, efectos narcóticos
Fenol (ácido carbólico)	80	5	19	Inhalado, absorbido por la piel, narcótico, lesiones en los tejidos, irritación cutánea
Fibras de boro				Irritante, molestias respiratorias
Flúor		1	1,6	Molestias respiratorias, agudas a altas concentraciones
Fluoruro de hidrógeno		3 tope	2,6 tope	
Formaldehído A2		0,3 tope		Irritación de la piel y bronquial, inhalación carcinógeno
Fosgeno		0,1	0,4	Lesiones pulmonares
Metanol (alcohol metílico)	11	200	262	Crónico por inhalación, tóxico, puede causar ceguera
Metil etil cetona	-6	200	590	Ligeramente tóxico, los efectos desaparecen en 48 horas
Mica			3	Pneumoconiosis, molestias respiratorias

Tabla 4-1. Valores de umbral para productos químicos (cont.)

Material	Temperatura inflamabilidad	TLV (ppm)	TLV (mg/m³)	Riesgo para la salud
Monóxido de carbono	gas	25	29	Asfixia
Níquel			1	Eczema crónico, carcinógeno
o-diclorobenceno	66	25	150	Posibles lesiones hepáticas, inhalación, percutáneo
Piridina	20	5	16	Lesiones hepáticas y renales
Silano				Inhalación, lesiones orgánicas
Sílice (fundida)			0,1	Molestias respiratorias, silicosis, potencialmente carcinógeno
Tetracloruro de carbono		5	31	Intoxicación crónica absorbido o inhalado en cantidades reducidas, carcinógeno
Tolueno	4	50	188	Similar al benceno, posibles lesiones hepáticas

Fuente: 1994-1995. *Threshold Limit Values for Chemical Substances and Physical Agents and Biological Exposure Indices*, American Conference of Governmental Industrial Hygienists, Inc., Cincinnati, Ohio.

La ACGIH también publica listas de materiales *carcinogénicos* o agentes que producen cáncer. El valor asignado a sustancias cancerígenas confirmadas para el ser humano es A1; las presuntamente cancerígenas se designan con la calificación A2, y A3 se reserva a los productos cancerígenos para los animales.

Sección III: Propiedades físicas

Esta sección no se refiere a los ingredientes por separado, sino que considera el material como sustancia. Entre los ejemplos de datos manejados en ella se incluyen velocidad de evaporación, puntos de fusión y ebullición, peso específico, solubilidad en agua y forma. En plásticos peletizados, algunas de estas características se indican como NE, que significa no establecido.

Sección IV: Datos sobre peligro de incendio y explosión

Teniendo en cuenta que la mayoría de los plásticos peletizados no son explosivos, esta sección se centra básicamente en la lucha contra incendios. En presencia de calor y oxígeno suficientes, la mayoría de los plásticos arden para producir dióxido de carbono y vapor de agua. Muchos, en cambio, son incombustibles o retardadores de la inflamación. Así, todos los plásticos termoestables son incombustibles. El vidrio y otros refuerzos inorgánicos pueden reducir la inflamabilidad. La mayoría de los aditivos retardantes de la inflamación actúan de modo que interfieren químicamente con las reacciones que producen llama. Muchas normativas recomiendan el agua como el mejor medio para la extinción de fuegos. Advierten además sobre la formación de sustancias químicas peligrosas durante la combustión, como humo negro, monóxido de carbono, cianuro de hidrógeno y amoníaco.

Las muertes provocadas por incendios responden a varias causas, entre las que destacan quemaduras directas, falta de oxígeno y exposición a sustancias químicas tóxicas. El monóxido de carbono supone uno de los mayores peligros en un incendio, al ser un gas incoloro e inodoro que puede provocar la inconsciencia en menos de tres minutos.

La combustión produce a menudo subproductos tóxicos. En la tabla 4-2 se ofrece información sobre la toxicidad relativa de polímeros y fibras concretos en caso de incendio. Los valores de la tabla 4-2 derivan de experimentos en los que se han empleado animales de ensayo expuestos a gases generados por pirólisis de materiales seleccionados. Dichos datos no predicen directamente la toxicidad por incendio en seres humanos. Cabe observar que la lana y la seda son los materiales más tóxicos, siendo el primero de ellos más tóxico que muchos polímeros.

Un gran número de plásticos comerciales tienen puntos de inflamabilidad tan altos que la normativa MSDS registra el punto de inflamabilidad como «no aplicable». La MSDS de un tipo de nilón señalaba su punto de inflamabilidad en 400 °C, determinado según el método D-56 de ASTM (Sociedad Norteamericana de Pruebas y Materiales). En el método de copa abierta, se calienta un material en un recipiente abierto. El punto de inflamabilidad es la temperatura mínima a la que se desprende una cantidad de vapores suficiente para formar una mezcla inflamable de vapor y aire inmediatamente sobre la superficie del fundido o líquido.

Tabla 4-2. Toxicidad relativa por llama de polímeros y fibras seleccionados

Material	Tiempo aprox. para muerte (min)	Tiempo aprox. para incapacitación (min)
Acrilonitrilo-butadieno-estireno	12	11
Espuma flexible de poliuretano	14	10
Espuma rígida de poliisocianurato	22	19
Espuma rígida de poliuretano	15	12
Fibra de algodón, 100%	13	8
Fibra de lana, 100%	8	5
Fibra de poliéster, 100%	11	8
Fibra de seda, 100%	9	7
Madera	14	10
Poliamida	14	12
Poliaril sulfona	13	10
Policarbonato de bisfenol A	20	15
Policloruro de vinilo	17	9
Poliestireno	23	17
Poliéter sulfona	12	11
Polietileno	17	11
Polietileno clorado	26	9
Polifenil sulfona	15	13
Polifluoruro de vinilideno	16	7
Polifluoruro de vinilo	21	17
Polimetacrilato de metilo	16	13
Polióxido de fenileno	20	9
Polisulfuro de fenileno	13	11

Nota: Información del Centro de Seguridad contra Incendios de la Universidad de San Francisco, con el apoyo de la National Aeronautics and Space Administration (NASA). Se han modificado todos los datos para mostrar valores aproximados.

En contraposición con los puntos de inflamabilidad de los plásticos comerciales, los de muchos líquidos presentan implicaciones de interés práctico. De acuerdo con la Administración de Salud y Seguridad en el Trabajo (OSHA) y la Asociación Nacional de Prevención de Incendios (NFPA) de los Estados Unidos, un líquido *inflamable* es cualquier material que tenga un punto de inflamabilidad inferior a 38 °C. Los líquidos *combustibles* son aquellos que poseen puntos de inflamabilidad a 38 °C o más. En la tabla 4-1 se muestran los puntos de inflamabilidad de materiales concretos. Debe advertirse que numerosos hidrocarburos poseen puntos de inflamabilidad bajos, muy inferiores a 0 °C. Estos materiales inflamables suponen un grave riesgo de incendio si no se manejan correctamente.

Sección V: Datos sobre riesgos para la salud

En esta sección se tratan las posibles vías de entrada de sustancias tóxicas en el ser humano. Las más comunes son ingestión, inhalación, piel y ojos. Además de la toxicidad, esta sección ofrece información sobre efectos crónicos y cancerígenos.

Ingestión. La ingestión de pelets (gránulos) es poco probable, por lo que muchas empresas afirman que «no es una vía de exposición probable». Otras, más precavidas, advierten que «la LD-50 oral en ratas excede los 1.000 miligramos por kilogramo de peso corporal. Los ensayos de alimentación durante dos semanas con perros y ratas no mostraron evidencia de un cambio patológico apreciable».

En los cálculos de toxicidad se utiliza la expresión LD_{50} o LD-50. LD significa dosis letal, y el subíndice o sufijo 50 significa que esta dosis puede matar al 50% de una población de animales experimentales. Muchos plásticos peletizados son bastante inertes, y los animales de ensayo pueden ingerir grandes cantidades con un efecto mínimo.

El establecimiento de los niveles de toxicidad se suele basar en varias categorías generales. Cuando la dosis letal se sitúa por debajo de 1 mg o 10 ppm, el material se considera *extremadamente tóxico*. Si el intervalo es inferior a 100 ppm o 50 mg, es *altamente tóxico*. Se considera *moderadamente tóxico* para dosis inferiores a 1.000 ppm o 500 mg. Con valores por encima de 1.000 ppm o 500 mg, el material se consideraría *ligeramente tóxico*.

Los valoraciones de toxicidad se refieren al peso total del sujeto. Una norma de seguridad debería aplicar un cálculo similar al siguiente:

LD$_{50}$ ORAL 264 mg/kg

La lectura de esta indicación es que esta sustancia moderadamente tóxica elimina al 50% de la población de cobayas de ensayo. Si la toxicidad para el ser humano es idéntica a la respuesta que presentan las cobayas, la dosis oral letal para el ser humano con un peso corporal de 70 kg sería 264 g x 70, que da 18.480 mg o 18,48 g.

Inhalación. Algunas normas de seguridad contemplan la inhalación de plásticos peletizados como improbable por su forma física.

Otras aportan los siguientes datos:

LC$_{50}$ INHALACIÓN NO DESCRITA

La abreviatura LC se refiere a la concentración letal, normalmente referida a un vapor o gas. Las unidades para los valores numéricos de vapores y gases son ppm (partes por millón) a una temperatura y presión normalizadas.

Si bien la inhalación de pelets es improbable, la de gases y vapores es objeto de gran preocupación. Se han realizado numerosos estudios para valorar en qué medida el hombre se guía por el olfato y hasta qué punto el olor puede ser un aviso de posibles peligros. Son muchos los gases que se detectan con facilidad. Un ejemplo es el acetaldehído, utilizado para la producción de algunas resinas fenólicas. El PET sobrecalentado también libera pequeñas cantidades de acetaldehído, que tiene una STEL de 25 ppm, aunque su umbral de olor en el aire es 0,050 ppm. Teniendo en cuenta que se puede detectar fácilmente a concentraciones que están bastante por debajo del valor umbral, el olor puede alertar de la exposición a este material.

No obstante, algunos gases no avisan por el olor. El cloruro de vinilo es un monómero primario utilizado para la polimerización de PVC que tiene un TLV de 5 ppm y un umbral de olor de 3000 ppm. Está clasificado como A1, es decir, agente carcinogénico comprobado para el hombre. El olor no sirve como indicio de la presencia de este peligroso material.

En la tabla 4-3 se muestra una lista de sustancias químicas utilizadas para la producción de plástico. Algunas de ellas son también productos de descomposición, que se forman al sobrecalentar determinados plásticos.

La inhalación de isocianatos es uno de los riesgos que se asocian a la fabricación de productos de poliuretano. El poliuretano obliga a la polimerización de TDI (diisocianato de tolueno) o MDI (diisocianato de metileno). Esta polimerización tiene lugar de forma cotidiana durante la fabricación de espumas de poliuretano y en el moldeo por reacción-inyección de productos de poliuretano. En algunos proyectos de construcción, se rocía poliuretano expandido en el interior de muros y tejados. De acuerdo con la ACGIH, el valor TLV para ambos isocianatos es 0,005 ppm, con la adicional restricción de que TDI tiene un valor STEL de 0,02 ppm. Estos niveles son muy bajos, y para conseguirlos y mantenerlos se exige un gran esfuerzo.

Dérmica. La exposición *dérmica* es aquella en virtud de la cual la sustancia entra en contacto con la piel. La piel constituye una eficaz barrera contra algunos productos químicos, que no suponen una amenaza por exposición dérmica. En cambio, existen sustancias químicas irritantes para la superficie cutánea. Su riesgo es limitado. Otros materiales pueden penetrar en la piel y causar sensibilización. Así, los epóxidos originan sensibilización tras una exposición reiterada. Con todo, el peligro más serio es que la sustancia química penetre en la piel, pase a la sangre y actúe directamente en los sistemas del organismo. Tal peligro se llama *riesgo sistémico*.

Los plásticos peletizados no pueden penetrar en la piel, pero sí producir irritación cutánea o dermatitis, sobre todo cuando el material contiene fibras abrasivas, como el vidrio. El contacto de la piel con plásticos fundidos puede causar quemaduras graves.

Tabla 4-3. Comparación de TLV y umbrales de olor de algunos productos químicos

Nombre	TLV (ppm)	Umbral olor del aire (ppm)
Acetaldehído	STEL 25	0,05
Acetato de vinilo A3	10	0,5
Acrilonitrilo	2	17
Amoníaco	25	5,2
1,3-butadieno A2	2	1,6
Cianuro de hidrógeno	10	0,58
Cloruro de hidrógeno	5	0,77
Cloruro de vinilo A1	5	3000
Estireno	50	0,32
Fenol	5	0,040
Fluoruro de hidrógeno	3	0,042
Formaldehído A2	0,3 tope	0,83
Metacrilato de metilo	100	0,083
Tetrahidrofurano	200	2,0

Los materiales líquidos son potencialmente muy peligrosos para la piel. Así, uno de los catalizadores que se emplea para endurecer resinas epoxi presenta los siguientes datos en su norma MSDS.

Dietilen triamina   CAS# 111-40-0
ACGIH
   TLV   STEL
   1 ppm (piel)   NE
OSHA
   PEL   STEL
   1 ppm (piel)   NE

Esta sustancia puede penetrar en la piel y, dado que tiene valores de TLV y PEL bajos, es muy peligrosa y su manejo exige el uso de precauciones especiales. Si se ensayara en laboratorio esta sustancia en animales, podría tener un valor de dosis letal (LC).

Ojos. Puede producirse irritación mecánica ocular si los pelets entran en el ojo de una persona. Los líquidos y gases producir potencialmente graves daños en la vista. Por ejemplo, la metiletilendianilina es un ingrediente usado como catalizador para endurecer resinas de epóxido. En una de las normas MSDS se indica que la metiletilendianilina provoca ceguera irreversible en gatos y daños en la visión en el ganado.

Agentes carcinogénicos. Por lo general, los plásticos sólidos peletizados no están regulados como carcinógenos, aunque los monómeros residuales pueden tener relación con el cáncer. Por ejemplo, una MSDS de etileno-acetato de vinilo (EVA) menciona el acetato de vinilo como ingrediente peligroso, presente en un máximo de 0,3%. Cuando se polimeriza EVA, queda una cantidad reducida de monómero de acetato de vinilo. Los animales de ensayo expuestos de forma prolongada a monómero de acetato de vinilo a 600 ppm presentaron carcinomas en la nariz y las vías respiratorias. Por tanto, este compuesto lleva la anotación A3.

Sección VI: Datos sobre reactividad

Dado que la mayoría de los plásticos peletizados son muy estables, no son reactivos en condiciones normales. Algunos de estos materiales pueden reaccionar con ácidos fuertes y agentes oxidantes, pero casi todos permanecen inertes.

A pesar de ello, la mayoría de los plásticos se degradan al calentarse suficientemente. Se considera en general que la degradación de los plásticos es termooxidante, es decir, térmica en presencia de oxígeno. Algunos plásticos comienzan a degradarse a las temperaturas de tratamiento normales, mientras que en otros este fenómeno sucede al calentarlos por encima de los intervalos de temperatura utilizados en su tratamiento normal. En ambos casos, existe la posibilidad de que escapen a la atmósfera gases y vapores peligrosos para el ser humano por inhalación.

A continuación, se expone una lista en la que se especifican tales productos de descomposición.

- A 230 °C, el POM desprende formaldehído.
- A 100 °C, el PVC libera HCl.
- A 300 °C, el PET desprende acetaldehído.
- A 300 °C, el nilón libera monóxido de carbono y amoníaco.
- A 340 °C, el nilón 6 desprende e-caprolactama.
- A 250 °C, los fluoroplásticos liberan HF. La inhalación de humos que contengan productos de descomposición de fluoroplásticos puede causar síntomas de tipo gripal que se califican globalmente de «fiebre de humo de polímeros», con fiebre, tos y malestar general.
- A 100 °C, el PMMA desprende MMA.

Degradación térmica de PVC. El potencial de descomposición del PVC constituye un serio problema. Tanto en procesos de extrusión como de moldeo por inyección, el PVC se puede descomponer con consecuencias catastróficas si se calienta en exceso y se mantiene durante períodos demasiado prolongados a las temperaturas de tratamiento en el tambor de una máquina.

En la figura 4-1 se muestra un polímero descompuesto separado de un tambor y una tobera de una máquina de moldeo por inyección. Se puede observar que lo que queda tras la descomposición es carbono muy compacto. Cuando se carga en la boquilla y el barril de una máquina de moldeo por inyección, este carbón impide el purgado del PVC que queda en la máquina.

La secuencia de la degradación de PVC implica a menudo una decoloración inicial del PVC y, tal vez, el afloramiento de pequeñas manchas en las piezas. Si continúa la degradación, pueden «chisporrotear» cenizas y salir emisiones desde la boquilla. Las emisiones contendrán altas concentraciones de cloruro de hidrógeno, un producto altamente tóxico. Si esto sucede, deberá evacuarse

Figura 4-1. PVC descompuesto

inmediatamente a todo el personal y quien permanezca cerca de la máquina de moldeo habrá de llevar una mascarilla de respiración apropiada para vapores y ácidos orgánicos.

Tratar de purgar los restos de PVC puede ser una labor vana si la boquilla y el tambor contienen polvo de carbono, ya que será imposible eliminar este material. Es mejor cerrar la máquina y regresar cuando se haya enfriado. Será necesario desmontar la boquilla y la cofia para eliminar el polvo de carbón. El potencial de degradación del PVC puede multiplicarse aún por la adición de retardantes de inflamación, sobre todo compuestos de zinc. Los fabricantes de retardantes de llama con contenido en zinc instan al consumidor a adoptar medidas de precaución para evitar «un fallo catastrófico del zinc».

Degradación térmica de POM. El *poliacetal*, también llamado POM o *polioximetileno*, es un termoplástico utilizado en ingeniería que se degrada térmicamente por despolimerización y desprende formaldehído a la atmósfera. Si bien se puede retardar la despolimerización con antioxidantes, éstos no evitan la desintegración química. Tampoco se puede eliminar todo el formaldehído mediante sistemas de ventilación, por lo que el aire que rodea a las máquinas de moldeo por inyección y los extrusores puede contener una cantidad excesiva de formaldehído. Una de las MSDS señala que el calentamiento por encima de 230 °C causa la formación de formaldehído.

Los técnicos de moldeo pueden estar sobreexpuestos a formaldehído, en particular cuando purgan las máquinas de moldeo. Algunos afirman que las emisiones de los purgados de acetal «te pueden dejar k.o.». Estas declaraciones se refieren a exposiciones de formaldehído muy por encima del TLV umbral de 0,3 ppm.

En estudios realizados en cuatro plantas de moldeo por inyección se llegó a la conclusión de que había concentraciones de formaldehído de 0,05 a 0,19 ppm. En dichas plantas, las máquinas de moldeo contaban con sistemas de escape individuales. En este estudio no se midió el efecto de los purgados.

Degradación térmica de fenólicos. Las resinas fenólicas se utilizan principalmente en aplicaciones de adhesivo, sobre todo en la fabricación de contrachapado y aglomerado. Los compuestos de moldeo fenólicos son habituales en el moldeo por compresión y por transferencia. Una de las MSDS advierte que el tratamiento de fenólicos puede suponer la liberación de cantidades reducidas de amoníaco, formaldehído y fenol. El fenol tiene un TLV de 5 ppm, una LD_{50} (ratas) de 414 mg/kg y una LC_{50} (inhalación, ratas) de 821 ppm. El formaldehído tiene un tope de 0,3 ppm. Una MSDS afirma que entre los síntomas de la exposición a formaldehído se incluyen irritación ocular, nasal, de garganta y de las vías respiratorias superiores, lagrimeo y estornudos. Estos síntomas se suelen producir para concentraciones comprendidas en el intervalo de 0,2 a 1,0 ppm, que alcanzan mayor gravedad por encima de 1 ppm.

Degradación térmica de nilón 6. El nilón 6 se degrada térmicamente y produce el monómero que lo constituye, es decir, e-caprolactama. Por otra parte, muchas calidades de nilón contienen caprolactama residual, generalmente en cantidades de menos del 1% en peso. La ACGIH ha establecido 5 ppm como TLV para el vapor de caprolactama. La caprolactama es un material tóxico. La LD_{50} (ratas) es 2,14 mg/kg. Las operaciones de moldeo por inyección normales producen algo de vapor de caprolactama; los purgados liberan grandes cantidades de esta sustancia, y las operaciones de extrusión aportan una cantidad constante al ambiente del lugar de trabajo.

En un estudio realizado en dos plantas de moldeo por inyección y otra de operaciones de extrusión, se calcularon concentraciones de 0,01 a 0,03 ppm de e-caprolactama, un valor bastante por debajo del TLV de 5 ppm. No obstante, en dicho estudio no se tuvo en cuenta el purgado de las máquinas de moldeo.

Degradación térmica de PMMS. El polimetacrilato de metilo (PMMA), frecuentemente llamado acrílico, es conocido en forma de lámina y se distribuye en el comercio con la marca *plexiglás*. Este material se moldea, extruye y termoconforma para la obtención de numerosos productos. Durante el tratamiento, el PMMA se degrada térmicamente en MMA (metacrilato de metilo). Además de los productos de degradación, la mayor parte del PMMA contiene una pequeña cantidad de monómero residual. Una MSDS registra que los pelets de moldeo acrílicos contienen menos de 0,5% en peso de metacrilato de metilo.

En un estudio realizado en una planta de moldeo por inyección, dos operaciones de termoconformado y una instalación de extrusión, se indicaron concentraciones comprendidas entre menos de 0,06 mg/m^3 para el moldeo por inyección, hasta 4,6 mg/m^3 para el termoformado a 160 °C. Son cifras que se encuentran muy por debajo del TLV para el MMA, 410 mg/m^3 [100 ppm]. Si la temperatura de tratamiento se disparara, por una fuga de calor no controlada, el desprendimiento de MMA podría también elevarse de forma considerable.

Sección VII: Procedimientos de fugas o escapes

La sección VII se dedica a los procedimientos de fugas o escapes. En el caso de los materiales peletizados, ello equivale a barrer los gránulos derramados. En lo que se refiere a los líquidos, los métodos son más sofisticados.

Sección VIII: Medidas de protección en el trabajo

En esta sección se mencionan medidas de protección para el espacio de trabajo y los empleados.

Protección en el lugar de trabajo. Es necesaria una ventilación adecuada en las zonas de tratamiento. La ACGIH ha confeccionado una lista de instrucciones sobre ventilación industrial, que se pueden solicitar en el ACGIH Committee on Industrial Ventilation, P.O. Box 116153, Lansing, MI 48901.

Entre los dispositivos para proteger al personal se incluyen gafas o anteojos de seguridad para cubrir los ojos y la cara; protección con guantes o manguitos y máscaras; auriculares para el oído, y mascarillas de respiración para las vías respiratorias, siempre que las emisiones de gases estén fuera de control. Este tipo de mascarillas deberán utilizarse también al realizar operaciones secundarias como triturado, lijado o aserrado, en las que se forman cantidades considerables de polvo.

También las normas del instituto estadounidense ANSI y de OSHA regulan los medios de protección de los ojos y la cara. Se pueden utilizar sistemas de protección con pomadas que hagan barrera, en el caso de exposición a agentes irritantes menores, y para frenar la incidencia de dermatitis.

Se debe poner sobre aviso a las personas alérgicas sobre los posibles agentes irritantes bronquiales y de la piel. Además, cualquier síntoma de irritación cutánea, ocular, nasal o de garganta deberá tratarse de inmediato.

Sección IX: Precauciones especiales

Muchas MSDS dedican una sección especial a la manipulación y el almacenamiento. Un peligro de la manipulación es el relacionado con operaciones secundarias como triturado, lijado y aserrado, ya que producen polvo. El polvo es potencialmente explosivo. En la tabla 4-4 se exponen las características explosivas del polvo dentro de la industria del plástico.

Sección X: Transporte

La sección X se refiere al transporte. La mayoría de los plásticos peletizados no imponen restricciones especiales de transporte y, por consiguiente, no están regulados.

Vocabulario

Ahora se ofrece un vocabulario de términos que aparecen en este capítulo. Consulte la definición de aquellos que no comprenda, en su acepción relacionada con el plástico, en el glosario del apéndice A.

ACGIH
Carcinógeno
Combustible
Despolimerización
Inflamable
Inhalación
LD-50
MSDS
Número CAS
PEL
REL
STEL
Temperatura de inflamabilidad
TLV
Tope

Tabla 4-4. Características de explosión de polvos seleccionados utilizados en la industria del plástico

Tipo de polvo	Temperatura de ignición, °C	Explosividad	Sensibilidad de ignición
Acetal, lineal	440	grave	grave
Acetato de celulosa	420	grave	grave
Almidón de maíz	400	grave	fuerte
Butirato acetato de celulosa	410	fuerte	fuerte
Carboxi polimetileno	520	débil	débil
Caucho, sintético, duro	320	grave	grave
Caucho, en bruto	350	fuerte	fuerte
Caucho, clorado	940	moderada	débil
Compuesto moldeado de poliestireno	560	grave	grave
Compuesto de moldeo alquídico	500	débil	moderada
Compuesto de moldeo urea-formaldehído	460	moderada	moderada
Copolímero de estireno-acrilonitrilo	500	fuerte	fuerte
Copolímero de metacrilato de metilo-acrilato de etilo-estireno	440	grave	grave
Copolímero de metacrilato de metilo-estireno-butadieno-acrilonitrilo	480	grave	grave
Copolímero de acrilonitrilo-vinil piridina	510	grave	grave
Cumarona-indeno, duro	550	grave	grave
Epoxi-no catalizador	540	grave	grave
Espuma de poliuretano	510	grave	grave
Fibra mixta de estireno-poliéster modificado-vidrio	440	fuerte	fuerte
Formaldehído de fenol	580	grave	grave
Goma laca	400	grave	grave
Melamina-formaldehído	810	débil	débil
Poliacetato de vinilo	550	moderada	moderada
Policarbonato	710	fuerte	fuerte
Policloruro de vinilo, fino	660	moderada	débil
Poliéter alcohol clorado	460	moderada	moderada
Polietileno, proceso alta presión	450	grave	grave
Polímero de acrilonitrilo	500	grave	grave
Polímero de cloruro de vinilideno, compuesto de moldeo	900	moderada	débil
Polímero de metacrilato de metilo	480	fuerte	grave
Polímero de nilón	500	grave	grave
Polímero de tetrafluoroetileno	670	moderada	débil
Polipropileno	420	grave	grave
Polivinil butiral	390	grave	grave
Propionato de celulosa	460	fuerte	fuerte
Serrín, pino blanco	470	fuerte	fuerte
Tereftalato de polietileno	500	fuerte	fuerte
Triacetato de celulosa	430	fuerte	fuerte

Fuente: Recopilado parcialmente de *The Explosibility of Agricultural Dusts*, R1 5753, y *Explosibility of Dusts Used in the Plastics Industry*, R1 5971, Departamento del Interior de los Estados Unidos.

Preguntas

4-1. Un gas altamente tóxico, incoloro inodoro se denomina __?__ .

4-2. Los líquidos combustibles son los que tienen puntos de inflamabilidad de __?__ °C o superiores.

4-3. Cite tres materiales naturales que pueden ser más tóxicos que los plásticos.

4-4. Cite tres categorías generales de riesgos en el trabajo relacionados con el tratamiento de productos químicos.

4-5. El sobrecalentado de plásticos __?__ puede causar la fiebre de humos de polímero con síntomas similares a los de la gripe.

4-6. Los líquidos que tienen un punto de inflamabilidad por debajo de 38 °C se denominan __?__ .

4-7. ¿Cuál es la temperatura de ignición del polvo de plástico de acetato de celulosa? (consulte el apéndice D)

4-8. Muchos plásticos se degradan al ser sobrecalentados. Cite uno que desprende ácido clorhídrico gaseoso por calentamiento.

4-9. ¿Qué período de tiempo se asocia al STEL?

4-10. ¿Qué porcentaje aproximado de estireno hay en la resina de poliéster?

4-11. ¿Qué porcentaje aproximado de estireno hay en los pelets de poliestireno?

4-12. ¿Qué significa riesgo sistémico?

Actividades

4-1. Realice un estudio sobre los números CAS adquiriendo una MSDS sobre varias calidades del mismo material básico. Por ejemplo, busque la MSDS para varios puntos de fusión y colores de polietileno.

- ¿Tiene el polietileno con un punto de fusión alto un número CAS diferente que un polietileno de bajo punto de fusión?
- ¿Tiene el polietileno rojo un número CAS diferente que el verde?

4-2. Analice el porcentaje de estireno en distintas marcas de resina de poliéster. Adquiera una MSDS de resinas de poliéster de diferentes fabricantes. ¿Han reducido algunas compañías el contenido en estireno monomérico de la resina?

4-3. Analice el porcentaje de estireno residual en gránulos de poliestireno. Adquiera una MSDS de distintos fabricantes de poliestireno. ¿Hay compañías que ofrezcan poliestireno con un contenido menor en monómero residual?

Capítulo 5

Estadística elemental

Introducción

La competencia global es una difícil realidad para la mayoría de las industrias. En la del plástico, esta competencia a escala mundial afecta tanto a las pequeñas empresas como a las grandes. Numerosas compañías dirigen su esfuerzo a mejorar la calidad de sus productos, con la esperanza de hacer frente a la competencia ofreciendo a los consumidores artículos fiables de calidad superior. Pero, para fabricar productos de calidad, se ha de partir de una buena materia prima aplicar procesos idóneos. La adquisición de materiales de buena calidad es por sí misma una tarea compleja. Muchas veces, el problema radica en conocer hasta qué punto llega su uniformidad y consistencia. Los agentes de ventas describen el grado de uniformidad en términos estadísticos, por lo que los compradores y demás personas relacionadas con la adquisición de materias primas están obligados a comprender los conceptos estadísticos básicos.

De forma similar, para fabricar productos de calidad se han de controlar las fluctuaciones en el proceso para que los productos respondan a las necesidades de uniformidad y coherencia. Para reducir las variaciones no deseadas de un producto a otro, parte del personal se encarga de reducir al mínimo los cambios aleatorios que se producen en el tratamiento. Este esfuerzo se basa también en la estadística ya que, mediante la aplicación de reglas estadísticas, se puede averiguar con precisión la reproductibilidad del equipo de producción.

La comprensión y empleo de la estadística es fundamental para cualquier empresa para enfrentarse a los retos de la competencia global. En este capítulo se ofrece una introducción sobre algunas técnicas estadísticas básicas. Se parte del principio de que el lector cuenta con conocimientos de cálculo matemático y, también, que no ha tenido ningún otro acercamiento a la estadística. El esquema del contenido de este capítulo es el siguiente:

    I. Cálculo de la media
   II. Distribución normal
  III. Cálculo de la desviación típica
  IV. Distribución normal tipificada
   V. Representación gráfica de los resultados de la prueba de dureza
  VI. Trazado de gráficos
 VII. Comparación gráfica de dos grupos
VIII. Resumen

Cálculo de la media

La comparación de formas y tamaños es un hecho totalmente cotidiano. Cuando alguien exclama, «¡Mira que casa tan grande!», el punto de referencia es una casa media. Si un hombre alto destaca entre la multitud es porque se sale de la media.

La mayoría de las mujeres están dentro de la media de altura, aunque muchas son más altas y otras más bajas. Con todo, pocas son las mujeres mucho más altas o mucho más bajas que la media. Cuando pasa por la calle una mujer descomunal, la comparación mental con la media la identifica como alta. Otro tipo de comparación, no con la media sino con la gama de posibilidades de altura, la calificaría de rara o singular. Los siguientes apartados se dedican a explicar la determinación cuantitativa de la media y el abanico de posibilidades que subyace en estas consideraciones.

Al calcular un promedio, el primer paso consiste en definir el tipo de que se trata. La *media*, la *mediana* y la *moda* son medidas promedio típicas, aunque en este libro sólo se analizará el concepto de *media* [1]. Para calcular la media aritmética, se realiza la suma de varios valores y después se divide el resultado de la suma por el número de valores del grupo.

El siguiente ejemplo servirá para ilustrar este procedimiento. Sea la serie de números:

12
11
10
9
8

La suma de los valores (12 + 11 + 10 + 9 + 8) es 50. La cantidad de valores en este conjunto es 5. Para significar la «cantidad de valores de un conjunto», en estadística se emplea *n* como abreviatura. En este caso $n = 5$. La división de la suma (50) por n (5) da como resultado 10.

50/5=10

La media aritmética es 10. Esta magnitud se abrevia normalmente como x.

Una *distribución* es una colección de valores. El conjunto de números que se han utilizado para calcular la media es una distribución. Prácticamente todo grupo de números puede entenderse como una distribución, de suerte que el análisis estadístico se basa en un grupo reducido de distribuciones tipificadas para explicar los innumerables grupos de datos recogidos. En este libro, la única analizada será la *distribución normal*.

Distribución normal

Para que una distribución sea normal deberá presentar dos características. En primer lugar, deberá mostrar una *tendencia central*, lo que significa que los valores deben agruparse en torno a un punto central. En segundo lugar, debe concentrarse alrededor de una media, es decir, debe ser *simétrica*. Nada mejor que un ejemplo para aclarar los conceptos de tendencia central y simetría.

Imaginemos 1.000 mujeres seleccionadas al azar, de pie en un campo de fútbol, distribuidas en grupos según su altura. Los cambios de altura varían en incrementos de 2 cm de un grupo a otro. Alguien que las viera desde un dirigible contemplaría la silueta que se ilustra en la figura 5-1. La figura 5-1 contiene 1.000 pequeños círculos, uno por cada persona.

Si cada una de las mujeres sostuviera una tarjeta grande, como hacen las multitudes en los estadios para crear palabras o imágenes, la silueta desde el aire sería la que muestra la figura 5-2.

Esta figura se asemeja a un *histograma*, que es un gráfico de barras verticales que expresaría la frecuencia de cada grupo de altura. La conversión de la figura 5-2 a un histograma requiere poner nombres a los ejes: grupos de altura en el horizontal y frecuencia en el vertical, tal como se observa en la figura 5-3.

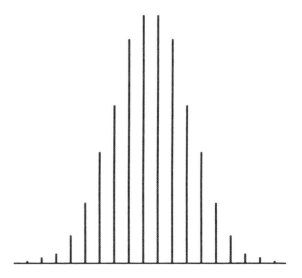

Fig. 5-1. Mil mujeres agrupadas según la altura. (Datos adaptados a partir del Centro Nacional de Estadística y Sanidad, altura y peso de adultos con edades comprendidas entre 18 y 74 años, según variables socioeconómicas y geográficas, Estados Unidos, 1971-74).

---

[1] La moda es el valor más numeroso de una distribución. La mediana se define como el valor intermedio, que tiene la misma cantidad de valores por encima y por debajo.

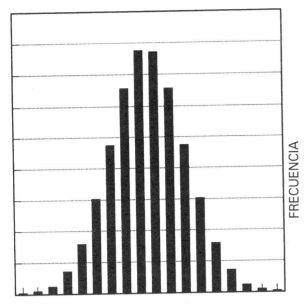

Fig. 5-2. Mujeres agrupadas sosteniendo tarjetas sobre sus cabezas.

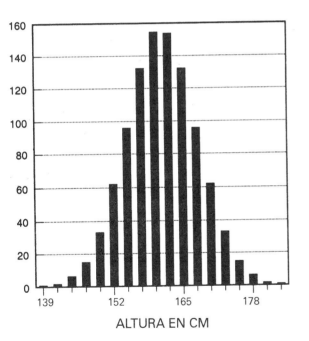

Fig. 5-3. Histograma: mujeres por altura.

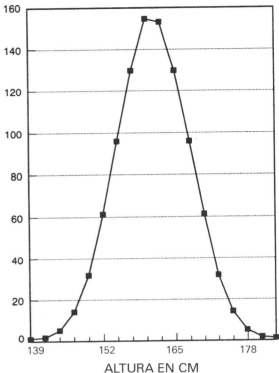

Fig. 5-4. Curva compuesta de segmentos rectos: mujeres por altura.

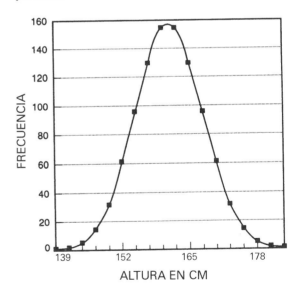

Fig. 5-5. Curva de campana: mujeres por altura.

Si la persona más alta de cada grupo asiera una cuerda y el resto de las mujeres abandonara el campo, aparecería la forma que ilustra la figura 5-4.

En la figura 5-4, la cuerda recorre una línea recta desde una persona a la siguiente. Si se modifica la cuerda para obtener un trazado más suave, se compone la figura 5-5.

Esta forma se denomina curva, y la aquí representada se conoce, en concreto, por *curva de campana*, pues recuerda a la forma de una campana. Las curvas de campana pueden ser muy variadas, tal como se muestra en la figura 5-6.

Para diferenciar estas curvas, es necesario medir la *amplitud* de la campana. En el siguiente apartado se presenta un método válido para calcular numéricamente dicha amplitud.

Fig. 5-6. Variaciones de curvas de campana.

Cálculo de la desviación típica

Examine atentamente las siguientes distribuciones. Aunque no son distribuciones normales, pueden servir como ejemplo.

A	B	C	D	E
12	14	18	11	10
11	12	14	10	10
10	10	10	10	10
9	8	6	10	10
8	6	2	9	10
$x = 10$	$x = 10$	$x = 10$	$x = 10$	$x = 10$

Todas las medias aritméticas de distribuciones A, B, C, D y E valen 10. No obstante, estas cinco distribuciones no son equivalentes. E tiene valores más uniformes, mientras que en C los valores son más desiguales. ¿Cómo se puede explicar esta diferencia en términos numéricos?

Un método común consiste en determinar la diferencia entre cada uno de los valores y la media. Para la distribución A, el valor más alto es 12. Después de restar la media (10), queda 2 como resultado. Al repetir la misma operación para cada valor se obtienen los resultados que se resumen a continuación. La columna que lleva el símbolo d se refiere a la desviación de cada uno de los valores con respecto a la media.

A	d
12	2
11	1
10	0
9	-1
8	-2

En la columna de desviaciones aparece un problema, ya que su suma es cero, lo que impide cualquier otro cálculo para medir numéricamente la amplitud de la desviación. Para solucionarlo, se elevan al cuadrado todas las desviaciones, evitándose así los valores negativos.

$(d)^2$
4
1
0
1
4
suma = 10

El valor 10 se obtiene como *la suma de las desviaciones con respecto a la media elevadas al cuadrado*. El resultado no es cero, lo que permite seguir trabajando. A continuación, se calcula la desviación media dividiendo la suma por n - 1. Es decir, se calcula 10 dividido por 4.

Para la media, el divisor era n. En este caso, el divisor es 4, (n - 1), en lugar de 5 (n). La explicación de esta elección desborda el alcance de este capítulo. Cuando n es 30 ó superior, la diferencia entre n, 30, y $n - 1$, 29, es poco significativa. Sin embargo, si el número total de los valores recogidos es pequeño, la diferencia las divisiones por n y por $n-1$ puede ser notable. Para mantenerse en los márgenes de seguridad, aplique siempre $n - 1$.

Al elevar al cuadrado los valores se elimina el cero de la suma, pero también se introducen unidades al cuadrado. Si las unidades originales son kilogramos, los cuadrados serán kilogramos al cuadrado. Para recuperar las unidades originales, será necesario calcular la raíz cuadrada de las desviaciones cuadráticas medias.

$$10/4 = 2,5$$
$$\sqrt{2,5} = 1,58$$

El número final, 1,58, se conoce por *desviación típica*. Los pasos para calcular la distribución B serían idénticos.

B	d	$(d)^2$
14	4	16
12	2	4
10	0	0
8	-2	4
6	-4	16
$x = 10$		40

$$40/n = 40/4 = 10$$
$$\sqrt{10} = 3,16$$

Para practicar este procedimiento, calcule las desviaciones típicas de las distribuciones C, D y E, cuyos resultados son:

Desviación típica para C = 6,32
Desviación típica para D = 0,71
Desviación típica para E = 0

Una distribución normal queda descrita perfectamente con los valores de la media y la desviación típica. Por convenio, el área total bajo una curva de campana es una constante, y los cambios en la desviación típica se reflejan como alteraciones de su altura y su anchura. Las distribuciones estrechas son altas; las anchas, bajas. Observe en la figura 5-6 cómo cambia la curva a medida que aumenta la desviación típica.

Distribución normal tipificada

Los matemáticos se dieron cuenta de que las curvas de campana eran representativas de numerosas medidas físicas, como la altura, el peso, la longitud, la temperatura y la densidad. Trataron entonces de identificar una curva de campana *genérica* que se pudiera usar para explicar detalles sobre curvas singulares. Esta curva genérica es la *distribución normal tipificada*, que se caracteriza por ciertos rasgos específicos, como una media cero y una desviación típica equivalente a uno. En la figura 5-7 se muestran los porcentajes del área incluida en cada sección principal de la curva.

Representación gráfica de los resultados de la prueba de dureza

Para poner en práctica toda esta información sobre estadística, consideraremos un experimento con una pieza de material acrílico transparente, más conocido por su nombre comercial de *plexiglás*. El experimento apunta a dos objetivos: medir la dureza de la pieza y determinar la uniformidad de su dureza.

Antes de comenzar cualquier actividad de ensayo, conviene pronunciarse sobre los resultados esperados. En este caso, se realizará la prueba en una sola pieza de material de manera que, a menos que el material presente un gran número de imperfecciones, los resultados de dureza deberían ser bastante uniformes.

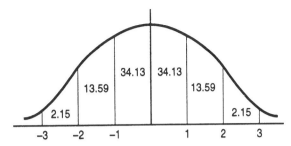

Fig. 5-7. Distribución normal tipificada con las áreas de la superficie identificadas.

Para contrastar estas expectativas con la realidad, se utilizó un durómetro Rockwell, y se examinaron 100 puntos. (Para ampliar información sobre los ensayos de dureza de Rockwell, consulte el capítulo 6). Mediante un histograma, se representan gráficamente la frecuencia de las lecturas en cada dureza.

En este histograma (figura 5-8) se muestran dos características importantes. En primer lugar, se aprecia una tendencia central, ya que los valores se agrupan en torno a un único punto. En segundo término, también se observa la simetría. Aunque no perfectamente simétrica, la gráfica se ajusta bien a la distribución teórica normal. Sería posible evaluar este ajuste mediante una serie de técnicas estadísticas, si bien este propósito desbordaría el alcance del presente capítulo. Tales técnicas de gráficos se basan en juicios de información. Si la distribución analizada presenta una tendencia central y bastante simetría, se puede considerar normal. En cambio, cuando los datos empíricos sean claramente anormales, deberá procederse a un análi-

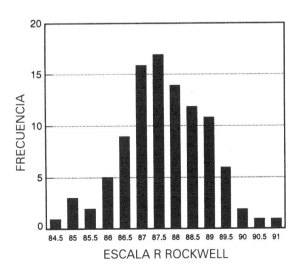

Fig. 5-8. Histograma de dureza de Rockwell para acrílico.

sis más detenido. Los esquemas de la figura 5-9 ayudarán a adoptar una decisión.

Dado que los resultados de la distribución de las pruebas de dureza son normales, el siguiente paso es calcular la media y la desviación típica.

Media: 87,7 (escala R de Rockwell)
Desviación típica: 1,24

Normalmente, el alto coste de las pruebas impide recopilar un número semejante de resultados. Una práctica común en la industria es detenerse después de realizar de 5 a 10 pruebas. Sin embargo, esta decisión es problemática. ¿Acaso la recogida de sólo 10 puntos de datos, permite suponer que se sigue una distribución normal?

La respuesta suele basarse en la experiencia anterior. Si las pruebas previas han indicado normalidad, entonces, se da por hecho que las pruebas posteriores del mismo tipo serán también normales. En este ejemplo, se midieron otros 10 puntos en la misma pieza de acrílico, con los siguientes resultados:

Media: 87,4
Desviación típica: 1,10

Tales resultados se corresponden perfectamente con la muestra anterior mayor.

Un ejemplo de aplicación práctica de estos procedimientos sería el análisis del efecto del calor en la dureza de acrílicos. Supongamos que se ha seleccionado acrílico para fabricar un mostrador de unos grandes almacenes. La técnica de fabricación exige doblar láminas de acrílico, lo que obliga a calentar previamente el material.

Teniendo en cuenta que los empleados de los almacenes limpian los mostradores de forma rutinaria con productos para ventanas y los secan con toallas de papel, la dirección deseaba saber si las esquinas terminarían en seguida por rayarse, dando en poco tiempo al mostrador un aspecto de viejo y desgastado.

Para responder a la pregunta, se colocó una pieza de ensayo de acrílico (de igual clase que la que se usó anteriormente) sobre una banda calefactora. Se calentó una tira de unos 20 mm a 150 °C. Una vez enfriado el plástico a la temperatura ambiente, se tomaron otras 10 lecturas de dureza. Los resultados fueron:

Media: 80,3
Desviación típica: 1,68

¿Qué había pasado con la dureza del acrílico? El análisis de las lecturas indica que ha descendido de 87,4 a 80,3. ¿Se trata de una gran diferencia? ¿Significa que después del calentamiento, es un poco más blando, mucho más blando o extremadamente blando?

Para comprender las cantidades sobre el cambio de dureza, en las comparaciones se debe tener en cuenta la desviación típica. La desviación típica para el conjunto de 10 lecturas antes de aplicar calor fue 1,10, y la del conjunto de las otras 10 después de calentar se cifró en 1,68. Al trazar las curvas de campana de ambos grupos, cada una de ellas tendría una forma diferente, ya que las desviaciones son distintas, tal como se muestra en la figura 5-10.

Para eliminar las diferencias entre las formas de las campanas, se agrupan las desviaciones típicas. Esta *agrupación* consiste simplemente en calcular la media de dos valores. En este caso:

1,10 + 1,68 = 2,78
2,78/2 = 1,39

Dado que los datos en bruto de la prueba de dureza eran precisos para la mitad de la unidad más cercana, redondearemos la desviación típica y obtendremos la media también redondeada. El redondeo sobre la desviación típica se efectúa después de completar el cálculo de agrupación. La desviación típica agrupada es igual a 1,5; la media antes de calentamiento se cifra en 87,5, y la media después de aplicar calor es 80,5.

Cuando las desviaciones de dos grupos no son similares surge un problema. Como las pruebas se refieren al mismo material, idéntico equipo de en-

Fig. 5-9. Distribución normal y anormal.

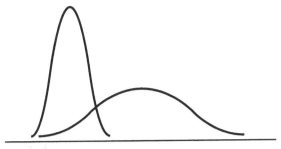

Fig. 5-10. Curvas de campana que presentan grandes diferencias de desviación típica.

sayo, igual período de tiempo y condiciones ambientales equivalentes, sería razonable esperar que las variaciones aleatorias de ambos grupos fueran similares. La agrupación presupone que las diferencias entre las dos desviaciones típicas provienen de causas aleatorias. Sin embargo, a veces, las diferencias no son iguales. Existen técnicas estadísticas que determinan si es o no factible la agrupación. Sin embargo, si se carece de un conocimiento profundo sobre estadística, se aplicarán las siguientes reglas para decidir si se permite o no agrupar las desviaciones típicas.

1. Se calcula el cociente entre las dos desviaciones típicas, con la mayor tomada como numerador y la menor como denominador. Si el resultado es 1,5 o menos, la agrupación es válida.

2. Cuando el cociente anterior es mayor que 1,5, no se agruparán las desviaciones. Se revisará el procedimiento de ensayo y se buscará una diferencia en el tratamiento de los grupos. Si aparece una diferencia, se realizará de nuevo la prueba para comprobar si las desviaciones de los dos grupos se acercan entre sí.

Gráficos esquemáticos

Para crear un gráfico a escala con exactitud, siga los pasos que se indican a continuación. En primer lugar, después de agrupar las desviaciones, trace una línea de base o referencia (figura 5-11).

Después, determine la media de un grupo de forma arbitraria, anótela y haga tres marcas a cada lado de la media a igual distancia, tal como se muestra en la figura 5-12.

En tercer lugar, rotule estas marcas como desviaciones típicas ±1, ±2 y ±3; añada las desviaciones típicas a las marcas correspondientes (figura 5-13).

Fig. 5-11. Línea de referencia.

En cuarto lugar, trace una curva de campana, haciéndola simétrica, de manera que el centro sea la media y la curva roce casi la línea de referencia en las desviaciones típicas ±3 (figura 5-14)

En quinto lugar, extienda y marque los incrementos a lo largo de la línea de referencia para obtener la media del segundo grupo. En este ejemplo, se necesitan más incrementos a la izquierda de -3 (figura 5-15).

Como sexto paso, determine la media en el segundo grupo en la línea de referencia. Observe que la media del segundo grupo no se alinea exactamente con los incrementos de la línea de referencia, sino que la alineación exacta es sólo ocasional. Trace una curva de campana idéntica en altura y anchura a la que está ya dibujada (figura 5-16).

Fig. 5-12. Línea de referencia con media e incrementos.

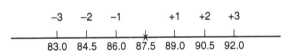

Fig. 5-13. Línea de referencia con incrementos marcados.

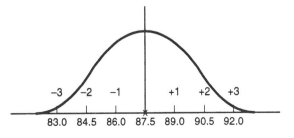

Fig. 5-14. Trazado de una curva de campana.

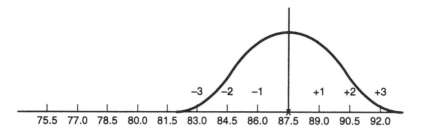

Fig. 5-15. Línea de referencia extendida y marcada.

Comparación gráfica de dos grupos

Analice las curvas. ¿Se obtienen dos campanas diferenciadas? ¿Las campanas se superponen casi por completo, o sólo parcialmente? Para los fines de este capitulo, las evaluaciones se basan en interpretaciones de los gráficos y algunos criterios simples. Si las dos campanas no se tocan, la respuesta está clara: la diferencia es muy significativa. Si se superponen por completo, no existe diferencia alguna. Suponiendo que se usan 10 piezas en cada muestra, cabría aplicar los criterios siguientes:

1. Cuando la diferencia entre los dos medias tiene un tamaño menor que la desviación típica, no existe diferencia (figura 5-17).

2. Si la diferencia entre dos medias es igual a cuatro desviaciones típicas o más, la diferencia es importante. En la figura 5-16, la diferencia entre las medias es ligeramente inferior a cinco desviaciones típicas.

3. Si la diferencia se sitúa entre una y cuatro desviaciones típicas, el análisis gráfico es insuficiente para obtener una respuesta definitiva (figura 5-18). Existen numerosas técnicas estadísticas para determinar la importancia de las diferencias en los casos en los que los gráficos no son concluyentes. Sin recurrir a ellas, registre los resultados como no concluyentes o repita la prueba para comprobar si se obtienen nuevos resultados concluyentes.

Resumen

En este capítulo se ha ofrecido una introducción sobre los conceptos de distribución normal, cálculo de medias y desviación típica, distribución normal tipificada y técnicas gráficas para comparar dos muestras. Los diversos criterios utilizados para adoptar decisiones ayudarán a determinar si los datos son normales, así como si la agrupación de desviaciones típicas es o no pertinente; también permiten aplicar procedimientos para trazar con precisión curvas de campana. Todos estos métodos reaparecerán en otros capítulos de este libro.

Para que las conclusiones sean más fiables, procure observar las condiciones necesarias, que son:

1. Cada grupo mostrará una distribución normal.

2. La desviación típica para el primer grupo deberá ser equivalente o prácticamente equivalente a la del segundo grupo.

3. El tamaño de la muestra será 10.

Vocabulario

Se ofrece ahora un vocabulario de términos que aparecen en este capítulo. Busque la definición de aquellos que no comprenda, en su acepción relacionada con el plástico, en el glosario del apéndice A.

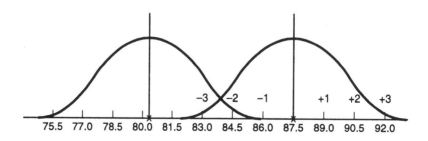

Fig. 5-16. Perfil de la segunda curva de campana.

Curva de campana
Desviación típica
Desviación típica agrupada
Distribución
Distribución normal
Distribución normal tipificada

Distribución simétrica
Histograma
n
Media
Tendencia central
x

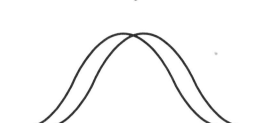

Fig. 5-17. Curvas superpuestas.

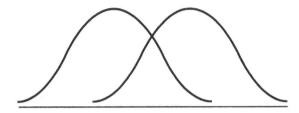

Fig. 5-18. Curvas no concluyentes.

Preguntas

5-1. x es una abreviatura que significa __?__.

5-2. Una distribución normal debe presentar __?__ y __?__.

5-3. Un gráfico de barras verticales de frecuencia y grupos es un __?__.

5-4. Elevar al cuadrado las desviaciones de una media tiene por objeto __?__.

5-5. La diferencia entre n y $n - 1$ es importante cuando n es __?__ o superior.

5-6. La media de la distribución normal tipificada es __?__.

5-7. El porcentaje del área de la distribución normal tipificada entre la media y la desviación típica +1 es __?__.

5-8. El porcentaje del área de la distribución normal tipificada más allá de +3 es __?__.

5-9. ¿Cuál es la base para suponer que una muestra pequeña es normal? (10 piezas o menos)

5-10. ¿Que da por supuesto la agrupación de desviaciones típicas?

5-11. Si se duplican los resultados de la desviación típica menores en un número inferior a la desviación mayor, ¿es apropiada la agrupación?

5-12. Calcule las distribuciones A, B, C, D y E mostradas en las páginas de este capítulo. ¿Son distribuciones normales?

Actividades

Medida de la desviación típica

Equipo. Una regla, representada en la figura 5-19, un lápiz y una calculadora. (Cuando utilice una calculadora para calcular la desviación típica, compruebe si en el cómputo se utiliza el criterio n o $n - 1$).

Procedimiento

5-1. Mida la extensión de la mano incluir sólo hasta la punta de los dedos, sin contar las uñas. Si el número de personas sometidas a la medición es al menos 30 y los datos son normales, se podrán aplicar directamente los porcentajes indicados en la figura 5-12. Redondee sus resultados a la unidad más cercana de la escala. Mida las manos derechas e izquierdas, y no olvide apuntar si el sujeto es hombre o mujer, comprobando que cumple el requisito de edad mínima (18 años).

5-2. Elabore un histograma con todos los resultados.

5-3. Trace dos histogramas, uno para hombres y otro para mujeres.

5-4. Elabore cuatro histogramas: el primero para las manos derechas de las mujeres, el segundo para las manos izquierdas de las mujeres, el tercero para las manos derechas de los hombres y el cuarto para las manos izquierdas de los hombres.

5-5. ¿Revelan los gráficos datos normales?

5-6. Calcule las medias y las desviaciones típicas para los datos normales. No tiene sentido completar estos cálculos si los datos no son normales.

Desviación típica de pesos

Equipo. Una balanza.

Presión. Resulta fácil crear un ejercicio basado en los pesos. Busque algunos artículos fabricados cuyo peso pretende ser idéntico. Péselos con cuidado, y calcule la media y la desviación típica. Si consigue artículos prácticamente idénticos de fabricantes distintos, las comparaciones serán pertinentes.

Un ejercicio consiste en pesar pelets o gránulos de plástico. Para ello se necesitará una balanza de precisión de 0,001 gramos. Trate de asegurar que los gránulos son representativos de una bolsa o caja de pelets. En las muestras industriales (cajas de 400 kg), el encargado debe garantizar que la muestra incluye pelets de la parte superior, media e inferior de la caja.

5-1. Busque gránulos cortados, identificables por su forma cilíndrica y sus extremos cortados.

a. Pese 30 gránulos cortados. Calcule la media y la desviación típica.

b. Pese 30 gránulos cortados de otro fabricante.

c. ¿Son idénticos?

d. ¿Tiene un fabricante un corte más consistente que otro?

5-2. Busque gránulos que tengan una forma ovalada o esférica. Estos pelets no presentarán marcas de las cuchillas de la cortadora.

a. Pese 30 gránulos ovalados/esféricos y calcule la media y la desviación típica.

b. ¿Son los gránulos esféricos más pesados que los cortados?

c. ¿Es más consistente el proceso para fabricar gránulos esféricos que el proceso de troceado?

Resultados representativos:

PP cortado: media 0,0174 g   d.t. 0,0015 g
PS cortado: media 0,0164 g   d.t. 0,0024 g
HIPS (esférico): media 0,0352 g   d.t. 0,0050 g

5-3. Pese gránulos individuales de los tipos cortado y esférico. ¿Los datos son normales?

5-4. ¿Son los gránulos cortados más o menos uniformes en peso que el tipo esférico?

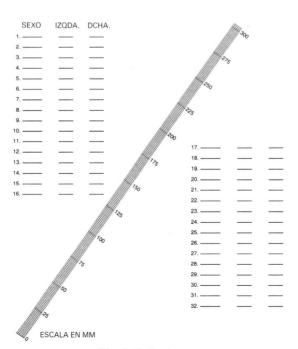

Fig. 5-19. Regla.

Capítulo 6

Propiedades y pruebas de plásticos seleccionados

Introducción

Prácticamente todos los sectores de la industria del plástico dependen de los datos de pruebas para dirigir sus actividades. Los fabricantes de materias primas realizan ensayos para mantener el control de los procesos y caracterizar sus productos. Los diseñadores basan su selección de plásticos para la obtención de nuevos productos en los resultados de pruebas convencionales. Los fabricantes de moldes y herramientas deben tener en cuenta los factores de contracción para construir moldes en los que se puedan producir piezas acabadas que satisfagan los requisitos dimensionales. Los resultados de las pruebas sirven además para establecer los parámetros de tratamiento. El personal encargado del control de calidad comprueba que los productos se adapten a las exigencias del cliente, generalmente a través de ensayos convencionales. Resulta esencial comprender en profundidad los tipos de pruebas en muchos de los sectores de la industria de los plásticos.

En este capítulo se explican las pruebas más corrientes aplicadas a los plásticos, que se agrupan en categorías. El esquema de este capítulo es el siguiente:

I. Organizaciones de homologación
   A. ASTM
   B. ISO
   C. Unidades del SI
II. Propiedades mecánicas
   A. Resistencia a la tracción (ISO 527, ASTM D-638)
   B. Resistencia a la compresión (ISO 604, ASTM D-695)
   C. Resistencia a la cizalla (ASTM 732)
   D. Resistencia al impacto
   E. Resistencia a la flexión (ISO 178, ASTM D-790 y D-747)
   F. Fatiga y flexión (ISO 3385, ASTM D-430 y D-813)
   G. Amortiguamiento
   H. Dureza
   I. Resistencia a la abrasión (ASTM D-1044)
III. Propiedades físicas
   A. Densidad y densidad relativa (ISO 1183, ASTM D-792 y D-1505)
   B. Contracción de moldeo (ISO 2577, ASTM D-955)
   C. Fluencia en la tracción (ISO 899, ASTM D-2990)
   D. Viscosidad
IV. Propiedades térmicas
   A. Conductividad térmica (ASTM C-177)
   B. Calor específico (capacidad calorífica)
   C. Expansión térmica
   D. Temperatura de deflexión (ISO 75, ASTM D-648)
   E. Plásticos ablativos
   F. Resistencia al frío
   G. Inflamabilidad (ISO 181, 871, 1210, ASTM D-635, D-568 y E-84)

H. Índice de fusión (ISO 1133, ASTM D-1238)
   I. Temperatura de transición vítrea
   J. Punto de reblandecimiento (ISO 306, ASTM D-1525)
V. Propiedades ambientales
   A. Propiedades químicas
   B. Envejecimiento a la intemperie (ISO 45, 85, 4582, 4607, ASTM D-1435 y G-23)
   C. Resistencia al ultravioleta (ASTM G-23 y D-2565)
   D. Permeabilidad (ISO 2556, ASTM D-1434 y E-96)
   E. Absorción de agua (ISO 62, 585, 960, ASTM D-570)
   F. Resistencia bioquímica (ASTM G-21 y G-22)
   G. Agrietamiento por tensión (ISO 4600, 6252, ASTM D-1693)
VI. Propiedades ópticas
   A. Brillo especular
   B. Transmitancia luminosa (ASTM D-1003)
   C. Color
   D. Índice de refracción (ISO 489, ASTM D-542)
VII. Propiedades eléctricas
   A. Resistencia al arco eléctrico (ISO 1325, ASTM D-495)
   B. Resistividad (ISO 3915, ASTM D-257)
   C. Resistencia dieléctrica (ISO 1325, 3915, ASTM D-149)
   D. Constante dieléctrica (ISO 1325, ASTM D-150)
   E. Factor de disipación (ASTM D-150)

Organizaciones de homologación

Existen diversas agencias nacionales e internacionales que establecen y publican especificaciones sobre pruebas y homologación de materiales industriales. En los Estados Unidos, las normas provienen generalmente del American National Standards Institute (Instituto Norteamericano de Normas), los servicios militares de la nación y la American Society for Testing and Materials (ASTM - Sociedad Norteamericana para Pruebas y Materiales). Una de las principales organizaciones internacionales paralela a ASTM es la International Organization for Standardization (ISO - Organización Internacional de Normalización).

ASTM

La ASTM es una sociedad técnica no lucrativa de ámbito internacional que se dedica a «...promover el conocimiento de materiales de ingeniería y normalizar especificaciones y métodos de ensayo». ASTM publica datos de homologación en las memorias descriptivas de la mayoría de los materiales industriales. La homologación de plásticos se halla bajo la jurisdicción del comité D sobre plásticos de este organismo. La ASTM publica anualmente *Book of ASTM Standards*, que consta de 15 volúmenes, aproximadamente. Muchos de los volúmenes se dividen en varias secciones independientes. Un grupo entero de normas de ASTM completa aproximadamente 70 secciones. Las tres secciones que componen el volumen 8 se refieren a los plásticos.

ISO

La Organización Internacional de Normalización (ISO) agrupa organismos nacionales de más de 90 países encargados de la definición de normas. «El objetivo de ISO consiste en promover el desarrollo de normas a escala mundial con vistas a facilitar el intercambio internacional de productos y servicios y a desarrollar la cooperación en la esfera de la actividad intelectual, científica, tecnológica y económica». El *Manual de normas ISO 21* se divide en dos volúmenes y contiene datos sobre materiales y productos de plástico.

Varias empresas de los Estados Unidos dedicadas a la fabricación de plásticos incluyen los métodos ISO en sus laboratorios. Los fabricantes que proyectan abrir su mercado de materiales a otros países y que desean expandir su actividad internacionalmente deben adecuarse a las normas ISO. Algunas compañías ofrecen los resultados de homologación ISO y ASTM a sus clientes potenciales. En la tabla 6-1 se señala una serie de pruebas habituales de homologación de plásticos, junto con los métodos ISO y ASTM correspondientes.

Mientras que las especificaciones de ASTM emplean tanto las medidas del sistema métrico como las unidades británicas, los métodos ISO utilizan únicamente el *Sistema Internacional (SI)* de unidades métricas. Este capítulo se regirá por las directrices que recomiendan sistemáticamente el uso de unidades del SI, seguidas ocasionalmente, cuando resulte pertinente, por las unidades británicas escritas entre paréntesis.

Tabla 6-1. Resumen de los métodos de prueba ISO y ASTM

Propiedad	Método ISO	Método ASTM	Unidad SI
Absorción de agua			
Cambios de propiedades físicas		D-759	Cambios registrados
Temperatura subnormal			
Temperatura supernormal	1137, 2578		
Coeficiente lineal de expansión térmica		D-696	mm/mm/°C
Conductividad térmica		C-177	W/K.m
Constante dieléctrica	1325	D-150	Adimensional
Contracción de moldeo	3146	D-955	mm/mm
Deformación de carga		D-621	%
Deformación por compresión	1856	D-395	Pa
Densidad	1183	D-1505	g/cm3
Densidad aparente		D-1895	g/cm3
Flujo libre	60		
Sin colada	60		
Densidad relativa	1183	D-792	Adimensional
Dureza			
Durómetro	868	D-2240	Dial real
Rockwell	2037/2	D-785	Dial real
Dureza de penetración		D-2583	Dial real
Impresor Barcol			
Elongación	R527	D-638	%
Envejecimiento a la intemperie	4582,4607	D-1435	Cambios
Factor de compresión	171	D-1895	Adimensional
Factor de disipación a 60 Hz, 1 kHz, 1 MHz			
Fluencia	899	D-2990	Pa
Hinchamiento por disolvente		D-471	J
		D-731	Pa
Índice de moldeo		D-2863	%
Índice de oxígeno	489	D-542	Adimensional
Índice de refracción	181,871,1210	D-635	cm/min (quemado) cm/s
Inflamabilidad	960		
Inmersión a largo plazo			
Inmersión 24 horas	62,585, 960	D-570	%
Módulo de elasticidad			
en compresión	4137	D-695	Pa
en tangente, flexión		D-790	Pa
en tracción		D-638	Pa
Permeabilidad		45,85,877	E-42
Procedimiento acondicionamiento	291	D-618	Unidades métricas
Propiedades mecánicas dinámicas		D-2236	Adimensional
Decremento logarítmico			
Módulo de elasticidad en cizalla			
Punto de fusión	1218,3146	D-2117	°C
Punto de reblandecimiento Vicat	306	D-1525	ohm-cm
Resistencia a la abrasión superficial		D-1044	Cambios registrados
Resistencia a la cizalla		D-732	Pa
Resistencia a la compresión	604	D-695	Pa
Resistencia a la fatiga	3385	D-671	Número de ciclos
Resistencia a la flexión	178	D-790	Pa
Resistencia a la tracción	R527	D-638	Pa
Resistencia al arco			
Alto voltaje	1325	D-746	s
Corriente baja			
Resistencia al impacto			
Dardo		D-1709	Pa @ 50% fallo
Charpy	179		
Izod	180	D-256	J/m

Propiedad	Método ISO	Método ASTM	Unidad SI
Resistencia al rasgado		D-624	Pa
Resistencia dieléctrica	3915	D-149	V/mm
Etapa por etapa			
Tiempo corto			
Resistencia química	175	D-543	Cambios registrados
Resistividad específica 1 min. a 500 V		D-257	%
Rigidez de flexión		D-747	Pa
Rotura de fluencia		D-2990	Pa
Sensibilidad de entalla		D-256	J/m
Tamaño de partícula		D-1921	Micrómetros
Temperatura de deflexión	75	D-648	°C a 18,5 MPa
Temperatura de flujo		D-569	°C
Rossi-Peakes			
Temperatura de fragilidad	974	D-746	°C a 50%
Tiempo de gelificación y temp. exotérmica	2535	D-2471	
Transmitancia luminosa		D-1003	%
Turbiedad		D-1003	%
Vapor de agua		E-96	g/24h
Velocidad de flujo del fundido, termoplásticos	1133	D-1238	g/10 min.

* Se ha utilizado la última versión de cualquiera de los métodos ISO y ASTM de referencia.

Tabla 6-2. Unidades fundamentales SI

Magnitud	Unidad	Símbolo
Longitud	metro	m
Masa	kilogramo	kg
Tiempo	segundo	s
Temp. termodinámica	kelvin	K
Corriente eléctrica	amperio	A
Intensidad luminosa	candela	cd
Cantidad de materia	moles	mol

Unidades del SI

El sistema métrico SI consta de siete *unidades fundamentales*, enumeradas en la tabla 6-2. Para simplificar los números grandes o pequeños, se vale también de un conjunto de prefijos, tal como se señala en la tabla 6-3. Cuando se combinan las unidades fundamentales o se necesitan medidas adicionales, se emplean unidades derivadas. En la tabla 6-4 se ofrecen las *unidades derivadas* más utilizadas en la industria de los plásticos.

Propiedades mecánicas

Las *propiedades mecánicas* de un material describen el modo en que éste responde a la aplicación de una fuerza o carga. Solamente se pueden ejercer tres tipos de fuerzas mecánicas que afecten a los materiales: *compresión*, *tensión* y *cizalla*. En la figura 6-1, estas tres fuerzas se representan, respectivamente, como aquellas que empujan hacia dentro (Fig. 6-1A) y hacia fuera (Fig. 6-1B) y como fuerzas contrarias que amenazan con romper el cilindro por esfuerzo cortante (Fig. 6-1C). Las pruebas mecánicas consideran estas fuerzas por separado o combinadas. Las pruebas de tracción, compresión y cizalla sirven para medir sólo una fuerza, mientras que las de flexión, impacto y dureza implican dos o más fuerzas simultáneas.

Seguidamente se ofrece una breve explicación sobre pruebas concretas aplicadas para determinar las propiedades mecánicas. Dichas pruebas son resistencia a la tracción, a la compresión, a la cizalla, al impacto, a la flexión, fatiga, dureza y resistencia a la abrasión.

Resistencia a la tracción (ISO 527, ASTM D-638)

El cálculo de la fuerza de tracción maneja la unidad fundamental del SI de masa y la unidad derivada de aceleración. Por definición,

Fuerza = masa x aceleración

Tabla 6-3. Prefijos y expresión numérica

Símbolo	Prefijo	Equivalente decimal	Factor	Prefijo original	Significado original
E	exa	1000000000000000000	10^{18}	griego	colosal
P	peta	1000000000000000	10^{15}	griego	enorme
T	tera	1000000000000	10^{12}	griego	monstruoso
G	giga	1000000000	10^{9}	griego	gigantesco
M	mega	1000000	10^{6}	griego	grande
k	kilo	1000	10^{3}	griego	mil
h	hecto	100	10^{2}	griego	cien
da	deca	10	10^{1}	griego	diez
d	deci	0,1	10^{-1}	latín	decena
c	centi	0,01	10^{-2}	latín	centena
m	mili	0,001	10^{-3}	latín	millar
μ	micro	0,000001	10^{-6}	griego	pequeño
n	nano	0,000000001	10^{-9}	griego	muy pequeño
p	pico	0,000000000001	10^{-12}	español	pequeñísimo
f	femto	0,000000000000001	10^{-15}	danés	quince
a	atto	0,000000000000000001	10^{-18}	danés	dieciocho

Tabla 6-4. Unidades SI derivadas seleccionadas

Magnitud	Unidad	Símbolo	Fórmula
aceleración	metro por segundo cuadrado	m/s²	
área	metro cuadrado	m²	
cantidad de electricidad	culombio	C	A·s
densidad de masa (densidad)	kilogramo por metro cúbico	kg/m³	
dosis absorbida	gray	Gy	J/kg
frecuencia	hercio	Hz	s⁻¹
fuerza	newton	N	kg·m/s²
intensidad de campo eléctrico	voltio por metro	V/m	
potencia	vatio	W	J/s
tensión eléctrica, diferencia de potencial, fuerza electromotriz	voltio	V	W/a
presión (tensión mecánica)	pascal	Pa	N/m²
resistencia eléctrica	ohmio	Ω	V/a
trabajo, energía, cantidad de calor	julio	J	N·m
velocidad	metro por segundo	m/s	
viscosidad dinámica	pascal por segundo	Pa·s	N·s/m²
viscosidad cinemática	metro cuadrado por segundo	m²/s	
volumen	metro cúbico	m³	

La unidad de *masa* es el kilogramo, y la *aceleración* se expresa en metros por segundo al cuadrado. El valor patrón para la aceleración causada por la gravedad de la tierra es 9,806 65 metros por segundo al cuadrado. Este valor, redondeado como 9,807 m/s², se denomina *constante de gravedad*. La unidad del SI de fuerza es el *newton*, que puede entenderse como la fuerza de la gravedad que actúa sobre un kilogramo.

1 newton = 1 kilogramo x 9,807 m/s²

Esfuerzo. Se llama presión la fuerza que se aplica sobre una superficie. Sin embargo, el término técnico utilizado para presión es *tensión* o *esfuerzo*. La unidad métrica para la tensión es el *pascal* (Pa). Un pascal equivale a la fuerza de un newton ejercida sobre la superficie de un metro cuadrado. En el sistema británico, la unidad básica es libras por pulgada cuadrada (psi, abreviatura de *pounds per square inch*). La resistencia a la tracción se mide en pascales y se define como la relación entre la fuerza de tracción, en newtons, y el área de sec-

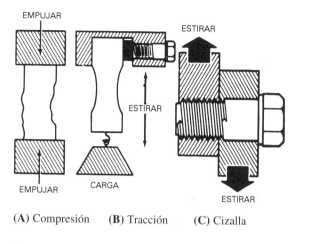

(A) Compresión (B) Tracción (C) Cizalla

Fig. 6-1. Tres tipos de tensión.

ción transversal original de la muestra, en metros cuadrados.

$$\text{Resistencia a la tracción (Pa)} = \frac{\text{fuerza de tracción (N)}}{\text{sección transversal (m}^2\text{)}}$$

Deformación. El esfuerzo de tracción suele provocar la alteración del material adelgazándolo en anchura y estirándolo en longitud. Tal como se observa en la figura 6-2, el cambio de longitud con respecto a la longitud original se denomina *deformación*.

La deformación se mide en milímetros por milímetro (pulgadas por pulgada). Se puede expresar en forma porcentual, denominándose entonces *porcentaje de elongación*. Para convertir a un porcentaje la deformación expresada en metros por metro, basta con multiplicar la cantidad por 100 y registrar el resultado como porcentaje. La deformación en plásticos es patente en materiales que

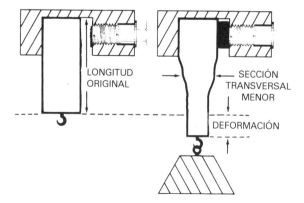

Fig. 6-2. Se llama *deformación* a la alteración provocada por el esfuerzo de tracción.

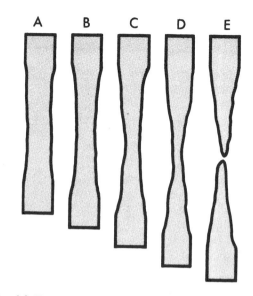

Fig. 6-3. Fases de deformación en plásticos sin reforzar.

se alteran con facilidad en las pruebas de tracción. En la figura 6-3 se muestra la deformación típica de un plástico no reforzado.

Diagramas de esfuerzo-deformación. Hoy en día los aparatos que miden la tracción crean diagramas de esfuerzo-deformación. Estos gráficos documentan con precisión el esfuerzo realizado sobre una muestra y la deformación que resulta con todos los niveles de carga. En la figura 6-4 se puede ver una máquina de pruebas de tracción y el equipo periférico asociado.

Este sistema para pruebas de tracción incluye un monitor en cuya pantalla se muestran las curvas de esfuerzo-deformación y los datos numéricos, una impresora para generar copias en papel y un trazador automático, que dibuja las curvas de esfuerzo-deformación sobre papel milimetrado. El ordenador realiza los cálculos matemáticos y almacena los datos para los informes de control de calidad.

En la figura 6-5 se muestra una curva de esfuerzo-deformación generada por un trazador automático. El material que se sometió a prueba fue PC (policarbonato).

Para entender las curvas de esfuerzo-deformación es necesario estar familiarizado con algunos términos técnicos. Así, el *límite de elasticidad A* es el punto de la curva de esfuerzo-deformación, también denominada de carga/extensión, donde se incrementa la extensión sin aumentar la carga (esfuerzo). Hasta llegar al límite de elasticidad, la resistencia del PC a la fuerza aplicada es lineal. Después del punto A, la relación entre el esfuerzo

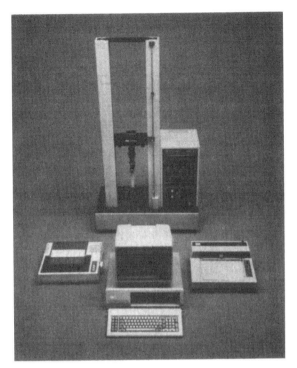

Fig. 6-4. Máquina, impresora, ordenador y trazador automático para pruebas de tracción (fotografía cedida por Instron Corporation).

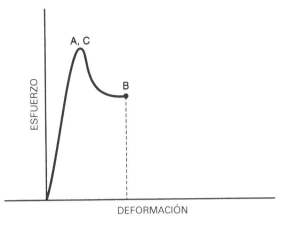

Fig. 6-6. Curva de esfuerzo-deformación típica para ABS.

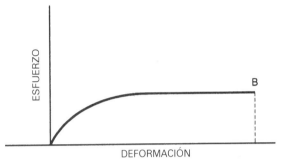

Fig. 6-7. Curva de esfuerzo-deformación típica para LDPE.

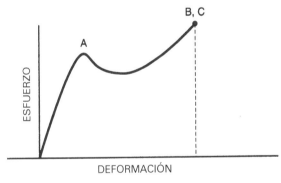

Fig. 6-5. Curva de esfuerzos y deformaciones típica para el policarbonato.

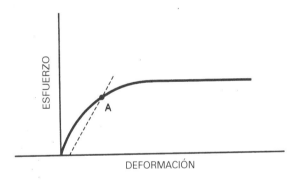

Fig. 6-8. Curva de esfuerzo-deformación con punto de deformación remanente señalado en el punto A.

y la deformación ya no es lineal. El cálculo puede proporcionar la resistencia a la deformación y la elongación en la deformación.

En el *punto de rotura B*, el material falla completamente y se fractura en dos piezas. Los cálculos pueden suministrar la resistencia a la rotura y la elongación en la rotura. La *resistencia última* mide la resistencia máxima del material al esfuerzo. En una curva de esfuerzo-deformación, corresponde al punto C máximo.

En la figura 6-6 se representa una curva de esfuerzo-deformación típica para ABS. En esta curva se puede observar que ABS alcanza la resistencia última en el límite de elasticidad (A y C juntos).

En la figura 6-7 se muestra una curva de tensión-deformación típica para LDPE.

En esta curva no se representa claramente el límite de elasticidad. No obstante, para determinar la resistencia o elongación a la deformación, debe localizarse tal límite. El *punto de deformación remanente* utilizado cuando una curva no resulta concluyente es el punto en el que una línea paralela a la porción lineal y desplazada en una cantidad especificada corta a la curva. En la figura 6-8 se muestra la línea desplazada y la localización de su intersección con la curva de esfuerzo-deformación (punto A).

Tenacidad. De las curvas de esfuerzo-deformación se puede concluir como generalización que los materiales frágiles suelen ser más resistentes y menos extensibles que los blandos. Los plásticos más débiles presentan frecuentemente una alta elongación y una baja resistencia. Algunos materiales son a la vez resistentes y elásticos. El área bajo la curva representa la energía necesaria para romper la muestra. Este área es una medida aproximada de la *tenacidad*. En la figura 6-9, la muestra más tenaz presenta la mayor porción del área bajo la curva de esfuerzo-deformación.

Módulo de elasticidad (módulo de tracción). El *módulo de elasticidad*, denominado también de tracción o de Young, se define como el cociente entre el esfuerzo aplicado y la deformación resultante, dentro de un intervalo lineal de la curva de esfuerzo-deformación. El módulo de Young no tiene sentido para esfuerzos que superan el límite de elasticidad. Se calcula dividiendo el esfuerzo (carga) en pascales por la deformación (mm/mm). Matemáticamente, el módulo de Young coincide con la pendiente de la porción lineal de la curva de esfuerzo-deformación. Cuando la relación lineal hasta la deformación permanece constante, al dividir la resistencia a la deformación (Pa) por la elongación hasta la deformación (mm/mm) se obtiene como resultado el módulo de elasticidad.

Módulo de Young = esfuerzo (Pa)/deformación (m/m)

La razón entre de la fuerza de tracción y la elongación es un parámetro útil para predecir hasta qué punto se estirará una pieza bajo una carga determinada. Un módulo de tracción grande indica que el plástico es rígido y resistente a la elongación.

Resistencia a la compresión (ISO 604, ASTM D-695)

La resistencia a la compresión es un valor que indica la fuerza necesaria para romper o triturar un material. Los valores de resistencia a la compresión pueden ser útiles tanto para distinguir entre calidades de plásticos como para comparar plásticos con otros materiales. La resistencia a la compresión reviste una especial importancia en las pruebas de plásticos celulares y expandidos.

Al calcular la resistencia a la compresión, las unidades necesarias son múltiplos del pascal, como kPa, MPa y GPa. Para determinar la resistencia a la compresión, se divide la carga máxima (fuerza) en newtons por la superficie del especimen en metros cuadrados.

Resistencia a la compresión (Pa) =
= fuerza (N) /superficie transversal (m²)

Si, por ejemplo, se necesitan 50 kg para romper una barra de plástico de 1,0 mm², se tendrá que:

Fuerza (N) = 50 kg x 9,8 m/s²

siendo 9,8 m/s² la constante de gravedad

Resistencia a la compresión (Pa) = (50 x 9,8) N/1 mm² =
= 490 N/1 mm² =
= 490 N/0,000.001 m² =
= 490 Mpa o 490.000 kPa (71.076 psi)

Resistencia a la cizalla (ASTM 732)

La resistencia a la cizalla es la carga máxima (tensión) necesaria para producir una fractura mediante una acción de cizalla. Para calcular la resistencia a la cizalla, se divide la fuerza aplicada por el área de la sección transversal de la muestra sometida a un esfuerzo cortante.

(A) Plástico frágil (B) Plástico blando y débil (C) Plástico duro y firme

Fig. 6-9. La dureza es una medida de la cantidad de energía necesaria para romper un material. Se define normalmente como el área total bajo la curva de esfuerzo-deformación.

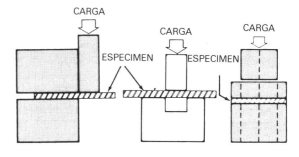

Fig. 6-10. Distintos métodos utilizados para determinar la resistencia al esfuerzo de cizalla.

$$\text{Resistencia a la cizalla (Pa)} = \frac{\text{fuerza (N)}}{\text{área transversal (m}^2\text{)}}$$

Para someter una muestra a un esfuerzo cortante existen varios métodos. En la figura 6-10 se ilustran tres de ellos.

Resistencia al impacto

La resistencia al impacto no es una medida del esfuerzo necesario para romper una muestra, sino que indica la energía absorbida por la muestra antes de su fractura. Existen dos métodos esenciales para determinar la resistencia al impacto: (a) pruebas de caída de una masa y (b) pruebas de péndulo.

Pruebas de caída de una masa (ASTM D-1709).
Las pruebas de caída de masa suponen el lanzamiento de una masa con forma de bola desde una altura determinada sobre una superficie plástica. Generalmente, esta prueba se aplica a los recipientes, los elementos de mesa y los cascos. En la figura 6-11 se incluyen dos variantes de este método.

Cuando se prueban películas, se usa un dardo romo en lugar de una masa más pesada, tal como se puede ver en la figura 6-11B. A veces se deja deslizar la muestra hasta una cubeta, donde es golpeada por un yunque de metal (Fig. 6-12). Se puede repetir la prueba desde varias alturas. Si la muesca queda dañada, aparecerán en ella grietas, descascarillados u otro tipo de fracturas.

Prueba de péndulo (ISO 179, 180, ASTM D-256, D-618).
En las pruebas de péndulo se aplica la energía de un martillo oscilante que golpea la muestra de plástico. El resultado es una medida de la energía o trabajo absorbido por la muestra.

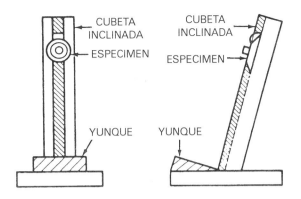

Fig. 6-12. Prueba de caída guiada.

La fórmula fundamental aplicada es:

$$\text{Energía (J)} = \text{fuerza (N)} \times \text{distancia (m)}$$

Los martillos de la mayoría de las máquinas utilizadas para probar plásticos tienen una energía cinética de 2,7-22 J. En las figuras 6-13D y 6-13E se muestran dos máquinas para realizar pruebas de impacto.

En el método *Charpy* (viga apoyada en los extremos), se sujeta la pieza por ambos extremos sin sostenerla por debajo. El martillo golpea la muestra en su centro. (Véanse las figuras 6-13A y 6-13B). En el método *Izod* (viga en voladizo), el martillo golpea la pieza soportada en un extremo.

Las pruebas de impacto pueden especificar muestras entalladas o sin entallar. En la prueba Charpy, la entalla se sitúa en el lado opuesto al percutor. En las pruebas Izod, se encuentra en el mismo lado que el percutor, tal como se puede observar en la figura 6-13C. En ambas, la profundidad y el radio de la entalla pueden alterar notablemente la resistencia al impacto, sobre todo si el polímero presenta sensibilidad al efecto de entalladura.

El PVC es un material bastante sensible a la entalla. Si se prepara con una entalla roma, con un radio de 2 mm, el PVC presenta una resistencia al impacto superior que el ABS. Si las muestras tienen entallas afiladas con un radio de 0,25 mm, la resistencia al impacto del PVC desciende por debajo de la del ABS. Otros materiales que presentan fragilidad de entalla son acetales, HDPE, PP, PET y PA seco.

Asimismo, el contenido de humedad puede influir en la resistencia al impacto. La resistencia al impacto de las poliamidas (nilón) puede diferir bastante de unas a otras, desde 5 kJ/m^2 cuando están completamente secas, hasta más de 20 kJ/m^2, cuando contienen humedad.

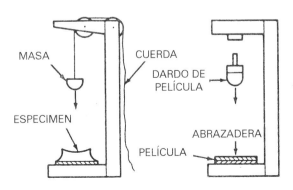

Fig. 6-11. Prueba de caída de masa.

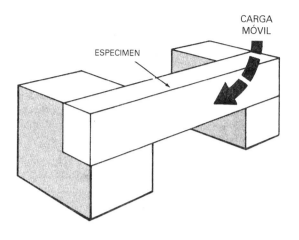

(A) Método de péndulo de Charpy

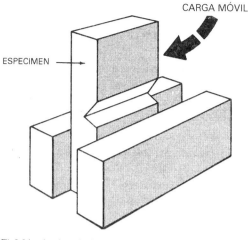

(C) Método de péndulo de Izod

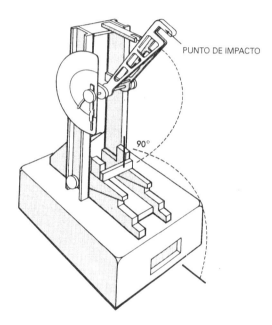

(B) Máquina de impacto de viga apoyada en los extremos de Charpy (Tinius Olsen Testing Machine Co., Inc.)

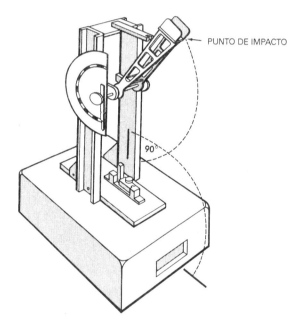

(D) Máquina de impacto de viga en voladizo de Izod (Tinius Olsen Testing Machine Co., Inc.)

Fig. 6-13. Equipo de pruebas Charpy e Izod.

Dado que para las medidas del impacto se debe considerar el grosor de la muestra, los valores de resistencia al impacto se expresan en julios por metro cuadrado (J/m^2) o libras por pulgada de entalla.

Resistencia a la flexión (ISO 178, ASTM D-790 y D-747)

La *resistencia a la flexión* mide la cantidad de tensión (carga) que se puede aplicar a un material sin que se rompa. Al doblar una muestra, participan tanto fuerzas de tracción como de compresión. Se sujeta la muestra de ASTM sobre bloques de ensayo separados por una distancia de 100 mm. En el procedimiento ISO se varía la distancia con arreglo al grosor de la muestra. La carga se aplica en el centro (Fig. 6-14).

Teniendo en cuenta que la mayoría de los plásticos no se rompen al curvarlos, no es fácil calcular la resistencia a la flexión en la fractura. En el método de ASTM, en la mayor parte de los termoplásticos y elastómeros se mide cuando se produce un 5% de deformación en las muestras. La forma de hallarla

(E) Aparato de pruebas Charpy e Izod (Tinius Olsen Testing Machine Co., Inc.)

Fig. 6-13. Equipo de pruebas Charpy e Izod (*cont.*).

consiste en medir la carga en pascales que hace que la muestra se estire un 5%. En el procedimiento ISO, se mide la fuerza cuando el pliegue equivale a 1,5 veces el grosor de la muestra.

Fatiga y flexión (ISO 3385, ASTM D-430 y D-813)

Fatiga es el término utilizado para expresar el número de ciclos que puede soportar una muestra sin fracturarse. Las fracturas por fatiga dependen de la temperatura, la tensión y la frecuencia, amplitud y modo de aplicación del esfuerzo.

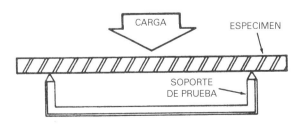

Fig. 6-14. Método utilizado para determinar la resistencia a la flexión (módulo de flexión).

Si la carga (esfuerzo) no supera el límite de elasticidad, algunos plásticos pueden resistir muchos ciclos de esfuerzos sin fallar. En la producción de bisagras integradas y contenedores en los que la caja y la tapa son una misma pieza, deben considerarse atentamente las características de fatiga de los plásticos. En la figura 6-15 se presentan dos bisagras integradas y el aparato para determinar la resistencia al plegado.

Amortiguamiento

Los plásticos pueden absorber o disipar vibraciones. Esta propiedad se denomina *amortiguamiento*. Por término medio, los plásticos tienen una capacidad de amortiguamiento diez veces mayor que el acero. Los engranajes, soportes, carcasas de electrodomésticos y aplicaciones en arquitectura de los plásticos aprovechan de forma eficaz esta propiedad de reducción de la vibración.

Dureza

El término *dureza* no describe una propiedad mecánica concreta o simple de los plásticos. La resistencia al rayado, el desgaste y la abrasión están muy conectados con la dureza. En el deterioro superficial de las baldosas de un suelo de vinilo o en los arañazos en una lente óptica de PC intervienen diversos factores. No obstante, una definición de dureza generalmente aceptada es la resistencia a la compresión, penetración y rayado. Existen varios tipos de instrumentos para medir la dureza. Dado que cada uno de dichos instrumentos tiene su propia escala de calibración, los valores deberán identificar también la escala utilizada. Dos de las pruebas aplicadas en plásticos, de uso bastante limitado, son la *escala de Mohs* y el *escleroscopio*.

La escala de dureza de Mohs es la que utilizan los geólogos y los mineralogistas. Se basa en el hecho de que los materiales más duros rayan a los más blandos. El escleroscopio (figura 6-16) sirve para realizar pruebas de dureza no destructivas. El instrumento mide la altura de rebote de un martillo de caída libre denominado *maza*.

Los instrumentos para pruebas de penetración (ASTM D-2240) se emplean para realizar medidas cuantitativas más sofisticadas. Entre los más conocidos se pueden mencionar Rockwell, Wilson, Barcol, Brinell y Shore. En la figura 6-17 se muestran las diferencias básicas de las pruebas y las

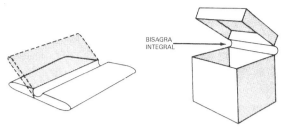

(A) Bisagra flexible   (B) Caja y tapa en una sola pieza.

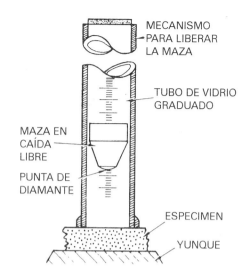

Fig. 6-16. Escleroscopio para la realización de pruebas de dureza.

(C) Aparato para medir la resistencia al plegado, que registra en un dial el número de flexiones realizadas sin que se rompa la muestra de plástico. (Tinius Olsen Testing Machine Co., Ltd.)

Fig. 6-15. Pruebas de fatiga.

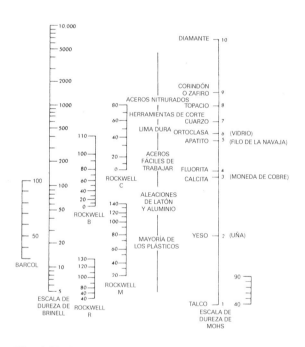

Fig. 6-17. Comparación de varias escalas de dureza.

escalas de dureza. En la tabla 6-5 se ofrecen detalles sobre las diversas escalas de dureza. En estas pruebas, se calibra la dureza por la profundidad o por la superficie de la penetración.

La prueba de Brinell está relacionada con la dureza del área de penetración. Los índices de Brinell típicos para plásticos concretos son: acrílico, 20; poliestireno, 25; policloruro de vinilo, 20, y polietileno, 2. En la figura 6-18, se muestra un aparato de ensayo Brinell.

La prueba de dureza Rockwell indica la dureza por determinación de la diferencia de profundidad de penetración de dos cargas diferentes. En ella se aplican una carga menor (normalmente 10 kg) y una principal (de 60 a 150 kg) a un dispositivo de penetración con forma de bola (Fig. 6-19). Los índices Rockwell típicos de algunos plásticos son: acrílico, M 100; poliestireno, M 75; policloruro de vinilo, M 115, y polietileno, R, 15. En la figura 6-20 se aprecia una prueba Rockwell en marcha.

Tabla 6-5. Comparación de pruebas de dureza concretas

Instrumento	Penetrador	Carga	Comentarios
Brinnell	Bola, 10 mm diámetro	500 kg	Se calcula la media de las diferencias de dureza del material
		3.000 kg	Carga aplicada durante 15–30 segundos. La imagen a través de un microscopio Brinell presenta y mide el diámetro (valor de impresión). No para materiales con factores de fluencia altos.
Barcol	Varilla de punta afilada 26°, plana 0,157 mm	Cargado con muelle. Se presiona a mano contra la pieza con 5–7 kg	Portátil. Se toman lecturas al cabo de 1 a 10 s
Rockwell C	Cono de diamante	Menor 10 kg	Materiales más duros, acero. Modelo tabla
		Menor 150 kg	
Rockwell B	Bola, 1,58 mm	Menor 10 kg	Metales blandos y plásticos cargados
		Menor 100 kg	
Rockwell R	Bola, 12,7 mm	Menor 10 kg	10 seg después de aplicar una carga menor se aplica una carga mayor. Se retira la carga mayor al cabo de 15 s tras la aplicación. Se hace la lectura de la escala de dureza 15 s después de retirar la carga mayor.
		Menor 60 kg	
Rockwell L	Bola, 6,35 mm	Menor 10 kg	
		Menor 60 kg	o
Rockwell M	Bola, 6,35 mm	Menor 10 kg	Se aplica una carga menor y cero en 10 s.
		Menor 100 kg	Se aplica una carga mayor inmediatamente después de ajustar a cero. Se lee el número de divisiones por las que ha pasado el señalador durante 15 de carga mayor
Rockwell E	Bola, 3,175 mm	Menor 10 kg	
		Menor 100 kg	
Shore A	Varilla, diámetro 1,40 mm, afilada a 35° 0,79 mm.	Muelle cargado. Se empuja contra la pieza con la presión de la mano.	Portátil. Lecturas tomadas en plásticos blandos al cabo de 1 a 10 s
Shore D	Varilla, diámetro 1,40 mm, afilada a 35° 0,79 mm, radio de 0,100 mm	Como antes	Como antes

Para los plásticos blandos o flexibles, se puede emplear un durómetro de Shore. Se han establecido dos gamas de dureza de durómetro. En el tipo A se utiliza un penetrador con forma de varilla roma para probar los plásticos blandos. En el tipo D se emplea un penetrador con de varilla puntiaguda para medir los materiales más duros. Se toma el valor o se hace la lectura después de presionar manualmente durante 1 o 10 segundos. El intervalo de la escala va de 0 a 100.

El aparato de ensayo Barcol es similar al durómetro de Shore, tipo D. En él se emplea también un penetrador afilado. En la figura 6-21, se muestra un dibujo de un aparato de pruebas Barcol.

Resistencia a la abrasión (ASTM D-1044)

La abrasión es un proceso en virtud del cual la superficie de un material se desgasta por rozamiento. Los aparatos Williams, Lambourn y Tabor miden la resistencia de los materiales plásticos a la abrasión. En las pruebas realizadas en todos ellos, se frota la muestra con un agente abrasivo separando parte del material. La cantidad de material perdida (masa o volumen) indica hasta qué punto resiste la muestra el tratamiento abrasivo.

$$\text{Resistencia a la abrasión} = \frac{\text{masa original} - \text{masa final}}{\text{densidad relativa}}$$

Fig. 6-18. Este aparato de pruebas Brinell es neumático (Tinius Olsen Testing Machine Co., Inc.).

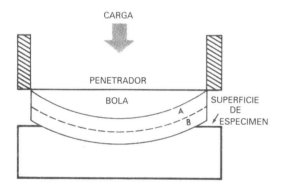

Fig. 6-19. Las lecturas de la prueba de dureza Rockwell se basan en la distancia entre las líneas A (carga menor) y B (carga principal).

Propiedades físicas

En contraposición con las propiedades mecánicas, que comprenden las fuerzas básicas de esfuerzo, compresión y cizalla, las propiedades físicas de los plásticos no dependen de estas fuerzas, sino de la estructura molecular del material. Se tratarán aquí algunas de ellas: densidad relativa, contracción de moldeo, fluencia a la tracción y viscosidad.

Densidad y densidad relativa (ISO 1183, ASTM D-792 y D-1505)

La densidad es la masa por unidad de volumen. La unidad derivada del SI para la densidad es ki-

(A) Registro de resultados de una prueba de dureza Rockwell en una muestra en barra de ABS (Wilson Instrument Division of AACO).

(B) Barra moldeada de ABS, colocada bajo el penetrador de un aparato de pruebas de dureza Rockwell. (Wilson Instrument Division of AACO).

Fig. 6-20. Prueba Rockwell.

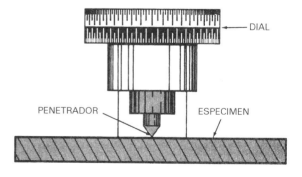

Fig. 6-21. En un aparato Barcol se emplea un penetrador puntiagudo (ASTM D-2583).

logramos por metro cúbico, si bien habitualmente se expresa en gramos por centímetro cúbico:

Ejemplo:
Densidad = masa (kg)/volumen (m³)
Para PVC:
Densidad = 1.300 kg/1 m³ o 1,3 g/cm³

La densidad relativa se define como la relación entre las masas de un volumen determinado de material y de un volumen equivalente de agua a 23 °C. La densidad relativa es una cantidad adimensional, que adoptará el mismo valor en cualquier sistema de medida.

Ejemplo:

$$\text{Densidad relativa de PVC} = \frac{\text{densidad del PVC}}{\text{densidad del agua}} =$$

$$= \frac{1.300 \text{ kg/m}^3}{1.000 \text{ kg/m}^3} = 1,3$$

En la tabla 6-6 se indican las densidades relativas de una serie de materiales. Debe advertirse que las poliolefinas tienen densidades inferiores a 1,0, lo que significa que flotan en el agua.

Un método sencillo para determinar la densidad relativa consiste en pesar la muestra en aire y en agua (ASTM D-792). Se puede usar un alambre fino para suspender la muestra de plástico en el agua de una balanza de laboratorio, tal como se muestra en la figura 6-22. Entonces, la densidad relativa se calcula mediante la siguiente fórmula:

$$D = \frac{a - b}{a - b + c - d}$$

D = densidad a 20 °C
a = masa de la probeta y alambre en aire
b = masa del alambre en aire
c = masa de alambre con extremo sumergido en agua
d = masa de alambre y probeta sumergida en agua

Otro método, establecido por ASTM D-1505, es una *columna de gradiente de densidad*. Esta columna se compone de capas líquidas de densidad decreciente de abajo a arriba. La capa en la que se hunde la muestra indica su densidad. Una columna de gradiente de densidad es bastante compleja y requiere un mantenimiento periódico para limpiar la columna y verificar si las capas tienen la densidad especificada.

Tabla 6-6. Densidades relativas de algunos materiales

Sustancia	Densidad relativa
Maderas (basado en agua)	
Abedul	0,65
Castaño	0,63
Cicuta	0,39
Fresno	0,73
Pino	0,57
Roble	0,74
Líquidos	
Ácido muriático	1,20
Ácido nítrico	1,217
Agua 20 °C	1,00
Bencina	0,71
Queroseno	0,80
Trementina	0,87
Metales	
Acero	7,85
Aluminio	2,67
Cobre	8,85
Hierro fundido	7,20
Hierro labrado	7,7
Latón	8,5
Plásticos	
ABS	1,02–1,25
Acetal	1,40–1,45
Acrílico	1,17–1,20
Alilo	1,30–1,40
Aminos	1,47–1,65
Caseína	1,35
Celulósicos	1,15–1,40
Epóxidos	1,11–1,8
Fenólico	1,25–1,55
Fluoroplásticos	2,12–2,2
Ionómeros	0,93–0,96
Óxido de fenileno	1,06–1,10
Poliamidas	1,09–1,14
Policarbonato	1,2–1,52
Poliéster	1,01–1,46
Poliésteres clorados	1,4
Poliestireno	0,98–1,1
Poliolefinas	0,91–0,97
Polisulfona	1,24
Siliconas	1,05–1,23
Uretanos	1,15–1,20
Vinilos	1,2–1,55

Un método más simple sería preparar una o más mezclas de densidades conocidas, tal como se muestra en la figura 6-23. Para densidades superiores a la del agua, se obtiene una solución de agua destilada y nitrato cálcico y se mide con un hidrómetro de tipo técnico. Se añade nitrato cálcico hasta obtener la densidad deseada. Para densidades inferiores a las del agua, se mezcla agua con alcohol isopropílico para conseguir la densidad seleccionada.

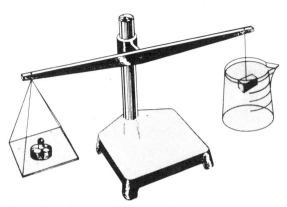

Fig. 6-22. Balanza analítica utilizada según el modelo para determinar la densidad relativa de muestras de plástico.

Al llevar a cabo las pruebas de densidad, no debe olvidarse que la suciedad, la grasa y los descascarillados de la máquina pueden atrapar aire en la muestra y producir resultados imprecisos. La presencia de cargas, aditivos, agentes de reforzamiento y vacíos o células también alteran la densidad relativa.

Contracción de moldeo (ISO 2577, ASTM D-955)

La contracción de moldeo (lineal) influye en el tamaño de las piezas moldeadas. Las cavidades del molde son más grandes que las piezas acabadas deseadas. Cuando la contracción de las piezas es completa, deberán satisfacer especificaciones dimensionales.

Las piezas de moldeo se encogen al cristalizar, endurecerse o polimerizarse en un molde. Además, la contracción continúa después del moldeo.

Por tanto, se debe dejar pasar un período de 48 horas antes de tomar ninguna medida, para que la pieza termine de contraerse una vez que se ha extraído del molde.

La *contracción de moldeo* se define como la relación entre la reducción de la longitud y la longitud original. El resultado se registra como mm/mm. La fórmula es:

$$\text{Contracción moldeo} = \frac{\text{longit. cavidad} - \text{longit. barra moldeada}}{\text{longitud de cavidad}}$$

Fluencia a la tracción (ISO 899, ASTM D-2990)

Cuando un contrapeso suspendido de una muestra de ensayo provoca un cambio en la forma de la muestra durante un período de tiempo, la deformación se denomina *fluencia*. Si la fluencia se produce a temperatura ambiente, se denomina *flujo en frío*.

En la figura 6-24 se representa el flujo en frío. El intervalo de tiempo necesario para pasar de A, al comienzo de la prueba, a E, rotura de la pieza, puede ser de más de 1.000 horas. Los resultados de la prueba de fluencia a la tracción registran la deformación en milímetros, como un porcentaje y como un módulo.

La fluencia y el flujo en frío son propiedades muy importantes que se deben considerar a la hora de diseñar recipientes a presión, tuberías y viguetas, en los que una carga constante (presión

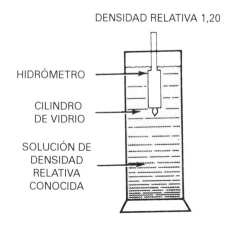

Fig. 6-23. Método para medir la densidad.

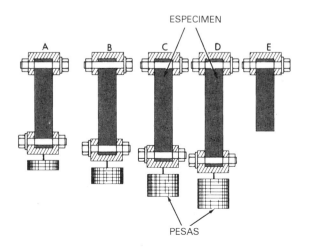

Fig. 6-24. Estadios de fluencia y flujo en frío.

Fig. 6-25. Prueba de la resistencia al estallido de una tubería (Schloemann-Fellows).

o esfuerzo) puede causar deformación o cambios dimensionales. Las tuberías de PVC se someten a pruebas de fluencia especializadas para medir su capacidad para resistir presiones determinadas durante un período de tiempo y para determinar la resistencia al estallido o a la rotura. En la figura 6-25 se observa una sección de tubería sometida a prueba para determinar su resistencia al estallido. La muestra se rompió a una presión de 5,85 MPa.

Viscosidad

La característica que describe la resistencia interna de un líquido para fluir se denomina *viscosidad*. Cuanto más lento fluye el líquido, mayor es su viscosidad. Esta magnitud se mide en pascales-segundos (Pa x s) o unidades llamadas poises. (Véase tabla 6-7).

La viscosidad es un factor importante en el transporte de resinas, la inyección de plásticos en estado líquido y la obtención de dimensiones críticas de formas extruidas. Cargas, disolventes, plastificantes, agentes tixotrópicos (materiales de tipo gel hasta que se agitan), grado de polimerización y densidad son factores que afectan a la viscosidad. Esta magnitud de una resina como, por ejemplo, poliéster oscila entre 1 y 10 Pa [1.000 a 10.000 centipoises]. Un centipoise equivale a 0,01 poises. En el sistema métrico, un centipoise equivale a 0,001 pascales-segundo. Para una definición más completa del poise, consúltese cualquier libro de texto o tratado de física en el que se describe la viscosidad.

Propiedades térmicas

Las propiedades térmicas más importantes de los plásticos son la conductividad térmica, el calor específico, el coeficiente de dilatación térmica, la deflexión por el calor, la resistencia al frío, la velocidad de combustión, la inflamabilidad, el índice de fundido, el punto de transición vítrea y el punto de reblandecimiento.

Tabla 6-7. Viscosidad de materiales concretos

Material	Viscosidad, Pa.s	Viscosidad, centipoises
Agua	0,001	1
Queroseno	0,01	10
Aceite de motor	0,01–1	10–100
Glicerina	1	1.000
Sirope de maíz	10	10.000
Melazas	100	100.000
Resinas	$<0,1$ a $>10^3$	<100 a $>10^6$
Plásticos (estado viscoelástico en caliente)	$<10^2$ a $>10^7$	$<10^5$ a $>10^{10}$

Cuando se calientan los termoplásticos, las moléculas y los átomos del material empiezan a vibrar con mayor rapidez. Ello causa el alargamiento de las cadenas moleculares. Una mayor cantidad de calor puede producir el deslizamiento entre moléculas unidas por fuerzas de Van der Waals más débiles. El material puede convertirse en un líquido viscoso. En los plásticos termoendurecibles, las uniones no se liberan fácilmente. Es necesario romperlas o descomponerlas.

Conductividad térmica (ASTM C-177)

La conductividad térmica es la velocidad de transmisión de energía calorífica de una molécula a otra. Las mismas razones en relación con las moléculas que explican la capacidad aislante de la electricidad de los plásticos sirven para explicar su naturaleza de aislantes térmicos.

La conductividad térmica, que se expresa como un coeficiente, se denomina factor k, que no debe confundirse con el símbolo K que indica la temperatura en kélvines. El aluminio tiene un factor k de 122 W/K m. Algunos plásticos expandidos o celulares poseen valores k inferiores a 0,01 W/K m (tabla 6-8). Los valores k para la mayoría de los plásticos demuestran que no conducen el calor como lo haría una cantidad equivalente de metal.

El flujo de energía calorífica deberá medirse en vatios, no en calorías por hora ni en Btu por hora. Un vatio (W) equivale a un julio por segundo (J/s), aunque debe recordarse que el julio es una unidad de energía, mientras que el vatio lo es de potencia.

Calor específico (capacidad calorífica)

El calor específico es la cantidad de calor requerida para elevar la temperatura de una unidad de masa un kelvin, o un grado Celsius. Obsérvese la figura 6-26. El calor específico debe expresarse en julios por kilogramo por kelvin (J/kg K). A temperatura ambiente, el calor específico para ABS es 104 J/kg K; para el poliestireno, 125 J/kg K, y para el polietileno, 209 J/kg K. Esto indica que se necesitará más energía calorífica para ablandar los plásticos cristalinos de polietileno que para el ABS. Los valores de esta magnitud para la mayoría de los plásticos señalan que requieren una mayor cantidad de energía calorífica para elevar su temperatura que el agua, ya que el calor específico del agua es 1. La cantidad de calor también se puede expresar en julios por gramo por grado Celsius (J/g °C).

Expansión térmica

Los plásticos se dilatan a una velocidad mucho mayor que los metales, por lo que resulta complicado unir metales con plásticos. En la figura 6-27 se muestra la diferencia entre los coeficientes de expansión de diversos materiales. El coeficiente de expansión se utiliza para determinar la dilatación térmica en longitud, superficie o volumen por unidad de incremento de la temperatura. Se expresa como una razón por grado Celsius.

Si se calienta una varilla de PVC de 2 m de longitud desde –20 °C a 50 °C, su longitud se modificará en 7 mm.

Ejemplo:

Cambio de longitud = coeficiente dilatación lineal x
 x longitud original x cambio de temperatura =

$$= \frac{0,000050}{°C \times 2 \text{ m} \times 70°} = 0,007 \text{ m o } 7 \text{ mm}$$

Tabla 6-8. Conductividad térmica de algunos materiales

Material	Conductividad térmica (factor k), W/K·m	Resistividad térmica (factor-R), K·m/W
Acero	44	0,022
Acrílico	0,18	5,55
Aluminio (aleación)	122	0,008
Cobre (berilio)	115	0,008
Hierro	47	0,021
Madera	0,17	5,88
Poliamida	0,25	4,00
Policarbonato	0,20	5,00
Vidrio ventanas	0,86	1,17

* El factor R es el inverso del factor k.

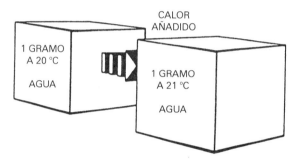

Fig. 6-26. ¿Qué cantidad de calor se ha añadido?

Dado que la superficie es el producto de dos longitudes, el valor del coeficiente debe ser doble. De forma similar, se deberá triplicar el valor del coeficiente para obtener la dilatación térmica para el volumen. En la tabla 6-9 se muestran las dilataciones térmicas de varios materiales.

Temperatura de deflexión (ISO 75, ASTM D-648)

La *temperatura de deflexión* (antes denominada termodistorsión) es la máxima temperatura continua de operación que puede soportar un material. Aunque, en general, los plásticos no se emplean en entornos de mucho calor, algunos fenólicos especiales se someten a temperaturas de hasta 2.760 °C.

En la figura 6-28 se ilustra un dispositivo que proporciona calor, presión, medición lineal y una gráfica de los resultados. En la prueba de ASTM, se coloca una pieza (3,175 mm x 140 mm) sobre soportes dispuestos a una distancia de 100 mm; a continuación se ejerce una presión sobre la mues-

Tabla 6-9. Expansión térmica de materiales concretos

Sustancia	Coeficiente de expansión lineal x10⁶, mm/mm°C
No plásticos	
Acero	10,8
Aluminio	23,5
Cobre	16,7
Granito	8,2
Hierro fundido	10,5
Hormigón	14,0
Ladrillo	5,5
Latón	18,8
Madera de pino	5,5
Mármol	7,2
Vidrio	9,3
Plásticos	
Epóxido	40–100
Fenol-formaldehído	30–45
Ftalato de dialilo	50–80
Melamina-formaldehído	20–57
Poliamida	90–108
Policloruro de vinilideno	190–200
Poliestireno	60–80
Polietileno	110–250
Polimetacrilato de metilo	54–110
Politetrafluoroetileno	50–100
Siliconas	8–50

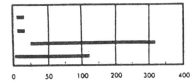

Fig. 6-27. Coeficiente de expansión (por °C x 10⁻⁶).

Fig. 6-28. Temperatura de deflexión/Vicat: aparato de ensayo automático Tinius Olsen para medir la temperatura de flexión/Vicat equipado con un DS-5 para probar hasta 5 piezas por separado o a la vez.

Plásticos ablativos

Los plásticos ablativos se utilizan en las industrias aeroespacial y de misiles. Al reentrar en la troposfera, la temperatura de la superficie exterior de una pantalla térmica es superior a 13.000 °C, mientras que la superficie interior no llega a 95 °C. Los plásticos ablativos pueden estar compuestos por resinas fenólicas o resinas epoxi y matrices de grafito, amianto o sílice.

En los materiales ablativos, el calor es absorbido a través de un proceso conocido como pirólisis, que tiene lugar en la capa cercana a la superficie expuesta a energía calorífica. Gran parte del plástico se consume o queda desprendido a medida que absorbe grandes cantidades de energía calorífica.

tra una fuerza de 455-1.820 kPa. Se eleva la temperatura 2 °C por minuto y se registra el valor al que se flexiona la muestra 0,25 mm como temperatura de deflexión.

Además de las pruebas convencionales, algunas pruebas especiales proporcionan información sobre la deflexión por temperatura de diversos plásticos. Los materiales se pueden probar en un horno, donde se eleva la temperatura hasta que el material se carboniza, se ampolla, se distorsiona o pierde una resistencia apreciable. A veces, el agua en ebullición proporciona el calor y el nivel de temperatura. En la figura 6-29 se muestra un experimento de deflexión con el empleo de un calentador radiante de infrarrojo.

Se introdujeron en una prensa hidráulica de laboratorio barras de ensayo de policarbonato reforzado con vidrio, polisulfona y poliéster termoplástico y se aplicaron cargas iguales de 175 g. Tras 1 minuto a 155 °C con un calentador radiante de infrarrojo, la barra de policarbonato empezó a combarse; un minuto después, le sucedió lo mismo a la barra de polisulfona; la barra de poliéster termoplástico no se dobló hasta que no transcurrieron 6 minutos a 185 °C.

(A) Antes de aplicar calor (Celanese Plastic Materials Co.). **(B)** Dos minutos después de aplicar calor (Celanese Plastic Materials Co.).

Fig. 6-29. Prueba de deflexión por el calor.

Resistencia al frío

Por regla general, los plásticos presentan una buena resistencia al frío. Los envases de alimentos hechos de polietileno soportan habitualmente temperaturas de -51 °C. Algunos llegan a aguantar la temperatura extrema de -196 °C con una pérdida mínima de sus propiedades físicas.

Inflamabilidad (ISO 181, 871, 1210, ASTM D-635, D-568 y E-84)

Inflamabilidad, también llamada *ignifugación*, es un término que indica la capacidad de un material para soportar la combustión. Existen varias pruebas para medir esta característica. En una de ellas se aplica fuego en una tira de plástico y se retira la fuente de calor (llama). Se determina el tiempo y la cantidad de material consumido y los resultados se expresan en mm/min. Los plásticos altamente combustibles, como el nitrato de celulosa, tienen valores altos de inflamabilidad.

Una palabra ciertamente equívoca relacionada con la inflamabilidad es *autoextinguible*, que indica que el material no continúa quemándose una vez retirada la llama. En la figura 6-30A se muestra un material ignífugo y en la figura 6-30B, plásticos autoextinguibles. Prácticamente todos los plásticos pueden ser autoextinguibles si se incluyen los aditivos apropiados.

En la tabla 6-10, se recogen los plásticos que se queman al exponerse a llama directa. Para producir la autoignición, la temperatura debe ser más alta que la de ignición de una llama directa.

Índice de fundido (ISO 1133, ASTM D-1238)

La viscosidad y las propiedades de flujo afectan tanto al tratamiento de los plásticos como al diseño de los moldes. La viscosidad de fundido proporciona datos de mayor precisión, pero son más habituales los valores del índice de fundido, ya que las pruebas para su determinación requieren poco tiempo.

El *índice de fundido* es una medida de la cantidad de material en gramos que se extruye a través de un pequeño orificio en 10 minutos a una presión y temperatura determinadas. Generalmente, la carga es de 43,5 psi [300 kPa]. El procedimiento de ASTM especifica temperaturas de 190 °C para el polietileno y 230 °C para el polipropileno.

El método ISO indica el diámetro de la boquilla, la temperatura, el factor de la boquilla, el tiempo de referencia y la carga nominal. En la figura 6-31 se puede contemplar un aparato de medida del índice de fundido.

Un valor alto de este índice indica un material de escasa viscosidad. Normalmente, los plásticos de viscosidad reducida tienen una masa molecular relativamente baja. Por el contrario, los materiales de masa molecular alta son resistentes al flujo y presentan valores del índice de fundido inferiores.

Temperatura de transición vítrea

A temperatura ambiente, las moléculas de los plásticos amorfos están en movimiento, pero dicho movimiento es bastante limitado.

A medida que se calienta un material amorfo, aumenta el movimiento relativo de las moléculas. Cuando el material alcanza cierta temperatura, pierde su rigidez y queda correoso. La temperatura se define como la *temperatura de transición vítrea*, T_g. A menudo, la temperatura de transición vítrea se registra como un intervalo de temperaturas, ya que la transición no se produce a una temperatura específica. En la tabla 6-11 se ofrecen los puntos de transición vítrea de varios plásticos amorfos.

Los plásticos cristalinos contienen en realidad regiones cristalinas y regiones amorfas. Por tanto,

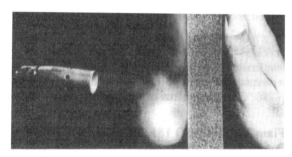

(A) Este poliuretano celular sirve de ejemplo de la capacidad como aislante térmico y la resistencia a la inflamación de formulaciones de plásticos especiales.

(B) Cuando se separa la llama de un plástico autoextinguible, cesa la combustión (Henkel Corp.)

Fig. 6-30. Prueba de inflamabilidad de plásticos.

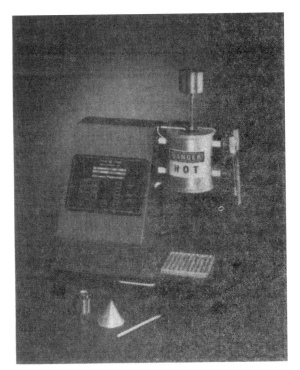

Fig. 6-31. Plastómetro de extrusión: en el plastómetro Tinius Olsen básico (medidor del índice de fusión) se incorpora un controlador/cronómetro MP 993 accionado por microprocesador (procedimiento A - instalación operaciones manuales) para determinar la velocidad de flujo (índice de fusión) de termoplásticos.

presentan dos cambios al ser calentados. Cuando la temperatura alcanza un valor suficiente, las regiones amorfas se alteran desde un estado similar al cristal al flexible. A medida que continúa elevándose la temperatura, la energía desorganiza las regiones cristalinas haciendo que todo el material adopte la forma de un líquido viscoso. La transición se produce en un intervalo de temperaturas limitado. Se identifica como T_m, temperatura de fusión. En la tabla 6-12 se muestran las T_g y T_m de diversos plásticos cristalinos.

En la figura 6-32 se ilustra gráficamente la diferencia entre materiales amorfos y cristalinos. Observe los dos puntos de inflexión de la curva para los materiales cristalinos.

Punto de reblandecimiento (ISO 306, ASTM D-1525)

En la prueba para determinar el punto de reblandecimiento Vicat, se calienta una muestra a una velocidad de 50 °C por hora. La temperatura a la que penetra una aguja en la muestra, 1 mm, es el punto de reblandecimiento de Vicat.

Tabla 6-10. Temperaturas de ignición e inflamabilidad de diversos materiales

Material	Temp. ignición °C	Temp. autoignición °C	Relación quemado mm/min
Algodón	230-266	254	QL
Papel, periódico	230	230	QL
Pino de Oregón	260		QL
Lana	200		QL
Polietileno	341	349	7,62-30,48
Polipropileno, fibra		570	17,78-40,64
Politetrafluoroetileno		530	RT
Policloruro de vinilo	391	454	AE
Policloruro de vinilideno	532	532	AE
Poliestireno	345-360	488-496	12,70-63,5
Polimetacrilato de metilo	280-300	450-462	15,42-40,64
Acrílico, fibra		560	QL
Nitrato de celulosa	141	141	Rápido
Acetato de celulosa	305	475	12,70-50,80
Triacetato de celulosa fibra	540		AE
Etil celulosa	291	296	27,94
Poliamida (nilón)	421	424	AE
Nilón 6,6, fibra	532		AE
Fenólico, estratificado, fibra vidrio	520-540	571-580	AE-RT
Melamina, estratificado, fibra vidrio	475-500	623-645	AE
Poliéster, estratificado, fibra vidrio	346-399	483-488	AE
Poliuretano, poliéter, espuma rígida	310	416	AE
Silicona, estratificado, fibra vidrio	490-527	550-564	AE

RT – Resistente a altas temperaturas
AE – Autoextinguible
QL – Se quema lentamente

Tabla 6-11. Temperatura de transición vítrea de varios plásticos amorfos

Plástico	T_g °C
ABS	110
PC	150
PMMA	105
PS	95
PVC	85

Tabla 6-12. Temperatura de transición vítrea de varios plásticos cristalinos

Plástico	T_g °C	T_m °C
PA	50	265
PE	−35	130
PET	65	265
PP	−10	165

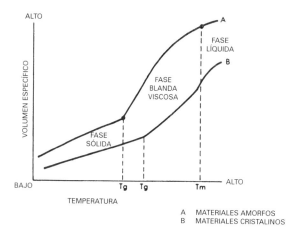

Fig. 6-32. Volumen específico en función de la temperatura para un plástico amorfo y un plástico cristalino.

Propiedades ambientales

Los plásticos aparecen prácticamente en cualquier contexto. Se utilizan en recipientes para productos químicos, envases para guardar alimentos e implantes médicos en el cuerpo humano. Antes de diseñar el producto, debe probarse su resistencia sometiéndolo a condiciones extremas del ambiente. Entre las propiedades ambientales de los plásticos se incluyen: resistencia química, envejecimiento a la intemperie, resistencia al ultravioleta, permeabilidad, absorción de agua, resistencia bioquímica y agrietamiento por esfuerzo.

Propiedades químicas

La afirmación de que «la mayoría de los plásticos resisten los ácidos débiles, álcalis, humedad y productos de limpieza domésticos» no debe tomarse al pie de la letra. Cualquier aserto sobre la respuesta de los plásticos a entornos químicos debe considerarse únicamente como una generalización. Conviene probar cada plástico en concreto para valorar su aplicación específica y las sustancia químicas que puede resistir.

La resistencia química de los plásticos depende en gran medida de los elementos combinados en las moléculas y de los tipos y firmeza de los enlaces químicos. Algunas combinaciones son muy estables, mientras que otras son bastante inestables. Las poliolefinas son excepcionalmente inertes, no reactivas y resistentes al ataque químico, un hecho que se debe a los enlaces C-C del esqueleto de las moléculas, que son muy estables. En contraposición, el polialcohol vinílico contiene grupos hidroxilo (-OH) unidos a la cadena de carbonos de la molécula. Los enlaces que llevan los grupos hidroxilo de la cadena principal se descomponen en presencia de agua.

En la tabla 6-13 se indica la resistencia química de una serie de plásticos. La información de esta tabla se refiere solamente a materiales naturales, si bien las cargas, plastificantes, estabilizantes, colorantes y catalizadores pueden afectar a la resistencia química de los plásticos.

La resistencia de los plásticos a disolventes orgánicos proporciona información para identificar materiales no conocidos. (Véase Apéndice D sobre identificación de materiales). La capacidad de reacción tanto de los plásticos como de los disolventes orgánicos se ha dado en llamar *parámetro de solubilidad*. En principio, un polímero se disuelve en un disolvente que tiene un parámetro de solubilidad similar o inferior. Este principio general no tiene por qué aplicarse en todos los casos, debido a la cristalización, los enlaces de hidrógeno y otras interacciones moleculares. La tabla 6-14 contiene los parámetros de solubilidad de varios disolventes y plásticos.

Tabla 6-13. Resistencia química de varios plásticos a temperatura ambiente

Plástico	Ácidos fuertes	Álcalis fuertes	Disolventes orgánicos
Acetal	Atacado	Resistente	Resistente
Acetato de celulosa	Afectado	Afectado	Atacado
Acrílico	Atacado	Poco afectado	Atacado
Epoxi	Poco afectado	Poco afectado	Poco afectado
Fenólico	Resistente	Atacado	Afectado
Fenoxi	Resistente	Resistente	Atacado
Ionómero	Poco afectado	Resistente	Resistente
Melamina	Poco afectado	Poco afectado	Resistente
Polialómero	Resistente	Resistente	Resistente
Poliamida	Atacado	Poco afectado	Resistente
Policarbonato	Resistente	Atacado	Atacado
Policlorotrifluoroetileno	Resistente	Resistente	Resistente
Policloruro de vinilo	Resistente	Resistente	Afectado
Poliéster	Poco afectado	Afectado	Afectado
Poliestireno	Afectado	Resistente	Afectado
Polietileno	Resistente	Resistente	Afectado
Poliimida	Afectado	Atacado	Resistente
Polióxido de fenileno	Resistente	Resistente	Poco afectado
Polipropileno	Resistente	Resistente	Resistente
Polisulfona	Resistente	Resistente	Afectado
Politetrafluoroetileno	Resistente	Resistente	Resistente
Poliuretano	Resistente	Afectado	Poco afectado
Silicona	Poco afectado	Afectado	Poco afectado

Envejecimiento a la intemperie (ISO 45, 85, 4582, 4607, ASTM D-1435 y G-23)

Numerosas pruebas de envejecimiento a la intemperie se realizan en lugares donde las muestras reciben un grado considerable de exposición al calor, la humedad y la luz solar. En estas pruebas se valoran los cambios de color y brillo, las roturas, las grietas y la pérdida de las propiedades físicas de las muestras expuestas. Dado que los ensayos de envejecimiento a la intemperie exigen largos períodos de tiempo, las pruebas aceleradas tratan de proporcionar una exposición similar en menos tiempo. En la figura 6-33 se muestra un aparato de pruebas de envejecimiento acelerado. En estas máquinas se someten las muestras a ciclos de humedad y cambios de temperatura y se simula la luz del sol con una serie de lámparas que producen luz ultravioleta.

Resistencia al ultravioleta (ASTM G-23 y D-2565)

La resistencia al envejecimiento por la intemperie está muy relacionada con la resistencia de los plásticos al efecto de luz solar directa o aparatos de envejecimiento artificiales. La radiación ultravioleta (en combinación con agua u otras condiciones oxidantes del

Tabla 6-14. Parámetros de solubilidad de algunos plásticos y disolventes

Disolvente	Parámetro de solubilidad
Agua	23,4
Alcohol metílico	14,5
Alcohol etílico	12,7
Alcohol isopropílico	11,5
Fenol	14,5
Alcohol n-butílico	11,4
Acetato de etilo	9,1
Cloroformo	9,3
Tricloroetileno	9,3
Cloruro de metileno	9,7
Dicloruro de etileno	9,8
Ciclohexanona	9,9
Acetona	10,0
Acetato de isopropilo	8,4
Tetracloruro de carbono	8,6
Tolueno	9,0
Xileno	8,9
Metil isopropil cetona	8,4
Ciclohexano	8,2
Trementina	8,1
Acetato de metil amilo	8,0
Ciclohexano de metilo	7,8
Heptano	7,5

Plásticos	Parámetro de solubilidad
Politetrafluoroetileno	6,2
Polietileno	7,9–8,1
Polipropileno	7,9
Poliestireno	8,5–9,7
Poliacetato de vinilo	9,4
Polimetacrilato de metilo	9,0–9,5
Policloruro de vinilo	9,38–9,5
Policarbonato de bisfenol A	9,5
Policloruro de vinilideno	9,8
Politereftalato de etileno	10,7
Nitrato de celulosa	10,56–10,48
Acetato de celulosa	11,35
Epóxido	11,0
Poliacetal	11,1
Poliamida 6,6	13,6
Cumarona indeno	8,0–10,6
Alquido	7,0–11,2

Fig. 6-33. Máquina para pruebas de envejecimiento acelerado (The Q-Panel Company).

entorno) puede causar un desvanecimiento del color, picaduras, desmenuzamiento, fisuras en la superficie, agrietamiento y fragilidad. Para comprobar la estabilidad del color se suele utilizar un aparato Atlas 18, y para efectuar un envejecimiento artificial se emplean habitualmente la luz de arco voltaico Zenon refrigerado con agua y un aparato de exposición al agua.

Permeabilidad
(ISO 2556, ASTM D-1434 y E-96)

La *permeabilidad* se puede describir como el volumen o masa de gas o vapor que penetra en la superficie de una película en 24 horas. La permeabilidad es un concepto importante dentro de la industria de envases para alimentos. En algunas aplicaciones, la película de embalaje debe permitir el paso de oxígeno para mantener el aspecto fresco de carnes o verduras. En otros casos, hay que evitar de forma selectiva que los gases, la humedad y otros agentes contaminen el contenido del paquete. Con frecuencia, los envases contienen varias capas de diferentes materiales para conseguir el control de permeabilidad deseado.

Absorción de agua
(ISO 62, 585, 960, ASTM D-570)

Algunos plásticos son *higroscópicos*, es decir, absorben la humedad, normalmente captada de ambientes húmedos. La tabla 6-15 contiene los datos de absorción de agua de varios plásticos higroscópicos. Estos materiales exigen el secado antes de entrar en cualquier proceso que suponga calor o fundido. Si no se secan apropiadamente, el contenido en humedad de estos plásticos se convertirá en vapor que puede causar defectos en la superficie y huecos en el material. Para verificar el buen funcionamiento del equipo de secado, muchas compañías prueban las muestras de forma periódica para determinar el contenido en humedad.

Una de estas pruebas consiste simplemente en pesar con precisión una muestra, calentarla en un horno durante un período de tiempo y volverla a pesar para calcular la pérdida de peso. Hay instrumentos que proporcionan resultados exactos y rápidos basándose en este principio termogravimétrico. En la figura 6-34 se muestra uno de ellos.

El método termogravimétrico parte de la hipótesis de que toda pérdida de peso representa humedad. Esta suposición no siempre es correcta ya que algunos materiales también pierden lubricantes, aceites y otras sustancias volátiles al ser calentados. Para obtener medidas muy precisas sobre el contenido en humedad, es necesario un aparato de humedad específico. En la figura 6-35 se muestra un medidor de la humedad que calienta una muestra y conduce los gases desprendidos hasta una célula de análisis que atrapa solamente vapor de agua. A través

Fig. 6-34. Aparato para medir la humedad termogravimétrica (Arizona Instrument Corp.).

de esta prueba se puede medir con precisión la humedad de una pieza. Dos métodos sencillos y de bajo coste para comprobar el contenido en humedad son las técnicas del indicador de volátiles de Tomasetti (TVI) y la prueba tubo/bloque caliente (TTHB). Sigamos el procedimiento de la figura 6-36 sobre la técnica TVI.

1. Se colocan dos portaobjetos de vidrio sobre una chapa caliente y se calientan durante 1 a 2 minutos a 275 ± 15 °C (Fig. 6-34).
2. Se disponen cuatro muestras de plástico granuladas o en pelets sobre uno de los portaobjetos de vidrio.
3. Se coloca el segundo portaobjetos caliente sobre la muestra y se prensan los pelets de esta forma hasta obtener un diámetro de aproximadamente 10 mm.
4. Se retiran los portaobjetos de la chapa caliente y se dejan enfriar.
5. El número y el tamaño de burbujas observadas en las muestras de plástico indican el porcentaje de humedad absorbida. Algunas burbujas pueden proceder del aire atrapado, pero la mayoría son señal de material cargado de humedad. Existirá una correlación directa entre el número de burbujas y el contenido en humedad.

Tabla 6-15. Absorción de agua

Material	Agua absorbida, % (inmersión 24 horas)
Policlorotrifluoroetileno	0,00
Polietileno	0,01
Poliestireno	0,04
Epóxido	0,10
Policarbonato	0,30
Poliamida	1,50
Acetato de celulosa	3,80

Fig. 6-35. Aparato para medir la humedad específica (Mitsubishi Kasei Corp.).

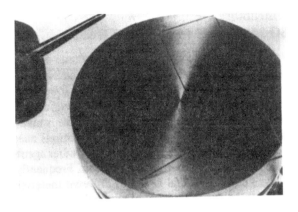

(C) Ponga el segundo portaobjetos caliente sobre los pelets formando un emparedado.

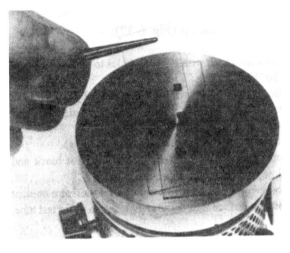

(A) Conecte la chapa caliente y calíbrela a una temperatura superficial de 270 ± 10 °C. Asegúrese de que la superficie está limpia; coloque dos portaobjetos de vidrio sobre la superficie durante 1-2 minutos.

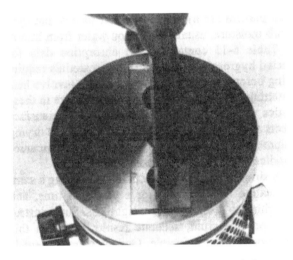

(D) Presione el portaobjetos de arriba con una espátula para aplanar los pelets hasta conseguir un diámetro de 10 mm.

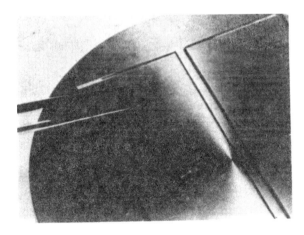

(B) Cuando la temperatura de la superficie del vidrio alcance 230-250 °C, coloque cuatro o cinco pelets en uno de los portaobjetos de vidrio utilizando unas pinzas.

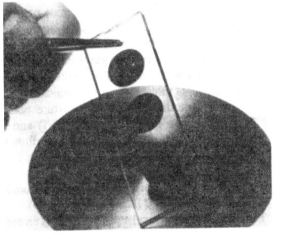

(E) Retire el emparedado y déjelo enfriar. La cantidad y el tamaño de las burbujas indican el porcentaje de humedad.

Fig. 6-36. Seis sencillas etapas de la prueba para determinar el contenido en humedad.

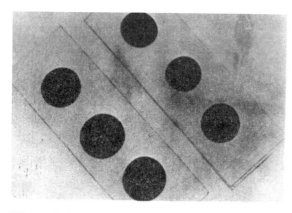

(F) Resultados típicos. En el portaobjetos de la derecha aparece un material seco; en el de la izquierda, un material cargado de humedad. Una o dos de las burbujas se pueden deber al aire atrapado.

Fig. 6-36. Seis sencillas etapas de la prueba para determinar el contenido en humedad (cont.).

El procedimiento TTHB (Fig. 6-37) consiste en:

1. Calentar un bloque caliente con agujeros para tubos de ensayo a 26 ± 10 °C.
2. Colocar 5,0 g de plástico en un tubo de ensayo Pyrex de 20 x 150 mm.
3. Colocar un tapón en cada uno de los tubos de ensayo y después disponer éstos cuidadosamente en el bloque caliente.
4. Dejar fundirse el material (aproximadamente 7 minutos).
5. Retirar el tubo y la muestra del bloque caliente y dejarlo enfriar durante aproximadamente diez minutos.
6. Observar el resultado y registrar la correlación del contenido en humedad y el área superficial de la condensación en el tubo de ensayo.

Resistencia bioquímica (ASTM G-21 y G-22)

La mayoría de los plásticos son resistentes a las bacterias y a los hongos, pero existen algunos plásticos y aditivos que no cumplen este principio general, por lo que posiblemente no estarán aprobados por las organizaciones responsables de alimentos y fármacos para su utilización en envases y recipientes para alimentos y fármacos. Como solución, se pueden añadir diversos conservantes y agentes antimicrobianos a los plásticos para hacerlos resistentes.

Agrietamiento por tensión (ISO 4600, 6252, ASTM D-1693)

El agrietamiento debido a las condiciones del ambiente puede provenir de disolventes, radiación o deformación constante. Para determinar su magnitud, se usan diversas pruebas en virtud de las cuales se expone la muestra a un agente superficial. En la figura 6-38 se recoge una de ellas.

En esta prueba, una barra de pruebas de polisulfona reforzada con vidrio se partió violentamente en dos al aplicar un rociado de acetona. Esta reacción rompió una conexión eléctrica, accionando la cámara para tomar esta imagen.

La acetona no afectó a la barra pruebas de poliéster termoplástico del fondo sometida a un esfuerzo similar. El poliéster termoplástico resiste esfuerzos incluso superiores en presencia de tetracloruro de carbono, metiletil cetona y otros productos químicos aromáticos.

Propiedades ópticas

Las propiedades ópticas están íntimamente vinculadas con la estructura molecular, por lo que las propiedades eléctricas, térmicas y ópticas de los plásticos están interrelacionadas. Los plásticos presentan muchas propiedades ópticas peculiares. Entre ellas, las más importantes son el brillo, la transparencia, la claridad, la turbiedad, el color y el índice de refracción.

Brillo especular (ASTM D2457)

El *brillo especular* es el factor de reflectancia luminosa relativo de una muestra de plástico. El lustrómetro dirige la luz a una muestra a ángulos de incidencia de 20°, 45° y 60°. Se recoge la luz que sale reflejada de la superficie y se mide mediante un aparato fotosensible. Se utiliza un espejo perfecto como patrón obteniéndose valores de 1.000 para ángulos de incidencia de 20° y 60°. Los resultados de la prueba en muestras de plástico proporcionan datos comparativos para clasificar las muestras y valorar la lisura de la superficie. Deberán realizarse las comparaciones únicamente entre tipos de muestras similares. Por ejemplo, no se compararán películas opacas y transparentes.

Transmitancia luminosa
(ASTM D-1003)

El aspecto turbio o lechoso de los plásticos recibe el nombre de *turbiedad*. Cuando se califica un plástico de *transparente* se hace referencia a que absorbe muy poca luz en el espectro visible. La *claridad* es una medida de la distorsión observada al contemplar un objeto a través de plásticos transparentes. Todos estos términos tienen conexión con las pruebas de transmitancia luminosa.

La *transmitancia luminosa* es la relación entre la luz transmitida y la incidente. En esta prueba, un haz de luz pasa a través del aire hasta un receptor, que mide el haz incidente. Tras colocar la muestra, el brillo de la luz la atraviesa para llegar al receptor. La relación entre la lectura a través de la muestra y la que se obtiene a través del aire proporciona la medida de la transmitancia total.

Los plásticos amorfos sin carga son los más transparentes. Las cargas, colorantes y otros aditivos, incluso en pequeñas cantidades, obstaculizan el paso de la luz.

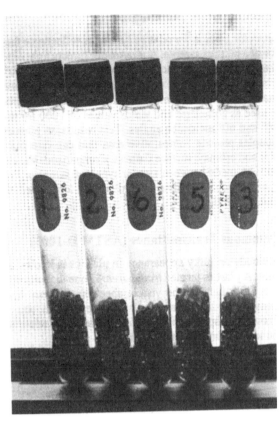

(B) Humedad condensada en los tubos de ensayo.

(A) Muestras de plástico que se están calentando para eliminar la humedad.

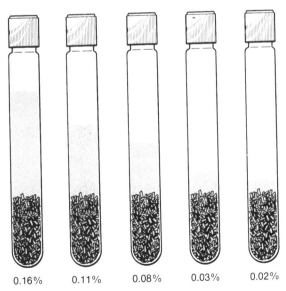

(C) El área de condensación en la superficie de los tubos de ensayo presenta el porcentaje de humedad en cada muestra de plástico.

Fig. 6-37. Método de tubo de ensayo/bloque caliente para medir la humedad. (General Electric Co.).

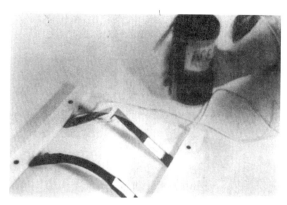

Fig. 6-38. El rociado con acetona provoca la rotura de la barra de ensayo de polisulfona reforzada con vidrio (Celanese Plastic Materials Co.).

Color

La absorción selectiva de la luz se traduce en el *color*. Un problema asociado a las piezas de plástico teñidas es el equilibrio colorimétrico. A la hora de combinar piezas coloreadas de un fabricante con las de otro es fundamental medir el color.

Actualmente, los sistemas de medida del color se valen de tres componentes: delta L* (claridad), delta C* (croma) y delta H*. Cuando las compañías de fabricación convienen en las medidas de color necesarias para las piezas y cuentan con un equipo para calibrar el color idéntico o similar, el equilibrio colorimétrico suele ser aceptable.

En los equipos para medir el color se utilizan ordenadores para almacenar y comparar datos, además de células fotoeléctricas para tomar lecturas de color de piezas o muestras coloreadas. En la figura 6-39 se presenta un aparato portátil de medida del color.

Índice de refracción
(ISO 489, ASTM D-542)

Cuando entra la luz en un material transparente, en parte se refleja y en parte se refracta (Fig. 6-40). El índice de refracción *n* se puede expresar con respecto al ángulo de incidencia *i* y al de refracción *r*.

$$n = \frac{\text{seno de } i}{\text{seno de } r}$$

donde *i* y *r* se miden desde la perpendicular a la superficie en el punto de contacto. El índice de refracción para la mayoría de los plásticos transparentes es aproximadamente 1,5, un valor no muy diferente al de los cristales de las ventanas. En la tabla 6-16 se recogen los índices de refracción de diversos plásticos.

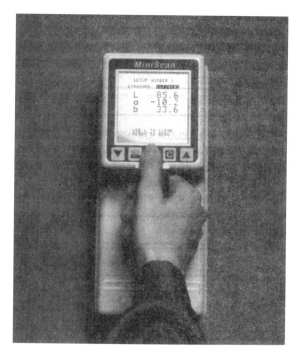

Fig. 6-39. Instrumento de medida de color portátil (Hunter Associates Laboratory, Inc.).

Propiedades eléctricas

Las cinco propiedades básicas que describen el comportamiento eléctrico de los plásticos son: resistencia, resistencia de electroaislamiento, resistencia dieléctrica, constante dieléctrica y factor de disipación (potencia). Los enlaces predominantemente covalentes de los polímeros limitan su conductividad eléctrica y hacen de la mayoría de los plásticos aislantes de la electricidad. Con la adición de cargas como, por ejemplo, grafito o metales, se pueden conseguir plásticos conductores o semiconductores.

Tabla 6-16. Propiedades ópticas de plásticos

Material	Índice de refracción	Transmisión de luz, %
Metacrilato de metilo	<1,49	94
Acetato de celulosa	1,49	87
Poliacetato cloruro de vinilo	1,52	83
Policarbonato	1,59	90
Poliestireno	1,60	90

Resistencia al arco eléctrico (ISO 1325, ASTM D-495)

La *resistencia al arco eléctrico* es una medida del tiempo necesario para que una corriente eléctrica determinada haga conductora la superficie de un plástico merced a la carbonización. Las medidas se expresan en segundos. Cuanto más alto es el valor, más resistente es el plástico al arco eléctrico. La ruptura de la resistencia al arco eléctrico puede ser resultado de la acción de sustancias químicas corrosivas. El ozono, los óxidos nítricos o la formación de humedad o polvo también pueden disminuir los valores.

Resistividad (ISO 3915, ASTM D-257)

La *resistencia electroaislante* es la que existe entre dos conductores de un circuito o entre un conductor y el suelo cuando están separados por un aislante. La resistencia electroaislante equivale al producto de la resistividad de los plásticos por su longitud dividido por su área:

$$\text{Resistencia electroaislante} = \frac{\text{resistividad} \times \text{(longitud)}}{\text{área}}$$

La resistividad se expresa en ohmios-centímetros. En la tabla 6-17 se presentan resistividades de determinados plásticos.

Resistencia dieléctrica (ISO 1325, 3915, ASTM D-149)

La *resistencia dieléctrica* es una medida del voltaje eléctrico necesario para interrumpir la corriente a través de un material plástico. Las unidades se registran como voltios por milímetro de espesor (V/mm). Esta propiedad eléctrica indica la capacidad de un plástico para actuar como aislante eléctrico. Véanse figura 6-41 y tabla 6-17.

Constante dieléctrica (ISO 1325, ASTM D-150)

La *constante dieléctrica* de un plástico es una medida de la capacidad del plástico para almacenar energía eléctrica, tal como se muestra en la figura 6-42. Los plásticos se utilizan como dieléctricos en la producción de condensadores,

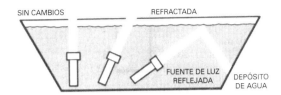

Fig. 6-40. Reflexión y refracción de la luz.

que se emplean en radios y en otros equipos electrónicos. La constante dieléctrica se basa en el aire, que tiene un valor 1,0. Los plásticos con una constante dieléctrica de 5 tendrán una capacidad de almacenamiento de electricidad cinco veces mayor que el aire o el vacío.

Prácticamente todas las propiedades eléctricas de los plásticos varían con el tiempo, la temperatura o la frecuencia. Por ejemplo, los valores pueden evolucionar a medida que aumenta la frecuencia. (Véase tabla 6-17, para la constante dieléctrica y el factor de disipación).

Factor de disipación (ASTM D-150)

El *factor de disipación (potencia)* o *tangente de pérdida* también varía con la frecuencia. Esta magnitud ofrece una medida de la potencia (vatios) perdida en el aislante plástico. Para valorar dicha pérdida de potencia se aplica una prueba similar a la utilizada para la constante dieléctrica. Por regla general, las medidas se toman a un millón de hercios, e indican el porcentaje de corriente alterna perdida como calor dentro del material dieléctrico. Los plásticos con factores de disipación bajos desperdician poca energía y no se sobrecalientan. En el caso de

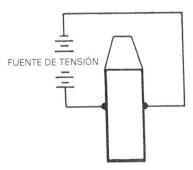

Fig. 6-41. Prueba de resistencia dieléctrica, una importante característica de los plásticos para aplicaciones aislantes.

Tabla 6–17. Propiedades dieléctricas de determinados plásticos

Plásticos	Resistividad, ohmios-cm	Resistencia dieléctrica, V/mm	Constante dieléctrica A 60 Hz	Constante dieléctrica A 10^6 Hz	Factor de disipación (potencia) A 60 Hz	Factor de disipación (potencia) A 10^6 Hz
Acrílico	10^{16}	15.500–19.500	3,0–4,0	2,2–3,2	0,04–0,06	0,02–0,03
Celulósico	10^{15}	8.000–23.500	3,0–7,5	2,8–7,0	0,005–0,12	0,01–0,10
Fluoroplásticos	10^{18}	10.000–23.500	2,1–8,4	2,1–6,43	0,0002–0,04	0,0003–0,17
Poliamidas	10^{15}	12.000–33.000	3,7–5,5	3,2–4,7	0,020–0,014	0,02–0,04
Policarbonato	10^{16}	13.500–19.500	2,97–3,17	2,96	0,0006–0,0009	0,009–0,010
Polietileno	10^{16}	17.500–39.000	2,25–4,88	2,25–2,35	<0,0005	<0,0005
Poliestireno	10^{16}	12.000–23.500	2,45–2,75	2,4–3,8	0,0001–0,003	0,0001–0,003
Siliconas	10^{15}	8.000–21.500	2,75–3,05	2,6–2,7	0,007–0,01	0,001–0,002

algunos plásticos, este comportamiento supone una desventaja, ya que impide precalentarlos o sellarlos térmicamente por métodos de calentamiento de alta frecuencia. (Véase tabla 6-17, donde se indican diversos factores de disipación).

La relación entre calor, corriente y resistencia se muestra en la ecuación de potencia:

$$P = I^2 R$$

La potencia P utilizada para realizar trabajo consumido es potencia perdida o disipada. En esta fórmula, se puede reducir la cantidad de potencia limitando la corriente I o la resistencia R. En los aparatos eléctricos para producir calor, no se considera deseable un factor de disipación bajo.

Vocabulario

A continuación se ofrece un vocabulario de algunos términos que aparecen en este capítulo. Busque la definición de los que no comprenda en su acepción relacionada con el plástico en el glosario del Apéndice A.

- Amortiguamiento
- Brillo especular
- Centipoise
- Columna de gradiente de densidad
- Constante de gravedad
- Deformación
- Deformación plástica
- Densidad
- Densidad relativa
- Dureza
- Escleroscopio
- Estabilidad dimensional
- Fluencia
- Flujo en frío
- Higroscópico
- Índice de fundido
- Índice de refracción
- Límite proporcional
- Módulo de flexión
- Parámetro de solubilidad
- Poise
- Porcentaje de elongación
- Punto de deformación remanente
- Punto de reblandecimiento Vicat
- Resistencia a disolventes
- Resistencia a la compresión
- Resistencia a la fatiga
- Resistencia a la flexión
- Resistencia al impacto
- Resistencia dieléctrica
- Rigidez
- Temperatura de fragilidad
- Temperatura de transición vítrea
- Tenacidad
- Tixotropía
- Turbiedad
- Viscosidad

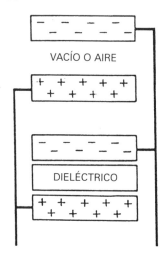

Fig. 6-42. La constante dieléctrica es la cantidad de electricidad almacenada en un material aislante, dividido por la retenida en el aire o en el vacío.

Preguntas

6-1. Nombre siete unidades fundamentales del sistema métrico SI.

6-2 Un gigahercio equivale a ___?___ Hz.

6-3. Indique la unidad métrica del SI para fuerza y su fórmula.

6-4. La resistencia a la tracción, el módulo de elasticidad y la presión de aire se miden en ___?___.

6-5. En el SI, las temperaturas se miden en ___?___.

6-6. Dos sociedades técnicas internacionales que desarrollan normas y especificaciones para homologación de plásticos son ___?___ y ___?___.

6-7. T o F. En las pruebas para determinar las propiedades mecánicas, conviene generalmente aplicar fuerza a una velocidad específica.

6-8. El módulo de Young se determina como el cociente entre ___?___ y ___?___.

6-9. Para seleccionar un plástico más tenaz, hay que elegir uno que tenga un área bajo la curva de tensión-deformación ___?___.

6-10. La prueba del péndulo mide ___?___.

6-11. ¿De qué propiedad depende una bisagra de plástico?

6-12. La resistencia a la vibración de transmisión se denomina ___?___.

6-13. La viscosidad se define como una medida de ___?___ de un líquido.

6-14. La elongación durante un tiempo debido a una fuerza constante se denomina ___?___.

6-15. Los plásticos para las cubiertas de calor aeroespaciales se seleccionan por sus propiedades ___?___.

6-16. A medida asciende que el valor del índice de fundido de un plástico, la viscosidad ___?___.

6-17. Por debajo de la temperatura de transición vítrea, un plástico se hace ___?___.

6-18. Nombre un plástico que sea higroscópico.

6-19. Las cargas utilizadas para conseguir que los plásticos sean conductores de electricidad son ___?___ y ___?___.

6-20. En la prueba de resistencia al arco eléctrico, la superficie de una muestra pasa a ser conductora debido a ___?___.

6-21. Si la resistividad de un material es alta, la resistencia al aislamiento será ___?___.

6-22. La resistencia dieléctrica indica la adecuación de un plástico para aplicaciones como ___?___.

6-23. Los plásticos utilizados en condensadores eléctricos deben tener una alta ___?___.

6-24. Para sellar térmicamente una película plástica a través de métodos de alta frecuencia, la ___?___ no debe ser baja.

6-25. Una viscosidad de 1 pascal-segundo es equivalente a ___?___ poise.

6-26. La viscosidad se expresa como una medida de ___?___ de un líquido.

6-27. Las asas de los pucheros y las ollas suelen estar hechas de plástico por su propiedad de ___?___ baja.

6-28. Los plásticos que tienen la temperatura de autoignición más baja son ___?___.

6-29. Las pruebas de fractura por tensión combinan la tensión física con el esfuerzo ___?___.

Actividades

Prueba de tracción

Materiales y equipo. Aparato para pruebas de tracción de velocidad constante, trazador automático de gráficos del esfuerzo-deformación, compás calibrador, barras para pruebas de tracción. Consiga barras de ensayo ISO o ASTM o corte muestras de materiales en lámina.

6-1. Adquiera o prepare 10 piezas de ensayo y mida lo siguiente:

longitud total
longitud de referencia
anchura y grosor de referencia
(registre las dimensiones en metros y en pulgadas)

6-2. Estire las muestras hasta que fallen a velocidad constante. Calcule la resistencia a la deformación y la rotura, la elongación en la deformación y la rotura y el módulo de elasticidad en el sistema británico y el SI.

6-3. Calcule la media y la desviación típica de la tensión (carga) y la elongación a la deformación y a la rotura.

6-4. Prepare 10 barras más y estírelas hasta que fallen a una velocidad de deformación que se diferencie bastante de la del primer grupo. Por ejemplo, aplique 25 mm/minuto en uno de los grupos y 500 mm/minuto en el segundo.

6-5. Calcule la media y la desviación típica como en el punto 3.

6-6. Trace las curvas de campana comparando las resistencias a la deformación y las elongaciones en la deformación.

6-7. ¿Qué efecto ha supuesto el cambio de la velocidad de deformación?

6-8. Haga un resumen de sus conclusiones.

Actividad adicional sobre pruebas de tensión
Si dispone de muestras con distintos orificios salteados, cree grupos según la localización de los orificios. Compruebe el efecto de la localización de los orificios en la resistencia y la elongación. Los moldes que proporcionan barras con orificios en un extremo y los que los tienen en ambos extremos resultan enormemente útiles. El resultado de los orificios dobles es una línea soldada en el centro de la pieza. Esto permite comparar las piezas con las líneas soldadas y las piezas sin línea soldada.

Pruebas de dureza

Equipo. Aparato para medir la dureza Rockwell, calefactor de barras, dispositivo para medir la temperatura.

Procedimiento
6-1. Corte una pieza de un material en lámina (acrílico o policarbonato) en un cuadrado de 75 mm x 75 mm. El material deberá tener un grosor de 3 mm como mínimo.

6-2. Determine la dureza en 10 posiciones de la muestra.

6-3. Coloque la muestra sobre el calefactor de barra y caliéntelo hasta que esté suficientemente blando como para doblarse. Determine la temperatura máxima alcanzada por la muestra. En lugar de doblarla, enfríe la muestra conservando una superficie plana.

6-4. Después de dejarla enfriar, analice 10 posiciones de la «zona en la que se ha aplicado calor».

6-5. Calcule la media y las desviaciones típicas para los grupos calentado y sin calentar. Trace las curvas de campana.

6-6. ¿Qué efecto ha producido el calor en la dureza?

6-7. Resuma las conclusiones en un breve informe.

Actividades adicionales
Altere sistemáticamente la temperatura alcanzada en las piezas de ensayo. Calcule el intervalo de temperatura que produce los cambios máximo y mínimo en la dureza.

Pruebas de impacto

Equipo. Aparato de ensayo Izod o Charpy, muestras con las dimensiones apropiadas.

Procedimiento
6-1. Golpee 10 piezas y registre los resultados

6-2. Exponga al frío 10 piezas del mismo material. Retire las muestras de una en una del foco de frío y golpéelas a la mayor brevedad posible.

6-3. Calcule el promedio y las desviaciones típicas. Trace las curvas de campana.

6-4. ¿Cuál ha sido el efecto del frío en la resistencia al impacto?

Actividades adicionales
Exponga muestras a un frío extremo. Permita que recuperen la temperatura ambiente antes de realizar las pruebas de impacto. ¿Ha producido la exposición al frío un efecto duradero?

Pruebas de expansión térmica lineal

6-1. Si dispone de un aparato de expansión térmica, siga las instrucciones del fabricante para utilizarlo.

6-2. Para obtener una medida relativa de la expansión térmica, mida exactamente la longitud de una muestra. Consiga un litro de agua que esté a una temperatura de 20 °C.

6-3. Coloque la muestra en el agua y caliente el agua a 40 °C. Retire la muestra y mida de inmediato la longitud.

6-4. Calcule la expansión térmica teórica con la siguiente fórmula:

Expansión térmica teórica (mm) = diferencia de temperatura (°C) x coeficiente de expansión térmica (1/°C) x longitud original (mm)

Los coeficientes de plásticos seleccionados se muestran en la tabla 6-10.

6-5. Calcule la expansión térmica observada con la siguiente fórmula:

Expansión térmica observada (mm) = longitud en caliente - longitud en frío

6-6. Compare los valores observados con los teóricos.

PRECAUCIÓN: no supere nunca los 40 °C.

Capítulo 7

Ingredientes de los plásticos

Introducción

La mayoría de los productos de plástico consisten en un material polimérico que ha sido alterado para modificar o mejorar determinadas propiedades. Este capítulo se centra en los ingredientes especiales utilizados para alterar y perfeccionar los plásticos. Para mayor información sobre los procesos empleados para mezclar dichos materiales especiales con plásticos concretos, consulte el capítulo 11 sobre extrusión. Existen tres grandes categorías de ingredientes incluidas en el siguiente esquema del capítulo.

I. Aditivos
   A. Antioxidantes
   B. Agentes antiestáticos
   C. Colorantes
   D. Agentes de copulación
   E. Agentes de curado
   F. Retardadores de llama
   G. Agentes de espumado/soplado
   H. Estabilizantes térmicos
   I. Modificadores de impacto
   J. Lubricantes
   K. Plastificantes
   L. Conservantes
   M. Auxiliares de tratamiento
   N. Estabilizantes de UV

II. Refuerzos
   A. Estrato
III. Cargas

Algunas de las razones por las que se incluyen aditivos, refuerzos y cargas son:

- Mejorar la capacidad de tratamiento.
- Reducir los costes del material.
- Reducir la contracción.
- Permitir temperaturas de curado superiores reduciendo o diluyendo materiales reactivos.
- Mejorar el acabado de superficie.
- Modificar las propiedades térmicas como, por ejemplo, el coeficiente de expansión, la inflamabilidad y la conductividad.
- Mejorar las propiedades eléctricas, incluyendo la conductividad o la resistencia.
- Prevenir la degradación durante la fabricación y el servicio.
- Conseguir un tinte o color determinado.
- Mejorar propiedades mecánicas como, por ejemplo, el módulo, la resistencia, la dureza, la resistencia a la abrasión y la tenacidad.
- Reducir el coeficiente de rozamiento.

Existen multitud de sustancias químicas útiles para materiales plásticos que producen los cambios en las propiedades pretendidos. No obstante, algunas de las sustancias químicas más rentables son también peligrosas e incluso tóxicas.

El movimiento ecologista ha influido enormemente en el uso de productos químicos en la industria del plástico. El interés social sobre la contaminación del agua y el aire ha supuesto importantes cambios en los materiales plásticos y los procesos de fabricación. Las organizaciones de inspección de envases de alimentos, fármacos y productos de cosmética tienen como objetivo eliminar el uso de sustancias químicas tóxicas y peligrosas. Una de las medidas más eficaces de algunas de estas organizaciones es la prohibición de determinadas sustancias químicas. En este capítulo se incluyen descripciones sobre la forma en que la industria del plástico trata de cumplir con las regulaciones sobre medio ambiente.

Aditivos

El término *aditivos* cubre una amplia gama de sustancias químicas que se *añaden* a los plásticos. Las categorías principales de aditivos son antioxidantes, agentes antiestáticos, colorantes, agentes de copulación, agentes de curado, retardadores de llama, agentes de formación de espuma/soplado, estabilizantes térmicos, modificadores de impacto, lubricantes, plastificantes, conservantes, auxiliares de tratamiento y estabilizantes de UV.

Antioxidantes

La *oxidación* de los plásticos supone la participación de oxígeno en una serie de reacciones químicas que dan como resultado la rotura de enlaces de polímeros. Las moléculas de cadena larga se dividen en cadenas más cortas. Si prosigue la oxidación, el corte, denominado en general *escisión de cadena*, avanza hasta el punto en el que el material se debilita enormemente y se desintegra en forma de polvo (fig. 7-1). Generalmente, a temperaturas elevadas, la oxidación es mucho más rápida que en condiciones ambiente, razón por la cual en las pruebas de oxidación se suele exponer las muestras al calor.

Para combatir la oxidación se añaden sustancias químicas que ralentizan o detienen la oxidación. Dichas sustancias se denominan *antioxidantes*. Dado que las reacciones químicas que tienen lugar en la oxidación son bastante complejas, los *paquetes de antioxidantes* combinan dos o más sustancias químicas para aumentar la resistencia a la oxidación. La mayoría de los paquetes de antioxidantes contienen un *antioxidante primario* y uno *secundario*. El antioxidante primario sirve para detener o dar fin a

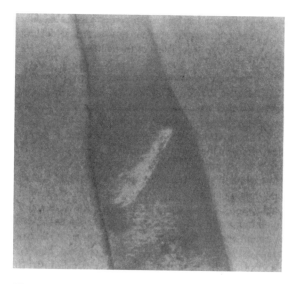

Fig. 7-1. Degradación oxidante de polipropileno no estabilizado. El deterioro se produjo en 50 horas a 180 °C. El rayado diagonal se hizo con la uña del dedo.

las reacciones oxidantes. Los secundarios neutralizan los materiales reactivos que provocan nuevos ciclos de oxidación. Cuando se seleccionan adecuadamente, los antioxidantes primarios y secundarios pueden actuar conjuntamente con un efecto sinérgico que mejora los resultados.

Los tipos principales de antioxidantes son:

1. Fenólico
2. Amina
3. Fosfito
4. Tioésteres

Los fenólicos y las aminas se suelen utilizar como antioxidantes primarios, mientras que los fosfitos y los tioésteres actúan como antioxidantes secundarios.

Algunos plásticos son más proclives a la descomposición por oxidación que otros. El polipropileno y polietileno se oxidan en seguida. Considerando esta tendencia, las compañías químicas que fabrican polipropileno añaden generalmente una pequeña cantidad de antioxidante primario al polipropileno para evitar su oxidación durante los procesos de extrusión necesarios para su peletización.

Agentes antiestáticos

Los agentes antiestáticos se pueden incluir en la composición de los plásticos o aplicarse sobre la superficie del producto. Dichos agentes atraen la humedad del aire haciendo que la superficie sea más conductora, hecho que a su vez disipa las cargas estáticas.

Entre los agentes antiestáticos más comunes se incluyen aminas, compuestos de amonio cuaternario, fosfatos orgánicos y ésteres de polietilenglicol. Las concentraciones de agentes antiestáticos pueden superar el 2%, si bien el tipo de aplicación y la aprobación de la FDA son las consideraciones que priman a la hora de su utilización.

Colorantes

Los plásticos pueden presentar una amplia gama de colores, propiedad que han explotado los diseñadores de plásticos. De hecho, algunos usos de los plásticos se basan exclusivamente en su disponibilidad en multitud de colores.

Al fabricar productos teñidos se emplean precolor, color seco o líquido y concentrados de color. El *precolor* es un material ya compuesto con el tono pretendido. El *color seco* es un colorante en polvo; frecuentemente es difícil de manejar y forma polvaredas. El *color líquido* tiene una base líquida y requiere bombas especiales. Un *concentrado de color* consiste en una resina base que lleva un alto contenido de tinte. Se presenta en forma peletizada y en dados.

Existen cuatro tipos básicos de colorantes que se emplean en estas diversas formas:

1. Tintes
2. Pigmentos orgánicos
3. Pigmentos inorgánicos
4. Pigmentos de efecto especial

Tintes. Los *tintes* son colorantes orgánicos. En contraste con los pigmentos, los tintes son solubles en plásticos y dan color al material formando uniones químicas con moléculas. Frecuentemente son más brillantes y resistentes que los colorantes inorgánicos. Los tintes constituyen la mejor opción para un producto totalmente transparente. Aunque algunos tintes tiene escasa estabilidad térmica y a la luz, en la actualidad se usan miles de tintes en los plásticos.

Al ser solubles en los plásticos, pueden desplazarse o emigrar. Es posible que un tinte rojo se desplace a una parte blanca, que quedará rosa.

Pigmentos orgánicos. Los *pigmentos* no son solubles en los disolventes comunes o en la resina; por tanto, deben mezclarse y dispersarse uniformemente en la resina. Los pigmentos orgánicos proporcionan los colores opacos más brillantes existentes. Sin embargo, los colores translúcidos y transparentes obtenidos con pigmentos orgánicos no son tan brillantes como los producidos con tintes. Los pigmentos orgánicos pueden ser difíciles de dispersar. Tienden a formar *aglomerados*, o grumos de partículas de pigmento que producen manchas y vetas.

Pigmentos inorgánicos. La mayoría de los *pigmentos inorgánicos* tienen una base de metal. Los óxidos y sulfuros de titanio, zinc, hierro, cadmio y cromo son los más habituales. Algunos colorantes se basan en metales pesados (fig. 7-2).

Las organizaciones ecologistas han analizado los efectos para la salud de los metales pesados y recomiendan la prohibición de varios de ellos. En torno a 1993, 11 estados estadounidenses habían prohibido o restringido los metales pesados en aplicaciones de envasado. Los metales objeto de ma-

Fig. 7-2. Este pigmento inorgánico es una preparación de dióxido de titanio en polvo. El blanco de titanio es brillante y estable.

yor preocupación son plomo, mercurio, cadmio y cromo hexavalente. El uso de estos materiales deberá ser inferior a 100 partes por millón (ppm) en apenas unos años, tras la aprobación de la legislación. La EPA ha propuesto asimismo una legislación en relación con la cantidad de cadmio y plomo permitida en la ceniza de incineradoras. Los metales seleccionados, por orden de peso, son:

Metal	Peso en gramos por mol
Plomo	207
Mercurio	201
Oro	197
Tungsteno	184
Bario	137
Cesio	133
Yodo	127
Estaño	119
Cadmio	112
Plata	108
Bromo	80
Cromo	52

El uso de estos metales está limitado. Uno de los principales objetos de preocupación es el riesgo que suponen para la salud cuando se extraen metales pesados por lixiviación de los vertederos, que penetran en el agua del subsuelo. Asimismo, cuando se incineran, queda en la ceniza una cantidad considerable de residuo metálico. La ceniza de incineradora no puede depositarse en un vertedero típico; por tanto, su gestión, almacenamiento y eliminación son muy problemáticos.

Los pigmentos que contienen plomo, mercurio, cadmio y cromo hexavalente están prohibidos o en examen. Muchas compañías empiezan a desarrollar y comercializar colorantes sin metales pesados (HMF); otras prevén restricciones similares con el bario. Ciertos pigmentos inorgánicos no suponen peligros para el medio ambiente o la salud, pues contienen sustancias químicas bastante simples, como carbono (negro), óxido de hierro (rojo) y óxido de cobalto (azul). A pesar de que el sulfato de plomo (blanco) y el sulfito de cadmio (amarillo) fueron muy populares durante años, han perdido su primacía.

Estos óxidos metálicos se dispersan fácilmente en la resina. No producen colores tan brillantes como los pigmentos orgánicos y los tintes pero, gracias a su estructura inorgánica, resisten mejor la luz y el calor. La mayoría de los pigmentos inorgánicos se utilizan en grandes concentraciones para producir plásticos teñidos opacos. Con concentraciones bajas de pigmento de óxido de hierro se consigue un color translúcido.

Pigmentos de efecto especial. Los *pigmentos de efecto especial* pueden ser orgánicos o inorgánicos. El vidrio teñido se emplea en forma de polvos finos y constituye un pigmento estable al calor y la luz. El polvo de vidrio teñido es eficaz para aplicaciones de exterior en virtud de su estabilidad cromática y su resistencia química.

Se pueden emplear laminillas de aluminio, latón, cobre e incluso oro para producir un llamativo brillo metálico. En la industria del automóvil se usan plásticos iridescentes para producir acabados metálicos. Cuando se mezcla polvo metálico con un plástico teñido, se consigue en él un acabado con distintos efectos de luz y tonos reflectantes. Se puede emplear esencia de perla, tanto natural como sintética para conseguir un lustre perlado.

Cuando un material absorbe energía, se puede liberar parte de esa energía en forma de luz. La luz se irradia cuando los electrones de las moléculas y los átomos se excitan hasta un estado en el que empiezan a perder energía en forma de *fotones*, o partículas de luz. Si el calor hace que los electrones liberen fotones de energía luminosa, la radiación se llama *incandescencia*.

Cuando la energía química, eléctrica o luminosa excita los electrones, la radiación de luz se denomina *luminiscencia*. Generalmente, se añaden materiales luminiscentes a los plásticos para conseguir efectos especiales. La luminescencia se divide en fluorescencia y fosforescencia (fig. 7-3). Los materiales *fluorescentes* emiten luz solamente al excitar sus electrones y dejan de emitir luz cuando se retira la fuente de energía exterior. Los materiales fluorescentes están hechos de sulfuros de zinc, calcio y magnesio. En aras de la seguridad, para el medio ambiente, algunas compañías han empezado a ofrecer colores fluorescentes sin formaldehído. La pintura fluorescente en los diales de instrumentos permiten al piloto su lectura en condiciones de poca visibilidad. Otras aplicaciones de materiales fluorescentes son cazadoras, cascos de protección, guantes, salvavidas, impermeables, bandas de bicicletas y señales de carretera.

Los pigmentos *fosforescentes* poseen un brillo residual, es decir continúan emitiendo luz durante un período de tiempo limitado después de que se ha retirado la fuerza de excitación. El ejemplo más habitual de fosforescencia es el tubo de imagen de televisión que emite luz cuando la energía eléctrica excita los materiales fosforescentes que recubren la cara interior del tubo. Los pigmentos fosforescentes utilizados en plásticos y pinturas están hechos de sulfuro de calcio o sulfuro de estroncio.

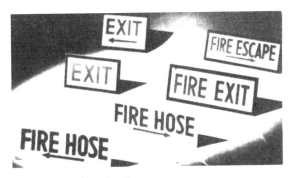

(A) Señales iluminadas

(B) Señales sin iluminar

Fig. 7-3. Los pigmentos fosforescentes brillan en la oscuridad tras la exposición a la luz.

Los compuestos de mesotorio y radio son materiales radiactivos empleados a veces para conseguir una luminescencia especial. Debe tenerse en cuenta que la exposición prolongada a materiales radiactivos puede ser dañina.

Agentes de copulación

Los agentes de copulación se denominan a veces aceleradores y son sobre todo importantes a la hora de tratar materiales compuestos. Los agentes de copulación se utilizan como tratamientos superficiales para mejorar la unión interfacial entre la matriz, los refuerzos, las cargas o los estratos. Sin este tratamiento, es imposible que muchas resinas y polímeros se adhieran a refuerzos u otros sustratos. Una buena adherencia es fundamental cuando la matriz de polímero debe transmitir la tensión de una fibra, partícula o sustrato laminar a la siguiente. Los agentes de copulación de silano y titanato son los más extendidos.

Agentes de curado

Los agentes de curado engloban un grupo de sustancias químicas que producen reticulaciones mediante la unión de extremos de los monómeros, formando cadenas largas de polímero y reticulaciones.

Dado que las resinas pueden ser sistemas parcialmente polimerizados (por ejemplo, resinas en estadio B), es posible que se produzca una polimerización prematura con otras formas de energía. Se pueden emplear *inhibidores* (estabilizantes) para prolongar la vida en almacenamiento y bloquear la polimerización.

Los *catalizadores*, a veces denominados endurecedores (más correctamente iniciadores), son sustancias químicas que favorecen la unión de monómeros y/o reticulación. Los peróxidos orgánicos se emplean para polimerizar y reticular termoplásticos (PVC, PS, LDPE, EVA y HDPE), así como poliésteres termoendurecibles conocidos.

Los iniciadores más extendidos son peróxidos inestables o *compuestos azo*. Los peróxidos de benzoílo y de metil etil cetona se incluyen entre los iniciadores más utilizados.

Cuando se añaden catalizadores, se inicia la polimerización. Los inhibidores de la resina apenas afectan a los catalizadores. Cuando se añaden peróxidos orgánicos a una resina de poliéster, comienza la reacción de polimerización con desprendimiento de calor. Esta formación de calor acelera aún más la reticulación y polimerización. Los *aceleradores* (o *activadores*) son aditivos que reaccionan de forma opuesta a los inhibidores, y normalmente se añaden a las resinas para favorecer la polimerización. Los aceleradores reaccionan únicamente al agregar el catalizador. Esta reacción, que da lugar a la polimerización, produce energía térmica. Un acelerador de la reacción muy utilizado con el catalizador peróxido de metil etil cetona es naftenato de cobalto. Todos los aceleradores y peróxidos deben ser manejados con precaución.

PRECAUCIÓN: Los peróxidos pueden producir irritación cutánea y quemaduras con ácidos. Cuando se añaden aceleradores y catalizadores al mismo tiempo, se puede producir una violenta reacción. Debe mezclarse siempre a fondo el acelerador y, a continuación, añadir la cantidad deseada de catalizador a la resina. Debe mantenerse una ventilación adecuada y utilizar un traje de protección.

Por lo general, las resinas que no han sido tratadas previamente con acelerador presentan una vida en almacenamiento más prolongada. Debe recordarse que otras formas de energía originan también la polimerización. El calor, la luz o la energía eléctrica pueden iniciar esta reacción. Se debe almacenar siempre los agentes de curado a la temperatura de almacenamiento recomendada y en sus envases originales.

Retardadores de llama

La mayoría de los productos químicos retardadores de llama comerciales consisten en combinaciones de bromo, cloro, antimonio, boro y fósforo. Muchos de estos retardadores emiten un gas que extingue el fuego (halógeno) al calentarse. Otros reaccionan hinchándose o expandiéndose, formando así una barrera aislante contra el calor y la llama (fig. 7-4) Algunos de los productos químicos más comunes utilizados para retardar la combustión son trihidrato de alúmina (ATH), materiales halogenados y compuestos de fósforo.

El ATH enfría el área de llama produciendo agua. Los materiales halogenados liberan gases inertes que reducen la combustión. Diversos materiales de fósforo forman barreras carbonizadas, que aíslan los combustibles.

La inquietud actual por los sistemas retardadores de llama bromados, sobre todo los compuestos que contienen óxido de difenilo polibromado (PBDPO), ha llevado a las compañías a ofrecer retardadores de llama sin halógeno. El trabajo para desarrollar sistemas sin halógeno sigue en marcha, ya que aún no son tan eficaces como los productos halogenados.

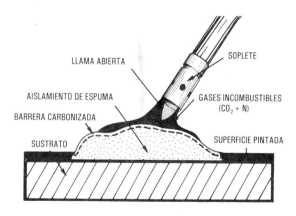

Fig. 7-4. Este acabado de protección se hincha formando una barrera carbonizada aislante cuando se calienta. Asimismo, emite un gas que extingue el fuego para lograr una combustión lenta.

Agentes de formación de espuma/soplado

Los términos, *espumado, soplado, expansión, celular* y *burbuja* engloban una gran variedad de compuestos y técnicas de tratamiento con los que se logra una estructura celular en los polímeros. (Véase capítulo 16, dedicado a procesos de expansión). Existen dos tipos principales de agentes de espumado, los físicos y los químicos. Los *agentes de formación de espuma físicos* se descomponen a temperaturas específicas, liberando gases. Los gases originan células o huecos en los plásticos. Los *agentes de formación de espuma químicos* liberan gases debido a una reacción química.

Uno de los usos primordiales de los agentes de espumado se concentra en la fabricación de almohadas, asientos para coches y camiones, sofás y demás tipos de mobiliario de poliuretano expandido. Los clorofluorocarbonos (CFC) constan de un agente de espumado físico eficaz para el poliuretano y su uso ha estado muy extendido durante años. No obstante, según las investigaciones se ha observado que los CFC dañan la capa de ozono de la estratosfera. Desde el 15 de mayo de 1993, los productos hechos con CFC deben presentar una etiqueta claramente visible que advierta que contienen un material que «daña la salud humana y el entorno al destruir la capa de ozono de la estratosfera». Con vistas a incentivar la reducción o eliminación del uso de los CFC, en 1994 se impuso una tasa especial sobre estos productos.

En respuesta a esta preocupación, muchos fabricantes de espuma se han pasado al uso de hidroclorofluorocarbono (HCFC), que no destruye tanto la capa de ozono como los CFC tradicionales. En comparación con los CFC, los HCFC presentan solamente un potencial de destrucción de la capa de ozono del 2 al 10%. En contraposición con los CFC, uno de los problemas de los nuevos agentes de espumado es que producen espumas más densas y, por tanto, menos eficaces como materiales de aislamiento. Los investigadores trabajan en dos vertientes: la primera de ellas, mejorar la eficacia de los HCFC y la segunda, desarrollar agentes de formación de espuma que no contengan cloro y que no presenten un potencial de destrucción de la capa de ozono.

Los agentes de soplado químicos, como azodicarbonamida, se suelen utilizar para producir HDPE, PP, ABS, PS, PVC y EVA celulares. Esta sustancia química presenta varias ventajas, entre las que se incluyen una producción de gas eficaz, adaptación a las normas aprobadas por la FDA para aplicaciones de contacto con alimentos y facilidad de modificación para varios plásticos (fig. 7-5).

Fig. 7-5. Agente de soplado de tipo azo peletizado.

Estabilizantes térmicos

Los *estabilizantes térmicos* son aditivos que retardan la descomposición de un polímero causada por calor, energía luminosa, oxidación o esfuerzo mecánico de cizalla. El PVC tiene una escasa estabilidad térmica y ha estado en el punto de mira de la mayoría de los estabilizantes térmicos. En el pasado, los estabilizante térmicos eran compuestos a base de plomo y cadmio. El plomo ha sido un aditivo predominante para revestimientos de cables o alambres. A causa de los problemas medioambientales asociados a los metales pesados, se ha extendido el uso de estabilizantes sin cadmio en muchas aplicaciones en las que se empleaban previamente estabilizantes de cadmio.

Este cambio en virtud del cual se rechazan los estabilizantes térmicos de cadmio tendrá un gran impacto. En 1993, los estabilizantes de PVC constituían aproximadamente el 15% del cadmio encontrado en los residuos sólidos urbanos de los Estados Unidos. Al combinarse con otros plásticos, el 28% del cadmio provenía de plásticos. La reducción o eliminación de esta fuente de cadmio servirá para limpiar el medio ambiente.

Para reemplazar el plomo y el cadmio, los proveedores han desarrollado compuestos en los que se utilizan formulaciones de bario-zinc, calcio-zinc, magnesio-zinc y magnesio-aluminio-zinc y fosfito.

Modificadores del impacto

Se pueden añadir uno o más monómeros (normalmente elastómeros) en diferentes cantidades a plásticos rígidos para mejorar (modificar) las propiedades de impacto, índice de fusión, capacidad de tratamiento, acabado superficial y resistencia a la intemperie. El PVC se endurece por modificación con ABS, CPE, EVA u otros elastómeros. (Véase aleaciones, mezclas, acrilato de etileno-etil y estireno-butadieno).

Lubricantes

Para la producción de plásticos se necesitan lubricantes. En la fabricación de polímeros, se añaden lubricantes por tres razones fundamentales. La primera de ellas es que ayudan a evitar parte de la fricción entre la resina y el equipo de fabricación. La segunda reside en que los lubricantes favorecen la emulsión de otros ingredientes y proporcionan lubricación interna a la resina. La tercera es que algunos lubricantes evitan que los plásticos se peguen a la superficie del molde durante el tratamiento. Una vez que se extraen los productos del molde, los lubricantes pueden exudar desde el plástico y evitar que los productos se adhieran entre sí, para proporcionar características antiadherentes y de deslizamiento a la superficie plástica.

Se emplean muchos lubricantes distintos como ingredientes en los plásticos. Como ejemplos, se pueden mencionar ceras, como ozoquerita, carnaúba, parafina y ácido esteárico. Asimismo, se emplean como lubricantes jabones metálicos como estearatos de plomo, cadmio, bario, calcio y zinc (tabla 7-1). La mayor parte del lubricante se pierde durante el proceso de fabricación de la resina. El exceso de lubricante puede suponer una polimerización más lenta o causar *eflorescencia de lubricación*, que se manifiesta como un parche irregular y enturbiado en la superficie plástica.

Algunos plásticos presentan propiedades antipegajosidad y autolubricantes. Entre los ejemplos se incluyen fluorocarbonos, poliamidas, polietileno y plásticos de silicona. A veces, se utilizan como lubricantes en otros polímeros. No debe olvidarse que deben seleccionarse cuidadosamente los aditivos por sus posibles efectos tóxicos y según el servicio pretendido.

Plastificantes

La *plasticidad* se refiere a la capacidad de un material para fluir o hacerse líquido bajo la influencia de una fuerza. Un *plastificante* es un agente químico que se añade al plástico para aumentar su flexibilidad y reducir la temperatura de fundido y la viscosidad. Todas estas propiedades favorecen el tratamiento y el moldeo. Los plastificantes ac-

Tabla 7-1. Lista de lubricantes

Plástico	Ésteres alcohol	Ceras amida	Ésteres complej.	Mezclas comb.	Ácidos grasos	Ésteres glicerina	Estearatos metálicos	Ceras de parafina	Ceras de polietileno
ABS		X			X	X			
Acetales	X		X						
Acrílicos	X			X					
Alquido							X		
Celulósicos	X	X			X	X			
Epoxi				X		X			
Ionómeros		X							
Melaminas			X		X				
Fenólicos				X	X		X		
Poliamidas	X			X					
Poliéster			X	X	X				
Polietileno		X							
Polipropileno		X			X	X			
Poliestireno		X	X		X		X		
Poliuretanos			X						
Policloruro vinilo	X	X	X	X	X	X	X	X	X
Sulfonas			X						

túan de forma muy similar a los disolventes al reducir la viscosidad. No obstante, también actúan como los lubricantes permitiendo que se produzca el deslizamiento entre moléculas.

Recordemos que las uniones de van der Waals son únicamente atracciones físicas, no enlaces químicos. Los plastificantes ayudan a neutralizar la mayoría de estas fuerzas. Los plastificantes, al igual que los disolventes, producen un polímero más flexible, pero no se pretende que se evaporen del polímero durante la vida de servicio normal.

La lixiviación o pérdida de plastificante es un importante punto de consideración. No es deseable que se produzca en contacto con alimentos, productos farmacéuticos y otro tipo de artículos para el consumo. La lixiviación y el desgasificado pueden hacer que los tubos flexibles, la tapicería y otros artículos queden rígidos y frágiles y se fracturen. Para conseguir los mejores resultados es necesario que el plastificante y el polímero tengan parámetros de solubilidad similares.

Se han formulado más de 500 plastificantes diferentes para modificar polímeros. Los plastificantes son ingredientes cruciales en recubrimientos, extrusión, moldeo, adhesivos y películas de plástico. Uno de los plastificantes cuyo uso está más extendido es el ftalato de dioctilo. Algunos son peligrosos. La EPA concluyó que los plastificantes de ftalato de di-2-etilhexilo son cancerígenos para los animales en ensayos de laboratorio. Actualmente, este producto se considera un cancerígeno potencial. En la tabla 7-2 se enumeran algunos plastificantes.

Conservantes

Los elastómeros y el PVC muy plastificado son muy susceptibles al ataque de microorganismos, insectos o roedores. Cuando se concentra o condensa la humedad en las cortinas del baño, las cubiertas de los coches o de las piscinas o los revestimientos de cables y tuberías se puede producir un deterioro microbiológico. Es posible emplear microbicidas, insecticidas, fungicidas y raticidas para comunicar la protección necesaria a muchos polímeros. La EPA y la FDA regulan cuidadosamente el uso y manejo de todos los agentes antimicrobianos.

Auxiliares de tratamiento

Existe una amplia gama de aditivos para mejorar el tratamiento, aumentar los índices de producción o mejorar el acabado superficial. Los agentes *antibloqueantes* como, por ejemplo, las ceras, exudan desde la superficie y evitan que se adhieran dos capas de polímero. Los *emulsionantes* se emplean para reducir la tensión superficial entre compuestos. Actúan como detergentes y agentes de humectación. Los agentes de humectación utilizados para reducir la viscosidad se llaman *depresores de viscosidad* y se usan en compuestos de plastisol para facilitar el tratamiento de materiales muy cargados o que se han espesado en exceso por envejecimiento.

Varias son las razones por las que se incluyen disolventes en las resinas. Muchas resinas naturales son muy viscosas o duras, por lo que es necesario diluirlas o disolverlas antes del tratamiento. Para aplicar de forma apropiada barniz y pinturas resinosas, es necesario adelgazarlas con disolventes.

Tabla 7-2. Compatibilidad de determinados plastificantes y resinas

Plastificante	Acetato de polivinilo	Policloruro de vinilo	Polivinil butiral	Poliestireno	Nitrato de celulosa	Acetato de celulosa	Acetato butirato de celulosa	Etil celulosa	Acrílico	Epoxi	Uretano	Poliamida
Ftalato de butil bencilo	C	C	C	C	C	P	C	C	C	C	C	C
Ftalato de butil ciclohexilo	C	C	C	C	C	P	C	C	C	C	C	C
Ftalato de didecilo	I	C	C	C	C	C	C	C	C	P	C	P
Ftalato de butil octilo	I	C	P	C	C	I	C	C	C	P	C	C
Ftalato de dioctilo	I	C	P	C	C	I	C	C	C	I	C	C
Fosfato de cresil difenilo	C	C	C	P	C	C	C	C	C	C	C	C
N-etil-o,p-toluensulfonamida	C	I	C	P	C	C	C	C	C	C	P	C
o,p-Toluensulfonamida	C	I	C	P	C	C	C	C	C	C	P	C
Parafinas cloradas	C	P	P	C	P	I	P	C	P	P	C	C
adipato de didecilo	I	C	I	C	C	I	C	C	I	I	P	C
Adipato de dioctilo	I	C	C	C	C	I	C	C	I	I	P	C
Sebacato de dioctilo	I	C	P	C	C	I	P	C	I	I	P	C

Notas:
C - Compatible
P - Parcialmente compatible
I - Incompatible

Los *disolventes* se pueden considerar auxiliares de tratamiento. En el moldeo con disolvente, esta sustancia mantiene la resina en solución mientras se aplica al molde. El disolvente se evapora rápidamente dejando una capa de película plástica sobre la superficie del molde. Los disolventes se pueden aplicar en muchos termoplásticos, por lo que se emplean tanto con fines identificativos como de cementación. Asimismo, resultan útiles para limpiar las resinas de las herramientas e instrumentos. El benceno, tolueno y otros disolventes aromáticos pueden disolver aceites naturales de la piel. Todos los disolventes clorados son potencialmente tóxicos. Así pues, debe evitarse la inhalación de humos o el contacto con la piel al utilizar aditivos plásticos (véase capítulo 4, sobre salud y seguridad).

Estabilizantes de UV

Las poliolefinas, el poliestireno, el policloruro de vinilo, los poliésteres de ABS y los poliuretanos son susceptibles de la descomposición por la luz ultravioleta solar. La irradiación solar de los polímeros puede tener como resultado agrietamiento, ayesamiento, cambios de color o pérdida de las propiedades físicas, eléctricas y químicas. Este daño por la intemperie se produce cuando el polímero absorbe la energía luminosa. La luz ultravioleta es la porción más destructiva de la radiación solar que afecta a los productos plásticos, en ocasiones con suficiente energía para romper los enlaces químicos entre átomos. Para reducir el daño causado por la exposición a la luz UV, en los procesos de producción de plásticos se añaden estabilizantes de UV. El negro de carbono se emplea a veces con este fin, aunque su uso está limitado por el color. Hasta hace poco, los absorbentes de luz ultravioleta más empleados eran 2-hidroxibenzofenonas, 2-hidroxifenilbenzotriazoles y acrilatos de 2-cianodifenilo. Hoy en día, las investigaciones giran en torno a estabilizantes de luz de amina impedida (HALS).

Los HALS suelen contener grupos reactivos, que se unen químicamente al esqueleto de las moléculas del polímero. Así, se reducen el desplazamiento y la volatilidad. La combinación de un HALS con fosfito o antioxidante fenólico aumenta la resistencia a UV.

Refuerzos

Los *refuerzos* son ingredientes que se añaden a las resinas y polímeros. Estos ingredientes no se disuelven en la matriz de polímero. Por consiguiente, el material pasa a ser compuesto. Entre los muchos motivos de la adición de refuerzos, destaca el de producir una notable mejora de las propiedades físicas del material compuesto.

Es frecuente confundir los refuerzos con las cargas. Éstas son partículas pequeñas que favorecen sólo ligeramente su firmeza. En cambio, los refuerzos son ingredientes que aumentan la solidez, la resistencia al impacto y la rigidez. Una de las principales razones por las que se confunden es que algunos materiales (el vidrio, por ejemplo) pueden actuar como carga, refuerzo o ambas cosas.

Existen seis variables generales que influyen en las propiedades de los materiales y estructuras compuestas reforzadas.

1. *Unión de interfaz entre la matriz y los refuerzos*. La matriz sirve para transmitir la mayor parte de la tensión a los refuerzos (mucho más fuertes). Para cumplir este objetivo, debe existir una adherencia excelente entre la matriz y el refuerzo.
2. *Propiedades del refuerzo*. Se parte de la base de que el refuerzo es mucho más fuerte que la matriz. Las propiedades reales de cada refuerzo pueden variar en composición, forma, tamaño y número de defectos. La producción, manipulación, tratamiento, perfeccionamiento de la superficie o hibridación pueden determinar asimismo las propiedades de cada tipo de refuerzo.
3. *Tamaño y forma del refuerzo*. Algunas formas y tamaños pueden favorecer la manipulación, carga, tratamiento, orientación de empaquetado o adherencia a la matriz. Algunas fibras son tan pequeñas que se manejan en haces, mientras que otras crean un tejido. Es más probable que las partículas se distribuyan al azar, al contrario que las fibras largas.
4. *Carga del refuerzo*. Generalmente, la resistencia mecánica del material compuesto depende del agente de refuerzo que contenga. Una pieza que contengan 60% de refuerzo y 10% de matriz de resina es prácticamente seis veces más resistente que una pieza que contenga las cantidades contrarias de estos dos materiales. Algunos materiales compuestos tejidos con filamentos de vidrio pueden tener hasta un 80% (en peso) de carga por orientación unidireccional del filamento. La mayoría de los materiales termoplásticos reforzados contienen menos de un 40% (en peso) de refuerzos.
5. *Técnica de tratamiento*. Algunas técnicas de tratamiento permiten una alineación u orientación más precisa de los refuerzos. Durante el tratamiento, se pueden romper o dañar los refuerzos, dando como resultado propiedades mecánicas inferiores. Dependiendo de la técnica de tratamiento, es más probable que los refuerzos en partículas y las fibras cortas se organicen en la matriz más bien al azar que orientadas.
6. *Alineamiento o distribución del refuerzo*. El alineamiento o distribución del refuerzo permite una versatilidad en los materiales compuestos. El procesador puede alinear u orientar los refuerzos para proporcionar propiedades direccionales. En la figura 7-6, el alineamiento paralelo (anisótropo) de hebras continuas proporciona la máxima resistencia; el alineamiento bidireccional (tela) proporciona un intervalo de resistencia medio y el alineamiento al azar (fieltro) ofrece la resistencia más baja.

Los refuerzos se pueden dividir en dos grandes grupos de materiales: en estrato y fibrosos. El elemento estructural básico de los materiales compuestos lamelares es el *estrato*.

Estrato

El estrato puede consistir en fibras unidireccionales, tejido plano o láminas de material. Dado que cada una de las capas actúa por separado como refuerzo, se pueden incluir como ingrediente o aditivo. Estas capas de láminas ofrecen algo más que una simple técnica de tratamiento. (Véase estratificación). La selección de estratos, el alineamiento y la composición constituyen propiedades de comportamiento del material compuesto lamelar. (Véase materiales compuestos en emparedado).

Debe quedar muy claro que el alineamiento de los refuerzos constituye la clave del diseño del material compuesto con propiedades anisótropas o isótropas. Por regla general, si se colocan todos los refuerzos paralelos unos a otros (disposición 0°), el material compuesto será direccional. (Véase extrusión por estirado). En la figura 7-7, se ilustran las propiedades de resistencia a la tracción direccional que se consiguen con diferentes alineamientos de refuerzo de fibras. El fieltro de hebras cortadas al azar proporciona propiedades de resistencia iguales en todas las direcciones. El alineamiento de fibra unidireccional tiene la resistencia máxima paralela a la fibra. A medida que varía este ángulo de 0° a 90°, la resistencia cambia de forma proporcional. Hay que recordar que la matriz debe adherirse de forma segura al refuerzo, evitando que se curve para transmitir la tensión aplicada.

Dentro del grupo de refuerzos fibrosos se incluyen seis subgrupos:

1. Vidrio
2. Carbonáceo
3. Polímero
4. Inorgánico
5. Metal
6. Híbridos

Fibras de vidrio. Uno de los materiales de refuerzo más importantes es la fibra de vidrio (tablas 7-3 y 7-4). Por la firmeza con la que el vidrio refuerza el plástico, muchas de las piezas antes hechas con metal han sido sustituidas por plástico. En la figura 7-8 se muestra un alojamiento de engranaje de plástico reforzado, más ligero y resistente que el de metal al que ha reemplazado.

Las fibras de vidrio se obtienen por distintos métodos. Uno de los más comunes consiste en sacar una hebra de vidrio fundido una vez formada por un pequeño orificio. El diámetro de la hebra se controla por la acción de tracción.

El constituyente principal del vidrio es sílice, si bien otros ingredientes dan lugar a la producción de muchos tipos de vidrio fibroso. El tipo más habitual es la fibra de vidrio E, que posee buenas propiedades eléctricas (E) y una alta resistencia. Para resistencia química, se utiliza el vidrio C. Tanto el vidrio E como el C tienen una resistencia a la tracción mayor de 3,4 GPa. Para conseguir constante dieléctrica y densidad bajas se utiliza vidrio D. Para protección frente a la radiación, se prefiere el vidrio I, que contiene óxido de plomo. En aplicaciones de alta resistencia se selecciona el vidrio S, que es un 20%, aproximadamente, más fuerte y rígido que el E. El vidrio S tiene una resistencia a la tracción superior a 4,8 GPa.

Los productores de plástico adquieren los diferentes tipos de vidrio de varias formas. Las *mechas* son hebras largas de vidrio fibroso que se pueden cortar fácilmente y aplicar a las resinas. Una mecha se compone de muchas hebras de vidrio parecidas a una cuerda retorcida o trenzada (fig. 7-9). Las *fibras cortadas* (fig. 7-10) se encuentran entre las formas más baratas de refuerzo con vidrio. Las hebras cortadas tienen una longitud que oscila entre 3 y 50 mm. En la figura 7-11, se muestra la producción de hebras cortadas de mechas. Las *fibras trituradas* tienen una longitud inferior a 1,5 mm y se producen por triturado con martillo de hebras de vidrio (fig. 7-12). Se añaden las fibras trituradas a la resina como una mezcla

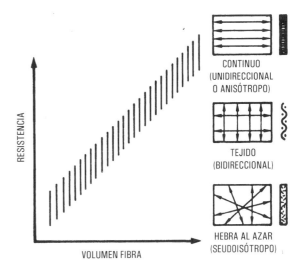

Fig. 7-6. Relación entre la resistencia y el alineamiento de refuerzo y el volumen de la fibra.

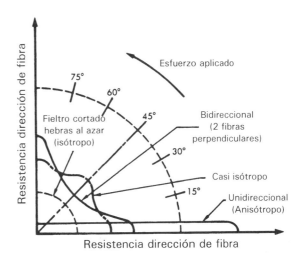

Fig. 7-7. Efecto del alineamiento o distribución del refuerzo.

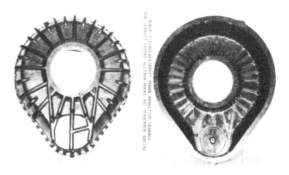

Fig. 7-8. El alojamiento de engranaje se ha sustituido por uno de boro-epoxi. (Allison Division, Detroit Diesel).

previa para aumentar la viscosidad y la resistencia del producto. Los *hilos* son similares a las mechas pero están retorcidos como una cuerda (fig. 7-13). Los hilos de refuerzo se utilizan para fabricar contenedores grandes para tanques de líquidos.

La nomenclatura del producto de hilo de fibra de vidrio se basa en un sistema de letras y números. Por ejemplo, un hilo designado ECG 150 2/2 2,8 sería:

E	=	Vidrio eléctrico
C	=	Filamento continuo
G	=	Diámetro de filamento de 9 ìm (véase la tabla 7-5)
150	=	1/100 del yardaje neto aproximado total en una libra o 1500 yardas.
2/2	=	Se han retorcido hebras simples y dos de las hebras retorcidas se doblan juntas (S o Z se pueden usar para designar el tipo de retorcido) (fig. 7-14).
2,8	=	Número de vueltas por cada 2,54 cm en el trenzado del hilo final con el retorcido en S.

Existen dos hebras básicas en el hilo y dos hebras retorcidas. Por tanto,

1500 / 2 x 2 = 3750 yardas por libra de hilo.

Además de las formas de fibra e hilo, los refuerzos de vidrio pueden presentarse también como tela y fieltro. Los *fieltros* consisten en piezas no direccionales de hebras cortadas, que se mantienen juntas mediante un aglutinante resinoso o por

Fig. 7-10. Hebras cortadas de fibra de vidrio (PPG).

puntadas mecánicas que se denominan hilvanado (fig. 7-15).

El *tejido plano* puede proporcionar la mayor resistencia física de todas las formas fibrosas, pero es casi el doble de costosa que las demás formas. Las mechas convencionales pueden estar tejidas en forma de tela (conocidas como mechas tejidas) y se utilizan para refuerzos gruesos.

Existen varios tipos de tejidos de vidrio planos. Los hilos de fibra de vidrio se entrelazan según varios modelos básicos, tal como se muestra en la figura 7-16. En la 7-17 se recogen tres formas diferentes de refuerzos de vidrio fibroso.

Fibras carbonáceas. Las fibras de carbono se obtienen normalmente por oxidación, carbonización y grafitación de una fibra orgánica. El rayón y el poliacrilonitrilo (PAN) son las utilizadas actualmen-

Fig. 7-9. Mecha de fibra de vidrio (Reichhold).

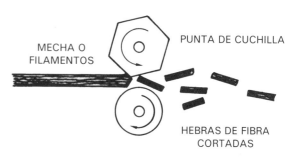

Fig. 7-11. Producción de hebras de vidrio cortadas.

Tabla 7-3. Propiedades de termoplásticos: materiales reforzados y sin reforzar

Propiedad	Poliamida SR	Poliamida R	Poliestireno SR	Poliestireno R	Policarbonato SR	Policarbonato R	Estireno-acrilonitrilo SR	Estireno-acrilonitrilo R	Polipropileno SR	Polipropileno R	Acetal SR	Acetal R	Polietileno lineal SR	Polietileno lineal R
Resistencia tracción, MPa	82	206	59	97	62	138	76	124	35	46	69	86	23	76
R.impacto,entalla, J/mm a 22,8°C	0,048	0,202	0,016	0,133	0,106§	0,213§	0,024	0,160	0,069-0,112	0,128	3,20	0,160	—	0,240
a −40°C	0,032	0,224	0,010	0,170	0,080§	0,213§	—	0,213	—	0,133	—	0,160	—	0,266
Resist. tracción, MPa	2,75	—	2,75	8,34	2,2	11,71	3,58	10,34	1,37	3,10	2,75	5,58	0,82	6,20
Resist. cizalla MPa	66	97	—	62	63	83	—	86	33	34	65	62	—	38
Resist. flexural, MPa	79	255	76	138	83	179	117	179	41 to 55	48	96	110	19 to 24	83
Resist. compresión, MPa	34††	165	96	117	76	130	117	151	59	41	36	90	—	41
Deformación (27,58 MPa), %	2,5	0,4	1,6	0,6	0,3	0,1	—	0,3	—	6,0	—	1,0	—	0,4‡
Elongación, %	60,0	2,2	2,0	1,1	60-100	1,7	3,2	1,4	>200	3,6	9-15	1,5	60,0	3,5
Absorción agua 24 h, %	1,5	0,6	0,03	0,07	0,3	0,09	0,2	0,15	0,01	0,05	0,20	1,1	0,01	0,04
Dureza, Rockwell	M79	E75 to 80	M70	E53	M70	E57	M83	E65	R101	M50	M94	M90	R64	R60
Densidad relativa	1,14	1,52	1,05	1,28	1,2	1,52	1,07	1,36	0,90	1,05	1,43	1,7	0,96	1,30
Temperatura distorsión por calor (a 1,82 MPa), °C	65,6	261	87,8	104,4	137,8	148,9	933	107	683	137,8	100	168,6	52,2	126,7
Coef. expansión térmica por Cx10⁶	90	15	60	35	60	15	60	30	70	40	65	30	85	25
Resistividad dieléctrica (tiempo corto), V/mm	15157	18898	19685	15591	15748	18976	17717	20276	29528	—	19685	—	—	2362
Resistividad volumen ohm-cmx10^5	450	2,6	10,0	36,0	20,0	1,4	10^{16}	43,5	17,0	15,0	0,6	38,0	10^{15}	29,0
Const.dieléctrica 60 Hz	4,1	4,5	2,6	3,1	3,1	3,8	3,0	3,6	2,3	—	—	—	2,3	2,9
Factor potencia a 60 Hz	0,0140	0,009	0,0030	0,0048	0,0009	0,0030	0,0085	0,005	—	—	—	—	—	0,001
Coste aprox.c/cm³	0,256	0,70	0,04	0,21	0,31	0,56	0,08	0,30	0,05	0,18	0,28	0,67	0,06	0,26

Notas: columnas marcada con «NR» - sin reforzar, «R» reforzado. * Flujo medio, calidad multiuso. + Calidad resistente térmico. $ Valores de impacto para policarbonatos son una función del espesor del espesor carga ±6,8 mPa** A 1% deformación. Fuente *Machine Design*, publicación de referencia plásticos.

Tabla 7-4. Propiedades de plásticos termoestables: resinas reforzadas con fibra de vidrio

Propiedad	Resina base				
	Poliéster	Fenólico	Epoxi	Melamina	Poliuretano
Calidad de moldeo	Excelente	Buena	Excelente	Buena	Buena
Moldeo por compresión					
Temperatura, °C	76,7–160	137,8–176,7	148,9–165,6	137,8–171,1	148,9–204,4
Presión, MPa	1,74–13,78	13,78–27,58	2,06–34,47	13,78–55,15	0,689–34,47
Contracción de molde, mm/mm	0,0–0,05	0,002–0,025	0,025–0,05	0,025–0,100	0,228–0,762
Densidad relativa	1,35–2,3	1,75–1,95	1,8–2,0	1,8–2,0	1,11–1,25
Resistencia tracción, MPa	173–206	35–69	97–206	35–69	31–55
Elongación, %	0,5–5,0	0,02	4	–	10–650
Módulo de elasticidad, Pa	0,55–1,38	2,28	2,09	1,65	–
Resistencia compresión, MPa	103–206	117–179	206–262	138–241	138
Resistencia flexión, MPa	69–276	69–414	138–179	103–159	48–62
Impacto, Izod, J/mm	0,1–0,5	0,5–2,5	0,4–0,75	0,2–0,3	Sin rotura
Dureza, Rockwell	M70–M120	M95–M100	M100–M108	–	M28–R60
Dilatación térmica, por °C	$5-13(\times 10^{-4})$	4×10^{-4}	$2,8-7,6(\times 10^{-4})$	$3,8\times 10^{-4}$	$25-51(\times 10^{-4})$
Resistividad de volumen (a 50% RH, 23°C), ohm–cm	$1-10^{14}$	7×10^{12}	$3,8\times 10^{15}$	2×10^{11}	$2\times 10^{11}-10^{14}$
Resistencia dieléctrica, V/mm	13.780–19.685	5.512–14.567	14.173	6.693–11.811	12.992–35.433
Constante dieléctrica					
A 60 Hz	3,8–6,0	7,1	5,5	9,7–11,1	5,4–7,6
A 1 kHz	4,0–6,0	6,9	–	–	5,6–7,6
Factor disipación					
A 60 Hz	0,01–0,04	0,05	0,087	0,14–0,23	0,015–0,048
A 1 kHz	0,01–0,05	0,02	–	–	0,043–0,060
Absorción de agua, %	0,01–1,0	0,1–1,2	0,05–0,095	0,9–21	0,7–0,9
Luz solar (cambio)	Ligero	Oscurece	Ligero	Ligero	Nada a ligero
Resistencia química	Suficiente*	Suficiente*	Excelente	Muy buena+	Suficiente
Calidades maquinaria	Buenas	–	Buenas	Buenas	Buenas

* Atacado por ácidos fuertes o álcalis.
\+ Atacado por ácidos fuertes.
Fuente: *Machine Design*, Publicación referencia plásticos.

(A) Hilo de monofilamento

(B) Hilo de multifilamento

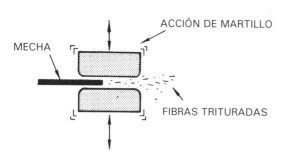

Fig. 7-12. Producción de fibras de vidrio trituradas

Tabla 7-5. Designaciones de diámetro de fibra de vidrio

Designación filamento	Diámetro filamento (cm)	(pulgadas)
C	4,50	0,000 175
D	5,00	0,000 225
DE	6,00	0,000 250
E	7,00	0,000 275
G	9,10	0,000 375
H	11,12	0,000 425
K	13,14	0,000 525

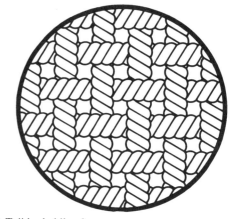

(C) Tejido de hilo plano

Fig. 7-13. Hilos.

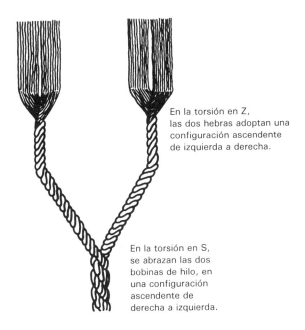

Fig. 7-14. Nomenclatura de hilos.

Las fibras kevlar 29 se utilizan para protección balística, trajes, cascos de soldado, tejidos revestidos y diversas aplicaciones de materiales compuestos. Kevlar 49 se utiliza en barcas, cascos de hidroaviones, volantes, tirantes en v, mangueras, armaduras compuestas y estructuras aeronáuticas. El kevlar 49 tiene una resistencia equivalente, pero un módulo bastante superior al del kevlar 29.

Una matriz de polímero común de alta resistencia es el epóxido. En este marco se emplean poliésteres, poliimida fenólica y otras resinas y sistemas de polímero.

Las fibras termoplásticas a base de poliéster y poliamida encuentran aplicación en compuestos de moldeo en volumen (BMC), compuestos de moldeo en lámina (SMC) y gruesos (TMC), colocación de chapas, pultrusión, enrollamiento de filamentos, moldeo de transferencia de resina (RTM), por inyección de reacción reforzado (RRIM) y de transferencia de resina por expansión térmica (TERTM) y operaciones de moldeo por inyección.

te. Las fibras bituminosas se pueden producir también directamente a partir de aceite y carbón. En general, las breas tienen carácter isótropo y se deben orientar para ser útiles como agentes de refuerzo. Las palabras carbono y grafito se emplean indistintamente, aunque poseen significados diferentes. Las fibras de carbono (PAN) tienen aproximadamente un 95% de carbono, mientras que las de grafito se grafitan a temperaturas mucho más altas y, en un análisis elemental de carbón, dan como resultado un 99%. Una vez que se han extraído los materiales orgánicos (pirolizado y estirado en filamentos), el resultado es una fibra de alta resistencia, alto módulo y baja densidad (fig. 7-18).

Fibras de polímero. Durante años se han empleado filamentos de algodón y seda como refuerzos en cinturones, neumáticos, engranajes y otros productos. Actualmente, se utilizan polímeros sintéticos de poliéster, poliamida (PA), poliacrilonitrilo (PAN), poliacetato de vinilo (PVA) y acetato de celulosa (CA), entre otros. La aramida kevlar es una fibra de polímero de poliamida aromática que posee casi el doble de rigidez y aproximadamente la mitad de densidad del vidrio. Kevlar es una marca registrada de DuPont, y aramida es el nombre genérico que denomina a una serie de fibras kevlar. Al contrario que las fibras de carbono, las de kevlar no conducen la electricidad ni tampoco son eléctrica-mente opacas a las ondas de radio.

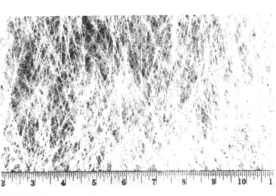

(A) Unión con resina

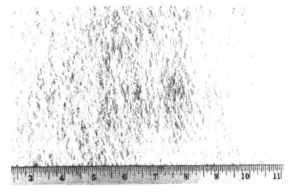

(B) Cosido (hilvanado)

Fig. 7-15. Fieltros de fibra de vidrio (Owens-Corning Fiberglas Corp.).

(A) Tejido (tela) plano (cuadrado).

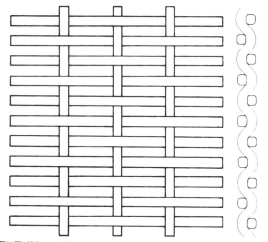

(B) Tejido unidireccional.

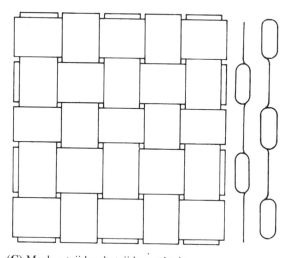

(C) Mechas tejidas de tejido cuadrado.

Fig. 7-16. Modelos de tejido y mecha. (Owens-Corning Fiberglas Corp.).

(D) Mecha enrollada o retorcida de multifilamento para fabricar productos de fibra de vidrio tejidos (Owens-Corning Fiberglass Corp.).

Fig. 7-16. Modelos de tejido y mecha. (Owens-Corning Fiberglass Corp.) (*continuación*).

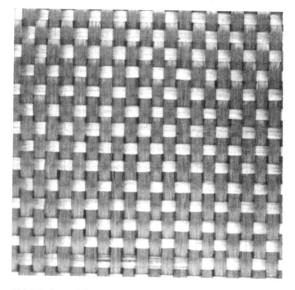

(A) Mecha tejida

Fig. 7-17. Algunas de las muchas formas de refuerzos de fibra de vidrio (PPG).

(B) Fieltro de hebra fina

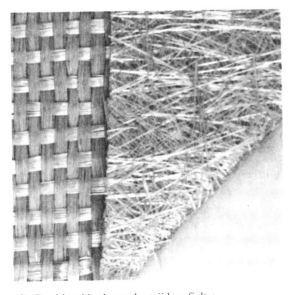

(C) Combinación de mecha tejida y fieltro.

Fig. 7-17. Algunas de las muchas formas de refuerzos de fibra de vidrio (PPG).

Fig. 7-18. El tejido reforzante contiene fibras de vidrio y carbono. El color del vidrio es más claro, y el del carbono, más oscuro.

Fibras inorgánicas. Las fibras inorgánicas conforman una clase de fibras cristalinas cortas que, a veces, reciben el nombre de fibras filamentosas de cristal. Estas fibras están hechas de óxido de aluminio, óxido de berilio, óxido de magnesio, titanato de potasio, carburo de silicio, boruro de titanio y otros materiales (fig. 7-19). Los filamentos de titanato de potasio se utilizan en grandes cantidades para reforzar materiales compuestos de matrices termoplásticas. Las fibras de boro continuas inorgánicas son más fuertes que el carbono y se pueden usar en una matriz de polímero y aluminio. El boro en una matriz de epóxido se utiliza para fabricar muchas piezas de materiales compuestos para aeronáutica militar y civil.

La fabricación de estas fibras resulta muy cara con la tecnología actual; no obstante, presentan resistencias a la tracción superiores a 40 GPa. Las investigaciones sobre el uso de estos refuerzos en empastes plásticos dentales, aspas de compresores de turbina y equipo de inmersión especial han demostrado unos resultados alentadores. En la figura 7-20 se muestra el eje del rotor de la cola de un helicóptero hecha de epóxido reforzado con boro.

Las fibras de carbono y grafito pueden superar al vidrio en términos de resistencia. Tiene muchas aplicaciones como materiales autolubricantes, cuerpos de reentrada termorresistentes, aspas para turbinas y helicópteros y compuestos de obturación de válvulas. En la figura 7-21 se muestran fibras de carbono y vidrio utilizadas en combinación para reforzar una raqueta de nilón moldeada por inyección.

Las fibras cerámicas presentan una alta resistencia a la tracción y una baja expansión térmica. Algunas fibras pueden alcanzar una resistencia a la tracción de 14 GPa. Entre las aplicaciones actuales de fibras cerámicas se incluyen empastes dentales, aplicaciones de electrónica especiales e investigación aeroespacial. (Véase resistencia a la tracción de fibras filamentosas en la figura 7-22).

Fibras metálicas. El acero, el aluminio y otros metales se estiran en filamentos continuos. No se pueden comparar en resistencia, densidad y otras propiedades con las demás fibras. Las fibras de metal se utilizan para lograr una mayor resistencia, transmisión calorífica y conductividad eléctrica.

Fig. 7-19. Filamentos cerámicos submicrométricos desarrollados en una bola fibrosa. Existe una mayor concentración de fibras cerca del centro de la bola. Las fibras oscilan entre un tamaño de dos billonésimas de metro y 50 billonésimas. Los diminutos diámetro y longitud de estas fibras resultan ventajosos en el moldeo por inyección, ya que permiten una mayor velocidad de tratamiento con un daño de la fibra mínimo. (J.M. Huber Corp.).

Fibras híbridas. Las fibras híbridas se refieren a una forma especial de estos elementos. Es posible combinar dos o más fibras (hibridación) para adaptar el refuerzo a las exigencias del diseñador. Las fibras híbridas confieren distintas propiedades y permiten muchas combinaciones de material. Pueden favorecer al máximo el rendimiento, reducir al mínimo el coste o compensar las deficiencias de otro componente de fibra (efecto sinérgico). Las fibras de vidrio y carbono se utilizan en combinación para aumentar la resistencia al impacto y la tenacidad, así como prevenir la acción galvánica y reducir el coste de un material compuesto de carbono al 10 por cien. Cuando se colocan estas fibras en una matriz, el material compuesto, no las fibras, se denomina híbrido. El material compuesto de hojas de metal o pliegues de material compuesto de metal apiladas en una orientación y secuencia específicas se denomina superhíbrido (véase lamelar).

En la tabla 7-6 se exponen las propiedades de los agentes de refuerzo de fibra más utilizados.

Cargas

El término *carga* suele ser bastante confuso. Originalmente, la palabra carga designaba cualquier aditivo utilizado para *rellenar* el espacio en el polímero y reducir el coste. Dado que muchas cargas son más caras que la matriz de polímero, el vocablo dilatador puede inducir a error. A veces, se emplean los términos *diluyente* y *potenciador* para referirse a la adición de cargas. La ambigüedad de estas expresiones y el solapamiento de sus funciones agravan el problema. En el presente

Fig. 7-20. Eje del rotor de un helicóptero, con accesorios extremos y complementos de soporte (Bell Helicopter Co.).

Fig. 7-21. Combinación de fibra de vidrio y fibra de carbono se utiliza para reforzar esta raqueta de nilón moldeada por inyección.

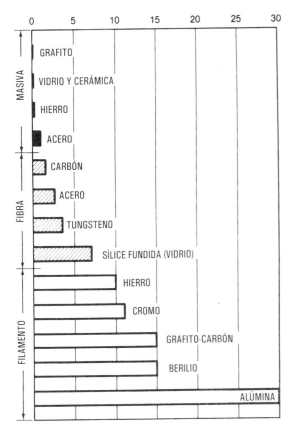

Fig. 7-22. Resistencias a la tracción de varios materiales en volumen, forma de fibra y forma de filamento.

manual, carga significa cualquier partícula diminuta de diferente origen, función, composición y morfología. Las cargas pueden tener forma de platillo, esfera, aguja o irregular (fig. 7-23).

De acuerdo con ASTM, una carga es un material relativamente inerte que se añade a un plástico para modificar su resistencia, comportamiento, propiedades de trabajado y otras cualidades, o para reducir el coste.

Las cargas pueden ser ingredientes orgánicos o inorgánicos de los plásticos o resinas. Pueden aumentar el volumen o la viscosidad, sustituir ingredientes más caros, reducir la contracción en el molde y mejorar las propiedades físicas del artículo compuesto. El tamaño y la forma de la carga influyen enormemente en el material compuesto. La *relación entre dimensiones* de una carga es el cociente entre la longitud y la anchura. Las escamas o fibras mantienen relaciones entre sus dimensiones que las permiten resistir el movimiento o el realineamiento, por lo cual mejoran la resistencia. En las esferas no existe relación entre dimensiones, por lo que estos elementos se asocian a materiales compuestos con propiedades isótropas. Las laminillas metálicas se utilizan en materiales compuestos de partículas para formar una barrera o capa eléctrica en la matriz de polímero. En la tabla 7-7 se resumen los tipos de cargas principales y sus funciones.

Las cargas pueden mejorar la capacidad de tratamiento, el aspecto del producto y otros factores. Una carga es, por ejemplo, el serrín que se obtiene moliendo restos de madera hasta obtener un fino granulado. Generalmente se añade esta carga en polvo a resinas fenólicas para reducir su fragilidad y el coste de la resina, además de mejorar el acabado del producto.

En la mayoría de las operaciones de moldeo, el volumen de las cargas no excede el 40%; sin embargo, se puede llegar a utilizar una resina de sólo el 10% para moldear cubiertas para mesas, bandejas y tableros de aglomerado. En la industria de la fundición, se emplea únicamente una resina al 3% para que se adhiera la arena en el tratamiento de moldeo en cáscara.

Para la fabricación de mármol artificial se emplea polvo de mármol inorgánico y resina de poliéster para conseguir artículos con apariencia de mármol auténtico. Este producto ofrece como ventaja su resistencia a las manchas y su existencia en numerosos colores, formas y tamaños.

Muchas cargas orgánicas no pueden soportar altas temperaturas, es decir, tienen una baja resistencia térmica. Para mejorar esta cualidad se emplea una carga de sílice, por ejemplo, arena, cuarzo, trípoli y tierra de diatomeas.

La tierra de diatomeas consiste en restos fosilizados de organismos microscópicos (diatomeas). Esta carga proporciona una mejor resistencia global en espuma de poliuretano rígida.

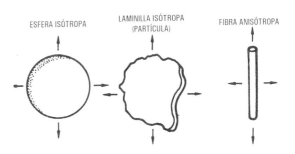

Fig. 7-23. Las esferas son isótropas pero no tienen relación entre dimensiones. Las partículas isótropas presentan propiedades mecánicas uniformes en el plano de la laminilla. Las fibras tienen relaciones entre dimensiones inferiores, pero son anisótropas.

Tabla 7-6. Propiedades de los agentes reforzantes de fibra más utilizados (metálicos y no metálicos)

Fibra	Densidad relativa	Resistencia a la tracción Final (MPa)	Módulo de elasticidad a la tracción Módulo (GPa)
Aluminio	2,70	620	73,0
Óxido de aluminio	3,97	689	323,0
Sílice de aluminio	3,90	4130	100,0
Aramida (Kevlar 49)	1,4	276	131,0
Amianto	2,50	1380	172,0
Berilio	1,84	1310	303,0
Carburo de berilio	2,44	1030	310,0
Óxido de berilio	3,03	517	352,0
Boro o boruro de tungsteno	2,30	3450	441,0
Carbono	1,76	2760	200,0
Vidrio, Vidrio E	2,54	3450	72,0
Vidrio S	2,49	4820	85,0
Grafito	1,50	2760	345,0
Molibdeno	10,20	1380	358,0
Poliamida	1,14	827	2,8
Poliéster	1,40	689	4,1
Cuarzo (sílice fundida)	2,20	900	70,0
Acero	7,87	4130	200,0
Tántalo	16,60	620	193,0
Titanio	4,72	1930	114,0
Tungsteno	19,30	4270	400,0

Una carga tan fina como el humo de un cigarrillo (0,007 a 0,050 µm) es sílice ahumada. Dicha sílice submicroscópica se añade a las resinas para conseguir tixotropía. Se llama *tixotropía* a un estado de un material que es de tipo gel en reposo pero líquido cuando se agita. Se pueden conseguir otras cargas tixotrópicas a partir de polvos muy finos de policloruro de vinilo, caolín, alúmina, carbonato cálcico y otros silicatos. Cab-O-Sil y Sylodex son marcas registradas de dos cargas tixotrópicas comerciales. Se pueden añadir las cargas tixotrópicas a resinas termoendurecibles o termoplásticas, para espesar la resina, aumentar la resistencia, suspender otros aditivos, mejorar las propiedades de flujo de los polvos y reducir los costes. (Véase figura 7-24).

Las cargas tixotrópicas aumentan la viscosidad (resistencia interna al flujo) y, por tanto, son apropiadas en pinturas, adhesivos y otros compuestos que se aplican a superficies verticales. Estas cargas se pueden añadir a una resina de poliéster para la fabricación de superficies inclinadas o verticales. Las cargas tixotrópicas pueden actuar también como emulsionantes para prevenir la separación de dos o más líquidos. Se pueden añadir aditivos de base oleosa o acuosa y mantener un estado de emulsión.

Las cargas como acero, latón, grafito y aluminio se añaden a las resinas para producir moldes conductores de la electricidad o para conseguir mayor resistencia. Se pueden electrodepositar los plásticos con estas cargas. Los plásticos que contienen plomo en polvo se utilizan como escudos de neutrones y rayos gamma.

No es inhabitual la práctica de añadir cera, grafito, latón o vidrio para lograr características de autolubricación en engranajes, cojinetes y correderas.

El vidrio se utiliza sobre todo en plásticos por varias razones. Su adición es sencilla, relativamente barata, mejora las propiedades físicas y se puede teñir. El vidrio teñido ofrece ventajas ópticas (sobre todo, estabilidad del color) con respecto a otros colorantes químicos. Las esferas de vidrio huecas diminutas llamadas *microbalones* (o, también, microesferas) se usan como carga para producir materiales compuestos de baja densidad.

Tabla 7-7. Principales tipos de carga

Carga	Volumen	Capacidad tratamiento	Resistencia térmica	Resistencia eléctrica	Rigidez	Resistencia química	Dureza	Refuerzo	Conductividad eléctrica	Conductividad térmica	Lubricidad	Resistencia a la humedad	Resistencia al impacto	Resistencia a la tracción	Estabilidad dimensional
Orgánica															
Serrín	x	x											x	x	
Polvo de conchas	x	x										x		x	x
Alfa celulosa (pulpa de madera)	x				x	x							x		
Fibras de sisal	x				x	x	x	x				x	x	x	x
Papel macerado	x				x							x			
Tela macerada	x					x						x			
Lignina	x	x										x			
Queratina (plumas, pelo)	x					x						x			
Rayón cortado			x	x		x	x	x				x	x	x	x
Nilón cortado			x	x	x	x	x	x			x		x	x	x
Orlón cortado			x	x	x	x	x	x				x	x	x	x
Carbón en polvo	x			x	x	x						x			
Inorgánica															
Mica	x		x	x	x	x						x	x		x
Cuarzo			x	x	x							x	x		
Escamas de vidrio			x	x	x	x	x	x				x	x	x	
Fibras de vidrio cortadas			x	x	x	x	x	x				x	x	x	x
Fibras de vidrio trituradas	x	x	x	x	x	x	x	x				x	x	x	x
Tierra de diatomeas	x	x	x	x	x	x							x		
Arcilla	x	x	x	x	x	x							x		
Silicato cálcico			x	x		x						x	x		
Carbonato cálcico			x	x		x							x		
Trihidrato de alumina			x		x							x			
Aluminio en polvo					x				x	x	x		x		
Polvo de bronce									x	x	x		x		
Talco	x	x	x	x	x	x		x				x			x

En esta tabla no se indica el grado de potenciamiento de la función. La principal función variará asimismo de las resinas termoendurecibles a las termoplásticas. Esta tabla deberá utilizarse únicamente como guía para la selección de cargas.

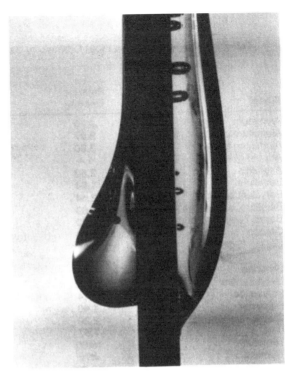

Fig. 7-24. La resina de la derecha contiene un agente tixotrópico. La de la izquierda, con desprendimiento y desplazamiento, carece de dicho ingrediente (Cabot Corp.).

Vocabulario

A continuación, se ofrece un vocabulario de las palabras que aparecen en este capítulo. Busque la definición de aquéllas que no comprenda en su acepción relacionada con los plásticos en el glosario del apéndice A.

Aceleradores
Agentes de copulación
Agentes de curado
Agentes de formación de espuma/soplado
Antibloqueante
Antiestático
Antioxidante
Barrera carbonizada
Carbonáceo
Carga
Catalizador
Colorante
Eflorescencia de lubricación
Estabilizante
Estratificado
Exotérmico
Filamento
Fluorescencia
Fosforescencia
Hebra
Hilo
Inhibidor
Iniciador
Luminescencia
Mecha
Microbalones (microesferas)
Modificador del impacto
Plastificante
Relación entre dimensiones
Retardador de llama
Tixotropía
Vidrio, tipo C
Vidrio, tipo E

Preguntas

7-1. Para mejorar o ampliar las propiedades de los plásticos, se utilizan ___?___.

7-2. Las cargas estáticas se pueden disipar por adición de agentes ___?___.

7-3. Enumere cuatro tipos de colorantes.

7-4. La diferencia principal entre los colorantes y los pigmentos es que los colorantes ___?___ en el material plástico.

7-5. Uno de los inconvenientes de los colorantes orgánicos es su escasa ___?___ y ___?___ estabilidad.

7-6. Se suelen añadir plastificantes al policloruro de vinilo para proporcionar ___?___.

7-7. ¿Qué nombre se le da a las fibras de vidrio resistentes a sustancias químicas?

7-8. Los cristales simples utilizados como refuerzos se denominan ___?___.

7-9. Las cargas tixotrópicas aumentan ___?___.

7-10. Uno de los plastificantes cuyo uso está más extendido es ___?___.

7-11. Cite el tipo de luz que es destructor para los plásticos.

7-12. La polimerización se inicia mediante el uso de ___?___.

7-13. ___?___ químicos se utilizan a veces para producir plásticos celulares.

7-14. Identifique los estabilizantes especiales que retardan o inhiben la degradación a través de la oxidación.

7-15. Los iniciadores de radicales como ___?___ son agentes de curado utilizados para curar poliéster insaturado.

7-16. Cite tres funciones que proporcionan las cargas a los plásticos.

7-17. Un inconveniente de las cargas ___?___ es que no pueden soportar temperaturas de tratamiento altas.

7-18. Los ingredientes fibrosos largos que aumentan la resistencia, la resistencia al impacto y la rigidez se llaman ___?___.

7-19. Mencione cuatro razones por las que se suele seleccionar la fibra de vidrio como refuerzo.

7-20. Las hebras similares a las cuerdas de vidrio fibroso se denominan ___?___.

7-21. Para reducir la viscosidad y favorecer el tratamiento, se añaden ___?___ y ___?___ a las resinas.

7-22. El estearato de zinc es un aditivo ___?___ que actúa como lubricante en el moldeo.

7-23. Las partículas pequeñas que contribuyen levemente a la resistencia se denominan ___?___.

7-24. Para ayudar a prevenir la decoloración y la descomposición de resinas y plásticos se añaden ___?___.

7-25. El agrietamiento, el ayesamiento y los cambios de color pueden ser producto de ___?___.

7-26. Enumere cuatro tipos de colorantes utilizados en los plásticos.

7-27. Cuando la energía química, eléctrica o luminosa excita electrones, la radiación de la luz de los plásticos se denomina ___?___.

7-28. La eflorescencia de lubricación se produce por un exceso de ___?___.

7-29. Dado que el color se distribuye en todo el producto, los plásticos ___?___ son superiores a los plásticos pintados.

7-30. ¿Qué aditivo producirá el material compuesto más fuerte, negro de carbono o fibras de grafito?

7-31. ¿Qué es más fuerte un material compuesto hecho de SMC curado o una estructura enrollada con filamento?

7-32. Las resinas de poliéster prepotenciadas no deberán almacenarse durante un período de tiempo en un contenedor ___?___ o en un lugar ___?___.

Actividades

Antioxidantes

Los antioxidantes son sustancias químicas que reducen la degradación oxidante de los plásticos. Sin ellos, la mayoría de los plásticos no podrían seguir siendo útiles durante un período de tiempo largo.

Equipo. Laminillas para reactor de polipropileno, pelets de PP natural, tipo moldeo por inyección, equipo de moldeo por inyección, horno (preferiblemente de tipo de aire recirculante).

7-1. Obtenga varias piezas por inyección hasta conseguir un objeto o forma determinada. Utilice las laminillas de PP para reactor, que no deberán contener aditivos, cargas o refuerzos. Use también PP peletizado que contenga algún antioxidante.

7-2. Suspenda las piezas en un horno a 180 °C. No utilice un cable o pinzas de metal para colgar las piezas, pues el metal podría favorecer la degradación. El hilo de pescar de monofilamento puede servir si las piezas no son muy pesadas.

7-3. Deje las piezas en el horno hasta detectar algún grado de degradación de las piezas hechas a partir de laminillas de reactor. Saque las piezas a intervalos de tiempo regulares para registrar el desarrollo de la degradación. Deje una o dos piezas hasta que se degraden completamente y se desmenucen prácticamente al cogerlas. Continúe exponiendo piezas de material peletizado al calor. Deberán resistir más tiempo al calor hasta que se inicie la degradación.

7-4. Redacte un breve resumen de las conclusiones.

7-5. Para acelerar esta prueba, moldee los pelets y las laminillas de PP para reactor en láminas finas. Trate de producir láminas con un espesor inferior a 1 mm. Exponga las muestras a calor como en el paso 7-2. Se acusará una considerable degradación al cabo de unas horas. En la figura 7-25, se puede ver una muestra que presentó degradación al cabo de 4 horas a 180 °C.

Agentes de copulación

Los agentes de copulación favorecen la adherencia entre materiales plásticos y cargas o refuerzos. Los refuerzos fibrosos no pueden proporcionar resistencia si se resbalan desde la matriz plástica.

Equipo. PP natural, calidad de moldeo por extrusión o inyección, dos tipos de fibras de vidrio cortada, uno compatible con estireno y otro compatible con PP, una extrusora, un moldeador por inyección, un medidor la tracción.

Procedimiento

7-1. Forme un material compuesto con PP con una carga seleccionada de fibras de vidrio compatibles con PS. Determine el porcentaje de carga compatible con la capacidad de la extrusora. Si no pudiera con la carga, limítese a cargas inferiores a un 10%. Forme un material compuesto de un lote de material con la misma carga de vidrio compatible con PP. Si las fibras de vidrio no se dispersan bien después del primer paso a través de la extrusora, desplace ambos tipos a través de la extrusora una segunda vez y quizá una tercera.

7-2. Moldee por inyección las piezas. Si dispone de ello, utilice un molde para formar «huesos de perro» para pruebas de tracción. Haga pasar las piezas por un medidor de la tracción. Determine las resistencias y elongaciones a la deformación y la rotura. Calcule el promedio y las desviaciones típicas, trace las curvas comparando el vidrio compatible con PS con el vidrio compatible con PP.

7-3. Escriba un resumen de sus conclusiones.

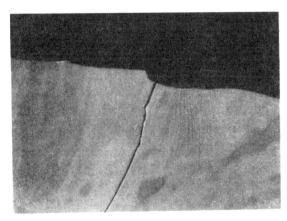

Fig. 7-25. Esta pieza de película de polipropileno desestabilizado presentó fractura frágil al cabo de 2 horas a 180 °C.

Capítulo 8

Caracterización y selección de plásticos comerciales

Introducción

Cualquier producto de plástico nuevo implica un sinfín de decisiones cuya adopción corresponde a diseñadores, ingenieros, productores y especialistas de marketing. Son ellos quienes determinan la forma, el color, la función, la resistencia, el estilo, el aspecto y la calidad del producto. Uno de los principales objetivos al desarrollar un nuevo producto es la identificación del material que se ha de usar. En este capítulo se pretende ofrecer una breve introducción sobre distintas facetas tocantes a la caracterización y selección del material. El esquema del contenido de este capítulo es:

I. Materiales básicos.
    A. Tipos de polimerización
    B. Índice de fundido
II. Selección del tipo de material
III. Bases de datos informatizadas para la selección de material.

Materiales básicos

La elección entre ABS, PC, PS o PP no suele ser una tarea sencilla. Además de factores como el coste, hay que decidir las características de resistencia, elasticidad, uso-medio ambiente y aspecto superficial. Pocos son los casos en los que las opciones están claras.

Un envase termoconformado para un bizcocho redondo decorado no tiene por qué ser hermético o tener propiedades de barrera de oxígeno. Tampoco requiere una resistencia a la radiación ultravioleta, pero sí ha de tener en cuenta el aspecto en el congelador y permitir el apilamiento. Así, generalmente estará hecho de poliestireno, material a la vez transparente y barato. Aunque sea bastante frágil y, probablemente, se rompa con el uso, aguantará las dos o tres aperturas que requiere su vida de servicio.

Las lentes plásticas para gafas exigen características más rigurosas. Deben ser muy transparentes y resistentes al rayado y al impacto, moldeables y, además, fáciles de trabajar con equipo de lijado, triturado y pulido. Una opción típica en este caso es el policarbonato, que satisface la mayor parte de los requisitos de impacto, no se fractura y es bastante resistente al rayado.

No obstante, no siempre es evidente el tipo de material plástico básico que se debe utilizar. El perfeccionamiento de las resinas comerciales dificulta aún más la elección. Por ejemplo, actualmente el polipropileno reforzado encuentra aplicación en campos antes reservados a materiales industriales, como el nilón.

Enumerar los usos habituales de toda la colección de plásticos desborda el marco de este capítulo. En los apéndices E y F se enumeran numerosos ejemplos de aplicaciones de plásticos corrientes. No obstante, se expondrán aquí ciertas consideraciones recurrentes en el proceso de selección de materiales. Una de ellas persigue comprender las características del material plástico básico.

La determinación del plástico básico no equivale a la selección del material ya que, si bien en algunos productos comerciales se emplean plásticos naturales, sin modificar y sin reforzar, dichos productos no son nunca polímero 100 por cien, sino que contienen algún aditivo. Una de las claves para distinguir entre diversos plásticos es el índice de flujo de fundido (IFF), también denominado índice de fundido. (Véase capítulo 6). Para comprender claramente la importancia del IFF, será útil una breve introducción a las técnicas de polimerización.

Técnicas de polimerización

En polimerización, se combinan moléculas de hidrocarburo minúsculas (meros) para formar moléculas enormes, denominadas frecuentemente macromoléculas. Para que este proceso tenga lugar eficazmente en un reactor químico, el monómero debe presentarse en una forma adecuada que proporcione un área superficial grande y un volumen bajo. Existen cuatro procesos diferentes para asegurar una alta proporción entre el área superficial y el volumen, que son polimerización en bloque, en solución, en suspensión y en emulsión. En el caso de la polimerización en bloque, la relación viene garantizada por reactores estrechos tubulares. La polimerización en solución requiere la adición de pequeñas gotas de monómero en un gran baño de disolvente. Por ejemplo, al polimerizar poliestireno a partir de monómero de estireno, se disuelve el monómero, aproximadamente al 20% en peso, en un 80% de benceno. Para evitar el uso de disolventes, en los procesos de polimerización en emulsión y suspensión se utiliza agua para que rodee la minúscula gota de monómero. Un examen más concienzudo de un polímero que se encuentra en forma de laminillas de reactor o esferas ofrecerá una idea de la reducida escala física a la que tienen lugar las reacciones de polimerización.

Independientemente del proceso, la polimerización se produce en virtud de dos tipos de reacciones químicas fundamentales: crecimiento de cadena (a veces llamada polimerización de adición) y crecimiento en etapas (también, polimerización de condensación).

En el caso del crecimiento de cadena, la polimerización se inicia en un punto determinado por acción de un iniciador químico. Prácticamente de forma instantánea, se forma la cadena completa sin producir subproductos químicos. La imagen de la creación de un tren cuando se unen cientos de vagones es bastante expresiva. Una vez completado, el tren no deja detrás ninguna pieza sobrante. La cadena deja de crecer por el efecto de sustancias químicas que provocan el término de la cadena. Puede tener lugar también por razones de probabilidad, pureza y tipo de monómero.

En la polimerización en etapas se combinan los monómeros para formar bloques de dos unidades, que, a su vez, se unen para constituir bloques de cuatro unidades. Este esquema se repite hasta que se le pone fin. La polimerización en etapas necesita normalmente alguna alteración química del monómero, lo que da como resultado ciertos subproductos. Si no se separan de forma continua, los subproductos retardarán o inhibirán el proceso de polimerización. Los productos secundarios más comunes son agua, ácido acético y cloruro de hidrógeno. Por ejemplo, en el moldeo de reacción-inyección se polimerizan algunos materiales por reacción en etapas, produciendo agua dentro del molde. Los moldes de este proceso de fabricación deben ser chapados con níquel para evitar una oxidación continua.

Ni la polimerización en cadena ni en la realizada en etapas el proceso es perfecto. Algunas moléculas crecen sobrepasando la longitud deseada y otras son demasiado cortas. Todo ello se traduce en una distribución de longitudes moleculares. En el capítulo 5, se señalaba cómo calcular la media y la desviación típica de una distribución normal de va-

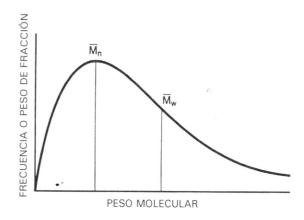

Fig. 8-1. Esta distribución de los pesos moleculares es típica de los monómeros de numerosos plásticos comerciales.

lores. Las distribuciones de moléculas de polímero son más complejas y no se pueden describir en su totalidad recurriendo solamente a la media y la desviación típica. La razón de ello es que la mayoría de las distribuciones de longitudes moleculares no obedecen a una distribución *normal*. Por el contrario, tienden a presentar la forma que se muestra en la figura 8-1.

La forma de esta curva (fig. 8-1) es muy importante. Al igual que en una distribución normal, esta curva tiene un valor máximo, identificado como M_n. En contraposición con las distribuciones normales, esta curva no es simétrica, sino que tiene una larga *cola* prolongada hacia la derecha. Esto significa que en el polímero existen algunas moléculas muy largas. Si estas moléculas largas fueran poco significativas, sería razonable pretender que la distribución fuera normal. Sin embargo, las moléculas largas son importantes porque alteran las propiedades físicas del material.

Para contar con una caracterización más adecuada de la distribución de pesos moleculares de un polímero es necesario utilizar tanto el peso molecular de media en número como el peso molecular de peso medio. El *peso molecular de media en número* se basa en la frecuencia de varias longitudes moleculares de una muestra. Implica que las moléculas cortas son *igual de importantes* que las largas. Por el contrario, el *peso molecular de peso medio* no considera la frecuencia de varias longitudes moleculares, sino la contribución de las moléculas al peso total de la muestra, de manera que se da mayor importancia a las más grandes que al simple recuento de su frecuencia.

La relación entre el Mw y el Mn es la el índice de polidispersidad (IP). Este número es en cierto modo similar a una desviación típica para una distribución normal. Tanto la desviación típica como el IP indican la extensión de los valores dentro de la distribución. Un IP de 1,0 es un polímero teóricamente perfecto en el que todas las moléculas tienen exactamente la misma longitud. A medida que aumenta el valor IP, lo hace también la diferencia entre las moléculas más cortas y las más largas. El IP de los polímeros comerciales oscila entre 2 y 40, aproximadamente.

Determinar el peso molecular de media en número y el peso molecular de peso medio no resulta fácil, ya que se precisan instrumentos especiales y un personal entrenado. Por consiguiente, muchos fabricantes acuden a los valores del índice de fusión para obtener una estimación «rápida y somera» de las longitudes moleculares medias de una muestra.

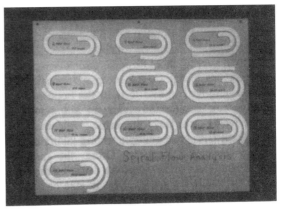

Fig. 8-2. Resultados de un análisis de flujo en espiral de homopolímero de polipropileno.

Índice de fundido

En la figura 8-2 se muestra la influencia de diferentes índices del flujo de fundido en una corriente espiral. Los moldes de corriente en espiral para moldeo de inyección tienen cavidades muy grandes, de manera que una *carga de inyección* de plástico se *congela* completamente mucho antes de llegar al fondo de la cavidad. En el análisis de flujo en espiral, el ajuste de la máquina de moldeo por inyección establece una temperatura uniforme para el molde y el plástico fundido. Dicho ajuste asegura asimismo una presión de inyección y una velocidad de inyección uniformes. Cada carga de inyección tiene un exceso de material, de manera que no se detiene la corriente por agotamiento del material, sino porque, dadas las condiciones del moldeo, deja de circular.

El material utilizado para la corriente en espiral que se muestra en la figura 8-2 fue homopolímero de polipropileno natural. Las diferencias resultaron de la selección de materiales con diferentes índices de fusión. La corriente más corta correspondió a un índice de fundido 2, y la más larga, a un índice de 20. Los valores indican los gramos de material extruido a través de un orificio normal en un período de 10 minutos. En la tabla 8-1, se muestran las longitudes de corriente para varios valores del índice de fundido (peso molecular medio).

En la tabla 8-2, se muestra la relación entre los datos de algunos tipos de homopolímero de polipropileno. Los datos de la tabla 8-2 demuestran que a medida que aumenta el IFF descienden tanto Mn como Mw. A pesar de que las estimaciones del peso molecular según los valores de IFF no son muy precisas, la tendencia general es muy sólida, la comprensión de estas relaciones puede ayudar a seleccionar el material.

Tabla 8-1. Relación entre IFF y flujo en espiral

IFF	Longitud de flujo (cm)
2	49,53
4	59,05
6	65,40
8	69,85
10	87,63
12	92,07
14	94,61
16	100,96
18	104,77
20	111,12

Tabla 8-2. Relación entre IFF y pesos moleculares

Interv flujo fundido	Nm	Pm	IP(Pm/Nm)
0,3–0,6	90.000	850.000	9,5
1–3	65.000	580.000	9
2,6	61.500	375.000	6,1
3–5	60.000	450.000	8
4,6	57.000	333.000	5,9
5–8	35.000	350.000	10
7,5	51.000	296.000	5,8
8,5	50.000	305.000	6,1
8–16	30.000	300.000	10

Selección de la calidad de material

La selección del tipo de material también entraña dificultades. Si se tiene en cuenta que las distintas casas producen materiales comparables, las opciones son inmensas. Por ejemplo, una compañía petroquímica importante ofrece cinco tipos de policarbonato resistente a altas temperaturas; tres multiuso (GP); tres retardadores de llama; dos reforzados con vidrio; uno de extrusión; uno modificado por impacto; cuatro para usos especiales, incluyendo aplicaciones médicas; y uno para iluminación, tres para aplicaciones ópticas y tres clases de materiales de lente para ventanillas de coche. Otra importante compañía ofrece 12 tipos de policarbonato multiuso, tres de alto índice de flujo, ocho para productos higiénicos, seis retardadores de llama, cinco reforzados con vidrio, siete resistentes al desgaste, siete de calidad óptica, cuatro para moldeo por soplado y cinco de material con alta resistencia térmica.

La mayoría de las compañías petroquímicas indican los valores IFF en las hojas de datos del material. Estos números se refieren a valores Nm, Pm y IP, no especificados normalmente. Además de las diferencias en la polidispersidad y el peso molecular, las demás disparidades proceden de las diversas cargas y aditivos. Las calidades de retardo de llama incluyen sustancias químicas que inhiben la combustión. Los materiales que presentan un alto índice de flujo llevan generalmente lubricantes internos que favorecen la circulación. La búsqueda del material óptimo para una aplicación en concreto puede ser abrumadora.

Bases de datos informatizadas para la selección del material

Si se tiene en cuenta que existen cientos de compañías productoras de plásticos y miles de calidades, la selección del *mejor* material para un producto es muy compleja. Para facilitar esta labor, se cuenta con bases de datos informatizadas con los datos de materiales. Estas bases de datos recogen y organizan los datos existentes sobre materiales, incluyendo típicamente información relativa a su marca registrada, nombre químico y del fabricante y gran parte de las propiedades físicas. Las propiedades abarcan resistencia, impacto, módulo de flexión y de tracción, dureza, contenido de cargas, fragilidad, temperatura de flexión térmica, índice de refracción, absorción de agua, flujo de fundido, contracción lineal de molde, entre otras. Las bases de datos exhaustivas incluyen datos reológicos, curvas de fluencia e informaciones de envejecimiento, resistencia química y a la intemperie.

Existen dos tipos fundamentales de bases de datos de materiales: las creadas por las empresas de software y las de compañías productoras de plásticos. Las empresas de software reúnen un gran número de materiales en bases de datos y luego venden los disquetes o la conexión a la red por una tarifa del orden de 1.000 dólares al año. Una de estas bases de datos contiene cerca de 17.000 materiales termoplásticos. Fabricantes de resinas como GE, DuPont, Mobay y BASF se centran por lo general únicamente en sus propios materiales y, por consiguiente, tienen bases de datos de aproximadamente 200 a 600 materiales.

La ventaja de contar con una base de datos específica para la compañía es que generalmente incluye más información sobre las propiedades físicas que la que pueda reunir una empresa de software. Las bases de datos más reducidas contienen también una información más exacta.

Las bases de datos incluyen una clasificación de características, que permite al usuario buscar en la base de datos materiales que se ajusten a un conjunto de rasgos concretos. La clasificación proporcionará al usuario una lista de materiales que cumplen las condiciones señaladas.

Con este proceso, se parte de la base de que las comparaciones directas entre materiales son fundamentalmente exactas. No obstante, su validez depende de la compatibilidad de los datos incluidos. En muchos casos, las pruebas realizadas según patrones de ASTM pueden no ser comparables debido a las diferencias de tamaño y forma de las muestras de ensayo, así como la existencia de diseños de molde diferentes y condiciones de moldeo distintas. Algunas bases de datos específicas para una compañía han abrazado las pruebas ISO con la esperanza de conseguir comparaciones de mayor precisión. No obstante, incluso dentro de una empresa productora de plásticos, surge el mismo problema. Las multinacionales tienen varios laboratorios de pruebas en diversos puntos geográficos. A menudo, las máquinas para moldear muestras de ensayo provienen de fabricantes distintos, los moldes no tienen un tamaño idéntico o las condiciones de enfriado y molde son diferentes de un emplazamiento a otro. Todos estos factores introducen variabilidad en los resultados de ensayo.

Resumen

En la selección del material, el conocimiento de las características del polímero básico es crucial. Las longitudes medias de las cadenas moleculares y la distribución de longitudes afectan a las propiedades físicas y las características de flujo. Además de las propiedades de las moléculas poliméricas, los aditivos, las cargas, los agentes reforzantes y los colores se ajustan a las aplicaciones concretas del plástico. La correcta decisión sobre el material favorece la vida del producto y su calidad. Por el contrario, una decisión incorrecta puede llevar a un fallo en el producto.

Vocabulario

Índice de polidispersidad (IP)
Peso molecular de media en número (Mn)
Peso molecular de peso medio (Mw)
Polimerización aditiva
Polimerización de bloque
Polimerización de condensación
Polimerización de crecimiento de cadena
Polimerización en emulsión
Polimerización en etapas
Polimerización en solución
Polimerización en suspensión

Preguntas

8-1. ¿En qué procesos de polimerización se emplea agua alrededor de las gotas de monómero?

8-2. ¿Cómo se crea una alta relación entre el área superficial y el volumen en la polimerización en bloque?

8-3. ¿Qué disolvente se utiliza comúnmente en una polimerización en disolvente de estireno?

8-4. ¿En qué se diferencia el crecimiento de cadena del crecimiento en etapas en reacciones de polimerización?

8-5. ¿Qué tipo de reacción de polimerización genera subproductos?

8-6. ¿Qué significa un índice de polidispersidad de 1,0?

8-7. ¿Cuál es el intervalo de valores IP aproximado habitual en plásticos comerciales?

Actividades

Introducción

Un planteamiento práctico para averiguar las distribuciones de peso molecular consiste en analizar mezclas fundidas, que son combinaciones de plásticos en las que el mezclado se realiza tras la polimerización inicial. Muchas compañías de materiales de este tipo deben suministrar a sus clientes plásticos con un punto de fusión específico. Para alcanzar el punto de fusión deseado, mezclan varios porcentajes de materiales con un flujo de fundido fácilmente asequible. La dificultad radica en que predecir el flujo de fundido resultante a partir de las velocidades de flujo de los ingredientes exige un conocimiento práctico de las diferencias entre los pesos moleculares de media en número y los pesos moleculares de peso medio.

Equipo. Extrusora de composición, peletizadora, plastómetro de extrusión y otro dispositivo para medir el flujo de fundido, plásticos concretos y equipo de seguridad personal.

Procedimiento

8-1. Adquiera dos o tres homopolímeros naturales con diferentes velocidades de flujo de fundido. A ser posible, obtenga información sobre el peso molecular de media en número y el peso molecular de peso medio de cada uno.

8-2. Utilice el equipo para medir el índice de fundido y verificar el flujo de fundido de los materiales seleccionados. Para mayor precisión, realice varias pruebas para cada tipo.

8-3. Determine los porcentajes relativos de los ingredientes y péselos. Por ejemplo, seleccione un tipo con el índice d fundido 2 y otro, 20. Para un lote de 500 gramos, utilice 50% (250 g) del material con el índice de fundido 2 y un 50% (250 g) del de 20. Si las diferencias de las velocidades de flujo son muy extremas, las dificultades con la predicción serán más evidentes.

8-4. Mezcle en fundido ambos materiales con diferentes velocidades de flujo de fundido en una extrusora y peletice el extruido.

8-5. Prediga el índice de fundido del plástico «nuevo». Si el valor predicho es 11, basándose en la suma de 20 y 2, divida después 22 por 2. Repase la figura 8-2. La distribución típica de los pesos moleculares no es simétrica, sino que tiende hacia la derecha. Dado que el peso molecular de peso medio también va hacia la derecha del pico, su influencia también se desviará.

8-6. Mida el punto de fusión del material compuesto.

8-7. Use la siguiente técnica para crear una estimación del punto de fusión del nuevo material.

    a. Determine el logaritmo de un valor de índice de fundido. El logaritmo de 2 es 0,3.

    b. Multiplique el porcentaje del material con el índice de fundido 2 por el valor de log (0,5 x 0,3 = 1,5).

    c. Determine el logaritmo del otro índice de fundido y multiplíquelo por el porcentaje (0,5 x 1,3 = 0,65).

    d. Sume los dos valores y tome el antilogaritmo de la suma. El antilogaritmo de 0,8 es 6,3. Este valor 6,3 deberá aproximarse al punto de fusión medido.

8-8. Mezcle en fundido porcentajes distintos, por ejemplo 15% del material de índice de fundido 2 y 85% del material con índice de fundido 20. Prediga el punto de fusión resultante y después determínelo experimentalmente.

8-9. Use más de dos ingredientes. ¿Predice el procedimiento matemático de manera precisa la mezcla de 3 o más materiales de punto de fusión distintos?

8-10. Escriba un resumen de sus conclusiones.

Capítulo 9

Mecanizado y acabado

Introducción

En este capítulo se ofrece una noción sobre cómo trabajar y dar acabados finos a los plásticos y los materiales compuestos. En general, se ha de aplicar un tratamiento posterior a las piezas de plástico moldeadas o conformadas que incluye operaciones habituales como eliminación de rebabas, corte de ranuras, pulido y recocido. Muchas de ellas son similares a las empleadas para labrar y dar el acabado a productos de metal o madera.

El inmenso número de máquinas y tratamientos que se utilizan para estas labores en los plásticos no permite una explicación detallada, si bien ciertos fundamentos se aplican a todos los procesos de mecanización y acabado. Cada familia de aditivos, cargas y plásticos requiere técnicas diferentes. Normalmente, la obtención de un artículo útil no implica sólo su labra, sino también un buen acabado.

Cualquier operación de este tipo presenta riesgos físicos potenciales. El corte con sierra, láser o chorro de agua produce polvo o partículas finas que obligan a los operarios a protegerse con gafas y mascarillas para prevenir daños y no inhalar partículas (véase capítulo 4 sobre salud y seguridad).

Las técnicas de tratamiento de los plásticos se basan en las aplicadas para el metal y la madera. Prácticamente todos los plásticos se pueden trabajar (fig. 9-1). Por regla general, los termoestables son más abrasivos a las herramientas de corte que los termoplásticos.

Las técnicas para mecanizar materiales compuestos, como estratificado de alta presión, piezas bobinadas con filamento y plásticos reforzados, incluyen mecanismos que evitan su exfoliación o deslaminación. Los agentes de refuerzo utilizados con diversos compuestos de matriz son abrasivos. La mayoría de los instrumentos cortantes deben estar hechos con carburo de tungsteno revestido (con diboruro de titanio, por ejemplo). Asimismo, se usan cortadoras de punta de diamante o acero rápido (M2). Los materiales compuestos de boro/epoxi se

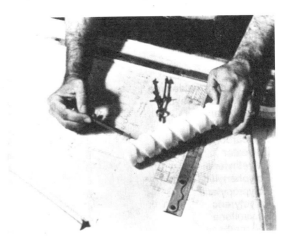

Fig. 9-1. Pieza trabajada a partir de un material en barra (The Polymer Corp.).

cortan generalmente con instrumentos de punta de diamante. La baja conductividad térmica y el limitado módulo de elasticidad (ductilidad, flexibilidad) de la mayoría de los termoplásticos exige un correcto afilado de los instrumentos para que el corte sea limpio y no se produzcan quemaduras, obstrucciones ni calor de rozamiento.

La recuperación elástica hace que los agujeros perforados o taladrados queden más pequeños que el diámetro de las brocas utilizadas y los diámetros torneados a menudo son más grandes. Los bajos puntos de fusión de algunos materiales termoplásticos explican su tendencia a ser gomosos y a fundirse o fisurarse al trabajarlos. Al aplicar calor, los plásticos se expanden más que cualquier otro material.

El coeficiente de dilatación térmica para los plásticos es aproximadamente diez veces mayor que el de los metales. Tal vez pueden necesitarse agentes de enfriamiento (líquidos o aire) para mantener la herramienta de corte limpia y sin esquirlas. Las ventajas del enfriamiento incluyen el aumento de la velocidad de corte, incisiones más suaves, mayor duración de la herramienta y eliminación de polvo. Dado que la matriz de polímero tiene un alto coeficiente de dilatación, incluso pequeñas variaciones de temperatura pueden provocar dificultades de control dimensionales.

Los temas que cubre este capítulo son:
I. Aserrado
II. Limado
III. Taladrado
IV. Troquelado, estampación en seco, corte con troquel
V. Aterrajado y roscado
VI. Torneado, fresado, cepillado, conformación, ranurado
VII. Corte con láser
VIII. Corte con fractura inducida
IX. Corte térmico
X. Corte hidrodinámico
XI. Desbastado y pulido
XII. Desrebarbado en tambor
XIII. Recocido y postcurado

Aserrado

Prácticamente todos los tipos de sierras están adaptados para cortar plásticos. Se pueden emplear serruchos de costilla y de calar, sierra alternativa para metales, modelos manuales y sierras de joyero para trabajos artesanales o de series cortas. En todo caso, lo importante para cortar adecuadamente el plástico es la forma del diente.

Tabla 9–1. Sierras eléctricas para cortar plásticos

	Sierras circulares			Sierras de cinta		
	Dientes por cm		Velocidad	Dientes por cm		Velocidad
	(<6 mm)	(>6 mm)	m/s	(<6 mm)	(>6 mm)	m/s
Acetal	4	3	40	8	5	7,5–9
Acrílico	3	2	15	6	3	10–20
ABS	4	3	20	4	3	5–15
Acetato de celulosa	4	3	15	4	2	7,5–15
Ftalato de dialilo	6	4	12,5	10	5	10–12,5
Epóxido	6	4	15	10	5	7,5–10
Ionómero	6	4	30	4	3	7,5–10
Melamina–formaldehído	6	4	25	10	5	12,5–22,5
Fenol–formaldehído	6	4	15	10	5	7,5–15
Polialómero	4	3	45	3	2	5–7,5
Poliamida	6	4	25	3	2	5–7,5
Policarbonato	4	3	40	3	2	7,5–10
Poliéster	6	4	25	10	5	15–20
Polietileno	6	4	45	3	2	7,5–10
Óxido de polifenileno	6	4	25	3	2	10–15
Polipropileno	6	4	45	3	2	7,5–10
Poliestireno	4	3	10	10	5	10–12,5
Polisulfona	4	3	15	5	3	10–15
Poliuretano	4	3	20	3	2	7,5–10
Policloruro de vinilo	4	3	15	5	3	10–15
Tetrafluoroetileno	4	3	40	4	3	7,5–10

Véase apéndice G. Tablas útiles.

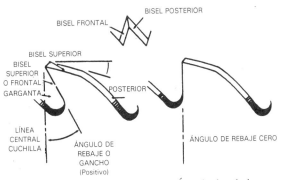

(A) Partes del diente de la sierra circular.

(B) Ángulo de rebaje cero del diente de sierra.

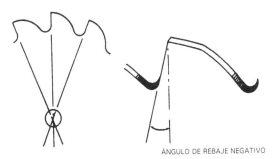

(C) Ángulo de rebaje cero de manera que las líneas de la cara del diente se cruzan en el centro de la cuchilla.

(D) Ángulo de rebaje negativo.

(E) Ángulo de rebaje positivo.

Fig. 9-2. Características del diente de una cuchilla de sierra circular.

Las cuchillas circulares deben tener bastante encorvadura o estar *afiladas con cara cóncava*, así como una *garganta* (fig. 9-2A) honda y bien redondeada. El *ángulo de rebaje* (o gancho) deberá ser nulo (o ligeramente negativo). El *ángulo de incidencia* será aproximadamente de 30°. El número de dientes por centímetro preferible varía según el grosor del material que se va a cortar. Se usarán cuatro dientes o más por centímetro para cortar materiales delgados. En plásticos con un espesor superior a 25 mm bastará con menos de cuatro dientes por centímetro.

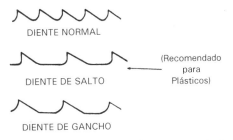

(A) Los saltos de diente proporcionan un espacio de garganta grande y el despeje de las esquirlas. El diente de gancho es a veces preferible para termoestables cargados con vidrio.

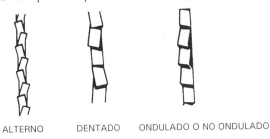

(B) Dientes de cuchilla de una sierra de cinta corriente.

Fig. 9-3. Dientes de filo de sierra de cinta.

Son preferibles las cuchillas de sierra de cinta de salto de diente (fig. 9-3A). La ancha garganta de este filo proporciona un amplio espacio para expulsar las virutas de plástico que salen de la entalla (corte realizado por la sierra). Para lograr los mejores resultados, el diente tendrá un ángulo de rebaje nulo y cierta encorvadura.

Es posible invertir las cuchillas de una sierra de cinta para conseguir un ángulo de rebaje cero o negativo. Las cuchillas abrasivas de carburo o granalla de microdiamante pueden servir para cortar grafito y materiales compuestos de boro/epoxi. En todas las operaciones de corte conviene apoyar el trabajo en un material sólido para reducir el desconchado, la fisura o la deslaminación de los materiales compuestos. En la tabla 9-1 se sugiere el número de dientes por centímetro para varias velocidades y grosores de material.

Nota: Para cortar plásticos de grosor superior a 6 mm se necesitan menos dientes por centímetro. Los plásticos flexibles o delgados se pueden cortar con tijeras o punzones. Las espumas requieren velocidades de corte por encima de 40 m/s.

Para cortar plásticos reforzados o cargados, y muchos termoendurecibles, se recomienda el uso de cuchillas con punta de carburo (fig. 9-4), lo que

(A) Corte con diamante utilizado para cortar un tubo reforzado de boro-epóxido (Advanced Structures Division, TRE Corp.)

(B) Esta máquina pule (desbasta) láminas de plástico desde el depósito de carga (McNeil Akron Corp.)

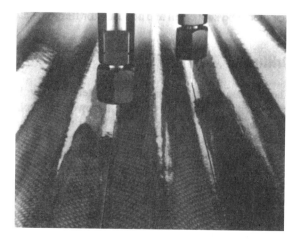

(C) Materiales compuestos espaciales, como kevlar, se cortan de forma rápida y limpia por chorro de agua (Flow Systems Inc.)

Fig. 9-4. Métodos para cortar plásticos.

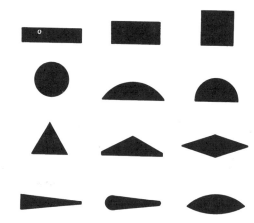

(A) Varios perfiles de lima

(B) Para limar plásticos e pueden utilizar limas giratorias.

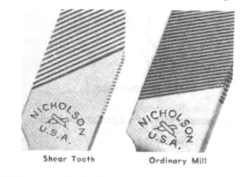

(C) Comparación de limas de diente cortante y planas normales.

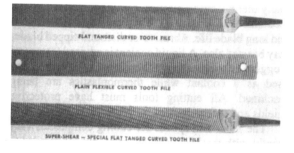

(D) Limas de diente curvo para limar plásticos.

Fig. 9-5. Limas para plásticos.

Tabla 9-2. Trabajado de materiales compuestos

Operación	Material	Herramienta cortante	Velocidades	Avance
Taladro	Gl-Pe	Diamante 0,250	20.000 RPM	0,002/rev
	B-Ep	Diamante 0,250 alma (60-120 granalla)	100 SFPM	0,002/rev
	B-Ep	Estría 0,250 2-4 (HSS)	25 SFPM	0,002/rev
	Kv-Ep	Carburo taladros	>25.000 RPM	0,002/rev
	Kv-Ep	Carburo punta marcadora	>6.000 RPM	0,002/rev
	Gl-Ep	Carburo tungsteno	<2.000 RPM	<0,5 ipm
	Gr-Ep	Carburo tungsteno	>5.000 RPM	<0,5 ipm
Sierra de cinta	Kv-Ep	Filo rectificado 14 dientes	3.000-60.000 SFPM	<30 ipm
	B-Ep	Carburo o diamante 60 gut	2.000-5.000 SFPM	<30 ipm
	Híbridos		3.000–6.000 SFPM	<30 ipm
	G-Pe	Filo rectificado 14 dientes	3.000–6.000 SFPM	<30 ipm
Fresado	Mayoría	Carburo cuatro estrías	300–800 SFPM	<10 ipm
Sierra circular	Gr-Ep, B-Ep	granalla diamante 60	6.000 SFPM	<30 ipm
	Gl-Pe	Carburo 60 dientes o	5.000 SFPM	<30 ipm
		Granalla diamante 60	5.000 SFPM	<30 ipm
Torneado	Kv-Ep	Carburo	250–300 SFPM	0,002/rev
	Gl-Pe	Carburo	300–600 SFPM	0,002/rev
Cizalladuras	Kv-Ep	HSS o carburo	–	< 30 ipm
Taladrado o avellanado	mayoría	Granalla diamante o carburo	20.000 RPM 6.000 RPM	<0,5 ipm
Láser (10 kW)	mayoría <0,250 espesor	Enfriado CO_2	–	<30 ipm según material
Chorro agua	mayoría <0,250 espesor	60.000 psi–0,10 pulg	–	>30 ipm según material
Abrasivo (lijado)	mayoría	Carburo silicona o granalla alúmina (húmeda)	4000 SFPM	–
Ranurador	mayoría	Granalla diamante o carburo	20000 RPM	–

permite practicar cortes de precisión al tiempo que se protege la herramienta. Se pueden emplear también cuchillas con punta de diamante o abrasivo. Es aconsejable el uso de un fluido refrigerante para evitar atascos o sobrecalentamiento, aunque también se emplean chorros de CO_2 como refrigerante al trabajar termoplásticos. Todas las herramientas de corte deberán disponer de pantallas y dispositivos de protección.

El avance y la velocidad de corte de materiales compuestos dependerán en gran medida del grosor y del material, aunque son similares a las de los materiales no ferrosos (véase tabla 9-2).

Limado

Los plásticos termoendurecibles son bastante duros y frágiles, por lo que el limado elimina el material en forma de un polvo ligero. Son preferibles limas de aluminio tipo A, de diente cortante y limatones con un ángulo de 45° (fig. 9-5). Las mellas con una inclinación profunda favorecen el despeje de las virutas de plástico. Muchos termoplásticos suelen atascar estas herramientas; así, las limas de diente redondeado como las que se utilizan en los talleres de carrocerías de automóviles resultan adecuadas porque eliminan las esquirlas de plástico por sí solas. Las especialmente diseñadas para plásticos deben mantenerse siempre limpias y no utilizarse para limar metales.

Taladrado

Los materiales termoplásticos y termoendurecibles se pueden taladrar con una broca helicoidal, si bien las brocas especialmente diseñadas para plásticos ofrecen mejores resultados. En particular, son más duraderas las brocas con punta de carburo. Los agujeros perforados en la mayoría de los termoplásticos y algunos termoestables suelen ser de 0,05 a 0,10 mm más pequeños, según lo cual una broca de 6 mm no producirá un agujero de anchura suficiente para una varilla de 6 mm. Es posible que los termoplásticos requieran un fluido refrigerante para reducir el calor de rozamiento y el engomado durante la operación.

En la mayoría de los plásticos, las brocas deberán estar rectificadas con un ángulo sólido de 70° a 120° y un ángulo de incidencia del labio cortante de 10° a 25° (fig. 9-6). El ángulo de rebaje en el borde cortante deberá ser cero o algunos grados negativo. En la tabla 9-3 se indican los ángulos de rebaje y los ángulos sólidos de materiales plásticos. Para eliminar correctamente las esquirlas es preferible usar estrías sinuosas muy pulidas (ángulo de rebaje en hélice).

Los cuatro factores que influyen en la velocidad de corte son:

1. Tipo de plástico
2. Geometría de la herramienta
3. Lubricante o refrigerante
4. Avance de la herramienta y profundidad del corte

La velocidad de corte de los plásticos se da en metros por segundo (m/s), referidos a la distancia

Tabla 9-3. Geometría de broca

Material	Ángulo de rebaje	Ángulo sólido	Despeje	Rebaje
Termoplástico				
Polietileno	10°–20°	70°–90°	9°–15°	0°
Policloruro de vinilo rígido	25°	120°	9°–15°	0°
Acrílico (Polimetacrilato de metilo)	25°	120°	12°–20°	0°
Poliestireno	40°–50°	60°–90°	12°–15°	0° a –5°
Resinas de poliamida	17°	70°–90°	9°–15°	0°
Policarbonato	25°	80°–90°	10°–15°	0°
Resina acetal	10°–20°	60°–90°	10°–15°	0°
Fluorocarbono TFE	10°–20°	70°–90°	9°–15°	0°
Termoendurecible				
Base papel o algodón	25°	90°–120°	10°–15°	0°
Vidrio fibroso u otras cargas	25°	90°–120°	10°–15°	0°

Tabla 9-4. Guía de velocidades para perforar plásticos

Tamaño de broca	Velocidad para termoplásticos, r/s	Velocidad para termoestables r/s
Nº 33 y menor	85	85
Nº 17 a 32	50	40
Nº1 a 16	40	28
1,5 mm	85	85
3 mm	50	50
5 mm	40	40
6 mm	28	28
8 mm	28	20
9,5 mm	20	16
11 mm	16	10
12,5 mm	16	10
A–C	40	28
D–O	20	20
P–Z	20	16

que recorre el borde cortante de la broca en un segundo cuando se mide en la circunferencia de la herramienta cortante. Para determinar los metros de superficie por segundo se utiliza la fórmula siguiente, a partir de una información fácilmente asequible en los libros de texto:

$$m/s = \pi D \times rpm$$
$$r/s = (m/s) \div (\pi D)$$

donde rpm = revoluciones por minuto
r/s = revoluciones por segundo
m/s = metros de superficie por segundo
D = diámetro de la herramienta cortante en metros
π = 3,14

Como regla empírica, los plásticos tienen una velocidad de corte de 1 m/s. En la tabla 9-4 se ofrece una guía para la perforación de materiales termoplásticos y termoestables.

La velocidad de desplazamiento de una herramienta de perforación o corte en el plástico es crucial. La distancia de penetración de la herramienta en el trabajo con cada revolución se denomina *avance*, una magnitud que se mide en milímetros. El avance de broca oscila entre 0,25 y 0,8 mm para la mayoría de los plásticos, según del grosor del material (Tabla 9-5).

Muchos de estos mismos principios de velocidad y avance se aplican también al escariado, el avellanado, el refrentado de superficies y el ensanchado (fig. 9-7). En muchos termoplásticos se pueden hacer los agujeros con punzones huecos. El calentado del material puede favorecer la operación del punzón.

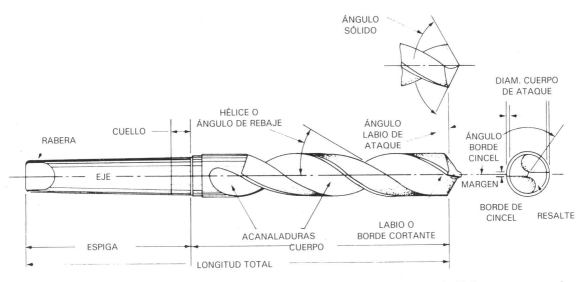

(A) Nomenclatura seleccionada para broca helicoidal en espiga. Las brocas con diámetro de 12,5 mm o menos suelen tener espigas rectas (Morse Twist Drill Machine Co.)

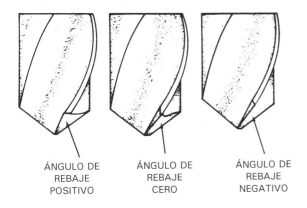

(B) Generalmente, para plásticos es preferible un ángulo de rebaje cero, si bien en el caso del poliestireno a veces se emplea ángulo de rebaje negativo.

Fig. 9-6. Nomenclatura para brocas.

También se pueden utilizar brocas de núcleo sinterizado adiamantado, avellanadores, escariadores o refrentadores de superficie con energía ultrasónica para taladrar algunos materiales compuestos. Los de boro/epoxi y grafito/boro/epoxi, al igual que otros materiales híbridos, pueden requerir técnicas ultrasónicas.

Troquelado, estampación en seco y corte con troquel

Muchos materiales termoplásticos y piezas delgadas de termoestables se pueden cortar con cortadoras de filete, troqueles de punzonar o cuchillas

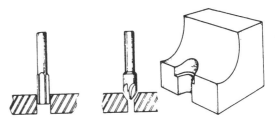

(A) Escariado (B) Avellanado (C) Refrentado

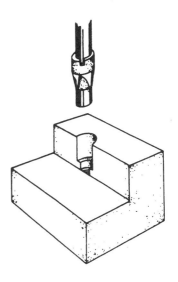

(D) Ensanchado

Fig. 9-7. Operaciones de perforación de plásticos.

Tabla 9-5. Avance de perforación de plásticos

Material	Velocidad m/s	Avance, mm/revolución					
		1,5	3	6	12,5	19	25
Termoplásticos							
Polietileno	0,75–1,0	0,05	0,08	0,13	0,25	0,38	0,5
Polipropileno							
Fluorocarbono TFE							
Butirato							
Estireno alto impacto	0,75–1,0	0,05	0,1	0,13	0,15	0,15	0,2
Acrilonitrilo-butadieno-estireno							
Acrílico modificado							
Nilón	0,75–1,0	0,05	0,08	0,13	0,2	0,25	0,3
Acetales							
Policarbonato							
Acrílicos	0,75–1,0	0,02	0,05	0,1	0,2	0,25	0,3
Poliestirenos	0,75–1,0	0,02	0,05	0,08	0,1	0,13	0,15
Termoestables							
Base papel o algodón	1,0–2,0	0,05	0,08	0,13	0,15	0,25	0,3
Homopolímeros	0,75–1,5	0,05	0,08	0,1	0,15	0,25	0,3
Vidrio fibra, grafitado y base de amianto	1,0–1,25	0,05	0,08	0,13	0,2	0,25	0,3

de moldurar (fig. 9-8). Estas labores se llevan a cabo en piezas finas de menos de 6 mm de espesor. Los agujeros se pueden taladrar o cortar con troquel, pudiendo ser útil el calentamiento previo del material plástico.

El punzonado y corte de materiales compuestos estratificados implica normalmente cierta deslaminación, quiebra de bordes o rasgado de fibra. Se recomienda la rectificación con abrasivo hasta conseguir la dimensión final.

Aterrajado y fileteado

Para realizar el aterrajado y el fileteado se pueden emplear herramientas y métodos propios de los talleres mecánicos. Para evitar el sobrecalentamiento, los machos de roscar deberán ser rectificados con acabado y tener estrías pulidas. Se pueden utilizar asimismo lubricantes que ayuden a despejar los restos del agujero. Si se necesita transparencia, se puede insertar una varilla de cera en el agujero perforado antes del aterrajado. La cera sirve para lubricar, expulsar las virutas y conseguir una rosca más transparente.

Teniendo en cuenta la recuperación elástica de la mayoría de los plásticos, deberán utilizarse machos de mayor tamaño, que se designan del siguiente modo:

H1: Tamaño básico a básico + 0,012 mm
H2: Básico + 0,012 mm a básico + 0,025 mm
H3: Básico + 0,025 mm a básico + 0,038 mm
H4: Básico + 0,038 mm a básico + 0,050 mm

La velocidad de corte del aterrajado mecánico deberá ser inferior a 0,25 m/s. El macho deberá ser retirado a menudo para limpiar las virutas. Normalmente, no más de un 75% del paso de la rosca completo penetra en el plástico. No son aconsejables las roscas en V puntiagudas; resultan más convenientes las roscas Acme (fig. 9-9) y las roscas métricas ISO. En la figura 9-10 se representa la designación de tornillo de rosca métrica, y en la tabla 9-6 se muestran algunas roscas métricas ISO. (ISO corresponde a las siglas de International Organization for Standardization, u organización internacional de normalización). Para obtener un tamaño de broca con macho de roscar, se resta el paso del diámetro. En la tabla 9-7 se muestran los tamaños de taladro con macho de roscar de pasos grande y fino.

Los plásticos se pueden aterrajar y filetear sobre tornos y máquinas de roscado. (Véase sujeción mecánica, en el capítulo 18).

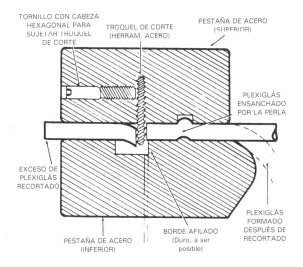

(A) Matriz de punzonar y sujeción para cortar plexiglás

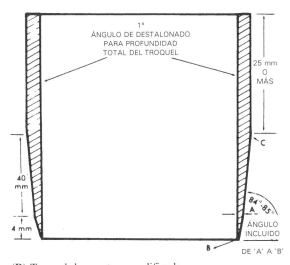

(B) Troquel de zapatero modificado

Fig. 9-8. Troqueles utilizados para cortar plásticos (Rohm & Haas Co.).

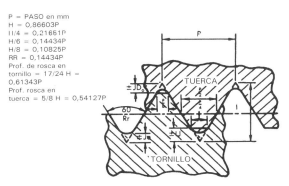

Fig. 9-9. Formas de rosca métrica ISO simplificadas.

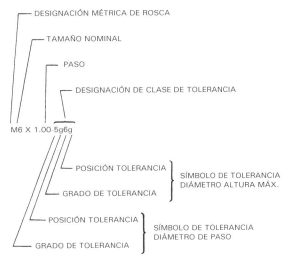

(A) Designación de tornillos de rosca métrica

CLASES DE AJUSTE	ROSCAS INTERNAS (TUERCAS)	ROSCAS EXTERNAS (TORNILLOS)
APRETADO (precisión)	5H	4h
MEDIO (uso general)	6H	6g
SUELTO (montaje fácil)	7H	8g

(B) Clases de ajuste

Fig. 9-10. Tornillos de rosca métrica y clases de ajuste.

Tabla 9-6. Roscas métricas ISO concretas - Series de rosca de paso grande

Diámetro, mm	Paso mm	Taladro mm²	Profundidad mm	Área raíz mm
M2	0,40	1,60	0,25	1,79
M2,5	0,45	2,05	0,28	2,98
M3	0,50	2,50	0,31	4,47
M4	0,70	3,30	0,43	7,75
M5	0,80	4,20	0,49	12,7
M6	1,00	5,00	0,61	17,9
M8	1,25	6,75	0,77	32,8
M10	1,50	8,50	0,92	52,3
M12	1,75	10,25	1,07	76,2
M16	2,00	14,00	1,23	144

Torneado, fresado, cepillado, conformación y ranurado

Las herramientas de corte de acero rápido o carburo utilizadas para labrar latón y aluminio son las más aconsejadas para trabajar los plásticos (fig. 9-11A). Los avances y velocidades son similares. En muchos plásticos se pueden conseguir buenos resultados con una velocidad periférica de 2,5 m/s y avances (profundidad de corte) de 0,5 a 0,12 mm por revolución. En un material cilíndrico, un corte de 1,25 mm reducirá el diámetro 2,5 mm.

Tabla 9-7. Taladros con macho de roscar nacionales de paso grande y paso fino

Tamaño	Roscas por 2,5 cm	Diámetro mayor	Diámetro menor	Paso de rosca	Broca con macho de roscar 75%	Equivalente decimal	Broca diámetro	Equivalente decimal
2	56	0,0860	0,0628	0,0744	50	0,0700	42	0,0935
	64	0,0860	0,0657	0,0759	50	0,0700	42	0,0935
3	48	0,099	0,0719	0,0855	47	0,0785	36	0,1065
	56	0,099	0,0758	0,0874	45	0,0820	36	0,1065
4	40	0,112	0,0795	0,0958	43	0,0890	31	0,1200
	48	0,112	0,0849	0,0985	42	0,0935	31	0,1200
6	32	0,138	0,0974	0,1177	36	0,1065	26	0,1470
	40	0,138	0,1055	0,1218	33	0,1130	26	0,1470
8	32	0,164	0,1234	0,1437	29	0,1360	17	0,1730
	36	0,164	0,1279	0,1460	29	0,1360	17	0,1730
10	24	0,190	0,1359	0,1629	25	0,1495	8	0,1990
	32	0,190	0,1494	0,1697	21	0,1590	8	0,1990
12	24	0,216	0,1619	0,1889	16	0,1770	1	0,2280
	28	0,216	0,1696	0,1928	14	0,1820	2	0,2210
1/4	20	0,250	0,1850	0,2175	7	0,2010	G	0,2610
	28	0,250	0,2036	0,2268	3	0,2130	G	0,2610
5/16	18	0,3125	0,2403	0,2764	F	0,2570	21/64	0,3281
	24	0,3125	0,2584	0,2854	1	0,2720	21/64	0,3281
3/8	16	0,3750	0,2938	0,3344	5/16	0,3125	25/64	0,3906
	24	0,3750	0,3209	0,3479	Q	0,3320	25/64	0,3906
7/16	14	0,4375	0,3447	0,3911	U	0,3680	15/32	0,4687
	20	0,4375	0,3725	0,4050	25/64	0,3906	29/64	0,4531
1/2	13	0,5000	0,4001	0,4500	27/64	0,4209	17/32	0,5312
	20	0,5000	0,4350	0,4675	29/64	0,4531	33/64	0,5156
9/16	12	0,5625	0,4542	0,5084	31/64	0,4844	19/32	0,5937
	18	0,5625	0,4903	0,5264	33/64	0,5156	37/64	0,5781
5/8	11	0,6250	0,5069	0,5660	17/32	0,5312	21/32	0,6562
	18	0,6250	0,5528	0,5889	37/64	0,5781	41/64	0,6406
3/4	10	0,7500	0,6201	0,6850	21/32	0,6562	25/32	0,7812
	16	0,7500	0,6688	0,7094	11/16	0,6875	49/64	0,7656
7/8	9	0,8750	0,7307	0,8028	49/64	0,7656	29/32	0,9062
	14	0,8750	0,7822	0,8286	13/16	0,8125	57/64	0,8906
1	8	1,0000	0,8376	0,9188	7/8	0,8750	1-1/32	1,0312
	14	1,0000	0,9072	0,9536	15/16	0,9375	1-1/64	1,0156
1-1/8	7	1,1250	0,9394	1,0322	63/64	0,9844	1-5/32	1,1562
	12	1,1250	1,0167	1,0709	1-3/64	1,0469	1-5/32	1,1562
1-1/4	7	1,2500	1,0644	1,1572	1-7/64	1,1094	1-9/32	1,2812
	12	1,2500	1,1417	1,1959	1-11/64	1,1719	1-9/32	1,2812
1-1/2	6	1,5000	1,2835	1,3917	1-11/32	1,3437	1-17/32	1,5312
	12	1,5000	1,3917	1,4459	1-27/64	1,4219	1-17/32	1,5312

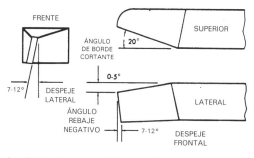

(A) Ángulos de rebaje y de ataque de herramienta cortante para torneado multiuso de plásticos. Observe el ángulo de rebaje negativo 0-5°. La herramienta de punta afilada con un ángulo de rebaje +20° se utiliza en el torneado de poliamidas.

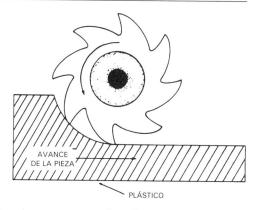

(B) Fresado concurrente o fresado descendente, técnica en la que la pieza avanza en el mismo sentido que la fresa.

Fig. 9-11. Mecanizado de plásticos.

Tabla 9-8. Torneado y fresado de plásticos

Material	Torneado punta simple (Acero rápido)			Fresadora por diente (Acero rápido)		
	Profundidad de corte, mm	Velocidad m/s	Avance mm/r	Profundidad de corte, mm	Velocidad m/s	Avance, mm por diente
Termoplásticos						
Polietileno	3,8	0,8–1,8	0,25	3,8	2,5–3,8	0,4
Polipropileno	0,6	1,5–2	0,05	3,8	2,5–3,8	0,4
TFE–fluorocarbono				1,5	3,8–5	0,1
Butiratos				3,8	2,5–3,8	0,4
ABS	3,8	1,2–1,8	0,38	3,8	2,5–3,8	0,4
Poliamidas	3,8	1,5–2	0,25	3,8	2,5–3,8	0,4
Policarbonato	0,6	2–2,5	0,05	1,5	3,8–5	0,1
Acrílicos	3,8	1,2–1,5	0,05	1,5	3,8–5	0,1
Poliestirenos,	3,8	0,4–0,5	0,19	3,8	2,5–3,8	0,4
impacto bajo y medio	0,6	0,8–1	0,02	3,8	2,5–3,8	0,4
Termoestables						
Base de papel	3,8	2,5–5	0,3	1,5	2,0–2,5	0,12
y algodón	0,6	5–10	0,13	1,5	2,0–2,5	0,12
Vidrio de fibra	3,8	1–2,5	0,3	1,5	2,0–2,5	0,12
y base de grafito	0,6	2,5–5	0,13	1,5	2,0–2,5	0,12
Base de amianto	3,8	3,2–3,8	0,3	1,5	2,0–2,5	0,12

La operación de *fresado concurrente* (o *en la misma dirección*) con lubricación proporciona un buen acabado mecanizado en los plásticos (fig. 9-11B). En el fresado concurrente, la pieza se desplaza en la misma dirección que la fresa. La velocidad de avance de fresas de bordes múltiples se expresa en milímetros de corte por borde cortado por segundo. El avance de una máquina fresadora se mide en milímetros de movimiento de tabla por segundo, en vez de en milímetros por rotación de eje. La fórmula que se ofrece a continuación sirve para determinar la cantidad de avance en milímetros por segundo:

$$mm/s = t \times apd \times r/s$$

donde
t = número de dientes
mm/s = avance en milímetros por segundo
apd = avance por diente (carga de virutas)
r/s = revoluciones por segundo (eje o pieza)

En la tabla 9-8 se exponen datos de torneado y fresado de diferentes materiales plásticos. En la 9-9 se indican los ángulos de incidencia lateral y final y los de rebaje de herramientas cortantes con diferentes plásticos.

Se recomienda usar cortadoras con punta de carburo para todos los trabajos de torneado, fresado, cepillado, conformación y ranurado. Para plásticos se pueden emplear limadoras, cepilladoras y buriladoras para la madera, siempre y cuando las herramientas estén afiladas convenientemente. Las buriladoras y limadoras sirven para cortar bolas, barbillas y estrías y para rematar bordes. Para series largas con uniformidad en el acabado y precisión son imprescindibles herramientas con punta de carburo o adiamantada.

Corte con láser

Un láser (amplificación de luz por emisión de radiación estimulada) de CO_2 puede suministrar una potente radiación a una longitud de onda de 10,6 ìm (micras). En plásticos, se puede utilizar un lá-

Tabla 9-9. Diseño de herramienta de torneado

Material trabajo	Ángulo de incidencia lateral	Ángulo de incidencia extremo	Ángulo de rebaje
Policarbonato	3	3	0–5
Acetal	4–6	4–6	0–5
Poliamida	5–20	15–25	–5–0
TFE	5–20	0,5–10	0–10
Polietileno	5–20	0,5–10	0–10
Polipropileno	5–20	0,5–10	0–10
Acrílico	5–10	5–10	10–20
Estireno	0–5	0-5	0
Termoestables:			
Papel o tela	13	30–60	–5-0
Vidrio	13	33	0

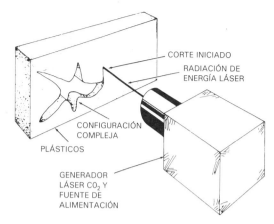

(A) Concepto básico

(B) Láser robótico de cinco ejes utilizado para dar un acabado a una pieza de kevlar moldeada en tres dimensiones. (Russel Plastics Technology)

Fig. 9-12. La energía luminosa de un láser se puede utilizar para cortar entrantes y salientes en el plástico o para rematar una forma final.

ser para señalar agujeros y diseños complicados con entrantes y salientes (fig. 9-12). La energía de láser se puede controlar simplemente para grabar la superficie de plástico, o vaporizarla y fundirla. Los orificios y cortes hechos con láser presentan ligera disminución progresiva, pero son limpios y de perfecto acabado. Los cortes con láser son más precisos y los márgenes de tolerancia más estrechos que en el caso de las operaciones con maquinaria convencional. No existe un contacto físico entre el plástico y el equipo de láser, gracias a lo cual no se producen virutas. El corte con láser produce un residuo de polvo fino que se puede eliminar perfectamente con sistemas de vacío. La mayoría de los polímeros y materiales compuestos se pueden trabajar con láser. Algunos materiales compuestos estratificados tienden, no obstante, a sobrecalentarse, formar burbujas o carbonizarse.

Corte de fractura inducida

Los acrílicos y otros plásticos, incluidos algunos materiales compuestos, se pueden cortar a través de métodos de *fractura inducida*, semejantes a los que se utilizan para cortar vidrio. Se puede emplear una herramienta o cuchilla cortante para marcar o rayar la superficie del plástico. En el caso de piezas gruesas, se marcan ambas caras, se presiona en dirección opuesta a la línea marcada y se fractura el plástico. La fractura seguirá la línea marcada (fig. 9-13).

Corte térmico

Para cortar plásticos sólidos y expandidos o en espuma se emplean alambres o troqueles calentados. El troquelado en caliente sirve para cortar tejidos o siluetas, mientras que el alambre o tira re-

(A) Marcado de plástico con herramienta

(B) Alineación de la línea marcada con el borde de la mesa

Fig. 9-13. Método de corte por fractura inducida (*continúa*)

Desbastado y pulido

Las técnicas de desbastado y pulido para los plásticos son semejantes a las que se aplican en maderas, metales y vidrio.

Teniendo en cuenta las propiedades elásticas y térmicas de los termoplásticos, su rectificación suele ser difícil. El rectificado con muela abrasiva se realiza con mayor facilidad en materiales termoendurecibles, plásticos reforzados y la mayoría de los materiales compuestos. Esta técnica no es aconsejable a no ser que se cuente con muelas de grano abierto y un fluido refrigerante. El lijado manual o mecánico es muy importante. En las máquinas se emplea *papel de lija de grano abierto* para evitar el atasco (recarga). Se recomienda también un abrasivo de carburo de silicio de grano 80 para un lijado tosco. En cualquier máquina lijadora se aplicará una presión ligera para evitar el sobrecalentamiento del plástico.

Las lijadoras de disco (que funcionan a 30 r/s) y de cinta (de velocidad periférica 18 m/s) sirven para lijar en seco. Si se incluyen refrigerantes acuosos, el abrasivo dura más y aumenta la acción de corte. Se utilizarán abrasivos cada vez más finos, es decir, después de una primera lija de grano 80 se usará papel de lija seco o mojado de siliciocarburo de grano 280 y, finalmente, un papel de lija de grano 400 ó 600. Una vez concluida la operación y retirados los abrasivos, se continuará con otros tipos de acabado.

El pulido con piedra pómez húmeda y con rueda de trapo se lleva a cabo en muelas cargadas con abrasivo. Estas muelas pueden estar hechas de tela, cuero o cerdas. Se emplea una muela diferente para cada

(C) Acción para inducir la fractura de la pieza de plástico

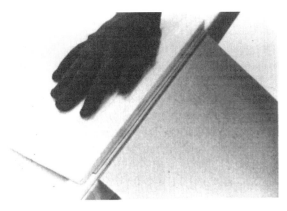

(D) Corte completo.

Fig. 9-13. Método de corte por fractura inducida (*cont.*).

calentada se usan comúnmente en el corte de plásticos expandidos (fig. 9-14). Este tipo de corte se caracteriza por aristas suaves y ausencia de virutas o polvo.

Corte hidrodinámico

Se pueden emplear fluidos de alta velocidad para cortar una gran diversidad de plásticos y materiales compuestos (fig. 9-4C), donde se aplican presiones de 320 MPa. A través de este método se trabajan bien los plásticos expandidos o celulares y los cargados.

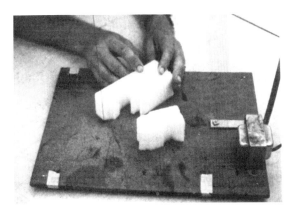

Fig. 9-14. El poliestireno expandido se corta fácilmente con un alambre Nichrome caliente. El alambre funde el material celular para abrirse paso.

tipo de grano abrasivo. Las velocidades de la muela de acabado no deberán superar 10 m superficie/segundo. Con el uso de refrigerantes se puede aumentar la velocidad periférica.

Para dar el acabado a un plástico no se utilizarán nunca las mismas muelas que en los metales, ya que podrían quedar partículas metálicas que dañaran la superficie del plástico. Las máquinas tendrán toma de tierra, ya que el movimiento de las ruedas sobre los plásticos genera electricidad estática. Se deben eliminar las marcas de herramienta antes de utilizar las muelas de acabado.

El acabado por pulimento con piedra pómez húmeda consiste en aplicar un abrasivo húmedo en una rueda de discos de muselina. Se utiliza normalmente piedra pómez número 00 (fig. 9-15). Al trabajar en húmedo, se suele cubrir la rueda con una tapa u otra protección. Es posible aplicar velocidades periféricas superiores a 20 m/s. En este proceso debe procurarse evitar el sobrecalentamiento y conseguir que la rueda de discos de muselina corte con la mayor rapidez las superficies irregulares.

En el pulido con rueda de trapo se aplican barras o varillas de abrasivo cargadas con grasa o cera a una muela de discos de muselina suelta o cosida.

Se utilizan discos bruñidores sueltos para conseguir formas más irregulares o penetrar en las hendiduras. Se prescindirá de muelas de bruñido duras.

Las muelas de bruñido se cargan manteniendo las barras o varillas enfrentadas a ellas mientras dan vueltas, produciendo un calor de rozamiento que deja en la rueda el abrasivo cargado con cera. Los abrasivos de bruñido más comunes son trípoli, rojo de pulir y sílice fina.

El abrillantamiento, a veces llamado lustrado o satinado, se vale de compuestos de cera que contienen los abrasivos más finos como, por ejemplo, de alúmina levigada o tiza. Las ruedas de abrillantamiento consisten generalmente en discos de franela o gamuzas. A veces, se procede al abrillantamiento final con ceras sin abrasivo, limpias sobre una rueda de franela o gamuza. La cera tapa las imperfecciones y protege la superficie.

No se debe dejar que la muela de acabado gire hasta el borde de la pieza, ya que se escaparía de las manos. La rueda puede pasar por el borde pero sin sobrepasarlo nunca. Conviene mantener siempre la pieza de trabajo por debajo del centro de la muela de bruñido. El procedimiento más propicio consiste en trabajar aproximadamente la mitad de la pieza y darla después la vuelta para terminar el pulido. El operario tiene que manipular y separar la piezas con movimientos rápidos y uniformes (fig. 9-16). No hay que detenerse demasiado tiempo en las muelas de acabado, sino dar la vuelta al material de vez en cuando. Si se sujeta una pieza sólo por un sitio, el calor generado por el rozamiento entre la muela y el trabajo fundirá muchos termoplásticos.

El pulido por inmersión en disolvente de plásticos celulósicos y acrílicos ayuda a disolver pequeños defectos superficiales (fig. 9-17A). Se sumergen o pulverizan las piezas con disolventes durante aproximadamente un minuto. A veces se emplean disolventes para pulir bordes y orificios perforados. Todas las piezas pulidas con disolvente deberán recocerse para evitar el cuarteamiento.

Existe la posibilidad de recubrir la mayoría de los plásticos para producir un brillo superficial superior, que puede resultar más económico que otras operaciones de acabado.

Se puede emplear la técnica de satinado con llama de oxígeno-hidrógeno para pulir algunos plásticos (fig. 9-17B).

Desrebarbado en tambor

El proceso de desrebarbado en tambor es una de las vías más costosas para acabar piezas moldeadas de plástico con rapidez. Con él se consigue alisar la pieza de plástico haciéndola girar en un tambor con abrasivos y lubricantes, de manera que las piezas se frotan con los abrasivos y se pulen (fig. 9-18A). La cantidad de material eliminado dependerá de la velocidad del tambor de desrebarbado, el tamaño de grano del abrasivo y la duración del ciclo de tambor.

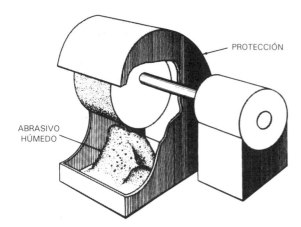

Fig. 9-15. El pulido con piedra pómez húmeda es un método de corte más rápido que el que emplea compuestos a base de grasa o ceras. El enfriado también es mejor.

(A) Colocación de tiza en una muela de franela

(B) Muela abrasiva que pasa sobre el borde. Se pule hasta la mitad atrayendo la pieza hacia el operador

Fig. 9-16. Pulido de plásticos con rueda de trapo. Se han eliminado las guardas del equipo para hacer la fotografía, pero siempre deberán usarse, además de otros dispositivos de protección, al trabajar con estos equipos.

En otro proceso de desrebarbado en tambor se pulveriza grano abrasivo sobre las piezas a medida que vibran en una cinta de caucho sin fin. En la figura 9-18B se muestran las piezas en vibración a medida que se dosifica el grano abrasivo. A veces se utiliza hielo seco en el desrebarbado para eliminar las rebabas de moldeado. El hielo seco enfría las rebabas finas y las hace más frágiles; a continuación, el desrebarbado las suelta en poco tiempo.

Recocido y postcurado

Durante los procesos de moldeado, acabado y fabricación de los plásticos o materiales compuestos es posible que se vayan creando tensiones internas. Las sustancias químicas pueden sensibilizar los plásticos y causar su agrietamiento.

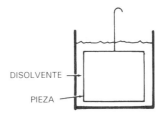

(A) Abrillantamiento por inmersión en disolvente

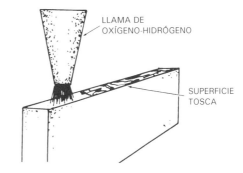

(B) Satinado

Fig. 9-17. Dos métodos de abrillantamiento.

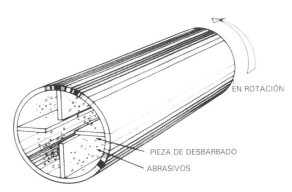

(A) Piezas que se someten a desrebarbado en un tambor giratorio

(B) Desrebarbado de piezas en una cinta sin fin giratoria

Fig. 9-18. Dos métodos de desrebarbado.

Es corriente que se creen tensiones internas en las piezas como resultado del enfriamiento inmediatamente después del moldeado o del curado del molde, ya que las reacciones químicas continúan tras la polimerización. A veces se colocan los materiales compuestos en un molde o una plantilla de curado hasta que se completa el proceso de curado y la actividad química, llevándose la temperatura a los niveles ambientales. Para algunos plásticos y materiales compuestos, se puede reducir o eliminar la tensión interna por recocido. El recocido consiste en el calentamiento prolongado de la pieza de plástico a una temperatura inferior a la de moldeo. A continuación, se enfrían lentamente las piezas. Se deberán recocer todas las piezas labradas antes del cementado.

En las tablas 9-10 y 9-11 se indican los tiempos de recocido del plexiglás. En la figura 9-19 se muestra un horno grande que se puede utilizar en este proceso.

Tabla 9-10. Tiempos de calentamiento para recocido de plexiglás

Espesor (mm)	Tiempo en un horno de circulación forzada a la temperatura indicada, h									
	Plexiglás G, 11 y 55					Plexiglás I-A				
	110 °C*	100 °C*	90 °C*	80 °C	70 °C**	90 °C*	80 °C*	70 °C*	60 °C	50 °C
1,5 a 3,8	2	3	5	10	24	2	3	5	10	24
4,8 a 9,5	2½	3½	5½	10½	24	2½	3½	5½	10½	24
12,7 a 19	3	4	6	11	24	3	4	6	11	24
22,2 a 28,5	3½	4½	6½	11½	24	3½	4½	6½	11½	24
31,8 a 38	4	5	7	12	24	4	5	7	12	24

Nota: Tiempo incluye el período necesario para que una pieza alcance la temperatura de recocido, pero no el tiempo de enfriamiento. Véase la tabla 9-9.
* Las Piezas conformadas pueden no presentar ninguna deformación negativa cuando se recuecen a estas temperaturas.
** Para Plexiglás G y Plexiglás 11 solamente. La temperatura de recocido mínima para plexiglás 55 es 80 °C.
Fuente: *Rohm & Haas Co.*

Tabla 9-11. Tiempos de enfriamiento para recocido de plexiglás

Espesor (mm)	Velocidad (°C)/g	Tiempo de enfriamiento desde la temperatura de recocido hasta la temperatura de retirada máxima							
		Plexiglás G, 11 y 55				Plexiglás I-A			
		230 110 °C*	212 100 °C*	184 90 °C*	170 80 °C	194 90 °C*	176 80 °C*	158 70 °C*	140 60 °C
1,5 a 3,8	122(50)	3/4	½	½	¼	3/4	½	½	¼
4,8 a 9,5	50–10	1½	1¼	3/4	½	1½	1¼	3/4	½
12,7 a 19	22–5	3¼	2¼	1½	3/4	3	2¼	1½	3/4
22,2 a 28,5	18–8	4¼	3	2	1	4	3	2¼	1
31,8 a 38	14–10	5 3/4	4½	3	1½	5 3/4	4½	3	1½

Nota: La temperatura de retirada es 70 °C para plexiglás G y II, 80 °C para plexiglás 55 y 50 °C para plexiglás 1-A.
Fuente: *Rohm & Haas Co.*

Vocabulario

A continuación, se ofrece un vocabulario de las palabras que aparecen en este capítulo. Busque la definición de aquellas que no comprenda en su acepción relacionada con el plástico en el glosario del apéndice A.

Ángulo de rebaje negativo
Avance
Carga
Corte con láser
Corte con troquel
Desrebarbado
Entalla
Estampación en seco
m/s
Papel de lija de grano abierto
Pulimento
Recocido
Rectificado cóncavo
rpm
r/s
Tiza
Trípoli

Fig. 9-19. Este horno grande se puede utilizar para el recocido y postcurado de plásticos (Precision Quincey Corp.).

Preguntas

9-1. Nombre el proceso que consiste en enfriar lentamente el plástico para eliminar les tensiones internas.

9-2. Indique el número de dientes por centímetro para cortar policarbonato de 6 mm de grosor de una sierra de cinta

9-3. Señale el ángulo de rebaje de una sierra circular cuando coincide en la misma línea el ángulo de gancho del diente y el centro de la cuchilla.

9-4. ¿Cuántas r/s se necesitan para taladrar con una broca de 8 mm en termoplásticos?

9-5. La distancia que recorre la herramienta de corte en cada vuelta se denomina ___?___.

9-6. ¿Cuál es la abreviatura o símbolo de la Organización internacional para normalización?

9-7. ¿Cómo se llama la hendidura o ranura hecha por una sierra o herramienta cortante?

9-8. ¿Cómo se llama el agente de bruñido que se utiliza en ocasiones para acabar los bordes de plásticos acrílicos?

9-9. ¿Cómo se conoce la operación de acabado en la que se usan abrasivos húmedos?

9-10. ¿Cómo se llama la operación de corte en la que se utilizan fluidos de alta velocidad para cortar plásticos?

9-11. ¿Qué tipo de bordes cortantes o dientes de herramientas son esenciales para series largas, acabados uniformes y cortes de precisión?

9-12. ¿Qué indica 1,00 en la designación de rosca M6X1,00-5g6g?

9-13. Cite el nombre de un abrasivo de sílice muy conocido que se utiliza en algunas operaciones de acabado.

9-14. El ___?___ de rozamiento es uno de los principales problemas del trabajado de muchos plásticos.

9-15. ¿Qué operación es la preferible para aserrar la mayoría de los plásticos por producir un borde más suave?

9-16. ¿Cuantos dientes por centímetro deberá tener una sierra circular para cortar materiales plásticos delgados? ¿Y para materiales gruesos?

9-17. ¿Qué tipo de filo de sierra de cinta y que velocidad de corte se deberá utilizar para cortar plásticos acrílicos de 3 mm de espesor?

9-18. ¿Qué es una cuchilla con salto de diente?

9-19. Mencione algunas sierras que se pueden utilizar para cortar plástico. Indique los tipos de tarea en las que se utilizan.

9-20. ¿Qué es avance de broca? ¿Cuál es el intervalo en milímetros para la mayoría de los plásticos?

9-21. ¿Qué factores afectan a la velocidad de corte de las brocas en los materiales plásticos?

9-22. ¿Qué precaución se debe adoptar al perforar un orificio de un tamaño determinado en una varilla de plástico?

9-23. ¿Por qué se necesitan machos de roscar de un tamaño excesivo para los materiales plásticos?

9-24. Mencione las formas de rosca preferidas para los machos de roscar usados en los plásticos.

9-25. ¿Qué quiere decir fresado concurrente? ¿Para qué se emplea?

9-26. ¿Qué es corte con láser de plásticos? ¿En qué caso se utiliza?

9-27. ¿Qué número de grano para el papel de lija deberá usarse para dar un acabado a un plástico?

9-28. ¿Qué significa pulimento con piedra pómez húmeda y con rueda de trapo? ¿Qué es cargar una muela?

9-29. ¿Qué abrasivos se usan en el pulimento con rueda de trapo y en el bruñido?

9-30. Describa brevemente el pulido por inmersión en disolvente y el pulido con llama?

9-31. ¿Qué significa desrebarbado? ¿Por qué recibe este nombre?

9-32. ¿Cómo se consigue el alisado en el desrebarbado?

9-33. ¿Qué es el recocido o postcurado de piezas moldeadas trabajadas? ¿Por qué se realiza?

9-34. ¿Qué operación de mecanizado seleccionaría para conformar o acabar los siguientes productos.

a. Ventanales de policarbonato de 6 mm de espesor.

b. Adornos para el árbol de navidad de película u hoja fina.

c. Eliminación de rebabas de la carcasa de una cabina de radio.

d. Suavizar y abrillantar los bordes de un plástico.

Actividades

Perforación

Introducción. La geometría del taladro es un factor muy importante en el proceso de perforación. En la figura 9-20 se muestra el comienzo de un orificio en una pieza de acrílico. Observe la tosquedad de la superficie. Una broca helicoidal normal produce este resultado. Compare la figura 9-20 con la figura 9-21, en la que se muestra otra depresión de broca en acrílico. La superficie de la figura 9-21 es mucho más limpia ya que la broca utilizada tiene una geometría apropiada para acrílicos.

Equipo. Taladro, algunas brocas, lámina de plástico acrílico, gafas de protección.

Procedimiento

9-1. Adquiera una lámina de acrílico gruesa, al menos de 6 mm. Con láminas más gruesas se pueden observar mejor las paredes del orificio.

9-2. Utilizando el equipo y las medidas de seguridad apropiados, perfore depresiones, orificios parciales y orificios enteros utilizando una broca de al menos 12 mm de diámetro. (Los agujeros más pequeños presentan las mismas características pero son más difíciles de examinar). Guarde las virutas y los cortes.

9-3. Examine el comienzo de un orificio, como el de la figura 9-20 y 9-21. Examine las paredes interiores de los agujeros. Examine la salida de la broca en la parte posterior de la pieza.

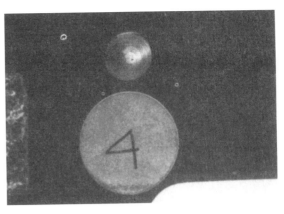

Fig. 9-20. Comienzo de un agujero taladrado, utilizando una broca helicoidal normal.

Fig. 9-21. Comienzo de un agujero taladrado, utilizando una broca con una geometría especial.

9-4. Compre o afile una broca hasta conseguir la geometría recomendada para acrílicos en la tabla 9-3.

9-5. Taladre un segundo grupo de depresiones, medios orificios y orificios completos. Examínelos atentamente.

9-6. Compare las virutas producidas con las diferentes geometrías de broca.

9-7. ¿Produjo virutas la broca normal al salir de la pieza? ¿Y la broca especial?

9-8. Taladre agujeros con las brocas normal y especial a diferentes RPM y diferentes velocidades de avance.

9-9. A altas RPM y/o velocidades de avance altas, ¿funde el acrílico el calor generado? ¿Genera la broca especial más o menos calor de rozamiento de la normal?

9-10. Registre las observaciones y explique las diferencias causadas por la geometría de la broca.

Fresado

Introducción. El mecanizado de un surco con una fresa de punta en bola o una muesca con una fresa de punta plana servirá para comparar el fresado concurrente y el fresado convencional. Se puede observar asimismo el efecto de la velocidad y el avance en la calidad de una superficie trabajada.

Equipo. Máquina fresadora, fresas de varias puntas, láminas o productos moldeados de plástico lo suficientemente gruesos como para facilitar su sujeción, gafas de protección.

Procedimiento

9-1. Utilice una fresa de punta de bola para cortar un surco en un material seleccionado utilizando los parámetros que se sugieren en la tabla 9-8. Con herramientas de 12 a 25 mm de diámetro se facilitará la inspección.

9-2. La cara del corte realizado con fresado concurrente ¿es más o menos tosca que la cara en la que se llevó a cabo un fresado convencional?

9-3. ¿Cambia la calidad de la superficie de forma significativa en función de las velocidades y los avances?

9-4. Registre y explique sus observaciones.

Pulido con llama

Introducción. El pulido con llama o satinado es una técnica muy extendida para acabar los bordes de productos acrílicos termoconformados o fabricados. Los mostradores de las tiendas suelen tener este tipo de acabados. Es una técnica muy utilizada, al ser bastante más rápida que el pulido con rueda de trapo.

Equipo. Soplete oxhídrico, plásticos seleccionados, guantes, gafas de protección. Un equipo de soldadura o corte oxiacetilénico puede proporcionar muchos de los componentes necesarios. Se necesita un regulador de hidrógeno, ya que no se puede utilizar un regulador de acetileno en un tanque de hidrógeno.

Procedimiento

9-1. Corte muestras de acrílico y otros plásticos.

9-2. Utilice una llama oxiacetilénica para pulir los bordes. Pruebe a utilizar un exceso de llama de oxígeno y un exceso de llama de acetileno. ¿Cómo afectan estas llamas al plástico? ¿Se puede ajustar el oxiacetileno para que no decolore las muestras?

9-3. Prepare la llama oxhídrica.

PRECAUCIÓN: *Una llama oxhídrica es prácticamente invisible. Adopte todas las precauciones para evitar quemaduras al manipular la llama oxhídrica.*

9-4. Juegue con la velocidad de desplazamiento de la llama a lo largo del borde de la muestra.

9-5. ¿Elimina la llama las rayas causadas por la sierra?

9-6. Raye intencionadamente la muestra y puliméntela después. ¿Qué profundidad deben tener los rayados para impedir su pulido?

9-7. Experimente con las cantidades de oxígeno e hidrógeno. ¿Es la llama neutra la mejor para el pulido?

9-8. Registre y explique sus observaciones.

Capítulo 10

Procesos de moldeo

Introducción

Los procesos de moldeo sirven para convertir resinas, polvo, pelets y otras formas de plásticos en productos útiles. Una característica común a todos ellos es la necesidad de aplicar una fuerza. Así, el tratamiento de polvos y granzas requiere bastante presión, mientras que conducir las resinas líquidas hasta los moldes exige mucha menos fuerza que hacer circular granzas fundidas, en cuyo caso es fundamental cierto grado de presión.

Los fabricantes pueden recurrir a multitud de procesos de moldeo distintos. Este capítulo no pretende explicarlos todos, sino que tratará únicamente tres grandes campos del moldeo: por inyección, por compresión y por transferencia, además de algunas técnicas para resinas líquidas. El esquema de este capítulo es:

I. Moldeo por inyección
    A. Unidad de inyección
    B. Unidad de sujeción
    C. Seguridad de moldeo por inyección
    D. Especificaciones de las máquinas de moldeo
    E. Elementos de los ciclos de moldeo
    F. Ventajas del moldeo por inyección
    G. Inconvenientes del moldeo por inyección
    H. Termoestables de moldeo por inyección
    I. Moldeo por inyección conjunta

II. Moldeo de materiales líquidos
    A. Moldeo por inyección reactiva
    B. Moldeo por inyección reactiva reforzado
    C. Moldeo de resina líquida

III. Moldeo de materiales termoestables granulados
    A. Moldeo por compresión
    B. Moldeo por transferencia

Moldeo por inyección

El moldeo por inyección constituye uno de los principales procedimientos para convertir plásticos en productos útiles. La lista de objetos cotidianos que se obtienen por moldeo de inyección es infinita: aparatos de televisión y vídeo, pantallas de ordenador, CD y equipos de lectores, gafas, cepillos de dientes, piezas de automóvil, calzado deportivos, bolígrafos, muebles de oficina, ...

El moldeo por inyección es apropiado para todos los termoplásticos con la excepción de los fluoroplásticos de politetrafluoroetileno (PTFE), las poliimidas, algunos poliésteres aromáticos y ciertos tipos especiales. Las máquinas de moldeo por inyección (a las que en adelante nos referiremos por MMI) para termoestables sirven para tratar fenólicos, melamina, epoxi, silicona, poliéster y numerosos elastómeros. En todos los casos, los materiales peletizados o granulados absorben suficiente calor para facilitar su «fluidez», lo que

(A) Máquina Boy 50 m. 50 toneladas US con bucle totalmente cerrado «Procan Control®» para todas las funciones de máquina (Boy Machine Inc.)

permite la inyección del plástico caliente en un molde cerrado, en el que se crea la forma deseada. Cuando se enfría, o una vez que ha tenido lugar una transformación química, se extraen las piezas del molde con un sistema de expulsión.

En la figura 10-1 se muestran dos máquinas de moldeo por inyección modernas, de tamaño pequeño y medio. Ambas comparten el diseño básico, es decir, son de tipo de tornillo oscilante. Si bien existen diversos tipos de máquinas de moldeo, la de tipo de tornillo oscilante es la más socorrida. En las máquinas de tornillo oscilante, el calor del tambor y el rozamiento creado por las vueltas de la tuerca funden en seguida el material granulado. Además de calentar, el tornillo reúne las granzas y actúa a modo de émbolo. Una vez que el material es líquido y uniforme, el tornillo

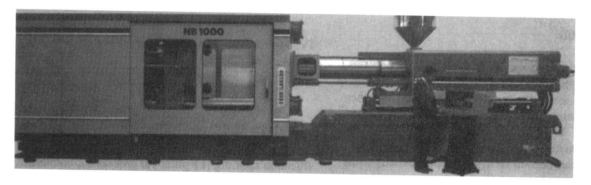

(B) Esta MMI de tamaño medio tiene una capacidad de carga de inyección de 200 onzas y una sujeción de 1.120 toneladas.

Fig. 10-1. Máquinas modernas de moldeo por inyección de dos tamaños diferentes.

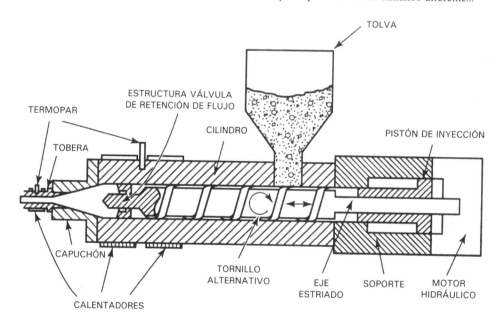

Fig. 10-2. Esquema simplificado de una unidad de inyección.

avanza y arrastra el plástico fundido por el sistema de canales hasta las cavidades de molde.

Un examen más detenido de una MMI revelará que contiene dos componentes principales: las unidades de inyección y de sujeción.

Unidad de inyección

La unidad de inyección se encarga de fundir e inyectar los materiales. Consta principalmente de tambor, cofia del tambor, tobera, tornillo y válvula de retención, bandas de calor, motor para accionar el tornillo y cilindro hidráulico para desplazar el tornillo atrás y adelante. Los sistemas de control mantienen las temperaturas en los niveles seleccionados e inician y cronometran la rotación del tornillo y los impulsos de inyección. En la figura 10-2 se muestra un gráfico esquemático de una unidad típica de plastificación.

La acción del tornillo determina la velocidad y la eficacia de plastificación de las granzas. En la figura 10-3 puede verse un tornillo pequeño de inyección. Obsérvese que la profundidad del dibujo de su espiral es menos pronunciada en la parte próxima que en el extremo.

Un tornillo típico consta fundamentalmente de tres secciones: alimentación, zona de transición y zona de dosificación. La zona de alimentación abarca aproximadamente la mitad de la longitud total y, en ella, el dibujo del tornillo es pronunciado. La transición constituye cerca de la cuarta parte de toda la longitud; en este tramo se va atenuando el relieve del dibujo y, en virtud de la compresión y el rozamiento, los pelets se funden prácticamente por completo. En la zona de dosificación, donde el dibujo de la espiral del tornillo es más superficial, se funden los pelets que aún permanezcan sólidas, para producir así un material completamente fundido que

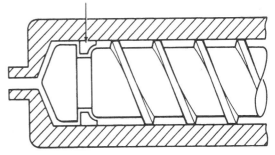

(A) Válvula en anillo.

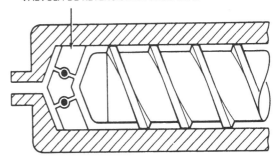

(B) Válvula de bola.

Fig. 10-4. Dos estructuras de válvula de retención, que evitan que retroceda la corriente de plástico fundido durante la inyección.

pasa a la válvula de retención y queda disponible para la inyección en un molde.

Las válvulas de retención pueden ser de dos clases, tal como se muestra en la figura 10-4. El modelo de la figura 10-3 corresponde a la figura 10-4A. La válvula de retención sirve para impedir que el material retroceda durante la inyección. Si esta válvula no funciona adecuadamente, la presión del plástico fundido puede resultar insuficiente para conseguir que circule hasta la cavidad del molde.

Unidad de sujeción

La unidad de sujeción sirve para abrir y cerrar el molde y expulsar las piezas. Los dos métodos más corrientes para generar fuerzas de sujeción usan modelos de abrazaderas hidráulicas directas y basculantes que actúan mediante cilindros hidráulicos. En la figura 10-5 se ilustran las del tipo basculante en posición cerrada y abierta. En la figura 10-6 se representa una abrazadera hidráulica.

Ambos tipos pueden presentar diversos tamaños. Las abrazaderas basculantes generan fuerza mecánicamente, por lo que requieren cilindros de sujeción menores. Las hidráulicas eliminan las

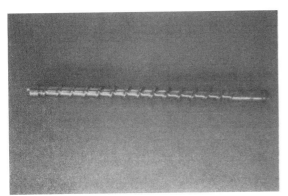

Fig. 10-3. Este tornillo de MMI de 30 mm tiene una válvula de retención de tipo anillo. Obsérvese la diferencia en el dibujo de la espiral.

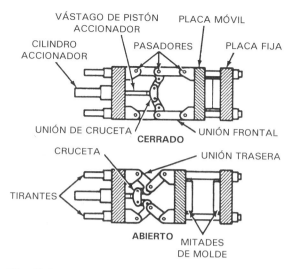

Fig. 10-5. Esquema de una abrazadera basculante en las posiciones abierta y cerrada.

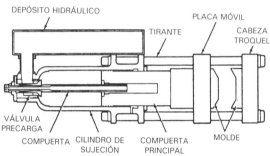

Fig. 10-6. Abrazadera recta de tipo hidráulico para molde (*Modern Plastics Encyclopedia*).

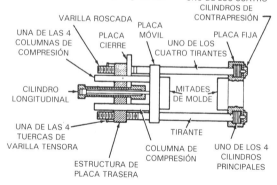

Fig. 10-7. La abrazadera hidromecánica se utiliza sobre todo en máquinas grandes.

uniones mecánicas, pero requieren cilindros de sujeción de dimensiones muy superiores. Se pueden utilizar máquinas muy grandes en combinación con mecanismos de sujeción hidráulicos y mecánicos, tal como se muestra en la figura 10-7.

Además de las unidades de sujeción, una MMI típica incluye una bomba hidráulica para desplazar y presurizar aceite hidráulico, y un depósito de aceite. Las guardas cubren el tambor caliente y evitan el contacto con bandas calefactoras y terminales eléctricos. La puerta frontal permite a los operarios sacar las piezas, aplicar insertos y mantener los moldes limpios. Los pasos más peligrosos de un ciclo de moldeo, el cerrado del molde y la inyección de plásticos calientes, tienen lugar únicamente cuando las guardas se encuentran en su sitio y con las puertas de seguridad cerradas. Existen sistemas de seguridad que bloquean la operación si no están completamente cerradas las puertas y las guardas.

Seguridad del moldeo por inyección

Los fabricantes de maquinaria incluyen dispositivos para proteger tanto a los operarios como a la propia máquina. La protección del personal técnico se basa en guardas, puertas, sistemas de seguridad de molde cerrado, guardas de purga y sistemas de puerta trasera. Los sistemas de seguridad de cierre del molde, tal como exige la ley, constan de tres sistemas distintos: barra abatible mecánica, interruptores de la corriente eléctrica y mecanismos hidráulicos de bloqueo.

Barras abatibles mecánicas. El propósito de la barra abatible es evitar que se cierre el molde cuando el operario tiene las manos y los brazos entre las dos mitades del molde. Si fallaran los sistemas de seguridad eléctricos o hidráulicos y comenzara a cerrarse un molde sobre el brazo del operario, la barra abatible lo impedirá. El personal encargado deberá revisar periódicamente estos dispositivos y ajustarlos correctamente.

Las barras abatibles responden al movimiento de la puerta frontal de una MMI, de manera que, si está abierta, la barra estará bajada. Las barras abatibles pueden ser de diversas formas y tamaños,

Fig. 10-8. Una barra abatible bajada. Observe las abolladuras producidas por la barra al impedir el cierre del molde.

Fig. 10-9. Barra abatible levantada. La varilla roscada se puede desplazar hacia delante y permitir el cierre del molde.

Fig. 10-10. Esta barra de seguridad tiene una parte roscada para ajustar la distancia.

Fig. 10-11 Observe el peligro que supone esta situación. La puerta delantera de la MMI está abierta, pero la barra no ha caído. Puede existir un error de ajuste, o el molde está completamente abierto.

si bien las más corrientes son las barras recta y lobulada. En el caso de la barra recta, ésta pasa a través de un orificio de el plato de prensa fijo de la máquina, que mantiene inmóvil la mitad del molde. Cuando la puerta está abierta, una pestaña o varilla cae frente al orificio y, en caso de cerrarse el molde, la varilla golpea la barra y evita que se cierre.

Es necesario ajustar la barra de seguridad cada vez que se cambia el molde. La distancia entre el extremo de la barra y la barra deberá ser la adecuada para que caer fácilmente. Al mismo tiempo, tiene que ser lo bastante corta como para que no se desplace el plato móvil hasta la parada, asegurando así que el momento del plato móvil sea limitado.

En la figura 10-8 se muestra una barra abatible bajada. En la 10-9, aparece la misma barra abatible en posición levantada, de modo que la barra se puede mover hacia delante a través del orificio del bloque unido al plato. En la figura 10-10 puede verse otro tipo de barra abatible. La barra está bajada, lo que significa que la puerta de la máquina estaba abierta.

El ajuste de este tipo de dispositivo se realiza mediante una tuerca de seguridad en la varilla roscada o con muescas mecanizadas en la varilla. En las figuras 10-8 y 10-10 se presenta el tipo roscado.

El problema que conlleva la barra recta es que, si no cae, no existe ningún tipo de protección. La barra no caerá cuando la varilla no esté ajustada correctamente, ni tampoco cuando el molde no esté completamente abierto. Examine detenidamente la figura 10-11, donde se muestra la puerta frontal abierta, pero la barra aún levantada. No se deberá permitir jamás esta peligrosa situación.

Para evitar posibles fallos en el tipo de barra recta, los fabricantes de maquinaria desarrollaron las barras de seguridad lobuladas. Estos lóbulos permiten la abertura del molde pero evitan su cierre a no ser que la barra lobulada esté alzada. En la figura 10-12 se muestra una barra lobulada. En la 10-13 aparece otro tipo de barra de seguridad con lóbulos. La ventaja de esta modalidad es que, aunque no esté completamente abierto el molde, se producirá la parada a poca distancia si se inicia un movimiento de cierre.

Interruptores de la corriente eléctrica. Este tipo de dispositivos desactivan el circuito eléctrico que controla el cierre del molde cuando la puerta está abierta. Muchas máquinas están equipadas con una barra pequeña unida a la puerta. Cuando se cierra la puerta, la barra desconecta un disyuntor de seguridad y permite el inicio del ciclo de inyección. El interruptor de la corriente eléctrica puede fallar

Fig. 10-12. la barra de seguridad de tipo lobulado evita peligros como los que se muestran en la figura 10-11.

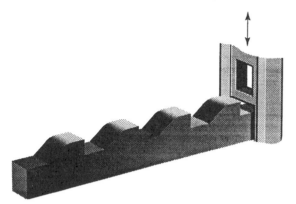

Fig. 10-13. Este tipo de barra de seguridad lobulada forma parte de algunas MMI de tamaño medio y grande.

si el disyuntor no funciona y se aflojan piezas en cuestión, que no llegan a chocar.

En la figura 10-14 se muestra una varilla impulsora y el orificio que permite que la barra accione el disyuntor de seguridad.

Una forma de comprobar el interruptor de la corriente eléctrica consiste en cerrar la puerta sin desconectar este dispositivo quitando o girando la clavija de desconexión del mecanismo de cierre de la corriente eléctrica (figura 10-15). Con la puerta cerrada no se deberá mover el plato de prensa.

Si se cierra, acuda al equipo de mantenimiento inmediatamente.

Este procedimiento para comprobar el funcionamiento del dispositivo obliga a manipular el equipo de seguridad existente. Realice esta operación con sumo cuidado y coloque de nuevo la clavija de desconexión una vez terminada.

Mecanismo hidráulico de bloqueo. Este tipo de mecanismo impide que se cierre el molde cuando la puerta está abierta. Suele consistir en un interruptor hidráulico y un brazo accionador. En la figura 10-16 se muestra este brazo, que se levanta al cerrarse la puerta y se baja cuando está abierta. Otra modalidad es la que aparece en la figura 10-17. Únicamente cuando está cerrada la puerta puede penetrar el aceite hidráulico en el cilindro de cierre del molde.

En comparación con el interruptor de la corriente eléctrica, que o funciona correctamente o no funciona en absoluto, el sistema de seguridad hidráulico puede actuar parcialmente por un desajuste. Para comprobarlo, abra la puerta, desconecte manualmente el disyuntor de seguridad del sistema eléctrico y trate de cerrar el molde manualmente. El plato de prensa deberá quedar fijo.

Puede resultar conveniente levantar a mano la barra abatible antes de comprobar la seguridad hidráulica. Si falla el sistema de seguridad hidráulico, puede comenzar a cerrarse el molde e iniciar la parada mecánica. No conviene detener el movimiento con la barra abatible, ya que el plato de moldeo pudiera engancharse con las barras de unión. Algunas máquinas tienen dos barras abatibles. En estas máquinas, los platos de prensa no se encajarán normal-

Fig. 10-14. La varilla impulsora desconecta el disyuntor de seguridad, indicando que la puerta está cerrada.

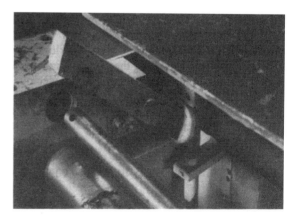

Fig. 10-15. La varilla impulsora que se muestra en la figura 10-14 está girada para que se cierre la puerta sin desconectar el disyuntor de seguridad. Gírela en la posición correcta inmediatamente después de probar el sistema de seguridad eléctrico.

Fig. 10-16. Este brazo evita y permite el flujo de aceite hidráulico.

Fig. 10-17. Este brazo de seguridad hidráulico está conectado directamente con un interruptor que controla la corriente de aceite hidráulico.

mente en las barras de unión. No obstante, en las máquinas que tengan barras de seguridad y abatible, el plato de prensa podría engancharse en las barras de unión, con grandes dificultades para soltarla. Debe evitarse este problema.

Si se comete un error al ajustar el sistema de seguridad hidráulico, el cilindro de sujeción puede recibir aceite suficiente para desplazar lentamente el molde. Si esto ocurre, hay que ajustar las uniones para evitar cualquier movimiento de cierre del molde.

Guardas de purga. Durante el purgado, el plástico caliente podría salpicar al personal próximo. Para evitar este tipo de accidentes, las máquinas de moldeo por inyección están equipadas con guardas de purga, que son pantallas metálicas con forma de caja que tapan la tobera de la máquina. En la figura 10-18 se ilustra una de estas guardas, que está unida a un plato de prensa fijo con bisagras que permite levantarla. El interruptor en la parte frontal de la guarda es de mercurio y, cuando la guarda está levantada, impide la inyección de plástico caliente. Otra alternativa para las guardas consiste en una pantalla con bisagra que se puede abrir como una puerta y que está unida a un conector que detecta cuándo está abierta y evita la inyección.

Sistemas de seguridad de puerta trasera. Generalmente, el personal que maneja las máquinas de moldeo tiene que abrir y cerrar la puerta frontal con cada carga de inyección, para lo que cuenta con los tres sistemas de seguridad mencionados. En cambio, la puerta trasera no activa sistemas de seguridad similares. La mayoría de las máquinas de moldeo tienen un interruptor unido a esta segunda puerta que bloquea la máquina cuando se abre. En la figura 10-19 se muestra un tipo de dispositivo de seguridad de puerta trasera. Para abrir

Fig. 10-18. Si esta guarda de purga está levantada y la tobera queda expuesta, la máquina no iniciará el ciclo de inyección.

Fig. 10-19. Este conmutador de seguridad se conecta con la puerta trasera de la máquina de moldeo.

Fig. 10-20. Si se retira la tapa o capuchón, no se podrá abrir la puerta trasera hasta que se detengan las bombas de la máquina.

esta puerta se debe retirar la tapa, tal como se muestra en la figura 10-20, de manera que no funcionen los motores principales.

Práctica de un moldeo seguro. Para que una máquina se considere en buenas condiciones deberá estar equipada con mecanismos para proteger al operario o al técnico independientes de las guardas. Los plásticos se pueden degradar en una máquina de moldeo y generar fuerzas explosivas tanto en el tambor como la tobera. Aunque es poco habitual, las presiones extremas en el tambor pueden hacer explotar las cubiertas. Para que esto suceda debe desarrollarse una presión interna suficiente para romper las clavijas que sujetan las cofias del tambor, un hecho muy infrecuente.

Para evitar que se cree esta presión dentro del tambor, se baja el carro cuando una máquina va a estar fuera de servicio durante más de unos minutos. Cuando la tobera no está en contacto con el molde, el plástico sobrante tiene paso para salir y se evita que se forme presión.

El área de la garganta de una máquina de moldeo deberá estar lo bastante fría como para que no se fundan las granzas ya sea en la propia garganta o en el fondo de la tolva. Si la refrigeración de esta zona es inadecuada o se sobrecalientan las bandas de calor de la zona trasera, se podrían fundir las granzas en la zona de alimentación del tornillo, en la garganta y en el fondo de la tolva, una situación potencialmente peligrosa.

Es posible que al fundirse las granzas formen un *tapón* en el fondo de la tolva que impida el paso de más granzas a la zona de alimentación. Cualquier experto en este campo podrá desatascar el paso con una barra o varilla, si bien esta operación es muy peligrosa, ya que si hubiera plástico caliente a presión bajo del tapón, al romperlo podría saltar el plástico hacia arriba. Esta acción puede causar accidentes mortales por quemaduras graves provocadas por el plástico que se dispara desde la garganta de la máquina.

Seguridad de la máquina. La seguridad de la máquina incluye sistemas que la resguardan de los daños. La mayoría de las MMI tienen pasadores y clavijas de seguridad que conectan el motor con el tornillo. Si el tambor no está suficientemente caliente o si un objeto duro bloquea el tornillo, se romperá el pasador de seguridad antes de que tenga lugar un daño más grave.

Los mecanismos de protección de baja presión del molde sirven para protegerlo cuando se engancha algún objeto extraño entre las dos mitades del molde. La clave de este tipo de protección consiste en evitar la aplicación de toda la presión de bloqueo hasta que el molde esté prácticamente cerrado. Únicamente entonces ejercerá la máquina una presión completa contra el molde.

Un disyuntor de seguridad avisa a los controles de máquina del momento en que el molde está completamente cerrado. Al ajustar cuidadosamente el disyuntor de seguridad se puede controlar el inicio de la presión de bloqueo completa. Algunos expertos en moldeo se valen de trozos de cartón como separadores para comprobar el ajuste de los interruptores de moldeo. Uno o dos trozos de cartón entre las mitades del molde servirán para impedir la aplicación de toda la presión de bloqueo. Sin los trozos de cartón, el molde se bloquearía intensamente.

Cuando están bien ajustados los interruptores que controlan la presión de molde, la presencia de un objeto entre las dos mitades frenará la sujeción e interrumpirá el ciclo de moldeo. Esta reacción es crucial cuando los operarios o los robots realizan insertos en un molde, que pueden oscilar o no entrar en la posición correcta. A no ser que se ajuste la protección de presión del molde, éste puede quedar defectuoso.

Especificación de máquinas de moldeo

Las máquinas de moldeo presentan un gran abanico de características, pero bastará con dos de ellas como fórmula rápida para describirlas: tamaño de la carga de inyección y tonelaje de sujeción.

Tamaño de la carga de inyección. El tamaño de la carga de inyección es la cantidad máxima de material que inyecta la máquina en cada ciclo. Teniendo en cuenta las grandes variaciones de densidad de los plásticos comerciales, debe acudirse a la comparación con un patrón de referencia para medir el tamaño de la carga, siendo el poliestireno el generalmente aceptado. Una máquina pequeña de laboratorio puede aceptar una carga de inyección máxima de 20 gramos. En el caso de las máquinas de gran capacidad puede alcanzar más de 9.000 gramos, o 9 kilogramos.

Tonelaje de sujeción. El tonelaje de sujeción es la fuerza máxima que puede aplicar una máquina a un molde. Un método para clasificar las máquinas de moldeo consiste en distinguir entre tamaños pequeño, medio y grande. Generalmente, las máquinas pequeñas tienen tonelajes de sujeción de 99 toneladas o menos; las de tamaño medio, entre 100 y 2.000 toneladas, y las grandes, más de 2.000 toneladas. Existen máquinas colosales de hasta 10.000 toneladas dentro de la normalidad. Para máquinas más grandes es necesario un encargo especial.

Las cifras de ventas servirán para describir la utilización de los distintos tamaños. Durante un año a principios de la década de 1990, las ventas de máquinas pequeñas en los Estados Unidos no llegaron prácticamente a 400. Se vendieron aproximadamente 1.200 máquinas medianas y unas 50 grandes. Se puede deducir que el tamaño medio es el predominante y, dentro de este tamaño, el más extendido fue el de 300 toneladas.

Como fórmula, se necesitan 3,5 kN de fuerza por cada centímetro cuadrado de superficie de cavidad de molde. Una máquina con una fuerza de sujeción de 3 MN deberá ser capaz de moldear piezas de plástico de poliestireno de 250 x 325 mm. Esta pieza deberá tener un área superficial de 812,5 cm^2. Aplicando esta regla:

$$3000 \text{ kN}/3,5 \text{ kN/cm}^2 = 857 \text{ cm}^2$$

Elementos de los ciclos de moldeo

El moldeo por inyección consta de cinco etapas fundamentales.

1. Se cierra el molde.
2. A medida que avanza el tornillo, la válvula de retención de la parte frontal del tornillo impide que el material plastificado retroceda por el recorrido del tornillo, de manera que éste actúa como émbolo que empuja el material caliente hacia la cavidad del molde.
3. El tornillo mantiene la presión a través de la tobera hasta que se enfría o se asienta el plástico. En el moldeo de termoplásticos, los cronómetros mantienen la presión en el plástico hasta que se enfría el material que sale del orificio de inyección. La refrigeración del material formado sirve para separar eficazmente las piezas moldeadas por presión de inyección. Mantener más presión en los plásticos es una pérdida de tiempo.
4. Los cronómetros detienen la presión de inyección y gira el tornillo para recoger material nuevo de la tolva. El tornillo retrocede hasta que se activa una señal que indica que se ha completado la carga de inyección. Un impulso de descompresión hace que retroceda un poco el tornillo. La descompresión favorece el rebose del plástico fundido en el canal de colada.
5. Se abre en molde y se extrae la pieza moldeada con unas espigas de expulsión.

Es corriente agrupar estas tres etapas en un *ciclo de tiempos*. Todos los sistemas de inyección incluyen los cuatro elementos que se enumeran a continuación en un ciclo de tiempos:

1. *Tiempo de carga*, o período necesario para que se desplace el aire de la cavidad del molde con material plástico.
2. *Tiempo de relleno*, definido como el período que se debe mantener suficiente presión para rellenar una pieza y que se congele el material que sale del orificio de inyección.
3. *Tiempo de enfriado y secado*, el necesario para que se enfríe y asiente suficientemente para extraerlo de la cavidad del molde de forma segura.
4. *Tiempo muerto*, necesario para abrir el molde, extraer la pieza moldeada y cerrarlo de nuevo.

Ventajas del moldeo por inyección

El moldeo por inyección está muy extendido, ya que permite insertos de metal, altos índices de productividad y control del acabado superficial con la textura deseada y una buena precisión en las dimensiones. Para la mayoría de los termoplásticos se pueden triturar y volver a utilizar el material sobrante, la mazarota o bebedero y las piezas de desecho. A continuación, se enumeran ocho ventajas de esta técnica.

1. Altos índices de productividad.
2. Posibilidad de aplicar cargas e insertos.
3. Moldeo de piezas pequeñas y complejas con márgenes de dimensiones ajustados.
4. Moldeo por inyección de más de un material (moldeo concurrente).
5. Las piezas no requieren prácticamente acabado.
6. Posibilidad de moler y volver a utilizar los desechos termoplásticos.
7. Facilidad para moldear espumas con estructura autopelable (moldeo por inyección reactiva).
8. Alto índice de automatización del proceso.

Inconvenientes del moldeo por inyección

El moldeo por inyección no resulta práctico para series de producción cortas. Las máquinas de moldeo son caras y el coste de una hora de funcionamiento es bastante alto. Por pequeños que sean los moldes de inyección, generalmente suponen una inversión cuantiosa. Para elevar la rentabilidad, el número de piezas deberá ser elevado. Como el moldeo es un proceso muy extendido, muchas empresas compiten por los contratos y algunas compañías no pueden mantener los beneficios y entran en quiebra.

El proceso de moldeo por inyección es complicado. En ocasiones, un diseño defectuoso de la pieza o del molde puede traducirse en resultados poco aceptables. Cuando no se vigilan los procesos, aumenta el índice de desechos y el rechazo de piezas por parte del cliente puede suponer importantes pérdidas financieras. En la tabla 10-1 se resumen algunos de los problemas asociados con el moldeo por inyección.

Moldeo por inyección de termoestables

Los diseños de las máquinas y los moldes cambian en el caso de los materiales termoestables. No es necesaria la válvula de retención ya que el material es muy viscoso y queda muy poco material en el tambor tras la inyección. El dibujo en espiral del tornillo es superficial, con una relación de compresión 1:1. Para compuestos de moldeo de volumen y otros materiales reforzados o muy cargados se emplea una máquina de pistón. La relación de longitud-diámetro (L/D) en estas máquinas oscila generalmente entre 12:1 y 16:1; en comparación con las relaciones superiores propias del moldeo por inyección de termoplásticos (fig. 10-21).

Moldeo concurrente

El *moldeo concurrente* es un proceso en el que se inyectan dos o más materiales en una cavidad de molde (fig. 10-22), de manera que normalmente se forma una piel de material sobre la superficie del molde y un núcleo celular central. El material nuclear incluye agentes de soplado para producir las densidades celulares deseadas. En ocasiones, este proceso se denomina incorrectamente *moldeo en sandwich*, ya que el efecto es un material compuesto estratificado.

En el moldeo concurrente se pueden utilizar diferentes familias de plásticos para formar las capas exterior e interior del producto. Los refuerzos con fibra pueden conferir mayor resistencia, aunque el esquema del flujo tal vez dé lugar a una orientación de fibra distinta a la pretendida. La selección de los materiales y aditivos está limitada únicamente por la superficie de la cara que queda expuesta. Generalmente, han de ser estratificables o pigmentados.

Entre los artículos obtenidos por moldeo concurrente se incluyen piezas de automóvil, cubiertas de máquinas de oficina, componentes de muebles y cajas para electrodomésticos.

Moldeo de materiales líquidos

Existen varios métodos para convertir resinas líquidas en piezas de plástico acabadas. La principal razón para utilizar materiales líquidos es que se precisa mucha menos fuerza para que penetren en la cavidad del molde que las granzas termo-plásticas fundidas. Por otra parte, fluyen alrededor de los refuerzos fibrosos y no dañan insertos delicados. Los procesos más relevantes basados en materiales líquidos son moldeo por inyección reactiva (RIM), por inyección reactiva reforzado (RRIM) y de resina líquida o por transferencia de resina (RTM).

Tabla 10-1. Problemas del moldeo por inyección

Dificultad	Causa	Posible remedio
Manchas, pintas o vetas negras	Exfoliación de plástico quemado en paredes de cilindro Aire atrapado en molde causa quemaduras Quemaduras por rozamiento de gránulos fríos contra paredes de cilindro	Purgar cilindro calefactor Ventilar molde correctamente Usar plásticos lubricados
Burbujas	Humedad en gránulos	Secar el granulado antes del moldeo
Rebabas	Material demasiado caliente Presión demasiado alta Línea de separación insuficiente Presión de sujeción insuficiente	Reducir temperatura Reducir presión Rectificar la línea de separación Aumentar presión de sujeción
Acabado deficiente	Molde demasiado frío Presión de inyección demasiado baja Agua en el molde Exceso de lubricante de molde Poca superficie sobre el molde	Elevar temperatura del molde Elevar presión de inyección Limpiar molde Limpiar molde Pulir molde
Pieza moldeada, escasas dimensiones	Material frío Molde frío Presión insuficiente Orificio de colada pequeño Aire atrapado Falta de equilibrio en el flujo del plástico al molde de varias cavidades	Elevar temperatura Elevar temperatura del molde Aumentar presión Agrandar orificio de inyección Aumentar tamaño de ventilación Corregir sistema de canales
Depresión superficial	Insuficiente plástico en molde Plástico demasiado caliente Presión de inyección	Aumentar velocidad inyección, comprobar dimensión orificio de inyección Reducir temperatura cilindro Aumentar presión
Combadura	Parte expulsada demasiado caliente Plástico demasiado frío Demasiada corriente de alimentación Desequilibrio en orificios de inyección	Reducir temperatura del plástico Elevar temperatura de cilindro Reducir alimentación Cambiar posición o reducir orificios de inyección
Marcas superficiales	Material frío Inyección lenta Desequilibrio flujo canales de inyección y entradas	Elevar temperatura del plástico Elevar temperatura de molde Aumentar velocidad de inyección Reequilibrar orificios de inyección o canales

Moldeo por inyección reactiva

El moldeo por inyección reactiva (RIM), denominado también de reacción líquida o mezclado por impregnación a alta presión, consiste en mezclar varios sistemas químicos reactivos e impulsar la mezcla hasta la cavidad de moldeo donde tiene lugar la reacción de polimerización. Si bien la mayor parte de los componentes de RIM actuales son polialcoholes e isocianatos, se pueden utilizar otros poliuretanos modificados, poliéster, epóxidos y monómeros de poliamida.

El procedimiento implica la mezcla por impregnación-atomizado de dos o más líquidos en una cámara de mezcla, que se inyecta inmediatamente después en un molde cerrado para dar como resul-

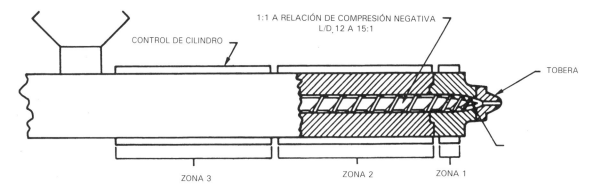

Fig. 10-21. Esquema básico de la estructura de tornillo y cilindro para moldear termoplásticos.

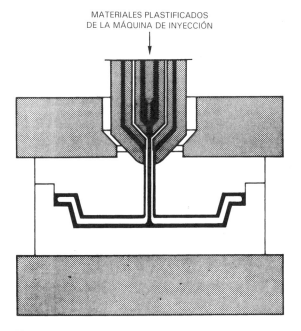

Fig. 10-22. Esta máquina de moldeo concurrente tiene tres canales de colada diferentes que conducen la corriente de alimentación hasta el molde.

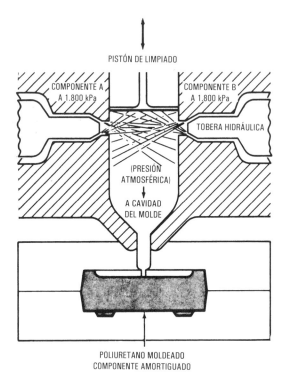

Fig. 10-23 Moldeo por inyección reactiva (RIM), donde se muestra el mezclado por impregnación. Se atomizan los componentes hasta obtener un pulverizado fino por descenso de la presión desde 1.800 kPa hasta la presión atmosférica.

tado un producto de estructura expandida o celular rígido (fig. 10-23).

Las industrias del automóvil y de muebles son los principales consumidores de piezas de RIM. Parachoques, cinturones, amortiguadores, componentes de guardabarros y elementos del habitáculo de pasajeros son algunos ejemplos familiares (fig. 10-24). El moldeo por inyección reactiva presenta como única limitación el tamaño del molde y el equipo. Las máquinas actuales tienen capacidad para moldear 300 kf de mezcla en una carga de inyección. La capacidad de la prensa de sujeción necesaria es mucho menor que la de moldeo por inyección convencional. Muchas veces las prensas de sujeción están diseñadas de forma que se abren y cierran como un libro, lo que permite una fácil extracción de las piezas y el acceso del operador al molde (fig. 10-25). En las figuras 10-24 y 10-25 se resumen siete ventajas y cuatro inconvenientes de este tipo de moldeo.

Moldeo por inyección reactiva reforzado

Cuando se utilizan fibras cortas o copos (partículas) para producir un producto más isótropo, el proceso se denomina moldeo por inyección reac-

CAPÍTULO 10: PROCESOS DE MOLDEO

Fig. 10-24. Equipo de MIR para producir componentes de automóvil (General Motors).

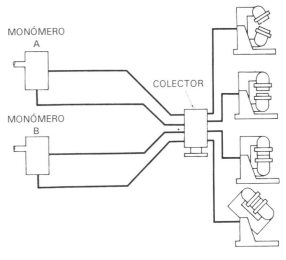

(A) La sección transversal en C (prensa de sujeción) se abre como un libro para poder extraer fácilmente la pieza y oscila hacia atrás para ventilarse.

tiva reforzado (RRIM). La carga de fibra aumenta la viscosidad del monómero y el desgaste abrasivo en todas las superficies de flujo.

Tanto en RIM como en RRIM se utiliza híbrido de poliuretano/urea, epoxi, poliamida, poliurea, híbrido de poliuretano/poliéster, policiclopentadieno y otros sistemas de resina. Entre las aplicaciones de RRIM se incluyen guardabarros para automóvil, paneles, parachoques, elementos de chapa, pantallas de protección, cúpulas de radar, cajas de electrodomésticos y componentes de mobiliario.

Ventajas del moldeo por inyección reactiva (RIM)

1. Núcleo celular y piel integral para obtención de productos resistentes.
2. Tiempos de ciclo rápidos para productos grandes.
3. Buenos acabados que se pueden pintar.
4. Menor coste que la colada.
5. Posibilidad de refuerzo de polímeros.
6. Menor coste de herramientas y energía (en comparación con el moldeo por inyección).
7. Menor coste del equipo por la aplicación de presiones reducidas.

Inconvenientes del moldeo por inyección reactiva

1. Nueva tecnología que exige inversión en equipo.
2. El sistema requiere cuatro tanques de componente químico o más.

(B) Máquina de moldeo por inyección reactiva con molde abierto.

Fig. 10-25. Sistema de máquina de moldeo por inyección reactiva (Cincinnati Milacron).

3. El sistema exige el manejo de isocianatos.
4. Se necesitan agentes de liberación.

Moldeo de resina líquida

Se llama moldeo de resina líquida (LRM) a la técnica que permite obtener productos a través de una serie de métodos de baja presión en los cuales la mezcla suele ser mecánica, en lugar de por impregnación. En el pasado se llamaba así a un procedimiento especial de embutición y encapsulado de componentes. LRM abarca un grupo de métodos de tratamiento entre los que se incluyen moldeos por transferencia de resina (RTM), por inyección al vacío (VIM) y por transferencia de resina por expansión térmica (TERTM), donde se arrastran las resinas a baja presión hasta la cavidad de moldeo y se curan rápidamente. En los procesos de moldeo de resina líquida se emplean epóxidos, siliconas, poliésteres y poliuretanos.

Moldeo por transferencia de resina. El *moldeo por transferencia de resina*, también denominado *moldeo por inyección de resina*, es un proceso en el que se introduce una resina catalizada en un molde en el que se han colocado piezas frágiles o refuerzos. La presión baja no distorsiona o modifica la orientación de fibra deseada de las preformas u otros materiales (fig. 10-26). A través de esta técnica se pueden producir cascos de hidroavión, escotillas, cubiertas de ordenador, anillos de ventilador u otras estructuras compuestas grandes. En la figura 10-27 se ilustra el concepto básico de MTR.

Ventajas de MTR

1. Se elimina la etapa de plastificación necesaria con los compuestos secos.
2. Permite la encapsulación de piezas delicadas o frágiles.
3. El mezclado no es manual.
4. Se elimina el precalentamiento y el preconformado.
5. La presión necesaria es más baja.
6. Desperdicio de material mínimo.
7. Curado rápido de la resinas a baja temperatura.
8. Mejor calidad y estabilidad de dimensiones.
9. Menor manipulación del material.

Moldeo por inyección al vacío (VIM). En un proceso similar al RTM, se colocan las preformas en un molde macho y se cierra el molde hembra. Se forma vacío al introducir el sistema de resina reactivo en la cavidad del molde, tal como se ilustra en la figura 10-28.

Moldeo por transferencia de resina por expansión térmica. Esta forma de moldeo es una variante del proceso de RTM. En ella se enrosca o envuelve un mandril celular de PVC o PU con refuerzos y se coloca en un troquel acoplado. Se inyectan epóxidos u otro sistema de resina para impregnar los refuerzos. El troquel calentado hace que el material celular se expanda más y empuje los refuerzos impregnados contra las paredes del molde. La herramienta se ventila para permitir la salida de la matriz sobrante o el aire atrapado.

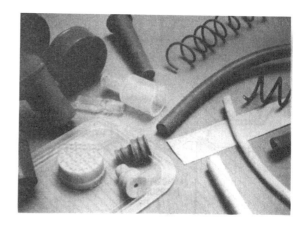

(A) El MTR se recomienda para piezas como insertos de conectores eléctricos, diafragmas, válvulas, anillos en O, tapones y clavijas, como las que se ven aquí. Esta técnica de moldeo no distorsiona los bobinados ni desplaza dispositivos delicados durante el ciclo de moldeo (Plastics Design Forum)

(B) Bañera moldeada por RTM con acabado de recubrimiento de gel brillante (Molded Fiber Glass Co.)

Fig. 10-26. Productos de RTN.

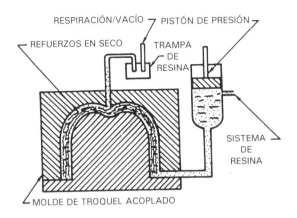

Fig. 10-27. Concepto de RTM. Se cargan los refuerzos de preforma en un molde de troquel acoplado. Después de cerrar el molde, se conduce el sistema de resina líquida al interior de la preforma, bordeándola.

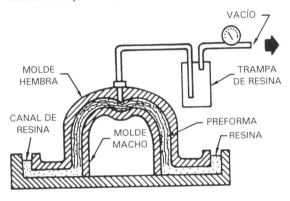

Fig. 10-28. Concepto de VIM.

Moldeo de materiales termoestables granulados

Existen dos procesos muy extendidos para el moldeo de materiales termoestables granulados o peletizados. Se trata del moldeo por compresión y el moldeo por transferencia.

Moldeo por compresión

Uno de los procesos de moldeo más antiguos que se conocen es el moldeo por compresión. En esta técnica se coloca el material plástico en una cavidad de molde y se conforma por calor y presión. Por regla general, para esta forma de moldeo se utilizan compuestos termoendurecibles, aunque también se pueden usar termoplásticos. En cierto modo, es como fabricar barquillos. El calor y la presión fuerzan el material contra las superficies del molde. A continuación, una vez que el calor endurece la sustancia, se extrae la pieza de la cavidad del molde (fig. 10-29).

Para reducir la presión necesaria y tiempo de producción (curado), se suele precalentar el material plástico con infrarrojo, inducción u otros métodos antes de colocarlo en la cavidad de molde. A veces se utiliza un extrusor de tornillo para reducir el tiempo de ciclo y aumentar la productividad, si bien este instrumento se suele utilizar para producir trozos preconformados que se cargan en la cavidad del molde. La compresión con tornillo reduce en gran medida el tiempo de ciclo, eliminando el mayor inconveniente del moldeo por compresión. Se pueden producir piezas moldeadas por compresión con bastante espesor de pared con hasta un 400% más de productividad por cavidad de molde.

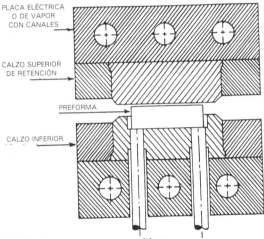

(A) Preforma que se va a moldear

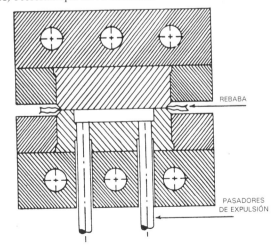

(B) Molde cerrado, con rebaba

Fig. 10-29. Principio del moldeo por compresión.

Para el conformado de compuestos de poliéster se emplean compuestos de moldeo de volumen termoendurecibles (abreviados comúnmente por BMC, siglas de *bulk molding compounds*). BMC es una mezcla de cargas, resinas, agentes de endurecimiento y otros aditivos. Las preformas extruidas calientes de este material se pueden cargar directamente en la cavidad fría o la chimenea de alimentación (fig. 10-30).

Otros materiales de moldeo populares son los plásticos fenólicos, compuestos de urea-formaldehído y melamina. Al igual que los BMC, normalmente se preconforman para facilitar la automatización y elevar la velocidad. Se emplean compuestos de moldeo de lámina reforzada y muy cargada, que se pueden colocar en capas alternas para conseguir propiedades más isótropas o en una sola dirección si se desean propiedades anisótropas.

La mayoría de los equipos de moldeo por compresión se venden por la capacidad de la prensa o del rodillo. Generalmente, se necesita una fuerza de 20 MPa o 2 kN/cm^2 para moldeos de hasta 25 mm de espesor. Deberán aplicarse 0,5 kN/cm^2 más por cada 25 mm. Esta fuerza viene dada por la acción hidráulica (fig. 10-31). Algunos de los medios para calentar los moldes, los rodillos y el equipo relacionado son vapor, electricidad, aceite caliente y llama abierta. El de aceite caliente es el método más común, ya que esta sustancia puede calentarse a altas temperaturas con escasa presión. La electricidad es limpia pero tiene una potencia limitada.

Durante el preconformado y el proceso de moldeo real, el calor y los diversos catalizadores inician la reticulación de las moléculas. Durante la reacción de reticulación se pueden liberar gases, agua y otros productos secundarios. Si quedan atrapados en la cavidad del molde, pueden dañar la pieza de plástico, que presentará una calidad insuficiente o estará marcada con vesículas en la superficie. Generalmente se ventilan los moldes para permitir el escape de subproductos.

En el moldeo, el compuesto de plástico termoendurecible se reticula y queda infusible, gracias a lo cual se puede extraer de la cavidad de moldeo estando calientes. En cambio, los materiales termoplásticos, al no reticularse en absoluto, deben enfriarse antes de su extracción. A través de este proceso se moldean muchos elastómeros.

Con frecuencia se moldean por compresión series largas de piezas moderadamente complejas. Los costes de mantenimiento del molde y de arranque son bajos; el desperdicio de material es bastante bajo, lo que es muy recomendable en piezas voluminosas, si bien es difícil moldear piezas muy

(A) Prensa de moldeo por compresión grande sometida a prueba (Hull Corp.)

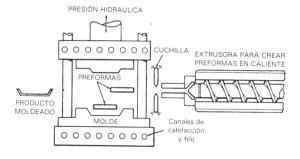

Fig. 10-30. Moldeo por compresión, que muestra el paso a la cavidad de preformas en caliente.

(B) Prensa Stokes utilizada para fabricar cubiertas de placas eléctricas

Fig. 10-31. Prensas de moldeo por compresión.

(C) Prensa y molde pequeños de laboratorio (Dake Corp.)

Fig. 10-31. Prensas de moldeo por compresión (*cont.*).

complejas. Con este método no se pueden practicar insertos, muescas, dibujos laterales y pequeños orificios cuando se tienen que mantener tolerancias ajustadas.

La secuencia del moldeo por compresión puede incluir las siguientes etapas:

1. Limpieza del molde y aplicación de agente liberación de molde (si se necesita).
2. Carga de la preforma en la cavidad.
3. Cierre del molde.
4. Apertura del molde brevemente para liberar los gases atrapados (respiración de molde).
5. Aplicación de calor y presión hasta completar el curado (secado).
6. Apertura del molde y colocación de la pieza caliente en una estructura de enfriado.

A continuación, se exponen seis ventajas y ocho inconvenientes del moldeo por compresión.

Ventajas del moldeo por compresión

1. Pocos desperdicios (muchos moldes carecen de orificios de inyección o canales de colada).
2. Costes de herramientas bajos.
3. El proceso puede ser automático o manual.
4. Las piezas son compactas y redondas.
5. El flujo de material es corto; menor posibilidad de estropear los insertos, de causar deformación del producto y/o erosionar los moldes.
6. La colocación de varias cavidades no depende de un sistema de alimentación equilibrado.

Inconvenientes del moldeo por compresión

1. Dificultad para moldear piezas complejas.
2. Fragilidad de los pasadores de expulsión e insertos finos.
3. Dificultad ocasional para conseguir formas complejas.
4. Necesidad de ciclos de moldeo prolongados.
5. Imposibilidad de reprocesar piezas rechazadas.
6. Dificultad para realizar el rematado.
7. Parte de las dimensiones de la pieza se controlan mediante la carga de material, no con la herramienta.
8. Necesidad de un equipo de carga y descarga externo para la automatización.

Entre los productos de moldeo por compresión se incluyen vajillas, botones, hebillas, pomos, mangos, carcasas de electrodomésticos, cajones, cubos, estuches de radio, recipientes grandes y muchas piezas eléctricas (fig. 10-32).

Debe reservarse una especial atención a dos variantes del moldeo por compresión: el *moldeo en frío* y la *sinterización*.

Moldeo en frío. En el moldeo en frío, se conforman los compuestos plásticos (generalmente fenólicos) en moldes sin calentar. Después del conformado, se endurece la pieza en una masa infusible en un horno (fig. 10-33). Entre los ejemplos de productos así obtenidos se incluyen piezas aislantes eléctricas, mangos de utensilios, cajas de baterías y ruedas de válvulas.

Sinterización. La *sinterización* es un proceso de compresión de plásticos en polvo en un molde calentándolos sin llegar a la temperatura de fusión durante aproximadamente media hora (fig. 10-34). Se funden conglomerados de polvo (se sinterizan), pero no se funde la masa como un todo. La unión tiene lugar a través del intercambio de átomos entre partículas individuales. Después del proceso de fusión, se puede postconformar el material con calor y presión hasta conseguir las dimensiones necesarias.

Las principales variables que rigen los procesos de sinterización son la temperatura, el tiempo y la composición de los plásticos.

El proceso no es sino una adaptación de las operaciones de sinterización de polvo en metalurgia. La sinterización se puede aplicar para tratar politetrafluoroetileno, poliamidas y otros plásticos cargados y es el principal método para el tratamiento del politetrafluoroetileno. Se pueden obtener pie-

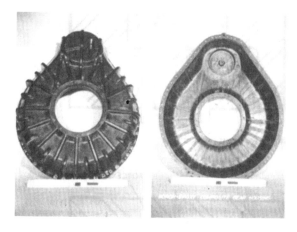

Fig. 10-32. La cubierta de engranaje de plástico reforzado de la derecha es mucho más fuerte y ligera que la de metal a la que sustituye (izquierda). Se pueden moldear por compresión muchas piezas similares (Allison Division, Detroit Diesel).

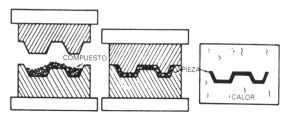

(A) Carga compuesto en molde **(B)** Moldeo en frío **(C)** Horno caliente

Fig. 10-33. Principio de moldeo en frío.

zas densas con propiedades eléctricas y mecánicas de primera calidad. El coste de las herramientas y la producción es alto y es difícil formar piezas con paredes finas o variaciones del espesor transversal.

Moldeo por transferencia

El moldeo por transferencia se conoce y practica desde la segunda guerra mundial. A veces se denomina moldeo de pistón, doble, por transferencia depósito-pistón, en etapas, por transferencia por inyección o de impacto. En realidad, se trata de una variante del moldeo por compresión, del que se diferencia en que el material se carga en una cámara fuera de la cavidad de molde. Una de las ventajas del moldeo por transferencia es que la masa fundida es líquida cuando penetra en la cavidad de molde. Se pueden conformar con exactitud formas complejas y frágiles con insertos o espigas. Las técnicas de moldeo por transferencia son semejantes a las del moldeo por inyección, con

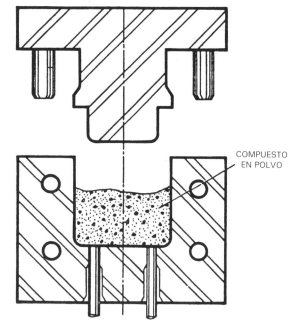

(A) Antes de compresión

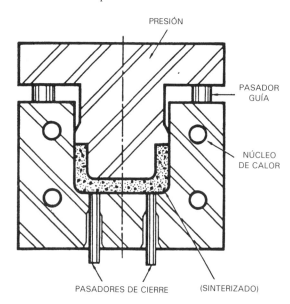

(B) Compresión y calentamiento

Fig. 10-34. Sinterización de piezas de plástico.

la excepción de que normalmente se emplean compuestos termoendurecibles.

La American Society of Tools and Manufacturing Engineers reconoce dos tipos fundamentales de moldes de transferencia:

1. Moldes de platillo o canal de colada.
2. Moldes de émbolo.

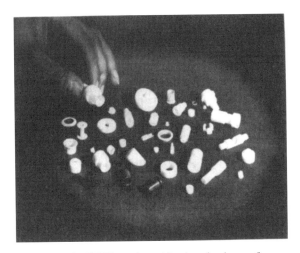

(C) Piezas de PTFE que han sido sinterizadas en formas básicas antes de mecanizado (Chemplast Inc.)

Fig. 10-34. Sinterización de piezas de plástico (*cont.*).

Los moldes de émbolo (fig. 10-35) se diferencian de los moldes de mazarota o bebedero (fig. 10-36) en que el émbolo o pistón se presiona hasta la línea de separación de la cavidad del molde cuando se inserta el material de plástico. En los moldes de canal se introduce el plástico por la fuerza de la gravedad hasta un orificio (canal). Con este tipo de moldes, solamente queda como desperdicio el material sobrante del orificio de inyección y la mazarota.

Se puede incluir un tercer tipo de molde para moldeo por transferencia, en el que se plastifica previamente el compuesto de moldeo por acción de un extrusor y, a continuación, un émbolo empuja el material fundido hasta el molde (fig. 10-37).

El coste del detallado diseño del molde la gran proporción de desperdicios de los sobrantes, mazarotas y rebabas constituyen las principales limitaciones del moldeo por transferencia.

Aunque la mayoría de las piezas tienen un tamaño limitado, existen numerosas aplicaciones entre las que se incluyen tapas del distribuidor, piezas de cámara, interruptores, botones, formas arrolladas, aislantes de bloqueo terminales y formas complejas como copas y tapones para contenedores de cosmética.

En la tabla 10-2 se señalan los problemas del moldeo por compresión y transferencia. A continuación, se presentan seis ventajas y cuatro inconvenientes del moldeo por transferencia.

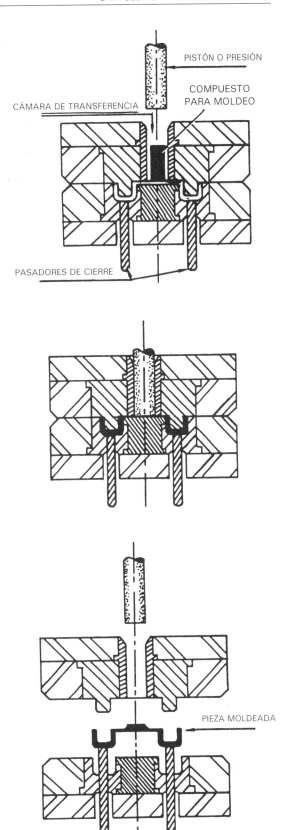

Fig. 10-35. Molde de transferencia de émbolo (doble placa).

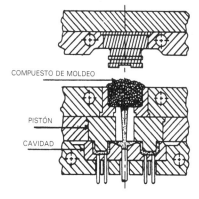

(A) Posición abierta

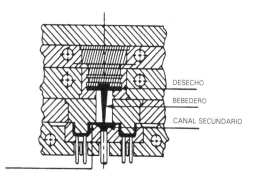

(B) Posición cerrada

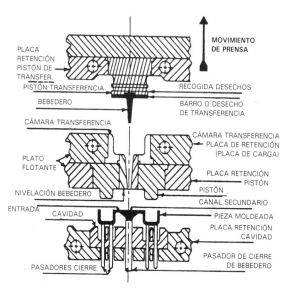

(C) Posición de liberación

Fig. 10-36. Molde de transferencia compacto (triple placa). (American Technical Society).

Tabla 10-2. Problemas del moldeo por transferencia y por compresión

Defecto	Remedio posible
Grietas alrededor de insertos	Aumentar grosor pared alrededor de insertos Usar insertos más pequeños Usar material más flexible
Formación de ampollas	Reducir temperatura de ciclo y/o molde Ventilar molde-respiración molde Más curado-aumentar presión
Moldeos cortos y porosos	Aumentar presión Precalentar material Aumentar peso carga material Aumentar temperatura y/o tiempo curado Ventilar molde-respiración del molde
Marcas quemadas	Reducir temperatura precalentamiento y moldeo
Pegajosidad de molde	Elevar temperatura del molde Precalentar para eliminar humedad Limpiar molde-pulir molde Aumentar curado Comprobar ajustes de pasadores de cierre
Superficie de piel de naranja	Usar un tipo más rígido de material de moldeo Precalentar material Cerrar molde lentamente antes de aplicar presión alta Usar materiales más finos Usar temperaturas de moldeo inferiores
Marcas de flujo	Usar material más rígido Cerrar molde lentamente antes de aplicar presión alta Dejar respirar molde Aumentar temperatura molde
Alabeo	Enfriar plantilla o modificar diseño Calentar uniformemente molde Usar material más rígido Aumentar curado Reducir temperatura Recocer en horno
Rebaba espesa	Reducir carga de molde Reducir temperatura de molde Aumentar presión

Ventajas del moldeo por transferencia

1. Menor erosión y desgaste del molde.
2. Posibilidad de insertos y piezas complejas (orificios de diámetro pequeño o secciones de pared delgadas).
3. Menos rebabas que en el moldeo por compresión.
4. Las densidades son más uniformes que en el moldeo por compresión.
5. Se pueden moldear varias piezas.
6. Tiempos de moldeo y carga más cortos que la mayoría de los procesos de moldeo por compresión.

Inconvenientes del moldeo por transferencia

1. Mayor cantidad de desechos de canales secundarios y mazarota.
2. Equipo y moldes más costosos.
3. Necesidad de ventilar los moldes.
4. Necesidad de retirar canales secundarios y puertas.

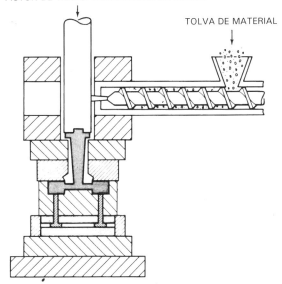

Fig. 10-37. Moldeo por transferencia por inyección, donde se ve que el compuesto extruido caliente es empujado hasta la cavidad de molde mediante el pistón de transferencia.

Vocabulario

A continuación, se ofrece un vocabulario de las palabras que aparecen en este capítulo. Busque la definición de aquéllas que no comprenda en su acepción relacionada con el plástico en el glosario del apéndice A.

Ciclo automático
Impregnación
Microestratificado vibratorio
MIRR
Molde de compresión
Moldeo en frío
Moldeo por compresión

Moldeo por inyección
Moldeo por transferencia
Moldeo por transferencia de resina
Moldeo por transferencia de resina con dilatación térmica
Pausa
Plastificar
Plato de prensa
Purgado
Rebaba
Respiración
Sinterización
Tambor

Preguntas

10-1. El material sobrante que queda en un producto después del moldeo por compresión se denomina __?__.

10-2. La cantidad de material utilizada para rellenar un molde durante un proceso de moldeo por inyección se denomina __?__.

10-3. La principal ventaja del moldeo por inyección con respecto a otros procesos de moldeo es __?__.

10-4. Cite tres formas de reducir el tiempo de producción en el moldeo por compresión.

10-5. Cite tres formas de reducir el tiempo de ciclo en el moldeo por compresión.

10-6. La operación consistente en abrir el molde de compresión para permitir que escapen los gases durante el ciclo de moldeo recibe el nombre de __?__.

10-7. La marca en un molde en el que se encuentran las dos mitades del molde al cerrarse se llama __?__.

10-8. El proceso de moldeo o conformado de artículos de polvos prensados a una temperatura inmediatamente por debajo del punto de fusión del plástico se denomina __?__.

10-9. Mencione tres ventajas del moldeo por transferencia.

10-10. El tiempo que se tarda en cerrar un molde, conformar una pieza, abrir el molde y extraer la pieza enfriada se llama tiempo de __?__ en el moldeo por inyección.

10-11. En el moldeo __?__, se carga el material en una cámara fuera de la cavidad del molde antes de que se haga líquida y se introduzca en la cavidad del molde.

10-12. Los dos factores de los que depende la capacidad de una máquina de moldeo por inyección son __?__ y __?__.

10-13. Los materiales termoendurecibles con formas frágiles, complicadas e insertos o espigas se pueden moldear por __?__ o __?__.

10-14. ¿Cuáles son los dos procesos de moldeo en los que se utilizan materiales termoestables y termoplásticos concretos en preformas o formas compuestas voluminosas.

10-15. Cite tres procesos que son similares a los procesos de moldeo por transferencia.

10-16. Cite cuatro polímeros comúnmente utilizados en el moldeo de resina líquida.

10-17. Una expresión típica para referirse al tiempo durante el cual una máquina de moldeo no está en funcionamiento es __?__.

10-18. El moldeo por inyección reactiva también se conoce como __?__ o mezclado de impregnación a alta presión.

Actividades

Moldeo por compresión

Introducción. El proceso de moldeo por compresión es uno de los métodos de tratamiento de plásticos más sencillos y antiguos. Generalmente se aplica en resinas termoendurecibles.

Equipo. Moldeador de compresión, molde, resina, 35 g de fenólico, agente de liberación de molde de silicona, gafas de seguridad, guantes que resistan altas temperaturas.

Procedimiento

10-1. Ajuste la temperatura a 190 °C y conecte las calzas de refrigeración a ambos cilindros.

10-2. Examine y limpie el molde con un rascador de madera.

10-3. Coloque las piezas del molde en el cilindro inferior y cierre los cilindros de prensa. Caliente durante 10 minutos.

10-4. Mida exactamente todos los materiales de moldeo fenólicos en un recipiente (fig. 10-38). Una cantidad excesiva de material se traducirá en un producto grueso, si es escasa, el producto será delgado.

PRECAUCIÓN: Los instrumentos de acero pueden dañar las superficies del molde.

Fig. 10-38. Mida exactamente todos los materiales fenólicos de moldeo.

10-5. Extraiga el molde de la prensa utilizando guantes aislantes y colóquelo en una superficie termorresistente, tal como se aprecia en la figura 10-39.

PRECAUCIÓN: Tanto el molde como los cilindros están calientes. Se necesita cierta experiencia para manejar moldes calientes sin tener que perder el tiempo y enfriar los moldes.

10-6. Encaje el molde y vierta la carga de fenólico calibrada en el molde (fig. 10-40)

10-7. Cierre el molde y devuélvalo a la prensa. Asegúrese de centrar el molde en el cilindro (fig. 10-41).

10-8. Aplique 13.500 kPa en la superficie del molde. Al cabo de unos 10 segundos, libere la presión para permitir que se escape el gas; a continuación, vuelva a aplicar presión. (fig. 10-42). Un MSDS en los compuestos de moldeo fenólicos indicará que el tratamiento

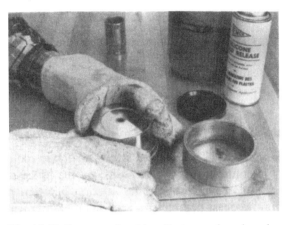

Fig. 10-41. Se monta el molde caliente y se devuelve a los cilindros calientes.

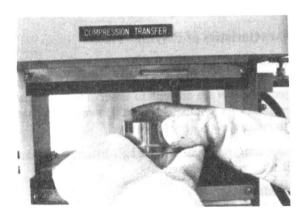

Fig. 10-39. El molde caliente se retira de los cilindros de moldeo por compresión.

Fig. 10-40. Coloque la cantidad de material fenólico medida en el molde caliente.

Fig. 10-42. Se mantiene la presión para completar el moldeo por compresión.

desprende pequeñas cantidades de amoníaco, formaldehído y fenol. El formaldehído tiene el TLV más bajo de los tres gases. Está valorado con un tope de 0,3 ppm por la ACGIH. Aplique una ventilación adecuada para eliminar estos gases del área de trabajo.

10-9. Mantenga la presión durante 5 minutos. Asegúrese de que se conserva la presión.

10-10. Para enfriar los cilindros, desconecte la alimentación y abra lentamente la válvula del agua.

PRECAUCIÓN: El vapor puede causar quemaduras graves.

10-11. Libere la presión y extraiga el molde.

PRECAUCIÓN: El molde seguirá estando caliente.

10-12. Extraiga con cuidado la pieza del molde y déjela enfriar. Elimine las rebabas. Si la pieza presenta una superficie apagada, repita el proceso a temperatura y/o presión más elevadas.

Moldeo por inyección

Introducción. El tamaño final de las piezas moldeadas por inyección se puede controlar dentro de unos límites en virtud de las condiciones de tratamiento. Para analizar la relación entre el tamaño de la pieza y los parámetros de tratamiento, es esencial realizar unas medidas exactas. En la figura 10-43 se muestra un dispositivo para efectuar medidas de longitud rápidas y precisas.

Equipo. Máquina de moldeo por inyección, un molde que produzca una pieza rectangular como por ejemplo una barra de impacto o tracción, aparato de medición de precisión, termoplásticos cristalinos (HDPE, LDPE o PP).

Procedimiento

10-1. Establezca un *control* que sea capaz de producir piezas aceptables con variaciones mínimas de longitud. Para ello se necesitará mantener presión en el molde hasta que se congela el material de salida del orificio de inyección.

Para determinar este tiempo, gradúe los tiempos de inyección desde tiempo corto hasta tiempo prolongado. Un tiempo corto será ligeramente más largo que el tiempo necesario para rellenar la pieza. Un tiempo prolongado es más de 30 segundos. Corte cuidadosamente las piezas para arrancarlas del sistema de canales secundarios y pese las piezas por separado. Un tiempo de in-

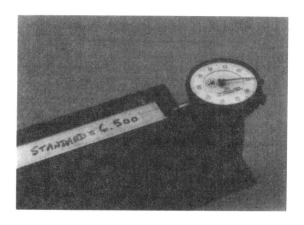

Fig. 10-43. Con tres pasadores se coloca en posición exacta la barra de tracción y el indicador de dial indica la longitud en relación con un patrón.

yección más largo causará una ganancia de peso. En un momento dado, las piezas no ganarán peso. Esto indica la congelación del material de salida del orificio.

Algunas piezas que requieren orificios de inyección o canales de colada más grandes seguirán ganando peso incluso al cabo de 1 minuto de presión de inyección. Dado que esto retrasa la actividad, seleccione un molde que tenga puertas suficientemente pequeñas como para congelar en aproximadamente 10 segundos.

10-2. Seleccione un parámetro de proceso y varíelo de un extremo a otro. Por ejemplo, seleccione la presión de inyección y varíelo en incrementos de 14,4 kPa en la presión hidráulica. Reduzca la presión hasta que las piezas no estén completamente rellenadas o *cortas* y auméntela gradualmente hasta que rebabe el molde.

10-3. Enumere cada carga de moldeo en orden y mantenga un seguimiento del parámetro en examen.

10-4. Deje en reposo la pieza durante 40 horas para que se estabilice.

10-5. Mida las piezas y elabore un gráfico con longitudes en el eje Y e incrementos del cambio de presión (u otro parámetro) en el X.

10-6. Si el tiempo lo permite, examine los cambios en la velocidad de inyección, el tiempo de enfriamiento, la temperatura del molde, la contrapresión, las revoluciones por minuto y otros parámetros de proceso.

Fig. 10-44. Esta pequeña pieza de pañuelo no se desplazó al pasar la corriente de plástico al molde.

Fig. 10-45. Las ligeras arrugas en el pañuelo registran la forma del frente de flujo a medida que avanza por el molde.

10-7. Seleccione arbitrariamente la longitud cerca del extremo alto o bajo y busque un proceso con el que se consigan esas piezas con pequeñas variaciones de longitud.

Características del flujo de polímero

Introducción. La mayoría de los alumnos que empiezan a adentrarse en el mundo de los plásticos no captan de forma intuitiva lo que es el flujo de polímero. Los aspectos reológicos del flujo son difíciles de observar sin el instrumental propicio o los moldes de flujo en espiral. No obstante, se puede observar fácilmente la naturaleza del flujo en fuente.

Equipo. Máquina de moldeo por inyección, granzas de plástico, un molde, gafas de seguridad.

Procedimiento

10-1. Coloque una pieza pequeña de un pañuelo facial o de perfumería en una superficie de cavidad plana. Una ligera cantidad de agua o grasa servirá para adherir suavemente el pañuelo al molde.

10-2. Determine la localización del pañuelo después de que el plástico fundido rellene la cavidad.

10-3. Inyecte la pieza y observe la localización del pañuelo. En la figura 10-44 se muestra una pieza de pañuelo en la barra de tracción.

10-4. Coloque una pieza de pañuelo en varias posiciones de la cavidad o sistema de canales. ¿Se mueven las piezas?

10-5. Trate de sujetar el pañuelo en toda la superficie de la pieza. En la figura 10-45 se muestra cómo la fuerza del flujo no rasgó ni desplazó de forma significativa el pañuelo hacia ninguna posición.

10-6. Describa el proceso de relleno del molde, teniendo en cuenta las observaciones de que el caldo no se resbala por la superficie del molde.

Capítulo 11

Procesos de extrusión

Introducción

El término extrusión procede de la palabra latina *extrudere*, compuesta por el prefijo *ex*, que significa fuera, y la raíz *trudere*, empujar. En la extrusión, se calienta el plástico en forma de polvo seco, granulado o fuertemente reforzado y se hace pasar a través de la abertura de una boquilla. Aunque las extrusoras de compuerta siguen empleándose, sobre todo para productos con base de polietileno de peso molecular ultraalto (VHMWPE), las más extendidas hoy son las prensas extrusoras de tornillo. El tornillo plastifica (funde y mezcla) el material y lo empuja a través de la boquilla.

Este capítulo trata de los productos y los procesos de extrusión. Los temas principales que abarca son:

I. Equipo de extrusión
II. Mezclas
III. Principales tipos de productos de extrusión
    A. Extrusión de perfiles
    B. Extrusión de tubos
    C. Extrusión de láminas
    D. Extrusión de películas
    E. Extrusión de película soplada
    F. Extrusión de filamentos
    G. Recubrimiento de extrusión y revestimiento de cables

IV. Moldeo por soplado
    A. Moldeo por inyección-soplado
    B. Moldeo por extrusión-soplado
    C. Variaciones del moldeo por soplado

Equipo de extrusión

En las figuras 11-1 y 11-2 se muestran prensas extrusoras de tornillo simple típicas. A pesar de que con la instrumentación informatizada se ha perfeccionado el control de proceso, el diseño básico de las extrusoras de un solo tornillo no ha cambiado durante décadas. La medida de referencia de una máquina extrusora es el diámetro del tornillo, que en las máquinas pequeñas es de 19 mm y en las grandes de 300 mm. Las máquinas corrientes tienen un tamaño de 64 a 76 mm.

Además de por el diámetro del tornillo, las máquinas extrusoras se valoran en el mercado por la cantidad de material que pueden plastificar por minuto o por hora. La capacidad de extrusión en el caso del polietileno de baja densidad puede oscilar entre menos de 2 kg y más de 5.000 kg por hora.

Los tornillos se caracterizan por su relación L/D, de manera que una proporción 20:1 significa un diámetro de 50 mm y 1.000 mm de longitud. Los tornillos cortos, que tienen, por ejemplo, una relación L/D de 16:1, suelen ser apropiados para extruir perfiles; en cambio, los largos, de hasta 40:1, mezclan mejor los materiales. En la figura 11-3 se muestran algunos diseños de tornillos.

La profundidad de canal del tornillo es muy pronunciada en la zona de alimentación para permitir su paso entre las granzas o pelets y otras formas de material y disminuye según se acerca a la zona de transición. De esta forma la reducción continúa, gracias a lo cual se favorece la expulsión del aire y la compactación del material (fig. 11-3A). En la zona de dosificación, el dibujo en espiral superficial permite que se complete el fundido de los plásticos. En el extremo del tambor, una placa rompedora actúa como sello mecánico entre el tambor y la boquilla. Al mismo tiempo, la placa rompedora mantiene el paquete de filtros en la posición correcta. En la figura 11-4 se muestran tamices de diferentes tamaños de malla. Varios tamices juntos se denominan paquete de filtro y sirven para eliminar trozos de material extraño. Cuando se obturan los filtros, aumenta la contrapresión.

La mayoría de las extrusoras están equipadas con un intercambiador de filtros. El más típico consiste en una placa que se desplaza de un lado a otro. Al colocar un paquete de filtros en posición quedan expuestos los tamices contaminados, tal como se puede ver en la figura 11-5. Entonces, se retiran los tamices sucios y se instalan otros nuevos, de manera que el intercambiador queda preparado. Algunas máquinas están equipadas con una cinta continua de filtro (a veces giratoria) que se puede controlar automáticamente para mantener una presión de cabezal constante con independencia de los distintos niveles de contaminación del polímero y otras condiciones de la velocidad de flujo.

Después de pasar por la placa rompedora y los filtros, el plástico fundido entra en la boquilla, que es realmente la que conforma el plástico derretido a medida que va saliendo de la extrusora. La boquilla más simple es la que consiste en un solo ramal, por donde se extruye un hilo algo más grande que el diámetro de la boquilla. Las que constan

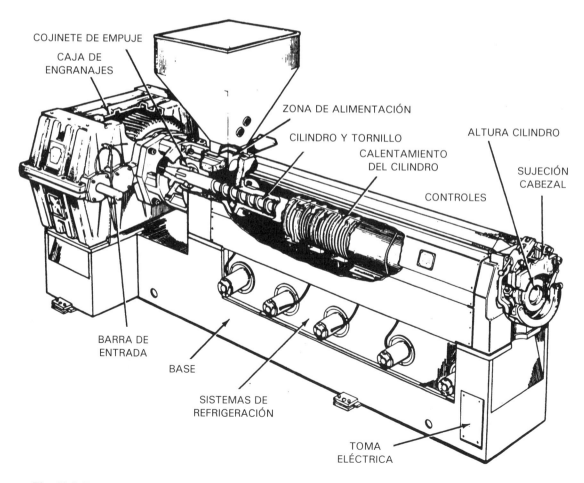

Fig. 11-1. Extrusora, con indicación de sus elementos (Davis Standard Division, Crompton & Knowles Corp.).

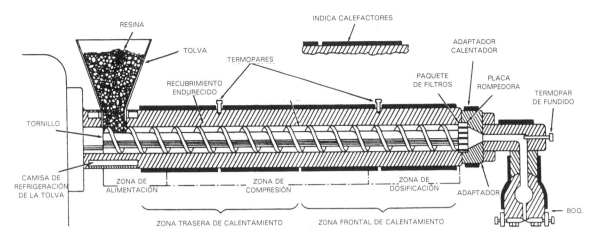

Fig. 11-2. Sección transversal de una prensa extrusora de tornillo típica, con la boquilla hacia abajo.

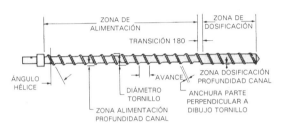

(A) Tornillo calibrador. (Processing of Thermoplastics Materials).

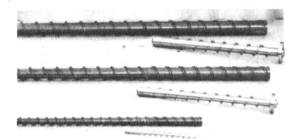

(C) Imagen parcial de los tornillos de una extrusora. (Cameron-Waldron Division, Midlands-Ross Corp.)

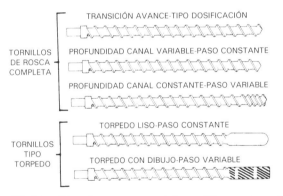

(D) Tornillos de extrusora típicos. (Cameron-Waldron Division, Midland-Ross Corp.)

(B) Tornillos de extrusora típicos. (Processing of Thermoplastics Materials).

Fig. 11-3. Tornillos de extrusora típicos (Cameron-Waldron Division, Midland-Ross Corp.).

de varios ramales crean varios hilos simultáneamente. Pueden estar hechas de acero suave, aunque para series largas conviene que sean de acero de cromo-molibdeno. Con los materiales corrosivos se utilizan aleaciones inoxidables.

Se emplean radiadores eléctricos alrededor del cilindro para favorecer el fundido del plástico. Una vez que la extrusora haya combinado, mezclado y forzado el material por la boquilla, el calor de rozamiento producido por la acción del tornillo será suficiente para plastificar parcialmente el material. Se utilizan calefactores externos para mantener fija la temperatura una vez iniciado el proceso.

Fig. 11-4. Tamices de diferentes tamaños de malla. El índice de malla se refiere al número de aberturas por pulgada; 14 mallas es muy grueso y 200 mallas es muy fino.

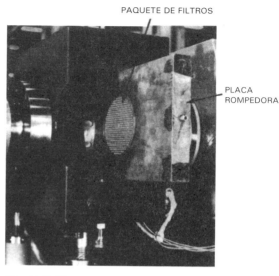

Fig. 11-5. El paquete de filtro crea contrapresión del material en el cilindro de la extrusora. (Cameron-Waldron Division, Midland-Ross Corp.).

Mezcla

La mezcla es un proceso consistente en combinar los plásticos básicos con plastificantes, cargas, colorantes y otros ingredientes. Antes, los talleres de mezcla solían emplear prensas extrusoras de tornillo simples, boquillas para varios hilos, tanques de refrigeración con agua grandes y peletizadoras para cortar los hilos en granzas, sin embargo, hoy en día la mayoría de los fabricantes se valen de un equipo de tornillo doble. (Véase la figura 11-6).

Existen dos tipos básicos de equipos de mezclado de tornillo doble, el corrotatorio y el contrarrotatorio. En el primero, el material pasa a través del espacio que queda entre los dos tornillos, también denominado luz de rodillos. El material que se desplaza entre la luz de rodillos se mezcla perfectamente, pero es posible que caiga algo de material al cilindro sin que pase por la línea de contacto.

Fig. 11-6. Tornillos de extrusora doble paralelos dobles. (North American Bitruder Co.).

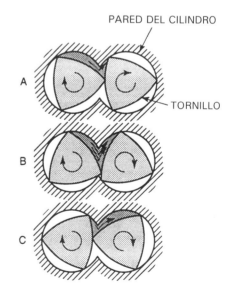

Fig. 11-7. En las máquinas de doble tornillo, corrotatorias, uno de los tornillos arrastra el material desde el otro, de manera que pasa poco material entre los dos.

Fig. 11-8. Boquilla de varios ramales y cortadora dentro de un cabezal de peletización bajo el agua. (North American Bitruder Co.).

En el diseño contrarrotatorio se transfiere el material de un tornillo a otro en el punto del entremezclado, creando así un recorrido en ocho, bastante largo, gracias a lo cual se consigue un mezclado más perfecto que el del modelo corrotatorio. En la figura 11-7 se puede observar la transferencia del material de un tornillo a otro.

Existen extrusoras con equipos de mezclado de tornillo doble contrarrotatorios con relaciones L/D comprendidas entre 12:1 y 48:1, diámetros de tornillo que oscilan entre 25 mm y 300 mm y una capacidad de producción de hasta 27.000 kg por hora. Algunas compañías ofrecen diseños de tornillo modular, en los que el tornillo consiste en una varilla estriada central y varios elementos de mezclado y transporte en torno a la varilla. Los elementos de amasado y transporte pueden estar a la derecha o a la izquierda. El uso de los elementos a la izquierda crea contrapresión en el plástico fundido detrás del elemento y reduce la presión en la parte delantera. Con una correcta organización de estos elementos es posible un mezclado y transporte eficaz hasta de los materiales más difíciles de manejar.

Las compañías de mezclado típicas deben almacenar, medir, mezclar y transportar muchos tipos de ingredientes. El mezclado por lotes de ingredientes puede conducir a un problema de segregación, de manera que se separen los ingredientes más pesados de los más ligeros. Los lotes pueden perder su homogeneidad durante el transporte, en particular, al pasar a través de tuberías largas.

Para evitar los problemas de segregación causados por las diferencias entre las densidades aparentes, muchas compañías llevan directamente la materia prima a la extrusora y utilizan varias tolvas de pérdida de peso para introducir cantidades de ingredientes exactamente calibradas en la garganta de alimentación de la extrusora. Las extrusoras

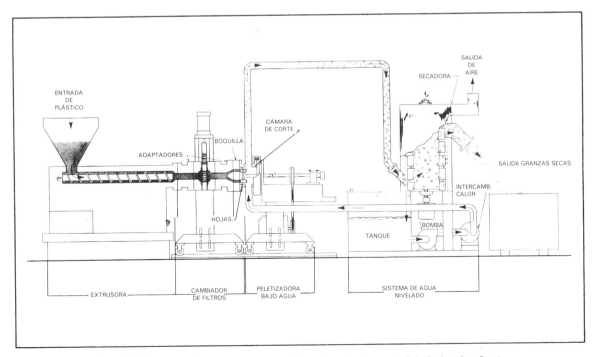

Fig. 11-9. Esquema de un sistema de peletización bajo el agua. (Gala Industries, Inc.).

de mezclado bien equipadas pueden manejar hasta 10 corrientes de alimentación distintas. Se deben añadir algunos líquidos y fibras a los plásticos ya fundidos. Dicha alimentación corriente abajo requiere bombas especiales para líquidos y alimentadores para fibras y polvos.

Para ahorrar espacio, algunos fabricantes compran equipos de peletización bajo el agua. En la figura 11-8 se muestra un cabezal de peletización bajo el agua con las cubiertas abiertas. Obsérvese la cuchilla cortadora inmediatamente por encima del cabezal de la boquilla de varios ramales. En la figura 11-9 se muestra un esquema de un sistema de peletización bajo el agua.

Principales tipos de productos de extrusión

Dado que los procesos de extrusión son enormemente variados, será útil clasificarlos según los principales tipos de productos en las categorías de perfiles, tubos, láminas, películas, películas sopladas, filamentos y recubrimientos y protección de cables.

Extrusión de perfiles

La expresión *extrusiones de perfiles* se aplica a la mayoría de los productos extruidos que no son tubos, películas, láminas o filamentos. En la figura 11-10 se muestran algunos ejemplos. Dichos perfiles se extruyen horizontalmente, por lo general. Para conseguir la forma deseada se necesita un equipo para sujetar y modelar el material extruido durante el enfriado, que se logra con chorros de aire, corrientes de agua, rociados con agua y camisas de refrigeración. El control de tamaño requiere hileras de acabado, boquillas de retén o placas de acabado. En la figura 11-11 se muestran estas boquillas y chorros de agua.

El control del tamaño y la forma de perfiles puede resultar difícil. Cuando sale un material de la boquilla de la extrusora, cambia de forma debido a un fenómeno denominado *esponjamiento de boquilla*. Dentro de la extrusora y la boquilla, el plástico fundido está comprimido, pero cuando, desaparece esta compresión, el material extruido se expande en sentido transversal. Si la sección transversal del material extruido no es uniforme, tampoco lo será la contracción al enfriarse.

Para producir dimensiones de sección transversal exacta una vez enfriado el material extruido se debe prever un margen en el diseño del orificio. En secciones transversales complejas de bordes afilados o secciones finas, el enfriamiento se produce más rápidamente en dichas porciones, de modo que estas zonas se contraen antes y quedan más reducidas que el resto. Esto significa que la boquilla y la forma del plástico (material extruido) pueden ser diferentes. Para corregir este problema se agranda el orificio de la boquilla en estos puntos (fig. 11-12).

Para solventar el problema derivado de la geometría compleja de las boquillas de perfiles, algunos fabricantes optan por el postconformado de

Fig. 11-10. Algunos ejemplos de perfiles de plástico. (Fellows Corp.).

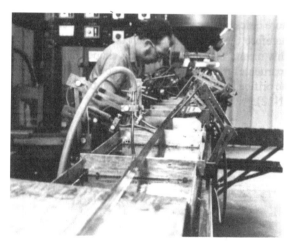

Fig. 11-11. Observe los dedos de retén que ayudan a moldear el material y los chorros de agua que enfrían la forma extruida. (Alma Plastics Co.).

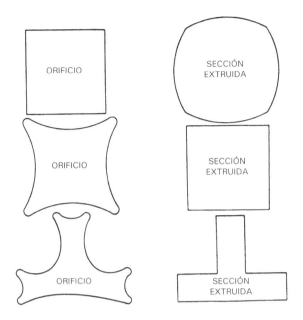

Fig. 11-12. Relación entre orificios de boquilla y secciones extruidas.

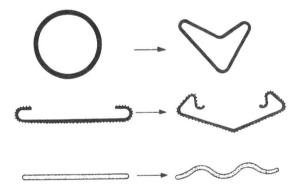

Fig. 11-13. Los materiales extruidos de la izquierda se conforman posteriormente en las formas de la derecha al pasarlos por rodillos.

formas más simples. Dicha operación requiere el uso de placas de acabado, calzos y rodillos. De esta forma, es posible conformar posteriormente una cinta plana en una forma arrugada. Las varillas redondas se pueden convertir en formas ovaladas o de otro tipo mientras el material extruido siga caliente (fig. 11-13).

Extrusión de tubos

Los tubos se moldean según las dimensiones exteriores del orificio y con el mandril (a veces denominado *espiga*) que da forma a las dimensiones

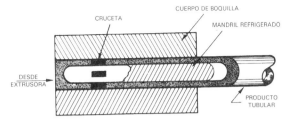

Fig. 11-14. En esta operación de conformado de tubos, se extruye un material caliente alrededor de un mandril frío o espiga (DuPont Co.).

interiores (fig. 11-14). El mandril se mantiene en su posición a través de unos elementos finos de metal denominados *piezas de centrado*.

El diámetro de la tubería o tubo también se controla mediante la tensión del mecanismo de recogida. Si se estira a mayor velocidad que la del fundido del material extruido, las dimensiones del producto serán más reducidas y finas que la boquilla.

Para evitar que el tubo se quiebre antes de enfriarse, se pinza cerrándolo por un extremo y se hace salir aire por la boquilla. La presión de aire expande ligeramente la tubería. Se puede hacer pasar el tubo caliente a través de un anillo de acabado o de vacío para mantener el diámetro exterior dentro de un estrecho margen. El grosor de la pared de la tubería se controla mediante el mandril y el tamaño de la boquilla.

Extrusión de lámina

Según la definición de la sociedad estadounidense ASTM, *película* es una plancha de plástico de 0,25 mm o menos de grosor. Las chapas con un grosor superior a 0,25 mm se consideran láminas. La extrusión de láminas produce el material que se emplea en la mayoría de las operaciones de termoconformado.

La mayoría de las formas de lámina obligan a la extrusión de materiales termoplásticos fundidos a través de boquillas con una larga ranura horizontal, tal como se puede ver en la figura 11-15. Básicamente, las boquillas pueden tener *forma en T* y *de percha*. En ambos casos, se introduce el material fundido por el centro de la boquilla y se conforma después con los soportes de boquilla y la apertura ajustable. La anchura se puede controlar con barras externas o por la dimensión real de la boquilla. En la figura 11-16 se emplea un regulador ajustable o barra de reducción para extruir láminas.

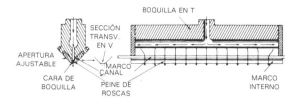

(A) Sección transversal de una boquilla en T.

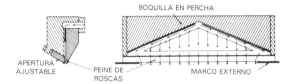

(B) Sección transversal de una boquilla en percha.

(C) Boquillas para laminado de forma en T. (Cameron-Waldron Division, Midland-Ross Corp.

Fig. 11-15. Dos tipos de boquillas de extrusión.

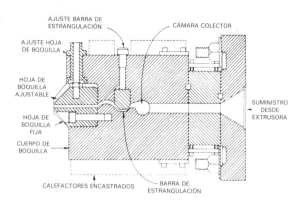

Fig. 11-16. Boquilla de extrusión de lámina con barras reguladoras ajustables (Phillips Petroleum Co.).

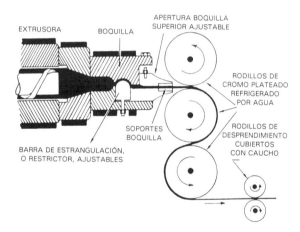

(A) Esquema de una boquilla de laminado y tren de arrastre.

(B) Extrusión de lámina desde la boquilla en la luz de rodillos fríos (North America Bitruder Co.)

Fig. 11-17. Tren de arrastre con rodillos fríos.

La lámina extruida pasa por un conjunto de rodillos que proporcionan el acabado superficial o la textura deseados, así como un grosor de forma precisa. En la figura 11-17 se muestra un dibujo de los rodillos de laminación y una fotografía de la lámina que sale de la boquilla y pasa a los rodillos.

En la tabla 11-1 se indican algunos de los problemas más comunes de la extrusión de láminas y la forma de remediarlos.

Extrusión de películas

Con la extrusión de películas y calandrado se obtienen productos acabados bastante similares. Aunque técnicamente, el calandrado no es un proceso de extrusión, es lógico que reciba tratamiento junto con la extrusión de películas.

La extrusión de películas es similar a la de láminas. Aparte de la diferencia de grosor, las boquillas de extrusión de películas son más ligeras y tienen soportes de boquilla más cortos que las de laminado.

En la figura 11-18A, la película extruida pasa a un tanque de enfriado, mientras que en el caso de la figura 11-18B se estira la película sobre rodillos fríos para llevar a cabo un tratamiento denominado a veces *colada de películas*. Tanto las películas extruidas con rodillo frío como las de tanque de agua se utilizan a nivel comercial. Debe controlarse la temperatura, la vibración y las corrientes de agua cuidadosamente al utilizar el método de tanque de agua para poder producir pelí-

Tabla 11-1 Problemas del equipo de extrusión de láminas

Defecto	Remedio posible
Líneas continuas en dirección de extrusión	Reparar o limpiar boquilla Eliminar contaminación de la boquilla o los rodillos Reducir temperaturas boquilla Utilizar correctamente materiales secos
Líneas continuas que cruzan la lámina	Ajustar la tensión de la lámina Reducir la temperatura del rodillo de pulido o aumentar las temperaturas de rodillo Comprobar contrapresión para el exudado
Decoloración	Usar boquilla y diseño de tornillo apropiado Reducir al mínimo la contaminación de material Temperatura demasiado alta Reparar y limpiar la boquilla
Variaciones de dimensión en toda la lámina	Ajustar bolas de rodillos de pulido Equilibrar calor boquilla Reducir la temperatura de rodillos de pulido Comprobar mandos temperatura Reparar o limpiar boquilla
Oquedades en la lámina	Equilibrar condiciones de la línea de extrusora Usar tornillo apropiado Reducir al mínimo la contaminación del material Reducir temperatura material
Tira mate	Ajustar boquilla demasiado estrecha en este punto Reducir al mínimo la contaminación de material Aumentar temperatura boquilla Reparar o limpiar boquilla
Agujeros, cráteres	Equilibrar condiciones extrusora Reducir al mínimo la contaminación de material Utilizar materiales secados apropiadamente Controlar entrada material Reducir temperatura del material

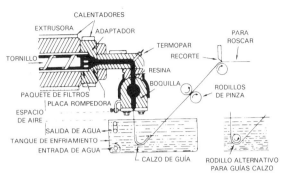

(**A**) Sección transversal de la parte frontal de una extrusora de película plana, tanque de enfriado y tren de arranque.

(**B**) Esquema de un equipo de extrusión de película de rodillo frío.

Fig. 11-18. Tipos de tren de arranque de película.

culas sin defectos y transparentes. Hoy en día, se obtienen por este método de alta velocidad, películas de calibre alto.

La extrusión de película resulta más costosa que la película soplada y, por tanto, se utiliza únicamente cuando se pretende conseguir una calidad superior. Algunos plásticos son sensibles al calor y tienden a descomponerse o degradarse debido a una temperatura alta. El PVC es uno de esos materiales. Para fabricar una película de PVC, no se suelen aplicar técnicas de extrusión por ranura o de película soplada, sino calandrado.

Calandrado. En el calandrado se prensan materiales termoplásticos hasta conseguir un grosor definitivo con cilindros calentados (fig. 11-19). A través de este método se pueden producir películas y formas en lámina gofradas o texturadas (fig. 11-20). Este tipo de películas se emplea sobre todo en la industria textil. Las películas gofradas o con una textura especial se emplean para fabricar prendas de vestir, bolsos, zapatos y maletas de imitación de piel.

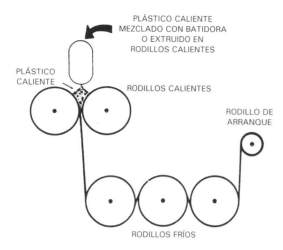

Fig. 11-19. Proceso de calandrado.

Fig. 11-20. Calandrado de un material termoplástico. (Monsanto Co.).

El proceso de calandrado consiste en mezclar en caliente resina, estabilizantes, plastificantes y pigmentos en una amasadora continua o mezcladora Banbury. Se conduce la mezcla caliente a través de un molino de dos rodillos para producir un material laminado pesado. A medida que la lámina pasa a través de una serie de cilindros giratorios calentados, va adelgazándose progresivamente hasta alcanzar el grosor deseado. Para calibrar y dar relieve se emplea un par de rodillos de acabado de precisión a presión alta. Por último, se enfría la lámina caliente en un rodillo frío y se despega en forma de lámina o película.

Los cilindros calandradores son muy caros y se pueden dañar fácilmente con contaminantes metálicos. Por esta razón, se suelen utilizar detectores de metal para explorar la lámina antes de que entre en la calandria. El equipo de calandrado, junto con los mandos accesorios, también es muy costoso. Los costes de mantenimiento de una línea de calandria pueden superar el millón de dólares, un hecho que desalienta muchas veces de su instalación. El calandrado presenta varias ventajas frente a la extrusión y otros métodos a la hora de producir películas o láminas con color o con relieve. Al cambiar de color, basta con limpiar ligeramente la calandria. En cambio, la extrusora requiere un purgado y un lavado a fondo.

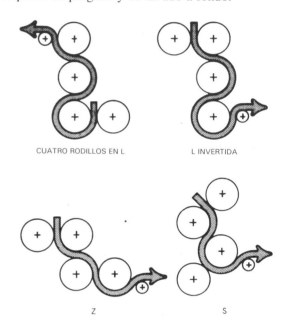

(A) Configuraciones de calandria.

(B) Serie de cilindros dispuestos en Z para calandrar material termoplástico en lámina.

Fig. 11-21. Configuraciones de cilindro calandrador típicas.

A pesar de su coste, el calandrado sigue siendo el método por excelencia para producir láminas de PVC a alta velocidad. Prácticamente un 95% de los productos calandrados son de PVC y tan solo un 5% se utilizan en producción rígida.

El equipo de calandrado puede necesitar emplazamientos de varios pisos, ya que los cilindros calandradores suelen estar dispuestos siguiendo una forma de L invertida o una Z. Los cilindros y equipo auxiliar se controlan a través de muchos dispositivos sensores y por ordenador. Las calandrias se suelen valorar con arreglo a la cantidad (masa) de material que pueden producir por unidad de tiempo. Dicha valoración depende del material, la velocidad de plastificación, el acabado superficial requerido y la capacidad del tren de arranque. Las máquinas grandes presentan una velocidad de producción cercana a 3.000 kg/h. La mayoría de los cilindros tienen una anchura inferior a 2 m, aunque, en el caso de los materiales blandos son posibles anchuras de más de 3 m. La fuerza de los rodillos puede aproximarse a 350 kN para materiales rígidos delgados.

Para compensar la flexión del rodillo (doblado o combado), se pueden emplear varios métodos: 1) aplicar la fuerza en los extremos diametralmente opuestos y en el centro de los soportes, 2) producir rodillos abombados o 3) colocar los cilindros de forma oblicua uno con respecto al otro (cruzado de rodillo). (Véase figura 11-22). En la tabla 11-2 se exponen algunos de los problemas del calandrado y posibles soluciones a los mismos.

Extrusión de película soplada

En la extrusión de película soplada, se produce la película haciendo pasar el material fundido a través de una boquilla y alrededor de un mandril. El plástico emerge del orificio como un tubo (fig. 11-13), de forma muy similar a la fabricación de tuberías. A continuación, se expande este tubo o burbuja por soplado de aire por el centro del mandril hasta alcanzar el grosor de película deseado. Es como inflar un globo. Normalmente, se enfría el tubo con el aire proveniente de un anillo de refrigeración que rodea a la boquilla. (Véase figura 11-24). La *línea de escarchado* es la zona en la que la temperatura del tubo ha descendido por debajo del punto de reblandecimiento del plástico. En la extrusión de películas de polietileno o polipropileno, la zona de congelación es evidente, ya que realmente parece escarcha. En esta zona de escarchado se manifiesta el cambio que tiene lugar cuando se enfría el plástico de fundido (estado amorfo) para pasar a un estado cristalino. En el caso de otros plásticos, la línea de escarchado no es visible.

El tamaño y el grosor de la película acabada se controla según diversos factores entre los que se incluyen las velocidades de extrusión y del tren de arranque, la abertura de boquilla (orificio), la temperatura de material y la presión de aire dentro

Tabla 11-2. Problemas del calandrado

Defecto	Posible remedio
Vesiculación de la película o lámina	Reducir temperatura fundido Reducir la velocidad programada de los rodillos Comprobar contaminación de la resina Reducir temperatura de rodillos fríos
Sección gruesa en el centro y extremos delgados	Utilizar rodillos abombados Aumentar la abertura de la luz de rodillos Comprobar la carga de soporte de los cilindros
Marcas frías o pie de cuervo	Aumentar temperatura material Disminuir suministro programado
Agujeros de espiga	Comprobar la contaminación de la resina Mezclar mejor los plastificantes con la resina
Imperfecciones mates	Comprobar la contaminación del lubricante o la resina Comprobar las superficies de los cilindros Aumentar la temperatura del plástico fundido Aumentar la temperatura de los cilindros
Acabado tosco	Aumentar la temperatura de rodillo Elevar temperatura del cilindro Luz de rodillos excesiva
Banco de rodillo en la lámina	Temperatura de material incorrecta aumentar/disminuir Proporcionar velocidades de despegue constantes Reducir las temperaturas del rodillo y despejar luz de rodillos

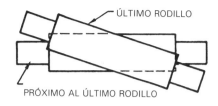

(A) Rodillos cruzados

(B) Rodillos combados

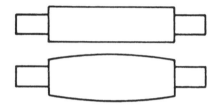

(C) Rodillo abombado

Fig. 11-22. Métodos utilizados para corregir el perfil de lámina.

de la burbuja o el tubo. La relación de soplado es la que existe entre el diámetro de boquilla y el de burbuja. La película extruida por soplado se vende como tubos continuos, película continua o películas dobladas de diversas formas. Los productores de películas pueden cortarlo en tiras desde uno de los extremos durante el enrollado. Si se sopla el tubo hasta un diámetro de 2 m, la película plana tendrá una anchura de más de 6 m (cortada en tiras y abierta). No resultan prácticas las boquillas de ranuras de este tamaño. Las películas tubulares son aconsejables para envases baratos de alimentos y ropa, que requieren simplemente cierre por calor para obtener bolsas herméticas.

Las películas sopladas están semiorientadas; es decir, tienen menos orientación de moléculas en una sola dirección que la película de las boquillas de ranura. Las películas sopladas se estiran a medida que se expande el tubo por presión de aire. Dicho estirado tiene como resultado una orientación molecular más equilibrada en dos direcciones. Los productos están orientados biaxialmente, en la dirección longitudinal y transversal con respecto al diámetro de la burbuja. Una de las ventajas de la película soplada reside en sus mejores propiedades físicas. No obstante, resulta difícil regular la transparencia, los defectos superficiales y el espesor de película con la extrusión de ranura. En la tabla 11-13 se ofrece información sobre los problemas que pueden surgir con las películas extruidas por soplado.

Extrusión de filamento

Términos importantes para la extrusión de filamento. Un *filamento* es una hebra de plástico única, larga y delgada. El pescador estará probablemente muy familiarizado con la caña de pescar de monofilamento. Este filamento único de plástico puede fabricarse en la longitud deseada. Los *hilos* pueden estar compuestos por monofilamentos o multifilamentos de plástico.

El término *fibra* se utiliza para describir todos los tipos de filamentos, ya sean monofilamentos o multifilamentos naturales o de plástico. Primero se tejen o retuercen las fibras para formar hilos, que se entrelazan después en tejidos acabados, tamices u otros productos listos para su consumo.

La finura de una fibra se expresa mediante la unidad llamada *denier*. Un denier equivale a la masa en gramos de 9.000 m de fibra. Así, 9.000 m de un hilo de 10 denier pesan 10 g. La denominación de la unidad tiene su origen en el nombre de una moneda francesa del siglo XVI que se utilizaba como patrón para medir la finura de las fibras de seda.

Las fibras de plástico de igual finura varían en denier debido a las diferencias de densidad. Aunque dos filamentos puedan tener el mismo denier, es posible que uno de ellos tenga un diámetro más grande por poseer una densidad relativamente más baja.

Para calcular el denier de los filamentos de un hilo, se divide el denier del hilo por el número de filamentos:

$$\frac{\text{Hilo de 80 denier}}{40 \text{ filamentos}} = 2 \text{ denier para cada filamento}$$

Recuerde: 9.000 m de un filamento de 1 denier pesan 1 g
9.000 m de un filamento de 2 denier pesan 2 g

La Organización Internacional de Normalización (ISO) ha establecido un sistema universal para designar la densidad lineal de los tejidos denominado

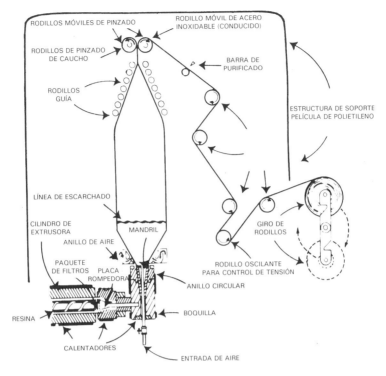

(A) Aparato básico

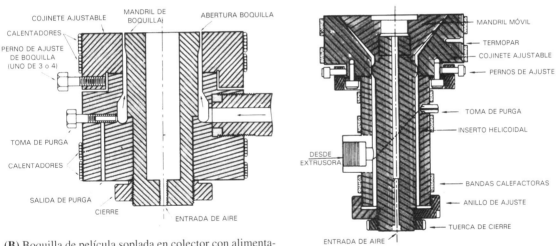

(B) Boquilla de película soplada en colector con alimentación lateral.

(C) Boquilla de película soplada de apertura ajustable. (Phillips Petroleum Co.).

Fig. 11-23. Esquema de procedimientos de extrusión de película soplada. (U.S. Industrial Chemicals).

tex. La industria textil ha adoptado el tex como medida de densidad lineal. En el sistema tex, el recuento de hilos equivale a la masa de hilo en g/km.

Tipos de filamentos. No todos los filamentos sintéticos se destinan a la industria textil. Algunos monofilamentos se utilizan para las cerdas de escobas, cepillos de dientes y brochas. Las formas relativas de estos filamentos varían, tal como se muestra en la figura 11-25.

Si la fibra ha de ser flexible y blanda, se necesitará un filamento fino. En cambio, si debe soportar golpes y mostrar rigidez, se utilizará un filamento más grueso. Las fibras para ropa tienen filamentos que oscilan entre 2 y 10 denier. En el caso de las alfombras, los filamentos miden entre 15 y 30 denier.

(A) Extrusora con tren de arrastre de la película soplada. (Chemplex Co.)

(C) Primer plano desde la parte de arriba de una extrusora y las barras calibradoras. (Chemplex Co.)

(B) Primer plano de una película soplada extruida. (Chemplex Co.)

(D) En esta fotografía se puede apreciar el tamaño de la película tras el soplado. (BASF)

Fig. 11-24. Extrusión de película soplada.

Tabla 11-3. Problemas del soplado de película

Defecto	Posible remedio
Manchas negras en película	Limpiar boquilla y extrusora Cambiar paquete de filtros Comprobar contaminación de la resina
Marcas producidas por la hilera	Reducir presión de boquilla Aumentar temperatura plástico fundido Pulir salientes en la trayectoria de la película Comprobar luz de rodillos, suavizarlos
Defectos de burbujas	Aumentar rpm del tornillo y la velocidad del cilindro estirador posterior Cerrar torre o detener corrientes Ajustar anillo de refrigeración para conseguir una velocidad del aire constante alrededor del anillo
Propiedades físicas y ópticas insuficientes	Elevar temperatura plástico fundido Aumentar la relación de soplado, aumentar la altura de la línea de escarchado. Limpiar labios boquilla, prensa y cilindros
Fallos en el doblez	Disminuir presión cilindro estirador posterior
Fallos en las líneas de soldadura	Si es posible, sangrar la boquilla en la línea de soldadura Calentar las piezas de centrado de la boquilla - aislar las líneas de aire en este punto Aumentar la temperatura de fundido Comprobar si existe contaminación
La película no corre de forma continua	Limpiar la boquilla y la extrusora Reducir la temperatura de fundido Aumentar grosor de película

La sección transversal de la fibra ayuda a determinar la textura del producto acabado. Las formas triangulares y trilobulares transfieren a la fibra sintética buena parte de las propiedades de la fibra y la seda naturales. Muchos de los filamentos con forma de cinta o de viga se parecen a las fibras de algodón.

Fabricación de filamentos. Los monofilamentos se producen en gran medida del mismo modo que los perfiles, con la excepción de que la boquilla presenta varios orificios. Estas boquillas contienen muchas aperturas pequeñas desde las que emerge el material fundido, y se emplean para producir pelets granulads, monofilamentos y hebras de varios filamentos.

Las formas de filamento se obtienen haciendo pasar el plástico a través de orificios en un proceso denominado *hilatura*. El conformado del plástico viene dado por la apertura de la boquilla o hilera. Es posible que este proceso haya sido bautizado hilatura porque recuerda a la manera en que se hilan las fibras naturales. El pequeño conducto que tienen en la boca los gusanos de seda también se denomina hilera.

Dado que estos orificios suelen ser mucho más finos que el diámetro del cabello humano, las hileras se suelen construir con metales como platino, que es resistente a los ácidos y al desgaste. Para salir y ser extruido por estos pequeños orificios, el plástico debe estar líquido.

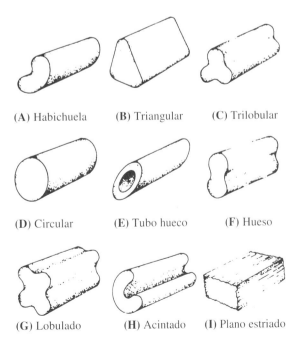

(A) Habichuela (B) Triangular (C) Trilobular
(D) Circular (E) Tubo hueco (F) Hueso
(G) Lobulado (H) Acintado (I) Plano estriado

Fig. 11-25. Sección transversal de algunas fibras.

La fibra acrílica se produce a través de un proceso de hilatura, tal como se muestra en la figura 11-26. Se extruye una solución química espesa en un baño de coagulación por los diminutos agujeros de la hilera. En el baño, se coagula la solución (se hace sólida) y se convierte en fibra acrílica Acrilan. Se lava la fibra, se seca, se riza y se corta. A continuación, se embala para su envío a las fábricas textiles donde se convierte en alfombras, prendas de vestir y muchos otros productos. Existen tres métodos fundamentales de hilatura de fibras:

1. En la *hilatura de fundido* se derriten plásticos como polietileno, polipropileno, polivinilo, poliamida o poliésteres termoplásticos y se hacen pasar por la hilera. Cuando los filamentos chocan con el aire, se solidifican y pasan a través de otros acondicionadores (fig. 11-27A).
2. En la *hilatura en disolvente*, se disuelven plásticos tales como acrílicos, acetato de celulosa y policloruro de vinilo en determinados disolventes. Se hace pasar la solución a través de la hilera (fig. 11-27B) y, después, el filamento atraviesa una corriente de aire caliente. El aire favorece la evaporación del disolvente de las fibras delgadas. Por ahorro económico se deben recuperar estos disolventes.
3. La primera etapa de la *hilatura en húmedo* (fig. 11-27C) es semejante a la de la hilatura en disolvente. En ella se disuelven los plásticos en disolventes químicos y se hace pasar la solución líquida a través de

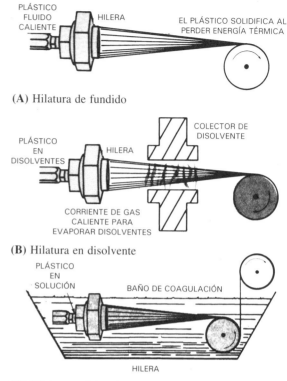

(A) Hilatura de fundido

(B) Hilatura en disolvente

(C) Hilatura en húmedo

Fig. 11-27. Tres métodos básicos de hilatura de fibras de plástico.

la hilera hasta un baño de coagulación en el que se gelifica el plástico para dar una forma de filamento sólido. Se pueden tratar por hilatura en húmedo ciertos elementos de las familias de celulósicos, acrílicos y plásticos polivinílicos.

Los tres procesos se inician con el paso del plástico líquido a través de la hilera y terminan con la solidificación del filamento por enfriado, evaporación o coagulación (tabla 11-4).

La resistencia de los filamentos simples se puede determinar según varios factores. La mayoría de las fibras de filamento seleccionadas son lineales y cristalinas en su composición. Cuando los grupos de moléculas se sitúan en cadenas moleculares paralelas largas, quedan otras sedes de unión fuerte. Cuando se hace pasar el plástico líquido a través de la hilera, muchas de las cadenas moleculares son empujadas unas contra otras y paralelamente al eje de filamento. Esta aglomeración, organización y estirado proporciona una mayor resistencia a todo el filamento. Al trabajar mecánicamente el filamento, se puede llevar a cabo una mayor orientación molecular y compactación. Este proceso mecánico se denomina *estirado*. El estirado de plásticos no cristalinos ayuda asimismo a orientar cadenas moleculares y mejorar así su resistencia.

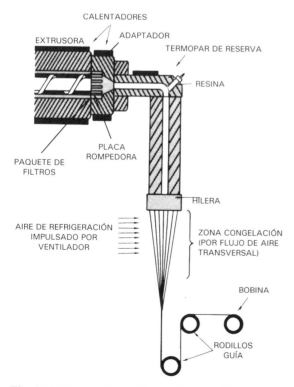

Fig. 11-26. Producción de fibra acrílica por hilatura.

Tabla 11-4. Fibras concretas y procesos de producción

Fibras	Proceso de hilatura de extrusión
Acrílicos y acrílicos mod.	
Acrilan	Húmedo
Creslan	Húmedo
Dynel (vinil-acrílico)	Disolvente
Orlon	Disolvente
Verel	Disolvente
Ésteres de celulosa	
Acetato (Acele, Estron)	Disolvente
Triacetato (Arnel)	Disolvente
Celulosa, regenerada	
Rayón (viscosa, cupramonio)	Húmedo
Olefinas	
Polietileno	Fundido
Polipropileno (Avisun, Herculon)	Fundido
Poliamidas	
Nilón 6,6, Nilón 6, Qiana	Fundido
Poliésteres	
Dacron, Trevira, Kodel, Fortrel	Fundido
Poliuretanos	
Glospan	Húmedo
Lycra	Disolvente
Numa	Húmedo
Vinilos y vinilidenos	
Saran	Fundido
Vinyon N	Disolvente

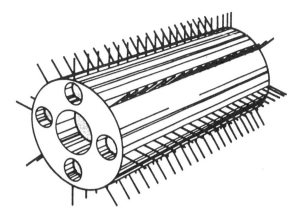

Fig. 11-29. Este dispositivo tiene dos filas de agujas que fibrilan el hilo de denier muy fino.

coextruida o estratificada. Se estira mecánicamente y se corta (fibrila) en hebras finas. La fibrilacion se realiza durante el estirado a medida que la película pasa entre rodillos dentados que giran a diferentes velocidades. Los dientes de estos rodillos cortan la película en formas fibrosas (fig. 11-29). Dentro de la película de material compuesto se crean tensiones internas a medida que se extruye, estira y fibrila. Esta orientación de tensión desigual de las capas de la película hace que las fibras se ricen y presenten propiedades mucho más parecidas a las de las fibras naturales.

Recubrimiento por extrusión y revestimiento de cables

Papel, tela, cartón, plástico y hojas de metal constituyen algunos de los sustratos habituales del recubrimiento por extrusión (fig. 11-30). En el recubrimiento por extrusión, se aplica una película fina de plástico fundido sobre el sustrato sin el uso de adhesivos, a la vez que se prensa el sustrato y la película entre rodillos. Para aplicaciones especiales, pueden ser necesarios adhesivos para asegurar una unión correcta. Algunos sustratos se precalientan e impriman con aceleradores de la adhesión utilizando boquillas de ranura.

En el revestimiento de cables y alambres, el sustrato para el recubrimiento por extrusión es un alambre. En la figura 11-31 se muestra un esquema del recubrimiento por extrusión de alambres y cables. Durante el proceso, se cubre con un plástico fundido el cable o alambre según pasa a través de la boquilla. En realidad, la boquilla controla y conforma el recubrimiento sobre el cable. Normal-

El estirado o extensión de los plásticos se realiza forzando a los filamentos a recorrer una serie de cilindros de velocidad variable (fig. 11-28). El estirado de plásticos cristalinos es continuo. A medida que se desplaza la fibra en el proceso de estirado, cada uno de los cilindros gira a una velocidad cada vez más rápida, de manera que su velocidad determina la proporción del estirado.

Los monofilamentos oscilan entre 0,12 mm y 1,5 mm de diámetro. Se pueden manejar individualmente o con máquinas de despegue.

Las fibras y los hilos de gran volumen se pueden procesar a partir de películas utilizando una película de material compuesto que haya sido

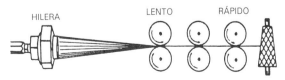

Fig. 11-28. Estirado de filamentos plásticos.

mente, se calientan los alambres y cables antes del recubrimiento para eliminar la humedad y garantizar la adhesión. Cuando el cable revestido sale de la boquilla de crucera, se enfría en un baño de agua. Se pueden revestir dos o más alambres a la vez. Entre los ejemplos más típicos se incluyen los cables de televisión y los electrodomésticos. Se pueden revestir así tiras de madera, hebras de algodón y filamentos plásticos.

Moldeo por soplado

En ocasiones, se cita este proceso entre las técnicas de moldeo ya que se aplica fuerza para presionar el material tubular blando caliente contra las paredes del molde. En este capítulo, se considera un método de extrusión, ya que se necesitan extrusoras para crear la forma en tubo que se infla después para obtener un objeto hueco.

El moldeo por soplado es una técnica adoptada y modificada de la industria del vidrio mediante la cual se fabrican recipientes de una sola pieza y otros artículos. Se lleva utilizando siglos para fabricar botellas de vidrio, aunque su aplicación a termoplásticos no se desarrolló hasta finales de la década de 1950. En 1980 se llevó a cabo el moldeo por soplado calentando y sujetando dos láminas de celuloide en un molde. A continuación se insufló aire para formar un sonajero moldeado por soplado, que fue el primer artículo termoplástico producido por esta técnica en los Estados Unidos.

El principio básico del moldeo por soplado es sencillo (fig. 11-32). Se coloca un tubo hueco (macarrón) de termoplástico fundido en un molde hem-

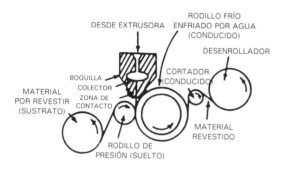

Fig. 11-30. Recubrimiento por extrusión de sustratos.

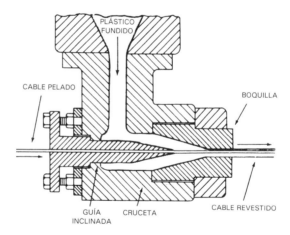

(**A**) Un cabezal transversal mantiene la boquilla de revestimiento de cable y la guía cónica a medida que el plástico blando envuelve el alambre desplazado

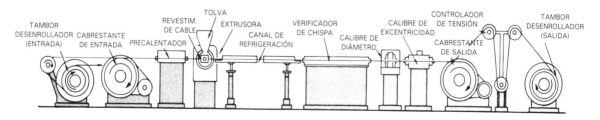

(**B**) Organización general de los elementos de una planta de extrusión de recubrimientos de cable. (U.S. Industrial Chemicals Co.)

Fig. 11-31. Recubrimiento por extrusión de cables y alambres.

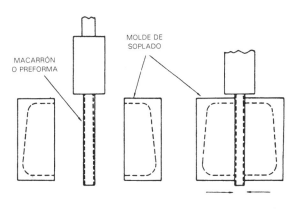

(A) Tubo hueco moldeado (macarrón) colocado entre las dos mitades del molde, que se cierran luego.

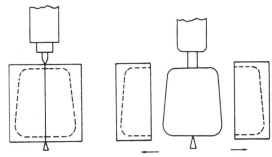

(B) Se estrangula el macarrón aún fundido y se infla mediante una corriente de aire. La corriente empuja el plástico contra las paredes frías del molde. Una vez enfriado el producto, se abre el molde y se saca el objeto.

Fig. 11-32. Secuencia de moldeo por soplado.

bra y se cierra el molde. A continuación, en virtud de la presión ejercida por una corriente de aire (soplado), el tubo topa con la pared del molde. Una vez completado el ciclo de enfriado, se abre el molde y se extrae el producto acabado. Este proceso sirve para producir muchos recipientes, juguetes, unidades de envase, piezas de automóvil y carcasas de electrodomésticos. Existen dos métodos de moldeo por soplado fundamentales:

1. Por inyección-soplado.
2. Por extrusión-soplado.

La principal diferencia entre ellas es la manera de producir el tubo hueco caliente, o *macarrón*.

Moldeo por inyección-soplado

Con el moldeo por inyección-soplado se pueden obtener con mayor precisión los grosores de material deseados en zonas específicas de la pieza. La ventaja principal es que se puede fabricar cual-

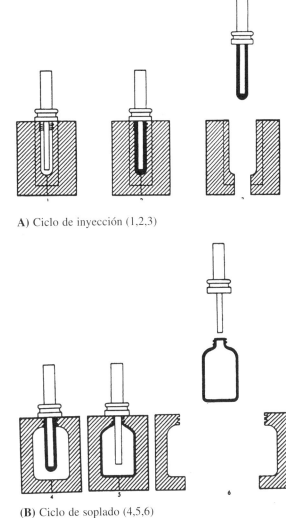

A) Ciclo de inyección (1,2,3)

B) Ciclo de soplado (4,5,6)

Fig. 11-33. Proceso de moldeo por inyección-soplado.

quier forma con distintos grosores de pared de forma exacta las veces que se desee. No hay soldadura de fondo o chatarra que reprocesar, y su mayor inconveniente es la necesidad de disponer de dos moldes diferentes: uno para moldear la preforma (fig. 11-33A) y el para la operación de soplado propiamente dicha (fig. 11-33B). Durante la operación de moldeo por soplado, se coloca la preforma moldeada por inyección caliente en el molde de soplado. A continuación, se introduce el aire en la preforma, haciéndola expandirse contra las paredes del molde. El proceso por inyección-soplado se denomina también *soplado de transferencia*, ya que se debe transferir la preforma inyectada al molde de soplado (fig. 11-34).

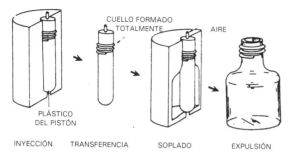

Fig. 11-34. Proceso de moldeo por inyección-soplado (Monsanto Co.).

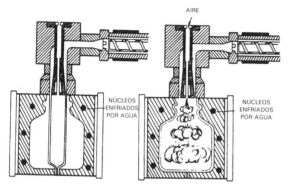

(A) Cierre de las mitades del molde (B) Inyección de aire

Fig. 11-35. Moldeo de soplado por extrusión.

Moldeo por extrusión-soplado

En este método de moldeo, se extruye de forma continua un macarrón tubular caliente (excepto cuando se utilizan sistema de acumulador o de pistones). Entonces se cierran las mitades del molde, obturando herméticamente el extremo abierto del macarrón (fig. 11-35). A continuación, se inyecta aire y se expande el macarrón caliente contra las paredes del molde. Una vez enfriado, se extrae el producto. El moldeo por extrusión soplado sirve para obtener objetos con capacidad hasta para 10.000 litros de agua, si bien las preformas de este tamaño resultan demasiado caras. La extrusión-soplado permite obtener artículos sin deformación a una velocidad de producción alta, pero obliga a reprocesar los desechos.

El control del grosor de las paredes es uno de los grandes inconvenientes de esta técnica, ya que al controlar (*programar*) el grosor de la pared del macarrón extruido se reduce el adelgazamiento. Por ejemplo, una pieza que requiera un cuerpo extremadamente grande, pero manteniendo las esquinas resistentes, precisaría un macarrón con las partes de las esquinas mucho más gruesas que las paredes (fig. 11-36).

En la figura 11-37 se muestra la disposición de la extrusora y las piezas de boquilla. A través de este método se puede extruir uno o más macarrones continuos. En la figura 11-38 se introduce el plástico caliente en un acumulador haciéndolo pasar después a través de la boquilla. Se puede controlar la longitud del macarrón mediante la acción de una compuerta o pistón. La extrusora rellena el acumulador y vuelve a comenzar el ciclo.

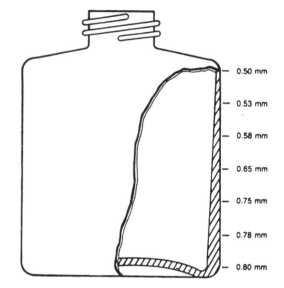

(A) Producto de orificio fijo

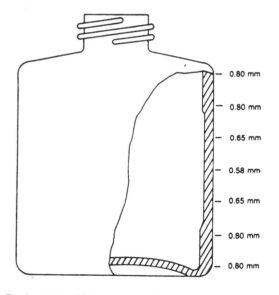

(B) Producto de orificio programado

Fig. 11-36. Programación del macarrón variando el orificio de la boquilla. Observe el grosor de la pared.

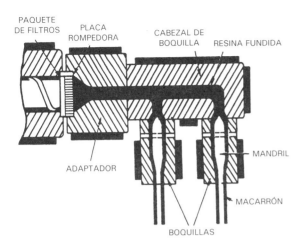

Fig. 11-37. Piezas que aparecen en la mayoría de los moldeadores de extrusión-soplado.

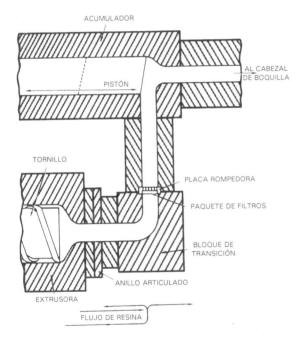

Fig. 11-38. Disposición de un collar de extrusora, bloque de transición, paquete de filtros y placa rompedora que se encuentra en una prensa de moldeo por soplado con acumulador.

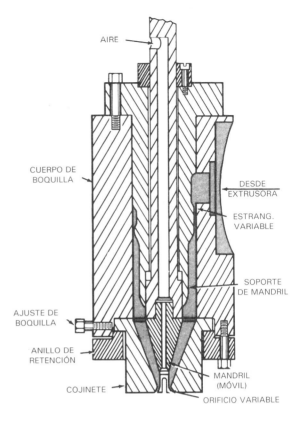

Fig. 11-39. Programación de la boquilla utilizada en el moldeo por soplado (Phillips Petroleum Co.).

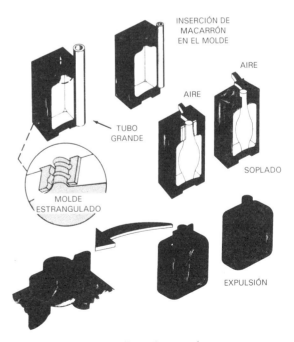

(A) Proceso de cuello ribeteado y regular

Fig. 11-40. Diversos procesos de molde por soplado (Monsanto Co.).

El grosor de la pared del tubo o macarrón se puede controlar (programar) para que se adapte a la configuración del contenedor utilizando una boquilla con un orificio variable, tal como se muestra en la figura 11-39.

Existen muchos métodos diferentes para conformar el producto soplado, cada uno de los cuales presenta características concretas para cada producto (fig. 11-40). En una primera operación global, el fabricante forma y carga el contenedor.

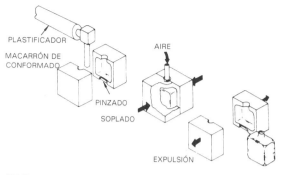

(B) Proceso de macarrón ribeteado básico.

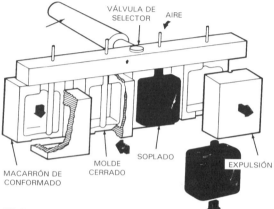

(C) Proceso in situ

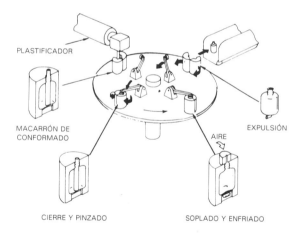

(D) Proceso giratorio de macarrón ribeteado.

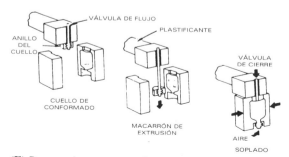

(E) Proceso de garganta anular

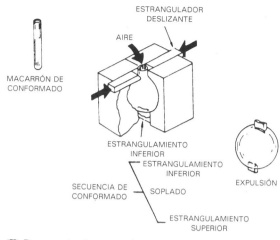

(F) Proceso de aire atrapado

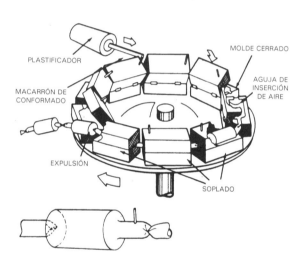

(G) Proceso de macarrón continuo (I)

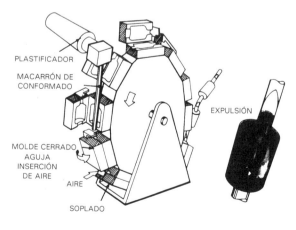

(H) Proceso de macarrón continuo (II)

Fig. 11-40. Diversos procesos de moldeo por soplado (Monsanto Co.) (*cont.*).

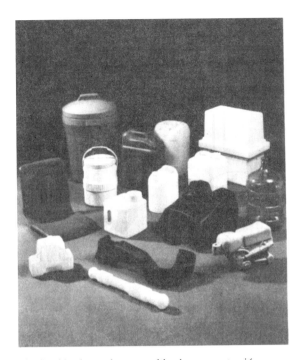

(A) Surtido de productos moldeados por extrusión

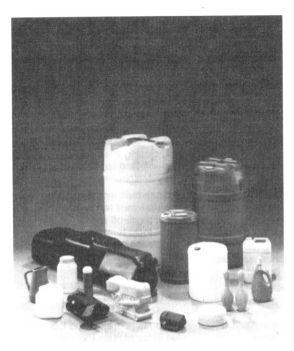

(B) Más productos moldeados por soplado.

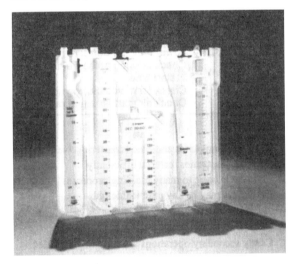

(C) Evacuador de gases moldeado por soplado de pared doble. Los productos de dos paredes son rígidos pero tienen cierta flexibilidad (Geauga).

Fig. 11-41. Algunos productos moldeados por soplado.

El moldeo por extrusión-soplado se puede utilizar para producir todas las formas de materiales compuestos, incluyendo los fibrosos, en partículas y los estratificados. Las fibras cortas se emplean para obtener distintos productos moldeados por soplado reforzados.

En la figura 11-41 se muestran algunos objetos moldeados por soplado y un molde. Observe el macarrón estrangulado del producto de la figura 11-42. En la tabla 11-5 se señalan algunos de los problemas más corrientes del moldeo por soplado y la forma de remediarlos. A continuación, se enumeran seis ventajas y cinco inconvenientes del moldeo por extrusión-soplado.

Ventajas del moldeo por extrusión-soplado

1. Se pueden emplear la mayoría de los termoplásticos y muchos termoestables.
2. Los costes de boquilla son inferiores a los del moldeo por inyección.
3. La extrusora combina y mezcla los materiales bien.
4. La extrusora plastifica el material de forma eficaz.
5. La extrusora es fundamental para muchos procesos de moldeo.
6. Los materiales extruidos pueden tener cualquier longitud práctica.

Inconvenientes del moldeo por soplado por extrusión

1. A veces se requieren operaciones secundarias costosas.
2. El coste de la máquina es alto.
3. El purgado y rematado produce desperdicios.
4. Las formas programadas y configuraciones de boquilla están limitadas.
5. El diseño de tornillo debe ajustarse al material fundido y a las características de flujo para conseguir un buen funcionamiento.

(A) Observe el macarrón estrangulado y las tapas aún no cortadas y sin separar (Hoover Universal)

(B) Observe el ribeteado los envases de leche que salen de la máquina de moldeo por soplado de seis cabezales

Fig. 11-42. Estos recipientes requieren ribeteado.

(C) Ribeteador giratorio para botellas de boca ancha.

Fig.11-42. Estos recipientes requieren ribeteado (*cont.*).

Tabla 11-5. Problemas del moldeo por soplado

Defecto	Posible remedio
Estirado excesivo del macarrón	Reducir la temperatura del material Aumentar la velocidad de extrusión Reducir calor punta de boquilla
Marcas de la hilera	Superficie de boquilla mal rematada o sucia Orificio del aire de soplado demasiado pequeño: más aire Velocidad de extrusión demasiado baja: enfriado del macarrón
Grosor irregular del macarrón	Centrar mandril y boquilla Comprobar las bandas del calefactor por si el calor no fuera uniforme Aumentar la velocidad de extrusión Programar macarrón
Retorcimiento del macarrón	Excesiva diferencia de temperatura entre mandril y cuerpo de boquilla Aumentar el período de calentamiento Espesor de pared o temperatura de la boquilla no uniforme
Burbujas (ojos de pescado) en el macarrón	Comprobar la resina en cuanto a humedad Reducir las temperaturas de extrusión para un mejor control del plástico fundido Pernos de punta de boquilla más apretados Reducir temperatura de sección avance Comprobar contaminación de resina

Tabla 11-5. Problemas del moldeo por soplado

Defecto	Posible remedio
Estrías en el macarrón	Comprobar si la boquilla está dañada Comprobar si está contaminado el plástico fundido Aumentar contra presión en extrusora Limpiar y reparar boquilla
Superficie defectuosa	Temp. extrusión muy baja Temp. boquilla muy baja Acabado deficiente herramientas o herramientas sucias Presión aire de soplado muy baja Temp. molde demasiado baja Velocidad soplado demasiado baja
Estallido del macarrón	Reducir la temperatura de fundido Reducir la presión de aire o tamaño del orificio Alinear el macarrón y comprobar si hay contaminación Comprobar manchas calientes en el molde y el macarrón
Soldadura deficiente en estrangulamiento	Temp. macarrón demasiado alta Temp. molde demasiado alta Velocidad de cierre del molde demasiado rápida Parte plana de estrangulamiento demasiado corta o mal diseñada
Roturas en el recipiente en las líneas de soldadura	Aumentar temperatura de fundido Disminuir temperatura de fundido Repasar zonas estrangulamiento Comprobar temperaturas molde y disminuir tiempo de ciclo
Adhesión del recipiente al molde	Comprobar el diseño del molde - eliminar cortes sesgados Reducir la temperatura del molde y la temperatura de plástico fundido Aumentar el tiempo de ciclo
Demasiado peso de la pieza	Temp. macarrón demasiado baja Índice de fusión de resina demasiado bajo Apertura anular demasiado grande
Combadura del recipiente	Comprobar enfriado del molde Comprobar si la resina está bien distribuida Disminuir temperatura de fundido Reducir tiempo de ciclo para enfriado
Rebabas alrededor del recipiente	Reducir temperatura de fundido Comprobar la presión de soplado y el tiempo de inicio de aire Comprobar los cierres de molde en el macarrón Comprobar el tiempo de arranque de aire y presión.

Variantes del moldeo por soplado

Existen cuatro variantes del moldeo por soplado:

1. Macarrón frío.
2. Lámina.
3. Estirado o biaxial.
4. En varias capas (co-extrusión o co-inyección).

En el proceso de macarrón frío, se extruye el macarrón según los medios habituales (ya sea por inyección o extrusión), se enfría y se guarda. Más adelante, se calienta y se sopla para darle forma. La ventaja principal es que se puede enviar el macarrón a otros emplazamientos o almacenar en caso de paralización o escasez de materiales.

Las botellas de varias capas se pueden producir por moldeo por coinyección-soplado o métodos de coextrusión. El producto de tres capas contiene generalmente una capa barrera emparedada entre dos principales. En el proceso de *moldeo por soplado de lámina* se producen láminas por soplado extruidas calientes estando pinzados entre las dos mitades del molde. Se sueldan los bordes por la acción de pinzamiento del molde. Se pueden extruir láminas de dos colores diferentes y conformar en un producto bicolor (fig. 11-43). El cordón de la soldadura por pinzado constituye la principal desventaja; por otra parte, normalmente también se necesitan dos extrusoras y hay que reprocesar la gran cantidad de restos que se producen.

En el proceso de *moldeo por soplado de estirado o biaxial* se pueden estirar preformas moldeadas o tubos extruidos antes del soplado. De esta forma se obtiene un producto moldeado-soplado con mejor transparencia, menor fluencia, una resistencia al impacto superior, mejores propiedades de barrera al vapor de agua y al gas y menos masa. Se pueden utilizar homopolímeros en lugar de copolímeros, más costosos.

En las preformas moldeadas por inyección, se estira la preforma caliente con una varilla durante el ciclo de soplado (fig. 11-44). En los métodos de tubo o macarrón, se estira el tubo caliente antes de comenzar el ciclo de soplado (fig. 11-45). El moldeo por coextrusión-soplado produce realmente una botella estratificada. (Véase estratificado). Se emplean varias extrusoras para obtener copias múltiples con el mismo material. A continuación, se sopla el recipiente de varias capas, a partir del macarrón obtenido. Para conseguir una vida prolongada en almacenamiento, algunos envases para alimentos pueden llegar a tener hasta siete capas. Un recipiente para comida corriente consiste en PP/adhesivo/EVOH/adhesivo/PP (fig. 11-46).

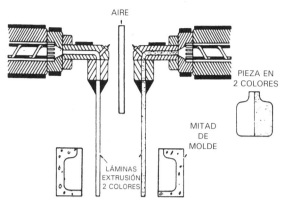

Fig. 11-43. Materiales extruidos de dos colores diferentes pinzados entre las dos mitades del molde para formar una pieza de dos colores de lámina soplada.

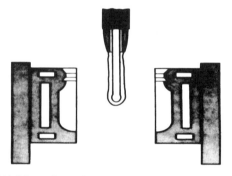

(A) Macarrón preformado de moldeo por inyección

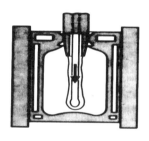

(B) Sujeción-estirado

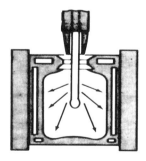

(C) Soplado-refrigeración

Fig. 11-44. Se estira la preforma mediante la acción de la varilla y presión de aire. El estirado biaxial mejora las propiedades.

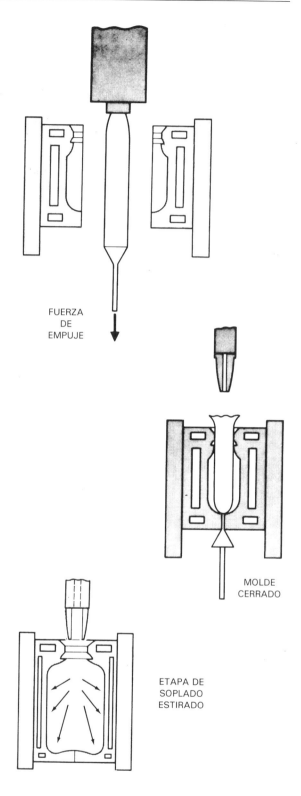

Fig 11-45. Producto orientado biaxialmente producido al empujar el tubo extruido y soplar después.

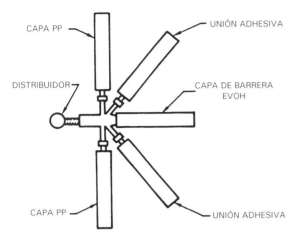

Fig. 11-46. Se utilizan cinco extrusoras para producir un macarrón de varias capas (para piezas moldeadas por soplado) o burbuja (para películas).

Vocabulario

A continuación, se ofrece un vocabulario de las palabras que aparecen en este capítulo. Busque la definición de aquellas que no comprenda en su acepción relacionada con el plástico en el glosario del apéndice A.

Calandrado o calandria
Cilindro
Contrapresión
Denier
Estirado
Estrangulamiento
Material extruido
Extrusión
Hilera
Línea de escarchado
Macarrón
Moldeo por soplado
Placa rompedora
Recubrimiento
Relación de soplado
Respiradero de cilindro
Secadora de tolva
Tex

Preguntas

11-1. Los tubos de plástico huecos utilizados en el moldeo por soplado se denominan __?__.

11-2. El proceso que consiste en hacer pasar plástico caliente a través de boquillas para moldear formas continuas se denomina __?__.

11-3. ¿Qué proceso de moldeo se utilizaría para obtener secciones largas de tuberías de plástico?

11-4. Cite tres procesos de hilatura-extrusión.

11-5. El proceso de estirar una lámina, varilla o filamento termoplástico para reducir su superficie transversal y modificar sus propiedades físicas se denomina __?__.

11-6. Debido a la orientación molecular la película de extrusión de película __?__ es generalmente más fuerte que la película __?__.

11-7. El tornillo de la extrusora desplaza el material plástico a través de __?__ de la máquina.

11-8. El __?__ de la extrusora ayuda a sujetar el paquete de filtros y mezcla mejor los plásticos antes de que salgan de la boquilla.

11-9. El término general para el producto o material que sale de una extrusora es __?__.

11-10. Cite dos métodos utilizados para obtener películas a través de un procesos de extrusión.

11-11. La línea de __?__ es el nombre que recibe la zona que parece escarcha en los procesos de película soplada por extrusión.

11-12. El moldeo por soplado es una evolución del antiguo proceso de __?__.

11-13. Los dos métodos fundamentales del moldeo por soplado son el soplado __?__ y el soplado __?__.

11-14. En el moldeo por soplado, se puede usar orificio variable para controlar __?__ y el grosor.

11-15. En el proceso __?__, se prensa un material caliente entre dos o más rodillos giratorios.

11-16. Se pueden aplicar gofrado y texturas en películas o láminas calandradas pasando el plásticos blando y caliente entre rodillos __?__.

11-17. Las hileras se utilizan para producir __?__ y formas de plástico __?__.

11-18. Las películas tienen menos de __?__ mm de espesor.

11-19. Las láminas tienen un espesor mayor que __?__ mm.

Actividades

Mezclado por extrusión

Introducción. El mezclado por extrusión consiste en combinar varios ingredientes en un polímero base para conseguir un material plástico con las propiedades deseadas.

Equipo. Extrusora con peletizador, polipropileno, fibras de vidrio cortadas, balanza graduada, horno pequeño, tenazas pequeñas, plato de pírex o crisol cerámico, gafas de seguridad, guantes aislantes, lupa o microscopio.

Procedimiento

11-1. Revise la extrusora para asegurarse de que el disco de ruptura está en buenas condiciones. La mayoría de las extrusoras tienen un disco de ruptura en un enganche roscado hueco. El disco está situado cerca del extremo frontal del cilindro. Los discos de ruptura explotan cuando la presión cerca de la boquilla es demasiado grande. De esta forma se protegen los pernos que sujetan la boquilla. Presiones extremas pueden romper los pernos que sujetan la boquilla o causar un efecto cizalla en su roscado, lo que puede se extremadamente peligroso. Para liberar la presión, cae el disco y el plástico corre a través del enganche hueco. En la figura 11-47 se muestra un disco de ruptura. Los discos caen según la presión. El que se muestra es un disco de 720 kPa.

11-2. Si la extrusora está sucia, extraiga la boquilla y saque el tornillo de la extrusora. En muchas máquinas de laboratorio, es posible sacar el tornillo con una varilla, si el cilindro se encuentra a la temperatura de tratamiento. Utilice una malla de cobre, tal como se ve en la figura 11-48, para limpiar el tornillo. Este tipo de malla de cobre se vende en rollos. Para utilizarla, corte una porción de 1 m aproximadamente, envuelva el tornillo con ella una o dos veces y frótelo para eliminar el plástico caliente. Límpielo poco a poco a medida que lo va sacando ya que, si extrae una sección demasiado larga, el material que está en el tornillo puede endurecerse antes de que haya tenido tiempo para limpiarlo.

11-3. Mida la longitud de la fibra de vidrio antes de cualquier tratamiento.

11-4. Calcule la cantidad de vidrio necesaria para lotes de 2, 4, 6, 8, 10 y 12% de vidrio. Un lote de 1,0 kg es suficiente normalmente para producir muchas muestras de ensayo. Mida el vidrio y el propileno y mézclelo a mano para garantizar una distribución uniforme del vidrio. ¿Tiende a separarse la mezcla en la capa con abundancia de vidrio? ¿Y en la capa con poco vidrio? ¿Cómo se puede evitar esto?

Fig. 11-47. Este disco de ruptura caerá a 720 kPa.

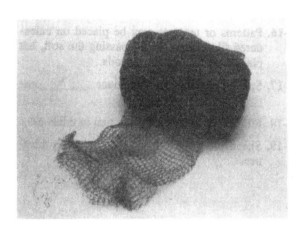

Fig. 11-48. Esta malla de cobre se utiliza para limpiar el plástico caliente de los tornillos de la extrusora.

11-5. Mezcle el vidrio con el polipropileno. Seleccione la temperatura de aproximadamente 204 °C y la boquilla y la zona frontal. Si la relación L/D de la extrusora es baja, se pueden necesitar dos pasadas por la extrusora para dispersar bien el vidrio. Los porcentajes más bajos deberán formar el compuesto más fácilmente. A medida que aumenta el contenido en vidrio, la tendencia a fluir por una introducción no uniforme en el tornillo tal vez aumente. Si la extrusora tiene un tornillo de no más de 25 mm de diámetro, el vidrio puede impedir la alimentación. Para solventar este problema, agite el material en la garganta de alimentación con una herramienta blanda.

11-6. Después de obtener la mezcla, pese cuidadosamente un crisol o recipiente pírex y después mida de 5 a 10 g de granzas. Utilice guantes aislantes y unas pinzas pequeñas para colocar el crisol en el horno. Queme el propileno en un horno a una temperatura de 482 a 538 °C. Resultará apropiado un horno de tratamiento de calor pequeño para quemados. Compruebe que la ventilación es la correcta para eliminar los humos y emisiones producidas al quemar el polipropileno.

11-7. Cuando se enfríe el contenedor, mida cuidadosamente el contenedor y el vidrio. Calcule el porcentaje de contenido en vidrio. ¿Se ajusta el porcentaje calculado con el porcentaje de vidrio en el lote original? Si los porcentajes no se ajustan ¿cuál puede ser el error?

11-8. En la figura 11-49, se muestra una lupa con diferentes escalas impresas en las etapas. Este tipo de aumentos aparecen en muchos de los catálogos de venta a nivel industrial. Seleccione la escala apropiada y mida la longitud de las fibras de vidrio. ¿Cuánto más cortas son después de la mezcla?

11-9. Para comparar las cantidades relativas de vidrio en los diferentes lotes, seleccione una granza o pelet de cada lote. Dispóngalos en un portaobjetos de microscopio según el orden de contenido en vidrio. Fíjese en la figura 11-50 para apreciar esta colocación. Después de quemar el polipropileno, los resultados dan una comparación visual de los diversos contenidos en vidrio (figura 11-51). Examine el vidrio en el microscopio.

11-10. Moldee barras de ensayo y de pruebas de tracción. En la figura 11-52 se muestra un

Fig. 11-49. Esta lupa graduada sirve para medir fácilmente las longitudes de vidrio.

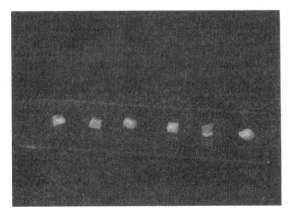

Fig. 11-50. Estas granzas están colocadas según el orden de mayor contenido en vidrio.

Fig. 11-51. Después del quemado, las fibras de vidrio que quedan experimentan cambios en el porcentaje de contenido en vidrio.

Fig. 11-52. En este primer plano de una barra de tracción rota se pueden apreciar las fibras de vidrio. Algunas se han roto al realizar las pruebas, otras se han estirado sin romperse.

primer plano de el borde roto de una barra de tracción. Observe las fibras de vidrio que sobresalen de la barra.

11-11. Compare los resultados de ensayo para determinar hasta qué punto influye en la resistencia y la elongación los niveles de vidrio.

11-12. Redacte un resumen de los resultados.

Extrusión de perfiles

Introducción. Muchas extrusoras de laboratorio no incluyen dedos de retén de calibración, aparato de refrigeración y tren de arranque para soportar la extrusión de perfiles. No obstante, los cálculos de producción con boquillas de hebra ofrecen la oportunidad de determinar la eficacia de la extrusora en diversas condiciones.

Equipo. Extrusora, balanza, plásticos concretos.

Procedimiento

11-1. Limpie el tornillo de la extrusora y sáquelo.

PRECAUCIÓN: Use guantes aislantes al manejar el tornillo caliente. No utilice nunca herramientas de acero sobre el tornillo. Si hay que sujetar directamente el tornillo, emplee herramientas de latón.

11-2. En la figura 11-53 se muestra un tornillo de extrusora simple. Recoja las medidas de la longitud del dibujo en espira, el diámetro del tornillo, la longitud de las zonas de suministro, transición y dosificación; y la profundidad del dibujo de suministro y dosificación.

11-3. Fije la extrusora y extruya suficiente material para que la máquina llegue a un estado estable.

11-4. Partiendo de la capacidad máxima de rpm del equipo, recoja el material extruido colocando sobre una pieza de cartón u hoja de metal durante un período de 30 segundos.

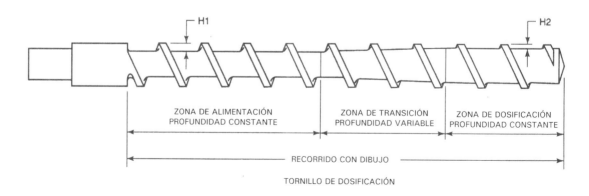

Fig. 11-53. Esquema de un tornillo de extrusora simple.

11-5. Reduzca las rpm en 10 y repita el segundo paso. Continúe este proceso hasta un índice bajo de rpm, quizá entre 10 y 20.

11-6. Una vez enfriadas las muestras de material extruido, péselas en la balanza de precisión. Convierta los resultados de producción en kilogramos por hora.

11-7. Determine la relación de compresión del tornillo dividiendo la profundidad de la zona de suministro por la profundidad de la zona de dosificación.

11-8. Determine la relación L/D dividiendo la longitud del dibujo en espiral del tornillo por el diámetro exterior.

11-9. Determine la producción teórica del tornillo con esta fórmula:

$R = 2,2\ D^2 hgN$
R = Producción en libras por hora
D = diámetro de tuerca en pulgadas
h = profundidad de la zona de dosificación en pulgadas
g = densidad de fundido
n = rpm de tornillo.

11-10. Para determinar la densidad de fundido, consulte la tabla 11-6.

11-11. Compare la producción teórica con la producción medida.

Tabla 11-6. Datos de material para extrusión

Material	Densidad fundido Peso específico g/cm$_3$ a temperatura de tratamiento	Temperatura extrusión °C
ABS-Extrusión	0,88	223,8
ABS-inyección	0,97	
Acetal-Inyección	1,17	
Acrílico-Extrusión	1,11	190,5
Acrílico-Inyección	1,04	
CAB	1,07	
Acetato celulosa extrusión	1,15	193,3
Acetato celulosa inyección	1,13	193,3
Propionato celulosa extrusión	1,10	193,3
Propionato celulosa inyección	1,10	
CTFE	1,49	
FEP	1,49	315,5
Ionómero-Extrusión	0,73	260
Ionómero-inyección	0,73	
Nilón 6	0,97	271,1
Nilón 6/6	0,97	265,5
Nilón 6/10	0,97	
Nilón 6/12	0,97	246,1
Nilón 11	0,97	237,7
Nilón 12	0,97	232,2
Polialómero a base óxido de fenileno	0,90	248,8
Polialómero	0,86	207,2
Éter poliarilénico	1,04	237,7
Policarbonato	1,02	287,7
Poliéster PBT	1,11	
Poliéster PET	1,10	248,8
Extrusión de polietileno HD	0,72	210
Inyección de polietileno HD	0,72	
Polietileno HD Moldeo soplado	0,73	210
Película polietileno LD	0,77	176,6
Inyección de polietileno LD	0,76	
Alambre polietileno LD	0,76	204,4
Polietileno LD recubierto ext.	0,68	315,5
Extrusión de polietileno LLD	0,75	260
Intrusión de polietileno LLD	0,70	
Extrusión de polipropileno	0,75	232,2
Intrusión de polipropileno	0,75	
Lámina impacto de poliestireno	0,96	232,2
G.P. Cristal	0,97	210
Impacto inyección poliestireno	0,96	
Polisulfona	1,16	343,3
Poliuretano (no elastómero)	1,13	204,4
PVC-perfiles rígidos	1,30	185
Tubos PVC	1,32	193,3
PVC- inyección rígida	1,20	
PVC- cable flexible	1,27	185
PVC - formas extruidas flexibles	1,14	176,6
PVC-inyección flexible	1,20	
PTFE	1,50	
SAN	1,00	215,5
TFE	1,50	
Elastómero de uretano (TPE)	0,82	198,8

Capítulo 12

Procesos y materiales de estratificación

Introducción

Este capítulo está centrado en el estudio de los estratificados o laminados y los procesos necesarios para su formación. Antes de explicar los distintos tipos y técnicas de producción, es fundamental comprender ciertas definiciones básicas.

El verbo *laminar* describe el proceso consistente en unir dos o más capas de material por cohesión o adhesión. En la industria del plástico, los estratificados contienen capas que se mantienen juntas mediante un material plástico. Las capas unidas entre sí proporcionan generalmente resistencia y refuerzo, por lo que resulta difícil marcar una diferencia clara entre los laminados y los plásticos reforzados. Una característica esencial de los primeros es que contienen capas. Por el contrario, la resistencia de los plásticos reforzados viene dada por las fibras que contienen los plásticos. Los estratificados suelen ser láminas planas, mientras que los plásticos reforzados se moldean a menudo en formas complejas.

Los laminados tienen numerosas aplicaciones. Se emplean como materiales estructurales en automóviles y muebles, en puentes y en viviendas. Son muy importantes en los armazones de aviones, hélices de helicópteros y aplicaciones aeroespaciales (fig. 12-1 y 12-2).

Los estratificados incluyen hojas metálicas unidas a papel o tejido. En el campo de la industria textil, se unen capas de tela, además de espumas y películas plásticas, para obtener telas especiales.

Con el fin de seguir algún criterio concreto relativo a las diferentes aplicaciones de los laminados, las secciones del presente capítulo se organizan con arreglo a los materiales que forman las capas de los estratos, que son:

  I. Capas de diferentes plásticos.
  II. Capas de papel.
  III. Capas de tela o fieltro de vidrio.
  IV. Capas de metal y panales metálicos.
  V. Capas de metal y plásticos expandidos.

Fig. 12-1. Una cúpula de un material compuesto estratificado protege la antena de radar de esta cápsula. (FMC Corporation).

Debe tenerse en cuenta que esta lista no es exhaustiva. No se consideran en ella algunos estratificados unidos con plásticos como, por ejemplo, el contrachapado. En la tabla 12-1 se exponen los datos básicos sobre los tipos de plásticos utilizados en gran número de laminados.

Capas de diferentes plásticos

Aunque se puede partir de una película o una lámina acabada para obtener estratificados de varios plásticos, normalmente resulta más económico extruir las distintas capas al mismo tiempo. El material de grabado, que contiene dos o más colores diferentes, es un ejemplo de estratificación por extrusión continua. El material de grabado demuestra la posibilidad de realizar la estratificación por extrusión para obtener productos bastante gruesos.

Las películas estratificadas por extrusión están muy extendidas en la industria del envasado. Las películas compuestas coextruidas de polietileno y acetato de vinilo producen una película de dos capas tenaz y duradera que se puede termosellar. Las capas de plástico se combinan en estado fundido y se extruyen a través de un solo orificio de boquilla para obtener una película estratificada de varias capas (fig. 12-3 y 12-4).

Los productos de panificadora se envuelven en una película estratificada de tres hojas, que consisten en un alma interior (hoja) de polipropileno y dos capas exteriores (hojas) de polietileno (fig. 12-5).

Las empresas Dow Chemical Company y Oscar Mayer Company han desarrollado un laminado de

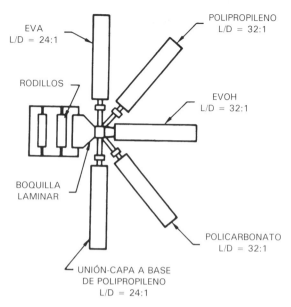

(A) Para producir un verdadero estratificado compuesto se utilizan cinco extrusoras

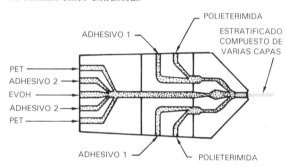

(B) Al observar la sección transversal de esta boquilla de lámina se puede ver que se emplean al menos dos extrusoras para los adhesivos (1 y 2), una para las capas de polieterimida exteriores, una para las dos capas de PET y una para la barrera central EVOH

Fig. 12-3. Equipo de extrusión en varias capas.

Fig. 12-2. Esta maqueta de avión de turbopropulsión tiene el armazón principal hecho con materiales compuestos. Tal estructura presenta la resistencia del titanio pero es en cierto modo más ligera que el aluminio. (Plastics Design Forum).

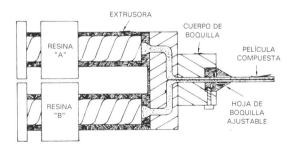

Fig. 12-4. Producción de película coextruida.

Tabla 12-1. Resinas/plásticos y materiales concretos utilizados en estratificados

Resina/plástico	Papel	Tejido de algodón	Tejido/fieltro fibra de vidrio	Hojas metálicas	Materiales compuestos panales
Acrílico	PB	—	PB	—	—
Poliamida	PB	—	PB	PB	—
Polietileno	PB	—	PB	PB	—
Polipropileno	PB	—	PB	PB	—
Poliestireno	—	—	PB	—	—
Policloruro de vinilo	PB	—	—	PB	PB
Poliéster	PB–PA	PB	PB	—	PB
Fenólico	PB–PA	PB–PA	PA–PB	PA	PB–PA
Epoxi	PB	PB–PA	PB–PA	PB	PB
Melamina	PA	PA		PA	
Silicona	—	—	PA	—	PB

PB – Presión baja (estratificado)
PA – Presión alta (estratificado)
— Se fabrican solamente cantidades limitadas de esta categoría

película plástica de vinilo específico para envasar productos cárnicos, en el que se emplean tres capas diferentes: Saran 18 (policloruro de vinilideno) para el exterior, policloruro de vinilo 88 para el alma y Saran 22 para el cierre hermético interior (fig. 12-6).

El método *Saranpac* consiste en la extrusión de tres capas de película y su prensado conjunto en un tanque de refrigeración. A continuación, se conforma la película estratificada para que contenga el producto de carne y se sella al vacío.

En otra aplicación, se coextruyen por soplado de la película dos polímeros diferentes con orientación molecular y, después, se prensan hasta obtener una lámina estratificada. (Véase figura 12-7).

Existen numerosas aplicaciones de los laminados de película extruidos. En la tabla 12-2 se presentan algunos ejemplos.

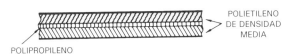
(A) Película de tres capas para bolsas de pan

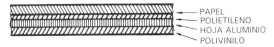
(B) Película de cuatro capas para bolsas para alimentos

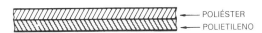
(C) Película en dos capas para bolsas de cocción

Fig. 12-5. Estratificados de plástico.

Capas de papel

El papel se utiliza en los estratificados de dos formas posibles: como capa no impregnada o como material completamente impregnado.

Cuando el papel no está impregnado, se adhieren una o más capas de plástico, generalmente una

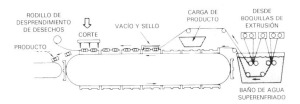
(A) Extrusión y envasado

(B) Película estratificada de tres hojas utilizada para envasar pan de molde

Fig. 12-6. Técnicas de extrusión y envasado y algunos ejemplos (*continúa*).

(C) Para los productos cárnicos se aplica el método Saranpac

(D) Frutos secos envasados en una película de acetato-polietileno

(E) Envases de hoja metálica-papel-polietileno para embutidos

Fig. 12-6. Técnicas de extrusión y envasado y algunos ejemplos (*cont.*).

película olefínica, al papel mediante calor y presión. El propósito es crear un acabado brillante, resistente al agua. La cubierta de este libro es un ejemplo de este tratamiento. Compare ambas caras de la cubierta, el brillo viene dado por la película plástica.

Tabla 12-2. Láminas de película extruida y aplicaciones concretas

Material estratificado	Aplicación
Papel-polietileno-vinilo	Bolsas sellables para leche en polvo, sopas, etc.
Acetato-polietileno	Envases termosellables, tenaces para frutos secos
Hoja-papel-polietileno	Bolsa de barrera a la humedad para sopas, leche en polvo
Policarbonato-polietileno	Envases tenaces de envolturas resistentes a la perforación
Papel-polietileno-hoja-polietileno	Termosellado fuerte para sopas deshidratadas
Papel-polietileno-hoja-vinilo	Bolsas termosellables para café instantáneo
Poliéster-polietileno	Bolsas de cocción resistentes a la humedad y tenaces
Celulosa-polietileno-hoja-polietileno	Barrera al gas y la humedad para bolsas de ketchup, mostaza, mermelada, etc.
Acetato-hoja-vinilo	Bolsas termosellables opacas para productos de farmacia
Papel-acetato	Material resistentes al rayado, brillantes para cubiertas de discos y de libros

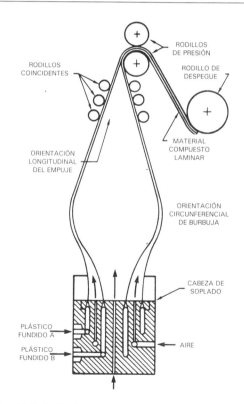

Fig. 12-7. Películas coextruidas estiradas y orientadas en diferentes direcciones y prensadas después combinadas para formar una lámina estratificada compuesta.

Otros ejemplos de la aplicación de este método son los carnets de identidad y los permisos de conducir. Como la presión necesaria para unir la película al papel es bastante baja, estos productos suelen recibir el nombre de laminados a baja presión.

Por el contrario, los estratificados de papel impregnados se denominan generalmente *de alta presión*. Algunos se procesan a presiones superiores a 7.000 kPa. Numerosos laminados a alta presión contienen resinas termoendurecibles, en concreto urea, melamina, fenólica, poliéster y epóxido.

En la historia de los laminados a alta presión, J.P. Wright, el fundador de la Continental Fiber Company, desempeñó un papel fundamental. En 1905, Wright produjo uno de los primeros estratificados fenólicos, cinco años antes de que Baekeland patentara su idea de impregnar láminas con resinas fenólicas en forma de laminados. Se fabricaron muchos estratificados industriales a alta presión consistentes en una capa de papel, tela, amianto, fibra sintética o fibra de vidrio partiendo de esta sencilla patente. Hoy en día existen más de cincuenta tipos de estratificados industriales

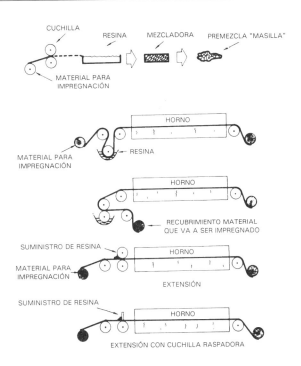

Fig. 12-10. Diversos métodos de impregnación.

convencionales que encuentran aplicación en electricidad, química y mecánica.

En un principio, los laminados industriales a alta presión sustituyeron a la mica como material aislante eléctrico de calidad. En torno a 1913, se creó la Formica Corporation, que fabricaba estratificados a alta presión para sustituir a la mica (*for mica*) en numerosas aplicaciones eléctricas y mecánicas. Hacia 1930, la National Electrical Manufacturers Association (NEMA) descubrió el potencial de los laminados decorativos, y en 1947 se fundó una sección de NEMA independiente para colaborar con oficinas y organizaciones administrativas interesadas en establecer normas de homologación de productos para estratificados decorativos.

El proceso básico consistía en amalgamar capas de papel impregnadas previamente con resinas fenólicas. Las capas decorativas y las exteriores transparentes se fundían también con estratos de papel. Para elevar el índice de producción se obtenían varios laminados a la vez apilándolos y con presión. En las figuras 12-8 y 12-9 se ilustra este procedimiento.

La impregnación del papel antes de la estratificación se llevaba a cabo por distintos métodos. Los más habituales son premezclado, inmersión, recubrimiento o extensión. En la figura 12-10 se representan estos métodos.

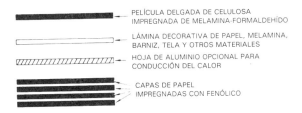

Fig. 12-8. Disposición típica de las capas en un laminado decorativo a alta presión.

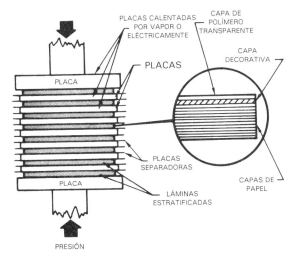

Fig. 12-9. Concepto de apilamiento de varios estratificados en una prensa.

Una vez transcurrido el período de secado, se corta el material estratificado impregnado según el tamaño pretendido y se coloca en una forma de multiemparedado entre las placas de metal de la prensa (placas de separación). Los platos de prensa no son suficientemente lisos para dar el acabado deseado. Estas placas pueden ser brillantes, mates o gofradas. A veces se emplean hojas de metal entre dos capas superficiales para un acabado decorativo. En los estratificados decorativos se superpone una capa con el dibujo impreso y una lámina superior de protección sobre el material base y, después, se somete el material preparado a calor y presión alta. La combinación de calor y presión hacen que la resina fluya y que se compacten las capas en una masa polimerizada. La polimerización puede tener lugar también a través de fuentes químicas o de radiación. Una vez curadas las resinas termoendurecibles o enfriadas las termoplásticas, se saca el laminado de la prensa.

Hoy en día, el uso de laminados de alta presión está muy extendido. *Formica* y *Wilsonart* son marcas de estratificados comunes utilizados en encimeras. Asimismo se utilizan en levas, poleas, engranajes, hojas de ventilador y placas de circuitos impresos.

El principal inconveniente de la estratificación a alta presión son los bajos índices de producción si se compara con el moldeo por inyección a alta velocidad. Para acelerar el proceso, algunos fabricantes han implantado la laminación continua. En la *laminación continua* (fig. 12-11) se saturan tejidos u otros refuerzos con resinas y se pasan entre dos capas de película plástica, como celofán, etileno o vinilo.

El grosor del material compuesto estratificado se controla según el número de capas y mediante un conjunto de cilindros prensadores. A continuación, se arrastra el laminado a través de una zona de calefacción para acelerar la polimerización. Toldos corrugados, tragaluces o paneles estructurales son algunos de los productos de laminado continuo.

Capas de tela o fieltro de vidrio

Las resinas termoendurecibles se usan en los *estratificados de unión manual de chapas* (fig. 12-12 y 12-13). Estos productos también se llaman *moldeados de contacto* o *al aire*. Después de recubrir el molde (macho o hembra) con un agente de desmoldeo, se aplica una capa de resina catalizada y se permite que tenga lugar la polimerización hasta un estado de gel (pegajoso).

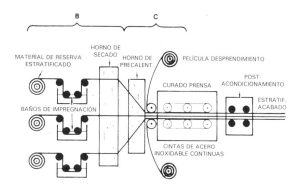

(A) Laminación continua en la que la resina cambia (estado B) a una forma plástica que no funde (estado C)

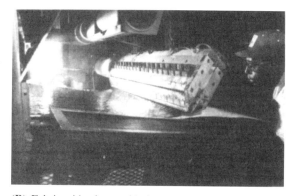

(B) Fabricación de una lámina compuesta termoplástica reforzada de fibra de vidrio. (AZDELL, Inc.)

Fig. 12-11. Laminación continua de láminas compuestas de matriz termoendurecible y termoplástica.

La primera capa es una resina de recubrimiento de gel especialmente formulada que se utiliza en la industria para mejorar la flexibilidad, la resistencia a la vesiculación, el color y acabado superficiales y la resistencia a las manchas y a la intemperie. Los recubrimientos de gel a base de neopentil glicol, trimetilpentanodiol glicol y propilen glicol resultan muy ventajosos como tratamientos de superficie de productos de poliéster reforzados.

El recubrimiento de gel forma una capa superficial protectora a través de la cual no penetran los refuerzos fibrosos. Una de las principales causas del deterioro de los plásticos reforzados con fibra es la entrada de agua, hecho que sucede cuando sobresalen las fibras a la superficie. Una vez asentada parcialmente la capa de gel, se aplica el refuerzo. A continuación, se vierten, se aplican con brocha o se rocían más resinas catalizadas sobre el refuerzo. Esta secuencia se repite hasta alcanzar el espesor deseado. En cada capa se adapta la mezcla a la forma del molde con rodillos manua-

(A) Unión de chapas manual o tratamiento de contacto para aplicar fibra de vidrio a una estructura con alma de panal de titanio. (Bell Helicopter Co.)

(B) Molde de contacto para unión manual de chapas de refuerzos de panales para cúpula de radar (McMillan Radiation Labs, Inc.)

Fig. 12-12. Tratamiento de unión manual de chapas.

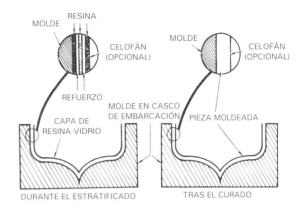

Fig. 12-13. En la unión de chapas manual, se aplica el material de refuerzo en forma de fieltro o tela sobre el molde, y después se satura con una resina termoendurecible en concreto.

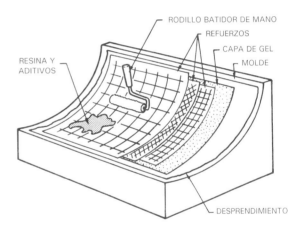

Fig. 12-14. La unión de chapas manual requiere un equipo reducido. En este tipo de operaciones conviene eliminar toda burbuja atrapada entre las capas.

Fig. 12-15. Se emplean hornos de infrarrojo para curar la resina durante aproximadamente 18 minutos. Estas cajas de guitarra reforzadas con vidrio se producen a través del método de unión de chapas manual.

les, y después se deja endurecer o curar el laminado de material compuesto reforzado (fig. 12-14). En ocasiones, se aplica calor externo para acelerar la polimerización (fig. 12-15).

En muchas ocasiones se realizan de forma alterna las operaciones de unión de chapas manual y pulverizado. Para lograr un acabado de la superficie superior con abundancia de resina se puede colocar un velo ligero o un fieltro de superficie después de la capa de gel. A continuación, se extienden sobre esta capa los refuerzos más toscos. Existe la posibilidad de utilizar preformas, tela, fieltros y materiales de mecha en algunas operaciones y diseños, con el fin de conseguir una resistencia direccional y adicional en determinadas zonas de la pieza.

Entre las principales ventajas de la unión de chapas manual se incluyen el bajo coste de las herramientas, la necesidad de un equipo reducido y la posibilidad de moldear componentes grandes. Entre los inconvenientes, se pueden mencionar la mano de obra, que debe ser especializada, y un índice de producción bajo. Por otra parte, los operarios se exponen a sustancias químicas peligrosas.

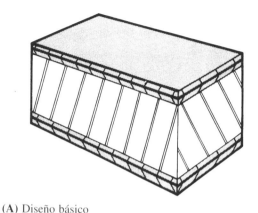

(A) Diseño básico

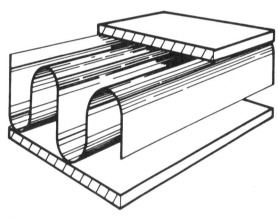

(B) Alma de papel corrugado

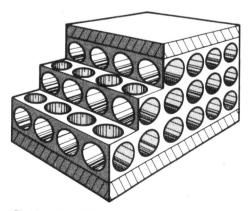

(C) Alma de plástico celular

Fig. 12-16. Diversos tipos de construcción de alma (*continúa*).

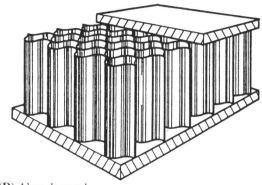

(D) Alma de panal

Fig. 12-16. Diversos tipos de construcción de alma (*cont.*).

Capas de metal y panales metálicos

Los estratificados revestidos con chapas metálicas con almas ligeras se suelen llamar *emparedados* o *sandwiches*. Entre los tipos de alma se incluyen papel corrugado sólido, plásticos celulares y panales metálicos o plásticos (fig. 12-16). Por regla general, los emparedados de alma de panal, en barquillo y celulares son isótropos y presentan una excelente relación peso-resistencia y magníficas propiedades acústicas y térmicas. Las capas exteriores deben ser suficientemente fuertes para soportar la carga de cizalla axial y en el plano. La mayoría de las fuerzas de tracción y de compresión son transferidas a estas capas. El material nuclear transfiere las cargas de una de las caras a la otra.

Todas las propiedades, incluidas las térmicas y eléctricas, dependen del tipo de superficies, el alma y el agente de unión que se seleccione. Una unión adhesiva es crucial si se han de transmitir cargas de cizalla y axial de adelante hacia atrás y desde el material nuclear. Para ello se emplean comúnmente poliimida, epoxi y fenólicos. Entre las películas adhesivas útiles para la unión entre el alma y la superficie se incluyen fieltros de fibra, tejidos o papel impregnados con resina.

Los materiales de alma de panal hechos de papel de estraza impregnado con resina, aluminio, polímeros reforzados con vidrio, titanio y otros materiales se encuentran entre las estructuras nucleares más fuertes por unidad de masa. El aluminio es el material para almas de panal más utilizado. Estas estructuras son anisótropas y sus propiedades dependen de la composición, el tamaño de célula y la geometría. En las figuras 12-17 y 12-18 se ilustran dos de los principales métodos para producir materiales de núcleo en alma de panal.

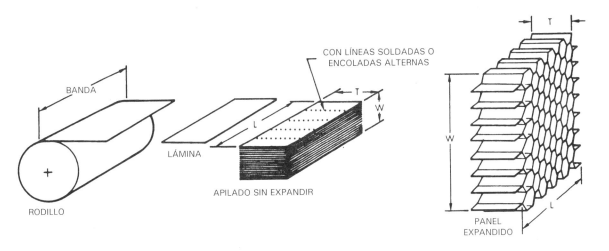

Fig. 12-17. Fabricación de alma de panal por un proceso de expansión.

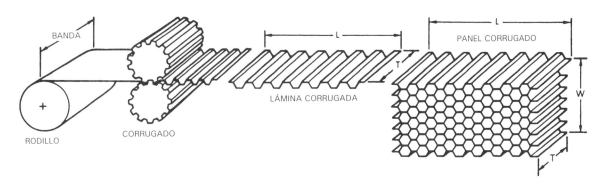

Fig. 12-18. Fabricación de alma de panal por un proceso de corrugado.

Una de las características únicas del alma de panal fabricado por procesos de expansión es que se puede mecanizar antes de la expansión. En la figura 12-19 se muestra un alma de panal de aluminio sin expandir. En este estadio se podría trabajar en forma de perfil de alas, para después proceder a estiramiento o expansión, tal como se muestra en la figura 12-20.

En la tabla 12-3 se exponen las propiedades concretas de los materiales de alma de panal de aluminio. En la tabla 12-4 se indican las propiedades de almas de panal de plástico reforzadas con vidrio.

Capas de metal y plásticos expandidos

Los paneles emparedados con plásticos expandidos como alma encuentran aplicación dentro de la industria de la construcción. En la figura 12-21 se muestra este tipo de estructuras con chapas metálicas con núcleo de poliuretano expandido, empleadas como aislamientos y en componentes estructurales de los edificios.

Otros usos de los emparedados de alma celular son los tapizados de las cámaras de refrigeración de camiones y vagones mercancías, neveras para alimentos y paneles exteriores de casas prefabricadas. Entre las aplicaciones se incluyen paneles para puertas y construcción.

En el proceso denominado *moldeado de depósito de espuma* o de *depósito elástico* se impregna espuma de poliuretano de célula abierta con epoxi. Después, se prensan las dos capas de corteza contra un núcleo esponjoso que obliga a parte del adhesivo epoxi a adherirse a las dos capas superficiales. La espuma y la matriz adoptan una estructura de tipo esqueleto o catacumba.

Fig. 12-19. Alma de panal de aluminio sin expandir.

(A) Instalación de paneles

Fig. 12-20. Alma de panal de aluminio en varios estadios de expansión.

(B) Paneles de sellado

Fig. 12-21. Los paneles de tejado de poliuretano expandido requieren algunos enganches.

Vocabulario

A continuación, se ofrece un vocabulario de las palabras que aparecen en este capítulo. Busque la definición de aquellas que no comprenda en su acepción relacionada con el plástico en el glosario del apéndice A.

Alma de panal
Cizalla interlaminar
Desunión
Estratificación
Estratificado
Estratificados a alta presión
Estratificados a baja presión
Emparedado
Exfoliación
Impregnar
Matriz
Plásticos estratificados

Tabla 12-3. Propiedades de alma de panel de aluminio hexagonal 5056, 5052 y 2024

Alma de panel célula-material-calibre	Densidad nominal kg/m³	De compresión			Cizalla de placa			
		Desnudo	Estabilizado		Dirección "L"		Dirección "A"	
		Resistencia kPa	Resistencia kPa	Módulo MPa	Resistencia kPa	Módulo MPa	Resistencia kPa	Módulo MPa
Alma de panel de aluminio hexagonal 5056:								
1/16-5056-0,0007	101	6894	7584	2275	4447	655	2551	262
1/16-5056-0,001	144	11721	12410	3447	6756	758	4136	344
1/8-5056-0,0007	50	2344	2482	668	1723	310	1068	137
1/8-5056-0,001	72	4343	4619	1275	2930	482	1758	262
5/32-5056-0,001	61	3275	3447	965	2310	393	1413	165
3/16-5056-0,001	50	2344	2482	669	1758	310	1069	138
1/4-5056-0,001	37	1413	1448	400	1172	221	724	103
Alma de panel de aluminio hexagonal aleación 5056:								
1/16-5052-0,0007	101	5998	6274	1896	3516	621	2206	276
1/8-5052-0,0007	50	1862	1999	517	1448	310	896	152
1/8-5052-0,001	72	3585	3758	1034	2344	483	1517	214
5/32-5052-0,0007	42	1379	1482	379	1138	255	689	131
5/32-5052-0,001	61	2723	2827	758	1862	386	1207	182
3/16-5052-0,001	50	1862	1999	517	1448	310	896	152
3/16-5052-0,002	91	5309	5585	1517	3172	621	2068	265
1/4-5052-0,001	37	1138	1207	310	965	221	586	113
1/4-5052-0,004	127	9377	9791	2344	4826	896	3034	364
3/8-5052-0,001	26	586	655	138	586	145	345	76

Tabla 12-4. Propiedades de alma de panel de varios plásticos reforzados con vidrio

Alma de panel célula-material-calibre	De compresión			Cizalla de placa			
	Desnudo	Estabilizado		Dirección "L"		Dirección "A"	
	Resistencia kPa	Resistencia kPa	Módulo MPa	Resistencia kPa	Módulo MPa	Resistencia kPa	Módulo MPa
Alma de panel de poliimida reforzada con vidrio:							
HRH 327-3/16-4,0		3033	344	1930	199	896	68
HRH 327-3/16-6,0		5377	599	3171	310	1585	103
HRH 327-3/8-4,0		3033	344	1930	199	1034	82
Alma de panel fenólica reforzada con vidrio (refuerzo tejido):							
HFT-1/8-4,0	2688	3964	310	2068	220	1034	82
HFT-1/8-8,0	9997	11203	689	3964	331	2344	172
HFT-3/16-3,0	1896	2585	220	1378	165	689	62
Alma de panel de poliéster reforzado con vidrio:							
HRP-3/16-4,0	3447	4137	393	1793	79	965	34
HRP-3/16-8,0	9653	11032	1131	4551	234	2758	103
HRP-1/4-4,5	4344	4826	483	2068	97	1172	41
HRP-1/4-6,5	7076	8136	827	3103	172	793	76
HRP-3/8-4,5	4205	4757	448	2068	97	1172	41
HRP-3/8-6,0	6205	6895	689	2758	155	1793	69

Preguntas

12-1. Los dos principales inconvenientes de la estratificación a alta presión son los índices de ___?___ bajos y las altas presiones.

12-2. El proceso en el que se unen dos o más capas de material se denomina ___?___.

12-3. ¿Qué sucede si existen tensiones interlaminares desfavorables? ¿Cómo se puede evitar eficazmente este problema?

12-4. ¿Cuáles son las principales aplicaciones de los estratos a alta presión?

12-5. ¿Cómo se utilizan las extrusoras para producir estratos? ¿Se emplean cilindros de calandrado?

12-6. ¿Qué propiedades son favorables para aplicaciones en las que se utilizan componentes estratificados en alma de panal.

12-7. Cite cuatro materiales de alma de panal y describa las ventajas de cada uno de ellos para una aplicación en particular.

12-8. Defina plásticos estratificados y describa cómo se pueden formar diversos productos.

12-9. Explique la selección de construcción en emparedado en puertas para casas, componentes de aviones y contenedores de carga.

12-10. Describa el proceso de estratificación continua e incluya los tipos de material utilizados y las aplicaciones típicas del producto.

Actividades

Estratificado de termoplásticos a baja presión

Introducción. La estratificación de termoplásticos a baja presión es un proceso según el cual se unen dos láminas de termoplástico sobre un elemento de papel o cartón concreto. El calor ablanda el plástico y la presión lo hace fluir por el elemento. Los bordes de las láminas de plástico se unen entre sí térmicamente.

Equipo. Prensa de laminado, placas pulidas, esponjillas de papel secante, láminas de PVC o acetato de celulosa.

Procedimiento

12-1. Conecte las calzas de enfriado de agua y ajuste la placa a 175 °C.

12-2. Recorte las láminas termoplásticas con un margen de 5 mm en todos los lados en relación con las medidas del elemento que se va a estratificar.

12-3. Distribuya el emparedado de estratificación del siguiente modo:

1 placa de sujeción superior
2 esponjillas de papel secante superiores
1 placa pulida
1 lámina de plástico
1 elemento que se va a estratificar
1 lámina de plástico
2 esponjillas de papel secante
1 placa de sujeción inferior

12-4. Coloque el emparedado, cierre y aplique aproximadamente 37 MPa para estratificar los elementos de cartón o unos 20 MPa para los de papel. Utilice una temperatura y presión ligeramente inferiores para las láminas de PVC (véase figura 12-22).

12-5. Para calcular la presión necesaria para la estratificación, aplique 40.000 kg/m^2 como presión mínima.

12-6. Deje calentarse los estratos de plástico y el emparedado durante 5 minutos. Si se prensan varios emparedados, aumente el tiempo de calentamiento. (Véase fig. 12-23).

12-7. Una vez completado el calentamiento, desconecte la corriente del radiador y conecte lentamente el agua para el ciclo de enfriado.

Fig. 12-22. Cartón estratificado a baja presión para ser extraído del emparedado.

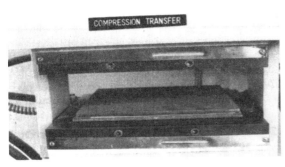

Fig. 12-23. Estructura en emparedado lista para ser extraída de la prensa de compresión.

Fig. 12-24. Estructura de emparedado para estratificado a alta presión.

PRECAUCIÓN: El vapor y los manguitos de retorno están calientes. Enfríe las placas hasta 40 °C.

12-8. Libere la presión hidráulica y extraiga el emparedado. Flexione el emparedado para soltar el laminado. No utilice un destornillador para hacer palanca y levantar el emparedado. Cualquier daño en la placa pulida se reproduciría en el siguiente estratificado.

12-9. Examine la unión, el sangrado de color, las burbujas de aire, la deslaminación o los daños superficiales.

Estratificación a alta presión

Introducción. En estratificación a alta presión, la sustancia reforzante suele ser papel, aunque también se usa tela, madera o vidrio con una resina en estado B fusible. Durante el ciclo de calor y presión, se amalgaman las láminas impregnadas.

Equipo. Prensa de placas calentada, lámina decorativa, resina de melamina impregnada, papel de estraza, resina fenólica impregnada, placas de prensa.

Procedimiento

12-1. Conecte los manguitos de refrigeración de agua y ajuste el radiador de la placa a 175 °C.

12-2. Recorte las láminas en un cuadrado de 110 x 110 mm. Tras la estratificación, se rematarán las láminas hasta que midan 100 x 100 mm.

12-3. Prepare el emparedado en láminas del siguiente modo:

1 placa de sujeción superior
2 esponjillas de papel secante superiores
1 lámina de capa superior
1 lámina decorativa
4 o más capas de papel de estraza
1 placa pulida
2 esponjillas de papel secante
1 placa de sujeción inferior (Véase fig. 12-24).

12-4. Coloque el emparedado en la prensa y aplique aproximadamente 200 MPa. Al calcular los requisitos de presión, utilice 245.000 kg/m^2 como presión mínima para estratificar a alta presión.

12-5. Caliente el emparedado durante 10 minutos. La presión descenderá a medida que se deforman las láminas. Mantenga la presión durante el ciclo de moldeo. Si se prensan varios emparedados, aumente el tiempo de calentamiento.

12-6. Después del ciclo de calor desconecte la corriente del radiador y conecte lentamente el agua para el ciclo de enfriado.

PRECAUCIÓN: El vapor y los manguitos de retorno están calientes. Espere a que se enfríen las placas hasta 40 °C.

12-7. Libere la presión hidráulica y extraiga el emparedado. Flexione el emparedado para sacar el laminado. No utilice un destornillador para levantarlo haciendo palanca.

12-8. Recorte el laminado y examínelo por si hubiera deslaminación o defectos superficiales.

Laminación a alta presión

Introducción. Si no dispone de papel de estraza impregnado y capas superiores decorativas impregnadas con melamina, el siguiente ejercicio servirá para adquirir experiencia con los estratos termoestables.

Equipo. Prensa de placas calentada, piezas de chapa metálica lisas (de igual tamaño que las placas), resina fenólica en polvo, agente de desmoldeo, toalla de papel.

Procedimiento

12-1. Corte varios trozos de toalla de papel hasta aproximadamente el tamaño de las chapas de metal. La toalla de papel es lo suficientemente porosa como para que la resina pueda penetrar en ella. Los papeles menos porosos reducen el flujo de la resina y pueden rasgarse antes de permitir el flujo de resina.

12-2. Extienda una capa de papel y mida aproximadamente ½ taza de resina fenólica en polvo. Cubra la resina con otra capa de papel y coloque una chapa de metal superior sobre el papel.

12-3. Coloque el emparedado en una prensa de placa caliente y ejerza presión. El indicador de la prensa hidráulica descenderá durante la presurización, para señalar el flujo de resina. Según el calor, la presión y el volumen de la resina/papel, se detendrá la fluctuación de la presión hidráulica, para señalar que se ha producido la reticulación.

12-4. Libere la presión y extraiga el emparedado. Saque los materiales de papel/resina. En la figura 12-25 se muestran fotos de estratos hechos con dos, cuatro y seis capas de papel.

12-5. Corte una tira del papel estratificado y déle forma de hueso para realizar la prueba de tracción. En la figura 12-26 se muestra un corte en tira con una sierra de cinta y una muestra de hueso preparada.

12-6. Mida cuidadosamente la longitud, la anchura y el grosor de la zona de calibrado. Realice la prueba de tracción. Dado que el fenólico reticulado es bastante duro, puede mostrar tendencia a deslizarse en las horquillas del aparato de pruebas de tracción. Si esto sucede, bastará con emplear un trozo de tela de esmeril doblada sobre la zona de sujeción. La muestra que aparece en la figura 12-26 falló a 37,1 MPa.

12-7. Obtenga un disco de fenólico sin ninguna capa de papel y pruébelo. ¿Aumenta el papel la resistencia del estratificado? ¿Se mejora la flexibilidad?

12-8. Repita el procedimiento con varias cantidades de papel y otras capas fibrosas como tela, tejido de vidrio, felpa de vidrio y tela kevlar.

12-9. Para averiguar si las capas de papel u otro material afectan a la contracción del estrato, inscriba líneas superficiales en una chapa de metal. Compruebe el espacio entre las líneas, que ha de ser exacto. En la figura 12-27 se muestran las líneas reproducidas en el estratificado. Estas líneas estaban a una distancia de 1 pulgada (2,54 cm). Midiendo la distancia entre las líneas en un estratificado enfriado y acabado se puede calcular la contracción del material. (Consulte la sección del capítulo 6 sobre el cálculo de contracción del molde).

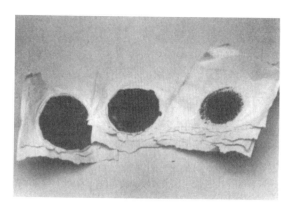

Fig. 12-25. Muestras de estratificados de dos, cuatro y seis capas.

Fig. 12-26. Estratificados en tira, con forma de hueso.

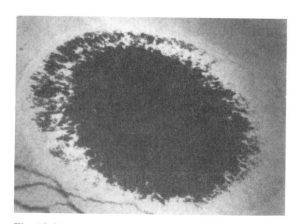

Fig. 12-27. Líneas impresas en estrato fenólico.

Capítulo 13

Procesos y materiales de refuerzo

Introducción

La expresión *plásticos reforzados* no es muy descriptiva, ya que sólo hace referencia a la adición de agente para mejorar o *reforzar* el producto. La SPE define plástico reforzado como «una composición de plástico en la que se han embebido refuerzos que tienen propiedades bastante superiores a las de la resina base.» En la década de 1960 empezaron a ser corrientes términos específicos como materiales compuestos *avanzados, de alta resistencia, de ingeniería* o *estructurales*, consistentes en materiales de módulo superior, más rígidos, de refuerzos exóticos en matrices nuevas.

Hoy en día la expresión *plásticos reforzados* abarca varias formas de materiales compuestos, producidos a través de cualquiera de los diez procesos de refuerzo existentes. Tal vez algún día se lleguen a englobar todos los procesos de estratificado y refuerzo bajo el concepto de *tratamientos de materiales compuestos*.

Algunas técnicas de refuerzo de materiales compuestos son variaciones de la estratificación, ya que implican la combinación en capas de dos o más materiales diferentes. Otras técnicas consisten simplemente en modificaciones de métodos de tratamiento para producir un material nuevo con propiedades únicas o específicas.

En este capítulo se explicarán los siguientes procesos de refuerzo de materiales compuestos:

 I. Matriz coincidente.
    A. Compuestos de moldeo en masa.
    B. Compuestos de moldeo en lámina.
 II. Unión de chapas manual.
 III. Recubrimiento a pistola.
 IV. Conformado al vacío rigidizado.
 V. Termoconformado de molde frío.
 VI. Bolsa al vacío.
 VII. Bolsa a presión.
 VIII. Enrollado de filamentos.
 IX. Refuerzo por centrifugado y de película soplada.
 X. Pultrusión.
 XI. Estampación/conformado en frío.

En cada uno de estos procesos deben ajustarse cuidadosamente los moldes, matrices o rodillos para garantizar un desmoldeo apropiado del producto acabado. Muchas veces se utilizan agentes de desmoldeo de película, cera y silicona que se aplican sobre las superficies del molde. No deben confundirse los compuestos de moldeo reforzados con los estratificados, aunque ocasionalmente se haga (fig. 13-1).

En el pasado solamente se reforzaban a nivel comercial y a gran escala los plásticos termoendurecibles; sin embargo, hoy día existe una creciente demanda de termoplásticos reforzados. Dado que los materiales termoplásticos se pueden tratar de muchas formas diferentes, se han conseguido resultados más innovadores.

Tabla 13-1. Propiedades típicas de los plásticos reforzados con fibra de vidrio

Plásticos	Densidad relativa	Resistencia tracción 1000 MPa	Resistencia compresión 1000 MPa	Dilatación térmica $10^{-4}/°C$	Temperatura de flexión (a 264 MPa),°C
Acetal	1,54–1,69	62–124	83–86	4,8–4,9	1062–1599
Epoxi	1,8–2,0	10–207	207–262	2,8–8,9	834–1599
Melamina	1,8–2,0	34–69	138–241	3,8–4,3	1406
Fenólico	1,75–1,95	34–69	117–179	2–5,1	1027–2178
Óxido de fenileno	1,21–1,36	97–117	124–207	2,8–5,6	910–986
Policarbonato	1,34–1,58	90–145	117–124	3,6–5,1	965–1000
Poliéster (termoplástico)	1,48–1,63	69–117	124–134	3,6	1379–1586
Poliéster (termoendurecible)	1,35–2,3	172–207	103–207	3,8–6,4	1406–1792
Polietileno	1,09–1,28	48–76	34–41	4,3–6,9	800–876
Polipropileno	1,04–1,22	41–62	45–48	4,1–6,1	910–1027
Poliestireno	1,20–1,34	69–103	90–131	4,3–5,6	683–717
Polisulfona	1,31–1,47	76–117	131–145	4,3	1179–1220
Silicona	1,87	28–41	83–138	ninguna	<3323

Los compuestos moldeados reforzados se pueden moldear por métodos de inyección, matriz coincidente, transferencia, compresión o extrusión en productos con formas complejas y una amplia gama de propiedades físicas. Existe cierta dificultad para moldear por soplado artículos pequeños de paredes delgadas. El moldeo por inyección es el método más habitual para tratar compuestos termoplásticos reforzados. (Consulte en el índice los términos moldeo por inyección, extrusión y compresión).

Para reforzar compuestos de moldeo se suelen emplear fibras cortas de vidrio trituradas o cortadas. Consulte la tabla 13-1 en cuanto a las propiedades de los plásticos reforzados con fibra de vidrio. Asimismo, se utilizan fibras de plástico, filamentos de metales exóticos y fibras cortas de monofilamento.

Matriz coincidente

Los materiales más corrientes para el refuerzo de matriz coincidente son el compuesto de moldeo en masa y el de moldeo en lámina.

Compuestos de moldeo en masa

Los compuestos de moldeo en masa (BMC, por sus siglas en inglés) están formados por una mezcla de tipo masilla de resina, catalizadores, cargas y refuerzos de fibra corta. Estos compuestos reciben diversos nombres, como *materia viscosa*, *masilla*, *masa* o *pasta*. Todos estos nombres se refieren a una premezcla de resinas y refuerzos.

Los compuestos de moldeo en masa se suelen conformar como troncos o cuerdas para favorecer las operaciones de moldeo y su manejo. Esta masilla fibrosa se puede extruir en formas de viga en H u otro perfil, para introducirse automáticamente en una matriz coincidente.

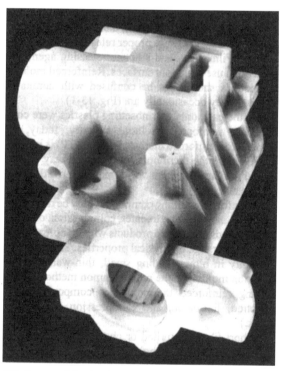

(A) Carcasa del tubo de dirección de nilón reforzado con vidrio moldeado por inyección, en lugar de la cubierta mecanizada y colada de aluminio tradicional

Fig. 13-1. Algunos ejemplos de piezas de plástico reforzado. (Dow Chemical Co.).

(B) Secador de pelo y accesorios de plásticos reforzados

(C) Piezas y carcasa reforzadas para una sierra de cadena todo terreno

Fig. 13-1. Algunos ejemplos de piezas de plástico reforzado. (Dow Chemical Co.) (cont.)

Los compuestos de moldeo en masa son isótropos, con longitudes de fibra inferiores a 0,38 mm, normalmente. Sus longitudes de fibra los distinguen de los demás compuestos moldeados. En la figura 13-2 se muestra un molde coincidente que los convierte en un producto funcional.

Compuestos de moldeo en lámina

Los compuestos moldeados en lámina (SMC, por sus siglas en inglés) son mezclas de tipo cuero de resinas, catalizadores, cargas y refuerzos.

En ocasiones reciben el nombre de *fieltro de flujo* o *fieltro de molde*. Al producirse en láminas, las fibras pueden ser mucho más largas que en los de moldeo en masa. Un compuesto de moldeo en lámina típico lleva aproximadamente un 30% de fibras de vidrio cortadas de 25 mm y dispuestas aleatoriamente, un 25% de resina y un 45% de carga inorgánica. Así, por ejemplo, SMC-25 indica un contenido de un 25% de vidrio.

En comparación con los de moldeo en masa, los SMC permiten mayores cargas de vidrio (70% de vidrio) y productos más ligeros. La longitud superior de las fibras confiere unas mejores propiedades mecánicas. Entre los SMC se incluyen muchos tipos especializados, conocidos por abreviaturas como UMC, TMC, LMC y XMC. El compuesto de moldeo unidireccional (UMC) suele tener aproximadamente un 30% de las fibras de refuerzo continuo alineadas en una dirección, en virtud de lo cual se potencia la resistencia a la tracción en la dirección de las fibras. Se pueden fabricar compuestos de

Fig. 13-2. Molde coincidente para la obtención de sillas de plástico reforzado. (Cincinnati Milicron)

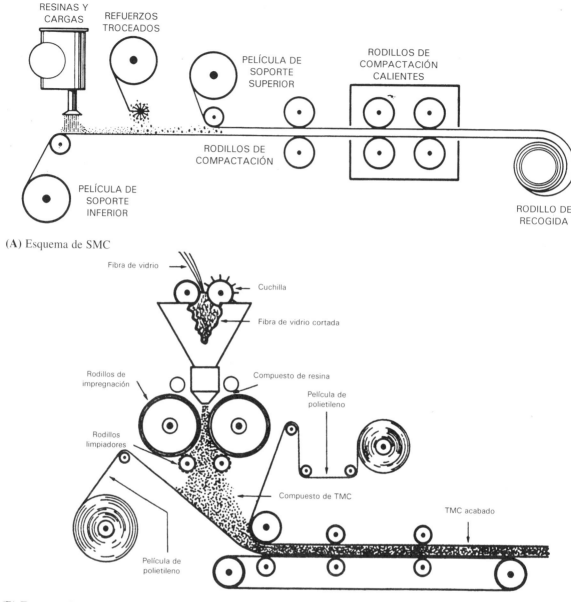

(A) Esquema de SMC

(B) Esquema de TMC (cortesía de USS Chemicals Division)

Fig. 13-3. Método de producción para el compuesto de moldeo en lámina.

moldeo gruesos (TMC) de hasta 5 cm de grosor, lo que propicia una mayor variación en el grosor de las paredes de la pieza y un abanico más amplio de opciones del refuerzo. Los TMC están muy cargados. Los compuestos de moldeo a baja presión (LMC) son SMC formulados para permitir la aplicación de técnicas de moldeo a baja presión. Un compuesto de moldeado con alta resistencia (HMC) puede contener hasta un 70% de refuerzo en aras de una mayor resistencia y estabilidad de dimensiones. Un compuesto moldeado reforzado direccionalmente (XMC) es una lámina que contiene un 75%, aproximadamente, de refuerzos continuos orientados en una dirección.

Los SMC se conforman en su resultado final a través de una operación de moldeo. Con las resinas se emplea una película de soporte inferior (normalmente polietileno), que permite el almacenamiento de los SMC limpiamente para tenerlos a mano y para su fácil manipulación durante el tratamiento. Las películas de soporte se retiran antes de la operación de moldeo (fig. 13-3).

Los SMC requieren presiones de tratamiento comprendidas entre 3,5 y 14 MPa. Las temperaturas, en cambio, pueden variar según el diseño de producto y la formulación del polímero. Los SMC se introducen en los moldes y pasan a través de un ciclo continuo de prensado, curado y desmoldeo, evitándose de este modo tener que esperar a que se completen los tiempos de ciclo de curado en la prensa.

Los principales mercados de las piezas moldeadas de BMC y SMC son la industria del transporte y los electrodomésticos. Los suelos de las duchas, las carcasas de los calentadores y los estuches de los aparatos están hechos con BMC. Tal como se puede deducir de su nombre, los compuestos moldeados en láminas se emplean para fabricar piezas grandes como paneles de carrocerías de coches, campanas, cascos de hidroaviones pequeños, muebles, componentes de aparatos a partir de este material con moldes de matriz coincidente.

Una variante de este proceso es el tratamiento reforzado que se conoce por *macerado*. Las piezas maceradas se producen cortando los materiales de refuerzo en trozos de 0,2 a 10 mm de longitud que se tratan en los moldes coincidentes. Los productos de resina reforzados obtenidos a partir de moldes de matriz coincidente son fuertes y pueden presentar un soberbio acabado superficial, tanto exterior como interior; no obstante, los costes del molde y el equipo son elevados. A continuación se enumeran cinco ventajas y cinco inconvenientes del tratamiento de matriz coincidente.

Ventajas de la matriz coincidente

1. Acabado de las superficies interior y exterior.
2. Posibilidad de moldear formas complejas (incluyendo nervaduras y detalles finos).
3. Recorte mínimo de las piezas.
4. Los productos presentan buenas propiedades mecánicas, estrechas tolerancias de la pieza y resistencia a la corrosión.
5. Los costes y la proporción de desechos son relativamente bajos.

Inconvenientes de la matriz coincidente

1. Preforma, BMC, TMC, XMC y SMC requieren más equipo, manipulación y almacenamiento.
2. Las guías de prensa deben mantenerse exactamente paralelas para conseguir una tolerancia estrecha.
3. Los moldes y las herramientas son caros, en comparación con los moldes abiertos.
4. Las superficies pueden ser porosas u onduladas.
5. No existen productos transparentes.

Unión de chapas manual o tratamiento de contacto

Para los *moldeados de unión manual de chapas* se emplean resinas termoendurecibles. Como este refuerzo constituye generalmente una capa continua, el proceso ha sido descrito ya en el capítulo 12 como un tipo de estratificado, a pesar de que puede considerarse como un proceso de refuerzo (consulte el capítulo 12).

Recubrimiento a pistola

En el recubrimiento a pistola se pueden pulverizar de forma simultánea el catalizador, la resina y mechas cortadas en las formas del molde (fig. 13-4). Aunque se considera una variante de la unión de chapas manual, se puede realizar tanto a mano como con máquina. Una vez aplicado el recubrimiento de gel, se inicia el recubrimiento con pistola de la resina y las fibras cortadas. Conviene pasar el rodillo cuidadosamente para evitar que se dañe el recubrimiento de gel. El rodillo sirve para *densificar* (eliminar las bolsas de aire y favorecer la acción de humectación) el material compuesto. Si este tratamiento no se realiza de forma exhaustiva, es posible que se produzca una debilidad estructural al quedar burbujas de aire atrapadas que deslocalicen las fibras o causen una eliminación insuficiente de la humedad (recubrimiento de refuerzos). Se puede aplicar calor para acelerar el curado y aumentar la producción. Este método económico favorece la producción de formas muy complejas. Los índices de producción son muy altos en comparación con los métodos de unión de chapas manual. Debe tenerse cuidado de aplicar capas de materiales uniformes pues, de lo contrario, es probable que las propiedades mecánicas no sean consistentes en todo el producto. Se puede dar a las zonas muy contorneadas o deformadas un espesor adicional o colocarse placas de sujeción metálicas, armazones y otros componentes de refuerzo en ciertas zonas para recubrir con pistola.

Conformado al vacío rigidizado

En un proceso a veces denominado *recubrimiento con pistola de corteza rigidizada* se termoconforma una lámina termoplástica en la forma requeri-

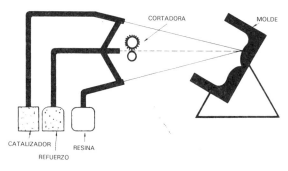

Fig. 13-4. El método de recubrimiento con pistola puede servir para cubrir fácilmente tanto formas simples como complejas, a diferencia del método de unión de chapas.

da eliminando el recubrimiento de gel. Normalmente se emplean PVC, PMMA, ABS y PC. Se refuerza esta corteza (por pulverizado o unión de chapas manual) en la parte posterior para producir materiales compuestos fuertes para bañeras, lavabos, duchas, embarcaciones pequeñas, señales, bacas u otros productos similares. Este método queda ilustrado en la figura 13-5. A continuación se enumeran cuatro ventajas y tres inconvenientes del conformado al vacío rigidizado.

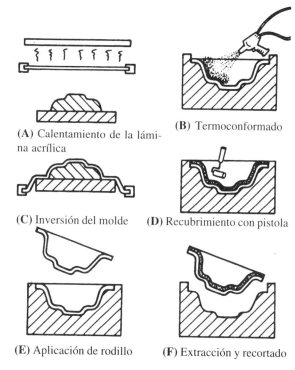

(A) Calentamiento de la lámina acrílica
(B) Termoconformado
(C) Inversión del molde
(D) Recubrimiento con pistola
(E) Aplicación de rodillo
(F) Extracción y recortado

Fig. 13-5. Proceso de conformado al vacío rigidizado.

Ventajas del conformado al vacío rigidizado

1. La piel termoplástica proporciona un acabado suave.
2. Elimina las oquedades del recubrimiento de gel superficiales y el tiempo de gelificación.
3. Requiere solamente un molde de termoconformado.
4. Los índices de producción son más rápidos que los obtenidos a través del método de recubrimiento con pistola.

Inconvenientes del conformado al vacío rigidizado

1. Necesidad de un equipo de termoconformado y de un espacio de almacenamiento de láminas.
2. Materiales costosos (láminas de superficies termoplásticas).
3. La reparación de las superficies dañadas es complicada.

Termoconformado de molde frío

Este proceso es semejante al conformado al vacío rigidizado, con la diferencia de que se acaban dos superficies y de que se controlan las tolerancias más estrechamente. El proceso consiste en termoconformar una lámina y reforzar el revés a través de los métodos de preforma, fieltro, trenzado o recubrimiento con pistola. A continuación se prensa el material compuesto entre matrices coincidentes hasta que queda curado. La polimerización se realiza por medios químicos a temperatura ambiente. Uno de los principales inconvenientes es el coste adicional de la matriz y el tiempo de curado en el molde.

Bolsa de vacío

En el tratamiento de bolsa de vacío se coloca sobre la unión de chapas una película de plástico (normalmente polialcohol vinílico, neopreno, polietileno o poliéster). Se aplica un vacío de aproximadamente 85 kPa entre la película y el molde (fig. 13-6).

Normalmente, se mide el vacío en milímetros de mercurio tomados en un tubo graduado o en pascales de presión. El vacío en milímetros de mercurio correspondiente a 85 kPa se puede calcular aplicando la siguiente fórmula:

$$\frac{101 \text{ kPa}}{85 \text{ kPa}} = \frac{760 \text{ mm}}{x}$$

o

$$x = 656 \text{ mm de mercurio}$$

donde:

x = incógnita (mm de mercurio)
101 kPa = presión atmosférica conocida
760 mm = mm de mercurio correspondientes a 101 kPa de presión

La película de plástico oprime el material reforzado contra la superficie del molde, para facilitar la formación de un producto de alta densidad sin burbujas de aire. Los instrumentos para el tratamiento con bolsa al vacío son caros cuando se fabrican piezas grandes. La producción es lenta en comparación con los índices de producción a gran velocidad del moldeo por inyección.

Se emplean herramientas macho y hembra. Si se requiere una superficie lisa para el casco de un hidroavión, se optará por un molde hembra. En cambio, para un lavabo se seleccionará probablemente un molde macho. Como se necesita calor en muchas de las operaciones, se emplean herramientas cerámicas o de metal. Para acelerar el curado se puede recurrir a la inducción de infrarrojo, radiación dieléctrica, instantánea de xenón o haz.

Deberá protegerse la superficie del molde para permitir la extracción del material compuesto acabado. Como agentes de desmoldeo se emplean películas plásticas, ceras, resinas de silicona, PE, PTFE, PVAI, poliéster (Mylar) y películas de poliamida.

Las resinas de unión de capas en húmedo más conocidas son los epóxidos y los poliésteres. Se pueden usar SMC, TMC y otras preimpregnaciones de polisulfona, poliimida, fenólicos, ftalato de dialilo, siliconas o diferentes sistemas de resina.

Los refuerzos pueden consistir en materiales de alma de panal, fieltros, tejidos, papel, hojas metálicas y otras formas preimpregnadas.

Los tratamientos de bolsa de vacío de unión de capas en húmedo se ilustra en la figura 13-7. Una vez protegida cuidadosamente la herramienta con una cera o película de desmoldeo (según la geometría de la pieza), se coloca una capa desprendible de poliéster finamente tejido o tejido de poliamida. A veces se coloca una *capa sacrificial* (normalmente una tela impregnada con resina final) sobre la superficie del molde. A continuación se colocan las capas estratificadas siguiendo un patrón de diseño específico sobre la capa desprendible. Se dispone una segunda capa desprendible sobre las capas estratificadas y, después, la película o tejido, como por ejemplo, dacrón y teflón. Dado que las perforaciones permiten el escape del aire y el exceso de resina, esta capa recibe el nombre a veces de *capa de respiración*. Se colocan capas de sangrado de tela

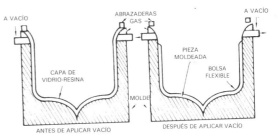

(A) La aplicación de presión a una unión de chapas imparte mayor resistencia y una mejor superficie de la cara sin acabar del producto

(B) La cubierta de carga se forma con bolsa al vacío utilizando tres capas de preimpregnación y una de tejido de vidrio seco. (FMC Corp.)

(C) Cubierta de carga instalada en un avión. (FMC Corp.)

Fig. 13-6. Tratamiento de bolsa de vacío.

o de fieltro sobre el tejido desprendible para recoger el aire y la resina empujadas. En algunas configuraciones compuestas se utiliza una chapa de prensado para asegurar una superficie lisa y reducir al mínimo las variaciones de la temperatura durante el proceso de curado. A continuación se disponen varias capas de respiradero o ventilación para que el aire pueda pasar libremente por la superficie de la parte interior de la bolsa. Ésta puede ser de cualquier material flexi-

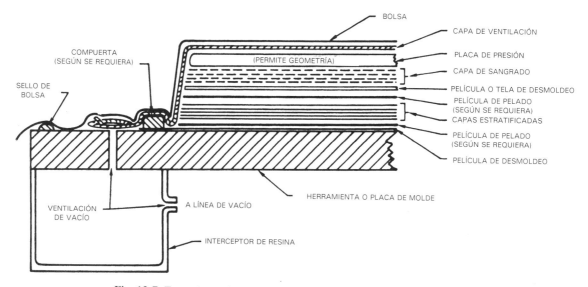

Fig. 13-7. Tratamiento de bolsa al vacío de unión de chapas en húmedo.

ble que sea hermético y no se disuelva en la matriz. Habitualmente se aplica una plancha de caucho de silicona, neopreno, caucho natural, PE, PVAI, celofán o PA. Se forma entonces un vacío de 63,5 cm de mercurio, o aproximadamente 0,1 kPa de presión externa. Para evitar que penetre el exceso de resina líquida en las líneas de vacío se usa una trampilla de resina. Cuando se requiere una mayor densidad o se precisa un diseño más complejo se utilizan técnicas de molde con bolsa en autoclave, punzón de caucho, bolsa de caucho y conformado en hidroclave.

Los materiales preimpregnados secos suelen ser más difíciles de conformar en geometrías complejas. Generalmente, se recurre al empleo de una mayor presión, punzones y fuentes de calor externas para ablandar y dar forma al material compuesto contra la herramienta.

Bolsa a presión

El tratamiento de bolsa a presión también resulta caro y lento, pero permite moldear productos densos, grandes con buenos acabados tanto exteriores como interiores. En los tratamientos de bolsa a presión se emplea una bolsa de caucho para forzar el compuesto estratificado contra los contornos del molde. Se aplica una presión de aproximadamente 35 kPa a la bolsa durante el calentamiento y el ciclo de curado (fig. 13-8). Raramente se exceden presiones de 350 kPa.

Después de la unión de chapas se pueden colocar el molde y los compuestos en un autoclave calentado con gas o vapor. Las presiones del autoclave de 350 a 700 kPa producirán una mayor carga de vidrio y permitirán la eliminación del aire.

El término *hidroclave* implica la utilización de un líquido caliente para prensar las capas contra el molde. En todos los diseños de presión, la herramienta deberá ser capaz de soportar las presiones de moldeado (incluyendo la bolsa flexible). Las técnicas de bolsa a presión en las que se fuerza la unión de chapas contra las paredes del molde pueden servir para fabricar tuberías huecas largas, tubos, tanques y otros objetos con paredes paralelas. Al menos un extremo del objeto deberá estar abierto para insertar y sacar la bolsa.

A continuación se enumeran tres ventajas y cuatro inconvenientes de los tratamientos de bolsa a presión y al vacío.

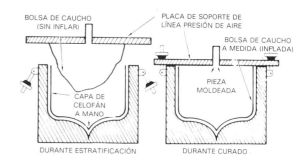

Fig. 13-8. En el método de moldeo con bolsa a presión, se utiliza calor y una bolsa de caucho inflada para aplicar presión.

Ventajas de la bolsa a presión y al vacío

1. Mayor carga de vidrio y menos oquedades con respecto a los métodos de unión de chapas manual.
2. La superficie interior tiene un mejor acabado que en los métodos de unión de chapas manual.
3. Mejor adherencia en materiales compuestos.

Desventajas de la bolsa a presión y al vacío

1. Necesidad de un equipo más complejo que el de los métodos de unión de chapas manual.
2. Acabado de la superficie interior no tan bueno como en el moldeado de matriz coincidente.
3. La calidad depende de la habilidad del operario.
4. Tiempos de ciclo prolongados, producción limitada con un molde simple.

Enrollado de filamentos

Con el enrollado de filamentos se obtienen piezas fuertes devanando refuerzos de fibra continua sobre un molde. Los filamentos continuos largos pueden llevar una carga mayor que los filamentos cortos dispuestos al azar. Más de un 80% de los enrollados de filamento se realizan con mechas de vidrio E, aunque también son posibles fibras de módulo superior de carbono, aramida o kevlar. Para algunas aplicaciones se emplean también boro, alambre, berilio, poliamidas, poliimidas, polisulfonas, bisfenol, poliésteres y otros polímeros. Las máquinas de devanado especialmente diseñadas pueden disponer las hebras siguiendo un patrón previamente determinado para impartir la máxima resistencia en la dirección deseada (fig. 13-9).

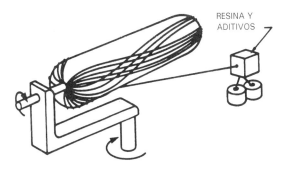

(C) Devanadora polar

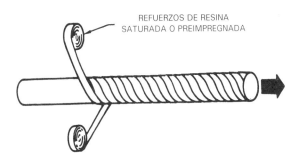

(D) Devanadora helicoidal continuo

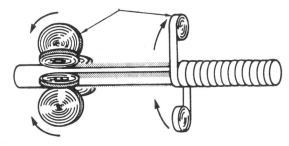

(E) Devanadora de eje normal continuo

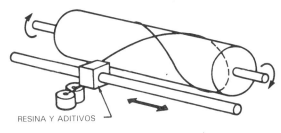

(A) Devanadora helicoidal clásico

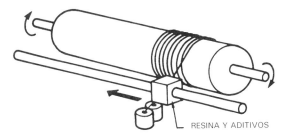

(B) Devanadora de circunferencia

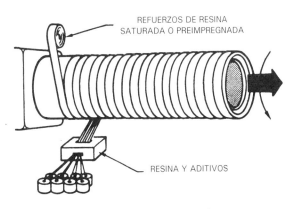

(F) Mandril giratorio continuo con envoltura

Fig. 13-9. Métodos y diseños de enrollado concretos.

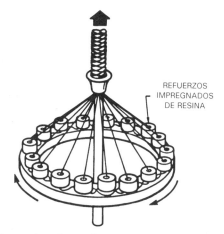

(G) Devanadora de envoltura en trenza

Fig. 13-10. Enrollado de filamento en húmedo. (Owens-Corning Fiberglass Corp.).

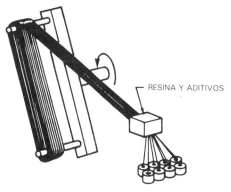

(H) Devanadora de envoltura en cinta

Fig. 13-9. Métodos y diseños de enrollado concretos (*cont.*).

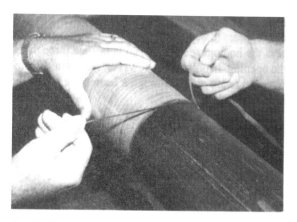

Fig. 13-11. Enrollado a mano de cinta de preimpregnación de boro-epóxido de 0,3 cm para el eje rotor de la cola de un helicóptero. (Advanced Structures Division, TRE Corp.).

Durante el *enrollado en húmedo* se expulsa el exceso de matriz de resina y aire atrapado (se exprime de las hebras). La tensión de bobinado de filamento varia entre 0,1 kg y 0,4 kg en cada extremo (grupo de filamentos). (Véase la figura 13-10 en la que se muestra un enrollado de filamentos en húmedo. Advierta la limitación que supone la forma en el enrollado de filamentos).

En el *enrollado en seco*, los refuerzos en estado B preimpregnados aportan consistencia al diseño de resina con refuerzo. Es posible enrollar estos refuerzos preimpregnados a mano o con máquina alrededor de la herramienta (fig. 13-11). El curado se puede acelerar con mandriles calentados (herrajes), hornos ambientales, endurecedores químicos y otras fuentes de energía. A través de este método se producen muchas formas estratificadas cilíndricas. El mandril plegadizo deberá tener la forma deseada del producto acabado. Asimismo, se pueden utilizar mandriles fusibles a baja temperatura o solubles para formas complejas y tamaños especiales.

La ventaja del enrollado de filamentos es que permite al diseñador colocar el refuerzo en zonas sometidas a la mayor tensión. Los contenedores fabricados mediante este proceso suelen poseer una relación resistencia-masa superior que la obtenida con otros métodos. Se pueden producir a un coste menor prácticamente en cualquier tamaño. En la figura 13-12 se muestran diversos modelos de enrollado utilizados para recipientes a presión.

En muchos recipientes a presión, los enrollados de filamento no se retiran del mandril sino que se envuelven sobre contenedores de metal fino o plástico.

Entre los ejemplos de aplicaciones de este tipo de refuerzo, se incluyen carcasas de motor para cohetes, recipientes a presión, boyas submarinas, cúpulas de radar, conos de ojiva, depósitos de almacenamiento, tuberías, muelles de lámina para coches, hélices de helicóptero, mástiles de naves espaciales, fuselajes y otras piezas aeroespaciales.

Refuerzo por centrifugado y de película soplada

En el refuerzo por centrifugado, se conforman la resina y los materiales reforzados contra la superficie del molde cuando gira (fig. 13-13). Durante esta rotación se distribuye uniformemente la resina por todo el refuerzo en virtud de la fuerza centrífuga. A continuación se aplica calor para favorecer la polimerización de la resina. Se pueden producir así tanques y tubos.

Otro proceso especializado consiste en el refuerzo de película soplada. Según la patente, se produce una lámina de material compuesto reforzando con filamento el interior de la película soplada caliente y prensando la película en capas fibrosa entre rodillos de presión. En la figura 13-14 se ilustra este concepto.

Pultrusión

En la pultrusión, se estiran los hilos continuos o mechas (junto con otras cargas) a través de una larga hilera caliente, entre 120 y 150 °C. Se da forma al producto y se polimeriza la resina a medida que sale de la hilera. Para acelerar la velocidad de producción se puede aplicar calentamiento por radiofrecuencia o microondas. El proceso es muy semejante a la extrusión. En ésta, el material homogéneo sale de la apertura de la hilera, mientras que en la pultrusión se estira el refuerzo empapado en resina a través de la hilera caliente donde se cura la resina (fig. 13-15).

Las boquillas de pultrusión miden generalmente de 60 a 150 cm y se calientan para favorecer la polimerización. Debe controlarse atentamente el curado para evitar grietas, deslaminación, curado incompleto o adherencia a las superficies de la hilera.

La producción varía desde unos milímetros a más de 3 m/minuto. Entre las muchas resinas utilizadas se incluyen ésteres vinílicos, poliésteres y epóxidos. La fibra de vidrio es el refuerzo más empleado, si bien también son corrientes fibras de grafito, carbono, boro, poliéster y poliamida. Se incluyen refuerzos en el producto de pultrusión cuando se requiere una mayor resistencia.

Asimismo, se pueden usar materiales termoplásticos fundidos y refuerzos. La orientación paralela de los refuerzos produce un material compuesto fuerte en la dirección de las fibras. En algunas operaciones

(A) El enrollado de cinta circular proporciona una resistencia de contorno o de anillo óptima en una estructura de filamento bobinado

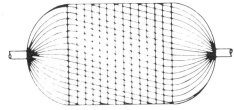

(B) El enrollado helicoidal de circuito simple en combinación con el enrollado de cinta circular proporciona una alta resistencia a la tracción axial

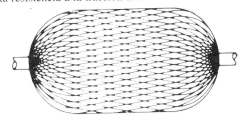

(C) El enrollado helicoidal de circuito múltiple aprovecha al máximo las características de tensión del filamento de vidrio, sin necesidad de enrollado de cinta

(D) El enrollado doble se utiliza cuando las aberturas de los extremos de la estructura tienen diámetros diferentes

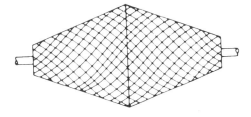

(E) Los enrollados helicoidales variables pueden producir estructuras asimétricas

Fig. 13-12. Ventajas de los diversos tipos de enrollados de filamento. (CIBA-GEIGY).

(F) El devanado plano proporciona la máxima resistencia longitudinal (en relación con el eje de bobinado)

Fig. 13-12. Ventajas de los diversos tipos de enrollados de filamentos. (CIBA-GEIGY) *(cont.)*.

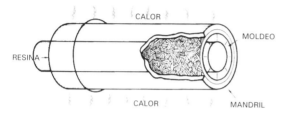

Fig. 13-13. En el método por centrifugado se distribuyen uniformemente resinas y refuerzos cortados en la superficie interior de un mandril hueco. El ensamblaje gira dentro de un horno en el que se cura por calor.

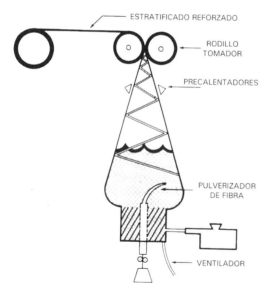

Fig. 13-14. Fabricación de láminas reforzadas con filamento a través de un proceso de película soplada.

se pueden combinar SMC o preformas enrolladas con otros refuerzos continuos para mejorar las propiedades en todas las direcciones.

Costaneras, canalones, vigas, cañas de pescar, muelles de coches, armazones, perfiles de alas, mangos de martillos, esquíes, palos de tiendas de campaña, palos de golf, escaleras, raquetas de tenis, mástil para bóvedas y otras formas de perfil son algunos ejemplos de artículos producidos por pultrusión.

El *conformado por estirado* es una variante de la pultrusión. A medida que se estira el material desde las estizolas de refuerzo y se impregna con la resina y otros compuestos, una serie de dispositivos de conformado (moldes) de varias formas rectilíneas moldean la pieza de material compuesto. En uno de los métodos se casan las matrices giratorias hembra y macho sobre el material extruido por estirado y se cura el material compuesto. Se pueden formar piezas curvas haciendo pasar la forma estirada a un molde hembra circular con una cinta de acero flexible. Se calientan el molde y la cinta para acelerar el curado en una operación de conformado por estirado continua (ver fig. 13-16). Entre las aplicaciones se incluyen mangos de martillos, arcos, muelles curvos y otros productos que no tienen una forma rectilínea continua.

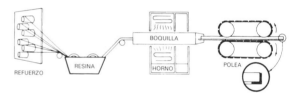

(A) Esquema básico de pultrusión continua. (Morrison Molded Fiber Glass Co.)

(B) Los miembros estructurales de soporte de poliéster reforzado con fibra de vidrio para la planta operativa de esta central química de mezclado fueron producidas por pultrusión. (Morrison Molded Fiber Glass Co.)

Fig. 13-15. Método de pultrusión y aplicación de producto.

Estampación/conformado en frío

Los termoplásticos reforzados con fibra de vidrio, asequibles en forma de lámina, se pueden conformar en frío de forma muy similar a los metales (fig. 13-17). Se emplean refuerzos grandes para mejorar la relación de resistencia a masa.

Durante la operación de conformado, se precalienta la lámina a aproximadamente 200 °C y después se moldea en prensas de estampación de metal normales. Existe la posibilidad de producir piezas con diseños complejos y diferentes grosores de pared a través de este método. La velocidad de producción puede superar 260 piezas por hora. Entre las aplicaciones se incluyen cubiertas de motor, guardas de ventilador, llantas, bandejas para baterías, tulipas para lámparas, respaldos de asientos y muchos paneles para el interior de automóviles.

Según algunas previsiones, las láminas compuestas termoplásticas reforzadas estampables podrán sustituir el acero estampado de Detroit. Muchas de estas láminas se pueden pintar con un acabado clase A al salir del molde. Las aplicaciones de acabado de automóviles que no son clase A abarcan aproximadamente un 80% de la demanda de láminas de vidrio/polipropileno (PP). Policarbonato/poli(tereftalato de butileno) (PC/PBT), poli(óxido de fenileno)/poli(tereftalato de butileno) (PPO/PBT) y poli(óxido de fenileno/poliamida (PPO/PA) son aleaciones combinadas con fieltro de vidrio modificado y otros refuerzos especiales en láminas estampables o conformables.

Las mezclas no impregnadas de filamentos termoplásticos continuos como poliéter éter cetona

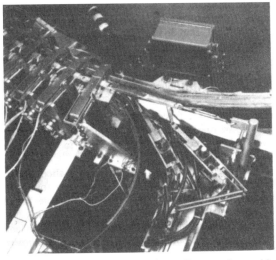

(B) Primer plano de hilera de cinta caliente en la sección de curado

(C) Muelle que sale de la sección hilera/cinta

(D) Sierra de trocear de muelle voladizo

Fig. 13-16. Conformado por estirado de un muelle de lámina de material compuesto curvo. (Goldsworthy Engineering).

(A) Introducción de mechas de vidrio en un tanque empapado

(PEEK) y poliestireno (PPS), con filamentos de refuerzo de carbono, aramida de vidrio o metales, se pueden convertir en hilos, tejidos o fieltros. Después, se calientan las preformas mezcladas tejidas, trenzadas o entretejidas de tres dimensiones a presión en el molde. Los filamentos termoplásticos funden y humedecen los refuerzos adyacentes. Estas formas son un material versátil para materiales compuestos.

Vocabulario

A continuación, se ofrece un vocabulario de las palabras que aparecen en este capítulo. Busque la definición de aquellas que no comprenda en su acepción relacionada con el plástico en el glosario del apéndice A.

Autoclave
Bobinado polar
Capa de superficie de gel
Chapa de prensado
Compuesto moldeado reforzado
Enrollado biaxial
Enrollado de filamentos
Mandril
Moldeo de bolsa a presión
Orientación de fibra
Plancha
Plásticos reforzados
Pultrusión
Recubrimiento con pistola
Respirador
Tela de sangrado
Zona rica en resina

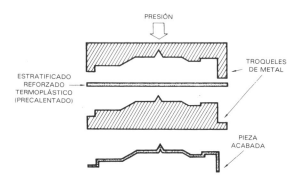

(A) Se precalienta el material compuesto y se conforma con troqueles y equipos de estampación de metal convencionales en frío

(B) Se conforma la lámina precalentada entre matrices de metal coincidentes en frío. (G.R.T.L. Co.)

(C) Dado que el espacio vacío es más reducido que la pieza acabada, se desborda por el lateral de la matriz sin producir rebabas ni recortes

Fig. 13-17. Estampación en frío.

Preguntas

13-1. Los plásticos en los que se aumentan las propiedades de resistencia por adición de cargas o fibras reforzantes a la resina base se denominan __?__.

13-2. La capa fina sin reforzar de resina situada en la superficie de un molde en el proceso de unión de chapas manual se conoce por __?__.

13-3. El proceso en el que se utilizan refuerzos para mejorar determinadas propiedades de la pieza de plástico se llama __?__.

13-4. Los dos principales inconvenientes del estratificado a alta presión son los bajos índices de __?__ y las presiones altas.

13-5. En el moldeado por __?__ se estiran los hilos continuos o mechas empapadas en resina a través de una larga hilera caliente.

13-6. ¿Cuál es la técnica de tratamiento más simple para fabricar un recipiente relativamente fuerte con una forma compleja?

Capítulo 14

Procesos y materiales de colada

Introducción

Este capítulo se concentra en los procesos de colada y los materiales de colada cuyo uso está enormemente extendido. La *colada* consiste en verter un material de plástico en un molde para que se endurezca. En contraste con el moldeo y la extrusión, la colada no requiere presión para introducir el polímero en la cavidad del molde, sino que el rellenado depende de la presión atmosférica.

Para rellenar el molde usando la presión atmosférica, el polímero debe acercarse a un estado líquido. Hay muchos plásticos que sencillamente no llegan a ser suficientemente líquidos para fluir hasta el molde, incluso a temperaturas elevadas. Muchos polímeros calientes tienen una viscosidad similar a la masa del pan; así pues, muchos plásticos como acetal, PC, PP, entre otros, no son adecuados para colada. Típicamente, los monómeros son más líquidos que los polímeros y tienen viscosidades similares a las de un jarabe para tortas a la plancha, por lo que se utilizan bastante como materiales de colada.

La colada comprende una serie de procesos que incluyen el vertido de monómeros, monómeros modificados, polvos o soluciones en disolvente, en un molde donde se convierten en una masa de plástico sólida. La transición de líquido a sólido se puede conseguir por evaporación, acción química, enfriado o calor externo. Una vez que se solidifica el material colado en el molde, se extrae el producto y se le da un acabado.

Las técnicas de colada se pueden agrupar en seis tipos diferentes que se enumeran en el siguiente esquema del capítulo:

I. Colada simple.
   A. Tipos especiales de coladas simples.
II. Colada de películas.
III. Colada de plástico fundido.
IV. Colada por embarrado y colada estática.
   A. Colada por embarrado.
   B. Colada estática.
V. Colada por rotación.
   A. Colada por centrifugación.
   B. Colada rotacional.
VI. Colada por inmersión.

Colada simple

En la colada simple, se vierten resinas líquidas o los plásticos fundidos en moldes y se dejan polimerizar o enfriar. Los moldes pueden estar hechos de madera, metal, yeso, determinados plásticos, determinados elastómeros o vidrio. Así, es frecuente, por ejemplo, la colada de siliconas sobre patrones para crear moldes en los que se pueden colar plásticos y otros materiales.

Entre los ejemplos de productos obtenidos por colada simple se incluyen: bisutería, bolas de billar, láminas coladas para ventanas, piezas de muebles, cristales de relojes, gafas de sol, mangos para herramientas, servicios de mesa, pomos, encimeras, lavabos y botones de fantasía. En la figura 14-1 se muestra el principio básico de la colada simple.

La colada de fenólicos formó parte de la incipiente industria de los plásticos. Leo Baekeland introdujo numerosos artículos colados de baquelita. Hoy en día, las resinas de colada más importantes son poliéster, epoxi, acrílica, poliestireno, siliconas, epóxidos, etil celulosa, acetato butirato de celulosa y poliuretanos. Probablemente, la más conocida sea la resina de poliéster ya que se utiliza profusamente en artesanía y bricolaje.

Las resinas de colada de poliéster pueden estar cargadas o no. Para reducir el coste del poliéster sin cargar, se extienden las resinas de colada con

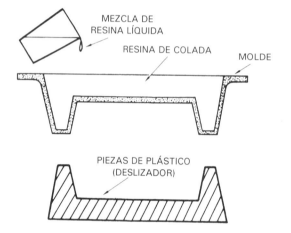

Fig. 14-1. Colada sólida en un molde de plástico de una sola pieza abierto.

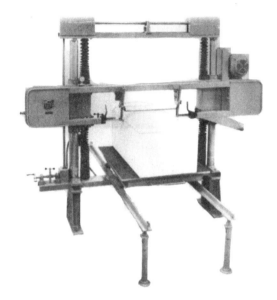

(B) Un bloque grande de plástico celular, colado en un molde abierto que va a ser cortado en terrones con esta máquina. (McNeil Akron Corp.).

(C) Para fabricar estos marcos de espejo se utilizó poliéster extendido con agua por colada simple

Fig. 14-2. Colada simple y productos de colada.

(A) Con esta máquina se mezclan los componentes para productos de poliéster obtenidos por colada simple. (Pyles Industries, Inc.)

Fig. 14-3. Este lavabo compacto está hecho por colada de poliéster (polvo de mármol) cargado. Las resinas acrílicas y de poliéster se utilizan como aglutinantes en muchos productos.

agua. Los poliéster extendidos con agua encuentran muchas aplicaciones en ebanistería y muebles de despacho (fig. 14-2).

Muchas resinas de colada de poliéster contienen grandes cantidades de cargas y refuerzos. Por ejemplo, el mármol cultivado es un producto que contiene polvo de mármol o carbonato cálcico (cal) como carga y plásticos de poliéster como material aglutinante. Se utiliza para producir pies de lámparas, encimeras, chapas exteriores, estatuas y otros productos que imitan al mármol (fig. 14-3).

Los plásticos acrílicos transparentes pueden presentarse en forma de varillas, láminas y tubos colados. Las láminas de acrílico se suelen producir vertiendo un monómero catalizado o una resina parcialmente polimerizada entre dos placas de vidrio paralelas (fig. 14-4). El vidrio se sella con un material para juntas para evitar la filtración y controlar el grosor de la lámina colada. Una vez que se ha polimerizado completamente la resina en un horno o un autoclave, se separa la lámina acrílica de las placas de vidrio y se vuelve a calentar para liberar la tensión creada durante el proceso de colada. Las superficies se cubren con papel especial para proteger la lámina durante su envío, manipulación y fabricación. Las láminas se pueden adquirir sin recortar y con el material de sellado aún pegado en los bordes (fig. 14-5).

Es posible que se precise una forma en lámina de un material que no sea adecuado para la colada, para lo cual tal vez sea necesario acudir a una técnica de cortado, en lugar de la colada, como es el biselado en capas. Se pueden filetear (biselar) láminas de nitrato de celulosa u otros plásticos a partir de bloques ablandados con disolventes. Una vez evaporados los disolventes residuales, se pren-

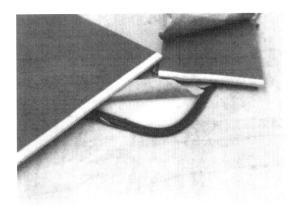

Fig. 14-5. Aún no se ha desprendido el material de sellado de los bordes de estas láminas de plástico acrílico sin recortar.

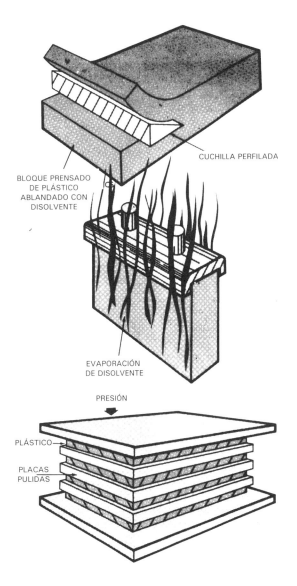

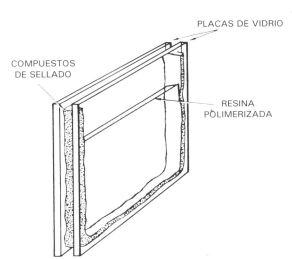

Fig. 14-4. Colada de láminas de plástico.

Fig. 14-6. Biselado de láminas a partir de bloques de plástico.

sa la pieza biselada entre placas pulidas para mejorar el acabado de la superficie (fig. 14-6).

Tipos especiales de colada simple

Además de la colada simple, son comunes otras tres formas especiales de colada: inclusión, rellenado y encapsulado. También las espumas pueden someterse a colada, si bien la descripción de esta técnica se reserva a los tratamientos de formación de espuma del capítulo 16.

Inclusión. La inclusión consiste en recubrir un objeto completamente con plástico transparente. Finalizada la polimerización, se saca la colada del molde y, generalmente, se pule (fig. 14-7).

Este tipo de tratamiento sirve para conservar, exponer o estudiar un objeto. En biología, es frecuente la inclusión de especímenes de animales y plantas para preservarlos y poderlos manipular sin que se deterioren las frágiles muestras.

Rellenado. El rellenado se aplica para proteger componentes eléctricos y electrónicos de un entorno agresivo. En el proceso de rellenado se cubre completamente el componente deseado con plástico y el molde se convierte en parte del pro-

Fig. 14-8. Elastómero de silicona utilizado para rellenar una unidad electrónica. (Dow Corning Corp.).

ducto (fig. 14-8). Frecuentemente se aplica vacío, presión o fuerza centrífuga para asegurar que se rellenen todas las oquedades con la resina.

Encapsulado. El encapsulado es similar al rellenado y consiste en un recubrimiento, sin disolventes, de componentes eléctricos (fig. 14-9). Esta envoltura de plástico no rellena todas las oquedades. El proceso implica la inmersión del objeto en la resina colada. Muchos componentes se encapsulan después del rellenado.

Colada de películas

Ejemplo de película colada son los envases hidrosolubles para lejías y detergentes. Esta técnica consiste en disolver un granulado o polvo de plástico, junto con plastificantes, colorantes y otros aditivos, en un disolvente adecuado. A continuación se vierte la solución de plástico con disolvente en una cinta de acero inoxidable. Se evaporan los disolvente por aplicación de calor y se deja el depósito de película en la cinta móvil. Se desprende o separa la película y se enrosca en un cilindro estirador (fig. 14-10). Esta película se puede colar como recubrimiento o estratificado directamente sobre tela, papel u otros sustratos.

La colada con disolvente de películas ofrece estas tres ventajas con respecto a otros procesos de fundido en caliente:

Fig. 14-7. La inclusión en poliéster transparente es muy corriente para encerrar objetos con vistas a su empleo en las aulas.

(A) Encapsulado de un transformador con un elastómero de silicona

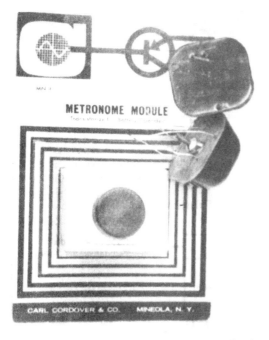

(B) Los componentes electrónicos se encapsulan (epoxi) en los módulos correspondientes

Fig. 14-9. Ejemplos de encapsulado. (Dow-Corning Corp.).

1. No se necesitan aditivos termoestabilizadores ni lubricantes.
2. Las películas tienen un grosor uniforme y son ópticamente transparentes.
3. Con este método no es posible la orientación ni la deformación.

Para que resulte económicamente factible, la colada con disolvente de películas debe contar con un sistema de recuperación de disolvente. Entre los plásticos que se pueden colar con disolventes

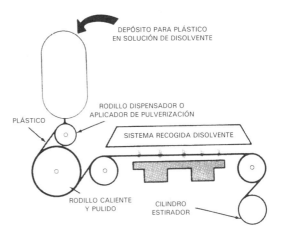

(A) Colada con disolvente y rodillo

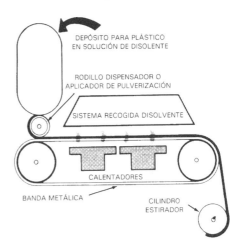

(B) Colada con disolvente y cinta

Fig. 14-10. Colada de películas.

se incluyen acetato de celulosa, butirato de celulosa, propionato de celulosa, etil celulosa, policloruro de vinilo, polimetacrilato de metilo, policarbonato, polialcohol vinílico y otros copolímeros. Asimismo, es posible la colada de látex plástico líquido sobre superficies revestidas de teflón, en lugar de acero inoxidable, para producir películas especiales.

Las dispersiones acuosas de politetrafluoroetileno y polifluoruro de vinilo se funden en cintas calentadas a temperaturas que están por debajo de sus puntos de fusión. Este método permite obtener películas y láminas de materiales que son difíciles de procesar por otros medios. Estas películas se utilizan como recubrimientos no adherentes, materiales de junta elástica y componentes de sellado para tuberías y juntas.

Colada de plástico fundido

Los plásticos fundidos se empezaron a usar para colada ya en la segunda guerra mundial. Hoy en día, las formulaciones de plástico fundido pueden incluir etil celulosa, acetato butirato de celulosa, poliamida, metacrilato de butilo, polietileno y otras mezclas. La principal aplicación son adhesivos y recubrimientos desprendibles. Las resinas fundidas se pueden utilizar para fabricar moldes para colar otros materiales, así como en procesos de colada de rellenado y encapsulado (fig. 14-11). No todos los compuestos de rellenado son termoplás-ticos y fusibles por calor. La silicona se suele emplear para recubrir, sellar y colar, aunque también son útiles para este fin resinas epoxídicas y de poliéster.

Los componentes eléctricos se pueden proteger de entornos hostiles colocándolos en moldes y vertiendo sobre ellos resina caliente. Una vez enfriado, el plástico ofrece protección a los cables y las piezas clave. Los componentes encapsulados o rellenados se pueden colocar después con otros ensamblajes para conseguir un producto acabado. Algunos encapsulados y rellenados no se funden en moldes separados sino que se producen vertiendo el compuesto fundido directamente sobre los componentes dentro de la caja del producto acabado. El aislamiento de piezas en un chasis de radio o un motor es un buen ejemplo. Cuando se realiza la colada de los componentes «in situ» y no se retiran del molde, se deberán clasificar como recubrimientos.

Colada por embarrado y colada estática

La colada por embarrado y la colada estática son procesos prácticamente iguales, diferenciándose

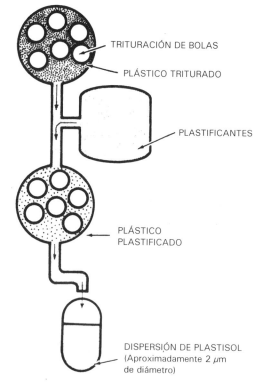

(A) Producción de plastisoles

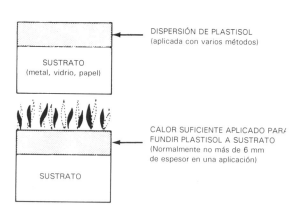

(B) Fusión de plastisoles con un sustrato

Fig. 14-12. Producción y uso de plastisoles.

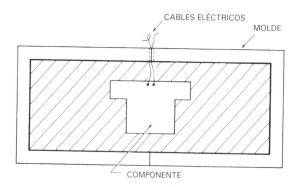

Fig. 14-11. Encapsulado de plástico fundido de un componente electrónico.

únicamente en el tipo de material utilizado. La colada por embarrado se vale de materiales líquidos, mientras que en la colada estática se emplean materiales en polvo.

Colada por embarrado

Los materiales más importantes para la colada por embarrado son los *plastisoles* y los *organosoles*. Los primeros son mezclas de plásticos finamente triturados y plastificantes (fig. 14-12) y los segundos, dispersiones de vinilo o poliamida en disolventes orgánicos y plastificantes (fig. 14-13). Los organosoles pueden tener entre un 50 y un 90% de contenido en sólidos. Los sólidos son diminutas partículas de plástico, frecuentemente PVC triturado. Los organosoles contienen tanto plastificantes como cantidades variables de disolventes. Un plastisol se puede convertir a un organosol por adición de disolvente concretos.

Los artículos de colada por embarrado están huecos pero tienen aberturas como, por ejemplo, las de las piezas de muñecas, los bulbos de las jeringuillas y otros recipientes especiales. Cualquier dibujo en el molde se reproducirá en la parte exterior del producto.

Este tipo de colada consiste en verter dispersiones de policloruro de vinilo y otros plásticos en un molde abierto, hueco y calentado. Cuando el material golpea las paredes del molde comienza a solidificarse (fig. 14-14). El espesor de pared de la pieza moldeada aumenta a medida que se eleva la temperatura o cuando se deja la solución en el molde caliente. Cuando se alcanza el grosor de pared pretendido, se vierte el exceso de material y se coloca el molde en un horno hasta que se funden los plásticos o se completa la evaporación de los disolventes. Después del enfriado con agua, se abre el molde y se extrae el producto.

Los moldes comerciales suelen estar hechos de aluminio ya que este metal permite un ciclo rápido y los costes del equipo son más bajos. Se pueden usar también moldes cerámicos, de acero, de yeso o de plástico. Es posible que se requiera vibración, centrifugado o cámaras de vacío para eliminar las burbujas de aire del producto de plastisol.

Se produce la colada de los organosoles permitiendo la salida de los disolventes. El plástico sin fundir, seco queda en el sustrato. Después se aplica calor para fundir el plástico.

Colada estática

A veces también se utilizan polvos termoplásticos en un proceso en seco denominado *colada estática*. En la colada estática se rellena un molde de metal con plástico en polvo y se introduce en un horno caliente (fig. 14-15). A medida que penetra

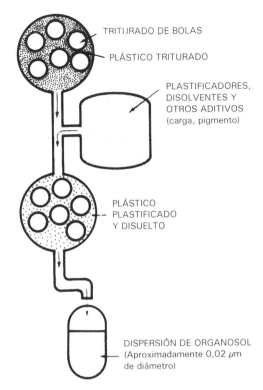

(A) Producción de organosoles

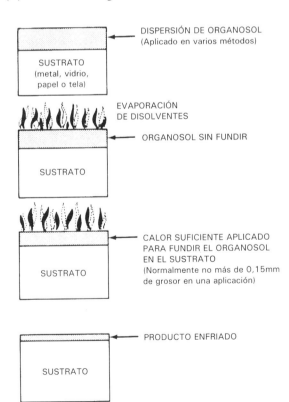

(B) Fusión de organosoles con un sustrato

Fig. 14-13. Producción y uso de organosoles.

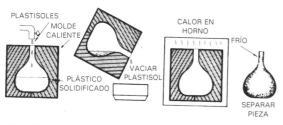

Fig. 14-14. Colada por embarrado básica con plastisoles.

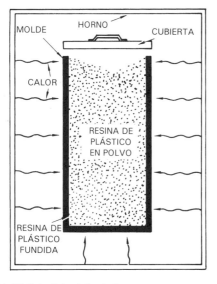

Fig. 14-15. Principio del colada por embarrado.

el calor en el molde, el polvo se derrite y se funde con la pared del molde. Una vez obtenido el grosor de pared deseado, se retira el exceso de polvo del molde y, a continuación, se introduce de nuevo en el horno el molde hasta que se funden completamente todas las partículas de polvo.

Como ejemplos de productos fabricados a través de este método se pueden citar los grandes tanques y contenedores de almacenamiento de paredes colosales. En la fabricación de flotadores de cubiertas tenaces se pueden incluir poliuretanos y poliestireno celular en el espacio sobrante.

En un proceso relacionado, conocido como *microestratificado vibratorio*, se combinan calor y vibración. Para producir enormes tanques de almacenamiento, juguetes huecos, tubos de jeringuilla y otros contenedores, se alternan capas finas de homopolímero con capas reforzadas (fig. 14-16).

Colada por rotación

La colada por centrifugación depende de la rotación de un molde para distribuir uniformemente el material de colada en sus paredes. Los materiales típicos son monómeros, plásticos en polvo o dispersiones. La colada por centrifugación incluye dos categorías básicas, según el número de ejes de rotación. Si un molde gira solamente en un plano, se trata de *colada por centrifugación*; cuando el molde se desplaza sobre dos planos de rotación, el proceso se llama *colada rotacional*.

Colada por centrifugación

Las formas cilíndricas como, por ejemplo, tuberías y conductos largos, son propias de la colada por centrifugación. En los procesos especializados se pueden colocar mandriles inflables y materiales reforzados contiguos a la capa exterior para producir un material compuesto de alta densidad con nervaduras y otros diseños geométricos. En otro tipo de operaciones se coloca una capa húmeda sobre la pared del molde. La fuerza centrífuga hace que el refuerzo y la matriz adopten la forma del molde.

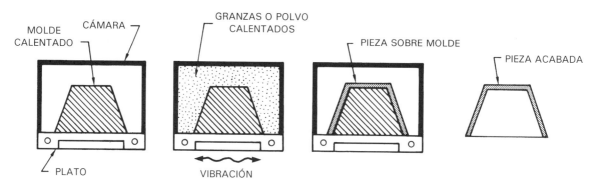

Fig. 14-16. En el microestratificado vibratorio se pueden alternar diferentes formulaciones, tipos de plástico y refuerzos para producir un verdadero estratificado.

Colada rotacional

En la colada rotacional se miden plásticos en polvo o dispersiones y se colocan en moldes de aluminio de varias piezas. A continuación, se introduce el molde en un horno y se le hace girar en dos planos (ejes) al mismo tiempo (fig. 14-17), en virtud de lo cual se extiende el material uniformemente sobre las paredes del molde caliente. El plástico se derrite y se funde al tocar la superficie del molde caliente, obteniéndose un recubrimiento compacto. El ciclo de calentamiento se completa cuando se ha derretido y fundido el polvo o las dispersiones en su totalidad, si bien el molde sigue girando al entrar en la cámara de enfriado. Los polímeros cristalinos de colada se enfrían generalmente con aire, mientras que los amorfos se pueden enfriar con mayor rapidez por rociado o baño de agua. Finalmente, se extrae el producto de plástico enfriado.

Al programar la velocidad de rotación, es posible controlar el espesor de pared de diferentes zonas. Si se pretende conseguir una sección de pared gruesa alrededor de la línea de rebaba de una bola, se puede programar la velocidad de giro del eje menor más rápida en relación con el eje principal. De esta forma, se consigue que se deposite más material en polvo contra el molde caliente en esa zona, tal como se muestra en la figura 14-18.

La colada rotacional se puede emplear para fabricar objetos completamente cerrados como, por ejemplo, pelotas, juguetes, recipientes y piezas industriales como brazos, visores solares, tanques de combustible y flotadores. En la figura 14-19 se muestra un equipo de colada rotacional. Las maletas se pueden colar en una sola pieza que se corta después en la costura para formar dos mitades que encajan perfectamente. En la figura 14-20 se muestran algunos ejemplos por colada rotacional.

Es posible producir artículos rellenos con espuma y de pared doble, que incluyan materiales compuestos reales, o añadir refuerzos de fibra corta, procurando evitar que sobresalgan las mechas de los mismos. La colocación de una capa de homopolímero sobre el polímero reforzado puede resolver este problema. En una primera operación, se produce una capa exterior sólida y, a continuación, se suelta una segunda carga de material de una caja de arena con resina del molde.

Colada por inmersión

La *colada por inmersión* constituye un proceso sencillo en el que se sumerge un molde en dispersiones líquidas de plástico. El plástico se derrite y se adhiere a la superficie de metal caliente. Después de separar el molde de la dispersión, se introduce en un horno para asegurar la correcta fusión de las partículas de plástico. Después del curado se desprende el plástico del molde.

La colada por inmersión no debe confundirse con el *recubrimiento por inmersión*. Los recubrimientos no se separan del sustrato. En la colada por inmersión se introduce en la dispersión de plastisol un mandril precalentado que configu-

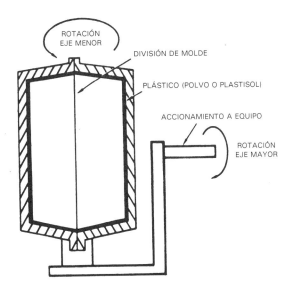

(A) Principio fundamental de rotación

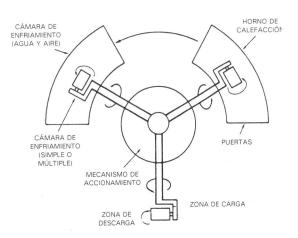

(B) Vista aérea de unidad rotacional de tres moldes

Fig. 14-17. Principio de colada rotacional.

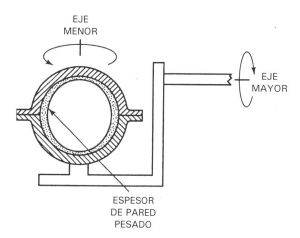

Fig. 14-18. El grosor de las paredes de una pelota se puede variar haciendo girar el eje menor más deprisa que el eje principal.

(A) Producto de colada rotacional grande separado del molde. (Plastics Design Forum)

(B) Colada rotacional de tanque grande con enfriado por rociado de agua. (McNeil Femco Corp.)

(C) Colada rotacional de ocho piezas a la vez. (McNeil Femco Corp.)

Fig. 14-19. Máquinas de colada rotacional.

ra el tamaño y la forma del interior del producto (fig. 14-21). Cuando la resina golpea la superficie del molde caliente, comienza a derretirse y fundirse. El grosor de la pieza continua aumentando mientras se mantiene en la solución. Si se desea un mayor grosor, se puede recalentar la pieza revestida y volverla a sumergir. Una vez obtenido el grosor pretendido, se retira del horno, se enfría y se extrae la pieza del molde. El grosor del producto se determina por la temperatura del molde y el tiempo que está el molde caliente en el plastisol.

Se pueden combinar varias capas de colores y formulaciones alternando calentamiento e inmersión. Los dibujos del molde aparecerán en el interior del producto. Como ejemplos de colada por inmersión se pueden citar guantes de plástico, chanclos, monederos, cubiertas de bujías y juguetes. A continuación, se enumeran seis ventajas y cuatro inconvenientes de la colada.

Ventajas de la colada

1. Costes bajos de equipo, herramientas y moldes.
2. No es un método de conformado complejo.
3. Existe un gran número de técnicas de tratamiento.
4. Los productos apenas se deforman.
5. Los costes del material son relativamente bajos.
6. La colada rotacional produce objetos huecos compactos.

Inconvenientes de la colada

1. El índice de producción es bajo y el tiempo de ciclo es alto.
2. La precisión de las dimensiones es únicamente suficiente.
3. Las burbujas de humedad y aire pueden constituir un problema.
4. Los disolventes y otros aditivos pueden ser peligrosos.

(A) Mueble fabricado por colada rotacional. (Design Forum)

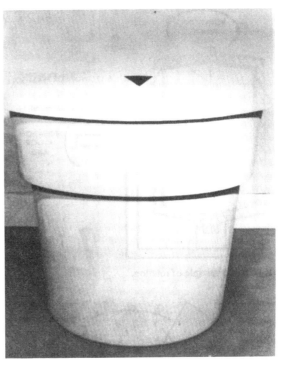

(C) Papelera fabricada por colada rotacional. (Phillips Petroleum Co.)

Fig. 14-20. Productos de colada rotacional.

(B) Este caballo está hecho por colada rotacional con un molde de tres piezas. (McNeil Femco Corp.)

Vocabulario

A continuación, se ofrece un vocabulario de las palabras que aparecen en este capítulo. Busque la definición de aquellas que no comprenda en su acepción relacionada con el plástico en el glosario del apéndice A.

Colada
Colada por embarrado
Colada por inmersión
Colada rotacional
Encapsulación
Inclusión
Microestratificado vibratorio
Organosol
Plástico fundido
Rellenado o inclusión por colada

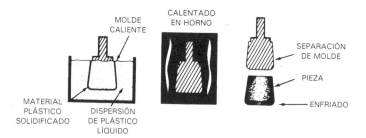

(A) Esquema de colada por inmersión

(B) Piezas para juguetes coladas por inmersión. (BF Goodrich Chemical Division)

(C) Surtido de artículos colados por inmersión. (BF Goodrich Chemical Division)

Fig. 14-21. Colado por inmersión y objetos producidos.

Preguntas

14-1. ¿Cuál es la presión necesaria para procesos de colada?

14-2. Enumere tres razones por las cuales se debe tener cuidado al usar resinas de poliéster y catalizador.

14-3. El proceso que consiste en sumergir un molde caliente en una resina y separar el plástico del molde se denomina __?__.

14-4. El principal inconveniente de la colada rotacional es __?__.

14-5. Cite tres métodos con los que se pueden eliminar las burbujas de aire en coladas simples o de plastisol.

14-6. ¿Qué materiales se pueden utilizar como moldes para coladas por inmersión?

14-7. Cite tres compuestos de colada que son dispersiones de vinilo en disolventes.

14-8. ¿Qué nombre reciben las láminas de plástico coladas entre dos láminas pulidas de vidrio, aplicándose a continuación un papel de protección en la superficie?

14-9. El proceso en el que se cubre completamente un objeto con plástico transparente se denomina __?__.

14-10. Los moldes para la colada estática normalmente están hechos de __?__.

14-11. ¿Qué determina el grosor de pared en la colada por inmersión?

14-12. Cite tres medidas que pueden ayudar a reducir el problema de las burbujas de aire en coladas simples.

14-13. Cite un proceso similar a la colada por embarrado en el que se emplean termoplásticos en polvo seco.

14-14. Identifique la principal diferencia entre el recubrimiento por inmersión y la colada por inmersión.

14-15. Los objetos de una pieza huecos se pueden fabricar a través de procesos de colada __?__.

14-16. Para fundir completamente los polvos o dispersiones, es necesario un segundo ciclo de calentamiento en la colada __?__.

14-17. Debido al hecho de que utilizan materiales fácilmente moldeados, los moldes de colada son normalmente __?__ caros que los moldes para moldeado por inyección.

14-18. ¿Qué parámetros determinan el espesor de pared de una colada rotacional?

14-19. En los casos en los que no se puede aplicar calor para el tratamiento, ¿qué proceso se podría usar para conseguir películas muy finas?

14-20. Los productos de plastisol están muy extendidos ya que se utilizan métodos y moldes económicos con colada __?__.

14-21. Cite cuatro razones por las cuales los procesos de colada son menos costosos que las operaciones de moldeado.

14-22. Mencione la causa más habitual de los cráteres o marcas de bolsas de aire en las coladas.

Actividades

Colada rotacional

Introducción. En la colada rotacional se vierte una cantidad determinada de plástico en el molde. Se cierra el molde, se calienta y se gira en torno a dos ejes para producir productos huecos de una pieza. La colada puede incluir capas de diferentes materiales.

Equipo. Equipo de colada rotacional, moldes de colada rotacional, agente de desmoldeo, polietileno en polvo, guantes resistentes al calor, cubo con agua.

Procedimiento

14-1. Caliente previamente el horno a 200 °C.

14-2. Limpie los moldes y aplique una ligera capa de agente de desmoldeo. Una cantidad excesiva dañaría la suavidad de la superficie de los moldeados.

14-3. Coloque una cantidad medida de polietileno en polvo (puede tener color o añadirse un tinte) en una de las mitades de un molde. Limpie el polvo que hubiera podido quedar en los labios del molde para evitar las rebabas (véase figura 14-22).

14-4. Cierre el molde y colóquelo en el dispositivo giratorio.

PRECAUCIÓN: Utilice un equipo de protección. El horno está caliente (véase figura 14-23).

14-5. Cierre la puerta del horno y ajuste el tiempo de 10 minutos.

14-6. Ajuste el mecanismo de rotación a una velocidad más rápida para el molde pequeño y más lenta para los más grandes.

14-7. Desconecte los radiadores eléctricos y comience el ciclo de enfriado. Deje que continúe la rotación, ya que la corriente de aire favorece el enfriado; de lo contrario, el plástico del molde se correría o se combaría. Enfríe con aire durante 5 minutos. No lo saque del horno hasta que la temperatura no esté por debajo de 100 °C.

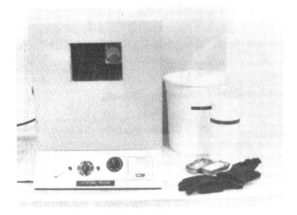

Fig. 14-22. Introduzca el polietileno en polvo en la cavidad del molde estando el horno caliente.

Fig. 14-23. Coloque con cuidado el molde cargado en el horno.

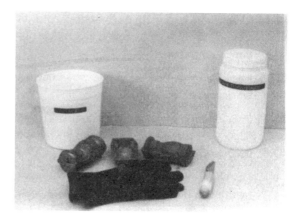

Fig. 14-24. Después del ciclo de enfriamiento, se retira el objeto fundido y se corta.

14-8. Coloque el molde en agua para conseguir un enfriado rápido.

PRECAUCIÓN: ¡El molde está caliente!

14-9. Retire el molde del agua y ábralo. No utilice herramientas de metal para separar las piezas ya que podrían dañar las superficies. (Véase figura 14-24).

14-10. Recorte las rebabas, si es necesario. Corte la pieza por la mitad y mida el grosor de la pared. ¿Es uniforme?

14-11. Trate de predecir el grosor de pared que resultará con una carga mayor y menor de polvo. Produzca el molde para evaluar lo previsto.

Colada por embarrado

Introducción. La variante de la colada por embarrado permite producir artículos huecos. Muchos productos industriales requieren equipo automático, pero algunas piezas sí que pueden soltarse del molde a mano. Los productos de plastisol varían en textura desde suave y flexible a semirrígida. Esta variación depende de la formulación del plastisol.

Equipo. Guantes termorresistentes, horno, molde de colada por embarrado, plastisol, agente de desmoldeo, contenedor con agua.

Procedimiento

14-1. Limpie el molde y aplique una capa ligera de agente de desmoldeo.

14-2. Caliente previamente el molde a 200 °C.

14-3. Coloque el molde en el horno caliente durante 10 minutos. Utilice un equipo de protección.

14-4. Retire el molde caliente del horno, colóquelo en una superficie termo-resistente y vierta rápidamente plastisol en el molde (véase figura 14-25).

14-5. Al cabo de 5 minutos, vierta el exceso de plastisol del molde caliente (véase figura 14-26).

14-6. Ajuste el horno a 175 °C.

14-7. Introduzca de nuevo el molde en el horno durante 20 minutos. Se pueden repetir los pasos 4 al 7 si se desea conseguir un mayor grosor de pared.

14-8. Retire el molde caliente del horno y enfríelo rápidamente con agua (véase figura 14-27).

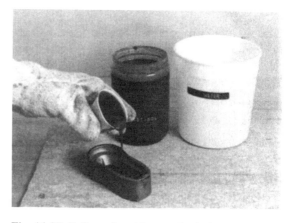

Fig. 14-25. Rellene el molde con plastisol.

Fig. 14-26. Transcurridos aproximadamente 5 minutos, vierta el exceso de plastisol del molde caliente.

Fig. 14-28. Desprenda el plastisol del molde.

14-9. Extraiga la pieza del molde. No utilice herramientas de metal al hacerlo, pues se podría rayar la superficie del molde. (Véase figura 14-28). En la figura 14-29 se muestra un tope de puerta colado por embarrado.

14-10. Repita el proceso completo para averiguar el efecto que producen tiempos de precalentamiento más largos o temperaturas de precalentamiento superiores.

Colada de poliéster

Fig. 14-29. Objeto colado por embarrado de plastisol acabado.

Introducción. Una análisis de las resinas de colada de poliéster servirá para demostrar la polimerización dando la oportunidad de observar la reacción de polimerización. El catalizador (endurecedor) utilizado para curar la resina de poliéster suele ser peróxido de metil etil cetona (MEK).

Fig. 14-27. Una vez curado el plastisol, enfríe rápidamente el objeto en agua.

PRECAUCIÓN: MEK es un peróxido orgánico y debe ser manejado con cuidado.

MEK se combina químicamente con aceleradores en la resina. La reacción libera sustancias químicas llamadas radicales libres que provocan la polimerización de las moléculas de poliéster reactivas (insaturadas). Para documentar este cambio de resina líquida a sólida, poliéster polimerizado, complete la siguiente actividad.

Equipo. Vasos de papel, de unos 100 ml, resina de colada de poliéster y endurecedor, varillas para agitar, guantes de vinilo, sierra de cinta, trituradora, aparato para medir la dureza Rockwell.

Precauciones de seguridad. Utilice los guantes de vinilo cuando maneje la resina líquida y el catalizador. Trabaje en una zona bien ventilada.

Fig. 14-30. Muestras de poliéster con diversas cantidades de endurecedor.

Procedimiento

14-1. Establezca un volumen de muestras. Servirá con la mitad del vaso de 100 ml. Marque los vasos para asegurar que las muestras sean equivalentes en volumen.

14-2. Establezca una graduación en la concentración de endurecedor. En la figura 14-30, se muestran vasos con 4, 8, 12, 16, 20 y 24 gotas de endurecedor. Después de introducir el endurecedor en la resina, agítelo a fondo con la varilla.

14-3. Permita que tenga lugar la polimerización durante 24 horas.

14-4. Saque el vaso del poliéster endurecido. En la figura 14-31 se pueden ver muestras endurecidas. La muestra de 4 gotas no se endureció.

14-5. Utilice una sierra de cinta para cortar dos rebanadas y obtener superficies de sujeción. Corte también algo de material en la parte superior e inferior para obtener superficies

Fig. 14-31. Muestras extraída del vaso de papel. Una de ellas aparece cortada con sierra de cinta, y la otra se ha trabajado para conformar una superficie plana.

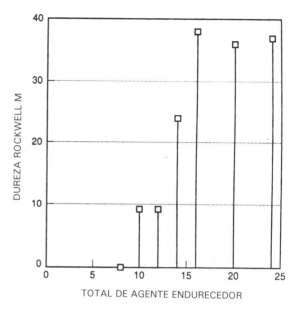

Fig. 14-32. Gráfica de los resultados de un ensayo de dureza Rockwell.

limpias para la mecanización. En la figura 14-31 aparece una muestra preparada.

14-6. Aplane las superficies inferior e inferior, ya que si no están planas los resultados de la prueba de endurecimiento serán erróneos. En la figura 14-31 se presenta también una muestra trabajada.

14-7. Determine la dureza de las muestras con un aparato de pruebas de dureza Rockwell. Será apropiada la escala M de Rockwell.

14-8. Trace un gráfico con los resultados. Si los intervalos de la concentración de endurecedor fueran demasiado grandes o reducidos,

Fig. 14-33. Dispositivo para medir la temperatura para la curación de resina.

repítalo con incrementos más pequeños. En la figura 14-32, se muestran los resultados de la prueba. Advierta que se incluyen los datos de muestras con 10 y 14 gotas de endurecedor y que con 8 gotas, el material resultó demasiado blando como para dar una medida fiable. Las muestras que tienen 10, 12, 14 y 16 gotas presentan el completado creciente de la reacción de polimerización.

14-9. Para obtener más información, seleccione una concentración de endurecedor que produzca poliéster totalmente endurecido.

14-10. Prepare una muestra a la concentración seleccionada y mida los cambios de temperatura de la resina mientras se polimeriza. En la figura 14-33 se muestra un dispositivo para reunir los datos de tiempo/temperatura.

14-11. Trace un gráfico de los resultados. En la figura 14-34 se muestra una curva creada con 16 gotas de endurecedor. La temperatura más alta alcanzada se denomina exoterma de pico.

14-12. Determine en qué modo afectan los cambios de concentración de endurecedor en la curva de tiempo/temperatura.

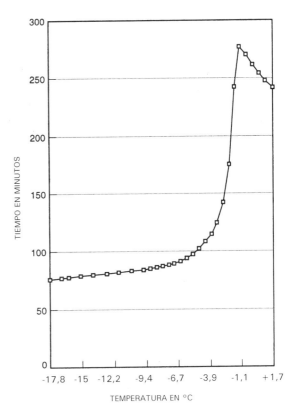

Fig. 14-34. Gráfico de tiempo/temperatura de curado de resina de poliéster.

Capítulo 15

Termoconformado

Introducción

El termoconformado es una técnica muy antigua. Los antiguos egipcios observaron que se podían calentar las astas de animales y los caparazones de las tortugas para moldear recipientes y figuras. Cuando se empezó a disponer de plásticos sintéticos, el termoconformado fue una de sus primeras aplicaciones. En los Estados Unidos, John Hyatt termoconformó láminas de celuloide sobre almas de madera para fabricar teclas de piano.

Hoy en día estamos rodeados de este tipo de artículos: señales, accesorios de lámparas, cubiteras, conductos, cajones, cuadros de instrumentos, porta-herramientas, vajillas, juguetes, paneles de refrigeradores, cabinas transparentes de aviones, parabrisas de barcos, ... (fig. 15-1). La industria de envasados se basa en el termoconformado. Galletas, pastillas y numerosos productos más se suelen envolver en cápsulas de plástico, al igual que las tarrinas individuales de mantequilla, mermelada y otros alimentos. Las piezas de recambio y los artículos de ferretería ofrecen otro ejemplo de este tipo de paquetes plastificados.

(B) Envase de ampolla con apertura deslizante de cierre fácil. (Celanese Plastics Co.)

(A) Coche deportivo con carrocería hecha de paneles formados al vacío, pegados con cola y pintados. ((U.S. Gypsum)

Fig. 15-1. Algunos artículos fabricados por termoconformado (*continúa*).

(C) Recipientes ahuecados de paredes rectas termoconformados. (Shell)

(D) Envases y armazones de plástico termoconformados para bandejas transparentes de alimentos en una membrana continua de una lámina de plástico. (Celanese Plastic Materials Co.)

Los materiales utilizados en termoconformado incluyen la mayoría de los termoplásticos, excepto acetales, poliamidas y fluorocarbonos. Normalmente, las láminas de termoconformado contienen solamente un plástico básico, aunque también se pueden termoconformar sus combinaciones.

(E) Cubiertas transparentes conformadas al vacío para proteger y dejar ver los productos de pastelería

Fig. 15-1. Algunos artículos fabricados por termoconformado (*cont.*).

Los procesos de termoconformado son posibles porque las láminas termoplásticas se pueden ablandar y remoldear al tiempo que se retiene la nueva forma al enfriarse el material. Dado que la mayoría de las láminas de termoconformado se obtienen originariamente por extrusión de lámina, podría ahorrarse bastante energía, tiempo y espacio al termoconformar directamente las láminas a medida que salen de la extrusora. No obstante, muchas industrias de termoconformado cambian con frecuencia los materiales, el color y la textura, con lo cual no es apropiado un termoconformado inmediato desde las láminas extruidas.

La fuerza necesaria para alterar una lámina hasta transformarla en el producto deseado puede ser mecánica, neumática o de vacío. En muchos casos, el termoconformado requiere una combinación de dos o tres fuentes de presión.

Las herramientas pueden abarcar desde moldes baratos de yeso hasta los más caros de acero enfriado con agua. El material más habitual es aluminio colado, aunque también se pueden utilizar materiales como madera, yeso, cartón, contrachapado, resinas fenólicas coladas, resinas epoxi o poliéster con carga o sin ella, metal pulverizado y acero. Se emplean moldes macho (clavija) y hembra (cavidad). Los moldes deben tener conicidad suficiente para asegurar la extracción de las piezas sin esfuerzo.

Dado que los costes de las herramientas suelen ser bajos, se pueden producir grandes superficies de forma económica. Los prototipos y tiradas cortas también son prácticos. Aunque la precisión dimensional es buena, en algunos diseños de piezas el adelgazamiento supone un problema.

En este capítulo, se describen trece técnicas de termoconformado fundamentales, que se enumeran en el siguiente esquema del capítulo.

I. Conformado al vacío directo.
II. Conformado con macho.
III. Conformado de molde coincidente.
IV. Conformado al vacío con núcleo de ayuda de burbuja de presión.
V. Conformado al vacío con núcleo de ayuda.
VI. Conformado a presión con núcleo de ayuda.
VII. Conformado al vacío en fase sólida.
VIII. Conformado en relieve profundo al vacío.
IX. Conformado en relieve profundo al vacío con burbuja de presión.
X. Conformado por presión de contacto de lámina atrapada.
XI. Conformado con colchón de aire.
XII. Conformado libre.
XIII. Conformado mecánico.

En la figura 15-2 se muestran algunas máquinas de termoconformado industriales modernas con las que se realizan estos procesos.

Termoconformado al vacío directo

El conformado al vacío es enormemente versátil y se encuentra entre los más extendidos. El equipo de vacío cuesta menos que un equipo de tratamiento a presión o mecánico.

En el conformado al vacío directo se sujeta una lámina de plástico en una estructura y se calienta. Cuando la lámina caliente ha pasado a estado gomoso, se coloca sobre una cavidad de molde dejando un hueco. Se elimina el aire de esta cavidad haciendo el vacío (fig. 15-3) y la presión del aire (10 kPa) empuja la lámina caliente contra las paredes y contornos del molde. Cuando se enfría el plástico, se extrae la pieza, que se puede rematar y decorar si es necesario. Para acelerar el enfriamiento se emplean fuelles y ventiladores. Un inconveniente del termoconformado es que frecuentemente hay que desbarbar las piezas y se deben reprocesar los desperdicios.

La mayor parte de los sistemas de vacío tienen una chimenea de equilibrio para asegurar un vacío constante de 500 a 760 mm de mercurio. La partes superiores se forman por aplicación rápida de vacío antes de que se enfríe cualquier porción de la lámina. Son preferibles y más eficaces las ranuras que los agujeros para permitir que salga la corriente de aire desde el molde. Las ranuras o agujeros deberán tener un diámetro inferior a 0,65 mm para evitar los defectos en la superficie de la pieza acabada. Se deberán situar en todas las porciones bajas o que no están conectadas con el molde. Si no es así, podría quedar aire atrapado por debajo de la lámina caliente sin vía de escape. A no ser que sean plegables, los moldes deberán incluir un ángulo de conicidad de 2 a 7° para extraer fácilmente la pieza.

La finura de los bordes y las aristas de la pieza constituyen un inconveniente del uso de moldes relativamente profundos. Al avanzar el material en lámina hacia el molde, se estira y adelgaza. Las zonas mínimamente estiradas quedan más grue-

(A) Termoconformador de presión/vacío de alta velocidad que funciona a partir del material de rodillo o conectado con una extrusora

(B) Unidad de tipo rotatorio utilizada para componentes industriales grandes a una alta velocidad de producción

(C) Máquina de termoconformado de lámina doble con armazones de sujeción independientes e individuales

Fig. 15-2. Máquinas de termoconformado industriales modernas. (Brown Machine Co)

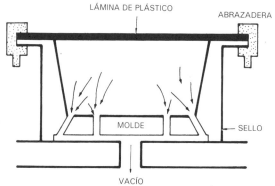

(A) La presión atmosférica hace que la lámina de plástico sujeta y caliente se una al molde después de hacer el vacío en él. (Atlas Vac Machine Co.)

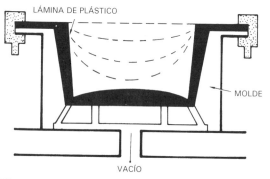

(B) La lámina de plástico se enfría al entrar en contacto con el molde. (Atlas Vac Machine Co.)

(C) Las zonas de la lámina que tocan las últimas el molde son las más finas. (Atlas Vac Machine Co.)

(D) Observe la estructura que sujeta las láminas de termoplástico calentadas a medida que es forzada hacia el molde. (Chemoplex Co.)

Fig. 15-3. Conformado al vacío recto.

sas que las que lo han sido de forma extensiva. Si se conforman láminas planas preimpresas, deberá tenerse en cuenta este problema a la hora de tratar de compensar la distorsión durante el conformado. El conformado al vacío directo se limita a diseños sencillos superficiales, pudiéndose producir adelgazamiento en las esquinas.

El *estiramiento* o *relación de estirado* de un molde hondo es la relación entre la profundidad de cavidad máxima y el área de la sección transversal del plástico sin estirar. En el caso del polietileno de alta densidad se consiguen los mejores resultados cuando esta relación no excede 0,7:1. El equipo de termoconformado y las matrices son relativamente baratos.

Cuando se enfría el plástico, se saca para su desbarbado o postratamiento, si es necesario. En el conformado al vacío directo, las marcas aparecen en *el exterior* de la pieza.

Conformado con macho

El conformado con macho (denominado incorrectamente conformado mecánico) es similar al conformado al vacío directo, con la salvedad de que en el primero, después de colocar el plástico en la estructura el plástico y calentarlo, se estira mecánicamente sobre un molde macho. Se aplica entonces vacío (en realidad, un diferencial de presión), que empuja el plástico caliente contra todas las partes del molde (fig. 15-4). La lámina que toca el molde mantiene más o menos su espesor original. Las paredes laterales se forman tapizando el material entre los bordes superiores del molde y la zona de estanqueidad de la parte inferior en la base.

Se pueden conformar con macho objetos que tienen una relación profundidad a diámetro cercana a 4:1, siendo posibles también relaciones de conicidad superiores, si bien la técnica resulta más compleja. Los moldes macho se pueden obtener fácilmente y, por regla general, su coste es menor que el de los moldes hembra, aunque también son más propensos al deterioro.

El conformado con macho se ha aplicado asimismo para configurar una lámina de plástico caliente sobre moldes macho o hembra únicamente por la fuerza de gravedad. Son preferibles los moldes hembra para el conformado en varias cavidades, pues la opción de moldes macho requiere más espacio.

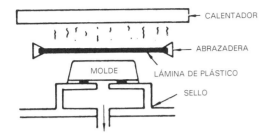

(A) La lámina de plástico caliente y enganchada puede estirarse sobre el molde, o viceversa

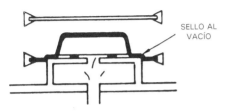

(B) Una vez que la lámina ha formado un cierre hermético alrededor del molde, se forma vacío para empujar la lámina de plástico firmemente contra la superficie del molde

(C) Distribución del grosor de pared final de la pieza moldeada

Fig. 15-4. Principio del conformado de plásticos con macho. (Atlas Vac Machine Co.).

Conformado de molde coincidente

El conformado de molde coincidente es similar al moldeo por compresión. En esta técnica, se atrapa una lámina calentada y se conforma entre troqueles macho y hembra que pueden estar hechos de madera, yeso, epoxi y otros materiales (fig. 15-5). Se pueden producir rápidamente piezas exactas con tolerancias mínimas en moldes caros enfriados con agua. Este tipo de moldes permite conseguir una gran precisión en las dimensiones y los detalles, como por ejemplo letras o superficies granuladas. Existen marcas en ambos lados del producto acabado, por lo que se deben proteger los troqueles contra los arañazos y otro tipo de daños, para que no se reproduzcan los defectos en los materiales termoplásticos. No se deberá utilizar un molde de superficie lisa con las poliolefinas, ya que podría quedar atrapado el aire entre el plástico caliente y un molde muy pulido. Para estos materiales se suelen utilizar superficies de molde lijadas.

En la figura 15-6 se muestra una operación de molde coincidente en la que la pieza plana de la prensa es más pequeña que la lámina de plástico. El reborde que sobresale cae por los lados sin producir recortes ni rebabas. El ciclo de molde total es de 10 a 20 segundos.

Conformado al vacío con núcleo de ayuda y burbuja de presión

Para termoconformar formas muy hondas resulta de gran utilidad el conformado al vacío con núcleo de ayuda y burbuja de presión, siendo posible controlar el grosor del objeto formado, que puede ser uniforme o variable.

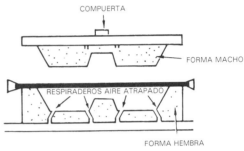

(A) Se puede sujetar la lámina de plástico caliente sobre el troquel hembra, tal como se muestra, o draperarse sobre la forma del molde

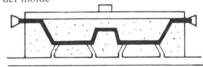

(B) Los agujeros permiten que se escape el aire atrapado cuando se cierra el molde y se conforma la pieza

(C) La distribución de los materiales en el producto depende de las formas de ambos troqueles

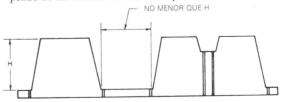

(D) Las formas de molde macho deben estar espaciadas a una distancia equivalente o mayor a la de su altura pues, de lo contrario, pueden formarse entretejidos

Fig. 15-5. Principio del conformado coincidente. (Atlas Vac Machine Co.).

Una vez colocada la lámina en el armazón y después de calentarla, la presión controlada del aire crea una burbuja (fig. 15-7), que estira el material hasta una altura determinada previamente, controlada normalmente por célula fotoeléctrica. A continuación, se baja el núcleo de ayuda macho hasta la cavidad. Normalmente, se calienta la clavija macho para evitar el enfriado prematuro del plástico. La clavija deberá ser lo más grande posible para que el plástico se estire lo más cerca posible de su forma definitiva. La penetración de la clavija deberá avanzar hasta un 70 a un 80% de la profundidad de la cavidad del molde. A continuación, se aplica presión de aire desde el lado de la clavija al mismo tiempo que se forma vacío sobre la cavidad para favorecer el conformado de la lámina caliente. Para muchos productos, se utiliza sólo vacío para completar la formación de la lámina. En la figura 15-7 se aplica tanto vacío como presión durante el proceso de conformado. El molde hembra deberá ventilarse para permitir la salida del aire atrapado entre el plástico y el molde.

Conformado al vacío con núcleo de ayuda

Para evitar el adelgazamiento de las aristas y esquinas de artículos con forma de vaso o de caja, se utiliza un núcleo para extender y estirar mecánicamente más material plástico hacia la cavidad del molde (fig. 15-8). Generalmente se calienta esta clavija inmediatamente por debajo de la temperatura de conformado de la lámina. La clavija deberá tener del 10 al 20% menos de longitud y anchura que el molde hembra. Una vez que la clavija ha

(A) Lámina precalentada colocada entre troqueles de metal coincidentes enfriados

(B) La pieza conformada acabada es más grande que la lámina original

Fig. 15-6. Conformado de molde coincidente en una prensa de estampación de metal convencional. (G.R.T.L. Co.).

empujado la lámina caliente hacia la cavidad, se extrae el aire del molde, completando así la formación de la pieza. El diseño o forma de la clavija determina el grosor de pared, tal como se muestra en la sección transversal de la figura 15-8D.

El conformado a presión y vacío con ayuda de núcleo permite un estirado profundo y ciclos de enfriado más cortos, así como un mejor control del grosor de las paredes; sin embargo, se necesita un controlar mejor la temperatura y un equipo más complejo que el del conformado al vacío directo (fig. 15-9).

Conformado a presión con ayuda de núcleo

El conformado a presión con ayuda de núcleo es similar al conformado al vacío con ayuda de núcleo, ya que la clavija introduce el plástico caliente en la cavidad hembra, pero se aplica presión de aire para que fuerce la lámina de plástico hasta las paredes del molde (fig. 15-10).

Conformado a presión en fase sólida

El proceso llamado *conformado a presión en fase sólida* es similar al conformado con ayuda de núcleo. Esta técnica parte de una pieza plana sólida (polvos sinterizados, moldeados por compresión, extruidos) que se calienta inmediatamente por debajo de su punto de fusión. Se utilizan láminas de polipropileno y otras láminas de PP de varias capas. A continuación, se presiona la pieza plana hacia la forma de la lámina y se transfiere a la prensa de termoconformado. Posteriormente, una clavija estira el material caliente y la presión de aire caliente fuerza este material contra los lados del molde (fig. 15-11). Las dos operaciones de estirado (biaxial) provocan orientación molecular, mejorando así la firmeza, la tenacidad y la resistencia al agrietamiento por esfuerzo en condiciones ambientales del producto termoconformado.

Conformado en relieve profundo al vacío

En el conformado en relieve profundo al vacío se coloca la lámina de plástico caliente sobre una caja y se forma vacío, que empuja una burbuja hacia la

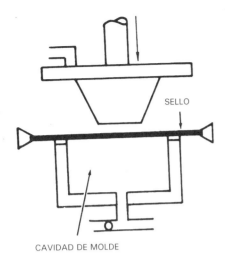

(A) Se calienta y se sella la lámina de plástico a lo largo de la cavidad del molde

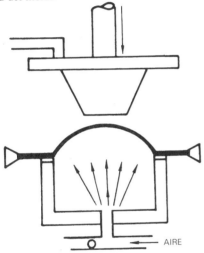

(B) Se introduce aire que hincha la lámina hacia arriba formando una burbuja uniformemente estirada

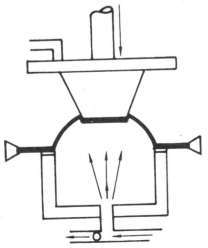

(C) La burbuja es aplastada hacia abajo por una clavija que tiene aproximadamente la forma del contorno de la cavidad, forzándola hacia el molde

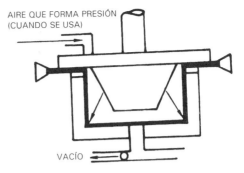

(D) Cuando la clavija llega al punto inferior máximo, se forma vacío para empujar el plástico contra las paredes del molde. Se puede introducir aire desde la parte superior para favorecer el conformado

Fig. 15-7. Conformado al vacío ayudado con núcleo y burbuja de presión. (Atlas Vac Machine Co.).

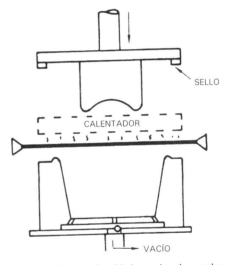

(A) Se coloca la lámina de plástico sujetada y calentada sobre la cavidad de molde

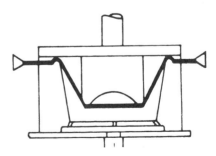

(B) Una clavija, con la forma aproximada de la cavidad del molde, punza la lámina de plástico para estirarla

Fig. 15-8. Conformado al vacío con ayuda de núcleo. (Atlas Vac Machine Co.).

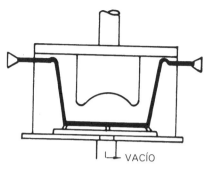

(C) Cuando la clavija llega al límite de su trayectoria, se forma vacío en la cavidad de molde

(D) Las zonas de la clavija que primero tocan la lámina crean superficies más gruesas debido al efecto del enfriado

Fig. 15-8. Conformado al vacío con ayuda de núcleo. (Atlas Vac Machine Co.) (*cont.*).

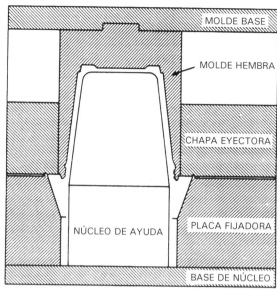

(A) Esquema de la sujeción

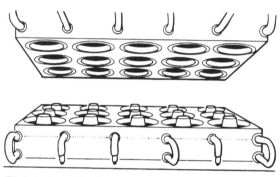

(B) Sujeciones de piezas en moldeado de área restringida

Fig. 15-9. Moldeado de área restringida, con sujeciones de pieza individuales construidas en el molde. Ello permite controlar el estirado del material y reducir la relación de conicidad. (Brown Machine Co.).

caja (fig. 15-12). Se baja un molde macho y se libera el vacío de la caja, lo que hace que el plástico se abombe sobre el molde macho. Se puede aplicar vacío también en el molde macho para favorecer la colocación del plástico. El conformado en relieve al vacío permite conformar piezas complejas con entrantes y salientes.

Conformado en relieve al vacío con burbuja a presión

Tal como implica su nombre, se calienta la lámina y después se estira en forma de burbuja por presión de aire (fig. 15-13). Se estira la lámina en aproximadamente un 35 a 40%. A continuación, se baja el molde macho. Se aplica vacío al molde macho al mismo tiempo que se fuerza presión de aire hasta la cavidad hembra, que produce el relieve de la lámina caliente alrededor del molde macho. En el lado del molde macho queda una marca.

El conformado en relieve al vacío con burbuja a presión permite la configuración de piezas complejas muy hondas, si bien el equipo es complejo y costoso.

Conformado por presión térmica de contacto de lámina atrapada

Este proceso es parecido al conformado al vacío directo con la excepción de que se puede usar la presión y el vacío para forzar el plástico hasta el molde hembra. En la figura 15-14 se muestran las etapas de este proceso.

Conformado con colchón de aire

El conformado con colchón de aire es similar al conformado en relieve, con la diferencia de la creación de una burbuja estirada. Este concepto queda ilustrado en la figura 15-15.

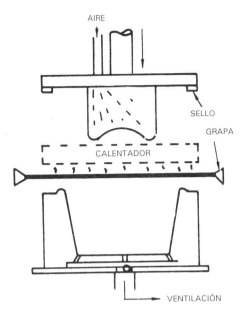

(A) Se coloca sobre la cavidad de molde la lámina caliente y enganchada

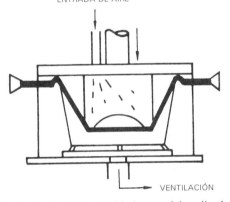

(B) Cuando la clavija toca la lámina, se deja salir el aire desde la parte inferior de la misma

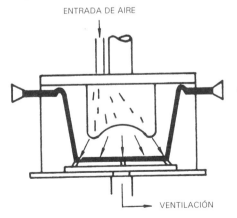

(C) Cuando la clavija completa su recorrido y cierra el molde, se aplica presión de aire desde el lateral de la clavija que empuja el plástico contra el molde

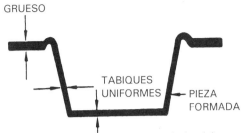

(D) Con el conformado a presión con ayuda de núcleo se pueden obtener productos con un grosor de pared uniforme

Fig. 15-10. Conformado a presión con ayuda de núcleo. (Atlas Vac Machine Co.).

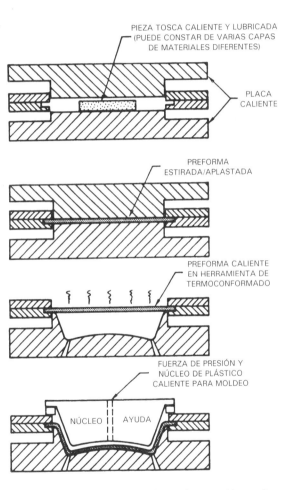

Fig. 15-11. Concepto del conformado a presión en fase sólida.

Conformado libre

En el conformado libre se pueden aplicar presiones de más de 2,7 MPa para soplar una lámina de plástico caliente sobre la silueta de un molde hembra (fig. 15-16). La presión de aire hace que la

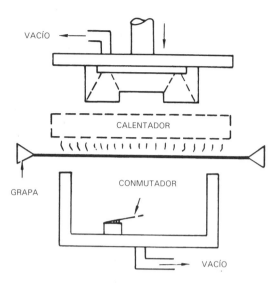

(A) Se calienta la lámina de plástico y se sella sobre la parte superior de la caja de vacío. (Atlas Vac Machine Co.)

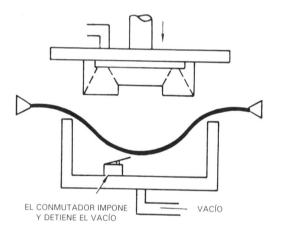

(B) Se aplica vacío desde la parte inferior de la lámina que le da una forma cóncava. (Atlas Vac Machine Co.)

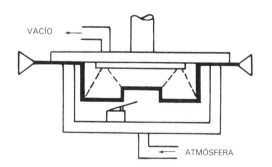

(C) Se baja la clavija macho y se aplica vacío a través de ella. Al mismo tiempo, se libera el vacío que hay debajo de la lámina. (Atlas Vac Machine Co.)

(D) Con este procedimiento se pueden producir diseños de entrantes y salientes para fabricar maletas, piezas de automóvil y otros artículos. (Atlas Vac Machine Co.)

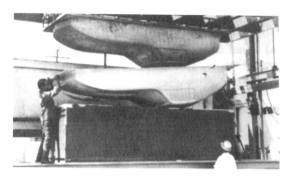

(E) Se conforma al vacío toda la carrocería de un coche con ABS-policarbonato de 6,3 mm de grosor en un ciclo de 20 minutos. (Borg-Warner)

Fig. 15-12. Conformado en relieve al vacío. (Atlas Vac Machine Co.).

lámina se conforme en un artículo con forma de burbuja lisa. Se puede utilizar un obturador para formar contornos especiales en la burbuja. Las claraboyas o las cabinas de aviones son un buen ejemplo de esta técnica. A no ser que se utilice un obturador no se producen marcas, ya que sólo el aire toca la caras del material, a no ser que se puedan producir marcas por la sujeción.

Conformado mecánico

En el conformado mecánico, no se utiliza presión de aire ni vacío para conformar la pieza. Esta técnica es similar al moldeo coincidente, aunque no se emplean moldes hembra y macho acoplados. Solamente se utiliza la fuerza mecánica del doblado, estirado o sujeción de la lámina caliente.

A veces se clasifica este proceso como una operación de fabricación o posconformado. Se pueden emplear plantillas de conformado de madera sencillas para obtener la forma deseada utilizando hornos, calentadores de cinta y pistolas térmicas como fuentes de calor. Se puede calentar un material plano y enrollar alrededor de cilindros o, también, en una tira estrecha y doblar en ángu-

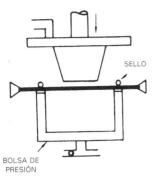

(A) Se sujeta la lámina de plástico caliente y se cierra a lo largo de la caja de presión

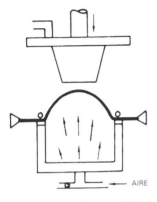

(B) Se introduce presión de aire por debajo de la lámina, causando la formación de una gran burbuja

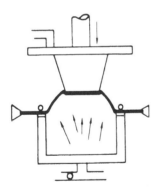

(C) Se introduje la clavija en la burbuja, al tiempo que se mantiene la presión de aire a un nivel constante

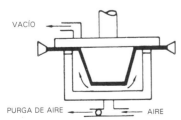

(D) La presión de aire por debajo de la burbuja y el vacío en el lado de la clavija crean un estirado uniforme

Fig. 15-13. Conformado en relieve al vacío con burbuja a presión. (Atlas Vac Machine Co.).

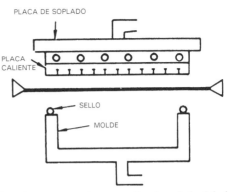

(A) Una placa porosa plana permite el soplado del aire a través de su superficie

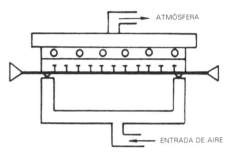

(B) La presión de aire desde la parte inferior y el vacío por encima empujan firmemente la lámina contra la placa calentada

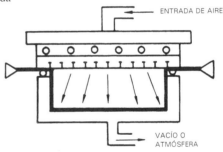

(C) Se sopla aire a través de la placa para introducir el plástico en la cavidad de molde

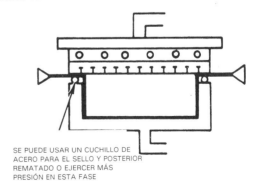

(D) Después del conformado, se puede ejercer presión adicional

Fig. 15-14. Conformado por presión térmica de contacto de lámina atrapada. (Atlas Vac Machine Co.).

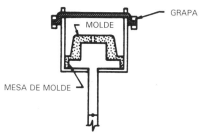

(A) Se sujeta la lámina en la parte superior de una cámara de paredes verticales

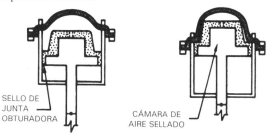

(B) Se consigue el abombamiento por la presión formada entre la lámina y la mesa de molde

(C) Se eleva el molde en la cámara. Se aplican juntas elásticas en la mesa del molde en los bordes de la pared de la cámara

(D) Se forma vacío en el espacio comprendido entre el molde y la lámina a medida que se configura la lamina contra el molde por presión de aire diferencial

Fig. 15-15. Conformado por colchón de aire.

los rectos. Es posible conformar mecánicamente tubos, varillas y otros perfiles (fig. 15-17).

El *conformado de anillo y núcleo* (fig. 15-18) se considera a veces un proceso de conformado distinto aunque, dado que no se aplica vacío ni presión de aire, se puede agrupar junto con el tipo de conformado mecánico.

Consiste en una forma de molde macho y un molde de silueta hembra con forma similar (no un molde acoplado). Se introduce el plástico caliente a través del *anillo* (no necesariamente una forma tosca) del molde hembra mediante el macho. Al enfriarse, el plástico adopta la forma del molde macho con el que está en contacto. En la tabla 15-1 se resumen los problemas más comunes del termoconformado de plásticos.

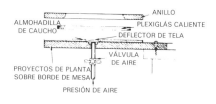

(A) Configuración básica

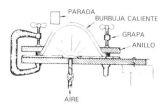

(B) Inyección de aire

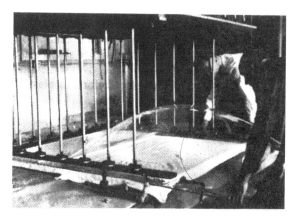

(C) Eliminación del producto de formación libre con forma de burbuja acrílica. (Rohm & Haas Co.)

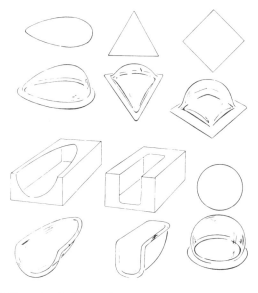

(D) Ejemplos de formas libres que pueden obtenerse con varias aberturas. (Rohm & Haas Co.)

Fig. 15-16. Formación libre de burbujas de plástico.

(A) Principio básico del conformado de anillo y núcleo

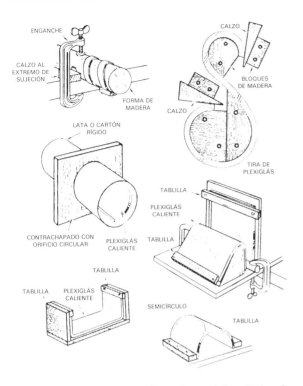

Fig. 15-17. Ejemplos de conformado mecánico. (Rohm & Haas Co.).

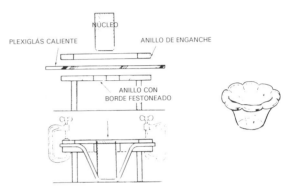

(B) Jarrón. (Rohm and Haas Co.)

Vocabulario

A continuación, se ofrece un vocabulario de las palabras que aparecen en este capítulo. Busque la definición de aquellas que no comprenda en su acepción relacionada con el plástico en el glosario del apéndice A.

Conformado al vacío
Conformado con colchón de aire
Conformado con macho
Conformado de molde coincidente
Conformado en relieve
Conformado libre
Conformado mecánico
Envoltura retráctil
Termoconformado

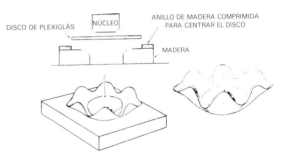

(C) Bol decorativo. (Rohm and Haas Co.)

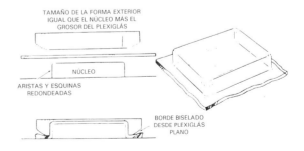

(D) Bandeja de plástico. (Rohm and Haas Co.)

Fig. 15-18. Ejemplos de conformado de anillo y núcleo.

Tabla 15-1. Problemas del termoconformado

Defecto	Posible remedio
Agujeros o roturas	Orificios de vacío demasiado grandes, exceso de vacío o calentamiento irregular
	Unir desviadores en la parte superior del armazón de sujeción
Entretejidos o puentes	Aristas puntiagudas en el fondo del cono, cambiar el diseño o la disposición del molde
	Utilizar ayuda mecánica del núcleo o macho o añadir orificios de vacío
	Comprobar el sistema de vacío y acortar el ciclo de calentamiento
Marcas	La acción de tapizado lento puede retener aire atrapado
	Limpiar el molde o eliminar el brillo superficial del molde
	Eliminar las marcas de herramientas o dibujos de veta de madera del molde
	El molde puede enfriar la lámina de plástico demasiado deprisa
Contracción posterior excesiva	Girar la lámina en relación con el molde
	Aumentar el tiempo de enfriado
Ampollas y burbujas	Sobrecalentamiento de la lámina, reducir la temperatura del calentador
	Ingredientes de la formulación de lámina incorrectos o higroscópicos
Pegajosidad al molde	Alisar el molde o aumentar inclinación y conicidad
	Utilizar herramientas de desmoldeo, presión de aire o agentes de desmoldeo
	El molde puede estar demasiado caliente; aumentar el ciclo de enfriado
Piezas formadas incompletamente	Prolongar el ciclo de calentamiento y aumentar el vacío
	Añadir orificios de vacío
Piezas deformadas	Diseño de molde deficiente, controlar las inclinaciones y nervaduras
	Aumentar el ciclo de enfriado o enfriar moldes
	Separación de lámina demasiado rápido mientras estaban calientes
Cambio intensidad de color	Utilizar el diseño de molde apropiado y permitir el adelgazado de la pieza
	Aumentar el ciclo de calentamiento y calentar el molde y núcleos
	Utilizar una lámina más pesada y añadir orificios de vacío

Preguntas

15-1. Cite tres materiales de los que se pueden hacer moldes para conformado al vacío.

15-2. ¿Qué tipo de envases aprovechan el producto como molde.

15-3. ¿Cuál es el proceso que permite incluir finos detalles en el producto?

15-4. Conformado mecánico es el término que se utiliza incorrectamente para referirse al conformado __?__.

15-5. El nombre de la unidad o herramienta utilizada para calentar una pequeña sección de plástico y obtener un doblez formando un ángulo puntiagudo es __?__.

15-6. Los lados de un molde de termoconformado se inclinan para favorecer la extracción de la pieza. Esta inclinación se denomina __?__.

15-7. Nombre cuatro productos termoconformados típicos.

15-8. ¿Qué técnica de conformado se emplea para obtener una pieza con un estirado muy profundo?

15-9. Normalmente se coloca __?__ o __?__ en todas las porciones bajas o no conectadas del molde de termoconformado.

15-10. El __?__ de un molde hembra es la relación entre la profundidad de cavidad máxima y el área de la sección transversal del plástico sin estirar.

15-11. ¿Cuál es el principal inconveniente del conformado al vacío recto utilizando cavidades profundas?

15-12. En el conformado __?__ no se utiliza vacío ni presión de aire para configurar la lámina de plástico caliente.

15-13. ¿Cómo se denominan las marcas que quedan en la lámina conformada cuando el molde no es liso o no está limpio?

15-14. Si los orificios de vacío son demasiado grandes o hay demasiado vacío o un calentamiento irregular, se producirá __?__ o __?__.

15-15. ¿En el conformado libre, se utilizan moldes macho o hembra?

15-16. En los métodos con ayuda de núcleo, la penetración de la clavija no deberá exceder normalmente un __?__ por ciento de la profundidad de la cavidad del molde.

15-17. En el conformado __?__ y __?__ una silueta macho y una silueta hembra de forma similar configuran la lámina de plástico caliente.

15-18. Las aristas pronunciadas o un estirado excesivo pueden causar __?__ y puentes.

15-19. Tres ventajas que ofrecen los moldes de termoconformado de metal son __?__.

15-20. ¿Qué se hace con los desperdicios y los recortes que se producen en los procesos de termoconformado?

15-21. Uno de los materiales más comunes para el termoconformado es __?__.

15-22. El termoconformado es posible porque las láminas termoplásticas se pueden __?__ y __?__.

15-23. En el conformado al vacío __?__ se empuja la lámina de plástico caliente contra los contornos del molde.

15-24. Son preferibles y más eficaces las __?__ que los agujeros como pasos de la corriente de aire desde el molde.

15-25. Los moldes macho son más fáciles de fabricar y generalmente más baratos de que los moldes __?__.

15-26. Se pueden producir piezas exactas con estrechos márgenes y gran detalle por conformado __?__ y __?__.

15-27. Por regla general no se utilizará un molde de superficie lisa al conformar __?__.

15-28. Es más fácil controlar el espesor de productos termoconformados hondos a través de __?__ o del proceso de conformado en relieve al vacío con burbuja a presión.

15-29. Exponga dos ventajas del termoconformado.

15-30. Exponga dos inconvenientes del termoconformado.

15-31. ¿Cuál es el proceso en el que se empuja una lámina termoplástica calentada hacia abajo cubriendo la superficie del molde?

15-32. ¿Se utiliza el vacío en el conformado con macho?

15-33. ¿Cuál es el principal inconveniente del termoconformado de molde coincidente?

15-34. En el conformado al vacío solamente se utiliza presión de __?__

15-35. La diferencia principal entre el conformado a presión con ayuda de núcleo y el conformado al vacío con ayuda de núcleo es que en el primero se pueden utilizar las presiones __?__ con formación de presión.

15-36. Describa el termoconformado al vacío directo.

15-37. Describa cómo se controla el grosor del producto en el conformado al vacío con ayuda de núcleo con burbuja de presión.

15-38. ¿Qué determina el grosor de pared de un producto en el termoconformado a presión con ayuda de núcleo?

15-39. ¿Qué significa «en relieve» en el conformado en relieve al vacío?

15-40. Describa el conformado libre.

15-41. Describa el conformado mecánico y el conformado de anillo y núcleo.

Actividades

Termoconformado por soplado libre

Introducción. En el conformado por soplado libre, un anillo o yugo mantiene sujeta una lámina de plástico caliente. El anillo debe evitar la filtración de aire para que cuando se introduzca aire por debajo de la lámina se expanda hacia arriba y forme una burbuja. Para los productos de soplado libre se suelen emplear láminas de acrílico.

Equipo. Máquina de termoconformado, un anillo o yugo, suministro de aire regulado, equipo de seguridad personal.

Procedimiento

15-1. Corte una lámina de plástico aproximadamente 50 mm más grande que la abertura de la forma. En la figura 15-19 se muestra un termoconformador de laboratorio apropiado para realizar este ejercicio. En la figura 15-20 se ilustra un anillo típico para realizar el soplado libre.

15-2. Ajuste una presión de aire a «0» en el regulador.

15-3. Monte la lámina de plástico bajo el anillo y caliéntela hasta que esté conformable. Si es acrílico, caliente la lámina hasta que se encuentre entre 150 y 190 °C.

15-4. Medir con precisión la temperatura de una lámina de termoconformado con un

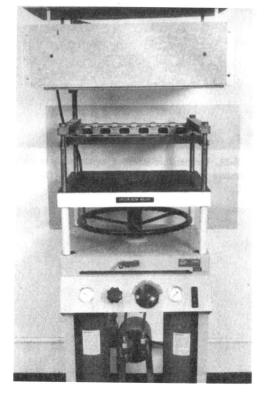

Fig. 15-19. Se puede utilizar este equipo de laboratorio para realizar el termoconformado por soplado.

pirómetro es complicado, ya que la lámina pierde temperatura enseguida. Si es posible, consiga tiras de temperaturas para termoconformado, como las que se muestran en la figura 15-21. Estas tiras cambian de color gradualmente a temperaturas esta-

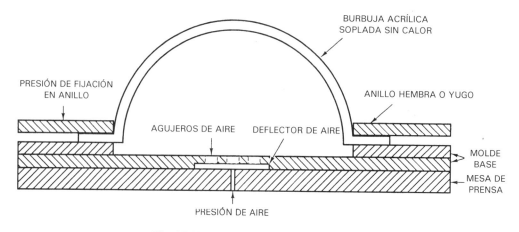

Fig. 15-20. Anillo para el soplado libre.

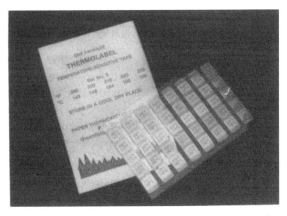

Fig. 15-21. Las cintas sensibles a la temperatura varían según el intervalo de temperatura. Esta muestra cubre el intervalo de 143 a 166 °C.

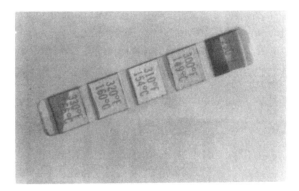

Fig. 15-22. Esta tira ha alcanzado la temperatura de 143 °C, pero no llegó a 149 °C.

blecidas previamente. En la figura 15-22 se muestra una pieza de plástico que ha alcanzado una temperatura de 143 °C.

15-5. Una vez que ha pasado bastante tiempo como para que se estabilice la temperatura del termoconformador, utilice las tiras de temperatura para determinar el tiempo de horno necesario para conseguir la temperatura deseada. Una vez conocido el tiempo, aplíquelo y separe los aparatos de medida de temperatura.

15-6. Cuando esté lista la lámina para el conformado, retire la fuente de calor y aumente la presión de aire hasta que la pieza se infle y alcance la altura deseada.

15-7. Mantenga la presión hasta que se enfríe la pieza y suéltela.

15-8. Corte la pieza por la mitad y mida el grosor de pared. ¿Es uniforme la pared? ¿Cómo se puede comparar el artículo obtenido por soplado libre con el conformado al vacío directo?

Memoria de los plásticos

Introducción. El termoconformado nos da una buena oportunidad para observar la tendencia de los plásticos a recobrar su forma primitiva. Este fenómeno puede derivar en un alabeo si el objeto termoconformado se calienta lo suficiente como para dar lugar al la relajación del esfuerzo.

Equipo. Máquina de termoconformado, láminas de termoconformado, moldes simples.

Procedimiento

15-1. Si dispone de un termoconformador de laboratorio similar al que se muestra en la figura 15-19 y no cuenta con un molde apropiado, observe las figuras 15-23 y 15-24 en las que se muestra un molde muy simple, que consiste en una pieza de 2 por 6 con agujeros perforados y una cinta autoadhesiva para crear un cierre hermético y una apertura a los

Fig. 15-23. Molde de termoconformado simple para cortezas de discos de abrasión de Taber.

Fig. 15-24. Parte inferior del molde de termoconformado, donde se pueden ver los agujeros de aire y la cinta de espuma.

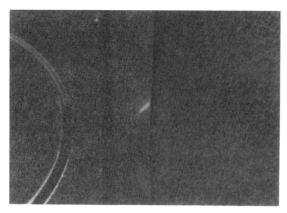

Fig. 15-25. Lámina termoconformada alrededor de un disco de aluminio, que se aplana después en virtud de la memoria de los plásticos.

15-5. Siga estirando la misma lámina utilizando un objeto más grueso. En la figura 15-16 se muestra el uso de una sujeción en C pequeña.

15-6. Después de retirar la sujeción u otro tipo de objeto, vuelva a calentarlo para comprobar de nuevo si se aplana la lámina. Si no se producen agujeros durante el conformado, la lámina retornará completamente.

15-7. ¿Cuántas veces se mantiene la memoria del plástico? ¿Cuánto se puede estirar la lámina y que siga reteniendo la memoria?

Conformado al vacío en recto y conformado con ayuda de núcleo

Introducción. El adelgazamiento en ciertas zonas supone un importante inconveniente del conformado al vacío en recto. El fin de este ejercicio consiste en comparar el conformado al vacío directo con el conformado con ayuda de núcleo.

orificios de vacío. El disco de aluminio permite el termoconformado de cubiertas para discos Taber con el fin de medir el desgaste por rozamiento moldeado por inyección. Son útiles igualmente otras formas para observar la memoria de los plásticos.

15-2. Después de medir el grosor de una lámina, caliéntela y confórmela alrededor de un molde, tal como aparece en la figura 15-25.

15-3. Separe la lámina y déjala enfriar. A continuación vuelva a montar el termoconformador. Caliéntelo hasta que la lámina lo deje plano y retire rápidamente la fuente de calor.

15-4. Cuando esté fría la lámina, mídala para comprobar si ha habido adelgazamiento. En la figura 15-25 se muestra una lámina conformada y una lámina aplanada por la tendencia a recuperar su forma original.

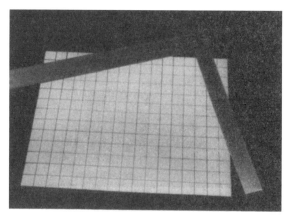

Fig. 15-27. Termoconformado de una lámina con un diseño en cuadrícula de 0,29 cm^2.

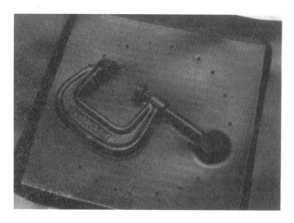

Fig. 15-26. Lámina formada alrededor de una sujeción en C.

Fig. 15-28. Molde utilizado para demostrar las técnicas de termoconformado.

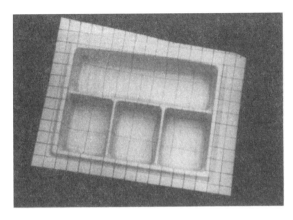

Fig. 15-29. Ejemplo de estiramiento en el que se ha empleado termoconformado directo.

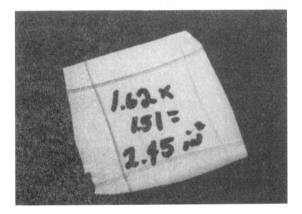

Fig. 15-30. Este elemento tenía 0,29 cm² antes del conformado. El estirado biaxial uniforme dará lugar a un cuadrado. Este elemento presentó un estirado uniforme.

Equipo. Un termoconformador, un molde hembra, una clavija para un molde determinado, láminas de termoconformado. El termoconformador utilizado para demostrar esta actividad es considerablemente más grande que el que se muestra en la figura 15-19.

Procedimiento

15-1. Si las láminas de termoconformado son de PS, no surgirán problemas con la humedad; en cambio, si son de ABS, se pueden mojar y requerir secado. Si no se secan correctamente, se formarán burbujas en la superficie tras el conformado.

15-2. Determine el tiempo necesario para alcanzar una temperatura de termoconformado seleccionada. Si las láminas son de PS, seleccione una temperatura comprendida entre 130 °C y 180 °C. Trace un diseño en cuadrícula en la lámina termoconformada, como se muestra en la figura 15-27. Cada cuadrado es de 2,54 cm.

15-3. Sitúe la lámina en el armazón de sujeción, asegurándose de que la cuadrícula está paralela a la sujeción. El molde utilizado para demostrar este ejercicio es el que se muestra en la figura 15-28.

15-4. Caliente y conforme la lámina. En la figura 15-29 se muestra un conformado al vacío directo. Advierta cómo se estira la lámina. Corte la lámina conformada y mida el grosor de pared en varios lugares. Si se han estirado los elementos de manera regular, mida la cuadrícula estirada. En la figura 15-30 se ilustra un elemento estirado regularmente. La lámina original tenía un espesor de 0,033 cm. El elemento se estiró hasta 0,71 cm² y, según los cálculos, tenía un grosor de 0,030 cm. El grosor medido fue 0,013 cm.

15-5. Si los elementos no se estiran uniformemente, tal como se muestra en la figura 15-31, puede ser más fácil medir el grosor que calcularlo.

15-6. Forme una lámina utilizando la ayuda de un núcleo. La clavija usada para esta prueba es como la que se muestra en la figura 15-28. La profundidad de penetración de la clavija es crítica. Si es demasiado profunda, el área de la lámina en contacto con la clavija se estirará muy poco, lo que obligará a estirar más los elementos vecinos y puede conducir a un mayor adelgazamiento en algunas zonas en relación con el conformado al vacío directo. En la figura 15-32 se muestra un estirado con una profundidad de la clavija demasiado grande. Si la profundidad de la clavija es demasiado superficial se producirá un cambio muy pequeño en comparación con el conformado al vacío directo. En la figura 15-33 se muestra un estiramiento en el que el empleo de un núcleo ayudó a reducir el adelgazamiento en determinadas zonas. Advierta el cambio en los modelos de estirado.

15-7. Ajuste la unidad para optimizar el grosor en las esquinas de la pieza y calcule la ganancia máxima de espesor en las esquinas.

Fig. 15-31. Este elemento no tiene un estirado uniforme. Su grosor varía considerablemente.

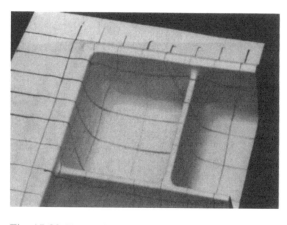

Fig. 15-33. Este estiramiento supone una mejora en comparación con el termoconformado recto que aparece en la figura 15-29.

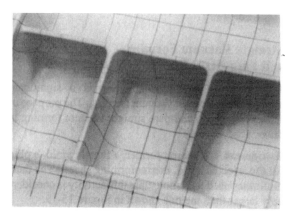

Fig. 15-32. La profundidad del núcleo fue demasiado grande y evitó que se estiraran los elementos centrales causando un adelgazado excesivo en los elementos colindantes.

Capítulo 16

Procesos de expansión

Introducción

En este capítulo se describirán los métodos utilizados para expandir plásticos. El plástico expandido tiene un aspecto semejante a una esponja, un pan o una crema batida, con quienes comparte una estructura celular. Estos plásticos se denominan a veces ahuecados, celulares, soplados, espumas o burbujas, y se pueden clasificar según sus características de estructura celular, densidad, tipo de plástico o grado de flexibilidad, desde rígida y semirrígida a flexible.

Estos materiales celulares de baja densidad (en latín, *cellula* significa cavidad pequeña) se dividen en materiales de célula abierta y de célula cerrada (véase fig. 16-1). Los primeros se componen de células discretas y separadas, mientras que en los segundos las células están interconectadas por sus aberturas (de tipo esponja), por lo que se trata de polímeros de célula abierta. Estos polímeros expandidos (celulares) pueden tener densidades comprendidas entre las de la matriz sólida y menos de 9 kg/m^3. Prácticamente todos los termoplásticos y termoendurecibles se pueden expandir, y convertirse en retardadores de llama. En la tabla 16-1 se indican algunas propiedades de diversos plásticos expandidos.

Las resinas se transforman en plásticos expandidos básicamente a través de seis métodos:

1. Descomposición térmica de un agente de soplado químico, que libera un gas en la partícula de plástico (método conocido).

Se introducen pentanos, hexanos, halocarbonos o mezclas de ellos, en las partículas de plástico a presión. Cuando se calienta la perla o gránulo de plástico, el polímero se ablanda dando lugar a la evaporación de los agentes de soplado. De esta forma se consigue una pieza expandida que recibe el nombre a veces de preespumado, preforma, bullón o perla preexpandida. Debe controlarse atentamente el enfriado para evitar que se aplaste la célula o el preespumado, ya que un enfriamiento repentino puede crear un vacío parcial dentro de la célula. La

Fig. 16-1. Ejemplos de plásticos celulares de PS de célula cerrada (arriba) y PV de célula abierta (inferior).

expansión preliminar se favorece mediante calor seco, radiación de frecuencia de radio, vapor o agua en ebullición. Los materiales preexpandidos se deben utilizar al cabo de unos días para evitar la pérdida completa de todos los agentes de expansión volátiles. Deberán mantenerse en un contenedor frío y cerrado herméticamente hasta que estén listos para el moldeo. Este método permite convertir en celulares plásticos del tipo PS, SAN, PP, PVC y PE.

Los agentes de soplado se pueden evaporar rápidamente de pelets o granzas de polietileno, por lo que su vida en almacenamiento es muy corta. Así, los moldeadores se limitan simplemente a hacer un pedido de los preespumados o preexpandidos para su tratamiento final. A veces se reticulan las poliolefinas por radiación para evitar que se aplasten las células antes del enfriamiento. Previamente al moldeo se colocan las preformas en tanques de retención para distribuir el aire en ellos. Una vez presurizados, se moldean en un producto de célula cerrada. Los preespumados se suelen estabilizar por secado térmico y recocido durante varias horas. El pentano y el butano son compuestos orgánicos volátiles.

2. Disolución en la resina de un gas que se expande a temperatura ambiente (método corriente).

Se pueden introducir nitrógeno y otros gases directamente en el polímero fundido. En los equipos de inyección o extrusión se utilizan cierres herméticos de tornillo especiales para evitar que se escape el gas de la matriz caliente. Cuando el plástico fundido sale de la hilera o entra en la cavidad del molde, se evapora el gas y provoca la expansión del polímero. Una vez que el plástico fundido de la matriz desciende por debajo de la temperatura de transición vítrea, se estabiliza la expansión.

3. Mezclado de un componente líquido o sólido que se evapora al calentarse en el plástico fundido (se aplica a veces para producir espumas estructurales) (fig. 16-2).

Se pueden mezclar agentes de soplado granulados, en polvo o líquidos e introducirlos a través del plástico fundido. Se mantienen comprimidos en el molde hasta que son expulsados a la atmósfera, momento en el cual tiene lugar una descompresión rápida (expansión). A través de este método se expanden PS, CA, PE, PP, ABS y PVC.

Tabla 16-1. Algunas propiedades de los plásticos expandidos

	Coeficiente de expansión lineal $10^6/°C$	Absorción de agua % vol	Inflamabilidad mm/min	Rango de densidad kg/cm^3	Conductividad térmica W/m*K	Temperatura de servicio máx °C	Resistencia compresión kPa
Acetato de celulosa	6,35	13–17	Ignición lenta	96–128	0,043	176	862–1034
Epoxi							
Compactado in situ	38	1–2	Autoextinguible	210–400	0,028–1,15	260	$13–14 \times 10^3$
Espumado in situ	102		Autoextinguible	80–128	0,035	148	551,5–758
Fenólico							
Tipo reactivo	5–10	1550	Autoextinguible	16–1.280	0,036–6,48	121	172,3–419
Polietileno	24,1	1,0	63,5	400–480	0,05–0,058	71	68,9–275,7
Poliestireno							
Extruido	11	0,10,5	Autoextinguible	20–72	0,03–0,05	79	68,9–965
Perlas expandidas	10,1	1,0	Autoextinguible	16–160	0,03–0,039	85	68,9–1.375
Perlas autoexpandidas y otros	10,1	0,01	Autoextinguible	80–160	0,03	85	310,2–838
Policloruro de vinilo							
Célula abierta			Autoextinguible	48–169		50–107	
Célula cerrada			Autoextinguible	64–400		50–107	
Silicona							
Polvo de premezcla		2,1–3,2	No se quema	192–256	0,043	343	689–2.241
Resina líquida, rígida y semirrígida		0,28	Autoextinguible	56–72	0,04–0,43	343	55
Flexible			Autoextinguible	112–144	0,045–0,052	315	
Uretano							
Rígido	1.370		Autoextinguible	32–640	0,016–0,024	148–176	172–210
Flexible	1.650	10	Ignición lenta	22–320	0,032	107	

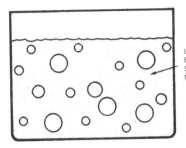

Fig. 16-2. Se forman burbujas de gas a medida que las sustancias químicas cambian el estado físico.

4. Inyectado de aire en la resina y curado o enfriado rápidos de la resina (a veces se utiliza en la producción de soportes de moquetas) (fig. 16-3).

Los ésteres vinílicos, urea-formaldehído (UF), fenólicos, poliésteres y algunos polímeros de dispersión se expanden por métodos mecánicos.

5. Adición de componentes que liberan el gas que hay dentro de la resina por reacción química.

Es el método por excelencia para producir materiales expandidos a partir de polímeros de condensación. Se mantienen las resinas líquidas, los catalizadores y los agentes de soplado separados hasta el moldeo. Después del mezclado, la matriz se expande en un material celular curado en virtud de una reacción química. A medida que se expande la matriz, se rompen muchas paredes celulares, formando una estructura de tipo catacumba. Este método se utiliza para poliéteres, poliuretano (PU), urea-formaldehído (UF), epoxi (EP), poliéter poliuretano (EU), silicona (SI), isocianuratos, carbodiimida y la mayoría de los elastómeros. Los poliuretanos y el poliestireno constituyen más del 90% del aislamiento de refrigeradores, congeladores, tanques criogénicos y aislamientos celulares para construcción. El isocianato se expande

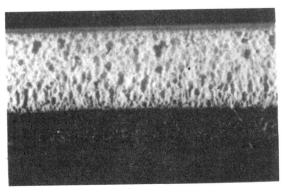

Fig. 16-3. Estructura gruesa de polivinilo espumado o expandido mecánicamente para suelos. Aumento 10 x (Firestone Plastics Co.).

habitualmente entre capas de hoja de aluminio, fieltro, acero, madera o superficies de yeso. Los poliuretanos flexibles son de célula abierta, mientras que los rígidos son materiales de célula cerrada.

La EPA ha expresado su preocupación por el uso de clorofluorocarbonos (CFC), cloruro de metileno, pentano y butano como agentes de soplado. Para estimular la reducción o eliminación de CFC, en 1994 se comenzó a pagar una tasa especial por su uso. En vista de la nueva normativa para un aire limpio pueden llegar a descartarse incluso el pentano y el butano.

6. Volatilización de la humedad (vapor que queda en las resinas por el calor generado de reacciones químicas exotérmicas).

Los sistemas de soplado con agua se pueden utilizar en algunos polímeros de condensación. Además del vapor del condensado de agua se libera gas dióxido de carbono. Algunos sistemas combinan agua y halocarbono en la mezcla de resina.

Se pueden producir materiales celulares reforzados con refuerzos en partículas o fibrosos dispersados en la matriz de polímero. Las fibras tienden a orientarse en paralelo con respecto a las paredes de las células consiguiendo así una mejor rigidez. Se han mezclado mecánicamente epóxidos reforzados con perlas preexpandidas (PS, PVC), expandiéndose completamente y curándose en un molde. Los materiales celulares se utilizan asimismo para fabricar materiales compuestos en emparedado (véase apartado sobre refuerzo continuo en el capítulo 12).

En ocasiones se incluyen plásticos sintácticos como un grupo diferente de plásticos expandidos. Los plásticos sintácticos se producen mezclando bolas huecas de tamaño microscópico (0,03 mm) de vidrio o plástico en un aglutinante de matriz de resina (fig. 16-4), para conseguir un material ligero de célula cerrada. La mezcla de tipo masilla se puede moldear o aplicar a mano en espacios a los que no se accede fácilmente por otros medios. Las principales aplicaciones de plásticos sintácticos son herramientas, amortiguamiento del sonido, aislamiento térmico y dispositivos de flotación de alta resistencia a la compresión.

Por otra parte, se han producido materiales celulares colocando esferas de vidrio en la formulación de la matriz de polímero antes de la sinterización. En un proceso denominado *lixiviación*, se pueden sinterizar a la vez varias sales u otros polímeros. Una solución de disolvente disuelve los cristales o determinados polímeros dejando una matriz porosa. Las capas alternas de polímeros compatibles, refuerzos y mezclas de cristal soluble producen un verdadero material compuesto.

Los plásticos expandidos se emplean para aislamiento, envases, amortiguamiento y flotación. Algunos actúan como aislantes tanto acústicos como térmicos. Otros se utilizan como barreras de humedad en construcción. Los materiales epóxidos expandidos se emplean como accesorios y modelos de faros. Adicionalmente, los plásticos expandidos se pueden usar también como materiales absorbentes de impacto, ligeros y no corrosivos para automóviles, aviones, muebles, barcos y estructuras de alma de panal. En la industria textil, se utilizan como guatas y aislantes para la obtención de prendas de textura o tacto especial.

Durante la segunda guerra mundial, la compañía Dow Chemical introdujo productos de poliestireno expandido en los Estados Unidos y la General Electric fabricó productos de plásticos fenólicos expandidos. Probablemente, los plásticos expandidos más utilizados hoy en día son poliestireno y poliuretano. Los productos de poliestireno son estructuras de célula cerrada rígidas (fig. 16-5), mientras que los de poliuretano pueden ser rígidos o flexibles. Los PU también se dividen en tipos de célula abierta o cerrada. Los productos expandidos conocidos entre los consumidores son adornos navideños, materiales de flotación, juguetes, forros para artículos frágiles, colchones, almohadas, soportes de moquetas, esponjas y papeleras (fig. 16-6). En este capítulo se describirán los siguientes procesos:

I. Moldeo.
  A. Tratamiento a baja presión.
  B. Tratamiento a alta presión.
  C. Otros tratamientos de expansión.
II. Colada.
III. Expansión in situ.
IV. Pulverizado.

Fig. 16-4. Espuma sintáctica.

Fig. 16-5. El poliestireno de célula cerrada presenta propiedades de excelente aislante térmico. (Sinclair-Koppers Co.).

Moldeo

Existen varios procesos de moldeo de plásticos expansibles: por inyección, por compresión, por extrusión, dieléctrico (método de expansión de alta frecuencia), de cámara de vapor y de probeta. Los plásticos celulares o expandidos de piel integral se suelen tratar por colada o moldeo. Típicamente, se forma una piel de plástico sólida y densa sobre la superficie de molde, que se calienta después para favorecer el proceso. Al mismo tiempo, se forma un núcleo al introducir los agentes de soplado o gas en el fundido para producir la estructura celular (fig. 16-7).

La expresión *espuma estructural* engloba cualquier plástico celular con una piel integral. Su rigidez depende en gran medida del grosor de la piel, y existen varios métodos para obtenerla, aunque los productos con estructura de espuma se moldean a partir del plástico fundido por tratamiento a baja o alta presión (fig. 16-8).

Tratamiento a baja presión

El tratamiento a baja presión es el método más sencillo, conocido y económico para piezas grandes. Se basa en la inyección de una mezcla de plástico fundido y gas en los moldes, a una presión comprendida entre 1 y 5 MPa. Entonces, se forma

(A) Recipiente de polietileno moldeo por inyección

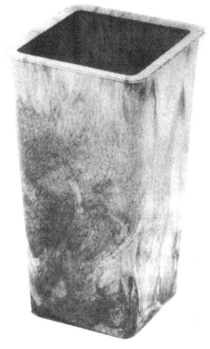

(B) Papelera de polietileno moldeada por inyección

Fig. 16-6. Algunos productos moldeados de polietileno expandido. (Phillips Petroleum Co.).

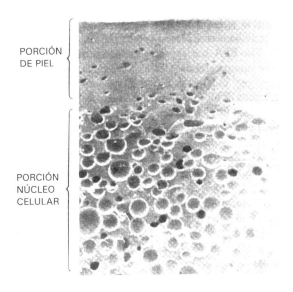

Fig. 16-7. En esta fotografía se puede apreciar la transición entre la piel sólida y el núcleo celular.

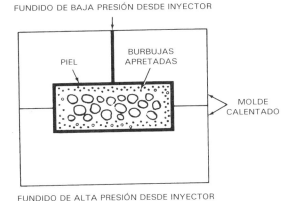

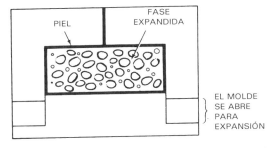

Fig. 16-8. Métodos de baja y alta presión para expandir productos con piel integral.

una piel a medida que las células de gas se aplastan contra los lados del molde. El espesor de la piel se controla según la cantidad de plástico fundido que se introduce en el molde, la temperatura de moldeo y la presión. El tipo de agente de soplado y la cantidad de gas introducido en el plástico fundido sirven también para determinar el grosor de piel y la densidad de la pieza.

Mediante las técnicas de baja presión se producen piezas de célula cerrada prácticamente sin deformación. Si se aplastan las células contra la superficie del molde a veces se produce un dibujo en remolino en la pieza.

Tratamiento a alta presión

En el tratamiento a alta presión, se introduce el plástico fundido en el molde a una presión comprendida entre 30 y 140 MPa. Después, se rellena completamente, dejándolo solidificar a continuación contra las superficies del molde o el troquel. Para que tenga lugar la expansión, se aumenta la cavidad del molde dejándolo un poco abierto o retirando núcleos, gracias a lo cual aumentará el volumen del plástico fundido.

En el método de inyección y extrusión se añade el agente de expansión directamente en la mezcla caliente. La presión del pistón o extrusora no permite que se expanda el material hasta su introducción en un molde (fig. 16-9).

En otros métodos de inyección y extrusión, se funden directamente con el plástico agentes de soplado o de expansión, colorantes y otros aditivos inmediatamente antes de penetrar en el molde (fig. 16-10). La expansión tiene lugar entonces en la cavidad del molde.

En otro proceso, se introduce en un acumulador el material extruido con agentes de expansión (fig. 16-11). Cuando se alcanza la carga determinada previamente, un pistón fuerza el material hasta la cavidad del molde, donde tiene lugar la expansión. (Consulte el apartado dedicado a moldeo por inyección-reacción, en el capítulo 10).

El moldeo por inyección-reacción normal o reforzado y el moldeo con fieltro/inyección-reac-

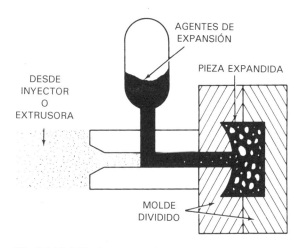

Fig. 16-10. Método de moldeo en el que se añade el agente de expansión al plástico fundido inmediatamente antes de que penetre el plástico en el molde.

ción han experimentado un rápido desarrollo, paralelamente a su creciente uso en la industria del automóvil y en muchos otros tipos de estructuras. Los refuerzos mejoran enormemente la estabilidad dimensional, la resistencia al impacto y el módulo. En una técnica de moldeo de transferencia de resina modificada, se colocan fibras grandes o fieltros en un molde y se introduce en la cavidad una mezcla de componentes reactivos. El producto moldeado por técnica de fieltro/inyección-reacción es tenaz, ligero y fuerte.

En la figura 16-12 se muestra la fabricación de un componente de automóvil expandido por moldeo de reacción líquida.

Los plásticos expandidos con piel (capa sin expandir) se producen introduciendo la mezcla caliente como envoltura de un torpedo fijo. El producto extruido es hueco y tiene la forma y el tamaño de la hilera. A continuación, se expande el material extruido rellenando el centro hueco y se forma la piel por acción de enfriamiento de las hileras acabadora y de enfriado (fig. 16-13). Por este método se producen perfiles estructurales.

En otro proceso se inyectan en un molde dos plásticos con la misma formulación, o de diferentes familias, de forma sucesiva. El primer plástico no contiene agentes de expansión y se inyecta parcialmente en el molde. El segundo plástico, que contiene agentes de expansión, se inyecta contra el primer plástico, empujándolo contra los bordes del molde y formando una corteza alrededor del plástico expansible. Para cerrar la corteza se inyecta más cantidad de la primera resina en el molde, que encapsula totalmente la segunda resina. La pieza obtenida tiene la corteza exterior de un plástico y el núcleo de plástico expandido.

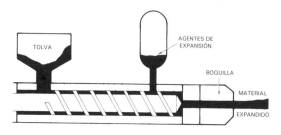

(A) Método de tornillo

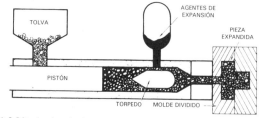

(B) Método de pistón

Fig. 16-9. Adición de agentes de expansión a la mezcla caliente directamente.

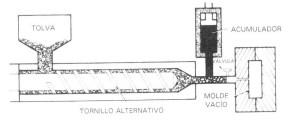

(A) Introducción de material en el acumulador

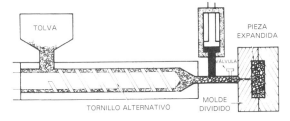

(B) El acumulador impulsa el material hacia la cavidad del molde

Fig. 16-11. Método de moldeo en el que se utiliza un acumulador.

En un proceso característico llamado contrapresión de gas, se hace pasar gas a una cavidad de molde cerrada herméticamente y vacía. A continuación, se introduce el plástico fundido en la cavidad contra la presión de gas. La expansión comienza cuando se ventila el molde.

Los materiales de polivinilo extruidos se pueden expandir cuando salen de la hilera o se pueden almacenar para expandirlos posteriormente. Se utilizan en la industria de la moda como piezas únicas o forros (fig. 16-14).

Los materiales expandidos se utilizan como soportes para moquetas y otros tipos de tarimas para el suelo, tal como se muestra en la figura 16-15.

En el moldeo por compresión de plásticos expansibles, se extruye la formulación de resina en la cámara del molde y se cierra el molde. En seguida se expande la resina fundida llenando la cavidad del molde.

Uno de los principales mercados del poliestireno extruido consiste en troncos, tablones y láminas obtenidas por extrusión desde la hilera, incluyendo el plástico fundido el agente de expansión. La expansión tiene lugar en seguida en el orificio de la hilera. Se pueden producir así varillas, tubos y otras formas.

La tabla 16-2 ofrece soluciones a los problemas que pueden aparecer en los procesos de expansión.

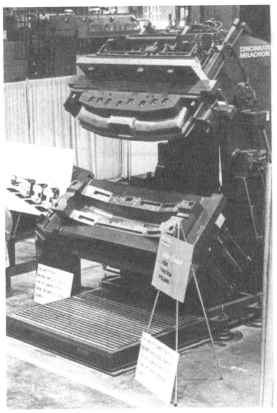

(A) Máquina y herramientas para procesos de moldeo de inyección-reacción

(B) Pieza de automóvil retirada del molde

Fig. 16-12. Para producir un componente de coche se utiliza el moldeo por inyección-reacción también conocido como de reacción líquida, con una espuma con piel. (Cincinnati Milacron).

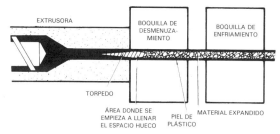

(A) Método de producción

B) Fieltro de vinilo espumado con piel en ambas caras

Fig. 16-13. Formación de piel sobre plásticos expandidos.

Otros procesos de expansión

No en todos los plásticos se emplea el método de caldo. El poliestireno se produce habitualmente en forma de pequeñas perlas que contienen el agente de expansión y que se pueden preexpandir por calor o radiación para introducirlas después en una cavidad de molde en la que se vuelven a calentar, generalmente por vapor, causando una posterior expansión (fig. 16-16). Estas perlas se expanden en hasta cuarenta veces su tamaño original (fig. 16-17) y la presión de expansión las compacta en una estructura celular cerrada. En la figura 16-16 se muestra un sistema de expansión de perlas típi-

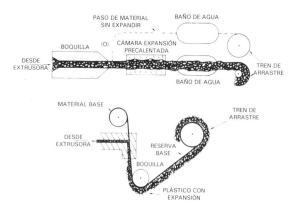

Fig. 16-14. Dos métodos de expansión de plásticos, a medida que sale de la hilera.

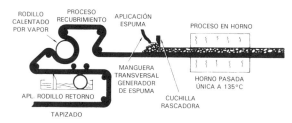

(A) Aplicación de soporte de moqueta. (Union Carbide Corp.)

(B) La hierba artificial de poliamina es dura y no se suelta. Se utiliza mucho en los campos deportivos. (3M Co.)

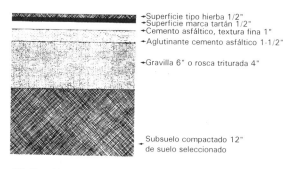

(C) Sección transversal de la base utilizada para fabricar la hierba artificial. (3M Co.)

(D) Obreros extendiendo la capa de amortiguación que se aplicará con el material de hierba artificial

Fig. 16-15. Las espumas se utilizan muchos tipos de suelos y en campos deportivos.

co. Para permitir la entrada de vapor en la cavidad del molde se emplean respiraderos de caja de muestras que pueden dejar marcas en el producto expandido (fig. 16-16C).

Tabla 16-2. Problemas de los procesos de expansión

Defecto	Posibles causas y remedios
Molde no relleno	Ventilación, ciclo de inyección corto, gas atrapado, aumentar la presión, incrementar la cantidad de material, utilizar materiales nuevos.
Cráteres u orificios en la superficie	Reducir la cantidad de agente de desmoldeo (el agente de desmoldeo interfiere con el de soplado), aumentar la temperatura del molde, no hay suficiente material en el molde, temperatura de fundido incorrecta, concentración del agente de soplado incorrecta, pulir la hilera o superficie del molde.
Piezas deformadas	Diseño del molde deficiente, aumentar el tiempo de moldeo, aumentar el ciclo de curado, dejar enfriar secciones gruesas más tiempo, aumentar la resistencia del molde.
Adhesión al molde	Aumentar el agente de desmoldeo, seleccionarlo correctamente, diseño del molde deficiente, enfriar molde, limpiar las superficies del molde.
Piezas demasiado densas	Aumentar el agente de soplado o gas, utilizar perlas preexpandidas nuevas, reducir la presión de inyección, reducir el caldo.
Varía la densidad de la pieza	Mezclar a fondo los compuestos, comprobar el diseño del tornillo, aumentar la temperatura de molde, aumentar la temperatura del plástico fundido, aumentar el tiempo de enfriado y curado.

(A) Molde de expansión de perla típico con vapor

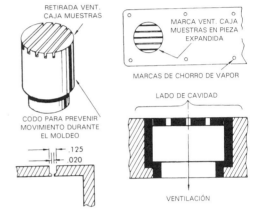

(B) Pieza en la que se puede ver la marca del respiradero de la caja de muestras y el chorro de vapor

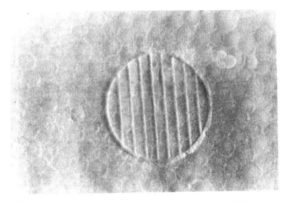

(C) Primer plano de la marca que deja en el plástico expandido el respiradero de la caja de muestras

Fig. 16-16. Plástico expandido sin fundir el plástico (*continúa*).

Para expandir perlas se aprovecha la excitación térmica de las moléculas por energía de radio de alta frecuencia. A veces, esta técnica se denomina moldeo drieléctrico, ya que no requiere conductos de vapor, respiraderos para humedad y vapor ni moldes metálicos. Con este método se pueden incluir capas o sustratos decorativos de papel, tela o plásticos (fig. 16-18). Consulte el apartado dedicado a unión dieléctrica o de alta frecuencia en el capítulo 18.

Entre los productos conocidos fabricados por este método se incluyen vasos aislantes, neveras portátiles, decorados, objetos de fantasía, juguetes y numerosos productos de flotación y termoaislantes.

Colada

En la colada de plásticos expansibles se coloca la mezcla de resina que contiene el catalizador y los agentes de expansión químicos en un molde donde tiene lugar la expansión en una estructura celular (fig. 16-19). Los poliuretanos, poliéteres, urea-formaldehído, polivinilos y fenólicos se suelen expandir por colada. Flotadores, esponjas, colchones y materiales amortiguadores de seguridad son algunos ejemplos de estos materiales. Las plan-

(D) Máquina de moldeo para producir poliestireno expansible

Fig. 16-16. Plástico expandido sin fundir el plástico (*cont.*)

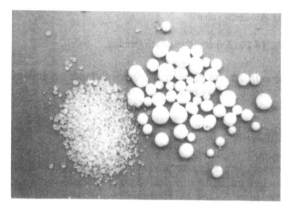

Fig. 16-17. Perlas expandidas y sin expandir de poliestireno.

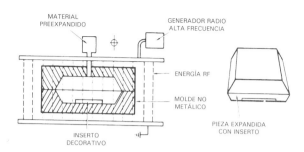

(A) Principio básico de la expansión de plásticos con aplicación de energía de radiofrecuencia

(B) Se puede aplicar radiación para expandir y curar los plásticos

Fig. 16-18. Los plásticos se pueden expandir por radiación.

Expansión in situ

La expansión in situ es similar a la colada, con la excepción de que el plástico expandido y el molde, en combinación, se convierten en el producto acabado. Como ejemplos se pueden mencionar aislamiento de camiones y vagones de transporte de mercancías y puertas de refrigeradores, así como material para flotadores de barcos y recubrimientos de telas.

En este proceso se mezclan la resina, el catalizador, agentes de expansión y otros ingredientes y se vierten en la cavidad (fig. 16-20). La expansión tiene lugar a temperatura ambiente, pero se puede calentar la mezcla para una reacción de expansión superior. Es posible incluir dentro de esta categoría a las formas sintácticas de plástico.

Pulverizado

Para aplicar plásticos expansibles sobre las superficies de un molde o sobre paredes y tejados para

chas o bloques de poliuretano flexible se obtienen por colada en moldes abiertos y cerrados, y después se cortan para obtener material para colchones o se desmenuzan para amortiguación. Los productos de almohadas y almohadillas de choque se pueden colar en moldes cerrados.

Las placas se producen generalmente a través de tratamientos de producción continua. A veces se extruyen, pero sobre todo se someten a colada simplemente y se pulverizan en una cinta continua. Se utiliza este material para almas de materiales compuestos con estructuras emparedadas o estratificadas.

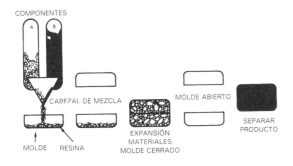

(A) Esquema de producción de materiales plásticos por colada

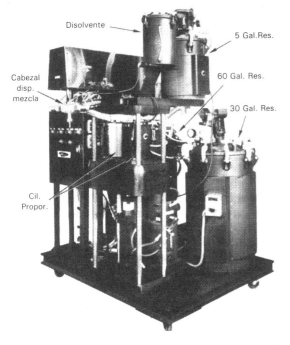

(B) Máquina que mezcla resinas líquidas con agentes de curado para producir espuma de poliuretano. (Hull Corp.)

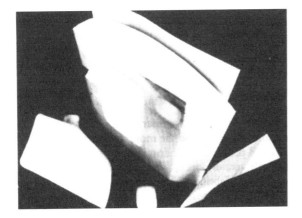

(C) Ejemplos de espuma configurada. (McNeil Akron Corp.)

Fig. 16-19. Producción de plásticos expandidos por colada.

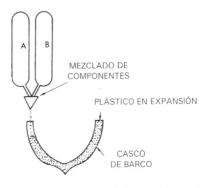

(A) Plástico expandido intercalado en el casco de un hidroavión

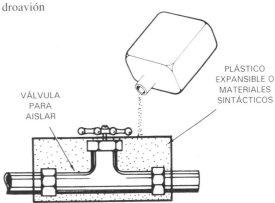

(B) Alrededor de una válvula

Fig. 16-20. Expansión in situ.

aislamiento se emplea un dispositivo especial, tal como se muestra en la figura 16-21.

A continuación se enumeran cinco ventajas y seis inconvenientes de los plásticos expandidos.

Ventajas de los plásticos expandidos

1. Productos ligeros, menos costosos con baja conductividad térmica.
2. Amplia gama de formulaciones desde rígido a flexible.
3. Amplia gama de técnicas de tratamiento.
4. Moldes más baratos para métodos a baja presión o de colada; son posibles productos grandes.
5. Las piezas pueden tener relaciones resistencia a masa altas.

Inconvenientes de los plásticos expandidos

1. Proceso lento, a veces es necesario un ciclo de curado.
2. Se necesita un equipo especial para métodos en los que se funde el plástico.

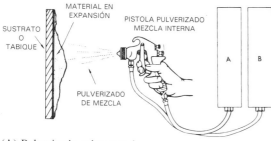

(A) Pulverizado sobre pared

(B) Fabricación de cubierta para casa

Fig. 16-21. Algunos ejemplos de espumación por pulverizado.

3. Herramientas y diseños de molde más costosos para métodos a alta presión.
4. Puede resultar difícil de controlar el acabado de superficie.
5. Tamaño de pieza limitada en método de alta presión.
6. Algunos procesos desprenden gases volátiles o humos tóxicos.

Vocabulario

A continuación, se ofrece un vocabulario de las palabras que aparecen en este capítulo. Busque la definición de aquellas que no comprenda en su acepción relacionada con el plástico en el glosario del apéndice A.

Agentes de espumado
Célula abierta
Célula cerrada
Espuma estructural
Espuma sintáctica
Espumado in situ
Expansión in situ
Lixiviación
Moldeo de reacción líquida
Plásticos expandidos (espumados)
Preespumado
Preexpandido
Sistemas de soplado

Preguntas

16-1. Cite tres términos utilizados para describir los tratamientos de expansión.

16-2. La estructura celular del plástico expandido es __?__ o __?__.

16-3. Los plásticos celulares tienen densidades relativas __?__ que los plásticos sólidos.

16-4. ¿A cuál de las dos clases de plástico pertenecen los plásticos que se expanden in situ?

16-5. Enumere seis métodos de formación de estructura celular en los tratamientos de expansión.

16-6. Algunos plásticos expandidos se pueden termoconformar. Generalmente están hechos de (plásticos) __?__.

16-7. Enumere cuatro usos generales de los plásticos expandidos.

16-8. ¿Qué se utiliza para expandir perlas de poliestireno en el molde?

16-9. Los plásticos celulares con piel integral se llaman __?__.

16-10. ¿Qué tipo de estructura celular tendría un chaleco salvavidas?

16-11. Los plásticos expandidos flexibles se utilizan principalmente para __?__.

16-12. Quizá los dos plásticos expandidos principales más usados hoy en día sean __?__ y __?__.

16-13. Mencione cuatro proceso básicos para expandir plástico.

16-14. ¿Qué tratamiento se seleccionaría para moldear la delantera de un automóvil?

16-15. Estiroforma es ___?___ para plásticos celulares de poliestireno.

16-16. ¿Qué proceso o procesos de expansión se utilizarán para producir cada uno de los siguientes productos?

   a. colchones
   b. salpicadero aguatado
   c. cartón para huevos
   d. bandeja para hielos
   e. aislamiento de muros

16-17. Cuando se calientan las perlas de poliestireno, el agente de ___?___ hace que se infle la perla.

16-18. Las perlas preexpandidas y las perlas sin expandir tienen una vida en almacenamiento limitada ya que pierden su agente ___?___.

16-19. ¿Qué significa la expresión *in situ*?

16-20. Al expandirse las perlas de poliestireno y empujan contra las paredes de otras perlas, forman una estructura ___?___ sin células interrumpidas.

16-21. Cite cuatro artículos que se pueden producir por colada de plásticos expandidos.

16-22. La expansión in situ es apropiada cuando el material celular no ha de ser ___?___.

16-23. En la colada, siempre se ___?___ del molde el plástico expandido.

16-24. ¿Cuál es el proceso de conformado en el que se atomiza la resina y el agente de expansión y se aplican con pistola sobre un molde o un sustrato?

16-25. ¿En qué se utiliza una gran cantidad de espuma de poliuretano?

16-26. Lo que determina las propiedades físicas del plástico expandido es ___?___.

16-27. Cite una de las principales aplicaciones de las espumas de poliuretano rígidas.

16-28. Muchas formas de perfil celular con piel superficial se producen con métodos ___?___.

16-29. Las piezas de poliestireno expandido y los moldes deben ___?___ antes de extraer la pieza expandida, ya que el calor remanente en el centro de la pieza de plástico puede continuar provocando la expansión.

16-30. El aumento de la densidad ___?___ la conductividad térmica pero ___?___ la resistencia de sujeción con la uña.

16-31. Las bolas de plástico o vidrio pequeñas se utilizan a veces para fabricar plásticos ___?___.

16-32. Cite cuatro métodos para preexpandir perlas de poliestireno.

16-33. En el conformado a baja presión de productos de armazón, son habituales presiones comprendidas entre 1 y ___?___ MPa.

16-34. Si el producto no está completamente moldeado o el molde no queda rellenado, la causa puede ser ___?___.

16-35. En ciertos productos de poliestireno expandido se aprecian las marcas que deja ___?___ usado para dejar salir el vapor de la cavidad del molde.

16-36. Dos de los principales inconvenientes de los métodos a alta presión de productos expandidos son los moldes ___?___ y el tamaño de la pieza ___?___.

16-37. Describa una forma de producir plástico expandido con piel.

16-38. Identifique el uso de espumas sintácticas y señale por qué sería más ventajoso en esta aplicación el uso de espuma.

Actividades

Agentes de soplado

Introducción. Un tipo de agente de soplado consiste en sustancias químicas que se descomponen a las temperaturas de tratamiento y despiden gases que forman burbujas diminutas en el plástico. La cantidad del agente de soplado influye en el tamaño y el número de células creadas. Un agente típico es azodicarbonamida, denominándose frecuentemente dichos materiales agentes de soplado de tipo azo.

Equipo. Moldeador de inyección, HDPE, agente de soplado de tipo azo, cuchilla, levadura, balanza de precisión, microscopio.

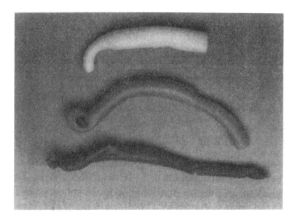

Fig. 16-22. Tres ciclos de aire expandido.

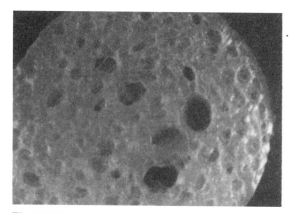

Fig. 16-23. Sección transversal de la estructura producida por disparo de aire.

Procedimiento

16-1. Un agente de soplado debe activarse a la misma temperatura que la requerida para el tratamiento del plástico en cuestión. Adquiera un agente de soplado de tipo azo apropiado para HDPE. En la figura 16-22 se muestran porciones de tres ciclos de aire de HDPE.

La muestra de arriba contiene agente de soplado de tipo azo, las dos de abajo contienen levadura. La diferencia entre las dos muestras hinchadas con levadura fue el tiempo de estancia en la máquina de moldeo. La muestra del centro ha perdido color en comparación con el material azo, pero no tanto como la muestra de abajo, que se ha oscurecido debido a un tiempo de estancia prolongado.

16-2. Mezcle el agente de soplado y el plástico básico según las recomendaciones del fabricante. Si utiliza levadura en HDPE, utilice un 3% como punto de partida.

16-3. Realice pequeños disparos de aire. Asegúrese de que existe una ventilación adecuada para eliminar las emisiones que salen del plástico caliente. Los disparos de aire darán oportunidad a los agentes de soplado de expandirse. En la figura 16-23 se muestra una sección de aproximadamente 13 mm de diámetro, cortada de la muestra superior de la figura 16-22.

No confunda las oquedades de vacío con células obtenidas con los agentes de soplado. En la figura 16-24 aparece la sección transversal de un bebedero de HDPE. El agujero no era una burbuja de aire, sino que

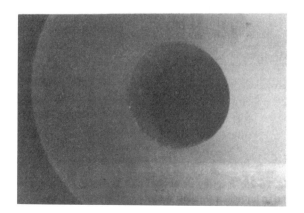

Fig. 16-24. Oquedad de vacío en un bebedero.

se formó al enfriarse. Cuando la presión de la contracción supera la resistencia de la de la capa exterior de la pieza, se producen rechupados. Si es al contrario, el resultado suele ser una oquedad de vacío.

16-4. Mida el peso específico de una porción de expandido por ciclo de aire. La alteración del porcentaje del agente de soplado influirá en el peso específico. Examine a simple vista una tira del ciclo de aire por el microscopio. HDPE natural es suficientemente translúcido como para permitir una buena inspección en secciones que se pueden cortar fácilmente con una cuchilla afilada.

16-5. Con el moldeo por inyección con un equipo convencional no se obtienen productos de densidad uniforme. En la figura 16-25 se muestran piezas conseguidas abriendo el molde inmediatamente después de completar la inyección. Las regiones más calientes, en el centro de la pieza y cerca de las entradas, se expandieron más que las colindantes.

16-6. En los moldeados de ciclo corto, el material que está al final de la línea de flujo tiene la oportunidad de expandirse porque no está presurizado y tiene una parte abierta en el molde. En las figuras 16-26A, 16-26B y 16-26C se muestran secciones transversales de un ciclo corto: 16-26A cerca del final de la línea de flujo, 16-26B aproximadamente a medio camino de la entrada y 16-26C cerca de la entrada. La diferencia del tamaño de célula demuestra la disminución de la presión a medida que la línea de flujo se aleja de la entrada.

16-7. Inyecte piezas completas a varias presiones de inyección. Mida el peso específico de secciones cortadas de la misma zona de la pieza. ¿Qué intervalo de peso específico se puede controlar con presión de inyección?

16-8. Redacte un resumen de sus conclusiones.

Microesferas

Introducción. Las esferas de vidrio diminutas se han venido utilizando durante años para reducir el peso de piezas de SMC y BMC. Su tamaño es tan reducido que aproximadamente 30 esferas pueden llenar el espacio que ocupa un grano de sal común. A pesar de todo, las tentativas para emplear las microesferas en productos moldeados por inyección resultaron un fracaso, ya que las fuerzas necesarias para el mezclado y el moldeado rompían las esferas. Recientemente se han conseguido aplicaciones de microesferas de alta resistencia en productos moldeados por inyección y se ha llegado a reivindicar un índice del 90% de permanencia.

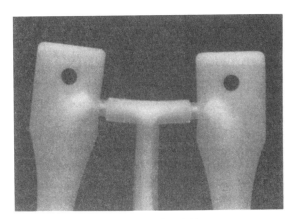

Fig. 16-25. Las piezas desmoldeadas rápidamente presenta una mayor expansión en las zonas más gruesas o más calientes.

(A) Expansión cerca del final de la línea de flujo

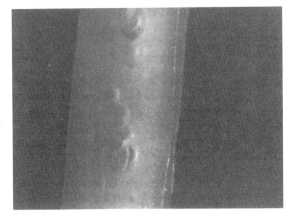

(B) Expansión cerca de la mitad del camino de la línea de flujo

(C) Expansión cerca de la entrada

Fig. 16-26. Efecto de la expansión según la localización.

Procedimiento

16-1. Adquiera microesferas. Las microesferas de tipo industrial son bastante diferentes a las comercializadas en las tiendas de bricolaje. Generalmente son esferas de escasa resistencia y se rompen con facilidad. Si es posible, adquiera burbujas de vidrio Scotchlite S60. Este producto tiene una densidad real de 0,60 g/cc. Su densidad aparente es de aproximadamente 0,35 g/cc. La densidad aparente es menor, ya que incluye las oquedades entre las partículas en el cálculo.

16-2. Examine las esferas por el microscopio. Dedique una especial atención a la frecuencia de esferas rotas.

16-3. Pese varias tandas de esferas y plástico con cargas incrementales, como por ejemplo 1%, 2% y 4%. Determine el peso específico del plástico, tanto experimentalmente como según las instrucciones de material del fabricante.

16-4. Mezcle las microesferas con el plástico con una extrusora.

16-5. Calcule el peso específico previsto del material extruido según la carga de microesferas. Mida el peso específico del material extruido. Elimine por quemado el material base y examine el material residual al microscopio para observar si se ha roto alguna microesfera en el proceso de extrusión. En caso afirmativo, estime el porcentaje de rotura. ¿Corresponden los datos del peso específico a las estimaciones de rotura?

16-6. Moldee por inyección piezas utilizando plásticos básicos y material compuesto. Mida el peso específico de las piezas que contienen microesferas. Queme el plástico y examine la ceniza. ¿Ha causado rotura de microesferas el proceso de inyección?

16-7. Complete las pruebas de las propiedades físicas de las piezas con microesferas y sin ellas. Compare la reducción de peso con la disminución de la resistencia.

16-8. Redacte un resumen de sus conclusiones.

Perlas de poliestireno expandido

Introducción. Los plásticos de poliestireno celular hechos de perlas aparecen en muchos productos. Las perlas pequeñas de poliestireno que contienen un gas volátil se expanden cuando la energía térmica (95 °C) evapora el gas. Bajo calor y presión, las perlas se condensan parcialmente.

Equipo. Perlas de PS, placa caliente o quemador de hornillo, recipiente con agua, molde, pigmentos, puchero, olla a presión, tamiz, agente de desmoldeo.

Procedimiento

16-1. Hierva aproximadamente 2 litros de agua (ver fig. 16-27).

16-2. Vierta 50 ml de perlas nuevas en el agua en ebullición. Agite hasta que suban a la superficie todas las perlas y se expandan hasta alcanzar la densidad deseada. Una preexpansión escasa se traducirá en un producto denso y duro, pero si se preexpanden demasiado, no rellenarán el molde adecuadamente durante la operación de expansión.

16-3. Utilizando un tamiz, separe las perlas preexpandidas del agua para detener la preexpansión, tal como se observa en la figura 16-28.

Fig. 16-27. Asegúrese de que todos los materiales están listos para expandir perlas de poliestireno.

Fig. 16-28. Se retiran las perlas preexpandidas del agua.

PRECAUCIÓN: El agua y las perlas están calientes. Conviene usar las perlas preexpandidas al cabo de 24 horas.

16-4. Asegúrese de que el molde está limpio. Aplique un recubrimiento de agente de desmoldeo.

16-5. Rellene el molde hasta la mitad con perlas preexpandidas. Se pueden añadir pigmentos en polvo y mezclarlos cuidadosamente con las perlas en este momento. Las perlas deberán formar un montículo. Retire las perlas de los labios del molde. Añada una cucharada de perlas sin expandir para conseguir un producto más duro y denso. En la figura 16-29 se muestra esta etapa.

16-6. Monte el molde cuidadosamente y muévalo para distribuir las perlas uniformemente.

16-7. Coloque el molde en una olla a presión que contenga al menos 1 litro de agua.

16-8. Coloque la tapa de la olla asegurándose de que queda herméticamente cerrada y que funciona la válvula.

16-9. Deje que la presión alcance aproximadamente 100 kPa. Mantenga la presión durante 5 minutos. No deje que exceda los 140 kPa (ver fig. 16-30).

16-10. Retire la olla del quemador y deje que descienda la presión lentamente (aproximadamente 5 minutos)

PRECAUCIÓN: Tenga cuidado con el escape de vapor caliente.

Fig. 16-30. Coloque el molde relleno en una olla, coloque la tapa y permita que la presión alcance hasta 100 kPa. NO SUPERE LOS 140 kPa.

Fig. 16-31. Retire el molde caliente de la olla.

16-11. Una vez que ha salido todo el vapor, abra la olla, extraiga el molde y colóquelo en agua de enfriado.

PRECAUCIÓN: Use guantes y gafas de protección. Consulte las figuras 16-31 y 16-32.

Fig. 16-29. Rellene el molde hasta la mitad con perlas preexpandidas.

Fig. 16-32. Enfríe rápidamente el molde caliente en agua.

Fig. 16-33. Retire cuidadosamente el producto expandido y recórtelo.

16-12. Abra el molde y extraiga la pieza expandida. Se puede utilizar aire comprimido para favorecer la liberación de la pieza. Recorte las rebabas. Si las perlas no estuvieran totalmente expandidas o se hubieran condensado entre sí, aumente la presión y/o tiempo de ciclo. Si el producto se encoge o tiene zonas fundidas, reduzca la presión, el ciclo de calentado y/o preexpansión (fig. 16-13).

Método de opcional de agua hervida

16-1. Prepare un molde y perlas preexpandidas

16-2. Rellene el molde con las perlas preexpandidas y compáctelas firmemente.

16-3. Coloque el molde en agua hirviendo durante 40 a 45 minutos. El tiempo variará según el tamaño del molde, la cantidad de preexpansión y la edad de la perla.

16-4. Enfríelo con agua.

16-5. Separe la pieza.

Método opcional de horno seco

16-1. Prepare un molde y perlas preexpandidas.

16-2. Rellene un 10% del volumen del molde con agua.

16-3. Rellene el molde con una mezcla de perlas preexpandidas y sin expandir. Utilice perlas mojadas.

16-4. Coloque el molde en un horno a 175°C durante aproximadamente 10 minutos. El tiempo variará según el tamaño del molde, la cantidad de preexpansión y la edad de las perlas.

16-5. Enfríelo en agua.

16-6. Separe la pieza.

Capítulo 17

Procesos de recubrimiento

Introducción

Es corriente ver recubrimientos plásticos en coches, viviendas, maquinaria e incluso esmaltes de uñas. En este capítulo se expondrá cómo se aplican estos recubrimientos sobre diferentes sustratos. Muchos de ellos sirven para mejorar las propiedades del producto protegiéndolo, aislándolo, lubricándolo o embelleciéndolo. Los recubrimientos pueden combinar una serie de propiedades que no reúna ningún otro material como son la flexibilidad, la textura, el color y la transparencia.

Para que un tratamiento se pueda calificar de *recubrimiento*, el material plástico debe permanecer sobre el sustrato. Los productos de colada por inmersión y de película no son recubrimientos, ya que el plástico se retira del sustrato o del molde. El recubrimiento se puede confundir con otros procesos, ya que se emplea un equipo similar y las variaciones del tratamiento pueden inducir a error.

Conviene seleccionar materiales de recubrimiento bastante parecidos al sustrato en cuanto a propiedades de dilatación térmica, sobre todo cuando se emplean refuerzos. Tal vez algunos procesos de recubrimiento reforzado se encuadrarían mejor como modificaciones de las técnicas de estratificado y refuerzo. Los refuerzos pueden ayudar a estabilizar la matriz de recubrimiento. La adhesión constituye uno de los factores críticos en una operación de recubrimiento. Algunos sustratos requieren una preparación correcta antes del recubrimiento (véase descarga de corona, plasma y tratamientos de llama, en el capítulo 19).

Dentro de los métodos de extrusión, el recubrimiento de alambres es un buen ejemplo del empleo de uno o más materiales que pasan a través de la boquilla de extrusión. En la extrusión o calandrado de películas se suelen colocar las películas calientes sobre otros sustratos que los recubren. El uso de dispersiones líquidas o de disolvente se clasifica como método de colada cuando se retira la película y como proceso de recubrimiento si la película queda sobre el sustrato.

Existen nueve técnicas generales de recubrimiento (que a veces se solapan) a través de las cuales se pueden colocar plásticos sobre sustratos, que se enumeran en el siguiente esquema del capítulo:

    I. Recubrimiento por extrusión.
   II. Recubrimiento de calandrado.
  III. Recubrimiento en polvo.
      A. Recubrimiento de lecho fluidizado.
      B. Recubrimiento de lecho electrostático.
      C. Recubrimiento a pistola de polvo electrostático.
  IV. Recubrimiento de transferencia.
   V. Recubrimiento con cuchilla o rodillo.
  VI. Recubrimiento por inmersión.
 VII. Recubrimiento por rociado.

VIII. Recubrimiento metálico.
   A. Adhesivos.
   B. Electrodepósito.
   C. Metalizado al vacío.
   D. Recubrimiento por metalizado iónico.
IX. Recubrimiento a brocha.

Recubrimiento por extrusión

En la extrusión simple o la coextrusión de un plástico fundido caliente, el recubrimiento se puede colocar sobre un sustrato o alrededor de él. El recubrimiento de película por extrusión es una técnica en la que se aplica una película de plástico caliente sobre un sustrato y se deja enfriar. Para conseguir una mejor adherencia, la película caliente deberá entrar en contacto con el sustrato precalentado y seco antes de alcanzar la luz de rodillos de la prensa extrusora (fig. 17-1). El rodillo frío se refrigera con agua para acelerar el enfriado de la película caliente. Normalmente, está cromado para que sea más resistente y transfiera mejor el brillo. Asimismo puede estar grabado para producir texturas especiales en la superficie de la película. El grosor de la película se controla mediante el orificio de la hilera y por la velocidad periférica del rodillo frío. Dado que el sustrato se desplaza más deprisa que el material extruido caliente a medida que sale de la hilera de la extrusora, este material se estira hasta alcanzar el espesor deseado justo antes de llegar a la luz de rodillos de la prensa de extrusión y a los rodillos fríos.

Se puede obtener un material compuesto estratificado delgado a través de varias técnicas de recubrimiento. Teniendo en cuenta que el objetivo principal del recubrimiento es dar protección, algunos materiales son más eficaces para ello que otros.

Para el recubrimiento por extrusión se suelen utilizar poliolefinas, EVA, PET, PVC, PA y otros polímeros, sobre diversos sustratos, para proporcionar barreras contra la humedad, gases y líquidos y superficies termosellables. El recubrimiento de polietileno sobre cartones de leche es un ejemplo conocido de tipo termosellable de barrera para líquidos.

Asimismo se extruyen plásticos expandidos sobre diversos sustratos. Por otra parte, se puede hacer pasar el sustrato a través de la hilera de extrusión, como es el caso del revestimiento de cables, alambres, varillas y algunos tejidos (fig. 17-2). A continuación, se enumeran cinco ventajas y dos inconvenientes del recubrimiento por extrusión.

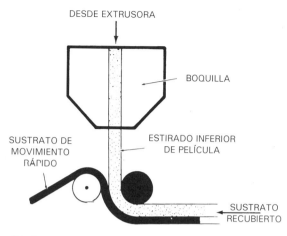

(A) Concepto básico del recubrimiento por extrusión

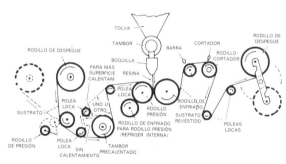

(B) Montaje de recubrimiento por extrusión con equipo de enrollado y desenrollado. (USI)

Fig. 17-1. Recubrimiento de película por extrusión.

Ventajas del recubrimiento por extrusión

1. Se pueden colocar varias capas de plástico sobre un sustrato.
2. No se necesitan disolventes.
3. Se puede variar el grosor del recubrimiento
4. Uniformidad del grosor del recubrimiento sobre alambre y cable.
5. Se pueden colocar recubrimientos celulares sobre un sustrato.

Inconvenientes del recubrimiento por extrusión

1. Los materiales extruidos están fundidos.
2. El equipo resulta caro.

Recubrimiento por calandrado

Las películas calandradas se pueden usar como recubrimiento de numerosos sustratos, en un método

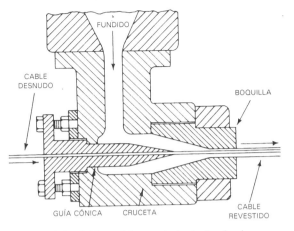

(A) Principios básicos del revestimiento de alambres

(C) Recubrimiento de cable con plástico de polietileno con extrusora. (Western Electric Co.)

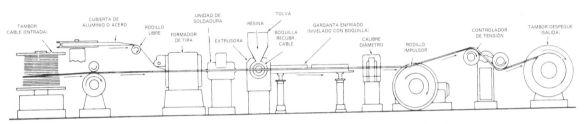

(B) Disposición de una planta de extrusión para recubrimiento de cables

Fig. 17-2. Proceso y productos de recubrimiento de cables por extrusión.

similar al recubrimiento por extrusión. Se prensa una película caliente sobre el sustrato mediante presión de los rodillos de aforamiento calientes (fig. 17-3).

El recubrimiento con rodillo en fundido es una variante del calandrado. En este proceso se prensa el sustrato precalentado contra el plástico fundido mediante un rodillo cubierto con caucho, pudiéndose usar también un rodillo gofrado. Se enfría después el material recubierto y se coloca en rodillos de despegue (fig. 17-4).

Se pueden utilizar plásticos fundidos sensibles a la presión y al calor, comúnmente empleados como adhesivos, para recubrir un sustrato. Este método se emplea con papel, plástico y tejidos (fig. 17-5).

El recubrimiento sobre un sustrato de papel puede combinar belleza, firmeza, resistencia a la fricción, frotamiento, humedad y resistencia a la suciedad o proporcionar un sistema de sellado para hacer un envase. A continuación se enumeran cinco ventajas y dos inconvenientes del recubrimiento por calandrado.

Ventajas del recubrimiento por calandrado

1. Proceso continuo a alta velocidad.
2. Precisión en el grosor.
3. Se pueden utilizar plásticos fundidos sensibles a la presión y al calor.
4. Los recubrimientos no presentan deformación.
5. Las series cortas son relativamente económicas.

Inconvenientes del recubrimiento por calandrado

1. Alto coste del equipo.
2. Se necesita un equipo adicional para material plano.

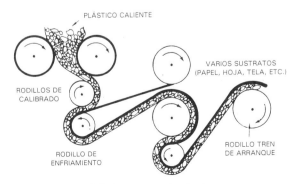

Fig. 17-3. Recubrimiento por calandrado.

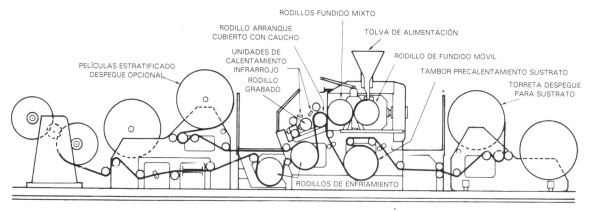

Fig. 17-4. Aparato de recubrimiento de doble rodillo. (Zimmer Plastics, GMbH).

Fig. 17-5. Recubrimiento de tejidos a escala industrial con un aparato Zimmer. (Zimmer Plastics, GMbH).

Recubrimiento de polvo

Si bien se conocen diez técnicas para aplicar recubrimientos de plástico en polvo, las tres más utilizadas hoy en día son lecho fluidizado, lecho electrostático y técnicas a pistola de polvo electrostático. El tratamiento de recubrimiento de un sustrato con plástico seco en polvo se denomina a veces *pintado en seco*.

Entre los ejemplos de plásticos que se obtienen como formulaciones en polvo (sin disolventes) para diversas técnicas de recubrimiento en polvo se incluyen PE, EP, PA, CAB (acetato-butirato de celulosa), PP, PU, ACS (acrilonitrilo-polietileno clorado-estireno), PVC, DAP (resina de isoftalato de dialilo), AN (acrilonitrilo), y PMMA. Después del recubrimiento, a veces es necesario un calentamiento adicional para asegurar una fusión o un curado completo.

Recubrimiento de lecho fluidizado

En el recubrimiento de lecho fluidizado, se suspende una pieza calentada en un tanque con plástico finamente pulverizado, normalmente un termoplás-tico (fig. 17-6A). El fondo del tanque tiene una membrana base porosa que permite que el aire (o gas inerte) atomice el plástico en un remolino de polvo similar a una nube. Tal vez la palabra «niebla» exprese mejor el mecanismo, ya que se controla muy bien la velocidad del aire. Esta fase aire-sólido actúa como un líquido en ebullición, de donde proviene la expresión lecho fluidizado.

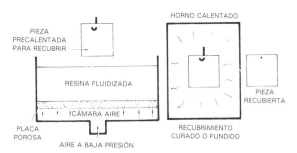

(A) Principio de funcionamiento. (W.S. Rockwell Co.)

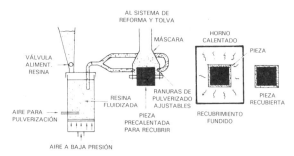

(B) Técnica de recubrimiento por pulverizado de lecho fluidizado. (W.S. Rockwell Co.)

Fig. 17-6. Proceso de recubrimiento de lecho fluidizado.

(C) Operación de recubrimiento por lecho fluidizado a gran escala. A la izquierda se puede ver la preparación del baño de metal. (Michigan Oven Co.)

(D) Se limpian las piezas de la cinta transportadora, se calientan y, después, se recubren por método de lecho fluidizado. (Michigan Oven Co.)

(E) Se aplica una capa de imprimación sobre las cubiertas de transformadores antes de calentarlas y recubrirlas mediante la técnica de lecho fluidizado. (Michigan Oven Co.)

Fig. 17-6. Proceso de recubrimiento de lecho fluidizado (*cont.*).

Cuando el polvo alcanza la parte caliente, se funde y se agarra a la superficie de la pieza. A continuación, se saca la pieza del tanque de recubrimiento y se coloca en un horno caliente, donde el calor condensa o cura el recubrimiento en polvo. El tamaño de la pieza estará limitado por el tamaño del tanque de lecho fluidizado. Se suelen utilizar en este método epóxidos, poliésteres, polietileno, poliamidas, polivinilos, celulósicos, fluoroplásticos, poliuretanos y acrílicos.

El proceso de lecho fluidizado nació en Alemania en 1953 y, desde entonces, se ha desarrollado hasta convertirse en un útil tratamiento de plásticos.

En una variante de este procedimiento, se rocía el polvo fluidizado sobre piezas precalentadas en una cámara independiente. El pulverizado sobrante se recoge y se vuelve a utilizar (fig. 17-6B). (Este proceso recibe a veces el nombre de *recubrimiento por pulverizado de lecho fluidizado*). Después, se funde el recubrimiento con la pieza en un horno calentado. A continuación se enumeran tres ventajas y seis inconvenientes del recubrimiento de lecho fluidizado.

Ventajas del recubrimiento de lecho fluidizado

1. Espesor y uniformidad.
2. Se pueden utilizar termoplásticos y algunos termoestables.
3. No se necesitan disolventes.

Inconvenientes del recubrimiento de lecho fluidizado

1. Debe calentarse el sustrato por encima de la temperatura de fusión del plástico.
2. Pueden requerirse capas de imprimación.
3. Resulta difícil controlar los recubrimientos delgados.
4. Es complicada la automatización continua de la cadena.
5. Se necesita un curado posterior.
6. El acabado superficial puede ser irregular (piel de naranja).

Recubrimiento de lecho electrostático

En el recubrimiento de lecho electrostático, se rocía una nube fina de plástico en polvo cargado negativamente y se deposita sobre un objeto cargado positivamente (fig. 17-7).

En algunas operaciones se puede invertir la polaridad. Se utilizan más de 100.000 voltios con un amperaje bajo (menos de 100 mA) para cargar las partículas cuando se atomizan con aire o un equipo sin aire. La atracción electrostática hace que las partículas cubran todas las superficies conductoras del sustrato. Estas piezas pueden requerir o no precalentamiento. En caso negativo, el curado o fundido deberá tener lugar antes de que el plástico en polvo pierda su carga. El curado se realiza en un horno calentado, tal como se observa en la figura 17-7. Mediante esta técnica se pue-

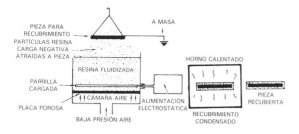

Fig. 17-7. Proceso de recubrimiento de lecho electrostático. (W.S. Rockwell Co.).

den recubrir hojas delgadas, pantallas, tuberías, piezas de lavavajillas, neveras, lavadoras, automóviles y maquinaria marina y de granja. A continuación, se enumeran cinco ventajas y seis inconvenientes del recubrimiento de lecho electrostático.

Ventajas del recubrimiento de lecho electrostático

1. Se pueden aplicar fácilmente capas finas y uniformes.
2. No se necesita precalentamiento.
3. El proceso se puede automatizar fácilmente.
4. Menor posibilidad de sobrerrecubrimiento.
5. Mejor calidad de acabado.

Inconvenientes del recubrimiento de lecho electrostático

1. Los recubrimientos gruesos requieren el precalentamiento del sustrato.
2. Las aberturas pequeñas o ángulos rígidos resultan difíciles de recubrir.
3. Puede ser necesario un sistema de recuperación de polvo.
4. Solamente se pueden utilizar resinas o plásticos iónicos.
5. Generalmente, es necesario un curado adicional.
6. Es posible que los sustratos requieran una preparación especial.

Recubrimiento a pistola de polvo electrostático

El proceso de recubrimiento a pistola de polvo electrostático es similar a la aplicación de pintura con pistola y consiste en cargar negativamente el plástico en polvo al pulverizar el objeto que se va a recubrir que está con toma a tierra (fig. 17-8). La fusión o curado debe tener lugar en hornos antes de que las partículas en polvo pierdan su carga eléctrica, pues de lo contrario se caerían de la pieza. Con

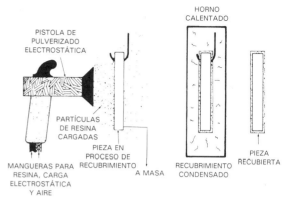

Fig. 17-8. Proceso de recubrimiento a pistola de polvo electrostático. (W.S. Rockwell Co.).

este método es posible recubrir formas complejas. El horno de fusión es el factor limitador en lo que se refiere al tamaño. Quizá los fabricantes de automóviles sustituyan en el futuro los procesos de acabado líquido por métodos de recubrimiento en polvo. Con este proceso se recubren centenares de productos, entre los que se incluyen verjas, tanques de productos químicos, tanques de galvanoplastia y piezas para lavavajillas, neveras y lavadoras.

A continuación, se enumeran cinco ventajas y siete inconvenientes del recubrimiento con pistola electrostático.

Ventajas del recubrimiento con pistola de polvo electrostático

1. Se pueden aplicar fácilmente capas finas y uniformes.
2. No se necesita precalentamiento.
3. El proceso se puede automatizar fácilmente.
4. Resultan prácticas las series cortas y el recubrimiento de formas raras.
5. Los costes del equipo son más bajos que en recubrimiento de lecho electrostático.

Inconvenientes del recubrimiento con pistola de polvo electrostático

1. Los recubrimientos gruesos requieren el precalentamiento de la superficie.
2. Los orificios pequeños o los ángulos pronunciados resultan difíciles de recubrir.
3. Puede ser necesario un sistema de recuperación del polvo.
4. Sólo se pueden usar resinas o plásticos iónicos.
5. Se necesita curado adicional.
6. Alto coste en mano de obra.
7. Mayor dificultad para controlar el espesor.

Recubrimiento de transferencia

En el recubrimiento de transferencia, se recubre un papel de desprendimiento con una solución plástica y se seca en un horno. A continuación se aplica una segunda capa de plástico sobre la primera y se coloca una capa de tejido en esta capa húmeda. Después, se pasa el tejido revestido a través de rodillos de presión y un horno de secado. Finalmente, se desprende el papel de desprendimiento del tejido recubierto. Con este método se produce una piel que imita al cuero duro sobre la tela (fig. 17-9).

Entre los plásticos más comunes para recubrir telas para fabricar toldos, calzado, tapicería y ropa se incluyen poliuretanos y PVC.

A continuación se enumeran dos ventajas y un inconveniente de este proceso.

Ventajas del recubrimiento de transferencia

1. Son posibles los sustratos de varias capas y colores.
2. Se puede recubrir una amplia gama de sustratos.

Inconveniente del recubrimiento de transferencia

1. Se necesita papel especial y equipo adicional.

Recubrimiento con cuchilla o rodillo

Los métodos de recubrimiento con cuchilla y rodillo constituyen otro mecanismo para extender una dispersión o mezcla de disolvente de plástico sobre un sustrato. El curado o secado del recubrimiento de plástico se puede llevar a cabo en hornos de calentamiento, sistemas de evaporación, rodillos calentados, catalizadores o radiación.

El método de cuchilla puede consistir en un rascador de cuchilla simple o un fino chorro de aire llamado *cuchillo de aire* (fig. 17-10A). Se pueden recubrir las dos caras de un sustrato con este método.

El recubrimiento se puede realizar combinando varios rodillos, tal como se muestra en las figuras 17-10B y 17-10F. Mediante este método se suelen recubrir papel y tejidos. A continuación, se enumeran cuatro ventajas y dos inconvenientes de los procesos de recubrimiento con cuchillo o rodillo.

Ventajas de recubrimiento con cuchillo o rodillo

1. Proceso continuo a alta velocidad.
2. Excelente control del grosor.
3. Los recubrimientos de plastisol no presentan deformación ni esfuerzo
4. Son posibles los recubrimientos gruesos.

Inconvenientes del recubrimiento con cuchillo o rodillo

1. Equipo y montaje requiere tiempo y costes.
2. No se justifica para series cortas.

(A) Las cubiertas de estos libros son ejemplos de recubrimientos de plástico sobre sustratos de papel

(B) Diagrama de una línea de recubrimiento por transferencia

Fig. 17-9. Proceso de recubrimiento por transferencia y productos.

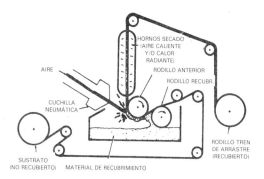

(A) Línea de recubrimiento con cuchillo de aire típico

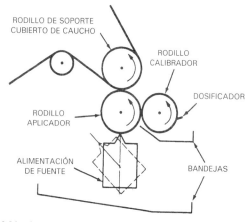

(B) Método de contra-recubrimiento. (Black-Clawson Co., Inc., Fulton Operations)

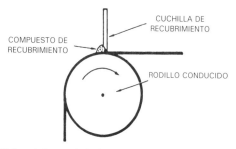

(C) Cabezal de recubrimiento con cuchillo sobre rodillo. (Waldron Division Midland Ross Corp.)

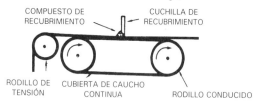

(D) Recubrimiento con cuchillo de capa continua. (Waldron Division Midland Ross Corp.)

Fig. 17-10. Procesos de recubrimiento con cuchilla y rodillo.

(E) Rasqueta flotante. (Waldron Division, Midland Ross Corp.)

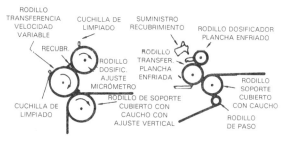

(F) Recubridores de rodillo invertido

Fig. 17-10. Procesos de recubrimiento con cuchilla y rodillo (*cont.*).

Recubrimiento por inmersión

Los recubrimientos por inmersión de aplican sumergiendo el objeto calentado en dispersiones líquidas o mezclas de disolvente de plásticos. El plástico más habitual es el policloruro de vinilo. En el caso de las dispersiones, es necesario un ciclo de calentamiento para fundir o curar el plástico sobre el objeto revestido, aunque es posible también endurecimiento por simple evaporación de los disolventes. Generalmente se necesitan 10 minutos de calentamiento por cada milímetro de espesor del recubrimiento. Las temperaturas de curado oscilan entre 175 y 190 °C. Entre los artículos más corrientes fabricados con esta técnica se pueden citar los mangos de herramientas y escurrideros. Los objetos están limitados por el tamaño del tanque de inmersión (fig. 17-11).

Para asegurar que las piezas de recambio llegan en buen estado y que se pueden guardar en diferentes condiciones, se suelen utilizar recubrimientos desprendibles, que se aplican sobre engranajes, pistolas y otras herramientas. También se pueden aplicar recubrimientos desprendibles cuando es necesario proteger superficies trabajadas o pulidas durante su fabricación u otro tipo de operación. Estos recubrimientos presentan una buena cohesión pero una adherencia relativamente escasa; por tanto, se pueden desprender o pelar. Los recubrimientos desprendibles se utilizan a veces como películas de protección en electrodepósitos o en la aplicación de pinturas (fig. 17-12).

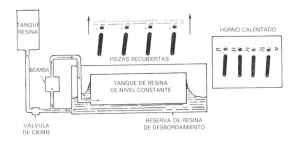

(A) Técnica de recubrimiento por inmersión

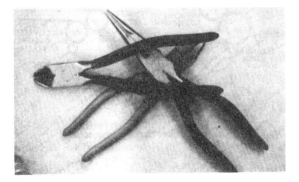

(B) Mangos de herramientas recubiertas por inmersión con PVC

Fig. 17-11. Procesos y productos recubiertos por inmersión.

Fig. 17-12. Recubrimientos desprendibles para proteger herramientas de cortado.

Es posible revestir alambres, cables, cordones y tubos a través de una variante de la inmersión, según la cual los sustratos pasan a través de una corriente de plastisol u organosol. El precalentamiento del sustrato y el posterior curado del producto aceleran la fusión. El grosor de la capa se controla de distintas formas. Se puede pasar el hilo del cable a través de una apertura de boquilla, que fija el tamaño y la forma del recubrimiento. Si no se utiliza boquilla, se determinará el tamaño y la forma en virtud de la viscosidad y la temperatura. Varias pasadas por el plastisol u organosol aumentarán el gro-

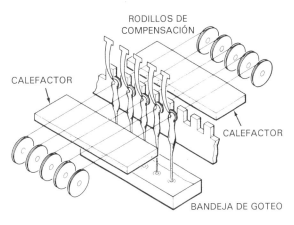

Fig. 17-13. Mediante esta variante del proceso de inmersión se puede aplicar un recubrimiento de plastisol sobre un alambre, cable, cordón o tubo a velocidades muy altas. (BF Goodrich Chemical Division).

sor. Este proceso se puede llevar a cabo en la posición vertical u horizontal (fig. 17-13). A continuación se enumeran dos ventajas y cinco inconvenientes del recubrimiento por inmersión.

Ventajas del recubrimiento por inmersión

1. Se pueden aplicar recubrimientos ligeros o pesados sobre formas complejas.
2. Se utiliza un equipo relativamente barato.

Inconvenientes del recubrimiento por inmersión

1. Pueden ser necesarias capas de imprimación.
2. Los plastisoles requieren sustratos precalentados y un calentamiento adicional.
3. Los organosoles exigen recuperación o escape del disolvente.
4. Se debe controlar la vida del recipiente y la viscosidad.
5. La velocidad de retirada del baño deberá ser controlada para conseguir espesores de recubrimiento uniformes.

Recubrimiento por pulverizado

En el recubrimiento por pulverizado se atomizan dispersiones, soluciones de disolvente o polvos fundidos por acción del aire (o gas inerte) o la presión de la propia solución (sin aire) y se depositan sobre el sustrato. El recubrimiento por pulverizado de muebles, viviendas y vehículos con pinturas plásticas o barnices sirve de ejemplo de esta técnica. Para re-

(A) Piezas recubiertas para industria eléctrica. (Quelcor, Inc.)

(B) Campana de humos recubierta. (Michigan Chrome & Chemical Co.)

(C) Botes de aerosol de materiales plásticos para recubrimientos

Fig. 17-14. Pulverizados y productos recubiertos por pulverizado.

cubrir vagones de ferrocarril se emplean dispersiones de policloruro de vinilo (plastisol) (fig. 17-14).

En un procedimiento llamado *recubrimiento a la llama*, se soplan polvos finamente triturados a través de una tobera de quemador, de diseño especial, de una pistola rociadora (fig. 17-15). El polvo se funde rápidamente a medida que pasa a través de esta tobera calentada por gas o eléctricamente. El plástico fundido caliente se enfría en seguida y se adhiere al sustrato.

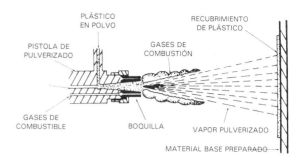

Fig. 17-15. Principio del recubrimiento con llama.

Este tratamiento es útil para artículos que resultan demasiado grandes para otros métodos. A continuación se enumeran tres ventajas y tres inconvenientes del recubrimiento por pulverizado.

Ventajas del recubrimiento por pulverizado

1. Costes bajos del equipo.
2. Resultan económicas las series cortas.
3. Rápido y adaptable para variaciones de tamaño.

Inconvenientes del recubrimiento por pulverizado

1. Dificultad para controlar el grosor del recubrimiento.
2. El coste de la mano de obra puede ser alto.
3. Los defectos de pulverizado excesivo y superficiales (corrido y piel de naranja) pueden ser un problema.

Recubrimiento metálico

Tal vez el recubrimiento metálico no debería clasificarse como un proceso más de la industria del plástico; pero, teniendo en cuenta que muchos plásticos están relacionados con este proceso, la información que se expone aquí será de utilidad para el lector. Además de servir como acabado decorativo, los recubrimientos metálicos pueden proporcionar una superficie eléctricamente conductora, resistente al desgaste y la corrosión o una mejor flexión por calor. Los métodos principales para aplicar un recubrimiento de metal sobre un sustrato consisten en adhesivos, electrodepósito, metalizado al vacío y técnicas de metalizado por bombardeo iónico.

Adhesivos

Se emplean adhesivos para aplicar hojas a numerosas superficies. En la industria textil se aplica

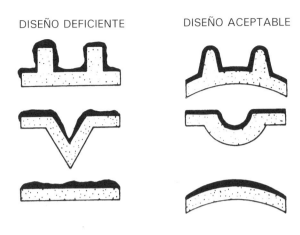

Fig. 17-16. Para recubrir piezas por electrodepósito son deseables filetes de radio grande y curvados.

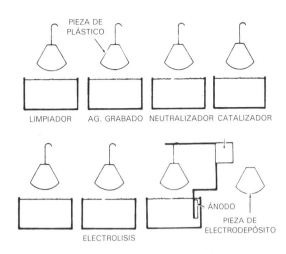

Fig. 17-17. Secuencia de operaciones en el electrodepósito de plásticos.

este método para unir hojas metálicas a prendas de diseño especial. Las piezas complejas o irregulares resultan difíciles de recubrir. Por otra parte, el metal no se adhiere bien a sustratos de polietileno, fluoroplásticos y poliaminas.

Electrodepósito

El electrodepósito se realiza sobre muchos plásticos. En esta técnica debe tenerse en cuenta tanto la resina como el diseño del molde, a la hora de producir un recubrimiento metálico sobre una pieza de plástico. Las nervaduras, lengüetas, ranuras o endentaciones deberán ser redondeadas o de terminación cónica (fig. 17-16). Fenólico, urea, acetal, ABS, policarbonato, óxido de polifenileno, acrílicos y polisulfona se cubren frecuentemente por electrodepósito.

Se realiza una fase preliminar al electrodepósito limpiando cuidadosamente la pieza de plástico y grabando con ácido la superficie para asegurar la adherencia (fig. 17-17, 17-18). Se vuelve a limpiar la pieza grabada y se *siembran* las superficies con un catalizador de metal noble inactivo. Se añade un acelerador para activar el metal noble y la solución iónica de metal reacciona autocatalíticamente en la solución de electrólisis. Se utilizan soluciones de electrólisis de cobre, plata y níquel para preparar un depósito de un grosor de 10 a 30 millonésimas partes de pulgada (de 0,25 a 0,80 micrómetros) de espesor. Una vez establecida una superficie conductora, se pueden utilizar soluciones de electrodepósito comerciales como cromo, níquel, latón, oro, cobre y zinc. La mayoría de los plásticos recubiertos por electrodepósito tienen una apariencia cromada. A continuación se enumeran dos ventajas y siete inconvenientes del electrodepósito de plásticos.

Ventajas del electrodepósito

1. Acabados de tipo espejo
2. Buen control del grosor

Inconvenientes del electrodepósito

1. Los agujeros y los ángulos pronunciados son difíciles de recubrir por electrodepósito.
2. Algunos plásticos no se recubren fácilmente por electrodepósito.
3. Es necesario limpiar y grabar con ácido el plástico antes del electrodepósito.
4. El tiempo de ciclo es prolongado.
5. Coste inicial alto.
6. Resulta caro para series cortas.
7. El acabado de la superficie del plástico debe ser perfectamente liso.

Metalizado al vacío

En el metalizado al vacío se limpian a fondo las piezas o películas de plástico y se aplica una capa base de laca para rellenar los defectos de la superficie y sellar los poros del plástico. Las poliolefinas y poliamidas se graban químicamente con ácido para asegurar una buena adherencia. A continuación, se coloca el plástico en una cámara de vacío y se disponen piezas o tiras pequeñas del metal de recubrimiento (cromo, oro, plata, zinc o aluminio) sobre filamentos calefactores especiales. Se cierra herméticamente la cámara y se inicia el ciclo de vacío. Una vez alcanzado el vacío deseado (0,5 micrómetros Hg o unos 0,07 Pa), se calientan los filamentos. Las piezas de metal se funden (por alto

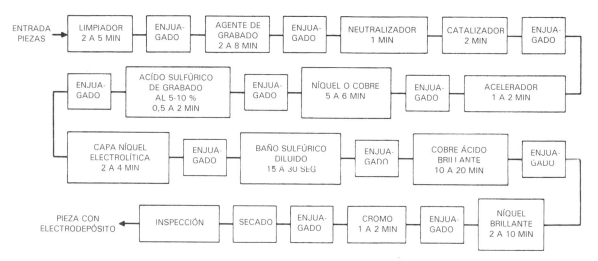

Fig. 17-18. Organigrama del proceso de electrodepósito típico.

voltaje) y se vaporizan, recubriendo todo lo que toca el vapor de la cámara y condensándose o solidificándose sobre las superficies más frías (fig. 17-19). Debe hacerse girar la pieza para que se cubra completamente, ya que el metal vaporizado sigue una trayectoria recta. Una vez realizado el electrodepósito, se libera el vacío y se sacan las piezas. Para proteger la superficie metalizada de la oxidación y la abrasión se aplica un recubrimiento de laca (fig. 17-20). Este acabado es particularmente adecuado para aplicaciones de interior.

Alternando la evaporación de dos o más metales, es posible crear estratos de cromo/cobre/cromo o inoxidable/cobre/inoxidable. Este procedimiento recibe el nombre de *electrodepósito por vapor estratificado*. A continuación se enumeran cuatro ventajas y cinco inconvenientes del recubrimiento por metalizado al vacío.

Ventajas del recubrimiento por metalizado al vacío

1. Recubrimientos uniformes ultrafinos.
2. Se pueden utilizar prácticamente todos los plásticos.
3. Acabados de tipo espejo.
4. No hay tratamiento químico.

Inconvenientes del recubrimiento por metalizado al vacío

1. Para conseguir un buen resultado debe recubrirse el plástico con una laca.
2. La cámara de vacío limita el tamaño de la pieza y el índice de producción.
3. Se exageran los rayados o defectos.
4. Coste inicial alto.
5. Resulta caro para series cortas.

Metalizado por bombardeo iónico

Los metales o materiales refractarios se pueden metalizar por sistemas de bombardeo iónico. Se emplea un equipo electrónico de magnetrón para pulverizar el recubrimiento metálico. Los átomos de cromo caen (bombardean) sobre la superficie de plástico cuando el gas argón incide sobre un electrodo hecho del metal de recubrimiento. El espesor típico es de 0,005 a 0,07 mm. A continuación se aplica un recubrimiento protector transparente de PU, acrilato o celulósicos para proteger el recubrimiento metálico. Este tratamiento se utiliza para recubrir pomos, películas, reflectores de luz, acabados de coches y accesorios de fontanería. A continuación se enumeran cuatro ventajas y tres inconvenientes de este procedimiento.

Ventajas del metalizado por bombardeo iónico

1. Recubrimientos ultrafinos.
2. Adherencia excelente.
3. Posibilidad de sistemas en línea automáticos.
4. Las piezas conducen la electricidad.

Inconvenientes del metalizado por bombardeo iónico

1. Gran inversión de tecnología y capital.

CAPÍTULO 17: PROCESOS DE RECUBRIMIENTO

(A) Limpieza y grabado con ácido de la pieza

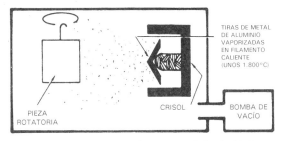

(B) Vaporización de aluminio para recubrir el plástico

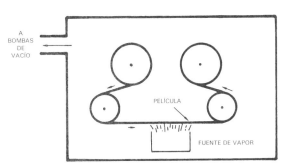

(C) Metalizado al vacío sobre película de plástico

(A) Se cargan los cuernos en unos soportes para colocarlos en la cámara de vacío. Se gira el soporte dentro de la cámara durante el tratamiento de metalizado.

(B) Se puede aplicar una capa base de laca por inmersión (como se muestra aquí), por pulverizado o por recubrimiento de flujo, y hornear después. La laca suavizará los pequeños defectos de la superficie e impartirá un brillo inicial.

(D) El elemento tipo de una máquina de escribir eléctrica es un plástico metalizado

Fig. 17-19. Metalizado al vacío de piezas de plástico.

2. Se exageran los defectos y rayados.
3. Es necesaria una capa de protección sobre el recubrimiento metalizado.

Recubrimiento a brocha

El recubrimiento sobre un sustrato con brocha, a mano, tanto con disolvente como sin él, es muy corriente, y se aplica a pinturas y acabados. Los acabados sin disolvente son sistemas de dos compo-

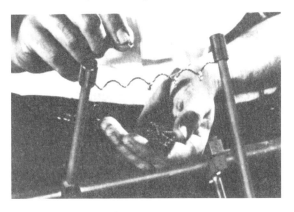

(C) Se colocan pequeñas grapas de materiales de electrodepósito (aluminio, en este caso) en las bobinas de filamentos de tungsteno en hebras. Después de cerrar la cámara se forma vacío, se calientan los filamentos hasta llegar a la incandescencia.

Fig. 17-20. Técnica para metalizar cuernos. (Pennwalt Stokes Corp.).

(D) El aluminio se funde, se extiende en una fina capa sobre los elementos y se vaporiza. La vaporización o acondicionado de los filamentos requiere tan sólo de 5 a 10 segundos, alcanzándose en ese período una temperatura de 1110 °C. A continuación se retiran los productos metalizados de la cámara de vacío y se sumergen en una laca que actúa como capa superior de protección. La capa superior transparente se puede teñir permitiendo varias opciones de color.

Fig. 17-20. Técnica para metalizar cornos. (Pennwalt Stokes Corp.) (*cont.*)

nentes de resinas y agentes de curado que se mezclan primero y se aplican después. En las formulaciones sin disolvente se emplea poliéster, silicona, epoxi y algunas resinas de poliuretano. Los recubrimientos a base de disolvente pueden requerir secado al aire o calentamiento para curarse.

Un acabado de calidad depende de la destreza del operario y el tipo y viscosidad del material.

Frecuentemente se aplican capas protectoras en grandes tanques de metal a mano o por métodos de rociado. Si han de enterrarse, deberán protegerse también de la corrosión y la acción electrolítica.

Entre los ejemplos conocidos se pueden mencionar recubrimientos en viviendas, maquinaria, muebles y esmalte de uñas. A continuación se enumeran dos ventajas y tres inconveniente del recubrimiento a brocha.

Ventajas del recubrimiento a brocha

1. Costes de equipo bajos.
2. Las series cortas y los prototipos resultan económicos.

Inconvenientes del recubrimiento a brocha

1. Alto coste de la mano de obra.
2. Control del grosor insuficiente.
3. Acabado difícil de controlar y reproducir.

Vocabulario

A continuación, se ofrece un vocabulario de las palabras que aparecen en este capítulo. Busque la definición de aquellas que no comprenda en su acepción relacionada con el plástico en el glosario del apéndice A.

Electrodepósito de vapor estratificado
Lecho fluidizado
Metalizado al vacío
Pulverizado de llama
Recubrimiento con cuchilla
Recubrimiento por extrusión
Recubrimiento por inmersión

Preguntas

17-1. Para que un tratamiento se pueda definir como recubrimiento de plástico debe permanecer sobre ___?___.

17-2. La técnica a través de la cual se prensa un plástico extruido sobre un sustrato sin adhesivo se denomina ___?___.

17-3. El recubrimiento utilizado para proteger herramientas de la oxidación y daños por bordes cortantes durante su exportación se llama ___?___.

17-4. Enumere dos procedimientos utilizados para revestir cables.

17-5. El recubrimiento con rodillo en fundido es una modificación del proceso ___?___.

17-6. ¿Qué tratamiento se aplica para revestir mangos de herramientas?

17-7. ¿Qué ventaja tiene el electrodepósito?

17-8. ¿Cuáles son las mayores ventajas del recubrimiento a brocha?

17-9. ¿Qué tratamiento de recubrimiento se aplicaría para producir películas de sombra de ventana reflectante?

17-10. ¿Cuántos minutos de calentamiento se necesitan por cada milímetro de espesor de recubrimiento por inmersión?

17-11. Cite cuatro métodos que se pueden emplear para extender una dispersión o mezclas de disolvente sobre un sustrato.

17-12. ¿El grosor de pared ideal para un monedero de vinilo bañado es __?__.

17-13. La temperatura usada para curar plastisoles es __?__.

17-14. El principal elemento al curar un recubrimiento de plastisol es __?__.

17-15. El principal elemento al curar un recubrimiento de organosol es __?__.

17-16. Cite cuatro métodos o técnicas que se pueden usar para aplicar un recubrimiento sobre un tejido.

17-17. Cite dos de las ventajas principales del recubrimiento por extrusión.

17-18. ¿Que hace que se atomice el polvo en un tratamiento de lecho fluidizado?

17-19. El proceso de recubrimiento de un sustrato con plástico en polvo seco se denomina a veces __?__.

17-20. Exponga cuál es el mayor inconveniente del recubrimiento por transferencia.

17-21. En los procesos de recubrimiento __?__, se da a los plásticos y al sustrato cargas opuestas.

17-22. El plástico más comúnmente utilizado para el recubrimiento por inmersión es __?__.

17-23. Para acelerar la fusión en el recubrimiento por inmersión, es corriente __?__ y __?__ el sustrato.

17-24. A veces se aplica un recubrimiento de __?__ sobre superficies electrodepositadas para reducir al mínimo la oxidación y la abrasión.

17-25. Se pueden depositar metales o materiales refractarios a través de sistemas de recubrimiento __?__.

17-26. Cite cuatro razones por las que se recubre un sustrato.

17-27. Cite los tres principales tratamientos de recubrimiento en polvo seco.

17-28. Cite tres materiales que se suelen recubrir por transferencia.

17-29. La utilización de un fino chorro de aire para extender o dispersar resinas o plásticos sobre un sustrato se llama __?__.

17-30. Cite cuatro productos que se suelen recubrir por pulverizado.

17-31. Cite cuatro de los métodos más importantes para metalizar un sustrato.

17-32. Antes de realizar el metalizado al vacío, se aplica una capa __?__ sobre la pieza para reducir al mínimo los defectos superficiales, impartir una superficie reflectante o sellar el sustrato.

17-33. Durante el ciclo de metalizado al vacío, las piezas de plástico se deben __?__, ya que el metal vaporizado tiene una trayectoria en línea recta.

17-34. Los tejidos se recubren en aras de la resistencia a la humedad y resistencia química, mientras que los recipientes, bandejas y herramientas se recubren para conseguir resistencia química y __?__.

17-35. Un fabricante debe recubrir los siguientes productos. Recomiende las técnicas de recubrimiento para cada uno de ellos.

   a. Una parrilla de plástico para que parezca cromada.
   b. Placas para muros de hormigón para construcción.
   c. Artículo de bisutería de dos colores (negro y oro).
   d. Cubiertas de un libro.
   e. Impermeable.

17-36. Describa el proceso de recubrimiento de lecho fluidizado

17-37. En el recubrimiento de lecho electrostático, ¿cómo se deposita en la pieza el polvo seco?

17-38. ¿Qué es el recubrimiento a pistola de polvo electrostático? ¿En qué se diferencia del recubrimiento de lecho electrostático?

17-39. Describa brevemente el proceso de electrodepósito. ¿Qué materiales plásticos se adaptan bien a este tratamiento?

17-40. ¿Qué tratamiento elegiría para recubrir mangos de herramientas con un plástico elástico?

17-41. Enumere los procesos de recubrimiento que requieren calor para el curado. Mencione también los que no necesitan calor para el curado.

Actividades

Recubrimiento de lecho fluidizado

Introducción. El recubrimiento de lecho fluidizado consiste en un tratamiento de recubrimiento en polvo en el que se utilizan materiales tanto termoplásticos como termoendurecibles. En las figuras 17-21, 17-22 y 17-23 se muestran varios tipos de aparatos de recubrimiento de lecho fluidizado. Los tres contienen un fondo poroso que permite el paso del aire (u otros gases). El aire sale a través del polvo, haciendo que el polvo flote en el tanque, casi como un líquido. El polvo se funde y se adhiere a la superficie de los sustratos precalentados, cuando se sumergen en el lecho. Un ciclo de poscalentamiento servirá para alisar la superficie del termoplástico y producirá el curado final de los termoestables.

Equipo. Aparato de recubrimiento de lecho fluidizado, polvo de polietileno, compás, horno, sustratos para el baño, guantes aislantes.

Fig. 17-22. Fluidizador de pequeño casero pequeño.

Fig. 17-23. Fluidizador de laboratorio con compresor.

Procedimiento

17-1. Obtenga sustratos para el baño. En la figura 17-24 se muestra un sustrato de acero, cortado de una tira de 0,3 x 1,9 cm. Estas piezas tienen una longitud de 4,44 cm. Se pueden emplear también sustratos de otro tamaño y forma. Enganche un hilo de alambre en cada uno de los sustratos, según la fotografía. Mida el grosor de los sustratos.

17-2. Suspenda los sustratos en un horno y caliéntelo a 176 °C.

17-3. Prepare un lecho fluidizado añadiendo polvo de polietileno y ajustando la presión de aire para fluidizar completamente el polvo. Dependiendo del tipo de fluidizador, puede bastar de 20 a 34 kPa.

17-4. Saque una pieza de metal del horno, sujétela por el alambre y sumérjala rápidamente en el lecho. Registre la duración de tiempo en el lecho. Saque la pieza y sacúdala para eliminar el exceso de polvo.

Fig. 17-21. Fluidizador de laboratorio comercial pequeño.

17-5. Vuelva a introducir la pieza recubierta en el horno para alisar la superficie por fusión de las partículas de polvo.

17-6. Sáquelo del horno y enfríelo.

17-7. Mida el grosor de la pieza recubierta y calcule el grosor del recubrimiento. ¿Es más grueso el recubrimiento en la parte inferior que en la superior?

17-8. Frecuentemente es posible separar el recubrimiento cortándolo por el borde del metal y desprendiéndolo. En la figura 17-24 se muestra un artículo del que se ha desprendido el recubrimiento del sustrato. La medición del grosor del recubrimiento desprendido puede ser más exacta.

17-9. Determine arbitrariamente el espesor que desee para el recubrimiento. Los recubrimientos de la figura 17-24 tienen un grosor de aproximadamente 0,08 mm.

17-10. Determine un tratamiento con el que se pueda conseguir de forma repetida un recubrimiento liso y uniforme del grosor deseado. Los parámetros básicos son:

- Temperatura de precalentamiento.
- Temperatura y tiempo de poscalentamiento.
- Tiempo de inmersión.
- Profundidad a la que se sumerge el sustrato en el lecho.
- Agitación durante la inmersión.
- Limpieza del sustrato.
- Presión del aire.

17-11. Redacte un resumen sobre el tratamiento con el que se consigue el recubrimiento óptimo.

Investigación adicional. Para determinar el efecto de un material de sustrato, fabrique sustratos de acero, aluminio y cobre o latón. Asegúrese de que las dimensiones son idénticas. Caliéntelos a las mismas temperaturas y sumérjalos del mismo modo. ¿Cambia el espesor del recubrimiento de un tipo de sustrato a otro?

Recubrimiento por inmersión

Introducción. Un plastisol es una mezcla de policloruro de vinilo en polvo y un plastificante. Cuando se sumerge un sustrato precalentado en plastisol, las partículas de PVC se adhieren al sustrato. El poscalentamiento completa la fusión de las partículas de PVC.

Equipo. Dispersiones de vinilo, sustratos para inmersión, horno, compás, aparato para medir la tracción, guantes aislantes.

Procedimiento

17-1. Fabrique sustratos para el baño. Los sustratos que se muestran en la figura 17-25 son de aluminio, cortados de una barra de 0,5 x 2,54 cm. Tienen una longitud de aproximadamente de 10,16 cm, para caber en un bote de aproximadamente un litro de dispersión de vinilo.

17-2. Precaliente los sustratos a 200°C. Rápidamente, saque el sustrato del horno y suspéndalo en la dispersión. En la figura 17-25 se mues-

Fig. 17-24. Sustratos cubierto, sin cubrir y pelado.

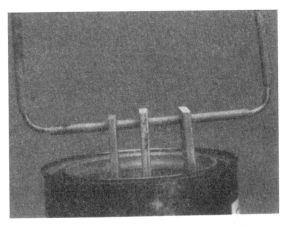

Fig. 17-25. Inmersión en aproximadamente un litro de plastisol.

tra un recubrimiento por inmersión en marcha. Registre el tiempo de inmersión. Retírelo de la dispersión y deje que gotee.

17-3. Introdúzcalo de nuevo en el horno y cúrelo a 175 °C.

17-4. Cuando se funda completamente, retírelo del horno y enfríelo.

17-5. Desprenda el recubrimiento del sustrato y corte un borde.

17-6. En la figura 17-26, se muestra un sustrato bañado, una pieza de vinilo cortada en forma de hueso y otra pieza después del ensayo de tracción. Para cortar el hueso, utilice un cortador como el que se muestra en la figura 17-27. Si no dispone del mismo, utilice tijeras. Realice la prueba de tracción para determinar la resistencia y el porcentaje de elongación de la muestra de vinilo. Si se omite el corte en la forma de hueso y se obtiene una tira de anchura uniforme, es posible que resbale de las sujeciones del aparato de tracción. La muestra rota de la figura 17-26 presentó una resistencia a la tracción última de 9,78 MPa y una elongación de 385%.

17-7. Determine experimentalmente un proceso con el que se consiga un vinilo liso, uniforme, fuerte y elástico. Los parámetros más importantes son:

- Temperatura de precalentamiento
- Tiempo de inmersión
- Temperatura de curado
- Tiempo de curado
- Suavidad superficial del sustrato

PRECAUCIÓN: El sobrecalentamiento del plastisol liberará gas tóxico de cloruro de hidrógeno (HCl). Asegúrese de que la ventilación alrededor del horno es la adecuada.

17-8. Redacte un informe resumen sobre el proceso con el que se consigue el vinilo óptimo.

Actividades adicionales

a. Para observar el efecto de la suavidad del sustrato, pula una superficie del sustrato y deje tosca la cara contraria. ¿Qué efecto produce la superficie rugosa?

b. Investigue sobre el efecto del tiempo de poscalentamiento. Produzca varias muestras, aumente de forma incremental el tiempo de poscalentamiento y realice pruebas para determinar los efectos sobre las propiedades físicas del vinilo.

c. Realice una investigación sobre el papel de los guantes de cirugía de caucho de látex. A raíz de la inquietud provocada por el SIDA, se ha extendido el uso de guantes de látex. ¿Cómo se pueden fabricar guantes de grosor uniforme sin agujeros?

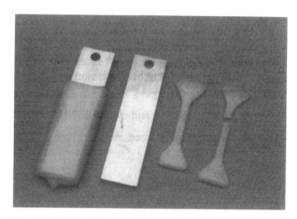

Fig. 17-26. Estadios en las pruebas de recubrimientos bañados con vinilo.

Fig. 17-27. Cortador de forma de hueso con bordes afilados.

Capítulo 18

Materiales y procesos de fabricación

Introducción

Al igual que la madera, el metal y otros materiales, los componentes de plástico suelen requerir montaje o fabricación. En este capítulo se tratan los principales procesos de fabricación y los materiales utilizados en ellos. Existen cuatro métodos generales para soldar plásticos, según el siguiente esquema de capítulo:

I. Adhesión mecánica.
   A. Resinas termoplásticas.
   B. Resinas termoendurecibles.
   C. Tipos elastoméricos.
II. Adherencia química.
   A. Unión con disolvente.
   B. Técnicas de calentamiento por fricción..
   C. Técnicas de calor transferido.
III. Sujeción mecánica.
IV. Ajuste por rozamiento.
   A. Ajuste forzado.
   B. Ajuste a presión rápido.
   C. Ajuste por contracción (en caliente).

Adherencia mecánica

Los adhesivos constituyen un extenso grupo de sustancias que adhieren materiales mediante una unión de superficie. Cuando dicha unión se produce por interconexión de las superficies, se trata de adhesivos mecánicos o físicos. Los adhesivos mecánicos se presentan en diversas formas, aunque deben estar en estado líquido o semilíquido durante la operación de unión, para asegurar un contacto firme con los adherendos (superficies que se adhieren). En la adhesión mecánica, no se produce un movimiento de los adherendos.

Durante siglos se han utilizado plásticos animales y otros de tipo natural como adhesivos. Hubo un tiempo en que estaba muy extendido el uso de cera y goma laca como lacre para cartas y documentos importantes. Muchas civilizaciones antiguas utilizaban el betún natural para tapar grietas de botes y balsas. Los arqueólogos han hallado pruebas de que, hace más de 30 siglos, los egipcios empleaban los adhesivos para aplicar pan de oro sobre tumbas y criptas.

En el pasado, la palabra *cola* se aplicaba a un adhesivo obtenido de las pieles, cartílagos, huesos y otras partes del animal. Hoy es sinónimo de adhesivos de plástico y sirve generalmente para encolar madera.

Los adhesivos mecánicos se dividen normalmente en tres categorías básicas: 1) resinas termoplásticas, 2) resinas termoendurecibles y 3) tipos elastoméricos. En la tabla 18-1 se recogen distintos adhesivos termoendurecibles y termoplásticos y las formas existentes.

Resinas termoplásticas

Las resinas termoplásticas incluyen adhesivos a base de acrílicos, vinilos, celulósicos y materiales de plástico fundido.

Adhesivos acrílicos. Los adhesivos acrílicos abarcan desde los materiales flexibles hasta los duros. Una forma conocida de adhesivo acrílico es un adhesivo de *cianoacrilato*, que es un adhesivo de endurecimiento rápido que se polimeriza al aplicar presión sobre la unión. El disolvente *N,N-dimetilformamida* adelgaza este adhesivo y limpia el material sobrante sin polimerizar, aunque el adhesivo no se cura por evaporación de disolvente, sino por polimerización.

Adhesivos de vinilo. Los adhesivos de vinilo incluyen diversos materiales. El *polialcohol vinílico* es un adhesivo acuoso utilizado para unir papel, tejidos y cuero. La capa intermedia de los cristales de seguridad es *polivinil butiral*, ya que este material posee una excelente adherencia al vidrio. El valor eléctrico y aislante del *polivinil formal* lo convierte en ideal para esmaltes de alambres. El *polivinil acetal* es un excelente adhesivo de unión para metales.

Un adhesivo moderno muy conocido es la cola blanca de poliacetato de vinilo, que se presenta en una forma de preparación líquida de rápido endurecimiento y que es una dispersión de poliacetato de vinilo en disolvente. El disolvente es normalmente agua, por lo que hay que evitar que se congele. Este tipo de material es el que utilizan como pegamento carpinteros, artistas, secretarias y muchas otras personas, por sus propiedades adhesivas.

Adhesivos celulósicos. Los adhesivos celulósicos son conocidos y se pueden adquirir en forma de disolvente, plástico fundido o polvo seco. Duco Cement es un adhesivo de nitrato de celulosa multiuso, impermeable, transparente y pega madera, metal, vidrio, papel y muchos plásticos. Los acetatos y butiratos de celulosa son pegamentos conocidos para modelos plásticos.

Adhesivos de plástico fundido. Los materiales fundidos son populares por su facilidad de uso, su flexibilidad y la calidad de unión superior que se puede conseguir con ellos cuando se enfrían. Dentro de este tipo de adhesivos se pueden mencionar algunos termoplásticos como polietileno, poliestireno y poliacetato de vinilo.

Se calientan varillas o barras pequeñas de estos plásticos en una pistola eléctrica. Se hace pasar el plástico caliente desde la ranura de la pistola a la superficie que se va a encolar. En la figura 18-1 se muestra una tira de cuero sobre la que se

Tabla 18-1. Formas asequibles de algunos adhesivos plásticos

Adhesivos plásticos	Formas disponibles
Termoendurecibles	
Caseína	Po, F
Epoxi	Pa, D, F
Melamina formaldehído	Po, F
Fenol formaldehído	Po, F
Poliéster	Po, F
Poliuretano	D, L, Po, F
Formaldehído resorcina	D, L, Po, F
Silicona	L, Po, Pa
Urea formaldehído	D, Po, F
Termoplásticos	
Acetato de celulosa	L, H, Po, F
Butirato de celulosa	L, Po, F
Carboximetil celulosa	Po, L
Etil celulosa	H, L
Hidroxietil celulosa	Po, L
Metil celulosa	Po, L
Nitrato de celulosa	Po, L
Poliamida	H, F
Polietileno	H
Polimetacrilato de metilo	L
Poliestireno	Po, H
Poliacetato de vinilo	Pt, D, L
Polialcohol vinílico	Po, D, L
Policloruro de vinilo	Pa, Po, L

Nota: Po - Polvo; F - Película; D - Dispersión; L- Líquido; Pa - Pasta; H - Plástico fundido; Pt - Permanentemente pegajoso

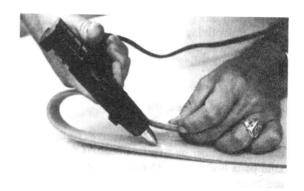

Fig. 18-1. Se emplea una pistola de encolado para aplicar adhesivos fundidos.

está aplicando plástico fundido con un aplicador de pistola eléctrico para su ensamblaje. En la industria del calzado se utiliza este pegamento como medio eficaz para unir los productos de cuero.

Con este método se pueden pegar artículos pequeños de forma rápida. Probablemente, el inconveniente más serio de los adhesivos fundidos es la dificultad para conseguir uniones grandes. El adhesivo se enfría demasiado deprisa como para asegurar la soldadura de superficies de unión grandes.

Resinas termoendurecibles

Las resinas termoendurecibles adquieren su resistencia en virtud de las reacciones de polimerización que tienen lugar una vez que la resina cubre los adherendos. La polimerización suele producirse por las reacciones térmicas o catalizadores. Los tipos principales son resinas amino y fenólicas y epóxidos.

Resinas de amino. Caseína y urea formaldehído (resinas de amino) se utilizan en las industrias madereras. Algunas resinas de urea se venden en forma líquida para su uso en la fabricación de contrachapado, aglomerados y cartones duros.

El moldeo de cáscara es un tratamiento muy importante que usan los fundidores para la colada de piezas de metal. Las resinas fenólicas y de amino se utilizan para unir moldes de arena.

Resinas fenólicas. Las resinas de *fenol-formaldehído* (fenólicas) se distribuyen en forma líquida, en polvo y en película. En el caso de las películas, éstas tienen un grosor de aproximadamente 0,025 mm y se colocan entre los materiales que se van a unir. La humedad en el material o vapor exterior provoca el flujo de la película adhesiva y su licuefacción. La reacción de curado tiene lugar a temperaturas comprendidas entre 120 °C y 150 °C. Frecuentemente, se utiliza una película reforzada. Estas películas son normalmente delgadas, como el papel de seda, y están saturadas con el adhesivo. Se utilizan del mismo modo que las películas sin reforzar pero resultan más fáciles de manipular y aplicar.

En la fabricación de contrachapados exteriores y tableros de aglomerado endurecidos o lisos se utilizan grandes cantidades de adhesivos de resina fenólica.

Las resinas de *resorcina-formaldehído* forman otro de los adhesivos fenólicos y suele comercializarse en forma líquida. Se mezclan con un catalizador en polvo en el momento de su utilización. Esta resina presenta la ventaja de curarse a temperatura ambiente y de ser resistente al agua y al calor. Las calidades superiores de contrachapados para uso exterior y en el mar se sueldan con estos adhesivos (fig. 18-2).

El calentamiento de alta frecuencia acelera enormemente el tiempo de curado o polimerización de muchos plásticos utilizados como adhesivos. El campo de alta frecuencia excita las moléculas del adhesivo, originando calor y una polimerización rápida. Las uniones de madera se suelen ensamblar a través de este método, con el uso de adhesivos de resorcina-formaldehído.

Las muelas abrasivas y los papeles de lija unidos con resina están hechos a partir de granos abrasivos y un agente de unión plástico. Las muelas abrasivas se fabrican con granos abrasivos, resina en polvo y una resina líquida a través de un proceso de moldeo en frío. En la figura 18-3 se muestran papeles de lija y muelas abrasivas típicas unidas con fenólico y otras resinas.

Resinas epoxi. Los adhesivos de *resina epoxi* son plásticos termoendurecibles que se presentan en componentes de pasta en dos partes. Se mezclan la resina epoxi y los catalizadores en polvo o resinosos para polimerizar la resina. A veces se aplica calor para favorecer o acelerar el proceso de endurecimiento. Es posible polimerizar simplemente por calor epóxidos especialmente formulados en una sola parte.

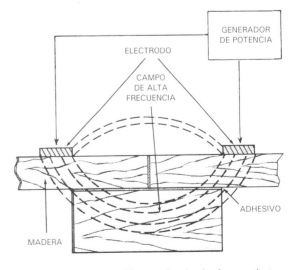

Fig. 18-2. Se pueden utilizar ondas de alta frecuencia (radio) para calentar adhesivos.

Fig. 18-3. Muchas muelas abrasivas y papeles de lija se unen con resina.

Los adhesivos de epoxi presentan una adherencia excelente para prácticamente cualquier material siempre y cuando la superficie esté correctamente preparada. Estas excelentes propiedades se aprovechan para reparar porcelana, unir estratos de cobre y fenólico en circuitos impresos y componentes en estructuras de tipo emparedado y de tipo piel. No obstante, los adhesivos de epoxi presentan cierta dificultad para la unión de polietileno, siliconas y fluorocarbonos.

Tipos elastómeros

Los adhesivos elastoméricos deben unirse de forma eficaz al sustrato sobre el que se aplican. Su fin principal es impedir que penetren la humedad, el aire u otros agentes por las grietas o pequeñas aperturas. Para que estos compuestos sigan siendo eficaces deben mantener la adhesión y estirarse o comprimirse cuando el material de contacto se dilata o se contrae. Por ejemplo, los compuestos para sellar ventanas de vidrio sobre marcos de aluminio deben soportar la expansión diferencial, ya que el aluminio se dilata aproximadamente 2,5 veces más que el vidrio.

Los adhesivos elastómeros reciben distintos nombres, como compuestos para calafatear, sellantes, masilla y pasta. Algunos de los agentes de sellado más comunes son polisulfuros, acrílicos, poliuretanos, siliconas y compuestos de caucho natural y sintético.

Si los agujeros o grietas son bastante pequeños, bastarán los materiales de calafateado y sellado (fig. 18-4), pero si son demasiado grandes será necesario emplear masillas o compuestos de parcheado, ya que contienen gran cantidad de relleno. Por otra parte, estos últimos se formulan para reducir al mínimo la contracción.

Fig. 18-4. Los materiales de calafateado, agentes de sellado y masilla para ventanas se venden en cartuchos para facilitar su aplicación.

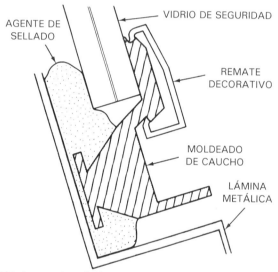

(A) Agente de sellado con moldura de caucho y tira de metal decorativa

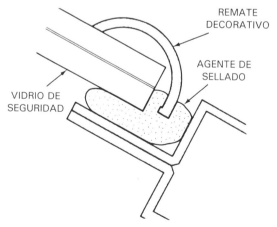

(B) Agente de sellado con moldura

Fig. 18-5. Métodos de sellado utilizados en parabrisas de automóvil.

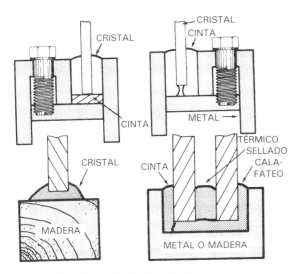

Fig. 18-6. Varios métodos de sellado.

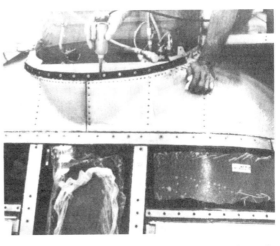

Fig. 18-8. Para aplicar un agente de sellado base de polisulfuro LP® se utiliza una pistola aplicadora especial para la carcasa del motor de un avión. (Thiokol Corporation, Chemical Division).

Si van asociados al vidrio se denominan masilla para cristales. Muchos compuestos de masilla y pastas para cristales contienen compuestos acrílicos. Se aplican fácilmente y no se agrietan ni se deforman o descomponen. En la figura 18-5 se muestran técnicas de aplicación de sellado de ventanas para coches y, en la figura 18-6, de ventanas normales.

Para pegar cerámica, se emplean formulaciones especiales de compuestos epoxi y de silicona como agentes de sellado, que se aplican alrededor de lavabos y bañeras, por ejemplo.

Dentro de la industria aeronáutica, se han desarrollado muchos adhesivos especiales para unir piezas de aluminio. El polímero polisulfuro es un agente de sellado muy eficaz que presenta un gran espectro de aplicaciones en las industrias aeronáutica, eléctrica y de construcción (fig. 18-7).

Fig. 18-7. En las industrias aeronáutica y aeroespacial se utilizan polímeros de polisulfuro en muchas aplicaciones de sellado. (Thiokol Corporation, Chemical Division).

Fig. 18-9. Las juntas de ángulo solapadas, utilizadas en los vehículos aeroespaciales, se sellan con agente de sellado a base de polisulfuro LP®. (Thiokol Corporation, Chemical Division).

Un método moderno y eficaz para aplicar agentes de sellado consiste en el uso de cintas compresibles y pistolas extrusoras. Las primeras consisten en rollos del agente de sellado en forma de tira. Se utilizan en la industria del automóvil para sellar juntas de metal y como adhesivos de sellado en la instalación de ventanas.

Las pistolas extrusoras son aplicadores útiles que se utilizan con depósitos recargables o desechables. Con estos dispositivos, el agente de sellado va saliendo por una ranura a medida que se aplica (fig. 18-8 y 18-9).

Adherencia química

La adherencia química o específica se ha definido como la unión entre superficies mantenidas en contacto por fuerzas de valencia del mismo tipo que las que dan lugar a la cohesión. Las fuerzas que mantienen las moléculas de todos los materiales se denominan *cohesivas*. Estas fuerzas incluyen uniones de valencia primarias intensas y uniones secundarias más débiles.

En los adhesivos químicos existe una fuerte atracción de valencia entre los materiales, ya que las moléculas fluyen juntas. Durante la soldadura de metales, por ejemplo, el metal fundido circula y se produce una acción de cohesión química entre las piezas.

Se puede deducir fácilmente que sólo es posible que tenga lugar la unión química si se provoca el ablandamiento o la corriente de los dos materiales. Si no es así, solamente fuerzas mecánicas o físicas mantienen unidas las piezas. En la unión cohesiva de metales debe aplicarse calor para conseguir que fluyan las moléculas de la superficie y se entremezclen. La unión cohesiva de plásticos incluye dos métodos, principalmente: uso de disolventes o calor. Este tipo de unión no tiene lugar con materiales termoestables. Las técnicas por calor causan el fundido o reblandecimiento por rozamiento entre piezas de plástico o a partir del calor transferido desde el metal caliente.

Unión con disolventes

Esencialmente, existen dos formas de adhesivos a base de disolvente: *cementos de disolvente* y *cementos monoméricos*. Los primeros disuelven las superficies de los plásticos que se van a unir, de modo que se forman uniones intermoleculares firmes al evaporarse. Los cementos monoméricos consisten en un monómero de al menos uno de los plásticos que se van a unir. Se cataliza para que se produzca la unión por polimerización en la juntura. La unión cohesiva o adhesiva sucederá dependiendo de la composición química de los materiales que se van a soldar.

Los *cementos de disolvente* y los *cementos de corrección* son dos tipos de pegamentos típicos. El primero consiste en disolventes o mezclas de disolventes que se disuelven en el material; después, cuando se evapora el disolvente, los artículos se funden entre sí. Los cementos de corrección, que también reciben el nombre de *cementos de estratificado* o *mezclas de disolvente*, están compuestos de disolventes y una pequeña cantidad de los plásticos que se van a unir. Este cemento es un material viscoso (sirope) que deja una película fina de este plástico de origen sobre la unión al secarse.

Los disolventes cuyo punto de ebullición es bajo se evaporan rápidamente, por lo que debe colocarse la junta antes de que se evapore todo el disolvente (tabla 18-2). Un ejemplo es cloruro de metileno que tiene un punto de ebullición de 40 °C. Los cementos de disolvente se pueden aplicar sobre juntas de plástico a través de los diversos métodos que se citan más adelante. Independientemente del método, todas las juntas deberán estar limpias y lisas. Muchos fabricantes prefieren una unión en V para realizar juntas a tope.

En el método de empapado, es posible, simplemente bañar las juntas en un disolvente hasta obtener una superficie blanda. A continuación se acoplan las piezas aplicando una ligera presión hasta que se evaporan los disolventes. Si se aplica demasiada presión, se puede derramar la porción blanda de la junta, dando como resultado una unión deficiente.

Las superficies grandes requieren la inmersión o pulverizado con los cementos de disolvente. Las uniones cohesivas se pueden conseguir asimismo dejando fluir el disolvente hacia las uniones de grieta por acción capilar. Las brochas pequeñas y las jeringuillas hipodérmicas son herramientas de pegado portátiles. En la figura 18-11 se ilustra una serie de métodos de cementado.

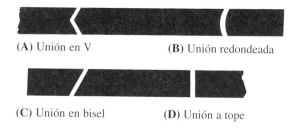

(A) Unión en V (B) Unión redondeada

(C) Unión en bisel (D) Unión a tope

Fig. 18-10. Tipos de uniones.

Tabla 18-2. Pegamentos de disolvente comunes para termoplásticos

Plástico	Disolvente	Punto de ebullición
ABS	Metil etil cetona	40
	Metil isobutil cetona	
	Cloruro de metileno	40
Acrílico	Dicloruro de etileno	84
	Cloruro de metileno	40
	Tricloruro de etileno	87
Plásticos de celulosa:		
Acetato	Cloroformo	61
	Dicloruro de metileno	41
Butirato, propionato	Dicloruro de etileno	84
Acetato etilo	Metil etil cetona	80
Etil celulosa	Acetona	57
Poliamida	Fenol acuoso	
	Cloruro de calcio en alcohol	
Policarbonato	Dicloruro de etileno	41
	Cloruro de metileno	40
Polióxido de fenileno	Cloroformo	61
	Dicloruro de etileno	84
	Cloruro de metileno	40
	Tolueno	110
Polisulfona	Cloruro de metileno	40
Poliestireno	Dicloruro de etileno	84
	Metil etil cetona	80
	Cloruro de metileno	40
	Tolueno	110
Policloruro de vinilo y copolímeros	Acetona	57
	Ciclohexano	
	Metil etil cetona	80
	Tetrahidrofurano	65

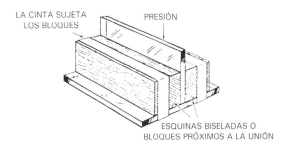

(A) Unión en T

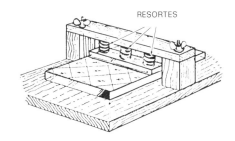

(B) Cementado de nervadura sobre lámina

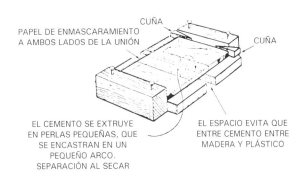

(C) Instalación de unión a tope

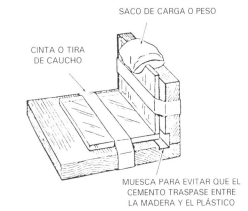

(D) Cementado de esquina

Fig. 18-11. Diversos tipos de cementado. (Cadillac Plastics Co.)

Técnicas de calentamiento por fricción

Las principales técnicas de adherencia química en las que se utiliza calor de fricción son soldadura por frotamiento rotatorio, unión dieléctrica y unión ultrasónica.

Soldadura por frotamiento rotatorio (unión). La soldadura (unión) por frotamiento rotatorio es un método de fricción que persigue unir piezas termoplásticas circulares. El calor de fricción produce un fundido cohesivo cuando una de las piezas gira contra la otra. Dependiendo del diámetro y del material, las juntas deben girar a 6 m/s con una presión de contacto inferior a 138 kPa. Cuando tiene lugar el fundido, se detiene la rotación y el fundido se solidifica a presión.

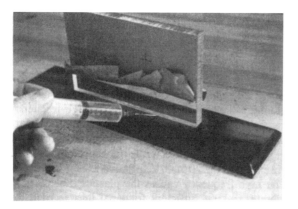

(E) Cementado con jeringuilla

Fig. 18-11. Diversos tipos de cmeentado (cont.). (Cadillac Plastics Co.)

(A) Varilla de plástico soldada por frotamiento rotativo a una lámina de plástico

Las juntas se pueden unir por fricción haciendo girar rápidamente una varilla de metal de aportación sobre la junta. Se hace girar una varilla pesada del material de origen a 5.000 rpm y se desplaza a lo largo de las juntas a medida que se funde (véase figura 18-12B). La soldadura de plásticos es similar a la obtenida con arco de metales.

La unión por vibración, una variante de la soldadura por frotamiento rotatorio, es un método para unir piezas no circulares. Las frecuencias de vibración oscilan entre 90 y 120 Hz y las presiones de junta están comprendidas entre 1.300 y 1.800 kPa, aproximadamente.

Casi cualquier polímero termoplástico procesable por fundido (incluso los polímeros disímiles con temperaturas de fusión compatibles) se puede ensamblar en botellas, tubos y otros recipientes.

Unión dieléctrica o de alta frecuencia. La unión dieléctrica se emplea para unir películas, tejidos y espumas de plásticos. Tan solo los plásticos caracterizados por una alta pérdida dieléctrica (factor de disipación) sirven para este método. Acetato de celulosa, ABS, policloruro de vinilo, epoxi, poliéter, poliéster, poliamida y poliuretano poseen factores de disipación suficientemente altos para permitir el sellado dieléctrico. El polietileno, el poliestireno y los fluoroplásticos presentan factores de disipación muy bajos y no se pueden termosellar electrónicamente. La verdadera fusión viene dada por ondas de alta frecuencia (radiofrecuencia) de transmisores o generadores que pueden presentar diferentes magnitudes de potencia. En las zonas de las piezas a las que se dirigen las ondas de alta frecuencia, las moléculas tratan

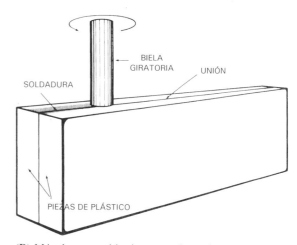

(B) Método para soldar junta por frotamiento rotatorio

(C) Esta unidad suelda por frotamiento rotatorio, rellena y embute mitades de contenedores termoplásticos preformados. (Brown Machine Co.)

Fig. 18-12. Principio de la soldadura (unión) por frotamiento rotatorio.

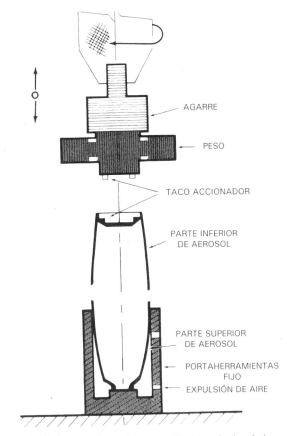

(D) Soldadura por frotamiento rotativo de mitades de botellas de aerosol. (DuPont)

Fig. 18-12. Principio de la soldadura (unión) por frotamiento rotativo.

Unión ultrasónica. La energía ultrasónica se utiliza para hacer vibrar los plásticos mecánicamente. Se aplican vibraciones mecánicas de alta frecuencia en el intervalo de 20 a 40 kHz sobre la pieza de plástico con un instrumento llamado brazo (véase figura 18-14A). Un transductor electrónico convierte la energía de 60 Hz en frecuencias de 20 a 40 kHz (fig. 18-15). La alta frecuencia hace que las moléculas de plástico vibren, produciendo calor de rozamiento suficiente para fundir el termoplástico. Las técnicas de ultrasonido se emplean para activar adhesivos a un estado fundido, para soldar por puntos y para coser o suturar películas y tejidos entre sí sin necesidad de agujas ni hilo. Las juntas simples del tipo que se muestran en la figura 18-16 se pueden soldar en períodos de 0,2 a 0,5 segundos.

Apilamiento es un término utilizado para describir la formación por ultrasonido o herramienta calentada de un cabezal fijador en un pasador corto de plástico parecido a la formación de un cabezal sobre un remache de metal (véase figura 18-14E). Las piezas de plástico con pasadores cortos se pueden ensamblar mediante esta técnica.

Es posible fundir muchos adhesivos para curarlos por vibraciones ultrasónicas (fig. 18-14G). Los sistemas ultrasónicos se pueden aplicar para cortar tejidos termoplásticos y extraer piezas de sistemas de colada.

La *unión por puntos* es un proceso similar a la soldadura por puntos utilizada para plásticos de más de 6 mm de espesor mediante la utilización de brazos especialmente diseñados y un equipo de alta potencia. Las vibraciones del brazo penetran en la primera lámina y casi la mitad de la segunda; después, el material fundido fluye hacia el espacio comprendido entre ambas láminas. Las películas y los tejidos se cosen de modo similar.

En la *unión de inserción* se emplean mecanismos ultrasónicos para colocar inserciones mecánicas en piezas de plástico (fig. 18-14F). Se emplea el brazo para mantener la inserción y dirigir las vibraciones de alta frecuencia en un orificio reducido. A medida que se funde el plástico, la presión del brazo hace pasar la inserción hacia el agujero. Al enfriarse, el plástico se vuelve a formar en torno a la inserción.

Técnicas de calor transferido

La adherencia química puede consistir también en transferir calor a las piezas de plástico a partir de metales o gases calientes. Las técnicas más corrientes son la unión por gas caliente, la soldadura de herramienta recalentada, la unión por impulsos y la unión electromagnética.

de realinearse con las oscilaciones (fig. 18-13). El rápido movimiento molecular provoca calor de rozamiento, fundiéndose dichas zonas.

La Comisión Federal de Comunicaciones regula el uso de energía de alta frecuencia. Las señales generadas son similares a las producidas por los transmisores de TV y FM y funcionan a frecuencias comprendidas entre 20 y 40 MHz.

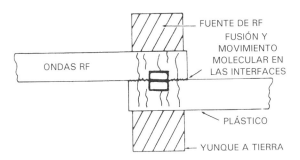

Fig. 18-13. Termosellado dieléctrico con ondas de radiofrecuencia.

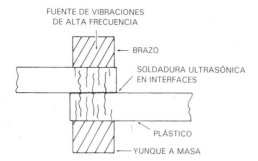

(A) Las guías de energía moldeadas en la pieza evitan que se desborde el plástico fundido por los bordes de las juntas

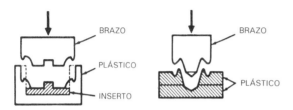

(B) Método de ensamblaje de estampación

(C) Método de ensamblaje de unión por puntos

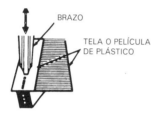

(D) Método de unión por sutura

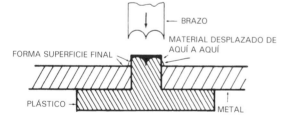

(E) Ensamblaje de metal y plástico por método de apilamiento. (Branson Sonic Co.)

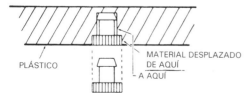

(F) Inserción de un pasador corto de plástico. (Branson Sonic Co.)

Fig. 18-14. Métodos de unión por ultrasonido.

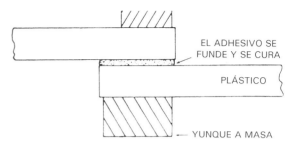

(G) Las vibraciones ultrasónicas funden y curan los adhesivos

Fig. 18-14. Métodos de unión por ultrasonido (*cont.*).

Fig. 18-15. Herramientas típicas para un sistema de ensamblado con mesa rotatoria. Se emplearon tres brazos para unir una pieza de plástico complicada. (Sonics and Materials, Inc.).

Fig. 18-16. Cabezal ultrasónico longitudinal utilizado para sellar una película de poliéster. (Sonics and Materials, Inc.)

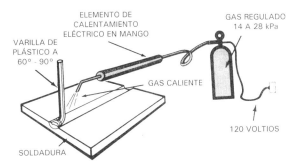

(A) Principio de la soldadura por gas caliente

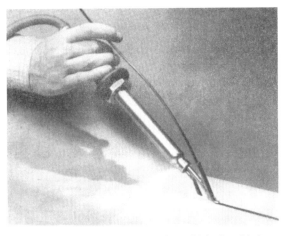

(C) Varilla de material de aportación y lápiz de soldadura. (Laramy Products Co.)

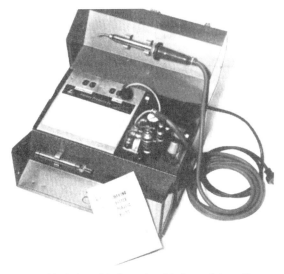

(B) Unidad de soldadura de plásticos típica. (Laramy Products Co.)

Fig. 18-17. Soldadura de plásticos por gas caliente.

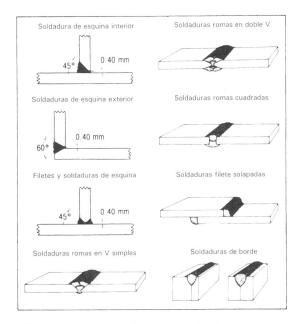

(D) Tipos de juntas producidas por soldadura por gas caliente de termoplásticos. (Modern Plastics Magazine)

Soldadura (unión) por gas caliente. La soldadura por gas caliente consiste en dirigir gas calentado (normalmente nitrógeno) a temperaturas comprendidas entre 200 y 425 °C sobre juntas para que se fundan unidas. La temperatura del soplete de gas caliente sin llama se controla regulando la corriente de gas o la fuente de calor. Son preferibles los elementos de calefacción eléctrica con una presión de nitrógeno o de aire de 14 a 28 kPa. Este proceso es parecido a la soldadura de llama abierta de metales (fig. 18-17). Se utilizan varillas de material de aportación como plástico de origen para formar la superficie soldada. Las soldaduras pueden superar el 85% de la resistencia a la tracción del material de origen (tabla 18-3). Como en cualquier técnica de soldadura, la zona de unión debe estar adecuadamente limpia y preparada y las juntas a tope deberán inclinarse 60°.

Soldadura (unión) de herramienta recalentada. Tal como se observa en la figura 18-18, la unión con herramienta recalentada o soldadura de fusión es un método en el que se calientan materiales similares y se unen las juntas mientras están en estado fundido. Luego, se dejan enfriar las zonas fundidas a presión (fig. 18-18A). Se utilizan calentadores de bandas eléctricos, placas eléctricas, planchas de soldadura o herramientas de calor especiales para fundir las superficies de plástico. Las superficies de las herramientas de calor se pueden recubrir con teflón, aunque no conviene utilizar lubricantes u otros materiales para evitar que se pegue el plástico al metal caliente, dado que estos materiales contaminan y debilitan la soldadura.

Las tuberías y accesorios para tuberías se pueden unir por unión de herramienta recalentada, siendo una de las aplicaciones más habituales la fusión de películas (fig. 18-18B). No todos los termoplásticos se pueden termosellar, aunque sí recubrir con una capa de plástico apropiada para este tipo de unión. Para fundir y unir capas de película se usan rodillos, horquillas de biela, placas o bandas metálicas eléctricas.

Unión por impulsos. La unión por impulsos se puede considerar una variante de la herramienta recalentada pero sin utilizarla de forma continua, ya que se emplea un impulso eléctrico controlado en la cantidad correspondiente para calentar las herramientas (fig. 18-19). Las películas de plástico de 0,25 mm de grosor se mantienen unidas bajo presión, ya que la herramienta se calienta y enfría rápidamente.

Unión electromagnética. La unión por inducción es una técnica electromagnética para unir termoplásticos, si bien éstos no se pueden calentar directamente por inducción. El calor es producido por un generador de inducción con un intervalo de potencia comprendido entre 1 y 5 kW y un intervalo de frecuencia de 4 a 47 MHz. Se deben introducir polvos de metal (óxido de hierro, acero, ferritas, grafito) o inserciones en las juntas de los plásticos. A continuación se calientan los materiales metálicos por excitación a partir de una fuente de inducción de alta frecuencia que funde los plásticos de alrededor. Las inserciones o polvos metálicos deben quedar en la soldadura final. Tan solo se requieren unos segundos y una ligera presión para llevar a cabo este rápido ensamblaje (fig. 18-20).

La bobina de inducción debe estar lo más cerca posible de la junta para uniones rápidas. Se deben emplear herramientas no metálicas para los alineamientos.

Sujeción mecánica

Existe un gran abanico de opciones en sujeciones mecánicas para su empleo en plásticos. Los tornillos autoenroscables se utilizan cuando no hay necesidad de quitar la sujeción muy a menudo. En caso contrario, se suelen colocar inserciones metálicas roscadas en los plásticos.

En la figura 18-21 se observan varios tipos de inserciones metálicas, que se pueden moldear dentro o colocarse en la pieza después del moldeado.

Los tornillos o los remaches metálicos o plásticos ofrecen un ensamblaje permanente. En los métodos de ensamblaje corrientes se emplean tuercas, pernos y tornillos de máquina normales, tanto de metal como de plástico. Los pasadores de resorte y las tuercas que se muestran en la figura 18-23 son sujeciones mecánicas rápidas y baratas. Bisagras, ganchos, pinzas, clavijas son otros dispositivos corrientes para ensamblar plásticos.

Tabla 18-3. Capacidad de soldadura de algunos plásticos

Material	Resistencia unión, %	Soldadura puntos	Apilamiento e inserción	Estampación	Soldadura gas caliente	Unión herramienta recalentada	Unión rozamiento	Unión dieléctrica
ABS	95–100	E	E	S	E	B	E	–
Acetal	65–70	B	E	P	B	B	B	B
Acrílicos	95–100	B	E	P	E	S	B	B
Butiratos	90–100	B	B–S	B	P	B	B	E
Celulósicos	90–100	B	B–S	B	P	B	B	E
Fenoxi	90–100	B	E	B	B	B	B	B
Poliamida	90–100	E	E	S–P	B	S	B	B
Policarbonato	95–100	E	E	B–S	E	B	B	B
Polietileno	90–100	E	E	B	B–P	E	B	–
Poliimida	80–90	S	B	P	B	B	B	B
Polifenileno	95–100	E	B	S–P	B	B	B	B
Polipropileno	90–100	E	E	B	B–P	B	B	–
Polisulfona	95–100	E	E	S	B	S	B	B
Poliestireno	95–100	E	E	S	E	B	E	–
Vinilos	40–100	B	B–S	S	S–P	E	E	E

Nota: E - excelente, B - buena, S - suficiente, P - poca.

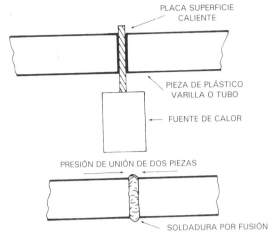

(A) Unión de herramienta recalentada de piezas de plástico por soldadura de fusión

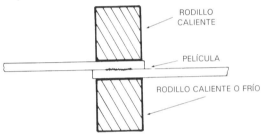

(B) Unión con herramienta recalentada de película plástica con el empleo de rodillos

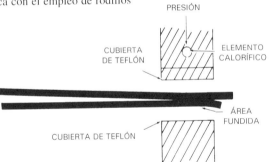

(C) Unión de herramienta recalentada de película plástica utilizando una prensa

Fig. 18-18. Unión de plásticos con herramienta recalentada.

Fig. 18-19. Utilización de una máquina de unión por impulsos para soldar una película.

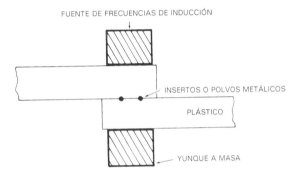

Fig. 18-20. Técnica electromagnética de soldadura por inducción.

Ajuste forzado

El ajuste forzado puede servir para insertar piezas de plástico o metal en otros componentes de plástico. La unión se puede llevar a cabo mientras la pieza de plástico sigue caliente. Cuando se ajusta un eje en un soporte o manguito tanto el diámetro exterior como el interior se pueden expandir (fig. 18-24).

La diferencia entre el ajuste forzado y el ajuste a presión rápido es el corte sesgado y la cantidad de fuerza necesaria para el ensamblaje.

Ajuste a presión rápido

El ajuste a presión rápido es un método de ensamblaje en el que se acoplan las piezas en su lugar presionándolas. Consiste simplemente en apretar

Ajuste por fricción

El ajuste por fricción es el término utilizado para describir una serie de uniones estancas a la presión de ensamblajes permanentes o temporales. Las más comunes son ajuste forzado, ajuste a presión rápido y ajuste por contracción. Estas técnicas sirven para unir materiales distintos sin sujeciones mecánicas.

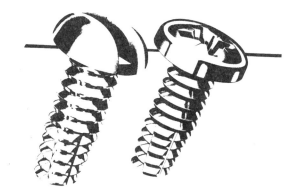

(A) Tornillos de autoenroscado diseñados para plásticos duros. (Parker Kalon Fasteners Co)

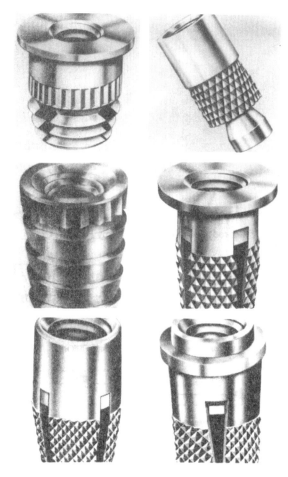

Fig. 18-21. Inserciones diseñadas para su uso en plásticos que se instalan de forma sencilla y rápida tras el moldeado. (Heli-Coil Products).

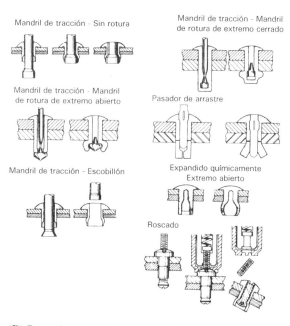

(B) Remaches ciegos. (Fastener Division, USM Corp.)

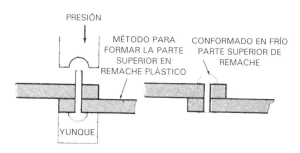

(C) Conformado en frío de remaches plásticos. Las cabezas se pueden formar por medios mecánicos o explosivos

Fig. 18-22. Algunos métodos de ensamblaje.

el plástico sobre un saliente o entre el corte sesgado de un anillo de sujeción. Algunos ejemplos son cierres o enganches sencillos de cajas de plástico o las cubiertas de muchas piezas, como faros para coches, cubiertas para intermitentes y paneles de instrumentos (fig. 18-15).

Tanto en el ajuste forzado como en el ajuste a presión, una de las dos partes es más pequeña de manera que las dos no se pueden encajar sin la ayuda de una fuerza. La diferencia prevista entre ambas dimensiones se llama *margen*. Un margen negativo es una *interferencia*, característica necesaria para un ajuste apretado. Los márgenes permitidos pero no previstos dentro de los cuales pueden variar las dimensiones reciben el nombre de *tolerancias*. Las dimensiones máxima y mínima son los *límites*. Estos límites definen la tolerancia.

Ajuste por contracción

El ajuste por contracción consiste en colocar inserciones en el plástico inmediatamente después del moldeo dejando enfriar el plástico después (fig. 18-26). También se refiere al proceso consistente en colocar las piezas de plástico sobre sustratos en los que se calientan hasta que se contrae el plástico según su magnitud original (fig. 18-27).

Vocabulario

A continuación, se ofrece un vocabulario de las palabras que aparecen en este capítulo. Busque la definición de aquellas que no comprenda en su acepción relacionada con el plástico en el glosario del apéndice A.

    Adherencia
    Adhesivo
    Ajuste por contracción
    Cementar
    Cohesión
    Cola
    Interferencia
    Límites
    Margen
    Plástico fundido
    Soldadura por gas caliente
    Sujeción mecánica
    Tolerancia de ajuste
    Unión con herramienta recalentada
    Unión electromagnética
    Unión o soldadura por fricción
    Unión por inducción
    Unión ultrasónica

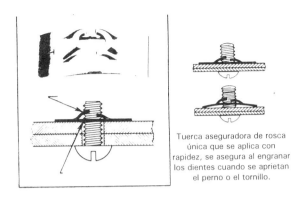

(A) Tuerca de rosca simple. (Eaton Corporation)

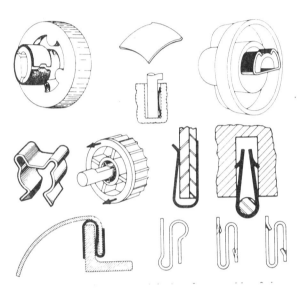

(B) Diseños de sujeción mecánica para ensamblaje de piezas de plástico

Fig. 18-23. Sujeciones mecánicas baratas.

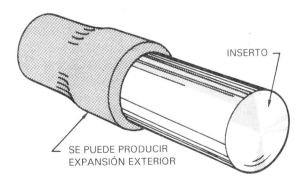

Fig. 18-24. Ajuste forzado, en el que se puede observar la posible expansión del diámetro exterior de la pieza de plástico.

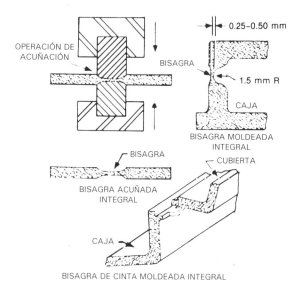

(A) Ejemplos de bisagras integradas prensadas y moldeadas

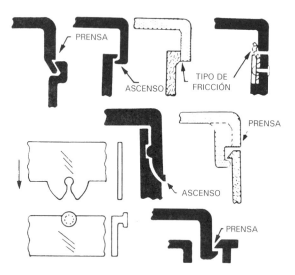

(B) Tipos de presillas para recipientes

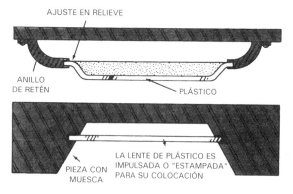

(C) Dos ejemplos de ajuste a presión rápido

Fig. 18-25. Métodos de ensamblaje en los que se aplican técnicas de ajuste de presión rápida y de bisagra integrada.

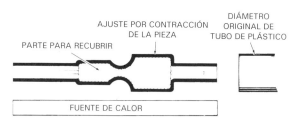

(A) Ajuste por contracción de un tubo de plástico sobre una pieza electrónica. Observe el tamaño del tubo antes del calentamiento

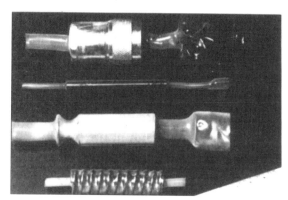

(B) Plástico ajustado por contracción sobre piezas para su protección o para conseguir propiedades antiadherentes. (Chemiplast, Inc.)

Fig. 18-26. Técnicas y productos de ajuste por contracción.

Fig. 18-27. En esta fotografía se puede apreciar el grado de resistencia que puede llegar a conseguirse con el ajuste por contracción para embalajes.

Preguntas

18-1. Identifique el tipo de adhesión creada cuando se unen dos materiales y existe un entremezclado de las moléculas.

18-2. Cite un proceso de unión similar a la soldadura por puntos de metales.

18-3. Un factor de disipación __?__ es fundamental para la unión dieléctrica o de alta frecuencia.

18-4. El proceso de unión que aplica vibración de alta frecuencia se denomina __?__.

18-5. El porcentaje de resistencia de unión para una unión por soldadura con gas caliente de polietileno es __?__.

18-6. ¿Cuál es el método en el que se unen por rozamiento dos termoplásticos con forma circular?

18-7. Enumere tres disolventes comunes para unir plásticos acrílicos con disolvente.

18-8. ¿Qué disolvente de la tabla 15-2 se evaporará con mayor rapidez?

18-9. Los pegamentos compuestos de disolventes y una pequeña cantidad del plástico que se va a unir se denominan __?__.

18-10. Indique cuál es el término para describir el conformado ultrasónico de un cabezal de cierre para pasadores cortos de plástico.

18-11. La inserción es una técnica del método de unión __?__.

18-12. ¿Qué método de unión se emplearía en un departamento de envasado de carne del supermercado?

18-13. Cite dos plásticos que se suelen soldar con gas caliente.

18-14. ¿Cuál es el proceso de unión en el que la película de plástico se calienta rápidamente y se enfría con la hilera?

18-15. Enumere dos de las principales ventajas de la unión por impulso.

18-16. Cite cuatro métodos básicos para unir plásticos.

18-17. Los disolventes o mezclas de disolvente que funden determinadas juntas de plástico se conocen como cementos __?__.

18-18. ¿En cuál de los cuatro métodos de unión básicos se encuadra el ajuste por soldadura de frotamiento rotatorio?

18-19. En __?__, se ablandan los materiales termoplásticos con un chorro de gas caliente.

18-20. Identifique el método de unión realizado normalmente en películas y telas.

18-21. Los termoplásticos con factores __?__ como el ABS se pueden sellar por unión dieléctrica.

18-22. En __?__, la alta frecuencia hace que las moléculas se desplacen con rapidez, fundiendo así el plástico.

18-23. Los adhesivos termoendurecibles son __?__ en la mayoría de los disolventes una vez curados.

18-24. En el cementado con disolvente, la evaporación del __?__ puede causar grietas por esfuerzo.

18-25. La preparación de juntas para soldar termoplásticos es similar a __?__.

18-26. Se pueden utilizar diversos __?__ para unir termoplásticos, incluyendo cuchillas, planchas de soldadura, calefactores de banda y placas eléctricas.

18-27. Un tipo especial de tuerca que actúa como agujero de roscado se denomina __?__.

18-28. Dado que los materiales __?__ son demasiado frágiles al deformarse con roscas de auto-enroscado, debe utilizarse un tornillo de tipo roscadora.

18-29. Cite un gas que se utiliza para la soldadura con gas caliente.

Actividades

Unión con disolvente

Introducción. Las uniones con disolvente se producen fácilmente pero en general no resultan fáciles de evaluar. En las pruebas de tracción para valorar uniones con disolvente suele fallar el sustrato, más que la unión. En cambio, si se prepara correctamente la muestra, las pruebas de cizalla pueden ser adecuadas. Para mantener el área de unión uniforme se recomienda una montura o soporte.

Equipo. Lámina de acrílico de 6 mm de grosor, acetona, un cuentagotas, equipo de pruebas universal, sierra de banda o de mesa.

Fig. 18-29. Muestra soldada cortada para realizar la prueba.

Procedimiento

18-1. Construya o consiga un soporte de aluminio similar al que se muestra en la figura 18-28. Esta montura está adaptada para tiras de acrílico de 0,63 cm. En la fotografía se pueden ver también tres tiras de acrílico en el soporte de 25 mm de ancho por aproximadamente 400 mm de largo cada una.

18-2. Después de cortar tiras de 2,54 cm de acrílico, rebane todos los bordes y coloque la pieza inferior en el soporte. Aplique acetona sobre la superficie y coloque una segunda tira en el soporte. Después aplique acetona sobre la superficie de la segunda tira, coloque una tercera tira de la misma forma. Asegúrese de que las tiras están firmemente ajustadas en el soporte. Sitúe un peso en la parte superior.

18-3. Deje transcurrir 24 horas para que se evapore el disolvente de la zona de unión. Corte las tiras unidas en piezas de aproximadamente 25 mm de largo. (Véase figura 18-29). Mida exactamente la superficie de unión.

18-4. Realice las pruebas de compresión.

18-5. Estas piezas se pueden fragmentar durante el ensayo. Para proteger a los operarios y observadores, cubra la muestra con una caja; servirá una de tamaño mediano quitándole el fondo. Para mantener la caja alrededor de la muestra, cuélguela de la placa de compresión superior o colóquela sobre soportes.

18-6. La muestra que aparece en la figura 18-29 presentó una superficie de unión de 9,67 cm^2, 4,83 cm^3 por lado. Una superficie tan grande requiere una fuerza considerable para provocar el fallo. Asegúrese que la célula de carga del aparato de pruebas universal tiene una capacidad suficientemente amplia.

18-7. Realice una prueba a baja velocidad, aproximadamente a 5 mm/minuto. Si las «patas» de la muestra son de igual altura y las superficies unidas son iguales, las uniones deberán fallar simultáneamente. Examine las piezas rotas. Si la prueba es positiva, ambas uniones deberán fallar, produciéndose tres piezas sin fractura. Las uniones de esta muestra fallaron a 165.360 kPa.

Fig. 18-28. Soporte de aluminio para alinear tres tiras de acrílico para unir muestras de ensayo.

Actividades adicionales

a. Compare la resistencia de uniones con disolvente con las juntas obtenidas utilizando diferentes adhesivos mecánicos.

b. Algunos adhesivos suponen tanto fuerzas cohesivas como adhesión mecánica. Se aplica cola de contacto sobre ambas superficies y se deja endurecer. Cuando se prensan las dos superficies una contra otra, la unión resultante incluye uniones cohesivas entre las dos superficies de la cola de contacto y adhesión mecánica entre el cemento y los adherendos. Un cuidadoso examen indicará si el fallo fue mecánico o estuvo relacionado con el pegamento.

c. Compare las uniones de disolvente y adhesivas con las uniones hechas utilizando cinta adhesiva de doble cara.

Soldadura por fricción

En la soldadura por frotamiento rotatorio, el calor ablanda dos superficies dando paso a cierto entrelazamiento molecular. Cuando se enfrían las superficies calentadas, la unión se hace considerablemente firme.

Equipo. Material acrílico en lámina, varilla o tubo de acrílico de 12 mm de diámetro o menos, prensa de taladro, soportes de alineamiento, aparato de tracción.

Procedimiento

18-1. Corte una lámina de acrílico en cuadrados de 25 a 30 mm cuadrados.

18-2. Corte una varilla o tubo de acrílico en longitudes de aproximadamente 60 a 75 mm de longitud. Las varillas deben ser suficientemente largas como para agarrar el plato de la prensa de taladro y encajar en los enganches del aparato de tracción. En la figura 18-30 se muestran los materiales preparados para la soldadura por frotamiento rotativo.

18-3. Monte la varilla en el plato de la prensa de taladro, conecte el taladro y presione la varilla giratoria contra el cuadrado de acrílico. Cuando el calor sea suficiente para ablandar las superficies de acrílico, mantenga la presión hacia abajo sobre la varilla y desconecte la prensa. No interrumpa la presión hasta que la unión comience a enfriarse.

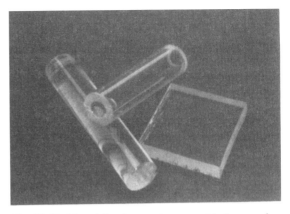

Fig. 18-30. Materiales de muestra para soldadura por frotamiento rotativo.

18-4. Para realizar la prueba de tracción de las uniones, se deben colocar las varillas directamente opuestas entre sí. Para colocar la segunda varilla, fabrique una sencilla montura que contenga un orificio con un diámetro algo superior al de las varillas. Coloque el soporte utilizando una pieza de varilla en el plato. Después, monte el cuadrado y la varilla (como se muestra en la figura 18-31) en el soporte, y únalo a la segunda varilla.

18-5. Lleve a cabo la prueba de tracción de la muestra resultante. Puede ser necesario poner enganches de tipo V en las horquillas del aparato de tracción. La muestra de la figura 18-31 falló a 0,2 MPa.

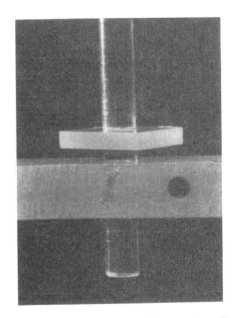

Fig. 18-31. Montura para alinear la segunda varilla.

18-6. Determine la combinación de RPM, presión y tiempo a los que se obtienen las resistencias superiores.

Unión por impulsos

Introducción. La unión o sellado por calor crea una unión térmica entre dos o más capas de película termoplástica. En la unión por impulsos se utilizan herramientas recalentadas solamente durante el ciclo de unión. La unión de impulsos se refiere al calentamiento y enfriado rápido del elemento de unión. Se emplean caucho de silicona, PTFE y otros agentes antiadherentes para evitar que el plástico calentado se pegue al elemento o herramienta de calor. Este tipo de unión está extendido en la industria de los envasados, ya que generalmente se utiliza en materiales que no se mantienen unidos a no ser que se retengan juntos al enfriarse.

Equipo. Soldador de impulsos, bolsas de sandwich.

Procedimiento

18-1. Examine cuidadosamente una bolsa para sandwich. ¿Está hecha de un material en lámina o a partir de un tubo soplado?

18-2. Separe las costuras unidas cortándolas.

18-3. Vuelva a unir las costuras y ajuste el tiempo de secado y corriente del soldador para conseguir un buen sellado y un corte limpio. Los alambres cortados se suelen revestir con PTFE. Si se agrieta o pierde el recubrimiento, el corte se verá negativamente afectado.

18-4. El alambre cortado deberá bajar hasta el centro de la zona unida. Si el corte está demasiado cercano al borde de la zona unida, puede ser incompleto.

18-5. Si se daña el recubrimiento antiadherente que tapa el elemento calefactor, la unión y/o el corte serán deficientes.

Soldadura por gas caliente

Introducción. La soldadura con gas caliente implica normalmente la unión de materiales termoplásticos con más de 1 mm de grosor. El gas caliente derrite el plástico hasta fundirlo. Para algunos materiales es apropiado el aire caliente; en otros, es esencial gas nitrógeno para prevenir la oxidación y conseguir soldaduras resistentes. En la tabla 18-4 se indican la temperatura, el gas y el ángulo de soldadura de determinados plásticos.

Existen cuatro importantes variables que han de tenerse en cuenta al realizar soldaduras con gas caliente.

1. Temperatura del gas
2. Presión del gas
3. Varilla de aportación y ángulo de soplete
4. Velocidad de avance

Equipo. Materiales para soldar, aproximadamente 2 x 20 x 100 mm, varilla para encajar plásticos, soldador de gas caliente.

Procedimiento

18-1. Proteja la tabla con una cubierta resistente a la temperatura.

Tabla 18-4. Datos de soldadura de termoplásticos

	Temperatura soldadura, °C	Gas de soldadura	Resistencia soldadura a tope, %	Ángulo soldado, grados
ABS	175–200	Nitrógeno	50–85	60
Acrílico	315–345	Aire	75–85	90
Poliéter clorado	315–345	Aire	65–90	90
Fluorocarbono	285–345	Aire	85–90	90
Policarbonato	315–345	Nitrógeno	65–85	90
Polietileno	285–315	Nitrógeno	50–80	60
Polipropileno	285–315	Nitrógeno	65–90	60
Poliestireno	175–400	Aire	50–80	60
PVC	260–285	Aire	75–90	90

Nota: La temperatura de soldadura se mide a 6 mm de la punta de soldadura.

18-2. Escoja los plásticos y determine los parámetros según la tabla 18-4.

18-3. Regule el suministro de gas a 25 kPa aproximadamente. El volumen de gas que sale del elemento calefactor determina la temperatura de soldadura. *No coloque* el interruptor en la unidad calefactora hasta que no salga el gas del soplete.

18-4. Compruebe la temperatura del gas.

18-5. Mantenga alejada del termómetro la punta de soldadura 6 mm aproximadamente para determinar la temperatura del gas.

18-6. Dirija aproximadamente un 60% del calor sobre las piezas de plástico y un 40% sobre la varilla de aportación. Una vez que esté fundido el plástico, empuje la varilla de aportación hacia la junta de soldadura con una ligera presión.

18-7. Finalizada la soldadura, continúe manteniendo una presión ligera en la varilla de aportación hasta que se enfríe.

18-8. Corte la varilla de aportación.

18-9. Realice varias soldaduras antes de desconectar el soldador.

18-10. Realice las pruebas de tracción de las soldaduras. Compare los resultados con las resistencias especificadas en la tabla 18-4.

Inserciones con rosca moldeadas en la pieza

Introducción. Las inserciones enroscadas se utilizan con frecuencia en piezas de plástico. Las producen distintos fabricantes en diferentes longitudes, diámetros y alcance de rosca. La resistencia de sujeción de las inserciones depende de los plásticos de alrededor, la temperatura de la inserción durante el moldeo y las diversas condiciones del proceso de moldeo. Para examinar sistemáticamente los efectos de las distintas condiciones del tratamiento y materiales varios, es necesario preparar el equipo de moldeo y el de ensayo.

Equipo. Máquina de moldeo por inyección, molde para colocar y mantener las inserciones, soporte para pruebas, plásticos, inserciones de rosca para encajar en el molde.

Procedimiento

18-1. Prepare un molde de inyección sencillo. Un importante problema será sacar la pieza del molde, aunque esto se puede solucionar utilizando un pasador eyector, tal como se muestra en la figura 18-32. El pasador que sobresale de un extremo del manguito eyector tiene un diámetro igual al diámetro menor de la inserción de latón roscada. Asimismo, presenta una longitud igual a la inserción, para que no rebose el plástico en el extremo o en las roscas. Durante la expulsión, el eyector presiona la inserción y empuja el moldeado fuera del molde. En la figura 18-33 se muestra una inserción sobre el pasador en la cavidad del molde. Observe el daño sobre la cara del molde causada porque un pasador, que se ha desviado durante el cierre del molde (figuras 18-32 y 18-33).

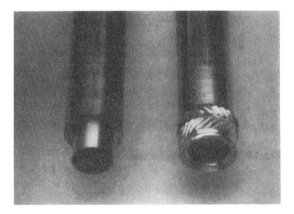

Fig. 18-32. Manguito eyector con varilla sobresaliente para colocar la inserción de rosca.

Fig. 18-33. Inserción en el molde sobre pasador eyector.

18-2. En la figura 18-34 se puede ver la pieza completa. Para probar la inserción se necesita un soporte que la mantenga en la máquina de ensayo. En la figura 18-35 se muestra un montaje de soporte. El agujero en el soporte es suficientemente grande para empujar la inserción sin que se una al soporte. En la figura 18-26 se muestra la pieza soportada en la montura lista para la prueba. La varilla de rosca irá en la horquilla superior y el soporte en la horquilla inferior del aparato de pruebas.

18-3. Determine las condiciones o los materiales de moldeo de interés y moldee un conjunto de piezas.

18-4. Espere 40 horas para que las piezas se estabilicen antes de probarlas.

18-5. Calcule los promedios y desviaciones típicas para determinar la magnitud relativa de los efectos.

Fig. 18-34. Una muestra rematada.

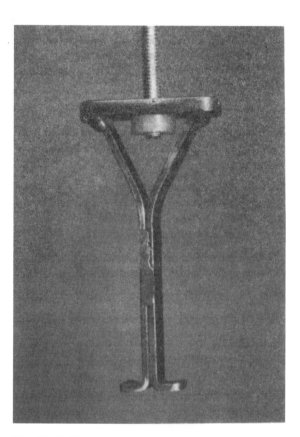

Fig. 18-36. Muestra colocada en montura lista para introducirla en el aparato de tracción.

Fig. 18-35. Soporte de sujeción para probar inserciones de rosca.

Capítulo 19

Procesos de decoración

Introducción

En este capítulo se describe cómo se pueden decorar los plásticos para conseguir efectos parecidos a los que resultan en la decoración de tejidos, cerámica, metales y otros materiales. Muchos de los tratamientos son similares.

Existen multitud de métodos para aplicar diseños en las piezas de plástico. La decoración se puede realizar durante el moldeo, inmediatamente después o antes del montaje final y el embalaje. La forma más barata de reproducir un diseño de decoración en el producto consiste en incluir el dibujo en la cavidad del molde, que puede ser una textura, contornos en relieve o bajorrelieve o letras, como marcas, registros de patente, símbolos, números o direcciones.

El *gofrado* o *texturado* de plásticos fundidos puede considerarse un tipo de moldeo rotatorio. La mayoría de las láminas o películas de termoplásticos se estampan contra un rodillo de composición o rodillos macho y hembra acoplados. Se retendrá el dibujo si existe un equilibrio apropiado entre la presión del rodillo de gofrado, la entrada de calor y el posterior enfriamiento. Algunos polivinilos y poliuretanos se estampan con papel de colada texturado. Una vez enfriado o curado el polímero se separa el papel, habiéndose transferido así el dibujo del papel que se ha desprendido.

Al decorar objetos de plástico, dentro o fuera del molde, es fundamental el tratamiento y limpieza de la superficie. No solamente es preciso mantener los moldes limpios y sin señales, sino que también es necesario preparar adecuadamente los artículos moldeados para garantizar una decoración perfecta. El *rubor* se origina al aplicar recubrimientos sobre objetos que no han sido secados adecuadamente para eliminar la humedad superficial. Cuando el disolvente corta las líneas de esfuerzo del plástico moldeado, tiene lugar un *agrietamiento*. Pueden aparecer grietas finas por encima y por debajo de la superficie o a lo largo de la capa del material de plástico.

Tal vez sea necesario un cambio del diseño del molde para producir un moldeado sin esfuerzos y eliminar el problema.

Antes de la decoración, debe limpiarse la superficie del plástico y eliminarse todas las trazas del agente de desmoldeo, los lubricantes plásticos internos y los plastificantes. Las piezas de plástico quedan cargadas electrostáticamente por lo que atraen el polvo y alteran el flujo uniforme del recubrimiento. Se pueden emplear disolventes o agentes para eliminar la electricidad estática antes de limpiar y preparar los artículos de plástico para su decoración.

Las poliolefinas, los poliacetales y las poliamidas deben ser tratados por uno de los métodos que se describen a continuación, para asegurar una adherencia satisfactoria del medio de decoración.

El *tratamiento de llama* consiste en pasar la pieza a través de una llama oxidante caliente a 1100–2.800 °C. Esta exposición momentánea a la llama no causa alteración alguna en el plástico sino que permite que su superficie sea receptiva a los métodos decorativos.

El *tratamiento químico* consiste en sumergir la pieza (o partes de ella) en un baño ácido. En el caso de los poliacetales y polímeros de polimetilpenteno, el baño corroe la superficie, preparándola así para su decoración. Con muchos termoplásticos se pueden utilizar vapores o baños de disolvente para el tratamiento de grabado con ácido.

La *descarga en corona* es un proceso según el cual se oxida la superficie del plástico por descarga de electrones (corona). La pieza o película se oxida al pasar entre dos electrodos de descarga.

Con el *tratamiento de plasma*, se somete el plástico a descarga eléctrica en una cámara de vacío cerrada. Los átomos de la superficie del plástico cambian físicamente y se reorganizan, haciendo posible una adherencia excelente.

En este capítulo se incluyen los nueve tratamientos de decoración más utilizados en plásticos, según el siguiente esquema:

    I. Teñido.
   II. Pintura.
      A. Pintura por pulverizado.
      B. Pulverizado electrostático.
      C. Pintura por inmersión.
      D. Pintura con estarcido.
      E. Marcado de relleno.
      F. Recubrimiento con rodillo.
  III. Estampado de hoja caliente.
  IV. Electrodepósito.
   V. Grabado.
  VI. Impresión.
 VII. Decorado en molde.
VIII. Decoración por transferencia de calor.
  IX. Métodos mixtos de decoración.

Teñido

La forma de dar color al plástico consiste en mezclar pigmentos baratos con la resina base. El equilibrio colorimétrico puede suponer un problema, ya que los plásticos de varios lotes seguidos pueden presentar ligeras diferencias de color. Por eso, la mayoría de los productores de resinas y plásticos teñidos son partidarios del uso de colores de reserva o patrón. Es posible que las piezas de plástico de un mismo objeto se produzcan en diferentes localizaciones de la fábrica y en distintos momentos; así, es imprescindible considerar atentamente los patrones de color. Los plastificantes, cargas y procesos de moldeado pueden afectar también al color del producto final.

Generalmente se mezclan colorantes en forma de polvo seco, concentrados de pasta, sustancias químicas orgánicas y laminillas de metal con una mezcla de resina concreta. Se emplean mezcladoras Banbury, de dos rodillos y continuas, para dispersar a fondo los pigmentos en la resina y, después, se puede colar o extruir la resina teñida. Se han empleado tintes acuosos o de disolvente químico para cubrir diversos plásticos bañando las piezas en el tinte y secándolo al aire. A continuación se enumeran las ventajas e inconvenientes del teñido.

Ventajas de la coloración de plásticos

1. El control de la resina teñida es mejor en la producción a gran escala.
2. El teñido es más barato para series cortas.
3. El teñido de la superficie es mejor para lentes.

Inconvenientes de los plásticos teñidos

1. Algunos colores resultan difíciles de producir y conjuntar.
2. Se puede producir un desplazamiento del color y una coloración irregular en las piezas con un espesor no uniforme.
3. Mezclar el pigmento en la resina es más caro para series cortas.

Pintura

La pintura es un modo de decoración conocido y barato que permite bastante flexibilidad en el diseño de color del producto. Es posible pintar la cara posterior de plásticos transparentes o teñidos para lograr un contraste llamativo, variedad o algún efecto especial que no se consigue con los demás métodos. Los seis métodos de pintura utilizados para decorar los plásticos son:

1. Pintura por pulverizado
2. Pulverizado electrostático
3. Pintura por inmersión
4. Pintura con estarcido
5. Marcado de relleno
6. Recubrimiento con rodillo

Los sistemas de disolvente o curado utilizados en la pintura han de ser seleccionados y controlados cuidadosamente. Por regla general, los plásticos termoestables son menos susceptibles a inflado, corrosión con ácido, agrietamiento y deterioro por disolventes. La temperatura puede ser un factor restrictivo para el curado u horneado de pinturas en muchos plásticos. El curado por radiación es uno de los métodos empleados para curar recubrimientos sobre plásticos (véase capítulo 20, procesos de radiación).

Pintura por pulverizado

El método más versátil y extendido para decorar objetos de cualquier tamaño es la pintura por pulverizado, un método barato y rápido para aplicar recubrimientos. Las pistolas de recubrimiento pueden funcionar con presión de aire (o la presión hidráulica de la propia pintura) para atomizar la pintura.

El enmascarado (necesario cuando no se desea pintar sólo ciertas zonas de la pieza) se puede realizar con cintas de enmascaramiento de papel o máscaras de metal adaptadas a la forma permanentes. Se pueden rociar máscaras de polialcohol vinílico sobre zonas y eliminarlas posteriormente desprendiéndolas o mediante el uso de disolventes. Las máscaras de metal electroconformadas son preferibles, ya que se adaptan al contorno del artículo y son fijas. En la figura 19-1 se muestran cuatro máscaras electroconformadas.

Pulverizado electrostático

En la pintura electrostática, se debe tratar la superficie de plástico para que se cargue eléctricamente; a continuación, la superficie pasa a través de pintura atomizada que tiene una carga opuesta. Se puede atomizar la pintura con aire, presión hidráulica o fuerza centrífuga (fig. 19-2). Prácticamente un 95% de la pintura atomizada es atraída por la superficie cargada, de modo que es una manera muy eficaz de aplicar pintura. Sin embargo, las pequeñas oquedades resultan difíciles de recubrir y tampoco son prácticas las máscaras de metal. Si se utiliza plástico en polvo seco, el sustrato recubierto deberá ser colocado en un horno para fundir el polvo con el producto. No se desprenden disolventes durante la aplicación ni el curado, pero el producto debe soportar las temperaturas de curado.

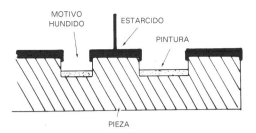

(A) Máscara de reborde sobre diseño hundido

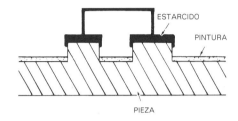

(B) Máscara de tapa sobre diseño elevado

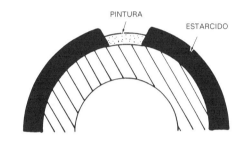

(C) Máscara silueteada de superficie

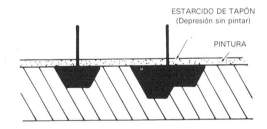

(D) Máscara de pistón para huecos sin pintar

Fig. 19-1. Tipos fundamentales de máscaras electroconformadas.

Pintura por inmersión

La pintura por inmersión (fig. 19-3) es útil cuando se requiere un solo color o base de color. Es posible aplicar un recubrimiento uniforme si se retira la pieza de la pintura muy lentamente. Se debe dejar el tiempo suficiente para que escurra. Se puede eliminar el exceso de pintura girando la pieza, retocándola a mano o a través de métodos electrostáticos.

(A) Atomizado electrostático

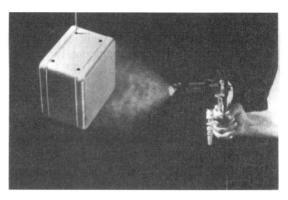

(C) Atomizado hidráulico

Fig. 19-2. Métodos de atomizado para aplicación de pintura electrostáticamente (Ransburg Corp.) (*cont.*).

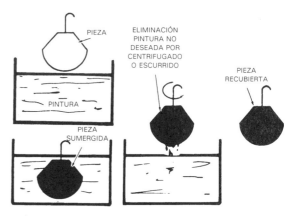

Fig. 19-3. Pintura por inmersión.

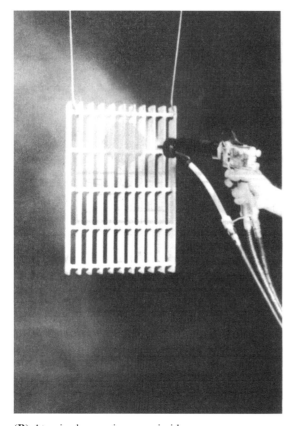

(B) Atomizado por aire comprimido

Fig. 19-2. Métodos de atomizado para aplicación de pintura electrostáticamente. (Ransburg Corp.).

Pintura con estarcido

La pintura con estarcido constituye un atractivo método de múltiples posibilidades para decorar objetos de plástico. Consiste en hacer pasar una tinta o pintura especial a través de los pequeños orificios de una plantilla tamiz hasta la superficie del producto. Este tratamiento recibe a veces el nombre de pintura de *estarcido de seda*, ya que las primeras plantillas tamiz estaban hechas de seda. Hoy en día, pueden estar hechas de malla de metal o poliamida, poliéster u otros plásticos finamente tejidos. Un sencillo dispositivo de estarcido consiste en tapar las zonas en las que no se desea que llegue la pintura. Para diseños más complicados o letras, se aplican sobre la plantilla estarcidos fotográficos. Cuando se exponen y se sumergen en un baño de revelado, se eliminan por lavado las superficies expuestas. A través de estas aberturas, la pintura pasa a la superficie del plástico que no está tapada con la plantilla.

Marcado de relleno

En el proceso de marcado de relleno, se coloca la pintura en porciones endentadas o rebajadas del artículo (fig. 19-4). Las letras, números o dibujos que aparecen en la pieza de plástico son como ba-

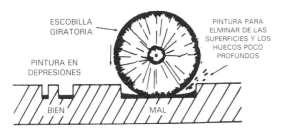

Fig. 19-4. Método de relleno de pintura.

jorrelieves en la pieza moldeada, que se rellenan pulverizando o frotando pintura en los huecos. Para conseguir una imagen nítida, el hueco deberá ser profundo y estrecho; de lo contrario, si el dibujo es demasiado ancho, la acción de frotado o pulimento podría eliminar la pintura. El sobrante de pintura alrededor del dibujo se puede separar por pulido y bruñido.

Recubrimiento con rodillo

Es posible obtener dibujos, letras y números en relieve pasando un rodillo de recubrimiento sobre la pieza (fig. 19-5). En algunos casos, tal vez se precise enmascarar ciertas zonas del objeto. Si los bordes y las esquinas son pronunciados y puntiagudos, el detalle del recubrimiento será bueno. El recubrimiento con rodillo puede ser automático, aunque también son posibles series reducidas con un rodillo batidor de mano.

A continuación, se enumeran tres ventajas y seis inconvenientes del uso de los procesos de decoración con pintura.

Ventajas de la pintura

1. Son posibles varios métodos económicos.
2. No es necesario un tratamiento preliminar de la mayoría de los plásticos.
3. Variando los métodos y diseños se pueden ocultar las imperfecciones.

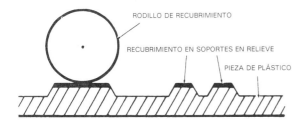

Fig. 19-5. Recubrimiento con rodillo de las partes elevadas.

Inconvenientes de la pintura

1. Algunos plásticos son sensibles a los disolventes.
2. Los métodos a mano suponen un mayor coste de mano de obra.
3. La pintura reduce la resistencia al impacto en frío.
4. Se pueden producir manchas de tipo ojos de pescado con el uso de silicona y otros agentes de desmoldeo.
5. Los disolventes pueden suponer un riesgo para la salud.
6. El secado en horno puede ser problemático con algunos termoplásticos.

Estampación de hoja caliente

La estampación de hoja caliente se denomina también *estampación de rodillo en hoja* o simplemente *estampado en caliente*. Se trata de un método sencillo y económico para conseguir una decoración duradera en el plástico. Se pueden estampar en caliente letras, dibujos, marcas o letreros. El proceso implica el uso de una película de metal o pintura sobre un soporte fino (normalmente en forma de rodillo) y un troquel de estampación caliente. El troquel caliente entra en contacto con la superficie de la pieza de plástico a través del soporte. La pintura o película metálica se funde en la impresión producida por la estampa, proporcionando así una decoración clara y duradera. Los troqueles de estampación en caliente están hechos de metal grabado con ácido o mecánicamente. Algunos están hechos de silicona flexible termorresistente (fig. 19-6). Para conseguir superficies texturadas, irregulares o grandes, son preferibles los troqueles de silicona. Los de rodillo se utilizan para pasar el dibujo a superficies grandes.

La estampación de hoja caliente se puede realizar en todos los termoplásticos y algunos termoestables; en cambio algunos termoendurecibles no se pueden estampar en caliente con facilidad debido al alto grado de calor y presión requerido. En el caso de los termoestables, el proceso es similar al etiquetado. Las melaminas nunca se estampan por calor, y las resinas rara vez se decoran según este método.

Se puede incluir oro auténtico, plata y otras hojas de metal, además de pigmentos de pinturas en el plástico. En la figura 19-6A se muestra una hoja de estampación en caliente metalizada brillante típica. Como estas hojas y pigmentos están secos se pueden manejar fácilmente y colocarse sobre superficies pintadas sin necesidad de máscaras; el tratamiento puede ser automático o manual. La película de soporte que sujeta los recubrimientos decorati-

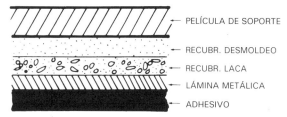

(A) Diagrama transversal de una hoja de estampación en caliente metalizada típica

(B) Rodillos de estampación en caliente de silicona texturada para producir dibujos continuos en productos planos. (Gladen Division, Hayes-Albion Corp.)

(C) Anillo estampado en caliente con el rodillo que se muestra en (B). (Gladen Division, Hayes-albion Corp.)

Fig. 19-6. Estampación en caliente y ejemplos de productos.

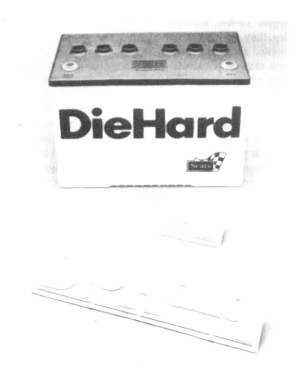

(D) Ejemplo de producto estampado en caliente con un troquel de silicona. (Gladen Division, Hayes-Albion Corp.)

(E) Troquel de caucho de silicona moldeado utilizado para estampar una jarra. El fondo de la jarra fue recubierto con estarcido de seda de epoxi y secada con aire forzado antes de la estampación. (Gladen Division, Hayes-Albion Corp.)

vos hasta que se presionan contra el plástico es de celofán, acetato o poliéster. Primero se coloca una capa fina de material termosensible sobre el soporte como agente de desprendimiento. Después se aplica un recubrimiento de laca sobre la capa de desprendimiento para proteger la hoja metálica. Cuando se utiliza pintura en lugar de una hoja de metal, se combinan la laca y los colores pigmentados en una sola capa. La capa inferior actúa como adhesivo del plástico fundido sensible al calor y la presión. El calor y la presión deben actuar durante un período de tiempo suficiente para que penetren las distintas capas (secado) y para que el adhesivo pase a estado líquido. Antes de desprender la película de soporte se deja transcurrir un breve período de enfriado, para dar lugar a la solidificación del adhesivo. A continuación se enumeran cuatro ventajas y dos inconvenientes del estampado de hoja caliente.

Ventajas del estampado de hoja caliente

1. Es una operación automática a alta velocidad.
2. Las hojas y otros modelos pueden ocultar los defectos o las marcas.
3. No se emplean disolventes.
4. Se pueden cambiar los diseños en series cortas.

Inconvenientes del estampado de hoja caliente

1. Las hojas y los diseños de la capa de desprendimiento son relativamente costosos.
2. Las funciones secundarias y el equipo son costosos.

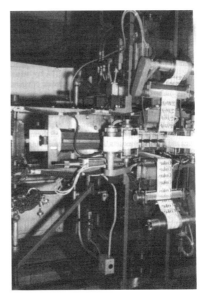

(C) Estampación en caliente en cuatro caras de un recipiente de bebidas de polietileno. (Howmet Corp.)

(A) Máquina de estampación en caliente que aplica varios colores. (The Acromark Co.)

(D) Estampación en caliente decorativa de una jarra de plástico. (The Acromark Co.)

(B) Máquina para estampar en caliente tubos de plástico exprimibles. (The Acromark Co.)

(E) Método de rodillo de estampación en caliente utilizado para aplicar un acabado de vetas de madera a una caja de televisión. (Howmet Corp.)

Fig. 19-7. Máquinas de estampación en caliente.

En la figura 19-7A se muestra una prensa de estampación en caliente con la que se aplican varios motivos a color sobre un portalápices de plástico moldeado de una sola pieza. Se imprimen previamente los diseños sobre el soporte y después se transfieren y se funden con la pieza mediante calor, presión y secado. Se trata de un proceso en seco, como cualquier transferencia por estampado caliente; por lo tanto, las piezas recién decoradas se pueden manejar, ensamblar o empaquetar. Esta disposición de prensa en concreto puede incluir además troqueles de transferencia regulares y hoja de estampación en caliente. Con esta máquina, se pueden adaptar superficies de decoración planas o configuradas y, con un accesorio especial, existe la posibilidad de marcar la circunferencia completa de piezas cilíndricas. En la figura 19-7B se muestra una máquina para estampado en caliente de un tubo de plástico exprimible con un motivo muy decorativo. La herramienta consiste en un montaje de mesa de dial giratoria que permite un funcionamiento continuo de la prensa, requiriéndose tan sólo la introducción de la pieza en los huecos. La eyección tras el marcado es automática.

Electrodepósito

El electrodepósito y el metalizado al vacío han sido descritos anteriormente en relación con los recubrimientos metálicos, en el capítulo 17. Esta técnica tiene bastantes aplicaciones funcionales pero tal vez sea mayor el número de usos decorativos. Las hojas metalizadas para objetos dieléctricos y electrónicos, como semiconductores y resistencias eléctricas, son algunos ejemplos de usos funcionales, al igual que los espejos flexibles y el electrodepósito para conseguir resistencia a la corrosión. Los acabados metalizados de coches, aparatos, joyería y juguetes son ejemplos de las aplicaciones decorativas. A continuación se enumeran cuatro ventajas y cinco inconvenientes del electrodepósito.

Ventajas del electrodepósito

1. El acabado metálico puede proporcionar una calidad de espejo.
2. Generalmente, las piezas de plástico no requieren apenas pulido, o ninguno en absoluto, antes de la pintura.
3. El grosor del electrodepósito oscila entre 0,00038 y 0,025 mm.
4. El electrodepósito es más duradero que el metalizado.

Inconvenientes del electrodepósito

1. Se debe considerar el acabado y el diseño del molde.
2. No todos los plásticos se electrodepositan fácilmente.
3. El montaje es caro y supone muchas etapas.
4. Existen muchas variables que controlar para conseguir una adherencia, comportamiento y acabado apropiados.
5. El electrodepósito es más caro que el metalizado.

Grabado

El grabado apenas se utiliza a escala industrial, a pesar de ser un método duradero para marcar y decorar plástico. Se utiliza sobre todo en herramientas de grabado y trabajos de troquelado. Las máquinas de grabado pantográficas pueden ser automáticas o manuales y se utilizan normalmente para grabar etiquetas estratificadas, letreros para puertas, directorios y equipos, así como para colocar identificaciones y marcas en pelotas de bolos, palos de golf y otros objetos. Las láminas de grabado estratificadas contienen dos o más capas de plásticos teñidos. Con el grabado se atraviesa la capa superior dejando al descubierto la segunda capa de un color que resalte (fig. 19-8).

Impresión

Existen más de once métodos diferentes, aparte de todas sus variaciones, para imprimir sobre plásticos.

En la *tipografía* se aplica tinta sobre placas de impresión rígidas y en relieve y se prensan contra la pieza de plástico. La porción elevada de la placa transfiere la imagen.

La *tipografía flexible* es semejante a la tipografía, con la salvedad de que se utilizan placas de impresión flexibles con las que se pueden transferir los motivos a superficies irregulares (fig. 19-9A).

La impresión *flexográfica* es como la anterior, con la excepción de que se utiliza tinta líquida en lugar de una tinta pastosa. La placa suele ser del tipo giratorio y transfiere las tintas que se fraguan o secan rápidamente por evaporación del disolvente.

La *impresión offset en seco* es un método en el que una placa de impresión rígida en relieve transfiere una imagen en tinta de pasta a un rodillo especial denominado cartulina para litografía en offset. Con dicho rodillo se pasa la imagen en tinta a la pieza de plástico, es decir, se desplaza (*offset*, en inglés). Si se requiere una impresión multicolor se

CAPÍTULO 19: PROCESOS DE DECORACIÓN

(A) Grabado de plásticos estratificados

(A) Prensa de litografía flexible de impresión directa en un color. La placa de caucho permite imprimir superficies irregulares

(B) Grabado en tres dimensiones. (Lars Corp.)

Fig. 19-8. Máquinas de grabado pantográfico.

pueden usar varias cabezas de desplazamiento para aplicar diferentes colores a la cartulina. La imagen multicolor se desplaza entonces a la pieza de plástico en una única etapa de impresión (fig. 19-9B).

La *fotolitografía* es similar a la impresión offset en seco, con la diferencia de que la impresión de la placa de impresión no está elevada ni hundida. El proceso se basa en el principio de que el aceite y el agua no se mezclan. Se coloca la imagen o el mensaje que se va a imprimir sobre una placa a través de un proceso fotográfico-químico. Las imágenes se pueden disponer directamente sobre la placa

(B) Esta máquina sirve para imprimir uno o más colores por métodos de impresión offset en seco o tipografía flexible

Fig. 19-9. Prensas de impresión de tipografía flexible e impresión offset en seco. (Apex Machine Co.).

© ITP-Paraninfo /**353**

mediante cintas o lápices de mecanografía aceitados especiales. Las imágenes tratadas o aceitadas serán receptivas al tipo de tinta utilizado. Las zonas no tratadas serán receptivas al agua pero repelerán la tinta. Se debe pasar un rodillo de agua primero sobre la placa de fotolitografía. A continuación, el rodillo de tinta depositará la tinta sobre las superficies receptivas. Se transfiere así la imagen de la placa de impresión a un cilindro de litografía de caucho (cartulina de litografía en offset) que sitúa la imagen en la pieza de plástico.

El *huecograbado* o *rotograbado* implica una imagen en bajorrelieve o hundida en la placa de impresión. Se aplica tinta a toda la superficie de la placa utilizándose una cuchilla rascadora para raspar la placa y eliminar el exceso de tinta. La que queda en las zonas hundidas se transfiere directamente al producto.

La *serigrafía* es un proceso según el cual se hace pasar la tinta o pintura a través de un tamiz fino de metal o de tela sobre el producto. Se utiliza una escobilla de goma para forzar la pintura a través del tamiz. Éste estará libre o bloqueado, según las zonas sobre las que se desea aplicar o no la tinta.

La *impresión por cliché* es similar a la serigrafía, a excepción de que las zonas abiertas (las que no se van a imprimir) no tienen una malla de conexión. Los clichés pueden ser positivos o negativos. En la impresión de multicopista positiva, la imagen es abierta y el pulverizado o los rodillos transfieren la tinta a través de estas superficies abiertas al producto. En la impresión de multicopista negativa, se tapa la imagen y se aplica la tinta sobre el fondo, de manera que no queda tinta en la parte del cliché. Se puede considerar como una operación de enmascarado.

La *impresión electrostática* ha sido adaptada de técnicas de impresión conocidas. En el proceso, se consigue la atracción de tintas secas a las zonas que se van a imprimir por diferencia en el potencial eléctrico. No existe un contacto directo entre la placa de impresión o el tamiz y el producto. Existen varios métodos para hacer el tamiz conductor en las zonas de la imagen y no conductor en las demás superficies. Se mantienen partículas cargadas secas en estas zonas abiertas hasta que se descargan hacia la placa de soporte de carga opuesta. El objeto que se va a imprimir se coloca entre el tamiz y la placa de soporte. Cuando la tinta está descargada, entra en contacto con la superficie de sustrato. A continuación, se aplica un agente de fijación para fijar la imagen. La imagen se reproduce fielmente, con independencia de la configuración superficial del sustrato. Se pueden imprimir imágenes en la cáscara de un huevo crudo o productos similares a través de este método, así como identificar, adornar e imprimir información en frutas y verduras.

La *impresión de termotransferencia* se utiliza como proceso de decoración y como un importante método de impresión. Es similar a la estampación de hoja caliente, en el sentido de que la película de soporte (o papel) sujeta la capa de desprendimiento y la imagen de tinta. Se calienta la tinta termoplástica y se transfiere al producto con un rodillo de caucho calentado.

La *estampación de hoja caliente* es un proceso para transferir un tinte o un material decorativo de una película de soporte seca a un producto por calor y presión. A veces se utiliza como método de impresión.

Decoración en molde

Durante la decoración en el molde, una capa o película recubierta denominada *hoja* pasa a formar parte del producto moldeado. Tanto los materiales termoendurecibles como los termoplásticos pueden adornarse con imágenes mediante este procedimiento.

En el caso de los productos termoendurecibles, la película puede ser una lámina de celulosa transparente cubierta con un material de moldeado de tipo resina parcialmente curado. Se coloca la capa en la cavidad del molde cuando el material termoendurecible está sólo parcialmente curado. El ciclo de moldeo continúa después y la decoración se convierte en parte integral del producto. La unión entre la imagen y el sustrato de plástico depende del revés de la hoja. Esta capa consiste en un material que se adhiera al tipo de material termoendurecible seleccionado.

En cuanto a los productos termoendurecibles, se puede mantener una capa en su sitio cortándola, de manera que encaje perfectamente en la cavidad. También se emplean métodos electrostáticos para sujetar las hojas.

En lo que se refiere a los productos termoplásticos, la película suele ser de poliéster. En el moldeo por inyección, se coloca la hoja en el molde antes de cerrarlo previamente a la inyección. A medida que se introduce el plástico fundido en la cavidad, la capa se une totalmente con el sustrato de plástico. Cuando los ciclos de producción son prolongados, suele ser deseable automatizar la carga de la hoja. Las máquinas de bobina de hoja mantienen un rodillo de hoja nuevo en uno de los lados del molde y recogen el del otro lado. Cuando se abre el molde y se saca la pieza decorada, el bobinado de hoja recoge la hoja usada y presenta el material nuevo.

Al igual que las hojas de estampación en caliente, las hojas de encofrado contienen varias capas. La inferior se adhiere al material termoplástico seleccionado. La decoración, compuesta normalmente de varios colores o texturas, está protegida con una cubierta transparente o capa para compensar el desgaste. Esta capa determina la resistencia a la abrasión y al rayado de la hoja. Una capa de liberación termoactivada provoca la separación de la decoración de la película de soporte.

Las piezas moldeadas por soplado se suelen decorar en el molde. Se aplica la imagen de tinta o pintura sobre una película o papel de soporte. Cuando el plástico caliente se expande y rellena la cavidad de molde, la imagen se transfiere del vehículo a la pieza moldeada. A continuación se enumeran las ventajas e inconvenientes de la decoración en el molde.

Ventajas de la decoración en molde

1. Se pueden utilizar imágenes a todo color, semitonos o combinaciones.
2. Se puede conseguir una unión firme.
3. Resultan económicos diseños y series cortas.
4. La eficacia puede llegar a alcanzar más de un 90%.

Inconvenientes de la decoración en molde

1. Los costes para introducir la hoja a mano o automáticamente con máquinas son altos.
2. El diseño del molde debe reducir al mínimo el lavado y la turbulencia.
3. El diseño del molde debe hacer que la hoja se separe limpiamente en los bordes para reducir al mínimo el lavado.

Decoración por termotransferencia

En la decoración por termotransferencia, se transfiere la imagen desde una película de soporte a la pieza de plástico. La estructura del material de decoración de termotransferencia es el que aparece en la figura 19-10A. El material vehículo precalentado pasa al producto a través de un rodillo de caucho calentado (fig. 19-10C).

Un proceso de decoración o impresión que se asemeja a una combinación de impresión litográfica y grabado es la *impresión con tampón*. En dicho procedimiento, la almohadilla de transferencia flexible recoge la impresión de la placa grabada con tinta (fig. 19-11A) y la pasa al artículo que se va a imprimir (fig. 19-11B). Se deposita en la pieza toda la carga de tinta que lleva la almohadilla de transferencia, dejándola limpia. La almohadilla flexible se adapta a superficies rugosas e irregulares sin dejar de mantener la nitidez de la reproducción de forma absoluta. Se pueden adaptar cabezas de impresión de varios tipos para distintos objetos y texturas, así como una impresión en húmedo multicolor, incluyendo semitonos. Se puede utilizar prácticamente cualquier tipo de tinta de impresión o pintura con este sencillo método. Dependiendo del tipo de producto, se pueden decorar de forma automática has-

(A) Estructura de material para decoración por transferencia de calor

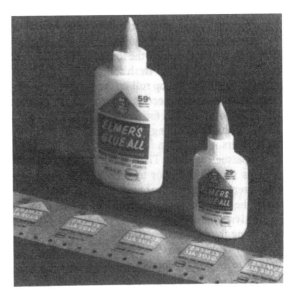

(B) Decoración de recipiente por transferencia de calor. (Therimage® Products Group, Dennison Mfg. Co.)

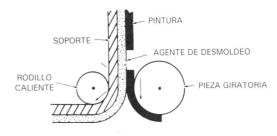

(C) Método de transferencia de diseño con rodillo

Fig. 19-10. Decoración por termotransferencia y ejemplos de productos decorados.

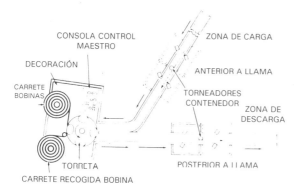

(D) Esquema de termotransferencia de decoraciones a recipientes. (Therimage® Products Group, Dennison Mfg. Co.)

(E) Termotransferencia de decoraciones, según el esquema mostrado en (D). (Therimage® Products Group, Dennison Mfg. Co.)

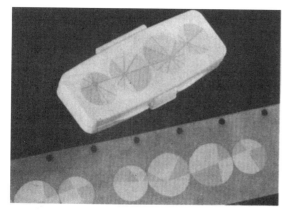

(F) Caucho de silicona plano, 3 mm de espesor utilizado para decorar por método de transferencia un recipiente de cosmético. (Gladen Division Hayes-Albion Corp.)

(G) Varios recipientes decorados por métodos de termotransferencia. (Therimage® Products Group, Dennison Mfg. Co.)

(H) Ejemplos de decoraciones por termotransferencia. Observe los rodillos de decoración en la película de soporte. (Color-Dec Inc.)

Fig. 19-10. Decoración por termotransferencia y ejemplos de productos decorados (*cont.*).

ta 20.000 piezas a la hora. A continuación se enumeran las ventajas y los inconvenientes.

Ventajas de decoración por termotransferencia

1. Similar a la estampación de hoja caliente con la salvedad de que son posibles los motivos multicolor.
2. Se dispone de muchos sistemas de transferencia térmica.

Inconvenientes de la decoración por termotransferencia

1. Coste de la película de vehículo y los diseños.
2. Se requiere un equipo y una operación secundaria.

Miscelánea de métodos de decoración

Existen infinidad de métodos de decoración, entre los que se incluyen etiquetas sensibles a la presión, calcomanías, aterciopelado artificial, recubrimientos decorativos o chapado.

Las etiquetas sensibles a la presión son muy fáciles de aplicar. Generalmente se obtienen al imprimir dibujos o mensajes en una hoja o película con

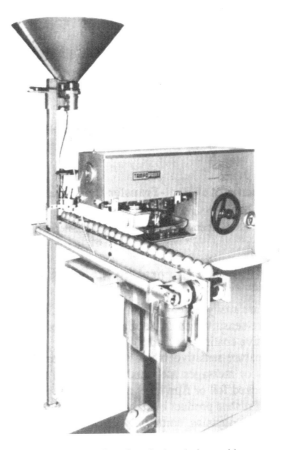

(C) Conjunto completo de máquina de impresión

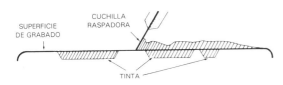

(A) La placa grabada con tinta está sujetada por las zonas hundidas. Se limpia la superficie con una cuchilla raspadora

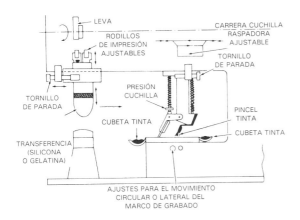

(B) Movimiento de la almohadilla de transferencia y cepillo o escobilla de tinta

(D) Primer plano de almohadilla de transferencia y mecanismo de aplicación de tinta

Fig. 19-11. En el proceso de impresión con tampón se utiliza una almohadilla de transferencia para aplicar la tinta en los productos. (Dependable Machine Co.).

soporte adhesivo y aplicar las etiquetas sobre el producto acabado, a mano o por medios mecánicos.

Las calcomanías sirven también para traspasar un dibujo o imagen a un plástico. Por lo general se componen de una película decorativa aplicada sobre un soporte de papel. Al humedecer la calcomanía con agua, se desliza la película desde el soporte del papel y se pega a la superficie del plástico. No es un método muy extendido, ya que no es preciso ni rápido.

El aterciopelado mecánico o electrostático constituye un relevante método para conseguir un acabado que imita al terciopelo a cualquier superficie. Consiste en recubrir el producto con un adhesivo y aplicar fibras de plástico sobre la superficie con un adhesivo. Los recubrimientos de tipo aterciopelado sobre papeles pintados, juguetes y muebles son algunos ejemplos.

Se pueden mencionar además los procesos de decoración de veta de madera. Algunos de ellos consisten en laminar placas de veta de madera grabadas sobre un fondo de color que contraste. En realidad, no es sino una adaptación de los tratamientos de impresión. Asimismo, se utilizan estratos y chapas con fines decorativos. Los productos de metal chapados con polivinilo son comunes en accesorios, compartimentos, biombos, muebles, automóviles, equipos de cocina e interiores de autobuses. Son duraderos a la par que decorativos.

Muchas hojas y motivos son termoconformables, gracias a lo cual se puede conseguir una decoración en tres dimensiones. La corteza termoconformada se puede rellenar por colada o por moldeo de inyección. El adelgazado de plásticos y la distorsión del modelo deben ser controladas (fig. 19-12).

A continuación, se enumeran cuatro ventajas y dos inconvenientes de la decoración sensible a la presión.

Ventajas de la decoración sensible a la presión

1. Velocidades de aplicación variables (relación entre alta velocidad y acción a mano).
2. Modelos y motivos multicolores.
3. Se puede utilizar cualquier plástico.
4. Series cortas y cambios de diseño económicos.

Inconvenientes de la decoración sensible a la presión

1. Operación y equipo secundario necesarios.
2. Se pueden desgastar o desprender las etiquetas de la superficie.

Vocabulario

A continuación, se ofrece un vocabulario de las palabras que aparecen en este capítulo. Busque la definición de aquellas que no comprenda en su acepción relacionada con el plástico en el glosario del apéndice A.

Decoración en el molde
Decoración por termotransferencia
Descarga en corona
Estampado en caliente
Grabado
Impresión con tampón
Impresión electrostática
Impresión en offset

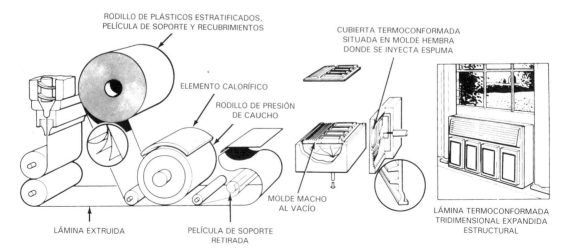

Fig. 19-12. Termoconformado de una cubierta decorativa para un electrodoméstico. (Dri Print Foils).

Preguntas

19-1. Se puede utilizar __?__ para evitar que la pintura de silicona se deposite en determinadas zonas.

19-2. Cite dos ventajas de los troqueles de estampación en caliente de silicona.

19-3. Enumere el proceso de pintura en el que no se desprende fácilmente el dibujo con el desgaste de la superficie.

19-4. ¿Qué aditivo puede reducir la resistencia eléctrica del plástico?

19-5. ¿Qué puede suceder al aplicar un recubrimiento sobre artículos en los que no se ha eliminado adecuadamente la humedad de la superficie?

19-6. El nombre de una mezcladora muy conocida para combinar ingredientes de plástico es __?__.

19-7. La estampación de hoja caliente se denomina también estampación de rodillo caliente o simplemente __?__.

19-8. Cite tres aplicaciones funcionales del electrodepósito.

19-9. Cite tres aplicaciones decorativas del electrodepósito.

19-10. El grosor del electrodepósito oscila entre __?__ y __?__ mm.

19-11. Un método importante para dar un acabado aterciopelado en la superficie por medios mecánicos o electrostáticos se denomina __?__.

19-12. Cite un proceso en el que se transfiere la imagen desde la película de soporte al producto por estampación con formas rígidas o flexibles y con calor y presión.

19-13. Puede resultar menos costoso incorporar el diseño deseado en __?__, troquel o rodillos.

19-14. La mayoría de los procesos de decoración requiere que el sustrato esté completamente __?__ de agente de desmoldeo, lubricantes y plastificantes.

19-15. El modo mejor y más barato de teñir productos de plástico consiste en mezclar los pigmentos con el __?__ base.

19-16. Los plastificantes, __?__ y el moldeado pueden afectar al color.

19-17. Un método económico y conocido para pintar plásticos es el __?__.

19-18. Se pueden pintar objetos de diversas configuraciones y tamaños de manera rápida a través de los métodos de __?__.

19-19. Cite tres formas de atomizar pintura.

19-20. En el recubrimiento por inmersión se puede suprimir la pintura sobrante girando la pieza, por escurrido manual o a través de métodos __?__.

19-21. El proceso que consiste en forzar pintura o tintas especiales por pequeños orificios de un una plantilla tamiz hasta la superficie de un producto se denomina __?__ o __?__.

19-22. En __?__ el hundimiento de la imagen deberá ser lo suficientemente profunda y estrecha como para conseguir nitidez del detalle.

19-23. Las partes elevadas, letras, números y otros motivos se pueden decorar fácilmente a través de métodos __?__.

19-24. Enumere cinco métodos de impresión de productos plásticos.

19-25. El diseño o decoración pasa a formar parte del objeto de plástico cuando se funde por calor y presión el plástico durante la decoración __?__.

19-26. Gracias a la utilización de una almohadilla de impresión flexible el proceso de __?__ es particularmente útil para decorar superficies irregulares.

19-27. Un término utilizado con metales para indicar que dos o más capas de plástico (o metales) se prensan a presión es __?__.

19-28. Las etiquetas se adhieren al sustrato por __?__, y las calcomanías se activan __?__.

19-29. Enumere cuatro métodos para tratar para preparar el polietileno para aplicar pintura o tinta.

Actividades

Decoración en el molde

Introducción. La decoración en el molde aprovecha la temperatura del plástico caliente para adherir motivos o letreros a los productos. La ventaja principal es la eliminación de las operaciones de impresión o decoración secundarias.

Equipo. Moldeador de inyección, hoja de encofrado, hoja de estampación en caliente, molde de barra de pruebas, cinta transparente Scotch 3M, número 600.

19-1. Si es posible adquiera una hoja de encofrado. Las hojas de ABS son asequibles y conocidas. Si no dispone de una, utilice una de estampación en caliente como sustituto. Una de las principales diferencias entre ellas es el grosor de la película de soporte de poliéster. Las hojas de encofrado tienen soportes mucho más gruesos que las hojas de estampación en caliente. En la figura 19-13, se muestra un disco de ABS cubierto con material de encofrado de vetas de madera. Con él se puede determinar la resistencia a la abrasión en una máquina Taber.

19-2. Si el molde de inyección utilizado para la decoración en molde tiene un lado plano, aplique la cinta en esa cara de la hoja. Asegúrese de que el plástico fundido entra en contacto con el revés de la hoja. Si estuviera en contacto con la cara «incorrecta» no se produciría la adhesión.

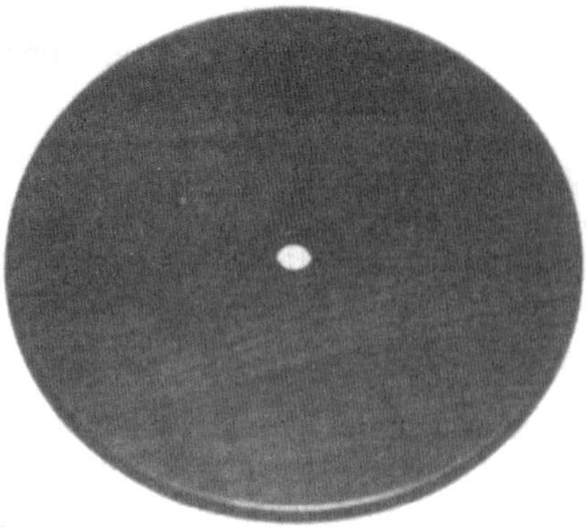

19-3. Si el plástico fundido empuja la hoja hacia la cavidad, el estirado resultante puede superar la resistencia de la película de soporte, sobre todo al utilizar una hoja de estampación en caliente, y causar una rasgadura. La rasgadura puede hacer que el plástico fundido se desplace hasta la cara «incorrecta» de la hoja. En la figura 19-14 se puede ver un ejemplo de este problema. Advierta que la rasgadura comienza en un borde la pieza. Para evitarlo, utilice un molde con una mitad plana. Incluso en la mitad plana, la hoja de estampación en caliente se estira durante la inyección. En la figura 19-15, se pueden observar pequeñas arrugas en la hoja cerca del borde de la pieza. Esto no se produciría si el soporte fuera más grueso.

19-4. Realice la inyección a diferentes temperaturas. Si la temperatura de fundido es baja, la adhesión será insuficiente. Si la temperatura de fundido es apropiada, la adhesión será buena. Si el fundido está demasiado caliente, la hoja se puede estirar y distorsionar el diseño, se puede producir una pérdida de brillo y cerca de la entrada, puede eliminar un punto de la hoja completamente al *quemarse*. Los problemas de la distorsión se recrudecerán al usar una hoja de estampación en caliente.

19-5. Pruebe la adherencia de la hoja realizando la prueba de cinta. En primer lugar, raye la muestra, tal como se indica en la figura 19-

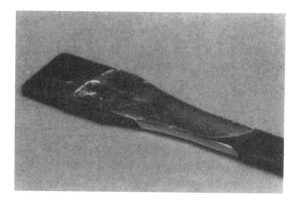

Fig. 19-13. Hoja de encofrado sobre disco abrasivo Taber.

Fig. 19-14. Ejemplo de aplicación del plástico fundido en la cara «incorrecta» de la hoja. La hoja se ha estropeado por estiramiento del fundido inyectado.

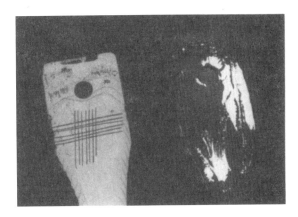

Fig. 19-15. La hoja se arruga cerca del borde de la pieza.

Fig. 19-16. Se raya en cruz una muestra para prepararla para la prueba de cinta. En la otra, se ve una hoja de estirénico que no se adhirió a la pieza de PP.

16. A continuación, adhiera la cinta firmemente, tratando de evitar que queden burbujas de aire debajo. Desprenda la cinta en un ángulo de 90° con respecto al sustrato. Compruebe si ha fallado la adherencia. Si la cinta ha arrancado partes de la hoja, significa que la adherencia era escasa. La cinta número 600 fabricada por 3M de la marca Scotch es corriente en este tipo de pruebas.

19-6. La utilización de hojas con distintas compatibilidades presentará considerables diferencias. En la figura 19-16, se muestra también una hoja de estampación en caliente compatible con estireno utilizada sobre polipropileno. No se adhirió prácticamente nada de la hoja.

19-7. Escriba un resumen de sus conclusiones.

Estampación en caliente

Introducción. La estampación de hoja caliente es un proceso de decoración en el que se colocan hojas metálicas o pigmentos sobre películas de soporte. Se utiliza la palabra *hoja*, ya que las laminillas metálicas del pan de oro también reciben el nombre de hojas de oro. Se necesita un troquel caliente que se presiona contra la hoja y el plástico hasta que el pigmento u hoja metálica se desprende de la película soporte. Lo que une el dibujo con el sustrato es el calor y la presión.

La estampación de hoja caliente es un tratamiento conocido para decorar plásticos. La hoja debe ser compatible con el sustrato de plástico que se va a decorar. Las hojas compatibles con material estirénico como PS, HIPS (poliestireno con alta resistencia al impacto) y ABS son habituales. Otro tipo de hoja se adhiere a las olefinas. Un desequilibrio entre la hoja y el sustrato de plástico reducirá de forma espectacular la adherencia.

Equipo. Estampador en caliente, hoja de material estirénico, hoja para olefinas, troquel de estampación o placa de estampación de caucho de silicona plana.

19-1. Estampe palabras o letras sobre varios plásticos con hoja de material estirénico y hoja olefínica. Pruebe la adherencia utilizando un borrador o un lápiz. Si la adherencia es alta, la fuerza necesaria para eliminar por frotado la decoración será también elevada.

19-2. Estampe con un troquel de caucho de silicona plana sobre una pieza plana de material de plástico. De esta forma se consigue una superficie de magnitud suficiente para probar la adherencia con cinta de la hoja. Raye la superficie y compruebe la adherencia con la prueba de cinta. Tanto el tiempo de estampación como la temperatura del troquel influirán en la adhesión.

19-3. Estampe en el polietileno o propileno. Estos materiales suelen ser resistentes a la adhesión. Para contrarrestarlo, trate con llama la superficie del sustrato. Se puede conseguir la llama con un soplete. Intente no fundir el sustrato ni carbonizar la superficie. Varíe el tiempo de contacto con la llama y pruebe los efectos de la adhesión.

Capítulo 20

Procesos de radiación

Introducción

Los tratamientos por radiación suponen un ahorro de energía, con una contaminación mínima y ventajas económicas. Esta tecnología ofrece productos nuevos y otro concepto de la fabricación.

El uso de radiaciones ocupa un campo tecnológico en desarrollo en el que se emplean sistemas ionizantes y no ionizantes para alterar y mejorar las propiedades físicas de materiales y componentes. Los procesos de radiación pueden encontrar aceptación junto con los tratamientos químicos y termodinámicos. El esquema de este capítulo es:

- I. Métodos de radiación.
- II. Fuentes de radiación.
  - A. Radiación ionizante.
  - B. Radiación no ionizante.
  - C. Seguridad de la radiación.
- III. Irradiación de polímeros.
  - A. Daños de la radiación.
  - B. Mejoras por radiación.
  - C. Polimerización por radiación.
  - D. Injerto por radiación.
  - E. Ventajas de la radiación.
  - F. Aplicaciones.

Métodos de radiación

El término *radiación* se aplica a la energía transportada por ondas o partículas. El portador de la energía de onda se denomina *fotón*. En la energía radiante, el fotón se presenta en forma de onda, cuando está en movimiento, y de partícula, si es absorbido o emitido por un átomo o molécula.

La bombilla corriente con una temperatura de 2.300 °C emite ondas de radiación que son visibles. El sol, con una temperatura periférica de 6.000 °C, emite radiación visible e invisible. El ojo humano puede detectar radiaciones con una longitud de onda de hasta 400 µm, por debajo, y hasta 700 µm, como límite superior. Las radiaciones *ultravioleta* son ondas de energía que pueden quemar o tostar las partes del cuerpo humano expuestas, aunque no son visibles para el ojo humano (fig. 20-1). La radiación ultravioleta tiene longitudes de onda de hasta 400 ìm. Las longitudes de onda de los fotones se miden en micrómetros. La radiación del sol, los combustibles y los elementos radiactivos se consideran fuentes de radiación naturales. Entre los elementos radiactivos más importantes que se encuentran en la naturaleza se pueden citar uranio, radio, torio y actinio. Estos materiales radiactivos emiten fotones de energía y/o partículas cuando se desintegran sus núcleos y se reduce su masa. La tierra contiene pequeñas trazas de materiales radiactivos; en cambio el sol es intensamente radiactivo.

La radiación se puede producir a través de reactores nucleares, por aceleradores o a partir de radioisótopos naturales y artificiales. La fuente más importante de radiación controlada consiste en radioisótopos artificiales. Los científicos han conseguido llegar al uso y control de radiación con-

(A) Longitudes de onda de la radiación

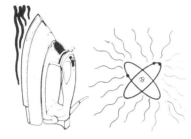

(B) La radiación de la luz (visible) hace que podamos ver los objetos

(C) La radiación calorífica (infrarrojo) se puede sentir

(D) La radiación radiactiva no se puede ver ni sentir

Fig. 20-1. Tipos de radiación.

trolada para cubrir las necesidades energéticas de las sociedades humanas.

Cuando cambia el número de *protones* del núcleo de un átomo se forma un elemento diferente. Si se altera el número de *neutrones* del núcleo, no se obtiene un nuevo elemento, ya que únicamente cambia la masa del elemento. Las diferentes formas (masas) de un mismo elemento se llaman *isótopos*. La mayoría de los elementos tienen varios isótopos. Por ejemplo, un elemento simple, el hidrógeno, aparece en tres isótopos distintos (fig. 20-1). La mayoría de los átomos de hidrógeno tiene un número másico (la cantidad total de protones y neutrones) igual a 1, es decir, carecen de neutrones. En la naturaleza apenas existen átomos de hidrógeno que tengan un neutrón y un protón y, por tanto, un número másico 2. Únicamente cuando el hidrógeno tiene dos neutrones y un protón (número másico 3) es radiactivo.

En 1900, el físico alemán Max Planck avanzó la idea de que los fotones son haces o paquetes de energía electromagnética. Esta energía es absorbida o emitida por átomos o moléculas. La unidad de energía transportada por un solo fotón es un *cuanto*. Los fotones de radiación de energía se pueden dividir en dos grupos fundamentales, eléctricamente neutros y de radiación con carga.

Las *partículas alfa* son masas de movimiento lento, pesadas, con una carga positiva doble (dos protones y dos neutrones). Cuando una partícula alfa incide sobre otros átomos, su carga positiva doble separa uno o más electrones, dejando el átomo o la molécula en un estado disociado o ionizado. La ionización, tal como se explicó en el capítulo 2, consiste en el cambio en iones de átomos o moléculas sin carga. Los átomos en estado ionizado tienen carga positiva o negativa.

Los electrones expulsados de los núcleos de los átomos a una velocidad muy elevada y con alta energía se denominan *partículas beta*. Cuando se desintegra un neutrón, se convierte en un protón y un electrón. El protón suele permanecer en el núcleo, mientras que el electrón es emitido como partícula beta. Las partículas beta son electrones con carga negativa. Como las partículas beta tienen solamente 0,000544 veces la masa de un protón, se desplazan con mucha mayor rapidez y tienen una potencia de penetración mayor que las alfa.

La mayor parte de la energía de las partículas alfa y beta se pierde cuando interaccionan con electrones de otros átomos. Si las partículas cargadas pasan a través de la materia, pierden o transfieren todo su exceso de energía a los núcleos o orbitales electrones de los átomos que encuentran. Dado que las partículas beta son negativas, pueden atraer o repeler los electrones dejando el átomo con carga

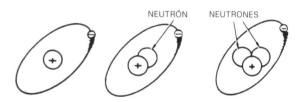

(A) Forma estable: hidrógeno $_1H^1$

(B) Forma estable rara: deuterio $_1H^2$

(C) Forma radiactiva rara: tritio $_1H^3$

Fig. 20-2. Isótopos de hidrógeno.

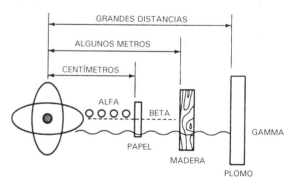

Fig. 20-3. Tres tipos de radiación emitida por átomos inestables o radioisótopos: *alfa* (detenida por papel), *beta* (parada por madera) y *gamma* (detenida por plomo).

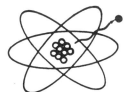 

(A) Radioisótopo con fotón de energía que se está emitiendo

(B) Energía gamma completamente absorbida al empujar a un electrón fuera de la órbita y con transferencia de energía

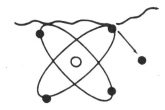

(C) Una parte de la energía continúa en una nueva dirección y otra se utiliza para expulsar al electrón de la órbita

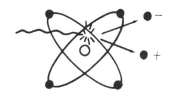

(D) Al aniquilarse la radiación gamma se crean un electrón y un positrón, que comparten la energía

Fig. 20-4. Interacción de radiación gamma con la materia.

positiva, o bien se pueden unir las partículas beta al átomo para obtener una carga negativa.

Las *radiaciones gamma* son ondas electromagnéticas de frecuencia muy alta, cortas, sin carga eléctrica. Los *rayos gamma* y X son similares, exceptuando su origen y poder de penetración. Los fotones gamma pueden penetrar incluso en los materiales más densos. Es necesario más de un metro de hormigón para detener el efecto de la radiación de los rayos gamma (fig. 20-3).

La energía de los fotones gamma es absorbida o perdida en la materia de tres formas principalmente (fig. 20-4):

1. Por pérdida o transferencia de energía a un electrón con el que impacta y al que fuerza a abandonar su órbita.
2. El fotón gamma incide sobre un electrón orbital con un golpe oblicuo utilizando sólo una parte de su energía, mientras que el resto de la energía cambia de dirección.
3. El rayo gamma o fotón se aniquila cuando pasa cerca del potente campo eléctrico de un núcleo.

En el último método de pérdida de la energía de rayo gamma, el potente campo eléctrico de un núcleo atómico rompe el fotón gamma en dos partículas de carga opuesta, un electrón y un positrón. El positrón pierde rápidamente su energía al colisionar con los electrones orbitales. El efecto neto de la radiación gamma se asemeja al de las radiaciones alfa y beta. Los electrones se extraen de su órbita, causando efectos de ionización y excitación en los materiales.

Los *neutrones* son partículas sin carga que pueden colisionar con núcleos atómicos, dando como resultado radiación alfa y gamma al tiempo que se transfiere o pierde energía.

Fuentes de radiación

Existen tipos de fuentes de radiación fundamentales, que producen radiación ionizante y no ionizante.

Radiación ionizante

El cobalto 60, el estroncio 90 y el cesio 137 son tres fuentes de *radioisótopo* comerciales que producen radiación ionizante. Se utilizan por su abundancia, sus características prácticas, su vida media razonablemente larga y su coste razonable. Otra fuente de radiación ionizante es la constituida por barras de uranio de los residuos del reactor de fisión.

La radiación gamma, aunque muy penetrante, no constituye una de las fuentes principales de radiación ionizante por varias razones: es lenta y puede requerir varias horas de tratamiento; sus fuentes de isótopo son difíciles de controlar; la fuente no se puede desconectar, y es necesario contar con un personal experto para manejarla.

De los aceleradores de haz de electrones se obtiene la principal fuente ionizante para el tratamiento de radiación. Dicho procedimiento de irradiación implica un tratamiento controlado o dirigido de la energía que se usa sobre el polímero.

Radiación no ionizante

Para producir radiación no ionizante se pueden emplear aceleradores de electrones, como los generadores de Van de Graaff, ciclotrones, sincrotrones y transformadores de resonancia.

Los electrones de las máquinas son menos penetrantes que la radiación de radioisótopo; no obstante, se pueden controlar fácilmente y desconectar cuando no se requieran. Estas máquinas son capaces de suministrar 200 kW de potencia. La evaluación de la dosis se puede expresar en una unidad llamada *gray* (Gy). Un gray indica una absorción de dosis de un julio de energía en un kilogramo de plástico (1 J/kg). Por regla general, se necesita 1 kW de potencia para suministrar una dosis de 10 kGy a 360 kg de plástico por hora.

La radiación de electrones penetra solamente unos milímetros en el plástico, pero puede irradiar productos a una velocidad muy rápida. Las fuentes más conocidas de radiación no ionizante son de tipo ultravioleta, infrarrojo, de inducción, dieléctrico y de microondas. Generalmente se emplean para acelerar el tratamiento por calor, secado y curado.

Las fuentes de radiación de ultravioleta como los arcos de plasma, los filamentos de tungsteno y los arcos de carbono producen radiación con una potencia de penetración suficiente para el tratamiento de películas y superficies de plástico. Se producen materiales preimpregnados por exposición a la luz solar.

La radiación de infrarrojo se suele utilizar en los procesos de termoconformado, extrusión de película, orientación, gofrado, recubrimiento, estratificado, secado y curado.

Las fuentes de inducción (energía electromagnética) se han venido utilizando para producir soldaduras, plásticos rellenos con metal precalentados y para curar determinados adhesivos.

Las fuentes dieléctricas (energía de radiofrecuencia) se utilizan para precalentar plásticos, curar resinas, expandir perlas de poliestireno, fundir o termosellar plásticos y secar recubrimientos.

Las fuentes de microondas se usan para acelerar el curado y para calentar, fundir y secar compuestos.

Seguridad de la radiación

Todas las formas de radiación natural deben considerarse dañinas para los polímeros y peligrosas en cuanto a su manipulación, ya que no son fáciles de controlar; no obstante, los procesos de radiación constituyen métodos de producción rápidos utilizados dentro de un gran espectro de industrias hoy en día.

Un inconveniente de los tratamientos de radiación es el controvertido tema de su seguridad, ya que la propia palabra *radiación* despierta siempre cierta inquietud y preocupación.

Los electrones y rayos extraviados, los altos voltajes y la exposición de ozono son riesgos potenciales de los tratamientos con radiación. Sin embargo, es posible protegerse de estos efectos si se comprenden bien los peligros que conlleva este tipo de energía y se cumplen estrictamente rigurosos programas de seguridad. Diversas organizaciones oficiales han publicado normas de seguridad y establecido los niveles máximos de exposición para diferentes tipos de radiación.

La dirección de toda empresa que proyecte establecer tratamientos de radiación debería contratar a un consultor cualificado para planear, diseñar e implantar un programa de seguridad de las radiaciones para la planta y para su personal.

Irradiación de polímeros

La transferencia de energía desde una fuente de energía al material contribuye a romper los enlaces y, por tanto, se emplea para reorganizar los átomos en nuevas estructuras. Los numerosos cambios que experimentan las sustancias covalentes influyen directamente en importantes propiedades físicas. Los efectos de la radiación en el plástico se pueden dividir en cuatro categorías.

1. Daños por radiación
2. Mejoras por radiación
3. Polimerización por radiación
4. Injerto por radiación

Daños por radiación

La rotura de enlaces covalentes por radiación nuclear se denomina escisión. Esta separación de los enlaces carbono-carbono puede reducir la masa molecular del polímero. En la figura 20-5 se muestra cómo la irradiación de politetrafluoroetileno provoca la rotura de plásticos lineales largos en segmentos cortos. Como resultado de ello, el plástico pierde resistencia.

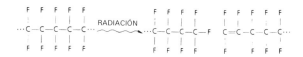

Fig. 20-5. Degradación por irradiación.

Entre los síntomas de degradación se incluyen agrietamiento, fisuras, decoloración, endurecimiento, fragilidad, ablandamiento y otras propiedades físicas no deseables relacionadas con la masa molecular y su distribución, la ramificación, el carácter cristalino y la reticulación.

Con una irradiación controlada, el polietileno pasa a ser un material no fusible, insoluble y reticulado. Las mejoras pueden incluir una mayor resistencia térmica y estabilidad de forma a temperaturas elevadas, reducción del flujo en frío, agrietamiento por tensión y agrietamiento térmico.

En la tabla 20-1 se señalan los efectos de la radiación en determinados polímeros.

La separación de los enlaces carbono-carbono también puede dar lugar a radicales libres que pueden traducirse en reticulación, ramificación o formación de subproductos gaseosos. En la figura 20-6A se muestra la radiación como causa de la polimerización y reticulación de radicales de hidrocarburo. En la figura 20-6B se ilustra la formación de un producto gaseoso en el proceso de irradiación. El radical (R) puede ser H, F, Cl, etc., como producto gaseoso. La irradiación puede suponer la separación de los átomos de la materia sólida teniendo como resultado dicha disociación o desplazamiento del átomo un defecto de la estructura básica del polímero (fig. 20-7). Estos huecos en las estructuras cristalinas y otros cambios moleculares van asociados a cambios en las propiedades mecánicas, químicas y eléctricas de los polímeros.

La reticulación de los elastómeros se puede considerar una forma de degradación. Por ejemplo, los cauchos naturales y sintéticos se endurecen o quedan frágiles con una mayor reticulación o ramificación (fig. 20-8 y 20-9).

Los plásticos epóxidos, poliuretano, poliestireno, poliéster, siliconas, furano y fenólicos cargados con mineral, vidrio y amianto presentan una resistencia a la radiación superior. Metacrilato de metilo, cloruro de vinilideno, poliésteres, celulósicos, poliamidas y politetrafluoroetileno sin carga presentan una resistencia a la radiación baja. Estos plásticos quedan frágiles y sus excelentes propiedades ópticas se ven mermadas por la decoloración y las fisuras. Las cargas y aditivos químicos pueden favorecer la absorción de gran parte de la energía de radiación, mientras que una pigmentación profusa de los plásticos puede detener una profunda penetración de la radiación dañina.

Tabla 20-1. Efectos de la radiación sobre determinados polímeros

Polímero	Resistencia a la radiación	Dosis de radiación para daño importante (Mrads)
ABS	Buena	100
EP	Excelente	100–10.000
FEP	Suficiente	20
PC	Buena	100+
PCTFE	Suficiente	10–20
PE	Buena	100
PFV, PFV$_2$, PETFE, PECTFE	Buena	100
PI	Excelente	100–10.000
PMMA	Suficiente	5
Poliésteres (aromáticos)	Buena	100
Poliésteres (insaturados)	Buena	1.000
Polimetilpenteno	Buena	30–50
PP	Suficiente	10
PS	Excelente	1.000
PSO	Excelente	1.000
PTFE	Escasa	1
PU	Excelente	1.000+
PVC	Buena	50–100
UF	Buena	500

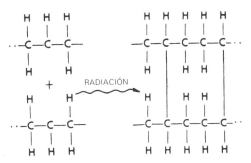

(A) Recombinación que lleva a la polimerización o reticulación de radicales de hidrocarburo

(B) Producto gaseoso formado por radiación

Fig. 20-6. Formación de radicales libres por irradiación.

Fig. 20-7. Estructura lineal de plástico con átomo perdido. El hueco en la estructura cristalina es una sede potencial para la unión de radical.

Fig. 20-8. Oxidación (unión de radical de oxígeno) de polibutadieno. La reticulación produce un efecto de rápido envejecimiento con pérdida de la deformación elástica.

10^{21}	Aceros inoxidables – ductilidad reducida Aleaciones de aluminio – ductilidad reducida
10^{20}	Aceros al carbono – grave pérdida de ductilidad Todos los plásticos – no útiles como materiales estructurales
10^{19}	Cerámica – reducción de densidad, conductividad térmica y cristalinidad Acero al carbono – menor resistencia al impacto y mayor resistencia a la tensión
10^{18}	Poliestireno – pérdida de resistencia a la tensión Elastómeros naturales y sintéticos – endurecimiento
10^{17}	Polietileno – pérdida de resistencia a la tensión Líquidos orgánicos – Gasificación
10^{16}	Elastómeros naturales y sintéticos – pérdida de elasticidad Celulosas – pérdida de resistencia a la tensión
10^{15}	Politetrafluoroetileno – pérdida de resistencia a la tensión Vidrio de sílice – coloración
10^{14}	Transistores de germanio – pérdida de amplificación

Fig. 20-9. Cambios de las propiedades en materiales causadas por radiación. El uso controlado de la radiación puede ser beneficioso.

Mejoras por la radiación

Mientras que algunos polímeros resultan dañados por la radiación, otros se benefician realmente de este tipo de energía siempre y cuando se controlen las cantidades. La reticulación, el injerto y la ramificación de materiales termoplásticos pueden dar lugar a muchas de las propiedades físicas deseables de los plásticos termoendurecibles.

El polietileno es un plástico con el que se puede sacar provecho de una irradiación limitada y controlada. Dicha radiación hace que los enlaces existentes se rompan y que los átomos se reorganicen en una estructura ramificada. La ramificación de la cadena de PE eleva la temperatura de reblandecimiento por encima de la del punto de ebullición. (Una radiación excesiva puede invertir el efecto, en cambio, interrumpiendo las uniones principales de las cadenas). En la tabla 20-1 se muestran los efectos de la radiación en algunos polímeros.

Tratamiento de radiación. Hoy en día el tratamiento de radiación se realiza frecuentemente con máquinas de electrones o fuentes de radioisótopo como cobalto-60. Esta radiación puede aumentar la masa molecular a través de la unión de algunos polímeros entre sí, o reducirla por degradación. Dicha reticulación y degradación es la que da lugar a la mayoría de los cambios en las propiedades del plástico.

La capacidad de la radiación de iniciar la ionización y la formación de radicales libres puede llegar a ser superior a la de otros agentes como el calor o las sustancias químicas.

El principal inconveniente a nivel industrial de la reacción química inducida por radiación es su alto coste. No obstante, el tratamiento de radiación integrado directamente en las líneas del proceso permite cierta reducción de los costes, según lo cual pronto será competitivo frente al tratamiento químico para algunos usos.

El tratamiento con ultravioleta puede mejorar las características superficiales como son la resistencia a la intemperie, el endurecimiento, la penetración y la neutralización de la electricidad estática.

La reticulación del aislamiento de cables, elastómeros y otras piezas de plástico mejora la resistencia al agrietamiento por esfuerzo, a la abrasión, a los productos químicos y a la deformación.

Polimerización por radiación

Al disociarse un enlace covalente por irradiación se forma un fragmento de radicales libres. Este radical queda disponible en seguida para otras recombinaciones. Las mismas fuerzas de energía nuclear que causan la despolimerización de los plásticos pueden iniciar la reticulación y la polimerización de resinas de monómeros (fig. 20-10).

La polimerización y la reticulación sirven para curar recubrimientos de polímero, adhesivos o capas de monómero. Las dosis típicas (Mrads) para

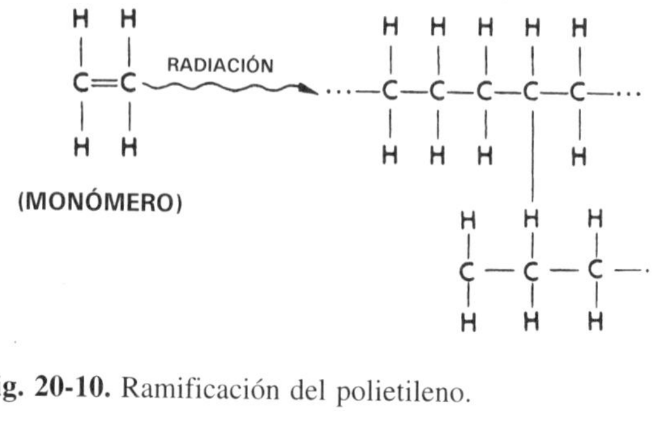

Fig. 20-10. Ramificación del polietileno.

polímeros reticulables oscilan entre 20 y 30 para el PE, 5 y 8 para PVC, 8 y 16 para PVDF, 10 y 15 para EVA y 6 y 10 para ECTFE.

Injerto por radiación

Cuando se polimeriza un tipo determinado de monómero y se polimeriza otro tipo de monómero sobre la cadena principal del esqueleto, se consigue un copolímero de injerto. Al irradiar un polímero y añadir un monómero diferente y volverlo a irradiar se forma un copolímero de injerto. La estructura esquemática de un copolímero de injerto es como la que se muestra en la figura 20-11. La recombinación o estructuración de dos unidades de monómero diferentes (A y B) suele producir propiedades únicas. Es posible combinar copolímeros de injerto con propiedades altamente específicas para lograr aplicaciones de producto óptimas. La irradiación puede dar lugar a una reacción de injerto en una zona superficial delgada o a una reacción homogénea a través de secciones gruesas de un polímero

Ventajas de la radiación

El tratamiento de radiación puede suponer un amplio abanico de ventajas con las que se compense el principal inconveniente de su alto coste.

La ventaja principal es que se pueden iniciar las reacciones a temperaturas más bajas que en el tratamiento químico. Una segunda ventaja es la buena penetración que permite que la reacción tenga lugar dentro del equipo corriente a una velocidad uniforme. Aunque la radiación gamma de fuentes de cobalto 60 puede penetrar más de 300 mm, la velocidad de tratamiento es lenta y los tiempos de exposición largos. Las fuentes de radiación de electrones pueden reaccionar con mucha rapidez con materiales de menos de 10 mm de espesor. Por esta razón, más de un 90% de los productos irradiados se elaboran con fuentes de electrones de alta energía (tabla 20-2).

```
AAAAAAAAAAAAAAAAAAAAAAAAAAA
       |
       BBBBBBBBBB
```

Fig. 20-11. En la polimerización de injerto, se injerta un monómero de un tipo (B) en un polímero de diferente tipo (A). Dado que los copolímeros de injerto contienen secuencias largas de dos unidades de monómero diferentes se consiguen algunas propiedades únicas.

Una tercera ventaja es que los monómeros se pueden polimerizar sin catalizadores químicos, aceleradores u otros componentes que puedan dejar impurezas en el polímero. Una cuarta ventaja es que las reacciones inducidas por radiación apenas acusan la presencia de pigmentos, cargas, antioxidantes y otros ingredientes en la resina o polímero. Una quinta ventaja es que la reticulación y el injerto se pueden realizar en piezas moldeadas previamente como películas, tubos, recubrimientos, moldeados y otros productos. Los recubrimientos en forma monomérica se pueden aplicar a través de tratamientos de radiación, gracias a lo cual se evitan los disolventes y sus sistemas de recogida y recuperación. Finalmente, la sexta ventaja es que se puede prescindir del mezclado y almacenamiento de sustancias utilizadas en los tratamiento químicos (fig. 20-12).

Aplicaciones

Además de las ventajas de tratamiento que se han mencionado, la radiación presenta otras características comerciales que no se obtienen con otros métodos (fig. 20-13).

El injerto y la homopolimerización de varios monómeros sobre papel y tejidos mejoran la voluminosidad, la flexibilidad y la resistencia a los ácidos y a la tracción. La irradiación de algunos textiles celulósicos ha favorecido el desarrollo de telas «dura-press». El injerto de determinados monómeros en espuma de poliuretano, fibras naturales y tejidos plásticos mejora la resistencia a la intemperie y facilita las operaciones de planchado, unión, teñido e impresión. Las dosis de radiación reducidas, que degradan la superficie de algunos plásticos, mejoran la adhesión de tintas a su superficie.

La impregnación de monómeros en madera, papel, hormigón y determinados materiales compuestos ha mejorado su dureza, resistencia y estabilidad dimensional tras la radiación. Por ejemplo, la dureza del pino ha sido aumentada en un 700% con este método. Las novolacas y resoles son resinas de bajo peso molecular solubles y fusibles que se utilizan en la producción de preimpregnados (resinas impregnadas con reforzamiento) e impregnaciones (materiales impregnados con resina). Para referirse a la novolaca y el resol se emplea el término *estado A*. La madera, la tela, las fibras de vidrio y el papel se pueden saturar con resinas de estado A sometiéndolas a un alto grado de vacío. Esta preimpregnación supersaturada se puede exponer a radiación de cobalto para producir el termoendurecible. Un mate-

Tabla 20-2. Aplicaciones industriales del tratamiento de haz de electrones

Producto	Mejoras del producto y ventajas de tratamiento	Proceso
Aislamiento de cables e hilos, tubos plásticos de aislamiento, película de envasado plástica	Retráctil; resistencia al impacto; corte, resistencia al calor, disolventes; resistencia agrietamiento por esfuerzo; baja pérdida dieléctrica	Reticulación, vulcanizado
Polietileno expandido	Resistencia a la compresión, a la tracción; elongación reducida	Reticulación, vulcanizado
Caucho natural y sintético	Estabilidad a alta temperatura; resistencia a la abrasión; vulcanización en frío; eliminación de agentes de vulcanizado	Reticulación, vulcanizado
Adhesivos: Sensibles a la presión, Aterciopelado, Estratificado	Mejor unión; resistencia química, al descascarillado, abrasión, intemperie, eliminación de disolventes	Curado, polimerización
Recubrimientos, pinturas y tintas en: Maderas, Metales, Plásticos	100% convertibilidad de recubrimiento; alta velocidad de curado; flexibilidad en las técnicas de manejo; bajo consumo de energía; curado a temperatura ambiente; no hay limitación de colores	Curado, polimerización
Madera e impregnaciones orgánicas	Resistencia al desgaste usual, rayado, alabeo, hinchado; estabilidad dimensional, uniformidad superficial; calidad de madera de coníferas	Curado polimerización
Celulosa	Mejor combinación química	Despolimerización
Textiles y fibras textiles	Repele la suciedad; resistencia a la contracción, intemperie y las arrugas; mejor tintura; disipación estática; estabilidad térmica	Injerto
Película y papel	Adherencia de superficie; mejor humectabilidad	Injerto
Artículos desechables médicos	Esterilización en frío de envases y suministros	Irradiación
Envases y contenedores	Reducción o eliminación de monómero residual	Polimerización
	Degradación controlada o modificación del índice de fundido	Irradiación, despolimerización, reticulación

rial en estado A que pasa a un estado gomoso se denomina *estado B*. Una posterior reacción conduce a un producto duro, infusible, insoluble y rígido. Este último estadio de polimerización se conoce como *estado C*. Los términos estado A, B y C también describen estados análogos de otras resinas termoestables (véase fenólicos en el apéndice F).

Para envolver artículos de consumo alimenticios se emplea generalmente una película de polietileno *retráctil* comercial. Dicha película se reticula por radiación para aumentar la resistencia. La película se puede estirar más de un 200% y se suele vender preestirada. Cuando se calienta a 82 °C o más, tiende a recuperar su dimensión original, dando lugar a un envase hermético. También se aplica radiación como sistema de esterilización sin calor para alimentos envasados y equipos quirúrgicos.

Los radioisótopos se utilizan en muchas aplicaciones de medida. Es posible calibrar el grosor de resinas de monómero, pinturas u otros recubrimientos sin un contacto o marcado de la superficie del material, como en latas extruidas o pe-

(A) Cuando se pasa el recubrimiento bajo un haz de electrones, se producen radicales libres por ionización. Estos radicales libres propician una rápida formación de moléculas de cadena larga que se convierten en la resina curada. El mecanismo de curado no requiere calentamiento ni catalizadores.

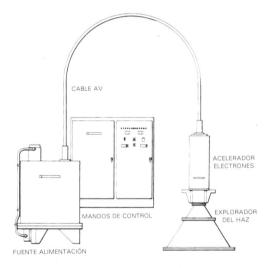

(B) Diagrama de los principales componentes del sistema de tratamiento con haz de electrones.

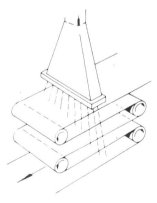

(C) Festoneado es un método utilizado para tratar láminas o redes flexibles continuas de material.

Fig. 20-12. Principios del tratamiento por radiación de haz de electrones. (High Voltage Engineering Corp.).

Fig. 20-13. El recipiente de polietileno del centro fue expuesto a radiación controlada para mejorar su resistencia térmica. Los de la derecha y la izquierda no fueron tratados y perdieron su forma a 175 °C.

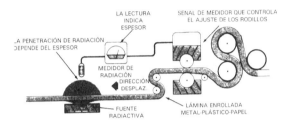

Fig. 20-14. Los radioisótopos se emplean para calibrar de forma continua el grosor del material sin necesidad de contacto físico.

lículas sopladas. Con este método se puede reducir el consumo de materia prima, disminuir o eliminar la chatarra, garantizar un espesor más uniforme y acelerar la producción (fig. 20-14).

A continuación se enumeran cuatro ventajas y tres inconvenientes del proceso de radiación.

Ventajas del tratamiento de radiación

1. Mejora muchas propiedades importantes de los plásticos.
2. Numerosos procesos de radiación no ionizante aceleran la producción por calentamiento o iniciación de la polimerización.
3. No se necesita contacto físico.
4. Se pueden controlar las fuentes de la máquina con facilidad y se requiere menor protección.

Inconvenientes del tratamiento de radiación

1. El equipo de radiación gamma es bastante caro; algunos son especializados.
2. Requiere un manejo cuidadoso y un personal entrenado (sobre todo la radiación ionizante).
3. Existe un peligro potencial para el operador por la radiación ionizante y los radioisótopos.

Vocabulario

A continuación, se ofrece un vocabulario de las palabras que aparecen en este capítulo. Busque la definición de aquellas que no comprenda en su acepción relacionada con el plástico en el glosario del apéndice A.

Fotón
Gray
Irradiación
Isótopo
Radiación
Rayo gamma

Preguntas

20-1. ¿Cuál es el término con el que se describe el bombardeo de plásticos con una serie de partículas subatómicas, que se puede llevar a cabo para polimerizar y cambiar las propiedades físicas del plástico?

20-2. La fuente de radiación controlada más importante es __?__.

20-3. Cuando se unen uno o más tipos diferentes de monómeros al esqueleto principal de la cadena de polímero el resultado es __?__.

20-4. Cite cinco plásticos que tengan una escasa resistencia a la radiación.

20-5. Cite dos aditivos para plásticos que pueden ayudar a detener la penetración de radiación negativa.

20-6. El portador de energía de onda se denomina __?__.

20-7. Los electrones que se desplazan a velocidad muy alta y que tienen una alta energía se denominan partículas __?__.

20-8. Las diferentes formas del mismo elemento con diferentes masas atómicas se llaman __?__.

20-9. La rotura de enlaces covalentes por radiación nuclear se llama __?__.

20-10. Los dos tipos de sistemas o fuentes de radiación son __?__ y __?__.

20-11. Cantidades controladas de radiación pueden hacer que los enlaces __?__ para formar radicales libres y reticulación.

20-12. La radiación no controlada puede romper los enlaces reduciendo __?__ y __?__.

20-13. Enumere cuatro efectos negativos de la irradiación.

20-14. Enumere tres posibles fuentes de radiación ionizante para irradiar plásticos.

20-15. Enumere cuatro posibles fuentes de radiación no ionizante para irradiar plásticos.

20-16. El __?__ es el término normalmente utilizado para describir la dosis dada al irradiar polímeros.

20-17. Es necesario que las fuentes de radiación sean manipuladas por __?__ experto.

20-18. Las dosis acumuladas o la exposición a radiación __?__ y __?__ puede causar un daño crónico de las células.

20-19. Enumere cuatro de las principales ventajas del tratamiento de radiación.

20-20. Las fuentes de energía que se pueden utilizar para precalentar compuestos de moldeado, películas termoselladas, polimerizar resinas y expandir perlas de poliestireno se llaman __?__.

20-21. La radiación que quema o tuesta la piel humana se denomina rayos __?__.

20-22. Identifique las partículas que son masas de desplazamiento lento y pesadas que tienen una carga positiva doble.

20-23. Las varillas de __?__ quemadas de los reactores o los residuos de la fisión pueden ser fuente de radiación.

20-24. Por regla general, todas las formas de radiación natural se deben considerar __?__.

20-25. Más de un __?__ por ciento de los productos irradiados se tratan con fuentes de electrones de alta energía.

20-26. Para los siguientes productos o aplicaciones ¿optaría por un proceso no ionizante o ionizante?

   a. Polimerización de resinas concretas.
   b. Tratamiento superficial de películas.
   c. Secado de granulado o preformas de plástico.

Capítulo 21

Consideraciones de diseño

Introducción

En este capítulo se resumen las reglas básicas del diseño de productos. Dada la diversidad de materiales, procesos y aplicaciones, el diseño con plásticos exige una mayor experiencia que en el caso de otros materiales. La información que aquí se presenta debe considerarse una guía fundamental y un punto de partida útil para comprender la complejidad del diseño de los productos plásticos. Para mayor información, consulte el apéndice H.

Los problemas específicos del diseño se pueden analizar desde distintos ángulos, que se abordan en los apartados dedicados a los materiales y procedimientos concretos.

En los primeros tiempos de su desarrollo, los plásticos se elegían principalmente como sustitutos de otros materiales. Algunos de aquellos primeros objetos tuvieron mucho éxito por el nuevo concepto que representaban y la novedad del material; en cambio, otros fracasaron, debido a que los diseñadores no conocían lo bastante las propiedades de los plásticos utilizados o estaban inspirados más bien por el coste que por el aprovechamiento del material, de manera que el artículo no soportaba el uso cotidiano y el desgaste. Paralelamente al crecimiento de la industria del plástico, los diseñadores han ido recogiendo cada vez más datos sobre las propiedades de este tipo de material. Al combinar una serie de propiedades que no reúne ningún otro, como resistencia, ligereza, flexibilidad y transparencia (tabla 21-1), hoy día el plástico es el material utilizado por excelencia en la industria, más allá de ser un mero sustituto.

Los materiales compuestos de polímeros entrañan una mayor complejidad de diseño que los homopolímeros. La mayoría de los materiales compuestos varían según el tiempo que están bajo carga, la velocidad de carga, pequeños cambios de temperatura, composición de matriz, forma de materia, configuración de refuerzo y método de fabricación. Estos materiales se pueden diseñar de forma que sean isótropos, cuasi-isótropos o anisótropos, según las necesidades de diseño.

En la década de 1980, tres instrumentos han revolucionado el tratamiento de diseño en el mundo de la industria: el diseño asistido por ordenador (CAD), la fabricación asistida por ordenador (CAM) y la fabricación de moldes asistida por ordenador (CAMM). En estas técnicas se eliminan prácticamente las tareas de dibujo y cálculo, gracias a lo cual diseñadores, fabricantes, fabricantes de materiales y de herramientas cometen menos errores en los diseños de la pieza, la selección del material y las configuraciones de las herramientas. En la figura 21-1 se ilustra un sistema CAD/CAM para mejorar la productividad y allanar el camino desde el diseño a la producción.

Hoy en día, el diseñador puede valerse del ordenador para el diseño, la ingeniería y la fabricación

Fig. 21-1. Sistemas de gráficos informáticos (CAD-CAM) para automatizar e integrar las múltiples fases del ciclo de desarrollo. (Applicon Inc.).

de cualquier artículo de plástico. La informática permite dibujar de forma rápida un diseño y modificarlo progresivamente para mejorar el aspecto y la función de la pieza. Se puede girar el modelo gráfico que aparece en la pantalla catódica para contemplarlo desde diferentes ángulos, así como ampliar detalles concretos o formas complejas. La ventaja principal del uso de ordenador en ingeniería es el perfeccionamiento del diseño, la productividad de mano de obra, la competencia en el mercado, el rendimiento de capital, la innovación, la calidad y la rentabilidad. Con la ingeniería asistida por ordenador (CAE), el diseñador puede emplear elementos finitos y otros sistemas de análisis del diseño y el moldeo y pruebas de estructura simuladas. El CAM es útil para programación, interfaces con robótica, control de calidad y

Tabla 21-1. Comparación de plásticos y metales

Propiedades de los plásticos que pueden ser favorables
1. Ligereza
2. Mejor resistencia química y a la humedad
3. Mejor resistencia al impacto y a la vibración
4. Transparencia o translucidez
5. Tendencia a la absorción de la vibración y el sonido
6. Mayor resistencia a la abrasión y al desgaste
7. Autolubricación
8. Generalmente, mayor facilidad de fabricación
9. Capacidad de llevar integrado el color
10. Tendencia a la reducción de los costes. El precio actual de los materiales compuestos de plástico es aproximadamente un 11% más bajo que hace cinco años. A pesar de ello, el precio de los plásticos más corrientes (fenólicos, estirenos, vinilos, por ejemplo) parece haberse estabilizado y cambia únicamente cuando se desfasa la demanda con respecto a la oferta.
11. Generalmente, menor coste por pieza acabada
12. Consolidación de piezas

Desfavorables
1. Menor resistencia
2. Expansión térmica mucho más alta
3. Mayor susceptibilidad de fluencia, flujo en frío y deformación bajo carga
4. Menor resistencia térmica, tanto a la degradación térmica como distorsión por calor
5. Mayor susceptibilidad de fragilidad a baja temperatura
6. Mayor blandura
7. Menor ductilidad
8. Tendencia al cambio de dimensiones con la absorción de humedad o disolventes
9. Inflamabilidad
10. En algunas variedades, degradación por la radiación ultravioleta
11. Mayor coste (por milímetro cúbico) que los metales con los que compite. Prácticamente todos presentan un mayor coste por kilogramo

Favorable o desfavorable
1. Son flexibles (incluso las variedades rígidas son más flexibles que los metales)
2. No son conductores eléctricos
3. Son aislantes térmicos
4. Se conforman por aplicación de calor y presión

Excepciones
1. Algunos plásticos reforzados (epóxidos reforzados con vidrio, poliésteres y fenólicos) son prácticamente igual de rígidos y resistentes (en concreto, en términos de masa) que la mayoría de los aceros. Pueden presentar incluso mayor estabilidad de dimensiones
2. Algunas películas y láminas orientadas (poliésteres orientados) presentan relaciones resistencia-masa superiores que el acero laminado en frío
3. Algunos plásticos resultan más baratos hoy día que los metales con los que compiten (nilón frente a latón, acetal frente a zinc, acrílico frente a acero inoxidable)
4. Algunos plásticos son más tenaces a temperaturas bajas que a las normales (el acrílico no tiene punto de fragilidad conocido)
5. Muchas combinaciones de plástico-metal amplían el espectro de aplicaciones útiles (estratificados de metal-vinilo, vinilos con plomo, poliésteres metalizados y TFE cargado con cobre)
6. Los componentes de plástico y metal se pueden combinar para producir un equilibrio deseado de propiedades (las piezas de plástico con inserciones incrustadas o roscadas; engranajes con punzón de hierro colado y dientes de nilón; tren de engranaje con partes de acero y fenólico; soportes giratorios con eje de metal y carcasa de nilón o forro de TFE)
7. El plástico con cargas metálicas se puede hacer eléctrica o térmicamente conductor o magnético

Fuente: *Machine Design*: Plastics Reference Issue

otras operaciones asociadas con la fabricación del producto. Con los sistemas CAD/CAE/CAM se pueden evaluar y revisar elementos de precio superior como son gestión del material y las herramientas y su mantenimiento, costes de materia prima o pérdidas por chatarra, antes de comenzar la producción.

En la fabricación integrada por ordenador (CIM) se barajan posibilidades de diseño, ingeniería y procesos de fabricación que permiten a diseñadores, ingenieros, expertos, contables y demás personal acceder a la base de datos. Dado que estas actividades y operaciones están integradas, se logra un ahorro por reducción del tiempo y mano de obra, técnicas de fabricación inmediata (JIT) o inventario cero, cambio rápido de lote de fabricación y cambios de diseño rápidos (véase el apartado dedicado a herramientas y fabricación de moldes, en el capítulo 22).

En la mayoría de los diseños debe conseguirse un equilibrio entre comportamiento, buen aspecto, producción eficaz y reducción de costes. Desgraciadamente, se suele dar menos importancia a las necesidades humanas que al coste, el proceso o el material utilizado. Principalmente, son tres las consideraciones que se toman en cuenta en un diseño, que se incluyen en el esquema del capítulo:

I. Consideraciones sobre el material.
   A. Medio ambiente.
   B. Características eléctricas.
   C. Características químicas.
   D. Factores mecánicos.
   E. Economía.
II. Consideraciones sobre el diseño.
   A. Aspecto.
   B. Limitaciones de diseño.
III. Consideraciones de producción.
   A. Procesos de fabricación.
   B. Contracción del material.
   C. Tolerancias.
   D. Diseño del molde.
   E. Pruebas de comportamiento.

Consideraciones materiales

Se deben seleccionar materiales que posean las propiedades adecuadas para satisfacer las condiciones de diseño, economía y servicio. Antes, era habitual modificar el diseño para compensar las limitaciones del material.

Se debe ser cauto a la hora de manejar los datos de las hojas de información o del fabricante sobre el comportamiento de matriz, ya que muchos de estos datos se basan en una evaluación controlada en un laboratorio. Asimismo, resulta difícil comparar los datos de propiedades de varios proveedores diferentes. Esto no significa, sin embargo, que no se puedan utilizar estos datos en la selección de los materiales candidatos.

Generalmente, el cliente marca las *especificaciones* en un documento que resume todos los requisitos que ha de satisfacer el producto o material propuesto, así como otras normas. Existen diferentes tipos de normas: *físicas*, mantenidas por la National Bureau of Standards (NBS); *reguladoras*, como las de la EPA; *voluntarias*, recomendadas por sociedades de expertos, productores, asociaciones comerciales y otras organizaciones como Underwriters Laboratories (UL); militares, y *públicas*, promovidas por organizaciones profesionales como la ASTM.

La conversión al sistema métrico y la internacionalización de los patrones pueden reducir el coste asociado a materiales, producción, inventario, diseño, pruebas, ingeniería, documentación y control de calidad. Dicha conversión y normalización reduce claramente los costes. Conviene atenerse a las medidas y normas internacionales para reducir de forma significativa los costes y ampliar los mercados a nivel mundial. Gracias a la informática, los métodos sistemáticos de análisis y selección de materiales son más sencillos. Los modelos informáticos son capaces de predecir y anticipar de qué manera puede fallar un material. Algunos programas asignan a cada propiedad un valor en orden de importancia. Después, se introduce cada una de las propiedades que se espera que vaya a tolerar la pieza. El ordenador seleccionará la mejor combinación de materiales y procesos.

Conviene seleccionar cuidadosamente los materiales de plástico considerando siempre el producto final. Las propiedades de los plásticos dependen más de la temperatura que ningún otro material. El plástico es más sensible a los cambios medioambientales, por lo que muchas familias de plásticos pueden tener un uso limitado. No existe ningún material que englobe todas las cualidades deseadas, pero se pueden compensar las insuficiencias con el diseño de producto.

La selección final del material para fabricar un producto se guía por el objetivo de alcanzar el equilibrio más favorable entre diseño, fabricación y coste total o precio de venta del artículo acabado. El uso de plástico, tanto en diseños simples como en los complicados, puede suponer una menor elaboración o menos operaciones en la fabricación, a lo que se puede unir una combinación de características concretas que hagan de él un material competitivo en costes.

Medio ambiente

A la hora de diseñar un producto de plástico, las condiciones físicas, químicas y térmicas del entorno son consideraciones muy importantes. El intervalo de temperatura práctico para la mayoría de los plásticos rara vez excede los 200 °C. Muchas piezas expuestas a energía radiante y de ultravioleta experimentan una rápida descomposición de la superficie, quedan frágiles y pierden su resistencia mecánica. Para productos que funcionen por encima de los 230 °C, se deben emplear fluorocarbonos, siliconas, poliimidas y plásticos cargados. Los entornos exóticos de la atmósfera exterior y el organismo humano empiezan a ser un destino común de los materiales plásticos. Los materiales de aislamiento y ablativos utilizados para vehículos espaciales, refuerzos arteriales, suturas de monofilamento y reguladores y válvulas para el corazón no son sino algunos ejemplos de las nuevas aplicaciones.

Ciertos plásticos retienen sus propiedades a temperaturas criogénicas (extremadamente bajas). Los contenedores, cojinetes autolubricantes y tubos flexibles deben funcionar correctamente a temperaturas por debajo de los 0 °C. Los entornos fríos y hostiles del espacio y la tierra son sólo dos ejemplos. Siempre que entre en juego la refrigeración o los envases para alimentos, o en los casos en los que el olor y el aroma suponen un problema, se deben elegir plásticos idóneos. La organización estadounidense Food and Drug Administration (FDA) enumera los plásticos aceptables para paquetes de comida.

La ley de protección del niño y seguridad en los juguetes de 1969 y 1976 en los Estados Unidos, que rige la fabricación y distribución de juguetes infantiles, estipula que si un juguete supone cualquier riesgo eléctrico, mecánico, tóxico o térmico, su venta debe prohibirse. Además de los extremos de temperatura, humedad, radiación, abrasivos y otros factores del ambiente, el diseñador debe considerar la resistencia al fuego. No existen plásticos totalmente incombustibles.

Los materiales compuestos de poliimida-boro tienen una alta resistencia a la temperatura y firmeza. Los materiales compuestos de poliimida-grafito pueden competir con los metales en resistencia y suponen un significativo ahorro de peso a temperaturas operativas de 315 °C. A veces se añade polvo de boro a la matriz para ayudar a estabilizar el carbonizado y otras formas de oxidación térmica. Asimismo se pueden emplear otros aditivos incombustibles o matrices ablativas. El peligro de incendio es la objeción más importante al uso de plásticos en telas y estructuras arquitectónicas.

Debe recordarse que la degradación térmica y la reticulación no son fenómenos reversibles. La transición vítrea, el fundido y la cristalización de la mayoría de las matrices sí lo son.

La humedad puede causar el deterioro y debilitar el refuerzo y la unión de matriz en los materiales compuestos. Orificios, bordes expuestos o superficies mecanizadas de diseños compuestos deberán ser protegidos con un recubrimiento para evitar la infiltración de la humedad o la absorción capilar.

Características eléctricas

Todos los plásticos poseen útiles características como aislantes eléctricos. La selección del plástico suele basarse en las propiedades mecánicas, térmicas y químicas, aunque el sector pionero de esta industria fue el de las aplicaciones eléctricas. Los problemas de aislamiento eléctrico en entornos a gran altitud, en el espacio, en el fondo marino o subterráneos se resuelven mediante el uso de plásticos. El radar resistente a la intemperie y el sonar submarino no serían posibles sin el uso de plásticos. Estos materiales se emplean también para aislar, revestir y proteger componentes electrónicos.

Los materiales compuestos en partículas, en los que se utiliza carbón, grafito, metal o refuerzos con revestimiento de metal, proporcionan una protección de interferencias electromagnéticas en muchos productos.

Características químicas

La naturaleza química y eléctrica de los plásticos está íntimamente relacionada con su composición molecular. No existe una regla general sobre la resistencia química. Habrá que probar cada plástico en particular en el entorno químico para determinar su uso real. Fluorocarbonos, poliéteres clorados y poliolefinas se encuentran entre los materiales con mayor resistencia química. Algunos plásticos reaccionan como membranas semipermeables y permiten el paso de determinadas sustancias químicas y gases al tiempo que bloquean otros. La permeabilidad del polietileno es una ventaja para los envases de frutas y carnes frescas. Las siliconas y otros plásticos permiten el paso de oxígeno y gases a través de una fina membrana pero detienen a las moléculas de agua y a muchos iones químicos. La filtración selectiva de minerales del agua se puede lograr con membranas de plástico semipermeables.

Factores mecánicos

La elección del material incluye la consideración de factores mecánicos como son la resistencia a la fatiga, a la tracción, a la flexión, al impacto y a la contracción, la dureza, el amortiguamiento, el flujo en frío, la dilatación térmica y la estabilidad dimensional, propiedades ya explicadas en el capítulo 6. Los productos que requieren estabilidad dimensional exigen una atenta selección de los materiales, si bien las cargas sirven para mejorarla. Un factor que a veces se tiene en cuenta para la evaluación y la selección es la relación de resistencia-masa, la relación entre resistencia a la tracción y densidad de un material. Los plásticos pueden superar al acero en relación de resistencia-masa.

Ejemplo:
Se divide la resistencia a la tracción del material por su densidad

$$\text{Plásticos seleccionados} - \frac{0{,}70 \text{ Gpa}}{2 \text{ g/cm}^3} = 0{,}350$$

$$\text{Acero seleccionado} - \frac{1{,}665 \text{ Gpa}}{7{,}7 \text{ g/cm}^3} = 0{,}214$$

El tipo y orientación de los refuerzos influye en gran medida en las propiedades de los productos compuestos. Algunas memorias descriptivas de diseños especiales especifican un *factor de seguridad* (FS) (a veces también denominado factor de diseño), que se define como la relación entre la resistencia definitiva de un material y el esfuerzo de trabajo tolerable.

$$FS = \frac{\text{Resistencia definitiva}}{\text{Esfuerzo de trabajo tolerable}}$$

El FS para un engranaje de aterrizaje para avión de material compuesto podría ser 10,0, mientras que para un muelle de automóvil sería solamente 3,0. Con datos precisos y fiables, algunos diseñadores utilizan factores de seguridad de 1,5 a 2,0.

Economía

La última fase en la selección de un material viene dada por el aspecto económico. No es aconsejable considerar el coste del material en la selección preliminar de los materiales candidatos. En este punto no se deben desechar los materiales con propiedades de comportamiento marginales o por su coste, ya que tal vez constituyan un candidato adecuado según los parámetros de tratamiento, ensamblaje, acabado y condiciones de operación. Es posible que un polímero con características de comportamiento mínimas no sea la mejor opción cuando priman la fiabilidad y la calidad.

El coste es siempre un factor principal en las consideraciones de diseño o selección de materiales. La relación resistencia-masa, o la resistencia química, eléctrica y a la humedad, pueden superar el inconveniente del precio. Algunos plásticos tienen un mayor coste por kilogramo que los metales u otros materiales, pero generalmente son más baratos por pieza acabada. La comparación más significativa entre diferentes plásticos es el coste por centímetro cúbico. La densidad aparente y los factores de volumen son de interés en el análisis de los costes de cualquier operación de moldeado.

La densidad aparente es la masa por unidad de volumen de un material. Se calcula colocando una muestra de ensayo en un cilindro aforado y anotando las medidas. El volumen (V) de la muestra es el producto de su altura (H) por su superficie transversal (A), es decir $V = HA$.

$$\text{Densidad aparente} = W/V, \text{ donde}$$

V = volumen en centímetros cúbicos ocupado por un material en el cilindro aforado
H = altura en centímetros del material en el cilindro
A = superficie transversal en centímetros cuadrados del cilindro aforado.
W = masa en gramos del material en el cilindro

Muchos plásticos y piezas compuestas de polímero cuestan diez veces más que el acero. En función del volumen, algunos tienen un coste más reducido que los metales. El factor de compresión es la relación del volumen del polvo de moldeo suelto al volumen de la misma masa de resina después de moldeada. Los factores de compresión se pueden calcular del siguiente modo:

$$\text{Factor de compresión} = D_2 / D_1, \text{ donde:}$$

D_2 = Densidad media de muestra moldeada o conformada
D_1 = Densidad aparente media del material plástico antes del conformado.

El aspecto económico debe prever también tanto el método de producción como las limitaciones de diseño del producto. Por ejemplo, un tanque de gasolina sin costura, de una sola pieza, debe fabricarse por colada rotacional o moldeo por soplado. Este último tratamiento requiere un equipo más caro, pero la velocidad de producción es mayor, lo que se traduce en una reducción de los costes. Por otro lado, los tanques de almacenamiento grandes se pueden producir por colada rotacional a un menor coste que con el moldeado por soplado.

La inversión de capital para nuevas herramientas, equipo o espacio físico podría dar lugar a la consideración de diferentes materiales y/o tratamientos. Las operaciones que requieren mano de obra intensiva que suelen ir asociadas al moldeado en húmedo o abierto no pueden esperar competir con las instalaciones automáticas de algunas compañías. El número de piezas que se van a producir y los costes de producción iniciales pueden constituir un factor decisivo.

Los tres factores que se compensan en el diseño de un plástico son el servicio, la producción y el coste. El uso y comportamiento de un artículo reviste interés cuando se definen algunos factores de diseño. Para cada diseño en concreto, pueden existir varias opciones de producción o procesos. Los costes generalmente compensan los demás elementos que se tienen en cuenta para el diseño y el desarrollo y, en general, se basan en el método de producción.

El volumen de ventas es importante. Si el molde cuesta 10.000 dólares y se van a fabricar únicamente 10.000 piezas, el molde costaría para cada una 1 dólar. En cambio, si el número asciende a 1.000.000, el molde costaría 0,01 dólares por pieza.

Numerosos componentes de materiales compuestos pueden ser rentables a largo plazo y durar más que los que están hechos de metales en múltiples aplicaciones. Los componentes compuestos de una sola pieza pueden suponer una reducción del número de moldes, herramientas y tiempo de ensamblaje, por ejemplo, en la producción del casco de hidroavión, fuselajes o el piso de un automóvil. Es posible que los materiales compuestos o plásticos resistentes a la corrosión, ligeros, supongan un menor coste de energía del combustible en la vida del vehículo de transporte. Se consume menos energía (incluyendo el contenido de energía de la materia prima) en la producción de piezas de polímero que en piezas metálicas. Los plásticos se derivan en su mayor parte del petróleo y deben ser competitivos con los recursos que se están agotando.

Consideraciones de diseño

Al considerar las condiciones de diseño globales debe revisarse la aplicación o función pretendida, el entorno, los requisitos de calidad y las especificaciones. La base de datos de los sistemas informáticos puede alertar al diseñador de que un modelo se encuentra fuera de los parámetros del material o proceso seleccionado. Consulte el apéndice H sobre fuentes de información complementarias.

Aspecto

Tal vez el consumidor sea el que mejor conozca el aspecto físico y la utilidad de un artículo, que abarca el diseño, el color, las propiedades ópticas y el acabado superficial. Los elementos de diseño y el aspecto agrupan varias propiedades a la vez. El color, la textura, la forma y el material puede hacer que un producto sea atractivo para el consumidor o no. La suavidad y elegancia de los muebles de estilo danés con maderas oscuras y un acabado satinado ilustra esta afirmación. La alteración de cualquiera de estos elementos o propiedades podría cambiar drásticamente el diseño y el aspecto de un mueble.

Una de las características más llamativas de los plásticos es que pueden ser transparentes o de color, lisos como el vidrio o flexibles y blandos como el cuero. Para muchas de sus aplicaciones, es probable que el plástico sea el único material en el que se congreguen rasgos que satisfagan las necesidades de servicio.

Para asegurar un diseño correcto debe existir una estrecha colaboración entre los encargados de la obtención del molde, los fabricantes y los que llevan a cabo el tratamiento y la producción.

Antes de moldear la pieza, es necesario meditar sobre su diseño para garantizar que se consigue la mejor combinación de propiedades mecánicas, eléctricas, químicas y teóricas.

Al forzar un material para que se adapte a la forma del molde, se crean tensiones residuales, que se bloquean durante el enfriamiento o curado y la contracción de matriz, pero pueden ocasionar el alabeo de superficies planas. El alabeo es, en cierto modo, proporcional a la cantidad de contracción de la matriz y, generalmente, el resultado de una contracción diferencial.

No existen reglas rápidas y sólidas para determinar el grosor de pared más práctico de una pieza moldeada. Nervaduras, grabados, flecos y perlas son los métodos más comunes para añadir resistencia sin aumentar el grosor. Las superficies planas grandes deberán combarse o curvarse ligeramente para lograr una mayor resistencia y evitar el alabeo por tensión (fig. 21-2).

En la tabla 21-2 se muestra la complejidad de las piezas para varios tratamientos. En el moldeo, es importante rellenar cómodamente todas las superficies de la cavidad del molde para reducir al mínimo de forma uniforme la mayoría de las tensiones en el moldeo de la pieza. Conviene conseguir un espesor de pared uniforme en el diseño para prevenir una contracción irregular de secciones delgadas y gruesas. Si el grosor de la pared no es uniforme, la pieza acabada se puede deformar, alabear o presentar tensiones internas o grietas. Un grosor de pared de las piezas moldeadas idóneo es de 6 a 13 mm.

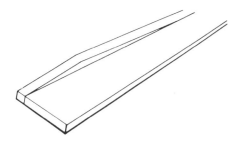

(A) Tiras largas planas con alabeo. Deben incluirse nervaduras o combar la pieza en una forma convexa

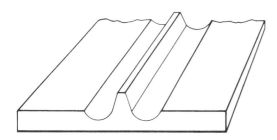

(B) Las secciones irregulares causarán la deformación, alabeo, grietas, vanos y otros problemas debido a la diferencia en la contracción de una sección a otra

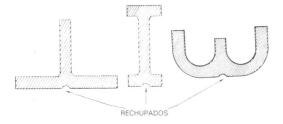

(C) El espesor de las paredes y nervaduras en la pieza de termoplásticos deberá ser aproximadamente del 60% del grosor de la pared principal, según lo cual se reducirá la posibilidad de rechupados

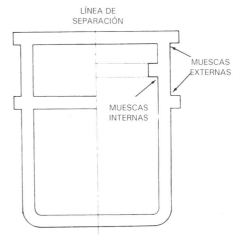

(D) Un moldeado simple con muescas internas y externas

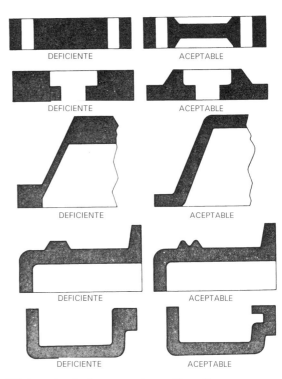

(E) Importancia de espesor de sección uniforme

Fig. 21-2. Precauciones que se deben observar en la producción de artículos de plástico.

En general, las nervaduras tendrán una anchura en la base equivalente a la mitad del grosor de la pared contigua. No deberán ser superiores a tres veces el espesor de la pared. Los diseños de relieve deberán tener un diámetro exterior igual o doble que el diámetro interior del orificio. No deberán ser superiores al doble de su diámetro.

Las piezas de plástico deberán tener filetes y rodeles para aumentar su resistencia y favorecer

Tabla 21-2. Formas de tratamiento de plásticos - complejidad de la pieza

Forma de tratamiento	Grosor de sección, mm		Grabados	Muescas	Insertos	Orificios
	Máx.	Mín.				
Moldeo por soplado	>6,35	0,254	Posible	Sí, pero reduce velocidad de producción	Sí Sí, variedad de roscado y no roscado	Sí
Moldeo por inyección	>25,4; normalmente 6,35	0,381	Sí	Posible-pero no deseable; reduce velocidad de producción y aumenta coste	Sí, sin dificultad	Sí, tanto a lo largo como ciegos
Extrusiones cortadas	12,7	0,254	Sí	Sí, sin dificultad	Sí	Sí, sólo en dirección extrusión; 0,50–1,0 mm
Moldeo de lámina (termoconformado)	76,2	0,00635	Sí	Sí, pero reduce velocidad de producción	Sí	No
Moldeo por embarrado		0,508	Sí	Sí, la flexibilidad del vinilo permite muescas pronunciadas	Sí, pero evitar insertos delicados finos y largos	Sí
Moldeos de compresión		0,889–3,175	Posible	Posible pero no recomendado	Sí, se pueden usar inserciones delicadas	Sí tanto a lo largo como ciegos; pero no redondos, grandes y en ángulo recto con respecto a superficie de pieza
Moldeos de transferencia		0,889–3,175	Posible	Posible pero deberá evitarse; reduce la velocidad producción	Bolsa: sí; troquel acoplado: no	Sí, redondos, grandes y en ángulo recto con respecto a superficie de pieza
Moldeos de plásticos reforzados	Bolsa:25,4 troquel acoplado 6,35	Bolsa: 2,54 troquel acoplado 0,762	Posible	Bolsa: sí; troquel acoplado: no	Sí	Bolsa: solamente agujeros grandes; troquel acoplado: sí
Coladas		3,175–4,762	Sí	Sí, pero solamente con moldes cortados o agujereados		Sí

Fuente: *Materials Selector*, Materials Engineering, Reinhold Publishing Corp., Subsidiary of Litton Publications, Inc., Division of Litton.

el flujo del material y reducir los puntos de concentración de esfuerzo. Todos los radios deberán ser generosos, con un mínimo recomendado de 0,50 mm. El diseño óptimo se obtiene con una relación de radio a espesor de 1:6.

Deberán evitarse en la mayor medida posible las muescas (internas o externas) de las piezas. Las muescas suelen aumentar los costes de herramientas, ya que requieren técnicas de moldeo, extracción de la pieza (que exige piezas móviles en el molde) y conformadores. En algunos productos se puede tolerar una ligera muesca cuando se utilizan materiales tenaces y elásticos. Es posible ajustar o estirar la pieza al salir del molde aún caliente. Las dimensiones de la muesca deberán ser inferiores a un 5% del diámetro de la pieza.

La decoración puede ser un factor importante en el diseño del plástico. El producto puede incluir texturas, instrucciones, etiquetas o letreros y debe estar decorado de manera que no se complique la extracción del molde (fig. 21-3). La decoración deberá permitir un servicio duradero al consumidor. Generalmente, las letras se graban, estampan, embuten o graban con ácidos por medios electroquímicos en las cavidades del molde (fig. 21-4).

Limitaciones de diseño

Además de la selección del material, las herramientas y el tratamiento influyen bastante en las propiedades y la calidad de todos los productos de plástico.

Íntimamente relacionado con la producción está el modelo del producto y, finalmente, el diseño del molde para producirlo. La velocidad de producción, las líneas de división, las tolerancias de dimensiones, las muescas, el acabado y la contracción del material son puntos que deberá tener en cuenta el fabricante de moldes o diseñador de herramientas. Por ejemplo, las muescas e inserciones hacen más lentas las velocidades de producción y exigen un mayor coste.

El problema de la contracción del material es tan relevante para el diseñador de moldes como para el diseñador de los productos moldeados. La pérdida de disolventes, plastificantes y humedad durante el moldeo, junto con la reacción química de polimerización en algunos materiales, tiene como resultado la contracción.

En el moldeo por inyección de materiales cristalinos, la contracción depende de la velocidad de enfriamiento.

Las secciones gruesas, que tardan más en enfriarse, experimentan una mayor contracción que las delgadas que están al lado, que se enfrían más rápidamente.

Asimismo, debe considerarse la contracción térmica del material. Los valores de expansión térmica para la mayoría de los plásticos son relativamente altos, lo que supone una ventaja en la extracción de los productos moldeados de la cavidad del molde. Si se requieren tolerancias estrechas, será necesario considerar la contracción del material y la estabilidad dimensional. A veces se aprovecha la contracción del material para encajar o ajustar insertos de metal.

El uso de un modelo informático de sistema CAD permite señalar la respuesta al esfuerzo de una pieza con geometría, contenido en refuerzo, orientación de refuerzo y orientación de moldeo (flujo) específicos. El modelo de ordenador puede requerir el uso de nervaduras, contornos y otras configuraciones para producir propiedades isótropas y anisótropas.

Una vez realizado el diseño preliminar, generalmente se obtiene un prototipo físico, con el que el ingeniero de diseño y otros expertos comprueban y ensayan un molde prototipo de trabajo. Con dicho prototipo se puede averiguar el comportamiento simulado y realizar las pruebas de servicio. Si se hubieran cometido errores de diseño o de material, es posible rectificarlas.

Al diseñar productos de plástico son importantes las consideraciones sobre el material y la producción. Los problemas asociados a la producción de artículos de plástico suelen exigir la selección de las técnicas de producción antes de pasar a considerar el material.

Fig. 21-3. Ejemplos conocidos de textura en plásticos, que sirven para ocultar imperfecciones. (Mold-Tech Rochlen Industries).

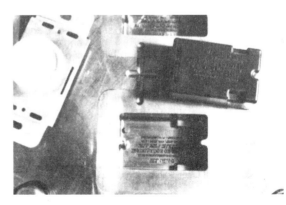

Fig. 21-4. Esta pieza se moldeó en una de las cavidades del molde de inyección. Observe las letras grabadas en la cavidad del molde.

Consideraciones de producción

En cualquier diseño de producto, el comportamiento del material y el coste se suelen reflejar en las técnicas de moldeado, la fabricación y el ensamblaje. El diseño de la herramienta debe tener en cuenta la contracción de material, la tolerancia dimensional, el diseño de molde, los insertos, la decoración, los pasadores de bloqueo, las líneas divisorias, la velocidad de producción y otras operaciones posteriores al tratamiento (tabla 21-3).

El rematado, el cortado, los orificios de mandrinado y otras técnicas de fabricación o ensamblaje pueden hacer más lenta la producción, reducir las características de comportamiento o aumentar los costes. La forma, el tamaño, la formulación de matriz y la forma de polímero de la pieza limitan generalmente el medio de producción a una o dos posibilidades.

Procesos de fabricación

Con la tecnología y los materiales nuevos, el tratamiento constituye normalmente un factor competitivo decisivo. Hoy día existen menos limitaciones en el tratamiento de materiales termoplásticos y termoendurecibles que en el pasado. Procesos impensables hace pocos años se han convertido en habituales. En la actualidad es posible moldear por extrusión o extruir muchos termoestables. Algunos materiales se tratan en un equipo para termoplásticos y se curan después. El polietileno se puede reticular después de la extrusión a través de métodos químicos y de radiación. Tanto los termoplásticos como los termoestables se pueden hacer celulares. Gracias a la capacidad de moldeo, los índices de producción y otras propiedades, materiales aparentemente costosos se abaratan notablemente. En la tabla 21-4 se muestra una comparación de los factores de tratamiento y los factores económicos.

Tabla 21-3. Consideraciones de diseño

Plástico	Coste aprox. c/cm³	Molde lineal contrac, mm/mm	Tolerancias de dimensión prácticas mm/mm (cavidad única)			Unión cónica necesaria, grados		
			Fino	Estándar	Aprox.	Fino	Estándar	Aprox.
ABS	0,41	0,127–0,203	0,051	0,102	0,152	0,25	0,50	1,00
Acetal	0,46	0,508–0,635	0,102	0,152	0,229	0,50	0,75	1,00
Acrílico	0,27	0,025–0,102	0,076	0,127	0,178	0,25	0,75	1,25
Alquido (cargado)	0,33	0,102–0,203	0,051	0,102	0,127	0,25	0,50	1,00
Amino (cargado)	0,27	0,279–0,305	0,051	0,076	0,102	0,125	0,5	1,00
Celulósico	0,52	0,076–0,254	0,076	0,127	0,178	0,125	0,5	1,00
Poliéter clorado	0,33	0,102–0,152	0,102	0,152	0,229	0,25	0,50	1,00
Epoxi		0,025–0,102	0,051	0,102	0,152	0,25	0,50	1,00
Fluoroplástico (CTFE)	14,7	0,254–0,381	0,051	0,076	0,127	0,25	0,50	1,00
Ionómero	0,27	0,076–0,508	0,076	0,102	0,152	0,50	1,00	2,00
Poliamida (6,6)	0,39	0,203–0,381	0,127	0,178	0,279	0,125	0,25	0,50
Fenólico (cargado)	0,18	0,102–0,229	0,038	0,051	0,064	0,125	0,50	1,00
Óxido de fenileno	0,30	0,025–0,152	0,051	0,102	0,152	0,25	0,50	1,00
Polialómero	0,14	0,254–0,508	0,051	0,102	0,152	0,25	0,50	1,00
Policarbonato	0,46	0,127–0,178	0,076	0,152	0,203	0,25	0,50	1,00
Poliéster (termoplástico)	0,58	0,076–0,457	0,051	0,102	0,152	0,25	0,50	1,00
Polietileno (alta densidad)	0,15	0,508–1,270	0,076	0,127	0,178	0,50	0,75	1,50
Polipropileno	0,93	0,254–0,635	0,076	0,127	0,178	1,00	1,50	2,00
Poliestireno	0,14	0,025–0,152	0,051	0,102	0,152	0,25	0,50	1,00
Polisufona	1,14	0,152–0,178	0,102	0,127	0,152	0,25	0,50	1,00
Poliuretano	0,46	0,254–0,508	0,051	0,102	0,152	0,25	0,50	1,00
Polivinilo (PVC) (rígido)	2,26	0,025–0,127	0,051	0,102	0,152	0,25	0,50	1,00
Silicona (colada)	2,57	0,127–0,152	0,051	0,102	0,152	0,125	0,25	0,50

Contracción de material

Las irregularidades en el grosor de pared pueden crear tensiones internas en la pieza moldeada. Las zonas gruesas tardan más en enfriarse que las delgadas y pueden causar *rechupados*, así como contracción diferencial en los plásticos cristalinos. Por regla general, los plásticos cristalinos moldeados por inyección tienen una alta contracción, mientras que los amorfos se contraen menos.

Se debe ejercer una gran presión para introducir el material por las zonas más estrechas, hecho al que se suma el problema de la contracción del material. Los polietilenos, los poliacetales, las poliamidas, los polipropilenos y algunos polivinilos se contraen de 0,50 a 0,76 mm tras el moldeo. Los moldes para estos plásticos cristalinos y otros amorfos deben dar cabida a la contracción del material.

Normalmente, los plásticos moldeados por inyección sin carga se contraen más en la dirección del flujo que en el sentido transversal. Esto se debe principalmente al modelo de orientación creado por la dirección del flujo desde las entradas. La contracción diferencial se produce porque los plásticos orientados tienen normalmente una mayor contracción que los no orientados. Una excepción son los polímeros reforzados con fibra.

Los polímeros reforzados con fibra se contraerán más a lo largo del eje transversal al flujo que en sentido longitudinal. La contracción típica del polímero reforzado con fibra es aproximadamente un tercio o la mitad menos que la de los polímeros reforzados, ya que las fibras que están orientadas en la dirección de la corriente impiden la contracción libre normal del plástico o polímero.

Tolerancias

La contracción está muy relacionada con el hecho de mantener las tolerancias dimensionales. El moldeo de artículos con tolerancias de precisión exige una selección cuidadosa de materiales, siendo además más caras las herramientas para el moldeo de precisión. Las tolerancias dimensionales de artículos moldeados de cavidad única se puede mantener en ±0,05 mm/mm o menos con plásticos determinados. Los errores en las herramientas, las variaciones de contracción entre piezas de varias cavidades y las diferencias en la temperatura, carga y presión de una cavidad a otra son circunstancias que aumentan las tolerancias dimensionales críticas de moldes de varias cavidades. Si, por ejemplo, se aumenta el número de cavidades a 50, la tolerancia práctica más ajustada será ±0,25 mm/mm.

Tabla 21-4. Factores económicos en relación con diferentes procesos

Método de producción	Mínimo económico	Velocidad producción	Coste de equipo	Coste herramientas
Autoclave	1–100	Baja	Baja	Baja
Moldeo inyección	1000–10.000	Alta	Baja	Baja
Calandrado (metros)	1.000–10.000	Alta	Alta	Alta
Procesos colada	100–1.000	Baja-alta	Baja	Baja
Procesos recubrimiento	1–1.000	Alta	Baja-alta	Baja
Moldeo compresión	1.000–10.000	Alta	Baja	Baja
Procesos expansión	1.000–10.000	Alta	Baja-alta	Baja-alta
Extrusión (metros)	1.000–10.000	Alta	Alta	Baja
Bobinado filamento	1–100	Alta	Baja-alta	Baja
Moldeo inyección	10.000–100.000	Baja	Alta	Alta
Estratificado (continuo)	1.000–10.000	Alta	Baja	Alta
Laminado	1–100	Baja	Baja	Baja
Mecanizado	1–100	Baja	Baja	Baja
Troquel coincidente	1.000–10.000	Alta	Alta	Alta
Conformado mecánico	1–100	Baja-alta	Baja	Baja
Bolsa de presión	1–100	Baja	Baja	Baja
Conformado estirado (m)	1.000–10.000	Baja-alta	Baja	Alta
Pultrusión (m)	1.000–10.000	Baja-alta	Alta	Baja-alta
Colada rotacional	100–1.000	Baja	Baja	Baja
Pulverizado	1–100	Baja	Baja	Baja
Termoconformado	100–1.000	Alta	Baja	Baja
Moldeo por transferencia	1.000–10.000	Alta	Baja	Alta
Bolsa al vacío	1–100	Baja	Baja	Baja

Los patrones de tolerancia han sido establecidos por los moldeadores especializados por adaptación al cliente y por la *Comisión de normas* de la *Society of the Plastics Industry, Inc.* Estas normas deben considerarse únicamente como una guía, ya que conviene analizar cada plástico y diseño en particular para determinar las dimensiones.

Existen tres clases de tolerancias dimensionales para moldear piezas de plástico. Se expresan como variaciones tolerables mínimas y máximas en milímetros por milímetro (mm/mm). La tolerancia *fina* es el límite más ajustado posible de la posible variación en producción controlada. La tolerancia *patrón* es el control de dimensiones que se puede mantener en condiciones medias de fabricación. La tolerancia *aproximada* es aceptable en piezas en las que las que no son importantes o cruciales las dimensiones exactas.

Para poder extraer la pieza del molde con facilidad, deberá proporcionarse una conicidad (tanto dentro como fuera). El grado de conicidad puede variar según el proceso de moldeado, la profundidad de la pieza, el tipo de material y el grosor de la pared. Una conicidad de 0,25° es suficiente para cualquier pieza poco profunda. Para diseños texturizados y núcleos habrá que aumentar los ángulos de conicidad.

Si la pieza tiene una profundidad de 250 mm y una conicidad de 0,125° para una tolerancia dimensional fina de 0,056 mm/mm, la conicidad total de la pieza será 0,559 mm por lado (fig. 21-5).

Diseño de molde

El diseño del molde es muy importante para determinar la producción. Dado que se trata de un tema complejo, tan solo se ofrecerá una visión general (véase capítulo 22). En la figura 21-6 se muestra un diseño típico de un molde para inyección de dos cavidades para dos piezas y en la 21-7, uno de tres placas.

Cuando se hace salir el material fundido caliente por la tobera del molde, circula por los canales o pasos. *Bebedero, canales secundarios* o *entrada* son los nombres que designan a estos canales (fig. 21-8).

El canal con forma cónica que conecta la tobera con los canales secundarios se denomina *bebedero*. En un molde de cavidad única, el bebedero introduce el material directamente de la entrada a la cavidad de molde (fig. 21-9). Si la alimentación se realiza directamente desde el bebedero se evita la necesidad de canal secundario y entrada distintos. En la mayoría de los moldes de cavidad única, no es necesario un canal secundario, a menos que se realice la colada por más de una entrada.

Los *canales secundarios* son conductos estrechos que transportan el plástico fundido desde el bebedero hasta cada una de las cavidades. En los moldes de varias cavidades, el sistema de canales deberá estar diseñado de manera que todos los materiales recorran la misma distancia desde el bebedero hasta cada una de las cavidades.

Cuando se utiliza una serie de canales secundarios y entradas, se trabajan en el molde canales trapezoidales, semicirculares o completamente redondos. Si son trapezoidales o en semicírculo, solamente se trabaja la mitad de la placa del molde o troquel (fig. 21-22). Los canales trapezoidales y semicirculares resultan fáciles de trabajar pero, en general, requieren más presión de moldeo. Los canales redondos son aconsejables para moldeo por transferencia si se utilizan plastificantes de tipo extrusora. Se puede utilizar la entrada capilar (submarina), que se muestra en la figura 21-12, aunque este sistema también exige presiones de moldeado más altas.

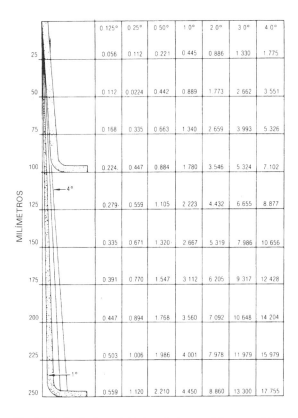

Fig. 21-5. Grado de conicidad por lado, en milímetros. (SPI).

Una entrada capilar es una abertura de 0,08 mm o menos a través de la cual circula el plástico fundido hasta la cavidad de molde. El submarino es un tipo de entrada de borde donde la abertura desde el canal al molde está localizada debajo de la línea divisoria o superficie del molde. La pieza se rompe desde el sistema de canal o por expulsión desde el molde.

El coste que supone la elaboración de diseños de molde y el alto nivel de desperdicio por desechos, bebederos y rebabas constituyen las principales limitaciones del moldeo por transferencia.

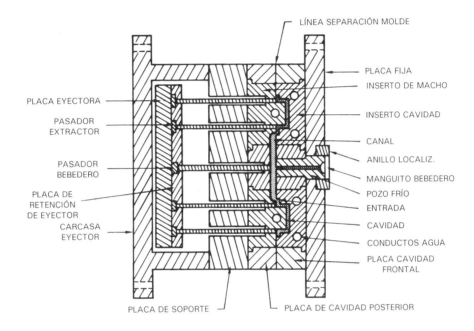

Fig. 21-6. Molde de inyección de dos placas. (Gulf Oil Chemicals Co.)

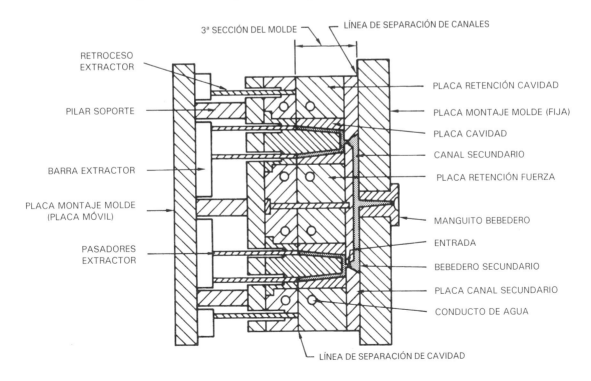

Fig. 21-7. Molde de inyección de tres placas. (Gulf Oil Chemicals Co.)

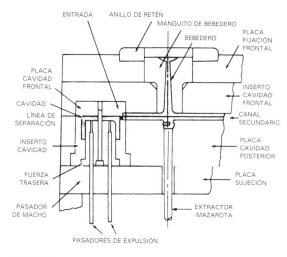

(A) Molde

(B) Pieza moldeada, canal secundario, entrada, bebedero y pieza típica

Fig. 21-8. Construcción de un molde de inyección y pieza moldeada.

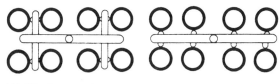

(A) Diseño aceptable   (B) Diseño deficiente

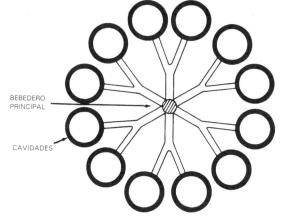

(C) Diseño radial

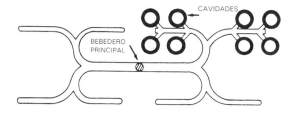

(D) Diseño de curva de gran radio

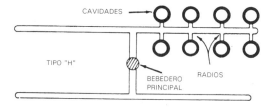

(E) Diseño en H

Fig. 21-10 Algunos diseños de canal típicos. (DuPont).

Fig. 21-9. Molde de inyección con producto moldeado. Observe las rebabas o rebarbas en los canales secundarios y las piezas. (Hull Corp.).

Los moldes pueden tener una o varias cavidades. Independientemente del número de cavidades, la *entrada* es el punto de partida en cada una de las cavidades de molde. En los moldes de varias cavidades hay una entrada para cada una. Las entradas pueden tener cualquier forma o tamaño, si bien suelen ser pequeñas para que las imperfecciones sean mínimas. Las entradas deben permitir una corriente fluida del material fundido hasta la cavidad (fig. 21-13). Un portillo pequeño ayudará a que el artículo acabado se pueda separar limpiamente del bebedero y los canales. (fig. 21-14).

Generalmente se enfrían lo bebederos, entradas y canales antes de retirarlos del molde con las piezas de cada uno de los ciclos. Se separan los bebederos, canales y entradas de las piezas y después se rectifican para el moldeo. Este tratamiento es caro y restringe el volumen de artículos moldeados por

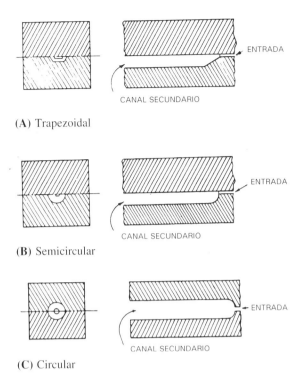

(A) Trapezoidal

(B) Semicircular

(C) Circular

Fig. 21-11. Tres sistemas de canal secundario básico utilizados en moldeo de transferencia e inyección.

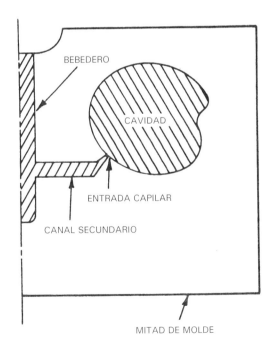

Fig. 21-12. Sistema de entrada capilar (submarina) con la que se eliminan los problemas de rotura de puerta. Asimismo, se reducen o eliminan los problemas de acabado causados por marcas grandes de la entrada.

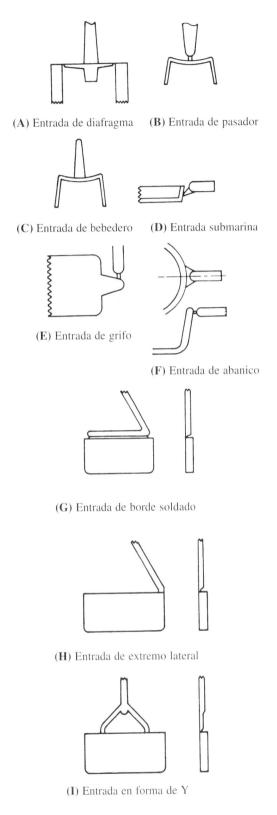

(A) Entrada de diafragma **(B)** Entrada de pasador

(C) Entrada de bebedero **(D)** Entrada submarina

(E) Entrada de grifo

(F) Entrada de abanico

(G) Entrada de borde soldado

(H) Entrada de extremo lateral

(I) Entrada en forma de Y

Fig. 21-13. Algunos de los muchos sistemas de entrada posibles.

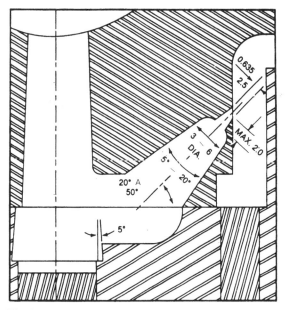

Fig. 21-14. Entrada de túnel típico, que se puede considerar una variante del diseño de entrada capilar. (Mobay Chemical Co.).

ciclo de la máquina de moldeo por inyección. En el *moldeo de canal caliente* se mantienen calientes los bebederos y canales mediante elementos calefactores instalados en el molde. Cuando se abre el molde, se extrae la pieza del sistema de canales calientes aún fundido. En el ciclo siguiente, el material caliente que queda en el bebedero y el canal es empujado hasta la cavidad (fig. 21-15).

Un sistema similar llamado, *moldeo de canal aislado*, se utiliza para moldear polietileno u otros materiales con baja transferencia térmica (fig. 21-16).

Este sistema se denomina también *moldeo sin canal*. En dicho diseño se utilizan canales grandes. Cuando se hace pasar el material fundido por estos canales, comienza a solidificarse formando un forro de plástico que funciona como aislante del núcleo interior del material fundido. El núcleo interior caliente sigue fluyendo a través del canal de tipo túnel hasta la cavidad del molde. Se puede insertar un torpedo o sonda caliente en cada entrada para controlar el escarchado y la dispersión.

Existen muchos otros diseños de molde, como moldes con portillo de válvula, simples o múltiples (fig. 21-17), sin rosca (para roscados internos o externos), de leva y pasador (para muescas y núcleos) y para varios colores y materiales. En estos últimos se inyecta un segundo color o material alrededor del primer moldeado dejando expuestas partes del primer moldeado. Entre los ejemplos de productos multicolores se incluyen pomos especiales, botones y teclas de letras y números (fig. 21-18).

Una conicidad buena, entradas adecuadas, un grosor de pared uniforme, un enfriado correcto, eyección suficiente, aceros apropiados y soporte de moldeo amplio son elementos importantes en el diseño del molde. (Véase el apartado del capítulo 22 dedicado a herramientas y fabricación de moldes).

Diseño de molde por compresión. Existen tres tipos diferentes de diseños de molde para compresión. Los moldes de compresión son generalmente de acero templado capaz de soportar una alta presión y la acción abrasiva del compuesto plásti-

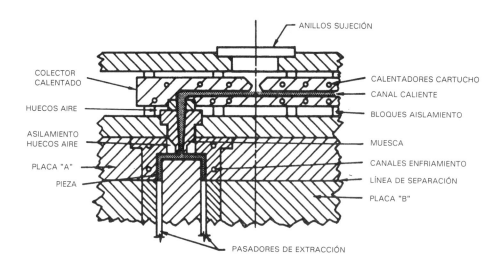

Fig. 21-15. Gráfico esquemático del molde de canal caliente.

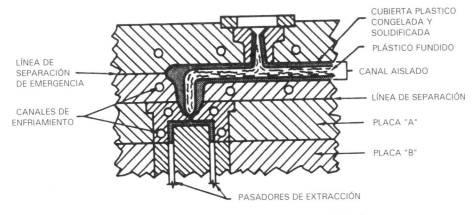

Fig. 21-16. Principio de moldeado de canal aislado.

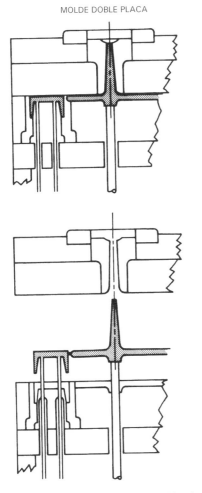

Fig. 21-17. Diseño de molde múltiple para moldeado por inyección. (DuPont Co.).

Fig. 21-18. Las teclas de calculadora son un ejemplo del moldeado por inyección de varios colores.

co caliente cuando se licua y fluye hasta todos los huecos de la cavidad del molde.

El *molde de rebaba* es el más sencillo y económico desde el punto de vista del coste original del molde (fig. 21-19). En este molde, se expulsa el exceso de material de la cavidad del molde formando una rebaba que se convierte en desperdicio y debe ser separada de la pieza moldeada.

En el diseño de molde positivo, se consigue la rebaba vertical u horizontal del exceso de material en la cavidad (fig. 21-20). Resulta más fácil de separar la rebaba vertical. Han de medirse con exactitud las preformas si se pretende conseguir la misma densidad y grosor en todas las piezas. Si se carga demasiado material en la cavidad, es posible que no se cierre el molde totalmente. En los moldes positivos, no se produce rebaba, o ésta es mínima. Este diseño se utiliza para moldeado estratificado, muy cargado o materiales muy voluminosos.

Con los moldes totalmente positivos pueden quedar atrapados los gases desprendidos durante el curado químico de termoestables en la cavidad del molde. Es posible abrir el molde brevemente para permitir su escape. Esta operación se denomina a veces respiración.

Los moldes *semipositivos* suponen desperdicio de rebaba horizontal y vertical (fig. 21-21). La fabrica-

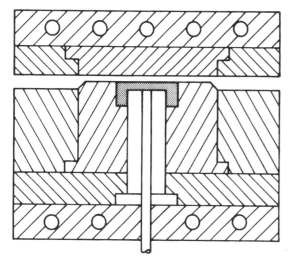

Fig. 21-19. Diseño de molde de rebaba.

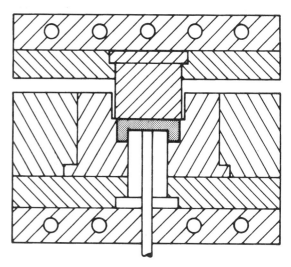

Fig. 21-21. Diseño de molde semipositivo.

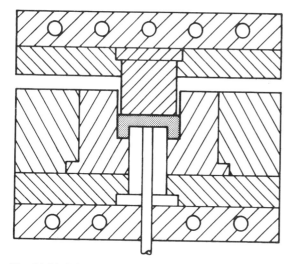

Fig. 21-20. Diseño de molde positivo

berilio-cobre es más duro y resistente al desgaste, pero también más caro. El acero se utiliza en puntos de contacto. Si se utilizan moldes ferrosos, se electrodepositan para prevenir la oxidación o picadura (véase capítulo 22).

Líneas divisorias. Generalmente se colocan líneas divisorias en el radio más largo de la pieza moldeada (fig. 21-23). Si la línea divisoria no está el plano de la magnitud mayor, el molde debe tener piezas móviles o se deben utilizar moldes o materiales flexibles. Si la línea divisoria no se puede colocar en un borde oculto o poco visible, es necesario un acabado.

ción y mantenimiento de este molde resulta cara, pero es muy práctica para muchas piezas o ciclos prolongados. El diseño permite cierta imprecisión de carga dando lugar a la rebaba, de manera que se logra una pieza moldeada uniforme y densa. Al comprimir la carga de molde en la cavidad, escapa el exceso de material. A medida que sigue cerrándose el cuerpo del molde, muy poco material puede salir como rebaba. Cuando se cierra totalmente el molde, se detiene mediante la parte plana.

Diseño de molde de soplado. La construcción de *molde de soplado* es menos costosa. Los materiales utilizados son aluminio, berilio-cobre y acero básicamente. El aluminio es uno de los materiales para moldes de soplado más baratos (fig. 21-22). Es ligero y transfiere rápidamente el calor. El

Fig. 21-22. Se producen cuatro recipientes a la vez con cuatro macarrones. Observe las herramientas de aluminio y la textura de cavidad. (Uniloy Browmolding Machinery Division, Hoover Universal).

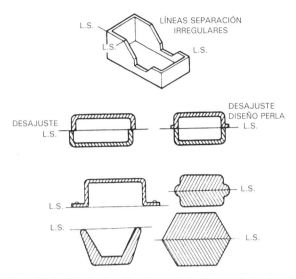

Fig. 21-23. Varias localizaciones de las líneas divisorias.

Pasadores eyectores o extractores. Los pasadores eyectores o extractores sirven para sacar las piezas endurecidas del molde. El contacto con la pieza debe producirse en zonas tapadas o poco visibles, debiéndose evitar el contacto con una superficie plana, a no ser que los dibujos de un diseño decorativo ayuden a ocultar las señales. Los pasadores deberán ser lo más grandes posible para que duren bastante. Los pasadores, cuchillas o atravesadores para extracción no deberán aplastar las zonas más delgadas.

Normalmente se unen a una barra o placa de pasador principal. Se nivelan por estirado con la superficie del molde por acción de un muelle. Al abrir el troquel, una varilla unida a la barra principal o placa de pasador golpea un tope fijo que empuja los pasadores hacia el exterior, forzando así a que salga la pieza de la cavidad.

Todos los moldes necesitan ventilación. Se pueden modificar los pasadores eyectores para que cumplan este cometido.

Insertos. Los insertos y agujeros deben ser diseñados y colocados con cuidado en la cavidad del molde o la pieza. Para una conicidad holgada se proporcionarán espigas y clavijas grandes. Una regla general es que la profundidad del orificio no supere el cuádruple del diámetro de la espiga o clavija. Es corriente que las espigas largas coincidan a medio camino al pasar por el agujero, lo que permite una limitación doble de la profundidad del agujero. Las espigas largas se rompen y doblan fácilmente con la presión de la corriente de plástico.

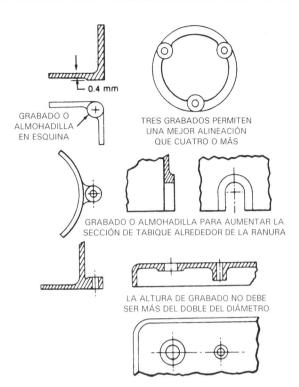

Fig. 21-24. Importancia del diseño de grabado. (SPI).

La colocación de las entradas de moldeo en relación con los agujeros es importante. Cuando el material fundido entra en el molde, debe fluir alrededor de las espigas que sobresalen en la cavidad del molde. Estas espigas se retiran cuando se abre él. Cuando hay que ensamblar las piezas en estos agujeros, deberá espesarse el material produciendo un realce (fig. 21-24). El realce sirve de

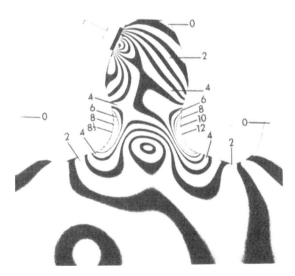

Fig. 21-25. Las líneas de esfuerzo de moldeo en esta pieza moldeada por inyección son visibles con luz polarizada.

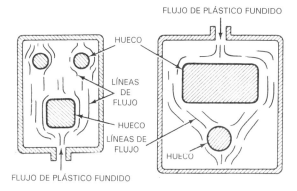

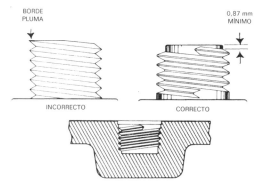

(A) Roscado correcto e incorrecto

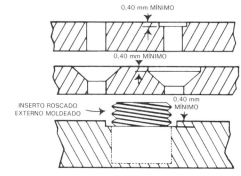

(B) Tolerancia de pasadores

Fig. 21-26. Deben tenerse en cuenta los modelos de flujo a la hora de diseñar moldes. Las aguas formadas por el flujo pueden aparecer alrededor de los agujeros y nervaduras y entradas opuestas. (Vishay Intertechnology, Inc.).

Fig. 21-27. Roscas y pasadores usados en plásticos.

refuerzo evitando que se fracture el material. Las espigas restringen a menudo el flujo del material y pueden producir señales, líneas de soldadura o un posible agrietamiento por las tensiones de moldeo (fig. 21-25). En la figura 21-26 se muestran las aguas y modelos de flujo.

Cuando los insertos de metal se moldean in situ, se hace pasar el material plástico fundido alrededor de ellos. Cuando se enfría el plástico, se contrae en torno al inserto metálico, contribuyendo sustancialmente a que quede bien sujeto. Se pueden colocar insertos en piezas de termoplástico a través de técnicas de ultrasonido. Antes del moldeo, se pueden aplicar los insertos automáticamente o a mano en pequeñas clavijas de posición en la cavidad del molde. Debe proporcionarse suficiente material alrededor de todas las inserciones para evitar la fractura.

Es posible que las piezas producidas con entradas capilares en el molde no requieran cortado de la entrada o bebedero. Muchos moldes se diseñan para que se produzca un corte de cizalla automáticamente de la pieza al abrir la prensa.

Las roscas internas o externas se pueden moldear en piezas de plástico. Tal vez las piezas con rosca interna necesiten un mecanismo de desenroscado para separar el molde. Deberá dejarse un espacio de 0,8 mm en el extremo de todas las roscas (fig. 21-27A).

Los insertos metálicos moldeados en la pieza tienen mayor resistencia. Generalmente, la relación entre el grosor de pared alrededor del inserto y su diámetro exterior deberá ser aproximadamente superior a uno. No hay que olvidar que los materiales tienen diferentes coeficientes de dilatación.

Para agujeros de espiga de núcleo ciegos se deberá dejar un espacio mínimo de 0,04 mm para tuercas, insertos y otros dispositivos de sujeción (fig. 21-27B).

Diseño de molde acoplado. Los parámetros de diseño son similares a los del moldeo de compresión. Piezas compuestas grandes, como bañeras, duchas y numerosos paneles de automóvil, se moldean a partir de SMC. Muchas de las operaciones de SMC se realizan con material cortado previamente, no requieren estrangulamiento ni producen rebaba. Son posibles grabados, inserciones y nervaduras al utilizar SMC y TMC. Si se aplican capas o piezas, habrá que hacer la unión superpuesta lo mayor posible para evitar la fractura por esfuerzo.

Diseño de molde abierto. Las técnicas de estratificado, rociado, autoclave y bolsa son similares. Debe dedicarse una especial atención a la formulación de matriz y a la orientación de los refuerzos, pues pueden influir más en las propiedades del material compuesto acabado que el propio diseño. Deberán superponerse los refuerzos 5 cm y escalonar las juntas. Se suelen usar realces y nervaduras para conseguir una mayor resistencia, aunque deben inclinarse con holgura. Son ideales los diseños de piezas integrales simples con cambios graduales del espesor. Para favorecer la extracción del molde se pueden aplicar agujeros de soplado (neumáticos) en la parte inferior del molde.

Diseño de pultrusión. Con este tratamiento de refuerzo continuo no son posibles grabados, agujeros, números en relieve o superficies texturizadas. Las esquinas pronunciadas o transiciones de grosor pueden dar lugar a zonas con abundancia de resina con fibras rotas.

Diseño de enrollado de filamentos. En este proceso de refuerzo continuo de molde abierto, se orientan las fibras para que se ajusten a la dirección y magnitud de la tensión. La colocación de filamentos controlada por ordenador tiene la función de compensar el ángulo, reforzar el contorno, ensanchar la banda, rectificar el equipo y otras consideraciones de diseño. Los diseños pueden requerir mandriles permanentes o extraíbles (moldes). (Véase el apartado dedicado a herramientas en el capítulo 22).

Diseño estratificado. El principal criterio de diseño se refiere a la orientación del refuerzo de cada una de las capas. Un diseño casi perfecto que resiste todas las cargas puede ser un estratificado que consista en pliegues a 0°, ±45° y 90°. Deberá haber un pliegue a −45° por cada pliegue a +45° para evitar que se deforme el estratificado (fig. 21-28). Deberá orientarse el estratificado en la dirección principal de las tensiones anticipadas (fig. 21-29). Las fibras dispuestas aleatoriamente (isótropas) presentarán una resistencia igual en todas las direcciones. En la figura 21-30 se exponen modos de fallo y flexión de materiales compuestos.

En cuanto a los estratos de emparedado, las caras de alta densidad deben resistir la mayor parte de las fuerzas aplicadas y de flexión. El núcleo de poco peso debe resistir la tensión transversal, la compresión, la cizalla y la deformación.

En la tabla 21-5 se muestran las ventajas y limitaciones de diversos tratamientos.

(A) Todos los pliegues a 0°. La carga axial da lugar a un comportamiento de tracción-deslizamiento

(B) Dos pliegues a ±(cualquier ángulo). Las deformaciones de cizalla contrarias en los pliegues más y menos dan como resultado una interacción de tracción-torsión

(C) Un apilamiento a 0°/90°. Esta disposición se comba bajo una tensión pura porque el centroide módulo-peso no coincide con el centroide geométrico, dando como resultado una trayectoria de carga desviada

(D) Otro apilamiento a 0°/90°. Debido a las diferentes características de dilatación térmica de cada capa, este apilamiento se deforma como una «silla de montar» al calentarse.

Fig. 21-28. Efectos de simetría en la flexión de materiales compuestos. (Machine Design).

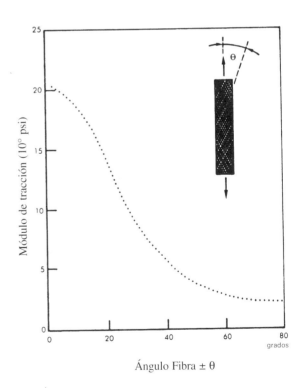

Fig. 21-29. El módulo de tracción de materiales compuestos carbono/epoxi desciende pronunciadamente al aumentar el ángulo de las fibras y la dirección de la carga de tracción. (Machine Design).

(A) Rotura de tracción de fibra para todas las fibras en la dirección de la carga (0°)

(B) Rotura de cizalla de la resinas para fibras a ±45°

(C) Rotura de cizalla de resina a través del grosor, entre fibras a 0°C, causado normalmente por una adherencia de fibra a resina insuficiente

(D) Rotura de tracción de resina entre fibra a 90°C a la carga

Fig. 21-30. Modos de rotura de materiales compuestos por esfuerzo. La resistencia a la tensión de materiales compuestos estructurales de carbono/epoxi está siempre relacionada con la dirección de la fibra. Una simple prueba de tensión muestra una notable diferencia de la conducta de rotura de materiales compuestos con diferentes orientaciones de fibra. En el material compuesto multidireccional, los pliegues simples pueden romperse con fallo de estructura global. Reconocer los distintos modos de rotura y saber cómo se rompen los materiales compuestos son requisitos previos para determinar un montaje. (Machine Design).

Pruebas de comportamiento

Lo que verdaderamente pone a prueba un producto es su comportamiento en las condiciones de operación reales. Las pruebas sirven para valorar el diseño y volver a rehacerlo si es necesario y para determinar su calidad. La palabra *prueba* implica los métodos y procedimientos empleados para determinar si las piezas satisfacen las propiedades demandadas o específicas. Un tanque de presión, una carcasa de motor y un polo para juegos de polo pueden pasar una prueba crítica. Los procedimientos de *control de calidad* deben aplicarse para averiguar si un producto se ajusta a las especificaciones. Se trata primordialmente de una técnica utilizada para conseguir calidad. La *inspección* garantiza que el personal de fabricación comprueba los procedimientos técnicos, las lecturas del calibre y detecta los defectos en el tratamiento de materiales. La inspección forma parte del control de calidad. Consulte en el apéndice G otras fuentes de información.

Tabla 21-5. Método de tratamiento del plástico: procesos, ventajas, limitaciones

Método de tratamiento	Proceso	Ventajas	Limitaciones
Moldeo por inyección	Similar a la fundición en colada de metal. Se calienta un compuesto de moldeo termoplástico hasta conseguir plasticidad en un cilindro a una temperatura controlada y después se hace pasar, bajo presión, a través de bebederos, canales y entradas a un molde de enfriamiento; la resina se solidifica rápidamente, se abre el molde y se extraen las piezas; con determinadas modificaciones, se pueden utilizar materiales termoendurecibles para piezas pequeñas.	Velocidad de producción extremadamente rápida que supone un bajo coste por pieza; se requiere poco acabado; excelente acabado superficial; buena precisión de dimensiones; posibilidad de producir variedad de formas relativamente complejas y complicadas.	Alto coste de herramientas y moldes; grandes pérdidas por desperdicio; no resultan rentables las series reducidas de piezas relativamente pequeñas.
Extrusión	Se introduce polvo de moldeo termoplástico por una tolva a una cámara en la que se calienta hasta dar plasticidad y después se conduce, normalmente mediante un tornillo giratorio, a través de una boquilla con una sección transversal deseada; las longitudes extruidas se utilizan como tales o se cortan en secciones; con modificaciones, se pueden utilizar los materiales termoendurecibles.	Coste muy bajo, se puede insertar material donde se requiera, gran variedad de formas complejas posible; velocidad de producción rápida.	Dificultad de conseguir tolerancias ajustadas, las aberturas deben tener la dirección de la extrusión; limitación a formas de sección transversal uniforme (longitudinalmente).
Termo-conformado	CONFORMADO AL VACÍO. Se coloca una lámina ablandada por calor sobre un molde macho o hembra; se forma vacío entre la lámina y el molde procurando que la lámina se adapte al molde. Cabe la posibilidad de muchas modificaciones, incluyendo ajuste a presión, conformado, ayuda de núcleo, drapeado, etc.	Procedimiento sencillo y barato; precisión dimensional; posibilidad de producir piezas grandes con secciones finas.	Limitación a partes de perfil bajo.
	CONFORMADO POR SOPLADO O A PRESIÓN. Opuesto al conformado al vacío, ya que se aplica presión de aire positiva en lugar de vacío para formar el contorno de la lámina al molde.	Posibilidad de piezas muy estiradas, láminas muy gruesas para conformado al vacío; precisión dimensional; velocidad rápida.	Relativamente barato; es necesario pulir muy bien los moldes.
	CONFORMADO MECÁNICO. Se forma una lámina calentada a través de medios mecánicos con un equipo para metales en lámina (prensas, mezcladoras, laminadoras, fileteadoras, etc). Se utiliza calor localizado para doblar ángulos, en los puntos necesarios, se colocan los elementos calentados en serie.	Posibilidad de conformar materiales pesados y/o tenaces; sencillo, barato; velocidad de producción rápida.	Limitado a formas relativamente simples.
Moldeo por soplado	Se expande un tubo extruido de (macarrón) de plástico calentado dentro de las dos mitades de un molde hembra contra los lados del molde por presión de aire; el método más habitual utiliza equipo de moldeado por inyección con un molde especial.	Costes bajos de herramientas e hileras; velocidad de producción rápida; posibilidad de producir formas huecas relativamente complejas de una pieza.	Limitado a piezas huecas o tubulares; dificultad para controlar el grosor de pared.

Tabla 21-5. Método de tratamiento del plástico: procesos, ventajas, limitaciones (cont.)

Método de tratamiento	Proceso	Ventajas	Limitaciones
Coladas por embarrado, rotacionales, por inmersión	Se vierte polvo (polietileno) o material líquido (normalmente plastisol de vinilo u organosol) en un molde cerrado, se calienta el molde para llegar a un espesor del material específico adyacente a la superficie del molde, se separa el exceso de material y se coloca una pieza semifundida en un horno para el curado final. Una variante, el moldeado rotacional, permite piezas huecas completamente cerradas.	Moldes de bajo coste; grado de complejidad relativamente alto, poca contracción.	Velocidad de producción relativamente lenta, selección de materiales limitada.
Moldeo por compresión	Se coloca una resina termoendurecible parcialmente polimerizada, normalmente preconformada, en una cavidad de molde calentada; se cierra el molde, se calienta y se aplica presión y el material fluye y rellena la cavidad de molde; el calor completa la polimerización y se abre el molde para sacar la pieza endurecida. A veces se aplica el método en termoplásticos, v.g., discos de fonógrafo de vinilo; en esta operación, se enfría el molde antes de abrirlo.	Escaso desperdicio del material y costes del acabado reducidos gracias a la ausencia de bebederos, canales, entradas, etc.; posibilidad de piezas voluminosas y grandes.	Las piezas muy complicadas requieren muescas, estirados laterales, orificios pequeños, inserciones delicadas, etc., no son prácticas, tolerancias extremadamente ajustadas difíciles de conseguir.
Moldeo por transferencia	Se utiliza principalmente para materiales termoendurecibles. Este método se diferencia del moldeado por compresión en que el plástico 1) se calienta primero hasta dar plasticidad en una cámara de transferencia y 2) se introduce, con un punzón, a través de los bebederos, canales y entradas en un molde cerrado	Se suelen emplear secciones e insertos delicados cómodamente; se controla mejor el flujo del material en comparación con el moldeo por compresión, exactitud de dimensiones; buena velocidad de producción.	Los moldes son más elaborados que los moldes de compresión y por lo tanto más caros; pérdida de material en desperdicios y el bebedero; tamaño de piezas en cierto modo limitado.
Tratamiento de molde abierto	CONTACTO. Se coloca el laminado, que consiste en una mezcla de refuerzo (normalmente fibras de vidrio) y resina (normalmente, termoendurecible) en el molde a mano y se deja endurecer sin calor ni presión.	Bajo coste, sin limitaciones de tamaño o forma de la pieza.	A veces las piezas presentan un comportamiento y un aspecto irregular; limitado a poliésteres, epóxidos y algunos fenólicos.
	AUTOCLAVE. Se coloca la estructura de moldeado con bolsa al vacío en un autoclave con aire caliente a presiones superiores a 1,38 MPa.	Mejor calidad de moldeos.	Velocidad de producción lenta.

Tabla 21-5. Método de tratamiento del plástico: procesos, ventajas, limitaciones (cont.)

Método de tratamiento	Proceso	Ventajas	Limitaciones
Tratamiento de molde abierto (cont.)	ENROLLADO DE FILAMENTO. Se satura la resina con filamentos de vidrio, normalmente en forma de mechas y se enrollan en mandriles que tienen la forma de la pieza acabada pretendida; se cura la parte acabada a temperatura ambiente o en el horno, dependiendo de la resina usada y del tamaño de la pieza.	Proporciona filamentos de refuerzo orientados con precisión; excelente relación de resistencia a masa; buena uniformidad.	Se limita a formas de curvatura positiva, el perforado o cortado reduce la resistencia.
	MOLDEO POR PULVERIZADO. Se pulverizan los sistemas de resina y las fibras cortadas simultáneamente desde dos pistolas contra un molde: después del pulverizado, se aplana la capa con un rodillo de mano. Se cura a temperatura ambiente o en el horno.	Bajo coste; velocidad de producción relativamente alta; es posible un alto grado de complejidad.	Requiere la actuación de expertos; falta de reproducibilidad.
Coladas	Se calienta el material plástico (normalmente termoendurecible, excepto acrílico) hasta obtener una masa líquida, se vierte en el molde (sin presión), se cura y se extrae del molde.	Bajo coste del molde; posibilidad de producir piezas grandes con secciones gruesas; sólo se requiere un acabado mínimo; buen acabado.	Limitado a formas relativamente simples.
Moldeo frío	El método es semejante al moldeo por compresión, ya que se introduce el material en un molde dividido o abierto, pero se diferencia en que no se emplea calor, solamente presión. Una vez extraída la pieza del molde, se coloca en un horno para el curado hasta el estado final.	Al utilizarse materiales especiales, las piezas presentan propiedades aislantes de la electricidad excelentes y resistencia a la humedad y al calor; coste reducido y alta velocidad de producción; buen acabado de superficie	Acabado superficial deficiente; poca precisión dimensional; los moldes se desgastan rápidamente; acabado relativamente caro; es necesario mezclar y usar los materiales inmediatamente.
Moldeo con bolsa	BOLSA AL VACÍO. Es similar al contacto, con la excepción de que se coloca una película de polialcohol vinílico sobre el laminado y se hace el vacío entre la película y el molde (aproximadamente 82 kPa).	Una mayor densificación permite un mayor contenido en vidrio que se traduce en resistencias más altas	Se limita a poliésteres, epóxidos y algunos fenólicos.
	BOLSA DE PRESIÓN. Variante de la bolsa de vacío en la que se aplica una plancha de caucho (o bolsa) contra una película y se infla para aplicar aproximadamente 350 kPa.	Permite un mayor contenido en vidrio	Se limita a poliésteres, epóxidos y algunos fenólicos.
Moldeo de troquel acoplado	TROQUEL ACOPLADO. Variante del moldeo por compresión convencional; se utilizan dos moldes de metal que tienen un ajuste de cierre, una zona de solapamiento para el cierre hermético; se coloca el refuerzo, generalmente un fieltro o preforma, en el molde, se vierte una cantidad de resina medida previamente, se cierra el molde y se calienta; las presiones oscilan por lo general entre 1,04 y 2,75 MPa.	Altas velocidades de producción; buena calidad y excelente reproducibilidad; excelente acabado superficial en ambas caras; eliminación de las operaciones de rematado; alta resistencia debido al alto contenido en vidrio	Altos costes de molde y equipo; se restringe la complejidad de la pieza; limitado el tamaño de la pieza.

Fuente: Modificado de Selector de materiales, *Materials Engineering*, Penton/IPC sucursal de Pittway Corp.

Vocabulario

A continuación, se ofrece un vocabulario de las palabras que aparecen en este capítulo. Busque la definición de aquellas que no comprenda en su acepción relacionada con el plástico en el glosario del apéndice A.

Bebedero
CAD
CAE
CAM
CAMM
Canal secundario
CIM
Control de calidad
Densidad aparente
Entrada
Especificación
Factor de compresión
Factor de seguridad
Filete
Inspección
Línea de flujo
Líneas de separación
Marca de flujo
Nervaduras
Norma o patrón
Orientación
Parámetros
Pruebas
Rebaje

Preguntas

21-1. En ___?___ se mantienen calientes los bebederos y canales a través de elementos calefactores incorporados en el molde.

21-2. La ___?___ es el punto de partida hacia la cavidad del molde.

21-3. Los canales estrechos que transportan el plástico fundido desde el bebedero hasta cada una de las cavidades se denominan ___?___.

21-4. Generalmente, se colocan las líneas divisorias en ___?___ de la pieza moldeada.

21-5. El ___?___ es la apertura del molde en la que se forma el producto.

21-6. El número mínimo económico de piezas producidas por laminado a mano es ___?___.

21-7. Muy relacionada con la contracción está la ___?___ dimensional.

21-8. El canal inclinado conectado a la tobera y a los canales se denomina ___?___.

21-9. Al ___?___ diseños de molde para moldeo por compresión, no se prevé el exceso de material en la cavidad.

21-10. Las piezas moldeadas se extraen del molde mediante ___?___ o ___?___.

21-11. Con sistemas de entrada ___?___ no es necesario cortar las piezas desde la entrada o el bebedero. Las hileras se diseñan para que las entradas se corten por cizalla automáticamente.

21-12. Los tres requisitos cruciales en un plástico son:

21-13. Si se desea obtener 10.000 piezas a un coste de 5000 dólares, cada molde deberá costar ___?___ por pieza.

21-14. Prácticamente en todos los diseños, debe hallarse un compromiso entre un comportamiento superior, un aspecto atractivo, producción eficaz y ___?___.

21-15. Enumere cuatro propiedades positivas que presentan la mayoría de los plásticos.

21-16. Enumere cuatro propiedades negativas que presentan la mayoría de los plásticos.

21-17. Además de las consideraciones eléctricas, químicas, mecánicas y económicas, enumere otros cuatro requisitos más que se deben considerar antes de iniciar la producción.

21-18. La comparación más significativa al estimar el coste de un producto de plástico es el coste por ___?___.

21-19. Los plásticos son más ligeros por ___?___ que la mayoría de los materiales.

21-20. Los problemas encontrados al obtener productos de plástico suelen exigir la selección de ___?___ antes de considerar el material o ___?___.

21-21. Las primeras aplicaciones del plástico planteaban múltiples problemas ya que los diseñadores olvidaban que el producto acabado debe __?__ según el diseño y las necesidades.

21-22. Los cortes sesgados en las piezas suelen aumentar los costes __?__.

21-23. Con muy pocas excepciones, el __?__ de los primeros plásticos fue por error o casualidad.

21-24. Los plásticos han sustituido a los metales en muchas aplicaciones por el ahorro de energía y __?__.

21-25. Si el grosor de pared no es __?__ se puede alterar la pieza moldeada, alabearse o presentar tensiones internas.

21-26. La marca que aparece en una pieza moldeada como resultado del encuentro de dos o más frentes de flujo durante la operación de moldeado se denomina __?__.

21-27. Los aspectos superficiales de aguas causados por un flujo incorrecto del plástico caliente hacia la cavidad del molde se denomina __?__.

21-28. Para evitar las marcas de flujo, hay que __?__ o cambiar la localización de la entrada.

21-29. Enumere tres métodos para producir una rosca interna en una pieza de plástico.

Capítulo 22

Herramientas y fabricación de moldes

Introducción

En este capítulo, se explicarán los procedimientos, equipos y métodos de fabricación de las herramienta con las que se da forma a los plásticos. No toda la información es extensiva a la totalidad de los tratamientos de moldeo, ya que algunos procesos son muy especializados.

La fabricación de moldes asistida por ordenador (CAMM) es resultado de la tecnología de microprocesadores y puede mejorar la productividad en más de un 100%. Los sistemas de diseño y fabricación asistidos por ordenador (CAD/CAM) sirven para diseñar y ayudan a trabajar los moldes. Con este equipo se pueden ajustar de forma automática las dimensiones de la cavidad para diferentes resinas o contornos especiales. La información sobre el diseño y el mecanizado queda almacenada en la memoria del sistema para obtener moldes de varias cavidades o para sustitución de núcleos o cavidades.

El sistema CAMM ha permitido a la industria del plástico producir configuraciones de calidad superior, tolerancias ajustadas y diseños fiables a un precio competitivo. La industria de la fabricación de moldes y de herramientas requiere bastante mano de obra. En este punto, los sistemas informáticos son instrumentos sofisticados que incrementan la productividad. Los departamentos de dibujo y diseño pueden valerse de los sistemas CAD para dar las dimensiones al dibujo automáticamente y dejar el margen de contracción del material. La base de datos de los programas CAMM permite seleccionar la base de molde y recomienda la colocación de pasadores eyectores, manguitos, anillos de sujeción, clavijas de retención, tiradores y otros detalles. A pesar de que el tiempo necesario para el boceto y el cambio de los parámetros de herramientas representa un porcentaje significativo del coste total de una pieza, los sistemas CAMM reducen en gran medida este tiempo y facilitan modificaciones o cambios en los parámetros de herramientas.

Una gran parte de la industria de fabricación de moldes se compone de talleres para clientes especializados en la fabricación de moldes o en la oferta de un servicio especial como, por ejemplo, electrodepósito, pulido, tratamiento térmico, relieves o mecanizado de moldes.

La información relativa al moldeo ha sido ya expuesta en la explicación de cada uno de los procesos; el capítulo 21 trata de las consideraciones de diseño fundamentales. Será conveniente asimismo un repaso de las descripciones de las familias de plásticos, pues contienen información acerca de las propiedades y el diseño que afectan a la moldeabilidad.

El esquema de este capítulo es el siguiente:

I. Planificación
II. Herramientas
   A. Coste de las herramientas
III. Tratamiento en serie
   A. Erosión química

Planificación

La mayoría de los diseños de molde parten de esquemas que permiten al fabricante adoptar decisiones sobre la estructura y visualizar la manera en que se fabricarán las piezas. Los dibujos CAD finales contendrán notas, dimensiones y tolerancias. Algunas dimensiones críticas pueden precisar tolerancias de herramienta de hasta +0,0025 mm para algunas piezas. El diseño incorporará asimismo cualquier requisito especial. Se anotarán las tolerancias de contracción, acabado, relieves, electrodepósito, materiales especiales u otros factores de dimensión.

Los sistemas CAM permiten al usuario determinar los sistemas de enfriado, acabado, trayectoria de herramienta, geometría de la pieza, avances y limitaciones inherentes al equipo (contrapresión, desgaste de la herramienta), antes del mecanizado. Una vez verificado el programa, se almacena para su uso posterior.

Los sistemas CAM pueden emplear la información almacenada para cortar y formar los moldes. Los fabricantes de moldes dedican prácticamente un 80% del tiempo al ajuste de la herramienta de la máquina, invirtiendo realmente sólo un 20% para cortar el material. Los sistemas CAD/CAM reducen sustancialmente el ajuste, la conducción y el tiempo de mecanizado (fig. 22-1).

Prácticamente todas las fases del proceso de desarrollo del producto, desde el concepto hasta su finalización, pueden valerse de la tecnología CAMM para ahorrar tiempo y reducir costes.

Herramientas

Dispositivos como plantillas, soportes, moldes, troqueles, engranajes, enganches y el equipo de inspección se englobarán genéricamente como *herramientas*. Muchas veces, se utilizan indistintamente *plantilla* y *soporte*, donde ambos mecanismos están destinados a localizar y sujetar la pieza de trabajo en la posición correcta durante la mecanización, inspección o ensamblaje. Una *plantilla* guía la herramienta durante operaciones como el mandrinado. Un *soporte* no lleva guías de herramienta y se utiliza primordialmente para sujetar el trabajo de forma segura durante las operaciones de mecanizado, enfriado y secado.

Parte del coste de fabricación de los plásticos viene dado por el coste de accesorios especiales como, por ejemplo, herramientas para medir o calibrar la carga de plástico que se introduce en la máquina de moldeo, eliminar rebabas, extraer las piezas moldeadas y sujetarlas durante su enfriado. Algunas se utilizan para favorecer el mecanizado, entre las que se incluyen bloques de sujeción, plantillas de taladro y troqueles de punzón.

Coste de herramientas

Muchos son los factores que afectan al coste de la herramienta: el calibre de la serie de producción, la técnica de producción, los refuerzos, los aditivos, la orientación de fibra, la matriz, la complejidad del diseño, la tolerancia necesaria, el mantenimiento del molde y el mecanizado.

Los moldes con varias cavidades, o los que tienen insertos o acabados superficiales especiales, suman más costes aún. El diseño de un molde pensado para que tenga cavidades intercambiables puede reducir el coste del utillaje, ya que permitirá insertar nuevas cavidades para formar otras piezas, extendiendo así el uso del molde original. Para un número de piezas reducido es posible que el molde de cavidad múltiple

Fig. 22-1. Con esta sofisticada instalación CAD-CAM, los ingenieros pueden diseñar, probar y refinar los moldes más complejos directamente en el ordenador. Se elimina así la necesidad de construir prototipos costosos. (AGIE USA LTD).

no resulte económico, ya que es mucho más difícil mantener las tolerancias de la herramienta y, además, el mantenimiento y mecanizado es más caro para los moldes de varias cavidades.

Dentro de la industria de la fabricación de moldes circulan estos dos comentarios: «No hay cosa más sencilla que una pieza de plástico» y «La pieza es tan buena como el molde con el que se obtiene». Son dos afirmaciones que indican la importancia de las herramientas y el diseño del molde (fig. 22-2).

Existen cuatro grandes tipos de herramientas: 1) prototipo, 2) temporal, 3) serie corta y 4) producción, tal como se muestra en la tabla 22-1.

Tabla 22-1. Tipos generales de herramientas

Clasificación de herramienta	Número de piezas	Materiales para herramienta
Prototipo	1–10	Yeso, madera, yeso reforzado
Temporal	10–100	Yeso revestido; yeso reforzado; yesos revestidos, depósito de metal de soporte; metales blandos de colada o mecanizado
Serie corta	100–1000	Metales blandos, acero
Producción	>1000	Acero, metales blandos para algunos tratamientos

Los tipos de materiales utilizados en las herramientas son escayola, yeso, plástico, madera y metales.

Enlucido de yeso. La United States Gypsum Company ha desarrollado una serie de materiales de yeso de alta resistencia, suficientemente sólidos para producir modelos de prototipos y de troqueles, herramientas de transferencia (tren de arranque), patrones y moldes de hilera para conformar plásticos (fig. 22-3).

Generalmente se emplean fibras, metal expandido u otros materiales para fortalecer la herramienta de yeso. Las bases y armazones metálicos aseguran el montaje. En algunas técnicas, las plantillas (trazados o plantillas) sirven para dar forma al yeso húmedo. Se puede utilizar un apilado de roca o una estructura inflada (un globo) para conformar el contorno general.

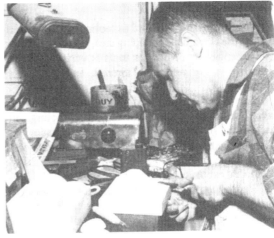

(A) Este empleado fabrica un patrón de yeso para conformar plásticos. (Revell, Inc.)

Fig. 22-2. No se puede pasar por alto la importancia del personal encargado de las herramientas y los troqueles. Este experto da los últimos toques a este molde para inyección de acero. (Bethlehem Steel).

(B) Pieza maestra de resina epoxi para el armazón de la cabina de piloto después de separar el molde de yeso. (US Gypsum Co.)

Fig. 22-3. Patrón de yeso y molde de yeso.

El yeso se manipula fácilmente con la mano. Se pueden obtener los modelos colocando el yeso sobre estructuras de arcilla, cera, madera o alambre. Generalmente se retiran la roca, la cera y otras formas de modelo y se sustituyen por un soporte de plástico reforzado. Algunos moldes de yeso están concebidos para usar y tirar. Los diseños huecos, entre otros, exigen la rotura del molde de yeso y su eliminación por lavado. Algunos moldes de yeso típicos se someten a electrodepósito de metales, recubrimiento con polímero o chapado con materiales compuestos para conseguir una superficie duradera al extraer la pieza. Los recubrimientos metálicos mejoran también la conductividad térmica necesaria para algunas técnicas de moldeado. Se pueden instalar serpentines de refrigeración en la herramienta.

Las marcas registradas Ultracal, Hydrocal e Hydrostone son comunes en los yesos utilizados para herramientas. Los moldes patrón formados al vacío suelen estar hechos de yesos baratos. Hydrostone tiene una resistencia de compresión media de cerca de 76 MPa.

El yeso es un importante material de partida para producir piezas maestras de metal o polímero. (fig. 22-4).

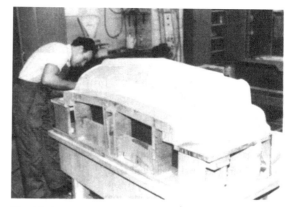

Fig. 22-4. Herramientas para molde hembra en moldeo de reacción-inyección. (Mobay Chemical Co.).

Plástico. Las herramientas de polímero (plásticos y elastómeros) se utilizan para hacer patrones, herramientas de transferencia, almas, cajas, plantillas, estampa de embutir, conformadores, soportes, herramientas de inspección y prototipos. Empiezan a reemplazar a las de madera y yeso (fig. 22-5). Los plásticos estratificados reforzados y cargados se utilizan principalmente para fabricar troqueles, conformadores y modelos de fundición (fig. 22-6).

Los moldes de polímero se dividen generalmente en dos grupos: los que tienen soporte y los que carecen de él. Las láminas de espuma y alma de panal suelen utilizarse como soporte ligero y resistente de herramientas.

El uso de plásticos en la fabricación de troqueles es cada vez mayor. Fenólicos cargados con metal y reforzados con vidrio, ureas, melaminas, poliésteres, epóxidos, siliconas y poliuretanos son materiales fuertes, ligeros y fáciles de trabajar. La alúmina y el acero son cargas habituales que ofrecen una mejor conductividad térmica, capacidad de trabajo, resistencia y una temperatura de servicio superior y una vida más prolongada. Es posible cargarlas con espuma. Estos materiales se utilizan para herramientas de la industria del plástico y el metal. Las herramientas de plástico se utilizan como mandriles de curvatura, estirado-conformado y martillo pilón. También se utilizan como elementos para producir herramientas los acetales, los policarbonatos, el polietileno de alta densidad, los fluoroplásticos y las poliamidas. Estos materiales son útiles como troqueles de estampación acoplados, conformadores y soportes. La aceptación de las herramientas de plástico se verifica por su amplio uso en las industrias aeroespacial, aeronáutica y del automóvil.

Los moldes grandes reforzados con epoxi están muy extendidos para las técnicas de unión de chapas y pulverizado. Estas herramientas se soportan y apoyan sobre armazones y estructuras metálicas (fig. 22-7). En la figura 22-8 se utiliza una herramienta de polímero para formar SMC. La herramienta de polímero debe ser capaz de soportar la exposición prolongada a las temperaturas de curado.

Las herramientas de plástico presentan varias ventajas con respecto a las de metal o madera: se pueden colar en moldes baratos, se duplican fácilmente y permiten la modificación frecuente del diseño. Asimismo, las herramientas de plástico son ligeras y resistentes a la corrosión. Los compuestos de plástico fundido empiezan a sustituir a la madera y el acero en troqueles, martillos, maquetas, prototipos y otros dispositivos utilizados en la industria (fig. 22-9).

En ocasiones, las piezas de muebles complejas se hacen a partir de moldes de polímero flexibles. Se conocen sobre todo las siliconas, aunque también se utilizan elastómeros de polisulfuro y poliuretano.

Los moldes flexibles sin soporte se emplean en la industria de los muebles para reproducir fielmente diseños con las vetas de la madera (fig. 22-10). En la figura 22-11 se muestra el concepto básico de moldeado con prensa de elastómero.

CAPÍTULO 22: HERRAMIENTAS Y FABRICACIÓN DE MOLDES

(A) Forma y estructura básica (estructura de trazado)

Fig. 22-6. Obtención de un modelo para fundición grande por estratificado de tejido de vidrio y resinas epoxídicas. El plástico sustituye al metal como material de patrón, al ser más económico y manejable. (U.S. Gypsum Co.).

(B) Relleno con espuma sintáctica

(C) Mecanizado para obtener la configuración y el tamaño finales

Fig. 22-5. Se puede fabricar una herramienta ligera y fuerte con estructuras de alma de panal. La unión y el rellena se realizan con espumas sintácticas de epóxidos extruibles. (Ren Plastics, Inc.).

Fig. 22-7. Se colocan dos capas de 283 g de tela de vidrio y ocho capas de 566 g de tela alternadas con una matriz de epóxido para producir este molde para una piscina con entrantes y salientes. (Ren Plastics).

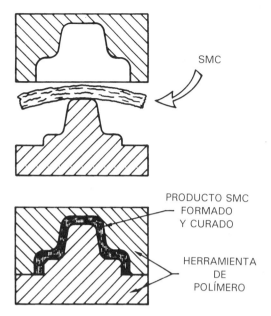

Fig. 22-8. Moldeo de troquel coincidente de SMC mediante una herramienta de polímero.

(A) Desarrollo de un patrón de plástico barato

(B) Fresado doble de las dos mitades según el patrón de plástico de la derecha

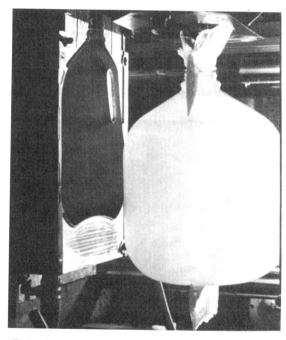

(C) Producto de plástico a partir de un molde de plástico cargado con metal. Observe el estrangulamiento y la línea divisoria. (Chemplex Co.)

Fig. 22-9. Moldes baratos hechos de plástico cargado con metal.

Madera. La madera se emplea para prototipos y algunos trabajos de serie corta (fig. 22-12). También se utiliza para termoconformar troqueles y patrones.

Metales. Aunque los plásticos pueden convertirse en el material dominante en el futuro, es imposible que existan productos de plástico sin metales.

Se pueden usar metales con un punto de fusión bajo para prototipos o series cortas. En este ámbito se utilizan zinc, plomo, estaño, bismuto, cadmio y aluminio en el termoconformado de troqueles, modelos de colada y modelos duplicados. El aluminio es un metal muy extendido para muchos tratamientos de moldeo por su ligereza, facilidad de manipulación y conductividad térmica.

El aluminio 7075 es una aleación termotratada de calidad superior muy conocida. A veces se anodiza y se electrodeposita para mejorar la dureza superficial y prolongar su duración. El aluminio (7075-T652) se utiliza mucho en el moldeo por soplado y de bolsa a presión, el termoconformado y los prototipos. Es blando y carece de resistencia y dureza suficientes para evitar el barrido del material en los moldes de inyección o las zonas estranguladas de los moldes de soplado.

El berilio-cobre (C17200) se emplea en algunos moldes para inyección y en procesos de moldeado por soplado (fig. 22-13). Este material se puede fundir, labrar y estirar. Asimismo se puede colar a pre-

Fig. 22-10. Las vetas de la madera y los agujeros de termitas están fielmente reproducidos en esta puerta de mueble de poliuretano. (The Upjohn Co.).

sión utilizando una fresa matriz. Es posible producir muchas cavidades con una fresa. El BeCu se suministra generalmente al fabricante de moldes templado con dureza de hasta 38-42 en la escala Rockwell C. El berilio-cobre reproducirá detalles finos. Los motivos de vetas de madera son un ejemplo del detalle posible con los moldes de BeCu.

Los moldes Kirksite (Zamak, aleación de zinc), hechos de una aleación de aluminio y zinc, se utilizan por su bajo coste. Este metal permite reproducir detalles mejor que el aluminio y además es más duradero. Merced a la baja temperatura de vertido, 425 °C, es posible fundir líneas de refrigeración en el molde. Estas aleaciones se utilizan en operaciones de moldeo por soplado de series

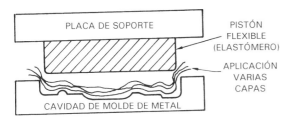

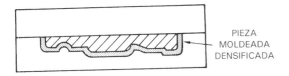

Fig. 22-11. Moldeado de prensa elastómero o con punzón flexible.

(A) Pasos para producir un molde para piezas de imitación de madera para muebles. Desde la izquierda: modelo de madera esculpido a mano, impresión de silicona, modelo de yeso y moldes de inyección de berilio-cobre

Fig. 22-12. Diseño de madera hecho a partir de fotografías y dibujos. Su tamaño es el doble que el de la pieza acabada. (Bethlehem Steel Co.).

(B) Producto acabado

Fig. 22-13. Para producir este mueble de imitación de madera se utilizaron moldes de inyección de berilio-cobre.

Fig. 22-14. Molde de termoconformado de cincuenta cavidades. Es una herramienta de metal para alta producción y ciclos largos. (Brown Machine Co.).

AISI de tipo WI es un acero para herramientas endurecido con agua, sólo con carbono que es de alta calidad y se utiliza en diversas aplicaciones para herramientas:

Análisis de acero tipo WI:
Carbono 1,05%
Manganeso 0,20%
Silicio 0,20%
Sin aleación

Entre los fabricantes de herramientas ha sido deseable desde hace tiempo un acero de troquel no deformante. Uno que combina las características de endurecimiento en profundidad de los aceros endurecidos al aire con la simplicidad de los tratamientos térmicos a baja temperatura posibles con muchos aceros endurecidos con aceite, es AISI tipo A6. El símbolo A se emplea para los aceros endurecidos con aire.

Análisis de acero tipo A6:
Carbono 0,70%
Manganeso 2,25%
Silicio 0,30%
Cromo 1,00%
Molibdeno 1,35%
Más aleaciones de sulfuros

Los aceros aleados más populares, incluidos los de herramientas, son AISI de tipo A2 y A6 para inyección, transferencia, compresión y moldes de fresa matriz. También son muy conocidos aceros totalmente endurecidos como D2 y D3. Los aceros con alto contenido en carbono y cromo D3 poseen una buena resistencia al desgaste. Las cavidades de molde, las placas de soporte, las cuchillas y los troqueles se fabrican con acero de cromo-molibdeno 4140.

El símbolo P significa acero endurecido por precipitación. AISI de tipo P20 se utiliza para todo tipo de cavidades de molde para inyección. Se puede endurecer hasta un valor de dureza de núcleo de 38 en la escala Rockwell C.

Análisis de acero tipo P20:
Carbono 0,30%
Molibdeno 0,25%
Cromo 0,75%.

Las cavidades de molde, bloques de sujeción, troqueles y otros moldes se hacen de aceros P20 y P21.

El acero inoxidable tipo 420 y 440C se puede utilizar si se requiere resistencia a la corrosión o si existen condiciones atmosféricas adversas. Puede llegar a tener una dureza de 45 a 50 Rockwell C.

cortas y largas. Deben protegerse los bordes estrangulados con insertos de acero frente a una excesiva acumulación de la tensión.

El acero es fundamental en la industria del plástico. El carbono, elemento básico de los plásticos, es también un ingrediente importante en el acero, si bien esta aleación debe incluir elementos de mezcla adicionales para la fabricación de moldes. La dureza del molde puede variar entre valores 35 y 65 Rockwell C, dependiendo de las necesidades (fig. 22-14).

Un acero de carbono sin aleación conocido para bases de máquinas, armazones y componentes estructurales es AISI 1020, 1025, 1030, 1040 y 1045.

Para series de producción grandes se pueden emplear diversas aleaciones de acero. En las aplicaciones en las que se necesita una alta resistencia a la compresión y al desgaste a temperaturas elevadas se puede usar acero AISI tipo H21. El símbolo H indica aceros de herramientas de trabajado en caliente.

Análisis de acero tipo H21:
Carbono 0,35%
Manganeso 0,25%
Silicio 0,50%
Cromo 3,25%
Tungsteno 9,00%
Vanadio 0,40%

Los aceros endurecidos con aceite se seleccionan en ocasiones para portaherramientas y bujes. El tipo 02 es el más común.

El carburo de tungsteno está muy extendido para cortar tapones, ya que presenta una buena resistencia al desgaste y la abrasión. Se pueden fabricar cavidades de molde con este material cerámico, si bien es más frágil y resulta más duro para su conformado que los aceros de herramientas.

Otros materiales para herramientas. Existen numerosos tipos de técnicas para conseguir herramientas combinadas e innovadoras. A veces se emplean ceras y sales solubles. Se han fabricado mandriles y otras formas de molde de elastómeros inflados con aire. Se han utilizado incluso formas de vidrio como moldes. Después de la colada, el conformado o el enrollado de filamento, a veces se rompe y separa el vidrio. Se ha utilizado cemento y hielo para producir una herramienta única para algunas aplicaciones. En la tabla 22-2 se muestran las ventajas e inconvenientes de algunos materiales de herramientas.

Tratamiento en serie

Existen varias técnicas para fabricar herramientas y troqueles con acero. Fresado, torneado, perforado, mandrinado, rectificado, perforado con pun-

Tabla 22-2. Ventajas e inconvenientes de algunos materiales para herramientas

Material de herramienta	Ventajas	Inconvenientes
Aluminio	Bajo coste; buena transferencia de calor; facilidad de mecanizado; resistente a la corrosión; peso ligero; no se oxida	Porosidad; blando; escoriación; expansión térmica; fácilmente dañado; series limitadas
Aleación de cobre (latón, bronces, berilio)	Fácil mecanización; detalles de superficie buenos; conductividad térmica superior; no se oxida	Blando; el cobre inhibe el curado; atacado por algunos ácidos; fácilmente dañado; series limitadas
Miscelánea (sales, inflables, cera, cerámica)	Algunos son baratos; reutilizables; diseñados con cortes sesgados; fáciles de fabricar; ligeros; duros; conductores térmicos; la cerámica es un material de alta temperatura	Algunos son blandos; fácilmente dañado; inestable dimensionalmente; dañado por alta temperatura y sustancias químicas; malos conductores térmicos
Yeso	Bajo coste; fácilmente moldeable; buena estabilidad dimensional; no se oxida	Porosidad; blando; baja conductividad térmica; fácilmente dañado; series limitadas; intervalo de resistencia térmica bajo
Polímeros (estratificados, reforzados, cargados)	Bajo coste; se fabrica fácilmente; expansión térmica similar a muchos materiales compuestos; peso ligero; no se oxida; diseños grandes económicos; menos piezas	Limitaciones de diseños; escasa conductividad térmica; estabilidad dimensional limitada; series limitadas; intervalo térmico limitado
Acero	Más duradero, alta resistencia térmica; fuerte y resistente al desgaste; conductividad térmica	Herramientas muy caras; mecanizado más difícil; limitaciones de tamaño; muchas piezas; se oxida; pesa
Madera	Bajo coste; fácil mecanizado; peso ligero; no se oxida	Porosidad; estabilidad dimensional escasa; blando; series limitadas; escasa conductividad térmica y resistencia
Aleación de zinc (plomo, estaño)	Bajo coste; fácil mecanizado; buena conductividad térmica; buen detalle; no se oxida	Blando; fácilmente dañado; series limitadas; intervalo de resistencia y térmico limitado.

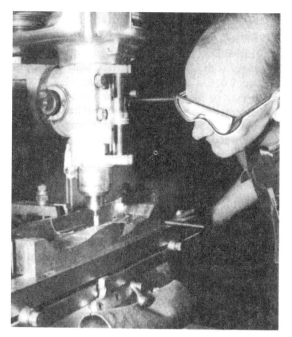

(A) Obtención de un molde de acero en una fresadora. (Revell, Inc.)

(B) Duplicación de un molde de acero a partir de un patrón, a la derecha. (Cincinnati Milacron)

(C) Pantógrafo con una pieza maestra de yeso para mecanizar una pieza de metal. (U.S. Gypsum Co.)

Fig. 22-15. Fabricación de herramientas y troqueles de acero y plástico.

zón, colada, cepillado, grabado químico, electroconformado, mecanizado por descarga eléctrica, electrodepósito, soldadura y tratamiento térmico son sólo unos ejemplos.

La fabricación de herramientas debe contemplarse como un proceso muy controlado más que como una secuencia de tareas por separado. El control del proceso de fabricación de herramientas se puede realizar con la ayuda de un ordenador. Los sistemas CIM pueden controlar máquinas-herramienta controladas numéricamente por ordenador de forma individual. La fabricación de la herramienta parte de la planificación y el equilibrado de la carga de trabajo, las especificaciones y las técnicas con capacidades de máquina. Los errores en la planificación pueden traducirse en un mayor coste y un tiempo de producción excesivo, e incluso en el fallo de la herramienta. La mecanización de moldes y herramientas se divide en ocasiones en dos grandes áreas: 1) mecanizado inicial que incluye torneado y fresado superficial y 2) mecanizado final que implica rectificación, mecanizado de descarga eléctrica y pulido. Estos procesos suelen tener lugar tras el endurecimiento.

El fresado, torneado, perforado, mandrinado y rectificado son procesos de corte con herramienta. Para cortar metal al fabricar moldes y troqueles se suelen emplear máquinas conformadoras, aplanadoras, tornos, taladradoras, rectificadoras, fresadoras y varias máquinas de duplicación de pantógrafo. En la figura 22-15A se muestra cómo se separa un acero con una herramienta cortante en una máquina fresadora vertical.

En la figura 22-15B se ilustra una fresadora vertical especialmente modificada para cortar y duplicar moldes de acero a partir de un patrón. El cabezal de trazado de la derecha sirve para controlar el movimiento de la mesa de trabajo y el eje de la cortadora. Este patrón está hecho con metal y la estructura duplicadora mecaniza una cavidad para el molde de soplado. La relación de la pieza de trabajo es 1:1.

Las máquinas de pantógrafo son similares a las duplicadoras, a excepción de que funcionan sobre relaciones variables de hasta 20:1. En la figura 22-15C se muestra una pieza maestra de yeso mucho más grande que la pieza de acero. La gran reducción de la relación permite trabajar el acero con gran detalle con movimientos coordinados de la mesa y la herramienta cortante.

El fresado con fresa generatriz, el grabado con ácido, el electroconformado y el mecanizado por descarga eléctrica son procesos de *desplazamiento de metal* que se utilizan para fabricar moldes sin participación de herramientas cortantes.

El tallado con fresa generatriz en frío consiste en presionar una pieza de acero muy duro contra un lingote de acero sin endurecer (fig. 22-16). El tratamiento se lleva a cabo a temperatura ambiente. Las presiones oscilan entre 1.380 MPa y 2.760 MPa, dependiendo de los metales de fresado y el material bruto. Es posible que las talladoras requieran una capacidad de prensa de hasta 3.000 toneladas.

En un procedimiento patentado llamado CAVAFORM, una fresa maestra puede suministrar un número ilimitado de impresiones caracterizadas por una notable fidelidad al tamaño y acabado de la fresa. Este procedimiento de estampado con conformación en frío se lleva a cabo en la mayoría de los aceros en un estado recocido. Se puede seleccionar un acero de cavidad que satis-

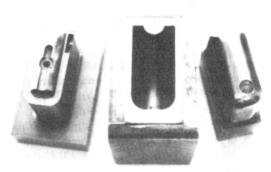

(A) Se presionó la fresa, a la derecha, contra el bloque de acero, en el centro

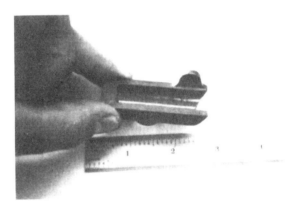

(B) La pieza moldeada por compresión acabada del molde fresado

Fig. 22-17. Ejemplo de fresado con fresa generatriz.

faga los requisitos de moldeado con una baja distorsión por tratamiento térmico. Asimismo, se puede tratar por calor al vacío para reducir al mínimo el pulido tras el tratamiento térmico. Una de las ventajas principales es que este tratamiento suele requerir un agujero en el fondo de la impresión.

Las fresas generatrices suelen estar hechas de aceros de herramienta endurecidos con aceite y contienen un alto porcentaje de cromo. Puede resultar económico fresar con fresa generatriz cavidades de troquel simples, si bien generalmente se utiliza este sistema para producir un gran numero de impresiones para moldes de multicavidad. Los moldes de varias cavidades se suelen numerar con el fin de localizar inmediatamente los problemas que puedan surgir con el moldeo.

Se debe aplicar una ligera conicidad para extraer cómodamente la fresa del hueco de conformado. La fresa debe estar limpia, ya que hasta una marca de lápiz en ella podría transferirse a la cavidad durante la operación de fresado con matriz.

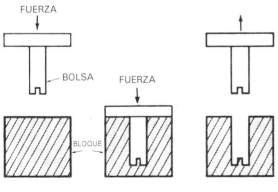

(A) Fresa generatriz en frío que va a presionarse contra el bloque para formar cavidad

(B) Cavidad formada en el bloque por la fresa

(C) Separación de la fresa. El bloque de la cavidad se puede mecanizar o endurecer

Fig. 22-16. Diagrama del proceso de desplazamiento de metal (punzonado).

Después del fresado se debe trabajar la pieza tosca y endurecerse antes de colocarla en bases de molde. En la figura 22-17A se puede ver una fresa acabada (derecha) que ha formado la cavidad (centro) en el bloque de acero. A la izquierda se observa la pieza que hace fuerza o macho del molde de compresión. En la figura 22-17B se puede ver una pieza moldeada por compresión acabada. Se moldeó en la cavidad de molde acabada.

La erosión eléctrica o mecanizado por descarga eléctrica es un método bastante lento para separar metal, en comparación con los procedimientos mecánicos. El metal se elimina en aproximadamente $4,37 \times 10^{-4}$ mm^3/s]. Se puede endurecer el lugar de trabajado antes de formar la cavidad, eliminando así los problemas que implican el tratamiento térmico tras el mecanizado o conformado. En el proceso de mecanizado, se obtiene un patrón maestro de cobre, zinc o grafito. Después se coloca el patrón a aproximadamente 0,025 mm de la pieza de trabajo y tanto ésta como la pieza maestra se sumergen en un fluido dieléctrico débil como, por ejemplo, queroseno o aceite ligero. Se hace entonces pasar corriente por el espacio que hay entre la pieza maestra y la de trabajo, de manera que cada descarga separa cantidades minúsculas de sustancia de ambos. La pérdida de material de la herramienta maestra debe compensarse para la obtención de cavidades exactas en la pieza de trabajo.

La mayoría de las máquinas modernas de mecanizado por descarga eléctrica incorporan actualmente movimiento orbital de multieje en su cabezal giratorio, permitiendo el uso de un electrodo para el desbastado, el dimensionado final y el acabado.

En el caso de herramientas maestras baratas de carbono o zinc, la relación entre el material separado de la pieza de trabajo y la eliminada de la herramienta puede ser superior a 20:1. La precisión se debe mantener dentro de ±0,025 mm con un corte de acabado de menos de 0,00762 mm.

Las técnicas de mecanizado por descarga eléctrica de cortado con cable y grabado de troqueles eliminan muchas veces la necesidad de operaciones de acabado secundarias. El cortado mecanizado por descarga eléctrica con cable produce cavidades intrincadas y precisas difíciles o imposibles de producir a través de las técnicas convencionales. En la figura 22-18 se puede ver una máquina de cortado por descarga eléctrica con alambre controlada numéricamente por ordenador para dar la forma definitiva a troqueles de moldeo. En la figura 22-19 se muestra el principio de la descarga eléctrica.

Erosión química

En la erosión química (grabado) se utiliza una solución de ácido o de álcali para crear una depresión o cavidad. El proceso suele implicar el uso de máscaras químicamente resistentes como ceras, pinturas a base de plástico o películas. Se retira la máscara de las zonas en las que se pretende eliminar químicamente el metal. Las cavidades o diseños superficiales suelen reproducirse con tejidos o cueros que duplican las texturas. Los materiales resistentes fotosensibles se utilizan habitualmente en la industria de la impresión.

Debe dejarse un margen para compensar los efectos del *radio de grabado* o el *factor de grabado*. A medida que la solución de grabado actúa sobre la pieza de trabajado, tiende a hacer un rebaje del patrón de máscara. En los cortes profundos, el rebaje puede ser importante. En la figura 22-20 se representan los efectos del factor de grabado en la erosión química.

En ocasiones, *colada* y *electroconformado* reciben el nombre de procesos de *depósito de metal*, ya que suponen el depósito de un recubrimiento metálico (o, a veces, cerámico o plástico) sobre una forma maestra.

En la figura 22-21A se sumerge un mandril maestro de acero en compuestos de plomo fundido hasta formar un recubrimiento sobre él. A continuación se puede sacar el mandril y volverlo a utilizar, así como verter resinas de colada en la corteza y retirarlas cuando se polimerizan.

La colada en caliente de metales por moldeo a la cera perdida o fundido en arena, o mediante moldes de metal permanentes, sirve para crear

Fig. 22-18. Máquina de cortado por descarga eléctrica con alambre controlada numéricamente por ordenador.

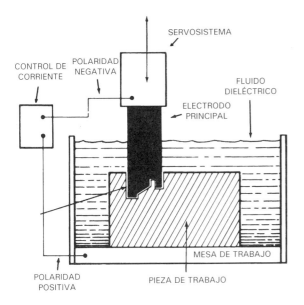

(A) Observe que el espacio entre la pieza de trabajo y la herramienta maestra es uniforme

(B) Modelo de producción de mecanizado por descarga eléctrica

(C) Mecanizado por descarga eléctrica de laboratorio

(D) Electrodo de carbono maestro utilizado para obtener la cavidad del troquel

Fig. 22-19. Mecanizado de erosión eléctrica para un troquel.

moldes de precisión. Se puede verter metal fundido sobre una pieza maestra de acero endurecido para formar una cavidad, tal como se muestra en la figura 22-21B. Este proceso se llama a veces *fresado en caliente*. Se hace colada del metal fundido sobre una fresa generatriz y se aplica presión durante el enfriado.

El *electroconformado* es un tratamiento de electrodepósito. Se utiliza un mandril de plástico, vidrio, cera o diversos metales como patrón maestro para depositar eléctricamente los iones metálicos de una solución química (fig. 22-22). Los moldes tienen una corteza delgada e incluso pueden presentar cortes con rebaje pronunciados, pero generalmente tienen un acabado muy pulimentado (fig. 22-23). Se puede conseguir un mayor refuerzo de la cavidad metalizando con cobre el revés de la corteza o, incluso, colocando la cavidad de troquel en epoxi cargado. Después, se pueden utilizar las cavidades para termoconformado, moldeo por soplado o moldeo por inyección. (fig. 22-24).

Las principales ventajas de los moldes electroconformados son su reproducción fiel de los detalles, la ausencia total de porosidad y de contracción y su reducido coste. Los principales inconvenientes son las limitaciones de diseño, la blandura relativa y la dificultad que suponen la multiplicidad de cavidades.

A veces es deseable tener unida superficialmente la pieza moldeada a una mitad del molde, dependiendo del mecanismo de desmoldeo. Una adhesión excesiva puede deberse a endentaciones o cortes de rebaje del molde, o a una superficie de cavidad sucia. Al limpiar los troqueles y las cavidades, es fre-

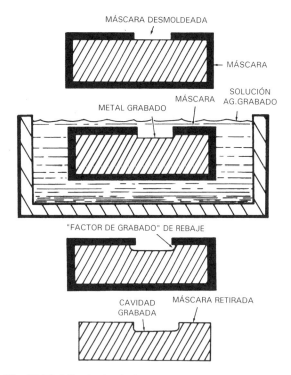

Fig. 22-20. Método de erosión química para producir una cavidad de troquel.

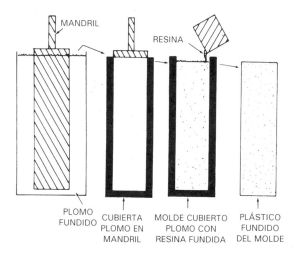

(A) Pasos en la colada de plásticos que utilizan moldes de colada

cuente el uso de pulverizadores de cera, lubricante o silicona. Para las manchas que resaltan, es posible que sea necesario el uso de un rascador de madera o un cepillo de metal. No se debe utilizar un cepillo de acero al limpiar las cavidades, pues podría raspar o dañar el acabado pulido de las superficies de la cavidad (fig. 22-25).

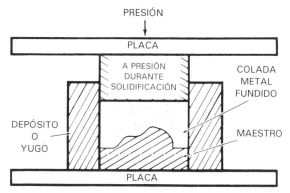

(B) Se realiza la colada del metal derretido en la pieza maestra. La presión del núcleo da como resultado una colada sólida y densa

Fig. 22-21. Colada de plástico y metal.

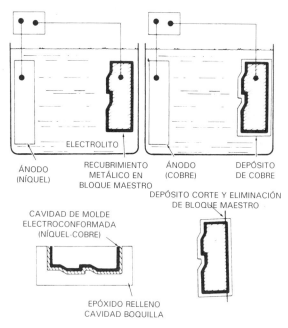

Fig. 22-22. Cavidad de molde electroconformada. Recubrimiento de cobre y revestimiento del revés con epoxi cargado reforzando la cavidad de níquel.

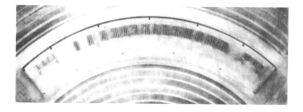

Fig. 22-23. Cavidad electroconformada que presenta detalles en relieve desde un fondo pulido. La pieza maestra es una placa de latón grabada. (Electromold Corp.).

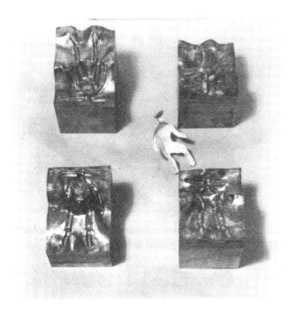

Fig. 22-24. Un par de cavidades utilizadas para moldear las dos mitades de una figura hueca con una línea de acoplamiento muy elaborada. Se rellenaron las cavidades con una cera y se electroconformaron los núcleos macho contra la cavidad, produciendo líneas acopladas perfectas. El lápiz indica la relación de escala. (Blectromold Corp.).

Fig. 22-25. Debe ponerse sumo cuidado para evitar que se ensucien los moldes. (Revell, Inc.).

Existen otros métodos de depósito de metal que se pueden utilizar para la fabricación de moldes. El pulverizado con llama de metales y el metalizado al vacío son dos de estos métodos (consulte el capítulo 17 sobre procesos de recubrimiento).

El electrodepósito, la soldadura y el tratamiento térmico también se utilizan en la fabricación de moldes. Muchas operaciones de acabado de moldes se pueden hacer a mano. Existe la posibilidad de realizar un electrodepósito sobre un molde de acero para proteger la cavidad de molde de la corrosión y proporcionar el acabado deseado del producto de plástico (fig. 22-26).

Fig. 22-26. Esta cavidad de termoconformado tiene una superficie electrodepositada. (Electromold Corp.).

Las bases de molde son importantes para el fabricante de herramientas. Las bases sujetan las cavidades en su lugar y tienen grosor suficiente para calentar o enfriar la cavidad. Están hechas de acero y son asequibles en tamaños estándar. En la figura 22-27 se muestra una base de molde estándar. Es posible adquirir las bases de manera que se adapten a la mayoría de los moldes patentados o de encargo (fig. 22-28).

Los pasadores de alineación aseguran un acoplamiento correcto en las cavidades cuando se ajusta la base de molde. Si no se alinea bien el ensamblaje y las líneas divisorias no están en el registro, puede que sea necesario volver a colocar las cavidades de molde. Si la pieza moldeada se pega a la cavidad del troquel, tal vez haya que rectificar el molde con piedra abrasiva, por lijado o pulido.

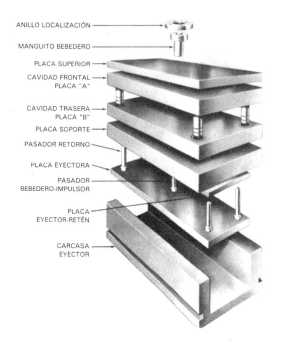

Fig. 22-27. Esquema despiezado de una base de molde convencional, con la indicación de las partes. (D-M-E Co.).

(A) Apliques de inserción redondos estándar con varios agujeros mandrinados en la cavidad superior e inferior enchapada para recibir inserciones

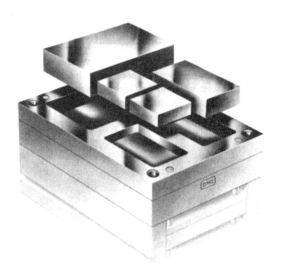

(B) Bloques de inserción de cavidad rectangular estándar con bolsillos mecanizados en la base de molde

Fig. 22-28. Bloques de inserción de cavidad estándar. (D-M-E Co.).

Vocabulario

A continuación, se ofrece un vocabulario de las palabras que aparecen en este capítulo. Busque la definición de aquellas que no comprenda en su acepción relacionada con el plástico en el glosario del apéndice A.

Acero templado en aceite
Electrodepósito
Endurecimiento al aire
Endurecimiento en profundidad
Erosión química
Fresado con fresa generatriz
Herramientas
Herramientas para plásticos
Kirksita
Mecanizado por descarga eléctrica
Molde
Pasadores de alineamiento
Plantilla
Portapieza
Troquel
Yeso

Preguntas

22-1. Los soportes especiales, moldes, troqueles, etc., que permiten al fabricante producir piezas se denominan __?__.

22-2. ¿Cuál es el nombre del aparato que sirve para guiar y situar con exactitud las herramientas cuando se producen piezas intercambiables?

22-3. La mayoría de los diseños parten de __?__ previos.

22-4. Un elemento fundamental de los plásticos y el acero es __?__.

22-5. El fresado, grabado, electroconformado y mecanizado por descarga eléctrica se suelen clasificar como procesos __?__.

22-6. La aleación de aluminio y zinc utilizada para moldes con alta conductividad térmica se conoce como __?__.

22-7. Gran parte de la industria de fabricación de moldes se compone de talleres __?__.

22-8. __?__ de herramientas son más difíciles de mantener en moldes de varias cavidades.

22-9. Las herramientas para producción de series largas están hechas normalmente de __?__.

22-10. Las marcas registradas Ultracal, Hydrocal e Hydrostone se refieren a __?__ utilizados para herramientas.

22-11. Cite un material para herramientas que presenta ventajas como ligereza, resistencia a la corrosión y bajo coste.

22-12. Los dispositivos que sirven para mantener un alineamiento correcto de la cavidad cuando se cierra el molde se llaman __?__.

22-13. La acción de moldear plásticos o resinas en productos acabados por calor y/o presión se llama __?__.

22-14. La herramienta empleada para mantener las cavidades en su sitio se denomina __?__.

22-15. Enumere cuatro métodos que se pueden utilizar para producir un molde en el que no participen herramientas de cortado.

22-16. Dado que __?__ son relativamente de bajo coste y tienen suficiente resistencia para producir algunos tipos de moldes, se utilizan en herramientas prototipo o experimentales.

22-17. Muchas herramientas y troqueles de metal empiezan a ser sustituidos por __?__ al ser resistentes, ligeros y fáciles de moldear.

22-18. Un material conocido para los moldes de termoconformado y moldeado por soplado es __?__ porque es ligero, fácil de mecanizar y presenta una buena conductividad térmica.

22-19. Cuando se necesita que el molde para moldeado por soplado tenga detalles finos y se pueda mecanizar fácilmente pero que sea más resistente que el aluminio, se puede utilizar __?__.

22-20. Para conseguir una alta solidez, resistencia al desgaste y cabida para series largas de producción, los moldes deberán estar hechos de __?__.

22-21. Una máquina __?__ es similar y funciona de forma parecida a una duplicadora con la excepción de que normalmente se ajusta para que funcione a relaciones de hasta 20 a 1.

22-22. No se emplean herramientas de cortado en las operaciones de mecanizado clasificadas como procesos __?__.

22-23. Los procesos en los que se introduce una pieza de acero muy duro en una pieza hueca de acero sin calentar y no endurecido para formar una cavidad de molde se llama __?__.

22-24. Un medio eléctrico para separar metal por erosión eléctrica se denomina __?__.

22-25. En __?__ o grabado, se utiliza una solución ácida o alcalina para crear una cavidad.

22-26. Parte del coste de fabricación de los productos de plástico viene dado por __?__ o herramientas especiales.

22-27. Los moldes __?__ o de equipo y los que tienen inserciones requieren costes por herramientas adicionales.

22-28. El acero para moldes puede variar entre 35 y 65 Rockwell C en ___?___ dependiendo de los requisitos.

22-29. Cite el tipo de herramienta que seleccionaría para producir:

    a. Diez bandejas de servicio termoconformadas.
    b. 10.000 moldes de xilografía fundidos para puertas de muebles.
    c. 10.000 asientos para sillas de polipropileno moldeadas.
    d. 10.000.000 cubiertas de placas de asiento eléctricas moldeadas.

22-30. Cuando se requiere resistencia a la corrosión o cuando se dan condiciones atmosféricas negativas, se puede utilizar acero ___?___ para moldes.

Capítulo 23

Consideraciones comerciales

Introducción

En este capítulo se analizará qué tipo de colaboración deben mantener el personal de producción y el de gestión para que la empresa de plásticos prospere. Han de tenerse en cuenta en este ámbito cuestiones sobre financiación, equipo, política de precios, ubicación de plantas de producción y otros factores.

La producción de piezas de plástico es una actividad competitiva, de manera que la selección del material, las técnicas de tratamiento, las velocidades de producción y otras variables influyen en el precio de venta (véanse capítulos 21 y 22).

Los fabricantes de resina y los de moldes de encargo constituyen las mejores fuentes de información sobre el comportamiento de un material plástico. La cantidad y la composición de ingredientes de resina son elementos relevantes. Cuando se realiza la estimación o planificación de artículos nuevos, se ha de consultar con los fabricantes de resina para conocer todas las especificaciones, a través del planteamiento de las preguntas siguientes:

1. ¿Cómo se va a utilizar la pieza?
2. ¿Qué tipo de resina se va a emplear?
3. ¿Qué requisitos físicos debe satisfacer la pieza acabada?
4. ¿Qué técnicas de tratamiento se van a utilizar?
5. ¿Cuántas piezas se van a fabricar?
6. ¿Se requiere una nueva inversión de capital para el equipo?
7. ¿Cuáles son las especificaciones de fiabilidad y calidad de cada pieza?
8. ¿Es posible producir lo que desea el cliente con un margen de beneficios?
9. ¿Cómo y cuando pagará el cliente los servicios?

La fijación del precio variará bastante según la cantidad. El precio del polietileno puede superar los 0,75 dólares por 1/2 kg en bolsas de 1/2 kg, 0,48 dólares por 1/2 kg en bolsas de 25 kg y 0,35 dólares por 1/2 kg en vagones y camiones de mercancías. En este capítulo se presentarán las siguientes cuestiones:

    I. Financiación.
   II. Gestión y personal.
  III. Moldeo de plásticos.
  IV. Equipo auxiliar.
   V. Control de temperatura de moldeo.
  VI. Neumática e hidráulica.
 VII. Fijación de precios.
VIII. Emplazamiento de planta.
  IX. Envío de partidas.

Financiación

Fuertes intereses y excelentes prospectos no pueden ser los únicos requisitos previos al nacimiento de una empresa industrial, ya que sin la financiación suficiente es imposible que cualquier compañía se abra paso y se desarrolle.

Una de las principales funciones de la gestión consiste en planificar la estructura de capital del negocio detalladamente. La empresa privada se financia con capital privado y préstamos, mientras que en una sociedad la capitalización viene dada por la venta de acciones.

Algunas compañías de equipos adquieren la maquinaria a través de pagos a plazo, planes de venta con arrendamiento o financiación directa. Compañías de seguros, bancos comerciales e hipotecarios y agencias prestamistas privadas son otras instituciones de financiación. Por otra parte, las leyes de inversión para la pequeña empresa, aprobadas en los Estados Unidos en 1985, han subvencionado a muchas compañías pequeñas, principalmente mediante la concesión de créditos.

Gestión y personal

Frecuentemente se repite «un negocio es tan fuerte y sólido como su dirección». Año tras año fracasan numerosas empresas, mientras que otras sobreviven y consiguen mantenerse a flote. Gran parte de los problemas que hacen fallar un negocio están relacionados con una mala gestión. La dirección debe coordinar la empresa y regular el capital, el personal y el período para obtener beneficios.

Uno de los principales puntos de interés dentro de la industria del plástico es la necesidad de que la mano de obra se acompase con el índice de crecimiento. La oportunidad de empleo para la mujer en este campo es considerable, ya que prácticamente la mitad de los trabajadores de la industria del plástico son mujeres. Dentro de una empresa es especialmente importante el aspecto de la investigación, que requiere la colaboración de expertos en polímeros, tratamientos y fabricación. Generalmente se necesita una plantilla de profesionales compuesta por ejecutivos, ingenieros y supervisores; y un personal técnico, que incluya peritos y paraingenieros, además de obreros semiespecializados o no especializados como son mecánicos, ayudantes técnicos y revisores y operarios de material y equipo y empaquetadores.

La mayoría del personal no especializado o semiespecializado puede preparase dentro de la empresa, mientras que el profesional, técnico o especializado debe contar con una formación universitaria o una titulación superior.

En la industria del plástico, siguen siendo muy cotizados los puestos de diseñador, ingeniero y fabricante de moldes. La implantación de los sistemas CAD, CAM, CAE, CAMM y CIM puede compensar la carencia de personal especializado y mejorar la productividad.

La gestión debe mantener buenas relaciones laborales, que incluyen convenios colectivos con los sindicatos. Unas relaciones favorables entre los empleados y la dirección sustentan parte del éxito de una empresa.

Moldeo de plásticos

Se ha escrito mucho sobre las propiedades generales y los tratamientos de conformado de plásticos. El moldeo de plásticos es una tarea difícil y se precisa una gran experiencia para resolver los problemas de producción, en un sector de la industria en el que la tecnología se encuentra en constante cambio. En este manual se apuntan tan solo unas nociones básicas y las precauciones que se deben adoptar en relación con el moldeo de plásticos (véase capítulo 21).

La capacidad del equipo de moldeo puede limitar la producción. Dichas limitaciones incluyen, por ejemplo, la presión de la prensa disponible, la cantidad de material y el tamaño físico. La capacidad de las prensas de compresión puede variar entre menos de 5,5 y más de 1.653 toneladas de presión. Las extrusoras pueden plastificar desde menos de 8 a más de 5.000 kg por hora. La capacidad de las máquinas de inyección puede oscilar entre más de 20 g y más de 20 kg por ciclo. Las prensas de sujeción soportan de 2 a 1.5000 toneladas métricas. Habitualmente, un equipo funciona al 75% de su capacidad, y no al máximo (tabla 23-1).

La mayoría de las técnicas para materiales compuestos de molde abierto se llevan a cabo manualmente. La colocación de chapas con herramientas especiales es lenta y, además, el trabajo a mano supone el inconveniente de una posible incorrección en la orientación de la capa, oquedades inducidas por el tratamiento y/o porosidad. Una solución para reducir los costes de fabricación y garantizar una calidad de la pieza consiste en utilizar un equipo de laminado automático como parte del tratamiento de moldeo. En la figura 23-1 se puede ver la aplicación capa a capa de grafito/epóxido según un modelo informático de colocación de chapas. Después se cura en un autoclave controlando la presión y el calor. La pieza de avión resultante tiene una solidez estructural enorme, unida a la ventaja de su ligereza, que no se puede comparar con la de ningún metal (fig. 23-2).

Tabla 23-1. Ventajas e inconvenientes de algunos métodos de fabricación

Método de fabricación	Moldeo inyección	Enrollado filamento	Moldeo soplado	Pultrusión	Colada rotacional	Bolsa	Extrusión	Pulverizado	Termoconformado	Chapado
Coste de maquinaria	alto	bajo-alto	bajo	alto	bajo	bajo	alto	bajo	bajo	bajo
Coste herramienta/molde	alto	bajo-alto	bajo	bajo-alto	bajo	bajo	bajo	bajo	bajo	bajo
Coste de material	alto	alto	alto	alto	bajo	alto	alto	alto	alto	alto
Periodos de ciclo	bajo-alto	alto	bajo-alto	alto	alto	alto	bajo	alto	alto	alto
Índice de producción	alto	bajo	alto	bajo	bajo	bajo	alto	bajo	alto	bajo
Precisión dimensional	bueno	bastante	bastante	bastante	bastante	bastante	bastante	bastante	escaso	bastante
Etapas de acabado	ninguno	alguno	alguno	sí	alguno	alguno	sí	alguno	sí	alguno
Variación grosor	bajo	bastante	bastante	bastante	bajo	bajo	bajo	bajo	alto	bajo
Esfuerzo en moldeo	algo	alguno	alguno	alguno	ninguno	alguno	alguno	alguno	alguno	alguno
Roscas de moldeo de latas	sí	no	sí	no	sí	no	no	no	no	no
Agujeros de moldeos de lata	sí	sí	sí	no	sí	sí	no	sí	no	sí
Componentes abiertos moldeados	sí	sí	sí	sí	sí	sí	sí	sí	sí	sí
Inserciones	sí	sí	no	no	sí	sí	no	sí	no	sí
Desperdicios	ninguno	alguno	alguno	ninguno	ninguno	alguno	alguno	alguno	alguno	alguno

Equipo auxiliar

Los materiales plásticos son malos conductores del calor y algunos son *higroscópicos*, es decir, absorben la humedad, de manera que puede ser necesario un equipo auxiliar de precalentamiento para reducir el contenido en humedad, y la polimerización o el tiempo de conformado. Con frecuencia se utilizan secadoras de tolva en la inyección y extrusoras para eliminar la humedad de los compuestos de moldeo y garantizar un moldeo consistente. El precalentamiento de termoestables se puede realizar a través de diversos métodos de calentamiento como por ejemplo energía de infrarrojo, sónica o de radiofrecuencia. El precalentamiento puede reducir el curado y el tiempo de ciclo y prevenir la aparición de vetas, segregación del color, esfuerzo de moldeo y contracción de la pieza. Asimismo, puede permitir un flujo más uniforme de los compuestos de moldeo muy cargados.

Frecuentemente, los moldeadores tienen que mezclar sus propios aditivos con las resinas y otros compuestos. Es posible que se necesiten mezcladoras, tanto en caliente como en seco, para incluir plastificantes, colorantes u otros aditivos, así como silos para materiales y otros sistemas de transporte.

Muchas de las operaciones de manipulación de materiales se pueden controlar a través de microprocesadores (sistemas CIM). Con un seguimiento y control centralizado se puede mantener una organización y comprobar el estado de todos los puestos de trabajo. Estos sistemas almacenan parámetros de moldeo y los datos reales del lote (fórmulas) para su uso futuro o para prevenir la introducción de materiales incorrectos en la cade-

Fig. 23-1. Esta máquina de aplicación de chapas automática coloca tiras de grafito/epóxido de forma exacta, lo que constituye una importante etapa en la producción de componentes de avión F-16. (General Dynamics).

Fig. 23-2. Elementos muy importantes del F-16, como el plano de deriva y el estabilizador horizontal, están fabricados de materiales compuestos de grafito/epóxido. En el futuro, se emplearán en los aviones cantidades mayores incluso de materiales compuestos. (General Dynamics).

na de producción. Se realiza también un control de las tolvas, cargadores y mezcladoras para pesar y medir con precisión los ingredientes de cada una de las máquinas. La mayoría de los proveedores de secadoras convienen en que el control por microprocesador constituye la clave de su tecnología. Los microprocesadores pueden controlar exactamente el uso de energía para crear sistemas de secado sin polvo de alto rendimiento.

El equipo de preformado y las cargadoras tienen relevancia en el moldeo por compresión y muchos sistemas de materiales compuestos.

El moldeo por inyección y por soplado, el termoconformado y otras técnicas de moldeo pueden requerir el uso de retrituradoras o granuladoras con las que se trituran la mazarota, los desperdicios de canales y otras piezas de desecho cortadas para utilizarlas como materiales de moldeo. Una parte de estas operaciones se realiza en serie. Los procesadores detectan ruidos y la reducción de espacio, así como la eficacia espacial y la facilidad de mantenimiento al seleccionar los granuladores.

Los taques de recocido se utilizan con productos termoplásticos para reducir los rechupados y la deformación. Las carcasas grandes y piezas similares se suelen colocar sobre bloques de contracción o en plantillas o troqueles, para ayudar a mantener las dimensiones correctas y reducir al mínimo el alabeo durante el enfriamiento. Muchos volantes de automóvil se agrietan transcurrido un período de tiempo por la contracción latente de la pieza moldeada. El recocido apropiado y la selección de materiales resuelven estos problemas.

Los tratamientos de bucle cerrado con enfriadoras controladas por ordenador y torres de refrigeración ayudan a reducir el consumo de energía y elevan la productividad.

El creciente uso de la robótica ha sido enormemente favorable. La razón principal de dicho desarrollo es el aumento de la productividad. Por otra parte, gracias a los robots, los operarios humanos se pueden mantener alejados del calor y de trabajos monótonos y muy fatigadores. El uso de robots eficaces y flexibles puede liberar de ciertas tareas en pro de la creación y resolución de problemas de la empresa (fig. 23-3).

Aunque la principal aplicación de los robots es la separación de piezas, estas máquinas pueden realizar una serie de operaciones secundarias con las que se mejora la calidad de la pieza y se reducen los costes de mano de obra. Como dispositivos para manipular la pieza se pueden emplear piezas de transporte a puestos secundarios y empaquetado, lo que elimina funciones de la planta sin valor añadido como, por ejemplo, la asignación de empleados a las piezas de envasado. Las operaciones de posmoldeo que realizan los robots incluyen ensamblaje, encolado, soldadura sónica, decoración o biselado del bebedero.

(A) El robot completa el mandrinado

Fig. 23-3. Uso de robots en la fabricación de productos de plástico. (Prab Robots, Inc.).

(B) El robot da la vuelta a las carcasas moldeadas y coloca las piezas en una cinta transportadora de enfriado

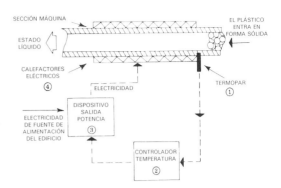

Fig. 23-4. Partes básicas de un sistema de control de temperatura utilizado en la industria del plástico. (West Instruments, Gulton MCS Division).

(C) Los robots, como el que se observa aquí separando un amortiguador de coche de una prensa de moldeo por inyección, realizan prácticamente toda la manipulación del material en el proceso de producción. El movimiento de un puesto a otro viene dado por vehículos guiados automáticamente o un sistema de monorraíl eléctrico de cabezal automático. Los robots también aplican la pintura. Los amortiguadores, fabricados con una aleación de policarbonato/poliéster llamada Xenoy son tan fuertes como el acero, aunque más ligeros, menos caros y más fáciles de pintar. Alcanzan estándares de choque de cinco millas por hora y no se oxidan. (Ford Motor Co.)

Fig. 23-3. Uso de robots en la fabricación de productos de plástico. (Prab Robots, Inc.).

Algunos fabricantes utilizan códigos de barras para mantener la pieza del flujo de material, el inventario y la producción de piezas. El código de barras se utiliza en sistemas de fabricación flexibles (FMS), que consisten en células de fabricación equipadas con un número de mecanizado o de operación de moldeo y otro equipo automático

controlados informáticamente. A medida que las diferentes piezas codificadas entran en la cadena de producción, los sistemas FMS o CIM determinan qué operaciones (ensamblaje, decoración, acabado) se deben realizar.

Control de la temperatura de moldeo

Uno de los factores más importantes para conseguir un moldeo eficaz es el control de la temperatura. El sistema de control de la temperatura puede constar de cuatro componentes básicos: par termoeléctrico, controlador de la temperatura, dispositivo de suministro de potencia y radiadores. En la figura 23-4 se muestra un sistema de control de este tipo.

El par termoeléctrico es un dispositivo compuesto de dos metales distintos. Se suelen emplear para él combinaciones de hierro o cobre con constantán. Al aplicar calor sobre la unión de los dos metales, se liberan electrones que producen una corriente eléctrica que se mide en un aparato calibrado en grados. Más de un 98% de los sensores de temperatura utilizados en la industria del plástico son pares termoplásticos, aunque en algunas instalaciones se utilizan detectores de temperatura de resistencia (bombillas de resistencia eléctrica). En la figura 23-5 se muestra un sistema de par termoeléctrico West utilizado para reducir al mínimo la variación térmica.

Los controladores de milivoltio y potenciométricos son dos tipos de controladores de la temperatura básicos que se utilizan a menudo. El controlador potenciométrico se diferencia del milivoltímetro en que la señal del par termoeléctrico se compara

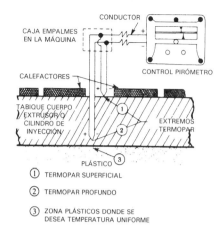

(A) Disposición física

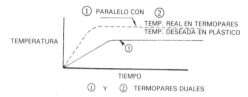

(B) Gráfico de temperaturas

Fig. 23-5. Disposiciones físicas y eléctricas de termopares eléctricos duales utilizados para reducir al mínimo las variaciones de temperatura. (West Instruments, Gulton MCS Division).

Fig. 23-6. Se utiliza un panel de instrumentos para controlar una operación de moldeo por soplado a gran escala. (Chemplex Co.).

electrónicamente con una temperatura de referencia. Los controladores de milivoltio y potenciométricos se pueden diseñar para regular la potencia de los calentadores y mantenerlos a una temperatura estable (control sin etapas), o diseñar para que desconecten la potencia cuando los calentadores alcanzan una temperatura establecida (control proporcional). El dispositivo de entrada de potencia regula la potencia de los calentadores. Generalmente, consiste en un contador mecánico o un circuito de control en estado sólido. Asimismo se puede emplear instrumentación para controlar los ciclos de enfriado. En la figura 23-6 se muestra un panel de instrumentos para una operación completa.

Las máquinas más modernas funcionan por potencia hidráulica y energía eléctrica. Por otra parte, se pueden necesitar suministros de vacío, aire comprimido, agua caliente y agua de enfriado. El agua fría se emplea en general para refrigerar troqueles de molde con el fin de reducir el tiempo del ciclo de moldeo.

En el moldeo por inyección conviene que el sistema de enfriado sea capaz de eliminar la carga de calor total generada en cada ciclo. El sistema deberá estar diseñado para asegurar que todas las secciones moldeadas, gruesas o delgadas, se enfríen a la misma velocidad con el fin de reducir al mínimo la contracción diferencial.

Los microprocesadores han supuesto cambios espectaculares en todas las áreas del tratamiento de plásticos, incluyendo los enfriadores y los controladores de la temperatura de moldeo. Los controladores de temperatura de molde basados en microprocesadores mantienen los moldes dentro de ±17 °C. Los controladores electromecánicos y en estado sólido consiguen rateos de precisión en torno a los ±16 °C.

Balanzas, pesos, pirómetros, relojes y diversos dispositivos de cronometraje son accesorios importantes. La industria del plástico está relacionada con muchos fabricantes de máquinas y equipo auxiliar.

Neumática e hidráulica

Los accesorios y equipos de accionamiento neumático e hidráulico son importantes en el tratamiento de plásticos (fig. 23-7).

Se emplean dispositivos neumáticos para activar cilindros de aire y proporcionar potencia sin vibración, ligera y compacta. Para los sistemas neumáticos se necesitan accesorios como filtros, secadores de aire, reguladores y lubricadores.

Un engrasado inadecuado o la presencia de aire o humedad pueden causar ruido en las líneas hidráulicas. Otros problemas se pueden derivar del carbonizado de válvulas, el desgaste de las bombas y la alta temperatura del aceite (véase capítulo 4).

Los sistemas de potencia hidráulica se pueden dividir en cuatro componentes básicos:

Frecuentemente resulta difícil elegir entre un sistema hidráulico o neumático para una aplicación. Por regla general, cuando se necesita gran cantidad de fuerza, se emplea el hidráulico; si se precisa una alta velocidad o una respuesta rápida, es preferible un sistema neumático.

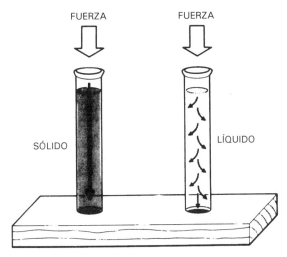

(A) Comparación de la transmisión de una fuerza a través de un sólido y un líquido

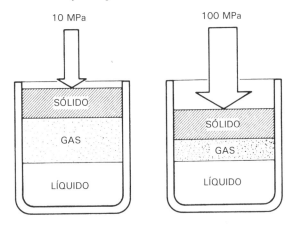

(B) Se puede comprimir el gas, pero un líquido resiste la compresión

Fig. 23-7. La fuerza se transmite de forma diferente en sólidos, líquidos y gases. Un sólido transmite la fuerza solamente en la dirección de la fuerza aplicada. Los líquidos (sistemas hidráulicos) y gases (sistemas neumáticos) lo hacen en todas las direcciones.

1. *Bombas* que introducen el líquido en el sistema.
2. *Motores* o *cilindros* que convierten la presión del líquido en rotación o extensión de un eje.
3. *Válvulas de control* que regulan la presión y la dirección de la corriente del líquido.
4. *Componentes auxiliares* que incluyen tuberías, accesorios, depósitos, filtros, intercambiadores de calor, colectores, lubricadores e instrumentación.

Se emplean símbolos gráficos que indican el sistema de potencia del líquido esquemáticamente. Estos símbolos no representan presiones, flujo o ajustes de compuesto. Algunos aparatos incluyen diagramas esquemáticos impresos en sus superficies (fig. 23-8).

(A) La válvula de control de flujo compensa la presión del líquido y las variaciones de temperatura

(B) Panel de control con un esquema en su superficie

Fig. 23-8. Aparatos de control de la potencia del fluido. (Sperry Vickers).

(C) Válvula de control de la dirección

Fig. 23-8. Aparatos de control de la potencia del fluido. (Sperry Vickers) (*cont.*).

Fijación del precio

Teniendo en cuenta que todas las piezas de plástico se fabrican mediante la utilización de moldes o troqueles, es lógico que se les tenga en cuenta en la fijación de precios.

La piedra angular de cualquier actividad en torno al plástico es el conjunto de herramientas. En un mercado competitivo es preciso producir moldes de forma más rápida, barata y mejor que la competencia para que un negocio sea rentable (fig. 23-9).

Las herramientas mecánicas controladas numéricamente por ordenador y los equipos de diseño y fabricación asistidos por ordenador (CAD/CAM) ayudan a producir moldes mejores y más exactos con un ahorro sustancial de tiempo y coste.

La cotización de los productos moldeados deberá realizarse según el diseño del molde y su estado general. Para una serie larga, la mejor opción no es un troquel barato. Los moldes para compresión, transferencia e inyección son caros.

Habitualmente, la fijación de precios viene dada por los *moldes de encargo*. Se trata de moldes en propiedad de un cliente cedidos al moldeador para producir piezas. El mayor peligro de establecer precios consiste en no tener en cuenta el estado del molde del cliente. Toda cotización deberá basarse en la aprobación del molde del cliente, pues podría ser necesaria la reparación o alteración de dicho molde.

Cuando el troquel es propiedad o está fabricado por el moldeador se llama *molde patentado*. Al

(A) Molde macho con pieza

(B) Cavidades de molde hembra con pieza

Fig. 23-9. Ejemplos de moldes macho y hembra.

fijar los precios de productos con moldes patentados, el moldeador debe obtener beneficios suficientes para amortizar o pagar el molde. Muchas veces se calcula en el precio de las piezas o de los lotes el coste de la fabricación del molde.

Para los moldes de encargo o patentados, la corrosión es un enemigo. Será necesario aplicar un recubrimiento no corrosivo y resistente a la humedad, orificios para el agua, el aire o el vapor, además de una capa de aceite. Después, deberá guardarse en almacén con todos sus accesorios.

Las herramientas grandes (paneles, cascos de hidroavión, bañeras) requieren un atento examen del espacio de producción y de las instalaciones de almacenamiento, que se suman al coste del producto.

Emplazamiento de la planta

El emplazamiento de la planta deberá determinarse considerando la cercanía de la materia prima y del mercado potencial. Los fletes deben reflejarse en el coste de cada producto. La cotización deberá contemplar las tarifas, las condiciones de trabajo y los salarios. Si se produce un aumento de tarifas o salarios anticipado deberá incluirse en los costes de producción.

En muchos estados y comunidades, con el propósito de incentivar la creación de empresas se ofrece financiación y mano de obra adecuada. Las relaciones laborales y los incentivos económicos son los principales intereses en la localización de una planta.

Otras consideraciones importantes son la disponibilidad de personal experto y la proximidad de instituciones de formación.

Envíos

El envío de plásticos, resinas y sustancias químicas se rige por disposiciones administrativas especiales. El servicio de correos de los Estados Unidos establece, por ejemplo, que no se puede enviar ningún líquido que desprenda vapores inflamables a una temperatura de −7 °C o inferior (sección 124.2d, Manual Postal). En términos generales está prohibido el envío de materiales venenosos en virtud de las disposiciones 124.2d, y totalmente prohibido el de sustancias cáusticas o corrosivas, en virtud de la regulación 124.22. Estas restricciones se mencionan de forma específica en la legislación en la sección 1716 título 18 del código de los Estados Unidos. Tampoco se permite el envío de sustancias ácidas, alcalinas, materiales oxidantes o sólidos altamente inflamables, líquidos inflamables, materiales radioactivos o artículos que emitan olores desagradables.

No son los jefes y empleados de correos de las oficinas los que deben decidir si un material se puede enviar o no, sino que el remitente debe solicitar instrucciones al respecto.

También se regula el transporte de plásticos de nitrato de celulosa por ferrocarril, carretera o barco, requiriéndose un empaquetado especial para realizar el envío de este material.

La Comisión de Comercio entre Estados (ICC) de los Estados Unidos regula las normas de empaquetado, marcado, etiquetado y transporte de materiales peligrosos o limitados. Están especificadas reglas para un gran número de contenedores de partidas y, en muchos casos, se exige de forma concreta el uso de etiquetas. Así, los líquidos inflamables deben llevar una etiqueta roja, los sólidos inflamables, una amarilla, y los líquidos corrosivos, una blanca. Existen etiquetas para venenos y lotes de material radioactivo. La oficina de correos ha de comprobar que la etiqueta es correcta y proceder a su registro.

En caso de duda sobre el envío de materiales plásticos o inflamables debe acudirse a las oficinas locales responsables. En algunas ciudades existen ordenanzas que prohíben el paso por túneles y puentes de vehículos que contienen cargas inflamables.

Vocabulario

A continuación, se ofrece un vocabulario de las palabras que aparecen en este capítulo. Busque la definición de aquellas que no comprenda en su acepción relacionada con el plástico en el glosario del apéndice A.

Amortización
Equipo auxiliar
Estimación
Hidráulica
Higroscópico
Moldes de encargo
Moldes patentados
Neumática
Pirómetro
Recocido
Sistemas de fabricación flexibles (FMS)

Preguntas

23-1. El error más común que se comete al fijar el precio de un molde de encargo es no tener en cuenta el __?__ del molde de encargo.

23-2. Frecuentemente, en el coste de producción de cada pieza se prevé el coste de fabricación. Esto se llama __?__.

23-3. Los moldes fabricados por el cliente y usados por el moldeador se denominan __?__.

23-4. La transmisión de potencia a través de una corriente de líquidos controlada se llama __?__.

23-5. Los moldes fabricados y en propiedad del moldeador se denomina moldes __?__.

23-6. El __?__ es un dispositivo hecho de dos metales no similares. Las combinaciones de hierro o cobre y constantán son las más utilizadas.

23-7. Un material __?__ tiende a absorber la humedad.

23-8. El __?__ del equipo de moldeo limitará el tamaño del producto.

23-9. Cite cuatro piezas de equipo auxiliar que pueden ser necesarias para operaciones de moldeo por inyección.

23-10. Cite cuatro factores que pueden influir en el emplazamiento de una planta.

23-11. Cite cuatro factores que puede influir en el coste de los productos de plástico al estimar la planificación de artículos nuevos.

23-12. Las comisiones de comercio regulan las operaciones de empaquetado, marcado, etiquetado y transporte de __?__ o materiales __?__.

23-13. ¿Por qué optaría, por un sistema de energía hidráulica o uno neumático, si se necesitara mucha fuerza?

23-14. Cuando se requiere alta velocidad y respuesta rápida, ¿optaría por un sistema de energía hidráulica o neumática?

23-15. Las mejores fuentes de información sobre el comportamiento de un material plástico son los fabricantes __?__ y los moldeadores __?__.

23-16. En una empresa __?__ se busca la financiación en capital privado y préstamos.

23-17. La venta de acciones es la forma habitual de capitalización en una __?__.

23-18. La planificación de la estructura de capital de una empresa es la principal función de __?__.

23-19. Una relación armónica entre __?__ y __?__ forma parte del éxito de una empresa.

23-20. Enumere los cuatro componentes básicos de los sistemas de energía hidráulica.

23-21. La piedra angular de un negocio de plásticos es __?__.

23-22. Habitualmente, el equipo de moldeo funciona a un __?__ de su capacidad máxima.

23-23. Cite cuatro clasificaciones generales del personal relacionado con el plástico.

23-24. Aproximadamente un __?__ por ciento de la mano de obra en industria del plástico son mujeres.

23-25. Si se emplea un equipo de control numérico por ordenador y __?__ se pueden producir moldes más exactos ahorrando costes y tiempo.

23-26. Además de una mayor productividad, se pueden usar __?__ para reducir la exposición del ser humano al calor, la monotonía y el cansancio.

Apéndice A

Glosario

Abertura de luz. Distancia entre los platos de una prensa cuando se abre completamente. La abertura debe ser suficientemente grande para permitir que la pieza sea expulsada cuando el molde se encuentre en la posición totalmente abierta.

Acelerador. Sustancia química, propiamente un catalizador recompensable, que puede acelerar en gran medida la actividad de un catalizador concreto.

Acero templado en aceite. Acero que se enfría mediante un baño de aceite.

Aceros para herramientas. Aceros utilizados para fabricar herramientas cortantes y troqueles. Muchos de estos aceros tienen cantidades considerables de elementos de aleación como cromo, carbono, tungsteno, molibdeno y otros elementos. Forman carburos duros que proporcionan buenas características de desgaste reduciendo al mismo tiempo la capacidad de trabajado. Generalmente, los aceros para herramientas utilizados en la industria se clasifican según su aplicación como, por ejemplo, de troquel en caliente, de troquel en frío, de alta velocidad, de resistencia al impacto, de molde y de aplicaciones especiales.

Acetales (poli). Polímero que tiene una estructura molecular de un acetal lineal (poliformaldehído), que consiste en cadenas de polioximetileno sin ramificar.

ACGIH. American Conference of Governmental Industrial Hygienists (conferencia norteamericana de especialistas en higiene de la industria nacional); esta organización se encarga de publicar directrices y recomendaciones sobre los límites de exposición a las diversas sustancias químicas.

Ácido dibásico. Ácido que tiene dos átomos de hidrógeno sustituibles.

Acrílico. Una resina sintética preparada a partir de un ácido acrílico o un derivado de ácido acrílico.

Acrilonitrilo. Monómero que tiene la estructura $CH_2=CHON$. Es muy útil en copolímeros. Su copolímero con butadieno es caucho de nitrilo. Existen varios copolímeros con estireno que son más duros que el poliestireno.

Acrilonitrilo-butadieno-estireno (ABS). Familia de resinas de ABS viene dada por la copolimerización de líquidos acrilonitrilo y estireno y gas butadieno en diversas proporciones.

Adherencia. Estado en el que se mantienen en contacto dos superficies por una atracción interfacial que puede consistir en una acción de entrelazado (medio mecánico).

Adhesivo. Sustancia capaz de mantener en contacto materiales por unión de superficies.

Agentes de copulación. Sustancias químicas que favorecen la adherencia entre refuerzos y el material plástico básico.

Agentes de curado. Sustancias químicas que producen la reticulación o curado de plásticos termoendurecibles.

Agentes de formación de espuma. Sustancias químicas que generan gases inertes en reacciones químicas o térmicas haciendo que la resina adopte una estructura celular.

Aglutinante. Resina que mantiene unidas las cargas o soportes en un preimpregnado o compuesto de moldeo. **Soporte** es la porción de tejido de un material compuesto. La fibra de vidrio es el tejido más utilizado para materiales compuestos.

Ajuste por contracción. Método de unión en el que se marca una inserción en una pieza de plástico cuando la pieza está caliente. El ajuste por contracción aprovecha el hecho de que los plásticos se expanden al calentarse y se contraen al enfriarse. Normalmente, se calienta el plástico y se realiza la inserción en un agujero de menor tamaño. Al enfriarse, el plástico se contrae alrededor de la inserción.

Alcanos. Hidrocarburos de fórmula general C_nH_{2n+2}.

Aleación de plásticos. Plásticos obtenidos mezclando físicamente dos o más polímeros durante el fundido.

Alilo. Resina sintética formada por polimerización de compuestos químicos que contienen el grupo $CH_2=CH-CH_2$. La principal resina de alilo comercial es un material de colada que produce polímero de carbonato de alilo.

Alma en panal. Producto manufacturado de metal, papel u otros materiales que está impregnado en resina y que se ha formado en células con forma hexagonal. Se utiliza como material de núcleos para estructuras en emparedado o estratificadas.

Alquenos. Hidrocarburos que tienen fórmula general C_nH_{2n} y poseen dobles enlaces covalentes.

Alquidos. Resinas de poliéster obtenidas a partir de un ácido graso como modificador.

Alquinos. Hidrocarburos de fórmula general C_nH_{2n-2} que poseen un triple enlace entre dos átomos de carbono.

Amidas. Compuestos orgánicos que contienen un grupo $-CONH_2$ derivado de ácidos orgánicos.

Aminas. Derivados orgánicos de amoníaco (NH_3) obtenidos por sustitución de uno o más de los átomos de hidrógeno por radicales hidrocarburo.

Amino. Nombre químico que indica la presencia de un grupo NH_2 o NH. También se refiere a los materiales con estos grupos.

Amorfo. Término que significa no cristalizado. Los plásticos que tienen una disposición amorfa de cadenas de moléculas suelen ser transparentes.

Amortiguamiento. Variaciones de las propiedades como resultado de las condiciones de carga dinámica (vibraciones). El amortiguamiento proporciona un mecanismo para disipar energía sin que se eleve excesivamente la temperatura, evita la fractura frágil prematura y es importante para el comportamiento de fatiga.

Amortización. Retribución gradual del coste de un equipo como, por ejemplo, moldes. Se puede realizar contribuyendo a un fondo de amortización en el momento de cada pago periódico de intereses.

Ángulo de rebaje negativo. Ángulo de la cara de una herramienta lijado de manera que el extremo cortante de una herramienta con ángulo de rebaje positivo sea más romo que el de la herramienta sin rebaje (el ángulo de rebaje es igual a cero).

Anisótropo. Que presenta diferentes propiedades al ser probado a lo largo de ejes en diferentes direcciones.

ANSI. American National Standards Institute (Instituto Nacional de Normalización de los Estados Unidos); asociación voluntaria privada que identifica las necesidades industriales y públicas para alcanzar un consenso nacional de normas y coordina el desarrollo de dichas normas. Muchas de las normas de ANSI están relacionadas con el diseño/comportamiento seguro del equipo (por ejemplo, calzado de seguridad, gafas, detectores de humos, extintores y aparatos electrodomésticos), y prácticas y procedimientos de seguridad como la medida del ruido, la comprobación de extintores y retardadores de la inflamación, la iluminación industrial y el uso de ruedas abrasivas.

Antibloqueante. Material que evita la adhesión no deseada de dos plásticos.

Antiestático. Aditivo que reduce las cargas estáticas en la superficie de un plástico.

Antiinterferencia electromagnética. Uso de materiales conductores en materiales compuestos para hacerlos conductores y, por tanto, capaces de proteger (servir como escudo) de interferencias eléctricas no deseadas (radiación, electricidad estática, descarga eléctrica) a los aparatos electrónicos.

Antioxidante. Estabilizante que retarda la descomposición de los plásticos por oxidación.

ASTM. American Society for Testing Materials (Sociedad Norteamericana para la Prueba de Materiales); asociación voluntaria cuyos socios abarcan un amplio espectro de personas, agencias e industrias relacionadas con los materiales. Como principal institución de consenso voluntario sobre normas de materiales, productos, sistemas y servicios, ASTM constituye un recurso para la obtención de muestras y métodos de ensayo, los aspectos de salud y seguridad, las directrices de una realización segura y los efectos de agentes físicos y biológicos y sustancias químicas.

Átomos. Partículas más pequeñas de un elemento que se pueden combinar con partículas de otros elementos para producir las moléculas de los compuestos. Los átomos consisten en una organización compleja de electrones que giran en torno a un núcleo con carga positiva que contiene partículas denominadas protones y neutrones.

Autoclave. Recipiente a presión que puede mantener la temperatura y la presión de aire o gas que se desee para el curado de materiales compuestos de matriz orgánica.

Autoextinguible. Término general que describe la capacidad de un material para dejar de arder una vez que se retira la llama.

Avance. Distancia que recorre la herramienta de corte hacia el trabajo con cada vuelta.

Banbury. Máquina para combinar materiales. Contiene un par de rotores que giran en sentido inverso, trituran y mezclan los materiales.

Baquelita. Plástico termoendurecible fenólico descubierto por Leo Baekeland en 1907.

Barrera carbonizada. Capa de material carbonizado que actúa como aislante evitando que se queme el material o continúe haciéndolo.

Bebedero. En el molde, canal o canales a través de los cuales se conduce el plástico hasta la cavidad del molde.

Benceno. Líquido inflamable transparente, C_6H_6. Es la sustancia química aromática más importante.

Bifuncional. Una molécula con dos grupos funcionales activos.

Biodegradable. Un material que se descompone químicamente bajo la acción de organismos vivos.

Bobinado polar. Enrollamiento en el que el trayecto del filamento pasa en dirección tangente a la abertura polar en otro extremo. Es inherente un modelo de un solo circuito sincronizado a este sistema.

Brillo especular. Factor de reflectancia luminosa relativa de una muestra de plástico.

CAD. Siglas de *computer-aided design* (diseño asistido por ordenador); sistema informático que sirve para crear un diseño, modificarlo y sacarlo en pantalla. Se utiliza para producir diseños en tres dimensiones e ilustraciones de la pieza propuesta. Las siglas **CAD** se emplean también para referirse a *computer-aided drafting* (dibujo asistido por ordenador).

CAE. Siglas de *computer-aided engineering* (ingeniería asistida por ordenador); sistema informático para trazar la ingeniería o el diseño de un ciclo. Analiza el diseño y calcula el resultado de las predicciones de vida de servicio y los factores de seguridad del diseño.

Calandrado. Proceso de formación de una lámina continua por prensado del material entre dos o más rollos paralelos para impartir el acabado deseado y asegurar un grosor uniforme.

CAM. Siglas de *computer-aided manufacturing* (fabricación asistida por ordenador), utilización de sistemas informáticos para la gestión, control y realización de operaciones de instalación de fabricación, ya sea directamente o a través de la interfaz informática indirecta con los recursos físicos y humanos de la compañía.

CAMM. Siglas de *computer assisted mold making* (obtención de moldes asistida por ordenador); sistema informático utilizado para analizar temperaturas y flujos de moldes a través de un análisis de elementos finitos o de elementos limitados. En algunos sistemas de datos, se presenta la orientación y la colocación de refuerzos en materiales compuestos. Esta información se utiliza luego para compensar los fallos de la matriz en el diseño y la máquina de moldeo.

Canal secundario. Canal a través del cual fluyen los plásticos desde la mazarota hasta las entradas de las cavidades de molde.

Cancerígeno. Sustancia o agente que puede causar el crecimiento de tejidos o tumores anormales en seres humanos o animales. Un material identificado como cancerígeno para los animales no tiene por qué serlo necesariamente para el ser humano. Entre los ejemplos de agentes cancerígenos para el hombre se incluyen alquitrán de carbón, que puede causar cáncer de piel, y cloruro de vinilo que puede originar cáncer de hígado.

Capa de superficie. Nivel fino de resina que sirve como superficie del producto. Se pueden superponer posteriormente capas de refuerzo.

Carbonáceo. Que contiene carbón.

Carga. En moldeo, medición o colocación del material en un molde. En pulido, depósito de abrasivo en una rueda giratoria.

Carga. Sustancia inerte que se añade a un plástico para abaratarlo. Las cargas pueden mejorar las propiedades físicas. El porcentaje de carga utilizado suele ser reducido en contraste con los refuerzos.

Caseína. Proteína que precipita del cuajo de la leche por acción de la renina o el ácido diluido. La caseína de los preparados del cuajo se convierte en plástico.

Catalizador. Sustancia química que se añade en una cantidad menor (en comparación con las cantidades de los reactivos principales) y que acelera considerablemente el curado o polimerización de un compuesto. Véase también *iniciador*.

Célula abierta. Se refiere a la interconexión entre las células en los plásticos celulares o espumados.

Célula cerrada. Estadio de las células individuales que componen los plásticos celulares o expandidos cuando las células no están interconectadas.

Celular o expandido. Con forma de esponja. La esponja puede ser flexible o rígida; las células pueden estar cerradas o interconectadas. La densidad de un plástico celular puede estar comprendida entre la de la resina sólida de origen y 32 kg/m^3. Los adjetivos *celular, expandido* y *de espuma* se emplean indistintamente para calificar a un plástico, si bien *celular* es el más descriptivo.

Celuloide. Plástico elástico y fuerte que se obtiene a partir de nitrocelulosa, alcanfor y alcohol. Celuloide es también una marca registrada que designa a algunos plásticos.

Celulósicos. Familia de plásticos que tienen como principal constituyente el carbohidrato celulosa.

Cementar. Unir, por ejemplo pegando con un adhesivo líquido que emplea una base de disolvente del elastómero sintético o de una variedad de resina.

Cenizas de lecho. Residuo de la combustión que sedimenta en el fondo de una incineradora.

Cenizas volantes. Tipo de ceniza producida por las incineradoras que es transportada por el aire. Debe eliminarse antes de que los gases de chimenea escapen a la atmósfera.

Centipoise. Centésima parte de un poise; unidad de viscosidad. El agua a la temperatura ambiente tiene una viscosidad aproximada de un centipoise.

CERCLA. Comprehensive Environmental Response, Compensation and Liability Act (ley general de respuesta, compensación y responsabilidad para el medio ambiente).

CFR. Code of Federation Regulations (código de regulaciones federales).

Chapa de prensado. Chapa fina de metal que se utiliza en encolado de chapas durante el curado para distribuir uniformemente la presión y conseguir una superficie suave en la pieza acabada.

Ciclo automático. Tipo de ciclo de una máquina de moldeo por inyección que no requiere la acción de un operario para la entrada.

CIM. Siglas de *computer integrated manufacturing* (fabricación integrada por ordenador); organización lógica de la ingeniería, la producción y la comercialización u otras funciones de soporte en un sistema integrado informático. Aspectos funcionales como el diseño, el control de inventario, la distribución física y la contabilidad de costes, proyectos, compras, se integran con la gestión directa de materiales y la gestión de ventas.

Cizalla interlaminar. Resistencia a la rotura por efecto de cizalla, con el plano de fractura situado entre las capas de refuerzo de un estrato.

Código SAE J1344. Código para marcar los plásticos que ayuda a su identificación. Este código favorece el reciclaje de plásticos de automóviles.

Cohesión. Tendencia de una sustancia a mantenerse adherida; atracción interna de partículas moleculares entre sí; capacidad de resistencia a la división de la masa.

Cola. Anteriormente, adhesivo preparado a partir de pieles, tendones y otros subproductos de los animales por calentamiento con agua. En la práctica general, es un término sinónimo de la palabra *adhesivo*.

Colada. Proceso que consiste en el vertido de un plástico calentado u otra resina líquida en un molde para solidificarlo y que tome la forma del molde al enfriarse, perder el disolvente o completarse la polimerización. No se aplica presión. No se debe utilizar *colada* como sinónimo de *moldeo*.

Colada por embarrado. Proceso según el cual se vierte la resina en forma líquida o en polvo en un molde caliente, donde se forma una piel viscosa. El exceso de lodo se elimina por drenaje, se enfría el molde y se extrae la colada.

Colada por inmersión. Aplicación de un recubrimiento sumergiendo un artículo en un tanque de resina fundida o plastisol y enfriándolo después. Se puede calentar el objeto y utilizar polvos para el recubrimiento; los polvos se hunden al golpear el objeto caliente.

Colada rotacional. Método utilizado para obtener objetos huecos a partir de plastisoles o polvos. Se carga el molde y se hace girar en uno o más planos. El molde caliente funde la sustancia en un gel durante la rotación cubriendo todas las superficies. A continuación, se enfría el molde y se retira el producto.

Colisión. Método de mezclado en el que chocan dos o más materiales.

Colodión. Película fina transparente de piroxilina desecada.

Color secundario. Color obtenido por mezcla de dos o más colores primarios.

Colorante. Tintes o pigmentos que imparten color a un plástico.

Colores primarios. Colores fundamentales a partir de los cuales se obtienen los demás.

Columna de gradiente de densidad. Medio para medir convenientemente muestras de plástico pequeñas. La columna consiste en un tubo de vidrio de gradiente rellena con una mezcla heterogénea de dos o más líquidos. La densidad de la mezcla varía linealmente con respecto a la altura o de otra forma conocida. Se coloca la pieza de ensayo en el tubo gradiente y se deja caer hasta una posición de equilibrio que indica su densidad en comparación con las posiciones de muestras patrón conocidas.

Combustible. Material que se quema fácilmente. Los líquidos combustibles tienen un punto de inflamabilidad de 38 °C o superior.

Compostación. Triturado de deshechos en trozos pequeños y mezclado con tierra.

Compuesto. Sustancia que consiste en dos o más elementos unidos en proporciones definidas.

Compuesto moldeado reforzado. Material reforzado con cargas, fibras y otros materiales especiales para satisfacer las necesidades de diseño.

Compuestos de moldeo. Materiales plásticos o resinas en diferentes etapas de formulación (polvo, granulado o preconformado) que incluyen resina, carga, pigmentos, plastificantes u otros ingredientes preparados para su.

Compuestos saturados. Compuestos orgánicos que no contienen enlaces dobles o triples y por lo tanto no pueden añadir elementos o compuestos.

Condensación. Reacción química en la que se combinan dos o más moléculas, con separación de agua u otra sustancia sencilla. Si se forma un polímero, el proceso se denomina *policondensación*.

Conformado al vacío. Método para conformar una lámina según el cual se sujetan los bordes de la lámina de plástico en un marco fijo y se calienta el plástico y se estira al vacío en un molde.

Conformado con colchón de aire. Proceso de termoconformado en el que se emplea aire a presión para formar una burbuja, aprovechándose el vacío después para formar plásticos calientes contra el molde.

Conformado con macho. Método de conformado de láminas termoplásticas en un marco móvil. Consiste en calentar la lámina y colgarla sobre los puntos superiores de un molde macho. A continuación, se aplica vacío para completar el conformado.

Conformado de molde coincidente. Formación de chapas calientes entre moldes hembra y macho coincidentes.

Conformado en relieve. Técnica en la que se estira la lámina de plástico hasta conseguir una forma en burbuja por presión de vacío o aire, se inserta un molde macho en una burbuja y se libera la presión de vacío o de aire permitiendo que el plástico forme un relieve profundo sobre el molde.

Conformado libre. Técnica que utiliza aire a presión para soplar una lámina calentada de plástico, cuyos bordes, que están soportados en un marco, se arquean hasta alcanzar la forma o altura deseadas.

Conformado mecánico. Técnica según la cual se da forma a chapas calentadas de plástico a mano, o con la ayuda de herramientas y montajes. No se utiliza molde.

Conformado neumático. Método de termoconformado en el que se utiliza corriente de aire o presión de aire para preformar parcialmente la lámina inmediatamente antes de introducirla en un molde utilizando vacío.

Constante de gravedad. 9,807 metros por segundo al cuadrado, aceleración causada por la gravedad de la tierra.

Construcción en emparedado. Estructura que consiste en caras relativamente densas de alta resistencia unidas a un material o núcleo intermedio de menor resistencia y densidad.

Contaminación del agua. Descarga de productos residuales en ríos y desagües.

Contaminación del aire. Emisión a la atmósfera de partículas no.

Contrapresión. Resistencia viscosa de un material al flujo continuo cuando se cierra un molde. En extrusión, resistencia a la corriente progresiva de un material fundido.

Control de calidad. Procedimiento para determinar si un producto se está fabricando de acuerdo con las especificaciones; técnica de gestión para conseguir calidad. La inspección constituye una parte de esa técnica.

Copolimerización. Polimerización de adición que implica más de un tipo de mero.

Copolímero al azar. Tipo de copolímero en el que los dos tipos de monómeros presentan una disposición al azar a lo largo de la longitud de la cadena molecular.

Copolímero alternante. Copolímero que tiene una estructura química en la que se alternan dos tipos de monómeros en la cadena de polímero.

Copolímero de injerto. Combinación de dos o más cadenas de características de constitución o configuración diferentes, donde una de ellas sirve como esqueleto de cadena principal y otra al menos está unida en algún punto del esqueleto constituyendo una cadena lateral.

Corte con láser. Medio para cortar materiales utilizando energía láser.

Corte con troquel. Corte de formas a partir de un material en láminas por aterrajado preciso con un troquel matriz de acero que tiene un borde afilado según el artículo que se va a cortar.

Corteza. Región alrededor del núcleo de un átomo en la que se mueven los electrones; cada corteza de electrones corresponde a un nivel de energía definido.

CPSC. Consumer Products Safety Commision (comisión para la seguridad de los productos de consumo). Agencia federal estadounidense responsable de la regulación de materiales peligrosos cuando aparecen en artículos de consumo. Para los objetivos del CPSC, los riesgos se definen en la ley sobre sustancias peligrosas y la ley sobre envases para la prevención de venenos de 1970.

Craqueo. Descomposición térmica o catalítica de compuestos orgánicos para degradar los compuestos de punto de ebullición alto a fracciones con un punto de ebullición inferior.

Cristalito filamentario. Cristales simples utilizados como refuerzo.

Cristalización. Proceso o estado de estructura molecular en algunos plásticos que manifiesta la uniformidad y compacidad de las cadenas moleculares que forman el polímero; atribuido normalmente a la formación de cristales sólidos que tienen una estructura geométrica definida.

Cumarona. Compuesto (C_8H_6O) que se encuentra en el alquitrán del carbón y que se copolimeriza con indeno para formar resinas termoplásticas que se emplean en recubrimientos y tintas de impresión.

Curva de campana. Representación gráfica de un patrón, distribución normal.

Decoración en el molde. Técnica que consiste en realizar decoraciones o diseños en productos moldeados situando el diseño o imagen en la cavidad de molde antes de llevar a cabo el ciclo de moldeo real. El diseño se convierte en parte del artículo de plástico al fundirse por calor y presión.

Decoración por termotransferencia. Proceso en el que se transfiere la imagen desde una película vehículo al producto por estampación con formas rígidas o flexibles, aplicando calor y presión.

Deflector. Dispositivo utilizado para limitar o desviar el paso de un líquido o gas a través de una tubería o canal.

Deformación. Relación de la elongación a la longitud calibrada de una muestra de ensayo; es decir, cambio de longitud por unidad de la longitud original.

Deformación plástica. Deformación dada permanentemente a un material por tensión que excede el límite elástico.

Denier. Masa en gramos de 9.000 m de fibra sintética en forma de un único filamento continuo.

Densidad. Masa por unidad de volumen de una sustancia expresada en gramos por centímetro cúbico o kilogramos por metro cúbico.

Densidad aparente. Masa por unidad de volumen de un material; incluye los vacíos inherentes al mismo.

Densidad aparente en volumen. Masa por unidad de volumen de un polvo de moldeo, tal como se determina en un volumen razonablemente grande.

Densidad relativa. Densidad de cualquier material dividido por la del agua a una temperatura patrón, normalmente 20 °C o 23 °C. Dado que la densidad del agua es aproximadamente 1,00 g/cm³, la densidad en gramos por centímetro cúbico y la densidad relativa son numéricamente iguales.

Descarga en corona. Método de oxidación de una película de plástico para hacerla imprimible, característica que se consigue haciendo pasar la película entre electrodos y sometiéndola a una descarga de alto voltaje.

Desecante. Material poroso como, por ejemplo, tela para eliminar aire, humedad y sustancias volátiles durante el curado.

Desechos plásticos post-consumidor. Desperdicios de plástico generados por el consumidor.

Despolimerización. Reacción química en virtud de la cual el polímero se descompone en monómeros u otras moléculas orgánicas cortas.

Desrebarbado con tambor. Operación de acabado para artículos de plástico pequeños. Se eliminan las rebabas y los salientes y se dejan las superficies pulidas haciendo girar las piezas en un tambor o en una cinta junto con palillos, serrín y compuestos de pulido.

Desunión. Área de separación entre pliegues de una lámina, o dentro de una junta de unión, causada por contaminación, adherencia inadecuada durante el tratamiento o por las tensiones entre estratos que producen deterioro.

Desviación típica. Medida de la extensión de una distribución.

Desviación típica agregada. Desviación típica basada en dos o más desviaciones típicas. Se utiliza en representaciones gráficas de distribuciones.

Devanado de filamento. Proceso de fabricación de un material compuesto que consiste en enrollar una fibra reforzante continua (impregnada con resina) alrededor de una forma rotatoria o desmontable (mandril).

Diaminas. Compuestos que contienen dos grupos amino.

Difuncional. Véase *bifuncional*.

Dipolo eléctrico. Distribución de carga no uniforme en la que un extremo de una molécula o ion es positivo y el otro, negativo.

Disolvente. Sustancia, normalmente un líquido, en la que se disuelven otras. El disolvente más común es el agua.

Distribución. Conjunto de valores.

Distribución normal. Distribución simétrica que presenta una tendencia central.

Distribución normal tipificada. Distribución con una media de cero y una desviación típica de 1,0.

Distribución simétrica. Distribución que tiene frecuencias similares de valores por encima y por debajo de la media.

DL. Dosis letal; concentración de una sustancia sometida a ensayo que mata a un animal de laboratorio.

Dureza. La resistencia de un material a la compresión, endentación y rayado.

Eflorescencia de lubricación. Película irregular, turbia y grasienta en la superficie de un plástico causada por exceso de lubricantes.

Elastómero. Sustancia de tipo caucho que se puede estirar hasta adquirir varias veces su longitud original y que recupera en seguida prácticamente su longitud original al retirar la tensión.

Electrodepósito. Método de aplicación de recubrimientos metálicos sobre una sustancia.

Electrodepósito de vapor estratificado. Proceso que consiste en aplicar capas alternas metalizadas de recubrimientos metálicos sobre un sustrato de polímero al vacío.

Electrón. Partícula de carga negativa presente en todos los átomos.

Electrones de valencia. Electrones en la capa más exterior del átomo.

Elutriación. Proceso a través del cual se separan las sustancias contaminantes de una corriente de materiales plásticos cortados mediante corrientes aéreas ascendentes controladas.

Emparedado. Clase de materiales compuestos estratificados formados por un material de núcleo de poco peso (alma de panal, plásticos expandidos, etc.) al que se adhieren dos capas finas y densas de alta resistencia.

Encapsulación. Introducción de un artículo, normalmente un componente electrónico, en una envoltura de plástico por inmersión en una resina colada dejando que se solidifique la resina por polimerización o enfriado.

Endurecimiento al aire. Se refiere a acero enfriado al aire.

Endurecimiento en profundidad. Se refiere a la profundidad de endurecimiento posible en una pieza de acero.

Enlace covalente. Unión atómica en la que se comparten electrones.

Enlace covalente simple. Tipo de enlace químico que se encuentra frecuentemente en los plásticos. Puede girar, con lo cual permite el retorcimiento y doblado de cadenas moleculares.

Enlaces primarios. Fuerte asociación (atracción interatómica) entre átomos.

Enlaces secundarios. Fuerzas de atracción, distintas a las de los enlaces primarios, que producen la unión entre muchas moléculas.

Enrollado biaxial. Tipo de enrollamiento, en bobinado de filamentos, en el que la banda helicoidal se coloca en secuencia, paralelamente, sin fibras cruzadas.

Entalla. Ranura o muesca realizada por una sierra o herramienta cortante.

Entrada. En el molde por inyección y transferencia, el orificio a través del cual entra el fundido en la cavidad. A veces, la entrada tiene la misma sección transversal que el canal secundario que lo conduce.

Envoltura retráctil. Técnica de envasado en la que se liberan las tensiones en la película plástica elevando la temperatura de la película. De esta manera, se contrae sobre el paquete.

EPA. Environmental Protection Agency (agencia de protección del medio ambiente); organización federal estadounidense con autoridad para el control y cumplimiento de la protección ambiental. Administra la ley del aire limpio, la ley de aguas limpias y otras legislaciones del medio ambiente.

Epóxido. Material a base de óxido de etileno, sus derivados u homólogos. Las resinas epoxídicas forman termoplásticos y resinas termoendurecibles de cadena lineal.

Equipo auxiliar. Equipo necesario para favorecer el control o formar el producto, como filtros, respiraderos, estufas y carretes de elevación.

Erosión química. Método químico de eliminación de metal.

Escleroscopio. Instrumento para medir la elasticidad al impacto arrojando una maza con una punta cónica plana desde una altura determinada sobre la muestra y registrando después la altura del retroceso.

Esferolito. Agregado redondo de cristales redondos con aspecto fibroso. Los esferolitos están presentes en la mayoría de los plásticos cristalinos y su diámetro puede oscilar entre decenas de micra y varios milímetros.

Esfuerzo. Fuerza que produce o tiende a producir la deformación de una sustancia. Se expresa como la relación entre la carga aplicada y el área transversal original.

Especificación. Declaración de un conjunto de requisitos que debe satisfacer un producto, material, proceso o sistema indicando (cuando sea pertinente) el procedimiento a través del cual se puede determinar si se satisfacen o no los requisitos. En las especificaciones se pueden mencionar los patrones, expresados en términos numéricos, e incluyen acuerdos o requisitos de contrato entre el comprador y el vendedor.

Esponjamiento in situ. Proceso en el que se mezclan la resina, el catalizador, agentes de expansión y otros ingredientes y se vierten en el lugar donde se necesita. La expansión tiene lugar a la temperatura ambiente.

Espuma estructural. Plásticos celulares con piel integral.

Espuma sintáctica. Resinas celulares o plásticos con cargas de baja densidad.

Esqueleto. La cadena principal en las moléculas de los plásticos.

Estabilidad dimensional. Capacidad de una pieza de plástico para mantener la forma exacta en la que se moldeó, fabricó o realizó la colada.

Estabilizante. Ingrediente utilizado en la formulación de algunos plásticos (sobre todo elastómeros) para ayudar a mantener las propiedades físicas y químicas de los materiales compuestos y sus valores iniciales a lo largo del tratamiento y la vida en servicio del material.

Estado A. Primer estadio en la reacción de una resina termoendurecible en la que el material es fusible y continúa siendo soluble en determinados líquidos.

Estado B. Estadio intermedio en la reacción de una resina termoendurecible. En este estado, se ablanda el material al calentarlo y se hincha en contacto con determinados líquidos, pero no se funde o disuelve totalmente. Las resinas de los compuestos moldeados termoendurecibles suelen estar en este estado.

Estado C. El último estadio de la reacción de una resina termoendurecible en el que el material es relativamente insoluble e infusible. Las resinas termoendurecibles, cuando los plásticos están completamente curados, se encuentran en este estadio.

Estampación en seco. Corte de un material en lámina plana para darle forma por golpeado preciso con un punzón que está sujeto sobre una boquilla de acoplamiento. Se utilizan prensas troqueladoras.

Estampado en caliente. Operación de decoración para marcar plásticos, según la cual se estampan laminillas de metal o pintura con troqueles metálicos calientes sobre la superficie de los plásticos. Se pueden emplear también compuestos de tinta.

Éster. Compuesto formado por sustitución del hidrógeno ácido de un ácido orgánico por un radical hidrocarburo; un compuesto de un ácido orgánico y un alcohol formado por eliminación de agua.

Estereoisómero. Disposición de cadenas moleculares en un polímero. *Atáctica* se refiere a una disposición que es más o menos al azar. *Isotáctica* se aplica a una estructura que contiene una secuencia de átomos asimétricos a distancias regulares dispuestos en configuración similar en una cadena de polímero. *Sindiotáctica* se aplica a una molécula de polímero en la que los grupos de átomos que no son parte de la estructura de esqueleto principal se alternan regularmente en los lados opuestos de la cadena.

Estereoisómero atáctico. Disposición al azar de cadenas moleculares en un polímero.

Estereoisómero isotáctico. Secuencia de átomos asimétricos a distancias regulares dispuestos en configuración similar en una cadena de polímero.

Estereoisómero sindiotáctico. Molécula de polímero en la que los átomos que no forman parte de la estructura principal se alternan regularmente en los lados opuestos de la cadena.

Esterificación. Proceso a través del cual se produce un éster por reacción de un ácido con un alcohol y eliminación de agua.

Estimación. Determinación a partir de ejemplos estadísticos, experiencia y otros parámetros del coste de un producto o servicio.

Estirado. Proceso que consiste en extender una lámina, varilla, película o filamento termoplástico para reducir el área transversal y modificar las propiedades físicas.

Estrangulamiento. Borde levantado alrededor de la cavidad del molde que sella la pieza y separa el exceso de material al cerrar el molde alrededor del macarrón.

Estratificación. Proceso para producir un estrato de material compuesto.

Estratificado. Dos o más capas de material unidas entre sí. El término se suele aplicar a capas formadas previamente unidas mediante adhesivos o por calor y presión. Asimismo, se aplica a composiciones de películas plásticas con otras películas, hojas y papel, incluso aunque se hayan obtenido por recubrimiento de extensión o por recubrimiento por extrusión. Un estrato reforzado consiste generalmente en las capas superpuestas de refuerzos de tela o fibrosos recubiertos con resina o impregnados con resina que han sido unidos con calor y presión. Cuando la presión de unión es al menos 7.000 kPa, el producto se denomina estratificado a alta presión. Los productos prensados a presiones inferiores a 7.000 kPa se denominan estratificados de baja presión. Los productos obtenidos con poca presión o sin presión se llaman unión de chapas manual, estructuras de filamento arrollado y pulverizados, en ocasiones, estratificados por presión de contacto.

Estratificados a alta presión. Estratos formados y curados a presiones superiores a 7.000 kPa (1.015 psi).

Estratificados a baja presión. En general, estratos moldeados y curados a presiones comprendidas entre 2,8 MPa y la presión de contacto.

Exfoliación. Proceso de desunión provocado principalmente por tensiones interlaminares desfavorables; la exfoliación de contorno, sin embargo, se puede prevenir eficazmente mediante un refuerzo de envoltura.

Exotérmico. Que desprende calor durante la reacción (curado).

Expandido. Véase *celular*.

Extrudato. Producto derivado de una extrusora.

Extrusión. Compactación y paso de un material plástico a través de un orificio de forma más o menos continua.

Factor de compresión. Relación del volumen de un peso determinado de la materia suelta del plástico con el volumen del mismo peso de material después del moldeo o conformado.

Factor de seguridad. Relación entre la resistencia última del material y la tolerancia de tensión del trabajo.

Fase de iniciación. La primera de las tres etapas de la polimerización de adición, que consiste en producir un estado reactivo de las moléculas, normalmente, a través de algún catalizador o radiación que actúan como fuente de gran energía.

Fase de propagación. Segunda fase en la polimerización de adición. Se refiere al rápido crecimiento o adición de unidades de monómero a la cadena molecular.

Fase de terminación. La última de las tres etapas de la polimerización de adición. Se refiere a la conclusión del crecimiento molecular de polímeros por adición de sustancias químicas.

FDA. Food and Drug Administration (organización de alimentos y fármacos de los Estados Unidos). En virtud de las disposiciones de la ley sobre alimentación, fármacos y cosméticos, la FDA establece los requisitos para el etiquetado de alimentos y fármacos en defensa del consumidor contra productos sin marca, incompletos, ineficaces y peligrosos. La FDA regula también materiales destinados al contacto con alimentos y las condiciones en las que están aprobados dichos materiales.

Fenólico. Resina sintética producida por condensación de un alcohol aromático con un aldehído, en particular fenol con formaldehído.

Fenoxi. Resina de poliéster termoplástica de masa molecular alta a base de bisfenol A y epiclorhidrina.

Fibras. Este término se refiere normalmente a longitudes relativamente cortas de varios materiales con secciones transversales muy pequeñas. Las fibras se pueden fabricar cortando filamentos.

Filamento. Una fibra que se caracteriza por tener una longitud considerable sin retorcimiento o con muy poco retorcimiento. Un filamento se produce normalmente sin la operación de hilatura que requieren las fibras.

Filete. Ángulo interior redondeado entre dos superficies de un molde de plástico.

Fluencia. Deformación permanente de un material que resulta de la aplicación de una tensión durante un período prolongado por debajo del límite elástico. Un plástico sometido a una carga durante un período de tiempo tiende a deformarse más que en el caso de que retirara la carga inmediatamente después de la aplicación. El grado de deformación depende de la duración de la carga. La fluencia a temperatura ambiente se denomina a veces *flujo en frío*.

Flujo en frío. Véase *fluencia*.

Fluorescencia. Propiedad de una sustancia en virtud de la cual produce luz cuando actúa una energía de radiación sobre ella, como por ejemplo luz ultravioleta o rayos X.

Fluoroplásticos. Grupo de materiales plásticos que contienen el elemento flúor (F).

Formación de espuma in situ. Técnica que consiste en depositar plásticos espumables en el lugar en que va a tener lugar la formación de espuma.

Formalina. Solución comercial al 40% de formaldehído en agua.

Fosforescencia. Luminiscencia que se prolonga durante un período de tiempo tras la excitación.

Fotodegradable. Materiales que se descomponen debido a la acción de la luz solar.

Fotón. Cantidad mínima de energía electromagnética que existe en una longitud de onda determinada. Un cuanto de energía luminosa es análogo al electrón.

Fotosíntesis. Se refiere a la síntesis de productos químicos con la ayuda de energía radiante de la luz del sol.

Fresado con fresa generatriz. Formación de cavidades para varios moldes perforando con una forma de acero duro, denominado fresa generatriz, acero blando o espacios vacíos de berilio-cobre.

Fuerzas de van der Waals. Atracción interatómica secundaria débil que se deriva de los efectos dipolares internos.

Fuerzas intermoleculares. Atracción de valencia secundaria o de van der Waals entre diferentes moléculas.

Galalita. Plástico obtenido por endurecimiento de caseína con formaldehído.

Gases inertes. Gases que no se combinan con otros elementos; helio, argón, neón, kriptón, xenón y radón (grupo 0 de la tabla periódica).

Gases nobles. Véase *gases inertes.*

Goma laca. Polímero natural; resina producida normalmente en capas finas y exfoliables o cortezas que se utiliza en barnices y materiales de aislamiento.

Grabado. Saliente en una pieza diseñado para dar mayor resistencia y facilitar el ensamblaje.

Grabado. Talla de figuras, letras o símbolos en una superficie. Una red de plástico se imprime o decora normalmente interponiendo un rodillo no radial elástico entre un rodillo grabado y la red.

Grado de polimerización (GP). Índice medio de unidades estructurales por masa molecular media. En la mayoría de los plásticos, el GP debe alcanzar un valor de varios millares para conseguir propiedades físicas deseables. .

Granzas. Véase *pelets.*

Gray. (Gy). Unidad para medir la dosis absorbida de radiación ionizante, definida como un julio por kilogramo (1 Gy = 1 J/kg).

Grupo azo. Grupo –N=N–, combinado generalmente con dos radicales aromáticos. Existe una clase completa de sustancias colorantes que se caracteriza por la presencia de este grupo.

Gutapercha. Producto de tipo caucho que tiene su origen en determinados árboles tropicales.

Halógenos. Grupo de los elementos flúor, cloro, bromo, yodo y astato.

Hebra. Haz de filamentos.

Herramientas. Montajes, moldes, troqueles y otros dispositivos de las que se vale el fabricante para producir piezas.

Herramientas para plásticos. Instrumentos, boquillas, útiles y montajes utilizados principalmente en las técnicas de trabajado de metales, hechos con plástico (normalmente materiales estratificados o colados).

Hidráulica. Rama de la ciencia que trata de los líquidos en movimiento, así como de la transmisión, control o flujo de energía mediante líquidos.

Hidrocarburo. Compuesto orgánico que contiene solamente carbono e hidrógeno y que suele estar presente en el petróleo, el gas natural, el carbón y el alquitrán.

Hidrocarburos aromáticos. Hidrocarburos derivados o caracterizados por la presencia de estructuras de anillos insaturados.

Hidrocarburos cíclicos. Compuestos cíclicos o de anillo. El benceno (C_6H_6) es uno de los hidrocarburos cíclicos más importantes.

Hidrólisis. Tipo de despolimerización con la que se obtienen monómeros por ataque químico de polímeros.

Higroscópico. Tendencia a absorber y retener la humedad.

Hilera. Tipo de boquilla de extrusión con muchos orificios minúsculos. Se hace pasar un fundido de plástico a través de los orificios para obtener fibras y filamentos finos.

Hilo. Haz de hebras retorcidas.

Histograma. Gráfico de barras verticales de la frecuencia de valores en una distribución.

Homopolímero. Polímero que consiste en estructuras de monómeros iguales.

Impregnación. Proceso que consiste en el total empapamiento de un material, como madera, papel o tela, con resina sintética, para que la resina se introduzca en el cuerpo del material.

Impregnar. Conseguir que penetre un líquido en un material poroso o fibroso; inmersión de un sustrato fibroso en una resina líquida. Generalmente, el material poroso sirve como refuerzo del aglutinante plástico tras el curado.

Impresión con tampón. Proceso que consiste en transferir tinta de una superficie grabada cargada con tinta a una superficie de producto mediante el uso de una almohadilla de impresión flexible.

Impresión electrostática. Depósito de tinta sobre superficies plásticas que utiliza un potencial electrostático para atraer la tinta seca a través de una zona abierta definida por opacificación.

Impresión en offset. Técnica de impresión en la que se transfiere la tinta desde una placa de impresión a un rodillo. A continuación, el rodillo transfiere la tinta al objeto que se va a imprimir.

Incineración. Combustión de desperdicios en una cámara cerrada especialmente diseñada.

Inclusión. Introducción de un objeto en una envoltura de plástico transparente por inmersión en una resina colada para que tenga lugar la polimerización de la resina.

Índice de fundido. También llamado velocidad de flujo de fundido; cantidad de material en gramos que se extruye a través de un orificio en 10 minutos en condiciones específicas.

Índice de oxígeno. Prueba para determinar la concentración mínima de oxígeno en una mezcla de oxígeno y nitrógeno que mantiene una llama de un polímero en ignición.

Índice de polidispersibilidad. Relación entre el peso molecular de media de pesos y el de media en número.

Índice de refracción. Relación entre las velocidades de la luz en el vacío y en una muestra trasparente. Se expresa como el cociente entre el seno del ángulo de incidencia y el seno del ángulo de refracción. El índice de refracción de una sustancia varía normalmente según la longitud de onda de la luz refractada.

Inflamable. Material que se quema fácilmente. Los líquidos inflamables presentan una temperatura de inflamabilidad de 38 °C o superior.

Inhalación. Respiración de un material hasta llegar al pulmón. La inhalación es la vía principal de exposición a los materiales tóxicos de las industrias de tratamiento de plásticos.

Inhibidor. Sustancia que retarda una reacción química. A veces se emplean los inhibidores en determinados monómeros y resinas para prolongar su vida en almacenamiento.

Iniciador. Agente necesario para causar la polimerización, especialmente en procesos de polimerización en emulsión.

Inspección. Término utilizado para indicar que durante la fabricación de una pieza el personal encargado llevará a cabo un examen visual de los materiales, la colocación de pliegues, la lecturas de engranajes, etc.

Interferencia. Margen negativo utilizado para asegurar una escasa contracción o ajuste en la prensa.

Ion. Átomo o grupo de átomos con carga eléctrica positiva o negativa.

Ionómero. Polímero cuyo componente principal es el etileno, pero que contiene tanto enlaces covalentes como iónicos. El polímero presenta fuerzas iónicas muy fuertes entre cadenas. Estas resinas poseen una gran transparencia, elasticidad, tenacidad y muchas de las características del polietileno.

IR. Infrarrojo; el análisis de infrarrojo es una técnica en la que se utiliza la luz infrarroja para identificar la composición de muestras de plástico.

Irradiación. Tal como se aplica en plásticos, bombardeo con diversos tipos de radiación ionizante y no ionizante. La irradiación se utiliza para iniciar la polimerización o copolimerización de plásticos y, en algunos casos, para provocar cambios en las propiedades físicas de los plásticos.

Isómeros. Moléculas con la misma composición química para diferente estructura.

Isótopo. Cada uno de los grupos de núclidos que tienen igual número atómico pero masas atómicas diferentes.

Isótropo. Término que se refiere a la igualdad de propiedades de un material en todas las direcciones.

Kirksita. Aleación de aluminio y zinc utilizada para moldes. Posee una alta conductividad térmica.

Laca. Sustancia resinosa roja oscura que depositan las cochinillas en las ramas de los árboles y que se utiliza para la obtención de goma laca.

Lamelar. Con forma de hoja o lámina. Se refiere a la estructura alineada, en bucle de polímeros cristalinos.

Laminación. Proceso para preparar un estratificado; también se refiere a cualquiera de las capas de un material estratificado.

Látex. Emulsión de partículas de resina natural o sintética dispersadas en un medio acuoso.

Lecho fluidizado. Método para recubrir artículos calentados por inmersión en un lecho fluidizado en fase densa de resina en polvo. Habitualmente, se calientan los objetos en un horno para conseguir un recubrimiento suave.

Ley del aire limpio. Ley federal estadounidense aprobada en 1970 que estableció niveles de contaminación del aire y fue motivo del cierre de muchas incineradoras.

Límite elástico. Grado hasta el cual se puede estirar o deformar un material sin que llegue a la **deformación permanente**. La deformación permanente se produce cuando un material sometido a una tensión no recupera sus dimensiones originales; por ejemplo, una pieza de caucho de 12 cm pasa a tener 13 cm en estado relajado.

Límite proporcional. Tensión máxima que puede soportar un material sin desviarse de la proporcionalidad de tensión y esfuerzo (ley de Hooke); punto en el cual el esfuerzo elástico se convierte en deformación plástica. Se expresa en fuerza por unidad de área.

Límites. Dimensiones máxima y mínima que definen la tolerancia.

Línea de clasificación. Método de clasificación en el que los operarios agrupan en distintos lotes los materiales desde una cinta transportadora.

Línea de escarchado. En extrusión, zona con forma de anillo situada en el punto en que la película alcanza su diámetro final.

Línea de flujo. Denominada a veces línea de soldadura. Marca que se produce en una pieza de molde al encontrarse dos frentes de flujo durante el moldeo.

Lineal. Se refiere a una molécula de cadena lineal larga, en contraposición con las que tienen muchas cadenas laterales o ramificaciones.

Líneas de separación. Marcas en un molde o colada al encontrarse las dos mitades del molde en el cierre.

Lixiviación. Eliminación de un componente soluble de una mezcla de polímero con disolventes.

Luminiscencia. Emisión de luz por radiación de fotones tras una activación inicial. Los pigmentos luminiscentes se activan por radiación ultravioleta, produciendo luminiscencia muy fuerte.

m/s. metros por segundo.

Macarrón. Tubo de plástico hueco a partir del cual se moldea por soplado un producto.

Macromoléculas. Moléculas grandes (gigantes) que componen los polímeros superiores.

Mandril. Pieza alrededor de la cual se da forma a estructuras de filamento arrollado y materiales compuestos extruidos por estirado.

Marca de flujo. Apariencia ondulada de la superficie provocada por un flujo inadecuado de plásticos calientes en la cavidad del molde.

Masa. Cantidad física de materia. Cuando actúa la gravedad en una masa de materia, se dice que tiene peso. Véase también *peso*.

Masa atómica. Masa relativa de un átomo de cualquier elemento, en comparación con un átomo de carbono tomado como referencia (12 g).

Masa molecular. Suma de la masa atómica de todos los átomos de una molécula. En los polímeros superiores, las masas moleculares de cada molécula por separado varían enormemente, por lo que deben expresarse como promedios. La masa molecular medida de los polímeros se puede expresar como la masa molecular de media en número (N_m) o el peso molecular de media en peso (P_m). Entre los métodos de medida de la masa molecular se incluyen presión osmótica, dispersión de la luz, presión en solución, viscosidad en solución y equilibrio de sedimentación.

Material compuesto. Combinación de dos o más materiales (generalmente una matriz de polímero con refuerzos). Los componentes estructurales de los materiales y compuestos se subdividen a veces en fibrosos, copos, láminas, partículas y de esqueleto.

Material compuesto laminar. Material compuesto que consiste en capas de materiales que se mantienen juntas mediante la matriz de polímero. Existe en dos clases: estratos y emparedados.

Material de alimentación. Se refiere a las fuentes de materia prima de la que se obtienen los polímeros.

Material en partículas. Pequeñas partículas con diversas formas y tamaños utilizadas para reforzar una matriz de polímero.

Matriz. Material polimérico utilizado para unir los refuerzos entre sí en un material compuesto.

Mecha. Haz de hebras sin retorcer, normalmente de vidrio fibroso.

Mero. Unidad más pequeña que se repite en un polímero.

Metacrilato de metilo. Líquido volátil, incoloro derivado de cianhidrina de acetona, metanol y ácido sulfúrico diluido y que se utiliza en la producción de resinas acrílicas.

Metalizado al vacío. Proceso en el que se recubren finamente dos superficies exponiéndolas a vapor metálico al vacío.

Microbalones. Esferas de vidrio huecas.

Microestratificado vibratorio. Proceso de colada en el que se hacen vibrar moldes calentados en un lecho de pelets o polvo de polímero.

MM/RIM. Moldeo con fieltro por inyección-reacción.

Modificador del impacto. Material que mejora la resistencia al impacto de los plásticos. Entre los ejemplos más comunes se incluyen diversos tipos de caucho y elastómeros.

Módulo de flexión. La relación, dentro del límite elástico, de la tensión aplicada sobre una pieza de ensayo, en flexión y la tensión de adaptación de las fibras más exteriores de la muestra.

Molde. Cavidad o matriz en la que se da forma a plásticos. Moldear es dar forma a un plástico o resina para obtener artículos acabados, por calor o calor y presión.

Molde de compresión. Molde que está abierto cuando se introduce una sustancia y que da forma al material por calor y presión al cerrarlo.

Molde hembra. Mitad endentada de un molde diseñada para casar con la mitad macho.

Moldeo con bolsa bajo presión. Proceso para moldear plásticos reforzados, en el que se coloca una bolsa flexible adaptada sobre la capa de contacto en el molde, se sella y se sujeta. Mediante fuerzas de aire comprimido, la bolsa es empujada contra la pieza aplicando presión a la vez que se cura la pieza.

Moldeo en autoclave. Método de moldeo que consiste en colocar un montaje completo después del estratificado en un autoclave calentado por vapor o eléctricamente a una presión elevada. Una presión adicional supone un refuerzo superior de las cargas y una mejor eliminación del aire.

Moldeo en frío. Procedimiento a través del cual se da forma a una composición a temperatura ambiente y se cura por posterior horneado.

Moldeo por compresión. Técnica en la que se coloca el compuesto de moldeo en una cavidad de molde abierta, se cierra el molde, se aplica calor y presión hasta que se cura o enfría el material.

Moldeo por inyección. Procedimiento de moldeo en el que se hace pasar un plástico calentado-ablandado desde un cilindro hasta una cavidad relativamente fría que proporciona al artículo la forma deseada.

Moldeo por inyección-soplado. Proceso de moldeo-soplado en el que se forma el macarrón que se va a soplar por moldeo de inyección.

Moldeo por reacción líquida. Reacción de moldeo por inyección.

Moldeo por reacción-inyección. Proceso de moldeo en el que se mezclan dos o más polímeros líquidos por impregnación-atomización en una cámara de mezclado, inyectándose después en un molde cerrado.

Moldeo por soplado. Método de fabricación en el que se consigue un macarrón de la forma de la cavidad del molde por presión de aire interna.

Moldeo por transferencia. Método para moldear plásticos que consiste en ablandar el material por calor y presión en una cámara de transferencia, que se fuerza después por alta presión a través de canales de colada, estrías y portillos hasta un molde cerrado para el curado final.

Moldeo por transferencia de resina. Transferencia de resina catalizada en un molde cerrado en el que se ha colocado el refuerzo de fibra. También recibe el nombre de *moldeo por inyección de resina* y *moldeo de resina líquida*.

Moldeo por transferencia de resina con dilatación térmica.

Moldes de encargo. Moldes de propiedad de un cliente utilizados por un moldeador.

Moldes patentados. Moldes obtenidos por un moldeador que pertenecen a él.

Molécula. La partícula más pequeña que existe independiente que retiene al mismo tiempo la identidad química de la sustancia.

Moléculas alifáticas. Compuestos orgánicos cuyas moléculas no tienen sus átomos de carbono dispuestos en una estructura de anillo.

Monohidroxílico. Que contiene un grupo hidroxilo (OH) en la molécula.

Monómeros. Molécula simple capaz de reaccionar con moléculas similares o distintas para formar un polímero; estructura repetida más pequeña de un polímero, también denominada mero.

MSDS. Material Safety Data Sheet (hoja de datos de seguridad de materiales), fuente de información sobre los riesgos para la salud que suponen las sustancias químicas industriales.

MSW. Municipal Solid Waste (residuos sólidos urbanos); expresión que se refiere a las basuras que se recogen de las viviendas y las industrias. Estos residuos van a los vertederos, a no ser que entren en los programas de reciclaje en virtud de los cuales se recuperan los materiales útiles dentro de la corriente de desperdicios.

n. Abreviatura que se refiere al número de valores de un grupo.

Nervadura. Miembro de refuerzo de una pieza fabricada o moldeada.

Neumática. Rama de la ciencia que trata de las propiedades mecánicas de los gases.

Nitrocelulosa (nitrato de celulosa). Material formado por la acción de una mezcla de ácido sulfúrico y ácido nítrico en la celulosa. El nitrato de celulosa utilizado para la fabricación de celuloide contiene normalmente de 10,8 a 11,1% de nitrógeno.

Nombre comercial. Nombre que se da a un producto para que resulte más fácil de reconocer, pronunciar y deletrear. En la industria del plástico, el nombre comercial ayuda al fabricante a identificar una resina o producto en particular.

Norma o patrón. Documento u objeto de comparación física para definir una nomenclatura, conceptos, procesos, materiales, dimensiones, relaciones, interfases o métodos de ensayo.

Novolac. Resina fenólico-aldehídica que se mantiene permanentemente termoplástica a no ser que se añada una fuente de grupos metileno.

Número atómico. Número definido por la cantidad de protones presentes en el núcleo de un átomo del elemento.

Número CAS. Chemical Abstracts Services Registry number (número de registro del servicio de Chemical Abstracts); estos números identifican claramente todas las sustancias químicas conocidas.

Organosol. Dispersión de vinilo o poliamida normalmente, en una fase líquida que contiene uno o más disolventes orgánicos.

Orientación. Las moléculas de plástico pueden estar orientadas en una dirección (uniaxial) o en dos (biaxial). La orientación se origina por el flujo o estirado y altera las propiedades físicas del material.

Orientación de fibra. Alineamiento de fibras de un estrato no tejido o de un fieltro, de manera que las fibras están en la misma dirección, lo que produce mayor resistencia en dicha dirección.

OSHA. Occupational Safety and Health Administration of the U.S. Department of Labor (administración de salud y seguridad en el trabajo del Departamento de Trabajo de los Estados Unidos); organización federal con autoridad para regular y estipular para la mayoría de las industrias y actividades en los Estados Unidos.

Panel de emparedado. Panel que consiste en dos láminas finas unidas a un alma o núcleo de espuma de peso ligero y espeso.

Papel de lija de grano abierto. Papel de lija grueso (número 80 o menos).

Parámetro de solubilidad. Medida de la reactividad de los plásticos y disolventes orgánicos. Un plástico con un parámetro de solubilidad más bajo que el del disolvente seleccionado deberá disolverse en él.

Parquesina. Uno de los primeros plásticos descubierto por Alexander Parkes a partir de colodión.

Pasadores de alineamiento. Dispositivos que mantienen el alineamiento de cavidades apropiado cuando se cierra un molde.

Patrón. Término utilizado para referirse en general a un intervalo de variables, características o propiedades especificadas en relación con el objeto que se analiza; también, constante arbitraria.

Pausa. Parada en la aplicación de la presión sobre un molde, realizada inmediatamente antes de cerrar completamente el molde. Dicha pausa permite el escape del gas del material de moldeo.

PCR. Siglas de *post-consumer recicled* (reciclado postconsumidor). Se refiere a los materiales recuperados de la corriente de desperdicios después de pasar por el consumidor. Los envases para comidas y bebidas se ajustan a esta categoría.

PEL. Siglas de *permissible exposure limit* (límite de exposición permisible), medida utilizada por la OSHA para definir el nivel de exposición a radiaciones aceptable en una jornada de 8 horas dentro de una semana laboral de 40 horas.

Pelets. Una de las muchas formas de formulación de los compuestos moldeados.

Peso. Fuerza ejercida por una masa en virtud de la gravedad. En la práctica común, el peso se utiliza como sinónimo de masa. La palabra «peso» deberá suprimirse en la práctica técnica y reemplazarse por fuerza de gravedad que actúa sobre el objeto. Se mide en newtons.

Peso molecular de media en número (M_n). Tipo de media del peso molecular en función de la frecuencia de moléculas de varias longitudes en una distribución.

Peso molecular de peso medio. Tipo de peso molecular basado en la contribución de cada fracción de peso en el peso molecular total de la muestra.

Pirólisis. Descomposición química de una sustancia por calor y presión que se aplica para convertir los desperdicios en compuestos utilizables.

Pirómetro. Dispositivo empleado para medir la radiación térmica.

Pirorresistente. Sustancia que no se quema con facilidad.

Piroxilina. Forma de celulosa moderadamente nitrada. Su uso estaba muy extendido en los primeros procesos fotográficos.

Placa rompedora. Placa de metal perforada situada entre el extremo de la tuerca y el cabezal de boquilla.

Planchas. Capas superpuestas que se colocan de una vez sobre el molde (proceso de bolsa flexible); se refiere también a la forma de la bolsa en la que se sellan los bordes contra el molde.

Plantilla. Instrumento para guiar exactamente y situar las herramientas durante la fabricación de piezas intercambiables.

Plástico. Adjetivo que se refiere a la flexibilidad y capacidad de ser moldeado por presión. Muchas veces, se utiliza la palabra plástico de forma incorrecta como un término genérico que engloba la industria del plástico y sus productos.

Plástico fundido. Término general que se refiere a resinas sintéticas termoplásticas compuestas por un 100% de sólidos y que se utilizan como adhesivos a temperaturas comprendidas entre 120 °C y 200 °C.

Plásticos. Sustancias orgánicas, normalmente sintéticas o semisintéticas, que se pueden conformar en diferentes formas por calor y presión y que retienen dicha forma después de retirar la fuente de presión y calor. En su estado acabado, son sólidos rígidos o flexibles (pero no elásticos) que contienen un polímero de masa molecular alta (peso).

Plásticos ablativos. Materiales compuestos plásticos utilizados como pantallas térmicas en vehículos aeroespaciales. El intenso calor encontrado erosiona y carboniza las capas superiores. La capa carbonizada y ciertos efectos de enfriado de la evaporación aísla las superficies interiores frente a una posterior penetración de calor intenso.

Plásticos de hidrocarburo. Plásticos a base de resinas obtenidas por polimerización de monómeros compuestos únicamente de carbono e hidrógeno.

Plásticos de ingeniería. Plásticos con buenas propiedades físicas y mecánicas, diseñados para satisfacer un uso o necesidad especiales.

Plásticos estorbo. Plásticos de desecho que no se pueden reprocesar en las condiciones tecno-económicas existentes.

Plásticos estratificados. Sólido denso, duro producido por unión de capas de materiales en lámina impregnados con una resina y, por curado, por aplicación de calor, o calor y presión.

Plásticos expandidos (espumados). Plásticos celulares o de tipo esponja.

Plásticos industriales. Residuos plásticos generados en diversos sectores de la industrial.

Plásticos reforzados. Plásticos en los que se aumenta la resistencia por adición de una carga y fibras, tejidos o fieltros reforzantes a la resina base.

Plásticos residuales. Resina o producto de plástico que se debe reprocesar o eliminar.

Plastificante. Agente químico que se añade a los plásticos para hacerlos más blandos y flexibles.

Plastificar. Hacer plástico. La capacidad de plastificado de una máquina de moldeo por inyección es el peso máximo del material (PS) que puede preparar por inyección en una hora.

Plato de prensa. Placas ensambladas con perno en una prensa.

Poise. Unidad para medir la viscosidad.

Poliacrilato. Resina termoplástica obtenida por polimerización de un compuesto acrílico.

Polialómero. Polímeros cristalinos producidos a partir de dos o más monómeros de olefina.

Poliamida. Polímero en el que las unidades estructurales están unidas por agrupaciones amida o tioamida.

Policarbonato. Polímeros derivados de la reacción directa entre compuestos dioxi aromáticos y alifáticos con fosgeno o a través de una reacción de intercambio de éster con precursores derivados de fosgeno apropiados.

Poliéster. Resina formada por reacción entre un ácido dibásico y un alcohol dihidroxílico, ambos orgánicos. La modificación con ácidos multifuncionales o ácidos y bases y algunos reactivos insaturados permite la reticulación para dar resinas termoendurecidas. Los poliésteres modificados con ácidos grasos se denominan alquidos.

Poliestireno. Material termoplástico producido por polimerización de estireno (vinil benceno).

Poliéter clorado. Polímero obtenido a partir de pentaeritritol a través de la preparación de oxetano clorado y su polimerización para dar un poliéter mediante la apertura de la estructura de anillo.

Polietileno. Material termoplástico compuesto de polímeros de etileno. De la familia de las poliolefinas.

Poliimida. Grupo de resinas obtenidas por reacción de dianhídrido piromelítico con diaminas aromáticas. El polímero se caracteriza por anillos de cuatro átomos de carbono fuertemente unidos entre sí.

Polimerización. Proceso de crecimiento hasta grandes moléculas a partir de moléculas pequeñas.

Polimerización aditiva. Tipo de polimerización que añade un mero a otro. Normalmente, no produce ningún subproducto.

Polimerización de adición. Polímeros formados por la combinación de moléculas de monómero sin formación de productos de masa molecular baja como el agua.

Polimerización de bloque. Polimerización de un monómero sin adición de disolventes o agua.

Polimerización de condensación. Polimerización por reacción química en la que se produce también un subproducto.

Polimerización de crecimiento de cadena. Tipo de polimerización en la que las cadenas crecen desde el inicio hasta completarse prácticamente de forma instantánea.

Polimerización en emulsión. Proceso en virtud del cual se polimerizan monómeros mediante un iniciador hidrosoluble, estando dispersado en una solución jabonosa concentrada.

Polimerización en etapas. Tipo de polimerización en el que se combinan dos meros para formar cadenas de dos meros de longitud. A continuación, se combinan dos unidades de dos meros para formar unidades de cuatro meros de longitud. La reacción continúa de esta manera hasta completarse.

Polimerización en solución. Proceso en el que se utilizan disolventes inertes para provocar la polimerización de soluciones de monómero.

Polimerización en suspensión. Proceso en el que se polimerizan monómeros líquidos como gotas líquidas suspendidas en agua.

Polímero. Compuesto con una alta masa molecular (peso), natural o sintético, cuya estructura se puede representar por una unidad pequeña repetida (mero). Algunos polimeros son elásticos y otros plásticos.

Polímero de bloque. Molécula de polímero compuesta de secciones comparativamente largas que son de una composición química determinada, estando separadas dichas secciones entre sí por segmentos de diferente carácter químico.

Polimetacrilato de metilo. Véase *metacrilato de metilo.*

Polimetilpenteno. Poliolefina alifática de 4-metilpenteno-1 en disposición isotáctica.

Polimezcla. Plásticos que han sido modificados por adición de un elastómero.

Poliolefina. Término utilizado para indicar una familia de polímeros producidos a partir de hidrocarburos con dobles enlaces carbono-carbono. Incluye polietileno, polipropileno, polimetilpenteno.

Polióxido de fenileno. Actualmente obtenido como un poliéter de 2,6-dimetil-fenol a través de un proceso de copulación oxidante que necesita aire u oxígeno puro en presencia de un catalizador complejo de cobre-amina.

Polipropileno. Material plástico obtenido por polimerización de gas propileno de alta pureza en presencia de un catalizador organometálico a presiones y temperaturas relativamente bajas. De la familia de las poliolefinas.

Polisulfona. Termoplástico que consiste en anillos de benceno conectados por un grupo sulfona (SO_2), un grupo isopropilideno y una unión éter.

Poliuretano. Familia de resinas producidas por reacción de diisocianato con compuestos orgánicos que contienen dos o más hidrógenos activos para formar polímeros que tienen grupos isocianato libres. Estos grupos, bajo la influencia de calor o determinados catalizadores, reaccionarán entre sí, o con agua, glicoles u otros materiales para formar un producto termoestable.

Polivinilos. Extensa familia de plásticos derivado del grupo vinilo ($CH_2=H-$).

Porcentaje de elongación. Grado de alargamiento de un material. Normalmente, se mide en dos puntos, uno cuando se deforma el material y el otro, cuando se rompe.

Portapieza. Dispositivo utilizado para sujetar el trabajo durante el tratamiento o fabricación.

ppm. partes por millón; forma de expresar concentraciones minúsculas. En el aire, ppm es normalmente una relación volumen/volumen; en el agua, una relación peso/volumen.

Preespumado. Piezas de polímeros expandidas previamente utilizadas para obtener piezas de polímero celular.

Preexpandido. Situación en que las bolas o granos de polímero se expanden parcialmente antes del moldeo en piezas celulares.

Preplastificación. Acción que consiste en ablandar un material antes de introducirlo en el molde, otra máquina de moldeo o acumulador.

Preplastificar. Acción que consiste en añadir un agente de ablandamiento (plastificante) antes del moldeo.

Promedio. Media aritmética de los valores en una distribución.

Pruebas. Término que engloba métodos o procedimientos utilizados para determinar las propiedades físicas, mecánicas, químicas, ópticas, eléctricas, etc., de una pieza.

Pulido con rueda de gamuza. Operación para abrillantar una superficie. Esta operación, con la que no se pretende eliminar mucho material, se suele realizar después del pulido.

Pulimento. Uso de abrasivos húmedos sobre ruedas para lijar y pulir plásticos.

Pultrusión. Proceso continuo para fabricar materiales compuestos con una forma transversal constante. El proceso consiste en el arrastre de un material reforzado con fibra por baño de impregnación con resina, troquelado y curado de la resina posteriormente.

Pulverizado de la llama. Método de aplicación de un recubrimiento de plástico en el que se proyectan los plásticos en polvo fino y fundentes adecuados a través de un cono de llama, sobre una superficie.

Punto de deformación remanente. Cuando los materiales no presentan un punto de deformación claro, se calcula el punto de deformación remanente, que proporciona un punto de deformación en una localización determinada de una curva de tensión/esfuerzo.

Punto de reblandecimiento Vicat. Temperatura a la que penetra una aguja de punta roma de 1 mm^2 de sección transversal circular o cuadrada en una pieza de ensayo termoplástica a una profundidad de 1 m bajo una carga específica utilizando una velocidad de elevación de la temperatura uniforme. (Definición de ASTM D1525).

Purgado. Limpieza del color, o de otro tipo, del material del cilindro de una máquina de moldeo.

r/s. revoluciones por segundo.

Radiación. Véase *irradiación*.

Radical. Grupo de átomos de diferentes elementos que se comportan como una unidad en reacciones químicas.

Ramificación. Cadenas laterales que se unen a la cadena principal del polímero. Las cadenas laterales pueden ser largas o cortas.

Rayo gamma. Radiación electromagnética que se origina en un núcleo atómico.

RCRA. Resource Conservation and Recovery Act (ley de conservación y recuperación de recursos); ley federal estadounidense aprobada en 1976 que promueve la reutilización, reducción, incineración y reciclado de materiales.

Reacción de polimerización. Reacción química en la que se unen las moléculas de un monómero entre sí para formar moléculas grandes.

Rebaba. Parte de plástico que sobra entre las líneas contiguas de un molde. Debe retirarse para obtener una pieza acabada.

Rebaje. Que tiene una protuberancia o endentación que impide su extracción de un molde rígido de dos piezas. Los materiales flexibles se pueden sacar intactos con rebajes ligeros.

Reciclado. Recogida y reprocesado de materiales de desecho.

Reciclado cuaternario. Recuperación de energía a partir de desperdicios plásticos.

Reciclado primario. Proceso para aprovechar plásticos en la obtención de un producto igual o similar al de su origen, aplicando métodos de tratamiento de plástico convencionales.

Reciclado secundario. Proceso de conversión de restos plásticos en productos de plástico con propiedades de peor calidad.

Reciclado terciario. Recuperación de productos químicos de los plásticos de desecho.

Recocido. Proceso que consiste en mantener un material a una temperatura cercana pero inferior a su punto de fusión durante un período de tiempo suficiente como para aliviar la tensión interna sin distorsión de la forma.

Rectificado cóncavo. Filo de sierra que ha sido rectificado especialmente para que los dientes cortantes constituyan la porción más gruesa de manera que se evita la unión en el corte.

Recubrimiento. Colocación de una capa permanente de material sobre un sustrato.

Recubrimiento a pistola. Término general que abarca varios procesos en los que se emplea una pistola de pulverizado. En plásticos reforzados, se aplica al pulverizado simultáneo de resina y fibras reforzantes cortadas en el molde o mandril.

Recubrimiento con cuchilla. Método de recubrimiento de un sustrato mediante una cuchilla o barra ajustable a un ángulo adecuado con respecto al sustrato.

Recubrimiento por extrusión. Recubrimiento de la resina sobre un sustrato por extrusión de una película fina de resina fundida y prensada dentro o encima del sustrato (o ambas acciones) sin uso de adhesivos.

Recubrimiento por inmersión. Aplicación de un recubrimiento sumergiendo un artículo en un depósito de resina fundida o plastisol y enfriándolo después; se puede calentar el objeto y utilizar polvos para el recubrimiento. Los polvos se funden al chocar con el objeto.

Red de polímero interpenetrante (IPN). Combinación enredada de dos polímeros reticulados que no están unidos entre sí.

REL. Límite de exposición recomendado. Medida de exposición aceptable a sustancias químicas peligrosas.

Relación de resistencia a masa. Se aplica a materiales que son resistentes en relación con su masa (peso). Valor de resistencia/densidad de un material.

Relación de soplado. En moldeo por soplado, relación entre el diámetro de la cavidad del molde y el diámetro del macarrón. En películas sopladas, relación entre el diámetro del tubo final y el diámetro de la boquilla original.

Relación entre dimensiones. Relación de la longitud de una carga con su anchura.

Rellenado o inclusión por colada. Proceso de embebido de piezas similar al encapsulado, con la excepción de que se puede cubrir simplemente el objeto sin rodearlo con una cubierta de plástico. Normalmente se considera un proceso de recubrimiento.

Renina. Enzima del jugo gástrico que causa la coagulación de la leche.

Residuos plásticos. Desechos que no se degradan o descomponen, como cemento, ladrillo y muchos plásticos.

Resina. Sustancia sólida o semisólida de tipo gomoso que se puede obtener a partir de ciertas plantas o árboles o de materiales sintéticos.

Resinas de isocianato. Resinas sintetizadas a partir de isocianatos y alcoholes. La mayoría de los usos se basan en su combinación con polialcoholes.

Resistencia a disolventes. Capacidad de un material plástico de soportar la exposición a un disolvente.

Resistencia a la compresión. Carga máxima que soporta una muestra de ensayo en una prueba de compresión, dividida por la superficie original de la muestra.

Resistencia a la fatiga. Tensión máxima cíclica que puede soportar un material durante un número determinado de ciclos antes de que se produzca el fallo.

Resistencia a la flexión (módulo de ruptura). Tensión máxima en la fibra exterior de una muestra doblada en el momento de rotura o fractura. En el caso de los plásticos, suele ser superior a la resistencia a la tracción.

Resistencia al impacto. Capacidad de un material de soportar una carga repentina.

Resistencia dieléctrica. Medida de voltaje necesaria para que un material plástico rompa o atraviese un arco eléctrico.

Respiración. Apertura y cierre de un molde para permitir el escape de gases al comienzo del ciclo de moldeo. También recibe el nombre de desgasificación.

Respiradero de tambor. Abertura en la pared de un tambor que permite el escape del aire y las sustancias volátiles del material que se está tratando.

Restos plásticos. Desechos plásticos que se pueden volver a reelaborar en la obtención de productos de plástico comercialmente aceptables.

Retardador de llama. Material que reduce la capacidad de un plástico de favorecer la combustión.

Reticulación. Unión de cadenas de polímero adyacentes.

Rigidez. Capacidad de un material de resistir una fuerza de doblado.

rpm. revoluciones por minuto.

RRIM. Moldeo de inyección reacción reforzado; proceso que combina el moldeo por inyección con reacción con refuerzos fibrosos, normalmente fieltros de vidrio.

Secadora de tolva. Dispositivo de alimentación y secado combinado para moldeo por extrusión e inyección de termoplásticos.

Silicosis. Enfermedad pulmonar causada por la inhalación de polvo de sílice.

Sinterización. Formación de artículos a partir de polvos fundibles. Proceso en el que se mantiene el polvo prensado a una temperatura justo por debajo de la del punto de fusión.

Sintético. Material producido a través de medios químicos, en lugar de tener un origen natural.

Sistemas de fabricación flexible. Serie de máquinas y puestos de trabajo asociados, unidos por un control común jerárquico que proporciona la producción automática de una familia de piezas. El sistema de transporte, tanto para la pieza de trabajo como para la herramienta está igualmente integrado en un sistema de fabricación flexible y a un control informatizado.

Sistemas de soplado. Método o proceso utilizado para conseguir la expansión de polímeros o la formación de células.

Soldadura por gas caliente. Técnica de unión de materiales termoplásticos, en virtud de la cual se ablandan los materiales por un chorro de aire caliente desde un soplete de soldar y se unen entre sí en los puntos ablandados. Generalmente, se utiliza una varilla fina del mismo material para rellenar y consolidar el espacio vacío.

STEL. Siglas de *short term exposure limit* (límite de exposición a corto plazo) nivel de exposición a sustancias químicas peligrosas durante 15 minutos.

Sujeción mecánica. Medio mecánico para unir plásticos con tornillos para metales, tornillos para madera, tornillos guía, remaches, pinzas elásticas, pinzas, clavijas, enganches y otros dispositivos.

Sustancia tóxica. Cualquier sustancia que puede producir daños graves o crónicos a un organismo humano o que presuntamente puede ser capaz de causar enfermedades o daños en determinadas condiciones.

Sustrato. Material en el que se aplica un adhesivo o sustancia similar.

Tabla periódica. Exposición de los elementos en orden ascendente según su número atómico, formando grupos de miembros que presentan propiedades físicas y químicas similares.

Tambor. Cámara cilíndrica en la que gira la tuerca de la extrusora.

Tanque. Contenedor rectangular grande con una capacidad de aproximadamente 0,729 m^3. Un tanque de granzas de plástico pesa aproximadamente 400 kg.

Tanque de flotación. Tanque que favorece la separación de plásticos o contaminantes en función de las diferencias de densidad.

Tecnología. Ciencia que trata de la aplicación eficaz de los conocimientos científicos.

Tela de sangrado. Capa de material no estructural utilizada en la fabricación de piezas compuestas para permitir el escape del exceso de gas y resina durante el curado.

Temperatura de fragilidad. Temperatura a la que se rompen los plásticos y elastómeros por impacto en determinadas condiciones.

Temperatura de inflamabilidad. Temperatura a la que se desprenden suficientes vapores como para hacer una mezcla inflamable con el aire cercano a la superficie del líquido.

Temperatura de transición vítrea. Temperatura característica a la que los polímeros amorfos vítreos se hacen flexibles o de tipo gomoso por el movimiento de segmentos moleculares.

Tenacidad. Término que engloba diversos significados, sin haberse reconocido ninguna definición mecánica general. Energía requerida para romper un material, equivalente al área bajo la curva de esfuerzo-deformación.

Tendencia central. Conjunto de datos que se agrupan en torno a un punto central.

Termoconformado. Proceso de conformado de hojas termoplásticas que consiste en el calentamiento de la hoja y su prensado contra la superficie de un molde.

Termoestable o termoendurecible. Polímero de red que participa o ha participado en una reacción química por acción de calor, catalizadores, luz ultravioleta, etc., para llevar a un estado relativamente no fusible.

Termoplástico. Que tiene capacidad de ablandarse de forma repetida con calor y de endurecerse con el enfriamiento. Polímero lineal que se ablanda repetidamente al calentarse y se endurece al enfriarse.

Tex. Unidad ISO de referencia de densidad lineal utilizada como medida del recuento de hilos. Un tex es la densidad lineal de tejido que tiene una masa de 1 g y una longitud de 1 km y equivale a 10^{-6} kg/m.

Tixotropía. Estado de los materiales que son de tipo gel en reposo pero que se hacen líquidos al ser agitados. Los líquidos que contienen sólidos suspendidos son aptos para ser tixotrópicos.

Tiza. Abrasivo en polvo de carbonato cálcico.

TLV. Siglas de *threshold limit value* (valor límite umbral); término empleado para expresar la concentración en el aire de un material al que pueden estar expuestas todas las personas todos los días, sin que se produzcan efectos negativos. ACGIH expresa los TLV de tres formas: 1) *TLV-TWA*: tiempo permitido para una concentración por peso medio para una jornada de 8 horas en una semana laboral de 40 horas. 2) *TLV-STEL*: límite de exposición a corto plazo, o concentración máxima para un período de exposición continuo de 15 minutos (máximo de cuatro de estos períodos por día con al menos 60 minutos entre los períodos de exposición, siempre que no se exceda la TLV-TWA). 3) *TLV-C*: límite tope, concentración que no debe excederse ni siquiera momentáneamente.

Tolerancia de ajuste. Diferencias intencionadas en las dimensiones de dos piezas.

Tope. Límite de exposición que no se debe exceder en ningún caso, ni siquiera durante breves períodos de tiempo.

Toxicidad. Grado de peligro que supone una sustancia para la vida animal o vegetal.

Toxicidad aguda. Efecto negativo sobre un organismo animal o humano, manifestándose los síntomas de forma rápida y súbita hasta llegar a una crisis. Entre los ejemplos se incluyen mareo, náuseas, erupciones cutáneas, inflamación, lagrimeo, inconsciencia e incluso la muerte.

Toxicidad crónica. Efectos negativos (crónicos) que se producen por la dosis o exposición reiterada a una sustancia durante un período de tiempo relativamente prolongado. Generalmente, se utiliza para referirse a los efectos en animales de laboratorio.

TPE. Elastómeros termoplásticos; grupo de materiales que se pueden tratar como los plásticos pero que poseen características físicas similares al caucho.

Trabajado con descarga eléctrica. Proceso en el que se utiliza una chispa eléctrica intermitente de alta frecuencia para erosionar la pieza de trabajo.

Trama. Hilos o fibras transversales en una tela tejida; las fibras que recorren perpendicularmente la urdimbre; también se denomina relleno, carga, hilo, textura, picada.

Transición vítrea. Cambio de los polímeros amorfos o parcialmente cristalinos desde un estado viscoso o gomoso a un estado duro y relativamente frágil (de estado duro a viscoso).

Tripoli. Abrasivo de sílice.

Troquel. Pieza de conformado utilizada para moldear piezas para producción en masa.

Turbiedad. Aspecto borroso o turbio de una muestra que tendría que ser transparente, provocado por la luz dispersada desde el interior de la muestra o desde su superficie.

Unión con herramienta recalentada. Método de unión de plásticos por aplicación de calor y presión simultáneamente sobre áreas de contacto. El calor se puede aplicar por conducción o dieléctricamente.

Unión electromagnética. Véase *unión por inducción.*

Unión iónica. Unión atómica por atracción eléctrica de iones de distinta carga.

Unión manual de chapas. Método de colocación a mano de capas sucesivas de fieltro o red de refuerzo (que pueden estar impregnadas previamente con resina o no) sobre un molde. La resina se emplea para impregnar o recubrir el refuerzo, seguido del curado de la resina para fijar permanentemente la forma configurada.

Unión o soldadura por fricción. Proceso que consiste en fundir dos objetos y provocar su unión al mismo tiempo que se hace girar uno de ellos, o los dos, hasta que el calor del rozamiento funde la interfase, momento en el cual se detiene la rotación y se mantiene la presión hasta fijar ambas piezas.

Unión por inducción. Técnica en la que se aplican campos electromagnéticos de alta frecuencia para excitar las moléculas de inserciones metálicas situadas en los plásticos o en las interfases, fundiendo así los plásticos. Los insertos quedan en la unión.

Unión ultrasónica. Método de unión utilizando presión mecánica vibratoria a frecuencias ultrasónicas. Se sustituye la energía eléctrica por vibraciones ultrasónicas mediante el uso de un transductor magnetostrictivo o piezoeléctrico. Las vibraciones ultrasónicas general calor de rozamiento para fundir los plásticos permitiendo su unión.

Urdimbre. Dirección longitudinal del tejido en una tela o mecha; se aplica asimismo a la distorsión dimensional de un objeto de plástico. Véase *trama.*

USDA. Departamento de Agricultura de los Estados Unidos; antes de 1971, realizaba pruebas y aprobaba el uso de mascarillas para pesticidas. En 1971, la Oficina de Minas se encargó de las funciones y procedimientos para probar y aprobar el uso de mascarillas para pesticidas, función delegada más tarde al departamento de pruebas y certificación.

Vertedero al aire libre. Depósito de basura o desperdicios en zonas de tierra al aire libre sin control.

Vertedero sanitario. Vertedero controlado en depresiones del terreno o zanjas para basuras urbanas.

Vidrio, tipo C. Fibras de vidrio químicamente resistentes.

Vidrio, tipo E. Fibras de vidrio de tipo eléctrico.

Viscosidad. Medida de la fricción interna que resulta cuando se hace desplazar una capa de líquido en relación con otra capa.

Vulcanizar. Proceso de endurecimiento de caucho natural por combinación con azufre en polvo.

WTE. Siglas de *waste-to-energy* (residuos para energía); término que describe las instalaciones que utilizan las basuras urbanas como combustible en incineradoras para producir electricidad y vapor.

x. Símbolo para representar la media de una distribución. Se pronuncia barra x.

Yeso. Sulfato de calcio hidratado cristalino ($CaSO_4$ x $2H_2O$), utilizado para obtener escayola y pasta de cemento Portland.

Zona rica en resina. Área localizada rellena con resina y que carece de material de refuerzo.

Apéndice B

Abreviaturas de materiales seleccionados

Abreviatura	Término polímero o nombre genérico
ABS	Acrilonitrilo-butadieno-estireno
ACS	Acrilonitrilo-polietileno clorado-estireno
AES	Acrilonitrilo-etilpropileno-estireno
AI	Polímeros de amida-imida
AMMA	Acrilonitrilo-metacrilato de metilo
AN	Acrilonitrilo
AP	Etileno propileno
ASA	Acrílico-estireno-acrilonitrilo
AU	Poliéster poliuretano
BBP	Ftalato de bencilo y butilo
BFK	Plástico reforzado con fibra de boro
BMC	Compuestos de moldeo de volumen
CA	Acetato de celulosa
CAB	Acetato-butirato de celulosa
CAP	Acetato-propionato de celulosa
CAR	Fibra de carbono
CF	Cresol-formaldehído
CFRP	Plásticos reforzados con fibra de carbono
CMC	Carboximetilcelulosa
CN	Nitrato de celulosa
CP	Propionato de celulosa
CPE	Polietileno clorado
CPET	PET cristalizado
CPVC	Policloruro de vinilo clorado
CS	Caseína
CTFE	(Poli)clorotrifluoro-etileno
DAIP	Resina de isoftalato de dialilo
DAP	Resina de ftalato de dialilo
DCHP	Ftalato de diciclohexilo

Abreviatura	Término polímero o nombre genérico
DCPD	(Poli)diciclopentadieno
DGEBA	Éter diglicidílico de bisfenol A (epoxi)
DMAL	Dimetilacetamida
DMC	Compuesto de moldeo en masa
DOPT	Tereftalato de di-2-etilhexilo
DP	Grado de polimerización
EC	Etil celulosa
ECTFE	Etileno-clorotrifluoroetileno
EEA	Etileno-acrilato de etilo
EMA	Etileno-acrilato de metilo
EP	Epóxido; epoxi
EPDM	Caucho de etileno propileno dieno
EPE	Éster de resina epoxídica
EP-G-G	Preimpregnados de resina epoxídica y tejido de vidrio
EPM	Copolímero de etileno propileno
EPR	Copolímero de etileno y propileno
EPS	Poliestireno expandido
ETFE	Etileno tetrafluoroetileno
EU	Poliéter poliuretano
EVA	Acetato de etilen vinilo
EVOH	Alcohol etilen vinílico
FEP	Etileno-propileno fluorado (también PFEP)
FRP	Poliéster reforzado con fibra de vidrio
FRTP	Termoplásticos reforzados con fibra de vidrio
GF	Reforzado con fibra de vidrio
GF-EP	Resina epoxi reforzada con fibra de vidrio
GR	Reforzado con fibra de vidrio

Abreviatura	Término polímero o nombre genérico
GRP	Plásticos reforzados con vidrio
HIPS	Poliestireno de alto impacto
HMW-HDPE	Polietileno de alta densidad y alto peso molecular
HVBME	Epóxido modificado con alto contenido en vinilo
IPN	Red de polímero interpenetrante
LCP	Polímeros de cristal líquido
LDPE	Polietileno de baja densidad
LIM	Moldeo de choque de líquido
LLDPE	Polietileno de baja densidad lineal
LRM	Moldeo por reacción de líquidos
MA	Anhidrido maleico
MBS	Metacrilato-butadieno-estireno
MDI	Diisocianato de metileno
MEKP	Peróxido de metil etil cetona
MF	Melamina formaldehído
NBR	Caucho de acrilonitrilo-butadieno
OPP	Polipropileno orientado
OPVC	Policloruro de vinilo orientado
OSA	Estireno-acrilonitrilo modificado con olefina
PA	Poliamida
PAA	Poli(ácido acrílico)
PAI	Poliamida-imida
PAN	Poliacrilonitrilo
PAPI	Polifenil isocianato de polimetileno
PB	Polibutileno
PBAN	Polibutadieno-acrilonitrilo
PBS	Polibutadieno-estireno
PBT	Tereftalato de polibutileno
PC	Policarbonato
PCTFE	Policlorotrifluoroetileno
PDAP	Poli(ftalato de dialilo)
PE	Polietileno
PEEK	Polietereteretona
PEI	Polieterimida
PEO	Óxido de polietileno
PES	Poli(éter sulfona)
PET	Poli(tereftalato de etileno)
PETG	PET modificado con glicol
PF	Resina de fenol-formaldehído
PFA	Perfluoroalcoxilo
PFEP	Polifluoroetilenpropileno
PHEMA	Polimetacrilato de hidroxietilo
PI	Poliimida
PMCA	Policloroacrilato de metilo
PMMA	Poli(metacrilato de metilo)
POM	Polioximetileno
PP	Polipropilcno
PPC	Policarbonato ftalato
PPE	Poliéter de fenileno
PPO	Poli(óxido de fenileno)
PPSO	Polifenilsulfona
PS	Poliestireno
PSU	Polisulfona
PTFE	Politetrafluoroetileno
PTMT	Poli(tereftalato de tetrametileno)
PU	Poliuretano
PUR	Caucho de poliuretano
PVAC	Poli(acetato de vinilo)
PVAI	Poli(alcohol vinílico)
PVB	Poli(vinil butiral)
PVC	Poli(cloruro de vinilo)
PVDC	Poli(cloruro de vinilideno)
PVDF	Poli(fluoruro de vinilideno)
PVF	Poli(fluoruro de vinilo)
SAN	Estireno-acrilonitrilo
SBP	Plásticos de estireno-butadieno
SBR	Caucho de estireno-butadieno
SI	Silicona
SMA	Estireno-anhidrido maleico
SMC	Compuestos de moldeo de láminas
SRP	Plásticos de estireno-caucho
TDI	Diisocianato de tolueno
TFE	Politetrafluoroetileno
TPE	Elastómero termoplástico
TPU	Poliuretano termoplástico
TPX	Polimetilpenteno
UF	Urea-formaldehído
UHMWPE	Polietileno de peso molecular ultraalto
UP	Plásticos de uretano
VCP	Cloruro de vinilo-propileno
VDC	Cloruro de vinilideno
VLDPE	Polietileno de muy baja densidad

Apéndice C

Marcas registradas y fabricantes

Marca registrada	Polímero	Fabricante
Abasfil	ABS Reforzado	AKZO Engineering
Absinol	ABS	Allied Resinous Products Inc.
Abson	Resinas y compuestos ABS	BF Goodrich Chemical Co.
Acelon	Película de acetato de celulosa	May & Baker, Ltd.
Acetophane	Película de acetato de celulosa	UCB-Sidac
Aclar	CTFE, películas de fluorohalocarbono	Allied Chemical Corp.
Acralen	Polímero de etileno-acetato de vinilo	VeronaDyestuffs Div. Verona Corp.
Acrilan	Acrílico (acrilonitrilo-cloruro de vinilo)	Monsanto Co.
Acroleaf	Lámina de estampación en caliente	Acromark Co.
Acrylaglas	Estireno-acrilonitrilo reforzado con fibra de vidrio	Dart Industries, Inc.
Acrylicomb	Alma en panal con superficie de chapa	Dimensional Plastics Corp.
Acrylite	Compuestos de moldeo acrílicos; láminas acrílicas coladas	Cyro
Acryloid	Modificadores acrílicos para PVC; resinas de recubrimiento	Rohm & Haas Co.
Acrylux	Acrílico	Westlake Plastics Co.
Adell	Nilón 6/6	Adell
Aeroflex	Extrusiones de polietileno	Anchor Plastics Co.
Aeron	Nilón revestido con plástico	Flexfilm Products, Inc.
Aerotuf	Extrusiones de polipropileno	Anchor Plastics Co.
Afcolene	Poliestireno y copolímeros SAN	Pechiney-Saint-Gobain
Afcoryl	Copolímeros ABS	Pechiney-Saint-Gobain
Akulon	Nilón 6 y 6/6	Schulman
Alathon	Resinas de polietileno	E.I. du Pont de Nemours & Co.
Alfane	Pegamento de resina epoxi termoendurecible	Atlas Minerals & dChemicals Div., de ESB Inc.
Algoflon	PTFE	Ausimont
Alpha	Resinas vinílicas	Alpha Chemical and Plastics
Alpha-Clan	Monómero reactivo	Marvon Div., Borg-Warner Corp.
Alphalux	PPO	Marbon Chemical Co.
Alsynite	Paneles plásticos reforzados	Reichhold Chemicals, Inc.
Amberlac	Resinas alquídicas modificadas	Rohm & Haas Co.
Amberol	Resinas fenólicas y maleicas	Rohm & Haas Co.
Amer-Plate	Material en lámina PVC	Ameron Corrosion Control Div.
Ampol	Acetatos celulosa	American Polymers Inc
Amres	Acetatos celulosa	Pacific Resins & Chemicals, Inc.
Ancorex	Extrusiones ABS	Anchor Plastics Co.

Marca registrada	Polímero	Fabricante
Anvyl	Extrusiones vinilo	Anchor Plastics Co.
APEC	Policarbonato	Miles
Apogen	Serie de resina epoxídica	Apogee Chemical Inc.
Araclor	Polifenilos policlorados	Monsanto Co.
Araldite	Resinas epoxídicas y agentes de endurecimiento	CIBA Products Co.
Armorite	Recubrimiento de vinilo	John L. Armitage & Co.
Arnel	Fibra de triacetato de celulosa	Celanese Corp.
Arochem	Resinas fenólicas modificadas	Ashland Chemical Co.
Arodure	Resinas de urea	Ashland Chemical Co.
Arofene	Resinas fenólicas	Ashland Chemical Co.
Aroplaz	Resinas alquídicas	Ashland Chemical Co.
Aroset	Resinas acrílicas	Ashland Chemical Co.
Arothane	Resina de poliéster	Ashland Chemical Co.
Artfoam	Espuma de uretano rígida	Strux Corp.
Arylon	Compuestos de éster poliarílicos	Uniroyal, Inc.
Arylon T	Poliéter arílico	Uniroyal, Inc.
Ascot	Lámina de poliolefina tejida revestida	Appleton Coated Paper Co.
Ashlene	Nilón 6/6	Ashley
Astralit	Láminas de copolímero de vinilo	Dynamit Nobel of America, Inc.
Astroturf	Nilón, polietileno	Monsanto Co.
Atlac	Resina de poliéster	Atlas Chemical Industries, Inc.
Averam	Inorgánico	FMC Corp.
Avisco	Películas PVC	FMC Corp.
Avistar	Película de poliéster	FMC Corp.
Avisun	Polipropileno	Avisun Corp.
Baquelita	Copolímeros de polietileno etileno, resinas vinílicas y compuestos epoxi, fenólicos, poliestireno fenoxi, ABS	Union Carbide Corp.
Beetle	Compuestos de moldeo de urea	American Cyanamid Co.
Betalux	Acetal cargado con TFE	Westlake Plastics Co.
Blanex	Compuesto de polietileno reticulado	Reichhold Chemicals, Inc.
Blapol	Compuestos de polietileno y concentrados de color	Reichhold Chemicals, Inc.
Blapol	Compuestos de moldeo y extrusión de polietileno	Blane Chemical Div., Reichhold Chemicals, Inc.
Blendex	Resina ABS	Marbon, Borg-Warner
Bolta Flex	Láminas y películas de vinilo	General Tire & Rubber Co., Chemical/Plastics Div.
Bolta Thene	Láminas de olefina rígidas	General Tire & Rubber Co., Chemical/Plastics Div.
Boltaron	Láminas plásticas rígidas de ABS o PVC	GenCorp.
Boronal	Poliolefinas con boro	Allied Resinous Products
Bostik	Adhesivos de epoxi y poliuretano	Bostik-Finch, Inc.
Bronco	Piroxilina o vinilo soportado	General Tire & Rubber Co., Chemical/Plastics Div.
Budene	Polibutadieno	Goodyear Tire & Rubber Co., Chemical/Plastics Div.
Butaprene	Látex de estireno-butadieno	Firestone Plastics Co. Div., Firestone Tire & Rubber
Cadco	Varillas, láminas, tubos y películas plásticas	Cadillac Plastic & Chemical Co.
Calibre	Policarbonato	Dow
Capran	Película de nilón 6	Allied Chemical Corp.
Capran	Películas y láminas de nilón	Allied Chemical Corp.
Capron	Nilón 6/6	Allied Signal
Carbaglas	Policarbonato reforzado con fibra de vidrio	Fiberfil Div., Dart Industries, Inc.
Carolux	Espuma de uretano cargada, flexible	North Carolina Foam Industries Inc.
Carstan	Catalizadores de espuma de uretano	Cincinnati Milacron Chemicals, Inc.
Castcar	Películas poliolefina colada	Mobil Chemical Co.
Castethane	Sistema de elastómero uretano de moldeo colada	Upjohn Co., CPR Div.
Castomer	Sistema elastómero uretano	Baxenden Chemical Co.
Castomer	Elastómero de uretano y recubrimientos	Isocyanate Products Div. Witco Chemical Corp.
Celanar	Película poliéster	Hoechst Celanese
Celanex	Poliéster termoplástico	Hoechst Celanese
Celcon	Resinas copolímero de acetal	Hoechst Celanese
Cellasto	Piezas elastómero de uretano microcelular	North American Urethanes, Inc.
Cellofoam	Espuma de poliestireno	US Mineral Products Co.
Cellonex	Acetato de celulosa	Dynamit Nobel of America, Inc.
Celluliner	Espuma poliestireno expandida elástica	Gilman Brothers Co.

APÉNDICE C: MARCAS REGISTRADAS Y FABRICANTES

Marca registrada	Polímero	Fabricante
Cellulite	Espuma poliestireno expandido	Gilman Brothers Co.
Celpak	Espuma poliuretano rígida	Dacar Chemical Products Co.
Celthane	Espuma poliuretano rígida	Decar Chemical Products Co.
Chem-o-sol	Plastisol PVC	Chemical Products Co.
Chem-o-thane	Compuestos colados elastómero de poliuretano	Chemical Products Corp.
Chemfluor	Plásticos de fluorocarbono	Chemplast, Inc.
Chemglaze	Materiales recubrimiento a base de poliuretano	Hughson Chemical Co., Div. Lord Corp.
Chemgrip	Adhesivos epoxi para TFE	Chemplast, Inc.
Chevron PE	Polietileno	Chevron
Cimglas	Moldeados de poliéster reforzados con fibra de vidrio	Cincinnati Milacron, Molded Plastics Div.
Clocel	Sistema de espuma de uretano rígida	Baxanden Chemical Co.
Clopane	Película y tubos de PVC	Clopay Corp.
Cloudfoam	Espuma de poliuretano	International Foam Div. Holiday Inns America
Co-Rexyn	Resinas y recubrimientos de gel de poliéster; pastas pigmento	Interplastic Corp., Commercial Resins Div.
Cobocell	Tubos de acetato butirato de celulosa	Cobon Plastics Corp.
Coboflon	Tubos de teflón	Cobon Plastics Corp.
Cobothane	Tubos de etileno-acetato de vinilo	Cobon Plastics Corp.
Colorail	Pasamanos policloruro de vinilo	Blum, Julius & Co.
Colovin	Láminas de vinilo calandradas	Columbus Coated Fabrics
Conathane	Compuesto poliuretano colada, rellenado, herramientas y adhesivo	Conap, Inc.
Conolite	Estratificado de poliéster	Woodall industries, Inc.
Cordo	Espuma y películas PVC	Ferro Corp. Composites Div.
Cordoflex	Soluciones de polifluoruro de vinilideno, etc.	Ferro Corp. Composites Div.
Corlite	Espuma reforzada	Snark Products, Inc.
Coror-Foams	Sistemas espuma de uretano	Cook Paint & Varnish
Coverlight	Tejido nilón revestido con vinilo	Reeves Brothers, Inc.
Creslan	Acrílico	American Cyanamid Co
Crystic	Resinas de poliéster insaturadas	Scott Bader Co.
Cumar	Resinas cumarona-indeno	Neville Chemical Co.
Curithane (serie)	Polianilina poliamina; catalizador organomercurio	Upjohn Co., Polymer Chemicals Div.
Curon	Espuma de poliuretano	Reeves Brothers, Inc.
Cycolac	Resinas ABS	Marbon Div., Borg-Warner Corp.
Cycolon	Composiciones resinosas sintéticas	Marbon Div., Borg-Warner Corp.
Cycoloy	Aleaciones de polímeros sintéticos/ resinas ABS	Marbon Div., Borg-Warner Corp.
Cycopac	Barrera de ABS y nitrilo	Borg-Warner Chemicals
Cyovin	Mezclas de polímero de injerto ABS autoextinguibles	Marbon Div., Borg-Warner Corp.
Cyglas	Compuesto moldeo poliéster cargado con vidrio	American Cyanamid Co.
Cymel	Compuesto moldeo de melamina	American Cyanamid Co.
Cyrex	Aleación acrílico-PC	Cyro
Dacovin	Compuestos PVC	Diamond Shamrock Chemical Co.
Dacron	Poliéster	E.I. du Pont de Nemours & Co.
Dapon	Resina de ftalato de dialilo	FMC Corp. Organic Chemicals Div.
Daran	Recubrimientos de emulsión de policloruro de vinilideno	W.R. Grace & Co., Polymers & Chemicals Div.
Daratak	Emulsiones de homopolímero de poliacetato de vinilo	W.R. Grace & Co., Polymers & Chemicals Div.
Darex	Látex de estireno-butadieno	W.R. Grace & Co., Polymers & Chemicals Div.
Davon	Resinas y compuestos reforzados de TFE	Davies Nitrate Co.
Delrin	Resina de acetal	E.I. du Pont de Nemours & Co.
Densite	Espuma de uretano flexible moldeada	General Foam Div., Tenneco Chemical, Inc.
Derakane	Resinas de éster vinílico	Dow Chemical Co.
Dexon	Propileno-acrílico	Exxon Chemical USA
Diaron	Resinas melamina	Reichhold Chemicals
Dielux	Acetal	Westlake Plastics Co.
Dion-Iso	Poliésteres isoftálicos	Diamond Shamrock Chemical Co.
Dolphon	Resina y compuestos epóxidos; resinas poliéster	John C. Dolph Co.

Marca registrada	Polímero	Fabricante
Dorvon	Espuma poliestireno moldeada	Dow Chemical Co.
Dow Corning	Siliconas	Dow Corning Corp.
Dri-Lite	Poliestireno expandido	Poly Foam, Inc.
Duco	Lacas	E.I. du Pont de Nemours & Co.
Duracel	Lacas para acetato de celulosa y otros plásticos	Waas & Waldstein Co.
Duracon	Copolímero acetal	Polyplastics Co.
Duraflex	Polibutileno	Shell
Dural	PVC semirrígido modificado con acrílico	Alpha Chemical & Plastics Corp.
Duramac	Alquidos modificados con aceite	Commercial Solvents Corp.
Durane	Poliuretano	Raffi & Swanson, Inc.
Duraplex	Resinas alquídicas	Rohm & Haas Co.
Durelene	Tubos flexibles PVC	Plastic Warehousing Corp.
Durethan	Nilón 6	Miles
Durethene	Película polietileno	Sinclair-Koppers Co.
Durez	Resinas fenólicas y alquídicas	Chemical/Occidental/Plastics Corp.
Duron	Resinas fenólicas y compuestos de moldeo	Firestone Foam Products Co.
Dyal	Alquido y resinas alquídicas estirenadas	Sherwin Williams Chemicals
Dyalon	Material elastómero de uretano	Thombert, Inc.
Dyloam	Poliestireno expandido	W.R.Grace & Co.
Dylan	Polietileno	ARCO/Polymers, Inc.
Dylel	Plásticos ABS	Sinclair-Koppers Co.
Dylene	Resina poliestireno y lámina orientada	ARCO
Dylite	Perlas, láminas extruidas, etc. de poliestireno expansible	ARCO
E-Form	Compuestos moldeados epóxidos	Allied Products Corp.
Easy-Kote	Compuesto de desmoldeo de fluorocarbono	Borco Chemicals, Inc.
Easypoxy	Equipos adhesivos epóxidicos	Conap, Inc.
Ebolan	Compuestos TFE	Chicago Gasket Co.
Eccosil	Resinas silicona	Emerson & Cumming, Inc.
Ektar	Poliéster, termoplástico	Eastman Performance Plastics
El Rexene	Resinas polietileno, polipropileno, poliestireno y ABS	Dart Industries. Inc.
Elastolit	Uretano ingeniería termoplástico	North American Urethanes, Inc.
Elastollyx	Uretano ingeniería termoplástico	North American Urethanes, Inc.
Elastolur	Recubrimientos uretano	BASF
Elastonate	Prepolímeros uretano isocianato	BASF
Elastonol	Polialcoholes de uretano poliéster	North American Urethanes, Inc.
Elastopel	Uretano ingeniería termoplástico	North American Urethanes, Inc.
Electroglas	Acrílico colado	Glasflex Corp.
Elvace	Copolímeros de acetato-etileno	E.I. du Pont de Nemours & Co.
Elvacet	Emulsiones poliacetato de vinilo	E.I. du Pont de Nemours & Co.
Elvacite	Resinas acrílicas	E.I. du Pont de Nemours & Co.
Elvamide	Resinas de nilón	E.I. du Pont de Nemours & Co.
Elvanol	Polialcoholes vinílicos	E.I. du Pont de Nemours & Co.
Elvax	Resinas vinilo; resinas terpolímero de ácido	E.I. du Pont de Nemours & Co.
Empee	Polietileno	Monmouth
Ensocote	Recubrimiento laca PVC	Uniroyal, Inc.
Ensolex	Material en lámina; plástico celular	Uniroyal, Inc.
Ensolite	Material en lámina; plástico celular	Uniroyal, Inc.
Epi-Rez	Resinas epóxidicas básicas	Celanese Coatings Co.
Epi-Tex	Resinas éster epóxidicas	Celanese Coatings Co.
Epikote	Resina epóxidica	Shell Chemical Co.
Epocap	Compuestos epóxidicos dos partes	Hardman, Inc.
Epocast	Epóxidos	Furane Plastics, Inc.
Epocrete	Materiales epoxi en dos partes	Hardman, Inc.
Epocryl	Resina acrilato epóxidica	Shell Chemical Co.
Epocure	Agentes curado epóxidicos	Hardman, Inc.
Epolast	Compuestos epóxidicos dos partes	Hardman, Inc.
Epolite	Compuestos epóxidicos	Hexcel Corp. Rezolin Div.
Epomarine	Compuestos epóxidicos dos partes	Hardman, Inc.
Epon	Resinas epoxi; endurecedor.	Shell Chemical Co.
Eponol	Resina poliéter lineal	Shell Chemical Co.
Eposet	Compuestos epóxidicos dos partes	Hardman, Inc.
Epotuf	Resinas epóxidicas	Reichhold Chemicals, Inc.
Escorene	LDPE y LLDPE	Exxon
Estron	Resinas y compuestos de poliuretano	BF Goodrich Chemical Co.
Estron	Acetato	Eastman Kodak Co.

APÉNDICE C: MARCAS REGISTRADAS Y FABRICANTES

Marca registrada	Polímero	Fabricante
Ethafoam	Espuma polietileno	Dow Chemical Co.
Ethocel	Resinas etil celulosa	Dow Chemical Co.
Ethofil	Polietileno reforzado con fibra de vidrio	AKZO Engineering
Ethoglas	Polietileno reforzado con fibra de vidrio	Fiberfil Div., Dart Industries, Inc.
Ethosar	Polietileno reforzado con fibra de vidrio	Fiberfil Div., Dart Industries, Inc.
Ethylux	Polietileno	Westlake Plastics Co.
Evenglo	Resinas poliestireno	Sinclair-Koppers Co.
Everflex	Emulsión de co-polímero poli-acetato de vinilo	W.R. Grace & Co., Polymers & Chemicals Div.
Everlon	Espuma uretano	Stauffer Chemical Co.
Excelite	Tubos polietileno	Thermoplastic Processes
Exon	Resinas, compuestos y latices de PVC	Firestone Tire & Rubber Co.
Extane	Tubos poliuretano	Pipe Line Service Co.
Extrel	Películas de polietileno y polipropileno	Exxon Chemical, USA
Extren	Formas poliéster reforzado con fibra de vidrio	Morrison Molded Fiber Glass Co.
Fabrikoid	Tela revestida con piroxilina	Stauffer Chemical Co.
Facilon	Tejidos PVC reforzadas	Sun Chemical Corp.
Fassgard	Recubrimiento vinilo sobre nilón	F.J. Fassler & Co.
Fasslon	Recubrimiento de vinilo	M.J. Fassler & Co.
Felor	Filamentos nilón	E.I. du Pont de Nemours & Co.
Fiber foam	Espuma reforzada con poliéster	Weeks Engineered Plastics
Fiberite	Compuesto de moldeado con melamina	ICI Fiberite
Fibro	Rayón	Courtauds NA, Inc.
Fina	Polipropileno	Fina
Flexane	Uretanos	Devcon Corp.
Flexocel	Sistemas espuma de uretano	Baxenden Chem Co.
Floranier	Celulosa para ésteres	ITT Rayonier, Inc.
Fluokem	Pulverizado teflón	Bel-Art Products
Fluon	Resina TFE	ICI American, Inc.
Fluorglas	Cintas, estratificado, tejidos, vidrio tejido recubiertos e impregnados con PTFE	Dodge Industries Inc.
Fluorocord	Material de fluorocarbono	Raybestos Manhattan
Fluorofilm	Películas de teflón coladas	Dilectrix Corp.
Fluoroglide	Lubricante película seca de TFE	Chemplast, Inc.
Fluororay	Fluorocarbono cargado	Raybestos Manhattan
Fluored	Compuestos TFE	John L. Dore Co
Fluorosint	Composición base TFE-fluoro-carbono	Polymer Corp.
Foamthane	Espuma poliuretano rígida	Pittsburgh Corning Corp.
Formdall	Compuesto pre-mezcla poliéster	Woodall Industries Inc.
Formaldafil	Acetal reforzado fibra de vidrio	AKZO Engineering
Formaldaglas	Acetal reforzado fibra de vidrio	Fiberfil Div., Dart Industries, Inc.
Formaldasar	Acetal reforzado fibra de vidrio	Fiberfil Div., Dart Industries, Inc.
Formica	Estratificados a alta presión	American Cyanamid Co.
Formrez	Sustancias quími-cas elastómero de uretano	Witco Chemical Corp. Organics Div.
Formvar	Resinas polivinilino-formaldehído	Monsanto Co.
Forticel	Resinas en laminillas de propionato de celulosa	Hoechst Celanese
Fortiflex	Resinas polietileno	Solvay Polymers
Fortilene	Polipropileno	Solvay Polymers
Fortrel	Poliéster	Fiber Industries Inc.
Fosta-Net	Mezcla extruida de espuma de poliestireno	Foster Grant Co.
Fosta Tuf-Flex	Poliestireno alta resistencia impacto	Foster Grant Co.
Fostacryl	Resinas de poliestireno termoplásticas	Foster Grant Co.
Fostafoam	Perlas poliestireno expansibles	Foster Grant Co.
Fostalite	Polvo de moldeado de poliestireno estable a la luz	Foster Grant Co.
Fostarene	Polvo de moldeo de poliestireno	Foster Grant Co.
Futron	Polvo de polietileno	Fusion Rubbermaid Co.
Gelva	Poliacetato vinilo	Monsanto Co.
Genal	Compuestos fenólicos	General Electric Co.
Genthane	Caucho poliuretano	General Tire & Rubber Co.
Gentro	Caucho de estireno butadieno	General Tire & Rubber Co.
Geon	Látex compuestos resinas vinílicas	BF Goodrich Chemical Co.
Gil-Fold	Lámina polietileno	Gilman Brothers Co.
Glaskyd	Compuesto moldeo alquídico	American Cyanamid Co.
Glyptal	Resinas alquídicas	General Electric Co.

Marca registrada	Polímero	Fabricante
Gordon Superdense	Poliestireno en forma de pelets	Hammond Plastics, Inc.
Gordon Superflow	Poliestireno granulado o en pelets	Hammond Plastics, Inc.
Gracon	Compuestos PVC	W.R. Grace & Co.
GravolFLEX	Láminas de ABS	Hermes Plastics, Inc.
GravoPLY	Láminas acrílicas	Hermes Plastics, Inc.
Grilamid	Nilón 12	EMS
Grilon	Nilón 6	EMS
Halon	Compuestos de moldeo de TFE	Allied Chemical Corp.
Haylar	CTFE	Ausimont
Haysite	Estratificados de poliéster	Synthane-Taylor Corp.
Herculon	Olefina	Hercules Inc.
Herox	Filamentos nilón	E.I. du Pont de Nemours & Co.
Hetrofoam	Sistemas espuma uretano retardantes llama	Durez Div., Hooker Chemical Corp.
Hetron	Resinas poliéster retardantes llama	Durez Div., Hooker Chemical Corp.
Hex-One	Polietileno de alta densidad	Gulf Oil Co.
Hi-fax	Polietileno	Hercules, Inc.
HiGlass	PP reforzado fibra	Himont
Hi-Styrolux	Poliestireno alta resistencia al impacto	Westlake Plastics
Hostalen	Polietileno	Hoechst Celanese
Hostaflon	PTFE	Hoechst Celanese
Hidrepoxy	Epóxidos de base acuosa	Acme Chemicals Div., Allied Products Co.
Hidro Foam	Fenolformaldehído expandido	Smithers Co.
Hyflon	Perfluoroalcoxi	Ausimont
Hylar	Polifluoruro de vinilideno	Solvay Polymers
Implex	Polvo de moldeo acrílico	Rohm & Haas Co.
Intamix	Compuestos PVC rígidos	Diamond Shamrock Chemical Co.
Interpol	Sistemas resinosos copoliméricos	Freeman Chemical Corp.
Irvinil	Resinas y compuestos de PVC	Great American Chem.
Isoderm	Espuma de piel integrante rígida y flexible de uretano	Upjohn Co., CPR Div.
Isofoam	Sistemas espuma de uretano	Witco Chemical Corp.
Isonate	Sistemas diisocianatos y uretano	Upjohn Co. CPR Div.
Isoteraglas	Fibra de vidrio Dacron revestida con elastómero de isocianato	Natvar Corp.
Isothane	Espumas poliuretano flexibles	Bernel Foam Products Co.
Jetfoam	Espuma de poliuretano	International Foam

Marca registrada	Polímero	Fabricante
J-Prene	Material de colada de uretano	Di-Acro Kaufman
Kalex	Elastómeros de poliuretano en dos partes	Hardman, Inc.
Kalspray	Sistema espuma de uretano rígida	Baxenden Chemical Co.
Kamax	Acrílico	Rohm & Haas
Kapton	Poliimida	E.I. du Pont de Nemours & Co.
Keltrol	Copolímero viniltolueno	Sepencer Kellogg
Ken U-Thane	Poliuretanos; ingredientes de espuma uretano	Kenrich Petrochemicals, Inc.
Kencolor	Silicona/ dispersión de pigmentos	Kenrich Petrochemicals, Inc.
Kodacel	Película y lámina celulósica	Eastman Chemical Products, Inc.
Kodar	Termoplásticos de copoliéster	Eastman Chemical Products, Inc.
Kodel	Poliéster	Eastman Kodak Co.
Kohinor	Resinas y compuestos de vinilo	Pantasote Co.
Korad	Película acrílica	Rohm & Haas Co.
Koroseal	Películas vinilo	BF Goodrich Chemical
Kralastic	Resina alta resistencia al impacto ABS	Uniroyal, Inc.
Kralon	Estireno y resinas ABS alta resistencia al impacto	Uniroyal, Inc.
Kraton	Polímeros estireno-butadieno	Shell Chemical Co.
Krene	Película y lámina plástica	Union Carbide Corp.
Krystal	Lámina de PVC	Allied Chemical Corp.
Krystalite	Películas retráctiles PVC	Allied Chemical Corp.
Kydene	Polvo acrílico/PVC	Rohm & Haas Co.
Kydex	Láminas acrílico/ PVC	Rohm & Haas Co.
Kynar (serie)	Polifluoruro de vinilideno	Elf Atochem North America
Lamabond	Polietileno reforzado	Lamex, Columbian Carbon Co.
Lamar	Estrato de vinilo Mylar	Morgan Adhesives Co.
Laminac	Resinas poliéster	American Cyanamid Co
Last-A-foam	Espuma plástica	General Plastics Mfg.
Lexan	Resinas, película, lámina de policarbonato	General Electric Co., Plastics Dept.
Lucite	Resinas acrílicas	E.I. du Pont de Nemours & Co.
Lumasite	Lámina acrílica	American Acrylic Corp.
Lustran	Resinas moldeo y extrusión SAN y ABS	Monsanto Co.
Lustrex	Resinas extrusión y moldeo poliestireno	Monsanto Co.
Lycra	Spandex	E.I. du Pont de Nemours & Co.

Marca registrada	Polímero	Fabricante
Lytex	Epoxi	Quantum Composites
Macal	Película vinilo colada	Morgan Adhesives Co.
Maclin	Resinas de vinilo	Maclin
Makrolon	Policarbonato	Miles
Marafoam	Resina espuma de poliuretano	Marblette Co
Maraglas	Resina colada epoxi	Marblette Co.
Maranyl	Nilón 6/6	ICI Americas
Maraset	Resina epoxi	Marblette Co.
Marathane	Compuestos de uretano	Allied Products Corp.
Maraweld	Resina epoxi	Marblette Co.
Marlex	Polietilenos, polipropilenos otros plásticos de poliolefina	Phillips Petroleum
Marvinol	Resinas y compuestos vinilo	Uniroyal, Inc.
Meldin	Poliimida poliimida y reforzada	Dixon Corp.
Merlon	Policarbonato	Mobay Chemical Co.
Metallex	Láminas acrílicas coladas	Hermes Plastics, Inc.
Meticone	Láminas y tintes de caucho de silicona	Hermes Plastics, Inc.
Metre-Set	Adhesivos epoxi	Metachem Resins Co.
Micarta	Estratos termoendurecibles	Westinghouse Electric Corp.
Micro-Matte	Lámina con acabado mate acrílica extruida	Extrudaline, Inc.
Micropel	Polvos de nilón	Nypel, Inc.
Microsol	Vinil plastisol	Michigan Chrome & Chemical Co.
Microthene	Poliolefinas polvo	U.S. Industrial Chemicals Co.
Milmar	Poliéster	Morgan Adhesives Co.
Mini-Vaps	Polietileno expandido	Malge Co., Agile Div.
Minit Grip	Adhesivos epoxídicos	High-Strength Plastics Corp.
Minit Man	Adhesivos epoxídicos	Kristal Draft, Inc.
Mipoplast	Láminas PVC flexibles	Dynamit Nobel of America, Inc.
Mirasol	Resinas alquídicas: éster de epoxi	C.J. Osborn Chemicals, Inc.
Mirbane	Amino resina	Shows Highpolymer Co
Mirrex	PVC calandrado rígido	Tenneco Chemicals, Inc., Tenneco Plastics Div.
Mista Foam	Sistemas espuma de uretano	M.R. Plastics & Coatings, Inc.
Mod-Epox	Modificador de resina epoxídica	Monsanto Co.
Molycor	Tubos de epoxi reforzados con fibra de vidrio	A.O.Smith, Inland, Inc.
Mondur	Isocianatos	Mobay Chemical Co.
Monocast	Nilón polimerizado directo	Polymer Corp.

Marca registrada	Polímero	Fabricante
Moplen	Polipropileno isotáctico	Montecatini Edison S.p.A.
Multrathane	Elastómero de uretano químico	Mobay Chemical Co.
Multron	Poliésteres	Mobay Chemical Co.
Mylar	Película poliéster	E.I. du Pont de Nemours & Co.
Napryl	Polipropileno	Pechiney-Saint-Gobain
Natene	Polietileno de alta densidad	Pechiney-Saint-Gobain
Naugahyde	Tejidos revestidos con vinilo	Pechiney-Saint-Gobain
NeoCryl	Resinas acrílicas y emulsiones de resina	Uniroyal,Inc. Polyvinyl Chemicals, Inc.
Neopolen	Perlas PE expandido	BASF
NeoRez	Emulsiones estireno y soluciones de uretano	Polyvinyl Chemicals Inc
NeoVac	Emulsiones de PVA	Polyvinyl Chemicals Inc
Nestorite	Fenólico y urea-formaldehído	James Ferguson & Sons
Nevillac	Resina cumorona-indeno modificada	Neville Chemical Co.
Nimbus	Espuma poliuretano	General Tire & Rubber Co.
Nitrocol	Dispersión pigmento base de nitrocelulosa	C.J. Osborn Chemicals, Inc.
Nob-Lock	Material lámina PVC	Ameron Corrosion Control Div.
Nopcofoam	Sistemas espuma de uretano	Diamond Shamrock Chemical Co., Resinous Products Div.
Norchem	Resina polietileno de baja densidad	Northern Petrochemical Co.
Noryl	Óxido polifenileno modificado	General Electric Co., Plastics Dept.
Novacor	Poliestireno	Novacor
Nupol	Resinas acrílicas termoendurecibles	Freeman Chemical Corp.
NYCOA	Nilón 6/6	Nylon Corp. of America
Nyglathane	Poliuretano cargado con vidrio	Nypel, Inc.
Nylafil	Nilón reforzado con fibra de vidrio	AKZO Engineering
Nylaglas	Nilón reforzado con fibra de vidrio	AKZO Engineering
Nylasar	Nilón reforzado con fibra de vidrio	AKZO Engineering
Nylasint	Piezas de nilón sinterizado	Polymer Corp.
Nylatron	Nilones cargados	Polymer Corp.
Nylon-Seal	Tubos de nilón 11	Imperial-Eastman Co.
Nylux	Nilón	Westlake Plastics Co.
Nypelube	Nilón cargado TFE	Nypel, Inc.
Nyreg	Compuestos de moldeo de nilón reforzados con vidrio	Nypel, Inc.

Marca registrada	Polímero	Fabricante
Oasis	Fenol-formaldehído expandido	Smithers Co.
Oilon Pv 80	Láminas, varillas, tubos, perfiles de resina a base de acetal	Cadillac Plastics & Chemical Co.
Olefane	Película de polipropileno	Amoco Chemicals Corp.
Olefil	Resina de polipropileno cargada	Amoco Chemicals Corp.
Oleflo	Resina de polipropileno	Amoco Chemicals Corp.
Olemer	Copolímero de polipropileno	Amoco Chemicals Corp.
Oletac	Polipropileno amorfo	Amoco Chemicals Corp.
Opalon	Materiales de PVC flexibles	Monsanto Co.
Oppanol	Poliisobutileno	BASF Wyandotte Corp.
Orgalacqe	Polvos de epoxi y PVC	Aquitaine-Organico
Orgamide R	Nilón 6	Aquitaine-Organico
Orlon	Fibra acrílica	E.I. du Pont de Nemours & Co.
Oxi	Serie PVC	Occidental Chemical Co.
Oxyblend	PVC	Occidental Chemical Co.
Panda	Tejido revestido con vinilo y uretano	Pandel-Bradfor Inc.
Papi	Polimetileno polifenilisocianato	Upjohn Co., Polymer Chemicals Div.
Paradene	Resinas de cumarona-indeno oscuras	Neville Chemical Co.
Paraplex	Resinas y plastificantes poliéster	Rohm & Haas Co.
Paxon	Polietileno	Allied Signal
Pelaspan	Poliestireno expansible	Dow Chemical Co.
Pelaspan-Pac	Poliestireno expansible	Dow Chemical Co.
Pellethane	Uretano termoplástico	Dow Plastics
Pellon Aire	Textil no tejido	Pellon Corp.
Penton	Poliéter clorado	Hercules, Inc.
PermaRex	Epoxi colado	Permail, Inc.
Permelite	Compuesto moldeo melamina	Melamine Plastics, Inc.
Petion	PET cargado con vidrio	Miles
Petra	Poliéster	Allied Signal
Pethrothene	Polietileno de baja, media y alta densidad	Quantum USI
Petrothene XL	Polietileno reticulable	U.S. Industrial Chemical Co.
Phenoweld	Adhesivo fenólico	Hardman, Inc.
Phijo	Películas de poliolefina	Phillips-Joana Co.
Philprene	Estireno-butadieno	Phillips Chemical Corp.

Marca registrada	Polímero	Fabricante
Piccoflex	Resinas acrilonitrilo-estireno	Pennsylvania Industrial Chemical Corp.
Piccolastic	Resinas de poliestireno	Pennsylvania Industrial Chemical Corp.
Piccotex	Copolímero de vinilo-tolueno	Pennsylvania Industrial Chemical Corp.
Piccournaron	Resinas cumarona-indeno	Pennsylvania Industrial Chemical Corp.
Piccovar	Resinas aromáticas alquílicas	Pennsylvania Industrial Chemical Corp.
Pienco	Resinas poliéster	Mol-Rex Div., American Petrochemial Corp.
Pinpoly	Espuma de poliuretano reforzado	Holiday Inns of America, Inc.
Plaskon	Moldeo plástico	Allied Chemical Corp.
Plastic Steel	Herramientas y reparación de epóxidos	Devcon Corp.
Plenco	Melamina y fenólicos	Plastics Engineering
Pleogen	Resinas y recubrimientos de gel de poliéster; sistemas de poliuretano	Mol-Rex Div., Whittake Corp.
Plexiglas	Láminas y polvos de moldeo acrílicos	Rohm & Haas Co.
Plicose	Películas, láminas, tubos y bolsas de polietileno	Diamond Shamrock Corp.
Pliobond	Adhesivo	Goodyear Tire & Rubber Co.
Pliolite	Resinas estireno-butadieno	Goodyear Tire & Rubber Co.
Pliothene	Mezclas de caucho polietileno	Ametek/Westchester Plastics
Pliovic	Resinas PVC	Goodyear Tire & Rubber. Co.
Pluracol	Poliéteres	BASF Wyandotte Corp.
Pluragard	Espumas uretano	BASF Wyandotte Corp.
Pluronic	Poliéteres	BASF Wyandotte Corp.
Plyocite	Chapas superiores impregnadas de fenólico	Reichhold Chemicals Inc.
Plyophen	Resinas fenólicas	Reichhold Chemicals Inc.
Pocan	Termoplásticos de poliéster	Miles
Polex	Acrílico orientado	Southwestern Plastics, Inc.
Pollopas	Compuestos de urea-formaldehído	Dynamit Nobel of America, Inc.
Polvonite	Material plástico celular en forma de lámina	Voplex Corp.
Polycarbafil	PC reforzado con vidrio	Akzo Engineering
Poly-Dap	Compuestos moldeo eléctrico de ftalato de dialilo	U.S.Polymeric, Inc.

APÉNDICE C: MARCAS REGISTRADAS Y FABRICANTES

Marca registrada	Polímero	Fabricante
Poly-Eth	Polietileno de baja densidad	Gulf Oil Corp.
Poly-Eth-Hi-D	Polietileno de alta densidad	Gulf Oil Corp.
Polycarbafil	Policarbonato reforzado con fibra de vidrio	Fiberfil Div., Dart Industires Inc.
Polycure	Compuestos de polietileno reticulados	Crooke Color & Chemical Co.
Polyfoam	Espuma de poliuretano	General Tire & Rubber Co.
Polyfort	Polipropileno reforzado	Schulman
Polyimidal	Poliimida termoplástica	Raychem Corp.
Polylite	Resinas de poliéster	Reichhold Chemicals, Inc.
Polymet	Metal sinterizado cargado con plástico	Poymer Corp.
Polymul (serie)	Emulsiones de polietileno	Diamond Shamrock Chemical Co.
Polyteraglas	Tejido de vidrio Dacron revestido con poliéster	Natvar Corp.
Polywrap	Película plástica	Flex-O-Glass, Inc.
Poxy-Gard	Compuestos epoxídicos sin disolvente	Sterling, Div. Reichhold Chemical, Inc.
PPO	Óxido polifenileno	Reichhold Chemicals, Inc.
Pro-Fax	Polipropileno	Hercules, Inc.
Profil	Polipropileno reforzado con fibra de vidrio	AKZO Engineering
Proglas	Polipropileno reforzado con fibras de vidrio	Fiberfil Div., Dart Industries, Inc.
Prohi	Polietileno de alta densidad	Protective Lining Corp.
Propathene	Polímeros y compuestos de polipropileno	Imperial Chemical Ind., Ltd., Plastics Div.
Propylsar	Polipropileno reforzado con fibra de vidrio	Fiberfil Div., Dart Industries Inc.
Propylux	Polipropileno	Westlake Plastics Co.
Protectolite	Película polietileno	Protective Lining Corp.
Protron	Polietileno resistencia ultra-alta	Protective Lining Corp.
Pulse	Mezcla PC/ABS	Dow Plastics
Purilon	Rayón	FMC Corp.
Quelflam	Uretanos, dispersión superficial de llama baja	Baxenden Chemical Co.
Radilon	Nilón 6/6	Polymers International
Rayflex	Rayón	FMC Corp.
Regalite	PVC flexible, transparente pulido a presión	Tenneco Advandced Materials, Inc.
REN-Shape	Material epoxídico	Ren Plastics, Inc.
Ren-Thane	Elastómeros de uretano	Ren Plastics, Inc.
Resiglas	Resinas poliéster, etc	Kristal Draft, Inc.
Resimene	Resinas melamina	Monsanto Co.
Resinoid	Compuesto de moldeo fenólico	Resinoid
Resinol	Poliolefinas	Allied Resinous Products, Inc.
Resinox	Resinas fenólicas	Monsanto Co.
Resorasa-bond	Resorcinol y fenol-resorcinol	Pacific Resins & Chemicals, Inc.
Restfoam	Espuma de uretano	Stauffer Chemical Co. Plastics Div.
Rexene	Película de PE	Rexene
Rexolene	Lámina poliolefina reticulada	Brand-Rex Co.
Rexolite	Varilla poliestireno	Brand-Rex Co.
Reynosol	Uretano, PVC	Hoover Ball & Bearing
Rhodiod	Lámina de acetato de celulosa	M & B Plastics, Ltd.
Rhoplex	Emulsión acrílica	Rohm & Haas Co.
Richfoam	Espuma de uretano	E.R. Carpenter Co.
Rigidite	Acrílico modificado y resinas de poliéster en lámina	American Cyanamid Co.
Rigidsol	Plastisol rígido	Watson-Standard Co.
Rimtec	Resinas de vinilo	Rimtec
Rogers	Compuesto de moldeado epoxi	Rogers
Rolox	Compuestos epoxi en dos partes	Hardman, Inc.
Royalex	Material en lámina termoplástico celular estructural	Uniroyal, Inc.
Royalite	Material en lámina termoplástico	Uniroyal Inc., Uniroyal Plastic Products
Roylar	Elastoplástico de poliuretano	Uniroyal, Inc.
Rucoam	Películas y láminas de vinilo	Hooker Chemical Corp.
Rucoblend	Compuestos vinilo	Hooker Chemical Corp.
Rucon	Resinas de vinilo	Hooker Chemical Corp.
Rucothane	Poliuretanos	Hooker Chemical Corp.
Ryton	Sulfuro polifenileno	Phillips Chemical Co.
Santolite	Resina de aril sulfonamida-formaldehído	Monsanto Co.
Saran	Resinas policloruro de vinilideno	Dow Chemical Co.
Satin Foam	Espuma poliestireno extruida	Dow Chemical Co.
Scotchpak	Película poliéster termosellable	3M Co.
Scotchpar	Película poliéster	3M Co.
Selectrofoam	Sistemas espuma de uretano y polialcoholes	PPG Industries, Inc.
Selectron	Resinas sintéticas polimerizables; poliésteres	PPG Industries, Inc.
Shareen	Nilón	Courtlauds North America, Inc.

Marca registrada	Polímero	Fabricante
Shuvin	Compuestos moldeado de vinilo	Blane Chemical Div. Reichhold Chemicals, Inc.
Silastic	Caucho de silicona	Dow Corning Corp.
Sipon	Resina de alquilo y arilo	Alcolac, Inc.
Siponate	Sulfonatos de alquilo y arilo	Alcolac, Inc.
Skinwich	Uretano rígido y espuma de cubierta integral flexible	Upjohn Co.
Softlite	Espuma ionómero	Gilman Brothers Co.
Solarflex	Polietileno clorado	Pantasote Co.
Solef	Polifluoruro de vinilideno	Solvay Polymers
Solithane	Prepolímeros de uretano	Thiokol Chemical mCorp.
Sonite	Compuesto de resina epoxi	Smooth-On, Inc.
Spandal	Estratos de uretano rígidos	Baxenden Chemical Co.
Spandofoam	Tablas y baldosas de espuma de uretano rígido	Baxenden Chemical Co.
Spancloplast	Tablas y baldosas de poliestireno expandido	Baxenden Chemical Co.
Spectran	Poliéster	Monsanto Textiles Co.
Spenkel	Resinas poliuretano	Spencer Kellogg Div., Textron Inc.
Starez	Resina poliacetato de vinilo	Standard Brands Chemical Ind., Inc.
Structoform	Compuestos moldeado de lámina	Fiberite Corp.
Stryton	Nilón	Phillips Fibers Corp.
Stylafoam	Lámina poliestireno recubierta	Gilman Brothers Co.
Stypol	Poliésteres	Freeman Chemical Corp., Div. H.H. Robertson Co.
Styrafil	Poliestireno reforzado con fibra de vidrio	AKZO Engineering
Styroflex	Película poliestireno orientada biaxialmente	Natvar Corp.
Styrofoam	Espuma poliestireno	Dow Chemical Co.
Styrolux	Poliestireno	Westlake Plastics Co.
Styropor	Poliestireno expandido	BASF
Styron	Resina poliestireno	Dow Chemical Co.
Styronol	Estireno	Allied Resinous Products, Inc.
Sulfasar	Polisulfona reforzada con fibra de vidrio	Fiberfil Div., Dart Industries, Inc.
Sulfil	Polisulfona reforzada con fibra de vidrio	AKZO Engineering
Sunion	Resina poliamida	Sun Chemical Corp.
Super Aeroflex	Polietileno lineal	Anchor Plastic Co.

Marca registrada	Polímero	Fabricante
Super Coilife	Resina rellenado epoxídica	Westinghouse Electric Corp.
Super Dylan	Polietileno de alta densidad	Sinclair-Koppers Co.
Superflex	Poliestireno alto-impacto injertado	Gordon Chemical Co.
Superflow	Poliestireno	Gordon Chemical Co.
Sur-Flex	Película ionómero	Flex-O-Glass, Inc.
Surlyn	Resina ionómero	E.I. du Pont de Nemours & Co.
Syn-U-Tex	Urea-formaldehído y melamina-formaldehído	Celanese Resins Div. Celanese Coatings Co.
Syntex	Resinas de éster de poliuretano y alquilo	Celanese Resins Div., Celanese Coatings Co.
Syretex	Resinas de alquido estirenado	Celanese Resins Div., Celanese Coatings Co.
TanClad	Plastisol pulverizado o inmersión	Tamite Industries, Inc.
Tedlar	Película de PVF	E.I. du Pont de Nemours & Co.
Tedur	Sulfuro polifenileno reforzado	Miles
Teflon	Resinas de fluorocarbono FEP y TFE	E.I. du Pont de Nemours & Co.
Tefzel	PE-TFE	DuPont
TempRite	PVC para tuberías	BF Goodrich Eastman Chemical Products, Inc.
Tenite	Compuestos PE y celulósicos	
Tenn Foam	Espuma de poliuretano	Morristown Foam Corp.
Tere-Cast	Compuestos de colada poliéster	Sterling Div. Reichhold Chemicals, Inc.
Terucello	Carboximetilcelulosa	Showa Highpolymer Company
Tetra-Phen	Resinas tipo fenólico	Georgia-Pacific Corp. Chemical Div.
Tetra-Ria	Resinas tipo amino	Georgia-Pacific Corp. Chemical Div.
Tetraloy	Compuestos de moldeo de TFE cargados	Whitford Chemical Corp.
Tetran	Politetrafluoroetileno	Pennwalt Corp.
Texalon	Acetal y nilón	Texapol
Texin	Compuesto de moldeo elastómero de uretano	Miles
Textolite	Estratos industriales	General Electric Co., Laminated Products Dept.
Thermalux	Polisulfona	Westlake Plastics Co.
Thermasol	Plastisoles y organisoles de vinilo	Lakeside Plastics International
Thermco	Poliestireno expandido	Holland Plastics Co.
Thermocomp AE	ABS reforzado	Thermofil
Thermocomp	Nilón reforzado	LNP
Thorane	Espuma poliuretano rígida	Dow Chemical Co. Amercoat Corp.

Marca registrada	Polímero	Fabricante
T-Lock	Material en lámina de PVC	Amoco
Torlon	Poliamida-imida	Performance Products
TPX	Polimetil penteno	Mitsue Petrochemical Industries
Tran-Stay	Película poliéster plana	Transilwrap Co.
Transil GA	Láminas acetato prerrecubiertas	Transilwrap Co.
Tri-Foil	Hoja de aluminio revestida con TFE	Tri-Point Industries, Inc.
Trilon	Politetrafluoroetileno	Dynamit Nobel of America, Inc.
Triocel	Acetato	Celanese Fibers Marketing Co.
Trolen (serie)	Láminas polietileno y polipropileno	Dynamit Nobel of America, Inc.
Trolitan (serie)	Compuestos fenol-formaldehído; boro	Dynamit Nobel of America, Inc.
Trolitrax	Estratos industriales	Dyanmit Nobel of America, Inc.
Trosifol	Película de polibutiral vinilo	Dynamit Nobel of America, Inc.
Tuffak	Policarbonato	Rohm & Haas Co.
Tuftane	Película y lámina de poliuretano	BF Goodrich Chemical Co.
Tybrene	Acrilonitrilo-butadieno-estireno	Dow Chemical Co.
Tynex	Filamentos de poliamida	E.I. du Pont de Nemours & Co.
Tyril	Resina de estireno-acrilonitrilo	Dow Chemical Co.
Tyrilfoam	Espuma estireno-acrilonitrilo	Dow Chemical Co.
Tyrin	Polietileno clorado	Dow Chemical Co.
Udel	Polímeros de sulfona	Amoco Performance Products
U-Thane	Uretano de material para cartón de aislamiento rígido	Upjohn Co., CPR Div.
Ufomite	Resinas de urea y melamina	Rohm & Haas Co.
Ultem	Polieterimida	GE Plastics
Ultradur	Poliéster termoplástico	BASF
Ultraform	Acetal	BASF
Ultramid	Poliamida 6;6,6; y 6,10	BASF Wyandotte Corp.
Ultrapas	Compuestos de melamina-formaldehído	Dyanmit Nobel of America, Inc.
Ultrathene	Resinas y copolímeros de etileno-acetato de vinilo	U.S. Industrial Chemicals Co.
Ultron	Película y lámina de PVC	Monsanto Co.
Unifoam	Espuma de poliuretano	William T. Burnett & Co.
Unipoxi	Adhesivos, resinas epoxi	Kristal Kraft, Inc.
Urafil	Poliuretano reforzado con fibra de vidrio	Fiber Div. Dart Industries, Inc.
Uraglas	Poliuretano reforzado con fibra de vidrio	Fiber Div. Dart Industries, Inc.
Uralite	Compuestos de uretano	Rezolin Div. Hexcel Corp.
Uramol	Compuestos moldeado de urea-formaldehído	Gordon Chemicals Co.
Urapc	Sistemas de uretano rígido	North American Urethanes, Inc.
Urapol	Recubrimiento elastomérico de uretano	Poly Resins
Uvex	Lámina de acetato butirato de celulosa	Eastman Chemical Products, Inc.
Valite	Compuesto moldeado fenólico	Valite General Electric Co.
Valox	Poliéster termoplástico	Valchem Div.,
Valsof	Emulsiones de polietileno	United Merchants & Mifrs, Inc.
Vandar	Aleación PBT	Hoechst Celanese
Varcum	Resinas fenólicas	Reichhold Chemicals, Inc.
Varex	Resinas poliéster	McCloskey Varnish Co.
Varkyd	Resinas alquídicas y de alquido modificado	McCloskey Varnish Co.
Varkyclane	Vehículos uretano	McCloskey Varnish Co.
Varsil	Fibra vidrio revestida con silicona	New Jersey Wood Finishing Co.
V del	Resinas polisulfona	Union Carbide Corp.
Vectra	Fibras de polipropileno	Exxon Chemical USA
Velene	Estrato de espuma de estireno	Scott Paper Co., Foam Division
Velon	Películas y láminas	Firestone Plastics Co., Div. Firestone Tire & Rubber Co.
Versel	Poliéster termoplástico	Allied Chemical Corp.
Versi-Ply	Películas coextruidas	Pierson Industries, Inc.
Vestamid	Nilón 6/12	Huels America
Vibrathane	Elastómero de poliuretano	Uniroyal, Inc.
Vibrin-Mat	Compuesto de moldeado de vidrio-poliéster	Marco Chemical Div.,W.R. Grace & Co.
Vibro-Flo	Polvos de recubrimiento de epoxi y poliéster	Armstrong Products Co.
Vinoflex	Resinas de PVC	BASF Wyandotte Corp.
Vista	Resinas de vinilo	Vista
Vitel	Resina de poliéster	Goodyear Tire & Rubber Co., Chemical Div.
Vithane	Resinas poliuretano	Goodyear Tire & Rubber Co., Chemical Div.

Marca registrada	Polímero	Fabricante
Vituf	Resina de poliéster	Goodyear Tire & Rubber Co., Chemical Div.
Volara	Espuma polietileno de baja densidad de célula cerrada	Voltek, Inc.
Volaron	Espuma polietileno de baja densidad de célula cerrada	Voltek, Inc.
Volasta	Espuma polietileno media densidad de célula cerrada	Voltek Inc.
Voranol	Resinas poliuretano	Dow Chemical Co.
Vult-Acet	Látex poliacetato de vinilo	General Latx & Chemical Corp.
Vultafoam	Sistemas espuma de uretano	General Latex & Chemical Corp.
Vultathane	Recubrimientos de uretano	General Latex & Chemical Corp.
Vycron	Poliéster	Beaunit Corp.
Vidyne	Nilón 6/6	Monsanto
Vygen	Resina de PVC	General Tire & Rubber Co., Chemical/Plastics Div.
Vynaclor	Recubrimientos y aglutinantes de emulsión de cloruro de vinilo	National Starch & Chemical Corp.
Vynaloy	Lámina de vinilo	BF Goodrich Chemical Co.
Vyram	Materiales PVC rígido	Monsanto Co.

Marca registrada	Polímero	Fabricante
Weldfast	Adhesivos de epoxi y poliéster	Fibercast Co.
Wellamid (serie)	Resina moldeado poliamida 6 y 6,6	Wellman, Inc. Plastics Div.
Well-A-Meld	Resinas de nilón reforzadas	Wellman, Inc.
Westcoat	Recubrimientos extraíbles	Western Coating Co.
Whirlclad	Recubrimientos de plástico	Polymer Corp.
Whitcon	Lubricantes fluoroplásticos	Whitford Chemical Corp.
Wicaloid	Emulsiones de estireno-butadieno	Wica Chemicals Div. Ott Chemical Co.
Wicaset	Emulsiones poli-acetato de vinilo	Wica Chemicals Div, Ott Chemical Co.
Wilfex	Plastisoles de vinilo	Flexible Products Co.
Xenoy	PBT	
Xylon	Poliamida 6 y 6,6	GE Plastics
Zantrel	Rayón	Fiberfil Div., Dart Industries, Inc.
Zefran	Acrílico, nilón poliéster	American Enka Co.
Zelux	Películas polietileno	Dow Badsche Co.
Zendel	Películas polietileno	Union Carbide Corp. Chemicals & Plastics D
Zerion	Copolímero acrílico y estireno	Union Carbide Corp.
Zetafin	Resinas copolí-mero de etileno	Chemicals & Plastics Div.
Zytel	Nilón	Dow Chemical Co. Dow Chemical Co. E.I. du Pont de Nemours & Co.

Apéndice D

Identificación de materiales

Identificación de los plásticos

Los plásticos son materiales complejos. Su identificación no es una labor sencilla ya que pueden contener varios polímeros además de otros ingredientes, como cargas. La insolubilidad de algunos plásticos complica aún más las cosas. Así pues, una correcta identificación requiere herramientas y técnicas complejas.

Los estudiantes o consumidores tal vez tengan que identificar un plástico para conseguir una pieza de recambio o adquirir una pieza nueva. Las pruebas de laboratorio pueden servir para determinar los ingredientes de un material desconocido. Los métodos que se exponen en este apéndice pretenden dar pautas para identificar fácilmente los tipos básicos de polímeros. No se incluyen métodos de identificación que impliquen instrumentos complejos.

Entre los procedimientos más sofisticados se incluye el análisis de espectroscopia de infrarrojo, el único método de precisión usado para obtener la identificación cuantitativa de polímeros desconocidos. Otro método enormemente complejo y costoso es la difracción de rayos X, que se emplea para identificar compuestos cristalinos sólidos.

Métodos de identificación

Existen cinco métodos de identificación generales para los plásticos:

1. Marca registrada
2. Aspecto
3. Efectos del calor
4. Efectos de disolventes
5. Densidad relativa

Marcas registradas

El gran número de marcas registradas que se utiliza hoy en día sirve para identificar el producto de un fabricante o productor. Las marcas registradas pueden aplicarse al producto o al material plástico. En cualquiera de los dos casos, sirven como referencia para identificar los plásticos. Consulte en el apéndice C las marcas registradas de materiales plásticos presentes en el mercado.

Si se conoce la marca registrada, el proveedor o el fabricante puede ser la fuente de información más fiable sobre el tipo de plástico, sus ingredientes, los aditivos que incluye o sus propiedades físicas. Aunque los números de partida o de lote pueden variar, el proveedor conocerá básicamente la información esencial necesaria. Como en el caso de la gasolina, los aditivos pueden diferir en cada familia de plásticos fabricada.

Aspecto

El aspecto físico o visual puede dar una pista para identificar los materiales plásticos. Es más difícil identificar los plásticos como materia prima, sin mezclar o en pelets o granzas, que los productos acabados. Los termoplásticos se producen generalmente en forma de polvo, granulados o en granzas. Los materiales termoendurecibles se suelen obtener como polvos, preformas o resinas.

El método de fabricación y la aplicación del producto también describen a un plástico. Habitualmente, los materiales termoplásticos se extruyen o se someten a conformado por inyección, calandrado, moldeo por soplado y moldeo al vacío. El polietileno, el poliestireno y los celulósicos se suelen emplear en la industria de recipientes y envasados. Las sustancias químicas y los disolventes fuertes se suelen guardar en contenedores de polietileno. Sustancias como polietileno, politetrafluoroetileno, poliacetales y poliamidas tienen un tacto ceroso característico.

Los plásticos termoendurecibles se suelen moldear por compresión o transferencia, colar o estratificar. Algunos termoestables no están reforzados, mientras que otros sí. En la tabla D-1 se resumen algunas características de los plásticos.

Efectos del calor

Cuando se calientan muestras de plástico en tubos de ensayo, se pueden identificar los olores característicos de determinados plásticos. La propia manera de quemarse puede dar una pista al respecto. El poliestireno y sus copolímeros desprenden un humo negro (carbono) al quemarse. El polietileno se consume con una llama azul transparente y gotea al fundirse (ver tabla D-2).

El punto de fusión real es otro elemento identificador. Los materiales termoendurecibles no se funden. Algunos termoplásticos, en cambio, funden a menos de 195 °C. También se puede presionar contra la superficie de un plástico con un soplete de soldadura eléctrico. Si el material se ablanda y la punta caliente se hunde, será un termoplástico. Si sigue duro y se carboniza simplemente, se tratará de un termoestable.

El punto de fusión o reblandecimiento se puede observar colocando una pequeña pieza de un termoplástico desconocido sobre una placa eléctrica o un horno. Se debe controlar y registrar cuidadosamente la temperatura. Cuando la muestra se encuentra a unos grados del punto de fusión previsto, se deberá aumentar la temperatura a una velocidad de 1 °C/min.

Un método convencional para someter a prueba los polímeros es el expuesto en ASTM D-2117. Para polímeros que carecen de un punto de fusión definido (como polietileno, poliestireno, acrílicos y celulósicos) o para aquellos que se funden dentro de un amplio intervalo de temperatura de transición, el punto de reblandecimiento Vicat puede ayudar a identificarlos. La prueba del punto de reblandecimiento Vicat se describe en el capítulo 6. Los puntos de fusión de plásticos concretos se muestran en la tabla D-2.

Finalmente, las pruebas de Beilstein y de Lassaigne se basan en los efectos del calor.

Prueba de Beilstein. La prueba de Beilstein es un método simple para determinar la presencia de un halógeno (cloro, flúor, bromo y yodo). Para esta prueba hay que calentar un hilo de cobre limpio en una llama Bunsen hasta que se ponga incandescente. Después se pone en contacto rápidamente el alambre caliente con la muestra de ensayo y se retorna el alambre a la llama. Una llama verde demuestra la presencia de halógeno. Los plásticos que contienen cloro son policlorotrifluoroetileno, policloruro de vinilo, policloruro de vinilideno y otros, que dan positivo en el ensayo de halógeno. Si la prueba es negativa, es posible que el polímero esté compuesto solamente de carbono, hidrógeno, oxígeno o silicio.

Prueba de Lassaigne. Para un análisis químico posterior se puede aplicar el procedimiento de Lassaigne de fusión de sodio.

PRECAUCIÓN: *A pesar de ser muy útil, es un ensayo muy peligroso ya que el sodio es muy reactivo. Deberá realizarse con sumo cuidado.*

Para llevar a cabo la prueba de Lassaigne, hay que colocar cinco gramos de la muestra en un tubo de ignición con 0,1 gramos de sodio. Se calienta el tubo hasta que se descompone la muestra manteniendo el extremo del tubo abierto en dirección opuesta al operario. Mientras el tubo sigue incandescente, se introduce agua destilada y se tritura con un mortero y una maza. Se filtran el carbono y los fragmentos de vidrio mientras la mezcla sigue estando caliente. Se divide el filtrado resultante en cuatro porciones iguales y se utilizan estas porciones para realizar ensayos convencionales para determinar el contenido en nitrógeno, cloro, flúor y azufre.

Efectos de disolventes

Las pruebas para determinar la solubilidad o insolubilidad de los plásticos son métodos sencillos de identificación. Con la excepción de las poliolefinas, los acetales, las poliamidas y los fluoroplásticos, se puede considerar que todos los materiales termoplásticos son solubles a la temperatura ambiente, mientras que los termoendurecibles son resistentes a los disolventes.

PRECAUCIÓN: Al realizar las pruebas de solubilidad no debe olvidarse que las soluciones pueden ser inflamables, desprender gases tóxicos o absorberse a través de la piel, o los tres problemas a un tiempo. Deberán adoptarse las medidas de seguridad pertinentes para resolverlos.

Antes de realizar las pruebas de solubilidad, deberá seleccionarse el disolvente. Para facilitar la identificación de los polímeros y los disolventes que pueden reaccionar molecularmente entre sí, se han asignado números de parámetro de solubilidad a polímeros y disolventes concretos (tabla D-3).

Un polímero deberá disolverse en un disolvente con un parámetro de solubilidad similar o inferior, pero no siempre sucede así debido a la cristalización o los enlaces de hidrógeno.

Al realizar las pruebas de solubilidad, se utilizará una relación de un volumen de la muestra de plástico a veinte volúmenes de disolvente en ebullición o a la temperatura ambiente. Se puede emplear un condensador de reflujo enfriado con agua para recoger el disolvente o reducir al mínimo la pérdida de disolvente durante el calentamiento. En la tabla D-4 se muestran disolventes concretos con plásticos concretos.

Densidad relativa

La presencia de cargas u otros aditivos y el grado de polimerización pueden dificultar la identificación de los plásticos por la densidad relativa. La presencia de cargas y aditivos puede hacer que varíe bastante la densidad relativa de un plástico. Poliolefinas, ionómeros y poliestirenos de baja densidad flotarán en agua (que tiene una densidad relativa de 1,00). Para comparar las densidades relativas de varios materiales concretos, consulte la tabla 6-7.

Tabla D-1. Identificación de plásticos concretos

Plástico	Aspecto	Aplicaciones
ABS	Anillo de tipo metal, duro de tipo estireno cuando se golpea, translúcido	Cubiertas de aparatos y herramientas, paneles de instrumentos, maletas, cajas de embalaje, artículos deportivos.
Acetal	Anillo de tipo metal, duro, tenaz, cuando se golpea, tacto ceroso translúcido	Válvulas de vapor de aerosol, mecheros, cintas transportadoras, fontanería, cremalleras
Acrílicos	Frágil, duro, transparente,	Modelos, vidrieras, cera
Alquidos	Duro, tenaz, frágil, normalmente esponjoso, opaco	Electricidad, pintura
Alilo	Duro, cargado, reforzado, transparente a opaco	Electricidad, agentes de sellado
Aminos	Duro, frágil, opaco con cierta translucidez	Botones de aparatos, tapones de botellas, diales, mangos
Celulósicos	Varía; tenaz, transparente	Explosivos, tejidos, envases, productos farmacéuticos, mangos, juguetes
Poliésteres clorados	Tenaz, translúcido u opaco	Electricidad, equipo de laboratorio, fontanería
Epóxidos	Duro, mayormente cargado, reforzado, transparente	Adhesivos, colada, acabados
Fluoroplásticos	Tenaz, tacto ceroso, translúcido	Recubrimientos antiadherentes, cojinetes, juntas elásticas, sellos, electricidad
Ionómeros	Tenaz, resistente al impacto, transparente	Contenedores, revestimientos de papel, gafas de seguridad, blindajes, juguetes
Plásticos de barrera de nitrilo	Tenaz, transparente, resistente al impacto	Envasado
Fenólicos	Duro, frágil, cargado, reforzado, transparente	Adhesivos, bolas de billar, mangos, polvos de moldeado
Óxido de fenileno	Tenaz, duro, generalmente cargado, reforzado, opaco	Carcasas de aparatos, consolas, electricidad, respiradores

Tabla D-1. Identificación de plásticos concretos (cont.)

Plástico	Aspecto	Aplicaciones
Poliamidas	Tenaz, tacto ceroso, translúcido	Peines, picaportes, espolvoreadores, engranajes, asientos de válvula
Éter poliarílico	Resistente al impacto, de tipo policarbonato, translúcido a opaco	Aparatos, pintura de coches, electricidad
Poliaril sulfona	Tenaz, rígido, opaco, de tipo policarbonato	Usos a alta temperatura en aeronáutica, industria y bienes de consumo.
Policarbonato	De tipo estireno, tenaz, anillo de tipo metal cuando se golpea, translúcido	Dispensadores de bebidas, películas, lentillas, accesorios de luz, aparatos pequeños, parabrisas
Poliéster aromático	Rígido, tenaz, opaco	Revestimientos, aislamientos, transistores
Poliéster termoplástico	Duro, tenaz, opaco	Botes de bebida, envases, fotografía, cintas, etiquetas
Poliéster insaturado	Duro, frágil, cargado, transparente	Muebles, pantallas de radar, equipo deportivo, tanques, bandejas,
Poliolefinas	Tacto ceroso, tenaz, blando, translúcido	Alfombras, sillas, platos, jeringuillas médicas, juguetes
Sulfuro de polifenileno	Rígido, duro, opaco	Cojinetes, engranajes, revestimientos
Poliestireno	Frágil, marcas doblez blancas, anillo de tipo metal, cuando se golpea, transparente	Embalaje de burbujas, tampones de botella, platos, lentillas, mostradores transparentes
Polisulfona	Rígido, de tipo policarbonato, transparente a opaco	Aeroespaciales, tapa de distribuidor, equipo de hospitales, cabezales rociadores
Siliconas	Tenaz, duro, cargado, reforzado, algo flexible, opaco	Órganos artificiales, grasas, tintas, moldes, pulidos, plastilina, impermeables
Uretanos	Coladas correosas, sobre todo espumas, flexible, opaco	Amortiguadores, cojines, hilos elásticos, aislantes, esponjas, llantas
Vinilos	Tenaz, algo flexible, transparente	Pelotas, muñecas, cubiertas para suelos, mangueras de riego, impermeables, losetas, papel de decorar

Tabla D-2. Prueba de identificación de plásticos seleccionados

Termoplástico	Quemado con llama, peligro de humo y llama	Olor y peligro respiración	P.f. °C
ABS	Llama amarilla, humo negro, gotea, continúa quemándose	Caucho, acre, penetrante	100
Acetal	Llama azul, sin humo, gotea, se funde, puede quemarse, continúa quemándose	Formaldehído	181
Acrílico	Llama azul, punta amarilla, ceniza blanca, humo negro, sonido de chispas, chisporrotea, sigue quemándose	Fruta, flores	105
Acetato de celulosa	Llama amarilla o amarillo anaranjado a verde, se funde, gotea, sigue quemándose, humo negro	Azúcar quemada, ácido acético, papel quemado	230
Acetato butirato de celulosa	Llama azul, punta amarilla, echa chispas, se derrite, gotea, pueden quemarse las gotas, continua quemándose	Alcanfor, mantequilla rancia	140
Etil celulosa	Llama amarillo claro a azul verdoso con borde azul, se derrite, gotea, las gotas se queman	Madera quemada, azúcar quemada	135
Etilen propileno fluorado	Se derrite, se descompone, emisión de gases venenosos	Ligeramente ácido o cabello quemado. NO INHALAR	275
Ionómero	Llama amarilla con borde azul, continúa quemándose, algo de negro, se funde, burbujas, se queman las gotas	Parafina	110
Fenoxi	Se quema, no gotea	Ácido	93
Polialómero	Llama amarilla o amarillo-anaranjada, bordes azules, continúa quemándose, humo negro, se derrite transparente, chisporrotea, las gotas se queman	Parafina	120

Tabla D-2. Prueba de identificación de plásticos seleccionados (cont.)

Termoplástico	Quemado con llama, peligro de humo y llama	Olor y peligro respiración	P.f. °C
Poliamidas 6,6	Llama azul, punta amarilla, se derrite y gotea, autoextinguible, forma espuma	Madera o cabello quemados	265
Policarbonato	Se descompone, se carboniza, autoextinguible, humo negro denso, chisporrotea llama naranja	Característico, dulce, compare una muestra conocida	150
Policlorotrifluoroetileno	Llama amarilla, no soporta la combustión	Ligero, emisiones ácidas. NO INHALAR	220
Polietileno	Llama azul, punta amarilla, se pueden quemar las gotas, zona caliente transparente, se quema rápidamente, continúa quemándose	Parafina	110
Poliimidas	Se carboniza, frágil, llama azul		300
Óxido de polifenileno	Llama amarilla a amarillo-anaranjada, no gotea, chisporrotea, difícil de quemar, humo negro espeso, se descompone	Parafina, fenol	105
Polipropileno	Llama azul, gotea, zona caliente transparente, se quema lentamente, trazas de humo blanco, se derrite, se hincha	Pesado, dulce, parafina, asfalto en combustión	176
Polisulfonas	Llama amarilla o naranja, humo negro, gotea, autoextinguible, echa chispas, se descompone	Ácido	200
Poliestireno	Llama amarilla, humo denso, masa de carbón en el aire, gotea, continúa quemándose, burbujas	Gas de iluminación, dulce, caléndula, flores	100
Politetrafluoroetileno	Llama amarilla, ligeramente verde cerca de la base, no soporta la combustión, autoextinguible, se pone transparente	Ninguno. NO INHALAR	327
Poliacetato de vinilo	Llama amarilla, humo negro, chisporrotea, continúa quemándose, algo de hollín, verde en ensayo de alambre de cobre	Vinagre, ácido acético	60
Polialcohol vinílico	Amarillo, humeante	Desagradable, dulce	105
Policloruro de vinilo	Llama amarilla, verde en los bordes, humo negro o gris, se chamusca, autoextinguible, deja cenizas	Ácido clorhídrico	75
Polifluoruro de vinilo	Amarillo claro	Ácido	230
Policloruro de vinilideno	Amarillo con la base verde, chisporrotea humo verde, humeante, autoextinguible	Pungente	210
Caseína	Llama amarilla, se quema al contacto de la llama, se chamusca	Leche quemada	
Ftalato de dialilo	Llama amarilla, borde verde azulado, autoextinguible	Ácido	
Epoxi	Llama amarilla, algo de hollín, chisporrotea humo negro, se chamusca, continúa quemándose	Fenol fenólico, ácido	
Formaldehído de melamina	Difícil de quemar, autoextinguible, se hincha, se agrieta, llama amarilla, base azul verdosa, se pone blanco	Formaldehído de tipo pescado	
Fenólico	Se agrieta, se deforma, difícil de quemar, autoextinguible, llama amarilla, poco humo negro	Fenol fenólico	
Poliéster	Llama amarilla, borde azul, cenizas y perlas negras, sigue quemándose, humo negro y denso, no gotea	Dulce, amargo-dulce, carbón quemado	
Poliuretano	Amarilla con base azul, humo negro espeso, chisporrotea, puede derretirse y gotear, continúa quemándose	Ácido	
Silicona	Llama blanco-amarilla brillante baja, humo negro, ceniza blanca, sigue quemándose	Ninguno	
Urea formaldehído	Llama amarilla con borde verde azulado, autoextinguible	Tortas	

Si no se dispone de una columna de gradiente, ciertas soluciones de densidad conocida pueden proporcionar bastantes datos. Se mezclan las soluciones de agua destilada y nitrato cálcico y se miden con hidrómetros de tipo técnico hasta obtener la densidad relativa deseada. Para densidades inferiores a la del agua (1,00) se puede utilizar alcohol isopropílico. El alcohol isopropílico totalmente concentrado tiene una densidad relativa de 0,92. Al añadir cantidades reducidas de agua destilada, se puede elevar este valor.

Si un plástico flota en una solución con una densidad relativa de 0,94, puede ser un plástico de polietileno de densidad media o baja. Si la muestra flota en una solución de 0,92, puede tratarse de polietileno de baja densidad o polipropileno. Si se hunde en todas las soluciones por debajo de una densidad relativa de 2,00, la muestra será un plástico de fluorocarbono.

Se pueden almacenar todas las soluciones en contenedores limpios para volverlas a utilizar; no obstante, la densidad de las soluciones deberá ser comprobada durante el procedimiento de ensayo. Factores como la temperatura y la evaporación pueden cambiar radicalmente el valor de la densidad relativa.

La relación resistencia-masa de un plástico también puede ayudar a identificarlo. Normalmente, los plásticos pesan considerablemente menos en relación con su volumen que los metales y muchos otros materiales. Los plásticos expandidos estructurales reforzados con una densidad de 550 kg/m^3 y una resistencia a la tracción de 700 MPa podrían tener una relación de resistencia a masa de 550 kg/m^3 [700 MPa] = 1,272. El acero, con una resistencia a la tracción de 2.000 MPa y una densidad de 7.750 kg/m^3, tendría una relación de 0,258. Estas relaciones se utilizan a veces en criterios de diseño.

Tabla D-3. Parámetros de solubilidad de disolventes y plásticos determinados

Disolvente	Parámetro de solubilidad
Agua	23,4
Alcohol metílico	14,5
Alcohol etílico	12,7
Alcohol isopropílico	11,5
Fenol	14,5
Alcohol n-butílico	11,4
Acetato de etilo	9,1
Cloroformo	9,3
Tricloroetileno	9,3
Cloruro de metileno	9,7
Dicloruro de etileno	9,8
Ciclohexanona	9,9
Acetona	10,0
Acetato de isopropilo	8,4
Tetracloruro de carbono	8,6
Tolueno	9,0
Xileno	8,9
Metil isopropil cetona	8,4
Ciclohexano	8,2
Trementina	8,1
Acetato de metil amilo	8,0
Metil ciclohexano	7,8
Heptano	7,5

Plástico	Parámetro de solubilidad
Politetrafluoroetileno	6,2
Polietileno	7,9–8,1
Polipropileno	7,9
Poliestireno	8,5–9,7
Poliacetato de vinilo	9,4
Polimetacrilato de metilo	9,0–9,5
Policloruro de vinilo	9,38–9,5
Policarbonato de bisfenol A	9,5
Policloruro de vinilideno	9,8
Politereftalato de etileno	10,7
Nitrato de celulosa	10,56–10,48
Acetato de celulosa	11,35
Epóxido	11,0
Poliacetal	11,1
Poliamida 6,6	13,6
Cumarona indeno	8,0–10,6
Alquido	7,0–11,2

Tabla D-4. Identificación de plásticos concretos por métodos de ensayo con disolvente

Plástico	Acetona	Benceno	Alcohol furfurílico	Tolueno	Disolventes especiales
ABS	Insoluble	Parcialmente soluble	Insoluble	Soluble	Dicloruro de etileno
Acrílico	Soluble	Soluble	Parcialmente soluble	Soluble	Dicloruro de etileno
Acetato de celulosa	Soluble	Parcialmente soluble	Soluble	Parcialmente soluble	Ácido acético
Acetato-butirato de celulosa	Soluble	Parcialmente soluble	Soluble	Parcialmente soluble	Acetato de etilo
Fluorocarbono	Insoluble (la mayoría)	Insoluble	Insoluble	Insoluble	Dimetilacetamida (no FEP-TFE)
Poliamida	Insoluble	Insoluble	Insoluble	Insoluble	Etanol acuoso caliente
Policarbonato	Parcialmente soluble	Parcialmente soluble	Insoluble	Parcialmente soluble	Benceno-tolueno caliente
Polietileno	Insoluble	Insoluble	Insoluble	Insoluble	Benceno-tolueno caliente
Polipropileno	Insoluble	Insoluble	Insoluble	Insoluble	Benceno-tolueno caliente
Poliestireno	Soluble	Soluble	Parcialmente soluble	Soluble	Dicloruro de metileno
Acetato de vinilo	Soluble	Soluble	Insoluble	Soluble	Ciclohexanol
Cloruro de vinilo	Soluble	Insoluble	Insoluble	Parcialmente soluble	Ciclohexanol

Apéndice E

Termoplásticos

Es conveniente estar familiarizado con los plásticos termoplásticos. En este apéndice se indican las propiedades y aplicaciones más destacadas de cada uno de estos plásticos, ya que las propiedades de un plástico influyen en el diseño del producto, el tratamiento, la economía y el servicio.

En este apéndice se tratan los siguientes grupos individuales de termoplásticos:

- acetales (poliacetales)
- acrílicos
- acrílico-estireno-acrilonitrilo
- acrilonitrilo-polietileno estireno clorado
- celulósicos
- poliéteres clorados
- plásticos de cumarona - indeno
- ácido etilénico
- etileno-acrilato de etil
- etileno- acrilato de metilo
- etileno-acetato de vinilo
- fluoroplásticos
- ionómeros
- plásticos de barrera de nitrilo
- fenoxi
- polialómeros
- poliamidas
- poliarilsulfona
- poliéter éter cetona
- polieterimida
- policarbonatos
- éter polifenilénico
- polimetilpenteno
- poliolefinas
- polióxidos de fenileno
- poliestireno
- polisulfonas
- polivinilos
- estireno-anhídrido maleico
- estireno-plásticos de butadieno
- poliésteres termoplásticos
- poliimidas termoplásticas

Plásticos de poliacetal (POM)

Un gas altamente reactivo, formaldehído (CH_2O), puede polimerizarse de una serie de formas. El formaldehído, o *metanal*, es la forma más simple del grupo de sustancias químicas de tipo aldehído. La terminación de los aldehídos en *al* se deriva de la primera sílaba de aldehído.

Los polímeros simples a base de formaldehído se conocen desde 1859. En 1960, DuPont lanzó al mercado el primer poliformaldehído. El polímero poliformaldehído (poliacetal) es básicamente una estructura molecular larga, altamente cristalina y lineal. El término *acetal* se refiere al átomo de oxígeno que se une a las unidades que se repiten de la estructura de polímero. Polioximetileno (POM) es el término químico correcto para este polímero. Acetal es un término genérico.

Se emplea una serie de iniciadores o catalizadores para polimerizar la resina de poliacetal básica incluyendo ácidos, bases, compuestos metálicos, cobalto y níquel.

La estructura del poliacetal es:

$$H\text{-}O\text{-}(CH_2\text{-}O\text{-}CH_2\text{-}O)n H : R$$
$$OR$$

$$n \underset{H}{\overset{H}{C}} = O \rightarrow CH_2\ CH_2\ CH_2\ CH_2\ CH_2\ CH_2\ R$$

R = *Éter o Éster*

El plástico poliformaldehído más conocido es la estructura lineal de oximetileno con grupos terminales unidos. No obstante, existen numerosos polímeros misceláneos derivados de aldehído.

La resistencia térmica y química aumenta al unirse ésteres y éteres como grupos terminales. Tanto los ésteres como los éteres son relativamente inertes a la mayoría de los reactivos químicos. Son químicamente compatibles en reacciones químicas orgánicas.

H-O-H	R-O-R	R-C(=O)-OH	R-C(=O)-OR
Agua	*Éter*	*Ácido carboxílico*	*Éster*

Estas fórmulas presentan algunas de las relaciones estructurales entre agua, éteres, ácidos carboxílicos y ésteres.

La condensación y longitudes de enlace cortas son típicas de los poliacetales y proporcionan material dimensionalmente estable, rígido y duro. Los poliacetales tienen una alta resistencia a las sustancias químicas orgánicas y un amplio intervalo de temperatura (fig. E-1).

Los poliacetales se pueden fabricar fácilmente, ofrecen propiedades que no se encuentran en los metales y son competitivos en cuanto a los costes y su rendimiento con respecto a muchos metales no ferrosos. Son similares a las poliamidas en muchos sentidos. Los acetales proporcionan una mayor resistencia a la fatiga, resistencia de fluencia, rigidez y resistencia al agua. Se encuentran entre los termoplásticos más fuertes y rígidos y se pueden cargar para conseguir una mayor estabilidad dimensional, resistencia a la abrasión y mejores propiedades eléctricas (fig. E-2).

A temperatura ambiente, son resistentes a la mayoría de las sustancias químicas, manchas y disolventes orgánicos, como té, zumo de remolacha, aceites y detergentes domésticos, pero el café caliente suele mancharlo. Su resistencia a ácidos fuertes, álcalis fuertes y agentes oxidantes es escasa. La copolimerización y la carga mejora la resistencia química del material.

La resistencia térmica y a la humedad son características de los polímeros acetal, por lo que se utilizan para accesorios de fontanería, rotores de bomba, cintas transportadoras, válvulas de vapor de aerosol y cabezales de ducha.

Los acetales se deben proteger frente a una exposición prolongada a luz ultravioleta, que causa la carbonización de la superficie, reduce la masa molecular y produce una lenta degradación. La pintura, chapado y/o carga con negro de carbono o sustancias químicas absorbentes de ultravioleta sirven para proteger los productos de acetal de uso en exteriores.

Fig. E-1. Este picaporte de automóvil hecho con poliacetal seguirá fuerte y mantendrá su acabado brillante a pesar de estar expuesto a la intemperie y a los rayos ultravioletas del sol. (DuPont Co.).

Fig. E-2. Las piezas que componen un videocasete están moldeadas con plásticos de acetal. (DuPont Co.).

Los acetales se pueden obtener en forma de pelets o en polvo para su tratamiento en moldeado por inyección convencional, moldeado por soplado y máquinas de extrusión. Teniendo en cuenta la estructura altamente cristalina de los poliacetales no es posible obtener una película ópticamente transparente. La persona que los manipule deberá mantener una ventilación adecuada, ya que al degradarse a alta temperatura, los acetales liberan un gas tóxico y potencialmente letal. En la tabla E-1 se exponen las propiedades más importantes de los plásticos acetal. A continuación, se enumeran seis ventajas y seis inconvenientes de estos materiales.

Ventajas de los poliacetales

1. Alta resistencia a la tracción con rigidez y firmeza
2. Excelente estabilidad dimensional
3. Superficies moldeadas brillantes
4. Coeficiente de fricción y estático bajo.
5. Retención de las propiedades eléctricas y mecánicas a 120 °C.
6. Permeabilidad al gas y al vapor baja.

Inconvenientes de los poliacetales

1. Escasa resistencia a ácidos y bases
2. Susceptible de degradación por UV
3. Inflamable
4. Inadecuado para el contacto con alimentos
5. Difícil de soldar
6. Tóxico, desprende gases al degradarse.

Acrílicos

En 1901, Otto Rohm publicó gran parte de sus investigaciones que más tarde derivarían en la explotación comercial de los acrílicos. El Dr. Rohm, establecido en Alemania, participó activamente en el nacimiento comercial de los poliacrilatos en 1927. Para 1931, se había creado la Rohm and Haas Company que operaba en los Estados Unidos. La mayoría de estos primeros materiales se utilizaban como recubrimientos o para componentes aeronáuticos. Por ejemplo, se utilizaban los acrílicos para parabrisas y torres de burbujeo en aviones durante la segunda guerra mundial. A partir de estos primeros compuestos ha crecido un extenso grupo de monómeros cuyas aplicaciones comerciales se amplían constantemente.

El término *acrílico* incluye ésteres, ácidos acrílicos y metacrílicos y otros derivados. En la tabla E-2 se muestran los principales monómeros de ácido y éster. Para evitar posibles confusiones, se muestra la fórmula básica del acrílico con posibles grupos laterales R_1 y R_2, en la figura E-3.

Tabla E-1. Propiedades de los acetales

Propiedad	Acetal (homopolímero)	Acetal (20% de carga de vidrio)
Calidad de moldeado	Excelente	Buena a excelente
Densidad relativa	1,42	1,56
Resistencia tracción, MPa	68,9	58,6–75,8
Resistencia de compresión (10% defl.), MPa	124	124
Resistencia al impacto, Izod, J/mm	0,07(int) 0,115 (ext)	0,04
Dureza, Rockwell	M94, R120	M75–M90
Dilatación térmica (10^{-4}/°C)	20,6	9–20,6
Resistencia al calor, °C	90	85–105
Resistencia dieléctrica, V/mm	14.960	22.835
Constante dieléctrica (60 Hz)	3,7	3,9
Factor de disipación (a 60 Hz)	3,7	3,9
Resistencia arco, s	129	136
Absorción de agua (24 h),%	0,25	0,25–0,29
Velocidad de combustión, mm/min	Lenta a 28	20–25,4
Efecto luz solar	Ligera carbonización	Ligera carbonización
Efecto de ácidos	Cierta resistencia	Cierta resistencia
Efecto de álcalis	Cierta resistencia	Cierta resistencia
Efecto disolventes	Resistencia excelente	Resistencia excelente
Calidad mecanizado	Excelente	Buena a bastante buena
Calidad óptica	Translúcido a opaco	Opaco

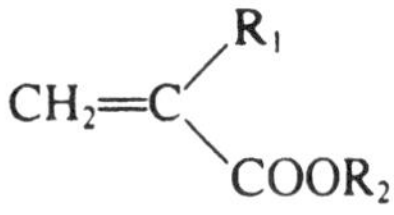

$$CH_2=C\begin{matrix}R_1\\COOR_2\end{matrix}$$

(A) Fórmula básica del acrílico

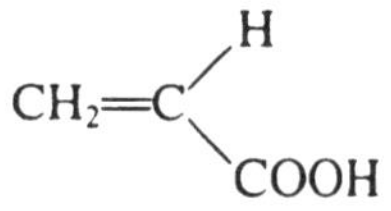

$$CH_2=C\begin{matrix}H\\COOH\end{matrix}$$

(B) El hidrógeno reemplaza a R_1 y R_2 para producir ácido acrílico

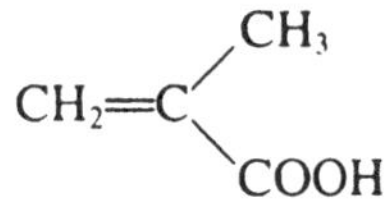

$$CH_2=C\begin{matrix}CH_3\\COOH\end{matrix}$$

(C) El grupo metilo reemplaza a R_1 para producir ácido metacrílico

Fig. E-3. Fórmula del acrílico con dos posibles sustituciones de radicales.

Existen numerosas posibilidades de monómero y métodos de preparación. El más importante consiste en la preparación comercial de metacrilato de metilo a partir de cianhidrina de acetona. Estos homomonómeros y comonómeros se pueden polimerizar a través de diversos métodos comerciales, incluyendo polimerización en bloque, en solución, en emulsión, en suspensión y en granulado. En todos los casos se utiliza un catalizador de peróxido orgánico para iniciar la polimerización. Muchos polvos para moldeado están hechos por métodos de emulsión. La polimerización en bloque se utiliza para colar láminas y perfiles.

La versatilidad de los monómeros acrílico en el tratamiento, la copolimerización y, finalmente, el estado acabado, ha contribuido a su uso generalizado. En la tabla E-3 se ofrecen algunas propiedades básicas de los acrílicos.

El polimetacrilato de metilo es un termoplástico atáctico, amorfo y transparente. Por su alta transparencia (aproximadamente 92%) se utiliza en muchas aplicaciones ópticas (fig. E-4A). Es un buen aislante eléctrico para frecuencias bajas y tiene una buena resistencia a la intemperie (fig. E-4B). Las señales publicitarias de exterior ofrecen un ejemplo conocido de acrílico.

El polimetacrilato de metilo es un material normal para las lentes y cubiertas de las luces traseras de los coches (fig. E-4C). Este material se utiliza en los parabrisas y cubiertas de cabina de los aviones y de los helicópteros.

El polimetacrilato de metilo se puede producir a través de cualquiera de los procesos habituales para termoplásticos. Se puede fabricar por cementado con disolvente y también son comunes las láminas coladas y extruidas y las formas de perfiles. Las formas en lámina se utilizan para mamparas y tragaluces, y como sustituto del vidrio en ventanas. También se emplea mucho en la industria de pinturas en forma de emulsión (fig. E-4D). Los acrílicos en emulsión son conocidos como encerados de suelos transparentes, duros y brillantes. Existen numerosos tipos de adhesivos con acrílico, de diversos usos y propiedades. Son transparentes y pueden obtenerse a base de disolvente (secado al aire), aplicarse en estado fundido o ser sensibles a la presión. En la figura E-5 se muestra un agente de sellado acrílico que se aplica directamente a un marco de ventana de aluminio engrasado bajo agua.

Tabla E-2. Monómeros de ácido y éster principales

Ácido acrílico	Acrilato de metilo	Acrilato de etilo	Acrilato de n-butilo	Acrilato de isobutilo	Acrilato de 2-etilhexilo
$CH_2=CHCOOH$	$CH_2=CHCOOCH_3$	$CH_2=CHCOOC_2H_5$	$CH_2=CHCOOC_4H_9$	$CH_2=CHCOOCH_2CH(CH_3)_2$	$CH_2=CHCOOCH_2CH(C_2H_5)C_4H_9$
Ácido metacrílico	Metacrilato de metilo	Metacrilato de etilo	Metacrilato de n-butilo		Metacrilato de laurilo
$CH_2=CCOOH$ | CH_3	$CH_2=CCOOCH_3$ | CH_3	$CH_2=CCOOC_2H_5$ | CH_3	$CH_2=CCOOC_4H_9$ | CH_3		$CH_2=CCOO(CH_2)_nCH_3$ | CH_3
Metacrilato de estearilo	Metacrilato de 2-hidroxietilo	Metacrilato de hidroxipropilo	Metacrilato de 2-dimetilaminoetilo		Metacrilato de 2-t-butilaminoetilo
$CH_2=CCOO(CH_2)_6CH_3$ | CH_3	$CH_2=CCOOCH_2CH_2OH$ | CH_3	$CH_2=CCOO(C_3H_6)OH_4$ | CH_3	$CH_2=CCOOCH_2CH_2N(CH_3)_2$ | CH_3		$CH_2=CCOOCH_2CH_2NHC(CH_3)_3$ | CH_3

APÉNDICE E: TERMOPLÁSTICOS

Tabla E-3. Propiedades de los acrílicos

Propiedad	Metacrilato de metilo (moldeado)	Copolímero acrilo–PVC (moldeado)	ABS (alta resistencia al impacto)
Calidad de moldeado	Excelente		Buena a excelente
Densidad relativa	1,17–1,20	1,30	1,01–1,04
Resistencia tracción, MPa	48–76	38	30–53
Resistencia de compresión (10% defl.), MPa	83–125	43	30–55
Resistencia al impacto, Izod, J/mm	0,015–0,025	0,75	0,25–0,4*
Dureza, Rockwell	M85–M105	R104	R75–R105
Dilatación térmica ($10^{-4}/°C$)	12–23	12–29	24–33
Resistencia al calor, °C	60–94	60–98	60–98
Resistencia dieléctrica, V/mm	15.800–20.000	15.800	13.800–18.000
Constante dieléctrica (60 Hz)	3,3–3,9	4	2,4–5,0
Factor de disipación (a 60 Hz)	0,04–0,06	0,04	0,003–0,008
Resistencia arco, s	Sin trazas	25	50–85
Absorción de agua (24 h),%	0,1–0,4	0,13	0,20–0,45
Velocidad de combustión, mm/min	Lenta 0,5–30	Incombustible	Lenta a autoextinguible
Efecto luz solar	Ninguno	Ninguno	Amarillea
Efecto de ácidos	Atacado por ácidos oxidantes fuertes	Ligero	Atacado por ácidos oxidantes fuertes
Efecto de álcalis	Atacado	Ninguno	Ninguno
Efecto disolventes	Soluble en cetonas, ésteres e hidrocarburos aromáticos y clorados	Atacado por ésteres de cetonas e hidrocarburos aromáticos y clorados	Soluble en cetonas y ésteres
Calidad mecanizado	Buena a excelente	Excelente	Excelente
Calidad óptica	Transparente a opaco	Opaco	Translúcido

Notas: *A 23 °C, 3 x 12 mmL bar

Se usan láminas reforzadas con vidrio para producir inodoros, lavabos, bañeras y mostradores. Se pueden usar recubrimientos líquidos de protección, conocidos como recubrimientos de gel con refuerzos como material de cubierta. Para los accesorios y muebles de baño de imitación al mármol se usan resinas reforzadas y muy cargadas formuladas para reticularse en una matriz termoendurecible.

Entre las marcas registradas más conocidas del polimetacrilato de metilo se incluyen plexiglás, lucita y acrilita. A continuación, se enumeran las ventajas (11) y los inconvenientes (5) de los acrílicos.

Ventajas de los acrílicos

1. Amplia gama de colores
2. Excelente claridad óptica
3. Ignición lenta, desprende poco humo o nada de humo
4. Excelente resistencia a la intemperie y al ultravioleta
5. Facilidad de fabricación
6. Propiedades eléctricas excelentes
7. No afecta a los alimentos ni al tejido humano
8. Rigidez con buena resistencia al impacto
9. Brillo superior y buen tacto
10. Estabilidad dimensional excelente y baja contracción de molde.
11. El conformado por estirado mejora la tenacidad biaxial

Inconvenientes de los acrílicos

1. Escasa resistencia disolventes
2. Posibilidad de grietas por tensión
3. Combustibilidad
4. Temperatura de servicio continuo limitada de 93°C
5. Falta de flexibilidad

Poliacrilatos

Los poliacrilatos son transparentes, resistentes a las sustancias químicas y a la intemperie y tienen un punto de reblandecimiento bajo. Entre sus aplicaciones se incluyen películas, adhesivos y recubrimientos de superficie para papel y tejidos. Normalmente son composiciones de copolímero. El poliacrilato de etilo puede reticularse para for-

(A) Lentes de contacto

(B) Paneles de edificios

(C) Cubiertas de luces de automóvil

(D) Pinturas de pared

Fig. E-4. Los acrílicos poseen muchas propiedades útiles.

Fig. E-5. Aplicación de un agente de sellado acrílico bajo el agua. (Cabot Corp.).

Se pueden combinar acrílico y policloruro de vinilo (PMMA/PVC) para producir una lámina resistente y tenaz fácilmente termoconformable en señales, bandejas de avión y bancos públicos (fig. E-6).

Poliacrilonitrilo y polimetacrilonitrilo

Los elastómeros y fibras producidos a partir de materiales de poliacrilonitrilo y polimetacrilonitrilo no eran sino simples curiosidades de laboratorio

mar elastómeros termoendurecibles. Los monómeros de poliacrilato se emplean como plastificantes para otros polímeros de vinilo.

Los ésteres acrílicos se pueden obtener a partir de la reacción de cianhidrina de etileno con ácido sulfúrico y un alcohol.

$$HO \cdot CH_2 \cdot CH_2 \cdot CN \xrightarrow[H_2SO_4]{ROH} CH_2 : CH \cdot CO \cdot O \cdot R$$

Fig. E-6. Esta lámina de acrílico termoconformada, colada continua ofrece una resistencia al impacto y a la luz solar superior. (United States Steel).

antes de la segunda guerra mundial. Desde entonces, el uso del acrilonitrilo experimentó una rápida expansión como ingrediente principal de fibras acrílicas. Estos polímeros se copolimerizan y se estiran para orientar la cadena molecular. Orlon y Dynel, clasificadas como *fibras modacrílicas*, contienen menos de un 85% de acrilonitrilo. Las fibras modacrílicas contienen al menos un 35% de unidades de acrilonitrilo. *Fibras acrílicas* como Acrilan, Creslan y Zefran incluyen más de un 85 por ciento de acrilonitrilo.

El poliacrilonitrilo sin modificar es tan sólo ligeramente termoplástico y su moldeado resulta difícil debido a la resistencia de los enlaces de hidrógeno al flujo. Los copolímeros de estireno, acrilatos de etilo, metacrilatos y otros monómeros se extruyen en forma de fibra amorfa. En este aspecto, sin embargo, la fibra es demasiado débil como para tener valor, por lo que se estira para producir un mayor grado de cristalización. La resistencia a la tracción aumenta en gran medida en virtud de esta orientación molecular (Véase plásticos de barrera de nitrilo). Los monómeros de acrilonitrilo y metacrilonitrilo son los siguientes.

$$CH_2=CHCN \qquad CH_2=\underset{CH_3}{\overset{|}{C}}-CN$$

Acrilonitrilo   *Metacrilonitrilo*

Acrílico-estireno-acrilonitrilo (ASA)

El terpolímero de acrílico-estireno-acrilonitrilo puede variar en cuanto a los porcentajes de cada componente para mejorar y ajustarse a unas propiedades específicas. Su excelente brillo superficial lo hace atractivo como cubierta para la coextrusión sobre ABS, PC o PVC. Entre las aplicaciones de exterior se incluyen señales, tubos de bajante, costaneras, equipos recreativos, sobretechos de acampada, cuerpos de ATV y canalones. Este material también se mezcla con PC (ASA/PC) y se alea con PVC (ASA/PVC) y PMMA (ASA/PMMA) para mejorar propiedades específicas. Las mezclas de ASA/PMMA tienen una destacada resistencia a la intemperie, brillo y tenacidad. Se utilizan para producir bañeras para balnearios y aguas termales. (Véase Aleaciones y mezclas).

Acrilonitrilo-butadieno-estireno (ABS)

Los polímeros de ABS son resinas termoplásticas opacas formadas por polimerización de acrilonitrilobutadieno-monómeros de estireno. Dada su diversidad de propiedades, muchos expertos los clasifican como familia de plásticos. No obstante, son terpolímeros (el prefijo «ter-» significa tres) de tres monómeros y no constituyen una familia distinta. Su desarrollo se derivó de las investigaciones sobre el caucho sintético a partir de la segunda guerra mundial. Las proporciones de los tres ingredientes pueden variar para dar lugar a un gran número de características posibles.

Los tres ingredientes son los que se muestran a continuación. El acrilonitrilo es también conocido como cianuro de vinilo y nitrilo acrílico.

$$CH_2=CHCN \qquad CH_2=CH-CH=CH_2$$

$$\underset{Estireno}{\bigcirc-CH=CH_2}$$

A continuación, se muestra una estructura representativa de acrilonitrilo-butadieno-estireno.

Acrilonitrilo-butadieno-estireno

Las técnicas de polimerización de injerto se utilizan generalmente para conseguir distintas calidades de este material. Las resinas son higroscópicas (absorben la humedad). Conviene realizar el secado previo al moldeo. Los materiales de ABS se pueden producir en todas las máquinas de tratamiento para termoplásticos.

Los materiales de ABS se caracterizan por su resistencia a sustancias químicas, calor e impacto. Se utilizan para carcasas de aparatos, maletas ligeras, cuerpos de cámara, tuberías, carcasas de herramientas eléctricas, remates para coches, estuches de batería, cajas de herramientas, cajas de

Fig. E-7. Las carrocerías de estos vehículos eléctricos utilizados por el servicio de correos de los Estados Unidos están hechos de ABS termoplástico. (Borg-Warner Chemicals, Inc.).

embalaje, estuches de radio, armarios y varios componentes para muebles. Pueden formar electrocapas para su uso en automóviles, aparatos y electrodomésticos (fig. E-7).

En la tabla E-3 se enumeran algunas de las propiedades de los materiales de ABS. A continuación, se enumeran nueve ventajas y cinco inconvenientes del ABS.

Ventajas de ABS

1. Facilidad de fabricación y coloración
2. Alta resistencia al impacto con tenacidad y rigidez
3. Buenas propiedades eléctricas
4. Excelente adherencia con recubrimientos metálicos
5. Resistencia a la intemperie bastante buena y brillo superior
6. Facilidad de conformado a través de métodos para termoplásticos convencionales
7. Buena resistencia química
8. Peso ligero
9. Absorción de humedad muy baja.

Inconvenientes de ABS

1. Escasa resistencia a disolventes
2. Sujeto al ataque de materiales orgánicos de baja masa molecular
3. Baja resistencia dieléctrica
4. Solamente son asequibles bajas elongaciones
5. Baja temperatura de servicio continuo

Acrilonitrilo-polietileno clorado-estireno (ACS)

Gracias a su contenido en cloro, este ter-polímero supera al ABS en sus propiedades retardantes de llama, resistencia a la intemperie y temperaturas de servicio. Entre sus aplicaciones se incluyen cubiertas de máquinas de oficina, estuches de aparatos y conectores eléctricos.

Las mezclas ABS/PA tienen una excelente resistencia química y a la temperatura para componentes bajo el capó de automóviles. Las aleaciones de ABS/PC llenan el vacío de precio y rendimiento entre policarbonato y ABS. Entre las aplicaciones típicas se incluyen cubiertas de máquinas de escribir, anillos de farolas, bandejas de comida y carcasas de aparatos. Las mezclas de ABS/PVC se emplean para ventiladores acondicionadores, parrillas, cubiertas de maletas y carcasas de ordenadores debido a su considerable resistencia al impacto, su tenacidad y su bajo coste. Las aleaciones de ABS/EVA tienen un buen impacto y resistencia al agrietamiento por tensión. El contenido en elastómero en ABS/EPDM mejora el impacto a baja temperatura y el módulo.

Celulósicos

La celulosa ($C_6H_{10}O_5$) es un material que compone la estructura o las paredes celulares de todas las plantas. Es la material prima industrial más antigua, conocida y útil, pues la celulosa abunda en todas partes en una u otra forma. Por otra parte, las plantas constituyen una materia prima barata de la que se obtiene cobijo, vestido y alimento. Las espigas de cereal y la hierba contienen cerca de un 40% de celulosa, la madera aproximadamente 50% y el algodón cerca de 98% de celulosa. La madera y el algodón son las principales fuentes de las que se obtiene este material a nivel industrial. Las moléculas de cadena larga de unidades de glucosa que se repiten se denominan «plásticos naturales modificados químicamente».

En la figura E-8 se muestra la estructura química de la celulosa. Cada molécula de celulosa contiene tres grupos hidroxilo (OH) a los que se pueden unir diferentes grupos para formar diversos plásticos celulósicos. La celulosa puede entrar en reacción en la unión éter entre las unidades.

La palabra *celulósicos* abarca los plásticos derivados de la celulosa, una familia que consiste en muchos tipos de plásticos distintos y diferencia-

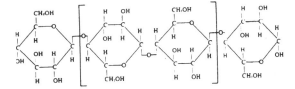

Fig. E-8. Estructura química de la celulosa.

dos. En la figura E-9, se muestra la relación de la celulosa y muchos plásticos y sus aplicaciones.

Existen tres grandes grupos de plásticos de celulosa. La *celulosa regenerada* se modifica químicamente primero a un material soluble que se reconvierte después por medios químicos a la sustancia original. Los *ésteres de celulosa* se forman cuando reaccionan varios ácidos con los grupos hidroxilo (OH) de la celulosa. Los *éteres de celulosa* son compuestos derivados de la alquilación de la celulosa.

Celulosa regenerada

Los productos de celulosa regenerados son celofán, rayón viscoso y rayón de cupramonio (que ya no reviste importancia comercial).

En su forma natural, la celulosa es insoluble y no puede fluir al fundirse. Incluso en forma de polvo, retiene su estructura fibrosa.

Existen pruebas de que, en 1857, se descubrió que la celulosa se podía disolver en una solución amoniacal de óxido de cobre. En torno a 1897, en Alemania se producía a nivel comercial hilo fibroso por hilado de esta solución en un baño de coagulación ácido o alcalino. Los iones de cobre que quedaban se eliminaban con baños de ácido

adicionales. Este caro proceso fue denominado *cupramonio* (de cobre y amoníaco) y la fibra fue bautizada *rayón de cupramonio*. Las fibras sintéticas más recientes con propiedades igualmente deseables son menos costosas, por lo que el rayón de cupramonio ha perdido su popularidad.

En 1892, los ingleses C.F. Cross y E.J. Bevan produjeron una fibra de celulosa diferente. Trataron la celulosa de álcali (celulosa tratada con sosa cáustica) con disulfuro de carbono para formar un xantato. El xantato de celulosa es soluble en agua y da una solución viscosa, por lo que este rayón recibió el nombre de *viscosa*. Después, se extruye la viscosa a través de las aperturas de la hilera dando una solución de ácido sulfúrico y sulfato sódico. La fibra regenerada se denomina *rayón viscoso*. El rayón se ha convertido en un nombre genérico aceptado para fibras compuestas de celulosa regenerada. Se encuentra en tejidos para ropa y tiene cierta aplicación en las llantas de neumático.

Las patentes de producción fueron concedidas al francés J. F. Branderberger, en 1908, por un tipo de película de celulosa regenerada y extruida denominada *celofán*. Al igual que el rayón de viscosa, se regenera la solución de xantato por coagulación en un baño ácido. Una vez secado el celofán, se suele aplicar un recubrimiento resistente al agua de acetato de etilo o nitrato de celulosa. Las películas de celofán recubiertas o sin recubrir se utilizan para envasado de productos de alimentación y farmacia.

Ésteres de celulosa

Entre los ésteres de celulosa se incluyen nitrato de celulosa, acetato de celulosa, butirato de celulosa y acetato propionato de celulosa. En este grupo de plásticos se hacen reaccionar ácidos con los grupos hidroxilo (OH) para formar ésteres.

El profesor Bracconot de Francia llevó a cabo por primera vez la nitración de celulosa en 1832. El descubrimiento de que la combinación de ácidos nítrico y sulfúrico con algodón producía nitrocelulosa (o nitrato de celulosa) se debió al inglés C.F. Schonbein. Resultó un material útil como explosivo de artillería pero no revistió un gran valor comercial como plástico. En la figura E-10, se representa la nitración de la celulosa.

En la Exposición Internacional de Londres, en 1862, el inglés Alexander Parks fue galardonado con la medalla de bronce por su nuevo material plástico, la *parkesina*, un compuesto de nitrato de celulosa con un plastificante de aceite de ricino.

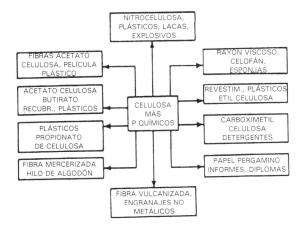

Fig. E-9. Plásticos de celulosa. (DuPont Co.)

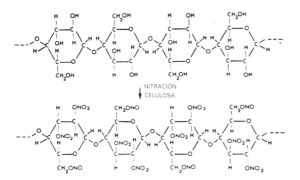

Fig. E-10. Nitración de celulosa empleada para producir nitrocelulosa.

En los Estados Unidos, John Wesley Hyatt creó el mismo material mientras investigaba en la búsqueda de un sustituto de las bolas de billar de marfil. Sus experimentos fueron una continuación del trabajo del químico norteamericano Maynard, que había disuelto nitrato de celulosa en alcohol etílico y éter para formar un producto utilizado como vendaje para heridas. Bautizó esta solución con el nombre de *colodión*. Cuando se extendía la solución de colodión sobre una herida, se evaporaba el disolvente dejando una película fina protectora. Según la leyenda, Hyatt descubrió un material que vendría a llamarse *celuloide* al derramarse accidentalmente alcanfor sobre unas láminas de piroxilina (nitrato de celulosa), gracias a lo cual pudo observar que mejoraban sus propiedades. Otra versión cuenta que mientras estaba tratando una herida que había cubierto con colodión con una solución de alcanfor descubrió el cambio al producto de nitrato de celulosa.

En 1870, Hyatt y su hermano patentaron el procedimiento para tratar nitrato de celulosa con alcanfor y, para 1872, el celuloide se había convertido ya en un éxito comercial. Los productos obtenidos enteramente de nitrocelulosa eran altamente explosivos, quedaban frágiles y experimentaban una fuerte contracción. El uso de alcanfor como plastificante suprimió muchos de estos inconvenientes. El celuloide, a base de piroxilina (celulosa nitrada), alcanfor y alcohol, es altamente combustible pero no explosivo.

Nitrato de celulosa (CN)

El nitrato de celulosa se utilizaba antes en películas fotográficas, piezas de bicicletas, juguetes, mangos de cuchillos y pelotas de ping-pong (fig. E-11). Hoy en día, apenas se utiliza por la dificul-

(A) Aplicación dental

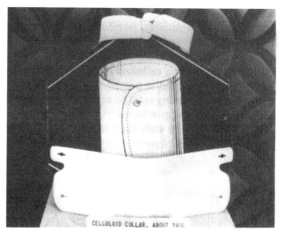

(B) Uso en prenda masculina

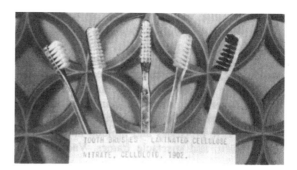

(C) Aplicación para higiene dental

(D) Base de película que condujo al desarrollo de la fotografía como un entretenimiento popular

Fig. E-11. Algunos usos del celuloide. (Celanese Plastic Materials Co.).

tad de su tratamiento y su alta inflamabilidad. El nitrato de celulosa no se puede moldear por inyección o compresión, sino que, generalmente, se trabaja por extrusión o colada en grandes bloques a partir de los cuales se cortan láminas. Las películas se obtienen por colada continua de una solución de celulosa sobre una superficie suave. A medida que se evaporan los disolventes, se retira la película de la superficie y se coloca en rodillos de secado. Las láminas y películas se pueden tratar al vacío. Las pelotas de ping-pong, así como otros artículos especiales, se siguen fabricando con plásticos de nitrato de celulosa. Los ésteres de nitrato de celulosa se encuentran en lacas para acabados de metal y maderas y son ingredientes corrientes en pinturas de aerosol y esmaltes de uñas.

Acetato de celulosa (CA)

El acetato de celulosa es el plástico celulósico más útil. Durante la primera guerra mundial, los británicos subvencionaron a los suizos Henry y Camille Dreyfus para iniciar la producción a gran escala de acetato de celulosa. Este material proporcionaba una laca ignorretardante para los aviones cubiertos con tela que se utilizaban entonces. En 1929, se fabricaban ya en los Estados Unidos calidades comerciales de polvo para moldeo, fibras, láminas y tubos.

Los métodos básicos para la obtención de este material se asemejan a los utilizados para conseguir nitrato de celulosa. La acetilación de celulosa se lleva a cabo en una mezcla de ácido acético y anhidrido acético, utilizando ácido sulfúrico como catalizador. El acetato o grupo acetilo o radical (CH_3CO) impulsa la reacción química con los grupos hidroxilo (OH). La estructura del triacetato de celulosa es la siguiente:

Triacetato de celulosa

Los acetatos de celulosa presentan una escasa resistencia química, a la intemperie, eléctrica y térmica. Son bastante económicos y pueden ser transparentes o de color. Sus usos principales son películas y láminas para envasado y escaparates. Se fabrican a través de prácticamente todos los procesos para el tratamiento de termoplásticos y con ellos se moldean mangos de cepillos, peines y soportes para gafas. Son muy habituales los recipientes de exposición para vajillas o productos alimenticios. Por otra parte, se utilizan películas que permiten el paso de humedad y gases en envase comerciales para frutas y verduras. Las películas recubiertas se utilizan en cintas magnéticas de grabación y películas fotográficas. Los plásticos de acetato de celulosa se transforman en fibras para su uso en textiles. Asimismo, se emplean como lacas en la industria de recubrimientos. En la tabla E-4 se señalan algunas de las propiedades de lacetato de celulosa.

Acetato butirato de celulosa (CAB)

El acetato butirato de celulosa fue desarrollado a mediados de la década de 1930 por Hercules Powder Company y Eastman Chemical. Este material se produce por reacción de celulosa con una mezcla de ácidos sulfúrico y acético. La *esterificación* se completa cuando reacciona la celulosa con ácido butírico y anhidrido acético. La reacción es muy similar a la de la obtención de acetato de celulosa, con la salvedad de que se utiliza también ácido butírico. El producto que resulta tiene grupos acetilo (CH_3CO) y butilo ($CH_3CH_2CH_2CH$) en la unidad que se repite de celulosa. Este producto tiene una mejor estabilidad dimensional, se comporta bien a la intemperie y es más resistente a la humedad y a sustancias químicas que el acetato de celulosa.

El acetato butirato de celulosa se emplea para teclas de tabulador de las máquinas de oficina, piezas de automóvil, mangos de herramientas, señales, recubrimientos desprendibles, volantes, tubos, tuberías y componentes de envasado. Probablemente, la aplicación más conocida sea en mangos de destornillador (fig. E-12).

Tabla E-4. Propiedades de los celulósicos

Propiedad	Etilcelulosa (moldeado)	Acetato de celulosa (moldeado)	Propionato de celulosa (moldeado)
Calidad de moldeado	Excelente	Excelente	Excelente
Densidad relativa	1,09–1,17	1,22–1,34	1,17–1,24
Resistencia tracción, MPa	13,8–41,4	13–62	14–53,8
Resistencia de compresión, MPa	69–241	14–248	165,5–152
Resistencia al impacto, Izod, J/mm	0,1–0,43	0,02–0,26	0,025–0,58
Dureza, Rockwell	R50–R115	R34–R125	R10–R122
Dilatación térmica ($10^{-4}/°C$)	25–50	20–46	28–43
Resistencia al calor, °C	46–85	60–105	68–105
Resistencia dieléctrica, V/mm	13.800–19.685	9.840–23.620	11.810–17.715
Constante dieléctrica (60 Hz)	3,0–4,2	3,5–7,5	3,7–4,3
Factor de disipación (a 60 Hz)	0,005–0,020	0,01–0,06	0,01–0,04
Resistencia arco, s	60–80	50–310	175–190
Absorción de agua (24 h),%	0,8–1,8	1,7–6,5	1,2–2,8
Velocidad de combustión, mm/min	Lenta	Lenta a autoextinguible	Lenta 25–33
Efecto luz solar	Ligero	Ligero	Ligero
Efecto de ácidos	Se descompone	Se descompone	Se descompone
Efecto de álcalis	Ligero	Se descompone	Se descompone
Efecto disolventes	Soluble en cetonas, ésteres, hidrocarburos clorados y aromáticos	Soluble en cetonas, ésteres, hidrocarburos clorados y aromáticos	Soluble en cetonas, ésteres, hidrocarburos clorados y aromáticos
Calidad mecanizado	Buena	Excelente	Excelente
Calidad óptica	Transparente a opaco	Transparente a opaco	Transparente a opaco

Acetato propionato de celulosa

El acetato propionato de celulosa (también denominado simplemente propionato de celulosa) fue desarrollado por la Celanese Plastics Company en 1931. Su uso no estuvo muy extendido hasta que no empezaron a escasear los materiales durante la segunda guerra mundial. Se obtiene, como otros acetales, con la adición de ácido propiónico (CH_3CH_2COOH) en lugar de anhidrido acético. Sus propiedades generales son similares a las del acetato butirato de celulosa, aunque presenta una resistencia térmica superior y una menor absorción de la humedad. Sus principales aplicaciones son plumas estilográficas, piezas para coches, mangos de cepillos, volantes, juguetes, bisutería y envases de exposición. A continuación se enumeran nueve ventajas y cuatro inconvenientes de los ésteres celulósicos.

Ventajas de los ésteres celulósicos

1. Forma moldeados brillantes por métodos para termoplásticos
2. Transparencia excepcional (butiratos y propionatos)
3. Tenacidad, incluso a bajas temperaturas
4. Capacidad de coloración excelente
5. Base no petroquímica
6. Amplia gama de características de tratamiento
7. Resiste al agrietamiento por tensión
8. Resistencia a la intemperie considerable (butiratos)
9. Combustión lenta (excepto nitrato de celulosa)

Inconvenientes de los ésteres celulósicos

1. Escasa resistencia a los disolventes
2. Escasa resistencia a materiales alcalinos
3. Resistencia a la compresión relativamente baja
4. Inflamabilidad

Éteres de celulosa

Entre los éteres de celulosa se incluyen etil celulosa, metil celulosa, hidroximetilcelulosa, carboximetil celulosa y bencil celulosa. Su fabricación supone generalmente la preparación de una celulosa de álcali y otros reactivos tal como se muestra en la figura E-13.

La *etil celulosa* (EC) es el éter de celulosa más importante y el único que se emplea como material plástico. Dreyfus estableció la base de las investigaciones y presentó las patentes en 1912. En 1934, la compañía Hercules Powder distribuía por los Estados Unidos distintos tipos de este material.

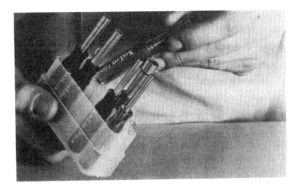

Fig. E-12. Para fabricar los mangos de estas herramientas se utilizaron butirato de celulosa y acetato de celulosa. (Eastman Chemical Products, Inc.)

La celulosa de álcali (celulosa de sosa) se trata con cloruro de etilo para formar etil celulosa. La sustitución de radicales (*eterificación*) de este etoxi puede hacer que el producto final varíe dentro de un amplio abanico de propiedades. En la eterificación, se reemplazan los átomos de hidrógeno de los grupos hidroxilo por grupos etilo (C_2H_5) (fig. E-14). Este plástico de celulosa es tenaz, flexible y resistente a la humedad. En la tabla E-5 se indican algunas de las propiedades de etil celulosa.

La etil celulosa se utiliza para cascos de rugby, carcasas para faros, remates de muebles, envases para cosméticos, mangos para herramientas y embalajes de burbujas. Se ha utilizado como recubrimiento protector de bolos y en formulaciones de pintura, barnices y lacas. Etil celulosa es un ingrediente común de las lacas para el cabello. Se suele utilizar en estado fundido para recubrimientos desprendibles. Estos recubrimientos protegen las piezas de metal contra la corrosión y los arañazos durante su transporte y almacenamiento.

La *metil celulosa* se prepara como etil celulosa, utilizando cloruro de metilo o sulfato de metilo en lugar de cloruro de etilo. En la eterificación, se reemplaza el hidrógeno del grupo OH por grupos metilo (CH_3):

$$R(ONa)_{3n} + CH_3Cl \longrightarrow R(OCH)_{3n}$$

Metil celulosa

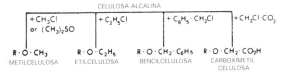

Fig. E-13. plásticos de celulosa a partir de celulosa alcalina y otros reactivos. La R en estas fórmulas representa la estructura de la celulosa.

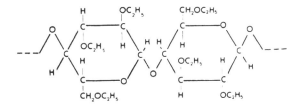

Fig. E-14. Etil celulosa (totalmente etilada).

Tabla E-5. Propiedades de poliéter clorado

Propiedad	Poliéter clorado
Calidad de moldeado	Excelente
Densidad relativa	1,4
Resistencia tracción, MPa	41
Resistencia impacto, Izod J/mm	0,002
Dureza, Rockwell	R100
Dilatación térmica, $10^{-4}/°C$	20
Resistencia al calor, °C	143
Resistencia dieléctrica, V/mm	16.000
Constante dieléctrica (60 Hz)	3,1
Factor disipación (60 Hz)	0,01
Absorción de agua (24 h), %	0,01
Velocidad combustión, mm/min	Autoextinguible
Efecto luz solar	Ligero
Efecto de ácidos	Atacado por ácidos oxidantes
Efecto de álcalis	Ninguna
Efecto disolventes	Resistente
Calidad mecanizado	Excelente
Calidad óptica	Translúcido-opaco

La metil celulosa tiene diversas aplicaciones. Es soluble en agua y comestible. Se utiliza como emulsionante espesante en cosmética y adhesivos y es un material conocido como adhesivo para papeles pintados y apresto de telas. Es útil para espesar y emulsionar pinturas de base acuosa, aderezos de ensalada, helados y mezclas para tartas, rellenos de pasteles, galletas y otros productos. En los productos farmacéuticos se utiliza para recubrir pastillas y en soluciones para lentes de contacto (fig. E-15).

La *hidroxietil celulosa* se produce por reacción de celulosa alcalina con óxido de etileno. Comparte muchas de las aplicaciones con la metil celulosa. En la ecuación esquemática que aparece a continuación, R representa la estructura de la celulosa.

$$R(ONa)_{3n} + \underset{\underset{O}{\diagup \diagdown}}{CH_2CH_2} \longrightarrow R(OCH_2CH_2OH)_{3n}$$

Hidroxietil celulosa

Anteriormente se usaba *bencil celulosa* para moldeados y extrusiones, pero hoy en día no puede competir con otros polímeros.

La *carboximetil celulosa* (a veces llamada carboximetil celulosa sódica) se obtiene a partir de celulosa alcalina y cloroacetato sódico. Al igual que la metil celulosa, es hidrosoluble y se utiliza como apresto, goma o agente de emulsión. La carboximetil celulosa se puede encontrar en alimentos, productos farmacéuticos y recubrimientos. Es un agente de suspensión hidrosoluble de primera calidad para lociones, bases gelatinosas, pomadas, pastas dentífricas, pinturas y jabones. Se utiliza para recubrir pastillas, papel y tejidos.

$$R(ONa)_{3n} + ClCH_2COONa \longrightarrow R(OCH_2COONa)_{3n} + NaCl$$

Carboximetil celulosa sódica

Poliéteres clorados

En 1959, la compañía Hercules Powder introdujo los *poliéteres clorados* con la marca registrada Penton. En 1972, sin embargo, la compañía paró la producción y las ventas. Este material termoplástico se producía por cloración de pentaeritritol. Se polimerizaba el oxiciclobutano de diclorometilo en un producto cristalino lineal. Este material tenía más de un 45% de cloro por masa (fig. E-16).

Los poliésteres clorados se pueden tratar en un equipo para termoplásticos. Estos materiales tienen un alto rendimiento y su precio es muy alto (tabla E-5). Sirven para recubrir sustratos metálicos por lecho fluidizado, rociado con llama o procesos de disolvente. Las piezas moldeadas poseen una alta re-

Fig. E-15. Metil celulosa se emplea para recubrir productos farmacéuticos.

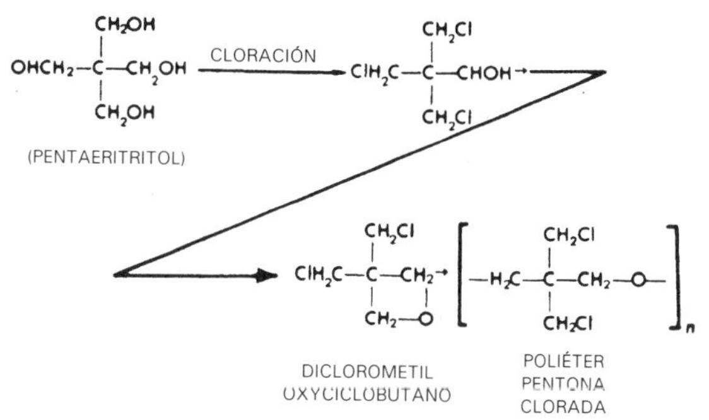

Fig. E-16. Producción de pentol, un poliéter clorado.

sistencia mecánica, térmica resistencia química y eléctrica y una baja absorción de agua. A pesar de que su alto precio restringe un mayor uso, encuentra aplicación como recubrimiento de válvulas, bombas y calibradores. Entre las piezas moldeadas se incluyen componentes de aparatos de medición química, revestimiento de tuberías, válvulas, equipo de laboratorio y aislamiento eléctrico. Como contrapartida, a temperaturas de degradación, se libera gas de cloro letal.

Hasta la fecha, no existen proyectos de ningún otro productor para fabricar este plástico de peculiar naturaleza química.

Plásticos de cumarona-indeno

La cumarona y el indeno se obtienen por fraccionamiento de alquitrán de carbón, aunque rara vez se separan. Estos productos baratos tienen similitud con el estireno en cuanto a la estructura química. La cumarona y el indeno se pueden polimerizar por acción catalítica iónica de ácido sulfúrico. Se puede obtener una amplia gama de productos, desde resinas pegajosas a plásticos frágiles, variando la relación de cumarona-indeno o por copolimerización con otros polímeros.

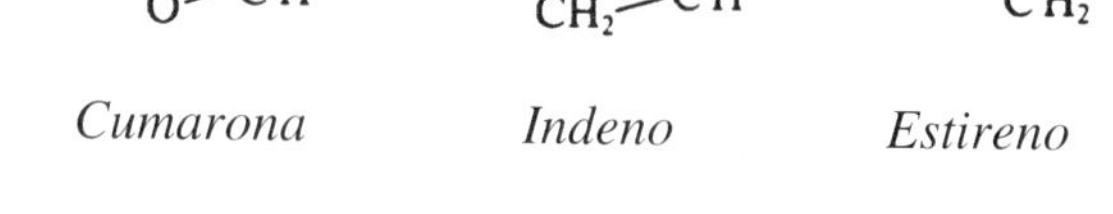

Cumarona   *Indeno*   *Estireno*

A pesar de que eran asequibles mucho antes de la segunda guerra mundial, no sirven como compuestos de moldeado y sus aplicaciones son limitadas. Se utilizan como aglutinantes, modificadores o agentes de extensión para otros polímeros y compuestos. La mayor cantidad de cumarona e indeno se utiliza para la obtención de pinturas o barnices y como pegamento para baldosas para suelos y esteras.

Las características de estos compuestos pueden variar bastante. Los copolímeros de cumarona-indeno son buenos aislantes eléctricos. Son solubles en hidrocarburos, cetonas y ésteres. Su gama va desde un color claro al oscuro y su fabricación es barata. Son verdaderos materiales termoplásticos, con un punto de reblandecimiento comprendido entre <35°C y >50°C. Entre sus aplicaciones se incluyen tintas de impresión, recubrimientos para papel, adhesivos, compuestos de encapsulado, cajas para baterías, tapizado de frenos, compuestos para calafatear, chicles, compuestos para curado de hormigón y aglutinantes de emulsión.

Fluoroplásticos

Los fluoroplásticos están íntimamente relacionados con los elementos de la columna VII de la Tabla Periódica. Estos elementos (flúor, cloro, bromo, yodo y astatina) se denominan *halógenos*, de la palabra griega que significa «que produce sal». El cloro se encuentra en la sal de mesa. Todos estos elementos son electronegativos (pueden atraer o mantener electrones de valencia) y tienen solamente siete electrones en su corteza exterior. El flúor y el cloro son gases que no se encuentran en estado puro o libre. El flúor es el elemento más reactivo que se conoce. Este elemento se requiere en grandes cantidades para procesos relacionados con la tecnología de la energía nuclear como, por ejemplo, aislamiento de metal uranio.

Los compuestos que contienen flúor se denominan comúnmente fluorocarbonos, si bien se debería utilizar una definición más estricta de *fluorocarbono* para referirse a los compuestos que contienen únicamente flúor y carbono.

En 1886, el químico francés Moissan aisló flúor puro, pero este elemento no fue sino una mera curiosidad de laboratorio hasta 1930. En 1931, se anunció la marca registrada Freon. Este fluorocarbono es un compuesto de carbono, cloro y flúor, por ejemplo, CCl_2F_2. Los freones se utilizan extensivamente como refrigerantes. Asimismo, los fluorocarbonos se emplean en la formación de materiales poliméricos.

En 1983, se descubrió accidentalmente el primer polifluorocarbono en los laboratorios de investigación de DuPont. Se observó que el gas tetrafluoroetileno formaba un polvo insoluble, ceroso y blanco al ser almacenado en cilindros de acero. A raíz de este casual descubrimiento se desarrollaron una serie de polímeros de fluorocarbono.

La palabra *fluoroplástico* se emplea para describir estructuras de tipo alqueno en las que parte o todos los átomos de hidrógeno han sido sustituidos por flúor.

MONÓMERO   MONÓMERO

Polietileno   *Politetrafluoroetileno*

Las propiedades únicas de la familia de los fluoroplásticos se debe a la presencia de los átomos de flúor. Estas propiedades están directamente relacionadas con la alta energía de unión carbono a flúor y con la electronegatividad superior de los átomos de flúor. La estabilidad térmica y la resistencia a disolventes, eléctrica y química se debilita cuando se sustituyen los átomos de flúor (F) con átomos de hidrógeno (H) o cloro (Cl). Los enlaces C—H y C—Cl son más débiles que los enlaces C-F y más vulnerables al ataque químico y la descomposición térmica.

En la figura E-17 se muestran los principales fluoroplásticos. Existen únicamente dos tipos de plásticos de fluorocarbono: politetrafluoroetileno (PTFE) y politetrafluoropropileno (FEP o etilen propilen fluorado). Los demás deben ser considerados copolímeros o polímeros con contenido en flúor.

Politetrafluoroetileno (PTFE)

El politetrafluoroetileno $(CF_2=CF_2)_n$ da cuenta de cerca del 90% (en volumen) de los plásticos fluorados. El monómero tetrafluoroetileno se obtiene por pirólisis de clorodifluorometano. Se polimeriza tetrafluoroetileno en presencia de agua y un catalizador de peróxido a alta presión. El PTFE es un material termoplástico altamente cristalino, ceroso con una temperatura de servicio comprendida entre -268 °C y $+288$ °C. La resistencia de unión superior y la compacta interconexión de los átomos de flúor alrededor de la cadena de carbonos impide el tratamiento de PTFE a través de los métodos convencionales para termoplásticos. Actualmente, no se puede plastificar para favorecer procesos. Generalmente, se obtiene este material en preformas y se sinteriza.

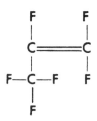

(A) Policlorotrifluoroetileno (B) Politetrafluoroetileno

(C) Polifluoruro de vinilo (D) Polifluoruro de vinilideno

(E) Polihexafluoropropileno

Fig. E-17. Monómeros de fluoroplásticos y polímeros que contienen flúor.

(A) Batería de cocina y utensilios revestidos con Teflón II

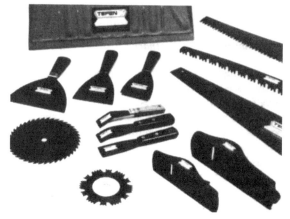

(B) Herramientas revestidas con Teflón S

Fig. E-18. Algunas aplicaciones del teflón. (Chemplast, Inc.).

La sinterización es una técnica de fabricación especial aplicada para metales y plásticos. Se prensa el material en polvo en un molde a una temperatura inmediatamente por debajo de su punto de fusión o degradación hasta que se condensan las partículas (se sinterizan). La masa como un todo no se funde en el proceso. Los moldeados sinterizados se pueden mecanizar. Es posible extruir formulaciones especiales en forma de varillas, tubos y fibras utilizando dispersiones orgánicas del polímero, que se evaporan después cuando el producto está sinterizado. De manera similar, se pueden emplear suspensiones coaguladas. También se pueden extruir calidades presinterizadas de este material a través de extensas zonas de compactación y sinterización de boquillas especiales. Muchas películas, cintas y recubrimientos se obtienen por colado, inmersión o rociado de dispersiones de PTFE a través de procesos de secado y sinterizado. Por otra parte, se pueden cortar o rebanar películas y cintas de un material en lámina.

El *teflón* es una marca registrada conocida de los homopolímeros y copolímeros de politetrafluoroetileno. Sus propiedades antiadherentes (bajo coeficiente de rozamiento) lo convierten en un recubrimiento útil. El teflón se aplica sobre muchos sustratos metálicos, entre los que se incluyen las baterías de cocina (fig. E-18). No se conoce disolvente para estos materiales. Se pueden grabar químicamente con ácidos y unir adhesivamente con gomas de contacto o epóxidos. Las películas se sellan térmicamente entre sí, pero no con otros materiales.

Los fluorocarbonos tienen una masa superior a la de los hidrocarburos, ya que el flúor posee una masa atómica de 18,9984 y el hidrógeno, solamente 1,00797. Los fluoroplásticos son, por tanto, más pesados que otros plásticos. Sus densidades relativas oscilan entre 2,0 a 2,3.

El PTFE exige técnicas de fabricación especiales. Gracias a su inercia química, resistencia a la intemperie única, excelentes características de aislamiento eléctrico, resistencia térmica superior, bajo coeficiente de rozamiento y propiedades antiadherentes, encuentra un gran número de aplicaciones. Las piezas revestidas con PTFE tienen un coeficiente de rozamiento tan bajo que se pueden extraer y deslizar fácilmente sin necesidad de lubricación. Entre las aplicaciones más usuales se incluyen hojas de sierra, baterías de cocina, uten-

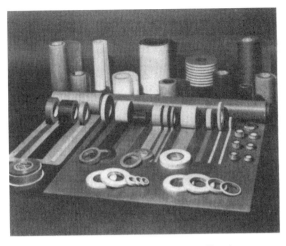

(A) Muestrario de cintas para diversas aplicaciones

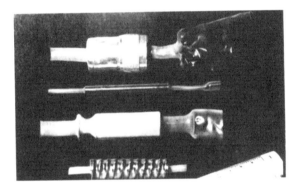

(B) Tubos de protección contraíbles

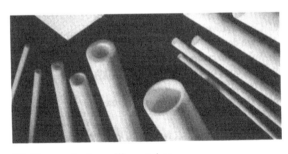

(C) Muestrario de varillas y tubos

Fig. E-19. Diversas aplicaciones de PTFE. (Chemoplast, Inc.)

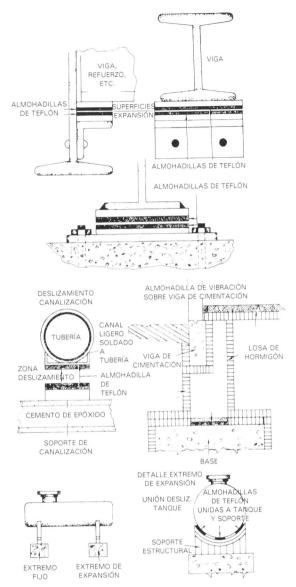

Fig. E-20. Las almohadillas de teflón encuentran muchas aplicaciones en construcción. (DuPont Co.).

silios, palas para la nieve, equipo de repostería y cojinetes. Las dispersiones de rociado de aerosol de partículas de tamaño micrométrico de politetrafluoroetileno se usan como lubricante y agente antiadherente para sustratos de metal, vidrio o plástico. Muchas formas de perfil se utilizan para aplicaciones químicas, mecánicas y eléctricas (fig. E-19). Los tubos contraíbles se emplean para cubrir rodillos muelles, vidrio y piezas eléctricas. Se pueden utilizar cintas o películas extruidas para cierres herméticos, envases y juntas elásticas. Puentes, tuberías, túneles y edificios pueden cimentarse sobre juntas deslizantes, placas de expansión o almohadillas pasantes o de soporte de politetrafluoroetileno (fig. E-20).

El excelente aislamiento eléctrico y los factores de baja disipación del politetrafluoroetileno lo convierten en útil para aislamiento de alambres y cables, separadores de alambre coaxiales, estratos de circuitos impresos y muchas otras aplicaciones eléctricas. A continuación, se señalan seis ventajas y ocho inconvenientes de PTFE.

Ventajas de politetrafluoroetileno (PTFE)

1. No es inflamable
2. Considerable resistencia química y a los disolventes
3. Excelente resistencia a la intemperie
4. Bajo coeficiente de rozamiento (propiedad antiadherente)
5. Amplio intervalo de servicio térmico
6. Propiedades eléctricas muy buenas

Inconvenientes de politetrafluoroetileno

1. No se puede procesar a través de los métodos habituales para termoplásticos
2. Tóxico al degradarse térmicamente
3. Sujeto a fluencia
4. Permeable
5. Requiere altas temperaturas de tratamiento
6. Poca resistencia
7. Alta densidad
8. Comparativamente caro

Polifluoroetilenpropileno (PFEP) o (FEP)

En 1965, DuPont anunció otro fluoroplástico de teflón compuesto totalmente de átomos de flúor y carbono. El polifluoroetilenpropileno (PFEP o FEP) se obtiene por copolimerización de tetrafluoroetileno con hexafluoropropileno (fig. E-21).

La interrupción parcial de la cadena de polímero por grupos de tipo propileno $CF_3CF=CF_2$ reduce el punto de fusión y la viscosidad de las resinas de FEP. El polifluoroetilenpropileno se puede procesar a través de los métodos convencionales para fluoroplásticos, reduciéndose así los costes de producción de los artículos moldeados previamente con PTFE. Debido a los grupos CF_3 colgantes, este copolímero es menos cristalino, más procesable y transparente en películas de más de 0,25 mm de grosor.

Los plásticos PFEP comerciales poseen propiedades similares a las de PTFE. Son químicamente inertes, tienen buenas cualidades de aislamiento eléctrico y una resistencia al impacto algo superior. Las temperaturas de servicio pueden exceder los 205 °C. Los plásticos de polifluoroetilenpropileno se utilizan extensivamente en las industrias militar, aeronáutica y aeroespacial para aislamiento eléctrico y alta fiabilidad a temperaturas criogénicas. Se emplean para forrar paracaídas, tuberías y tubos y para revestir objetos en los que se requiere un coeficiente de rozamiento bajo o características antiadherentes. El PFEP se moldea en piezas como juntas elásticas, engranajes, rodetes, circuitos impresos, tuberías, accesorios, válvulas, placas de expansión, cojinetes y otras formas de perfil (fig. E-22).

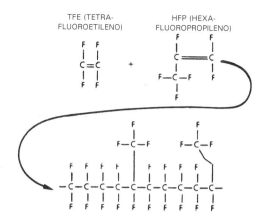

Fig. E-21. Fabricación de polifluoroetilenpropileno.

Ya en 1933, tanto en Alemania como en los Estados Unidos se obtenían fluoroplásticos en conexión con las investigaciones de la bomba atómica. Este material se utiliza para manejar fluoruro de uranio, un compuesto de uranio con flúor.

En la siguiente lista se exponen seis ventajas y seis inconvenientes del polifluoroetilen propileno.

Ventajas del polifluoroetilen propileno (PFEP)

1. Procesable a través de los métodos para termoplásticos normales
2. Resistente a sustancias químicas (incluyendo agentes oxidantes)
3. Excelente resistencia a disolventes
4. Características antiadherentes
5. No inflamable
6. Bajo coeficiente de rozamiento, constante dieléctrica, contracción de molde y absorción de agua

Fig. E-22. Cubiertas antiadherentes de PFEP retráctiles aplicadas sobre rodillos. (Chemoplast, Inc.)

Inconvenientes del polifluoroetilenpropileno

1. Coste comparativamente alto
2. Alta densidad
3. Sujeto a fluencia
4. Baja resistencia de compresión y de tracción
5. Poca rigidez
6. Tóxico al descomponerse térmicamente

Policlorotrifluoroetileno (PCTFE) o (CTFE)

El policlorotrifluoroetileno se produce según varias formulaciones. Se sustituyen los átomos de cloro por flúor en la cadena de carbonos.

$$-CF_2-\underset{\underset{Cl}{|}}{CF}-$$

Policlorotrifluoroetileno (PCTFE)

Los monómeros se obtienen por fluoración de hexacloroetano y posterior deshalogenación (separación controlada del halógeno cloro) con zinc en alcohol:

$$CCl_3CCl_3 \xrightarrow[\text{anhidro}]{HF} CCl_2FCClF_2 \xrightarrow[\substack{\text{Zinc}\\ \text{ebullición}\\ \text{alcohol}\\ \text{etílico}}]{} CClF$$

Hexacloroetano

$$= CF_2 + Cl_2$$

La polimerización es similar a PTFE, ya que se lleva a cabo en una emulsión acuosa y suspensión. Durante la polimerización en bloque, se utiliza peróxido o un catalizador de tipo Ziegler.

$$nCF_2 = CFCl \xrightarrow{\text{polimerizar}} (-CF_2CFCl-)_n$$

Clorotrifluoroetileno   *Policlorotrifluoroetileno*

La adición de átomos de cloro a la cadena de carbonos permite el tratamiento mediante un equipo para termoplásticos normal. La presencia de cloro permite asimismo el ataque de sustancias químicas concretas y la rotura parcial de la cadena de polímero cristalina. PCTFE se puede producir en forma ópticamente transparente dependiendo del grado de cristalinidad. La copolimerización con fluoruro de vinilideno u otros fluoroplásticos proporciona diversos grados de inercia química, estabilidad térmica y otras características únicas.

(A) Aislamiento de cables y alambres

(B) Asientos de válvula esférica

Fig. E-23. Dos aplicaciones de PCTFE. (Chemplast Inc.).

El policlorotrifluoroetileno es más duro, más flexible y posee una resistencia a la tracción superior que PTFE. Es también más caro que PTFE y tiene una temperatura de servicio comprendida entre –240 °C y +205 °C. La introducción del átomo de cloro reduce sus propiedades de aislamiento eléctrico y eleva el coeficiente de rozamiento. A pesar de ser más caro que el politetrafluoroetileno, encuentra aplicaciones similares, entre las que se incluyen aislamiento para cables, placas de circuitos impresos y componentes electrónicos. Su resistencia química se aprovecha sobre todo en la producción de ventanas transparentes para productos químicos, sellos, juntas elásticas, juntas tóricas y forros de tuberías, así como envases para lubricantes y productos farmacéuticos (fig. E-23). Las dispersiones y películas se pueden utilizar para recubrir reactores, tanques de almacenamiento,

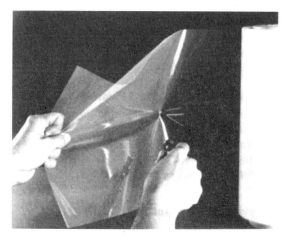

Fig. E-24. El etilenclorotrifluoroetileno (E-CTFE) presenta propiedades de alto rendimiento comunes en otros fluoropolímeros. Los supera en impermeabilidad, resistencia a la tracción y resistencia a la abrasión. (Chemoplast, Inc.).

parte cilíndrica de válvulas, accesorios y tuberías. Las películas se pueden sellar térmicamente o por técnicas de ultrasonido. Los adhesivos epoxi se pueden utilizar en superficies grabadas con ácidos.

En la figura E-24, se muestran plásticos duros de etilenclorotrifluoroetileno (E-CTFE). A continuación, se enumeran ocho ventajas y cinco inconvenientes del policlorotrifluoroetileno.

Ventajas de policlorotrifluoroetileno

1. Resistencia a los disolventes excelente
2. Ópticamente transparente
3. Absorción de humedad nula
4. Autoextinguible
5. Baja permeabilidad
6. Resistencia a la fluencia mejor que la de PTFE o PFEP
7. Coeficiente de fricción muy bajo
8. Buena capacidad a baja temperatura

Inconvenientes de policlorotrifluoroetileno

1. Propiedades eléctricas inferiores a las de PTFE
2. Mayor dificultad para moldeado que PFEP
3. Se cristaliza con enfriamiento lento
4. Menor resistencia a disolventes que PTFE y PFEP
5. Coeficiente de rozamiento superior que PTFE y PFEP

Polifluoruro de vinilo (PVF)

La primera preparación de gas fluoruro de vinilo (en 1990) se consideró como imposible de polimerizar. En 1958, sin embargo, DuPont anunció la polimerización de fluoruro de vinilo (PVF). En 1933, se prepararon resinas de monómero en Alemania por reacción de fluoruro de hidrógeno con acetileno utilizando determinados catalizadores:

$$HF + CH \equiv CH \xrightarrow{\text{catalizador}} CH_2 = CHF$$

Aunque el monómero era conocido entre los químicos, resultaba difícil de fabricar o polimerizar. La polimerización se lleva a cabo utilizando catalizadores de peróxido en diversas soluciones acuosas a altas presiones.

El polifluoruro de vinilo se puede tratar a través de los métodos para termoplásticos normales. Es un plástico duro, tenaz, flexible y transparente, con una considerable resistencia a la intemperie. Posee una buena resistencia eléctrica y química, con una temperatura de servicio cercana a 150 °C.

Entre los usos se incluyen recubrimientos de protección y superficies para uso exterior, acabados para aglomerado, cintas de sellado, envases para productos químicos corrosivos y muchas aplicaciones como aislantes eléctricos. Los recubrimientos se pueden aplicar a piezas de coches, cortadoras de césped, persianas, canalones y chapas para paredes. A continuación se señalan cuatro ventajas y cuatro inconvenientes. (Consulte también polivinilos).

Ventajas del polifluoruro de vinilo

1. Procesable para métodos termoplásticos
2. Baja permeabilidad
3. Retardo de llama
4. Buena resistencia a disolventes

Inconvenientes del policloruro de vinilo

1. Capacidad térmica inferior a los polímeros altamente fluorados
2. Tóxico (en descomposición térmica)
3. Enlace dipolar superior
4. Susceptible del ataque de ácidos fuertes

Polifluoruro de vinilideno (PVDF)

El polifluoruro de vinilideno es muy parecido al polifluoruro de vinilo (PVF_2). Fue lanzado en 1961 por la compañía Pennwalt Chemical Corporation con la marca registrada Kynar. El polifluoruro de vinilideno se polimeriza térmicamente por deshidrohalogenación (separación de los átomos de hidrógeno y cloro) del clorodifluoroetano a presión:

$$CH_3CClF_2 \xrightarrow{500-1700\ °C} CH_2=CF_2 + HCl$$

Al igual que el polifluoruro de vinilo, PVDF no tiene la resistencia química de PTFE o PCTFE. Los grupos alternos de CH_2 y CF_2 en su esqueleto contribuyen a sus características de tenacidad y flexibilidad. La presencia de los átomos de hidrógeno reduce la resistencia química y permite la cementación de disolvente y la degradación. Los materiales de PVDF se tratan a través de los métodos para termoplásticos y se sellan por ultrasonido o térmicamente. El PVDF se utiliza mucho en formas de película y recubrimiento por su tenacidad, propiedades ópticas y resistencia a la abrasión, sustancias químicas y radiación ultravioleta. Las temperaturas de servicio oscilan entre –62°C y +150°C. Un uso conocido es el recubrimiento que se observa en las chapas de aluminio para paredes y tejados. Como ejemplos de objetos moldeados con él se incluyen válvulas, rodetes, tubos de ensayo, conductos y componentes electrónicos (fig. E-25). A continuación, se enumeran seis ventajas y tres inconvenientes del polifluoruro de vinilideno (Véase también polivinilos).

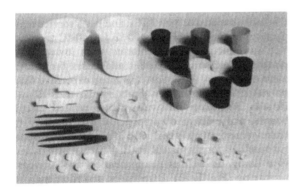

(A) Equipo de laboratorio, bobinas, rodetes, recipientes y juntas elásticas

(B) Películas, láminas, varillas, moldes y recubrimientos

Fig. E-25. El polifluoruro de vinilideno tiene muchas aplicaciones. (KREHA).

Ventajas del polifluoruro de vinilideno

1. Procesable a través de métodos para termoplásticos
2. Baja fluencia
3. Excelente resistencia a la intemperie
4. No inflamabilidad
5. Resistencia a la abrasión mejor que PTFE
6. Buena resistencia a los disolventes.

Inconvenientes del polifluoruro de vinilideno

1. Capacidad térmica y resistencia química inferior al PTFE o PCTFE
2. Tóxico al descomponerse térmicamente
3. Dipolo superior

Perfluoroalcoxi (PFA)

En 1972, DuPont ofreció perfluoroalcoxi (PFA) con la marca registrada Tefzel, producido por polimerización de perfluoroalcoxietileno. PFA se puede tratar a través de los métodos para termoplásticos convencionales. Este plástico tiene propiedades similares a las de PTFE y PFEP y está disponible en forma de pelets, película, lámina, varillas y polvo. Entre sus aplicaciones se incluyen aislantes dieléctricos y eléctricos, recubrimientos y tapizados para válvulas, tuberías y bombas. A continuación se exponen siete ventajas y seis inconvenientes de PFA.

Ventajas de perfluoroalcoxi (PFA)

1. Capacidad de temperatura superior que PFEP
2. Excelente resistencia a las sustancias químicas (incluyendo agentes oxidantes)
3. Excelente resistencia a disolventes
4. Características antiadherentes
5. No inflamabilidad
6. Bajo coeficiente de rozamiento
7. Procesable a través de métodos para termoplásticos

Inconvenientes de perfluoroalcoxi

1. Coste comparativamente alto
2. Alta densidad
3. Sujeto a fluencia
4. Baja compresión y resistencia a la tracción
5. Poca rigidez
6. Tóxico al descomponerse térmicamente

Otros fluoroplásticos

Existe un gran número de polímeros y copolímeros que contienen flúor. Clorotrifluoroetileno/fluoruro de vinilideno se utiliza para fabricar juntas tóricas y elásticas:

$$\begin{bmatrix} \text{F} & \text{H} & \text{F} & \text{F} \\ | & | & | & | \\ -\text{C}-\text{C}-\text{C}-\text{C}- \\ | & | & | & | \\ \text{F} & \text{H} & \text{Cl} & \text{F} \end{bmatrix}_n$$

El hexafluoropropileno/fluoruro de vinilideno es un importante elastómero resistente al aceite y la grasa para sellos elásticos y juntas tóricas.

En la figura E-26 se muestra la estructura química de dos elastómeros de fluoroacrilato. Asimismo, se producen politrifluoronitrosometano, siliconas con flúor y poliésteres y otros polímeros que contienen flúor.

El copolímero de cadena lineal etilenclorotrifluoroetileno (ECTFE) tiene propiedades de alto rendimiento comunes a otros fluoroplásticos, a los que supera en permeabilidad, resistencia a la tracción, resistencia al desgaste y la fluencia. Entre sus usos se incluyen agentes de liberación, tapizados para tanques y dieléctricos.

El copolímero etileno-tetrafluoroetileno (ETFE) tiene propiedades y aplicaciones similares a las de ECTFE. A temperaturas de degradación se libera gas flúor tóxico. (Véase capítulo 4 sobre Salud y Seguridad). En la tabla E-6, se exponen las propiedades de los fluoroplásticos básicos.

Ionómeros

En 1964, DuPont introdujo un nuevo material, conocido como *ionómero*, que compartía características de los termoplásticos y de los termoestables. Los enlaces iónicos apenas aparecen en los plásticos, pero son característicos de los ionómeros. Los ionómeros poseen cadenas similares a las del polietileno con

Tabla E-6. Propiedades de fluoroplásticos

Propiedad	Politetrafluoro-etileno (PTFE)	Polifluoroetilen-propileno (PFPE)	Policlorotrifluoro-etileno (PCTFE)	Polifluoruro de vinilo (PVF)	Polivinilideno (PVF$_2$)
Calidad de moldeado	Excelente	Excelente	Excelente	Excelente	Excelente
Densidad relativa	2,14–2,2	2,12–2,17	2,1–2,2		1,75–1,78
Resistencia tracción, MPa	14–35	19–21	30–40	58–124	40–50
Resistencia de compresión, MPa	12–14		30–50	30–50	60
Resistencia al impacto, Izod J/mm	0,40	Sin rotura	0,125–0,135	0,18–0,2	0,18–0,2
Dureza	Shore D50–D65	Rockwell R25	Rockwell R75–R95	Shore D80	Shore D80
Dilatación térmica (10^{-4}/°C)	25	20–27	11–18	70	22
Resistencia al calor, °C	287	205	175–199	149	149
Resistencia dieléctrica, V/mm	19.000	19.500–23.500	19.500–23.500	10.000	10.000
Constante dieléctrica (60 Hz)	2,1	2,1	2,24–2,8	8,4	8,4
Factor de disipación (a 60 Hz)	0,0002	<0,0003	0,0001–2	0,049	0,049
Resistencia arco, s	300	165+	360	50–70	50–70
Absorción de agua (24 h), %	0,00	0,01	0,00	0,04	0,04
Velocidad de combustión, mm/min	Ninguno	Ninguno	Ninguno	Autoextinguible	Autoextinguible
Efecto luz solar	Ninguno	Ninguno	Ninguno	Leve blanqueo	Ligero
Efecto de ácidos	Ninguno	Ninguno	Ninguno	Atacado por sulfúrico fumante	Atacado por sulfúrico fumante
Efecto de álcalis	Ninguno	Ninguno	Ninguno	Ninguno	Ninguno
Efecto disolventes	Excelente	Excelente	Excelente	Resistente mayoría	Resistente mayoría
Calidad mecanizado	Excelente	Excelente	Excelente	Excelente	Excelente
Calidad óptica	Opaco	Transparente	Translúcido a opaco	Transparente	Transparente a translúcido

$(CH_2-CH)_n$
|
$C=O$
|
O
|
CH_2
|
C_3F_7

$(CH_2-CH)_n$
|
$C=O$
|
O
|
CH_2
|
$CF_2-CF_2-O-CF_3$

Fig. E-26. Dos elastómeros de fluoroacrilato.

reticulaciones iónicas de sodio, potasio o iones similares (fig. E-27). En este material, se unen tanto compuestos orgánicos como inorgánicos y, como la reticulación es básicamente iónica, los enlaces más débiles se rompen más fácilmente al ser calentados. Por lo tanto, se puede tratar este material como un termoplástico. A la temperatura atmosférica, el plástico tiene propiedades asociadas normalmente con polímeros enlazados.

La cadena de ionómero fundamental se obtiene por polimerización de etileno y ácido metacrílico. Se pueden desarrollar otras cadenas de polímero baratas con reticulaciones similares.

Dado que combinan fuerzas iónicas y covalentes en su estructura molecular, los ionómeros pueden existir en diversos estados físicos y propiedades físicas. Se pueden procesar y reprocesar a través de cualquiera de las técnicas para termoplásticos. Son más caros que el polietileno, pero poseen una permeabilidad al vapor húmedo superior a la del polietileno. Los ionómeros se presentan en formas transparentes.

Entre los usos de ionómeros se incluyen gafas de seguridad, protecciones, guardabarros, juguetes, contenedores, películas para envases, aislamientos eléctricos y recubrimientos para papel, bolos u otros sustratos (fig. E-28). En la industria del calzado se utilizan para forros y como suelas y tacones. Los ionómeros se coextruyen con películas de poliéster para producir una capa termosellable al mismo tiempo que se mejora la resistencia del envase.

Los ionómeros se emplean en diversas aplicaciones de material compuesto comerciales. Las películas estratificadas o coextruidas se usan en bolsas rasgables para envases de alimentos y productos farmacéuticos. Continúan desarrollándose estratos de hoja de metal y corteza termosellable y envases de burbujas. Entre las aplicaciones de expandidos se incluyen guardabarros, componentes de calzado, colchonetas de lucha libre, almohadillas de asientos, etc. Los recubrimientos de ionómero en las bolas de golf y los bolos prolongan la vida de servicio de estos productos. En la tabla E-7 se exponen algunas propiedades de los ionómeros. A continuación se exponen siete ventajas y cuatro inconvenientes de los ionómeros.

Ventajas de los ionómeros

1. Considerable resistencia a la abrasión
2. Excelente resistencia al impacto, incluso a bajas temperaturas
3. Buenas características eléctricas
4. Alta resistencia de fundido
5. Resistencia a la abrasión
6. No se disuelve en disolventes comunes
7. Colores transparentes excelentes

Inconvenientes de los ionómeros

1. Cierto hinchamiento a partir de mezclas de detergente-alcohol
2. Se debe estabilizar para uso exterior.
3. Temperatura de servicio 72 °C
4. Debe competir con las poliolefinas, más económicas

Tabla E-7. Propiedades de ionómeros

Propiedad	Ionómero
Calidad de moldeado	Excelente
Densidad relativa	0,93–0,96
Resistencia tracción, MPa	24–35
Resistencia impacto, Izod J/mm	0,3–0,75
Dureza, Shore	D50–D65
Dilatación térmica, $10^{-4}/°C$	30
Resistencia al calor, °C	70–105
Resistencia dieléctrica, V/mm	35.000–40.000
Constante dieléctrica (60 Hz)	2,4–2,5
Factor disipación (60 Hz)	0,001–0,003
Resistencia arco, s	90
Absorción de agua (24 h), %	0,1–1,4
Velocidad de combustión, mm/min	Muy lenta
Efecto luz solar	Requiere estabilizantes
Efecto de ácidos	Atacado por ácidos oxidantes
Efecto de álcalis	Muy resistente
Efecto disolventes	Muy resistente
Calidad mecanizado	Bastante a buena
Calidad óptica	Transparente

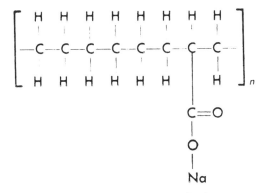

Fig. E-27. Un ejemplo de estructura de ionómero.

Plástico de barrera de nitrilo

Las formulaciones de copolímeros con una función nitrilo (C=N) de más de un 50% se denominan polímeros de nitrilo.

Estos plásticos presentan una permeabilidad muy baja y forman una barrera contra gases y olores. Esta característica es consecuencia del alto contenido en nitrilo. Su transparencia y capacidad de proceso los convierte en útiles como contenedores.

La formulación del plástico de barrera de nitrilo varía de un fabricante a otro.

La mayoría de las combinaciones se basan en acrilonitrilo (AN o metacrilonitrilo). Algunas formulaciones pueden alcanzar un 75% de AN. Todas las formulaciones son amorfas, con un tinte ligeramente amarillo. En la tabla E-8 se muestra la composición de monómero aproximada de la barrera de nitrilo. El producto de Borg-Warner *Cyclopac 930* contiene más de 64% de acrilonitrilo, 6% de butadieno y 21% de estireno.

A pesar de ser sensibles al calor, los plásticos de barrera de nitrilo se utilizan con todas las técnicas de tratamiento para termoplásticos (tabla E-9).

Estos plásticos encuentran aplicación en recipientes para bebidas, envases para alimentos y contenedores para muchos líquidos no comestibles.

Los monómeros residuales de AN de los recipientes para alimentos no deben superar 0,10 ppm.

Fenoxi

En 1962, Union Carbide introdujo una familia de resinas a base de bisfenol A y epiclorohidrina. Fueron bautizadas *fenoxi*, aunque se las puede clasificar como polihidroxiéteres. Su estructura se parece a la de los policarbonatos y el material tiene propiedades similares.

$$\left[-O-\bigcirc-\underset{CH}{\overset{CH}{\underset{|}{\overset{|}{C}}}}-\bigcirc-O-\underset{H}{\overset{H}{\underset{|}{\overset{|}{C}}}}-\underset{OH}{\overset{H}{\underset{|}{\overset{|}{C}}}}-\underset{H}{\overset{H}{\underset{|}{\overset{|}{C}}}}- \right]$$

Las resinas de fenoxi se fabrican y distribuyen como resinas epoxídicas termoplásticas. Se pueden trabajar con la maquinaria normal para termoplásticos, con temperaturas de servicio del producto superiores a 75 °C.

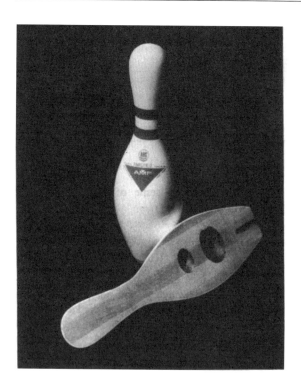

(A) Los bolos revestidos con ionómero duran más que los bolos recubiertos con otros materiales de protección

(B) Los parachoques moldeados por inyección de espuma de ionómero son más fuertes y ligeros que las estructuras sólidas

Fig. E-28. Aplicaciones de ionómero (DuPont Co.).

Tabla E-8. Composiciones estimadas de plástico barrera de nitrilo

Composición	Borg-Warner Cycopac 930	Monsanto Lo Pac	Sohio Barex	Dupont NR-16	ICI LPT*
Acrilonitrilo, %	65–75	65–75	65–75	65–75	65–75
Butadieno, %	5–10		5–8		
Acrilato de metilo, %			20–25		
Metacrilato de metilo, %			3–5		
Estireno %	20–30	25–35		25–35	25–35

* LPT- Termoplásticos de baja permeabilidad

En virtud de sus grupos hidroxilo reactivos, las resinas fenoxi se pueden reticular. Entre los agentes de reticulación se incluyen diisocianatos, anhídridos, triazinas y melaminas.

Los homopolímeros tienen una buena resistencia a la fluencia, alta elongación, baja absorción de la humedad, baja transmisión de gas y una alta rigidez, resistencia a la tracción y ductilidad. Encuentran aplicación como recubrimientos transparentes o coloreados de protección, piezas electrónicas moldeadas, tuberías para el gas y petróleo, equipo deportivo, carcasas de aparatos, estuches para cosméticos, adhesivos y contenedores para alimentos y fármacos. En la tabla E-10 se indican algunas de las propiedades de los fenoxi.

Polialómeros

En 1962, Eastman produjo un plástico bien diferenciado de los polímeros simples de polietileno y polipropileno. El proceso, denominado *alomerismo*, se lleva a cabo polimerizando de forma alterna monómeros de etileno y propileno. El alomerismo es una variación de la composición química sin cambio de la forma cristalina. El plástico presenta la cristalinidad asociada normalmente con los homopolímeros de etileno y propileno. El término *polialómero* se utiliza para distinguir este plástico segmentado de forma alterna de los homopolímeros y copolímeros de etileno y propileno.

A pesar de ser altamente cristalinos, los polialómeros pueden tener una densidad relativa de hasta 0,896. Se pueden formular de diversas formas. Como propiedades, se pueden citar alta rigidez y resistencia al impacto y a la abrasión. Su flexibilidad se ha aprovechado para la fabricación de cajas de bisagra, archivadores de hojas sueltas y otros tipos de carpetas (fig. E-29). Los polialómeros se pueden utilizar como contenedores para alimentos o películas a lo largo de un amplio abanico de temperaturas. Tienen un uso limitado con respecto a otras poliolefinas.

El tratamiento se puede realizar con el equipo para termoplásticos normal. Al igual que el polietileno, los polialómeros no están unidos cohesivamente, pero pueden estar soldados.

Tabla E-9. Propiedades de plásticos barrera de nitrilo

Propiedad	Barrera de nitrilo (Estándares)
Calidad de moldeado	Bueno
Densidad relativa	1,15
Resistencia tracción, MPa	62
Resistencia impacto, Izod J/mm	0,075–0,2
Dureza, Rockwell	M72–78
Dilatación térmica, $10^{-4}/°C$	16,89
Resistencia al calor, °C	70–100
Resistencia dieléctrica, V/mm	8.660
Constante dieléctrica (60 Hz)	4,55
Factor disipación (100 Hz)	0,07
Absorción de agua (24 h), %	0,28
Velocidad de combustión, mm/min	–
Efecto luz solar	Amarillea ligeramente
Efecto de ácidos	Ninguno a atacado
Efecto de álcalis	Ninguno a atacado
Efecto disolventes	Se disuelve en acrilonitrilo
Calidad mecanizado	Buena
Calidad óptica	Transparente

Tabla E-10. Propiedades de fenoxi

Propiedad	Fenoxi
Calidad de moldeado	Buena
Densidad relativa	1,18–1,3
Resistencia tracción, MPa	62–65
Resistencia impacto, Izod J/mm	0,125
Resistencia al calor, °C	80
Constante dieléctrica (60 Hz)	4,1
Factor disipación (60 Hz)	0,001
Absorción de agua (24 h), %	0,13
Velocidad de combustión, mm/min	Autoextinguible
Efecto de ácidos	Resistente
Efecto de álcalis	Resistente
Efecto disolventes	Soluble en cetonas
Calidad mecanizado	Buena
Calidad óptica	Translúcido a opaco

Fig. E-29. Las pastas de estos archivadores están hechas con plástico de polialómero.

En la tabla E-11 se enumeran algunas de las propiedades de los polialómeros.

Poliamidas (PA)

Partiendo de las investigaciones que se iniciaron en 1928, Wallace Hume Carothers y sus colegas concluyeron que los poliésteres lineales no eran adecuados para la producción de fibra comercial. Carothers consiguió producir poliésteres de masa molecular superior y los orientó por elongación con tensión. Estas fibras seguían resultando inadecuadas y no era posible tejerlas bien. Los aminoácidos presentes en la seda, una fibra natural, constituyeron la base del estudio sobre poliamidas sintéticas que realizó Carothers. De las muchas formulaciones de aminoácidos, diaminas y ácidos dibásicos, varios de ellos se preveían como posibles fibras. En torno a 1938, DuPont lanzó al comercio una poliamida: 6,6 poliamida, con la marca registrada *Nylon*. Este plástico de condensación recibió el nombre de nilón 6,6 (también se escribe 66 o 6/6), ya que tanto el ácido como la amina contienen seis átomos de carbono.

$$NH_2(CH_2)_6NH_2 + COOH(CH_2)_4COOH$$
$$\text{Hexametilen} \quad \text{Ácido adípico}$$
$$\text{diamina}$$

$$\rightarrow n[NH_2(CH_2)_6NH \cdot CO(CH_2)_4COOH] - \text{calor}$$
$$\text{Sal de nilón}$$

$$\rightarrow [NH(CH_2)_6NH \cdot CO(CH_2)_4CO]_n- + n H_2O$$
$$\text{Cadena de polímero nilón 6,6}$$

Nilón ha pasado a significar cualquier poliamida que se pueda transformar en filamentos, fibras, películas y piezas moldeadas.

La unión –CONH– (amida) que se repite, está presente en una serie de nilones termoplásticos lineales.

* Nilón 6 – policaprolactama:
$$[NH(CH_2)_5CO]_x$$
* Nilón 6,6 – polihexametilenadipamida:
$$[NH(CH_2)_6NHCO(CH_2)_4CO]_x$$
* Nilón 6,10 – Polihexametilensebacamida:
$$[NH(CH_2)_6NHCO(CH_2)_8CO]_x$$
* Nilón 11 – Poli(ácido 11-aminoundecanoico)
$$[NH(CH_2)_{10}CO]_x$$
* Nilón 12 – Poli(ácido 12-aminododecanoico)
$$[NH(CH_2)_{11}CO]_x$$

Existen muchos otros tipos de nilón hoy en día, entre los que se incluyen nilón 8, 9, 46 y copolímeros de diaminas y ácidos más sofisticados. En los Estados Unidos, Nilón 6,6 y Nilón 6 son los más utilizados con gran diferencia. Las propiedades de los nilones se pueden modificar introduciendo aditivos. Las resinas de poliamida que contienen amino pueden reaccionar con varios materiales y son posibles las reacciones de reticulación y de termoendurecimiento.

A pesar de que se desarrollaron en un principio como una fibra, las poliamidas encuentran aplicación como compuestos de moldeado, extrusión, recubrimientos, adhesivos y materiales de colada. Los acetales y fluorocarbonos comparten algunas propiedades y usos de la poliamida. Las resinas de poliamida son caras. Se opta por ellas cuando otras resinas no satisfacen los requisitos de servicio. Las

Tabla E-11. Propiedades de polialómeros

Propiedad	Polialómero (Homopolímero)
Calidad de moldeado	Excelente
Densidad relativa	0,896–0,899
Resistencia tracción, MPa	20–27
Resistencia impacto, Izod J/mm	8,5–12,5
Dureza, Rockwell	R50–R85
Dilatación térmica, $10^{-4}/°C$	21–25
Resistencia al calor, °C	50–95
Resistencia dieléctrica, V/mm	32.000–36.000
Constante dieléctrica (60 Hz)	2,3–2,8
Factor disipación (60 Hz)	0,000 5
Absorción de agua (24 h), %	0,01
Velocidad de combustión, mm/min	Lenta
Efecto luz solar	Ligero; debe protegerse
Efecto de ácidos	Muy resistente
Efecto de álcalis	Muy resistente
Efecto disolventes	Muy resistente
Calidad mecanizado	Buena
Calidad óptica	Transparente

resinas de acetal son superiores en cuanto a la resistencia a la fatiga, a la fluencia y al agua. Los nilones son cada vez más competitivos entre las resinas.

En 1941, se ofrecieron los primeros compuestos de moldeado y sus aplicaciones cada vez son más numerosas. Se encuentran entre los materiales plásticos más tenaces. Los nilones son autolubricantes, impermeables a la mayoría de las sustancias químicas y muy impermeables al oxígeno. No son atacados por hongos o bacterias. Las poliamidas se pueden usar como recipientes para alimentos.

Entre las aplicaciones más corrientes de los compuestos de moldeado de homopolímero (nilones 6; 6,6; 10; 11 y 12) se incluyen engranajes, cojinetes, asientos de válvula, peines y tiradores de muebles y de puertas. Se utilizan en los casos en los que se requiere resistencia al desgaste y coeficientes de rozamiento bajos.

Debido a su estructura cristalina, los productos de poliamida tiene un aspecto lechoso opaco (fig. E-30). Se pueden obtener películas transparentes de nilón 6 y 6,6 si se enfrían muy rápidamente. Las poliamidas son materiales amorfos transparentes cuando se funden. Al enfriarse, se cristalizan y quedan turbios. Esta cristalinidad contribuye a su rigidez, firmeza y resistencia térmica. Su tratamiento resulta más difícil que el de otros materiales termoplásticos. Se puede utilizar todo el equipo de tratamiento para termoplásticos, si bien se necesitan temperaturas superiores. El punto de fusión de la poliamina es abrupto o pronunciado; es decir, no se ablanda o se funde a lo largo de un amplio intervalo de temperaturas (fig. E-31). Una vez alcanzada la energía suficiente para superar la cristalinidad

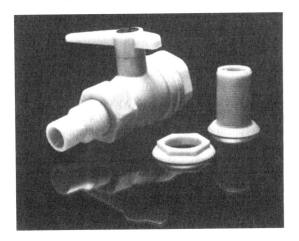

Fig. E-30. Los productos de poliamida tienen un aspecto lechoso opaco, tal como se puede ver en esta válvula y este accesorio. (DuPont Co.).

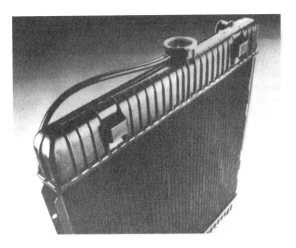

Fig. E-31. Se pueden fabricar radiadores de coche de poliamida, ya que no se funde en un amplio intervalo de temperatura. (BASF).

y las atracciones moleculares, pasa repentinamente a un estado líquido y se puede procesar. Como todos los nilones absorben agua, se secan antes del moldeado, asegurando así las propiedades físicas pretendidas en el producto moldeado.

Las películas extruidas o sopladas se utilizan para envasar aceites, grasas, queso, bacón y otros productos en los que es esencial una baja permeabilidad al gas. Las altas temperaturas de servicio de la película de nilón se aprovechan para productos alimenticios que se cuecen en la bolsa. Aunque las poliamidas son higroscópicas (absorben agua) encuentran muchas aplicaciones como aislantes eléctricos.

El nilón 11 se puede utilizar como recubrimiento protector de sustratos metálicos. Las poliamidas se utilizan en forma de polvo por pulverizado o procesos de lecho fluidizado. Entre los usos típicos se incluyen rodillos, ejes, paneles de desplazamiento, poleas fijas, rotores de bomba y cojinetes. Las dispersiones acuosas y disolventes orgánicos de resinas de poliamida permiten determinadas aplicaciones de adhesivo y recubrimiento sobre el papel, madera y tejidos.

Los adhesivos a base de poliamida pueden ser de aplicación en estado fundido o en solución. Los primeros se calientan simplemente por encima del punto de fusión y se aplican. Las resinas de aminopoliamida pueden reaccionar con resinas epoxi o fenólicos para producir un adhesivo termoendurecible. Estos adhesivos encuentran aplicación en unión de madera, estratos de papel y aluminio y para acoplar cobre a placas de circuitos impresos. Se utilizan como adhesivos flexibles para envoltorios de pan, sobres de sopa, paquetes de cigarrillos y lomos de libros. Las combinacio-

Fig. E-32. Esta pieza de poliamida fue mecanizada en un torno automático durante 18-5 segundos. Para mecanizar la misma pieza en metal ligero se tardaría el doble de tiempo; pieza de acero sin cortado, 13 veces más larga. (BASF).

nes de poliamida-epoxi se emplean como sistemas de dos partes en aplicaciones de colada, incluyendo rellenado y encapsulado de componentes eléctricos. Al combinarse con pigmentos y otros agentes de modificación, las poliamidas se pueden utilizar como tintas de impresión. Se conocen ya los usos de las poliamidas en tejidos y alfombras, por lo que no requieren mayor explicación.

Como ejemplos de productos de nilón se pueden citar telas, tiendas de campaña, cortinas para el baño y paraguas. Los monofilamentos, multifilamentos y fibras cortadas se obtienen por hilada. A continuación, se estira en frío para aumentar la resistencia a la tracción y la elasticidad. Los monofilamentos se utilizan en cañas de pescar, suturas quirúrgicas, hilos para neumáticos, cuerdas, equipo deportivo, cepillos, pelucas y pieles sintéticas.

Las poliamidas se pueden mecanizar fácilmente (fig. E-32), aunque las perforaciones o agujeros probablemente resulten demasiado reducidos por la elasticidad del material.

La cementación de poliamida resulta difícil por su resistencia a los disolventes; no obstante los fenoles y el ácido fórmico son disolventes específicos utilizados para ello. Para este mismo fin se emplean también resinas epoxi.

En la tabla E-12 se muestran algunas de las características básicas de las poliamidas. A continuación, se enumeran siete ventajas y cinco inconvenientes de las poliamidas.

Tabla E-12. Propiedades de las poliamidas

Propiedad	Nilón 6,6 (sin carga)	Nilón 6,10 (con carga)	Nilón 6,10 (carga de vidrio)
Calidad de moldeado	Excelente	Excelente	Excelente
Densidad relativa	1,13–1,15	1,09	1,17–1,52
Resistencia tracción, MPa	62–82	58–60	89–240
Resistencia compresión, MPa	46–86	46–90	90–165
Resistencia impacto, Izod J/mm	0,05–0,1	0,06	0,06–0,3
Dureza, Rockwell	R108–R120	R111	M94, E75
Dilatación térmica, $10^{-4}/°C$	20	23	3–8
Resistencia al calor, °C	80–150	80–120	150–205
Resistencia dieléctrica, V/mm	15.000–18.500	13.500–19.000	16.000–20.000
Constante dieléctrica (60 Hz)	4,0–4,6	3,9	4,0–4,6
Factor disipación (60 Hz)	0,014–0,040	0,04	0,001–0,025
Resistencia arco, s	130–140	100–140	92–148
Absorción de agua (24 h), %	1,5	0,4	0,2–2
Velocidad de combustión, mm/min	Autoextinguible	Autoextinguible	Autoextinguible
Efecto luz solar	Se decolora ligeramente	Se decolora ligeramente	Se decolora ligeramente
Efecto de ácidos	Atacado	Atacado	Atacado
Efecto de álcalis	Resistente	Nada	Ninguno
Efecto disolventes	Se disuelve en fenol y ácido fórmico	Se disuelve en fenoles	Disuelto en fenoles
Calidad mecanizado	Excelente	Bastante	Bastante
Calidad óptica	Translúcido a opaco	Translúcido a opaco	Translúcido a opaco

Ventajas de la poliamida (nilón)

1. Tenaz, fuerte y resistente al impacto
2. Bajo coeficiente de rozamiento
3. Resistencia a la abrasión
4. Resistencia a alta temperatura
5. Procesable a través de métodos para termoplásticos
6. Buena resistencia a disolventes
7. Resistencia a las bases

Inconvenientes de la poliamida

1. Alta absorción de humedad con inestabilidad dimensional asociada
2. Sujeta al ataque de ácidos fuertes y agentes oxidantes
3. Requiere estabilización ultravioleta
4. Muy contraíble en secciones moldeadas
5. Propiedades eléctricas y mecánicas influidas por el contenido en humedad

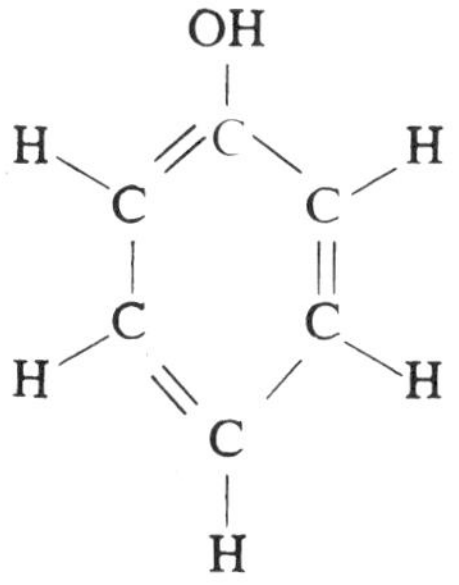

o abreviado

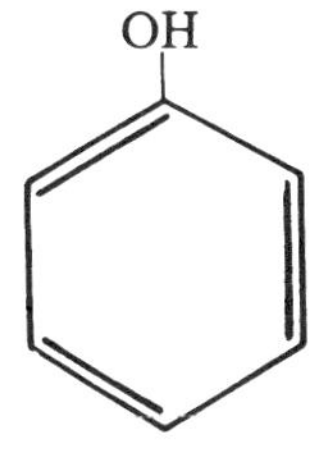

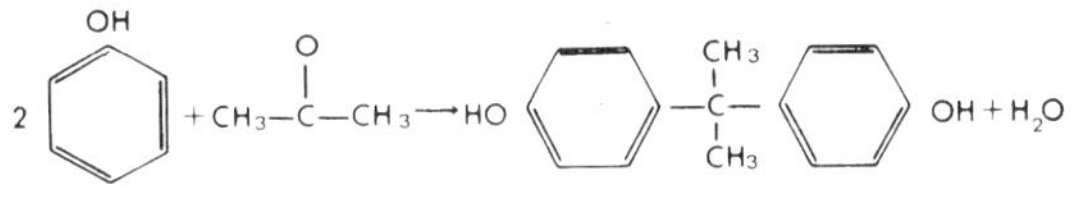

FENOL ACETONA BISFENOL-A

Fig. E-33. Preparación de bisfenol A.

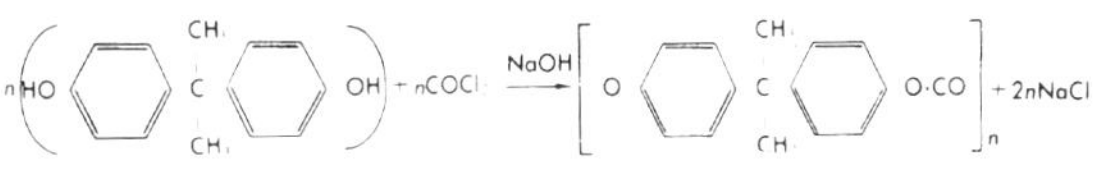

Fig. E-34. Primer método para preparar policarbonatos.

Policarbonatos (PC)

Un importante material para la producción de plástico es el fenol. Se utiliza para producir resinas de fenólico, poliamida, epoxi, poli(óxido de fenileno) y policarbonato.

El fenol es un compuesto que tiene un grupo hidroxilo unido a un anillo aromático. A veces se denomina *monohidroxibenceno*, C_6H_5OH.

El bisfenol A (dos fenoles y acetona), ingrediente fundamental para la producción de policarbonatos, se puede obtener combinando acetona y fenol (fig. E-33). A veces recibe el nombre de difenilol propano o bis-dimetilmetano.

Los policarbonatos son poliésteres amorfos lineales, ya que contienen ésteres de ácido carbónico y bisfenol aromático.

Otro importante material utilizado en la producción de policarbonato es fosgeno. El fosgeno, un gas venenoso, se utilizaba en la primera guerra mundial.

Ya en 1898, A. Einhorn preparó un material de policarbonato a partir de la reacción de resorcina y fosgeno. W.H. Carothers y F.J. Natta realizaron investigaciones en torno a una serie de policarbonatos mediante reacciones de éster.

La investigación continuó después de la segunda guerra mundial, en Alemania con Faberfabriken Bayer y en los Estados Unidos con la General Electric. En 1957, ambas compañías habían llegado a la producción de policarbonatos a partir de bisfenol A. La producción a gran escala en los Estados Unidos no comenzó hasta 1959.

Existen dos métodos generales para preparar policarbonatos. El más común consiste en la reacción de bisfenol A purificado con fosgeno en condiciones alcalinas (fig. E-34). Un método alternativo implica la reacción de bisfenol A purificado con carbonato de difenilo (meta-carbonato) en presencia de catalizador, al vacío (fig. E-35).

La pureza del bisfenol A es crucial si se pretende que el plástico posea una transparencia superior y cadenas lineales largas sin sustancias de reticulación.

Se prefiere el proceso de fosgenación, ya que se puede llevar a cabo a bajas temperaturas con una tecnología y equipo sencillos. El proceso exige la recuperación de disolventes y sales inorgánicas. No obstante, en ambos casos, la producción es alta en comparación con el coste.

Los policarbonatos se pueden tratar a través de los métodos normales para termoplásticos. Su resistencia al calor y su alta temperatura de fundido

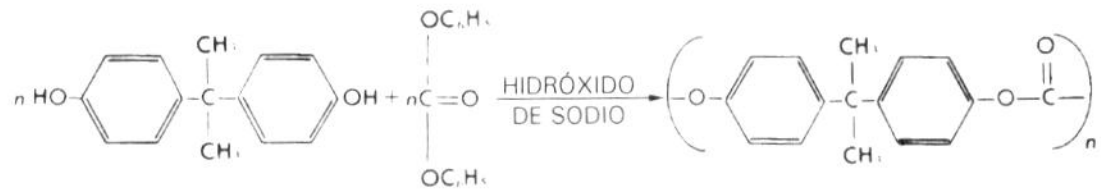

BISFENOL-A DIFENIL CARBONATO POLICARBONATO

Fig. E-35. Segundo método usado para preparar policarbonatos.

requieren temperaturas de tratamiento superiores. La temperatura de moldeado es muy importante y se debe controlar con precisión para obtener productos útiles. Los policarbonatos son sensibles a la hidrólisis a temperaturas altas de tratamiento. Es necesario secar los compuestos o usar un equipo de barrera ventilado, ya que el agua puede causar burbujas y otros defectos en las piezas. Las propiedades únicas del policarbonato vienen dadas por los grupos carbonato y la presencia de anillos de benceno en la cadena molecular larga que se repite. Dichas propiedades son alta resistencia al impacto, transparencia, excelente resistencia de fluencia, amplios límites de temperatura, alta estabilidad dimensional, buenas características eléctricas y comportamiento autoextinguible. Las calidades transparentes tenaces se utilizan como lentes, películas, parachoques, faros, recipientes, componentes de aparatos y fundas para herramientas (fig. E-36). La resistencia a la temperatura se aprovecha para mangos de recipientes calientes, cafeteras, tapas de palomiteras, secadores del cabello y carcasas de aparatos. Estos plásticos presentan propiedades excelentes desde –170°C a +132°C. Los policarbonatos suministran la resistencia al impacto y de flexión necesaria para rotores de bomba, cascos de seguridad, dispensadores de bebidas, aparatos pequeños, bandejas, señales, piezas de aviones, cámaras y diversos usos de película y envasado. Los paquetes coextruidos se emplean para bandejas de comida congelada que se pueden meter en el horno o bolsas para microondas. Las piezas de policarbonato tienen también una buena estabilidad dimensional. Las calidades cargadas con vidrio presentan además resistencia al impacto, a la humedad y a productos químicos (fig. E-37).

La mayoría de los disolventes aromáticos, ésteres y cetonas atacan a los policarbonatos. Los

Fig. E-37. El policarbonato de alto impacto presenta mejores propiedades mecánicas y propiedades eléctricas equivalentes como sustituto de los aislantes de vidrio. (H.K. Porter Co. Inc.).

hidrocarburos clorados se utilizan como cementos disolventes para uniones cohesivas.

Existen cientos de variantes de la estructura de policarbonato. Se puede modificar la estructura sustituyendo diferentes radicales como grupos laterales o separando los anillos de benceno con uno o más átomos de carbono. En la figura E-38 se muestran algunas de las combinaciones estructurales posibles.

En la tabla E-13 se indican algunas de las propiedades de los policarbonatos. A continuación se enumeran cinco ventajas y cuatro inconvenientes.

Ventajas de los policarbonatos

1. Alta resistencia al impacto
2. Excelente resistencia a la fluencia
3. Asequible en calidades transparentes
4. Temperatura de aplicación continua por encima de 120 °C
5. Estabilidad dimensional muy buena

Inconvenientes de los policarbonatos

1. Altas temperaturas de tratamiento
2. Escasa resistencia a álcalis
3. Sujeto a agrietamiento por disolventes
4. Requiere estabilización con ultravioleta

Polieteréter cetona (PEEK)

La estructura totalmente aromática de PEEK contribuye a la resistencia a la temperatura superior de este termoplástico cristalino. Las unidades que se repiten básicas se muestran en la figura E-39. PEEK se puede tratar en fundido con el equipo

Fig. E-36. Policarbonato utilizado en productos domésticos.

Tabla E-13. Propiedades de los policarbonatos

Propiedad	Policarbonato (sin carga)	Policarbonato (105–40% fibra de vidrio)
Calidad de moldeado	Buena a excelente	Muy buena
Densidad relativa	1,2	1,24–1,52
Resistencia tracción, MPa	55–65	83–172
Resistencia compresión, MPa	71–75	90–145
Resistencia impacto, Izod J/mm	0,6–0,9	0,06–0,325
Medida de barra	12,7 x 3,175 mm	6,35 x 12,7 mm
Dureza, Rockwell	M73–78, R115, R125	M88–M95
Dilatación térmica, $10^{-4}/°C$	16,8	4,3–10
Resistencia al calor, °C	120	135
Resistencia dieléctrica, V/mm	15.500	18.000
Constante dieléctrica (60 Hz)	2,97–3,17	3,0–3,53
Factor disipación (60 Hz)	0,0009	0,0009–0 0013
Resistencia arco, s	10–120	5,120
Absorción de agua (24 h), %	0,15–0,18	0,07–0,20
Velocidad de combustión, mm/min	Autoextinguible	Lenta 20–30
Efecto luz solar	Ligero	Ligero
Efecto de ácidos	Atacado lentamente	Atacado por ácidos oxidantes
Efecto de álcalis	Atacado	Atacado
Efecto disolventes	Soluble en hidrocarburos aromáticos y clorados	Soluble en hidrocarburos aromáticos y clorados
Calidad mecanizado	Excelente	Bastante
Calidad óptica	Transparente a opaco	Transparente a opaco

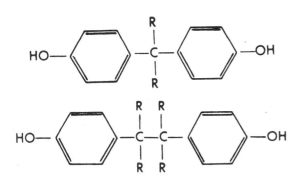

POSIBLES GRUPOS RADICALES LATERALES

R	R₁
—H	—H
—H	—CH₃
—CH₂	—CH₃
—CH₃	—C₂H₅
—C₂H₅	—C₂H₅
—CH₃	—CH₂—CH₂—CH₃
—CH₂—CH₂—CH₃	—CH₂—CH₂—CH₃
—⌬	—⌬

Fig. E-38. Combinaciones posibles de policarbonatos.

para termoplásticos convencional. Entre sus aplicaciones se incluyen revestimientos de cables y materiales compuestos de alta temperatura para componentes aerospaciales y aeronáuticos.

Polieterimida (PEI)

Polieterimida (PEI) es un termoplástico amorfo a base de unidades éter e imida que se repiten. En la figura E-40 se muestra la estructura química general de estos polímeros. Las calidades reforzadas y cargadas presentan mejor resistencia mecánica y térmica y fluencia. Todos los tipos se procesan con el equipo convencional. Entre las aplicaciones típicas se incluyen componentes para motor de inyección, vajilla para el horno, circuitos flexibles, estructuras compuestas para aeronáutica y envases para alimentos.

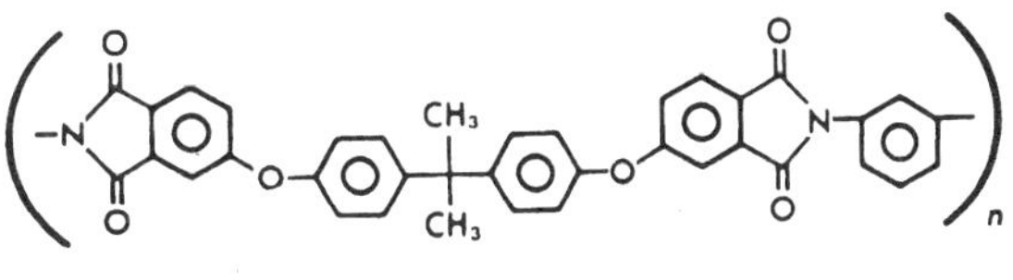

Fig. E-39. Estructura química general de polieterimida.

Fig. E-40. Estructura química de PEEK.

Poliésteres termoplásticos

El grupo de los poliésteres termoplásticos incluye poliésteres saturados y aromáticos. Las marcas registradas conocidas de poliésteres saturados son Dacron y Mylar.

Poliésteres saturados

Los poliésteres saturados se basan en la reacción de ácido tereftálico ($C_6H_4(COOH)_2$) y etilen glicol ($(CH_2)_2(OH)_2$). Son polímeros lineales de alto peso molecular (tabla E-14). Los poliésteres saturados se utilizan para producir fibras y películas. W.H. Carothers basó sus investigaciones en los poliésteres lineales. Transcurridos unos años, dejó de tratar de obtener fibras de poliéster, para empezar a investigar con las poliamidas sintéticas.

El *tereftalato de polietileno* (PET) se puede producir por polimerización en condensación de fundido a partir de ácido tereftálico y tereftalato de dimetilo y etilen glicol.

Para reducir la cristalinidad, se puede copolimerizar el PET. Los copoliésteres de PET modificado con glicol se denominan PETG. El champú transparente y los botes de detergente son aplicaciones corrientes. El copoliéster de PCTA se produce a partir de ciclohexanodimetanol, ácido tereftálico (TPA) y otros ácidos dibásicos.

Este plástico se ha utilizado para envases de alimentos, fibras para prendas de vestir, alfombrado e hilos para neumáticos durante cerca de 20 años. Recientemente, se ha extendido su uso en latas para bebidas gaseosas por su baja permeabilidad al gas.

La mayoría de las aplicaciones exigen que el PET esté orientado y sea cristalino para conseguir las óptimas propiedades. Los procesos de orientación se realizan a 100–120 °C, o ligeramente por encima de la temperatura de transición vítrea (T_v).

PET se utiliza para fibras sintéticas, películas fotográficas, cintas de vídeo, recipientes para el horno, cintas magnéticas y de ordenador, latas para bebidas, incluyendo licores. Las calidades reforzadas y cargadas se utilizan en engranajes, rejillas de ventilador de pipa, interruptores eléctricos y artículos deportivos.

El *tereftalato de polibutileno* (PBT) o tereftalato de politetrametileno (PTMT) fue introducido en 1962. El etilen glicol, un anticongelante para coches, también es uno de los principales materiales en la producción de fibras de poliéster. El desarrollo original nació en Inglaterra con la Imperial Chemical Industries (ICI). En 1953, DuPont compró los derechos para desarrollar fibras Dacron. En 1969, se empezaron a comercializar los tipos obtenidos por extrusión e inyección.

Los poliésteres saturados (no reactivos) no experimentan reticulación. Estos poliésteres lineales son termoplásticos. Estas fibras se utilizan sobre todo en confección y tapicería. Como usos industriales se pueden mencionar refuerzos para cinturones o neumáticos.

Las películas de poliéster se utilizan en cintas de grabación, aislantes dieléctricos, películas fotográficas y bolsas de alimentos para cocción (fig. E-41).

Por su naturaleza termoplástica, los compuestos a base de PET saturado y PBT se pueden moldear por inyección o extrusión.

(A) Estas verduras están envasadas en películas diseñadas para cocer el producto en la bolsa

(B) Con las películas de poliéster para horno se consigue mantener el producto tierno y sabroso y se evita la necesidad de limpiar el recipiente

Fig. E-41. Algunos usos de las películas de poliéster.

Tabla E-14. Propiedades de los poliésteres termoplásticos: poliéster saturado

Propiedad	Tereftalato de polietileno (PETP o PET)	Tereftalato de polibutileno (PBTP) (sin carga)	Aromático lineal (se descompone a 550)	Aromático lineal (por inyección)
Calidad de moldeado	Buena	Buena	Se sinteriza	Buena
Densidad relativa	1,34–1,39	1,31–1,38	1,45	1,38
Resistencia tracción, MPa	59–72	56	17	20
Resistencia compresión, MPa	76–128	59–100	76–105	68
Resistencia impacto, Izod J/mm	0,01–0,04	0,04–0,05		0,08
Dureza	Rockwell M94–M101	Rockwell M68–M98	Shore D88	–
Dilatación térmica, 10^{-4}/°C	15,2–24	155	7,1	7,36
Resistencia al calor, °C	80–120	50–90		280
Resistencia dieléctrica, V/mm	13.780–15.750	16.500		13.750
Constante dieléctrica (60 Hz)	3,65	3,29	3,22	
Factor disipación (60 Hz)	0,005 5		0,0046	
Resistencia arco, s	40–120	75–192		100
Absorción de agua (24 h), %	0,02	0,08		0,01
Velocidad de combustión, mm/min	Consumo lento	10		
Efecto luz solar	Se decolora ligeramente	Se decolora	Ninguno	
Efecto de ácidos	Atacado por ácidos oxidantes	Atacado	Ligero	Ligera
Efecto de álcalis		Atacado	Atacado	Atacado
Efecto disolventes	Atacado por hidrocarburos de halógeno	Resistente	Resistente	Resistente
Calidad mecanizado	Excelente	Bastante	Bastante	Buena
Calidad óptica	Transparente a opaco	Opaco	Opaco	Translúcido

Entre las marcas registradas más conocidas se incluyen fibras de Terylene, Dacron y Kodel y película Mylar. Otros usos son engranajes, tapas de distribuidor, rotores, carcasas para aparatos, poleas y piezas de interruptor, muebles, vallas y envases. A continuación, se enumeran dos ventajas y tres inconvenientes de los poliésteres saturados.

Ventajas de los poliésteres saturados

1. Tenacidad y rigidez
2. Procesable a través de métodos para termoplásticos

Inconvenientes de los poliésteres saturados

1. Sujeto al ataque de ácidos y bases
2. Baja resistencia térmica
3. Resistencia a disolventes escasa

Poliésteres aromáticos

Los poliésteres de oxibenzoílo fueron introducidos por Carborundum en 1971 y en 1974 con las marcas registradas Ekonol y Ekcel. Ambos materiales eran cadenas lineales de unidades de p-oxibenzoílo. Dado que Ekonol no se funde por debajo de su temperatura de descomposición, debe ser sinterizado, moldeado por compresión o pulverizado con plasma. Ekcel se puede tratar con un equipo de inyección y extrusión. La estabilidad a alta temperatura, rigidez y conductividad térmica son algunas de sus propiedades más importantes.

Algunas formulaciones se pueden procesar por fundido, pero requieren tempcraturas de tratamiento comprendidas entre 300 y 400°C. Los miembros de esta clase de materiales reciben a veces el nombre de neumáticos, anisótropos, polímero de cristal líquido (LCP) o polímeros autorreforzantes.

Estos términos tratan de describir la formación de cadenas fibrosas fuertemente compactadas durante la fase de fundido. Es la cadena fibrosa precisamente la que imparte al polímero su calidad autorreforzante. Las piezas deberán ser diseñadas para ajustarse a las características anisótropas de LCP. Entre las aplicaciones se incluyen bombas químicas, recipientes para horno, piezas de motor y componentes aeroespaciales.

Entre los usos típicos se pueden citar cojinetes, sellos, asientos de válvula, rotores, piezas aeroespaciales y para automóviles de alto rendimiento, componentes de aislamiento eléctrico y recubrimientos para recipientes.

En 1978, se introdujo el *poliarilato*. Este plástico, con un ligero color ámbar, se compone de ácido iso- y tereftálico y bisfenol A.

Los poliarilatos son materiales termoplásticos de poliéster aromático. El término *arilo* se refiere a un grupo fenilo derivado de un compuesto aromático. Existen varios tipos de aleaciones y materiales cargados.

El poliarilato se debe secar antes del moldeado por inyección o extrusión. Presenta una excelente resistencia al ultravioleta, térmica y a la deflexión por calor. Entre las aplicaciones se incluyen vidrieras, carcasas para aparatos, conectores eléctricos y accesorios de luz, ventanas exteriores, lentes para lámparas de halógeno y determinados recipientes para microondas. En la tabla E-15 se exponen sus propiedades típicas.

Poliimidas termoplásticas

En 1962, DuPont desarrolló las poliimidas, que se obtienen por polimerización en condensación de un dianhídrido aromático y una diamina aromática (fig. E-42). Las poliimidas aromáticas son lineales y termoplásticas y resultan difíciles de procesar. Se pueden moldear después de dejar transcurrir el tiempo suficiente para que se produzca el flujo una vez excedida la temperatura de transición vítrea. Muchas poliimidas no se funden, pero se deben fabricar por mecanizado u otros métodos de conformado.

La polimerización de adición proporciona plásticos con una resistencia térmica ligeramente inferior con respecto a la polimerización por condensación.

Las poliimidas compiten con diversos fluorocarbonos en aplicaciones que requieren fricción baja, buena resistencia, tenacidad, alta resistencia dieléctrica y resistencia térmica. Poseen buena resistencia a la radiación pero son superados por los fluoroplásticos en cuanto a la resistencia química. La poliimida es atacada por soluciones alcalinas fuertes, hidrazina, dióxido de nitrógeno y compuestos de amina secundaria.

Aunque son caras y su tratamiento es complicado, las poliimidas se emplean en industria aeroespacial, electrónica, energía nuclear y equipos de oficina e industriales. Otros ejemplos de artículos son asientos de válvulas, juntas elásticas, segmentos de pistón, lavadoras y pasantes. Las películas se obtienen por colada (normalmente desde una forma de prepolímero) y se emplean para estratos, componentes dieléctricos y recubrimientos.

En la figura E-43 se ha aplicado poliimida en forma de líquido caliente, por pulverizado electrostático sobre crisoles eléctricos y batería de cocina. Después del curado y horneado a 290 °C, la poliimida forma un acabado brillante, duro y flexible similar a la porcelana.

El contacto prolongado con esta resina y sus reductores puede causar graves agrietamientos de piel en las personas que los manipulan. Los disolventes no son más tóxicos que otros aromáticos. En la tabla E-16 se ofrecen algunas propiedades de las poliimidas. A continuación se indican seis ventajas y seis inconvenientes de estos materiales.

Tabla E-15. Propiedades del poliarilato

Propiedad	Poliarilato
Calidad de moldeado	Buena
Densidad relativa	1,21
Resistencia tracción, MPa	48–75
Resistencia impacto, Izod (6 mm) J/mm	0,24
Dureza, Rockwell	R105
Temperatura de deflexión (a 1,82 MPa) °C	280
Absorción de agua (24 h),%	0,01
Óptica, índice de refracción	1,64

Ventajas de las poliimidas

1. Capacidad de temperatura de exposición corta de 315 a 371 °C
2. Excelente barrera
3. Buenas propiedades eléctricas
4. Excelente resistencia a los disolventes y al desgaste
5. Buena capacidad de adherencia
6. Especialmente adecuado para fabricación de materiales compuestos

Fig. E-42. Estructura básica de la poliimida.

(A) Acabados de poliimida de colores utilizados para baterías de cocina

(B) Crisoles eléctricos recubiertos en una línea de pulverizado automática

Fig. E-43. Ejemplos de recubrimientos de poliimida. (DeBeers Labs, Inc.)

Inconvenientes de las poliimidas

1. Dificultad de fabricación
2. Higroscópico (absorbe la humedad)
3. Sujeto al ataque de álcalis
4. Alto coste comparativamente
5. Color oscuro
6. La mayoría de los tipos contienen sustancias volátiles o disolventes que se deben ventilar durante el curado

Fig. E-44. Fórmula estructural general de la poliamida-imida.

Tabla E-16. Propiedades de las poliimidas

Propiedad	Poliimida (sin carga)
Calidad de moldeado	Buena
Densidad relativa	1,43
Resistencia tracción, MPa	70
Resistencia compresión, MPa	>165
Resistencia impacto, Izod J/mm	0,045
Dureza, Rockwell	E45–E58
Resistencia al calor, °C	300
Resistencia dieléctrica, V/mm	22.000
Constante dieléctrica (60 Hz)	3,4
Resistencia arco, s	230
Absorción de agua (24 h),%	0,32
Velocidad de combustión, mm/min	No se quema
Efecto de ácidos	Resistente
Efecto de álcalis	Atacado
Efecto disolventes	Resistente
Calidad mecanizado	Excelente
Calidad óptica	Opaco

Poliamida-imida (PAI)

Uno de los miembros amorfos de la familia de poliimida es poliamida-imida. Se lanzó al mercado en 1972 con la marca registrada Torlon de Amoco Chemicals. Este material contiene anillos aromáticos y una unión de nitrógeno, tal como se muestra en la figura E-44. La poliamida-imida tiene propiedades sorprendentes (tabla E-17). Este material puede soportar temperaturas continuas de 260 °C. Debido a su bajo coeficiente de fricción, excelente temperatura de servicio y estabilidad dimensional, la poliamida-imida se puede tratar en fundido para fabricar equipos aeroespaciales, engranajes, válvulas, películas, estratos, acabados, adhesivos y componentes de motores de inyección (fig. E-45).

Tabla E-17. Propiedades de la poliamida-imida

Propiedad	Poli(amida-imida) (sin carga)
Calidad de moldeado	Excelente
Densidad relativa	1,41
Resistencia tracción, MPa	185
Resistencia compresión, MPa	275
Resistencia impacto, Izod J/mm	0,125
Dureza, Rockwell	E78
Dilatación térmica, 10^{-4}/°C	9,144
Resistencia al calor, °C	260
Resistencia dieléctrica, V/mm	>400
Constante dieléctrica (60 Hz)	3,5
Resistencia arco, s	125
Absorción de agua (24 h),%	0,28
Velocidad de combustión, mm/min	No se quema
Efecto de ácidos	Muy resistente
Efecto de álcalis	Muy resistente
Efecto disolventes	Muy resistente
Calidad mecanizado	Excelente

Fig. E-45. Faldilla del pistón, anillo número dos, bielas, pasadores, válvulas de entrada, resorte de retención de válvula, balancines, engranajes de cronómetro y otras piezas hechas de (Torlon) poliamida-imida para un motor de 2 litros Polimotor Lola con una potencia de 318 caballos de vapor a 9500 rpm, pero pesa solamente 67 kg. (Amoco Chemicals).

Polimetilpenteno

Este plástico se describe como una poliolefina de 4-metilpenteno-1 alifática isotácticamente organizada. El polimetilpenteno fue desarrollado en laboratorio en 1955, pero no se extendió a nivel comercial hasta que Imperial Chemical Industries, Ltd., lo comercializó con la marca registrada TPX, en 1965.

Los catalizadores de tipo Ziegler se utilizan para polimerizar 4-metilpenteno-1 a presión atmosférica (fig. E-46). Tras la polimerización, se separan los residuos de catalizador por lavado con alcohol metílico. A continuación, se combina el material con estabilizantes, pigmentos, cargas y otros aditivos para dar una forma granulada.

En la figura E-47 se muestran fórmulas de plásticos de este tipo. Para evitar confusión, se deben enumerar los átomos de carbono de la cadena continua, tal como se muestra en estas fórmulas.

La copolimerización con otras unidades de olefina (incluyendo hexeno-1, octeno-1, deceno-

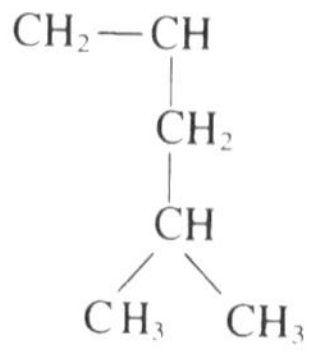

Fig. E-46. Poli(4-metilpenteno-1).

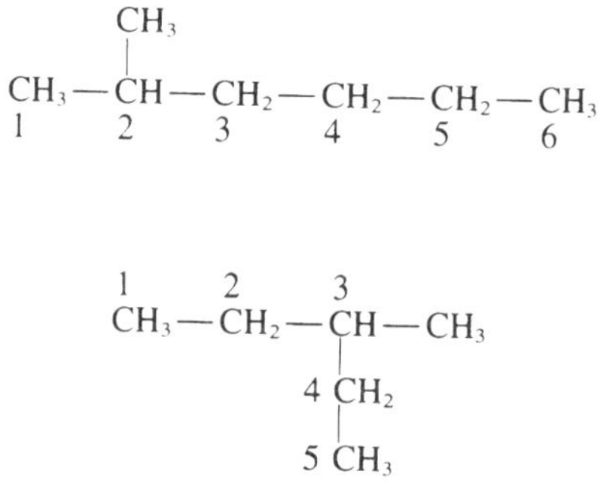

(B) 3-metilpentano.

Fig. E-47. Fórmulas de cadena continua, con enumeración de los átomos de carbono.

1 y octadeceno-1) puede significar el perfeccionamiento de las propiedades ópticas y mecánicas.

El poli(4-metilpenteno-1) comercial tiene una temperatura de servicio relativamente alta que puede exceder los 160°C. Aunque el plástico es cristalino casi al 50%, presenta un valor de transmisión de luz de 90 por ciento. La formación de esferolitos se puede retardar por enfriamiento rápido de la masa enfriada. El empaquetado abierto de la estructura cristalina da un polimetilpenteno de densidad relativa baja de 0,83, que se acerca al mínimo teórico para los termoplásticos.

El polimetilpenteno se puede tratar con el equipo para termoplásticos normal, a temperaturas que pueden exceder 245 °C.

A pesar de su alto coste, este plástico encuentra aplicación en plantas químicas, equipos médicos de autoclave, difusores de luz, encapsulación de componentes electrónicos, lentes y reflectores metalizados (fig. E-48). Un uso muy conocido es para bolsas de alimentos para cocción y horneado. Estos envases se consumen domésticamente y para servicios de catering de compañías aéreas o plantas de fabricación. Los alimentos envasados pueden hervir en agua o prepararse en hornos normales o de microondas. La transparencia es útil para poder ver los productos en un equipo dispensador.

Son posibles otras poliolefinas de cadenas ramificadas laterales. Los tres polímeros posibles aparecen en la figura E-49. Las cadenas laterales ramificadas aumentan la rigidez y se traducen en puntos de fusión superiores. El polivinil ciclohexano funde a aproximadamente 338 °C. En la tabla E-18 se exponen algunas de las propiedades del polimetilpenteno. A continuación, se enumeran cinco ventajas y dos inconvenientes del polimetilpenteno.

Tabla E-18. Propiedades de polimetilpenteno

Propiedad	Polimetilpenteno (sin carga)
Calidad de moldeado	Excelente
Densidad relativa	0,83
Resistencia tracción, MPa	25–28
Resistencia compresión, MPa	0,02–0,08
Dureza, Rockwell	L67–74
Dilatación térmica, $10^{-4}/°C$	29,7
Resistencia al calor, °C	120–160
Resistencia dieléctrica, V/mm	28.000
Constante dieléctrica (60 Hz)	212
Factor disipación (60 Hz)	0,000 7
Absorción de agua (24 h), %	0,01
Velocidad de combustión, mm/min	25
Efecto luz solar	Se agrieta
Efecto de ácidos	Atacado por agentes oxidantes
Efecto de álcalis	Resistente
Efecto disolventes	Atacado por aromáticos clorados
Calidad mecanizado	Buena
Calidad óptica	Transparente a opaco

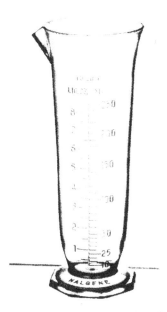

Fig. E-48. La transparencia, resistencia química y tenacidad del polimetilpenteno lo hacen adecuado para artículos de laboratorio. (ICI, Ltd.)

(A) Poli(3-metilbuteno-1)

(B) Poli(4,4-dimetilpenteno-1)

(C) Poli(vinilciclohexano)

Fig. E-49. Polímeros de poliolefina de cadena ramificada.

Ventajas de polimetilpenteno

1. Densidad mínima (más baja que polietileno)
2. Alto valor de transmisión de luz (90%)
3. Excelente factor de potencia y resistividad de volumen y dieléctrica
4. Punto de fusión superior al del polietileno
5. Resistencia química buena

Inconvenientes de polimetilpenteno

1. Debe estabilizarse frente a la mayoría de las fuentes de radiación
2. Más costoso que polietileno

Poliolefinas: polietileno (PE)

El gas etileno pertenece a un importante grupo de hidrocarburos alifáticos insaturados denominado *olefinas* o *alquenos*. Para referirse a los materiales de etileno se usa el término *eténico*. La palabra olefina significa que forma aceite.

Originariamente se aplicó al etileno, ya que se forma aceite cuando se trata con cloro. El término olefina se aplica hoy en día a todos los hidrocarburos con enlaces dobles carbono-carbono lineales. Las olefinas son altamente reactivas por los enlaces dobles carbono-carbono. En la tabla E-19 se presentan algunos de los principales monómeros de olefina.

En los Estados Unidos, el gas de etileno se produce fácilmente por craqueo de hidrocarburos superiores de gas natural o petróleo. En la figura E-50 se presenta la importancia y la relación del etileno con otros polímeros.

Entre 1879 y 1900, algunos químicos realizaron experimentos con polímeros de polietileno lineales. En 1900, E. Bamberger y F. Tschirner utilizaron el caro material diazometano para producir polietileno lineal para obtener el material al que llamaron «polimetileno».

$$2_n \left(\begin{array}{c} CH_2 \\ N = N \end{array} \right) \longrightarrow (-CH_2-CH_2-)_n - + 2_n \cdot N_2$$

Diazometano   Polietileno

W.H. Carothers y sus colaboradores registraron la producción de polietileno de bajo peso molecular en 1930. La viabilidad comercial del polietileno fue resultado de las investigaciones del Dr. E.W. Fawcett y el Dr. R. O. Gibson, de Imperial Chemical Industries (ICI), en Inglaterra, en 1933, sobre la reacción de benzaldehído y etileno (obtenido de carbón) a alta presión y temperatura. En septiembre de 1939, la ICI inició la producción comercial del polietileno y la demanda en la segunda guerra mundial se extendía a todo el polietileno producido como aislante de cables de radar de alta frecuencia. En torno a 1943, los Estados Unidos producían polietileno a través de métodos de alta presión, desarrollados por ICI. Estos primeros materiales de baja densidad estaban altamente ramificados con una disposición desordenada de las cadenas moleculares. Los materiales de baja densidad son más blandos y flexibles y con temperaturas de fundido inferiores, pero se pueden tratar con mayor facilidad. En 1954 se desarrollaron dos nuevos métodos para la obtención de polietileno con densidades relativas superiores de 0,91 a 0,97.

Tabla E-19. Monómeros de olefina principales

Fórmula química	Nombre de la olefina
H H │ │ C=C │ │ H H	Etileno
H H │ │ C=C │ │ CH₃ H	Propileno
H H │ │ C=C │ │ C₂H₅ H	Buteno-1
H H │ │ C=C │ │ H₂C H │ H-C-CH₃ │ CH₃	4-Metilpenteno

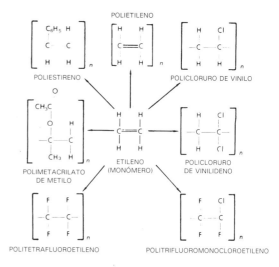

Fig. E-50. Monómero de etileno y su relación con otras resinas de monómero.

Un proceso, desarrollado por Karl Ziegler y sus colegas en Alemania, dio lugar a la polimerización de etileno a bajas presiones y temperaturas en presencia de trietil aluminio y tetracloruro de titanio como catalizadores. Paralelamente, la Phillips Petroleum Company desarrolló un proceso de polimerización con la aplicación de bajas presiones con un catalizador de sílice-alúmina favorecido con trióxido de cromo. La conversión de etileno a polietileno se puede llevar a cabo también con un catalizador de óxido de molibdeno sobre un soporte de alúmina y otros promotores, un proceso desarrollado por Standard Oil of Indiana. A través de este método tan sólo se han obtenido cantidades reducidas en los Estados Unidos.

El proceso Ziegler está más extendido fuera de los Estados Unidos, mientras que el de Phillips Petroleum es el que emplean comúnmente las compañías estadounidenses.

El polietileno se puede producir con cadenas ramificadas o lineales (fig. E-51), tanto por métodos a alta presión (ICI) como a baja presión (Ziegler, Phillips, Standard Oil). Actualmente no se emplea la diferenciación del tipo de polímero en función de la presión utilizada para la polimerización. La Asociación Norteamericana para Pruebas y Materiales (ASTM) divide los polietilenos en cuatro grupos.

Se puede deducir de la figura E-52 que las propiedades físicas de los polietilenos de baja densidad (ramificados) y los de alta densidad (lineales) son diferentes. El polietileno de baja densidad tiene una cristalinidad de 60 a 70%. Los polímeros de densidad superior pueden variar entre un 75 y un 90% de cristalinidad (fig. E-53).

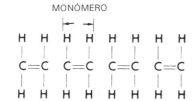

(A) Monómeros de etileno

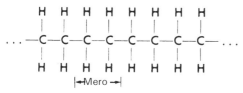

(B) Polímero que contiene muchos meros C_2H_4

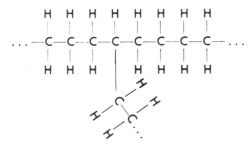

(C) Polímero con ramificación

Fig. E-51. Polimerización de adición de etileno. Los enlaces dobles originales del monómero de etileno están rotos, formando dos enlaces para conectar unidades de polimerización adyacentes.

- Tipo 1 (ramificado) 0,910-0,925 (baja densidad)
- Tipo 2 0,926–0,940 (densidad media)
- Tipo 3 0,941–0,959 (alta densidad)
- Tipo 4 (lineal) 0,969 y superior (homopolímeros de alta densidad a densidad ultra-alta).

Al aumentar la densidad, aumentan las propiedades de rigidez, punto de reblandecimiento, resistencia a la tracción, cristalinidad y resistencia a la fluencia. A mayor densidad menor resistencia al impacto, elongación, flexibilidad y transparencia.

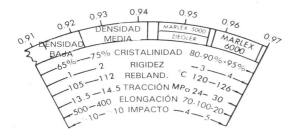

Fig. E-52. Escala de densidad del polietileno. (Phillips Petroleum Co.).

(A) Micrografía electrónica que presenta las uniones intercristalinas que unen los brazos radiales de esferolito de polietileno

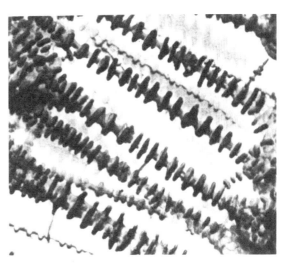

(B) En esta micrografía electrónica se pueden observar los pequeños cristales de plaquetas de polietileno formado sobre enlaces intercristalinos

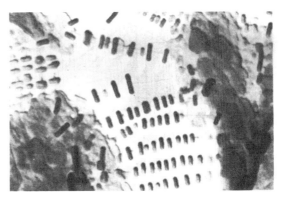

(C) Cristales lamelares de polietileno formados al depositar un polímero en solución de uniones

Fig. E-53. Primeros planos de polietileno. (Bell Telephone Laboratories).

Las propiedades del polietileno se pueden controlar e identificar según la masa molecular y su distribución. La masa molecular y su distribución pueden provocar los efectos que se indican en la tabla E-20.

En la figura E-54 se ofrece una representación esquemática en la que se compara un polímero con una distribución de masa molecular estrecha con uno de distribución de masa molecular amplia. La distribución de la masa molecular es la proporción de cadenas moleculares grandes, medias y pequeñas en la resina. Si la resina está compuesta de cadenas que están cercanas a la longitud media, se dice que la distribución de masa molecular es *estrecha*. Las cadenas moleculares de longitud media pueden deslizarse unas sobre otras con más facilidad que las grandes.

Para medir el flujo de fundido a una temperatura y presión determinadas se utiliza un aparato del índice de fundido (fig. E-55).

Este índice de fundido depende del peso molecular y de su distribución. A medida que se reduce el índice de fundido, aumentan la viscosidad de fundido, la resistencia a la tracción, la elongación y la resistencia al impacto. En muchos métodos de tratamiento, es deseable que la resina caliente fluya con mucha facilidad, hecho que reve-

(A) Estrecha   (B) Amplia

Fig. E-54. Distribución de la masa (peso) molecular.

(A) Medidor del índice de fundido con pantalla de temperatura digital, indicador de tiempo transcurrido opcional y soporte de masa

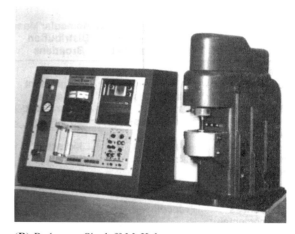

(B) Reómetro Sieglaff-McKelvey

Fig. E-55. Estas máquinas se emplean para probar el flujo de materiales de plástico.

Tabla E-20. Cambios de propiedades causados por la masa y la distribución molecular

Propiedad	Al aumentar masa molecular media (disminuye índice de fundido)	Al aumentar la distribución de la masa molecular
Viscosidad de fundido	Aumenta	
Resistencia tracción a la rotura	Aumenta	Sin cambio significativo
Elongación a la rotura	Aumenta	Sin cambio significativo
Resistencia a la fluencia	Aumenta	Aumenta
Resistencia al impacto	Aumenta	Aumenta
Resistencia a fragilidad de baja temperatura	Aumenta	
Resistencia al craqueo por tensión ambiente	Aumenta	Aumenta
Temperatura de reblandecimiento	Aumenta	

la que tiene un alto índice de fundido. Los polietilenos con peso molecular superior tienen un índice de fundido bajo. Al variar la densidad, la masa molecular y la distribución de la masa molecular, se puede producir polietileno con una amplia gama de propiedades.

Es posible reticular el polietileno para convertir un material termoplástico en termoestable. Dicha conversión, después del conformado, abre un sinfín de nuevas posibilidades. Tal reticulación se puede realizar mediante agentes químicos (normalmente peróxidos) o por irradiación. Existe un creciente uso comercial de la irradiación para provocar la ramificación de productos de polietileno. (Consulte el capítulo 20, sobre tratamientos de radiación). La reticulación por radiación es rápida y no deja residuos negativos. Las piezas irradiadas pueden ser expuestas a temperaturas por encima de 250 °C, tal como se muestra en la figura E-56.

Una radiación excesiva puede invertir el efecto de reticulación rompiendo los enlaces principales de la cadena molecular. Deben utilizarse estabilizantes o pigmentos de negro de carbono para absorber o bloquear los efectos dañinos de radiación ultravioleta en el polietileno.

Gracias a su bajo coste, facilidad de tratamiento y amplio abanico de propiedades, el polietileno se ha convertido en el más usado de los plásticos. Siendo uno de los termoplásticos más ligeros, se puede optar por él cuando el coste se basa en el peso por metro cúbico. Su excelente resistencia eléctrica y química han supuesto su uso extendido en recubrimientos de cables y aplicaciones dieléctricas. El polietileno se utiliza también ampliamente en contenedores, tanques, tuberías y recubrimientos con la presencia de agentes químicos. A temperatura ambiente, no existe disolvente para el polietileno, si bien se suelda fácilmente.

El polietileno se puede procesar fácilmente a través de todos los métodos para termoplásticos. Probablemente, el uso principal sea la fabricación de recipientes y películas para la industria de envasados. En las vitrinas de los supermercados abundan los contenedores moldeados por soplado, que han sustituido a los más pesados de vidrio y metal (fig. E-57). Las bolsas de plástico con características de tenacidad de los paquetes y las películas para envolver congelados, fruta fresca y productos de repostería no son sino algunos ejemplos del uso de polietileno.

La transparencia de las películas de polietileno de baja densidad se consigue por enfriado rápido del fundido a medida que sale de la hilera. Como el fundido amorfo se enfría enseguida, no da tiempo a que se produzca la cristalización general. Las películas de baja densidad se emplean para envoltorios de camisas y camisetas o sábanas y mantas. También es corriente el uso de películas finas en lavanderías y tintorerías. Se acude a las películas de densidad superior cuando se requiere una mayor resistencia térmica, como por ejemplo en los paquetes de comida para cocción. Las cubiertas de silos, depósitos, cubiertas de siembra y barreras de humedad y cubiertas para cultivos son algunas de las aplicaciones en construcción, agricultura u horticultura.

Fig. E-56. El tratamiento de radiación controlada puede mejorar la resistencia térmica del polietileno. El recipiente del centro fue tratado de esta forma, manteniéndose su forma a 175 °C.

A pesar de servir como barrera de la humedad, el polietileno presenta una alta permeabilidad al gas. No se deberá utilizar al vacío o para transportar materiales gaseosos. Si embargo, aunque es permeable al oxígeno y el dióxido de carbono, las películas utilizadas para carnes y algunos artículos de consumo pueden requerir pequeños orificios de ventilación. El oxígeno mantiene el aspecto rojo de la carne y evita que se condense la humedad en el producto empaquetado. El sellado térmico y los envoltorios retráctiles se fabrican fácilmente con estas películas. El sellado térmico electrónico o por radiofrecuencia resulta complicado debido al factor de disipación eléctrica (potencia) bajo del polietileno.

El polietileno se utiliza para recubrir papel, cartón y telas para mejorar su resistencia a la humedad y otras propiedades. Los materiales revestidos se pueden sellar térmicamente después. Los envases de leche son un ejemplo conocido. Las formas en polvo se utilizan para recubrimiento por inmersión, pulverizado de llama y recubrimiento de lecho fluidizado cuando se necesita una capa impermeable a las sustancias químicas y la humedad.

Para la fabricación de juguetes moldeados por inyección, carcasas de aparatos pequeños, cubos de basura, recipientes para congelados y flores

Fig. E-57. Recipientes de bebida de polietileno. (Uniloy Blow Molding Machinery Division, Hoover International).

artificiales se aprovecha la tenacidad del polietileno, su inercia química y las temperaturas de servicio bajas (fig. E-58).

Las tuberías y conductos de polietileno extruido son típicos de las plantas químicas y algunos sistemas para el agua fría domésticos. Las tuberías de drenaje corrugadas sustituyen a las de arcilla y hormigón, al ser más fáciles de instalar y más ligeras. Los monofilamentos encuentran uso para cuerdas y cañas de pescar y aparecen también en las sillas de enea. El polietileno se utiliza mucho como cubierta para alambres y cables eléctricos. Las películas químicamente reticuladas o irradiadas se utilizan como dieléctricos en bobinas eléctricas. También tienen aplicaciones de empaquetado limitadas.

El polietileno se puede expandir a través de varios métodos. Para usos comerciales es preferible un agente de espumado que descompone y libera gas durante la operación de moldeado. Un método de expansión físico consiste en introducir un gas, como por ejemplo nitrógeno, en la resina fundida a presión. Estando en el molde y a presión atmosférica, el polietileno cargado con gas se expande. La azodicarbonamida se puede utilizar para expandir químicamente de resinas de alta y baja densidad. Las espumas se pueden seleccionar como material de junta elástica y materiales dieléctricos en cables coaxiales. Las espumas reticuladas son adecuadas para cojinetes, envasados o flotación, mientras que la espuma estructural se utiliza para componentes de muebles y paneles internos en automóviles. Las espumas de baja densidad encuentran aplicación en colchonetas de gimnasia y flotadores. En la figura E-59 se ilustran algunos usos de polietileno expandido.

En la tabla E-21, se muestran algunas propiedades del polietileno de baja, media y alta densidad. A continuación se enumeran seis ventajas y cinco inconvenientes del polietileno.

Ventajas del polietileno

1. Bajo coste (excepto UHMWPE)
2. Excelentes propiedades dieléctricas
3. Resistencia a la humedad
4. Resistencia química muy buena

(A) Heladera (B) Vaso para bebidas

Fig. E-58. Estuches de guitarra moldeados por soplado hechos de polietileno. (Chemplex Co.).

(C) Rueda de carruaje decorativa

Fig. E-59. Productos de polietileno espumado. (Phillips Petroleum Co.).

5. Asequible en diversas calidades
6. Procesable a través de todos los métodos para termoplásticos (excepto HMWHPE y UHMWPE)

Inconvenientes del polietileno

1. Dilatación térmica alta
2. Resistencia a la intemperie insuficiente
3. Sujeto al agrietamiento por tensión (excepto UHMWPE)
4. Dificultad para unión
5. Inflamable

La adición de cargas, refuerzos y otros monómeros también puede alterar las propiedades. En la tabla E-22 se señalan algunos comonó-meros comunes. Una serie de técnicas de polimeri-zación nuevas ha extendido la aplicación potencial del polietileno.

Polietileno de densidad muy baja (VLDPE)

Este polietileno lineal no polar se produce por copolimerización de etileno y otras alfa olefinas. Las densidades oscilan entre 0,890 y 0,915. VLDPE se procesa fácilmente para fabricar guantes desechables, envases retráctiles, tubos para aspiradoras, tubos, exprimidoras, botellas, envoltorios retráctiles, forros para pañales y otros productos sanitarios.

Polietileno de baja densidad lineal (LLDPE)

La producción de polietileno de baja densidad lineal se controla a través de la selección de catalizador y la regulación de las condiciones del reactor. Las densidades oscilan entre 0,916 y 0,930. Estos plásticos contienen cierta o ninguna ramificación de cadena. Por lo tanto, estos plásticos presentan resistencia a la flexión, bajo alabeo y una mejor resistencia al agrietamiento por tensión. Las películas para hielo, basura, prendas y bolsas para productos tienen tenacidad y son resistentes al punzamiento y al rasgado.

Polietileno de alto peso molecular-alta densidad (HMW-HDPE)

Los polietilenos de alto peso molecular-alta densidad son polímeros lineales con un peso molecular comprendido entre 200.000 y 500.000. El

Tabla E-21. Propiedades del polietileno

Propiedad	Polietileno de baja densidad	Polietileno de densidad media	Polietileno de alta densidad
Calidad de moldeado	Excelente	Excelente	Excelente
Densidad relativa	0,910–0,925	0,926–0,940	0,941–0,965
Resistencia tracción, MPa	4–16	8,24	20–38
Resistencia compresión, MPa			19–25
Resistencia impacto, Izod J/mm	Sin rotura	0,025–0,8	0,025–1,0
Dureza, Shore	D41–D46	D50–D60	D60–D70
R10	R15		
Dilatación térmica, 10^{-4}/°C	25–50	35–40	28–33
Resistencia al calor, °C	80–100	105–120	
Resistencia dieléctrica, V/mm	18.000–39.000	18.000–39.000	18.000–20.000
Constante dieléctrica (60 Hz)	2,25–2,35	2,25–2,35	2,30–2,35
Factor disipación (60 Hz)	0,000 5	0,0005	0,000 5
Resistencia arco, s	135–160	200–235	
Absorción de agua (24 h),%	0,015	0,01	0,01
Velocidad de combustión, mm/min	Lenta 26	Lenta 25–26	Lenta 25–26
Efecto luz solar	Se agrieta– debe estabilizarse	Se agrieta, debe estabilizarse	Se agrieta– debe estabilizarse
Efecto de ácidos	Ácidos oxidantes	Ácidos oxidantes	Ácidos oxidantes
Efecto de álcalis	Resistente	Resistente	Resistente
Efecto disolventes	Resistente (por debajo de 60°C)	Resistente (por debajo de 60°C)	Resistente (por debajo de 60°C)
Calidad mecanizado	Buena	Buena	Excelente
Calidad óptica	Transparente a opaco	Transparente a opaco	Transparente a opaco

Tabla E-22. Comonómeros comunes con olefinas

Fórmula química	Nombre
H H | | C=C | | C₄H₉ H	1-Hexeno
H H | | C=C | | O H | O=C—CH₃	Acetato de vinilo
H H | | C=C | | H O=C—O—CH₃	Acrilato de metilo
H H | | C=C | | H O=C—OH	Acrilato de metilo

propileno, el buteno y el hexeno son monómeros comunes. El alto peso molecular se traduce en tenacidad, resistencia química, resistencia al impacto y alta resistencia a la abrasión. La alta viscosidad de fundido requiere una especial atención en cuanto al equipo y los diseños de molde. Las densidades son de 0,941 o superiores. Entre las aplicaciones más conocidas se incluyen bolsas de basura, bolsas para verduras, tuberías industriales, tanques de gas y contenedores para envíos.

Polietileno de peso molecular ultraalto (UHMWPE)

Los polietilenos de peso molecular ultraalto tienen pesos moleculares comprendidos entre 3 y 6 millones, que dan cuenta de su alta resistencia al desgaste, su inercia química y su bajo coeficiente de fricción. Estos materiales no se funden o fluyen como otros polietilenos. El tratamiento es similar al que se aplica con el politetrafluoroetileno (PTFE).

Con la sinterización se obtienen productos con microporosidad. La extrusión de pistón y el moldeado por compresión son los métodos con conformado principales. Entre las aplicaciones de estos materiales se incluyen piezas para bombas para laboratorios de química, sellos, implantes quirúrgicos, puntas de pluma y tablas para cortar carne.

Ácido etilénico

Se puede conseguir una gran variedad de propiedades similares a las de LDPE variando los grupos carboxilo pendientes de la cadena de polietileno. Estos grupos carboxilo reducen la cristalinidad de polímero, mejorando así la transparencia, reduciendo la temperatura necesaria para el termosellado y favoreciendo la adherencia a otras superficies.

Los moldes deberán estar diseñados para su adaptación a las propiedades de adherencia. El equipo de tratamiento deberá ser resistente a la corrosión. La FDA permite hasta un 25% de ácido acrílico y un 20% de ácido metacrílico para que los polímeros de etileno puedan estar en contacto con los alimentos.

La mayoría de las aplicaciones del ácido etilénico y los copolímeros son para envasado de alimentos, papeles revestidos y materiales compuestos para bolsas y latas de hoja metálica.

Etileno-acrilato de etilo (EEA)

Al variar los grupos pendientes de acrilato de etilo en la cadena de etileno, las propiedades pueden variar desde polímeros de tipo polietileno gomosos a tenaces. El grupo etilo de la cadena de PE reduce la cristalinidad.

Entre las aplicaciones se incluyen adhesivos en estado fundido, envoltorios retráctiles, bolsas para productos y revestimientos de alambre.

Etileno-acrilato de metilo (EMA)

Este copolímero se produce por adición de monómero de acrilato de metilo (40% en peso) sobre gas de etileno. El EMA es una olefina tenaz, térmicamente estable con buenas características elastoméricas. Entre las aplicaciones típicas se incluyen guantes médicos desechables, capas termosellables tenaces y recubrimiento para empaquetado de materiales compuestos.

Los polímeros EMA satisfacen los requisitos de la FDA y la USDA para su uso en envasado de alimentos.

Etileno-acetato de vinilo (EVA)

La familia de estos polímeros termoplásticos presenta una gran variedad de propiedades. Se copolimeriza el acetato de vinilo en distintas cantidades desde 5 a 50% en peso, en la cadena de etileno. Si los grupos laterales de acetato de vinilo exceden el 50%, se considera acetato de vinilo-etileno (VAE).

Las aplicaciones de EVA típicas incluyen plásticos fundidos calientes, juguetes flexibles, tubos para bebidas y médicos, envoltorios retráctiles bolsas para productos y diversos recubrimientos.

Poliolefinas: polipropileno

Hasta 1954, la mayoría de las tentativas para producir plásticos a partir de poliolefinas encontraron un escaso éxito comercial, revistiendo importancia en este sentido tan sólo la familia de polietileno. En 1955, el científico italiano F.J. Natta anunció el descubrimiento de polipropileno estereoespecífico. La palabra *estereoespecífico* indica que las moléculas están dispuestas en un orden definido en el espacio. Esto se contrapone con las disposiciones ramificadas y aleatorias. Natta denominó este material organizado de forma regular *polipropileno isotáctico*. Al experimentar con los catalizadores de tipo Ziegler, sustituyó el tetracloruro de titanio en $Al(C_2H_5)+TiCl_4$ por el catalizador estereoespecífico tricloruro de titanio. Esto condujo a la producción comercial de polipropileno.

No es sorprendente que el polipropileno y el polietileno compartan muchas de las propiedades. Son similares en origen y fabricación. El polipropileno se ha convertido en un potente competidor del polietileno. El gas polipropileno, CH_3–$CH=CH_2$ es más barato que el etileno. Se obtiene por craqueo a alta temperatura de hidrocarburos de petróleo y propano. La unidad estructural básica del polipropileno es:

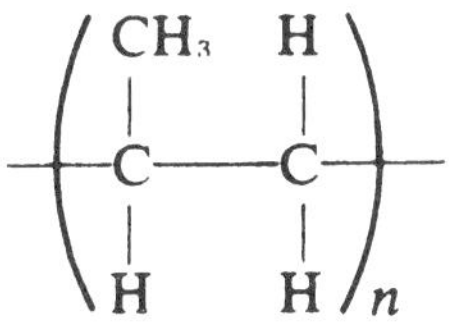

$$\left(\begin{array}{cc} CH_3 & H \\ | & | \\ -C & -C- \\ | & | \\ H & H \end{array}\right)_n$$

En la figura E-60 se muestran disposiciones estereoestáticas del polipropileno. En la figura E-60A, las cadenas moleculares presentan un alto grado de orden estando todos los grupos CH_3 a un lado. Los polímeros atácticos son materiales gomosos, transparentes de valor comercial limitado. Las calidades atácticas y sindiotácticas son más resistentes al impacto que los tipos isotácticos. Pueden estar presentes tanto estructuras sindiotácticas como atácticas en pequeñas cantidades en los

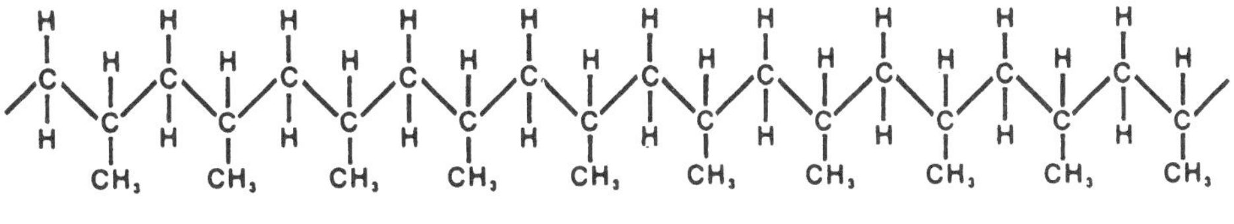

(A) Isotáctico

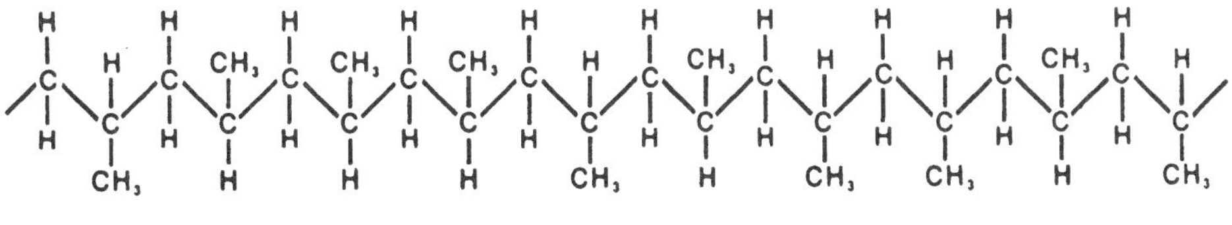

(B) Atáctico

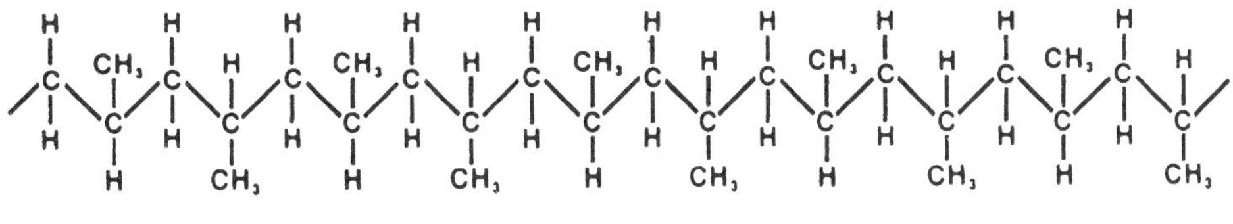

(C) Sindiotáctico

Fig. E-60. Disposiciones esteriotácticas del polipropileno.

plásticos isotácticos. El polipropileno comercial es isotáctico en un 90–95%.

Las propiedades físicas generales del polipropileno son similares a las del polietileno de alta densidad. No obstante, el polietileno y el polipropileno difieren en cuatro importantes aspectos:

1. El polipropileno tiene una densidad relativa de 0,90; el polietileno tiene densidades relativas de 0,941 a 0,965.
2. La temperatura de servicio del polipropileno es superior.
3. El polipropileno es más duro, más rígido y tiene un punto de fragilidad superior.
4. El prolipropileno es más resistente al agrietamiento por tensión mediambiental (fig. E-61).

Las propiedades químicas y eléctricas de los dos materiales son muy similares. El polipropileno es más susceptible a la oxidación y se degrada a temperaturas elevadas. El polipropileno se puede obtener para que presente una serie de propiedades por adición de cargas, refuerzos o mezclas de monómeros especiales (fig. E-62). Se trata fácilmente con un equipo para termoplásticos convencional. No se puede cementar con medios cohesivos, pero se suelda fácilmente.

El polipropileno es competitivo con polietileno para muchos usos. Posee la ventaja de una temperatura de servicio superior (fig. E-63). Entre los usos típicos se incluyen artículos para hospitales esterilizables, platos, piezas de aparatos, componentes de lavavajillas, recipientes, piezas con tapa integrada, conductos de automóvil y remates. Los

(A) Panel de instrumentos moldeado por inyección de polipropileno reforzado con vidrio. (AC Spark Plug Div.)

(B) Carcasa de bomba, obturador, carcasa magnética y voluta de polipropileno reforzado con fibra de vidrio. (Fiberfill Div., Dart Industries)

Fig. E-62. Algunos usos de polipropileno.

(A) Cafetera   (B) Artículos de hospital esterilizables

(C) Otros artículos de hospital esterilizables con vapor y gas   (D) Combinación de secadora-lavadora

Fig. E-61. Asientos y respaldos de polipropileno. (Exxon Chemical Co.).

Fig. E-63. La alta temperatura de servicio del polipropileno permite gran número de aplicaciones.

En la tabla E-23 se exponen algunas propiedades del polipropileno. A continuación se enumeran once ventajas y seis inconvenientes del polipropileno.

Ventajas del polipropileno

1. Se puede tratar a través de los métodos para termoplásticos
2. Bajo coeficiente de fricción
3. Aislamiento eléctrico excelente
4. Buena resistencia a la fatiga
5. Excelente resistencia a la humedad
6. Resistencia a la abrasión de primera calidad
7. Son asequibles buenas calidades
8. Temperatura de servicio a 126 °C
9. Resistencia química muy buena
10. Excelente resistencia flexural
11. Buena resistencia al impacto

Inconvenientes del polipropileno

1. Se descompone por radiación ultravioleta
2. Resistencia a la intemperie escasa
3. Inflamable (son asequibles las calidades retardantes de llama)
4. Susceptible del ataque de disolventes clorados y aromáticos
5. Difícil de unir
6. Descomposición oxidante acelerada por algunos metales

Poliolefinas: polibutileno (PB)

En 1974, Witco Chemical Corporation introdujo una poliolefina llamada polibutileno (PB), que tiene grupos laterales etilo en la estructura lineal. Este material isotáctico lineal puede darse en diversas formas cristalinas. Al enfriarse, el material es menos de un 30% cristalino. Durante el envejecimiento y antes de la transformación cristalina completa, se pueden aplicar numerosas técnicas de posconformado. La cristalinidad varía después entre un 50 y un 55% tras el enfriamiento. El polibutileno se puede conformar según las técnicas para termoplásticos convencionales.

Entre los usos principales se incluyen películas de alto rendimiento, forros para tanques y tuberías. Se utiliza como adhesivos en estado fundido y se coextruye como barrera contra la humedad y para envases termosellables. En la tabla E-24 se presentan algunas de las propiedades de polibutileno.

Fig. E-64. Los recipientes de varias capas proporcionan una barrera de oxígeno eficaz, haciendo posible la utilización de plásticos para alimentos como tomate frito, zumos, aderezos, salsas, picantes, mermeladas y gelatinas. El recipiente está hecho de una capa de copolímero de etileno-alcohol vinílico (EVOH) protegida con una capa interior y exterior de polipropileno (PP). (Continental Can Co.).

monofilamentos extruidos y estirados en frío encuentran aplicación en cuerdas antipodredumbre que flotan en el agua. Algunas fibras se utilizan cada vez más para textiles y para felpudos de coche y exterior. Se puede utilizar como película de embalaje tenaz o como aislamiento eléctrico de cables y alambres. El cortado de fibra en película, proceso conocido como fibrilación, se utiliza ampliamente para la producción de cuerdas y fibras de polipropileno. Se moldea por combinación de extrusión y soplado para fabricar numerosos recipientes para alimentos. Observe la figura E-64. Consulte también los plásticos de barrera, etileno-vinilo, y policloruro de vinilideno y polialcohol vinílico.

Debido a su resistencia a la abrasión, alta temperatura de servicio y coste potencialmente bajo, el polipropileno espumado encuentra cada vez más aplicaciones. El polipropileno celular se expande de forma muy similar al polietileno.

Tabla E-23. Propiedades del polipropileno

Propiedad	Homopolímero de polipropileno (sin modificar)	Polipropileno (reforzado con vidrio)
Calidad de moldeado	Excelente	Excelente
Densidad relativa	0,902–0,906	1,05–1,24
Resistencia tracción, MPa	31–38	42–62
Resistencia compresión, MPa	38–55	38–48
Resistencia impacto, Izod J/mm	0,025–0,1	0,05–0,25
Dureza, Rockwell	R85–R110	R90
Dilatación térmica, 10^{-4}/°C	14,7–25,9	7,4–13,2
Resistencia al calor, °C	110–150	150–160
Resistencia dieléctrica, V/mm	20.000–26.000	20.000–25.500
Constante dieléctrica (60 Hz)	2,2–2,6	2,37
Factor disipación (60 Hz)	0,0005	0,0022
Resistencia arco, s	138–185	74
Absorción de agua (24 h), %	0,01	0,01–0,05
Velocidad de combustión,	Lenta	Lenta–incombustible
Efecto luz solar	Se agrieta–debe estabilizarse	Se agrieta – debe estabilizarse
Efecto de ácidos	Ácidos oxidantes	Atacado lentamente por ácidos oxidantes
Efecto de álcalis	Resistente	Resistente
Efecto disolventes	Resistente (por debajo 80°C)	Resistente (por debajo de 80°C)
Calidad mecanizado	Buena	Bastante
Calidad óptica	Transparente a opaco	Opaco

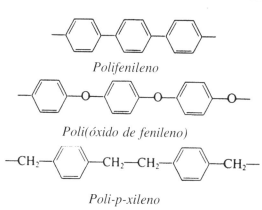

Polifenileno

Poli(óxido de fenileno)

Poli-p-xileno

Polimonocloroparaxilileno

Poli(sulfuro de fenileno)

Polióxidos de fenileno

Esta familia de materiales debería llamarse probablemente *polifenileno*. Se han desarrollado varios plásticos separando el esqueleto del anillo de benceno del polifenileno con otras moléculas, para hacer estos plásticos más flexibles y para poderlos moldear a través de los métodos habituales para termoplásticos. El

Tabla E-24. Propiedades de polibutileno

Propiedad	Polibutileno (calidad moldeo)
Calidad de moldeado	Buena
Densidad relativa	0,908–0,917
Resistencia tracción, MPa	26–30
Resistencia impacto, Izod J/mm	Sin rotura
Dureza, Shore	D55–D65
Dilatación térmica, 10^{-4}/°C	—
Resistencia al calor, °C	<110
Constante dieléctrica (60 Hz)	2,55
Factor disipación (60 Hz)	0,0005
Absorción de agua (24 h), %	<0,01–0,026
Velocidad de combustión, mm/min	45,7
Efecto luz solar	Se agrieta
Efecto de ácidos	Atacado por ácidos oxidantes
Efecto de álcalis	Muy resistente
Efecto disolventes	Resistente
Calidad mecanizado	Buena
Calidad óptica	Translúcido

polifenileno sin separación del anillo de benceno es muy frágil, insoluble e infusible.

A continuación se enumeran tres ventajas y tres inconvenientes de los polifenilenos

Ventajas de polifenileno

1. Excelente resistencia a los disolventes
2. Buena resistencia a la radiación
3. Alta estabilidad térmica y oxidante

Inconvenientes del polifenileno

1. Dificultades de tratamiento
2. Comparativamente caro
3. Disponibilidad limitada

Polióxido de fenileno (PPO)

En 1964 Union Carbide lanzó al mercado un plástico termorresistente llamado polióxido de fenileno. Se puede preparar por oxidación catalítica de 2,6-dimetil fenol (fig. E-65).

Se han preparado materiales similares mediante el uso de grupos etilo, isopropilo y otros grupos alquilo. En 1965, la General Electric Co. introdujo el éter poli-2,6-dimetil-1,4-fenilénico como material de polióxido de fenileno. Más tarde, en 1966 General Electric anunció otro termoplástico similar con la marca registrada Noryl. Este material es una mezcla física de óxido de polifenileno y poliestireno de alto impacto con una gran diversidad de formulaciones y propiedades.

Dado que Noryl es más barato y presenta propiedades similares a los polióxidos de fenileno, muchos de los usos coinciden (fig. E-66). Este material de óxido de fenileno modificado (Noryl) se puede tratar con un equipo para termoplásticos normal a temperaturas de tratamiento comprendidas entre 190 y 300 °C. Las piezas de óxido de fenileno modificado se pueden soldar, termosellar o cementar con disolvente con cloroformo y dicloruro de etileno. Las calidades retardantes de llama, reforzadas y cargadas se utilizan como alternativas de los metales colados con hilera, PC, PA y poliésteres. Terminales de pantalla de vídeo, obturadores de bomba, carcasas para aparatos pequeños y paneles de instrumentos son algunas de las aplicaciones más típicas. A continuación, se señalan cinco ventajas y un inconveniente del óxido de polifenileno.

Ventajas del polióxido de fenileno

1. Buena resistencia a la fatiga y resistencia al impacto
2. Se puede electrodepositar con metal
3. Es térmica y oxidativamente estable
4. Resistente a la radiación
5. Procesable a través de los métodos para termoplásticos

Inconveniente del polióxido de fenileno

1. Coste comparativamente alto

Poliéter fenilénico (PPE)

Los polímeros de polifenileno y sus aleaciones pertenecen a un grupo de poliésteres aromáticos. Para ser útiles, se alean estos poliésteres con PS para reducir la viscosidad de fundido y dar cabida al tratamiento convencional. Sin dicha separación del PS, el polímero es muy frágil, insoluble e infusible. Estos copolímeros se utilizan en carcasas de aparatos pequeños y componentes eléctricos.

(A) Carcasa de cubierta de ordenador

(B) Carcasa moldeada por inyección de tijera eléctrica picafestones eléctricas

Fig. E-66. Algunas aplicaciones del polióxido de fenileno. (General Electric Co.)

Fig. E-65. Preparación de polióxido de fenileno.

Parilenos

En 1965, Union Carbide introdujo el poli-p-xilileno bajo la marca registrada *Parylene* (fig. E-67). Su principal mercado es el de los recubrimientos y las aplicaciones de película.

El parileno C (polimonocloroparaxilileno) ofrece una mejor permeabilidad a la humedad y los gases. Los parilenos no se forman como los termoplásticos, sino que se polimerizan como recubrimientos sobre la superficie del producto. El proceso es similar al metalizado al vacío. En la tabla E-25 se señalan algunas de sus propiedades.

Polisulfuro de fenileno (PPS)

En 1968, la Phillips Petroleum Company anunció un material conocido como polisulfuro de fenileno, con la marca registrada Ryton. El material es asequible en forma de compuestos termoplásticos y termoendurecibles. La reticulación se consigue por medios térmicos o químicos.

Este polímero rígido y cristalino con anillos de benceno y enlaces de azufre presenta una considerable estabilidad a alta temperatura y resistencia química y a la abrasión. Los componentes de ordenador, componentes de cocina, secadores de pelo, estuches de bombas sumergibles y carcasas de aparatos pequeños son algunos de sus usos típicos. Se utiliza como adhesivo, resina de estratificado y recubrimiento de piezas eléctricas.

En la tabla E-26 se señalan algunas de las características de tres polióxidos de fenileno. A continuación, se enumeran seis ventajas y cuatro inconvenientes del polisulfuro de fenileno.

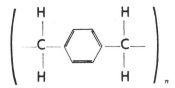

Fig. E-67. Estructura de poli-para-xilileno.

Ventajas del polisulfuro de fenileno

1. Con capacidad de un uso prolongado a 232 °C
2. Buena resistencia química y a los disolventes
3. Buena resistencia a la radiación
4. Excelente estabilidad dimensional
5. No inflamable
6. Baja absorción de agua

Inconvenientes del polisulfuro de fenileno

1. Difícil de tratar (alta temperatura de fundido)
2. Coste comparativamente alto
3. Necesidad de cargas para una buena resistencia al impacto
4. Sujeto al ataque de hidrocarburos clorados

Éteres poliarílicos

Los ésteres poliarílicos, la poliaril sulfona y el óxido de fenileno presentan buenas propiedades físicas y mecánicas, correctas temperaturas de deflexión térmica, alta resistencia al impacto y una buena resistencia química. Existen tres grupos químicos diferentes que se unen a la estructura de fenileno: isopropilideno, éter y sulfona. La unión éter y el carbono del grupo isopropilideno imparten tenacidad y flexibilidad al plástico. Consulte los apartados dedicados al polióxido de fenileno y el éter polifenilénico.

Tabla E-25. Propiedades del parileno

Propiedad	Poliparaxilieno	Polimonocloroparaxilieno
Calidad de moldeado	Proceso especial	Proceso especial
Densidad relativa	1,11	1,289
Resistencia a la tracción, MPa	44,8	68,9
Dilatación térmica, $10^{-4}/°C$	17,52	8,89
Resistencia al calor °C	94	116
Absorción de agua (24 h), %	0,06	0,01
Efecto de disolventes	Insoluble en la mayoría	Insoluble en la mayoría
Calidad óptica	Transparente	Transparente

Tabla E-26. Propiedades de óxido de polifenileno

Propiedad	Polióxido de fenileno (sin carga)	Noryl SE-1- SE-100	Polisulfuro de fenileno
Calidad de moldeado	Excelente	Excelente	Excelente
Densidad relativa	1,06–1,10	1,06–1,10	1,34
Resistencia tracción, MPa	54–66	54–66	75
Resistencia compresión, MPa	110–113	110–113	
Resistencia impacto, Izod J/mm	0,25*	0,25*	0,015 a 24 °C
Dureza, Rockwell	R115–R119	R115–R119	0,5 a 150 °C
Dilatación térmica, 10^{-4}/°C	13,2	8,4–9,4	R124
Resistencia al calor, °C	10–105	110–130	14
Resistencia dieléctrica, V/mm	15.800–21.500	15.500–21.500	205–260
Constante dieléctrica (60 Hz)	2,64	2,64–2,65	23.500
Factor disipación (60 Hz)	0,0004	0,0006–0,0007	3,11
Resistencia arco, s	75		
Absorción de agua (24 h),%	0,066		0,02
Velocidad combustión, mm/min	Autoext. sin goteo	Autoext. sin goteo	Incombustible
Efecto luz solar	Posible desvanecimiento de color	Posible desvanecimiento de color	
Efecto de ácidos	Ninguna		Atacado por ácidos oxidantes
Efecto de álcalis	Ninguno		Ninguno
Efecto disolventes	Soluble en algunos aromáticos	Soluble en algunos aromáticos	Resistente
Calidad mecanizado	Excelente	Excelente	Excelente
Calidad óptica	Opaco	Opaco	Opaco

En 1972, Uniroyal introdujo un plástico de éter poliarílico bajo la marca registrada Arylon T.

Los éteres poliarílicos se preparan a partir de compuestos aromáticos que no tienen uniones azufre. El polímero resultante es más fácil de tratar y las temperaturas de servicio pueden exceder los 75 °C. Entre sus usos se incluyen piezas de máquinas, cascos, piezas de trineos motorizados, tuberías, válvulas y componentes de aparatos.

En la tabla E-27 se señalan las propiedades del éter poliarílico.

Poliestireno (PS)

El *estireno* fue uno de los primeros compuestos vinílicos conocidos, si bien la explotación industrial de este material no comenzó hasta finales de la década de 1920. Este sencillo compuesto aromático fue aislado ya en 1839 por el químico alemán Edward Simon. Las primeras soluciones de monómero fueron obtenidas a partir de resinas naturales como estoraque y sangre de dragón (una resina derivada de los frutos del árbol *Deamonoraps draco* de Malasia). En 1851, el químico alemán M. Berthelot registró la producción de monómeros de estireno mediante el paso de benceno y etileno a través de un tubo incandescente. Esta deshidrogenación de benceno de etilo es la base de los métodos comerciales actuales.

En 1925, se comercializaba ya el poliestireno (PS) en Alemania y los Estados Unidos. En el caso de Alemania, el poliestireno se convirtió en un material crucial durante la segunda guerra mundial. Alemania se había embarcado ya en la producción a gran escala de caucho sintético. El estireno era un ingrediente básico para la producción de caucho de estireno-butadieno. Cuando se agotaron las fuentes naturales de caucho, en 1941, los Estados Unidos lanzaron un programa relámpago para la producción de caucho a partir de butadieno y estireno. Este caucho sintético fue bautizado caucho estireno estatal (GR-S). Existe aún hoy una gran demanda de caucho sintético de estireno butadieno.

El estireno se conoce químicamente como vinil benceno, con la fórmula:

Estireno

Tabla E-27. Propiedades de éter poliarílico

Propiedad	Éter poliarílico (sin carga)
Calidad de moldeado	Excelente
Densidad relativa	1,14
Resistencia tracción, MPa	52
Resistencia compresión, MPa	110
Resistencia impacto, Izod J/mm	0,4
Tamaño de barra, mm	12,7x7,25
Dureza, Rockwell	R117
Dilatación térmica, $10^{-4}/°C$	16,5
Resistencia al calor, °C	120–130
Resistencia dieléctrica, V/mm	16.930
Constante dieléctrica (60 Hz)	3,14
Factor disipación (60 Hz)	0,006
Resistencia arco, s	180
Absorción de agua (24 h), %	0,25
Velocidad de combustión, mm/min	Lenta
Efecto luz solar	Ligero, amarillea
Efecto de ácidos	Resistente
Efecto de álcalis	Ninguno
Efecto disolventes	Soluble en cetonas, ésteres, aromáticos clorados
Calidad mecanizado	Excelente
Calidad óptica	Translúcido a opaco

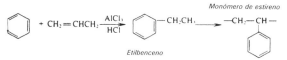

Fig. E-68. Producción de monómero de vinil benceno (estireno).

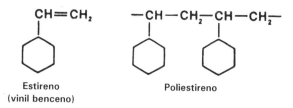

Fig. E-69. Polimerización de estireno.

En la forma pura, este compuesto vinílico aromático se polimeriza lentamente por adición a temperatura ambiente. El monómero se obtiene comercialmente a partir de etil benceno (fig. E-68).

El estireno se puede polimerizar por polimerización en volumen, en disolvente, en emulsión o en suspensión. Los peróxidos orgánicos se utilizan para acelerar el proceso.

El poliestireno es un termoplástico atáctico, amorfo que tiene la fórmula que se muestra en la figura E-69. Es barato, duro, rígido, transparente, se moldea fácilmente y posee una buena resistencia eléctrica y a la humedad (fig. E-70). Las propiedades físicas, varían dependiendo de la distribución de la masa molecular, el tratamiento y los aditivos.

El poliestireno se puede tratar a través de los procesos para termoplásticos normales y se cementa con disolventes. Entre algunas de las aplicaciones más típicas se incluyen tejas, piezas eléctricas, embalajes de burbuja, lentes, tapones para botellas, jarras pequeñas, tapizados de refrigerador formados al vacío, recipientes de todos los tipos, cajas de exposición transparentes. Estas formas se utilizan en envases para alimentos y otros artículos, como por ejemplo paquetes de cigarrillos. El poliestireno se utiliza también en juguetes y maletines infantiles, platos baratos, utensilios y gafas. Los filamentos se extruyen y se estiran deliberadamente para orientar cadenas moleculares.

La orientación aporta resistencia a la tracción en la dirección del estirado. Se pueden utilizar filamentos para las cerdas de cepillos.

El poliestireno expandido o espumado se obtiene por calentamiento de poliestireno con contenido de un agente de *soplado* o que produce gas. El espumado se lleva a cabo mezclando un líquido volátil como cloruro de metileno, propileno, butileno fluorocarbono en un caldo. Cuando la mezcla sale de la extrusora, los agentes de soplado liberan productos gaseosos dando lugar a un material celular de baja densidad.

El poliestireno expandido (EPS) se produce a partir de perlas de poliestireno que contienen un agente de soplado atrapado. Dichos agentes pueden ser pentano, neopentano o éter de petróleo. Tanto al preexpandirse como en el moldeo final, el agente de soplado se volatiliza haciendo que las perlas se expandan y se condensen unas con otras. Se utiliza vapor y otras fuentes caloríficas para provocar la expansión. Tanto las formas expandidas como las espumadas tienen una estructura celular cerrada de manera que se pueden emplear como dispositivos de flotación. Debido a su baja conductividad térmica, este material encuentra un gran número de aplicaciones como aislante térmico (fig. E-71) empleado en refrigeradores, cámaras de almacenamiento en frío, expositores con refrigeración y muros de construcción. Posee la ventaja adicional de ser impermeable. Se utiliza mucho para envases envase merced a su valor aislante y sus características de absorción de choque. Los embalajes con poliestireno celular pueden suponer ahorros de envío y en costes por rotura (fig. E-72).

Los poliestirenos no pueden soportar calor prolongado por encima de 65 °C sin alterarse, por lo que no son buenos materiales para exterior. Con aditivos y calidades especiales se puede corregir este problema. Los poliestirenos reforzados con fibra de vidrio se utilizan en montajes de automóvil, máquinas y carcasas de aparatos.

Las propiedades del poliestireno pueden variar considerablemente por copolimerización y otras modificaciones. Ya se ha mencionado el caucho de estireno-butadieno. El poliestireno se utiliza en artículos deportivos, juguetes, protección de cables y alambres, suelas de calzado y neumáticos. Dos de los copolímeros más útiles (ter-polímeros) son estireno-acrilonitrilo y estireno-acrilonitrilo-butadieno (ABS).

En la tabla E-28 se señalan las propiedades del poliestireno. A continuación se enumeran nueve ventajas y seis inconvenientes del poliestireno.

(A) Mesa compacta con encimera de mármol

(B) Carcasa de calefactor de automóvil (BASF)

Fig. E-70. Algunos objetos de poliestireno.

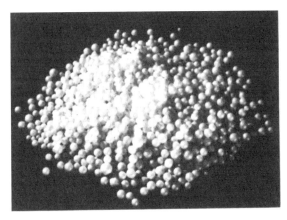

Fig. E-71. Perlas de poliestireno expandido. (Sinclair-Koppers Co.).

Fig. E-72. El poliestireno celular presenta muchos usos en embalajes. (Sinclair-Koppers Co.).

Las láminas de poliestireno espumado o expandido se pueden termoconformar. Se fabrican en artículos de embalaje tan conocidos como los cartones para huevos y las bandejas para carne y otros productos. Entre los artículos más cotidianos se incluyen vasos, gafas, bandejas para el hielo.

Ventajas del poliestireno

1. Claridad óptica
2. Peso ligero
3. Brillo superior
4. Excelentes propiedades eléctricas
5. Disponibilidad de buenas calidades
6. Se puede procesar a través de métodos para termoplásticos
7. Coste reducido
8. Buena estabilidad dimensional
9. Buena rigidez

Inconvenientes del poliestireno

1. Inflamable (disponibilidad de calidades retardadas)
2. Resistencia a la intemperie escasa
3. Resistencia a los disolventes escasa
4. Fragilidad de homopolímeros
5. Sujeto a la tensión y al agrietamiento de las condiciones ambientales
6. Escasa estabilidad térmica

Estireno-acrilonitrilo (SAN)

El acrilonitrilo (CH_2=CHCHN) se copolimeriza con estireno (C_6H_6) para dar productos con una

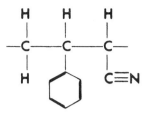

Fig. E-73. Mero SAN.

resistencia superior a la del poliestireno a diversos disolventes, grasas y otros compuestos (fig. E-73). Estos productos son adecuados para componentes que requieren resistencia al impacto y a sustancias químicas y se utilizan en aspiradoras y equipos de cocina.

Los copolímeros de estireno-acrilonitrilo (SAN) pueden tener entre 20 y 30% de contenido en acrilonitrilo aproximadamente. Variando las proporciones de cada uno de los monómeros, se puede conseguir un gran abanico de propiedades y posibilidades de tratamiento. El SAN se caracteriza por una colada ligeramente amarilla debido a la copolimerización de acrilonitrilo con el miembro estireno.

Este copolímero se moldea y procesa fácilmente. Los materiales de tipo SAN absorben inherentemente más humedad que el poliestireno y pue-

Tabla E-28. Propiedades del poliestireno

Propiedad	Poliestireno (sin carga)	Poliestireno resistente al impacto y al calor	Poliestireno (20–30% carga de vidrio)
Calidad de moldeado	Excelente	Excelente	Excelente
Densidad relativa	1,04–1,09	1,04–1,10	1,20–1,33
Resistencia tracción, MPa	35–83	10–48	62–104
Resistencia compresión, MPa	80–110	28–62	93–124
Resistencia impacto, Izod J/mm	0,0125–0,02	0,025–0,55	0,02–0,22
Dureza, Rockwell	M65–M80	M20–M80, R50–R100	M70–M95
Dilatación térmica, 10^{-4}/°C	15,2–20	8,5–53	4,5–11
Resistencia al calor, °C	65–78	60–80	82–95
Resistencia dieléctrica, V/mm	19.500–27.500	11.500–23.500	13.500–16.500
Constante dieléctrica (60 Hz)	2,45–2,65	2,45–4,75	
Factor disipación (60 Hz)	0,0001–0,0003	2,45–4,75	0,004–0,014
Resistencia arco, s	60–80	10–20	25–40
Absorción de agua (24 h),%	0,03–0,10	0,05–0,6	0,05–0,10
Velocidad de combustión, mm/min	Lenta	Lenta	Lenta–incombustible
Efecto luz solar	Amarillea ligeramente	Amarillea ligeramente	Amarillea ligeramente
Efecto de ácidos	Ácidos oxidantes	Ácidos oxidantes	Ácidos oxidantes
Efecto de álcalis	Ninguna	Ninguna	Resistente
Efecto disolventes	Soluble en hidrocarburos clorados y aromáticos	Soluble en hidrocarburos clorados y aromáticos	Soluble en hidrocarburos clorados y aromáticos
Calidad mecanizado	Buena	Buena	Buena
Calidad óptica	Transparente	Transparente	Translúcido a opaco

den dar lugar a defectos de moldeado como vetas plateadas. Es aconsejable el presecado.

Metil etil cetona, tricloroetileno y cloruro de metileno son algunos disolventes eficaces para SAN.

Este plástico tenaz y resistente al calor se utiliza para piezas de teléfono, recipientes, paneles decorativos, boles para mezclas, jeringuillas, compartimentos de neveras, envases para alimentos y lentillas (fig. E-74).

En la tabla E-29 se señalan algunas propiedades de SAN. A continuación, se enumeran tres ventajas y tres inconvenientes del estireno-acrilonitrilo (SAN).

Ventajas de estireno-acrilonitrilo (SAN)

1. Se puede tratar a través de los métodos para termoplásticos
2. Es rígido y transparente
3. Tiene una mejor resistencia a los disolventes que el poliestireno

Inconvenientes del estireno-acrilonitrilo

1. Mayor absorción de agua que el poliestireno
2. Baja capacidad térmica
3. Baja resistencia al impacto

Tabla E-29. Propiedades de SAN

Propiedad	SAN (sin carga)
Calidad de moldeado	Buena
Densidad relativa	1,075–1,1
Resistencia tracción, MPa	1,075–1,1
Resistencia compresión, MPa	97–117
Resistencia impacto, Izod J/mm	0,01–0,02
Dureza, Rockwell	M80–M90
Resistencia al calor, °C	60–96
Resistencia dieléctrica, V/mm	15 750–19.685
Constante dieléctrica (60 Hz)	2,6–3,4
Factor disipación (60 Hz)	0,006–0,008
Resistencia arco, s	100–150
Absorción de agua (24 h), %	0,20–0,30
Velocidad de combustión, mm/min	Lento a auto-extinguible
Efecto luz solar	Amarillea
Efecto de ácidos	Ninguno
Efecto de álcalis	Atacado por agentes oxidantes
Efecto disolventes	Soluble en cetonas y ésteres
Calidad mecanizado	Buena
Calidad óptica	Transparente

(A) Bote para vaselina

(B) Carcasa de un predepurador

Fig. E-74. Dos usos de SAN transparente. (Monsanto Co.)

Estireno-acrilonitrilo (modificado con olefina) (OSA)

Se produce un polímero tenaz, resistente a la intemperie y al calor ajustando el peso molecular y las relaciones de monómero de elastómero olefínico saturado al estireno y acrilonitrilo. Se utiliza casi exclusivamente con coagente de extrusión sobre otros sustratos. Cubiertas para la última capa de pintura, cascos de barcos y paneles de construcción de madera y metal decorativos son aplicaciones típicas.

Plástico de estireno-butadieno (SBP)

Este copolímero amorfo consiste en dos bloques de unidades que se repiten de estireno separadas por un bloque de butadieno, en contraposición con el estireno butadieno (SBR), que es termoendurecible.

Estos polímeros son ideales para envases como vasos, envases de productos exquisitos, bandejas para carne, botes, botellas, cubiertas y envolturas de envases. Los tipos reforzados y cargados se utilizan en asas para herramientas, carcasas de máquinas de oficina, dispositivos médicos y juguetes.

Estireno-anhidrido maleico (SMA)

Este termoplástico se distingue por poseer una resistencia térmica superior a la de los estirénicos de origen y las familias de ABS. SMA se obtiene por copolimerización de anhidrido maleico y estireno. A veces se terpolimeriza butadieno para producir versiones modificadas para impacto. Entre las aplicaciones de SMA se incluyen carcasas para aspiradores, estructuras de espejo, cabos de proa, aspas de ventilador, conductos calefactores y vajillas.

Polisulfonas

En 1965, Union Carbide introdujo un termoplástico termorresistente lineal llamado polisulfona. La estructura de repetición básica consiste en anillos de benceno unidos por un grupo sulfona (SO_2), un grupo isopropilideno (CH_3CH_3C) y también un enlace éter (O).

Una polisulfona básica se obtiene mezclando bisfenol A con clorobenceno y sulfóxido de dimetilo en solución de sosa cáustica. La polimerización de condensación resultante es como se muestra en la figura 7-75. El color ámbar claro del plástico es producto de la adición de cloruro de metilo que pone fin a la polimerización. La destacada resistencia térmica y a la oxidación se debe a las uniones benceno a sulfona. La polisulfona se puede tratar con los métodos usuales. Se debe secar antes de su utilización y es posible que requiera temperaturas de tratamiento por encima de los 370 °C. Las temperaturas de servicio oscilan entre –100 y 175 °C.

La polisulfona se puede mecanizar, termosellar o cementar con disolvente con dimetil formamida y dimetil acetamida.

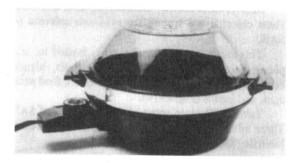

(A) Palomitera eléctrica con cubierta de polisulfona moldeada

(B) Batería de cocina para horno microondas de polisulfona

(C) Forros de termos de polisulfona

Fig. E-75. Unidad básica repetida de polisulfona.

Fig. E-76. Aplicaciones de la polisulfona. (Union Carbide).

Las polisulfonas son competitivas con muchos termoestables. Se pueden tratar en un equipo para termoplásticos de ciclo rápido y presentan propiedades mecánicas, eléctricas y térmicas excelentes. Se utilizan para tuberías de agua caliente, estuches de pilas alcalinas, tapas de distribuidor, cascos faciales para astronautas, interruptores eléctricos, carcasas de aparatos, obturadores de lavavajillas, equipos para hospitales autoclavables, componentes para interiores de naves aeroespaciales, cabezales para duchas, lentillas y numerosos componentes de aislamiento eléctrico (fig. E-76). Cuando se utilizan en el exterior, es necesario pintarlas o electrodepositarlas para evitar la degradación. A continuación se enumeran cinco ventajas y cuatro inconvenientes de las polisulfonas.

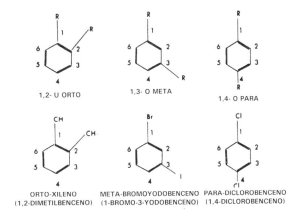

Fig. E-77. Tres bencenos disustituidos posibles.

Ventajas de las polisulfonas

1. Buena estabilidad térmica
2. Excelente resistencia a la fluencia a alta temperatura
3. Transparente
4. Tenaz y rígido
5. Procesable a través de los métodos para termoplásticos

Inconvenientes de las polisulfonas

1. Sujeto al ataque de muchos disolventes
2. Escasa resistencia a la intemperie escasa
3. Sujeto a la fractura por tensión
4. Temperatura de tratamiento alta

Poliarilsulfona

La poliarilsulfona es un termoplástico amorfo, de alta temperatura que se introdujo en 1983. Ofrece propiedades similares a otras sulfonas aromáticas. Entre sus usos se incluyen placas de circuito impreso, bobinas de alta temperatura, gafas, tulipas de lámparas, conectores eléctricos y paneles de materiales compuestos para componentes de transporte.

Las polisulfonas se preparan a partir de diversos bisfenoles con uniones de metileno, sulfuro u oxígeno. En la poliaril sulfona, los grupos bisfenol están unidos por grupos éter y sulfona. No está presente ningún grupo isopropileno (alifático). El término *arilo* se aplica a un grupo fenilo derivado de un compuesto aromático. Normalmente se usa un sistema de numeración al nombrar estos compuestos si está sustituido más de un hidrógeno en el grupo arilo. En la figura E-77 se muestran tres bencenos disusti-tuidos posibles. En la tabla E-30 se resumen las propiedades básicas de las polisulfonas.

Polietersulfona (PES)

Este plástico, con una destacada resistencia térmica y a la oxidación, fue introducido en 1973. La polietersulfona presenta un buen comportamiento de fluencia y a las fuerzas de tensión a temperaturas por encima de 200 °C. Se caracteriza por la ausencia de grupos alifáticos y tiene una estructura amorfa. La polietersulfona es muy resistente a los ácidos y las bases, pero es atacada por cetonas, ésteres y algunos hidrocarburos halogenados y aromáticos. La unidad de monómero básica es la que se ilustra en la figura E-78. Las propiedades características de PES son buen rendimiento a alta temperatura, resistencia mecánica y baja inflamabilidad.

La polietersulfona se aplica en componentes aeroespaciales y médicos esterilizables y en ventanas de hornos. Los tipos compuestos amplían sus temperaturas útiles y mejoran sus propiedades mecánicas. Se han utilizado como adhesivos y se pueden electrodepositar. En la tabla E-31 se indican las propiedades básicas de este plástico.

Polifenilsulfona (PPSO)

La sulfona que mejor resiste a la fractura por tensión es la polifenilsulfona. Introducida en 1976, la polifenilsulfona posee una estructura amorfa con

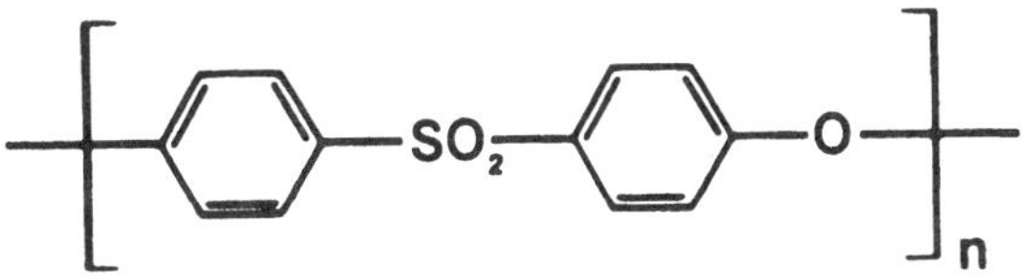

Fig. E-78. Unidad que se repite básica de polietersulfona.

una resistencia al impacto muy alta y capaz de soportar una temperatura de servicio continua de 190°C. Entre sus usos se incluyen soportes de semiconductores, válvulas, placas de circuitos impresos y componentes aeroespaciales.

Polivinilos

Existe un extenso y variado grupo de polímeros de adición que los químicos denominan vinilos, que tienen las fórmulas:

$$CH_2=CH-R \quad o \quad CH_2=C\begin{smallmatrix}R\\|\\R\end{smallmatrix}$$

Los radicales (R) pueden estar unidos a este grupo vinilo que se repite como grupos laterales para formar diversos polímeros relacionados entre sí. En la tabla E-32 se muestran polímeros de adición con los grupos laterales de radical unidos.

En la práctica común, los *plásticos de vinilo* son los polímeros con el nombre vinilo. Muchas autoridades se limitan a incluir en este grupo al policloruro de vinilo y el poliacetato de vinilo. Los homopolímeros o copolímeros de polivinilo pueden incluir policloruro de vinilo, poliacetato de vinilo, polialcohol vinílico, polivinil butiral, polivinil acetal y policloruro de vinilideno. Los vinilos fluorados se explican con otros polímeros que contienen flúor.

La historia de los polivinilos se puede trazar desde fecha tan temprana como 1835. El químico francés V. Regnault registró que se podía sintetizar un residuo blanco a partir de dicloruro de etileno en una solución de alcohol. Este residuo blanco y tenaz fue descrito de nuevo en 1872 por E. Baumann. Se produjo al hacer reaccionar acetileno y bromuro de hidrógeno a la luz solar. En ambos casos, la luz solar actuó como catalizador polimerizante para producir el residuo blanco. En 1912, el químico ruso I. Ostromislenski describió la misma polimerización con luz solar de cloruro de vinilo y bromuro de vinilo. Se concedieron las patentes comerciales en varios países para la fabricación de cloruro de vinilo en 1930.

En 1933, W.L. Semon, de la B.F. Goodrich Company, añadió un plastificante, fosfato de triolilo, a los compuestos de policloruro de vinilo. La masa de polímero resultante se podía moldear y tratar fácilmente sin que se produjera descomposición.

Tabla E-30. Propiedades de las polisulfonas

Propiedad	Polisulfona (sin carga)	Poliarilsulfona (sin carga)
Calidad de moldeado	Excelente	Excelente
Densidad relativa	1,24	1,36
Resistencia tracción, MPa	70	90
Resistencia compresión, MPa	96	123
Resistencia impacto, Izod J/mm	0,06 bar 7,25 mm	0,25
Dureza, Rockwell	M69, R120	M110
Dilatación térmica, 10^{-4}/°C	13,2–14,2	11,9
Resistencia al calor, °C	150–175	260
Resistencia dieléctrica, V/mm	16.730	13.800
Constante dieléctrica (60 Hz)	3,14	3,94
Factor disipación (60 Hz)	0,0008	0,003
Resistencia arco, s	75–122	67
Absorción de agua (24 h), %	0,22	1,8
Velocidad de combustión	Autoextinguible	Autoextinguible
Efecto luz solar	Pérdida de resistencia, amarillea ligeramente	Ligera
Efecto de ácidos	Ninguno	Ninguno
Efecto de álcalis	Ninguno	Ninguno
Efecto disolventes	Semisoluble en hidrocarburos aromáticos	Soluble en disolventes altamente polares
Calidad mecanizado	Excelente	Excelente
Calidad óptica	Transparente a opaco	Opaco

Tabla E-31. Propiedades de polietersulfona

Propiedad	Polietersulfona (sin carga)
Calidad de moldeado	Excelente
Densidad relativa	1,37
Resistencia tracción, MPa	84
Resistencia impacto, Izod J/mm	0,08
Dureza, Rockwell	M88
Dilatación térmica, $10^{-4}/°C$	13–97
Resistencia al calor, °C	150
Resistencia dieléctrica, V/mm	15.750
Constante dieléctrica (60 Hz)	3,5
Factor disipación (60 Hz)	0,001
Resistencia arco, s	65–75
Absorción de agua (24 h),%	0,43
Efecto luz solar	Amarillea
Efecto de ácidos	Ninguno
Efecto de álcalis	Ninguno
Efecto disolventes	Atacado por hidrocarburos aromáticos
Calidad mecanizado	Excelente
Calidad óptica	Transparente

Alemania, Gran Bretaña y los Estados Unidos produjeron policloruro de vinilo plastificado (PVC) a escala comercial durante la segunda guerra mundial. Este material sustituyó en gran medida al caucho.

Hoy en día el policloruro de vinilo es el principal plástico producido en Europa, mientras que en Estados Unidos es el segundo tras el polietileno. La molécula de policloruro de vinilo (C_2H_3Cl) es como la del polietileno. En la figura E-79, se muestra esta similitud.

Policloruro de vinilo

La materia prima básica del policloruro de vinilo es, según la disponibilidad, acetileno o gas etileno. El etileno es la fuente principal en los Estados Unidos. Durante su fabricación, la polimerización se puede iniciar con peróxidos, compuestos azo, persulfatos, luz ultravioleta o fuentes radioactivas. Para la polimerización de adición se deben romper los enlaces dobles de los monómeros mediante calor, luz, presión o un sistema de catalizador.

Los usos de los plásticos de policloruro de vinilo se pueden ampliar por adición de plastificantes, cargas, refuerzos, lubricantes y estabilizantes. Se pueden formular en compuestos flexibles, rígidos, elastoméricos o expandidos.

El policloruro de vinilo se utiliza mucho en películas flexibles y formas de lámina. Estas películas y láminas son competitivas con otras películas para contenedores plegables, tapizados de tambor, sacos y paquetes. Los papeles pintados lavables y determinadas prendas como bolsos, impermeables, abrigos y vestidos son otros de sus usos. Con las láminas se producen tanques y sistemas de conductos de todo tipo. Se fabrican fácilmente por soldadura, termosellado o cementado con disolvente con mezclas de cetonas o hidrocarburos aromáticos.

Las formas de perfil extruidas del policloruro de vinilo tanto rígido como flexible encuentran aplicación en moldeados arquitectónicos, sellos, juntas elásticas, canalones, chapas exteriores, soportes de jardinería y moldeadas para mamparas móviles (fig. E-80). Las suelas moldeadas por inyección para calzado están extendidas en varios países.

Los organosoles y plastisoles son dispersiones o emulsiones líquidas o pastosas de policloruro de vinilo. Se utilizan para recubrir diversos sustratos, como metal, madera, plástico y telas. Se pueden aplicar por inmersión, pulverizado, extensión o colada rotativo o por embarrado. Los estratos de película de polivinilo, espuma y tela se utilizan para materiales de tapicería. Los recubrimientos de in-

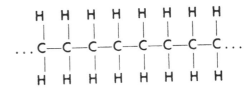

(A) Polietileno

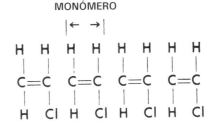

(B) Cloruro de vinilo

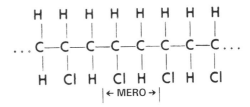

(C) Policloruro de vinilo

Fig. E-79. Similitud entre el polietileno y el policloruro de vinilo.

Tabla E-32. Monómeros monofuncionales y sus polímeros

Monómero	Polímero
$CH_2=CH_2$ Etileno	$\rightarrow -CH_2-CH_2-CH_2-CH_2-CH_2-CH_2-CH_2-CH_2-$ Polietileno
$CH_2=CH-O-COCH_3$ Acetato de vinilo	$\rightarrow -CH_2-CH(O-COCH_3)-CH_2-CH(O-COCH_3)-CH_2-CH(O-COCH_3)-CH_2-CH(O-COCH_3)-\ldots$ Poliacetato de vinilo
$CH_2=CH-Cl$ Cloruro de vinilo	$\rightarrow -CH_2-CH(Cl)-CH_2-CH(Cl)-CH_2-CH(Cl)-CH_2-CH(Cl)-\ldots$ Policloruro de vinilo
$CH_2=CH-C_6H_5$ Estireno (Vinil benceno)	$\rightarrow -CH_2-CH(C_6H_5)-CH_2-CH(C_6H_5)-CH_2-CH(C_6H_5)-CH_2-CH(C_6H_5)-\ldots$ Poliestireno
$CH_2=CCl_2$ Cloruro de vinilideno	$\rightarrow -CH_2-CCl_2-CH_2-CCl_2-CH_2-CCl_2-CH_2-CCl_2-\ldots$ Policloruro de vinilideno
$CH_2=CH-COOH$ Ácido acrílico	$\rightarrow -CH_2-CH(COOH)-CH_2-CH(COOH)-CH_2-CH(COOH)-CH_2-CH(COOH)-\ldots$ Poliácido acrílico
$CH_2=C(COOH)(CH_3)$ Ácido metacrílico	$\rightarrow -CH_2-C(COOH)(CH_3)-CH_2-C(COOH)(CH_3)-CH_2-C(COOH)(CH_3)-CH_2-C(COOH)(CH_3)-\ldots$ Poliácido metacrílico
$CH_2=C(CH_3)_2$ Isobutileno	$\rightarrow -CH_2-C(CH_3)_2-CH_2-C(CH_3)_2-CH_2-C(CH_3)_2-CH_2-C(CH_3)_2-$ Poliisobutileno

mersión se encuentran en los mangos de herramientas, drenajes de bañeras y otros sustratos como capa protectora. La colada por embarrado y rotativa de polivinilos se emplea para producir artículos huecos como pelotas, muñecas y contenedores grandes. Los polivinilos muy cargados y sus copolímeros se utilizan para producir cubiertas de suelos y tejas. Las espumas han encontrado una aplicación limitada en las industrias textil y de alfombras. Se utilizan grandes cantidades de PVC como contenedores moldeados por soplado y como cubiertas extruidas para cables eléctricos (fig. E-81).

Generalmente, los materiales de la familia de vinilos son resistentes a la llama, el agua, las sustancias químicas, la electricidad y la abrasión. Presentan una buena resistencia a la intemperie y pueden ser transparentes. Para favorecer su procesado e impartir distintas propiedades, los polivinilos se suelen plastificar. Existen compuestos de PVC plastificados y sin plastificar. Los tipos no plastificados se utilizan en plantas químicas e industrias de construcción. Los plastificados son más flexibles y blandos. Al estar más plastificados se produce una mayor filtración o desplazamiento del agente químico plastificante a los materiales adyacentes, un hecho muy importante en los envases de productos alimenticios y equipos médicos.

APÉNDICE E: TERMOPLÁSTICOS

(A) Recubrimiento de polivinilo sobre madera para un acabado impermeable y duradero. (Perma-shield)

(B) Sistema de canalón y tubo de bajada de vinilo sólido. (Bird & Son)

Fig. E-80. Los recubrimientos de polivinilo encuentran muchas aplicaciones.

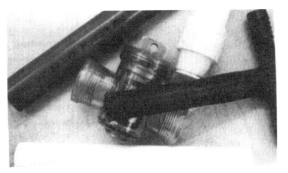

(A) Accesorios de tubería y fontanería

(B) Dispositivos flotadores espumados

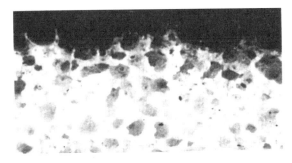

(C) Soporte para alfombra espumado mecánicamente. Aumentado 10 veces. (Firestone Plastics Co.)

Fig. E-81. Algunos usos del polivinilo.

Ventajas del policloruro de vinilo (PVC)

1. Se puede procesar a través de los métodos para termoplásticos
2. Amplio margen de flexibilidad (variando los niveles de plastificantes)
3. No inflamable
4. Estabilidad dimensional
5. Comparativamente bajo coste
6. Buena resistencia a la intemperie

Inconvenientes del policloruro de vinilo

1. Sujeto al ataque de diversos disolventes
2. Capacidad térmica limitada

Se pueden emplear todas las técnicas de tratamiento para termoplásticos con los vinilos.

El policloruro de vinilo (PVC) es el vinilo más tenaz y más utilizado, si bien otros homopolímeros y copolímeros de polivinilo se están abriendo cada vez más paso. A continuación, se enumeran seis ventajas y cinco inconvenientes de policloruro de vinilo.

3. La descomposición térmica desprende HCl
4. Manchado por compuestos de azufre
5. Densidad superior a la de muchos plásticos.

Poliacetato de vinilo (PVAc)

El poliacetato de vinilo ($CH_2=CH-O-COCH_3$) se prepara a escala industrial a partir de reacciones líquidas o gaseosas de ácido acético y acetileno. Los homopolímeros tienen usos limitados debido al excesivo flujo frío y al bajo punto de reblandecimiento. Se utilizan en pinturas, adhesivos y diversas operaciones de acabado de textiles. Los poliacetatos de vinilo suelen presentarse como emulsiones. Las *colas blancas* son un ejemplo conocido de emulsión de poliacetato de vinilo. Las características de absorción de la humedad se realzan con determinados alcoholes y cetonas como disolventes. Los adhesivos rehumedecibles y las formulaciones de caldo constituyen otro ejemplo de sus aplicaciones. Los poliacetatos de vinilo se utilizan como emulsiones aglutinantes en algunas formulaciones de pintura. Su resistencia a la degradación por la luz solar los hace útiles para recubrimientos de interior y exterior. Otros usos son aglutinantes de emulsión en el papel, cartón, cementos Portland, textiles, bases de goma de mascar.

Algunos de los productos comerciales más conocidos son polímeros de policloruro de vinilo y poliacetato de vinilo utilizados para cubiertas de suelos y para discos de fonógrafo (fig. E-82). Estos discos de vinilo presentan varias ventajas con respecto a los de poliestireno y los antiguos de gomalaca. A continuación se señalan dos ventajas y tres inconvenientes del poliacetato de vinilo.

Ventajas de poliacetato de vinilo

1. Excelente para conformado de películas
2. Termosellable

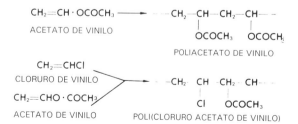

Fig. E-82. Producción de poliacetato de vinilo y policloruro de vinilo-acetato.

Inconvenientes del poliacetato de vinilo

1. Baja estabilidad térmica
2. Escasa resistencia a disolventes
3. Escasa resistencia química

Polivinil formal

El polivinil formal se produce generalmente a partir de poliacetato de vinilo, formaldehído y otros aditivos que cambian los grupos laterales alcohol de la cadena a grupos laterales *formal*. El polivinil formal encuentra su mayor aplicación como recubrimiento de contenedores metálicos y como esmaltes de cables eléctricos.

Polialcohol vinílico (PVAl)

El polialcohol vinílico es un derivado útil obtenido por alcoholisis de poliacetato de metilo (fig. E-83). En el proceso se emplea alcohol metílico (metanol). El polialcohol vinílico (PVA) es soluble tanto en alcohol como en agua. Sus propiedades varían dependiendo de la concentración de poliacetato de vinilo que queda en la solución de alcohol. El polialcohol vinílico se puede utilizar como aglutinante y adhesivo para papel, cerámica, cosméticos y tejidos. Se utiliza para paquetes hidrosoluble para sopa, lixiviación y desinfectantes. Es un agente de desmoldeo útil que se emplea en la fabricación de productos de plástico reforzados. Tiene un uso limitado en moldeados y fibras.

Polivinil acetal

Un derivado de poliacetato de vinilo más útil es el polivinil acetal que se produce por tratamiento de polialcohol vinílico (a partir de poliacetato de vinilo) con un acetaldehído (fig. E-84). Los materiales de polivinil acetal tienen un uso limitado como adhesivos, recubrimientos de superficies, películas, moldeados y modificadores de tejidos.

Polivinil butiral (PVB)

El polivinil butiral se produce a partir de polialcohol vinílico (fig. E-85). Este plástico se emplea como película intermedia en vidrio de seguridad estratificado.

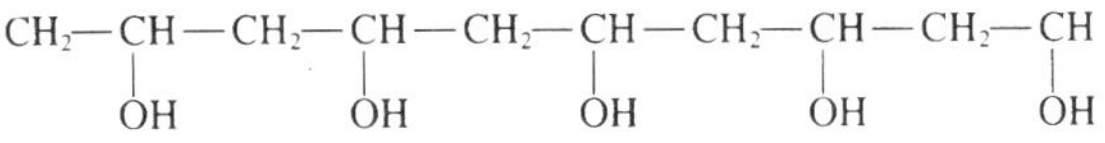

CH₂—CH—CH₂—CH—CH₂—CH—CH₂—CH—CH₂—CH
　　|　　　　　|　　　　　|　　　　　|　　　　　|
　　OH　　　OH　　　OH　　　OH　　　OH

Fig. E-83. Polialcohol vinílico (grupos laterales OH).

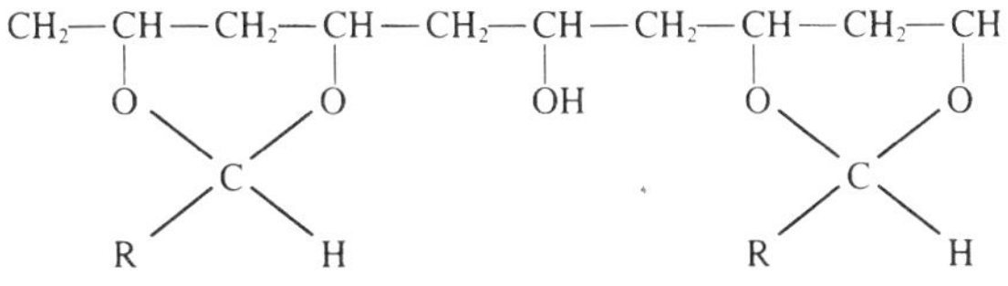

CH₂—CH—CH₂—CH—CH₂—CH—CH₂—CH—CH₂—CH
　　|　　　　　|　　　　　|　　　　　|　　　　　|
　　O　　　　O　　　OH　　　O　　　　O
　　　\\ //　　　　　　　　　　\\ //
　　　 C　　　　　　　　　　　 C
　　　/ \\　　　　　　　　　　/ \\
　　 R　 H　　　　　　　　　R　 H

Fig. E-84. Polivinil acetal.

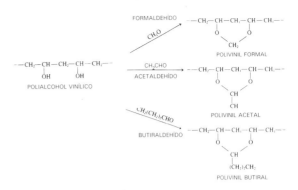

Fig. E-85. Producción de polivinil butiral.

Policloruro de vinilideno (PVDC)

En 1839 se descubrió una sustancia similar al cloruro de vinilo pero que contenía un átomo más de cloro (fig. E-86). Este material ha llegado a ser tan importante a nivel comercial como el cloruro de vinilideno ($H_2C=CCl_2$).

El policloruro de vinilideno es costoso y difícil de trabajar, por lo que normalmente se encuentra como un copolímero con cloruro de vinilo, acrilonitrilo o ésteres de acrilato. Saran, un material para envolver conocido, es un copolímero de cloruro de vinilideno y acrilonitrilo. Es transparente, tenaz y bastante impermeable a la humedad y al gas.

El uso principal de los copolímeros de policloruro de vinilideno (fig. E-87) se produce en envases de película y recubrimientos, aunque estos materiales han tenido éxito también como fibras para alfombras, tapizado de asientos de coches, tapicerías y toldos. Su inercia química permite su empleo en tuberías y accesorios, forros de tuberías y filtros.

Existen muchos otros polímeros de polivinilo que exigen una mayor investigación y estudio. El polivinil carbazol se utiliza para dieléctricos, la polivinil pirrolidona como sustituto del plasma sanguíneo y los ésteres polivinílicos como adhesivos. Las polivinil ureas, poliisocianatos de vinilo y policloroacetato de vinilo siguen evaluándose para su uso comercial.

Todos los polímeros clorados o que contienen cloro pueden emitir gas cloro tóxico al descomponerse a alta temperatura. Debe asegurarse por ello una correcta ventilación para proteger al operario durante el tratamiento.

En la tabla E-33 se indican algunas de las propiedades de los plásticos polivinílicos. A continuación se señalan cuatro ventajas y dos inconvenientes del policloruro de vinilideno.

$$CH_2=CCl_2 \rightarrow --CH_2-\underset{Cl}{\overset{Cl}{\underset{|}{\overset{|}{C}}}}-CH_2-\underset{Cl}{\overset{Cl}{\underset{|}{\overset{|}{C}}}}-CH_2--$$

CLORURO DE VINILIDENO　　CLORURO DE POLIVINILIDENO

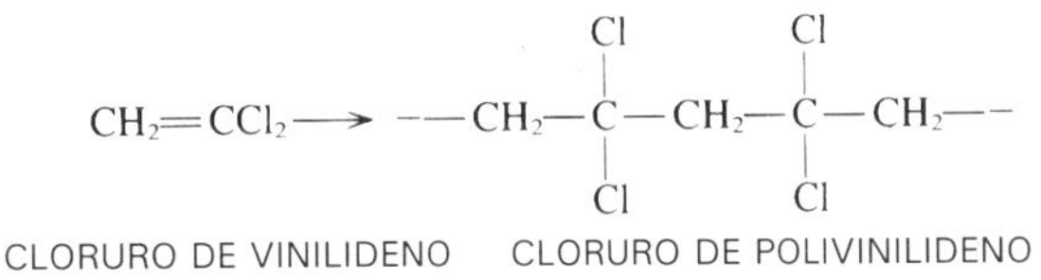

Fig. E-86. Polimerización de cloruro de vinilideno.

Ventajas del policloruro de vinilideno

1. Baja permeabilidad al agua
2. Aprobado para envoltorios para alimentos por la FDA
3. Se puede procesar a través de los métodos para termoplásticos
4. No inflamable

Inconvenientes del policloruro de vinilideno

1. Menor resistencia que PVC
2. Sujeto a fluencia

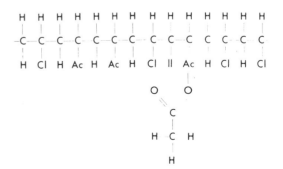

Fig. E-87. Copolimerización de cloruro de vinilo y acetato de vinilo.

Tabla E-33. Propiedades de los polivinilos

Propiedad	Cloruro de vinilo rígido (PVC)	PVC – acetato (copolímero)	Compuesto de cloruro de vinilideno
Calidad de moldeado	Buena	Buena	Excelente
Densidad relativa	1,30–1,45	1,16–1,18	1,65–1,72
Resistencia tracción, MPa	34–62	17–28	21–34
Resistencia compresión, MPa	55–90		14–19
Resistencia impacto, Izod J/mm	0,02–1,0		0,06–0,05
Dureza, Rockwell	M110–M120	R35–R40	M50–M65
Dilatación térmica, 10^{-4}/°C	12,7–47		48,3
Resistencia al calor, °C	65–80	55–60	70–90
Resistencia dieléctrica, V/mm	15.750–19.700	12.000–15.750	15.750–23.500
Constante dieléctrica (60 Hz)	3,2–3,6	3,5–4,5	4,5–6,0
Factor disipación (60 Hz)	0,007–0,020		0,030–0,045
Resistencia arco, s	60–80		
Absorción de agua (24 h), %	0,07–0,4	3,0+	0,1
Velocidad de combustión, mm/min	Autoextinguible	Autoextinguible	Autoextinguible
Efecto luz solar	Necesita estabilizante	Necesita estabilizante	Ligero
Efecto de ácidos	Ninguno a ligero	Ninguno a ligero	Resistente
Efecto de álcalis	Ninguno	Ninguno	Resistente
Efecto disolventes	Soluble en cetonas y ésteres	Soluble en cetonas y ésteres	Ninguno a ligero
Calidad mecanizado	Excelente		Bueno
Calidad óptica	Transparente	Transparente	Transparente

Apéndice F

Plásticos termoendurecibles

Un estudio sobre las resinas plásticas no estaría completo si no incluyera una visión general de los plásticos termoendurecibles. Conviene analizar las propiedades y aplicaciones más importantes de los materiales que se describen en este apéndice, dado que son elementos importantes en el diseño, el tratamiento, la economía y el servicio del producto.

Debe recordarse que los materiales termoendurecibles experimentan una reacción química y se convierten en «estables». En general, son en su mayoría materiales de alto peso molecular que dan lugar a plásticos duros y frágiles.

En este apéndice se tratarán los siguientes grupos individuales de plásticos termoendurecibles: *alílicos, alquidos, aminoplásticos* (*urea-formaldehído* y *melamina-formaldehído*), *caseína, epoxi, furano, fenólicos, poliésteres insaturados, poliuretano* y *siliconas*.

Alquidos

En el pasado existía cierta confusión en torno a las resinas alquídicas con base de éster. El término *alquido* se utilizaba estrictamente para referirse a poliésteres insaturados modificados con ácidos grasos o aceites vegetales. Estas resinas encuentran aplicación en pinturas y otros recubrimientos. Hoy, los *compuestos de moldeo de alquido* engloban poliésteres insaturados modificados por un monómero no volátil (como ftalato de dialilo) y diversas cargas. Los compuestos se forman en modalidades granuladas, cuerdas, nódulos, masilla y tronco para permitir un moldeo automático continuo (fig. F-1).

Si se desea obtener una resina adecuada para compuestos de moldeo, el mecanismo de reticulación debe modificarse de modo que tenga lugar un curado rápido en el molde. El uso de iniciadores en el compuesto de resina también acelera la polimerización de los enlaces dobles. No hay que confundir estas resinas con los compuestos de moldeo de poliéster saturado, que es lineal y termoplástico.

Fig. F-1. Compuesto de moldeo de alquido a granel en varias formas. (Allied Chemical Corp.).

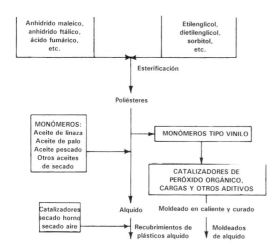

Fig. F-2. Producción de recubrimientos y moldeados de alquido.

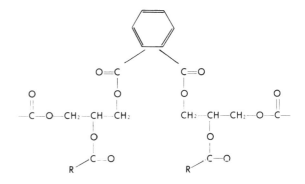

Fig. F-3. Cadena larga de resina alquídica con grupos insaturados.

R.H. Kienle acuñó la palabra *alquido* mediante la combinación de «al» (de alcohol) y «cid» (de ácido). Las resinas de alquido se pueden producir por reacción de ácido ftálico, etilen glicol y los ácidos grasos de diversos aceites, por ejemplo, de linaza, de soja o de palo (fig. F-2). Kienle combinó ácidos grasos con ésteres insaturados en 1927, en el curso de sus investigaciones para General Electric dirigidas a encontrar una resina que fuera mejor aislante de la electricidad. La necesidad de materiales en la segunda guerra mundial aceleró enormemente el interés por las resinas de acabado de alquido.

Las resinas de alquido pueden tener una estructura como la que se muestra en la figura F-3. Cuando se aplica sobre un sustrato, se usan agentes térmicos u oxidantes para iniciar la reticulación.

Un experto estima que prácticamente la mitad de los recubrimientos de superficie utilizados en los Estados Unidos son de poliéster alquídico. El creciente uso de silicona y recubrimientos de látex acrílico puede reducir en gran medida esta cifra.

Los recubrimientos de alquido son muy valiosos por su coste relativamente bajo, su duración, su resistencia térmica y su adaptabilidad. Además, se pueden modificar para satisfacer requisitos especiales. Para aumentar su duración y resistencia a la abrasión se alteran las resinas alquídicas con colofonia. Los fenólicos y las resinas epoxídicas pueden mejorar la dureza y la resistencia a sustancias químicas y al agua. La adición de monómeros de estireno amplía la flexibilidad de los recubrimientos acabados, lo que les permite funcionar como agentes de reticulación.

Las resinas alquídicas se usan en pinturas domésticas de *base oleosa*, esmalte, pintura de instalaciones de granja, pintura de emulsión, esmaltes de porches y cubiertas, barniz para exteriores y pintura de caucho clorada. Las resinas alquídicas modificadas pueden dar lugar a recubrimientos especiales, como acabados *en relieve* y *de martillo*, que se utilizan a menudo en equipos y maquinaria.

Los acabados de horneado de alquido se denominan *convertibles por calor*, y se polimerizan o endurecen al calentarse. Las resinas que se endurecen al exponerse al aire se dicen *convertibles al aire*.

Las resinas alquídicas se usan como plastificantes para diversos plásticos, como vehículos para tintas de impresión, como aglutinantes para abrasivos y aceites y como adhesivos especiales para madera, caucho, vidrio, cuero y textiles.

Las nuevas tecnologías de tratamiento y aplicaciones de compuestos termoestables alquídicos de moldeo son también corrientes a nivel comercial.

Los compuestos de moldeo de alquido se tratan con equipos de rosca de pistón, transferencia y compresión. Al utilizar iniciadores como peróxido de benzoílo o hidroperóxido de butilo terciario se pueden reticular las resinas insaturadas a temperaturas de moldeo (superiores a 50 °C). Los ciclos de moldeo pueden ser inferiores a veinte segundos.

Los usos típicos de los compuestos de moldeo de alquido incluyen carcasas para aparatos, mangos para utensilios, bolas de billar, interruptores, conectores, estuches de motor, capacitores y conmutadores (fig. F-4). Se usan en aplicaciones eléctricas donde no son adecuadas las resinas fenólicas y de amino, menos costosas.

Los compuestos alquídicos en masilla se utilizan para encapsular componentes eléctricos y electrónicos. Las diferentes formulaciones de resina, cargas y técnicas de tratamiento proporcionan una amplia gama de características físicas.

En la tabla F-1 se ofrecen algunas propiedades de los plásticos alquídicos.

Tabla F-1. Propiedades de los alquidos

Propiedad	Alquido (cargado con vidrio)	Compuesto moldeo con alquido (cargado)
Calidad de moldeo	Excelente	Excelente
Densidad relativa	2,12–2,15	1,65–2,30
Resistencia tracción, MPa	28–64	21–62
Resistencia compresión, MPa	103–221	83–262
Resistencia impacto, Izod, J/mm	0,03–0,5	0,015–0,025
Dureza, Barcol	60–70	55–80
Rockwell	E98	E95
Dilatación térmica, $10^{-4}/°C$	3,8–6,35	5,08–12,7
Resistencia al calor, °C	230	150–230
Resistencia dieléctrica, V/mm	9.845–20.870	13.800–17.720
Constante dieléctrica (a 60 Hz)	5,7	5,1–7,5
Factor disipación (a 60 Hz)	0,010	0,009–0,06
Resistencia arco, s	150–210	75–240
Absorción agua (24 h) %	0,05–0,25	0,05–0,50
Velocidad de combustión	Lento a incombustible	Lenta a incombustible
Efecto luz solar	Ninguna	Ninguna
Efecto ácidos	Aceptable	Ninguna
Efecto álcalis	Aceptable	Atacado
Efecto disolventes	Aceptable a buena	Aceptable a buena
Calidades mecanizado	Escasa a aceptable	Escasa a aceptable
Calidad óptica	Opaco	Opaco

Alílicos

Las resinas alílicas suelen implicar la esterificación de alcohol alílico y ácido dibásico (fig. F-5). El olor penetrante del alcohol alílico (de fórmula $CH_2=CHCH_2OH$) se conoce en el mundo de la ciencia desde 1856. El nombre *alilo* ha sido acuñado de la palabra latina *allium*, que significa ajo. Estas resinas no se comercializaron hasta 1955, si bien en 1941 ya se usó alguna como resina de estratificado a baja presión.

(A) Piezas eléctricas, electrónicas y de automóvil. (Allied Chemical Corp.)

(B) Otras piezas de automóvil

Fig. F-4. Diversos productos de alquido.

Los alílicos y poliésteres tienen aplicaciones, propiedades y antecedentes históricos de desarrollo comunes. Por esta razón, los alílicos se incluyen a veces erróneamente en el estudio de los poliésteres. Los monómeros de alilo se utilizan además como agentes de reticulación en poliésteres, añadiendo así mayor confusión al tema. Los alílicos constituyen una familia diferenciada de plásticos a base de alcoholes monohidroxílicos, mientras que la base química de los poliésteres está sustentada por alcoholes polihidroxílicos.

Los alílicos, unos compuestos únicos porque pueden formar prepolímeros (resinas parcialmente polimerizadas), se someten a homopolimerización o copolimerización. Los ésteres monoalílicos se pueden producir como resinas termoendurecibles o termoplásticas. Los ésteres monoalílicos saturados (termoplásticos) se usan a veces como agentes de copolimerización en alquidos y resinas vinílicos. Los ésteres monoalílicos insaturados se han utilizado para producir polímeros simples, como acrilato de alilo, cloroacrilato de alilo, metacrilato de alilo, crotonato de alilo, cinamato de alilo, cinamalacetato de alilo, furoato de alilo y furfurilacrilato de alilo.

Se han producido polímeros simples a partir de ésteres de dialilo incluyendo maleato de dialilo (DAM), oxalato de dialilo, succinato de dialilo, sebacato de dialilo, ftalato de dialilo (DAP), dialilcarbonato, bisalil carbonato de dietilen glicol, isoftalato de dialilo (DAIP) y otros (fig. F-6). Los compuestos comerciales más extendidos son DAP (fig. F-6A) y DAIP (fig. F-6B).

Las resinas de dialilo se suministran normalmente como monómeros o prepolímeros. Ambas formas se convierten en plásticos termoendurecibles totalmente polimerizados por adición de catalizadores de peróxido seleccionados. El peróxido de benzoílo o el perbenzoato de terc-butilo son dos catalizadores que se utilizan a menudo para polimerizar compuestos de resina alílica. Estas resinas y compuestos se pueden catalizar y almacenar durante más de un año si se mantienen a temperaturas ambiente bajas. Cuando se somete el material a las temperaturas normales para moldes, prensas o estufas, se alcanza el curado completo.

Seguidamente se muestra el monómero de resina de carbonato de bisalil dietilen glicol (fig. F-6E) usado para estratificación y coladas ópticas. Esta resina se podría polimerizar con peróxido de benzoílo a una temperatura de 82 °C.

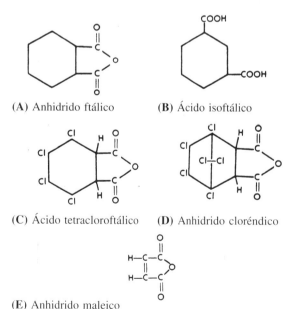

El ftalato de dialilo se puede utilizar como recubrimiento y material de estratificación, si bien destaca sobre todo por su aplicación como compuesto de moldeo. El ftalato de dialilo se polimeriza y reticula por los dos enlaces dobles disponibles (fig. F-6A).

Las buenas propiedades mecánicas, químicas, térmicas y eléctricas son sólo algunos de los atractivos del ftalato de dialilo (fig. F-7). Este compuesto presenta también una vida prolongada en almacenamiento y facilidad de tratamiento. La resistencia a la radiación y la ablación hace de él un material útil en entornos espaciales.

Prácticamente todos los compuestos de moldeo alílicos incluyen catalizadores, cargas y refuerzos, y normalmente se combinan en premezclas de tipo masilla. Su alto coste es un factor que limita el uso

(A) Anhídrido ftálico   **(B)** Ácido isoftálico

(C) Ácido tetracloroftálico   **(D)** Anhídrido cloréndico

(E) Anhídrido maleico

Fig. F-5. Ácido dibásico usado en la fabricación de monómeros alílicos.

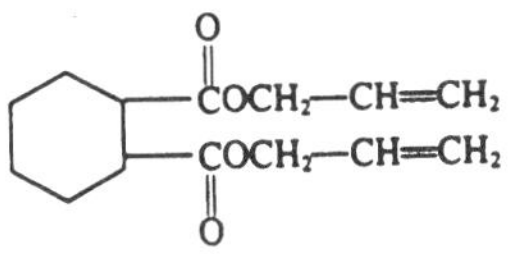

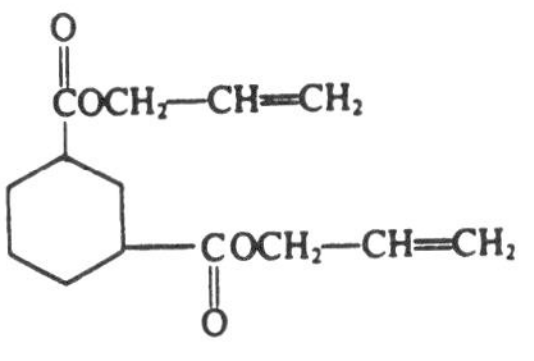

(A) Ftalato de dialilo (orto) (B) Isoftalato de dialilo (meta)

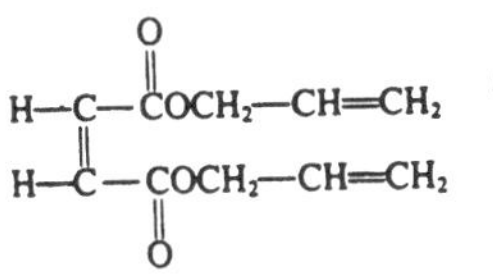

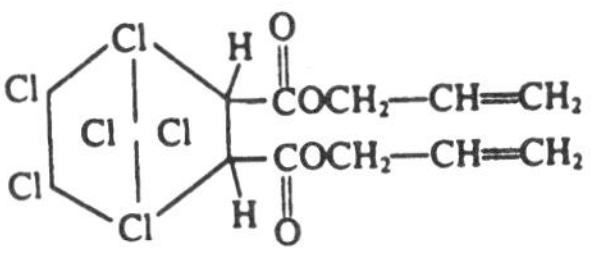

(C) Maleato de dialilo (D) Clorendato de dialilo

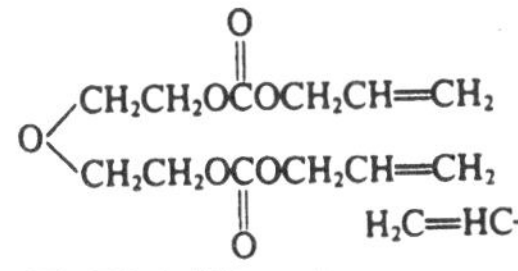

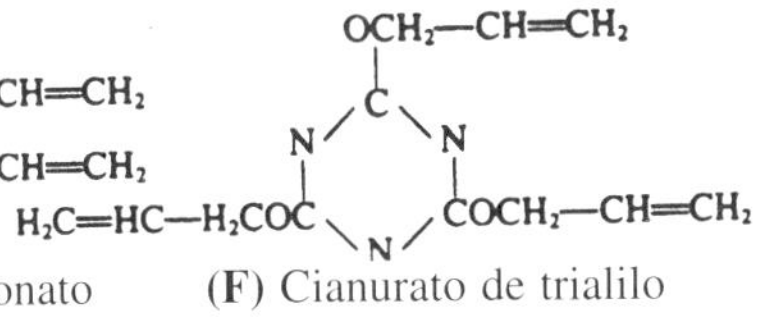

(E) Bis(alil) carbonato de dietilen glicol (F) Cianurato de trialilo

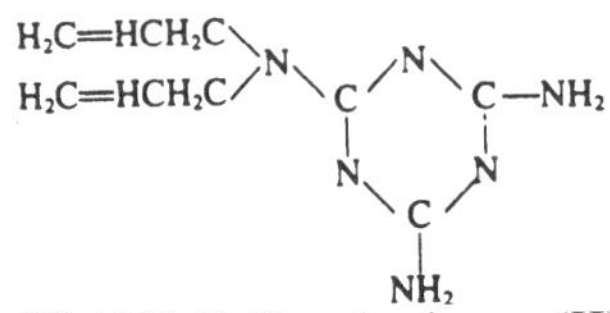

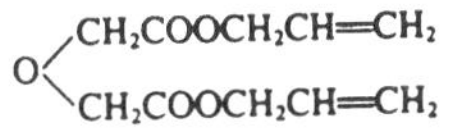

(G) N,N-dialil melamina (H) Diglicolato de dialilo

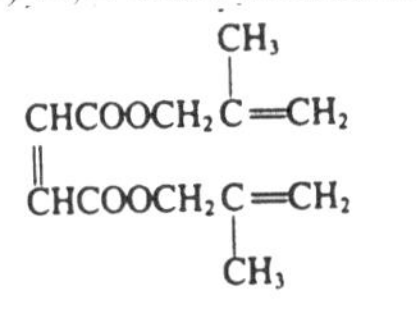

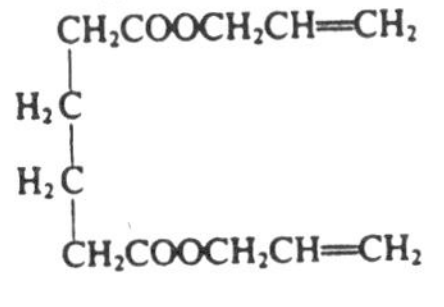

(I) Maleato de dimetalilo (J) Adipato de dialilo

Fig. F-6. Fórmulas estructurales de algunos monómeros alílicos comerciales.

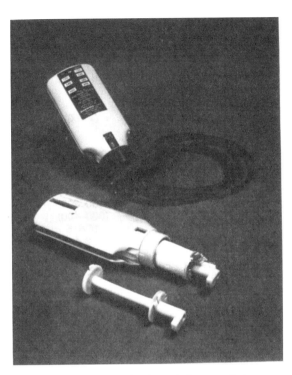

Fig. F-7. Este aparato de alto voltaje manual tiene una bobina arrollada hecha de un compuesto de moldeo de ftalato de dialilo fuerte.

de alílicos para aplicaciones donde sus propiedades resultan cruciales. Los compuestos se pueden moldear por compresión o transferencia. Algunos satisfacen los requisitos para máquinas de inyección a alta velocidad especiales, encapsulado a baja presión y extrusión.

Algunas formulaciones de resina alílica se usan para producir materiales estratificados. Las resinas de monómero se utilizan para preimpregnar madera, papel, tela y otros materiales para la laminación. Algunas mejoran diversas propiedades del papel y las prendas. La resistencia a las arrugas, el agua y el desvanecimiento del color se puede mejorar mediante la adición de monómeros de ftalato de dialilo a determinados tejidos. Para muebles y paneles, se unen chapas o estratos decorativos preimpregnados a almas de materiales más baratos. Los materiales estratificados de melamina y resina alílica presentan muchas de las propiedades mencionadas.

Los monómeros y prepolímeros alílicos también encuentran uso en preimpregnados (estratos de chapa húmeda), que constan de cargas, catalizadores y refuerzos y se combinan inmediatamente antes del curado. Algunos se moldean previamente para facilitar la operación. Las preimpregnaciones alílicas se pueden preparar con antelación y se almacenan hasta que se necesiten. La premezcla y las piezas moldeadas de preimpregnación presentan buena resistencia a la flexión y al impacto y sus acabados de superficie son excelentes.

Los monómeros alílicos se usan como agentes de reticulación para poliésteres, alquidos, espumas de poliuretano y otros polímeros insaturados. Se utilizan porque el monómero alílico básico (homopolímero) no se polimeriza a temperatura ambiente, lo que permite almacenar estos materiales durante períodos de tiempo prolongados. A temperaturas de 150 °C y superiores, los monómeros de ftalato de dialilo inducen la reticulación de poliésteres. Estos compuestos se pueden moldear a velocidades más rápidas que los reticulados con estireno.

Los acrílicos (metacrilato de metilo) reticulados con monómeros de ftalato de dialilo presentan buenas características de elasticidad y dureza superficial. Los alílicos se usan en impregnación al vacío para sellar poros de coladas de metal, cerámica y otras composiciones. Otros usos incluyen la impregnación de cintas de refuerzo que se utilizan para envolver inducidos de motor. Los alílicos sirven para recubrir piezas eléctricas y para encapsular aparatos electrónicos.

En la tabla F-2 se indican algunas propiedades básicas de los plásticos alílicos (ftalato de dialilo). A continuación se enumeran cuatro ventajas y tres inconvenientes de estos materiales.

Ventajas de los ésteres alílicos (alilos)

1. Excelente resistencia a la humedad
2. Disponibilidad de tipos de combustión lenta y autoextinguibles
3. Temperaturas de servicio de hasta 204–232 °C
4. Buena resistencia química

Inconvenientes de los ésteres alílicos (alilos)

1. Alto coste (en comparación con los alquidos)
2. Excesiva contracción durante el curado
3. No se pueden usar con fenoles y ácidos oxidantes

Aminoplásticos

Se han producido diversos polímeros por interacción de aminas o amidas con aldehídos. Los dos amino plásticos más importantes y comercialmente útiles se producen por condensación de urea-formaldehído y melamina-formaldehído.

Es posible que los polímeros de urea-formaldehído se produjeran ya en 1884. En Alemania, Goldschmidt y sus colaboradores dedicaron su trabajo a la fabricación de aminoplásticos moldeables.

En los Estados Unidos, en 1920 se produjeron a nivel comercial resinas de urea-formaldehído. En el período comprendido entre 1934 y 1939 se fabricaron resinas de tio-urea-formaldehído y melamina-formaldehído.

Urea-formaldehído (UF)

La reacción de urea sólida, cristalina y blanca (NH_2CONH_2) con soluciones acuosas de formaldehído (formalina) produce resinas de urea, que se pueden modificar por adición de otros reactivos. Para una completa polimerización y reticulación de esta resina termoendurecible, generalmente se precisa calor o catalizadores y calor durante la operación de moldeo (fig. F-8).

Tabla F-2. Propiedades de plásticos alílicos

Propiedad	Compuestos de ftalato de dialilo		
	Cargado con vidrio	Cargado con mineral	Isoftalato de dialilo
Calidad de moldeo	Excelente	Excelente	Excelente
Densidad relativa	1,61–1,78	1,6–51,68	1,264
Resistencia tracción, MPa	41,4–75,8	34,5–60	30
Resistencia compresión, MPa	172–241	138–221	
Resistencia impacto, Izod, J/mm	0,02–0,75	0,015–0,225	0,01–0,015
Dureza, Rockwell	E80–E87	E61	M238
Dilatación térmica, 10^{-4}/°C	2,5–9	2,5–10,9	
Resistencia al calor, °C	150–205	150–205	150–205
Resistencia dieléctrica, V/mm	15.550–17.717	15.550–16.535	16.615
Constante dieléctrica (a 60 Hz)	4,3–4,6	5,2	3,4
Factor disipación (a 60 Hz)	0,01–0,05	0,03–0,06	0,008
Resistencia al arco, s	125–180	140–190	123–128
Absorción agua (24 h)%	0,12–0,35	0,2–0,5	0,1
Velocidad de combustión	Autoextinguible a incombustible	Autoextinguible a incombustible	Autoextinguible a incombustible
Efecto luz solar	Ninguno	Ninguno	Ninguno
Efecto ácidos	Ligero	Ligero	Ligero
Efecto álcalis	Ligero	Ligero	Ligero
Efecto disolventes	Ninguno	Ninguno	Ninguno
Calidades mecanizado	Aceptable	Aceptable	Bueno
Calidad óptica	Opaco	Opaco	Transparente

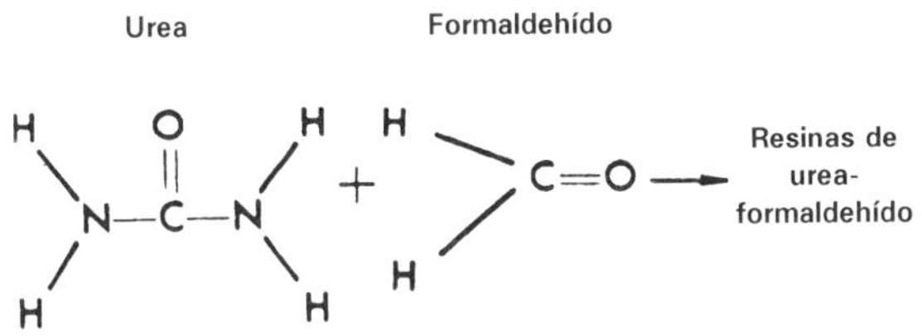

Urea **Formaldehído**

[Estructura química: urea + formaldehído → Resinas de urea-formaldehído]

Fig. F-8. Polimerización de urea y formaldehído.

En la figura F-9 se muestra la polimerización de urea-formaldehído. La molécula de agua sobrante es producto de la polimerización de condensación.

Muchos productos que se producían antes con urea-formaldehído se fabrican hoy con materiales termoplásticos, que hacen posibles ciclos de producción más rápidos y una producción superior. Algunos compuestos amino se empiezan a tratar con equipos de moldeo para inyección especialmente diseñados. Este planteamiento aumenta la producción y permite que estos productos puedan competir con la mayoría de los termoplásticos.

Las resinas con una base de urea-formaldehído se convierten en compuestos de moldeo que contienen diversos ingredientes entre los que se incluyen resinas, cargas, pigmentos, catalizadores, estabilizantes,

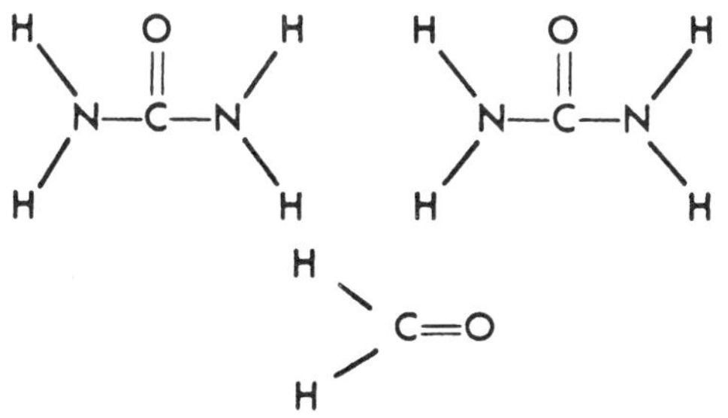

(A) Resina de urea-formaldehído

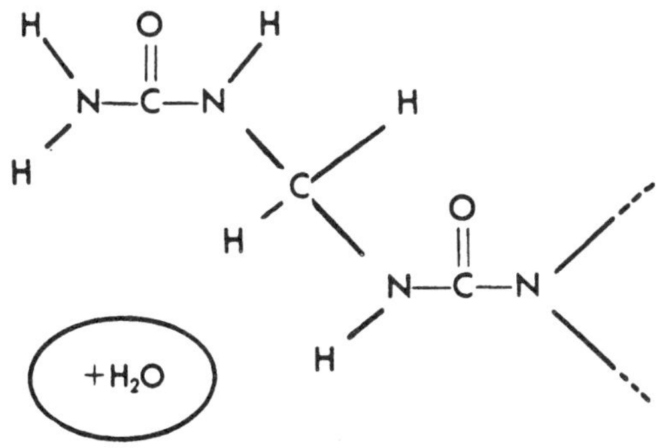

(B) Plásticos de urea-formaldehído

Fig. F-9. Formación de resinas de urea-formaldehído.

plastificantes y lubricantes. Dichos compuestos aceleran el curado y los índices de producción.

Los compuestos de moldeo se producen añadiendo catalizadores ácidos latentes a la base de resina. Dichos catalizadores reaccionan a temperaturas de moldeo. A muchos compuestos de moldeo de urea-formaldehído se les añaden preaceleradores o catalizadores que limitan la vida en almacén; por tanto, deben mantenerse en lugares fríos. Se pueden añadir estabilizantes para ayudar a controlar la reacción con el catalizador latente, así como lubricantes para mejorar la calidad de moldeo.

Los plastificantes mejoran las propiedades de flujo y ayudan a reducir la contracción por curado. Si bien la resina base es transparente como el agua, se pueden utilizar pigmentos de colores (transparentes, translúcidos u opacos). Si no se requiere color se añaden cargas como fibra de alfa-celulosa (celulosa blanqueada), tela macerada o serrín de madera, para mejorar las características de moldeo y físicas y para reducir los costes.

Los plásticos de urea-formaldehído tienen muchas aplicaciones industriales por su excelente calidad de moldeo y su coste económico. Se usan en aplicaciones eléctricas y electrónicas en las que se precisa una buena resistencia al arco y a la conducción eléctrica superficial. Presentan también buenas propiedades dieléctricas y no resultan afectados por disolventes orgánicos comunes, grasas, aceites, ácidos débiles, álcalis u otros entornos químicos hostiles. Los compuestos de urea no atraen el polvo por electricidad estática, no se queman ni se ablandan al ser expuestos a llama abierta y poseen una buena estabilidad dimensional al cargarlos.

Los compuestos de moldeo de urea-formaldehído se utilizan en la fabricación de tapones de botellas y en materiales de aislamiento eléctrico y térmico.

Los productos de urea-formaldehído no dan sabor ni olores a los alimentos y bebidas. Son los materiales idóneos para botones de aparatos, diales, mangos, pulsadores eléctricos, bases de tostadoras y placas terminales. Las chapas para muros, pinzas, receptáculos, monturas, cortacircuitos y carcasas de interruptores son sólo algunas de sus aplicaciones como aislante eléctrico (fig. F-10).

Uno de los usos más corrientes de las resinas de urea-formaldehído corresponde a adhesivos para muebles, contrachapado y aglomerado. El aglomerado se obtiene combinando un 10% de aglutinante de resina con virutas de madera que se prensan después en láminas planas. El producto no tiene vetas,

(A) Bloques terminales para conexiones eléctricas

(A) Bloque para centros de flores

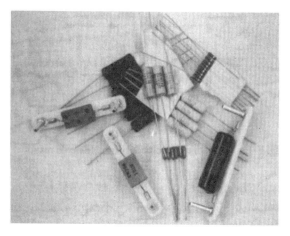

(B) Bloques y paquetes aislantes para componentes electrónicos

Fig. F-10. Aplicaciones de compuestos de urea-formaldehído.

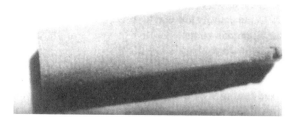

(B) Material de aislamiento térmico

Fig. F-11. Usos de urea-formaldehído de célula abierta o espumado.

de manera que se puede expandir en todas las direcciones y no se arruga. No obstante, presenta escasa resistencia al agua. El conglomerado unido con esta resina sólo es útil para interiores.

Las resinas de urea-formaldehído se pueden expandir y curar hasta un estado plástico. Dichas espumas son económicas y se producen en diferentes densidades. Se obtienen fácilmente agitando en torbellino una mezcla de resina, catalizador y un detergente de espumado. Otro método de expansión consiste en introducir un agente químico que genera un gas (normalmente dióxido de carbono) mientras se cura la resina. Estas espumas tienen aplicación como materiales aislantes térmicos en construcción y refrigeradores y como almas de baja densidad para construcción en emparedado estructural (fig. F-11). Se han descrito alergias y síntomas de gripe a causa de espumas parcialmente polimerizadas o sin curar, donde el origen principal de este problema es el desgasificado de las piezas de mobiliario moldeadas y el aislamiento de muros.

Es posible obtener espumas de urea-formaldehído resistentes a la llama, pero en detrimento de la densidad de espuma. Estos materiales absorben gran cantidad de agua, al ser estructuras de célula abierta (como una esponja); esta característica es aprovechada por los floristas, que los usan como base de los centros de flores insertando los tallos de las flores cortadas en la espuma de urea empapada en agua. Se ha utilizado espuma triturada como nieve artificial en televisión y escenarios teatrales. La estructura de célula abierta se puede rellenar también con queroseno, sirviendo como agente de iluminación para chimeneas.

Las resinas de urea encuentran múltiples aplicaciones en las industrias textil, papelera y de recubrimientos. La existencia de telas de aguas se debe en gran medida a estas resinas.

Las resinas o polvos de urea se usan a veces como aglutinantes en almas de fundición y moldes de corteza.

Las aplicaciones de recubrimiento de las resinas de urea-formaldehído están limitadas. Se pueden aplicar solamente a sustratos que soporten temperaturas de curado de 40 °C a 175 °C. Estas resinas se combinan con una resina de poliéster compatible (alquido) para producir esmaltes, añadiendo del 5 al 50% de resina de urea a la resina con base de alquido. Estos recubrimientos superficiales presentan características excelentes de dureza, tenacidad, brillo, estabilidad de color y permanencia en exteriores.

Los recubrimientos superficiales se pueden ver en refrigeradores, lavadoras, estufas, señales, ventanas venecianas, cabinas metálicas y muchas máquinas. Antes era corriente su aplicación en carrocerías de automóviles, aunque el tiempo de curado y horneado requerido los convierte en poco económicos para la producción en masa. El tiempo de horneado depende de la temperatura y la proporción entre resinas de amino y alquídica.

Se ha logrado utilizar resinas de urea modificadas con alcohol furfurílico en la fabricación de papeles abrasivos revestidos (véase furano, más adelante). Los plásticos de urea-formaldehído se moldean fácilmente en máquinas de moldeo por compresión y transferencia. Asimismo se pueden trabajar con máquinas de moldeo por inyección de tuerca oscilante. Según el tipo de resina y la carga usada, deberá mantenerse un margen de contracción tras la extracción del molde. Al acondicionar posteriormente el producto en el horno se mejora la estabilidad dimensional.

En la tabla F-3 se indican algunas propiedades de los plásticos de urea-formaldehído cargados con alfa-celulosa. A continuación se enumeran cinco ventajas y cuatro inconvenientes de estos plásticos.

Tabla F-3. Propiedades de urea-formaldehído

Propiedades (cargado con alfa celulosa)	Urea-formaldehído
Calidad de moldeo	Excelente
Densidad relativa	1,47–1,52
Resistencia tracción, MPa	38–90
Resistencia compresión, MPa	172–310
Resistencia impacto, Izod, J/mm	0,0125–0,02
Dureza, Rockwell	M110–M120
Dilatación térmica, $10^{-4}/°C$	5,6–9,1
Resistencia al calor, °C	80
Resistencia dieléctrica, V/mm	11.810–15.750
Constante dieléctrica (a 60 Hz)	7,0–9,5
Factor disipación (a 60 Hz)	0,035–0,043
Resistencia arco, s	80–150
Absorción agua (24 h)%	0,4–0,8
Velocidad de combustión	Autoextinguible
Efecto luz solar	Se agrisa
Efecto ácidos	Ninguno a descomposición
Efecto álcalis	Ligero a descomposición
Efecto disolventes	Ninguno a ligero
Calidades mecanizado	Aceptable
Calidad óptica	Transparente a opaco

Ventajas de urea-formaldehído

1. Dureza y resistencia al rayado
2. Coste comparativamente bajo
3. Amplio intervalo de colores
4. Autoextinguible
5. Buena resistencia a los disolventes

Inconvenientes de urea-formaldehído

1. Debe cargarse para conseguir el moldeo
2. Escasa resistencia a la oxidación a largo plazo
3. Atacado por ácidos y bases fuertes
4. Emisión de gases de las espumas y plásticos parcialmente polimerizadas o sin curar

Melamina-formaldehído (MF)

Hasta 1939, el compuesto llamado melamina-formaldehído era sólo una cara curiosidad de laboratorio. La melamina ($C_3H_6N_6$) es un sólido cristalino blanco, y su combinación con formaldehído da como resultado en la formación de un compuesto denominado derivado de metilol (fig. F-12). Con formaldehído adicional, la formulación reacciona para producir tri-, tetra-, penta- y hexametilol-melamina. La formación de trimetilol melamina sigue el proceso mostrado en la figura F-13.

Las resinas de melamina comerciales se pueden obtener sin catalizadores ácidos, si bien se utilizan tanto energía térmica como catalizadores para acelerar la polimerización y el curado. La polimerización de urea y resinas de melamina es una reacción de condensación con producción de agua que se evapora o escapa de la cavidad de moldeo.

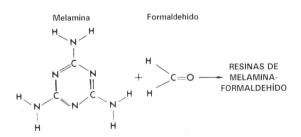

Fig. F-12. Formación de resinas de melamina-formaldehído.

Fig. F-13. Formación de trimetilol melamina.

Las resinas de formaldehído más benzoguanamina ($C_3H_4N_5C_6H_5$) o tiourea ($CS(NH_2)_2$) tienen una importancia comercial menor. La reacción de formaldehído y compuestos como anilina, diciandiamida, etilen urea y sulfonamida proporciona resinas más complejas para diversas aplicaciones.

En la forma pura, las *resinas* de amino son incoloras y solubles en disoluciones calientes de agua y metanol.

Las resinas de amino, los plásticos de urea y los plásticos de melamina se suelen agrupar como una entidad única. En gran medida, comparten su estructura química, propiedades y aplicaciones. Los productos de melamina-formaldehído son mejores que los plásticos de urea-formaldehído en varios sentidos.

Los productos de melamina son más duros y resistentes al agua. Se pueden combinar con una gran variedad de cargas, lo que permite la fabricación de productos con mejor resistencia térmica, al rayado, a las manchas, al agua y a las sustancias químicas.

Probablemente, el uso más extendido de melamina-formaldehído es la fabricación de servicios de mesa (fig. F-14), para lo cual se suelen cargar los polvos de moldeo con alfa-celulosa. A veces se incluye amianto y otras cargas para mangos y cubiertas de herramientas.

Las resinas de melamina se usan para recubrimientos superficiales y estratos decorativos. Los estratos a base de papel se comercializan con las marcas registradas Formica y Micarta. Las impresiones fotográficas sobre telas o papel impregnados con resina de melamina se colocan sobre una base o material nuclear y se curan en una prensa grande. El papel kraft impregnado con resina fenólica se utiliza normalmente para el material base, ya que es resistente y compatible con la resina de melamina. Esta base también resulta más barata que varias capas de papel impregnado con melamina. Existe un amplio espectro de usos de estos materiales estratificados, entre los que se incluyen superficies de madera, metal, yeso y cartón. Un uso conocido son las encimeras de cocina y de mesas.

Se puede añadir una solución de resina de melamina al 3% durante la preparación de pulpa de papel para mejorar la resistencia húmeda del papel. El papel con esta resina aglomerante tiene una resistencia en húmedo casi equivalente a la resistencia en seco. También se mejora en gran medida la resistencia al rasgado y al doblado sin añadir fragilidad.

Se pueden formular acabados resistentes al agua, sustancias químicas, álcalis, grasas y al calor con resinas amino. Para curar las resinas amino se requiere sólo calor, o bien calor y catalizadores. Estos acabados se ven en estufas, lavadoras y otros electrodomésticos.

Las resinas de melamina o urea se pueden compatibilizar con otros plásticos para producir acabados con llamativas características, así como combinar resinas de poliéster (alquido) o resinas fenólicas para conseguir acabados con los rasgos mejores de ambas. Estos procesos son útiles cuando se precisa un acabado duro, tenaz y resistente al deterioro.

Las resinas de melamina se suelen usar para fabricar conglomerados de exterior impermeables y conglomerados marinos, así como para aplicaciones de adhesivo que requieren adhesivos de poco color y sin manchas. Se emplean catalizadores, calor o energía de alta frecuencia para curar adhesivos de melamina en conglomerados y ensamblajes de panel.

Las resinas de melamina-formaldehído se emplean a escala comercial para acabados textiles. Los famosos tejidos de secado a la gota y las telas que tienen un brillo permanente, anticorrosivas y con control de contracción deben su existencia en gran medida a estas resinas. Se utilizan resinas de melamina y silicona para producir tejidos impermeables.

Los compuestos de melamina-formaldehído se pueden moldear fácilmente en máquinas de moldeo por compresión y transferencia, además de en máquinas para inyección de tuerca oscilante.

En la tabla F-4 se muestran algunas propiedades de los plásticos de melamina-formaldehído. A continuación se enumeran cinco ventajas y tres inconvenientes de estos materiales.

Fig. F-14. Surtido de botes de melamina.

Tabla F-4. Propiedades de melamina-formaldehído

Propiedad	Sin carga	Cargado con alfa celulosa	Cargado con fibra de vidrio
Calidad de moldeo	Buena	Excelente	Buena
Densidad relativa	1,48	1,47–1,52	1,8–2,0
Resistencia tracción, MPa		48–90	34–69
Resistencia compresión, MPa	276–310	276–310	138–241
Resistencia impacto, Izod, J/mm	0,012–0,0175	0,03–0,9	
Dureza, Rockwell	M115–M125	M120	
Dilatación térmica, $10^{-4}/°C$	10	3,8–4,3	
Resistencia al calor, °C	99	99	150–205
Resistencia dieléctrica, V/mm		10.630–11.810	6.690–11.810
Constante dieléctrica (a 60 Hz)		6,2–7,6	9,7–11,1
Factor de disipación		0,030–0,083	0,14–0,23
Resistencia arco, s	100–145	110–140	180
Absorción agua (24 h)%	0,3–0,5	0,1–0,6	0,09–0,21
Velocidad de combustión	Autoextinguible	Incombustible	Autoextinguible
Efecto luz solar	Desvanecimiento de color	Ligero cambio de color	Ligero
Efecto ácidos	Ninguno a descomposición	Ninguno a descomposición	Ninguno a descomposición
Efecto álcalis		Atacado	Ninguno a ligero
Efecto disolventes	Ninguno	Ninguno	Ninguno
Calidades mecanizado		Aceptable	Buena
Calidad óptica	Opalescente	Translúcido	Opaco

Ventajas de melamina-formaldehído

1. Dureza y resistencia al rayado
2. Coste comparativamente bajo
3. Amplia gama de colores
4. Autoextinguible
5. Buena resistencia a disolventes

Inconvenientes de melamina-formaldehído

1. Se debe cargar para poderlo moldear
2. Escasa resistencia a la oxidación a largo plazo
3. Sujeto al ataque de ácidos y bases fuertes

Caseína

A veces, los plásticos de caseína se clasifican como polímeros naturales, y hay quienes los llaman *plásticos de proteína*. La caseína es una proteína de diferentes orígenes, que incluyen cabello animal, plumas, huesos y residuos industriales. Existe un escaso interés por estas fuentes, ya que hoy en día sólo la leche desnatada presenta un interés comercial en la obtención de caseína.

Se puede decir que la historia de los plásticos derivados de proteínas partió del trabajo de W. Krische, un impresor alemán, y del bávaro Adolf Spitteler, en torno al año 1895. En aquella época existía en Alemania demanda de lo que se ha venido a describir como *pizarra blanca*. Se pensaba que este tipo de encerado poseía mejores propiedades ópticas que los de superficie negra. En 1897, Spitteler y Krische, al intentar desarrollar dicho producto, obtuvieron plásticos de caseína que se podían endurecer con formaldehído. Hasta ese momento, los plásticos de caseína habían resultado insatisfactorios por su carácter hidrosoluble. Galalita (piedra láctea), Erinoid y Ameroid son marcas registradas de aquellos primeros plásticos de proteína.

La caseína no se coagula con calor, aunque es necesario que precipite de la leche por acción de enzimas renina o ácidos. Este poderoso coagulante hace que la leche se separe en sólidos (cuajo) y líquidos (suero). Una vez que se separa el suero, se lava el cuajo que contiene la proteína, se seca y se convierte en un polvo. Cuando se amasa con agua, se puede dar forma o moldear un material similar a una pasta. Con una simple operación de secado se contrae bastante. La caseína es termoplástica mientras se moldea. Se puede conseguir que los productos moldeados sean resistentes al agua sumergiéndolos en una solución de formalina, creando así enlaces que mantienen cohesionadas las moléculas de caseína. La serie lineal larga de moléculas de caseína se conoce como *cadena de polipéptidos*. Existen otros grupos péptidos distintos y posibles reacciones laterales. No existe ninguna fórmula para representar la interacción entre la caseína y formaldehído. En la figura F-15 se muestra una reacción muy simplificada.

Es más bien dudoso que la caseína pueda cobrar mayor popularidad, ya que su obtención es costosa y su materia prima tiene valor como alimento. Los plásticos de caseína se ven gravemente afectados por las condiciones de humedad y no se pueden usar como aislantes eléctricos. Los prolongados procesos de endurecimiento y la escasa resistencia a la descomposición por calor los hace inadecuados para la velocidad de tratamiento exigida hoy en día. Su uso comercial es limitado, ya que no ofrecen ventajas sustanciales con respecto a los polímeros sintéticos y sus costes de producción son altos.

Los plásticos de caseína se utilizan de forma limitada para botones, hebillas, agujas de tejer, mangos de paraguas y otros artículos de consumo. Se pueden reforzar, cargar y teñir en colores transparentes. La caseína mantiene cierto atractivo, ya que se puede teñir imitando al ónice, el marfil o el asta natural. La caseína se usa sobre todo para estabilizar emulsiones de látex de caucho, para preparar compuestos médicos y productos alimenticios y para obtener pinturas y adhesivos y apresto de papel y textiles. Encuentra también aplicación en insecticidas, jabones, alfarería, tintas y modificadores en otros plásticos.

A partir de estos plásticos se pueden producir películas y fibras. Las fibras similares a la lana son cálidas y suaves, y se pueden comparar favorablemente con la lana natural. Las películas se utilizan poco, salvo en las formas manejables para recubrimiento de papel y otros materiales. El pegamento de caseína es un adhesivo para madera muy conocido.

En la tabla F-5 se indican las propiedades de los plásticos de caseína. A continuación se señalan dos ventajas y dos inconvenientes de la caseína.

Ventajas de la caseína

1. Se produce a partir de fuentes no petroquímicas
2. Excelentes calidades de moldeo y teñido

Fig. F-15. Formación de caseína.

Inconvenientes de la caseína

1. Escasa resistencia a los ácidos y álcalis, se amarillea con la luz solar
2. Alta absorción de agua

Epoxi (EP)

Se han concedido cientos de patentes para usos comerciales de resinas de epóxido. Una de las primeras descripciones de los poliepóxidos es la de la patente alemana de I.G. Farbenindustrie de 1939.

En 1943, Cyba Company desarrolló una resina epoxídica de relevancia comercial en los Estados Unidos. En 1948 se habían descubierto ya varias aplicaciones comerciales, tales como recubrimientos y adhesivos.

Las resinas epoxídicas son plásticos termoendurecibles. Existen diversas resinas de epoxi termoplásticas que se usan como recubrimientos y adhesivos. Muchas estructuras de resina epoxídica diferentes de las que hoy se dispone se derivan de acetato de bisfenol y epiclorhidrina.

El bisfenol A (acetato de bisfenol) se obtiene por condensación de acetona y fenol (fig. F-16). Los epóxidos a base de epiclorhidrina se utilizan ampliamente, ya que son asequibles y baratos. La estructura de la epiclorhidrina se obtiene por cloración de propileno:

$$CH_2 \underset{\diagdown \; O \; \diagup}{\text{———}} CH - CH_2Cl$$

Tabla F-5. Propiedades de la caseína

Propiedades	Formaldehído de caseína (sin carga)
Calidad de moldeo	Excelente
Densidad relativa	1,33–1,35
Resistencia tracción, MPa	48–79
Resistencia compresión, MPa	186–344
Resistencia impacto, Izod, J/mm	0,045–0,06
Dureza, Rockwell	M26–M30
Resistencia al calor, °C	135–175
Resistencia dieléctrica, V/mm	15.500–27.500
Constante dieléctrica (a 60 Hz)	6,1–6,8
Factor disipación (a 60 Hz)	0,052
Resistencia arco, s	Escasa
Absorción agua (24 h)%	7–14
Velocidad de combustión	Lenta
Efecto luz solar	Amarillea
Efecto ácidos	Se descompone
Efecto álcalis	Se descompone
Efecto disolventes	Ligero
Calidades mecanizado	Buena
Calidad óptica	Translúcido a opaco

Se puede deducir que el grupo epoxi, que da nombre a esta familia de plásticos, tiene una estructura triangular.

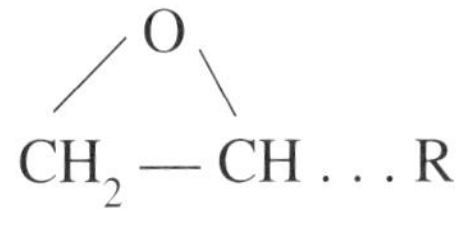

$$CH_2 - CH \ldots R$$
con un O formando anillo triangular sobre CH_2-CH.

Las estructuras epoxi suelen estar terminadas con esta estructura de epóxido, si bien otras muchas configuraciones moleculares pueden rematar la larga cadena molecular. Se puede formar un polímero de epoxi lineal al hacer reaccionar bisfenol A y epiclorhidrina (fig. F-17). A veces, en la bibliografía se les llama poliéteres.

Una fórmula estructural típica de resina epoxídica a base de bisfenol A puede representarse tal como se muestra en la figura F-18. Son posibles otras resinas a base de epoxi intermedias, si bien su número es demasiado extenso para recogerlas aquí.

Las resinas epoxi se curan, por lo general, añadiendo catalizadores o endurecedores reactivos. Habitualmente se emplean los miembros de la familia de aminas alifáticas y aromáticas como agentes de endurecimiento. También se usan varios anhídridos ácidos para polimerizar la cadena de epóxido.

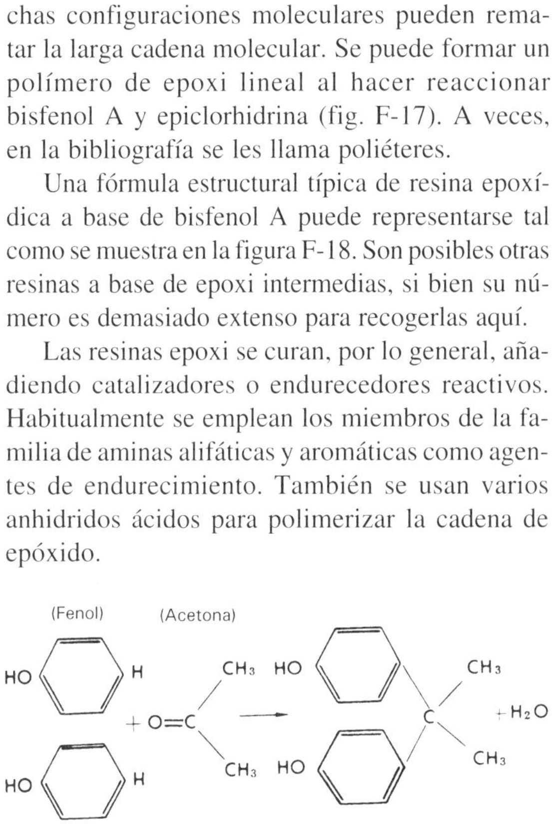

Fig. F-16. Producción de bisfenol A.

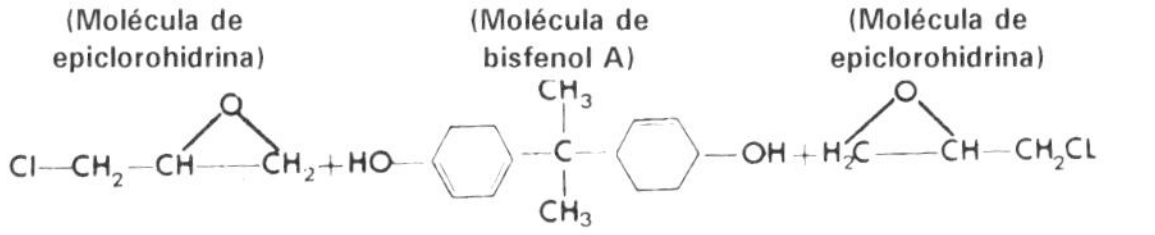

Fig. F-17. Formación de polímero epoxi lineal.

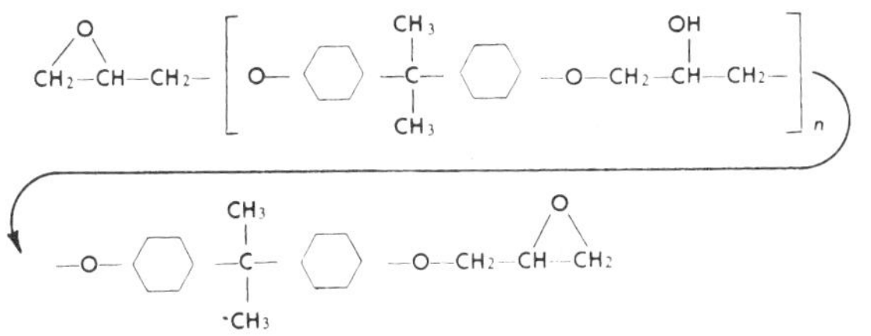

Fig. F-18. Resina epoxídica a base de bisfenol A.

Las resinas epoxídicas se polimerizan y reticulan al aplicar energía térmica, normalmente en presencia de catalizadores para alcanzar el grado de polimerización deseado.

Las resinas epoxi de un solo componente pueden contener catalizadores latentes, que reaccionan cuando se aplica suficiente calor. Las resinas epoxi tienen una vida en almacén previsiblemente práctica.

Las resinas epoxi *reforzadas* son muy fuertes, y tienen una buena estabilidad dimensional y temperaturas de servicio de hasta 315 °C. Los materiales reforzantes preimpregnados se utilizan para obtener productos por tratamientos de aplicación de láminas manual, bolsa de vacío y bobinado de filamentos (fig. F-19). El epoxi presenta una buena resistencia química y a la fatiga, por lo que las resinas epoxídicas sustituyen en muchos casos a las de poliéster insaturadas, con lo que se puede ahorrar un tercio de la masa de resina.

Los estratos de epoxi-vidrio se usan ampliamente, ya que poseen una alta relación resistencia a masa. Son muy apreciados por una adherencia superior a todos los materiales y por su gran compatibilidad (fig. F-20). Algunos de sus usos son placas de circuitos impresos, estratificados, piezas de aviones y tuberías bobinadas con filamentos, tanques y contenedores (fig. F-21).

Las resinas epoxi cargadas se suelen utilizar para coladas especiales. Estos fuertes compuestos se usan también en herramientas de bajo coste. Los epóxidos empiezan a sustituir a otros materiales en herramientas para troqueles, plantillas, monturas y moldes. Se puede conseguir una fiel reproducción de los deta-

Fig. F-19. Uso de fibras de vidrio continuas en una matriz de epoxi para fabricar esta carcasa de motor de cohete bobinado con filamento. (Structural Composite Industries).

(A) Los adhesivos epoxi, inyectados a presión en grietas capilares en hormigón, restauran la resistencia de soporte de carga original del material. (Scott J. Saunders Associates)

(B) Los cierres y los arcos de esta tabla borada para avión están unidos a la capa interior con adhesivos epoxídicos

Fig. F-20. Su alta resistencia convierte a las resinas epoxi en sustancias de gran utilidad.

lles cuando se funden los compuestos epóxidos mediante prototipos o patrones (fig. F-22).

Se emplean muchas cargas diferentes para impermeabilizar y parchear compuestos que contienen resinas epoxi. Las características adhesivas y la baja contracción de los epóxidos durante su curado los convierte en útiles para aplicaciones de impermeabilizado y parcheado.

La alfarería eléctrica constituye otro uso extendido de la colada. Los epóxidos destacan como protectores de piezas electrónicas de la humedad, calor y sustancias químicas corrosivas (fig. F-23). Permiten también proteger piezas de motor eléctricas, transformadores de alta tensión, relés, bobinas y otros componentes de entornos duros forrados con resinas epoxi.

Los *compuestos de moldeo* de resinas epoxi y reforzamientos fibrosos se pueden moldear por inyección, compresión y tratamientos de transferencia. Se moldean en elementos eléctricos pequeños y piezas de aparatos, y presentan muchos usos modulares. La versatilidad se consigue controlando la fabricación de la resinas, los agentes de curado y la velocidad de curado. Estas resinas se pueden formular para conseguir resultados que abarcan desde compuestos blandos y flexibles hasta productos duros resistentes a agentes químicos. Al incorporar un agente de soplado se pueden producir espumas epoxídicas de baja densidad. Las cualidades que ofrecen los plásticos epoxi son adhesión, resistencia química, tenacidad y excelentes características eléctricas.

Cuando, en la década de 1950, se introdujeron por primera vez las resinas epoxi, fueron reconocidas como materiales de gran interés (fig. F-24). Aunque más caros que otras sustancias de recubrimiento, sus características de adherencia e inercia química los hace competitivos. A continuación se enumeran cinco ventajas y tres inconvenientes de las resinas epoxi.

Ventajas del epoxi

1. Amplio intervalo de condiciones de curado, desde la temperatura ambiente a 178 °C
2. No se desprenden sustancias volátiles durante el curado
3. Adherencia excelente
4. Se puede reticular con otros materiales
5. Adecuado para todos los métodos de tratamiento de termoendurecibles

Inconvenientes del epoxi

1. Escasa estabilidad oxidantes; cierta sensibilidad a la humedad
2. Estabilidad térmica limitada de 178 °C a 232 °C
3. Muchos tipos son caros

Los acabados a base de epoxi se usa en calzadas, suelos de hormigón, porches, aparatos metálicos y muebles de madera. Los acabados de epoxi en los electrodomésticos constituyen la principal aplicación de este material duradero y resistente a la abrasión y, además, han sustituido a los esmaltes de vidrio para vagones cisterna y otros tapizados de contenedores que requieren resistencia a sustancias químicas. A veces se recubren con epoxi los cascos de barcos y los muros de contención. Un acabado más duradero significa menos reparaciones y menor tensión superficial entre el barco y el agua, de manera que se reducen los costes

APÉNDICE F: PLÁSTICOS TERMOENDURECIBLES

(A) Materiales compuestos de grafito/epoxi usados en la cola vertical y todo el estabilizador horizontal de un F-20 Tigershark de ataque táctico multifunción Northrop. Estos obreros preparan el material compuesto de grafito/epoxi, que es más ligero que el aluminio y más fuerte que el acero

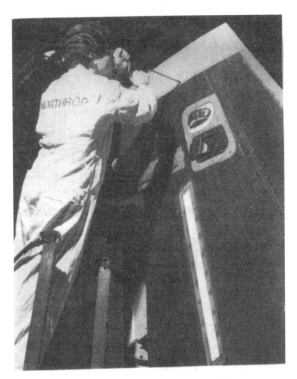

(B) El F/A-18 Hornet de ataque frontal lleva aproximadamente 1.000 kg de estructuras de grafito/epoxi. (Northrop Aircraft Division)

Fig. F-21. Materiales de grafito/epoxi en aplicaciones aeronáuticas.

de mantenimiento y combustible. La flexibilidad de numerosos recubrimientos epoxi los hace populares para el posconformado de piezas de metal revestidas, como láminas de metal todavía lisas, que luego se conforman o doblan en recipientes planos sin que se dañe el recubrimiento.

La capacidad de los adhesivos epoxi de unir materiales distintos ha permitido que reemplacen a la soldadura, soldado, remachado y otros métodos de unión. Las industrias aeronáutica y del automóvil emplean estos adhesivos en los casos en que el calor u otros métodos podrían distorsionar la superficie. En las estructuras de alma de panal se aprovechan las excelentes propiedades adhesivas y térmicas del epoxi.

En la tabla F-6 se ofrecen algunas propiedades de diversos epóxidos. Los copolímeros de epoxi se obtienen por reticulación con fenólicos, melaminas, poliamida, urea, poliéster y algunos elastómeros.

Fig. F-22. Molde de colada de resina epoxi para su uso en la producción de prototipos o a pequeña escala.

Fig. F-23. Se utilizó una mezcla de resina de poliamida-epoxi para encapsular este rectificador de selenio. (Henkel Corp.)

(A) El segundo bote desde la izquierda es un pulverizador de epoxi

(B) Recubrimiento de epoxi sobre sustrato de metal de silos de almacenamiento agrícolas. (Bolted Tank Group, Butler Mfg. Co.)

Fig. F-24. Recubrimientos de epoxi.

Furano

Las resinas de furano son derivados de furfurilaldehído y alcohol furfurílico (fig. F-25). En la polimerización se utilizan catalizadores ácidos, por lo que es crucial la aplicación de un recubrimiento protector sobre sustratos atacados por ácidos.

Los plásticos de furano tienen una excelente resistencia química y pueden soportar temperaturas de hasta 130 °C. Se usan principalmente como aditivos, aglutinantes o adhesivos. Se ha utilizado el furfurilaldehído como correactivo con plásticos fenólicos. Las resinas a base de alcohol furfurílico se usan con resinas amino para mejorar el humedecimiento. Sus propiedades de humedecimiento y adherencia hace de ellas agentes de impregnación muy apreciados. Los productos reforzados o estratificados de plásticos de furano incluyen depósitos, tuberías, conductos y paneles de construcción. Las resinas de furano se utilizan también como aglutinantes de arena en fundiciones (tabla F-7). A continuación se señalan dos ventajas y dos inconvenientes de los furanos.

Ventajas de los furanos

1. Producidos a partir de fuentes no petroquímicas
2. Excelente resistencia a sustancias químicas

Inconvenientes de los furanos

1. Difíciles de trabajar, limitación a plásticos reforzados con fibra
2. Susceptibles del ataque de halógenos

Fenólicos (PF)

Los fenólicos (fenol-aldehído) se encuentran entre las primeras resinas sintéticas verdaderas, y se conocen químicamente como fenol-formaldehídos (PF). Su historia se remonta al trabajo de Adolph Baeyer en 1872. En 1909, el químico Baekeland descubrió y patentó una técnica para la combinación de fenol (C_6H_5OH, también llamado ácido carbólico) y formaldehído gaseoso (H_2CO).

El éxito de las resinas de fenol-formaldehído estimuló más tarde investigaciones que condujeron a las resinas de urea- y melamina-formaldehído.

La resina formada a partir de la reacción de fenol con formaldehído (un aldehído) se conoce como *fenólico*. En la figura F-26 se muestra la reacción de un fenol con formaldehído, que consiste en una reacción de condensación que forma agua como producto secundario (etapa A). Las prime-

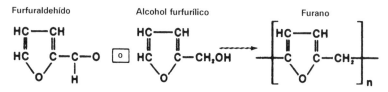

Fig. F-25. Los catalizadores ácidos causan la condensación del furfurilaldehído o el alcohol furfurílico. Se produce la reticulación entre los anillos de furano.

Tabla F-6. Propiedades de los epóxidos

Propiedad	Compuestos de moldeo epoxi		
	Cargado con vidrio	Cargado con mineral	Cargado con microesferas
Calidad de moldeo	Excelente	Excelente	Buena
Densidad relativa	1,6–2,0	1,6–2,0	0,75–1,00
Resistencia tracción, MPa	69–207	34–103	17–28
Resistencia compresión, MPa	172–276	124–276	69–103
Resistencia impacto, Izod, J/mm	0,5–1,5	0,015–0,02	0,008–0,013
Dureza, Rockwell	M100–M110	M100–M110	
Dilatación térmica, $10^{-4}/°C$	2,8–8,9	5,1–12,7	
Resistencia al calor, °C	150–260	150–260	
Resistencia dieléctrica, V/mm	11.810–15.750	11.810–15.750	14.960–16.535
Constante dieléctrica (a 60 Hz)	3,5–5	3,5–5	
Factor disipación (a 60 Hz)	0,01	0,01	
Resistencia arco, s	120–180	150–190	120–150
Absorción agua (24 h)%	0,05–0,20	0,04	0,10–0,20
Velocidad de combustión	Autoextinguible	Autoextinguible	Autoextinguible
Efecto luz solar	Ligero	Ligero	Ligero
Efecto ácidos	Insignificante	Ninguno	Ligero
Efecto álcalis	Ligero	Ligero	Ligero
Efecto disolventes	Ligero	Ninguno	Ligero
Calidades mecanizado	Buena	Aceptable	Buena
Calidad óptica	Opaco	Opaco	Opaco

ras reacciones de fenol formaldehído producen una resina de bajo peso molecular que se combina con cargas y otros ingredientes (etapa B). Durante el proceso de moldeo se transforma la resina en un plástico termoendurecible muy reticulado por calor y presión (etapa C).

Aunque a nivel comercial se usa la solución de monómero de fenol, también se pueden utilizar cresoles, xilenoles, resorcinoles o fenoles oleosolubles sintéticos. El furfural puede sustituir al formaldehído.

En las *resinas de etapa única* se produce un *resol* por reacción de un fenol con una cantidad en exceso de aldehído en presencia de un catalizador (no ácido). Entre los catalizadores más usuales se incluyen sodio e hidróxido de amonio. Este producto es soluble y tiene una masa molecular baja. Forma moléculas grandes sin adición de un agente de endurecimiento durante el ciclo de moldeo.

Las *resinas de dos etapas* se producen cuando existe fenol en exceso con un catalizador ácido. El resultado es la resina *novolac*, de bajo peso molecular y soluble, que continuará siendo una resina termoplástica lineal a no ser que se añadan compuestos capaces de formar reticulación al calentarse. Se denominan *resinas de dos etapas* porque se debe incorporar algún agente antes del moldeo (fig. F-27).

Tabla F-7. Propiedades de furano

Propiedad	Furano (cargado con amianto)
Calidad de moldeo	Buena
Densidad relativa	1,75
Resistencia tracción, MPa	20–31
Resistencia compresión, MPa	68–72
Dureza, Rockwell	R110
Resistencia al calor, °C	130
Absorción agua (24 h), %	0,01–2,0
Velocidad de combustión	Lenta
Efecto luz solar	Ninguno
Efecto ácidos	Atacado
Efecto álcalis	Escaso
Efecto disolventes	Resistente
Calidades mecanizado	Aceptable
Calidad óptica	Opaco

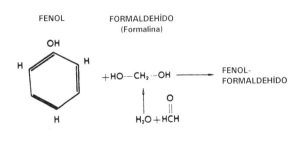

Fig. F-26. Reacción de fenol y formaldehído.

Una resina novolac en *estadio A* es un termoplástico fusible y soluble. La resina en *estadio B* se produce mezclando térmicamente el estadio A y hexametilentetraamina. El estadio B se suele vender en forma granulada o en polvo. En esta etapa se combina la resina con cargas, pigmentos, lubricantes y otros aditivos. Durante el moldeo, el calor y la presión convierten la resina de estadio B en un plástico termoendurecible insoluble, infusible de *estadio C*.

Los fenólicos ya no se usan con la misma frecuencia que en el pasado, ya que se han desarrollado muchos nuevos plásticos (fig. F-28), si bien su bajo coste, su capacidad de moldeo y sus propiedades físicas los sitúa en una posición excelente entre los termoestables. Estos materiales se utilizan bastante como polvos de moldeo, aglutinantes de resina, recubrimientos y adhesivos.

Rara vez se emplean polvos de moldeo o compuestos de resinas de novolac sin una carga, no solamente para reducir el coste, sino también para mejorar las propiedades físicas, aumentar la capacidad de adaptación para el tratamiento y reducir la contracción. Se pueden limitar el tiempo de curado, la contracción y las presiones de moldeo precalentando los compuestos de fenol-formaldehído. Los avances en equipos y técnicas han mantenido la competitividad de los fenólicos frente a numerosos termoplásticos y metales (fig. F-29). Los fenólicos se usan en muchas operaciones de moldeo por transferencia y compresión convencionales, así como en máquinas de inyección y de tornillo oscilante. Las piezas de fenólico moldeado son abrasivas y difíciles de trabajar, si bien los fenólicos moldeados presentan amplios usos como aislantes eléctricos y resistencia a la conducción en condiciones muy húmedas. En algunas aplicaciones han sido sustituidos por termoplásticos.

Las resinas fenólicas presentan como principal inconveniente su aspecto, ya que son demasiado oscuras para su empleo como capas superficiales en estratos decorativos y como adhesivos cuando quedan a la vista las juntas encoladas. En ruedas dentadas, soportes, sustratos para placas de circuitos impresos se suelen utilizar tejidos de algodón, madera o papel impregnados con resinas fenólicas, así como estratos decorativos de melamina (fig. F-30). Estos materiales estratificados suelen obtenerse en prensas grandes con calor y presión controladas. Se emplean numerosos métodos de impregnación, entre ellos inmersión, recubrimiento y extensión.

(**A**) Bolas de billar de fenólico moldeado

(**B**) Piezas moldeadas para humidificador. (Durez Division, Hooker Chemical Corp.)

(**C**) Paneles finales con horno para pollos. (Durez Division, Hooker Chemical Corp.)

Fig. F-27. El curado final o endurecimiento por calor deberá considerarse como un proceso de condensación más.

Fig. F-28. Algunas aplicaciones de los fenólicos.

(A) Piezas del sistema de frenos de un automóvil de fenólico

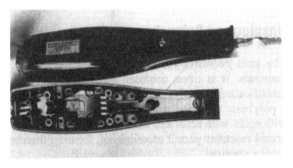

(B) Fenólico con alta resistencia al impacto usado en el mango de un cuchillo eléctrico

Fig. F-29. Los fenólicos siguen siendo competitivos con respecto a los termoplásticos. (Durez Division, Hooker, Chemical Corp.).

(A) Papel y tela

(B) Placa de circuito impreso

Fig. F-30. Materiales impregnados con resina fenólica.

Las resinas de fenol formaldehído se pueden someter a tratamientos de colada para obtener diferentes formas de perfil, como bolas de billar, mangos de cuchillos y otros artículos de consumo.

Las resinas fenólicas se pueden presentar en forma líquida, polvo y película. La capacidad de estas resinas para impregnar y unirse con la madera y otros materiales es la razón que explica su éxito como adhesivos. Mejoran la adherencia y la resistencia térmica y se utilizan extensamente en fabricación de conglomerados y como adhesivos de unión en moldeo de madera en partículas. Las tablas de madera en partículas se emplean en la construcción, por ejemplo, en cubiertas, tarimas flotantes y materiales nucleares.

Las resinas fenólicas se usan como aglutinantes para muelas de pulido abrasivas, donde simplemente se moldea el grano de abrasivo y la resina en la forma deseada y se cura después. Los aglutinantes de resina son ingredientes importantes en los moldes de corteza y núcleo usados en las fundiciones (fig. F-31). Dichos moldes y núcleos producen coladas de metal muy suaves. Como aglutinantes resistentes al calor se emplean resinas fenólicas para guarniciones de freno y frontales de embragues.

Gracias a su alta resistencia al agua, los álcalis, las sustancias químicas, el calor y la abrasión, a veces se seleccionan para el acabado. Se usan también para recubrir electrodomésticos, maquinaria y otros dispositivos que requieren la máxima resistencia térmica. A partir de las resinas fenólicas se puede producir una espuma muy fuerte y resistente al fuego y al calor, que puede obtenerse en planta o in situ mezclando rápidamente un agente de soplado y un catalizador con la resina. A medida que la reacción química genera calor y comienza el proceso de polimerización se evapora el agente de soplado, causando la expansión de la resina en una estructura multicelular semipermeable. Estas espumas se pueden utilizar como relleno para estructuras de alma de panal en aeronáutica, materiales de flotación, aislamientos acústicos y térmicos y materiales de relleno para objetos frágiles.

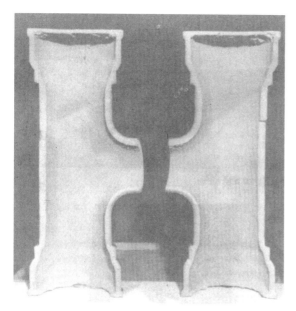

(A) Resina fenólica usada como aglutinante para esta estructura nuclear

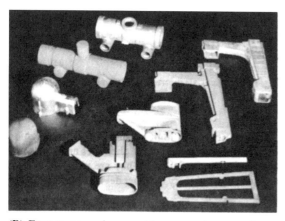

(B) Estructuras nucleares unidas con resina y productos de colada resultantes

Fig. F-31. Aglutinantes de resina utilizados en trabajos de fundición. (Acme Resin Co.)

Es posible producir microbalones (esferas huecas pequeñas) de plásticos fenólicos cargados con nitrógeno. Estas esferas, cuyo diámetro oscila entre 0,005 y 0,08 mm, se pueden mezclar con otras resinas para producir espumas sintácticas. Tales espumas encuentran aplicación como cargas aislantes y funcionan a modo de barreras de vapor cuando se colocan sobre líquidos volátiles como el petróleo.

En la tabla F-8 se muestran las propiedades de los materiales fenólicos. A continuación se enumeran ocho ventajas y cuatro inconvenientes de las resinas fenólicas.

Ventajas de los fenólicos

1. Coste comparativamente bajo
2. Adecuado para su uso a una temperatura de 205 °C
3. Excelente resistencia a los disolventes
4. Rígido
5. Buena resistencia a la compresión
6. Alta resistividad
7. Autoextinguible
8. Muy buenas características eléctricas

Inconvenientes de los fenólicos

1. Se necesitan cargas para los moldeos
2. Escasa resistencia a bases y oxidantes
3. Se liberan sustancias volátiles durante el curado (un polímero de condensación)
4. Color oscuro (debido a la decoloración por oxidación)

Fenol-aralquilo

En 1976, Ciba-Geigy Corporation introdujo un grupo de resinas a base de éteres aralquílicos y fenoles. Existen dos tipos de prepolímero básicos, ambos vendidos como resina de prepolímero al 100%. Uno de los tipos se cura a través de una reacción de condensación y el otro pasa por una reacción de adición similar al epoxi. Los tipos de condensación se mezclan con resinas novolac fenólicas para mejorar sus propiedades. Los del tipo de polimerización de adición se están empezando a usar en fabricación de estratificados. Estas resinas se utilizan como aglutinantes para muelas cortantes, placas de circuitos impresos, cojinetes, piezas de aparatos y componentes de motor. Dadas sus excelentes propiedades mecánicas, las ventajas de tratamiento y la capacidad térmica, estos prepolímeros encontrarán sin duda nuevas aplicaciones. En la tabla F-19 se muestran las propiedades del fenol-aralquilo.

Poliésteres insaturados

El término *resina de poliéster* abarca un grupo amplio de materiales que, generalmente, se confunde con otras clasificaciones de poliéster. Un poliéster se forma por reacción de un ácido polibásico y un alcohol polihidroxílico. Los cambios con ácidos, con ácidos y bases y con algunos reactivos insaturados dan paso a la reticulación, que produce plásticos termoendurecibles.

El término resina de poliéster debería referirse a resinas insaturadas sobre ácidos dibásicos y alcoholes dihidroxílicos. Estas resinas son capaces de reticularse con monómeros insaturados (frecuentemente estireno). Los alquidos y poliuretanos del grupo de resinas de poliéster se explican aparte.

Ocasionalmente se ha empleado la expresión *fibra de vidrio* para referirse a plásticos de poliéster insaturados, aunque debería significar solamente piezas fibrosas de vidrio. Se pueden emplear diversas resinas con fibra de vidrio que actúan como agente de reforzamiento. El uso principal para la resina de poliéster insaturada es la fabricación de plásticos reforzados. La fibra de vidrio es el refuerzo más común.

Normalmente se atribuye la obtención de las resinas de poliéster (de tipo alquilo) al químico sueco Jons Jacob Berzelius en 1847 y a Gay Lussac y Pelouze en 1833. Más tarde, W.H. Carothers y R.H. Kienle profundizaron en investigaciones en esta misma dirección. A lo largo de la década de 1930, el estudio de los poliésteres giró en torno al desarrollo y perfeccionamiento de aplicaciones de pintura y barnices. Carleton Ellis, en 1937, también estimuló un mayor interés en la resina, al descubrir que con la adición de monómeros insaturados a poliésteres insaturados se reducía considerablemente el tiempo de reticulación y polimerización. Ellis es considerado como el padre de los poliésteres insaturados.

El uso a gran escala industrial de poliésteres insaturados se desarrolló en seguida, cuando la escasez en tiempo de guerra disparó múltiples usos de la resina. Durante la segunda guerra mundial se utilizaron bastante las estructuras y las piezas de poliéster reforzado.

La palabra *poliéster* se deriva de los términos de dos procesos químicos, *poli*merización y *ester*ificación. En la esterificación se combina un ácido orgánico con un alcohol para formar un éster y agua. Una reacción de esterificación simple es la que se muestra en la figura F-32 (véase, alquidos, anteriormente).

La inversión de la reacción de esterificación se llama *saponificación*. Para obtener un buen rendimiento de éster en una reacción de condensación debe separarse el agua para evitar la saponificación (fig. F-33). Si se hace reaccionar un ácido polibásico (como ácido maleico) y se separa el agua a medida que se forma, el resultado será un *poliéster insaturado*. *Insaturado* significa que los átomos de carbono de enlace doble son reactivos o poseen enlaces de valencia sin usar, lo que hace posible que se unan a otro átomo o molécula de ma-

Tabla F-8. Propiedades de los fenólicos

Propiedad	Fenol-formaldehído (sin carga)	Fenol-formaldehído (tejido macerado)	Resina de colada fenólica (sin carga)
Calidad de moldeo	Aceptable	Aceptable a buena	
Densidad relativa	1,25–1,30	1,36–1,43	1,236–1,320
Resistencia tracción, MPa	48–55	21–62	34–62
Resistencia compresión, MPa	69–207	103–207	83–103
Resistencia impacto, Izod, J/mm	0,01–0,018	0,038–0,4	0,012–0,02
Dureza, Rockwell	M124–M128	E79–E82	M93–M120
Dilatación térmica, $10^{-4}/°C$	6,4–15,2	2,5–10	17,3
Resistencia al calor, °C	120	105–120	70
Resistencia dieléctrica, V/mm	11.810–15.750	7.875–15.750	9.845–15.750
Constante dieléctrica (a 60 Hz)	5–6,5	5,2–21	6,5–17,5
Factor de disipación (a 60 Hz)	0,06–0,10	0,08–0,64	0,10–0,15
Resistencia, arco s	Trazas	Trazas	
Absorción agua (24 h)%	0,1–0,2	0,40–0,75	0,2–0,4
Velocidad de combustión	Muy lenta	Muy lenta	Muy lenta
Efecto luz solar	Se oscurece	Se oscurece	Se oscurece
Efecto ácidos	Se descompone con ácidos oxidantes	Se descompone con ácidos oxidantes	Ninguna
Efecto álcalis	Se descompone	Atacado	Atacado
Efecto disolventes	Resistente	Resistente	Resistente
Calidades mecanizado	Aceptable a buena	Buenas	Excelente
Calidad óptica	Transparente a translúcido	Opaco	Transparente a opaco

Tabla F-9. Propiedades de fenol-aralquilo

Propiedad	Fenol-aralquilo (cargado con fibra)
Calidad de moldeo	Buena
Densidad relativa	1,70–1,80
Resistencia tracción, MPa	48–62
Resistencia compresión, MPa	206–241
Resistencia impacto, Izod, J/mm	0,02–0,03
Dureza, Rockwell	
Resistencia al calor, °C	250
Resistencia dieléctrica V/mm	
Constante dieléctrica (a 1 MHz)	2,5–4,0
Factor de disipación a (1 MHz)	0,02–0,03
Absorción agua (24 h)%	0,05
Efecto ácidos	Ninguno a ligero
Efecto álcalis	Atacado
Efecto disolventes	Resistente
Calidades mecanizado	Aceptable
Calidad óptica	Opaco

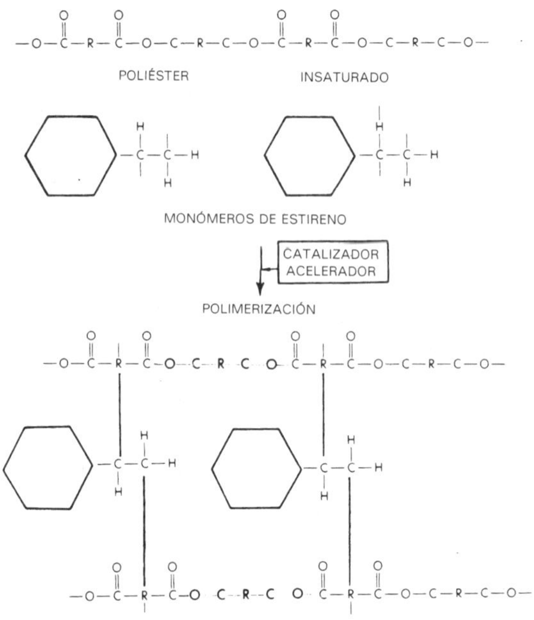

nera que dicho poliéster tiene capacidad de reticulación. Existen otros muchos reactivos o monómeros insaturados que se pueden utilizar para cambiar o adaptar la resina para que se ajuste a un propósito o uso especial. Entre los monómeros más comunes se pueden mencionar vinil tolueno, cloroestireno, metacrilato de metilo y ftalato de dialilo. El estireno insaturado es un monómero ideal de bajo coste que se usa frecuentemente con poliésteres (fig. F-34).

Las cuatro funciones principales de un monómero son las siguientes:

1. Actuar como soporte de disolvente para el poliéster insaturado
2. Reducir la viscosidad (adelgazar)
3. Mejorar determinadas propiedades para usos específicos
4. Proporcionar un medio rápido de reacción (reticulación) con las uniones insaturadas del poliéster

Cuando las moléculas chocan al azar y se completan uniones ocasionales, se inicia un proceso

$$R-C-OH + HO-C-R \xrightarrow{ESTERIFICACIÓN} R-C-O-C-R + HOH$$
(ÁCIDO) (ÉSTER)

Fig. F-32. Ejemplos de reacción de esterificación.

Fig. F-33. Para evitar la saponificación, deberá separarse el agua en una reacción de esterificación.

Fig. F-34. Reacción de polimerización con poliéster insaturado y monómeros de estireno.

de polimerización (reticulación) muy lenta, que puede durar días o semanas en mezclas simples de poliésteres y monómeros.

Para acelerar la polimerización a temperatura ambiente se incluyen aceleradores (promotores) y catalizadores (iniciadores). Entre los aceleradores más comunes se manejan naftenato de cobalto, dietil anilina y dimetil anilina. Generalmente, el fabricante es el que incorpora el acelerador a las resinas de poliéster, a no ser que se especifique de otra forma. Las resinas que contienen un acelerador solamente requieren un catalizador para que la polimerización sea rápida a temperatura ambiente. Al añadir un acelerador, la vida en almacenamiento de la resina se acorta apreciablemente. Se pueden añadir inhibidores, como hidroquinona, para estabilizar o retardar la polimerización prematura, no interfiriendo dichos aditivos en la polimerización final. La velocidad de curado puede estar influida por la temperatura, la luz y la cantidad de aditivos.

Se pueden formular resinas de poliéster sin aceleradores. Deberán mantenerse todas las resinas en una zona de almacenamiento fría y oscura hasta su utilización.

PRECAUCIÓN: Si se proporcionan el acelerador y el catalizador por separado, no deben mezclarse nunca directamente, pues podría producirse una violenta explosión.

Peróxido de metil etil cetona, peróxido de benzoílo e hidroperóxido de cumeno son los tres peróxidos orgánicos habitualmente usados para catalizar resinas de poliéster. Estos catalizadores se descomponen liberando radicales libres al entrar en contacto con aceleradores de la resina. Los radicales libres son atraídos por las moléculas insaturadas reactivas, en virtud de lo cual se inicia la reacción de polimerización.

La palabra *catalizador* se utiliza incorrectamente al referirse al mecanismo de polimerización de resinas de poliéster, ya que, según la definición estricta, un catalizador es una sustancia que por su sola presencia favorece una acción química, sin cambiar permanentemente. En las resinas de poliéster, sin embargo, se descompone el catalizador y pasa a formar parte de la estructura de polímero. Dado que estos materiales se consumen al iniciar la polimerización, sería más preciso el término *iniciador*. Un verdadero catalizador se puede recuperar al final de un proceso químico.

Se ha usado también exposición a radiación, luz ultravioleta y calor para iniciar la polimerización de moléculas de enlace doble. Si se utiliza catalizador, la mezcla de resina se hace consiguientemente más sensible al calor y a la luz. En los días cálidos o ante la luz solar se requieren menos catalizadores para la polimerización; en cambio, en los días fríos se necesita más catalizador. Por otra parte, se puede templar la resina y el catalizador para producir un rápido curado.

La reacción de curado final se denomina *polimerización de adición*, ya que existen subproductos como consecuencia de la reacción. En la reacción fenol-formaldehído, la reacción de curado se llama *polimerización de condensación*, ya que participa agua como producto secundario (fig. F-35). Consulte los ésteres de polialilo y los alílicos.

El poliéster se puede modificar de forma especial para dar lugar a un amplio abanico de aplicaciones, ya sea alterando la estructura química o empleando aditivos. Con porcentajes superiores de ácido insaturado es posible una mayor reticulación, que da lugar a un producto más rígido y duro. La adición de ácidos saturados aumentará la tenacidad y la flexibilidad. Se pueden añadir asimismo cargas tixotrópicas, pigmentos y lubricantes.

Las resinas de poliéster que no contienen cera son propensas a la *inhibición del aire*. Cuando se exponen directamente al aire, se curan sólo parcialmente y quedan blandas y pegajosas durante un lapso de tiempo después de su asentamiento. Esta situa-

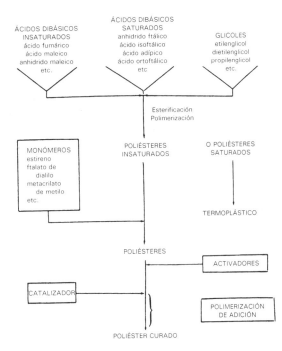

Fig. F-35. Esquema de producción de poliéster curado.

ción resulta deseable cuando se forman varias capas. Las resinas sin cera que se compran al fabricante se dicen *inhibidas por aire*. La ausencia de cera permite mejores uniones entre varias capas en operaciones de aplicación de chapas manual.

En algunos casos se desea un curado sin pegajosidad de superficies expuestas al aire. Para coladas en una etapa, moldeos o recubrimientos superficiales, se obtiene un curado con un poliéster de *no inhibidas por aire*. Las resinas no inhibidas por el aire contienen cera que flota hasta la superficie durante la operación de curado, bloqueando así el aire y permitiendo que la superficie se cure sin quedar pegajosa. Se pueden usar muchas ceras en dichas resinas, incluyendo resinas de parafina domésticas, cera de carnaúba, cera de abeja, ácido esteárico y otras. El uso de ceras afecta negativamente a la adhesión; por tanto, si no se desea añadir más capas deberá retirarse toda la cera mediante lijado.

Si se alterna la combinación básica de materias primas, cargas, refuerzos, tiempo de curado y técnica de tratamiento, existe una gran variedad de posibles propiedades.

El poliéster encuentra su principal aplicación en la fabricación de productos de materiales compuestos. El principal valor del refuerzo es obtener una alta relación resistencia a masa (fig. F-36). La fibra de vidrio es el agente reforzante más común, aunque también se emplea amianto, sisal, muchas fibras plásticas y filamentos. El tipo de refuerzo seleccionado depende del uso final y del método de fabricación. Los poliésteres reforzados se encuentran entre los materiales conocidos más fuertes. Se han utilizado en carrocerías de automóvil, cascos de hidroavión y, en virtud de su alta relación resistencia a masa, también tienen aplicaciones en las industrias aeroespacial y aeronáutica (fig. F-37).

Otras aplicaciones son cúpulas de radar, conductos, tanques de almacenamiento, equipo deportivo, bandejas, muebles, maletas, lavabos y diferentes tipos de ornamentos (fig. F-38).

Los tipos de poliéster de colada sin reforzar se usan para embebido, embutido, colada y sellado. Es posible colar resinas cargadas con serrín de madera en moldes de silicona para producir copias exactas de esculturas de madera y acabados. Se pueden emulsionar con agua resinas especiales, reduciendo aún más los costes. Estas resinas se dicen *extendidas con agua* y pueden contener hasta un 70% de agua. Las coladas experimentan cierta contracción debido a la pérdida de agua.

Fig. F-37. La carrocería de material compuesto del Chevrolet Corvette Classic de 1953 fue la primera de este tipo. Se compone de fibras de vidrio en una matriz de poliéster.

(A) El tejado de este pabellón se compone de 640 paneles de plástico reforzado con fibra de vidrio. (Hooker Chemical Corp.)

(B) Poliéster reforzado con vidrio utilizado para un casco de soldador

Fig. F-36. Productos de poliéster reforzado con fibra de vidrio con una alta relación resistencia a masa.

Fig. F-38. Este contenedor está hecho con una resina reforzada de poliéster resistente a la corrosión. Se utiliza para separar los gases de ácido sulfúrico de otros gases. (ICI Americas, Incorporated).

Los métodos de fabricación de poliésteres reforzados incluyen aplicación de chapas manual, pulverizado, moldeo concurrente, moldeo de premezcla, moldeo de presión y bolsa de vacío, colada y estratificado continuo. También se usan a veces otras modificaciones de moldeo. El equipo de moldeo por compresión se utiliza a veces con premezclas de tipo masilla que contienen todos los ingredientes. En la tabla F-10 se resumen algunas de las propiedades de los poliésteres. A continuación se enumeran seis ventajas y dos inconvenientes de los poliésteres.

Ventajas de los poliésteres insaturados

1. Amplio espectro de curado
2. Se pueden usar para aparatos médicos (prótesis artificiales)
3. Son aceptables altos niveles de carga
4. Materiales termoendurecibles
5. Herramientas económicas
6. Son asequibles los tipos halogenados incombustibles

Inconvenientes de los poliésteres insaturados

1. Temperatura de servicio superior limitada a 93 °C
2. Escasa resistencia a los disolventes

Existen redes de polímero interpenetrantes termoestables (IPN) que consisten en poliéster insaturado reticulado, éster vinílico o copolímero de poliéster-uretano en una red de uretano. Recordemos que una IPN es una configuración de dos o más polímeros dentro de una red. Cuando se sintetiza uno de los polímeros en presencia del otro se produce un efecto sinérgico. Las resinas de red de uretano/poliéster responden bien a la humedad y se utilizan en extrusión por estirado, bobinado de filamentos, RIM, RTM, pulverizado y otros métodos de refuerzo de materiales compuestos. Las IPN termoplásticas no forman reticulaciones químicas como las IPN termoestables. Un nudo físico interfiere con la movilidad del polímero. Se ha producido IPN termoplástico usando PA, PBT, POM y PP con silicona como IPN.

Poliimida termoendurecible

Las poliimidas pueden existir como materiales termoplásticos o termoendurecibles. Las poliimidas de adición son asequibles como termoestables. Las de condensación se descomponen térmicamente hasta que alcanzan su punto de fusión durante el tratamiento.

Las poliimidas termoendurecibles se moldean por métodos de inyección, transferencia, extrusión y compresión. Tienen aplicación en piezas de motor de aviones, ruedas para automóvil, componentes dieléctricos eléctricos y recubrimientos.

En la tabla F-11 se resumen las propiedades de las poliimidas termoendurecibles. Tanto las poliimidas termoendurecibles como las termoplásticas se consideran polímeros de alta temperatura.

Tabla F-10. Propiedades de poliésteres termoestables

Propiedad	Poliéster termoendurecible (colado)	Poliéster termoendurecible (tela de vidrio)
Calidad de moldeo	Excelente	Excelente
Densidad relativa	1,10–1,46	1,50–2,10
Resistencia tracción, MPa	41–90	207–345
Resistencia compresión, MPa	90–252	172–345
Resistencia impacto, Izod, J/mm	0,01–0,02	0,25–1,5
Dureza, Rockwell	M70–M115	M80–M120
Dilatación térmica, 10^{-4}/°C	14–25,4	3,8–7,6
Resistencia al calor, °C	120	150–180
Resistencia dieléctrica V/mm	14.960–19.685	13.780–19.690
Constante dieléctrica (a 60 Hz)	3,0–4,36	4,1–5,5
Factor de disipación (a 60 Hz)	0,003–0,028	0,01–0,04
Resistencia al arco, s	125	60–120
Absorción agua (24 h)%	0,15–0,60	0,05–0,50
Velocidad de combustión	Se quema a autoextinguible	Se quema a autoextinguible
Efecto luz solar	Amarillea ligeramente	Ligero
Efecto ácidos	Atacado por ácidos oxidantes	Atacado por ácidos oxidantes
Efecto álcalis	Atacado	Atacado
Efecto disolventes	Atacado por algunos	Atacado por algunos
Calidades mecanizado	Buena	Buena
Calidad óptica	Transparente a opaco	Transparente a opaco

Tabla F-11. Propiedades de poliimida termoendurecible y bismaleimida

Propiedades	Poliimida termoendurecible (sin carga)	Bismaleimida 1:1	Bismaleimida 10:0,87
Calidad de moldeo	Buena	Buena	Buena
Densidad relativa	1,43	—	—
Resistencia tracción, MPa	86	81	92
Resistencia compresión, MPa	275	201	207
Resistencia impacto, Izod, J/mm	0,075		
Dureza, Rockwell	E50		
Dilatación térmica, $10^{-4}/°C$	13,71		
Resistencia al calor, °C	350	272	285
Resistencia dieléctrica V/mm	22050		
Constante dieléctrica (a 60 Hz)	3,6		
Factor de disipación (a 60 Hz)	0,0018		
Absorción agua (24 h)%	0,24		
Efecto ácidos	Ligeramente atacado		
Efecto álcalis	Atacado		
Efecto disolventes	Muy resistente		
Calidades mecanizado	Buena		
Calidad óptica	Opaco		

Algunas de las mejoras en los sistemas de resina en los últimos años han dado como resultado un polímero de alta temperatura menos frágil y más fácil de procesar. Algunos sistemas parten de un polímero termoplástico a base de dianhídrido tetracarboxílico aromático y una diamina aromática. El resultado es un polvo imidizado completamente. En contraste con las poliimidas de adición, este producto se puede tratar en muchos disolventes orgánicos corrientes (como ciclohexanona). Aunque la poliimida esté completamente imidizada, se produce una reticulación adicional durante el tratamiento.

Bismakimidas (BMI). Se trata de una clase de poliimidas que tiene una estructura general que contiene enlaces dobles reactivos en cada uno de los extremos de la molécula.

Se usan varios grupos funcionales, como vinilos, alilos o aminas, como agentes de cocurado con bismaleimidas para mejorar las propiedades del homopolímero.

En un sistema de bismaleimida se hacen reaccionar los componentes A (4,4'-bismaleimidodifenilmetano) y B (o-,o'-dialil-bisfenol A) para dar una molécula BMI con una estructura más fuerte y flexible.

Los ensayos han demostrado una mejor resistencia y tenacidad con las formulaciones en las que se utiliza una mayor proporción de BMI a dialilbisfenol A (1,0:0,87). En la tabla F-11 se muestran las propiedades típicas de dos sistemas de bismaleimida.

Poliuretano (PU)

El término *poliuretano* se refiere a la reacción de poliisocianatos (–NCO–) y grupos polihidroxílicos (–OH). A continuación se muestra una reacción simple de isocianato y un alcohol. El producto de reacción es uretano, no poliuretano.

$$R \cdot NCO + HOR_1 \longrightarrow R \cdot NH \cdot COOR_1$$
Poliisocianato Polihidroxilo Poliuretano

Los químicos alemanes Wurtz y Hentschel, obtuvieron en 1848 y 1884 los primeros isocianatos, hecho que condujo finalmente al desarrollo de los poliuretanos. Fueron realmente Otto Bayer y sus colaboradores quienes hicieron posible el desarrollo comercial de los poliuretanos en 1937. Desde entonces, estos materiales se han desarrollado en muchas formas comercializadas entre las que se incluyen recubrimientos, elastómeros, adhesivos, compuestos de moldeo, espumas y fibras.

Los isocianatos y diisocianatos son altamente reactivos con compuestos que contienen átomos de hidrógeno reactivos, razón por la cual se pueden reproducir los polímeros de poliuretano. La unión recurrente de la cadena de poliuretano es NHCOO o NHCO.

Asimismo, se han desarrollado poliuretanos más complejos a base de diisocianatos de tolueno (TDI) y cadenas de poliéster, diamina, aceite de ricino y poliéter. Otros isocianatos comunes son diisocianato de difenilmetano (MDI) e isocianato de polimetilen polifenilo (PAPI).

Los primeros poliuretanos se obtuvieron en Alemania para competir con otros polímeros que se estaban produciendo entonces. Los poliuretanos alifáticos lineales se utilizaban para obtención de fibras. Los poliuretanos lineales son termoplásticos y se pueden tratar a través de las técnicas para termoplásticos normales, incluyendo inyección y extrusión. Dado su coste, tienen un uso limitado como fibras o filamentos.

Los recubrimientos de poliuretano son llamativos por su alta resistencia a la abrasión, su inhabitual tenacidad y sus cualidades de dureza, flexibilidad y resistencia a sustancias químicas y a la intemperie (fig. F-39). ASTM ha definido cinco tipos diferenciados de recubrimientos de poliuretano, tal como se indica en la tabla F-12.

Las resinas de poliuretano se emplean como acabados transparentes o pigmentados para uso doméstico, industrial o marino. Mejoran la resistencia a las sustancias químicas y el ozono en el caucho y otros polímeros. Estos acabados y recubrimientos pueden consistir en simples soluciones de poliuretanos lineales o sistemas complejos de poliisocianato y grupos OH como poliésteres, poliéteres y aceite de ricino.

Muchos elastómeros de poliuretano (PUR) (cauchos) se pueden preparar a partir de diisocianatos, poliésteres lineales o resina de poliéster y agentes de curado (fig. F-40). Si se formulan en un uretano termoplástico lineal, se pueden tratar con un equipo para termoplásticos normal. Tienen aplicación como absorbentes de impacto, amortiguadores, engranajes, cubiertas de cables, forros de mangueras, roscas elásticas (Spandex) y diafragmas. Entre los usos

(A) Espumas, aislantes, esponjas, cintas y juntas elásticas de poliuretano

(B) Este contenedor de poliuretano con auto-cierre es resistente a los golpes, a la llama y es impermeable. (Poly-Con Industries, Inc.)

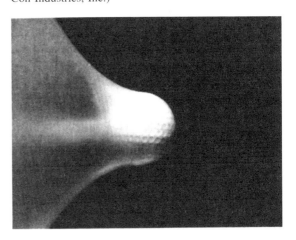

(C) Esta película de 0,076 mm detiene una pelota de golf dura demostrando así la resistencia a la rotura y a la tracción del poliuretano. (B.F. Goodrich Chemical Co.)

Fig. F-39. Aplicaciones del poliuretano.

típicos de elastómeros termoendurecibles reticula-dos se incluyen neumáticos industriales, tacones de calzado, juntas elásticas, sellos, juntas tóricas, obturadores de bombas y material para neumáticos. Los elastómeros de poliuretano presentan una gran resistencia a la abrasión, envejecimiento por el ozono y fluidos de hidrocarburo. Estos elastómeros tie-

Tabla F-12. Designaciones de ASTM para recubrimientos de poliuretano

Tipo ASTM	Componentes	Vida recipiente	Curado	Aplicaciones transparente y pigmentado
(I) Modificado con aceite	Uno	Ilimitada	Aire	Maderas de interior o exterior y esmaltes marinos e industriales
(II) Prepolímero (III) Bloqueado	Uno	Prolongada	Humedad	Interior y exterior. Recubrimientos de madera, caucho y cuero
(IV) Prepolímero + catalizador	Uno	Ilimitada	Calor	Revestimiento de cables y acabados horneados
(V) Poliisocianato + polialcohol	Dos	Limitada	Amina/aire catalizador	Acabados industriales y productos de cuero y caucho
	Dos	Limitada	Reacción NCO/OH	Acabados industriales y productos de cuero, caucho

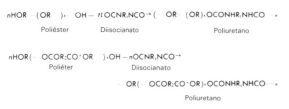

Fig. F-40. Producción de elastómeros de poliuretano.

nen un mayor coste que los cauchos convencionales pero son más tenaces y elásticos y presentan un intervalo más amplio de flexibilidad a temperaturas extremas.

Las espumas de poliuretano se usan mucho y son muy conocidas. Pueden adquirirse en formas flexible, semirrígida y rígida en diferentes densidades. Algunas se utilizan como cojín para muebles, asientos de muebles y colchones. Se producen haciendo reaccionar diisocianato de tolueno (TDI) y poliéster y agua en presencia de catalizadores. Para mayores densidades, se realiza su colada o moldeado en frentes de cajones, puertas, moldeados y piezas enteras de muebles. Las espumas flexibles son estructuras de célula abierta y se pueden usar como esponjas artificiales. Estas espumas se utilizan en las industrias de ropa y tejido como soporte y material aislante (fig. F-41).

Fig. F-41. Soporte de espuma de poliuretano para una alfombra.

Fig. F-42. Este aparador hecho con poliuretano, producto de Jasper Stylemasters Plastics, tiene el aspecto, apariencia y tacto de la madera. (The Upjohn Company).

Las espumas semirrígidas encuentran aplicación como materiales absorbentes de energía en amortiguadores, reposabrazos y viseras.

Los tres usos principales de la espuma de poliuretano rígido están relacionados con la fabricación de muebles, automóviles y moldeados de construcción, además de aislantes térmicos. Por otra parte, se obtienen réplicas de tallas de madera, adornos y moldeos a partir de espumas autopelables de alta densidad (fig. F-42). El valor aislante de estas espumas las sitúa en una importante posición a la hora de seleccionar materiales de aislamiento de refrigeradores, cámaras de refrigeración de camiones y vagones de ferrocarril. Asimismo, se pueden expandir para su aplicación en arquitectura. Se pueden colocar en superficies verticales pulverizando la mezcla de reacción a través de una tobera. Tienen aplicación como dispositivos de flotación, embalaje y reforzamiento estructural.

El poliuretano rígido es un material celular cerrado producido por reacción de TDI (forma de prepolímero) con poliésteres y agentes de soplado reactivos como monofluorotriclorometano (fluorocarbono). También se usan como espumas rígidas diisocianato de difenilmetano (MDI) e isocianato de polimetilen polifenilo (PAPI). Las espumas MDI tienen mejor estabilidad dimensional, mientras que las PAPI presentan alta resistencia térmica.

Los agentes de calafateado y sellantes de poliuretano son materiales de poliisocianato baratos utilizados para encapsulado, además de tener aplicación en construcción y fabricación. Otros poliisocianatos se emplean también como adhesivos, y producen enlaces fuertes entre telas flexibles, cauchos, espumas y otros materiales.

Muchos agentes de soplado o espumado son explosivos y tóxicos; por tanto, al mezclar o tratar espumas de poliuretano debe asegurarse una ventilación adecuada.

En la tabla F-13 se resumen las propiedades de los plásticos de uretano. A continuación se enumeran seis ventajas y cuatro inconvenientes de estos materiales.

Ventajas de poliuretano

1. Alta resistencia a la abrasión
2. Buena capacidad a baja temperatura
3. Amplia variabilidad en estructura molecular
4. Posibilidad de curado en condiciones ambientales
5. Comparativamente bajo coste
6. Los prepolímeros se espuman fácilmente

Inconvenientes del poliuretano

1. Escasa capacidad térmica
2. Tóxico (se usan isocianatos)
3. Escasa resistencia a la intemperie
4. Susceptible del ataque de disolventes

Siliconas (SI)

En la química orgánica se estudia el carbono por su capacidad de formar estructuras moleculares con otros muchos elementos. El carbono se considera un elemento reactivo, capaz de penetrar en un número de combinaciones moleculares mayor que

Tabla F-13. Propiedades del poliuretano

Propiedad	Uretano colado	Elastómero de uretano
Calidad de moldeo	Buena	Buena a excelente
Densidad relativa	1,10–1,50	1,11–1,25
Resistencia tracción, MPa	1–69	31–58
Resistencia compresión, MPa	14	14
Resistencia impacto, Izod, J/mm	0,25 a flexible	No se rompe
Dureza, Shore	10A–90D	30A–70D
Rockwell	M28, R60	
Dilatación térmica, $10^{-4}/°C$	25,4–50,8	25–50
Resistencia al calor, °C	90–120	90
Resistencia dieléctrica V/mm	15.750–19.690	12.990–35.435
Constante dieléctrica (a 60 Hz)	4–7,5	5,4–7,6
Factor de disipación (a 60 Hz)	0,015–0,017	0,015–0,048
Resistencia arco, s	0,1–0,6	0,22
Absorción agua (24 h)%	0,02–1,5	0,7–0,9
Velocidad de combustión	Lenta a autoextinguible	Lenta a autoextinguible
Efecto luz solar	Ninguna a amarilleo	Ninguna a amarilleo
Efecto ácidos	Atacado	Se disuelve
Efecto álcalis	Ligera a atacado	Se disuelve
Efecto disolventes	Ninguna a ligera	Resistente
Calidades mecanizado	Excelente	Bastante buena a excelente
Calidad óptica	Transparente a opaco	Transparente a opaco

cualquier otro elemento. La vida en la tierra se basa en el elemento carbono.

El segundo elemento más abundante en el planeta es el silicio, que tiene el mismo número de sedes de unión disponibles que el carbono,; algunos científicos han llegado incluso a especular con la idea de que en otros planetas la vida podría estar basada en el silicio. Para los detractores de esta hipótesis, difícilmente se puede aceptar esta teoría, ya que el silicio es un sólido inorgánico con aspecto metálico. Gran parte de la corteza terrestre está hecha de SiO_2 (dióxido de silicio) en forma de arena, cuarzo o pedernal.

La capacidad tetravalente de la sílice fue objeto de interés para los químicos ya en 1863. Friedrich Wholer, C.M. Crafts, Charles Friedel, F.S. Kipping, W.H. Carothers y muchos otros trabajaron en el desarrollo de polímeros de silicona.

En 1943, Dow Corning Corporation comenzó a producir los primeros polímeros de silicona comerciales en los Estados Unidos. Estos materiales tienen miles de aplicaciones. La palabra *silicona* debería aplicarse solamente a polímeros que contienen una unión silicio-oxígeno-silicio, aunque suele utilizarse para designar cualquier polímero que contiene átomos de silicio.

En muchos compuestos de carbono-hidrógeno, el silicio puede reemplazar al carbono. El metano (CH_4) puede cambiarse por silano o silicometano (SiH_4), de manera que es posible formar numerosas estructuras similares a las series alifáticas de hidrocarburos saturados.

Los siguientes tipos de unión generales pueden ayudar a entender cómo se forman los polímeros de silicona:

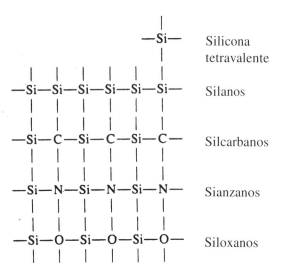

Los compuestos en los que solamente están presentes átomos de silicio e hidrógeno se denominan *silanos*. Cuando se separan los átomos de silicio con átomos de carbono, la estructura se denomina *silcarbano* (sil-CARB-ano). Un *polisiloxano* se produce cuando uno o más átomos de oxígeno actúan como separadores de los átomos de la cadena.

$$-\underset{|}{\overset{|}{Si}}-O-O-O-\underset{|}{\overset{|}{Si}}-O-O-O-$$

Una cadena molecular de silicona polimerizada se podría basar en la estructura que se muestra en la figura F-43 modificada por radicales (R).

Numerosos polímeros de silicona se basan en cadenas, anillos o redes de átomos de silicio y oxígeno alternantes. Los más comunes contienen grupos metilo, fenilo o vinilo en la cadena de siloxano (fig. F-44). Se forman series de polímeros variando los grupos de radicales orgánicos en la cadena de silicio. También son posibles muchos copolímeros.

La cantidad de energía necesaria para producir plásticos de silicona eleva su precio, aunque se puede seguir considerando económicos a estos materiales si se tiene en cuenta la larga vida del producto, sus mayores temperaturas de servicio y su flexibilidad ante temperaturas extremas.

Las siliconas se fabrican en cinco categorías comerciales: líquidos, compuestos, lubricantes, resinas y elastómeros (caucho).

Probablemente, los plásticos de silicio mejor conocidos son los asociados a aceites e ingredientes para pulidos. Entre sus ejemplos se incluyen telas para limpiar lentes o tejidos que repelen el agua tratados con una fina película de silicona.

Los compuestos de silicona son normalmente materiales granulados o cargados con fibra. Por a sus excelentes propiedades eléctricas y térmicas se emplean compuestos de silicona cargados con minerales o vidrio para encapsulado de componentes electrónicos. En la figura F-45 se muestran algunos usos de compuestos de silicona.

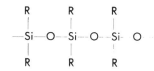

Fig. F-43. Ejemplo de una cadena molecular de silicona polimerizada.

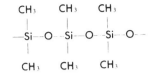

(A) Basado en radical metilo (CH$_3$)

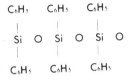

(B) Basado en radical fenilo (C$_6$H$_5$)

Fig. F-44. Dos polímeros de siloxano.

Como adhesivos y agentes de sellado, los plásticos de silicona están limitados por el alto coste. Su alta temperatura de servicio y sus propiedades elásticas justifican su utilidad para sellados, jun-

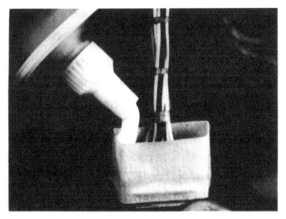

(A) Embutido de un pequeño componente eléctrico con un compuesto de silicona

(B) Uso de resina de colada de silicona para embutir componentes electrónicos

Fig. F-45. Usos de compuestos de silicona. (Dow-Corning Corp.).

Fig. F-46. En el montaje de la caja de engranajes se utiliza un agente de sellado de silicona. (Dow Corning Corp.).

tas elásticas, calafateado y encapsulado y en reparación de todo tipo de materiales (fig. F-46).

La inercia química de la silicona espumada es útil en implantes de pecho y faciales en cirugía plástica. Entre sus principales usos se incluyen aislamiento térmico y eléctrico de cables y componentes eléctricos.

Como lubricantes, las siliconas son muy apreciadas, ya que no se deterioran ante temperaturas de servicio extremas. Las siliconas se usan para lubricar caucho, plástico, cojinetes de bolas, válvulas y bombas de vacío.

Las resinas de silicona encuentran aplicación como agentes de liberación para discos de horneado. Asimismo, se pueden encontrar en recubrimientos flexibles y tenaces utilizados como pinturas de alta temperatura para colectores de motor y silenciadores. Su capacidad impermeable los convierte en útiles para el tratamiento de muros de hormigón.

Sus excelentes características impermeables, térmicas y eléctricas las hace valiosas para aislamiento eléctrico en motores y generadores.

Los estratos reforzados con tela de vidrio encuentran aplicación para piezas estructurales, conductos, cúpulas de radar y placas de paneles electrónicos. Estos materiales estratificados de silicona se caracterizan por sus excelentes propiedades dieléctricas y térmicas y de relación resistencia-masa.

Al preparar la premezcla o masilla para el moldeo de piezas pequeñas de resinas de silicona se pueden incluir como cargas tierra de diatomeas, fibra de vidrio y amianto.

Algunas de las siliconas mejor conocidas se dan en forma de elastómeros. Ciertos cauchos o elastómeros industriales pueden resistir una larga exposición al ozono (O_3) o a aceites minerales calientes. Los «cauchos» de silicona son estables a temperaturas elevadas y se mantienen flexibles bajo la exposición a ozono o aceites.

Los elastómeros de silicona encuentran usos como órganos artificiales, juntas tóricas y elásticas y diafragmas. También se usan como moldes flexibles para realizar la colada de plásticos y metales de bajo punto de fusión.

Los elastómeros de vulcanizado a temperatura ambiente (RTV) se usan para copiar piezas moldeadas de dibujo complicado, para sellar juntas y para unir piezas (fig. F-47).

La *bola loca* es un producto de elastómero de silicona (fig. F-48) que se emplea también como amortiguador del ruido y compuesto de sellado y carga. Una pelota de este tipo botará por encima de un 80% de la altura desde la que se ha lanzado. Existen otros artículos de rebote similares producidos con este compuesto.

Fig. F-48. Juguete hecho con un compuesto de silicona.

Los compuestos de silicona se pueden tratar del mismo modo que otros plásticos orgánicos termoendurecibles. Las siliconas se suelen utilizar en forma de resina, como compuestos de colada, recubrimiento, adhesivos y estratificado.

La investigación y desarrollo de otros elementos con capacidad de unión covalente continúa. Como alternativas posibles de plásticos inorgánicos o semiorgánicos se consideran los elementos boro, aluminio, titanio, estaño, plomo, nitrógeno, fósforo, arsénico, azufre y selenio. Las fórmulas de la

(A) Los complicados detalles, como los de este marco, se pueden reproducir con RTV de silicona

(B) La silicona reproduce detalles finos y permite cortes contundentes

Fig. F-47. Uso de silicona de vulcanizado a temperatura ambiente (RTV) en moldeos. (Dow Corning Corp.).

(A) Boro (monómero)

(B) Aluminio

(C) Estaño

(D) Azufre (monómero)

(E) Plomo (monómero)

(F) Titanio

(G) Fósforo (monómero)

(H) Selenio (monómero)

Fig. F-49. Estructuras químicas posibles de plásticos inorgánicos o semiorgánicos.

figura F-49 muestran algunas de las numerosas estructuras químicas posibles de plásticos inorgánicos o semiorgánicos. En la tabla F-14 se muestran las propiedades de los plásticos de silicona. A continuación se enumeran siete ventajas y tres inconvenientes de la silicona.

Inconvenientes de las siliconas

1. Escasa resistencia
2. Sujeto al ataque de disolventes halogenados
3. Alto coste relativo

Ventajas de las siliconas

1. Amplio intervalo de capacidad térmica, desde –73 a 315 °C
2. Buenas características eléctricas
3. Gran variación en la estructura molecular (formas flexibles o rígidas)
4. Se pueden obtener siliconas transparentes
5. Baja absorción de agua
6. Existen tipos retardantes de llama
7. Buena resistencia química

Tabla F-14. Propiedades de siliconas

Propiedad	Resina colada (incluyendo RTV)	Compuestos de moldeo (cargados con mineral)	Compuestos de moldeo (cargados con fibra)
Calidad de moldeo	Excelente	Excelente	Buena
Densidad relativa	0,99–1,50	1,7–2	1,68–2
Resistencia tracción, MPa	2–7	28–41	28–45
Resistencia compresión, MPa	0,7	90–124	69–103
Resistencia impacto, Izod, J/mm		0,013–0,018	0,15–0,75
Dureza, Rockwell	Shore A15–A65	Rockwell M71–M95	Rockwell M84
Dilatación térmica, 10^{-4}/°C	20–79	5–10	0,61–0,76
Resistencia al calor, °C	260	315	315
Resistencia dieléctrica V/mm	21.665	7.875–15.750	7.875–15.750
Constante dieléctrica (a 60 Hz)	2,75–4,20	3,5–3,6	3,3–5,2
Factor de disipación (a 60 Hz)	0,001–0,025	0,004–0,005	0,004–0,030
Resistencia arco, s	115–130	250–420	150–205
Absorción agua %	0,12 (7 días)	0,08–0,13 (24h)	0,1–0,2 (24h)
Velocidad de combustión	Autoextinguible	Ninguno a lenta	Ninguna a lenta
Efecto luz solar	Ninguno	Ninguno a ligera	Ninguno a ligero
Efecto ácidos	Ligero a importante	Ligero	Ligero
Efecto álcalis	Moderado a grave	Ligero a notable	Ligero a marcado
Efecto disolventes	Se hincha ligeramente	Atacado por algunos	Atacado por algunos
Calidades mecanizado	Ninguno	Aceptable	Aceptable
Calidad óptica	Transparente a opaco	Opaco	Opaco

Apéndice G

Tablas útiles

CONVERSIÓN DEL SISTEMA BRITÁNICO AL MÉTRICO

	Para pasar de	a	Multiplicar por*
LONGITUD	Pulgadas	Milímetros (mm)	25,4
	Milímetros	Pulgadas	0,04
	Pulgadas	Centímetros (cm)	2,54
	Centímetros	Pulgadas	0,4
	Pulgadas	Metros (m)	0,0254
	Metros	Pulgadas	39,37
	Pies	Centímetros	30,5
	Centímetros	Pies	4,8
	Pies	Metros	0,305
	Metros	Pies	3,28
	Millas	Kilómetros (km)	1,61
	Kilómetros	Millas	0,62
SUPERFICIE	Pulgadas^2	Milímetros^2 (mm)	645,2
	Milímetros^2	Pulgadas^2	0,0016
	Pulgadas^2	Centímetros^2 (cm^2)	6,45
	Centímetros^2	Pulgadas^2	0,16
	Pies^2	Metros^2 (m^2)	0,093
	Metros^2	Pies^2	10,76
CAPACIDAD-VOLUMEN	Onzas	Mililitros (ml)	30
	Mililitros	Onzas	0,034
	Pintas	Litros (l)	0,47
	Litros	Pintas	2,1
	Cuartos	Litros	0,95
	Litros	Cuartos	1,06
	Galones	Litros	3,8
	Litros	Galones	0,26
	Pulgadas cúbicas	Litros	0,0164
	Litros	Pulgadas cúbicas	61,03
	Pulgadas cúbicas	Centímetros cúbicos (cc)	16,39
	Centímetros cúbicos	Pulgadas cúbicas	0,061
PESO (MASA)	Onzas	Gramos	28,4
	Gramos	Onzas	0,035
	Libras	Kilogramos	0,45
	Kilogramos	Libras	2,2
FUERZA	Onzas	Newtons (N)	0,278
	Newtons	Onzas	35,98
	Libras	Newtons	4,448
	Newtons	Libras	0,225
	Newtons	Kilogramos (kg)	0,102
	Kilogramos	Newtons	9,807
ACELERACIÓN	Pulgada/seg^2	Metro/seg^2	0,0254
	Metro/seg^2	Pulgadas/seg^2	39,37
	Pies/seg^2	Metro/seg^2 (m/s^2)	0,3048
	Metro/seg^2	Pies/seg^2	3,280
PAR DE TORSIÓN	Libra-pulgada (pulgada-libra)	Newton-metros (N-M)	0,113
	Newton-metros	Libras-pulgada	8,857
	Libra-pie (pie-libra)	Newton-metros	1,356
	Newton-metros	Libras-pies	0,737

* Factores de conversión aproximada utilizados cuando no son necesarios cálculos de precisión.

(continúa)

CONVERSIÓN DEL SISTEMA BRITÁNICO AL MÉTRICO (cont.)

	Para pasar de	a	Multiplicar por*
PRESIÓN	Libra/pulgada² (PSI)	Kilopascales (kPa)	6,895
	Kilopascales	Libras/pulgada²	0,145
	Pulgadas de Mercurio (Hg)	Kilopascales	3,377
	Kilopascales	Pulgadas de mercurio (Hg)	0,296
COMPORTAMIENTO	Millas/galón	Kilómetros/litro (km/l)	0,425
COMBUSTIBLE	Kilómetros/litro	Millas/galón	2,352
VELOCIDAD	Millas/hora	Kilómetros/h (km/h)	1,609
	Kilómetros hora	Millas/hora	0,621
TEMPERATURA	Grados Fahrenheit	Grados Celsius	5/9 (°F − 32)
	Grados Celsius	Grados Fahrenheit	9/5 °C + 32

* Factores de conversión aproximada utilizados cuando no son necesarios cálculos de precisión.

EQUIVALENTES DECIMALES O FRACCIONES DE UNA PULGADA

Fracción	Decimal	Fracción	Decimal	Fracción	Decimal	Fracción	Decimal
1/64	.015625	1/4	.250000	31/64	.484375	3/4	.750000
1/32	.031250	17/64	.265625	1/2	.500000	49/64	.765625
3/64	.046875	9/32	.281250	33/64	.515625	25/32	.781250
1/16	.062500	19/64	.296875	17/32	.531250	51/64	.796875
5/64	.078125	5/16	.312500	35/64	.546875	13/16	.812500
3/32	.093750	21/64	.328125	9/16	.562500	53/64	.828125
7/64	.109375	11/32	.343750	37/64	.578125	27/32	.843750
1/8	.125000	23/64	.359375	19/32	.593750	55/64	.859375
9/64	.140625	3/8	.375000	39/64	.609375	7/8	.875000
5/32	.156250	25/64	.390625	5/8	.625000	57/64	.890625
11/64	.171875	13/32	.406250	41/64	.640625	29/32	.906250
3/16	.187500	27/64	.421875	21/32	.656250	59/64	.890625
13/64	.203125	7/16	.437500	43/64	.671875	15/16	.937500
7/32	.218750	29/64	.453125	11/16	.687500	61/64	.953125
15/64	.234375	15/32	.468750	45/64	.703125	31/32	.968750
				23/32	.718750	63/64	.984375
				47/64	.734375	1	1.000000

ÁNGULOS DE INCLINACIÓN LATERAL

Profund.	1/4°	1/2°	1°	1½°	2°	2½°	3°	5°	7°	8°	10°	12°	15°	Profund.
1/32	.0001	.0003	.0005	.0008	.0011	.0014	.0016	.0027	.0038	.0044	.0055	.0066	.0084	1/32
1/16	.0003	.0006	.0011	.0016	.0022	.0027	.0033	.0055	.0077	.0088	.0110	.0133	.0168	1/16
3/32	.0004	.0008	.0016	.0025	.0033	.0041	.0049	.0082	.0115	.0132	.0165	.0199	.0251	3/32
1/8	.0005	.0010	.0022	.0033	.0044	.0055	.0066	.0109	.0153	.0176	.0220	.0266	.0335	1/8
3/16	.0008	.0016	.0033	.0049	.0065	.0082	.0098	.0164	.0230	.0263	.0331	.0399	.0502	3/16
1/4	.0011	.0022	.0044	.0066	.0087	.0109	.0131	.0219	.0307	.0351	.0441	.0531	.0670	1/4
5/16	.0014	.0027	.0055	.0082	.0109	.0137	.0164	.0273	.0384	.0439	.0551	.0664	.0837	5/16
3/8	.0016	.0033	.0065	.0098	.0131	.0164	.0197	.0328	.0460	.0527	.0661	.0797	.1005	3/8
7/16	.0019	.0038	.0076	.0115	.0153	.0191	.0229	.0383	.0537	.0615	.0771	.0930	.1172	7/16
1/2	.0022	.0044	.0087	.0131	.0175	.0218	.0262	.0438	.0614	.0703	.0882	.1063	.1340	1/2
5/8	.0027	.0054	.0109	.0164	.0218	.0273	.0328	.0547	.0767	.0878	.1102	.1329	.1675	5/8
3/4	.0033	.0065	.0131	.0196	.0262	.0328	.0393	.0656	.0921	.1054	.1322	.1595	.2010	3/4
7/8	.0038	.0076	.0153	.0229	.0306	.0382	.0459	.0766	.1074	.1230	.1543	.1860	.2345	7/8
1	.0044	.0087	.0175	.0262	.0349	.0437	.0524	.0875	.1228	.1405	.1763	.2126	.2680	1
1 1/4	.0055	.0109	.0218	.0327	.0437	.0546	.0655	.1094	.1535	.1756	.2204	.2657	.3349	1 1/4
1 1/2	.0064	.0131	.0262	.0393	.0524	.0655	.0786	.1312	.1842	.2108	.2645	.3188	.4019	1 1/2
1 3/4	.0076	.0153	.0305	.0458	.0611	.0764	.0917	.1531	.2149	.2460	.3085	.3720	.4689	1 3/4
2	.0087	.0175	.0349	.0524	.0698	.0873	.1048	.1750	.2456	.2810	.3527	.4251	.5359	2
Profund.	1/4°	1/2°	1°	1½°	2°	2½°	3°	5°	7°	8°	10°	12°	15°	Profund.

CONVERSIÓN DE GRADOS CENTÍGRADOS EN GRADOS FAHRENHEIT

TABLAS DE CONVERSIÓN DE TEMPERATURA

Centígrado °C = 5/9 (°F – 32)   Fahrenheit °F = (9/5 x °C) + 32

C.		F.	C.		F.	C.		F.	C.		F.
– 17.8	0	32	8.89	48	118.4	35.6	96	204.8	271	520	968
– 17.2	1	33.8	9.44	49	120.2	36.1	97	206.6	277	530	986
– 16.7	2	35.6	10.0	50	122.0	36.7	98	208.4	282	540	1004
– 16.1	3	37.4	10.6	51	123.8	37.2	99	210.2	288	550	1022
– 15.6	4	39.2	11.1	52	125.6	37.8	100	212.0	293	560	1040
– 15.0	5	41.0	11.7	53	127.4	38	100	212	299	570	1058
– 14.4	6	42.8	12.2	54	129.2	43	110	230	304	580	1076
– 13.9	7	44.6	12.8	55	131.0	49	120	248	310	590	1094
– 13.3	8	46.4	13.3	56	132.8	54	130	266	316	600	1112
– 12.8	9	48.2	13.9	57	134.6	60	140	284	321	610	1130
– 12.2	10	50.0	14.4	58	136.4	66	150	302	327	620	1148
– 11.7	11	51.8	15.0	59	138.2	71	160	320	332	630	1166
– 11.1	12	53.6	15.6	60	140.0	77	170	338	338	640	1184
– 10.6	13	55.4	16.1	61	141.8	82	180	356	343	650	1202
– 10.0	14	57.2	16.7	62	143.6	88	190	374	349	660	1220
– 9.44	15	59.0	17.2	63	145.4	93	200	392	354	670	1238
– 8.89	16	60.8	17.8	64	147.2	99	210	410	360	680	1256
– 8.33	17	62.6	18.3	65	149.0	100	212	413	366	690	1274
– 7.78	18	64.4	18.9	66	150.8	104	220	428	371	700	1292
– 7.22	19	66.2	19.4	67	152.6	110	230	446	377	710	1310
– 6.67	20	68.0	20.0	68	154.4	116	240	464	382	720	1328
– 6.11	21	69.8	20.6	69	156.2	121	250	482	388	730	1346
– 5.56	22	71.6	21.1	70	158.0	127	260	500	393	740	1364
– 5.00	23	73.4	21.7	71	159.8	132	270	518	399	750	1382
– 4.44	24	75.2	22.2	72	161.6	138	280	536	404	760	1400
– 3.89	25	77.0	22.8	73	163.4	143	290	554	410	770	1418
– 3.33	26	78.8	23.3	74	165.2	149	300	572	416	780	1436
– 2.78	27	80.6	23.9	75	167.0	154	310	590	421	790	1454
– 2.22	28	82.4	24.4	76	168.8	160	320	608	427	800	1472
– 1.67	29	84.2	25.0	77	170.6	166	330	626	432	810	1490
– 1.11	30	86.0	25.6	78	172.4	171	340	644	438	820	1508
– 0.56	31	87.8	26.1	79	174.2	177	350	662	443	830	1526
– 0	32	89.6	26.7	80	176.0	182	360	680	449	840	1544
0.56	33	91.4	27.2	81	177.8	188	370	698	454	850	1562
1.11	34	93.2	27.8	82	179.6	193	380	716	460	860	1580
1.67	35	95.0	28.3	83	181.4	199	390	734	466	870	1598
2.22	36	96.8	28.9	84	183.2	204	400	752	471	880	1616
2.78	37	98.6	29.4	85	185.0	210	410	770	477	890	1634
3.33	38	100.4	30.0	86	186.8	216	420	788	482	900	1652
3.89	39	102.2	30.6	87	188.6	221	430	806	488	910	1670
4.44	40	104.0	31.1	88	190.4	227	440	824	493	920	1688
5.00	41	105.8	31.7	89	192.2	232	450	842	499	930	1706
5.56	42	107.6	32.2	90	194.0	238	460	860	504	940	1724
6.11	43	109.4	32.8	91	195.8	243	470	878	510	950	1742
6.67	44	111.2	33.3	92	196.7	249	480	896	516	960	1760
7.22	45	113.0	33.9	93	199.4	254	490	914	521	970	1778
7.78	46	114.8	34.4	94	201.2	260	500	932	527	980	1796
8.33	47	116.6	35.0	95	203.0	266	510	950	532	990	1814

CONVERSIÓN DE GRAVEDAD ESPECÍFICA A GRAMOS POR PULGADA CÚBICA

$16{,}39 \times \text{Grav. esp.} = \text{gramos/pulgada}^3$

Gravedad específica	gramos/pulg.^{3}	Gravedad específica	gramos/pulg.^{3}
1.20	19.7	1.82	29.8
1.22	20.0	1.84	30.2
1.24	20.3	1.86	30.5
1.26	20.7	1.88	30.8
1.28	21.0	1.90	31.1
1.30	21.3	1.92	31.5
1.32	21.6	1.94	31.8
1.34	22.0	1.96	32.1
1.36	22.3	1.98	32.5
1.38	22.6	2.00	32.8
1.40	22.9	2.02	33.1
1.42	23.3	2.04	33.4
1.44	23.6	2.06	33.8
1.46	23.9	2.08	34.1
1.48	24.3	2.10	34.4
1.50	24.6	2.12	34.7
1.52	24.9	2.14	35.1
1.54	25.2	2.16	35.4
1.56	25.6	2.18	35.7
1.58	25.9	2.20	36.1
1.60	26.2	2.22	36.4
1.62	26.6	2.24	36.7
1.64	26.9	2.26	37.0
1.66	27.2	2.28	37.4
1.68	27.5	2.30	37.7
1.70	27.9	2.32	38.0
1.72	28.2	2.34	38.4
1.74	28.5	2.36	38.7
1.76	28.8	2.38	39.0
1.78	29.2	2.40	39.3
1.80	29.5		

DIÁMETROS Y ÁREAS DE CÍRCULOS

Diam.	Área	Diam.	Área	Diam.	Área	Diam.	Área
1/64 "	.00019	7/8 "	2.7612	11/16 "	17.257	7/8	61.862
1/32	.00077	15/16	2.9483	3/4	17.721	9- "	63.617
3/64	.00173			13/16	18.190	1/8	65.397
1/16	.00307	2- "	3.1416	7/8	18.665	1/4	67.201
3/32	.00690	1/16	3.3410	15/16	19.147	3/8	69.029
1/8	.01227	1/8	3.5466			1/2	70.882
5/32	.01917	3/16	3.7583	5- "	19.635	5/8	72.760
3/16	.02761	1/4	3.9761	1/16	20.129	3/4	74.662
7/32	.03758	5/16	4.2000	1/8	20.629	7/8	76.589
1/4	.04909	3/8	4.4301	3/16	21.125		
9/32	.06213	7/16	4.6664	1/4	21.648	10- "	78.540
5/16	.07670	1/2	4.9087	5/16	22.166	1/8	80.516
11/32	.09281	9/16	5.1572	3/8	22.691	1/4	82.516
3/8	.11045	5/8	5.4119	7/16	23.211	3/8	84.541
13/32	.12962	11/16	5.6727	1/2	23.758	1/2	86.590
7/16	.15033	3/4	5.9396	9/16	24.301	5/8	88.664
15/32	.17257	13/16	6.2126	5/8	24.850	3/4	90.763
1/2	.19635	7/8	6.4918	11/16	25.406	7/8	92.886
17/32	.22165	15/16	6.7771	3/4	25.967		
9/32	.24850			13/16	26.535	11- "	95.033
19/32	.27688	3- "	7.0686	7/8	27.109	1/2	103.87
5/8	.30680	1/16	7.3662	15/16	27.688		
21/32	.33824	1/8	7.6699			12- "	113.10
11/16	.37122	3/16	7.9798	6- "	28.274	1/2	122.72
23/32	.40574	1/4	8.2958	1/8	29.465		
3/4	.44179	5/16	8.6179	1/4	30.680	13- "	132.73
25/32	.47937	3/8	8.9462	3/8	31.919	1/2	143.14
13/16	.51849	7/16	9.2806	1/2	33.183		
27/32	.55914	1/2	9.6211	5/8	34.472	14- "	153.94
7/8	.60132	9/16	9.9678	3/4	35.785	1/2	165.13
29/32	.64504	5/8	10.321	7/8	37.122		
15/16	.69029	11/16	10.680			15- "	176.71
31/32	.73708	3/4	11.045	7- "	38.485	1/2	188.69
		13/16	11.416	1/8	39.871		
1- "	.7854	7/8	11.793	1/4	41.282	16- "	201.06
1/16	.8866	15/16	12.177	3/8	42.718	1/2	213.82
1/8	.9940			1/2	44.179		
3/16	1.1075	4- "	12.566	5/8	45.664	17- "	226.98
1/4	1.2272	1/16	12.962	3/4	47.173	1/2	240.53
5/16	1.3530	1/8	13.364	7/8	48.707		
3/8	1.4849	3/16	13.772			18- "	254.47
7/16	1.6230	1/4	14.186	8- "	50.265	1/2	268.80
1/2	1.7671	5/16	14.607	1/8	51.849		
9/16	1.9175	3/8	15.033	1/4	53.456	19- "	283.53
5/8	2.0739	7/16	15.466	3/8	55.088	1/2	298.65
11/16	2.2465	1/2	15.904	1/2	56.745		
3/4	2.4053	9/16	16.349	5/8	58.426	20- "	314.16
13/16	2.5802	5/8	16.800	3/4	60.132	1/2	330.06

TEMPERATURA DE VAPOR Y PRESIÓN MANOMÉTRICA

Presión manométrica libras	Temperatura °F
50	297.5
55	302.4
60	307.1
65	311.5
70	315.8
75	319.8
80	323.6
85	327.4
90	331.1
95	334.3
100	337.7
105	341.0
110	344.0
115	347.0
120	350.0
125	353.0
130	356.0
135	358.0
140	361.0
145	363.0
150	365.6
155	368.0
160	370.3
165	372.7
170	374.9
175	377.2
180	379.3
185	381.4
190	383.5
195	385.7
200	387.5

PESO DE 1.000 PIEZAS EN LIBRAS SEGÚN EL PESO DE UNA PIEZA EN GRAMOS

Peso por pieza en gramos	Peso por 1.000 en libras	Peso por pieza en gramos	Peso por 1.000 en libras
1	2.2	51	112.3
2	4.4	52	114.5
3	6.6	53	116.7
4	8.8	54	118.9
5	11.0	55	121.1
6	13.2	56	123.3
7	15.4	57	125.5
8	17.6	58	127.7
9	19.8	59	129.9
10	22.0	60	132.1
11	24.2	61	134.3
12	26.4	62	136.5
13	28.6	63	138.7
14	30.8	64	140.9
15	33.0	65	143.1
16	35.2	66	145.3
17	37.4	67	147.5
18	39.6	68	149.7
19	41.8	69	151.9
20	44.0	70	154.1
21	46.2	71	156.3
22	48.4	72	158.5
23	50.6	73	160.7
24	52.8	74	162.9
25	55.0	75	165.1
26	57.2	76	167.4
27	59.4	77	169.6
28	61.6	78	171.8
29	63.8	79	174.0
30	66.0	80	176.2
31	68.2	81	178.4
32	70.4	82	180.6
33	72.6	83	182.8
34	74.8	84	185.0
35	77.0	85	187.2
36	79.2	86	189.4
37	81.4	87	191.6
38	83.7	88	193.8
39	85.9	89	196.0
40	88.1	90	198.2
41	90.3	91	200.4
42	92.5	92	202.6
43	94.7	93	204.8
44	96.9	94	207.0
45	99.1	95	209.2
46	101.3	96	211.4
47	103.5	97	213.6
48	105.7	98	215.8
49	107.9	99	218.0
50	110.1	100	220.2

EQUIVALENCIA DE LONGITUDES

Milímetros a pulgadas

Milímetros	Pulgadas	Milímetros	Pulgadas	Milímetros	Pulgadas
1	.03937	34	1.33860	67	2.63779
2	.07874	35	1.37795	68	2.67716
3	.11811	36	1.41732	69	2.71653
4	.15748	37	1.45669	70	2.75590
5	.19685	38	1.49606	71	2.79527
6	.23622	39	1.53543	72	2.83464
7	.27559	40	1.57480	73	2.87401
8	.31496	41	1.61417	74	2.91338
9	.35433	42	1.65354	75	2.95275
10	.39370	43	1.69291	76	2.99212
11	.43307	44	1.73228	77	3.03149
12	.47244	45	1.77165	78	3.07086
13	.51181	46	1.81102	79	3.11023
14	.55118	47	1.85039	80	3.14960
15	.59055	48	1.88976	81	3.18897
16	.62992	49	1.92913	82	3.22834
17	.66929	50	1.96850	83	3.26771
18	.70866	51	2.00787	84	3.30708
19	.74803	52	2.04724	85	3.34645
20	.78740	53	2.08661	86	3.38582
21	.82677	54	2.12598	87	3.42519
22	.86614	55	2.16535	88	3.46456
23	.90551	56	2.20472	89	3.50393
24	.94488	57	2.24409	90	3.54330
25	.98425	58	2.28346	91	3.58267
26	1.02362	59	2.32283	92	3.62204
27	1.06299	60	2.36220	93	3.66141
28	1.10236	61	2.40157	94	3.70078
29	1.14173	62	2.44094	95	3.74015
30	1.18110	63	2.48031	96	3.77952
31	1.22047	64	2.51968	97	3.81889
32	1.25984	65	2.55905	98	3.85826
33	1.29921	66	2.59842	99	3.89763
				100	3.93700

EQUIVALENCIAS DE VOLUMEN

1 c.c. = ,061 pulgadas cúbicas
1 pulgada cúbica = 16,387 c.c.

Apéndice H

Fuentes de consulta y bibliografía

Fuentes de consulta

A continuación se enumeran por orden alfabético organizaciones de servicios, grupos de normas y especificaciones, asociaciones comerciales, sociedades profesionales, referencias y oficinas estatales de los Estados Unidos a las que se puede acudir para consultar información:

American Chemical Society
1155 16th Street, NW
Washington, DC 200 36
(202) 872-4600

American Conference of Governmental Industrial Hygienists (ACGIH)
6500 Glenway Avenue
Cincinnati, OH 45201
(513) 661-7881

American Industrial Hygiene Association (AIHA)
66 S Miller Road
Akron, OH 44130
(216) 762-7294

American Insurance Association (AIA)
85 John Street
Nueva York, NY 10038
(212) 669-0400

American Medical Association (AMA)
535 N Dearborn Street
Chicago, IL 60610
(312) 615-5003

American National Standards Institute (ANSI)
1430 Broadway
Nueva York, NY 10018
(212) 354-3300

American Petroleum Institute
1801 K Street, NW
Washington, DC 20006
(202) 682-800

(The) American Society for Testing and Materials (ASTM)
1916 Race Street
Filadelfia, PA 19103
(215) 299-5400

(The) American Society of Mechanical Engineers (ASME)
United Engineering Center
345 E 47th Street
Nueva York, NY 10017
(212) 705-7722

American Society of Safety Engineers
850 Busse Highway
Park Ridge, IL 60068
(312) 942-4121

Center for Plastics Recycling Research (CPRR)
PO Box 189
Kennett Square, PA 19348
(215) 444-0659

Chemical Manufacturers Association
2501 M Street, NW
Washington, DC 20037
(202) 887-1100

Defense Standardization Program Office (DSPO)
5203 Leesburg Pike, Suite 1403
Falls Church, VA 22041-3466

Department of Defense (DOD)
Office for Research and Engineering
Washington, DC 20303
(202) 5445-6700

Department of Transportation (DOT)
Hazardous Materials Transportation
400 7th Street, SW
Washington, DC 20590
(202) 426-4000

Environmental Protection Agency (EPA)
401 M Street SW
Washington, DC 20460
(202) 829-3535

Factory Mutual Engineering Corporation
1151 Providence Highway
Norwood, MA 02062
(617) 762-4300

Federal Emergency Management Agency
PO Box 8181
Washington, DC 20024
(202) 646-2500

Federal Register
U.S. Government Printing Office
Superintendent of Documents
Washington, DC 20402
(202) 783-3238

Food and Drug Administration (FDA)
200 INdependence Avenue
Washington, DC 20204
(202) 245-6296

General Services Administration (GSA)
Federal Supply Service
18th and F Streets
Washington, DC 20406
(202) 566-1212

Global Engineering Documentation Services, Inc.
3301 W MacArthur Boulevard
Santa Ana, CA 92704
(714) 540-9870

Industrial Health Foundation Inc. (IHF)
34 Penn Circle
Pittsburgh, PA 15232
(412) 636-6600

Instrument Society of America
400 Stanwix Street
Pittsburgh, PA 15222
(412) 261-4300

International Organization for Standardization (ISO)
1 rue de Varembe,
CH 1211
Ginebra 20 Suiza/Suisse

Leidner, Jacob. *Plastics Waste Recovery of Economic Value.*
Nueva York: Marcel Dekker, Inc., 1981.

Manufacturing Chemists Association, Inc.
1825 Connecticut Avenue, NW
Washington, DC 20009
(202)887-1100

National Association of Manufacturers
1776 F Street, NW
Washington, DC 20006
(202) 737-8551

National Bureau of Standards (NFS)
Standards Information & Analysis Section
Standards Information Service (SIS)
Building 225, Room B 162
Washington, DC 20234
(301) 921-1000

National Conference on Weiths and Measures
c/o National Bureau of Standards
Washington, DC 20234
(301) 921-1000

National Fire Protection Association (NFPA)
470 Atlantic Avenue
Boston, MA 02210
(617) 770-3000

National Institute for Occupational Safety and Health (NIOSH)
U.S. Department of Health, Education and Welfare
Parklawn Building
5600 Fishers Lane
Rockville, MD 20852
(301) 472-7134

National Safety Council
444 N Michigan Avenue
Chicago, IL, 60611
(312) 527-4800

Navy Publications and Printing Service Office
700 Robbins Avenue
Filadelfia, PA 19111
(215) 697-2000

Occupational Safety and Health Administration (OSHA)
U.S. Department of Labor
Department of Labor Building
Connecticut Avenue, NW
Washington, DC 20210
(202) 523-9361

Office of the Federal Register
1100 «L» Street NW, Rm 8401
Washington, CD 20408
(202) 523-5240

Plastics Education Foundation
Society of Plastics Engineers, Inc.
14 Fairfield Drive
Brookfield Center, CT 07805
(203) 775-0471

Safety Standards
U.S. Department of Labor
Government Printing Office (GPO)
Washington, DC 20402
(202) 783-3238

Society of Plastics Engineers, Inc.
Plastics Education Foundation
14 Fairfield Drive
Brookfield Center, CT 06805
(203) 775-0471

(The) Society of the Plastics Industry, Inc. (SPI)
1025 Connecticut Avenue, NW
Ste 409
Washington, DC 20036
(202) 822-6700

Underwriters Laboratories (UL)
333 Pfingston Road
Northbrook, IL 60062
(312) 272-8800

U.S. Government Printing Office
Superintendent of Documents
Washington, DC 20402
(202) 783-3238

Bibliografía

La bibliografía que se indica a continuación puede ser útil para un estudio más profundizado de los temas presentados:

Advanced Composites: Conference Proceedings, American Society for Metals, 2-4 diciembre, 1985.

Alegri, Theodore. *Handling and Management of Hazardous Materials and Waste*, Nueva York: Chapman and Hall, 1986.

Bernhardt, Ernest. *CAE Computer Aided Engineering for Injection Molding*. Nueva York: Hanser Publishers, 1983.

Billmeyer, Fred. W. *Textbook of Polymer Science*. 3ª ed. Nueva York: Wiley, 1984.

Brooke, Lindsay, «Cars of 2000: Tomorrow Rides Again!» *Automotive Industries*, mayo 1986, pp. 50-67.

Broutman, L.; y R. Krock. *Composite Materials* 6 vol. Nueva York: Academic Press, 1985.

Budinski, Kenneth. *Engineering Materils: Properties and Selection*. 2ª ed. Reston: Reston Publishing Company, Inc. 1983.

Carraher, Charles, E., Jr and James Moore. *Modification of Polymers*. Nueva York: Plenum Press. 1983.

«Chemical Emergency Preparedness Program Interim Guidance», Revisión 1, #9223.01A.A. Washington, DC: United States Environmental Protection Agency, 1985.

Composite Materials Technology, Society of Automotive Engineers, 1986.

«Defense Standardization Manual: Defense Standardization and Specification Program Policies, Procedures and Instruction», DOD 4120. 3-M, agosto 1978.

Dreger, Donad. «Design Guidelines of Joining Advanced Composites,» *Machine Design*, 8 de mayo 1980, pp. 89-93.

Dym, Joseph. *Product Design with Plastics: A Practical Manual*. Nueva York: Industrial Press, 1983.

Ehrenstein, G., y G. Erhard. *Designing with Plastcis: A Report on the State of the Art*. Nueva York: Hanser Publishers, 1984.

English, Lawrence, «Liquid-Crystal Polymers: In a Class of Their Own,» *Manufacturing Engineering*, marzo 1986, pp. 36-41.

English, Lawrence. «The Expanding World of Composites», *Manufacturing Engineering*, abril 1986, pp 27-31.

Fitts, Bruce. «Fiber Orientation of Glass Fiber-Reinforced Phenolics.» *Materials Engineering*. Noviembre 1984, pp 18-22.

Grayson, Martin. *Encyclopedia of Composite Materials and Components*. Nueva York: John Wiley and Sons Inc., 1984.

Johnson, Wayne y R. Schewed. «Computer Aided Design and Drafting» *Engineered Systems,* marzo/abril 1986, pp 48-51.

Kliger, Howard, «Customizing Carbon-Fiber Composites: For Strong, Rigid, Lightweight Structures,» *Machine Design*, 6 de diciembre 1979, pp. 150-157.

Levy, Sidney, y J. Harry Dubbois. *Plastics Product Design Engineering Handbook.* 2ª ed. Nueva York: Chapman and Hall, 1984.

Lubin, George. *Handbook of Composites.* Nueva York: Van Nostrand Reinhold Company, Inc. 1982.

Modern Plastics Encyclopedia. Vol. 63 (10A), octubre 1986.

Mohr, G. y otros. *SPI Handbook of Technology and Engineering of Reinforced Plastics/ Composites.* 2ª ed. Malabar: Robert Krieger Publishing Company, 1984.

Moore, G. R. y D.E. Kline. *Properties and Processing of Polymers for Engineers.* Eglewood Cliffs: Prentice-Hall, Inc., 1984.

Naik, Saurabh y otros. «Evaluating Coupling Agents for Mica/Glass Reinforcement of Engineering Thermoplastics,» *Modern Plastics*, junio 1985, pp 1979-1980.

Plunkett, E.R. *Handbook of Industrial Toxicology*. Nueva York: Chemical Publishing Company, 1987.

Powell, Peter C. *Engineering with Polymers*. Nueva York: Chapman and Hall, 1983.

Richardson, Terry. *Composites: A Design Guide*. Nueva York: Industrial Press, 1987.

Schwartz, Mel. *Fabrication of Composite Materials: Source Book*, American Society for Metals, 1985.

Schwartz, M.M. *Composite Materials Handbook.* Nueva York: McGraw-Hill Book Company, 1984.

Seymour, Ramold, B. y Charles Carraher, *Polymer Chemistry*. Nueva YOrk: Marcel Dekker, Inc., 1981.

Shook, Gerald. *Reinforced Plastics for Commercial Composites: Source Book*, American Society for Metals, 1986.

«Standardization Case Studies: Defense Standardization and Sepcification Program», Departamento de Defensa, 17 de marzo de 1986.

Stepek, J. y H. Daoust. *Additives for Plastics.* Nueva York: Springer Verlag, 2983, p 260.

Von Hassell, Agostino, «Computer Integrated Manufacturing: Here's How to Plan for It», *Plastics Technology Productivity Series, Nº 1*, 1986.

Wigotsky, Victor. «Plastics are Making Dream Cars Come True,» *Plastics Engineering*, mayo 1986, pp 19-27.

Wigotsky, Victor. «U.S. Moldmakers Battle Foreign Prices for Survival,» *Plastics Engineering,* noviembre de 1985, pp 22-23.

Wood, Stuart. «Patience: Key to Big Volume in Advanced Composites,» *Modern Plastics*, marzo de 1986, pp 44-48.

Índice alfabético

Abreviaturas, 447-448
Absorción de agua, 102
Aceleradores, 117
Ácido etilénico, 512
Acrílico-estireno-acrilonitrilo (ASA), 475
Acrílicos, 471
Acrilonitrilo-butadieno-estireno (ABS), 475
Acrilonitrilo-estireno modificado con olefina (OSA), 523
Acrilonitrilo-polietileno clorado-estireno (ACS), 476
Activadores, 117
Adherencia
    mecánica, 323
    química, 328
Adhesivos, 314
    acrílicos, 324
    cianoacrilato, 323
    elastoméricos, 326
    vinilo, 324
Aditivos, 114
Administración de la Seguridad y la Salud en el Trabajo (OSHA), 57
Agentes
    antibloqueantes, 120
    antiestáticos, 114
    de copulación, 117
    de espumado/soplado, 118
    de formación de espuma, 118
    de humectación, 120
Aglomerados, 115
Agrietamiento, 345
Ajuste
    a presión rápida, 335
    contracción, 337
    forzado, 335
    fricción, 335

Alílicos, 535-536
Alquidos, 533
Aminoplásticos, 325, 538
Amortiguamiento, 89
Anhidrido estireno-maleico (SMA), 524
Antioxidantes, 114
Aparato de índice de fundido, 507
Apilamiento, 331
Aserrado, 144
Aspecto, 378, 461
ASTM, 80
Aterrajado y fileteado, 150
Autoextinguible, 98

Baja presión
    compuestos de moldeo, 238
    estratificación, 225
    tratamiento, 290
Baquelita, 9
Barcol, aparato de ensayo, 87
Barrera líquida, 306
Basuras municipales, 33
Beilstein, ensayo, 462
Benceno, 48
Bisfenol A, 497
Bismaquiimidas (BMI), 558
Bolsa a presión, 242
Bolsa de vacío, 240
Boquillas
    de un solo ramal, 190
    de varios ramales, 191
Botones, 3
Brillo especular, 104
Brinell, prueba, 90

Burbuja de presión
    conformado al vacío con núcleo de ayuda, 271
    conformado en relieve al vacío, 274

Cadenas de carbono, 45
    polímeros de cadena, 44
Calandrado, 197
Calcomanías, 357
Calentamiento por fricción, 329
Calor, efectos, 462
Calor específico, 96
Canales, 386
Capa de respiración, 242
Capa sacrificial, 241
Capacidad calorífica, 96
Características químicas, 376
Cargas, 130
Cargas tixotrópicas, 132
Caseína, 543
Catalizadores, 117
Caucho, 6
    de goma, 6
    natural, 6
    vulcanizado, 6
Celulosa
    acetato, 479
    acetato propionato, 480
    adhesivos, 324
    butirato acetato, 479
    ésteres, 480
    nitrato, 478
Celulosa regenerada, 477
Cementos de corrección, 328
Ceniza volante, 34
Cenizas de lecho, 33
Centrifugación
    colada, 256
    refuerzo, 245
Cepillado, 151
Chemical Abstracts Services Registry (CASR), 57
Claridad, 105
Clorofluorocarbonos (CFC), 289
Código de Regulaciones Federales (CFR), 56
Código de identificación, 23
Cola, 323
Colada
    con fenólicos, 249
    estática, 254
    por rotación, 256
    por inmersión, 257
    por embarrado, 254
    simple, 249
Colodión, 7
Color, 106
    líquido, 115
    seco, 115
Colorantes, 115, 346
Colorantes sin metal pesado (HMF), 116
Comisión de Comercio Interestatal (ICC), 427

Compuestos
    azo, 117
    moldeo de masilla, 236
    moldeo de volumen termoendurecibles (BMC), 178
    moldeo en lámina, 127, 239
    moldeo en volumen (BMC), 127, 236
    moldeo grueso (TMC), 127, 237
    moldeo unidireccional (UMC), 237
Conductividad térmica, 95
Conformado, 151
    a presión en fase sólida (SPPF), 272
    al vacío con núcleo de ayuda, 272
    al vacío rigidizado, 239
    con macho, 270
    con núcleo de ayuda, 284
    de núcleo y anillo, 278
    en relieve profundo al vacío, 272
    libre, 275
    mecánico, 276
    por estirado, 246
    por presión térmica de contacto de lámina atrapada, 274
Conservantes, 120
Consideraciones comerciales, 419-427
Consideraciones de diseño, 373
Consideraciones de producción, 382
Constante dieléctrica, 107
Contrapresión de gas, 293
Copolímero, 44
    al azar, 45
    alternante, 45
    de bloque, 45
    de injerto, 45
Corte
    con láser, 153
    con troquel, 149
    de fractura inducida, 154
    hidrodinámico, 155
    térmico, 154
Cuanto, 364
Cumarona-indeno, 482

Decoración, procesos, 345-362
Decoración en molde, 354
Deformación, 84
Degradación térmica
    fenólicos, 64
    nilón, 64
Densidad
    aparente, 377
    relativa, 463
    y densidad relativa, 92
Descarga en corona, 346
Desrebarbado en tambor, 156
Desviación típica, 75
    cálculo, 72
    medida, 77
    ponderación, 78
Diagramas de esfuerzo-deformación, 84

ÍNDICE ALFABÉTICO

Diisocianato de difenilmetanol (MDI), 559
Diisocianatos de tolueno (TDI), 559
Diluyente, 130
Dioxina, 34
Diseño asistido por ordenador (CAD), 373
Diseño estratificado, 195
Disolvente
    cementos, 328
    efectos, 463
    hilatura, 204
    unión, 328
Distribución normal tipificada, 73
Duales System Deutschland (DSD), 33
Dureza, 89

Economía, 377
Elastómeros, 17, 18
Electroconformado, 412
Electrodepósito, 315, 352
Elongación, porcentaje, 84
Elutriación, 27
Emparedados, 228
Emulsionantes, 120
Encapsulado, 252
Endurecedores, 117
Enlace
    covalente, 42
    covalente simple, 42
    iónico, 42
    metálico, 42
    químico, 42
Enlucido de yeso, 403
Enrollado
    en húmedo, 244
    en seco, 244
Ensayo de comportamiento, 394
Ensayo de humedad de resina, 103
Entradas, 386
Envejecimiento a la intemperie, 101
EPA, 34, 116
Epoxi (EP), 129, 544
    adhesivos, 546
    compuestos de moldeo, 545
    estratificados de vidrio epoxídicos, 545
    resinas, 325
Erosión química, 412
Escisión de cadena, 114
Escleroscopio, 89
Esfuerzo, 83
Esponjamiento de boquilla, 194
Esqueleto
    estructura ramificada, 45
    molécula, 43
Estabilizantes
    de la luz impedidos con amina (HALS), 121
    térmicos, 119
    UV, 121
Estadio A, 369
Estadio B, 369
Estadio C, 369
Estadística elemental, 69-78

Estampación
    caliente, 361
    conformado en frío, 247
    de hoja caliente, 349
    en seco, 149
Esterificación, 553
Estireno, 519, 520
Estireno-acrilonitrilo (SAN), 522
Estratificado, 221
    alta presión, 225
    cementos, 328
    continuo, 226
    electrodepósito por vapor, 316
    procesos, 221
    unión manual de chapas, 226
Estrato, 122
Éter polifenilénico (PPE), 517
Éteres poliarílicos, 520
Etileno-acetato de etilo (EVA), 513
Etileno-acrilato de etilo (EEA), 512
Etileno-acrilato de metilo (EMA), 512
Etiquetas sensibles a la presión, 358
Exposición dérmica de los plásticos, 62
Extrusión, 395
    de lámina, 195
    de perfiles, 194
    de tubos, 195
    equipo, 189
    mezclado, 216
    películas estratificadas, 222
    procesos de extrusión, 189
    recubrimiento, 205-306
    tipos de productos principales, 194

Fabricación
    procesos, 323
    moldes, 401
Fabricación asistida por ordenador (CAM), 373
Fabricación de moldes asistida por ordenador (CAMM), 373
Factor
    de disipación, 107
    de grabado, 413
    K, 95
    mecánico, 377
Fatiga y flexión, 89
FDA, 27
Fenol-aralquilo, 552
Fenólicos (PF), 9
Fibras, 200
    cerámicas, 131
    cortadas, 123
    de alto volumen, 205
    de grafito, 130
    de vidrio, 123, 553
    híbridas, 130
    inorgánicas, 129
    metálicas, 129
    plásticas, 201
    trituradas, 128

Filamento
    diseño de bobinado, 393
    enrollado, 243
    extrusión, 200
    fabricación, 203
    tipos, 203
Fluencia, 94
Flujo en frío, 94
Fluorescente, 106
Fluoroplásticos, 483
    de politetrafluoroetileno (PTFE), 483
Formación de espuma, agentes, 118
Fosforescentes, 116
Fotolitografía, 353
Fotones, 116, 363
Fresado concurrente, 153

Gel, recubrimientos, 226
Gofrado, 345
Goma laca, 3
Grabado, 352
Grado de polimerización, 43
Grosor de pared, 208
GRS, 519
Grupo lateral, 45
Gutapercha, 5

Herramientas, 267
    de madera, 294
    de plástico, 404
    metálicas, 406
Hidráulica, 424
Hidrocarburo, moléculas, 42
Hidrocarburos de cadena larga, 50
Hidroclave, 242
Hidroclorofluorocarbono (HCFC), 118
Hidrólisis, 32
Hilatura, 203
    de fundido, 204
    en húmedo, 204
Hilos, 124
Hojas de datos de seguridad de materiales (MSDS), 56
Homopolímeros, 43, 44
Huecograbado, 354

Ignifugación, 98
Impresión
    con tampón, 355
    flexográfica, 352
    offset, 352
    por cliché, 354
Incandescencia, 116
Incendio y explosión, 60
Inclusión, 252
Inconvenientes de la incineración, 33
Índice de flujo de fundido (MFI), 98, 139
Índice de refracción, 106
Infrarrojo, radiación, 364
Ingeniería asistida por ordenador (CAE), 373
Ingredientes de plástico 113-136
Inhalación de plásticos, 62

Inhibidores, 117
    de aire, 555
Iniciadores, 117
Insertos, 391
    con rosca moldeadas en la pieza, 343
Instituto de Plásticos de Norteamérica (PIA), 36
Interacciones
    de dipolo, 49
    intramoleculares, 49
Interferencia, 336
Ionómeros, 490
Irradiación de polímeros, 366
ISO, 80
Isocianato de polimetilen polifenilo (PAPI), 559
Isótopos, 364

Justo a tiempo (JIT), 375

Kelvin, escala de temperatura, 95
Kevlar, fibras, 127
Kirksite, moldes, 407

Lassaigne, ensayo, 462
Legislación sobre depósito por botella, 21
Limitaciones del diseño, 381
Límite
    elasticidad, 84
    exposición a corto plazo, 57
    exposición permisibles (PEL), 57
    exposición recomendados, 57
Línea de escarchado, 199
Líneas divisorias, 390
Lixiviación, 289
Llama
    ignifugación, 98
    retardadores, 118
    tratamiento, 346
Lubricantes, 119
Luminiscencia, 116

Macarrón, 214
Macromoléculas, 43
Marcado de relleno, 348
Marcas registradas, 461
Margen, 336
Masa molecular, distribución, 560
Materiales
    alma de panal, 229
    consideraciones, 375
    contracción, 383
    identificación, 461
    selección de la calidad, 140
Matriz coincidente, 236
Mecanizado
    de descarga eléctrica (EDM), 410
    operaciones, 143
Mechas, 123
Media ponderada en el tiempo (TWA), 57
Melamina-formaldehído (MF), 541
Memoria plástica, 283
Metales pesados, 115

ÍNDICE ALFABÉTICO

Metalizado
    al vacío, 315
    por bombardeo iónico, 316
Métodos de tratamiento, 395-398
Mezcla, 192
Mezcladoras de doble tuerca, 193
Mica, 223
Microbalones, 132
Microprocesadores (sistemas CIM), 421
Modificadores de impacto, 119
Módulo de elasticidad, 86
Mohs, escala, 89
Molde
    contracción, 94
    diseño, 384
Molde abierto
    diseño, 392
    procesos, 395
Molde acoplado
    conformado, 271
    diseño, 392
Molde de propiedad, 426
Molde de rebaba, 389
Moldeo, 290
    control de temperatura, 423
    especificaciones de máquinas, 171
    materiales líquidos, 172
    procesos, 163
Moldeo al aceite, 226
Moldeo con bolsa, 397
Moldeo concurrente, 172
Moldeo de canal aislado, 388
Moldeo de canal caliente, 388
Moldeo de contacto, 226
    tratamiento, 239
Moldeo de depósito de espuma, 229
Moldeo de depósito elástico, 229
Moldeo de reacción líquida (LAM), 293
Moldeo de resina líquida (LRM), 175
Moldeo de soplado estirado, 213
Moldeo de transferencia de resina (RTM), 127, 172
Moldeo de transferencia de resina por expansión térmica (TERTM), 127, 176
Moldeo drieléctrico, 295
Moldeo en frío, 179
Moldeo por compresión, 177-179
    diseño, 393
Moldeo por inyección, 163
    máquinas, 163
    seguridad, 166
Moldeo por inyección al vacío, 176
Moldeo por inyección de reacción reforzado (RRIM), 127, 174
Moldeo por inyección reactiva (RIM), 172
Moldeo por soplado, 206-215, 395
    agentes, 299
    diseño, 390
    moldeo por extrusión-soplado, 208
    moldeo por inyección-soplado, 207
    piezas, 355
    recipientes, 510
    variaciones, 213

Moldeo por soplado biaxial, 213
Moldeo sin canal, 388
Moldes semipositivos, 389
Moléculas, 41
    insaturadas, 42
    reticuladas, 51
MSDS, 56
Muescas, 380
Multicapa, 213

NBS, 375
Neumática, 424
Neutrones, 363
Nilón, 494
Nitrocelulosa, 7
Novolac, 369

Oficina Nacional de Normas (NBS), 375
Olefinas, 225
Operación de posconformado, 278
Organización Internacional de Normalización (ISO), 80
Organizaciones de normalización, 80
Organosoles, 255
Orientación molecular, 50
OSHA, 57

Pantógrafo, máquinas, 410
Parámetro de solubilidad, 100
Parilenos, 518
Parkes, Alexander, 7
Parquesina, 7
Partículas
    alfa, 364
    beta, 364
Pasadores eyectores, 391
Pascal (Pa), 83
Películas
    colada, 197, 252
    extrusión, 196
    fotográficas, 7
    laminación de plásticos, 194
Películas extruidas, 495
Películas sopladas, 496
    extrusión, 245
    refuerzo, 217 (245)
Peligros químicos, 56
Perfluoroalquilo (PFA), 489
Permeabilidad, 102
Peróxido de benzoílo, 536
Peróxidos inestables, 116
PIA, 36
Piezas maceradas, 239
Pigmentos
    de efecto especial, 116
    inorgánicos, 115
    orgánicos, 115
Pintura, 346
    con estarcido, 348
    en seco, 308
Piroxilina, 7

Plantilla, 402
Plásticos ablativos, 97
Plásticos carcinogénicos, 61
Plásticos comerciales, 137-142
Plásticos cristalinos, 98
    efectos dimensionales, 48
    efectos ópticos, 47
    polímeros cristalinos, 45
Plásticos de barrera de nitrilo, 492
Plásticos de estireno-butadieno (SBP), 523
Plásticos degradables, 34
Plásticos expandidos, 287-304
Plásticos fundidos
    adhesivos, 324
    colada, 254
Plásticos higroscópicos, 102
Plásticos naturales, 1-5
Plásticos sintácticos, 289
Plastificantes, 119
Plastisoles, 255
Plexiglás, 64
Poliacetato de vinilo (PVAc), 530
Poliacrilatos, 473
Poliacrilonitrilo, 474
Polialcohol vinílico (PVAl), 530
Polialómeros, 493
Poliamida-imida (PAI), 503
Poliamidas (PA), 494
Poliarilsulfona, 425
Polibutileno (PB), 515
Polibutiral de vinilo (PVB), 530
Policarbonatos (PC), 497
Policlorotrifluoroetileno, 487
Policloruro de vinilideno (PVDC), 531
Policloruro de vinilo (PVC), 527
Poliésteres
    aromáticos, 501
    clorados, 482
    colada, 263
    insaturados, 552
    resina, 552
Poliestireno (PS), 519
Poliestireno expandido, 24, 520
Polieteréter cetona (PEEK), 498
Polieterimida (PEI), 449
Polietersulfona (PES), 525
Polietileno, 43, 505
    alta densidad, 19
    alta densidad y alto peso molecular (HMW-HDPE), 511
    baja densidad, 18
    baja densidad lineal (LLDPE), 511
    densidad muy baja (VLDPE), 511
    peso molecular ultraalto (UHMWPE), 512
Polifenilsulfona (PPSO), 525
Polifluoroetilenpropileno, 486
Polifluoruro de vinilideno (PVDF), 488
Polifluoruro de vinilo (PVF), 488

Polimerización, 43
    adición, 138, 555
    cadena, 135
    condensación, 138
    etapas, 138
    técnicas, 138
Polímeros, 17
    amorfos, 45
    características de flujo, 187
    fibras, 127
    herramientas, 402
    química, 41-52
Polimetacrilonitrilo, 474
Polimetilpenteno, 504
Poliolefinas, 513
Polióxido de fenileno (PPO), 516, 517
Polipropileno, 513
    estereoespecífico, 513
Polisulfonas, 524
Polisulfuro de fenileno (PPS), 518
Politereftalato de etileno (PET), 500
Poliuretano (PU), 19, 558
Polivinilos, 525
Potenciador, 130
Precolor, 115
Preexpandido, 288
Proceso
    colada, 249, 295
    cortado y pulverizado, 58
    electrodepósito, 412
    expansión, 287-304
    macarrón, 213
    moldeo por soplado de lámina, 211
    Phillips Petroleum, 506
    recubrimiento, 305-322
    refuerzo de materiales compuestos, 235
    superposición de láminas manual, 58
    unión de chapas, 239
Programación, 209
Promotores, 117
Propiedades
    ambientales, 108
    eléctricas, 106
    físicas, 92
    mecánicas, 82
    ópticas, 104
    químicas, 100
    térmicas, 95
    y ensayos de plásticos, 79-108
Prueba del péndulo, 87
Pruebas de caída de masa, 87
Pulido, 155
    con rueda de trapo, 155
Pulimento con piedra pómez, 155
Pultrusión, 245
    diseño, 393
Pulverizado
    electrostático, 347
    pintura, 347
    recubrimiento, 296-297

Punto
    deflexión/Vicat, 97
    deformación remanente, 85
    reblandecimiento, 99
    rotura, 84
    transición vítrea, 98

Radiación
    daños, 366
    electrónica, 366
    gamma, 365
    ionizante, 365
    mejoras, 368
    no ionizante, 365
    procesos, 363-372
    seguridad, 366
    ultravioleta, 363
Radio de grabado, 413
Radioisótopos, 365
Ranurado, 151
Rayón y poliacrilonitrilo (PAN), 127
Reciclado, 20, 32, 35
    clasificación, 24
    clasificación automática, 20-35
    contenedores urbanos, 23
Reciclado posconsumidor (PCR), 21
Recocido, 157
Recubrimiento
    a brocha, 317
    a pistola, 239
    a pistola de polvo electrostático, 310
    con cuchilla o rodillo, 311
    con rodillo, 349
    de lecho electrostático, 309
    de lecho fluidizado, 308
    de polvo, 308
    metálico, 214
    por calandrado, 306
    por inmersión, 312
Redes de polímero interpenetrantes (IPN), 557
Refuerzos, 122
    materiales celulares, 289
    plásticos, 235
    poliésteres, 553
    procesos, 235
    resinas epoxi, 544
Relación
    entre dimensiones, 131
    estirado, 270
    L/D, 189
Rellenado, 252
Resinas, 17
    de dialilo, 536
    de resorcinol-formaldehído, 325
    de unión de capas en húmedo, 241
    en dos etapas, 331
    epoxídicas cargadas, 544
    extendidas con agua, 556
    fenólicas, 325
    fenoxi, 492

Resistencia
    a la abrasión, 91
    a la cizalla, 86
    a la compresión, 86
    a la flexión, 88
    al arco eléctrico, 107
    al frío, 98
    al impacto, 87
    bioquímica, 104
    dieléctrica, 107
    electroaislante, 107
    última, 85
Resistividad, 107
Revestimiento de cables, 205
Riesgos
    biomecánicos, 55
    físicos, 55
    para la salud, 61
Robótica, 422
Rockwell, prueba de dureza, 90
Rotogravado, 354
Rubor, 345

Salud y seguridad, 55-65
Saponificación, 553
Saranpac, método, 223
Serigrafía, 354
Shore, durómetro, 92
Siliconas (SI), 561
Sinterización, 179
Sistema métrico, 83
Sistemas de fabricación flexible, 423
Sociedad Americana para Pruebas y Materiales (ASTM), 80
Soldadura
    de herramienta recalentada, 333
    por frotamiento rotatorio, 329
    por gas caliente, 333
Sujeción mecánica, 334

Taladrado, 148
Tallado con fresa en frío, 410
Tangente de pérdida, 107
Técnicas de calor transferido, 331
Teflón, 484
Tejido plano, 124
Temperatura de deflexión, 96
Tenacidad, 86
Tensión residual en moléculas, 50
Tereftalato de polibutileno (PBT), 500
Termoconformado, 267
    al vacío recto, (269)
    con colchón de aire, 274
    de moldeo frío, 240
    de soplado libre, 282
Termoendurecibles, plásticos, 533
    poliimida, 557
    propiedades, 126
    resinas, 325

Termoestables, plásticos, 51
Termoplásticos, 51
    elastómeros (TPE), 17
    elastómeros de olefina, 17
    poliésteres, 500
    poliimidas, 502
    resinas, 324
Termotransferencia
    decoración, 335
    impresión, 354
Terpolímeros, 45
Texturado, 345
Tintes, 115
Tixotropía, 132
Tolerancias, 383
Tomasetti, indicador de volátiles, 102
Torneado, 151
Tracción
    fluencia, 94
    módulo, 86
Transferencia
    moldeo por soplado, 180, 207
    recubrimiento, 311
Transmitancia luminosa, 105
Tratamiento
    a alta presión, 292
    de plasma, 346
    químico, 346

Trihidrato de alúmina (ATH), 118
Troquelado, 149
Turbiedad, 105

Unidad de inyección, 165
Unión
    de alta frecuencia, 330
    de inserción, 331
    dieléctrica, 330
    electromagnética, 334
    por impulsos, 334
    por puntos, 331
    ultrasónica, 331
Urea-formaldehído (UF), 538

Valor límite de umbral (TLV), 57
Van der Waals, fuerzas, 119
Ventajas de la incineración, 33
Vidrio de seguridad, 7
Viscosidad, 95
    depresores, 120
Vulcanizado a temperatura ambiente (RTV), 564

Young, módulo, 86

Ziegler
    catalizador, 504
    proceso, 506

SERVICIO DE INFORMACIÓN PERIÓDICA

Envíe cumplimentado por correo este cuestionario y recibirá un catálogo completo de nuestros libros:

NOMBRE: _____

CALLE: _____

CIUDAD: _____

CÓDIGO POSTAL: _____ PROVINCIA: _____

TELÉFONO: _____ FAX: _____

ÁREAS DE SU INTERÉS

Aeronáutica y Astronomía .... ❐

Agricultura .... ❐

Arquitectura .... ❐

Audio .... ❐

Automoción .... ❐

Ciencias Sociales .... ❐

Climatización .... ❐

Computación .... ❐

Dibujo .... ❐

Diccionarios .... ❐

Economía .... ❐

Electricidad .... ❐

Electrónica .... ❐

Empresa .... ❐

Física y Química .... ❐

Geología .... ❐

Hostelería y Turismo .... ❐

Ingeniería .... ❐

Legislación .... ❐

Matemáticas .... ❐

Metal .... ❐

Neumática e Hidráulica .... ❐

Oficios y Bricolage .... ❐

Peluquería y Estética .... ❐

Reglamentos y Normas .... ❐

Sanitarias .... ❐

Telecomunicaciones .... ❐

Topografía .... ❐

Varios .... ❐